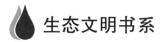

生态文明书系

战后日本公害史论

[日] 宫本宪一 著

林家彬 等 译

商务印书馆
创于1897
The Commercial Press

宫本宪一

戰後日本公害史論

ⒸⒸ株式公社岩波書店

（根据岩波书店 2015 年版译出）

本书的相关翻译、校对、出版工作得到国务院发展研究中心力拓基金的支持。

译者的话

全面建成小康社会和建成社会主义现代化国家，分别是我国在未来三年和未来三十年需要完成的奋斗目标。在这个过程中，我国必须妥善处理和解决发展中必然要遇到的诸多难题。由于发达国家在其工业化进程中同样遇到了这些难题，因此工业化先行国家在应对这些难题时所形成的经验教训对我国有着重要的借鉴意义。而在工业化先行国家中，日本由于其人口密度高、经历了后发追赶的阶段等特征，与我国改革开放以来的发展历程更加类似，因此其经验的可借鉴性也就更高。特别是日本从 20 世纪 50 年代末到 80 年代初短短二十多年的时间里，就实现了从"公害大国"向"绿水青山"的回归，这样一个世所瞩目的演变过程对于正致力于生态文明建设的我国来说，无疑是一个难得的绝佳镜鉴。

本书作者宫本宪一教授出生于 1930 年，他不仅是这个演变过程的亲历者，更是以环保启蒙者、环境经济学学科领域的开创者、环保社会活动家等多重身份发挥了重要作用的参与者。由宫本教授执笔对这样的演变过程进行基于重要史实和亲身经历的梳理和回顾，本书的价值已不待多言。本书日文版于 2014 年 7 月问世以来，已经收获了众多荣誉。按时间先后举其要者如下：2015 年 9 月，获颁日本环境经济与政策学会授予的学术奖；2015 年 10 月，获颁由韩国出版都市文化财团（Book City Culture Foundation）授予的著述奖（Paju Book Award，Writing Prize），获奖作品系由 2014 年中国、日本、韩国、中国台湾、中国香港出版的著作中选出；2016 年 6 月，获颁日本学士院授予的"学士院奖"，这是日本授予优秀学术成果的最高荣誉。

我于 1980 年代中期在东京大学攻读博士学位期间就已经拜读过宫本教授的多部著作，但有缘与宫本教授结识是在 2014 年 9 月。过后不久，收到了先生亲笔签名赠送的本书日文原著。虽然我对本书的价值有充分的认识，但是否牵头组织翻译出版中文版，并未能很快就下决心。毕竟这是一本 70 余万字的巨著，牵头翻译的话一是需要投入大量的时间和精力，二是需要一个专业团队的支持，三是需要筹措一定的资金。这三个问题依次是这样解决的：首先，自己权衡再三，最终认定为了把这本宝贵的学术著作介绍给国人而付出的时间和精力是值得的；其次，争取到了来自国务院发展研究中心力拓研究基金对翻译劳务费的资金支持；再次，得到了同期留日的同学——北京外国语大学日语系系主任（时任）邵建国教授的大力支持，商定由他所指导的研究生团队完成翻译初稿①，他本人进行一审校译，我负责终审校译。管理世界杂志社的苏巧红、赵鑫蕊、王茜、王宇飞及实习生胡艺馨、官玉婷、金萌萌、杨濠骏，商务印书馆的李娟和环境保护杂志社的罗敏的后期工作确保了出版质量。

虽然我拿到的译稿质量已属上乘，但终审校译工作还是花去了我几个月的时间。其间数十次用电子邮件直接与宫本教授沟通，就拿不准和存疑的地方进行请教和讨论。通过这样的过程，不仅力求译文准确无误，而且日文原著中个别不确切或笔误的地方也在译文中得以纠正。

在此需要特别说明的一点是，由于日本施行地方自治制度，因此日文原著中大量出现"自治体""地方自治体""地方公共团体"等表述。考虑到这些概念的实际内涵和我国读者的习惯认知，多数译为"地方政府"，并不影响文意的传达。只不过，日本的地方政府首脑不是由中央政府任命而是由当地居民直接选举产生，中央政府也不能直接干预地方政府的决策，这一点请读者留意。

原著是学术精品，译作唯有力求不减其色。虽已尽心竭力，但毕竟能力有限，错漏之处仍在所难免，其责任自然在我。还望方家不吝指正，以臻完善。

国务院发展研究中心力拓基金项目，每年都对资源环境类研究或研究成果出版予以资助，本书也受益于这个项目，也专此致谢。

林家彬

2018 年元月于北京东四

---

① 团队成员包括：李方正、冯锦山、罗一飞、王瑞琪、张仑、吴连、马军、王路、钟少晨、罗珂伟等。

目　　录

中文版序

宫本宪一

日本在第二次世界大战之后经历了从废墟之中的经济复兴和高速经济增长，成为了经济大国。但在这一过程中发生了水俣病、疼疼病、四日市大气污染等将被载入史册的严重公害和环境破坏等事件。直到 1960 年代末，欧美日各国都还没有环境立法以及主管环境的政府部门，大学里除了公共卫生专业以外，也没有设置与公害和环境问题相关的院系。1964 年我和京都大学卫生工学专业的庄司光教授共同出版了《可怕的公害》一书，该书是日本第一本关于公害和环境问题的跨学科综合启蒙书。而这本《日本战后公害史论》，则是集该书之后的五十年来关于日本的公害和环境问题研究之大成者。

撰写本书的目的，是希望对环境问题（已与贫困问题一起成为世界政治的核心问题）的科学研究进展有所助益，同时也希望成为日本乃至国际上开展公害对策时的参考书。特别是希望日本的公害对策的经验和教训对于包括中国在内的若干亚洲国家起到参考作用，因为这些国家和战后的日本同样经历了快速的工业化和城镇化进程，正面临大气污染和水污染等各种严重的公害困扰。日本的公害的严重程度在世界史上前所未有，其对策也是在各国均无先例之时通过试错独创产生。欧美的学者评价认为，日本的公害对策不是政府自上而下制定的，而是市民自下而上促成的。下面将会提到，中国目前面临的公害问题几乎无所不包，既有原始的矿山公害，又有以 PM2.5 为代表的现代大气污染，这些问题同时复合产生。因此，公害对策也需要新的综合性思路。必须综合日本的历史经验，同时实施传统的对策和适应市场化的新型对策。不仅要发挥政府和专家的作用，具有受害者和加害者双重角色的国民的环保意识也非常重要。虽然由于政治经济体制不同，并不能照搬日本的经验，但希望中国能以日本的经验为参考开辟独自的公害对策之路。在本序言中，我将首先对日本战后公害及其对策的变迁以及历史教训给出大致的脉络，以作为大部头的本书的阅读指南。然后，通过对中国与日本之间的对比，谈一些自己的看法。

一、战后日本的公害及其对策的历史特征

战后日本的公害史可分为四个时期，每个时期的公害类型和对策都有所不同。第一个时期是战后复兴时期，在这个时期中产生了燃煤、炼铜等造成的大气污染和水污染、造纸工业造成的水污染、初期重化工业造成的水俣病、疼疼病等原始的本源的公害。企业和政府全然没有实施公害对策。直接受害的农民和渔民与企业进行直接交涉，以微少的慰问金就达成妥协。受害的市民到地方政府的保健所去请愿，但并没有得到彻底解决，只好把公害当做伴随经济增长的"必要的恶"而无奈忍受。在大城市和工业城市，由于燃煤产生的 SO_2 和烟尘造成的大气污染，冬季几乎每天都会发生雾霾。城市的基础设施特别是下水道建设滞后，其结果是东京与大阪的河流被严重污染，鱼虾绝迹，变成散发着恶臭的黑臭河。工业用水道的建设同样滞后，滨海地区的工厂大量抽取地下水造成地面沉降，海岸地区变成零海拔地带，一遇台风、海啸等自然灾害就造成严重损失。

第二个时期是经济高速增长时期，日本的 GNP 增长率在 1954～1974 年保持在 8%～12%，被称为"东洋的奇迹"。其动力源于快速的重化工业化和大城市化，因此在经济的全过程中排放了大量的有害物质，造成了公害。一直到经济高速增长前半期的 1960 年代末，政府和企业几乎都没有采取公害对策。其结果，叠加于战后复兴时期的原始公害之上，可载入史册的各种公害蔓延全国。企业为了追求利润最大化，对于无助于提高生产效率的防止公害投资一毛不拔。政府的对策中没有事前的环境影响评价，发生公害事件之后也只是实施迁就企业的宽松规制，因而导致了包括严重的健康损害在内的诸多危害。对于受害者的救济进展也非常迟缓。当时关注公害问题的少数科学家开始了调查研究。在他们的帮助下，静冈县三岛、沼津地区的居民于1963～1964 年掀起了反对政府建设大规模重化工业园区的运动，开展了以市民为主体的环境影响评价。由于有了这种科学的反公害运动，首次成功地阻止了企业和政府不顾后果的经济开发活动。其结果，企业和政府也认识到如果不实施公害对策就无法推进经济增长政策，终于在 1967 年制定了公害对策基本法。该法是世界上首部综合性公害对策立法。但是，由于经济界的压力，

该法的目的被表述为"谋求经济增长与生活环境的协调"，也就是说在能够保障企业利润的范围内采取公害对策就可以了。由此，环境标准因为迁就于东京和北九州市的现状而非常宽松，企业仅采取了诸如加高烟囱这种敷衍性的对策，造成了污染的蔓延。

反公害市民运动反对公害对策基本法的协调论，谋求公害对策的变革。他们借助于社会党、共产党、总评（当时的工会全国联合会——译者注）的力量，在东京都、京都府、大阪府等大城市地区的地方行政首脑选举中成功地使革新派人士当选，这些人当选后采取了反公害、环境保护与福祉优先的政策。特别是东京都，反对中央政府的协调论，优先保护生活环境，制定了比国家标准严格的环境标准，以及对企业课以最大限度防止公害义务的条例。中央政府认为东京都的做法违法，但法律学者认为东京都的条例符合宪法，市民和媒体也都支持东京都的公害对策。这一时期，国际上也掀起了保护环境的舆论高潮，欧美各国开始着手环境立法和设置环境主管部门。在内外压力之下，1970 年 12 月召开的国会成了名副其实的"公害国会"，摈弃了协调论，以生活环境优先为目标，制定了 14 项环境立法。翌年设立了环境厅，公害与环境行政终于步入了正轨。

然而在企业支配力较强的水俣市和四日市这样的地方，未能发生类似东京都那样的行政变革，也未开展对受害者的救济，公害仍在持续。被严重的健康损害所困扰的受害者作为最后的手段，针对熊本和新潟的水俣病、疼疼病，四日市大气污染四大事件提起了公害诉讼。在此之前的民事诉讼判决仅仅认同对财产权侵害的补偿，但对于群体健康损害、生活环境恶化的补偿却无可用的法理依据。在学者的帮助和年轻律师的努力之下，法庭在审理中没有像过去那样采用证明个别因果关系的病理学证明，而是采用了流行病学的证明；当污染源为多个的情况下，采用了共同不法行为、选址过失等新的法理。再加上来自广大国民反对公害的社会舆论的影响，到 1973 年为止四大公害事件的诉讼皆以原告受害者胜诉告终。企业方面担心，通过公害诉讼的过程将使来自国民的谴责愈发严厉，开始寻求行政性的解决方法。受害者方面也由于走诉讼途径耗费大量时间、精力和金钱，对这一方法表示了妥协。1974 年，日本制定了世界首部由政府进行民事补偿的《公害健康受害补偿法》。到 1987 年，共有 10 万人的大气污染公害病患者得到了包括医疗费用在内的生活保障。正是这部法律，使对受害者的救济才得以取得进展。

1977 年 OECD 对日本的公害对策进行梳理总结，给出了"日本获得了多场治理公害战役的胜利，但尚未在提高环境质量的战争中取胜"的评价。日本公害对策的主要成功之处，在于以地方政府为主体，与污染企业之间签订了金额达 3 万以上的公害防止协定来加以预防。在大阪府和四日市等主要公害发生地实施了污染物的总量控制。城市政府的公害防止中心为了维护环境质量，与污染源之间建立了监测网络，当污染物排放超标时就向企业发出减排指令。另外，主要城市都在中心地段设置每小时更新 SO_2、NO_2、烟尘、噪声等数据的信息板，使市民可以随时掌握环境状况。另一方面，中央与地方政府在这一时期建造了许多大型公共工程，包括公路、港口、水库、城市设施等。这些工程不仅带来了噪声等对生活环境的损害，还破坏了山林和农田，填埋了部分海域，给大自然造成了巨大损害。这种对自然的破坏即使进行补偿也无法复原，是不可逆的损失。对于由公共工程引发的公害，于 1960 年代末开展了诉讼，国家不得不对受害者进行补偿和对工程进行变更。

以市民反对公害的社会舆论为契机，通过地方政府变革和公害诉讼两个途径，促进了公害立法的进展，企业也不得不在生产成本中加进公害防止费用。

第三个时期是 1970 年代末之后，政府开始采取新自由主义的政策，放松政府管制，推进民营化。与此同时，公害对策和环境政策转向依靠企业和个人的自律和自主行动。成为企业应对这种变化之契机的，是丰田等日本车企于 1978 年在世界上首先达到了马斯基法案的排放要求（削减尾气排放至原来的 1/10）。美国车企曾坚称削减 NO_2 排放到原来的 1/10 是不可能的，但日本车企通过旨在提高环保性能的技术开发，成功地在削减 NO_2 排放的同时降低了油耗，从而一举超越美国在世界轿车市场上占据了最大的份额。在此之前，企业都把防止公害的投资看作是对提高生产效率无用的投资，而此次的成功证明，为了保护人类健康、防止公害的投资也能够改善企业的业绩。另外在这一时期中，由于石油等资源价格攀升，促进了旨在节约能源及其他资源的技术创新，资源再生产业等环保产业得到发展。产业结构也从重化工业为主导转向以高附加值的汽车、电器等行业为主导，相应地减少了污染物的排放。

从 1980 年代后半期开始，经济全球化加速，跨国公司的海外投资大量增加，"公害输出"的问题开始凸显。随着从产业资本主义向金融信息资本主义的转型，公害的形态也从产业公害为主转向汽车公害和垃圾问题等城市公害为主，公害对策也相应地融入环境政策这一更广阔的领域之中。环境政策的市场化取得显著进展。由于通过 ISO14000 系列认证可以提高股东的信赖和企业的美誉度，很多企业都竞相争取通过认证。于是，民间的认证机构取代了环境省成为了企业环境对策措施的认定者。根据产业结构审议会于 2010 年发表的数据，环保产业的市场规模达到 50 万亿日元，吸纳就业 150 万人，已可与汽车产业相匹敌。1992 年联合国环发大会之后，可持续发展成为各国的政策目标，国民的关注点也从公害问题转向全球气候变化问题，中央与地方政府的国内公害对策开始停滞。

第四个时期基本与新世纪同步开始。在新自由主义的潮流下，环境政策的市场化趋势显著，同时政府规制相应弱化，在这样的背景下发生了石棉公害和核电公害这两种新型公害。石棉公害可以说是累积性公害，暴露在污染的环境中，经过长达 15～50 年后才出现癌症等健康损害的情况。过去石棉由于其价格低廉、具有绝热耐火等特点，被称为魔法材料，应用于建材、下水道、汽车刹车片等三千余种产品之中。石棉会引发间皮瘤、石棉肺、肺癌等不治之症。与欧美各国相比，日本对石棉的规制滞后了 10～20 年。直到 2005 年出现了职业病之外的石棉公害，政府才于 2006 年禁止了石棉的使用和进口，制定了石棉受害者救济法。从 2006 年到 2015 年间，在建筑业和制造业的 11 205 个企业中都发现了石棉引发的职业病患者。加上公害造成的石棉受害者救济法的救济对象，10 年间共发现健康受害者 2.2 万人。根据预测，今后伴随着建筑物的拆解、地震灾害等还将发生石棉细尘的逸出，造成的损害将持续到 2050 年，于 2020 年左右达到峰值。

福岛核电事故的原因还未彻底查明。被放射性污染的水体的处理以及土壤的修复也未完成，还有 9 万多人过着避难生活。废弃反应堆的解体需要数十年的时间，据估算受害补偿与废弃反应堆的解体费用合计需要 22 万亿日元以上。部分土地将永远不能用于人类居住。尽管如此，政府却屈从于电力公司的要求，决定重启核能发电。但是作为地震多发国家的日本，为了实现可持续社会的目标，必须尽快禁止核能发电并普及可再生能源。

OECD 在 1977 年所指出，日本在保护环境质量方面的政策滞后。今后如何确立环境权是个重要的课题。

包括中国在内的亚洲部分国家，可以说是在 20～30 年将日本战后 70 年所经历的四个时期的公害现象重复经历。因此不得不同时开展相当于日本四个时期的公害和环境对策，需要付出巨大的努力。

二、中日公害对策的比较

我并非研究中国问题的专家，对中日两国的公害和环境问题进行全面的比较力所非逮。我仅基于迄今三十年来与中国开展学术交流的经验，在与日本公害对策的历史教训相对比的基础上谈一些自己的思考。

自第十一个五年规划以来，中国的环境政策取得很大进展，而且在第十二个五年规划中国际性的环境政策也取得进展，在立法和机构两个方面已与日本处于同等水平。在发展可再生能源和环境影响评价的数量方面甚至已经领先于日本。但是公害的状况与日本的经济高速增长期同样严峻。特别是大城市的大气污染与河湖的水污染已经引发健康损害，必须采取紧急对策。以下列举几点可资参考的日本经验。

第一点，日本与中国在受害者运动，更宽泛地说在反对公害的社会舆论与市民运动方面有所不同。在日本，是市民反对公害的舆论和运动逼迫政府与企业不得不采取公害对策。市民在健康受损、生活环境恶化等人权受到侵害之时，认为比起经济利益而言改善健康和生活环境更为重要，形成了广泛的社会舆论和社会行动。这种行动是非暴力的，以科学的调查和学习为基调，推动了地方政府变革其政策。在未能促使地方政府发生变革的地方，则发起公害诉讼，其结果促成了企业和中央政府的改变。在中国，中央政府的五年规划等政策发挥着指导性的作用，但公害与环境问题对策的进展，取决于居民的环境意识以及决心防止公害的舆论与行动。中国的环境 NGO 的活动近年来渐趋活跃，但在参与制定公害与环境政策、行使基层自治权、发起公益诉讼等方面，还处于刚刚起步的阶段。另外，日本的公害对策的进展很大程度上得益于学校教育与社会教育双管齐下地开展了环境教育。环境教育与居民自治是推进环境政策的原动力。

第二点，在环境科学界所发挥的作用，以及科学家与市民（尤其是受害者）之间的关系上有所不同。公害的基本原因在于政治和经济。即使有了可以防止公害的科学技术，能否得到应用还要看经济和政治因素。在日本，关于公害和环境问题的科学研究自 1970 年代之后迅速发展，但在此之前经济学、法学等社会科学起到了先导作用。1990 年代环境经济学、环境法学、环境社会学的学会成立，三个学会之间紧密联动。我感觉中国的公害与环境问题研究领域中自然科学的比重较大，不知是否如此。在日本，部分自然科学家，特别是一些工科学者在水俣病和大气污染事件中，站在企业的立场上阻挠受害者的运动。最具影响力的，是被称作核电圈子的推进核电开发的政官财学复合体集团。置身其中的学者炮制出核电的安全神话，至今仍然信奉核电的安全性，主张重启和新建核电站。而另一方面，追究公害与环境问题的根源，为救济受害者提供帮助的学者也越来越多。本书中所介绍的由学者、律师等 500 名专家组成的日本环境会议就是其代表。这是个独立于政府和企业的自主性组织，对市民开放，以研究结果为基础提出政策建议，与核电圈子相对抗。中国是否也可以出现类似日本环境会议这样的自立的专家组织呢？

第三点，日本公害行政的主角是地方政府。如前所述，在大气污染严重时期，大阪府和四日市等地方政府制定了总量控制计划，在掌握主要工厂等污染源排放现状的基础上分配排放量，将污染源与环境中心之间以计算机联网，实现对各污染源排放数据的实时监测。当发生了超过环境标准的污染时，环境中心就会根据各污染源的排放状况给出减排的指令，从而维持环境的达标。因此，实现环境达标主要有赖地方政府的环境政策之力。另外，主要城市的中心地段都设置有与环境中心联网的信息发布塔，每小时更新 SO_2、NO_2、粉尘、噪声等监测数据，使市民对环境质量保持了解和关注。我在中国到地方访问之时，总会要求当地政府提供总量控制的实施状况和流行病学的数据，几乎从未如愿。也许最近情形有所变化，但无论如何，提高地方政府在环境保护领域的行政能力都是至关重要的。地方伴随经济开发所产生的土地收益以及房地产相关税收应当重点用于环境保护。因此，环境问题的信息公开，特别是与健康损害相关的流行病学相关信息公开，以及居民对环境行政的参与都是必要的措施。

第四点，我对未来中国可能出现的石棉引发的健康风险感到担忧。中国的石棉年产量约 40 万吨，居世界第二位；年消费量逾 70 万吨，居世界首位（超过第二名印度一倍以上）。虽然已于 2002 年 7 月开始禁止开采和使用对人体健康危害特别巨大的角闪石类石棉，但对于占地球石棉蕴藏量绝大多数的蛇纹石类石棉（温石棉）仍在继续开采和使用。2007 年 8 月，中国卫生部发布了《石棉作业职业卫生管理规范》以防范职业病，但关于石棉公害的情况尚未有报告。据中国国家职业卫生与毒物控制研究所李涛所长的介绍，曾有刊载于学术刊物上的论文透露，由石棉引发的间皮瘤患者达 2547 人。1949

年以来，共发现石棉肺患者 10 300 人，间皮瘤患者自 2006 年以来有所增加。我曾于 2009 年到中国国家安监总局职业健康司进行访谈调研，得知中国自 2008 年开始强化了与石棉及其制品生产相关的安全生产监管，但由于相关企业 90％以上都是中小企业，监管难以落实到位，有相当多的企业石棉粉尘严重超标。2005 年的一项调查显示，276 个被调查企业中只有 20 个达标。但由于石棉及其制品相关行业就业人数多达百万人，替代品的价格高达 15～40 倍，对石棉产地的区域经济有重大影响等因素，禁用石棉面临很大困难。根据日本的经验，即使是温石棉也会引发间皮瘤等健康损害。OECD 成员国中的大多数国家都已禁止石棉的使用和进口。即使马上开始禁用，也会在至少半个世纪的时期内继续有间皮瘤和肺癌等受害者出现。迄今为止主张温石棉安全性的加拿大（尤其是魁北克省）已经转变态度，将禁止石棉的使用和出口。中国如果深入开展调查研究的话，也会使石棉职业病和健康损害浮出水面，需要建立相应的救济制度。

中国在福岛核电站事故之后对发展核电的态度似乎转向慎重。目前中国投入运行的核电机组有 30 台，规划与建设中的机组有 40 台。中国是地震等自然灾害多发的国家，可以说风险比较大。既然可再生能源的发展已经较快，我希望对扩大核电规模要慎之又慎。特别是作为遗留给子孙后代的问题，日本对乏燃料的处理已经完全陷入困境。不能循环利用的核电在技术上是不完善的产业。乏燃料无论在中国还是在日本，恐怕都会给后代留下负担。

以上所论或有不妥之处，但提出的都是希望读者阅读过本书之后加以思考的问题。

三、致谢中国友人

1987 年 9 月，我受中国城市规划学会的邀请参加中日城市政策研讨会，我第一次在中国就日本的环境政策作了报告。就中国的环境政策作报告的是国家环境保护局的张启成副局长。这次会议上最受关注的是中国首次进行的 1985 年住宅统计的成果报告。其中提到，城市住宅中有 1/4 是危房，带厨房卫生间的仅占 1/4，农村住宅中有自来水的仅占 2.4％。到 2000 年的发展目标是，城市住宅户均面积 56 平方米，完善配套设施、提高环境和卫生水平。对面临的困难也给予了直率的说明。并提出，将引入市场机制，把房租提高十倍，并设定地价，实现土地的有偿使用。我对将住宅这一基本生活环境通过引进市场机制加以改革的方案深受震动。会上也与日本战后复兴时期的住宅政策的坎坷历程作了比较，进行了有益的意见交流。这次会议没有政治色彩，作为学者可以就如何克服当前的困难坦率地交换意见，这成为我与中国学者之间开展进一步深入交流的契机。

此后中国的经济发展令世人瞩目。但与日本的经济高速增长时期同样面临发展重化工业产生的产业公害与城市公害叠加而造成严峻的局面。我因此而受邀率领日本环境会议的学者多次来华开展调研。1998 年 10 月我受秦皇岛环境管理干部学院之邀举办讲座并受聘为客座教授。翌年 5 月该学院举办了水俣病研讨会，水俣市的吉井正澄市长和我作了报告。当时中国的医学界有观点认为中国也有水俣病发生因而成为热门话题，但未获官方正式认可。研讨会期间，我还应学院的要求就自然保护问题作了演讲。

2001 年我就任滋贺大学校长后，与之前已有学术交流的东北财经大学之间签订了校际学术文化交流协议，互派教师与学生，并设置研究室。我本人也在东北财大讲授环境经济学和城市经济学，深化了研究交流。与东北财大当时的校长于洋（已故）夫妻像家人一样交往。之后也与现在的校长夏春玉教授、阙澄宇副校长和吕伟副校长等经济学专业的各位先生们继续着充满友情的交流。2014 年 7 月《战后日本公害史论》在日本出版后，首先接到来自东北财大的邀请，我于 9 月到该校作了《战后日本公害史论》这一值得纪念的演讲。

我从一开始就满怀期待，希望《日本战后公害史论》能够被译成中文，介绍给广大的中国读者。但是本书篇幅巨大，专业术语繁多，我深知这并非易事。承蒙尊敬的林家彬博士慨然应允担此重任，组织团队，高质量地完成了译稿。我在此衷心感谢林家彬博士，高效而出色地完成了如此艰巨的工作。我还要感谢把林博士推荐给我的立命馆大学曹瑞林教授。我由衷地希望，本书能够为中国今后的公害与环境问题的研究和教育作出贡献。

于 2017 年 1 月

序章　战后日本公害史论的目的与构成

第一节　历 史 教 训

自日本战败、满目疮痍，经过了四分之一世纪，日本不断推进重工业化与大城市化，成为了仅次于美国的经济大国。然而在这个经济高速增长时期，日本暴露出种种社会问题，尤其是产生了史上著名的严重公害问题，东京、大阪等大城市及工业城市被笼罩在烟雾（能见度仅有 2 公里）之中，以至于冬季车辆必须在白天亮起大灯。河流散发着恶臭，变为鱼类难以生存的臭水沟。被称为公害原点的水俣病两度发生，受害者超过了数万人。在名副其实的惨痛疾病疼疼病中，镉中毒受害者有数百人（认定患者 196 人，需观察患者 404 人），受到镉污染需要净化的农业用地超过了 7575 公顷。被称为四日市哮喘的大气污染公害以大城市圈及工业地区为中心蔓延开来，经公害健康受害补偿法确认的大气污染认定患者，最多时约有 10 万人。70 年代初期，公害变得日常化，在全国范围内发生，甚至达到了媒体每天都要报道的程度。60 年代后期，公害便已成为重大的政治问题。

这些公害问题产生于实现了高度经济成长的政治经济社会体系本身。为救济公害受害者、克服公害，日本人通过独创的方法，付出了种种艰辛努力。尽管水俣病至今尚未解决，核电站灾害及石棉公害等难题层出不穷，但日本人与众多困难进行了斗争并努力克服，这一成果堪与前人致力于将日本建设为经济大国作出的贡献相媲美。而这些公害问题与对策的历史记录，对于在推进现代化的过程之中为严重公害所烦恼的中国等发展中国家而言，可谓一个重要教训。本书意欲揭示这一历史教训，并向国内外尚未对其进行充分重视的现状敲响警钟。

1. 战后日本公害问题的历史性、国际性特征

"公害先进国"

英国工业革命以来，伴随着工业化、城市化等近代化而产生的公害及环境破坏问题在各国相继发生。日本在战前已经出现了严重的公害问题，如足尾、日立、别子矿毒事件以及大阪的煤烟问题等，前人们亦曾苦苦思索对策。然而第二次世界大战以后的公害、环境问题，无论在量的层面，还是在质的层面，与之前的问题相比都迥然不同。其演化为在使用无数化学物质及重金属进行大量生产、流通、消费、废弃的整个经济过程中，环境侵害现象发生，不仅对工厂、生产单位周边造成污染，而且对全国国土乃至地球环境整体产生影响。因此，在发达工业国家，这已成为最重要的社会问题，到了 20 世纪 60 年代后半期，开始建立环境法制，政府内设立了环境主管部门（参照表 3-2）。日本的政府和学界在面对新社会问题时，往往会以欧美的成功先例作为参考，将其应用到日本的现实之中并制定相应的制度与对策。然而环境法制、政府主管部门等公害对策机构或环境科学研究到 60 年代前期为止在欧美并无先例，其对策及研究与日本几乎同期展开。而且日本的公害是在欧美前所未有的严峻事例。正如被美国研究者颇具讽刺意味地称为"公害先进国"，日本历经了现代所有的主要公害、环境问题，因此必须自主发展理论与对策。尤其是 70 年代前期在四大公害诉讼中受害者赢得胜利后，公害健康受害补偿法（简称公健法）的诞生，公害对策的不断推进，"公害先进国"的含义甚至转变为对于对策先进性的正面评价。可是，在 80 年代后期以后的环境问题变化之中，该评价也发生了变化。可以说，世界环境问题的主导权从日本转移到了欧盟。这与日本战后社会的变化有关。本书将主要截取从日本战败初期到 90 年代中期这一时期。聚焦环境问题中最为严重的公害问题，对受害的历史与实态、原因与责任、对策（告发、救济、预防、重建）进行论述。关于环境保护，仅对初期的运动进行介绍。因此，在进入本论之前，笔者将在此从历史和国际两个角度对战后日本公害问题的特征进行比较与论述。

受害的特征——健康、生活妨害

战前的矿毒事件与工厂公害，主要是对农林渔业的危害。别子（四阪岛）

的住友金属矿业与大阪制碱的大气污染，主要对水稻等农作物造成了危害。日立矿山的烟害事件则主要是对林业的危害。足尾矿毒事件不仅给农林渔业造成了危害，还使得谷中村村落荒废、农民流离失所，导致了可谓是如今核电站灾害前身的社区破坏，但受害的核心仍是农林渔业和农村。从当时二氧化硫气体的浓度来看，可以推断其对健康造成了危害，但这并没有成为直接的纠纷对象或请求赔偿的理由。战前的公害事件主要是工矿业环境污染所导致的农林渔业经济损失。即产业之间的对立。

战后的公害事件如第一章所述，与战前相同，始于工矿业的环境侵害所导致的农林渔业受害。然而，战后公害的主要特征是居民的健康受到威胁。是导致大量居民死亡或身患重病的"对人的危害"。也就是说，即使是对基本人权的侵害，也不仅是对财产权、营业权的侵害，更是对人格权、环境权的侵害。因此，成为十分严重的社会问题。水俣病、疼疼病虽然危害着农林渔业，但主要纠纷是因为它们对健康造成了危害。四日市的大气、水污染乃至噪音、震动等公害对健康和生活环境造成了侵害。由于这不是对物质财产权的侵害，因而明确污染源责任、认定受害在制度层面成为一个新的课题。与其他国家不同的是，日本在行政及司法层面的受害认定中十分重视从流行病学等公众卫生学角度确认受害、查明原因。

欧美也出现了危害健康的情况，如有名的英国伦敦烟雾事件，美国洛杉矶汽车大气污染事件都是对健康的危害。在这个意义上，第二次世界大战以后环境污染十分严重，以至于对健康造成危害，环境问题并非日本独有的现象。但是，欧美环境问题主要以自然环境和生活环境侵害这一宜居性问题为中心。如后文所述，日本初期公害论的形成参考了妨害行为（Nuisance）及干扰侵害（Immission），但两者均为对财产权，尤其是土地所有权的侵害。尽管日本也有对财产权的侵害，但主要还是"对人的危害"，因此关于公害法制与审判必须形成自己的理论。

中国等发展中国家的公害与日本相同，以健康侵害为中心。因此重视流行病学的日本公害对策及理论或许最能成为其参考。

系统公害——"市场的缺陷"与"政府的失灵"

战后日本的政治、经济、社会体系面目一新。如第二章所述，产业结构从以农业为中心转变为以工业尤其是重化工业为中心，农村人口快速向城市特别是三大城市圈集中。以铁路为中心的交通体系以及汽车运输、高速公路等道路网进一步完善，物资、人员的大量高速输送开始了。战前日本人的生活崇尚质朴刚健、"资源节约"，"可惜"一词曾经是生活信条。然而随着美国式大量消费的生活方式的引进，与战前相反的生活方式成为理想，鼓励追随流行、"用完即扔"的"富饶时代"到来了。

造就了如此"经济大国"的经济社会体系，是造成严重公害的原因。如第二章所述，在大城市圈及工业城市，工厂、企业排放的污染物聚集复合，侵害着环境。战后的政府将经济增长作为政策的第一目标。1960 年安保斗争后出现的国民收入倍增计划，便是战后政治的象征。之后经济增长政策被反复提及，其核心是以大坝、公路、港口等基础设施建设为中心的社会资本充实政策和地区开发，使得环境变化加速、国土面貌大变。

对被称作"市场失灵"的公害进行治理、保全作为公共财产的环境，这一任务被委托给政府。然而，日本的政府疏忽了这个职责，甚至在自己的公共工程中破坏着环境、造成了公害。"市场失灵"与"政府失灵"共同造成战后日本的公害更加严重，公害、环境对策长期停滞不前。

被称作"公害原点"的水俣病，也可以说是智索公司的犯罪，是由于有机汞的流出而造成的。与此同时，由于疏忽了对该原因物质的规制，导致昭和电工的新潟水俣病再次发生，忽视受害者的救济，政府责任十分重大。水俣病是由智索公司和昭和电工引起的企业公害，但同时也是政官财（加上部分拥护企业的学者，合称政官财学）复合体引起的系统公害。这是日本战后所有公害的共同点。如今中国等发展中国家的公害，是与日本这种由政官财学复合体引起的公害相同的系统公害，如果不对这种复合体的系统进行变革，问题就不能得到根本解决。这也适用于曾经的苏联社会主义公害，当一党专政的政治经济体系采取经济增长政策，公害就难以避免。尽管有此类历史教训，日本自身仍然没有进行体系改革。"核能圈子"的"核电站安全神话"导致了前所未有的核公害，可以称之为终极的系统公害吧。尽管发生了这种非常事态，"核能圈子"还在重建并维系下去。

那么，日本人是如何克服这种系统公害，在高度成长期又是如何推进政策、恢复蓝天的呢？

公害、环境政策的特征——居民运动、自治体改革与公害诉讼

为了解决严重的公害，日本创造了自己的方法。德国环境法学者雷宾德、

环境政治学者魏德纳表示，在德国，环境保护制度及政策由政党及专家自上而下地制定；与之相对，日本则是由居民的舆论及运动等自下而上发起倡议。由于政府坚持经济增长主义、推进开发，导致公害防止、环境保护工作推迟。因此为了防止严重的公害，不得不由居民的舆论、运动揭发公害，并呼吁提出相应对策。受害者的告发、基于 PPP（Polluter Pays Principle，污染者负担原则）的受害救济、环境标准、总量控制、Assessment（环境影响事前评价）、预防原则等公害对策的原理就是在居民的舆论与运动中产生的。为了能够以公害对策的形式实现居民的要求，日本采用了两种独特的方法（参照第三章）。

第一是在居民反对公害、保护环境等舆论与运动较为激烈的地区，通过大众媒体的间接支持，使得环境保护派的候选人在自治体首脑选举中当选，推进领先于国家的公害对策及环境保护对策。这被称作革新自治体，是在反对自民党政权的社共两党（某一时期为公明党）与总评等工人运动，以及该时期兴起的市民运动支持下成立的。革新自治体从 60 年代中期起持续了约20 年，以东京都、大阪府、京都府、滋贺县、福冈县、横滨市、川崎市、名古屋市、京都市、神户市等大城市圈自治体为中心成立，占据了全国的三分之一。革新自治体以条例的形式制定了比国家更为严格的环境标准，虽然不是法律，但还是制定了规定企业承担社会责任的公害防止协定，通过行政指导来推进环境政策。由于这种压力，政府于 1970 年召开了公害国会，制定了环境法体系，次年成立环境厅作为其执行机构。战后宪法规定地方自治为地方行政的本旨，在其民主主义原则基础之上，由居民实现了基本人权的确立。美国的环境经济学者米尔斯评价道，美国的自治体优先招商，并未在环境政策上倾注力量，而日本的自治体担负起了推进先进环境政策的重任。

第二是公害诉讼（参照第四、五章）。在自治体与企业一体化的"企业城下町"中，受害者在社会上被歧视，无法揭发公害，居民反对公害的舆论与运动也很微弱。如此一来制定行政层面的规制十分困难。因此作为少数派的受害者将向法院寻求救济当作最后手段。如疼疼病和水俣病，公害的受害者人数很多且受害呈多样化，很难证明个别因果关系。何况在四日市公害中，哮喘是大气污染之外的其他原因也能导致的非特异性疾病，发生源很多，可以说在科学上不可能严密证明其个别因果关系。前文提到的米尔斯认为，大气污染公害应委托给行政，因为在审判中即使部分受害者胜诉也无法救济多数受害者，会导致不公。但是在当时的日本不可能寄希望于行政，受害者陷入了绝望。如后文所述，这一困难重重的公害诉讼在律师与学者的努力下制定了法理，取得了胜诉，通过民事诉讼实现了救济。在这个成果的基础上，世界上第一部公害健康受害补偿法诞生了。

在欧美的学者看来，自治体改革与公害诉讼是日本独特的公害对策。这是在政官财学复合体这种经济成长主义的社会体系中，利用战后日本的宪法体制所规定的基本人权、地方自治与司法独立即三权分立制度，由居民行使其权利而形成的。这是十分重要的历史教训。

2. 公害在历史上的含义与概念——定义与补充

尽管公害在英语中被译为 Environment Pollution 或 Pollution，但这是一个独特的日本式概念。从日本公害研究的领域来说，或许称作 Environmental Problems 更为恰当。关于环境问题与公害的关系将在后文中加以探讨，在此笔者将对公害概念的历史性含义加以梳理。在 1967 年的公害对策基本法中，公害由日常用语转变为法律用语，尽管规定了七种具体的人为环境侵害现象，但还是一个十分模糊而具有局限性的概念。公害一词在概括伴随经济增长而产生的社会性灾害方面是有效的，以至于在 1970 年东京研讨会上有外国研究者提案道，Pollution 是物理性概念，而作为表示由环境破坏（Environmental Disruption）导致的社会性受害的总括概念，KOGAI（公害的日文发音，译者注）更为恰当，因此不妨将其与 TSUNAMI（海啸的日文发音，译者注）一样用作国际用语。那么，公害一词是如何在日本产生并固定下来的呢？

明治初期公害被用作公益或公利的相反概念，作为法律用语使用则是在 1896 年河川法之中。经过产业革命，大正中期工业化与城市化不断推进，工厂的煤烟、污水、噪音对周围居民的日常生活造成了侵害。如此一来，公害不再广泛地作为公益的相反概念，而是被作为"公众卫生的危害"加以界定，针对经济活动造成的环境侵害探讨对策的地方条例也相继诞生。如"烟囱条例""发动机条例"等。而当作为城市政策的公害对策变得必要时，大气污染防止等条例诞生，公害概念缩小为如今所说的、由环境污染导致的公众卫生危害。

当卫生工学者庄司光与笔者于 1964 年出版日本第一部跨学科启蒙书《可

怕的公害》（岩波新书）时，国语辞典中还没有公害一词。当时为了定义公害，首先参考的是德国法的 Immission 与英美法的 Nuisance。德国民法 906 条中有关于 Immission 的定义。根据定义，该词指的是由于气体、蒸汽、臭气、烟、热、震动以及其他土地中类似作用的侵入，土地所有者的使用行为受到侵害的现象。对于这一侵入自己土地的 Immission，原则上可以实行基于物权的停止侵害请求（包括排除、停止、预防）。Nuisance 在英美法辞典中的解释为"对他人土地及土地相关权利的行使加以非法干涉的行为。非法行为指从自己或他人的土地中释放或搁置各种对原告所有土地有害的物质，水、烟、气体、热、震动、电、病原菌、动物、植物等。"Nuisance 分为 Public 与 Private，Public Nuisance 指的是"妨碍普通国民、城市居民或不特定多数集团即公众均持有的权利行使的行为"。当初日本对这些欧美的法律概念进行了类推，但这些法律概念的核心都是物权层面的土地所有权侵害。与之相对，日本的公害不仅是经济层面的受害，其核心是健康损害，这是对人格权的侵害。由于在环境之中，可以确立私有权的是土地，在思考公害时考虑到土地所有权侵害是十分重要的，公共工程导致的环境破坏同时也是对土地所有权的侵害行为。然而战后公害的特征是大规模的日常经济活动所造成的对居民健康、生命的侵害，而非物质所有权和相邻关系受害。虽然可以参考欧美法，但有必要制定日本独有的公害定义与法理、政策。下面，笔者将回顾在日本的现实之中，公害概念被逐步固定化的历史。

　　战后首次将公害用作法律概念，是 1949 年的东京都《工厂公害防止条例》。然而转变为日常用语则是在进入 60 年代以后。1964 年在横滨市企划室"关于公害的市民意识调查"中针对公害问题，回答"关心"的占 73.3％，"了解公害中最可怕的是大气污染"占 85.4％。更值得关注的是认为为了防止公害"有必要进行居民运动"的人多达 76％。根据 1965 年、1966 年东京都、大阪市、川崎市等地的舆论调查，约有 60％的市民表示感受到了公害。如前文所述，在战前也有公害一词，主要用作法律概念，但到了 20 世纪 60 年代中期该词已经变成了日常用语。这是为什么呢？

　　在战前，公害是局部地区现象，主要指农作物、水产品的受害，以产业之间的对立为主。正如足尾、四阪岛事件被称为矿毒事件，指的是原因物质的毒害。可是到了战后，大气、水污染以及噪音等成为了全国性，尤其是城市的普遍日常现象。较之经济层面的损害，它们更多是带来了健康损害、生命损害等对人权的侵害。在高度成长期之前，公害还不是日常状态，而是偶然事件。前述东京都的《工厂公害防止条例》解说中提到，公害是请愿行政。如果请愿在行政当局的窗口被受理，则成为公害。

但是在经济高度成长期以后，较之之前的事件，公害更是对日常生活的侵害，居民开始考虑不再通过请愿，而是通过运动解决问题。据小森武所言，在战前的日本，由于国民的告发权没有得到保障，公害一词没有成为普通的日语表达，但在战后随着基本人权与民主主义的确立，国民可以向企业或政府提出诉求，公害意识也变成了社会共识。战争结束后不久，市民还试图通过向政府"请愿"解决问题，但在 1963～1964 年静冈县三岛、沼津、清水 2市 1町的公害反对预防运动成功阻止了政府与企业的联合企业开发以后，环境污染、破坏被作为公害加以认识，通过居民的舆论与运动解决问题的道路得以开辟。可以说公害对策基本法的登场正是因为担心反对公害的舆论与运动会阻碍经济高度成长与地方开发。

3. 公害对策基本法与社会科学的公害概念

1967 年的公害对策基本法第 2 条第 1 项规定"在本法律中'公害'指伴随生产活动及其他人为活动而产生的、涉及相当范围的大气污染、水质污浊、噪音、震动、地面沉降（为开采矿物挖掘土地所导致的情况除外，下同）以及恶臭对人类健康以及生活环境造成危害的现象"（1970 年加入了土壤污染）。这个定义被后来的环境基本法完全继承，其基础是 1966 年 8 月中央公害审议会的中期报告。报告举出公害的特征是，广泛涉及普通公众及地方社会，污染源多数存在无法确定，或即便确定也难以证明因果关系，责任不明确，难以在司法层面采取救济措施。这大概是参考了前述 Public Nuisance 概念而进行的提案。根据这一概念，四大公害诉讼等日本公害诉讼几乎都成为私害，而非公害。可以说在现实中使用的公害一词正如法律条文所示，指的是伴随生产活动及其他人为活动而产生的、涉及相当范围的环境侵害。

如第三章详细论述的那样，该法律受到了学者、律师、受害者组织的强烈批判。这是因为法律的第 1 条第 2 项有"生活环境的保全应力图实现与经济的健全发展相协调"这一调和条款。虽然在 1970 年的修订版本中删除了这一条，但现实中的环境行政还是采用调和论，政策的制定虽然在形式上基于成本效益分析，但在实际的国家政策中还是经济优先论占据了支配地位。另外法院判决也以比较衡量为原则，在国家的政策举措等同于公共工程中公共性成为了忍耐限度的尺度。可以说，战后公害、保护环境的科学以及相关的舆论、运动是与调和论乃至经济优先主义的斗争，如今这一课题仍在持续。

如前文所述，该法律将公害的范围限定为典型的七大公害。由重要矿害导致的地面沉降与核能发电站等辐射能被交给矿业法与核能相关法处理。其中的一个重要原因是这两项法律采取了无过失责任制度，但在其后的修订中，公害对策基本法也开始以无过失责任为原则。如后文所述，在福岛核电站灾害发生之前辐射能一直被排除在公害法制的规制之外，很明显是因为惧怕环境政策的规制，以及推进核电站的部门希望将行政一元化。其他方面如日照权、电波障碍等受害虽然成为了诉讼对象，但都没有被写入法律。或许本来在法律中就不应将公害的范围限定为七种，而应加上"等"字从而对范围不予限定吧。

针对这种新兴的、严峻的社会现象，庄司光与笔者尽量前往现场，并将调查资料与在国内外收集到的环境问题研究加以比较，最后将比较结果作为第二本跨学科启蒙书《日本的公害》（岩波新书，1975 年）付梓。其中对公害进行了如下定义。

"公害即：

（1）伴随着城市化工业化，在可预料产生大量污染物及集聚负效应的阶段；

（2）由生产关系规定，企业为追求利润节约环境保护及安全费用，普及大量消费的生活方式；

（3）国家（包括地方政府）忽视公害防治政策、没有保证充分的环境保护类公共支出，结果所导致的；

（4）自然及生活环境遭受侵害，以及由此导致人类健康受到危害或造成生活困难的社会性灾害。"

本书分析所使用的概念与方法论依据《环境经济学 新版》（岩波书店）。具体请参照该书，但在进入本论之前笔者还想对主要概念进行简要说明。

第二节　日本公害史论的方法与构成

1. 环境问题的理论勾勒

环境问题的整体情况

战后日本环境问题的根本原因是地域、国土的演变，是地球环境的变化。以水俣病为例，在人类健康损害出现之前首先显现出来的是水产品类、鸟类以及猫的异变等生态系统的变化。很明显这是环境侵害、宜居性（生活质量）的恶化。进一步讲，当水俣变成了企业城下町，居民受到企业支配时，公害就被隐蔽了。水俣病是在战前就已发生的。图序-1 显示的是环境问题的金字塔。也就是说公害问题是在环境问题的最终环节凸显出来，作为地域、国土环境恶化以及社区宜居性恶化累积的结果而产生。

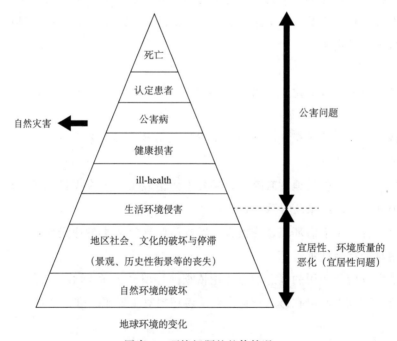

图序-1　环境问题的整体情况

　　因此，公害对策并非以受害者救济结束，为了防止重蹈覆辙，必须进行环境重建以及社区的复原与建设。

　　地球环境的变化也会导致宜居性减弱，最终引发大规模公害。尽管公害与环境质量（宜居性问题）乃至地球环境问题各有其具体的现象、原因及对策，却并不互相隔绝，而是如图序-1所示互相联系。这是环境活动家、学者、决策者决不能遗忘的原则。

　　灾难论整体中的公害论

　　当70年代公害成为日常用语以后，出现了将所有社会性灾害都称作公害的倾向。亚急性脊椎视觉神经症等药源性灾害或米糠油症等食品安全灾害也被称为公害。的确，这些是企业经济活动所造成的灾害，由于各级政府没有采取适当的政策导致受害范围扩大，以上几点与水俣病、四日市公害等有着共同的社会原因。但是药品、食品是商品，本来就有治疗疾病或维持生命、健康等使用价值（效用），因此消费者才会购买。可它们反而成为了有毒物质，危害了生命健康。这明显是违反商业道德的企业违法行为，是一种犯罪。与之相对，公害并非企业或个人过失，而是在生产过程或流通、消费过程中排放的废弃物引起环境污染、对生态系统以及人类生命健康造成影响的灾害。如四日市公害，即使企业遵守法律，因为没有规制大气污染的法律，或者即使有相关法律也太过宽松，才导致了受害的发生。虽然也有像水俣病的智索公司案例一样堪称犯罪的情况，但多数公害都是日常发生的系统灾害。

　　如前文所述，公害会造成与劳动灾害类似的损害。以有害物质短时期、高浓度造成污染的劳动灾害中发现的疾病为基础，公害的症状与原因也明了起来。水俣病、疼疼病、石棉公害也是明显从劳动灾害类推开来，得以确定原因。然而有害物质以环境为媒介对身体造成侵害的公害和有害物质直接对身体造成侵害的劳动灾害是不同的。由于公害的科学、行政落后，作为环境灾害的水俣病、疼疼病被视作与劳动灾害并无二致，因此水俣病没有得到解决。另外，与劳动灾害不同，产业公害的受害者与企业毫无利害关系，而是单方面受到侵害。所以与拿到了工资等经济利益的劳动者受害相比，对于居民的受害，企业的责任十分重大。

　　这些个别灾害性质各异，但同时如图序-2所示，与其他灾害有着连续性与重复性。也有劳动灾害与公害在同一地区连续发生的情况，如石棉灾害。

无视安全的生产工艺与环境灾害是相互联系的。

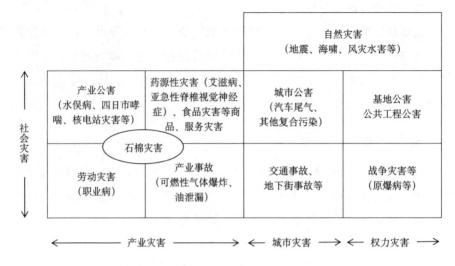

图序-2　灾害与公害（灾害的整体情况）

核电站灾害展示的是自然灾害与社会灾害的连续性。自然灾害的主要原因（根本原因）是自然现象，而次要原因（扩大因）在于社会缺陷（防灾对策、城市规划、社会资本的不完善等）。其原因直接或间接在于社会，从这个意义而言公害与自然灾害是相通的。在开采地下燃气、地下水导致地面沉降的地区，浸水等自然灾害频发。福岛核电站灾害是地震、海啸、事故的三重连续灾害。在安全综合政策脆弱的国家，复合型灾害多发。综合的灾害论与政策是十分必要的。这幅图表明了各种灾害的不同原因，同时也显示出它们的连续复合性。在当今日本，综合的灾害论非常必要。

公害、环境受害的社会性特征

公害、环境受害的社会性特征大致分为三种。第一种是开始于生物层面的弱势群体。当环境受到污染时，在植物中，冷杉等抗大气污染能力较弱的植物倒下了。虽然在过去日本的城下町，郁郁葱葱的冷杉如同武士的象征，在受到战争灾害与战后汽车尾气污染的影响后已不见踪影。人类也是一样，当大气污染等环境发生恶化时，少年儿童、老人、病人受到的影响很大。在1987年3月末公健法的大气污染（第1种）认定患者98 694人，年龄段构成中14岁以下的少年儿童占了33.9%，60岁以上的老人为28.5%，二者合计

62.4%。水俣病也是一样，发病主要集中在少年儿童（包括胎儿性水俣病）与老人。疼疼病多发于中年已生育妇女。其中也有地理性原因，因为像大气、水污染这种局部污染，以住宅周边为一天行动范围的少年儿童、老人、家庭主妇会24小时暴露在有害物质之中。由于这些人并不从事经营活动或劳动，因此对企业来说并没有什么负面影响。因为在市场制度之下，对策很容易被忽视，所以如果不从市场原理之外进行社会性救济，受害就不会显露出来。

第二种是受害集中于社会弱势群体。高收入者可以选择优越的环境、坚固的住宅、营养价值高的食品，可是低收入者只能居住在工厂、企业、高速公路周围等环境恶劣地区的简陋住宅里，靠营养贫瘠的食品度日。过去公健法指定的41处大气污染地区多是低收入者、中低收入者居住较多的地区。社会弱势群体即便环境污染严重也很难转移到环境优越的地区，而且无法凭借自身力量改变职业、接受恰当的医疗，这使得原本贫困的生活更雪上加霜。另外即便在社会上受到了歧视，个人也没有将公害诉诸行政或审判的力量，公害便无法显露出来。在欧美的调查中，少数民族受害者很多，而且救济十分困难。因此社会性的救济措施是十分必要的。在本书中，笔者将对受害者谋求行政与司法救济、艰苦斗争的过程进行叙述。虽然70年代日本制定了公健法，但如今并没有对大气污染患者进行新的认定。水俣病患者救济的特别措施法在2012年已经中止，石棉患者的特措法虽然存在，却并没有充分发挥作用。

第三种是公害、环境破坏与其他经济损失不同，包含事后难以补偿、不可逆的绝对损失。公害导致的健康受害多是不治之症，很难恢复原状，而且人死不能复生。日本尽管是海洋国家，但海岸被填埋，东京湾、大阪湾的自然海岸几乎不复存在。欧洲的海滨城市还维持着从海上放眼望去赏心悦目的秀美景致。可从海上望去，日本的代表性海岸城市则被包围在混凝土之中，只能望见烟囱和港口工程的吊车，无序耸立的超高层建筑、把东京都中心纵横切割开来的高速公路与新干线等等，令欧洲人蹙眉叹息的城市景观破坏已是无法复原的损失。由于包含此种不可逆的损失，公害、环境破坏诉讼不能只停留在金钱赔偿的地步，有必要发起以谋求环境政策为目的的停止侵害请求。而公害、环境政策中最重要的是以预防为目的的、有效的环境事前影响评价制度和规划行政。

作为政策组合的环境政策

如前文所述，在日本，公害及环境破坏的受害认定、受害原因的查明、受害的救济等花费了庞大的时间与努力。日本以独特的方法加以解决，其中行政与司法的直接规制以及日本式基于 PPP 的污染者费用负担金效果显著。也就是采用了政策组合。在这种情况下，舆论与运动等压力使得效果更加显著。环境政策从大方面可以分为，直接规制和通过经济手段、环境教育实现的自发性规制。最近受新自由主义影响，有放松规制、尽量运用市场制度、通过企业的自主性规制和经济手段进行推进的倾向。例如像 ISO14000 系列认证那样，在企业内部施行环境对策。没有采用政府、自治体规定上限的排放权交易制度，而是推进企业自主判断较强的排放权交易。70 年代以后，由于公害规制强化、能源危机以及资源再利用技术的进步，环保产业成为了与汽车产业相匹敌的产业，企业的环境对策不断推进。但由于这终究会受到市场的制约，仅凭环保产业的逻辑并不能够彻底解决环境问题。

环境政策的原则按 PPP、日本式 PPP、生产者责任延伸原则、预防原则的顺序逐步发展。核电站灾害与石棉灾害大概是没有启用预防原则造成的最大失败吧。在此，笔者将对理解下文所必要的理论进行简单说明。而在阅读本书之后读者将不难理解这种理论正是在历史之中产生的。

2. 本书的研究方法与时期划分

虽然公害研究是新兴的，但如今关于水俣病等个别的公害事件已有大量业绩出版问世。大气污染学会的大气污染史等特定现象通史也已公开发行。另外作为地区史，有北九州市《北九州市公害对策史》等。可是，涵盖日本公害整体的通史只有川名英之的《记录日本的公害》与饭岛伸子编著的《公害·劳灾·职业病年表》两部文献而已。另外日本科学者会议编著的《环境问题资料集成》提供了主要公害、环境问题的资料。这些辛勤成果成为了本书写作之际的参考。虽然有诸如此类的文献，在战后日本政治经济发展史相关的公害史方面本书或许是第一部。尽管称为通史，但本书如题目所示，是一部"公害史论"。

战后日本公害史论的方法——重视系统分析与决策过程

本书并非公害史，而是公害史论。因为本书既非公害事件与对策的记录史，亦非年表一类所有公害问题的通史。如前文所述，本书的重点是阐明日本公害的历史教训。由于公害、环境科学是新兴的学科，很多情况必须进行实地调查。笔者曾有幸与公害研究委员会成员等跨学科团队在国内外的重要公害地区，或可预测到环境污染、破坏的重要经济开发预定地区进行过调查。此外作为学者还参加了诉讼以及市民运动。而笔者的社会活动，即在日本环境会议的工作经验，令笔者仿佛身处70年代以后战后公害史的风口浪尖。毋庸赘言，只拥有实况调查经验是不够的，然而在这个过程中公害、环境论逐步得以体系化，并支持了新的公害研究。在本书中，笔者将实地经历过的、加以理论化的、最重要的公害、环境问题作为重点，对其历史进行书写。在此意义上，本书既非通史，亦非私史，而是公害史论。

在公害、环境问题中跨学科的研究是非常必要的。都留重人的《公害的政治经济学》体现出他对公害的研究分析从素材（医学、工学、生态学等分析）向体制（政治学、经济学、社会学分析）推进，并非以单纯的机能论结束，而是将公害的本质归结于经济体制。笔者在《环境经济学》中，并没有将分析从素材直接展开到体制，而是认为有必要从环境论角度进行独特的系统分析，提倡中间系统论，通过由以下几项组成的、具有素材与体制双重性质的系统的存在状态，去探明公害、环境问题的样态、原因、对策变化。

（1）在公私两部门的资本形成中，企业虽为谋求最大利益而行动，但如何采取了防止公害等安全对策？与之对应，公共部门如何将以防止公害为目的的社会资本、规制组织预算化、又是如何行动的？

（2）产业结构（农业、工业，特别是重化工业、服务业的产业配置）与能源体系如何形成、据此又采取了何种环境政策？

（3）地区结构（城市特别是大城市、工业城市与农村的生产力和人口配置）如何形成、集聚的负面效应是如何产生的？

（4）交通体系（人流、物流、信息流）是重视铁路等公共交通，还是汽车交通？为此交通事故、公害、拥挤等社会成本是如何产生的？

（5）生活方式是城市的大量消费生活方式，还是农村自给自足型的生活方式？通过大量消费，产生的浪费与废弃物是如何处理的？

（6）通过废弃物（家庭废弃、产业废弃物）的处理与回收，实现了何种环境维持或破坏？

以上六项诞生于近代化以后的资本主义商品市场制度之中，在现代得以发展，其起因是经济体制，然而同时也起因于超越了人类平均智力、行动力的科学技术，特别是工学其自身的素材本身，因此称之为中间体系。

（7）公共介入的方式会导致环境问题状况发生改变。现代有着基于民主主义的公共介入制度。基于宪法的基本人权、民主主义与自由，特别是思想与表达自由的保障方式与其如何被遵守，决定着公害的告发、居民的舆论与运动、媒体的报道、行政的应对、诉讼的方式。因此可以说公害、环境问题受到政治、经济、社会等综合体系的基本规定。各类公害尽管样态、原因、对策各不相同，但如战后的日本，严重的危害波及全国，成为一个重大的社会问题，是由于这一体系存在问题。恐怕如今中国等亚洲国家的公害亦是如此，是因为存在弊病的体系一直在持续运转。这种体系的变化、重复、公共介入方式的变化等即为贯穿本书的历史线索。

本书重视政策生成的过程。由于日本是法治国家，居民的要求可以改革行政，经审判产生裁决、由议会通过法案从而决定对策，可以说这种政策制定过程决定了公害、环境对策的性质。在审判中加害企业、国家环境政策的本质赤裸裸地展现出来。因为在重要的问题上，围绕对策会展开激烈的争论，其中政府政策的本质与决定事项的问题点会十分明显地呈现出来。这在四大公害诉讼、公共工程诉讼、公害对策基本法的调和论争论以及环境基本法中关于军事与核电站的争论等都有所表现。正因如此，审判与议会中的争论才会占据很大篇幅。

对象时期及划分

本书的研究对象从 1945 年战败时期开始到 90 年代中期。这一时期在经济史上划分为经济复兴期（1945～1959 年）、经济高度成长期（1960～1975 年）、石油危机与国际化（1976～1991 年）。公害史也大体依据这种时期划分，但事件未必在某个时期就能够结束。例如熊本水俣病以及疼疼病，虽然一般被认为发生在高度成长期，但实际上如本书第一章所述发生在经济复兴期。可是它并没有在这个时期结束。水俣病至今都没有解决，诉讼贯穿了全部时期。疼疼病在审判之后的 70 年代萧条时期，否定镉的说法死灰复燃，受害者为查明真相召开了国际会议，甚至为了根除公害，坚持每年调查研究神冈矿山的排水、煤烟状况，终于完全清除了公害，创造了日本公害史上根除公害的光辉历史。虽然要进行时代划分，但由于一个个重要的公害问题贯穿了整部历史，因此并不能像经济史一样进行明确的时代划分。

在公害史中，经济高度成长期是公害、反对公害的舆论与运动、行政与审判等的开展、公害科学的进步等近代史中事件和问题频繁发生、最令人眼花缭乱的时期。因此在本书中将有四章对其进行论述。70 年代后期以后，中心转移到了城市型公害，人们的关心也集中到谋求宜居性的自然、景观、历史性街景保存等环境问题与政策。因为笔者的专业方向也包括城市经济学，还参加过这种宜居性运动，手头有不少材料，但由于本书是公害史论，将把此类内容压缩到最小。然而如前文所述，公害与宜居性问题是相互联系的，应考虑综合对策。宜居性问题扩大时，有意隐瞒公害问题、公害已经结束的意见也将增加。的确，公害的样态发生了改变。然而只要中间体系没有改变，公害就会以另一种形式出现。本书将于 20 世纪 90 年代告一段落，但其后公害也是一个很大的社会问题，关于之后长时间受害频出的存量公害如石棉、核电站灾害等笔者将以补论的形式加以论述。

笔者本欲书写明治维新以后的公害史论，也进行了相关准备。足尾矿毒事件以来的公害事件虽然造成了严酷的受害，但担心足尾事件重现的企业也采取了当时最完善的公害对策，诸如日立的世界第一高烟囱、四阪岛世界最早的排烟脱硫以及大阪市的大气污染防止对策等。由于战争与战败，这些对策的思想与技术未能得到继承，这也是战后公害的原因之一。因此通过书写战前公害史、揭示战后的断绝与继承方是正攻之策吧。可是战前的公害史不似战后资料统计齐全，不可能以同样方式建构。另外与笔者志同道合，曾深入现场艰苦奋斗的清水诚、宇井纯、原田正纯、田尻宗昭、华山谦等畏友均已辞世，笔者必须抓紧时间留下战后的证言。因此，笔者保留了战前公害史论，将战后公害史论优先付梓。终有一日，或许与本书形式不尽相同，笔者还将尝试书写战前的相关部分。

注

1 "过度工业化的其他国家如此一来可将日本视作本国未来的范本。日本的环境恶化所
  导致的人类健康问题，受到了世界瞩目。人类的环境破坏所产生的极为复杂而危险的

结果，与世界其他地区相比，首先出现在日本及其近海。……要研究对于工业社会中日益显著的此类问题，文化水平高、又拥有技术的国民将怎样应对，日本是绝好的材料。"Norie Huddle 等著。本间义人、黑岩彻译《梦之岛——从公害看日本研究》（SAIMARU 出版会，1975 年）p. 3。

2　关于日本公害的历史教训，战前概论可参考以下论文。宫本宪一"日本的公害——历史教训"（《环境与公害》2005 年夏号，35 卷 1 号）。另外本书的序说在"公害史论序说"（《彦根论丛》382 号，2010 年 1 月），K. Miyamoto，*Japanese Environmental Policy*：*Lesson from Experience and Remaining Problems*（I. J. Miller，J. A. Thomas and B. L. Walker eds. Japan at Nature's Edge. The Environment Context of Global Power，University of Hawaii Press，2013）中也有论述。

3　魏德纳提到，日本环境政策的特征在于以流行病学调查为中心推进健康受害对策。当时西德于 1962 年在鲁尔区进行了大气污染的流行病学调查，报告称 156 人超额死亡，之后便没有进展。另外有记录称冬季大气污染严重时老人的死亡率上升 15%，特别是从 1983 年左右起公众对婴幼儿死亡率上升、儿童健康损害等十分关心，可是流行病学调查并不充分。大气污染公害研究费 1976～1980 年之间花费了 8 亿马克，但与人类健康相关的却只有 800 万马克。H. Weidner. *Air Pollution Control Strategies and Policies in the Federal Republic of Germany*：*Laws*，*Regulations*，*Implementation and Principal Shortcomings*，Berlin：Edition Sigma，1986，pp. 37-38.

关于日本公害中流行病学的作用和意义，请参照津田秀敏《医学者在公害事件中做过什么》（岩波书店，2004 年）。

4　Eckard Rehbinder，*Instrumente des Umweltrecht*. 德国宪法判例研究会编《人类·化学技术·环境》（信山社，1999 年），H. Weidner. "Die Erfolge der Japanischen Umweltpolitik"，S. Tsuru & H. Weidner，*Ein Modell für uns*：*Die Erfolge der Japanischen Umweltpolitik*，Köln：Verlag Kipenheuer & Witsch，1985。其中指出，关于德国与日本环境政策的区别，与德国的自然保护相比，日本的公害十分严重，且以健康为中心，因此才产生了这样的差异。吉村良一《公害·环境私法的展开与当今的课题》（法律文化社，2002 年）。

5　E. S. Mills. *The Economics of Environmental Quality*. N. Y.：Norton，1978. pp. 237-264.

另外法律专家也做出了同样评价。Gresser. K. Fujikura and A. Morishima. *Environmental Law in Japan*. The MIT Press. Cambridge，1981. pp. 245-252.

6　Cf. Mills. Ibid.

7　关于英国的公共卫生与妨害行为的历史，下列文献即为参考。工藤雄一"公害法（1863 年美国工厂规制法）的成立"（《社会经济史学》第 40 卷第 6 号）。武居良明

"英国产业革命期的公众卫生问题"（《社会经济史学》第 40 卷第 4 号）。武居良明 "通过公众卫生问题看十九世纪英国的行政改革"（《社会经济史学》第 42 卷第 3 号）。

8　小森武 "国民的意识与运动"（都留重人编《现代资本主义与公害》岩波书店，1981 年）pp. 37-38.

9　庄司光、宫本宪一《日本的公害》（岩波新书，1975 年）。这一定义以都留重人的《公害的政治经济学》（岩波书店，1972 年）pp. 29-30 中的下列定义为基础。"公害即，A. 在技术进步逐渐强化生产的社会化性质的阶段，一经济主体受到的外部影响较大、对外部造成的影响也较大的阶段；B. 贯彻经济主体所拥有的、私人企业型的自主自责原则；C. 力图利用集聚效益即外部经济这一积极性动机也起到了一定作用，集聚倾向自然增强；D. 对于对外部的恶劣影响，只进行了最小限度的防治与清除，向周边地区集聚，发生了从量到质的转化；E. 结果，很多情况下与个别经济主体的因果关系很难实证，个别经济体逃避责任；F. 对 "外部" 即不特定多数企业或个人，特殊情况下是对特定的企业和个人，造成实际损害的事态"。

10　在座谈会 "展望公害研究 20 多年的实绩与新发展"（《环境与公害》1992 年秋号，22 卷 1 号）中，都留重人谈到 "将公害译为英语 'disamenities inflicted upon public' 是正确的。如此表达虽然能够传达意思，但失之于太长而无效。因此，有不少外国人提到了 'KOGAI'。" 都留将宜居性的缺失作为公害，笔者所提出的环境问题金字塔与这种想法相近。

11　"大气污染协会史"（《大气污染学会志》24 卷 5 · 6，1989 年）。

12　北九州市《北九州市公害对策史》《同解析编》（北九州市，1998 年）。

13　川名英之《记录　日本的公害》全 13 卷（绿风出版，1987-1996 年）。

14　饭岛伸子编著《公害·劳灾·职业病年表》（公害对策技术同友会，1977 年，SUIREN 舍，新版 2007 年）。另外继承了饭岛的业绩，日本与世界年表问世。环境综合年表编集委员会编《环境综合年表——日本与世界》（SUIREN 舍，2010 年）。这是堪称日本独有的年表学杰作。

15　日本科学者会议编《环境问题资料集成》全 14 卷（旬报社，2002-2003 年）。

第一部 战后公害问题的历史展开

四日市公害。小学校园中玩耍的孩子们。然而在他们身后,烟囱群高高耸立,大气污染滚滚而来。1972年。照片由《每日新闻》社提供。

战争是最严重的环境破坏。在第二次世界大战中日本有约300万人失去生命,约40%的制造业设备毁于战火,也失去了大量宝贵

的自然与文化遗产。尽管战后复兴以饥饿状态为出发点，经过 1950
年的朝鲜战争与 1952 年的旧金山和约，经济得以复兴，但这是忽
视安全的经济重建。第一章探讨了经济复兴期发生的矿害、造纸水
污染事件，以及堪称公害原点的水俣病和疼疼病的初期历史。

从 1954 年起经过国民收入倍增计划，20 年的经济高速成长使
得日本成为世界第二经济大国。日本推进重工业化、城市化，创建
了大量生产、流通、消费的经济体系。这一政官财复合体体系铸就
了"奇迹般的经济成长"，同时这个体系使国土整体陷入公害。第
二章将对严重的公害状况及其典型案例即四日市与京叶公害进行
介绍。

公害对策开始的契机，是使政府开发陷入停滞的静冈县三岛、
沼津的居民运动及其影响。政府于 1967 年制定了公害对策基本法。
然而该法的性质有着优先产业发展的妥协性，并未能阻止公害的发
生。居民通过日本独有的地方政府改革与公害诉讼两种方法，开辟
了解决之路。第三章将对所谓的革新地方政府，施行比中央政府更
为严格的公害防止条例或协议并迫使政策发生变更；1970 年，在
国内外空前的反对公害的舆论压力之下，政府召开了公害国会，制
定了 14 部与环境相关的法律，翌年设立环境厅等过程进行论述。

第四、五章讨论的是公害诉讼。第四章，讨论的是最终谋求司
法救济的疼疼病、新潟及熊本水俣病、四日市公害等四大诉讼。尽
管诉讼十分艰难，但在舆论的压力和当事者的努力下，赢得了完全
胜诉。第五章是公共工程的公害诉讼，正如其焦点是环境权益优先
还是公共性优先，这是从正面挑战公权力的公害对策的重大诉讼。

第六章围绕高度成长期结束之前严重的公害问题，就解决了什
么、何种政策是有效的、什么尚为研究课题等，对来自国际国内的
评价进行了探讨。

第一章 战后复兴与环境问题

第一节 战后复兴期（1945～1959 年）的
经济与政治

1. 战灾复兴与朝鲜战争特需

战争对环境的破坏最大。第二次世界大战的受害情况尚未完全明了。普通民众死亡人数约为 70 万，军人军属死亡人数多达约 240 万。据经济安定本部的《我国因太平洋战争所受损失综合报告书》（1949 年 4 月），如表 1-1 所示，本土国富直接、间接损失高达 643 亿日元（国富的 25.4％），工业特别是能源部门、机械器具工业、化学工业受到了毁灭性打击。另一方面，除石川县、鸟取县，119 个城市遭到破坏，历史景观丧失，主要城市几乎化为废墟。236 万户住房被烧毁，80％的受害集中在东京、广岛、长崎、大阪、神户、横滨、名古屋七座城市。由于战时资材不足，国土保护、山林及农业用地整治等公共工程并不完善。因此农业生产力低落，荒废的城市地区灾害频发。而就是在这样生产力下降、荒废下来的城市国土，迎来了约 1000 万由殖民地等外占地撤回的民众和复员军人。在真真切切的饥饿状态的恶劣环境之中，战后的序幕拉开了。

虽然当时由同盟国决定占领下的基本政策，但实际管理被委托给了麦克阿瑟将军的美军司令部（GHQ）。该时期最大的问题是严重的通货膨胀。基本原因是，随着和平的到来生产无法满足需求的迅速增长，而发放日银券以整顿军事资金、废除战时统制制度等措施，使得物价高涨。以 1934～1936 年为基准，东京零售物价于 1949 年增至 243 倍（1952 年为 300 倍）。黑市物价更甚。政府为抑制需求采取了对通货、收入进行管理等政策，并通过实行倾斜

表 1-1　太平洋战争造成的本土国富损失　（单位：百万日元）

	直接损失		间接损失	
	金额	损失率（%）	金额	损失率（%）
总额	49673	—		—
A 资产型一般国富	48649	19.2	15629	6.2
(1) 建筑物	17016	18.8	5204	5.8
(2) 港口运河	17	1.0	115	6.5
(3) 桥梁	55	1.9	46	1.6
(4) 工业用机械	4684	20.1	3310	14.2
(5) 铁道及轨道	104	0.8	780	6.2
(6) 各种车辆	364	12.5	275	9.4
(7) 船舶	6564	71.9	795	8.7
(8) 电力、燃气	898	6.0	720	4.8
(9) 电信电话广播	243	12.3	50	2.5
(10) 水道	271	12.4	95	4.4
(11) 储藏钱财	17446	21.5	47	0.1
(12) 杂项	987	15.9	256	4.1
(13) 难以分类物	—	—	3936	
B 其他国富	1024	—		

注：根据经济安定本部"我国因太平洋战争所受损失综合报告书"（《1949 年经济白书》），冲绳县除外。

生产方式，对电力、煤炭、钢铁、海运、肥料等给予补助金及复兴金融公库（1947 年设立的政策性金融机构，下文简称"复金"）的重点投资，力图突破难关。当时的重要产业由复金融资、一般会计的差价补给金（原价超过时价时的差额补助金）与贸易资金特别会计的进出口补给金（美国援助物资售卖金）支持。由于复金的原资及差价补给金源自日银的债券，一方面通货膨胀加速，另一方面重要产业的合理化停滞不前，低效经营长期持续[1]。

　　1948 年中国革命近在眼前，在这种形势下美国对日政策转变，由之前的非军事、民主主义国家重建政策转变为：通过坚决制止通货膨胀，推进资本主义经济的重建与安定，推进国际化、工业化，从而使日本成为独立的远东反共势力同盟国。GHQ 向日本政府下达了"经济安定九原则"指令，为了该原则的实行，1949 年派遣底特律银行董事长道奇作为公使。道奇提出了

"道奇计划"，为了完成向市场经济的过渡，采取以下措施：①综合均衡预算；②废除经济统制；③实行 1 美元兑换 360 日元的单一汇率。他认为日本经济如踩高跷，极不安定，因此完全废止了如同高跷的复金融资与差价补给金等补助金，推进人员整顿等产业合理化与资本积累。1950 年为了安定财政制度，以哥伦比亚大学财政学权威夏普博士为首的税制改革调查团来到日本，提议进行财政改革。尽管通过这些改革，通货膨胀戏剧性地结束了，但是成长减速，国际化的考验开始，通货紧缩引发了严峻的经济萧条。

1950 年 6 月朝鲜战争爆发。这使得日本、冲绳成为了冷战时期的前线基地，同时由于战争物资筹措中的特需，日本经济一举好转。1950 年经济增长率为 11%，1951 年为 13%，工业总产值 1950 年增长 22%，次年即 1956 年的增长率为 35%，恢复至战前水平。特需规模三年累计多达约 10 亿美元，可与当时的年出口额相匹敌。正如特需景气最初被称为"咣当万元景气"，其始于纤维等轻工业制品，然后转移到机械、金属、钢铁等行业。1951 年日本开发银行等筹备设备投资的政策金融机构经历了整顿。同年产业合理化审议会公布了"关于我国产业的合理化政策"，电力、海运、煤炭、钢铁、化学等重点产业的合理化、技术革新开始了。生产的扩大是公害问题的开始。特需带来的经济复兴，同时造就了战后日本经济的扭曲。即由战前以中国为中心的轻工业制品出口结构转变为以美国为中心的出口成长结构。随着朝鲜战争休战，景气减退。当时重化工业制品价格比国际水平高出 20%～30%，在国际收支出现赤字的同时金融紧缩开始，经济停滞一直持续到 1954 年秋天。其间由于媾和条约，日本回归国际社会，再加上财政金融改革，到了 1954 年末，下一轮高速增长的序曲奏响了[2]。

2. 新宪法制定与战后改革

1946 年 11 月 3 日，日本国宪法颁布，次年即 1947 年 5 月 3 日施行。该宪法一改战前的明治宪法体制，废止了明治宪法规定的天皇主权，承认国民主权，天皇成为国民统合的象征。宪法以放弃战争、和平、基本人权（特别是男女同权）、民主主义（三权分立与地方自治）为基调。这部宪法的规定是欧美市民革命的成果，而且该宪法中包含着其后福利国家的社会权。不仅如此，该宪法还汲取了第二次世界大战的教训，规定了放弃战争、永久和平这一人类理想，具有划时代的意义。

在制定该宪法前后，为废止阻碍日本近代化的寄生地主制，分二次进行了农地改革，家庭制度的改革也不断推进。另外为了推进市场制度，对财阀进行了解体，通过制定工会法承认了劳动三权。还实行了教育的民主化。这些措施虽然有着占领政策这一框架，但推进了日本的现代化和民主化，为其后的高速增长奠定了基础。也就是说，并非战前的战争经济，而是以和平经济为基调、不再发起战争、减少军费浪费、技术开发亦以民品为中心等以上种种措施安定了国民生活，使得经济高速成长成为了可能。农地改革与家族制度改革使劳动力能够自由移动，加速了工业化与城市化进程。教育的民主化使高等教育大众化，促进了技术革新与科学发展。劳动基本权的确立使劳动条件比战前得到改善，提高了生产率，扩大了国内市场。就这样，战后宪法体制及其改革成为了孕育经济大国的制度基础。与此同时，这个经济大国，也是日本式的，是以政官财的勾结为主体的、以企业为中心的企业社会和依存于美国的企业国家。这种战后改革与其他国家不同，不是通过市民革命创造出来的。因此国民意识的变革并非自主，而是不断地，试图回到战前的制度，出现了改宪的呼声。另一方面，如后文所述，市民运动等社会运动利用该宪法等战后民主主义权利，修正了经济大国的缺陷，促进了社会问题的解决。例如反对公害及环境破坏的根据是宪法第 13 条、第 25 条规定的幸福追求权，这也成为了人格权和环境权的根据[3]。

3. 媾和条约与日美安保条约

1951 年 9 月对日和平条约于旧金山签订，次年即 1952 年 4 月生效，日本作为独立国家回归国际社会。日本通过 1952 年加入 IMF、1955 年加入 GATT 等，登上了国际经济舞台，1956 年 12 月获准加入联合国。然而对日和平条约并不是全面媾和条约，而是代表着加入西方阵营，中国、苏联等国家并没有参加。根据和平条约第 3 条，冲绳被置于美国统治之下。而对于日本的国际地位来说，最大的问题是与媾和条约一体化的日美安全保障条约的缔结。在该条约中，为了维持远东的国际和平与安全、应对外部对于日本国的武力攻击（包括由外部教唆、干涉引发的内乱、骚乱），承认部署美国军队。由此，之前的约 300 处在日美军基地（1400 平方千米，相当于大阪府面积的 80％）成为无期限借用。结果是，在日本，日美安保体制与宪法体制平行，那些对于国家而言最为重要的安全保障问题，越过了宪法九条的规定，由美国政府的世界战略决定，其影响波及到经济政策与环境政策，使得日本事实上被看作美国的"属国"。决定该条约具体内容的是，未经国会认可而于1952 年 2 月签订的日美行政协定。该协定承认了美军在基地上的排他性管理权，日本的法律不再适用，承认了对于美军事件、事故审判中的美军优先权，也免除了返还基地之际恢复原状的义务。1960 年安保条约修订，然而该行政协定作为日美地位协定，其内容被继承下来。因此日本国内实际上形成了治外法权的租界。即使是独立后亦如此，基地内的公害、环境破坏自不必说，关于航空器噪音及危险物质向基地外流失乃至已开放的基地旧址的环境污染清除责任等，日本的公害、环境政策并不能适用，航空器等的事故与美国军人、军属犯罪等等，日常性公害持续破坏着基地周围居民的生活。

1952 年伴随着日本独立，美国的对日援助也发生了变化。如 1954 年缔结的 MSA（相互安全补偿法），除了军事援助，资金返还等经济援助也中止了。日本开始发展自己的产业政策，经济高速增长的序曲奏响了。

4. 战后政治经济社会体制的确立

50 年代后期战后社会体制的基础得以确立。其开始于经济高速增长的出发点即 1954～1957 年的"神武景气"，形成于 1959～1961 年的"岩户景气"过程之中。同时这也是造成其后环境破坏的结构性原因。下面笔者将分条论述。

民间经济部门的特征

第一是朝鲜战争的特需以后，日本经济基于市场经济制度，通过振兴以美国市场为中心的出口经济，形成了从国际上促成长的经济结构。战后的急速复兴，从国际上看是高知识水平的工人忍受着住房等恶劣的生活环境，在低工资与长时间劳动的状况下，勤勉工作的结果。在特需时代，从海外撤回的民众与复员军人等失业者是主要的劳动力供给源。其后由于农地改革，农业生产力提高，产生了农村剩余劳动力，父系家长式的家庭制度崩塌，能够在地区间自由移动的农民为了在城市中找到工作开始了大量移动。这便是担负起经济高速增长的劳动力。

第二是从 50 年代起战后型重化工业开始了。战前的重化工业以军需为中心，而战后根据宪法九条规定军需受限，电器制品、汽车等耐用消费品，化学、机械制品，远洋船舶等民需成为了主体。例如钢铁行业表现为用于生产消费品的薄板成为必需，设备投资集中到了连轧部门。这种重化工业生产率的提高显示出美国等外国技术引进的显著效果。特别是具备最新技术力量的工厂开始在临海地区建设起来。其典型代表便是在当时经济状况下被议为乱来的 1956 年川铁千叶工厂的建设。这既成为了之后经济高速增长的象征，也成为了公害对策的目标[4]。

第三是取代了财阀的企业集团的形成。由于 1953 年反垄断法的限制放宽，三井、三菱、住友、三和、富士、第一劝银系等六大企业集团形成了竞争型寡头垄断。以银行为核心的企业集团的形成，是因为日本的企业投资通过银行的间接金融进行，而非通过证券公司的直接投资。尽管商业银行若进行长期投资，风险会增大，但是有日本开发银行等政策金融、日银的超额贷款为其提供保障。于是，企业集团诞生了，从此，丰田、本田、松下等新兴企业日益壮大。中小企业占企业总数的 90％，这与大企业形成了双重结构，成为日本经济的特征。

公共部门的特征

第四是由财政引领的经济成长政策。财政法从战前失败的教训出发，不允许赤字国债，经济高度成长期实行的是超健全财政。而且资助了民间经济的增长。其秘密就在于由于经济成长，税收增加多于预算，这种"自然增收"没有被运用到所得税减税或社会福利上，而是被运用到作为生产基础的公共工程以及企业减税等方面。另外以长期稳定储蓄即邮政储蓄和简易生命保险资金作为原资的财政投融资计划完善了民间金融，并通过开发银行等用于设备投资，促进了道路等公共工程的发展。

推进这一成长政策的主体，即以经团联为中心的财界、通过保守势力联合成为绝对多数的自民党、在占领下被姑息的官僚机构特别是经济官僚组成的政官财勾结的结构于 1955 年前后形成了。这便是在市场经济制度之下推进其他国家前所未见的、由国家主导的经济成长政策，并得以维持日美安保体制的理由。另一方面，在此时期社会党统一，在野党拥有众议院议员 1/3 的席位，因而可以阻止政府执政党修改宪法。这种 1955 年的体制，便是经济高度成长期的政治体系。

城市化与国民生活

50 年代中期战灾复兴结束，产业结构的变化与生活方式的现代化不断推进，快速城市化开始了。1953 年政府通过战后改革，为了形成足以开展教育、民生事业的行政财政规模，强制推行了市町村合并。这可以说是自上而下的城市化政策。如表 1-5 所示，1945 年全国人口中城市人口所占比例为 27.8%。该数值到 1955 年增至 56.6%，1960 年急速增长为 63.9%。较之城市化进程，住宅、上下水道、城市公园等城市设施的建设明显落后。城市建设无计划地推进，工厂地区在住宅地区附近建造起来，森林、农地等绿化带消失。1968 年城市规划法终于出台，但为时已晚。

战后的艺术文化也从战前的欧洲文化变为以美国文化为中心。与此同时生活方式也由战前的艰苦节约转变为大量消费的美国式生活方式。50 年代后期电视机、洗衣机、照相机等耐用消费品开始普及。这使得人们不再惜物，而是不断购买新产品、废弃旧产品，由此造成了能源、水、原料的浪费，也造成了大量废弃物的排放。这种城市化和生活方式的变化，引发了公害、环境破坏等城市问题的发生。

第二节　本源性公害问题的发生——20 世纪 50 年代的公害问题

战后经济复兴之际，政府几乎不曾考虑公害问题。战前公害对策的教训在战争中被遗忘殆尽，战后并未继承下来。如前节所述，政府将恢复生产力作为第一要务，采用倾斜生产方式推进重化工业化。由此煤炭等矿山公害，钢铁、化学、造纸产业公害开始出现，造成水俣病、疼疼病等严重公害的原因也在这一时期出现了。矿工业公害呈现出的是没有规制的产业革命时期的公害状况。另外到了 50 年代后期城市化推进，诸如东京、大阪等城市虽然在产业、人口等方面能够与欧美大城市相匹敌，但上下水道、道路、公园等城市设施尚未完善，住宅的复兴也没有进展。大气、水污染、噪音等公害严重，公众卫生恶化。这与 19 世纪的城市问题如出一辙。鉴于这个时期的公害延续了战前日本社会基本人权尚未确立时的状况，笔者将其称为"本源性公害"。然而其性质与自由资本主义时代欧美的公害以及战前日本的公害并不相同。而明显是现代世界大量生产、流通、消费、废弃的经济与城市社会的公害现象，这随着 50 年代后期经济高度成长的开始逐渐明了起来。

1. 公害请愿

　　虽然进入 20 世纪 60 年代以后全国公害的状况才越来越明显，但在制定了公害条例的地方团体已经开始基于条例接受公害请愿（表 1-2 统计的是 1958 年的公害请愿件数，此表也是全国最早对公害请愿的统计）。如表 1-3 所示，在同一时期各都道府县都有公害请愿件数统计。两表中各县的报告标准不同，受害件数与受害人口也存在差异。另外，也不像下一章所介绍的《可怕的公害》中的"公害日记"那样，在何处、造成了何种受害并不明确。尽管在这种意义上其并不完整，但可以知道的是，公害已在全国范围内发生，特别是煤烟、工厂排水、噪音等危害十分严重，超过了居民的容忍限度，开始发展到不得不向政府请愿的地步。

表 1-2　公害请愿件数（1958 年）

	受害件数	受害人口	每件受害人口
煤烟	1792	588849	329
有毒气体	292	111918	383
粉尘	1916	472437	247
小计	4000	1173204	293
噪音	6617	252303	38
震动	1629	44806	28
小计	8246	297109	36
工厂废水	1433	148892	104
矿山废水	33	48996	1485
小计	1466	197888	135

资料来源：据厚生省环境卫生课调查。

表 1-3　公害请愿件数各都道府县统计

府县名	大气污染		噪音·震动		府县名	大气污染		噪音·震动	
	件数	受害人口	件数	受害人口		件数	受害人口	件数	受害人口
北海道	105	13427	50	5246	滋贺	—	—	1	20
青森	16	15884	6	1110	京都	47	9585	7	5430
岩手	11	15120	4	5510	大阪	413	38674	1092	28690
宫城	13	2825	11	2398	兵库	105	126845	336	10480
秋田	—	—	—	—	奈良	14	1496	—	—
山形	139	6244	125	5671	和歌山	44	16730	11	2000
福岛	7	1320	—	—	鸟取	7	1945	3	85
茨城	—	—	—	—	岛根	6	360	1	100
枥木	123	8119	1	2500	冈山	27	12815	9	10285
群马	19	5500	2	1100	广岛	72	23235	116	13990
埼玉	17	2978	6	3848	山口	18	107410	9	21235
千叶	4	600	2	1500	德岛	16	1711	1	75
东京	876	26280	3336	100080	香川	11	1430	3	150
神奈川	57	11514	69	5701	爱媛	24	19897	—	—
新潟	12	7750	7	340	高知	1	1583	—	—
富山	7	4380	3	820	福冈	121	76595	—	100
石川	9	132	31	486	佐贺	19	7998	—	—
福井	—	—	—	—	长崎	41	20689	40	3920
山梨	—	—	—	—	熊本	4	2074	4	385
长野	19	1793	10	980	大分	20	12395	8	2450
岐阜	3	7010	3	35	宫崎	8	4480	3	270
静冈	21	—	33	—	鹿儿岛	67	18973	117	12370
爱知	403	45808	2779	44894					
三重	22	12010	7	2855	计	2968	695614	8246	297109

注：1）空栏为不明；2）1958年（昭和三十三年），据厚生省环境卫生课调查。

　　在东京都《工厂公害防止条例》的解说中，有"公害是'请愿行政'"的表述。在当时如果不向当局相关的部门申报，公害便不会被当作事件处理。然而在条例中并没有规定应当向哪个部门申报。因此，在横滨市，市政府的卫生课以及警察署、县厅等各部门都接到了申报。而实际上请愿的处理由保健所统一整理，并由监视员处理。大阪市或许因为有着公害行政的悠久传统，60％以上的请愿都首先到了保健所。1961 年 4 月大阪市卫生局在"关于公害请愿处理的分析"中谈到"公害问题正成为社会关心的舆论焦点。然而到现在，实际情况是国家几乎仍未出台任何有关公害的法律对策，在发生公害事实的诸城市或都道府县只能依靠行政指导及都道府县条例进行处理。可以说在我们大阪市也是如此，（公害）并无法律规制，而是由保健所的环境卫生监视员每次进行实地调查，并对公害的防治清除方进行指导，但是也有环境卫生监视员无论如何努力都无法解决的情况，还有些时候不得不对双方感情问题的纠葛进行调停。"该报告书为了打破现状，对 258 件请愿事件进行了调查分析。请愿中落实的有 167 件（64.7％），公害发生源为工厂的有 193 件（74.8％），绝大多数可称之为民事事件"私害"，但其寻求的是行政解决，而非司法解决。事件中违反公害防止条例的多达 157 件（60.8％）。条例虽然已颁布 10 年，但真正理解条例的投诉人不过半数，加害人不过 40％。结论是作为负责人的监视员没有法律权限，只能期待立法化。尽管法律层面尚未完备，当时的情况是这成为了重大的社会问题，民众向政府请愿、要求政府出面解决[5]。但是 60 年代以后，公害成为了无法通过请愿解决的、政治经济层面的重大社会问题，不断发展为市民运动。下面笔者将按照问题类别论述 50 年代公害问题的状况。

2. 矿毒事件的再次发生

在战后复兴期，国内资源的开发成为重点课题，以煤炭为中心的矿山开发与农业并进。特别是朝鲜战争以后无视安全、推进增产，战前以来的矿害事件再次发生。该事件一直持续到了 20 世纪 70 年代，在此加以总结。

足尾矿毒事件

大正末期以来一直处于尘封之中的足尾矿毒事件于 1958 年 5 月末开始以毛里田村为中心发展成社会问题。足尾矿山矿渣堆积，受台风、洪水等影响流入渡良濑川，造成下游受害。该年的灾害与降雨无关，主要是管理不善的源五郎泽尾矿库溃坝所致。受害町村涉及 3 市 3 郡 6000 公顷。古河矿业强硬地拒绝了赔偿要求，理由是已在1953年向待矢场用水组合捐献800万日元作为矿毒对策事业补助，在此契约书中规定，此后不再提出有关待矢场两堰土地改良区矿毒及农业水利相关的任何补偿要求。此前的补偿交涉是由村或农协中的头面人物前往矿业所、以个人形式进行直接交涉，被收买后则万事大吉，该契约书也未曾让受害者看到，而是在头面人物之间被处理掉。毛里田村的恩田正一为了斩断这种恶习，成立了"毛利田村矿毒根绝期成同盟会"，把此前的头面人物包揽交涉事宜改为受害者全员参与、改凭借补偿为凭借政府责任防止污染源等作为方针，展开了抗争。政府虽依据关于水质2法（"有关公共用水域水质保全的法律"（水质保全法）和"有关工厂排水等规制的法律"（工厂排水规制法）） 将渡良濑川确定为指定水域，但是该制度本身及行政均存在缺陷，问题没有得到解决。1972年3月，渡良濑川矿毒根绝期成同盟会基于矿业法115条，向古河矿业提出农业受害补偿并向中央公害审查会提出调停申请。其后申请者数量增加，最终申请者为973人，请求对象面积为470公顷，请求额为39.138亿日元。同年4月群马县认定矿毒的原因在于足尾矿山。在铜的选矿、精炼过程中生成的废弃物占据了14个尾矿库1125万立方米，含有铜、砷、镉等重金属。县将该调查结果交予古河矿业，要求提供补偿及对策。这是政府机构首次将足尾矿毒事件的原因断定为古河矿业，也是受到疼疼病诉讼原告胜诉的影响。

1974年5月公害等调整委员会（上述中央公害审查委员会改组）承认古河矿业的责任，要求提供15.5亿日元补偿、采取防止有越泽尾矿库等设施重金属流出的对策，并早日实现土壤改良工程等。1983年1月，公害防除特别土地改良工程启动。总工程费用为49.4亿日元，古河矿业负担其中的51%。至此，明治初期以来历经一百多年的足尾矿毒事件终于落下帷幕。尽管与所造成的损害相比，其补偿及土地复原规模都过小，但可以说战后民主主义之中受害者的勇气终于获得了成果[6]。

疼疼病

疼疼病是足尾矿毒事件以来的典型矿毒事件。这是在矿毒事件的漫长历史中首次明确了受害不止于农渔业，更是涉及人类，而且是通过诉讼及其后的现场调查，实现了受害救济、环境重建、污染源的全面公害防止等的罕见事例。

疼疼病的主要特征是由摄入镉元素引起的多发性近曲小管机能异常症和骨软化症，是需要经过长期暴露其中才会产生的慢性疾病。最初为腰部、膝部的钝痛，其后病症表现为鸭子状的摇摆行走，到渐渐无法行走，摔倒后极易发生骨折。有的患者全身上下有几十处骨折，身高缩短了 30 厘米。受害者多为中年已生育妇女，患者就像传染病患者一样在当地被歧视，被隔离或离婚，不乏因此导致家庭破裂的事例。疼疼病与通常的骨软化症不同，由于患者会轻易骨折，因剧痛大叫"疼！疼！"，在医院里便称他们为"疼疼女士/先生"。据说是《富山新闻》的八田清信记者首次将该病记为"疼疼病"[7]。

疼疼病是由于岐阜县三井金属矿业神冈工厂的尾矿库流出的废水造成神通川下游扇形地（如图 4-1 所示，被熊野川和井田川包围、除八尾町之外的地区）的水与土壤污染，居民摄入了当地的饮用水与大米而造成的疾病。据推算，神冈工厂排放的镉为 854 吨。

关于疼疼病，据说其发生于 1913 年（大正二年），正式发现是在战后的 1946 年，于 1955～1959 年达到顶峰，被认定为镉中毒症是在 1961 年。据说农渔业受害始自 1872 年。尽管 1910 年住友金属矿山与东予烟害同盟之间达成了关于防止烟害的协定，但从那时起，在全国范围内，矿山企业为了避免与居民之间引起纷争，普遍形成了提供赔偿金或慰问金以及当地振兴费的习惯。神冈矿山为了避免纷争，只要居民提出要求，便在烟害问题、水污染问题上分别向神冈町和富山县神通川流域的农渔民支付慰问金、振兴费等。战后不久，由于发生了废弃物因尾矿库溃决污染河流、危害农渔业的事件，1948 年以富山县副知事为委员长结成了"富山县神通川矿毒对策协议会"。这不只是地方政府和农渔业者参加的组织，更有神冈矿山相关人员加入，虽说要防止受害，但并非要求提出污染源的防止对策，而是围绕补偿金进行斡旋。在 1950 年，受害面积为 2300 公顷，预计减收规模达到 3000 石。因此 1951 年慰问金与生活奖励金从前一年的 90 万日元提高到 325 万日元。此后，三井金属矿业以设置除害设备为理由减少慰问金，1954 年以后为 270 万日元，1960 年以后为 225 万日元，1965 年以后为 250 万日元。关于渔业补偿，从 1949 年开始每年支付 25 万日元。在该委员会中，加害者与受害者同席而坐，协议现场选在宇奈月温泉等，这与其说是交涉不如说是妥协，因此像疼疼病这样严重的健康受害并未被列入议题之中[8]。

如前文所述，虽然战前已发生了被认为是疼疼病的疾病，但由于原因不明悬而未决。1946 年，复员后在妇中町继承了医院的萩野升看到神经痛患者异常之多十分震惊。他与河野稔联名在 1955 年第 174 届日本临床外科医学会上以"疼疼病（富山县风土病）"为题作了报告。河野稔认为这种疾病类似于骨软化症，但因为维生素 D 的效果是暂时的，因此作为辅助性要因，他列举了维生素及无机质摄取不足等饮食生活上的无知、农忙期平均 18 小时的劳动以及冬季长时间日照不足等过劳和恶劣的气候风土。当初，很多人认为其原因与此类营养不足和气候风土相关。萩野升最初也主张这一学说，但由于患者多产生于神通川中游的一定区域，他渐渐倾向于矿毒说。在 1957 年 12 月的第 12 届富山县医学会上，他首次提出了流经被害地并含有锌、铅的伏流水是主要原因的观点。

1960 年 8 月，神通川矿毒对策妇中町地区协议会委托农水害学者同朋大学吉冈金市教授"查明农业受害的原因"。吉冈金市认为当原因不明的疾病多发于特定地区时，流行病学研究是有效的。他注意到患者只出现在使用神通川水系的水作为灌溉用水的范围内这一现象。于是采集了同水系及对象地区的土壤、植物、鱼类，借出患者的病理解剖资料，将这些委托给冈山大学的小林纯教授进行分析。小林纯在神通川水系的各个样本中发现了异常大量的镉。吉冈查阅了外国的文献，发现法国镉电池工厂的慢性职业病中有与疼疼病相同症状的患者。因此将这些因素综合起来，发布了"神通川水系矿害研究报告书"[9]。由此疼疼病的病因被推定为从神冈矿山流出的镉。萩野与吉冈联名于 1961 年 6 月 24 日，在日本整形外科学会上宣布疼疼病是神冈矿山排放的镉引起的中毒。

对此，神冈矿山对该学说以"没有实证、自以为是的跳跃式猜想"进行否认[10]。富山县于 1961 年 12 月 15 日设立富山县地方特殊病对策委员会，公布了从零开始进行基础调查的方针。然而该委员会排除了提出镉中毒学说的三人，前面提到的河野稔和当地的保健护士也未能参加。这种人员构成显然是为了否定矿毒说。正如松波淳一所指出的，调查内容看起来可以说是"为了强调营养学说而进行的调查"[11]。笔者在这个时期正任职于金泽大学法文学部，从此开始关心公害，也与金泽大学医学部公共卫生教授、疼疼病研究的核心人物重松逸造有过交流。当时笔者在做地区开发的研究，正准备研究四日市公害问题。如后文所述，在这个时期围绕政府提出的新产业城市、工业特别地域的指定展开了激烈的竞争和交锋。几乎全国所有的县都为了指定一事向中央进行争取，其中富山县怀着异常的热情，将行政力量集中于新产业城市的指定一事[12]。富山县大概认为若在此时宣称疼疼病为"公害"，将会成为申请新产业城市时的决定性障碍。总之疼疼病并未被认定为三井金属矿业的公害。

国家于1963年以金泽大学医学部为中心发起了"厚生省医疗研究疼疼病研究委员会"，另外文部省也同样以金泽大学医学部为中心成立了"疼疼病研究班"开展研究。尽管两个研究会进行了最早的综合性研究，也取得了宝贵的成果，但因为不清楚污染源的状况，便在得到如下模糊结论之后解散了。

"关于原因物质的重金属，镉的嫌疑很大，然而镉单一原因学说略显牵强，营养上的缺陷也是原因之一。……仅从目前的成绩来看很难断定其真正原因。"[13]

此后，1967年日本公众卫生协会成立了厚生省委托疼疼病研究班继续研究。1968年5月8日，园田厚生大臣公布了厚生省的看法。"作为慢性中毒的原因物质，关于污染了疾病发生地的镉，除了来源于与对照河流的河水及流域水田土壤中存在的镉浓度相差无几的自然界中的部分，唯有神通川上流的三井金属矿业株式会社神冈矿业所生产活动中所排放的镉"，认定这是三井金属矿业造成的公害。然而，他表示关于镉在体内的活动、代谢及平衡，学术上尚未查明的点还有很多[14]。正因为这样的保留条件，导致了诉讼中的争论，乃至审判后被称作"反扑"的原因重提。

关于镉劳动灾害，从20世纪开始就有记录。另外关于慢性劳动灾害也有记录，其中就有前面吉冈金市引用的与疼疼病相类似的骨软化症。但是这些都并非经口摄入，也并非环境灾害。没有什么先行研究，疼疼病是最早由环境污染导致的慢性中毒，是因为摄入了被污染的饮用水和大米等食物。而且在特定地区造成很多严重的受害者，集中发生于中年已生育妇女。因此关于镉化合物尚有思考的余地，这有待之后的研究成果。

虽然在1961年疼疼病的病因已经真相大白，但以三井金属矿业为对象的运动并未展开。如前文所述，富山县否认了公害，但1967年12月，该县疼疼病患者认定审查会承认了73名需要治疗的患者和150名需要观察的患者，并于次年即1968年1月开始开展医学治疗研究。在当地由于公害大米失去销路，就业、婚嫁也受到影响，患者因受到歧视而很难采取行动。萩野医生也被视为沽名钓誉而遭到批判，被暂时剥夺保险医资格，陷入孤立不得不长期保持沉默。

　　然而，由于被寄予厚望的国家及县的研究含糊不清，受害者们不得不考虑自行采取行动。并于 1966 年终于结成了疼疼病对策协议会[15]，小松义久当选为会长。他们于 1967 年 5 月和 8 月，同三井金属矿业进行了两次集体交涉。然而，矿山方面态度冷淡，看似礼貌实则冷漠。如此一来，企业不承认原因，国家与县的态度含糊不清，小松会长认为在这种情况下能够拯救患者于水火之中的唯有诉讼。关于新潟水俣病和四日市公害都提起了诉讼，全国上下反对公害的舆论反响强烈，受害者的孤立状态逐渐被打破。小松会长考察了其他诉讼，在其经验基础之上，登门拜访了每家每户的受害者并确认诉讼意向。其后在与律师商讨之后于 1967 年 12 月决定提起诉讼。在此之前的所有农渔业损失都被委托给其他团体进行交涉，这是在日本首次对矿害导致的健康受害提出赔偿请求。关于其后的经过，笔者将在第四章中加以探讨。

3. 工业的原始性公害问题

　　倾斜生产方式使得钢铁、化学、造纸等工业的生产力得以恢复，并因此导致了大气污染和水污染的产生。由于当时的能源为煤炭，大气污染是由煤尘导致的烟雾，造纸工业等引发的河流污染罪魁祸首为有机物，因此均伴有恶臭。当时关于工厂公害并没有全国性数据。时间稍稍推后，1961 年的主要城市，例如东京都区部降下的煤尘量如图 1-1 所示，多处超过了每月每平方公里 20 吨，可谓世界上最严重的污染。如前节所说，1950 年朝鲜战争的特需使生产力急速提高。从生产指数看，钢铁、化学、造纸增长异常迅速，与1950 年相比，1955 年为 2 倍，1960 年为 4 倍。然而在此时期，由于忽视了对安全的投入，矿工业中发生了前所未有的、频繁的劳动灾害。而且公害对策也基本被忽视。企业开始进行防止公害投资是在 1965 年以后，从那时起反公害的舆论高涨，开发银行等政府金融及补助金、减税等财政手段也开始发挥作用。因此所有公害都发生于工厂周边，环境受到污染，健康受到危害，如表 1-2 所示居民向地方政府叫苦不迭，改善的地区却非常少。

　　关于典型的工厂公害八幡制铁（之后的新日铁八幡工厂）与日本智索公司（1950 年新日本窒素肥料，1965 年 CHISSO，以下称为智索）水俣工厂的公害，笔者将在下节中进行探讨。在这里，笔者想先举出安中公害问题，其中对于战前以来的金属精炼公害、特别是对农作物造成的危害，农民进行了约40年的反对斗争，结果首次通过诉讼确认了企业的过失。此外，笔者还将对战后初期最为严重的水环境破坏即造纸产业的公害进行简单介绍。

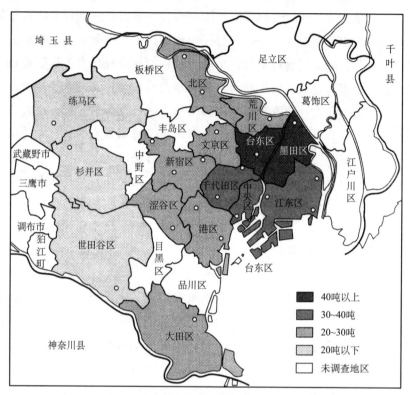

图 1-1　降下煤尘量所导致的东京都区部大气污染分布图

(1961 年（昭和三十六年），吨/平方公里/月)

注：〇为观测地点。根据东京都"城市公害的概况"（1962 年 12 月）

安中公（矿）害

安中公害与足尾矿毒事件、疼疼病类似，都是由矿物冶炼导致的公害，因此被称作矿害，但与其他事件不同，当地并没有矿山，而是运入进口原料并进行冶炼加工的工厂，因此在这里将其称作工厂公害。污染源企业是东邦亚铅（旧日本亚铅制炼），1937 年于群马县现安中市设立制炼所，对锌、镉等有色金属进行精炼。1949 年电解锌月产量为 400 吨，次年起增设锌焙烧炉和硫酸工厂，1968 年锌的产量达到了世界第二的生产水平。二氧化硫气体造成的植物受害和工厂排水造成的土壤污染在战前已经出现，居民担心工厂扩建加重受害，于1949年9月召开大会，通过了坚决反对工厂扩建的决议，并将反对请愿书提交给县知事。工厂请来通产省矿业课长、硫酸课长，请他们前往现场视察。他们声称，当地并无矿毒受害，新焙烧炉的SO_2将成为硫酸工厂的原料因此不会产生污染，工厂的扩建是必要的。群马县知事伊能芳雄认为"从重建日本等大局考虑不得不进行本工厂的扩建"，12月建设省批准了扩建工程，然而由于农民入京请愿的压力而暂时保留。次年即1950年1月，东邦亚铅受害地区农民大会召开，之后以藤卷卓次担任领导者，就反对扩建一事向县及中央政府再三进行了请愿。

当时，当地的众议院议员、后来成为总理的中曾根康弘、福田赳夫等也成为顾问，中曾根表示"不辞为我群马之田中正造"。为了拿到受害的证据，向东大农学部递交资料，并资助西之原农业试验所进行调查，然而由于上层的命令，该报告没有公开。藤卷等农民代表于4月20日进行了国会请愿，面见了吉田茂首相，得到的回复仅仅是"知道了"。置此次农民运动于不顾，工厂于4月11日确定扩建。由于这一决定，农民运动分裂，其后要求补偿成为了运动的中心。当时的工会站在企业一方，其态度是"受害状况近似谣言"。后来在这个扩建的工厂中劳动灾害频繁发生，1953年5月工会要求改善作业环境与劳动环境并举行罢工，但是被各个击破，无果而终。这反映出在无视安全的工厂之中，劳动灾害与公害接连发生，对于这一点，工会却没有充分地认识到问题，出于企业利己主义，直到自己承担了后果，才开始考虑与居民并肩战斗。其后，由于工厂没有采取基本对策，1952年耕地变为赤褐色的有毒土壤，小麦收成大幅减少。县农业试验所的调查也报告称越靠近工厂，土壤受害越多。1957年8月县在《东邦亚铅矿害对策的经过与概要》报告中称约240公顷的水田成为了荒地，有可能发生农民暴动事件，应采取长久对策。然而不顾居民的反对，电解铜工厂的扩建也获得批准。在这种情况下，公司担心居民发起暴动，与974户受害农民缔结了补偿协定，支付了770万日元。然而这平摊到每户不过7915日元。1958年旱地颗粒无收，连口粮都无法保证，出现了弃农现象。

虽然受害严重，受害农民的反抗也持续不断，但是东邦亚铅对地方经济、财政颇有贡献，使对策并无进展。为此事带来转机的，是1968年5月厚生省认定疼疼病为公害病。受此影响，在当地开始了镉污染调查和居民健康诊断，从 1950 年居民运动开展以来，首次举行了反公害游行。在青年法律家协会的援助下，1972 年 107 名农民向东邦亚铅提出了镉等污染的损害赔偿请求。此后诉讼斗争持续了 14 年，终于在 1985 年 6 月以法院和解得以解决。据此，对人体等的生活危害没有被承认，以因农业受害支付 4.5 亿日元和解金（请求额的 1/3）和企业今后努力防止公害为条件达成了和解。其承认了被告企业的过失，在其后的交涉中缔结了公害防止协定，承认了第三方监督机关与居民的介入。这一事件反映出尽管经过了战后改革，政府、县还是站在企业一边，农民被孤立，受害的补偿与预防难上加难[16]。

造纸工业公害问题

从战时到战后复兴期，国民生活中需求最为强烈的除了粮食、住宅，就是纸与纸制品。随着和平的到来与产业、教育的恢复、向文化国家的转型，对纸、纸加工品的需求激增。造纸、纸加工工业的企业数量从 1948 年的 2033 家增加到 1960 年的 7483 家，增长约为 3.7 倍，从业者从 9.5 万人增长到 25.4 万人约 2.7 倍；原料使用量增加到 22 倍；产品销售额从 342 亿日元增长为 5848 亿日元，扩大了 17 倍。然而通产省对 266 家工厂的调查显示，1961 年拥有污水处理设施的不过 54.5%，制造工艺中主要的成分为生产费用低廉的亚硫酸盐纸浆（SP）和碎木纸浆。因此有机质极多，排放出富含纤维的大量工厂污水，污染着河流和海域，对农业和渔业造成了严重危害。不仅如此，风光秀丽的河流海域受到排出的污水中的单宁与树脂等物变的影响而变为红褐色，景观不复从前。

根据水产厅的调查，1956 年由水质受污染导致的渔业受害事件为 478 起，相关主体为 3078 家，受害金额多达 8 亿日元。由于 1950 年的受害金额是 6500 万日元，增长为原来的 12 倍，变成了社会问题。如表 1-4 所示，加害企业中造纸企业接近 20%，成为了重要的发生源[17]。

表 1-4 各产业水质受污染受害事例

	煤炭	造纸	纺织	淀粉	化学	其他
1954 年	45	118	117	99	72	706
1956 年	40	91	42	110	57	478

注：小田桥贞寿、洞泽勇 "河流受污染与其净化动态"（全国市长会《河流的净化与城市美》1959 年），p. 13。

国策纸浆引发的石狩川污染

被称为北海道母亲河的石狩川污染曾十分严重。原因是工厂排水，排出了 80% 的污水、每天 26 万吨废水的国策纸浆是罪魁祸首。国策纸浆创立于 1939 年。其旭川工厂通过前文所述的 SP 方式，将木材成分通过排水排出，排放出木质素、糖类、硫化物、树脂等。1963 年石狩川的水质标准终于得以确立，可当时的状况是 BOD（生物化学需氧量）280 毫克/升，SS（浮游物质量）250 毫克/升。毫无意外，农业与渔业遭受了严重危害。1957 年石狩川水质净化促进联盟成立，要求国策纸浆制定对策，旭川市介入斡旋。然而由于净化设施需要花费 5 亿日元，公司企图通过补偿解决此事，对于农业受害，提供每年 130 万日元的补偿。另一方面，在内河的鱼类几乎全部绝迹，就当时的主要收入来源鲑鱼的捕获量来说，1950 年在音江渔场可以捕获 9933 条，而到了 1955 年骤减至 626 条，石狩川的渔业收入减至 5%。水质标准虽然得以确定，但石狩川再次恢复清澈、鲑鱼回游，已是许久以后的事了[18]。

本州制纸引发的江户川污染事件

1958 年 3 月位于东京都江户川区东篠崎町的本州制纸江户川工厂将制造工艺由碎木纸浆改为半化学纸浆（CP），并于 4 月 1 日开始生产。如前文所述，这种 CP 含有大量有机质，会排放大量富含硫酸铵等化学物质的废液，使河流呈现出红褐色。宇井纯在《公害原论》中写道，因此说本来不应建在城市近郊的不合常理之物到底建成了。4 月 6 日河流下游的渔民发现水质浑浊，随后捕鱼量开始减少。23 日渔民代表同工厂展开交涉，但厂方并未采取改善措施。到了 5 月排水造成的污染范围进一步扩大，东京都和千叶县九个渔协发起抗议活动，5 月 24 日约 400 名渔民向工厂抗议，工厂虽然暂时停止了排放，但协商未能达成一致。进入 6 月，东京都与千叶县水产课对葛西浦至浦安海岸进行调查，确认了受害的情况。由于东京都与千叶县的劝告，工厂 7 日起停止排放，交涉开始。然而不知为何工厂于 9 日突然开始强行排放，愤怒的渔民开始进行抗议。在 10 日举办的浦安渔协 1000 人大会上，通过了反对排放的决议，町长组织率领 700 人请愿团前往国会，要求自民党干事长即千叶县选出的众议院议员川岛正次郎努力解决此事。他们也向东京都提出了停止排放的要求。川岛提案于 11 日在东京都与水产厅的见证下进行协商，企业与渔民代表均表示接受。其后渔民希望直接前往工厂阻止排放，遂于下午 6 点之后到达工厂。工厂大门紧闭，并未对在交涉过程中进行排放一事表示歉意。渔民们闯进工厂，投掷石块，砸碎玻璃，破坏桌子等。晚上 9 点 50 分警察队 600 人开始进行武力干涉，并以暴力行为和不退去罪逮捕了四名渔民，并与激愤的渔民陷入混战，双方均有人受伤，最后渔民被驱赶到工厂之外。

11 日政府有关部门碰头进行协商，但没有达成一致，东京都基于工厂公害防止条例第 18 条，要求在改善工厂设备、证明工厂排水无害之前停止作业。6 月 30 日全国的渔协联合起来，召开"水质污染防止对策全国渔民大会"，向国会请愿。其结果是国会对此问题进行了审议，12 月 16 日众议院商工委员会修正通过了"有关公共用水域水质保全的法律"（水质保全法）和"有关工厂排水规制的法律"（工厂排水规制法）。本州制纸投入 1.5 亿日元建成防治设备，在通过东京都检查后于 1959 年 3 月 25 日获准作业。同时对渔民支付总额为 5100 万日元的补偿金。对于逮捕的 30 名渔民，警方将其视为由生活问题引发的偶然行为，未予起诉。

在此背景下，日本的第一部公害法诞生了。关于这一事件川名英之评价道："这是公害问题的典型模式，即受害居民在舆论背景之下促进法律政策的制定与改善"[19]。其主要原因包括在中央政府所在地东京赢得了媒体与舆论的支持；其为令各地头痛不已的造纸公害的典型；渔民采取了有效的手段，使得从地方到国会、中央部委都进行了受理等。的确与水俣病相比，由于该事件发生在东京，政府应对迅速。如下一节所述，该水质 2 法与之后的公害法相同，与其说是根除公害，倒不如说有着决定企业公害对策的限度这一调和论的性质，形成了之后法制的原型。《本州制纸社史》称，关于这一事件，在没有法律也没有水质标准的时代，找不到解决之路，排水并没有问题。从这种毫无反省的对往昔的追忆之中不难窥见当时企业的本质。

关于造纸工业公害，后来又发生了高知造纸事件（早在 1948 年就已爆发了反对活动），1951～1952 年兴国人绢纸浆污染佐伯湾、4.5 万名沿岸渔民发起反对运动的事件以及田子之浦底泥事件等，各地事件层出不穷。

第三节　大城市的公害

1. 史上罕见的快速城市化与城市设施（社会生活手段）的绝对性匮乏

以 20 世纪 50 年代为转机，在其后的经济高度成长期里，世界史上前所未有的快速城市化开始了。如表 1-5 所示，1945 年城市人口为 2000 万人，城市化率为 27.8%。这与美国 1880 年的城市化率相同。到 1955 年这个数据变为 5000 万人、56.6%，1966 年变为 6700 万人、68.5%，70 年变为 7500 万人、72.1%，达到了与同年代的美国的同等水平。由于美国以农业国之身进入城市化较晚，所以 20 世纪以后速度很快，而日本较之更甚，仅用 25 年时间就达到了美国耗时一个世纪的城市化水平。如前文所说，战争灾害十分严重，特别是大城市遭受了毁灭性打击。然而战后快速的经济复兴使得工业化与城市化以惊人的速度向前推进。如表 1-6 所示，这种异常的城市化的特征

表 1-5　城市化的变迁

年份	全国人口（万人）	城市人口（万人）	城市化率*（%）	城市数	美国	
					城市人口（万人）	城市化率*（%）
					(1880 年)	
1890	4097	320	7.8	47	1413	28.2
1920	5596	1010	18.0	83	5416	51.2
1930	6445	1544	24.0	107	6896	56.2
1940	7311	2758	37.7	166	7442	56.5
1945	7200	2002	27.8	206	—	—
1950	8320	3137	37.7	254	9647	64.0
1955	8927	5053	56.6	496	—	—
1960	9341	5968	63.9	561	12527	69.9
1965	9828	6736	68.5	567	—	—
1970	10467	7543	72.1	588	14933	73.5
1975	11194	8496	75.9	644		

注：日本根据"国势调查"，美国根据"Almanac"。

* 城市化率＝城市人口÷全国人口

表 1-6　战后的 4 大工业地带（1958 年）（相对于全国的规模）（单位：%）

地区名	工厂数	从业人数	销售额
京浜工业地区	13.0	19.5	22.9
中京工业地区	10.1	12.8	11.1
阪神工业地区	11.4	16.9	20.9
北九州工业地区	2.9	3.8	4.6
合计	37.4	53.0	59.5

注："1958 年（昭和三十三年）年工业统计表"。

表现为，工厂向四大工业地带，特别是东京、大阪、名古屋三大城市圈集中。在这种工业化的影响下，人口也更为集中。特别是在美军占领下中央集权式的占领军与政府的经济统制，造成了东京单极化。而在高度成长期中，由于重化工业化与管理中枢功能和教育文化功能的集中集聚，三大城市圈形成了。在下一章中笔者将对这种大城市圈的形成与环境问题展开叙述，但在此笔者要就战后复兴期中异常城市化引起的、十分严重的、日本独有的大城市公害进行简单介绍。

在农村，生产用地的分布比较分散，农民的住房呈散居型，独门独户零星分布；与之不同，在城市里，在狭窄的地区集聚着企业和住宅。城市的发展是企业和个人谋求集聚效益的结果。城市中的企业和住宅共同使用着一座建筑或公寓。许多市民居住在高层住宅或单元式公寓等集体住宅中。因此市民无法像农民一样拥有井，并在自家处理垃圾及粪便等。上下水道、清扫设施、能源、公共运输机构，以及医疗、福利、教育等社会性消费若不充分，城市化的生活方式则难以成立。然而战前日本城市中的基本城市设施就不完备，其根本原因是资金、资源被用于富国强兵，而非国民生活的改善。因此日本市民尽管生活在城市当中，还是使用共同的井，而非上下水道，大小便堆积到厕所，还原为农民的肥料，废弃物被卖给保洁企业进行处理。这种生态环保的生活方式，使大小便不会污染河流，尽管用今天的观点来看，这种完全循环模式在某种程度上应得到重新评价，然而当时城市化的推进速度缓慢和设施的贫乏，卫生状况恶劣，市民们只得忍受着艰苦的生活。更何况战争灾害给住宅与城市设施都带来了毁灭性破坏。

由于新宪法体制规定政府保障基本人权，理应首先对住宅及城市生活环境进行建设，但是为了提高生产力，企业的设备投资被放在首位，公共投资也优先放在道路、港口、大坝等产业基础。在战争结束后仅半年的时间里，东京都就有约 70 万人涌入，之后一直到 50 年代东京每年人口增加 30 万。推进受到严重破坏的工厂建设，1951 年末数量达到 3.7 万座，每年增加 5000 座左右。正是在这种简易的住房、赶造的工厂、不完善的生活环境设施之中，城市化不断推进。表 1-7 显示的是下水道普及率。在欧美，自古以来有将大小便倾倒到河流之中的习惯，到了 19 世纪，由于霍乱、伤寒等疾病流行，下水道的建设工作、河流污染防治工作不断进展。如表 1-7 所示，在欧美城市，下水道几乎 100％配备齐全。然而在日本，1960 年时，556 个城市中铺设下水道的只有 149 个市（占 26.9％），而且其中多数还未建成，因此下水处理率仅为 4.5％，使用冲水厕所的人口仅为 5％。由此可知，日本很多城市连一厘米的下水道都没有，即便在东京，享有下水道的人口仅为 23％，大小便的处理基本是掏取式，其中很大部分被倾倒于大海之中。另外水道（上水道、简易水道、专用水道）的普及率在 1960 年 3 月只有不到 49％。如前文所述，由于城市规划不完善、行政落后，工厂与住宅混杂，大气污染及噪音、震动等工厂公害成为日常事件。与此同时，伴随着城市住宅、环境设施的缺失，城市公害反复出现。

表 1-7　下水道普及率

	市区面积 （ha）	同人口 （千人）	处理面积率 （％）	处理人口率 （％）
东京	41301	7288	21.7	23.2
大阪	18100	2616	16.9	5.0
京都	6128	1051	19.2	3.2
旧金山	12140	800	88.4	95.0
西柏林	32500	2200	55.4	85.0
斯德哥尔摩	3415	390	67.8	84.6

注：全国市长会《河流的净化与城市美》（1959 年），p. 55。

在《可怕的公害》一书中，关于这一时期大城市的公害有如下表述。"如今的大城市成为了一切公害的云集之处，'世界末日'一般的大事故每月都会发生。"[20]表 1-8 显示的是东京都与大阪府的公害请愿。根据两地区 1962 年的公害概况来看，从工厂公害到城市公害逐步增加，从住宅区域内小规模家庭工厂的噪音、震动到大企业的大气、水污染日益显著。尽管东京都与大阪市设置了公害部，但受理请愿、处理其中的一部分已是应接不暇，无法采取积极的预防措施。下面笔者将简单介绍东京都与大阪市的相关情况。

表 1-8 大城市的公害请愿件数

	东京都				大阪府	
	昭 24～36 年总计		昭 37 年度		昭 29～37 年总计	
	件数	比例（%）	件数		件数	比例（%）
大气污染	2951	30.3	工厂 956 城市 566		2358	31.1
水污染	177	1.8	不明		313	4.1
噪音、震动	6326	64.9	工厂 1184 城市 544		4905	64.8
其他	294	3.0	—		—	
总计	9748	100.0	工厂 2140 城市 1110		7576	100.0

备考：根据东京都"城市公害概况"（1962 年 12 月），以及大阪府"大阪府公害施策概要"（1962 年）。

2. 东京都的公害

大气污染

在大气污染方面，降下煤尘量测定及应用二氧化铅（PbO_2）法的 SO_2 测定开始实施。早在 1952 年 12 月 5～9 日发生了伦敦烟雾事件，高浓度的浮游煤尘与 SO_2 引起的烟雾导致死亡人数超出平时 3500～4000 人，震撼了全世界。这个来自海外的消息也使得大气污染对策成为燃眉之急，尽管制定了条例，然而几乎没有效果。当时日本与英国的情况相同，煤炭是大气污染的首要元凶，在其后石油成为主要能源之前，降下煤尘量与烟雾一直是污染的指标，而非 SO_2。1958 年的降下煤尘量如表 1-9 所示，东京、大阪超过了欧美的大城市，远远超出煤烟之城匹兹堡，测出的煤烟量可与当时全美第一工业城市纽约（与今天不同）相匹敌。如图 1-1 所示，商、工业地区的污染十分严重。尤其是日比谷的千代田纸业大厦观测点 1961 年 1 月创下了 135 吨的可怕记录。由此烟雾（能见度 2 公里以下）主要发生在冬季。如图 1-2 所示，在 50 年代，一年里有 60 天以上时间笼罩于烟雾之中。SO_2 也开始增加，1962 年 12 月都厅前的记录为每月日均 0.136 毫克/升。

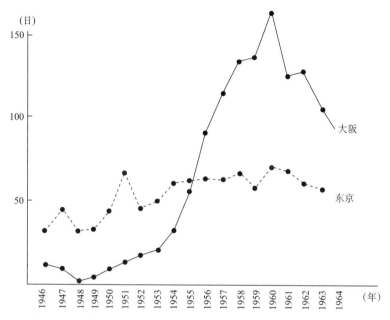

图 1-2　大阪（东京）的浓烟雾日数累年变化（1946～1964 年）

注：1）1965 年以后，烟雾的发生日数重新呈现出增加趋势；

2）据大阪市公害对策部调查。

不仅动植物受到影响，健康受损事件也在报纸上频频出现。然而当时既无相关调查，也无救济措施。大气污染的主要原因是适用条例的工厂里 1.2 万座烟囱排放的煤烟，此外还有 2800 座公共浴室的烟囱，以及无数的大楼、家庭暖气的煤烟。另外在 70 年代成为新大气污染元凶的汽车的交通量也变为每天 350 万辆。

作为城市问题的水污染

正如在战前的日本上下水道设施落后所导致的，城市的河流污染对农渔业造成了不良影响，但那时尚未发展成影响市民健康和环境的问题，水污染对策十分迟缓。伴随着快速重工业化与城市化，由于饮用水、上水道水源的必要性以及观光等，水滨环境及水污染成为了城市问题。曾为水都的东京的重要水系——隅田川水系与大阪市内河流的污染就是其中的典型。

表 1-9　欧美与日本城市的降下煤尘量

（单位：吨/平方公里/月）

城市	降下煤尘量
柏林	4.8
伦敦	11.5
曼彻斯特	6.4
洛杉矶	7.7
匹兹堡	16.4
底特律	14.8
纽约	25.7
东京	23.0
大阪	20.7

注：厚生省《厚生白书》（1962 年版）。

隅田川周边是通产省和东京都招徕用水型工厂的地区，被称作工厂下水的无底线地带。当时总理府资源调查会发出劝告的水质标准规定，水道水等产业用水的 BOD 为 2 毫克/升以下，污染界限为 5 毫克/升，但是 1960 年 1 月，在志村桥附近的 BOD 达到了 34 毫克/升，浮间桥附近 DO（溶解氧）完全消失。支流石神井川、神田川也被称为垃圾及大小便等家庭污水的无底线地带。在神田川浅草桥附近的 BOD 为 128 毫克/升，在下田桥下，大肠杆菌 1959 年 7 月达到顶峰，1cc 中多达 59 000 个。而距离河口较近的隅田川厩桥附近的 BOD 则达到了 310 毫克/升。"二战"结束后不久，在这附近尚能捕获银鱼、鳗鱼及其他鱼类，知名的"都鸟"翩翩飞过，然而在短短十几年的时间里这里就变成了一条恶臭熏天、产生硫化氢和甲烷气体、浑浊如墨的臭水沟。

相对洁净的江户川也出现了危害渔业生产的工厂排放污水事件。另外为 65％东京都居民提供饮用水的多摩川的污染也加速了。在玉川净水厂，随着电动洗衣机的普及，合成洗涤剂取代肥皂被广泛使用，洗涤剂的泡沫裹挟着垃圾流入下污处理厂，加大了净化难度，即便使用活性炭过滤，成本也偏高，枯水期时过滤尤为困难。

水污染的首要原因是工厂排水处理设施的不完善。例如在多摩川沿岸，员工超过四人的企业中拥有处理设施的不到 27％。第二是下水道设施的不完善导致垃圾及大小便非法排放，工厂、家庭将未经处理的污水排入下水道。正如多摩川合成洗涤剂导致污水处理厂的处理能力低下，河流污染开始了恶性循环。东京都在 1961～1962 年对隅田川水系进行了调查，推测污染源中工厂排放废水占 60%、生活污水占 40%，而企业则认为东京都的调查并不充分，污染的原因工厂家庭各占一半，生活污水有很大影响。而河流净化进度迟缓，是因为依据 1958 年水质 2 法制定的隅田川水系水质标准在 1963 年没有得到各省特别是通产省与农林省的一致同意，悬而未决。作为对策，设置了下水道，东京都把该水系作为国家的补助金事业，从 1963 年度开始用三年时间花费 150 亿日元建设了相关设施。可是在工厂的排水处理没有改善的情况下，只要工厂把废水排入下水道，处理就十分困难。下水道也承担着吸纳、疏通雨水的任务，仅凭该设备无法解决污染问题。但是，这个时期的水污染状况表明日本的公害对策或城市对策究竟落后到了何种地步。

噪音·震动——声音暴力

在迅猛的经济复兴过程中，日常生活里最令市民苦恼不堪的莫过于噪音、震动。或许是因为噪音严重时与震动的感觉很像，在当时的请愿中，两者并未加以区分。由于都心、工厂地区的市民 24 小时直接暴露在工厂、商业、交通噪音中，不适感十分强烈，也影响着精神状态与内脏机能的安定。根据庄司光的先导性研究，当超过 40～45 方时，1/4 以上的人会表现出情绪不稳定、睡眠障碍、日常生活障碍（对会话、读书、学习等造成障碍）。1954 年 3 月 27 日，日本公众卫生协会在厚生大臣"公害对策"相关谘问中答复称，住宅地区的噪音等级为白天 50 方、夜晚 45 方，商业地区为 60 方与 55 方，工厂地区为 70 方与 60 方。然而这一标准并未被遵守，如表 1-10 所示 1962 年情况十分严重甚至堪称"声音暴力"。都教育厅的调查显示，关于噪音对授课造成干扰的相关投诉占据学校总数的 10%，多达 163 所。根据后面提到的"公害日记"，当时不堪噪音干扰而自杀或父母子女一同自杀未遂以及噪音源工厂主杀人事件等频发。另外，外国人在东京、大阪停留时的普遍投诉是噪音严重、无法入睡。然而政府的对策十分迟缓，如第五章所示，公害关联法的噪音标准并不统一，工厂与住宅标准不同，特别是交通噪音中航空、公路、铁路（新干线）等标准各不相同。而且关于交通噪音，不乏诉讼中政府被起诉而慌忙制定的情况。所以，噪音对策遵循的是经济优先，而非保护生活环境。

表 1-10　东京都不同用途地区噪音等级　　　　　（单位：方）

	住宅地区	商业地区	工业地区
平均	57	63	69
最低	47	53	54
最高	68	81	82

注：东京都《城市公害概况》（1962 年 12 月）。

地面沉降

早在战前就已开始的地下水、天然气的开采导致了地面沉降。根据《东京都与公害》（1970 年）记载，地面沉降成为普遍性问题是在 1932 年左右，并于 1938 年达到顶峰。从 1944 年到 1947 年江东地区的地面沉降停止了。然而从 1955 年左右起，与战前相比程度更甚的地面沉降开始了。时间稍稍推后，1969 年，根据东京都的调查，都区内面积 570 平方公里的 54％即 309 平方公里是下沉地区，荒川河口附近、龟户附近每年下沉 22 厘米，荒川以东地区每年下沉 10 厘米等等。海平面以下的零米地带达到了 58 平方公里。

地面沉降会对建筑物产生影响。地层的收缩会导致结构物的凸起，同时，不当下沉还会对护岸、水道、燃气管道等地下埋设物造成危害。老城区的桥梁呈现出太鼓桥一样的形状正是由于地面沉降。尤为危险的是在 1959 年伊势湾台风造成的名古屋南部灾害中的海平面地带浸水。地面沉降是不可逆的，无法复原。因此必须规制使用地下水。1956 年国家制定了工业用水法，开始规制工厂用水。另外东京都为应对风暴潮，从 1960 年起花费约 1800 亿日元建设相关工程。地面沉降是公害与自然灾害相结合造成严重灾害的典型事例，在之后也长期对居民造成着影响[21]。

3. 大阪的公害问题

大阪市虽然与东京 23 区一样因轰炸遭到了毁灭性打击，但以朝鲜战争特需为契机，以纺织业为中心完成了迅猛的复兴。正如大阪单位面积的企业产值居日本首位，其公害污染源的密度也很高，特别是临海地区受到旁边尼崎工厂公害的影响很大。从 50 年代后期开始，经济高速成长期的大阪市就是一派地狱景象。

大气污染问题

战前大阪市的大气污染非常严重，也制定了相关对策。尽管曾因战争一度中断，大阪市从 1922 年开始就进行降下煤尘量的调查。参与了调查的庄司光对其部分成果介绍如表 1-11。

表 1-11　大阪市降下煤尘量的年变化　　　（单位：吨/平方公里/月）

	1931-1940	1946-1947	1948	1950	1951	1955	1956	1957	1958	1959
不溶性物质	9.83	2.64	5.16	8.24	11.05	11.05	12.44	12.45	11.48	10.85
灼热减	1.78	0.71	1.36	2.46	2.25	2.44	1.89	1.87	1.55	1.82
蒸发残渣	8.92	—	5.01	8.23	10.59	8.12	4.35	5.21	3.91	3.47
SO_3	3.45	—	2.42	5.07	6.49	3.85	2.52	2.54	2.35	1.96
Cl	0.63	—	0.59	0.58	0.53	0.31	0.28	0.22	0.28	0.36

注：庄司光 "最近的煤烟问题"（《燃料及燃烧》第 28 卷 7 号）。

如表 1-11 所示，从不溶性物质来看，战败初期的 1946 年最低，低于 1937 年前后的 1/3，极为正常。可是随着之后的经济复兴再度增加，1951 年超过了战前。由于城市的空气中吸湿性微粒很多，空气即便不是非常湿润也容易使水蒸气凝结形成浓雾。烟雾（能见度不足 2 公里的烟雾）是受工业污染物污染的烟与雾的混合体，特别是在煤烟较多的情况下形成。通过图 1-2 大阪市与东京都的浓烟雾经年变化可以发现，在经济复兴过程中随着煤炭能源使用的增加，烟雾的形成也变得日常化。1960 年能观测到最大值，大阪实际上有 160 天。烟雾主要发生在冬季的 10 月到次年的 3 月，这意味着空气每天都受到了污染。当时笔者居住在空气清新的金泽，为了调查污染在冬季来到大阪，目睹了空气泛青、恶臭逼人、即便晴天电车与汽车也要开着前灯行驶的场景，颇为震惊。1960 年以后，能源开始由煤炭转向石油，烟雾也开始减少，但看不见的 SO_2 污染变得严重起来。

烟雾的危害如污染脸部及衣服，有时会导致交通拥堵或事故，但最重要的是威胁着市民的呼吸器官，这成为了严重的社会问题。在东京圈，如同横滨哮喘一词所代表的，1946 年有消息称该市港湾地区的美军相关人员中爆发了大气污染疾病。另外从 1959 年 2 月到次年 8 月，外山俊夫对川崎市小学儿童的肺机能与大气污染的关系进行调查，发现二者有所关联。而大阪圈内，从战前开始集聚在临海地区的重化工业就已造成严重大气污染的尼崎市，铃木武夫从 1958 年 9 月至 12 月对这里的中学低年级学生进行了大气污染的相关性疾病的数据与污染关系的相关性调查。结果发现中学生的所谓感冒与悬浮粉尘浓度之间存在关联。铃木的结论是大气污染的导致了急性呼吸器官疾病的增加。在尼崎市，尽管在这个时期对大气污染进行了调查，探明了其与市民健康之间的关系，但并没有得到企业的协助。

水污染

正如江户时期的大阪被誉为东洋威尼斯，大阪市内河流沟渠纵横，风景秀美，是名副其实的水都。天下三大祭之一的天神祭便是土佐堀川水上行船的祭典。在中之岛上曾有游泳学校，传说过去河水清澈见底。寝屋川的水甚至可以作为饮料水出售。虽然昭和初期污染加重，但战败后市内河流均恢复清澈。然而 1950 年以后水质急剧恶化（如图 1-3 所示）。60 年代初期在寝屋川的京桥附近，BOD 超过了 50 毫克/升，从中之岛流过土佐堀川天神桥附近的水超过 30 毫克/升，成为恶臭扑鼻的臭水沟。大阪市的河流水质且不说作

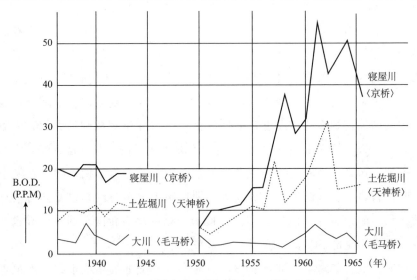

图 1-3 大阪市内主要河流 BOD 常年变化

注：据大阪公害对策部调查。

为饮用水源，即便作为环境的一部分来说，也陷入了最差境地。

大阪湾的海水污染以神户到大阪附近沿岸最为严重，其主要污染源是被生活污水和产业排水污染的大小河流的流入。根据大阪府水产试验所的调查，在淀川以及神崎川、安治川、尻无川、木津川等支流河口，1956 年 1～6 月平均下来，大肠杆菌最大或然数为 2～15 万个，有时达到几十万个，BOD 为 10 毫克/升以上。这种河流水污染的影响波及大阪港外约 2 公里的地方。另外大海中粪便的排放导致大阪港前方到湾中央约 20 公里海域的海底受到粪便污染。这是因为坐落在寝屋川周围的中小工厂的排水未作处理，以及从京都到大阪的淀川流域中，各市町村的家庭及企业几乎均未设置下水道。

地 面 沉 降

尽管集中于大阪湾岸的工厂于"二战"中开采地下水、天然气导致地表开始下沉，但在战败初期工厂生产活动中止的 1945～1948 年下沉停止了。如图 1－4 所示，地下水位下降 5 米，则地面沉降 50 厘米，显而易见地下水的开采是导致地面沉降的原因。这是战前在该地区进行调查的和达清夫的调查结果。从 50 年代到高速成长期，地面下沉最为严重。在大阪市西区九条，从 1935 年开始的累计下沉量于 1962 年达到了 280 厘米。从 1959 年起，大阪市开始进行规制，但下沉地区已经出现了浸水现象，在 1961 年的第 2 室户台风中浸水住房 11 万户，受灾人数为 47 万人，受灾的损失金额达到 887 亿日元。大阪市虽然建设了防潮堤，但由于地面沉降，效果甚微，因此为了防灾对其进行了整修。另外为了抑制地下水的开采，建造了工业用水道，并以低于成本的价格提供给工厂。终于，沉降停止了。在此期间，西淀川西端的 1 平方公里被水淹没，近海地区只能看见过去工厂的烟囱，环境遭到了严重破坏。

表 1-12 是地面沉降对策费的整体计划，这对于东京都、名古屋市、大阪市、尼崎市来说，是一项沉重的负担。由于大阪市、尼崎市除此之外还有用于防灾以及港口、水路改建等对策，耗资颇多，导致两市城市规划迟缓。诸如此类的社会成本本应由抽取地下水的企业负担，然而当时完全没有实行原因者负担的原则[22]。

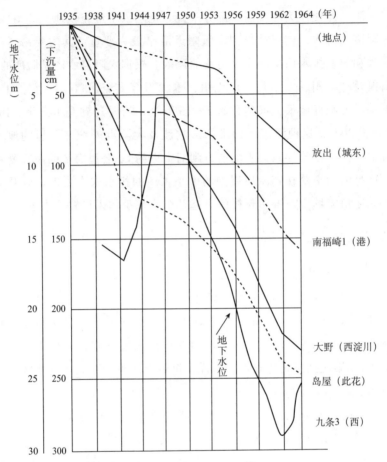

图 1-4 大阪市内地面沉降及地下水位的常年变化图

注：大阪市公害对策部调查。

表 1-12 地面沉降对策费整体计划 （单位：百万日元）

城市名	金额
东京都	84575
新潟市	8284
名古屋市	35940
大阪市	50400
尼崎市	15100
川崎市	10800
合计	205099

注：地面沉降对策城市协议会《与地面沉降做斗争的工业城市》（1963 年）。

第四节 公害对策

1. 企业的对策

大气污染对策

50 年代的企业以提高生产力为第一目标，只要没有来自地方政府的严厉指示，便彻底忽略防止公害的工作。关于大气污染，对当时的工厂进行过调查的庄司光曾这样描述："工厂的现代化、设施的恰当维修管理和锅炉操作者的训练与教育均不充分。在安装并维修管理防止大气污染的除尘装置、除气装置等设施方面的努力不够。这加重了大气污染。另外只要将有害气体、蒸汽、粉尘排出工作间就可以净化劳动环境这种简单的想法，给工厂附近的居民造成着危害。"[23] 2005 年发现的久保田石棉对居民造成危害等事件，正是 50 年代至 60 年代未将有害的石棉未放在工厂内进行处理，而是向周边扩散这种无视居民安全的生产方式造成的。关于当时企业对策的资料非常有限，在此对调查了 60 年代初期之前实际状况的《可怕的公害》一书进行简要概括。造成烟雾的元凶即煤炭燃料的消费量 85％ 来自制造业和公益事业。据推算，当时产生煤烟的设施约为 8.2 万座，其中锅炉约为 6 万多座。关于除尘装置，尽管 19 世纪中期起已经开始使用袋滤器，1906 年引进了科特雷尔电动集尘器，日本于 10 年后开始在硫酸、水泥工厂投入使用，但由于价格昂贵许久未能普及。1959 年，八幡制铁第三制铜工厂作为煤烟对策模范工厂尝试使用电动集尘器作为排烟中的煤尘回收装置。1960 年左右文丘里除尘器等高效电动除尘器的使用量增加，成为了燃煤火电厂的主流。

尽管没有对全部企业进行调查，通产省对八个地区 271 处工厂进行了调查，结果如表 1-13 所示。1960 年度除了大型微粉碳锅炉与水泥窑外，几乎均未安装集尘设备。当时凭借红色烟雾屡屡登报的氧气炼钢法平炉仅有 19％ 安装了集尘装置。水泥窑全部配有集尘设备则是因为除害装置可兼做原料回收装置。

表 1-13　集尘设备的设置比例　　（占调查对象的比例，%）

●1960 年度调查		●1961 年度调查	
水管式锅炉（微碳粉除外）	3	大型微粉碳锅炉	90
金属熔解炉（主要是熔铁炉）	9	平炉（氧气炼钢法平炉）	35（19）
金属加热炉	4	水泥窑	100
直火炉	3		

注：通产省、厚生省"大气污染便览"。

　　山口县宇部市的对策表明，只要安装了高效集尘装置，就能够防止煤尘。宇部市工业主要包括火力发电厂、宇部兴产水泥工厂、同窒素工厂、宇部苏打工厂、协和发酵宇部工厂等企业，使用的是发热量 3500 大卡、灰分 45% 的低品位煤。由于这种煤的使用量超过了每年 100 万吨，1951 年最严重时降下煤尘量达到了每月 55 吨/每平方公里。山口县立医科大学的野濑善胜调查显示，由于大气污染，患者的症状恶化。污染严重到连猴子都长出了鼻毛。其后以宇部兴业为首的相关生产单位投入了约 5 亿日元，结果 1959 年降下煤尘量减少一半。这反映了通过企业的努力，煤烟的防止在一定程度上是可能实现的。然而煤烟问题的解决是因为燃料的转换，即从煤炭转向石油。其后污染的元凶从煤烟变为 SO_2，这种危害通过宇部方式无法解决。关于 SO_x 可以考虑将燃烧气体用碱，如氢氧化钙，加以洗净，但其实际应用是在四日市公害事件发生之后。

　　目前还没有企业大气污染对策费相关的全国资料。根据通产省调查的集尘装置设备费，钢铁 A 公司（平炉 6 座，包括冷却用纯水装置）为 13 亿日元，钢铁 B 公司（平炉 7 座）为 3.3 亿日元，电力 C 公司（气罐 4 台）为 2.3 亿日元，水泥 D 公司（水泥窑）为 4640 万日元。

工厂废水处理

　　60 年代初期，拥有产生污水及废液的生产设施的企业概数为 2.2 万家，矿山为 3600 家。全国每天需要处理的工厂排水量约为 1200 万吨，约占全国主要产业消费淡水量的 1/2。根据通产省的调查，1961 年 11 月 30 日汇总的 1587 家工厂之中，只有 736 家工厂安装了排水处理设施，占比不到 46%。若论不同行业处理设施的保有率，石油化学、摄影感光材料、炼油、钢铁（有高炉）等为 100%。已引起纠纷的造纸为 55%，发酵的持有率只有 67%。且无法断言保有率为 100％，排水就得到了完全净化。在此后环境问题成为政策课题时期的《经济白皮书》（1973 年版）中，企业的 BOD 处理率 1965 年为 0，即使到了 1970 年也仅为 8.9％。也就是说即便拥有排水处理设施，到底进行过何种处理存在疑问。根据笔者当时的调查，100％持有排水处理设施的石油工业园区海水污染非常严重，与渔民之间发生了纠纷。根据 1961 年的通产省对全部排水口的调查，约 70％没有流向公共下水道而是直接流向河流和海域。关于这一排水处理费，根据 1961 年的"工厂排水统计表"，1587 家调查工厂的年产值为 36 846 亿日元，与之相对，处理设施的购买金额为 131 亿日元。废水处理每吨成本为 600～700 日元。关于维修费与清偿费共计在产值中所占比率，造纸厂 266 家平均为 0.29％，炼油工厂 24 家平均为 0.07％，钢铁为 0.03％，这项当时主要产业的水污染对策费在经济上几乎微不足道。

企业的工场选址——过失的开始

虽然公害对策的根本是发生源对策，但工厂公害发生时，将发生源工厂等营业设施与住房、学校、医院等生活设施分离开来是一种有效对策。在城市规划的教科书中写道，工厂地区应位于住宅地区下风向 2 公里开外。从战后复兴期到高度成长期，城市规划、国土规划等土地利用计划优先于经济增长，并没有诸如此类的环境保护思想和政策。企业选址时，军事上的制约已经消失，经营战略先行。因此企业追求集聚效益，在交通、能源、信息设施等社会资本充沛、劳动市场成熟、市场巨大的大城市圈内部扎下根来。如第一节所述，战后复兴时期的国际经济，相较于同亚洲的关系，与欧美、特别是美国的关系成为中心，原料进口、加工出口的出口振兴型重化工业工厂，开始在太平洋一侧的三大城市圈建设起来。20 世纪 50 年代钢铁的合理化计划推进，特别是不顾旧八幡制铁户畑新锐工厂以及一万田日银总裁的反对建设而成的川崎制铁千叶工厂，不仅实现了钢铁一贯体制这一工厂内的合理化，也实现了专用港口与工厂的一体化，成为了日本独有的临海钢铁厂的先驱。这既成为下一期企业选址的成长模式，同时也扭曲着日本城市的性质。临海地区从城市生活环境方面来看本是最为适宜的地区，但工厂选址优先使其丧失了作为生活环境的属性，更是在其后高度成长期的填海造地等开发影响下发生了巨变。而且集聚的工厂给人口密集地区的大城市带来了公害。企业选址的过失在这个时期便开始了。

公害对策的动机——纠纷对策

这一时期几乎没有企业自发地安装除害设施。自发安装的多为可以将废弃物回收用作原料的情况。此外进行安装主要有两个理由。

第一是受到影响的居民与工厂发生纠纷的情况。关于工厂污水，在之前提到的通产省的调查工厂中，有 225 家工厂（14%）引发了纠纷（1958 年以前 119 起、1959 年以后至 1961 年 97 起），按行业划分纸浆、造纸业和纤维工业居多，分别为 65 起、25 起。对于这种情况的解决办法，进行补偿的有 74 起，建设除害设施的有 100 起，双管齐下的有 6 起。在解决此类事件时，企业会对补偿金与除害设施进行比较，选择较为经济的一种。

第二是地方政府或国家依据条例或法律，要求安装除害设施，或强行使用行政手段。方才提到的宇部市、旧八幡市、尼崎市、川崎市的部分工厂之所以开始安装除害设施，就是因为地方政府在居民运动的大背景之下开始施行公害对策。

2. 地方政府的对策

优先于公害法的地方条例

环境是公共财产，保护环境的责任在于公共机构。可以说公共机构最重要的任务在于保护环境。然而政府专注于经济复兴，最早开始制定公害对策的是拥有战前对策经验的以下地方政府，东京都（1949 年制定条例）、神奈川县（同 1951 年）、大阪府（同 1954 年）、福冈县（同 1955 年）。

东京都制定的是"工厂公害防止条例"，大阪府制定的是更为广泛的"生产单位公害防止条例"，它们的目的都是工厂公害的防止。在这些条例中被视为公害的内容，与其后的公害对策基本法大体一致，包括大气污染（煤烟、煤尘、有害气体）、水污染（废水、废液）、噪音与震动、恶臭。条例将以上工厂公害作为整治对象，试图通过规定以下义务——新设、增设工厂时需事前得到知事的认可，在有发生公害的隐患时，对认可时的设备进行改善等——将公害防患于未然。依据条例，尽管在法律层面采取了防患于未然的措施，但如第二节所述，实际情况是环境遭到严重破坏，呼吁对策的请愿年年增加。这些城市之所以能够较早制定条例，是因为战后宪法承认地方自治，地方政府可以根据该地区的实际情况，即便没有法律也能自主制定条例。然而制定出条例，并不意味着能够进行公害行政。例如，在福冈县制定公害防止条例之际，由县内 100 余家大型工厂组成的福冈县经营者协会对条例的制定表示反对。条例制定后，还发布了制约条例施行的"要望"。其中断定，如今的第一要务是工矿业的扩张与发展，该条例的施行有可能导致现存工厂扩张困难，今后难以招徕工厂，生产萎缩停滞，因此"作为原则性态度，本条例的制定为时尚早"。如下一节谈到的旧八幡市（现北九州市八幡区），这种威胁，不仅是语言层面，也在现实中表现为针对行政的妨害行为。也就是说，企业对地方的支配力量超越了地方政府的行政，让人不禁怀疑这个时期的日本是否还是法治国家。即使制定了这样的条例，公害行政能否取得进步还要看该地区民主主义的成熟情况，并无任何保证。

条例的基本缺陷

公害问题无法得到规制，不仅因为地方政府行政所处地区的政治状况，也因为当时的条例是有缺陷的。第一是没有规制标准，或者规制标准太过宽松。东京都的情况是无规制标准。关于水污染有"明显产生废液，有发生公害的隐患"等规定。由于在废液的种类、污染的程度等尚未确定的情况下由行政进行裁量，只要工厂的能量足够大，很多情况都被抹平。与此相对，大阪府的条例规定了有害气体的标准。当时即便在其他国家也未制定规制标准，能够制定该标准的确十分领先，然而由于国内可供参考的研究并不充分，因此采用了劳动卫生标准。即 SO_2 为 5 毫克/升，NO_2 为 5 毫克/升，废液中的汞为 10 毫克/升。不言自明的是，工人暴露在有害气体中的时间为每天 8 小时，每周 48 小时，而市民的暴露时间为每天 24 小时，每周 144 小时。因此，这项标准，不但不能防止公害，反而是在纵容公害。即便如此，由于这项大阪府的标准具有先驱性，后来韩国加以采用，并重蹈覆辙。这反映出世界性的公害科学及对策的落后[24]。

第二是公害防止条例的罚则里有漏洞，导致其无法适用。在东京都的"工厂公害防止条例"中，对于引起严重公害的工厂，在防止公害的必要限度内，可采取移除、变更、修缮、禁止使用设备等行政手段。另外当生产商进行虚假申请时可适用罚则。然而这种行政措施及罚则很难应用。即使可以应用也是轻度处罚，对于生产商来说，并不会构成很大的负担。其他府县的条例也是一样。

第三个原因是将公害的预防措施建立在企业的自律性之上，公害行政只有在有人请愿之时才会启动。

总之，如后文所述，在中央政府的对策停滞不前的阶段，地方政府若想自主治理，则必须像其后的革新型地方政府之时那样，在居民的支持下树立即使与企业、中央政府对立也要将保全居民生活环境放在第一位的理念。或许正是因为在这一时期地方政府认为重要行政应等待中央政府的指示，行政的目的在于寻找生活环境与产业活动的妥协点，才没有能够防止公害的发生。

3. 中央政府的公害对策

生活环境污染基准法案的挫折

1955 年 8 月厚生省制定了"有关公害防止的法律案纲要"，9 月通产省制定了"有关产业实施过程中公害的防止等法律案（暂定名）纲要"，但并未付诸阁议。这些纲要模仿地方政府的规定，并未对公害进行抽象规定，而是列举了污染的具体内容，将大气污染（煤烟、粉尘、有害气体）、水污染（排水、废液）作为对象，厚生省添加了噪音及震动、恶臭、光线，通产省添加了地面沉降。厚生省的法案中并无调和条款，而通产省的法案中将有助于产业的合理发展列为目的。两法案的共同点在于并非以全国、全部企业为对象，厚生省法案将对象限定为东京都的特别区、人口 20 万以上的城市及都道府县知事指定的地区，通产省法案将对象限定为钢铁、化工、造纸等 14 个行业和政令指定行业。与地方条例相同，在设置有公害隐患的设施之际需要向都道府县知事申报公害防止措施。这些纲要反映出公害开始成为政治问题，必须采取行政层面的应对措施。

尽管厚生省于 1955 年 12 月出台了《生活环境污染防止基准法案纲要》，但并未能提交法案。由于 1957 年该纲要为了提交至国会而进行了公开，各界提出了意见。虽然在水俣已有近 100 名患者发病，但关于发病的原因形成了对立，并未采取基本对策。纲要中提到"为了促进健康的生活环境的形成，以努力排除公害导致的保健卫生妨害、防止生活环境污染为目的"。公害的范围与前面的"有关公害防止的法律案纲要"相同，但从中去掉了恶臭，添加了辐射。另外决定了公害物的排放、产生标准，并加以规制，可是具体日程委托给了设于厚生省的中央公害审查委员会。

这项法案遭到了经团联、日本化学工业协会、东京商工会议所、关西经济联合会的一致反对，理由是为时尚早，因此政府内部发生分裂，最终未能实施。当时的厚生省并没有排除万难、制定法案的能力[25]。如此在国家的对策踯躅不前的过程中，公害蔓延到了全国各地。

最早的公害法 ＝ 水质 2 法

水质 2 法是针对本州制纸的公害，通过受害渔民的直接交涉而诞生的最早的公害法。当时，因为水污染，全国的农业、渔业受到影响，又以此事件为契机，渔业从业者向政府发起了呼吁公害对策的运动，这成为了法案制定的动机。在此意义上，这具有战前公害问题的性质即工业与农渔业的对立，是作为产业政策的公害对策。然而水污染不仅给农渔业带来了危害。如远贺川、松浦川、相浦川、淀川等 8 处河流的 16 处水道的水源被污染[26]，市民的健康问题、城市的环境破坏成为十分严重的问题。然而市民还没有就公害问题发起行动，尽管作为产业政策已经起步，但水质污染对策不得不转为健康与生活环境问题。

如前文所述，1958 年 12 月制定了"有关公共用水域水质保全的法律"和"有关工厂排水规制的法律"。前者的目的在于"为了努力保护公共水域的水质，并解决有关水质污染的相关纠纷，确定必要的基本事项，以推动产业的相互协调与公共卫生的改善"。尽管其中提到实现农渔业与工业的相互协调即产业政策与公共卫生的改善这一综合性目的，但并没有如此横跨各省的主管综合环境行政的部门。因而这项法律的主管部门被置于经济企划厅。由于关于水质保全已经有了下水道法、矿山保安法，因此新制定了工厂排水规制法和覆盖下水道、工厂生产单位等处排水的水质保全法。该项法律确定了污染显著的指定水域，并决定按水域确定排水的水质标准。另外为处理纠纷设置了调停员制度。如此一来，此前地方政府所必需的规制标准本应尘埃落定，可是这并不是能够简单确定下来的。

水质 2 法的第一个问题点是由于部门分割，规制标准无法确立。该法律的各项行政被交由各部门分别实施，其协调由经济企划厅负责。结果，负责工厂方的主管部门通产省、负责公共卫生的厚生省、负责河流与港口管理的建设省与运输省、负责鱼类保护与农产品加工工厂的农林省、负责协调的法律主管部门经济企划厅六大部门围绕权限争夺不休。因此，在实行四年后即1962年4月，该法律诞生的原动力即江户川的规制标准才得以最终确定。

　　这项法律与此前的地方政府条例相同，都是民间企业追随主义，要想采取对策必须征得企业的同意，无法强制施行。当时对已成为严重社会问题的水俣病的对策制定迟缓，1968年智索公司停止生产造成水俣病的乙醛，此项法律也终于得到适用，认定其为公害。另外这项法律是针对性疗法主义，于事件发生后采取应对措施，或者像水俣病一样即使事件发生了也不采取应对措施，因此不能起到预防的作用。进入60年代后，各种开发法开始施行，但这项法律并未能先行确立开发地区的水质标准，因此污染扩散开来。在这里，此后的公害法与公害行政的缺陷，广义上企业等经济行为优先的"政府失灵"表现得淋漓尽致[27]。

第五节　典型公害

　　按照此前的关于公害史的表述，从1960年收入倍增计划后的经济高速成长期开始发生公害问题。在本章中所揭示的，是在战后复兴时期，引发公害问题的经济、社会性原因已经在累积，而在1954年以后的经济成长过程中，高度成长的原型已经形成。在此，笔者想对成为战后公害原型的三个案例进行介绍。

1. 煤炭矿害与"环境复原"

矿害小史

　　煤炭是这个时期的主要能源，也是日本拥有的最丰富的地下资源。因此战时滥采滥挖的年产量已超过5000万吨。虽然1945年降为2230万吨，朝鲜战争以后，急速恢复，1959年的产量为5300万吨。其中从战前就开始集中发生矿害问题的福冈县，大大小小共 300 多个煤矿的产量达到了 2300 万吨。福冈县被称为"矿害中心"，是因为这里的煤矿由平地的地下开采，引发了地面沉降，对农地和住宅等造成了严重影响。战争中在国家的要求下增加产量时，是忽视安全而强行开采的。因此引发了劳动灾害和公害。矿害问题，从战前就已十分严峻。受损失的农民因此提出了恢复农地的要求。根据石村善助写的《矿业权的研究》，1926 年对于福冈县嘉穗郡饭塚町鲶田塌陷耕地，三菱矿业向耕地整理组合 17 公顷复原事业捐赠了 1.5 万日元。而到 1929 年矿害受灾地多达 7000 公顷，相关郡、市町村长及农会长就复原工程提出要求，希望政府提供相当于相关费用 5/6 的补助金，但由于矿业法中没有矿害受害复原的规定，所以没有受理。在民事诉讼中，贫穷的农民无法与地方上有势力的矿主相抗衡，只能一直忍气吞声。其后虽然暂时有少量补助金，但 1934 年中途停止，他们不得不等待矿业法的修订。

1939 年 3 月矿业法修订。根据该法，土地的挖掘、采矿废水的排放、矿渣的堆积、矿烟的排放对他人造成损害时，损害造成时的矿业者和矿业权消失时的矿业者有义务赔偿损失。煤炭矿区的矿业权者需要根据煤炭的数量每年提存一定金额的国债作为损害赔偿担保。如有违反将被停止作业。当时农地的塌陷面积为 5800 公顷，被矿毒水污染的农地面积为 1900 公顷。赔偿以金钱赔偿为原则，恢复原状是例外。因为如果全部认定需要恢复原状，将对煤炭业者造成过重负担，所以仅适用于特殊场合。这一点可以说是保护煤炭业的规定。如此，尽管存在问题，通过这些修订，无过失责任被承认，并适用于其后的疼疼病诉讼。在这种情况下，无法救助的情况很多，对此，国家理应对复原予以资助，然而由于国库补助无法适用于人为灾害，因此采用了以农地改良费的一部分充当此项费用的政策解决。然而环境重建始终停滞不前，在这种状态下迎来了战后[28]。

战后的矿害问题

战败后不久，1946 年福冈县矿害对策联络协议会成立，发挥着矿害问题解决工作全国中心的作用。根据福冈县矿害对策联络协议会编《煤炭与公害》，对策推进如下。1947 年通过行政措施修复开始。1948 年通过煤炭资金池制度进行修复。1950 年"特别矿害复旧临时措施法"制定，1950 年至 1958 年，战时违反矿害防止规则加以开采而形成的"特别矿害地"得以修复。由于该法律具有社会政策的性质，如同矿业法原则，不是基于 PPP（污染者负担原则）修复费由企业承担，在工程费 105 亿日元之中，法律所规定的企业费用负担金不过 36 亿日元，剩下部分由国库补助金（整体的 52%）和地方政府负担（同 7%）。不仅仅是战时滥采滥挖导致的特别矿害地对策，一般矿害地的修复也十分必要。

当时矿害地的状况如下：

（1）农地由于地面沉降无法作业、无法耕种；

（2）道路、堤防、桥梁、港口等土木设施破损；

（3）学校等公共设施、住房、宅地、墓地破损；

（4）上下水道、水井受损；

（5）铁道、轨道浸水；

（6）矿毒水导致的农业用水污染。

表 1-14　矿害修复工程费（全国）

对象	件数	修复费（千日元）	比例（%）
土木	1774	3015128	12.9
农地	31657	10312902	44.0
水道	2217	4247311	18.2
铁道	54	188813	0.8
学校	124	353032	1.5
建筑物	358（万坪）	5000088	21.4
其他	7	279903	1.2
计	42964	23397177	100.0

注：福冈县矿害对策联络协议会编《煤炭与矿害》（1969 年）。

1952 年 8 月制定"临时煤炭矿害复旧法"。这是以上述一般矿害地修复为目的的 10 年限时立法。其中福冈县的对象地区为农地 6076 公顷，建筑物 337 万坪等，如表 1-14 所示，修复预算为 234 亿日元。这项法律与此前的特别矿害地情况相同，对于矿业法规定的赔偿义务人，PPP 部分适用。其作为一般公共工程进行修复，矿业企业负担其中部分。为了这项工程，矿害修复事业团成立。矿企的负担因对象工程有所不同，农地、农用设施为工程费的 35%，地表等修复费为 50%。该工程是此后"农业用地污染防治法"的前身。矿业对策与农业政策这一产业政策呈一体化推进。尽管有如此局限性，值得关注的是其不止于受害救济，也是环境重建的开始[29]。

2. 八幡制铁所的公害问题——地区垄断与城市环境的破坏

"铁即国家"

北九州市是依据政府的地区开发计划而进行城市建设的历史性样本。战前北九州市聚集了以煤炭为能源的八幡制铁所、小仓陆军工厂等为骨干的重化工业的据点，既是对大陆开展军事活动的基地，也是对亚洲贸易的港口。1963 年，经过五市合并，北九州市诞生。在五市之中，小仓市曾是城下町，其他均为农村，在明治政府的开发下，开始了迅猛的城市化，其动力便是官营八幡制铁所的建立。1896 年（明治二十九年），帝国议会决定开展作为工业化和军事化中心的制铁所建设。当时的八幡村是由 351 户、1229 人组成的村庄，付出了以时价一半的价格提供土地等努力才招商成功，1901 年熔矿炉开动。之后，发展成为东洋最大的制铁所，八幡村于 1900 年（明治 33 年）颁布町制，1917 年（大正六年）改为市制，战时成为人口 30 万人的大城市。由于战败，受财阀解体等影响，组织形式发生改变，但认为铁是产业之粮、铁即国家的这一战前的支配力量不曾改变，历代社长作为经团联会长等财界帝王享有绝对权威。直到经济高度成长初期还有通产大臣在结束就任仪式后就马上来到八幡制铁所进行问候的盛况。

正如战前的说法"八幡的黑雀"，这里大气污染十分严重。但是反对煤烟的舆论和运动并未兴起。《八幡制铁所五十年史》中这样写道"半个世纪之中，八幡市并未制订针对制铁所的煤烟问题的对策。热浪滔天的火焰、直上云天的煤烟标志着制铁所蒸蒸日上，是整个八幡市的大喜事。八幡市与制铁所 50 年的纽带显示出无与伦比的完美[30]。"

这样，八幡市与居民仿佛成为了八幡制铁所的分局和员工，而这种状况一直持续到了战后。其后日本也诞生了被称作企业城市、企业城下町等的城市，八幡或北九州就是其典型。

"公害地狱"

旧八幡市（下文中五市合并以前称为八幡市）的大气污染状况如表 1-15

所示，煤烟每月超过了 50 吨。八幡市和户畑市从 1953 年 11 月就开始了大气污染的测定，但是真正的调查是从 1959 年 6 月在北九州全境设立 53 处观察点开始的。为了保持健康，每月平均的排放量应为 10 吨以下，因此这是一种异常状态。如果将降下煤尘量用等量线表示，如图 1-5 所示，八幡市大部分地区飘落的煤尘约为 30 吨。尤其是被林荣代于《八幡的公害》中称为公害地狱的、位于八幡制铁与三菱化成之间的住宅街上的城山小学观测点，污染度最高时为 85 吨，平均 64 吨，最低也有 31 吨。这里的住宅曾有房顶堆积的煤尘重量使得瓦片坠落的事例。小学游泳池的表面由于煤烟呈现出黑色，游泳时身体会沾满煤尘因此必须使用高效净化水设备。据说孩子们笔下的太阳也因煤烟污染表现为黄色[31]。

表 1-15　八幡市（北九州市八幡区）的大气污染状况

	昭 34.5～35.4		昭 35.5～36.4		昭 36.5～37.4	
	降下煤尘	二氧化硫	降下煤尘	二氧化硫	降下煤尘	二氧化硫
工业地区	51.35	0.76	49.19	1.00	54.16	0.95
商业地区	24.71	0.45	22.07	0.43	19.77	0.41
住宅地区	23.69	0.55	21.24	0.65	20.76	0.62
田园地区	16.08	0.40	10.63	0.32	14.30	0.30
总平均	26.23	0.53	23.21	0.58	23.93	0.55

注：1) 降下煤尘量为吨/平方公里/月二氧化硫 SO_2 为 sg/日/100 平方厘米 PbO_2 的一个月平均值；

　　2) 八幡市卫生部《八幡市大气污染调查报告》第 3 报（1962 年 12 月）。

大气污染对人体影响的调查被委托给九州大学医学部卫生学教研室的猿田南海雄进行，开展了如 1958 年利用八幡市国民健康保险卡（75477 份）与福冈市西部社会保险卡（164542 份）的流行病学调查，1960 年八幡市国民健康保险卡与福冈市同卡的流行病学调查，以及 1962 年度八幡市、福冈市、柳川市各国民健康保险卡的流行病学调查。调查选取了被认为与大气污染有关的呼吸系统、耳鼻喉系统、眼科等疾病以及癌症这一特殊疾病进行比较。结果发现，呼吸系统方面并无明显差异，耳鼻喉系统方面八幡市比对照地区较高。另外污染地区八幡市的肺癌、上呼吸道癌症发病率也很高。为何在之后成为问题的呼吸系统疾病方面并无差异，其原因不甚明了，或许是降下煤尘与 SOx 影响的差异。1960 年 7 月与 1961 年 11 月九州大学小儿科教研室的永山德郎接受委托，在污染地区的八幡市城山小学、尾仓中学和非污染地区的八幡市木屋濑小学、木屋濑中学，次年在八幡市城山小学、枝光台中学和非污染地区的小仓市德力小学、企救中学开展了以身心协调度调查和肺部换气功能为主的体检。在大气污染的投诉中，城山小学的投诉率为 98.6％，尾仓中学的投诉率为 55.5％，而非污染地区的木屋濑小学、中学各为 2％。投诉的内容有洗涤物、衣服、室内及家具污染，空气有恶臭等等。在呼吸器官症状的投诉中，咳嗽、哮鸣以及哮喘发作、呼吸困难、鼻塞、急性呼吸道感染的频率污染地区会更高。在肺功能检查中并没有出现显著差异。其后户畑区的三六地区所受污染加重，但比起降下煤尘，SOx 对健康产生的影响更为明确地显现出来[32]。

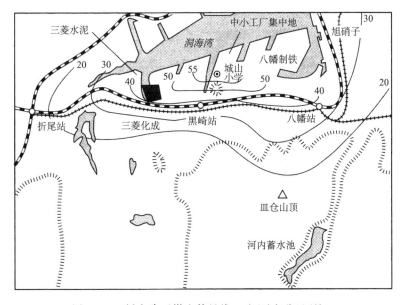

图 1-5　八幡市降下煤尘等量线（吨/平方公里/月）

注：根据八幡市卫生部《八幡市大气污染调查报告书》第 3 报（1962 年 12 月）制图。

恶劣的生活环境

八幡市作为日本的第一座煤铁工业城市，生活环境十分恶劣。垃圾焚烧厂自 1933 年以来近 30 年没有新增。粪便净化槽于 1959 年度开始建设，至于下水道，是在实行市制的 45 年之后，于 1962 年度才开始建设。因此掏出的粪便的 91％被投入海洋，加上工厂的未处理排水，洞海湾、响滩的渔场陷入了绝境，渔民提出赔偿损失的要求。另外，从 1955～1961 年六年之间，法定传染病特别是痢疾的罹患率居福冈县的 31 处保健所之首。即这七年中患者人数为 6770 人，每 10 万人的罹患率高达 197.7％。这是福冈县整体罹患率的两倍，福冈市罹患率的约三倍。

揭开这座大工业城市恶劣生活环境秘密的关键，是八幡制铁所等大企业的城市建设。在城市的土地之中，部分适宜用作工厂用地或住宅用地的优良土地被大企业垄断，普通居民的住宅用地难求。北九州市全市，约 3 万户住宅短缺，在 1953～1960 年的八年间公营住宅只建设了 5183 户。而且公害较少的土地上建起了制铁所的公司住宅，铁道旁以及工厂的邻近地区则建起公营住宅。水资源的使用也呈现出企业垄断的倾向。从远贺川取水的北九州水道已于 1945 年左右开始受到选煤排水的污染。该河流及紫川的水利权几乎被大企业垄断。市民的饮用水极易短缺，实行着夏季断水及不完全供水。工业用水的供给价格为每立方米 4.5 日元（成本 9 日元），而饮用水在北九州 4 市的价格为 24 日元（神户市为 14 日元），十分高昂。八幡制铁所建起了医院、学校、公民馆等地方设施，为地方作出了一定贡献，然而那类似于领主对领民的施惠政策，而未能建立起市民共同体。其并未像匹兹堡市的梅隆财阀一样对高等教育及文化发展做出贡献[33]。

企业的公害认识与对策

如前文所述，1955 年福冈县公害防止条例制定时，由大型工厂组成的福冈县经营者协会发布反对声明，称为时尚早。当年九州大学以八幡市为中心开始观测时，曾发生过一夜之间不知何人将观测仪器全部毁坏的事件。当时县卫生部的公害负责技师 K 氏表示，他曾与八幡制铁的最高责任人会面，对条例已经制定的情况下依然遭遇如此暴力抵抗进行了抗议，并依据条例要求企业采取公害对策。然而对方称这虽然并非自己公司所为，但若是住在八幡市还对制铁所有所非议，就请滚出本市。若是因为公害感到困扰，自己可以拿出补偿金购买有意见的人的土地。K 氏向笔者感叹道，这里还是法治国家吗？与后文所述的四日市那种战后的企业城市不同，八幡制铁有着支撑国家、建设城市、供养市民的自信。他们认为因为煤烟等问题市民没有必要发起抗议。1959 年北九州五市大气污染协议会终于设置了 53 处观测点，开始对二氧化硫气体与降下煤尘进行调查，同时开始对企业的公害防止设备进行检查。从当时提交的八幡制铁所"煤烟等防止对策的现状及问题点"（1962 年 12 月）中不难看出煤烟防止措施是如何落后。

其中提到"昭和三十三年（1958 年）度下半年，第三制钢着手建设试验装置一台，三十四年（1959 年）2 月大致完成，集尘率可以令人满意，然而由于水的循环使用，水泵的叶轮受损短期内无法使用，其后泵壳穿孔等维修问题层出不穷，直到三十四年（1959 年）秋天才预计可以长期使用"。虽然同时设置了文丘里型集尘装置，但由于有长期维护的问题，电力、水等运营成本偏高，无法全部采用这种形式，设备费偏高；而是尝试采用了电、水消耗较少的电动集尘装置。昭和三十六年（1961 年）到三十八年（1963 年）第四制钢采用了电动集尘器，报告称，除故障外，终于没有了其他问题。条例制定 10 多年后，技术性对策终于完成了。该措施于 1959 年 2 月启动，到 1962 年 12 月为止，除尘装置投资为 8.43 亿日元（加上改造费总计 9.35 亿日元）[34]。

政府也对 1962 年的"煤烟排放规制相关法律"（下文称"煤烟规制法"）确立了规制方针，企业集尘装置较为完备的八幡市六家大型企业的集尘装置从 1956 年的 66 台增加到 1962 年的 205 台（条例适用设施的 78％）。可是，效果并不显著。正如仅在制铁所就有约 150 座 30 米以上的烟囱，由于工厂的聚集度很高，每月依然有 30 吨煤尘飘落。有效的是燃料的转换。煤炭由每年的 60 万吨减少为 1962 年的 32 万吨，重油由 8000 吨增加为 8 万吨。结果，降下煤尘开始逐渐减少，与之相对的是 SO_2 排放增加。而对这样的污染源对策完全没有确立起来。

市民对公害的认识与反对运动

1964 年 6 月到访北九州市的联合国调查团称这座城市为"无序发展、集各种弊病于一身的城市"。身处如此恶劣的环境之中，当地的居民还是对制铁所的公害缄口不言。尽管 1962 年以前，基于公害防止条例的公害审查请求有 24 起，然而没有一例与八幡制铁所有关。1962 年以前制铁所的红色烟雾造成了严重损害，然而 1961 年的 214 份公害咨询卡中无一例与之有关的投诉。八幡市的市民心怀"烟是衣食父母"的意识，无法对八幡制铁所进行批判。在这种企业主义市民感情的蒙蔽之下，公害被放任。一举改变这种闭塞状态下的市民公害意识的，是户畑市三六地区妇人会的反公害学习运动。在前面提到的林荣代《八幡的公害》中有对该运动历史的准确描述。户畑市由于面积狭小、工厂密集，与八幡市同为大气污染地区。特别是在北九州地区，三六地区降下的煤尘量仅次于八幡区城山地区，SOx 量则为最大。关于当时污染的实际状况，三六妇人会"煤尘调查（Ⅱ）"中有如下记述。

"最令人郁闷的是窗户紧闭时飘入的煤尘使脚底变得漆黑，榻榻米黏糊糊脏兮兮，主妇不得不每天擦拭打扫两三次。特别是在县营公寓与其周边，煤尘使得人们焦躁不安，每天都是抑郁症似的状态。由于在公寓里靠近公司一侧的窗户用纸张和蜡烛密封起来，即便在炎热的夏天也不能打开窗户，通风极差，只要不开换气扇，夏天就没法过。对于主妇来说洗衣服成为一项负担。孩子们从外面玩耍回来时满身都是煤灰，丈夫的白衬衫等根本没有办法在外面晾晒，由于要把在家里不能洗的衣服送去洗衣店，洗衣方面的费用比其他地区要高，这一项花费一年就多出不少。"这是在没有冷气设备的时代，不难发现当时的煤烟问题有多么严重。

三六妇人会依照社会教育主事林荣代的意见，前往山口大学接受野濑善胜教授的指导，逐渐查明公害受害。结果发现大气污染与儿童病假缺勤率有所关联。这种多次举办学习会、加深对公害认识的做法，是战后市民运动的基本方法，但长期以来其成果向公众展示、进行市民启蒙，这一点是独创性的。三六妇人会凭借学习会的成果，同企业、市议会、市政府进行交涉，推动了具体公害对策的施行。如果没有企业城市中兴起的这一市民运动，或许也不会有其后北九州市公害对策的进展[35]。

3. 水俣病问题——世界上最大的公害事件与查明原因的历史

水俣病是化工厂将甲基汞化合物排放进大海后被鱼贝类直接吸收，或通过食物链进入体内高浓度蓄积，居民日常对其进行大量摄取而引发的中毒性中枢神经疾病。熊本水俣病是因为智索公司的乙醛制造工程中产生并排放的有机汞与大量排放至海水中的无机汞有机化后蓄积在鱼贝类之中，患者症状的共同特点是四肢末梢感觉障碍，有时会有视野狭窄、语言障碍、运动失调、耳背等复合症状，白木博次认为这是会伤害脏器及血管的全身性疾病。正如初期的重症患者发狂死亡，这是残酷的不治之症。另外，原田正纯的研究也揭示出胎儿性水俣病，出现了由于在母亲体内摄取有毒物质而造成高度残疾的患者。关于这一疾病何时开始，何时结束，由于没有全部的健康调查，受害的全貌不甚明了。"患者"数目前已经超过 6 万人。尽管震撼世界的熊本水俣病于 1956 年 5 月正式发现，政府将其视为公害病加以认定却是在新潟水俣病发现后的 1968 年 9 月。在此之前智索公司继续乙醛的生产，仍然排放着有害物质。这一过程中患者或被置之不理，或被隐瞒起来，如后文所述，渔业也陷入荒废，受害者们只能依靠数额寥寥的慰问金在贫困中挣扎。为何政府的公害认定耗费了 12 年之久呢？

水俣病可能是工厂废液引发的，这早在其正式发现那年便十分明显，熊本县渔业课提议禁止从水俣湾捕鱼。1958～1959 年熊本大学奇病医学研究班在发现水俣病为有机汞中毒之时，工厂曾暂时停止了使用汞的生产环节，若进行调查，完全可以通过细川博士的猫实验等查明原因。如后文所述，智索公司不但没有努力消除危害，而是为了发展石油化工持续增产，并通过签订慰问金契约平息受害者的运动。政府拒绝水俣湾的捕鱼规制，拥护化学工业增产，终止了渴望追究原因的厚生省研究班的工作，直到造成第二次水俣病发生这一重大过失为止，借口原因不明，不曾依据水质 2 法进行公害规制。熊本大学在早期困难重重的情况下查明原因的过程中，取得了划时代的业绩，但与日本化学工业协会（下文简称为化学工业协会）及政府沆瀣一气的研究者发表了渔民负有责任的胺说等，妨碍了真相的查明。水俣病虽然是智索公司的犯罪，却被称作公害问题的原点。因为这揭示出幕后真凶，是战后日本社会的特质即政官财学复合体所主导的体系，其中政治、经济、科学优先经济利益和政治支配欲望，而非人类的安全与基本人权。另外在这一体系的地区版本，即企业城下町一般的水俣地区，受害者被歧视，人权的主张十分困难，因此，隐瞒受害十分重要。也就是说如果地方上没有民主主义，那么受害者就得不到救济，对这一点的解释也是水俣病被称为公害的原点的理由。

尽管水俣病被认为是高度成长时代的公害，但在战后复兴期时就已经发生。可是以高度成长为目标，为尽早将电化学转变为石油化学，折旧老旧机械、实现大增产是其原因之一，另外其后也受到了高度成长期公害对策失败的影响，因此才与疼疼病一同被视作高度成长期的公害[36]。

自水俣病正式发现已经过去了六十多年，可是解决问题依旧遥遥无期。为此，本书试图将这个问题划分为四期进行讨论。

第一期是查明原因时期（1956～1968 年），这将在第一章中进行探讨。

第二期是智索公司法律责任的认定与救济受害开始时期（1968～1977年），将在第四章中探讨。

第三期是基于政府认定标准变更的水俣病病相论争与国家的法律追究时期（1977～1995年），将在第七章中进行探讨。

第四期是转向政治性解决、智索公司分社化与真正的解决迈进（1995年～现在），将在第十章中进行探讨。

在本章中将对第一期的查明原因进行探讨。这方面的先驱性业绩是宇井纯的《公害的政治学》。另外在医学研究方面，有原田正纯的《水俣病》，更详细的如水俣病第一次判决等审判资料。关于第一期查明原因的过程与内容，已在丰富的文献资料中有所叙述，政府机构"为了不重复水俣病的悲剧"中也记载了同样的经过。在此，并无特别论述，但介绍了最近的工学层面研究之一，即西村肇、冈本达明《水俣病的科学》。对此也有反论，笔者虽作为门外汉还是认为在这个意义上，查明原因，特别是关于无机汞的有机化，或许还存在需要探讨的课题。

大量摄取工厂排水污染鱼学说的确定（1956～1957年）

智索公司（日本窒素、1950年新日本窒素肥料、1965年智索公司，以下称为智索公司）水俣工厂遭受过五次空袭，遭到毁灭性破坏，又在日本战败时损失了朝鲜工厂等80%的资产。1945年10月重新开始氨的合成与硫酸铵的生产，次年恢复乙醛、醋酸工厂生产，响应国策重新开始生产肥料并从1949年起重新开始制造氯乙烯，1952年开始乙炔法辛醇的生产。其战后增产并于1959年达到顶峰。智索公司是依靠水电为能源的电化学工业，利用丰富的石灰石从碳化合物中制造乙炔，对其进行加工制造乙醛、醋酸、氯乙烯等可塑剂的有机合成化学领军企业。但是战后中近东地区发现了石油资源，随着使用这种廉价原料的火力发电及石油化工的形成，成本较高的电化工在1959年前后迅速衰退。因此智索公司为了尽早清偿机器等资产，实行增产。

水俣病是在乙醛生产过程中用作催化剂的水银产生氯化甲基汞，从水俣湾流入不知火海，加上工厂排水造成海底中大量堆积的无机汞转化为有机汞，人类食用了受其污染的水产品后引发的神经疾病。查明真相并采取对策耗时甚久。乙醛生产从1932年便开始，再加上其他原因，反复造成了多次渔业污染。关于水俣病，战前1941年11月就出现了有疑似胎儿性水俣病症状的女性患者，1947 年 2 月可能出现了水俣病患者，而真正确诊为水俣病的第一号患者出现在 1953 年 12 月。在此之前，增产开始的 1950～1952 年生态系统出现了异常，鱼贝类、鸟类、甚至猫都出现了汞中毒。可是日本的科学是纵向结构，生态学与医学并无协作，这一异常被当做捕鱼量减少一类的经济问题，与人体健康之间的关系被忽视了。

1956 年 4 月 21 日，水俣市月之浦的船工田中义光 5 岁的女儿静子变得行动困难、语言混乱，被送到了智索公司水俣工厂的附属医院。由于之后又有三名患者住院，医院院长细川一向水俣保健所（伊藤莲雄所长）汇报称"出现了原因不明的中枢神经疾病"。发现了四名患者的 1956 年 5 月 1 日被看作水俣病的正式发现日。熊本县卫生部委托熊本大学医学部查明原因，8 月24 日组成了水俣奇病医学研究班（下文称作熊大研究班）。两个月以后，该研究班得出了这并非传染病，而是由水俣湾产鱼贝类中所含的神经亲和性强的有毒物质所导致的中毒的结论。最初无法确定导致发病的原因物质，锰、铈、铊等重金属都有嫌疑。虽然使用这些物质进行的动物实验没有成功，无法确定危险物质，但很明显这是由智索公司工厂排水中的有毒物质造成的。

熊本县卫生部与水产课认为有必要禁止捕鱼、规制排水，向厚生省呈报，希望在食品卫生法中规定禁止捕鱼，但 1957 年 9 月该省公众卫生局长以无法断定水俣湾内所有鱼都有毒为由，没有采取这个措施。然而由于事态严重，国家与县都要求渔民自肃。因为没有全面禁渔，而是交由渔民个人判断，因此被污染的鱼仍旧被捕获、售卖，污染范围进一步扩大。智索公司否定了重金属病源说，完全没有采取任何规制措施。可能是其认为将工厂污水排放到水俣湾是危险的，1958 年 9 月开始将乙醛、醋酸生产工程排水秘密排放到水俣川河口。因此废液流入不知火海，不仅水俣湾周围，连芦北地区、天草地区也受到了污染。

1958 年政府制定了第一批公害法即水质 2 法，但如前文所述，由于业界的反对与各部门之间的宗派主义等阻碍，水质标准迟迟难以确定，至于适用于水俣湾，已是 10 年以后了。若是这一时期就进行禁渔、停止排水，从表 1-16 的有机汞排放资料等来看，很多患者应该是可以获救的。这实在是惨痛的过失。

围绕实情的纠纷——有机汞学说与慰问金契约的障眼法

1959 年 3 月，熊本大学教授武内忠男（病理学）在《熊本医学会杂志》

上称水俣病的症状与农药生产过程中受有机汞影响的工人的症状、以发现者命名的亨特——拉塞尔症候群相似。熊大研究班从排水口到湾内发现了大量汞，并于 7 月 14 日公布了有机汞是污染源这一说法。然而在以海底污泥中的汞进行的动物实验并没有导致水俣病，而且有机汞产生于何种制造过程也并不清楚。当年 10 月细川一使用乙醛、醋酸及工厂排水中的食饵，对猫进行了试验（猫 400 号实验），确认了水俣病的发生，认定了熊本大学说的正确性，并为了得到确切证据，将其报告给了西田荣一厂长，要求继续实验。然而工厂方并不认可细川一继续实验的要求，这一重要的猫 400 号实验结果并未公布。

11 月基于熊大研究班的说法，厚生省食品卫生调查会断定"水俣病是由水俣湾水产品中的某种有机汞化合物造成的"，向厚生大臣进行了汇报。厚生省公众卫生局长与水产厅长官以水俣病发病原因是摄取了水俣湾中捕获的水产品、其有毒物质大致为有机汞化合物为由，要求通产省轻工业局长对化工厂的排水采取切实措施。对此，通产省轻工业局长表示有机汞化合物一说中存在诸多疑点，无法将水俣病原因一概归于智索公司的排水，不支持采取根本性对策。但考虑到当地的情况，表示会要求工厂中止向不知火海排放工厂废水，并完善排水处理设施，仅此而已。这只不过是应付舆论罢了。

另一方面智索公司及化学工业协会以熊大研究班的报告缺乏实证性为由表示强烈反对。智索公司于 1959 年 7 月表示尽管在乙醛合成中使用硫酸汞作为催化剂，其后在氯乙烯的合成中使用氯化汞作为催化剂，但事实上并没有在其生产过程中产生有机汞化合物，能够确认的是无机汞，湾内泥土中含有的也是金属汞，否定了熊大的有机汞一说。化学工业协会的大岛理事提出炸药说，东京工业大学教授清浦雷作于 1960 年 4 月提出可能是蛋白质腐败产生的胺引起中毒这一说法。按照这种说法，错误在于食用了腐烂水产品的居民。据说通产省向厚生省施压，没有采用有机汞一说，以今后将继续研究探讨为由，厚生大臣实际解散了食品卫生调查会水俣特别分会。就这样，到 1968 年为止关于水俣病的原因在官方层面是不明了的。这是第二次重大行政失误。

在这种情况下捕鱼量减少、生活陷入困境的渔民向智索公司发起了赔偿、清除沉积泥、设置废液净化装置等要求。然而智索公司的态度缺乏诚意，1959 年 8 月水俣渔协会发起了第一次渔民斗争，10 月 17 日熊本县渔联发起了第二次渔民斗争。在如此纠纷中众议院水俣问题调查团于 11 月 2 日进行了水俣工厂及受害者调查。县渔联希望利用这次机会召开大会、让大会代表与厂长见面并开始关于全面中止排水的交涉，却遭到了工厂方面的拒绝。渔民发起抗议，闯入了工厂内部。他们与试图阻止的工厂方、警察展开混战，双方均有几十人受伤。结果渔协放弃了与智索公司进行关于渔业受损补偿问题的直接交涉，而是将其委托给了第三方机构。包括知事、水俣市长在内的"不知火海渔业纷争调停委员会"没有明确智索公司的责任，将渔业损害赔偿定为 1 亿日元。而且熊本县渔联同意了"只要新日本智索公司水俣工厂排水的质与量不恶化，即使查明过去的排水是造成疾病的原因也绝不要求追加补偿"，缔结了与其后慰问金契约相同性质的契约。在这次工厂闯入事件中，县警以暴行嫌疑拘留了数百名渔民并进行讯问，将 141 人书面送检、55 人起诉。审判的结果是三名渔协最高干部被判处 1 年至 8 个月的有期徒刑，52 人被判处罚金。其后这些人中大部分患上了水俣病，其中三人自杀。在公害事件中，并非加害者，而是受害者受到了处罚。虽然在江户川事件中政府制定了水质 2 法，但在偏僻地区水俣，事件在微薄的补偿和单方的镇压下走向了尾声。这是明显的地方歧视。

　　水俣病患者、家属为了与被告进行交涉及会员互助，于 1957 年 8 月 15 日结成水俣病患者家庭互助会（下文称为互助会，会长渡边荣藏），并从 1958 年 9 月开始向熊本县及水俣市反复请愿，要求彻查原因等。同年 11 月 25 日互助会表示由于水俣病的致病原因在于工厂排水这个社会事实，要求智索公司向 78 名患者支付总额为 2.34 亿日元（每人 300 万日元）的补偿金。然而智索公司的回答是水俣病与工厂排水的关系并不明确，所以无法回应这一要求。得到这样回答的互助会成员在工厂正门前搭起帐篷一直静坐到了 12 月 27 日。熊本县寺本广作知事应互助会与水俣市议会及市长的要求出面斡旋调停，与智索公司社长吉冈喜一会面，以水俣病与公司无关的说法已不能得到县民认同为由，劝其回应患者的补偿请求。公司先是强硬反对，最终还是于 12 月 30 日表示同意。不过并非以补偿的名义，而是以慰问金的名义缔结了如下契约。

　　即死者的慰问金按照从发病到死亡的年数，乘以成年人 10 万日元、未成年人 3 万日元进行计算，再加上奠仪 30 万日元、丧葬费 2 万日元，另外，生者按照年金成年人 10 万日元、未成年人 3 万日元进行发放。这据说是参考了当时的劳动灾害补偿制度，但仅为患者要求的十分之一。更成问题的是该契约中的以下条款。

"第 4 条　甲方（智索公司）在将来查明水俣病起因并非甲方工厂排水的情况下于当月终止慰问金的支付。

第 5 条　乙方（作为患者代理人的互助会干部）在将来查明水俣病起为甲方工厂排水的情况下也不要求新的补偿金。"

交涉过程中尽管也有患者对金额及第 5 条表示反对，但由于身处贫困的最底层、难以度过年关，他们只得忍气吞声地签署了契约。工厂尽管已在细川一的猫 400 号实验中知道了熊大有机汞学说的正确性，大概是担心患者提出正式的赔偿要求才采取了如此卑劣的手段。事实上在后来的 1968 年 9 月厚生省承认致病原因是工厂排水中的甲基汞之后智索公司还履行着该慰问金契约。即便是在第一次水俣病诉讼中智索公司还抗辩称这是补偿金。对此在判决中判定如下：

"由于慰问金契约中，加害者即被告（智索公司）平白否定损害赔偿义务，没有对患者们的正当损害赔偿请求做出回应，利用受害者即患者或其家属的无知与经济上的贫困状态，支付极度微薄的慰问金作为对于其生命、身体造成侵害的补偿，反而要求其放弃全部损害赔偿请求权，所以可以认定其违反了民法第 90 条的所谓公序良俗，因此无效。"[37]

慰问金的交付人员比最初增加 1 名，变为 79 名，支付总额为 8686 万日元，比上述渔业补偿还要少。该慰问金契约成立以后，虽然由厚生省管辖的水俣病患者审查协议会对患者进行认定并对症状加以判断，但新患者难以被正式发现。1960 年在不知火海沿岸 1000 名居民的毛发汞调查中有 5 人被认定为水俣病、1961～1962 年有 16 人被追加认定为胎儿性水俣病患者，但智索公司持续煽动舆论称由于推进了公害对策水俣病已经结束。因为熊大研究班也于 1960 年错误地宣称水俣病已经平息，并于 1961 年报告称水产品污染已经消除，因此水俣市渔协于 1962 年 4 月开始在水俣湾水域之外捕鱼，1964 年 5 月水俣湾内的捕鱼活动也开始了。这导致水俣病不但没有结束，反而进一步扩散开来。

与有机汞学说的确定相关的学界、政府、智索公司的对立与
新潟水俣病的发生

1962 年 2 月水俣工厂研究班向技术部报告称乙醛精馏塔废液中存在甲基

汞化合物，该物质是造成水俣病的原因，但是公司将其作为机密没有对外公开。熊大研究班遇到了公司的阻挠，没能深入工厂采集废水，但是从之前采集的乙醛生产工序的污泥中检验出了甲基汞，1962 年在学会上宣布"水俣病致病的原因是摄取了水俣湾产水产品，有毒物质是甲基汞化合物"。虽然贝类与工厂废弃物成分的差异还有待探讨，但如此有机汞学说在学会得到了完全认可。清浦雷作的胺学说在国内外学界遭到否定。

可是令人惊讶的是智索公司对此不服，而且继续生产乙醛并排放汞。他们向笔者及其他公害研究者递送了清浦的论文，持续否定有机汞学说。政府也是同样的态度。笔者曾于 1963 年夏访问厚生省，与负责水俣病问题的官员见面。他回答了笔者关于水俣病原因的疑问，带来熊本大学研究班的论文集，表示尽管个人认为有机汞学说是正确的，但是由于通产省持有其他看法，因此政府的官方看法是原因不明。通产省尽管暗中要求拥有乙醛生产工序的工厂进行调查，但并没有进行任何规制。

这样的偏袒智索公司和化工业的政策导致了严重后果。1964 年新潟水俣病发生，次年 5 月正式宣布"阿贺野川流域发现了因摄取水产品导致有机汞中毒的患者"。反公害的舆论增强，由于熊本水俣病的失败教训，新潟县的应对比较迅速。关于这个事件笔者会在后文论述，在此省略，但即便到了这个时候政府也没有启动熊本水俣病对策。1967 年 4 月厚生省新潟特别研究班报告称新潟水俣病的原因与智索公司相同，都是乙醛生产工序废水导致的甲基汞中毒。

1968 年 9 月 26 日政府认定熊本水俣病的原因是智索公司水俣工厂、新潟水俣病的原因是昭和电工鹿濑工厂的废水，两者首次被认定为公害病。此时距离水俣病的正式发现已过去 12 年、熊大提出有机汞学说也过去 9 年，学界完全认可有机汞学说 5 年（也有 6 年的说法），经历了如此漫长的岁月。在政府的公害认定之前，5 月 18 日智索公司停止了乙醛的生产。一直以来的电化工时代结束，向石油化工的转型完成，无论对于企业还是对于化工业界来说，水俣病都成为了过去。

虽然原因的查明与正式认定的相关叙述略显冗长，但其中却集中反映着日本的公害问题或市场制度之下产业公害的性质，以及被称为政官财复合体的现代政治的本质。

其后查明原因的过程

首次将此前查明原因的过程公布于世的是宇井纯的《公害的政治学》[38]。如后文所述，通过之后的水俣病诉讼，更多真相浮出水面，即便基于这些资料，水俣病的原因也没有被全部揭示出来。在京都水俣病诉讼中，浅冈美惠律师发现德国的海因里希·仓噶教授在 1930 年就有关于乙醛制造工厂工人有机汞中毒的研究，还有详细介绍其后研究成果的司伟松（1949 年）的研究，并将其作为资料提交。很明显，这比农药汞工厂劳动灾害相关的亨特-拉塞尔的研究更能揭示水俣病的原因[39]。另外在事件发生时对水俣进行调查的美国卡兰德博士于 1960 年发布了关于汞中毒的重要劝告。难道智索公司的经营者与技术人员没有得到并阅读这些文献吗？如果未曾阅读，堪称懈怠吧。另外熊大研究班为何没有阅读这些直接的文献，而是固执地认为亨特-拉塞尔症候群是水俣病的病象典型呢？

在这一事件中，智索公司的捂盖子做法妨碍了原因的查明，即便通过诉讼明确责任之后，工厂相关人士除诉讼时的证言以外，并未像细川博士那样明确自身的责任，拿出充分的内部资料。而且少有外部研究者查明原因，尤其是生产过程方面的研究很少，其中较为出色的是西村肇、冈本达明的《水俣病的科学》与饭岛孝的《技术的默示录》。

西村肇、冈本达明试图探明的是为何乙醛生产在战前已经开始而 1959 年以后水俣病多发；尽管也有其他拥有乙醛生产工序的电化学工厂，为何水俣病发生在了智索公司水俣工厂与昭和电工鹿濑工厂？他们使用了量子化学这一新的科学方法，综合了此前研究的评价与新知识，得出以下结论："甲基汞的排放量在 1951 年以前为每万吨乙醛 8 千克左右，而之后变为每万吨约 40 千克，这一比率变化的原因是促进剂的改变。1951 年以前使用二氧化锰作为促进剂时甲基汞的生成被抑制；而将氧化剂改为浓硝酸、停止使用二氧化锰以后甲基汞的生成比率一跃为原来的五倍。二氧化锰发挥抑制作用，是因为其强烈的氧化作用会使即将转变为甲基汞的中间生成物分解。"[40]

将二氧化锰用作促进剂是智索公司的独有做法，该公司之所以停止使用，是因为不断废弃全部原液使得硫酸与汞的消耗量增多，导致经济性、生产率下降。然而这一更换后的技术失败，富含甲基汞化合物的原液的废弃量与流失量增大了。这是因为工厂使用的是 20 世纪 30 年代以来的陈旧机器。加上为了节约成本，三年多时间中没有使用促进剂硫酸铁，而是一直使用杂质较多的硫酸工厂废液。另外由于工程用水管理不善，反应器内氯离子浓度很高，氯化甲基汞极易蒸发并逸出。

西村、冈本认为这个结论可以与胎儿性水俣病的产生等受害相互呼应和印证。笔者由于缺乏量子化学的相关知识，无法从学术角度评价这一结论，但这是经过严密思考的推论，能够明确地从技术论角度揭示智索公司如何忽视安全、优先经济性而导致了犯罪。可是水俣病的受害者是潜在化的，需要通过诉讼等社会性状况显露出来，因此无法建立能够证明甲基汞排放量与受害者发病量之间的量化相关关系。

熊本水俣病刑事事件第一审揭示了智索公司、汞使用量和排放量的年份统计。表 1-16 在此统计的基础之上加入了西村等人对于甲基汞排放量的推测。藤木素士在案件审理过程中提交的鉴定书里，根据喜多村正次、入鹿山宜郎等人实验中乙醛生产量所对应的甲基汞生成量比例为 0.0035％～0.005％，推算 1968 年以前的甲基汞生成量为 14.6～21.8 吨，减去回收量，排入海域的甲基汞大约为 3.7 吨，判决采用了这一数据。西村肇等人的推算为 0.62 吨。尽管二者相差甚远，但此推算仍然被采用。

表 1-16　智索公司的乙醛生产与甲基汞海域排放量

年份	醛生产（t）	汞使用（kg）	排放（kg）	海域中甲基汞的排放量（kg）
1946～1951	23065	89548	7557	91.25
1951	6248	24876	1943	23.30
1952	6148	25128	2285	48.40
1952～1959	121768	503029	42156	457.572
1959	35896	149327	10926	94.792
1960	45151	110620	4956	24.00
1960～1968	226047	246320	10408	67.79
合计	456352	1185127	81302	616.612

注：1）海域中甲基汞的排放量依据西村肇、冈本达明《水俣病的科学》（日本评论社，2001年），其他参考《熊本水俣病刑事事件第一审判决》；

2）据西村等所言，1960 年开始的泥、废水处理颇有效果，甲基汞的排放量变为 1/4。因此可以推算在此前的生产过程中的甲基汞量直接排放进了海域。

在以上统计中，排入海域的汞多达 81 吨，数量如此庞大，令人难以置信，这些物质在深积泥中不断累积，在微生物的作用下甲基化，导致了底生鱼污染等。这一问题在乙醛生产停止之后也持续存在，水俣湾实行了填埋。

注

1　倡导倾斜生产方式的东京大学教授有泽广巳表示"煤炭、石油的再生产将逐步带动一般生产水平的高涨。这可以说是倾斜的生产恢复计划。我们把这称为倾斜生产方式。"（有泽广巳《学问、思想与人类》每日新闻社，1957 年）p. 220。推进战后经济政策的官员之中作为和平经济论者实绩最为丰硕的宫崎勇就当时的情况表示"关于日本重建，在战后初期有两种想法，一是采用倾斜生产方式（供给力对策），一是不顾安定恐慌、首先从金融财政入手（稳定需求）进行重建。由于我身处安定本部，不管怎么说还是与倾斜生产方式更为相关，那是当时经济政策的主流，也是基本的想法，而且现在我都认为那是正确的。"（宫崎勇《证言战后日本经济——来自政策形成的现场》岩波书店，2005 年）pp. 4-5。当时煤炭的分配主要供给进驻军与倾斜生产部门，其他产业只能分到一点残羹剩饭。而一般家庭用暖气则完全没有。从支撑这一倾斜生产方式的复兴金融公库于（1947 年 1 月继承了兴银复兴金融部事业设立）1948 年末的融资金额看，煤炭矿业为 49.7％，电力为 20％，化学（肥料）工业为 8.9％。（宇泽弘文、武田晴人《日本的政策金融》第 1 卷，东大出版会，2009 年，pp. 44-65）。可以说八幡制铁公害、水俣病、煤炭矿害等战后公害都源自这一倾斜生产方式。正是这种重视供给的经济政策，被其后的高度成长政策继承，使得国民生活的满足被置于从属地位。

2　"正是朝鲜战争使得日本在东西方冷战的世界中最终搭上了西方阵营，断绝了与大陆的传统联系的日本经济，迎来了新的国际性机会。正是这次战争使得美国确信了日本的基地与工业力量对于美国的远东政策来说不可或缺。这是战后使美国占领政策的目标从非军事化、民主化转换为'反共的堡垒'的过程。"清成忠男等著《现代日本经济史》（筑摩书房，1976 年）p. 133。宫崎勇表示在朝鲜战争后的条件之下"变为了为美国政策所左右的经济政策。这在今天也基本没有发生变化。……特别是日本经济的完全独立自主，我最近还在思考，是到了最近才确立起来的吧。"（同上书，pp. 70-71）可以说这一从属于美国关系之下的经济复兴与朝鲜特需带来的经济"自立"，现在也决定着日美同盟与日本经济国际结构的性质。可以认为这是通过下一节中提到的《旧金山条约》与《日美安保条约》确定下来的。

3　这一具有划时代意义的新宪法与日美安保条约相矛盾，而且日美安保条约的位置高于宪法，是战后政治的基本问题所在。中村政则《战后史》（岩波新书，2005 年）。

4　1955 年起经济高度成长开始，1956 年《经济白皮书》称"如今已不再是战后"，并谈到此后的成长是由技术革新与现代化支撑起来的。井村喜代子称这一高度成长的开始为"新锐重化工业一举确立"与"新的再生产结构的形成"。参照井村喜代子《现代日本经济论（新版）》（有斐阁，2000 年）第 3 章。这是下一章中开始的公害原因的新面貌。

5　大阪市卫生局环境卫生课"关于公害请愿处理的分析"（1961 年 4 月）。

6　"由于对约 39 亿日元的补偿要求进行了 15.5 亿日元的补偿，从金额上说不能称之为农民的胜利。但是第一这使古河矿业承认矿毒受害的责任，第二这使补偿金不再以'农业振兴''捐赠'等形式而是正式以损害赔偿的形式支付，这是持续了一个世纪的足尾铜山矿毒事件之中破天荒的、具有划时代意义的事情。"（东海林吉郎、菅井益郎《通史足尾矿毒事件 1877－1984》新曜社，1984 年）。东海林等人认为还存在着公调委在密室中进行、补偿金没有公开而是分配给个人等问题。访问了被迫迁到北海道等地的矿毒事件受害者，刻画出恩田正一艰苦斗争的力作便是在本章中对八幡公害问题的解决有所贡献的林荣代的《望乡》（亚纪书房，1972 年）。

7　疼疼病问题的文献很多。本书特别参考的是以下著作：作为诉讼的记录，如疼疼病诉讼辩护团《疼疼病判决》全 6 卷（综合图书、1971～1973 年）。

叙述了从江户时期到今天为止的三井金属矿业株式会社神冈矿业所的矿害问题、明确了神冈矿山污染源对策的问题点和诉讼后对策的力作有，仓知三夫、利根川治夫、畑明郎编《三井资本与疼疼病》（大月书店，1979 年）。

尽管以上著作没有涉及疼疼病的病像论，在这一点上着力，揭示了疼疼病整体状况的是下列著作，松波淳一《镉受害百年——回顾与展望》（桂书房，2010 年）。作者是辩护团成员之一，他介绍了镉相关疾病的庞大文献，揭示了事件的真相。通过审判后的实地调查、主要记录杜绝公害的努力的著作，有畑明郎的《疼疼病》（实教出版，1994 年）。还用日英两种文字记录下疼疼病相关国际研讨会成果的相关问题的决定版。K Nogawa, M Kurachi, M Kasuya eds, *Advances in the Prevention of Environmental Cadmium Pollution and Countermeasures*. 能川浩二、仓知三夫、加须屋实译《镉环境污染的预防与对策的进步与成果》（荣光印刷，1999 年）。

8　前列《三井资本与疼疼病》，pp. 162-178。

9　吉冈金市"神通川水系矿害研究报告书——农业受害与人类矿害（疼疼病）"，1961 年。小林稔《水的健康诊断》（岩波新书，1971 年）。

10　《北日本新闻》1961 年 7 月 5 日。

11　松波淳一上列著作，p. 31。

12　参照宫本宪一《地区开发如此真的可以吗？》（岩波新书，1973 年）

13　松波淳一上列著作，pp. 35、70。

14　"厚生省关于富山县疼疼病的意见"（日本科学者会议编《环境问题资料集成》第 8

卷，旬报社，2003 年）pp. 86-89。

15　江川节雄《昭和四大公害诉讼·富山疼疼病斗争小史》（本之泉社，2010 年），
　　pp. 55-61.

16　高田新太郎编著《安中矿害——农民斗争 40 年的证言》（御茶水书房，1975 年）。

17　小田桥贞寿、洞泽勇 "河流污染与其净化动态"；中野阳、山田贵司、林裕贵 "依靠
　　产业废水处理的河流净化对策"（全国市长会《河流的净化与城市美》，1959 年）。

18　"连续特集·净化河流'石狩川'"（《日本用水》1963 年 7 月号），"石狩川（B）水
　　域相关指定水域及水质标准"（《用水与废水》1964 年 9 月号）。

19　河合义和 "实力抗议本州制纸江户川工厂无处理排水的浦安渔民"（《公害对策 I》有
　　斐阁，1969 年），川名英之《记录 日本的公害》第 1 卷（绿风出版，1987
　　年），p. 158。

20　庄司光、宫本宪一《可怕的公害》（岩波新书，1964 年），p. 43。

21　东京都公害研究所编《公害与东京都》（东京都公害研究所，1970 年）。此项东京公
　　害的相关内容多依据此书。

22　关于这一大阪公害的资料，有庄司光 "大气污染的历史性概观"（1965 年），宫本宪
　　一 "从大阪的公害·环境政策史中学到的"（大阪市公文书馆《研究纪要》第 19 号，
　　2007 年 3 月）。

23　前列《可怕的公害》，p. 108。以下，本节资料依据《可怕的公害》。

24　"大阪事业场公害防止条例，同施行规则"（1954 年 4 月 14 日施行）。

25　桥本道夫《私史环境行政》（朝日新闻社，1988 年），pp. 44-45。

26　前列《可怕的公害》，p. 163。

27　关于水质 2 法的缺陷，川名英之提到，第一是整体上产业与水质保全政策的调和；第
　　二是成为指定水域等受害扩大后才进行指定这一后发性质；第三是规制基准宽松，
　　追随现状。川名英之前列著作，pp. 226-227。

28　石村善助《矿业权的研究》（劲草书房，1960 年），pp. 534-535。

29　福冈县矿害对策联络协议会《煤炭与矿害》（福冈县矿害对策联络协议会，1969 年）

30　《八幡制铁所五十年史》（非卖品，八幡制铁所，1950 年），p. 382。

31　前列《可怕的公害》，pp. 36-42。

32　参照宫本宪一 "北九州市的成长与市民生活"（自治劳、北九州市职员工会编《市民
　　白书系列 No. 1》1966 年）。

33　同上书。

34　八幡制铁所 "煤烟等防止对策的现状及问题点"（1962 年 12 月）。

35　林荣代《八幡的公害》（朝日新闻社，1971 年）。

36　因为水俣病至今尚未解决，有大量论文著作出版。然而由于智索公司自身没有拿出

这一问题的历史资料，政府部内特别是通产省及科学技术厅没有拿出环境灾害的相关资料，又没有对水俣病开展整体的流行病学调查（没有对全体受害者开展健康调查），如今尚未解决。历史也多集中在第 2 期，其后较少，因此并没有所谓的通史。在此，笔者想根据自身经验稍作推荐。正文中介绍的宇井纯《公海的政治学——追击水俣病》（三省堂新书，1968 年）、原田正纯《水俣病》（岩波新书，1972 年）是这一问题的经典入门书。原田的著作、编著多达数十册，以下三册为其代表作。《向水俣病学习之旅》（日本评论社，1985 年），《水俣映照出的世界》（同社，1989 年），《回归水俣》（同社，2007 年）。其后《水俣学讲义》（同社，2004 年以后 5 集）出版。初期研究中有熊本大学医学部水俣病研究班《水俣病——关于有机汞中毒的研究》（1966 年，所谓'赤本'），水俣病研究会编《企业对水俣病的责任——智索公司的不法行为》（水俣病告发会，1970 年）。初期社会科学方面的研究意外之少。色川大吉编《水俣的启示》（筑摩书房，1995 年），宫本宪一编《公害城市的再生·水俣》（筑摩书房，1977 年）。对其中的论文进行补充并添加了新潟水俣病、关于当时政府特别是通产省的责任与在前线苦战的熊本县的庞大资料、明确行政责任的力作是深井纯一《水俣病的政治经济学》（劲草书房，1999 年）。他一贯指出，公害问题的解决即便不得不依赖赔偿也不能得到基本解决，这是重要的遗言。

在诉讼中企业与政府都不得不拿出原告要求的材料。另外原告必须收集古今中外的资料进行论证。在公害问题上，企业与政府的秘密甚多，因此通过诉讼，公开资料，直接陈述意见的场面很多。水俣病在 1995 年政治解决之前，经过了无数次诉讼，因此其记录从水俣病研究的角度来说堪称宝库。尽管无法收录全部资料，很多必要的资料还是被收录，本论参考的有，水俣病受害者、辩护团全国联络会《水俣病裁判全史》共 5 卷（日本评论社，1998～2001 年），另外虽然现在进行公开或许有人感到不快，但在政府的主导下制成的、最初的目的是于 1995 年政治解决时向内外宣称水俣病已经解决、花费了 11 次会议时间与经费的水俣病相关社会科学研究会"为了不重复水俣的悲剧——从水俣病的经验中学到的"（国立水俣病综合研究中心，1999 年12 月）这一报告书。桥本道夫为委员长，委员有浅野直人、宇井纯、冈嶋透、高峰武、富樫贞夫、中西准子、原田正纯、藤木素士、三嶋功。尽管原田个人对于会议报告书持有异议，但内容是政府的法律责任被排除在外。民法学者清水诚对于该书进行了严厉批判。清水诚"水俣病'社会科学研究会'报告书之所见"（《法律时报》2000 年 2 月号）。

37　前列《水俣病裁判全史》第 1 卷，p. 85。

38　前列宇井纯《公害的政治学》。

39　前列《水俣病裁判全史》第 5 卷。

40　西村肇、冈本达明《水俣病的科学》（日本评论社，2001 年），pp. 317-318。

第二章　经济高度成长与公害问题
——史上空前严重的灾难的发生

从 1954 年到 1974 年的 20 年间，日本的 GNP（国民总产值）实现了年均超过 10％的史上最高的高速增长。这期间，虽然经历了 1957 年、1965 年的经济萧条，但都很快实现了经济复苏。单从经济增长的角度来说将这段时间称为高度成长期也是可以的。但一般来说，我们将以 1960 年国民收入倍增计划为出发点的高度成长政策，到 1973 年的石油冲击为契机的世界经济萧条为止的这段时间称为高度成长时代。国家的政治、经济、社会全体，可以说在成长政策的框架下发生了空前的变化，因此可以认为将 1960 年开始到 1974 年为止的时期划分为高度成长期是适当的。

这个时期，日本发生了史上空前严重的公害问题，并且为了克服该问题，市民强烈的舆论和运动带动了政治和行政，迫使政府在 1970 年末制定了环境 14 法，1973 年成立了世界最初的公害健康受害补偿法。在这一戏剧性的展开背后，是市民有效运用了战后宪法的民主主义制度。也就是说，反对公害的舆论和运动的强大之处在于，通过选举更换拥有制定公害对策和地域开发权限的地方政府的首长，对与企业妥协、疏于制定对策的中央政府施压，迫使其改革法制和行政。另一方面，在反对公害的舆论和运动较为薄弱的地方，运用司法独立的三权分立法则，对问题企业和国家进行起诉，诉诸公害诉讼，赢得胜诉判决。通过这些成果，改变公害对策法制和行政，进一步改革了经济开发的方式。

1960 年的安保斗争虽然遭受了挫折，但市民阶层的力量成为改变内政方面"草根保守主义"的出发点。日本社会首次进入了为防止公害和环境破坏这一普遍的人权侵害与国土破坏，市民运动创造并推动政策的历史时代。当时在国际上日本被称为"公害先进国"，这个"先进国"，在 60 年代是指伴随日本国内经济增长而发生了各种公害之意，到了 70 年代中期，就变成了夸赞日本国内为克服公害问题而发生的市民运动与公害对策的先进性之意。但是，正如后面所说，20 世纪 70 年代前期的"公害对策的蜜月时代"亦随着世界经济的萧条而告终。

接下来在第二章到第四章中将主要介绍高度成长期的公害问题。第一章提到的疼疼病与熊本、新潟水俣病等以及将于此章提到的四日市公害问题都将在第四章继续进行讲解。始于该时期后期的大阪机场公害事件等公共工程公害，将区别于这一时期的公害问题在第五章进行叙述。

第一节　国民的社会病

1. 公害严峻的现实——公害的全国化与日常化

"公害日记"与"公害地图"

以疼疼病与水俣病为首，50 年代发生了严重的公害问题。但公害蔓延到全国是政府也未曾想到的。正如之前所说，当时的国语词典里还没有"公害"一词。东京都与大阪府、大阪市受理公害投诉时，虽然依条例进行了处理，但当时的投诉多是针对噪音与恶臭等妨碍局部生活的现象[1]。进入 60 年代后公害问题蔓延至全国，成为伴随经济活动而来的日常的损害，开始破坏生活环境和产生严重的健康危害。但是，当时关于公害既无统计数据也无研究论文。制定公害对策迫在眉睫，为了探明公害的实态和唤起社会舆论的关注，庄司光与我，在执笔日本最初的有关公害的跨学科启蒙书——《可怕的公害》时，考虑将登载在报纸上的公害事件以日志形式写进书中。我们最初使用了四家大报纸的内容，但那些多是对国外情况的介绍，几乎没有关于日本的具体事件的记载。因此我们选取了冲绳县以外，各都道府县一家地方报纸（根据发行数），共计 46 家地方报[2]，归纳了从 1961 年 11 月到 1962 年 10 月间的公害报道。这里选取的是大气污染、水污染、噪音·震动、地面沉降四类。由于是地方报纸，所以有关东京大阪等地的报道非常少。我们将日记中涉及到的事件符号化制成了如图 2-1 所示的公害地图。结果显示，除鸟取、岛根两个县以外，全都道府县共发生了 420 起公害事件。甚至到了公害地图被事件覆盖变得全黑的程度[3]。我们将这本公害日记所呈现出的特点列举如下：

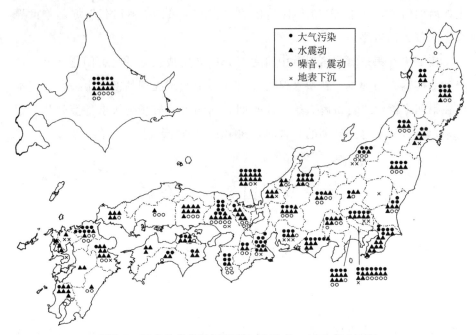

图 2-1　日本的公害地图(1961 年 11 月～1962 年 10 月)

（1）公害已经扩展到全国，但是山阴等欠发达地区公害较少；

（2）工厂公害的例子最多。在这些地方，农渔民的受害主要是因为工厂排水造成的河川海洋污染。与此相对，市民受害主要是由于大气污染和噪音。工厂公害的对策大部分是不充分的；

（3）城市公害的例子较少，这是由于城市公害主要是慢性危害，不似工厂公害般的突发事件，因而较难形成新闻事件。我们注意到城市公害中，由于城市规划的失败、粪便以及垃圾处理场设施的不完备、下水道的缺乏等造成的许多公害都应归责于政府；

（4）大城市周边地方由于地方政府的工厂招商，产生了公害；

（5）农药（特别是有机氯系）导致的水污染频繁发生。这是随着农村的资本主义化产生的公害。通常来说制造公害的一方是城市，农村则是受害者，该现象可以算是一种逆流；

（6）军事用地，特别是美军基地喷气飞机的噪音给周边居民造成了严重影响；

（7）公害主要的社会问题是农渔民的生产困难和城市居民的生活困难问题。同时，还有对学校教育造成的严重影响；

（8）市民的反公害运动主要是要求工厂进行赔偿。但也开始要求地方政府进行政治上的解决，这是一种新的倾向[4]。

表 2-1　全国主要的公害事件　　　　（单位：件）

年度	大气污染	水污染	噪音·震动	恶臭	地面沉降	其他	共计
1961	103	191	81	15	24	6	420
1962	177	297	144	54	67	25	764

我们以此公害日记为出发点，对全国主要的公害事件进行了实地调查，并得出公害乃是高度经济成长的软肋这一结论。这之后随着时间的推移，公害更加日常化与大量化。如表 2-1 所示，一年后公害事件在全都道府县，含岛根、鸟取两县，达到了 764 件。

产业公害造成的污染呈加速上升态势。以大气污染为例，表 2-2 显示了主要地区的 SO_2 的污染状况[5]，1964 年与 1960 年相比呈上升趋势，在迅速迈向重化工业化的千叶县，1964 年的平均值是 1960 年的五倍以上。与此相对，如表 2-3 所示粉尘呈减少倾向。这主要得益于 1960 年开始的能源革命，能源从煤炭转换为石油。

60 年代后半期，城市公害的污染也愈发严重，大气污染中汽车尾气成为严重问题。汽车的保有数量在 1960 年度末只有 145 万辆，到 1968 年度末已达到 1300 万辆，是 1960 年度末的九倍。厚生省在东京都三个地方（大原町、板桥、霞关）进行了 NO_2 的测定。结果显示 NO_2 的平均数从 1964 年的 2 毫克/升增至 1967 年的 3 毫克/升。日本的公共下水排水人口普及率在 1966 年度末尚不满 31%，如表 2-4 所示粪便处理依旧采取的是送到农村与倒入海洋的原始方法。因此加上工厂废水，家庭污水造成的河川和海岸的污染也在加剧。这种状态一直持续到 20 世纪 80 年代。

60 年代废弃物处理问题也逐渐显性化。家庭垃圾处理量在 1960 年度是每天 24400 吨，1966 年度就上升至每天 49400 吨。日本与其他国家不同，由于填埋可能地面积狭小，所以需要焚烧等中间处理环节。1960 年度家庭垃圾的焚烧率为 34.7%，到 1966 年度已上升至 49.8%。如后所述，废弃物处理问题在 70 年代已发展成被称为"垃圾战争"的严峻的城市问题。

表 2-2　二氧化硫的污染状况　　（单位：SO_2 毫克/日/100 平方厘米 PbO_2）

		1960 年	1961 年	1962 年	1963 年	1964 年
千叶县	最高值	0.15	0.21	0.27	0.96	1.38
	平均	0.11	0.14	0.17	0.29	0.55
东京都	最高值	3.01	2.59	2.78	2.62	1.66
	平均	0.92	1.02	1.06	0.84	0.70
名古屋市	最高值		2.61	2.75	2.82	3.45
	平均		1.28	1.51	1.58	1.66
四日市市	最高值		0.83	1.89	1.43	1.81
	平均		0.35	0.55	0.50	0.52
大阪市	最高值	1.55	1.81	1.91	2.47	2.96
	平均	1.00	1.11	1.12	1.34	1.41
堺市	最高值			1.58	1.38	1.97
	平均			0.85	0.75	0.58
北九州市	最高值	1.88	2.93	2.26	3.00	1.98
	平均	0.67	0.76	0.76	0.83	0.86

注：千叶县包括千叶市和市原市。PbO_2 是由二氧化铅法换算而得。

资料来源：厚生省公害课调查。

表 2-3　主要工业城市粉尘比较　（单位：吨/平方公里/月）

	粉尘量	
	1963 年	1965 年
东京都	26.0	25.0
川崎市	18.6	21.0
四日市市	10.2	9.7
大阪市	18.9	14.8
北九州市	20.0	16.0

注：各地区均为平均值。

资料来源：厚生省公害课调查。

表 2-4　粪便处理的比例　　　　　　　　　　（单位：%）

处理方法	1960 年	1965 年
粪便处理场、投入下水道	17.2	40.3
送到农村	24.3	5.7
倒入海洋等	34.9	27.5
水洗便所、净化槽	12.1	14.8
自家处理	13.5	11.7

资料来源：《厚生白皮书》。

公害对学校教育的影响

公害不仅给老年人也给青少年带来了危害。文部省在 1967 年 8 月发表了《有关公立学校公害实态调查》的结果。该调查以全都道府县 1947 校（小学 1129 所、初中 569 所、高中·特殊学校 217 所，幼儿园 32 所）为对象，以噪音与大气污染带来的损害为主进行了调查。虽然只占全国 45 867 所公立学校的 4.4%，但当时的公害问题给学校教育带来危害的事实已经得到证明。

据此，全部都道府县的公立学校中，对公害进行反映的受害者达到 5% 以上的地方有：东京都（13.5%）、茨城县（10.1%）、神奈川县（7.3%）、静冈县（7.4%）、爱知县（6.8%）、滋贺县（9.5%）、京都府（7.5%）、兵库县（5.9%）、山口县（8.1%），全部是产业分布密集的地方。但茨城县的噪音问题乃是由于自卫队的演习场造成的军事公害。虽说越是农业县公害越少，但我们发现全都道府县的公立学校，都对公害问题提出了申诉。

受噪音影响的受害学校数量最多，有 1356 校（占全体的 69.7%），原因主要如下，受飞机噪音影响的有 492 所（36%），受道路噪音影响的有 450 所（33%）以及受轨道噪音影响的有 163 所（12%）。在 1958 年被噪音影响所苦的学校就已达 875 所，此后激增。由于噪音的影响一天上课中断 10 次以上的学校达全体的 24.5%，一天中断 1～9 次的学校占 25.3%，虽不至于中断上课但对上课造成影响的学校占 42%。

大气污染的受害学校有 274 所（14.1%），主要原因是工厂。受煤烟和臭气的影响，大多数时间里基本无法开窗的有 34 所、895 个教室，经常关窗的有 128 所、3578 个教室。大气污染引发的损害集中于七大城市。

后面我们还会提到，在大阪市和四日市进行了学童的健康调查，得出了有关大气污染产生呼吸系统疾病、肺功能障碍、感冒等健康危害的报告。这些公害对教育造成的妨碍是引发反对公害、预防公害舆论的原因之一。

这些统计数据也仅仅是反映了当时公害的一个侧面。于《可怕的公害》发行10年后出版的《日本公害》一书记录了这10年间的状况。"从那时起到现在的10年，乃是公害的狂飙时代。公害成为流行语，新的社会生活困难全都可以叫做公害。1970年初报纸上即使有不刊登杀人事件的日子，也不会有不刊登公害事件的日子。

1960年代，日本经济实现了史上空前的高速增长。在推进重化工业化和大城市化的同时，对公害放任不管，水俣病、疼疼病、四日市哮喘、PCB污染、光化学烟雾、交通噪音……不胜枚举。在旧型公害上又叠加了新型公害，受害也从大城市、工业城市开始向农村、全国的各个地方蔓延。日本俨然成为当代世界公害的实验场。[7]"

日本终于开始以科学的举措来应对可怕的公害问题。

2. 公害最初的学术调查

正所谓公害问题始于受害、终于受害，探明受害的实际状态，可以明晰因果关系，追究责任，采取赔偿等对策。这种情况下，针对物质损害，要想证明因果关系很难，但是对数量的把握是可能的。在人体健康的情况下，不仅难以追究病理学上的因果关系，受害者本人若是不能毫无隐瞒地承认受害，进行自主告发也没有办法得到想要的结果。正因为社会上的弱势人群更容易遭受公害，所以只要存在社会性歧视，受害者就难以对造成公害的企业和个人进行告发。因此要使公害得到揭露，不仅医学和工学的调查研究必不可少，社会科学的调查研究也不可或缺。

公害造成的经济损失

在市场经济下，人们会从经济层面寻求对公害的评价。其最初的业绩便是1965年大阪市综合计划局公害对策部委托大阪市立大学经济学部公害问题研究会调查的（柴山幸治、矶村隆文、右田纪久惠等）《公害造成的经济损失调查结果报告书》。

在"大气污染——家计部门（1965年实施）"中，从总体对象85万户家庭中选出了 203 处地点 2030 个样本，进行了单独的面对面调查。调查首先针对公害（大气污染）受害的认知、对公害的关心度以及应对受害时的反应行动进行了意识调查。在此，不认为大阪市环境良好的市民占 68.5%，最大的原因是大气污染，占 45.5%。认为受害的人占 34.7%，大多数都认为是由于煤烟污染。对大阪市公害防止条例有所了解的人仅占 31.3%，针对公害问题提出投诉的占 9.9%，即使身为受害者仍选择忍气吞声的人高达 71.4%。

经济损失方面，调查了电灯费等日常的支出和资产损失，医疗费等公害造成的追加支出。依据此调查结果，解析了 SO_2 浓度年平均值和各行政区的损失金额的相关情况。结果显示"在大阪市，大气污染给家计部门带来的经济损失高达年间 120 亿日元，即 1 户家庭的经济损失不可能低于 14046 日元 [8]。"

"大气污染——企业部门"（1966 年实施）从母体 15 万家企业单位（不包括金融、保险、不动产、服务业）中，按照行业规模选出规模一（从业员 1～29 人）1410 家样本，规模二（30～99 人）764 家样本，规模三（100～299 人）354 家样本，规模四（300～599 人）430 家样本，规模五（1000 人以上）57 家样本，按照行业来分，则以制造业与批发零售业为主。此处依旧首先进行了意识调查。认为受到了大气污染带来损害的企业占 23%，其中有 42% 的企业提出了具体的损失，认为应该对大气污染负责的企业则只有 17%（表2-5），在这种情况下，35% 的大规模企业（规模五），其中的重化工业企业的 51% 认为应该对此负责。

表 2-5　是否认为应对大气污染负责（按产业区分）　　（单位：%）

产业	认为	不认为	未回答	共计
农林水产业	16.6	83.3	0	100.0
矿业	12.5	87.5	0	100.0
建筑业	11.5	80.8	7.7	100.0
制造业（重化工业）	26.7	65.2	8.1	100.0
制造业（其他）	21.1	69.4	9.5	100.0
批发零售业	11.4	76.2	12.4	100.0
运输通信业	18.3	72.2	9.5	100.0
电气·天然气·水	10.0	70.0	20.0	100.0
计	17.0	72.7	10.3	100.0

资料来源：大阪市综合计划局公害对策部《公害造成的经济损失——企业部门》（1965年），p.28。

至于经济损失，调查人员调查了资产损失、费用损失、营业损失、追加购入的防治设备甚至预防费。调查结论表明，由大气污染造成的经济损失额约为 30 亿日元（企业平均 2 万日元）。具体来看，资产损失 20 亿日元，费用损失 7 亿日元，营业损失 2.5 亿日元，防治设备追加购入 1.5 亿日元。仅有 7.2% 的企业支出了预防发生费用，即使是在引发众多公害问题的重化工业部门中也仅仅有 24.4% 的企业支出了这一笔费用[9]。

该调查虽是在日本污染最为严重的地区大阪市进行的，但在 1965 年，大部分的企业都不具备公害的责任意识，重化工业也仅有 1/4 的企业认为应该负责，拥有改善设备预防公害发生意愿的企业有 54.5%，由此我们可以明确看出当时企业的没有责任感。

在"大气污染——政府·公共部门"（1968 年调查）中，我们以大阪市域内存在的政府·公共部门的母体数 732 为对象，调查了由大气污染造成的受害、损失、受害防止费、关系预算支出。结果证明，损失额的推算几乎是不可能的。这是由于大多数的部门都没有意识将大气污染纳入调查范围。至于建筑污染，虽然有对建筑进行粉刷和局部替换，但是部门的财务中没有折旧的概念，因此若假定使用年限受污染逐渐缩短这一事实，以此来推算污染造成的损失额的话，1996 年度的相关预算不过 7.2468 千万日元。比起对家计和企业的调查，该调查显然更不充分。完全可以说是政府部门缺乏大气污染意识的反映。

那么，将三个部门综合起来看，大阪市在 1965 年间全部的经济损失为 162 亿日元，具体来说家计部门 130 亿日元，企业部门 30 亿日元，政府部门 2 亿日元。而预防支出为 27 亿日元，相关预算支出是 7247 万日元。

研究会认为，该调查结果表明，该经济损失调查乃是最低限度的保守推算额，若是包括人的损失在内的话，病人和死者的收入，赔偿、治疗费等将数额巨大。并且，对自然的破坏和对市民心理的影响都没有纳入考虑范围。"就像这样，我们可以推测出，大气污染造成的损失远远超出我们的计算结果，可以说其影响极其重大。空气和水并非谁的私有财产，使其受到污染者当然具备防止污染、防止造成损失的社会义务。但若仅是纸上谈兵是无法实际防止大气和水的污染问题的。因此便产生了基于政府领导力的行政责任。但实际上，不论是相关企业还是政府的财政支出，用于预防的金额都微不足道，特别是财政支出，即使是用作实态调查的费用都不敷使用。[10]"

在资本主义的市场经济下，公害的社会成本，并未作为企业的成本，或者纳入 GNP 的计算里。因此，K. W. 卡普在《私有企业的社会成本》一文里综合性地主张了这些社会成本的存在。卡普在文章中罗列了伴随经济增长而产生的社会损失，同时也列举了为抑制公害问题而形成的公共支出，我们称此为第一定义。卡普在之后的社会主义印度滞留，改前著为《营利企业的社会成本》并彰显了其第二定义。这是指，为确保朝向安全的福祉即基本公共产品，所需的改善现状的费用为社会成本。当然，较之第一定义，第二定义的社会成本更加巨大。比如后面提到的堺·泉北工业区的社会成本，如果用第一定义来计算，健康损害等方面的损失额有 313 亿日元；用第二定义来计算的话，若是想要制造出安全区域则需要 10 万亿日元。宇泽弘文在《汽车的社会成本》一书中也使用了第二定义，认为平均每辆汽车的社会成本为 1200 万日元[11]。

大阪市大公害研究会的报告书是根据第一定义计算的，因此金额较小，而且如先前的结论所说的并没有将对健康的影响算入其中，可以说是过于保守的计算。但是，这是在日本首次进行社会成本的计算，给世人敲响了警钟，功不可没。并且在其调查过程中，我们明确发现居民意识低下，企业没有关于责任的自觉，公共部门也没有实现其防止公害的义务。光是发现这些点就可以说其仍是历史性的记录。

公害对人体的影响——最初的调查报告

在先前的经济损失的测定中，最主要的缺陷是没有明确大气污染对健康造成的损害。厚生省的《公害相关资料》（1963 年 7 月 10 日）中谈到，"历来的数据虽然证明了大气污染与健康损害之间的相互关系，但因果关系的证明还非常缺乏。"这成了让大气污染逃避规制的免罪符。在这种状况下，近畿地区大气污染调查联络会的《煤烟等污染影响调查报告（5 年总括）》（1969 年 6 月）可以说是有关大气污染最初的流行病学调查，其结合四日市的大气污染调查，科学地揭示了大气污染对健康造成的损害。调查联络会于 1956 年设立，最初是想促进大气污染测定方法的开发和统一。1964 年设置了七个使用电气传导法测定 SO_2 的地点，70 个二氧化铅的测量地点。从 1963 年起在历来的工学、卫生学研究团队中加入医学界人士，进一步充实了研究队伍。1964 年接到大阪市的委托由 52 名研究人员组成了环境调查组、流行病学调查组、病理调查组、统计调查组共四个小组，就大气污染对人体的影响进行了为期五年的调查研究。调查对象多达 5.5 万人。

流行病学调查的主要结论如下：

① 根据弗莱切（Fletcher）的定义，慢性支气管炎的患病率，无论男女，都是随着年龄及吸烟量的增加而变高。

② 按地区来说，二氧化硫浓度（PbO_2SO_2）越高的地区，慢性支气管炎的患病率越高。

③ 慢性支气管炎的患病率与年龄、吸烟量、大气污染程度的关系可以用数学公式进行计算。（公式略）大气污染对慢性支气管炎患病率的影响已经不容置疑。

④ PbO_2 法生成的二氧化硫浓度每增加 1.0 毫克，慢性支气管炎的患病率就增加 2%。（中略）

⑤ 患慢性支气管炎的病人的死亡率较之其他患病群体及正常群体而言相对较高，观察期间越长差异越大。其中，由呼吸系统疾病、肺气肿、肺源性心脏病造成的死亡是正常情况的 5.9 倍。

⑥ 慢性支气管炎、肺气肿、哮喘等非特异性呼吸系统疾病患者的症状恶化的频度，随着二氧化硫浓度（日最大值和平均值）的增加而提高。不仅是自觉症状的恶化，而且随着二氧化硫浓度的变动，有人的呼吸机能也会随之恶化。[12]

至于大气污染对学童心肺功能造成的影响，调查结果表明，"在大阪市内的大气污染度特别是 SO_2 浓度显著增大的工业地区，冬季学童的心肺功能较为低下，可认为其影响不只是急性的影响，也有慢性化的倾向[13]。"

为了探究大气污染与异常死亡的关系，统计组吸取伦敦烟雾事件的教训，调查了从 1962 年 11 月到 1967 年 10 月的五年间，大阪府的死亡人数日变化中的异常死亡人数。结果显示"在大阪市内，的确存在大气污染加剧引发的死亡人数增加的日子。但此现象并不特别多发于呼吸系统疾病患者和高龄者群体[14]。"

该流行病学调查显示，在医学的检查阶段，受诊率停留在 50%，由于机能检查尚不完备所以主要是以问卷调查为中心。在这些点上确实还存在问题，但正如联络会委员长阪大教授梶原三郎所说，"这项工作和成果将会成为学问上一个新的基础，我对此有信心。我相信这会成为我这一生的工作中印象深刻的一个[15]。"有关大气污染与健康的关系的研究确实前进了一大步，也从侧面印证了公害的可怕。特别是如刚才得出的结论③，通过把慢性支气管炎患病率和大气污染建立函数关系，设定出为防止健康损害的环境标准成为可能。

第二节　公害的政治经济体系

1. 高度经济成长的构造

战后改革的成果——高度成长的框架

从 20 世纪 50 年代到 70 年代中期，是世界历史上资本主义空前发展的黄金时代，特别是日本在这个时期赶超英国和西德，成为居美国之后世界第二位的经济大国。高度成长期的国民生产总值（GNP）的年均实际成长率约为 10%，大约是明治以来的战前的平均成长率的三倍，战后欧美诸国的平均水平的两倍。通过高度成长日本一跃成为经济大国。而奠定日本经济大国的基础正如第一章所述，在于战后改革。战后民主主义的理念和制度——和平、民主主义、基本人权和自由等，正是经济发展的基本框架。在明治以来的近代化过程中，战后战争的消失对日本人来说是从未有过的体验。没有战争导致的军费的浪费和优秀人才的丧失，既非军事大国也无殖民地的这些事实，乃是日本轻易飞跃成为"经济大国"的条件。军事费用的经济压力减小，大部分资源和劳动力用于提高生产力，大部分技术开发和科学研究也主要面向和平经济。这些都是严守宪法九条的国民明智选择的产物。

土地改革和家族制度的改革让劳动力的移动更加自由，加速了工业化和城市化进程。教育的民主化使高等教育更为普及，提高了技术水平和文化实力。劳动基本权利的确立，使劳动条件较之战前得到了极大改善。这些措施提高了生产率，扩大了消费，进而扩大了国内市场。

产业结构快速多层次的变化

迅速发展的工业化和城市化造就了战后的现代化。特别是在经济高速增长期重化工业化和大城市化有了很大进展。

　　"二战"后资本主义国家的产业结构发生了堪比产业革命的变化。我国虽然没有国际劳动力的转移，但在高度成长期发生了史上最大规模的农村到城市的人口迁移。如图 2-2 所示，第一产业的人口在这 10 年间减少了约 400 万人。随着工业化的深入，城市的就业规模扩大，应届毕业生逐渐从农村脱离，从事农业的高中、初中毕业生的人数在 1960 年度有 7.7 万人，1970 年度则不足 1960 年度的一半，到了 1980 年度则只剩 7000 人，是 1960 年度的 1/10。

　　随着 1961 年农业基本法的出台，农业的近代化和自立化开始起步。这是由于实施了农业的选择性扩张政策，生产率得以提高，农业从业人口大幅度下降。随着贸易的自由化，农产品进口发展迅速，食品自给率急速下降，农业从业人口急速减少。当人口老龄化加剧后，农业机械化程度就会加深，对化肥、农药的使用也会加大，这一点与欧美一样。但决定性的区别在于日本的经营规模并没有扩大，专业农户反而减少了。日本农业成了高速增长的牺牲品，农业产业的自立极为困难。农户数中，第二种兼业农户（主要指靠农业以外的收入维持家计的农户）所占的比例，在 1960 年占 32%，1975 年达到 62%。农业收入可达到高于城市劳动者的平均收入的家庭称为自立经营农家，这只占农户总数的 7.4%。

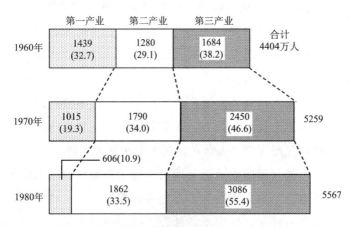

图 2-2　产业结构的变化（单位：万人）

注：14 岁以上的从业人员，包含无法进行分类的产业。源自总理府统计局《我国的人口》，1982 年。

　　为了应对农村人口的急剧减少，1970 年制定了过疏地域对策紧急措施法。国土面积的 44.1% 被指定为过疏地域。过疏地域是指由于人口减少，难以维持共同社会或自治体存在的地域。同时农地、森林、渔场等难以保全，国土的保全困难重重。高度成长使农业的地位整体下降，农村的过疏化让国土的环境保全更为困难，可以说是打开了公害和灾害扩张的大门。

高度成长期产业结构最重要的变化是重化工业的发展。重化工业指机械工业、金属矿业和化学工业三大行业。1950 年重化工业附加值在制造业中所占比重仅有 49％，70 年代增至 66％，其中机械工业的附加值比重从 17％增至 38％，从业人数从 21％增至 37％。加工部门的发展非常显著。与其他国家相比，原材料供给型产业的钢铁、石油、石油化工等部门的比重提高，特别是 60 年代这些产业可以说是占据主导地位。原材料供给部门的钢铁和加工部门的汽车生产仅在 20 年时间里就赶超了美国，可谓日本重化工业急速发展的象征。如表 2-6 所示，与美国相比，日本的粗钢和汽车生产量在 1960 年分别是 25％、2.5％，到了 70 年代跃至 78％、49％，1980 年就已经是美国产量的 111％和 110％了。

战后的重工业化与战前不同，并不与军事化相关联。60 年代重化工业实现飞速发展的原因之一就是越南战争[16]，直接原因在于特需的影响，而更深层次是日本趁美国民品产业的生产率低下与通货膨胀之时，把握了发展机会。虽说如此，日本生产的主体却不是兵器和军事相关制品，而是耐用消费品和与之相关的原材料及公共工程相关产品。

表 2-6　日美粗钢、汽车生产力比较

年份	粗钢（100 万吨）		汽车（1000 辆）	
	日本	美国	日本	美国
1950	4.8	87.8	1.6	6655
1960	22.1	90.1	165	6703
1970	93.3	119.3	3179	6550
1980	111.4	100.8	7038	6376

注：根据篠原三代平《经济大国的盛衰》（1982 年）制成。

重工业化的推进在于政府的产业政策。为各个行业分别制定合理性计划，投入补助金、财政投融资，在地方上采取减征固定资产税的政策。甚至采取后面提到的出于地域开发的综合性招商政策，以工业区为首，造就临海工业地带和内陆工业园区。重化工业化以大城市圈为中心不断发展，为寻求集聚效益持续大规模化、为寻求复合利益，各式工厂快速集聚到工业区之类的地区。另一方面，污染物大量排出，集聚的负面效应显现，产生了严重的公害。

大城市化与高消费的生活方式的普及

以 20 世纪 50 年代为契机，日本开始出现世界上罕见的高速城市化现象。如表 1-5 所示，1945 年的城市人口占比约为 28％，相当于美国 1880 年的水平。到了 1970 年城市人口占比升至 72％，达到了同年的美国水准。美国花了一个世纪实现的城市化，日本仅用了 1/4 的时间，即 25 年就达成了。特别需要注意的是，东京、大阪、名古屋的三个地区形成了大城市圈（表 2-7）。三大城市圈的人口从 1960 年到 1975 年，从 3496 万人升至 5029 万人，增加了 1533 万人。这相当于捷克斯洛伐克当时整个国家的人口数量，其中的 40％都是机械增长，说是发生了"民族大迁徙"也不为过。

这种大城市化，特别是向东京圈集中的原因，在 60 年代是因为重工业化，这之后主要是因为金融、保险、不动产、信息、服务业等管理中枢机能和教育、文化机能的集中。近代的重化工业化和现代的脱工业化，即服务、信息化等产业结构的变化同时在三大城市圈叠加进行。也就是说，自 20 世纪 50 年代起先是在三大城市圈，府县和政令指定城市成为主体，开始实施填海造地建设重化工业园区的现象。因此大部分钢铁、石油、石化工业都位于三大城市圈。如表 2-8 所示，59.3％的粗钢，包括濑户内在内则占到 95.3％；63.3％的炼油，算上濑户内则是 88.1％；石化则是 66.2％和 100％，污染源也就随之过度集中到这三大城市圈。

以 1964 年的东京奥林匹克运动会，1970 年的大阪世界博览会为契机，城市中心的再开发进一步深化，高速公路和高速铁路等连接郊外和城市中心的交通、通信网得以完备。同时，中枢管理机能和商业机能向城市中心集聚，郊区建立起卫星城。发达的汽车交通进一步推动了郊区城市化。由于城市中心的地价上涨，所有权错综复杂，所以再开发需要资金和时间，为了避免这些情况，郊外开发进展迅速，城市圈范围进一步扩大。与此同时森林和农业用地的破坏也开始加剧，公害范围也更加广泛。

随着城市化的深入，城市的生活方式开始普及。由于市民集中生活在公寓等集合住宅内，所以上下水道、能源、公共交通手段、废弃物处理等社会的共同生活资料变得十分必要。但是像后面提到的，由于日本的社会资本充实政策是优先完善以公路为中心的生产资料，所以导致了住宅不足和生活环境的恶化问题，这些也进一步加剧了公害现象。

表2-7　三大城市圈人口的推移

年份	人口（千人）				以全国人口数为100所占的比例				人口增长数（千人）			人口增长率（%）		
	1960	1965	1970	1975	1960	1965	1970	1975	1960-1965	1965-1970	1970-1975	1960-1965	1965-1970	1970-1975
东京圈	17864	21017	24113	27042	19.1	21.4	23.0	24.2	3153	3096	2929	17.7	14.7	12.1
名古屋圈	5691	6.313	6929	7550	6.1	6.4	6.6	6.7	622	616	621	10.9	9.8	9.0
大阪圈	11404	13070	14538	15696	12.2	13.3	13.9	14.0	1666	1468	1158	14.6	11.2	8.0
三大城市圈	34959	40400	45580	50288	37.4	41.4	43.5	44.9	5441	5180	4708	15.6	12.8	10.3
全国	93419	98275	104665	111937	100.0	100.0	100.0	100.0	4856	6390	7272	5.2	6.5	6.9

注：东京圈（东京都、埼玉县、千叶县、神奈川县），名古屋圈（爱知县、三重县），大阪圈（大阪府、京都府、兵库县）。

根据资料《国势调查》（隔年度）制成，冲绳县从1970年起加入统计数据。下同。

表 2-8　重化工业园区向大城市圈集中（1979 年）　　　　（单位：％）

	三大城市圈			濑户内 （除大阪湾）	其他
	东京湾	伊势湾	大阪湾		
粗钢（13 053 万吨/年）	27.8	5.4	26.1	36.0	4.7
炼油（594 万桶/日）	37.9	12.7	12.8	24.7	11.9
石化（532 万吨/年， 乙烯换算）	44.0	12.4	6.2	37.4	0

注：中村刚治郎氏制成。

　　日本平民的生活在经济高度成长期也发生了巨大变化。从以勤俭节约为美德的日本型生活方式，转变为一次性用品和追求娱乐休闲的美国式消费文明。最能体现消费生活变化的是耐用消费品的购入和家庭收支上对所谓"杂费"即教育、文化、娱乐休闲支出的增大。被誉为"三种神器"的电视、冰箱、吸尘器以及电、燃气饭煲的普及是战后生活的象征。如表 2-9 所示，始于 20 世纪 50 年代末期的家庭电器化，在 60 年代末几乎 90％以上的家庭都普及了"三种神器"。1965 年的经济萧条虽然使购买耐用消费品的热潮一时减退，但随着景气恢复，被称为 3C 的彩电、汽车、空调开始普及。美国社会花费半个世纪确立的高消费的生活方式，在我国仅仅用了十几年就在包括农村在内的全国各地得到普及。

　　就这样，高消费消耗了大量能源并产生了大量废弃物，而且也产生了汽车、家电产品、钢琴等大型垃圾。因此大量的复杂废弃物的处理停滞不前，新的城市公害产生。

表 2-9　非农业家庭的主要耐用消费品普及状况　　　　（单位：％）

耐用消费品	1960	1965	1970	1975	1980
黑白电视机	44.7	95.0（1966）	90.1	49.7	22.8
彩色电视机	—	0.4	30.4	90.9	98.2
立体声装置	（1961）3.7	20.1	36.6	55.6	57.1
洗衣机	40.6	78.1	92.1	97.7	98.8
电冰箱	10.1（1961）	68.7	92.5	97.3	99.1
空调	0.4（1961）	2.6	8.4	21.5	39.2
家用汽车	2.8	10.5	22.6	37.4	57.2

注：小汽车 1961 年、1965 年数据包含轻型客货两用汽车。1960～1975 年的数据出自《昭和国势要览》，1980 年数据出自经济企划厅《国民生活统计年报》。

设备投资优先和成长金融

回顾高度成长期的国民总支出的结构，与欧美国家相比，与个人消费相比投资（固定资本形成）相对较大，特别是民间投资占据较大比例（表 2-10）。

表 2-10　国民总支出的构成比及国际比较

	日本			美国	西德	英国
	1956～ 1960 年度	1961～ 1965 年度	1966～ 1970 年度	1968 年	1969 年	1969 年
个人消费支出	59.0	55.6	52.6	61.9	55.4	62.7
政府消费支出	9.2	9.0	8.4	20.0	15.6	17.8
固定资本形成	27.5	32.3	33.9	16.9	24.3	17.4
投资主体						
政府	7.2	9.0	8.5	3.2	3.9	8.1
民间	20.3	23.3	25.4	13.7	20.4	9.3
投资对象						
住宅	4.0	5.4	6.8	3.6	5.2	3.3
其他	23.5	26.9	27.1	13.3	19.1	14.1
库存增加	4.2	3.3	4.1	0.9	2.3	0.6
净出口增加	0.1	Δ0.2	1.0	0.3	2.4	1.5
出口等	11.6	10.3	11.2	5.9	23.4	26.3
Δ进口等	11.5	10.5	10.2	5.6	21.0	24.8
国民总支出	100.0	100.0	100.0	100.0	100.0	100.0

资料来源：经济企划厅《日本经济的现状》1972 年，p.197。

民间固定资本形成是欧美社会的两倍以上。由于当时日本的社会保障和福利尚不完善，政府消费支出仅停留在 8%～9%，尚不足欧美比率的一半。《经济白皮书》（1961 年版）提到"投资诱发投资"，日本经济的成长诱因在于民间投资。而支撑民间投资的是日本的金融和财政。

金融的目的正如"成长金融"一词所显示，形成了促进民间投资的结构体系。由于政府的社会福利政策不够完善，再加上政府的住宅投资不多，所以国民都出于对养老的担忧和购房的需要，倾向于将钱存入银行。因此，国民将个人收入的 1/4 以上存入银行。民间金融机构接收了大量存款，政府接收了大量邮政储蓄，将钱用于民间设备投资的融资。日本人并不信任直接投资的证券公司。民间的商业银行就代替证券公司提供设备投资资金。本来，商业银行的业务主要在于安全短期的经营国民存款，并不应该将其用于时间长风险又多的设备投资。但是由于存款长期处于稳定状态，高度成长期企业的增长非常显著，因此可以说是商业银行进行的间接投资取代了直接投资。并且稳定的大众存款即邮政储蓄作为财政投资的资金来源，充当了补充民间间接投资的日本开发银行（开银）的资金。由于开银给先导产业的开发和地区开发提供了资金，再加上日银（央行）的信用创造，所以一直持续着超额贷款的状态，也就是借款远超存款的状态。这种信用膨胀成为了物价上涨的原因。如同后面所提到的，这种接连不断的投资中，用于防止公害的安全投资除了开银融资以外寥寥可数。并且由于消费者信用发展滞后，黑市金融等消费者金融现象开始出现。

国际关系

日本在 60 年代步入开放的经济体制。开放的经济体制促进了经济的高度成长。日本以轻工业为主体的贸易结构在 60 年代一跃成为发达国家类型。机械类的出口在 1955 年仅占 14％，到了 1970 年升至 46％，1980 年进一步升至 63％。特别是汽车和电器等耐用消费品的上升显著。重化工业整体从 1955 年的 38％升至 1975 年的 83％。至于进口，石油等能源原材料和食品的比重较高，加工制品的进口所占比重仅有 20％～30％。较之欧美可谓是相当极端的贸易结构。对以重化工业为主体的加工贸易型的日本来说 1 美元兑换 360 日元的汇率对出口可谓非常有利。在高度成长的过程中技术革新带来生产率的提高，与实际经济形势相比日元汇率偏低，大量出口成为可能。另一方面，原油的价格在 1973 年的石油危机以前一直是每桶油低于 2 美元，占成本的比例很小。并且就算进口比日本的农产品便宜的美国等国的农产品，低汇率的影响也不大。在 1971 年转变为浮动汇率制的"尼克松冲击"之前，1 美元兑换 360 日元的固定汇率制，是日本实现高度成长的重要原因。

日本式技术革新的特点

引进外国开发的新技术，并积极运用，使其产业化是高度成长的原因之一。回顾日本引进的外国技术数量，我们可以看到，20 世纪 50 年代还只有

1023 件，60 年代就达到 5965 件，是 50 年代的 5.8 倍。1950～1972 年各行业引进的外国技术数量达到 11 786 件，最多的是一般机械类，占总引进数量的 27.4%；其次是电器机械占 17.5%；化学制品占 15.1%。

若是综合评价战后的技术开发，电子技术特别是由电脑进行的信息处理，由产业机器人所象征的自动化，以及用于高分子化学和生命科学等材料的变化是最大的进步。虽说无论哪项都是从引入外国技术开始，但日本在不到 10 年的时间里就追上了欧美的水准，甚至在很多方面超过了欧美。

进入 20 世纪 60 年代后半期，企业认为自主技术的创造必不可少，从基础开始的研究开发提上日程。但是正如"英国创造，美国应用，日本产业化"这句话所显示，日本技术的非创造性是无法这么快改变的。日本技术革新的特性之一是，趁美国和苏联将技术革新的成果浪费于搞军扩、宇宙开发的空隙，将之应用于民用产业。比如说晶体管，一开始是用于卫星一号上天的主要开发技术之一，日本是第一个将其运用于晶体管收音机的国家。再比如，将历来运用于武器开发的 IC（集成电路）运用到电视和计算机中，这些都是较好的例子。就像这样，日本的高端技术至少拥有不与战前那样的军事化挂钩的健全性。但是由于日本过于追求大规模生产和成本的减少，即过于追求效率，所以与企业成长关系不够紧密的安全和环境保护等技术开发迟缓。这引发了劳动灾害、自然灾害、公害甚至于食品公害、药害等危险商品造成的各种灾害。

2. 高度经济成长政策

政官财复合体

高度成长打开了标榜开放体制和自由化的资本主义的发展道路，而不是企业自发成长造成的结果。政府的经济政策是巨大的增长动因。正如接下来所说的，到 80 年代为止，政府不断地制定开发计划，引导和帮助企业成长。和社会主义国家与发展中国家一样，制定了作为国家大计的增长计划。这正是从战时到占领下的统制经济的余韵。其目的不在于资源和劳动力的分配，而在于经济增长，在于先端产业的开发诱导、国际竞争力的提高和地区开发。由于资本主义市场经济的力量起了决定性作用，国际化不断深化，所以计划进展并不顺利，挫折不断。即使像新产业城市计划一样指定了 21 个地区，按计划发展的也只有两个地区。但是高度成长期的这种自上而下的过度服务的开发政策，促进了大企业的快速成长。本来公共政策应该为了弥补市场缺陷，防止公害、灾害的发生，进行收入再分配和提高社会福利。但实际上却未考虑这些基本事业，一味地对企业特别是大企业进行扶持、引导，是促使公害、灾害激增和社会福利欠缺的原因之一。也就是公共政策给所谓新自由主义的供给经济学做后盾这样一种异常的机制。

如此，这一时期建立的政官财复合体，成为战后经济政策的主体。在战前，枢密院或者元老是政治的操纵者，但战后财界成了事实上的操纵者。1946 年结成的经济团体联合会（经团联）、经济同友会或者是在战前就已成立的日本商工会议所和其地方组织，作为对国家和地方政治施压的有力团体，又或者是推动政策形成者而登场。该倾向到了高度成长期尤为显著。到了 60 年代，经团联和同友会不仅针对自身企业和产业的改革问题，也开始对农业等其他产业甚至是日本经济、财政总体提出意见，最终发展到向国民生活、城市政策、行政财政各方面提出建议。

在高度成长的过程中经济官僚进一步提高了自身的发言权。战前官僚机构两大中心之一的内务省解体，大藏省成为政府的中心，并且通产省和经济企划厅的影响力也越来越大。《经济白皮书》成为畅销书，自国民收入倍增计划以来，政府的长期计划开始对国民生活产生巨大影响。但是实际上，比起像长期计划这种政府报告，细致的行政指导和财政政策更能产生经济效果。政府对于企业活动的审批事务，存在着大量不遵从法律条款的行政指导和信息提供。行政规制在 20 世纪 80 年代到达顶峰，当时政府规制所涉及领域的产值达到了 142 万亿日元（全部产值的 43％）。中央政府机构也是最大的信息机构。国土规划、地区开发规划、企业选址指导或者是推行企业合并都是行政指导的典型例子。海外市场调查和公共工程的环境影响评价（事前影响评价）等是政府对企业提供信息的典型案例。

在依靠 1955 年体制运营着实际上的独裁政权的自由民主党，成功渡过安保危机后成为了高度成长期的支配者。自民党政权事实上在经济官僚的指导下支配了国家的财政。为了加强与中央集权的政府活动之间的联系，民间大企业都争先恐后地将本部移至东京。在 70 年代末，东京证券一板市场上市的912 家企业中，有 522 家（占 57％）都将总部设在东京。即使那些不在东京的地方企业，也采用双总部制，通过在东京分公司设置拥有选择权的高管提高东京的地位。另一方面高度成长期中经济、财政的地区差距也逐渐加深，但地方政府为了响应中央的开发计划，或者取得公共工程的补助金，都纷纷建立东京事务所以期能增强与政治家和官僚间的联系。过去常说东京是政治中心、大阪是经济中心，但在高度成长期以后，政治和经济中心都变成了东京。执政党、中央官厅和大型企业相互进行人员交流，高级官员"下凡"到民间企业，或进入自民党成为候选人，企业则派年轻及中坚职员到官厅挂职。各省厅的审议会的中枢都由财界人士坐镇。高度成长改变了国家的政治、行政，创造出被称为政官财复合体的国家。

企业社会

经济的高速增长使社会发生了变化。三井三池的煤矿工会失败以后，工人运动开始进入经济主义的统制伞下，逐步丧失了对政治文化的影响力。1962 年 4 月，将重心置于经济斗争，要求享受高度经济成长果实的全日本劳动总同盟协会会议的登场，便是这一趋势的象征。高度成长期，工人运动的模式变成了春斗这种预定日程的斗争。生产率的提高决定了工资的上升率。GNP 这块蛋糕的分享比例成为要求的中心。像这样，工会自身又成为推动高度经济成长的重要角色。日本的企业是终身雇佣制，随着生产率的提高，工资也随之上涨，越是大企业，住宅、医疗、年金等社会福利越是充实，即企业代替政府进行了生活保障。因此，大企业的工人主张企业主义，对公司越发忠诚。大企业的工人认为自己所属的共同体不是地域社会而是企业。

由于企业主义的影响，企业特别是大企业的工人即使在发生公害时，也一味地袒护企业，隐瞒公害的事实，别说去追究企业责任，甚至和受害居民对立。水俣病初期，智索的工会就和患者相互对立，明确表示一旦四日市地方工会评议会发起公害审判，三菱系企业工会就脱离地方工会评议会等事例便是典型。直到 60 年代末，太田总评议长就公害问题中过去工会与受害民众相敌对一事进行自我批评为止，可以说以总评为首的许多大企业工会都没有参加反公害运动，甚至是站在企业的一方。

那么，究竟实行了哪些经济政策呢？

国民收入倍增计划——从政治的季节到经济的季节

国民收入倍增计划，可以说是高度成长政策的代名词或者象征。该计划于 1959 年 11 月由岸内阁进行征询，以前任经团联会长石川一郎为首的经济审议会花费一年时间制定的。但岸信介首相并没有充分利用该计划。1960 年伴随着修改日美安全保障条约的政治对立，自民党陷入危机。同时右翼恐怖分子制造的社会党委员长浅沼稻次郎刺杀事件等，也使战后民主陷入危机当中。在政府与市民激烈的对立之下，得到财界支持的池田勇人内阁拿出国民收入倍增计划，作为新的统合手段。池田内阁的目的在于通过经济的急速增长，消除成为安保斗争火种的国民的不满情绪，从而实现政治的安定。因此，池田内阁方面想在军备方面尽量依存美国，尽可能避免冷战下的国际政治的影响，通过专攻贸易自由化和经济成长实现国民的统合。

倍增计划的目标，是使 1960 年度的国民总产值 13 万亿日元，在 10 年之后的 1970 年度翻番，达到 26 万亿日元，人均国民收入从 579 美元上升为 742 美元。该计划主要有以下五项重点任务：

（1）社会资本的充实（前半期重点建设公路、港口、用地、用水等生产性基础设施，清除瓶颈，后半期建设与生活相关的社会资本）；

（2）产业结构的高度化（确保第二产业的年平均增长率为 9%，将第一产业的人口减少 500 万人）；

（3）贸易与国际经济合作的推进（转换为以重化工业为中心的出口结构，通过经济合作增大发展中国家的资源供给）；

（4）个人能力的提高和科学技术的振兴（推进技术创新，通过教育等开发个人能力）；

（5）缓和二元结构，确保社会安定（通过成长缓和大企业与相对生产率较低的中小企业、农业之间的二元结构，充实社会保障、社会福利）。

在该计划下，为了实现产业的合理配置，提出了太平洋沿岸工业地带构想，该构想意在使已有的四大工业地带向外延发展。也就是抑制过于向四大工业地带聚集的趋势，同时又避免过度分散，通过有效的产业布局，推进生产单位的巨大化，即园区化。

倍增计划的实绩和评价

日本经济以超倍增计划的速度高速发展，如表 2-11 所示，在 1970 年的实绩中，国民总产值达到预期的 1.7 倍，其他经济指标也均高于预期，初期担心的国际收支问题也得到了改善。正如所谓投资诱发投资，民间的设备投资投入了大大超过计划水平的巨额资金。因此，虽说相对而言还尚有不足，作为民间投资的诱导政策，对生产性基础设施的公共投资充实了社会资本。产业结构如先前所说发生了巨大的变化。从国民生活水准的角度看，原计划的汽车普及率是 2.5%，实际达到 17.3%；电冰箱预计 50.8%，实际达到 74.6%，耐用消费品的实际普及率全部高于预期。

表 2-11　国民收入倍增计划与实绩（1970 年）

	计划 （A）	1970 年实绩 （B）	对比 （B/A）
国民总产值（亿日元）	260000	452676	1.7
个人消费支出	151166	232305	1.5
民间设备投资	36206	91140	2.5
民间个人住宅	5105	30467	6.0
政府投资	28135	36978	1.3
人均国民收入（日元）	208601	353935	1.7
就业人口（万人）	4869	5259	1.1
第一产业	1154		
（23.7%）	1015		
（19.3%）	0.9		
第二产业	1568		
（32.2%）	1790		
（34.0%）	1.1		
第三产业	2147		
（44.1%）	2450		
（46.6%）	1.1		
国际收支（百万美元）	200	1374	6.9
贸易收支	410	3963	9.7
长期资本收支	−50	−1591	31.8
出口（报关）	9320	18969	2.0
进口（报关）	9891	15006	1.5
工矿业生产水准 （1965 年＝100）	610.0	880.6	1.4
GNP 平减指数	—	156.2	—

注：计划是 1958 年价格，实绩是 1960 年度价格扣除价格变动的部分（修正物价上涨后的实际价格）；就业人口中包含无法分类的人群。根据《国民收入倍增计划》和《国民收入统计年报》制成。

　　至于倍增计划，起草者之一的宫崎勇评价说，这是使日本经济步入现代化轨道，使国民从物资贫乏的窘境中解放出来的计划。同时，他也提到生活性基础设施的社会资本的充实相对迟缓，对物价问题考虑不周，工业过于集中于太平洋沿岸工业地带，公害问题的应对不足等负面问题[17]。

　　在对倍增计划的批判中，最初的批判——预期成长率过高难以实现这一点并未言中。这得益于先前提到的国际关系和越南战争特需影响等外部条件以及技术进步。但是，下列这些对结构改革的批判都一一得到验证。即：

　　（1）生产与消费的不平衡（正如"一流的生产力、三流的生活水准"这一说法，个人消费的比重在这 10 年间相对降低）；

　　（2）产业的二元结构（垄断大企业与中小企业、农业间的生产率差距，收入差距的扩大）；

　　（3）公私两部门的不平衡（社会资本，特别是生活性基础设施的不足，公害问题以及社会福利的滞后）；

　　（4）地区差距的扩大和肥大城市（大城市问题和农村问题的加剧）；

　　（5）物价上涨（生产增加伴随物价上涨形成结构性通货膨胀体质）；

　　（6）偏重于美国的扭曲的贸易结构[18]。

　　就这样，收入倍增计划在结构上的矛盾愈益凸显，1964 年 11 月，佐藤内阁以纠正扭曲，即社会开发为口号登上政治舞台，并发布以 1967 年度为第一年的经济社会发展计划，倍增计划落幕。下一章我们会提到，从经济开发转换为社会开发的直接动机有 1963～1964 年的三岛、沼津、清水 2 市 1 町的反对石油工业园区招商斗争而导致的开发受挫等事件。在四日市市型公害日益深刻的背景下，反对公害、谋求社会福利的市民运动，催生了 1967 年的公害对策基本法。

　　收入倍增计划与生活水平的提高并无直接联系，社会开发必不可少，但其与历来的社会政策也有不同。前田清认为"社会开发由经济发展而来，并且社会开发也是助长经济成长的因素[19]。"社会开发的范围包括公共卫生、住宅、福利、教育等多个领域。政府内部各部门就社会开发做出了讨论，总的来说可以分为两个方面。一是住宅、环境卫生、厚生福利等生活基础的社会资本的完备，另一个是用于防止公害的民间资本等社会成本的消除。至于生活性基础设施的社会资本的完备，正如接下来所述，直到 90 年代才得以实现。这表明日本尚未实现基本公共服务均等化，作为福利国家尚不成熟。对于第二点的公害防止，下一章我们会提到，由于公害成为严重的社会问题，政府开始采取一些措施，但在70年代中期才显现出一定效果。

社会资本充实政策的开始

武田晴人在《高度成长》一书中认为，社会资本对产业基础设施的建设，是高度成长的最大原因[20]。如前文所述，"收入倍增计划"将充实社会资本作为第一要务。20世纪50年代到90年代，可以说日本财政的支柱就是社会资本充实政策。社会资本在日本的高度成长的经验中，作为实现资本和劳动再生产的条件被理论化。详情可以参见拙作《社会资本论》（有斐阁，1967年，1974年修订），在此笔者想先谈一下，其之所以成为高度成长时期的重要政策课题的原因。

重化工业规模的巨大化，以及追求复合利益的联合企业等不同产业的直接关联越是深化，间接成本（共通费）就越是庞大。比如年产200万吨的钢铁综合制造商的工厂用地面积是330万平方米（甲子园球场面积的83倍），每日所需的淡水则是40万立方米（约120万城市人口的生活用水）。但是该间接成本的增加却导致了利润率的降低。因此，若是能将这些委托给公共部门，民间企业能独占或者占有部分公共设施的话，就可以防止利润率的低下，在竞争中取胜。这样一来，若想推进重化工业化、巨大化、园区化等资本的社会化的话，社会资本（特别是社会生产资料）将不可或缺，将其委托给公共投资，以图垄断利用的倾向就加强了。府县利用填海造地建造工厂用地和港口，建设公路、铁路等社会资本，吸引工业园区进驻可以说是顺应了重化工业的巨大的资本要求。

这样一来，资本特别是重化工业的大企业的规模、集聚的扩大使社会资本充实政策呼之欲出，对社会生产资料（常识用语的生产性基础设施）的快速投资推动了高度成长。在国家层面，公共部门社会资本充实政策是由一般会计的公共事业和财政投融资计划（其中心是公社、公团）推进，地方层面则是由普通会计和企业会计实行。公共事业这一项目是在战后的预算制度下成立的。为了确立独立核算制度，位于特别会计之下的国铁与专卖事业，在1949年转换为公社制，1952年日本电信电话公社诞生了。企业化不断深化，与政府相关的特殊法人在10年间成长了三倍，1966年末升至108家，自来水、交通、医院等地方公营企业在1964年增至1186家，准公营企业增加到

5708 家。与此同时，来自受益者付费的收入（目的税、手续费等受益者负担金）增加，如其字面意思，公共服务·事业进行社会资本化了。像这样，由于国家与地方的公共事业与企业会计增加，将这些事务统合起来的公共投资的概念便生成了，除去其中用于国铁、电力等企业投资的部分便叫做行政投资。

如图 2-3 所示，1960 年代的公共投资达到了 33.7 万亿日元。如表 2-10 所示，政府投资的比例要远远高于同期欧美国家，政府支出所占比例也从 1960 年的 35％上升至 1970 年的 52％。从资金总量来说，也足以与英国、法国、西德、意大利四国之和（2.2 亿人）相匹敌。之后，该倾向仍在持续，到了 1970 年代后半期在资金总量上也超过了美国，持续保持世界最高水准。

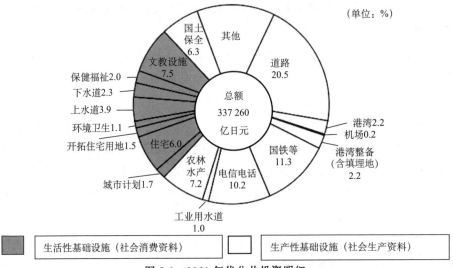

图 2-3   1960 年代公共投资明细

在公共投资的具体项目中，公路、港口、机场、国铁、电信电话等交通、通信领域占较大比例。除去企业投资的部分，剩下的行政投资中，公路占全部投资的 1/4，社会生产资料优先。而对市民生活资料的住宅、上下水道、福利、教育的投资则相对较少。在 20 世纪 60 年代前半期，福利国家的典型是英国。英国福利国家的中心政策是医疗和住宅。若是以 1960～1964 年的日本与英国的行政投资进行比较的话，可以看出英国以住宅为中心，而日本是以公路为中心（表 2-12）。这与日本汽车产业的发展是一致的。

表 2-12　1960～1964 年度的日英行政投资的比较　（单位：亿日元）

	英国			日本		
	金额	占比（%）	比较	金额	占比（%）	比较
公路	5941	11.5	100	19982	24.5	336.3
住宅	16982	32.8	100	4791	5.9	28.2
上下水道	5010	9.7	100	5982	7.3	119.4
教育	9652	18.6	100	8692	10.6	90.1
保健福祉	3407	6.6	100	2891	3.5	84.9
含其他项共计	51812	100.0	100	81687	100.0	157.7

注：1）根据自治省《各都道府县行政投资实绩》及 Public Investment in G. B. 制成。

2）1 英镑兑换 1008 日元计。

如前所述，由于日本推进了可谓是民族大迁徙的城市化，住宅、上下水道、福利、医疗设施以及学校的需求都明显增加。但是，公共投资主要面向社会生产资料，并未着眼于市民的社会生活资料。这种情况造成了住宅的绝对与相对性不足，学校年级人数过多导致的教育困难，保育所等福利设施的贫困以及河流污染、环卫工作瘫痪、汽车噪音、大气污染等城市公害。城市问题这一现代性贫困在高度成长期代替了伴随工薪上升的古典式贫困而成为新的社会问题。

如在第五章谈到的，由社会资本充实政策产生的大规模公共工程造成了交通噪音以及大坝、围垦事业导致的环境破坏等新的公害问题。

战后地区开发政策的展开

在经济和环境的变化中，拥有较大影响的是地理的变化。在高度经济增长政策中，对环境变化带来最大影响的大概是国土规划以及基于国土规划的区域开发政策。在自由主义经济时期，产业选址是企业的自由。但也正是出于这个原因产生了地区差距和公害等社会问题，进入 20 世纪以后，公共部门开始进行规制。欧美的典型例子有作为美国新政重要支柱的、TVA 主导的农村落后地区的开发，以及英国的新城政策。无论哪一个都带有经济政策和社会政策的双重性质。日本是自上而下的资本主义，所以明治以来的地区开发都是作为产业政策而执行的。北九州的八幡官营制铁所的建立就是典型的例子。在战后复兴时期，日本效仿 TVA 的流域综合开发，实行了以多目的大坝为支柱的特定地区综合开发（21 个地区）。但日本的地区开发又与 TVA 不同，其重点不在于农村的振兴，而在于通过电力开发实现大城市的重化工业的复兴。

在高度成长期日本采取了独自的地区开发方式，即据点式开发方式。这一方式成为战后国土综合开发规划的基本方法，一直持续到 20 世纪 90 年代。图 2-4 揭示了战后国土综合开发规划的发展历程。政府制定了国土规划和地区开发政策，对产业布局、交通规划、城市配置等进行规制，在半个世纪里，除韩国以外几乎没有发达资本主义国家采取了这种政策。这种情况下的开发目的在于该时期的主导产业的布局。也就是说，第一次、第二次国土规划是为了建造临海型重化工业园区，第三次是为了实现汽车、电子主导的科技城市，第四次是为了实现与首都圈的国际化相关联的信息服务等中枢管理功能的配置以及地方休闲基地的打造。为此可采取的手段是通过公共工程补助金和财政投融资将各自产业所需要的社会资本进行综合完善。另一方面，通过减免租税和实行优惠的金融政策，进行企业招商。像这种露骨的企业优惠政策是始于高度成长期。该时期的企业进入了开放体制，拥有强烈的成长动机，通过地区开发政策，实现了进一步的发展。但是企业的逻辑和政治的逻辑是不同的。地区开发政策乍看好像是促进了企业的发展，实际上一些政治判断也给企业带来了相当多的挫折和浪费。

收入倍增计划里并没有区域规划，但这之后，综合政策研究会提出了连接既成四大工业地带的太平洋沿岸工业带构想。大企业早在战时起，就在社会资本完备的大城市周边进行填海造地工程，这段时间内在大城市圈，临海性原材料供给型重化工业园区不断建成。京叶、富士、名古屋南部、四日市、堺·泉北、播磨、德山、大竹、岩国等工业园区就是在这个时期建成的。当时，过去的军用地以近乎免费的低价提供给企业，即使地方政府建设的最好的工厂用地也仅以平均 3.3 平方米 5000 日元到 2 万日元的低价出售，工业用水每吨不到 5.5 日元。

规划制定者最初是想通过太平洋沿岸工业地带的开发，提高成熟工业地区之外的收入水平，缩小地区差距。但实际上，东京圈进一步扩展到千叶、埼玉、横滨等地，大城市不断扩展的同时，人口也更为密集。而且，与工业园区开发无关的管理机构和城市型产业也都向大城市集中。另一方面，大规模的工业园区产生的公害，不仅发生在园区周边甚至逆流回大城市破坏了环

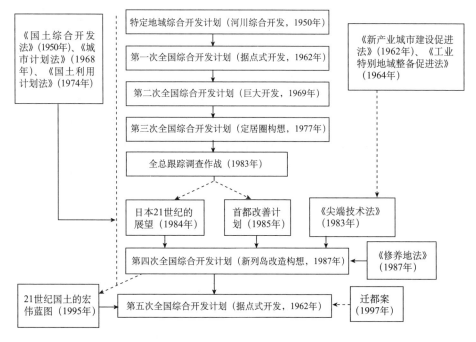

图 2-4　国土综合开发规划的变迁

境。太平洋沿岸工业地带与其他地区经济发展的不平衡逐渐突出。因此，政府为了缩小地区差距，不得不考虑将工厂分散到地方。

据点式开发方式与其现实

政府在 1962 年发布了旨在消除过密弊端和缩小地区差距的"全国综合开发规划"。这是让盛行于太平洋沿岸工业地带的据点式开发方式进一步扩展至全国的规划。第一，所谓据点，并不是说全国开发一个样，而是如 100 万城市构想那样，在可能发展重化工业的地区，以将来能够起到中枢主导作用的地方城市为开发据点，将开发效果辐射至周边地区的方式。第二，不是同时开发所有行业，以钢铁、石化、电站等临海型原材料供给型产业为据点产业，通过开发据点产业带动其他产业，从而提高地域全体的收入水平。图 2-5 是据点式开发的理论示意图。首先，能不能被选为据点，选上后能否通过社会资本的先行投资等优惠政策吸引工业园区落户，将决定开发的成败。

政府基于该规划于 1962 年制定了新产业城市建设促进法，1964 年制定了工业特别地域整备促进法。规划一问世各县就纷纷报名参加候选，列入候选名单的有 44 处，没有报名参加的府县除了大城市府县以外就只有京都府和奈良县。因此，发生了史上空前的申报竞争。官方统计的用于申报的费用为 6 亿日元，相当于新产业城市建设补助金第一年度的规模。

结果，出于政治考虑新产业城市确定了下面的 15 个城市：道央、八户、仙台湾、常磐·郡山、新潟、富山高冈、松本诹访、冈山县南（水岛）、德岛、东予、大分·鹤崎、日向延冈、有明不知火大牟田、秋田临海，中海。

并且，下列的六个地方被指定为所谓准新产业城市的工业整备特别地区：鹿岛、骏河湾、东三河、播磨、备后、日南。

该规划发表初始，财界认为设置 2～3 个城市就够了，但自民党党内无法协调众多的要求，所以决定设置 20 个左右的城市。结果，屈服于地方请愿的压力和政治平衡的考虑，设置了 21 个城市。从这里就可以明显看出该规划偏离了资本的逻辑，所以在大部分地区都未能成功建成工业园区。在指定的新产业城市中，只有冈山县水岛和大分·鹤崎二处成功建成了工业园区。工业整备特别地区是否可以算作工业园区虽然还存有疑问，规模和行业也是五花八门但总算成功实现了工业化，然而在骏河湾由于居民的反对没能实现。

图 2-5 整理了据点式开发的现状。尽管进行了如此大规模的社会资本投资，但大部分的地区都未能成功吸引企业入驻工业园区，财政也因此陷入了困难的境地，为了财政重建，又以低价卖出建设用地，从而进一步陷入了对中央政府的补助金事业的依存中。另外，在成功进行开发的地域公害和事故又首当其冲。冈山县水岛发生了严重的公害问题，相继引发反对运动和被害救济的诉讼。即使是有了四日市公害的前车之鉴，这些地区仍未能防患于未然，导致公害问题产生。据点式开发的目的本来是通过加工招揽来的原材料供给型重化工业的产品来发展相关产业，由此增加人口发展农业和渔业。但如后所述，在做出了最初的综合分析的堺·泉北地域，相关产业的发展等经济效果并不大。并且正如"农工两全"一说，农业本应得到相应发展，但像大分·鹤崎等地腹地却发生了过疏化，所以不得不实行一村一品运动来振兴农村。

全国综合开发规划的目的不仅是为了提高开发地区的居民福祉，也是为了缓和地区差距。然而，即使开发得以进展，企业的利润还是流入了总部所在的东京，法人相关税的大部分作为国税纳入中央政府。地区开发越是开展东京就越是发达。开发产生的利益都用于东京的信息、服务产业的培育和福

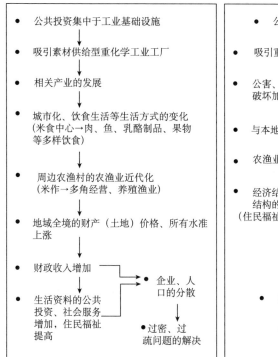
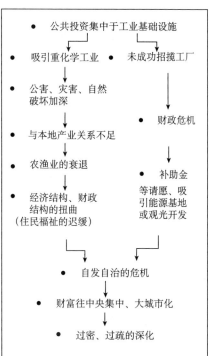

（1）政府方面据点式开发的理论　　　（2）据点式开发的现实

图 2-5　据点式开发的理论和现实

利、教育、文化的发展上。不要说抑制企业和人口向东京过度集中的趋势，简直进一步助长了这一趋势。

　　高度成长期是过疏化的开始。同时大城市圈成了公害的实验场，过密导致的集聚的负面效应迅速发展成城市问题。

3. 体系公害——公害为何会加剧

资本的形成和安全的欠缺

　　1960 年代，日本以其他国家罕见的高速经济增长实现了资本的大量积累。在 1956 年的经济自立五年计划中，钢铁支柱产业预定在 1962 年完成 1780 亿日元的设备投资，实际上达到了 5416 亿日元，这期间的年增长率达到了 18.7% 的惊人速度。粗钢生产从 1955 年的 941 万吨升至 1960 年的 2214

万吨，到了 1965 年增至 4778 万吨，是 1955 年的五倍。60 年代日本就成为继美国、苏联之后的世界第三位，在成本方面也与美国、西德无异。这种合理化源于生产率的提高，这期间用于防止公害的投资只占设备投资的 1％，几乎没有任何变化。所以随着生产量的增大污染物也随之增加，1955 年到 1965 年的 10 年间就增加了五倍。

成为主要能源的石油消费也呈飞速增长。原油的进口量在 1955 年还只有 1215 万公升，1965 年就增至 8414 万公升，扩大了七倍以上。其中的大部分是 C 重油，由于没有进行脱硫处理，SO_x 的排放量增加了七倍以上。

正如先前所述，规模的扩大与重化工业化使企业的间接成本增加。但是间接成本并不能直接用于扩大生产力，所以为了节约间接成本，企业用于防止工伤、公害等安全的费用微乎其微。在资本形成方面，基于"节约充当不变资本的资金"这一动机，对安全设备的投资相对缩小。该时期的合理化虽然扩大了设备投资，即不变资本，但这样一来利润率下降，于是将无助于直接提高生产力的、用于安全的投资相对缩小了。

当时并没有对用于防止劳动灾害的投资进行统计。企业虽然就照明、温度或外伤防止等采取了一些能看得见的安全政策，但针对不能立刻看出影响的化学物质的污染，却没有做出充分的应对。久保田等由石棉引发的劳动灾害就是典型的例子。从 20 世纪 60 年代到 70 年代前期，久保田的尼崎工厂在制造水道管时使用了石棉，工作了五年以上的工人基本都患上了石棉疾病，几乎无一幸免，这个代价是巨大的。这部分我们会在第十章继续谈到，由此可见安全工作是如此懈怠。这可以说是当时高度增长阴影部分的一个表象。

就连事关企业生产力的工人的安全都没有得到保障，可想而知对于环境灾害，只要没有规制，安全对策可以说是束之高阁。继下一节提到的 60 年代前半期的水质 2 法之后，1962 年政府又出台了煤烟规制法，工业地区的地方政府也制定了条例，却没有收到相应的效果。1965 年 3 月，长期信用银行就产业公害防止对策设备投资的有无进行了调查，在收到回复的 512 家有业务关系的企业中，161 家表示进行了设备投资。其中 93 家大型企业的公害对策设施占总设备投资的比例平均仅有 1.7％（表 2-13）。从金额上来说，电力、钢铁、炼油、化学等公害企业四大主力的公害设施投资额占总额的 80％，但就比例来说只有 1％～2％。当时采取的主要对策是高烟囱对策，但该对策并不能充分解决问题。

表 2-13　1964 年度大企业的设备投资和公害对策投资的状况　（单位：100 万日元）

行业	企业数量	公害设施投资（A）	设备投资（B）	A/B（％）
电力	9	5708	342955	1.7
钢铁	10	1938	136934	1.4
炼油	10	1770	72232	2.5
化学	16	837	65518	1.3
陶瓷	10	326	37150	0.9
机械	9	75	23136	0.3
造纸	12	528	15987	3.3
有色金属	5	76	12061	0.6
燃气	3	103	30339	0.3
纺织	3	139	10268	1.4
化纤	2	340	14100	2.4
矿业	4	1097	13692	8.0
合计	93	12937	774372	1.7

注：《产业公害对策设备资金的动态》（长期信用银行资料，《公害史史文集》1966 年 7 月号）。

至于水质污染，如表 2-14 所示，1965 年处理率为 0，1971 年总算完成了对 13％的 BOD 排放量进行处理。虽然六年间产值约增加了 9 万亿日元，但为防止水污染的投资才仅有 1130 亿日元。BOD 排放量每天增加 1 万吨以上，最终仍增加了 7000 吨的污染物质。

表 2-14　水质污染防止投资和 BOD 负荷量

年次	企业产值 （十亿日元）	BOD 排放量 （吨/日）	水质污染 防止储备 （十亿日元）	BOD 处理量 （吨/日）	BOD 未 处理量 （吨/日）	处理率 （％）
1965	10218	12101	0	0	12101	0
1966	11546	13704	7	197	13507	1.4
1967	12901	15407	13	351	15056	2.3
1968	14345	17168	23	584	16584	3.4
1969	16319	19469	41	1031	18438	5.3
1970	18322	21737	75	1939	19798	8.9
1971	19298	22971	113	3052	19919	13.3

注：1)"企业产值""防止水质污染投资"为 1965 年价格；

2)《经济白皮书》（1973 年版）p.207。

根据此次调查，对这 161 家企业询问其实行公害防止工程的动机，回答依法而行的有 123 家，依条例而行有 59 家，受到投诉的有 103 家。虽说在动机方面有重复的部分，但可以认为这些企业都不是自发的实施公害防止工程。

诱发水俣病并隐瞒事实以期逃避责任的智索公司般的犯罪行为仍在反复发生。虽然并非所有的企业都做出了有悖伦理的行为，但资本主义的高度经济成长体系的缺陷是产生严重公害的原因则是不争的事实。若是没有居民的投诉和法律及条例的规制，企业只是一个劲儿地扩张规模，而对安全的投资和成本进行削减，以图转换为生产率高的产业结构，最大限度地提高利益。如前所述，虽然公共投资的社会资本这一外部经济的利益可以被内部化，但公害这一社会成本，也就是外部不经济只要缺乏法律上的社会规制就难以内部化，或者即使内部化也很不充分。

资源消耗型、环境破坏型的产业结构

若是进行国际比较，在高度成长期，同样生产 100 万日元的产值，日本的 SO_x 排放量有 50.2 千克，与只有 34.1 千克的法国相比多了 30％以上，BOD 排放量是 29.3 千克，同样比法国的 20.7 千克多了 40％以上（表 2-15）。这是由于产业结构的不同。整个 20 世纪 60 年代，日本农林渔业等第一产业从占 GNP 的 12.6％下降到 6％，几乎降了一半，而制造业等第二产业却从 43.5％增至 46.2％，超过了除德国以外的欧美诸国（表 2-16）。

表 2-15　有关生产与污染的国际比较　　　（单位：千克/百万日元）

	国名	SO_2 排放量	BOD 排放量
各国排放量	日本（1970）	50.2	29.3
	美国（1967）	41.1	23.5
	英国（1968）	48.2	23.8
	法国（1965）	34.1	20.7
	西德（1970）	40.6	21.0
日本使用其他各国生产结构时的排放量	美国	41.6	23.3
	英国	40.0	21.0
	法国	32.6	18.5
	西德	35.9	18.6
日本使用其他各国需求结构时的排放量	美国	46.4	30.9
	英国	57.9	32.2
	法国	48.8	31.2
	西德	53.9	31.9

注：《经济白皮书》（1974 年版）。

关于 SO_2 的浓度，若是查看 1970 年的各产业贡献度可知，农业占
0.2%，民生用仅有 4.0%，火力发电占 29.5%，钢铁占 26.8%，化工占
12.8%（表 2-17）。另外从 COD（化学的酸素要求量）的排放量来看，则是化

表 2-16 产业结构的国际比较 （单位：%）

年代	日本			美国	英国	法国	西德
	1960	1965	1970	1967	1968	1965	1970
第一产业	12.55	9.27	6.07	3.06	2.43	8.08	3.25
第二产业	43.48	43.31	46.18	39.90	44.87	45.44	·55.35
重化工业	17.09 (54.22)	17.41 (56.40)	20.62 (67.50)	17.18 (58.59)	18.23 (57.27)	16.81 (53.57)	23.02 (56.49)
轻工业	14.43	13.25	12.37	12.14	13.60	14.57	17.73
第三产业	43.98	47.42	47.74	57.02	52.70	48.49	41.40

注：1）根据各国投入产出表制成，括号内是制造业的重化工业比重；

2）《经济白皮书》（1974 年版）。

表 2-17 各产业 SO_2 排放量（1970 年）

行业	原料的 SO_2	国内煤炭的 SO_2	燃料重油的 SO_2	SO_2 合计	比率（%）
钢铁	830	198	576	1604	26.8
纸浆	14	10	328	352	5.9
纤维	—	2	240	242	4.0
化工	42	32	692	766	12.8
陶瓷	—	9	504	513	8.6
有色金属	42	—	84	126	2.1
食品	—	5	122	127	2.1
其他工业	—	90	160	250	4.2
工矿业合计	928	346	2606	3880	64.8
农林水产	—	—	10	10	0.2
运输	—	14	74	88	1.5
民生用	—	48	190	238	4.0
火力发电	—	376	1388	1764	29.5
合计	928	784	4268	5980	100.0

注：1）国内煤炭的 S（含硫量）算作 1%；

2）有色金属的国内碳消耗量不明因此算入其他工业；

3）燃料重油的 S 含量，火力发电算作 1.53%，其他产业算作 3%；

4）产业计划恳谈会《产业结构的改革》（大成出版社，1973 年）p.49。

工 30.9％，纸・纸浆工业 29.3％，食品 23.4％，纤维 12.5％。这种重化工业比率较高，轻工业中纸・纸浆工业比重较大的产业结构快速形成，使得日本的污染程度高于其他国家。因此，若是仅靠企业的公害防止技术的开发来削减污染单位产生量从而防止公害的发生是非常困难的。石油方面，原料的进口一改以往从中近东进口含硫量较多原油的做法，转为进口苏门答腊的低硫磺重油和 LNG（液化天然气）并且采取了脱硫方法。但是，由于原油价格的上涨和脱硫成本的提高，该方法亦有它的局限性。因此，到了 1970 年，产业结构的改革提上日程，在石油危机的催化下，改革迫在眉睫。

汽车社会的大规模交通体系的产物

1950 年代，汽车还是相当奢侈的交通工具。1956 年的道路铺装率只有 2％（就是国道也只有 17％）。1949 年，占领军许可日本进行汽车生产，但日银总裁一万田尚登却说培育汽车工业是没有意义的，直接从美国进口就可以了。但是，在高度成长期，公共投资优先进行公路建设，汽车工业也开始发展壮大并逐渐成长为支柱产业。大量生产、消费的时代也让物资和人的流通更为高速、大量。从交通量的增大来看，货物输送量从 1955 年到 1970 年增长了四倍，旅客运输量增长了 3.4 倍，无一不是惊人的增长率。其中汽车所占的比例如图 2-6 所示，1955 年与 20 年后高度成长期结束时的 1975 年相比的话，货物运输量汽车占比从 12％增至 36％，旅客运输量汽车占比从 17％增至 51％，无论哪项都以 1966 年为转机。

1954 年，根据田中角荣的提议，将挥发油税变为公路目的税，这一举措导致了公路建设的飞速发展。公路铺装率从 1960 年的 3％（国道 32％），1965 年的 7％（国道 59％），增长至 1970 年的 18％（国道 84％）。高速道路在 1963 年为 71 千米，交通量 500 万辆，到了 1970 年就增至 659 千米，1175 万辆，1978 年更是达到 2439 千米，4185 万辆。

与此同时，汽车得到普及。1955 年轿车登记数量为 16 万辆，10 年后达到 188 万辆，1970 年增至 678 万辆，1978 年就达到 1919 万辆接近 2000 万辆。另一方面，如第七章所述，在 1970 年代后期加强了对汽车尾气排放的规制，但在此之前处于放任自流的状态。货物运输的重点转为卡车运输。日本的卡车以柴油发动机为主，产生了大量 SO_2、NO_2、SPM 等污染物和噪音。因此，70 年代城市公害的主体变为汽车，发生了反对国道和高速公路公害的居民运动，公害诉讼兴起。

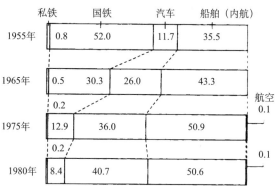

构成比按吨公里计算，1980年度速报值

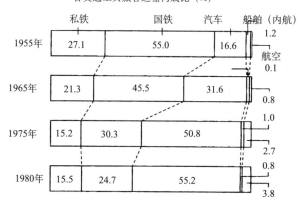

航空是定期、不定期的合计。客船1975~1980年度含不
定期。构成比按人公里计算。1980年度是速报值。出自
运输省大臣官房情报管理部《运输经济统计要览》

图 2-6 货运与客运的构成比（%）

大城市圈集聚的负面效益

日本的高度成长是通过充分利用狭小的国土，最大限度地提高集聚效益
而进行的。如表 2-18 所示，自太平洋沿岸工业地带构想产生以来，重化工业
的工业园区都集中在三大城市圈和濑户内海地区。工业园区的相关工厂以管
道相连，共同利用燃料和原料，使物流过程更为紧密从而充分享受内部集聚

效益。加上大城市圈里交通、通信、用水、能源设施、教育·研究机构相对密集，因此可以占有大城市的相关资源取得外部集聚利益。通过拥有大城市圈这一巨大市场，可以最大限度地提高营业收益。

表 2-18　大城市圈单位可居住面积污染物质排放量测算　（单位：吨/平方公里）

	SO_X		NO_X	
	1955 年	1971 年	1955 年	1971 年
关东临海	18.3	165.2	2.3	68.3
东海	8.4	71.7	1.0	27.4
近畿临海	27.8	188.2	3.0	61.1
三地域共计	16.2	131.3	1.9	49.8
全国	6.6	45.6	0.6	17.0

注：庄司光、宫本宪一《日本的公害》，p.50。

这些条件便是重化工业向大城市圈集聚的理由。但是重化工业过于集中也产生了极大的负面效应。过于密集的工厂群和交通工具排放出大量污染物，造成了严重的损害。各种化学物质复合在一起，产生了大气污染、水污染、恶臭和噪音。如表 2-18 所示，大城市圈的单位可居住面积的污染物是全国平均水平的数倍。集聚的负面效应不仅表现为公害问题，而且包括地价上涨、交通拥堵、能源·水不足、甚至学校、保育所等城市设施的不足。这些负面效应使得城市的社会环境恶化，城市污秽不堪，毫无舒适性和宜居性可言。

高消费的社会成本

20 世纪 60 年代，随着收入增加城市的生活方式得以推广的同时，美国式高消费的生活方式得到普及。大量生产与大量消费互为表里相互促进。这种生活方式是基于所有商品和服务归个人所有或者利用的个人主义思想。但是，若是没有社会共同生活资料，这种生活方式也无法成立。在人口聚集的城市，发展大容量公共交通是合理的，但是随着家用汽车的普及，道路交通的完善，人行道、交通安全设施等将不可或缺。到现在为止，道路并不仅是交通用地还是公共空间也是个人交流的场所。但是道路一旦被汽车占据后，步行和自行车通行将变得危险，生活环境也会被尾气和噪音侵害。60 年代末开始出现"公路公害"一词，这将在第五章中提到。

城市靠剧场文化和活字文化得以发展。这是市民可以共享的不断发展的城市文化。其被电视和卡通动画所代替，变成个人可以选择的文化消费。普通个人都可以拥有、利用所有电器产品的生活方式需要消耗大量的能源和水资源。甚至城市文化都变了样子。从1970年《每日新闻》的"全国读书舆论调查"来看，平均每人每天花费的时间是：读书44分钟，看报36分钟，听收音机42分钟，看电视则达到2小时23分。评论家大宅壮一在电视时代的开幕时曾评论说是"一亿总白痴时代"，被电视左右的时代到来了。电视的内容自开始发展以来，民间电视台的套路一成不变，娱乐、体育与广告占了全部播出时间的1/2，新闻报道只占10%。NHK虽然将1/3的时间用于新闻报道，但是播放娱乐、体育的比例也有1/5到1/4。城市文化自希腊以来都是剧场文化，但可以说电视文化一举替代了剧场文化。市民不再是文化的创造者而是变成了消费者。因此，市民需要负担可谓精神公害的社会成本。

高消费的生活方式产生了大量的垃圾。从1954年到1961年，洗衣机的更新换代达到44次，电视机每3到6个月就会进行一次更新换代，汽车每年都会进行部分升级换代，每4～5年会进行整体的更新换代。因此，厂商不再生产旧式零部件，消费者就是不情愿也不得不进行产品的更迭。所谓耐用消费品名不副实，实际上只是"短期消费品"[21]。

在高度成长期的1962年，每人每天产生的垃圾量为498克，到1975年超过了1千克。而且，随着大型电器、钢琴和汽车的增多，垃圾处理也变得困难，费用高昂。到了60年代后半期，不仅是在大城市，全国各地甚至包括农村都需要设置垃圾处理厂。70年代垃圾战争的根源始于60年代。

高度成长的这种经济体系是破坏环境，引发公害的体系，由于涉及生产、流通、消费等整个经济过程的原因相互重合，所以引发了激烈且严峻的公害问题。

第三节　公害对策的启动

这一节将就1967年的公害对策基本法制定前，企业、国家、地方政府采取的公害对策进行论述。

1. 企业的公害对策

经济界的行为与"调和论"的形成

进入 60 年代，公害问题愈演愈烈，其造成的损害扩展到全国各地，与此同时，市民对公害特别是产业公害的关心倍增，各地都发生了所谓的"公害纷争"，企业不得不做出一些应对措施。特别是 1960 年前后发生的四日市公害问题，与之后 1963～1964 年的静冈县三岛、沼津、清水 2 市 1 町的石油工业园区招商反对运动的胜利，给高度成长政策画上了休止符，带给政府和财界巨大的冲击。因此，企业不能像战后复兴时期那样，为了经济发展，尽可能削减不具生产性的用于防止公害的成本，露骨地表达企业的逻辑，即居民即使遭受了一些健康危害和生活环境的破坏都应当忍耐。日本获得 1964 年东京奥运会主办权后，由于当时的日本因雾霾的影响看不到蓝天，河流都散发着恶臭，若是放任这样的环境污染不管则不能成为先进国家的一员，奥运会将会使这样的丑态公之于世。所以，就算是为了面子也得推行环境政策。这样一来，防止公害就不得不成为企业的社会责任了。从 1962 年煤烟规制法制定开始，经团联等经济团体就设立了公害对策委员会。而且某些个别企业，虽然时机较晚但也设立了公害防止部门，如东京电力在 1967 年设置了公害防止预防课，1968 年设置了公害对策本部。

经团联公害对策委员长，山阳纸浆会长大川铁雄在《确立公害防止的综合对策》一文中谈道：

"公害问题发展至今日这般严重的原因，确实有如世间所说的产业的除害设施的不完备、防止公害的努力不彻底等问题，但是再往深的层面探讨今日公害的决定原因的话，就不得不指出下面这些更为本质的政策上、制度上的缺陷。第一，由于以往缺乏适当的产业布局政策和城市规划，在特定地域里工业和人口的集聚毫无计划性，导致工厂地带和居住地带的混杂。……

第二，笔者要指出的是下水道等公共设施建设的滞后。……企业被迫在排水流入下水道之前进行预处理，或被征收高额下水道费，承担着过重的负担。……今后需尽早建设公共下水道，使其能够完全容纳产业排水，企业在原则上不需要对排水进行预处理。……

第三，公害防止技术研发的滞后。例如，以四日市的二氧化硫问题为例，到最近的重化学工业产生的排烟问题，政府缺乏对其有害性的充分的基础调查，并且有很多地方尚未确立经济实用的除害技术，这使得问题的解决难上加难。"

这三个问题，乍看好像是承认了企业公害对策的不彻底性，但其实际上将公害的原因归结于公共政策的欠缺。这三点政策上、制度上的欠缺是经团联一直以来的公害对策要求的核心。并且，大川表示由于公害对策并不能与企业的"收益"挂钩，而如果这是社会利益的话，国家就应该适当减轻企业负担或是采取扶持措施[22]。

1960 年 6 月，在这篇论文发表之前，经团联对 40 个行业的 615 家团体、公司进行调查，并以回收的 172 份（18 个团体，154 家公司）回答为基础，发表了《有关公害问题的调查概要》一文。结果显示，除 26 家公司、1 个团体以外都有过公害纷争的经验。

按公害类型来看公害纷争的话，分别是水质污染（101 件，60 家公司、3 个团体），大气污染（85 件，49 家公司、4 个团体）和噪音污染（43 件，33 家公司、2 个团体）。

企业遭遇纷争后采取的公害对策有：

1）吸尘、沉淀、中和、过滤、消音、遮蔽装置等公害防止设施的新设、改良；

2）烟囱的增高，集合烟囱的采用；

3）原料、燃料从煤炭到重油的转换，以及低硫磺重油、LPG、石脑油的使用；

4）工程的变更；

5）支付慰问金、赔偿金；

6）停止作业，停止夜间施工；

7）工厂整体或部分工序的迁移；

8）撤回园区计划。

那么处理纷争到底需要多少经费呢？在石油行业，14 家企业用于排水处理的设备费合计 11.3 亿多日元，每年运营费 1.3 亿日元；针对防止大气污染，10 家企业合计使用 22.7 亿日元的设施费，每年 3.5 亿日元的运营费。在电力行业，9 家企业用于排水处理的经费合计 9 亿日元，大气污染 351 亿日元，噪音对策 81 亿日元。在钢铁行业，9 家企业在大气污染对策上合计使用了 50 亿日元以上的设备费，全体公害对策的成本仅是制造成本价的 1%～1.6%。这些全都是公害纷争严重的地域的例子，就全国范围来看，作为污染源对策并不充分[23]。

1964 年 12 月以经团联公害对策委员长大川为中心，三菱油化总经理池田龟三郎，富士石油总经理冈次郎，前工业技术院院长黑川真武等人进行了一场名为"公害对策的方向和问题点"的座谈会。座谈会直率地表明了经济界对于公害问题的认识。与之前的大川论文一样，会上认为公害问题的原因虽然也包括企业对策的不完善，但就城市规划、基础设施建设公害防止技术的开发等方面而言，政府行政与制度上的欠缺更为根本。至于四日市公害问题所引发的二氧化硫污染对健康造成的影响，认为并无明确的因果关系证明两者相关。

当时，在公害问题方面，政府最为信赖的科学家黑川真武虽然认为防止公害对策的技术比起生产相关技术还非常滞后，需要使二者之间取得平衡，但他就公害问题提出了与科学家身份不相符的见解。他认为公害产生的影响有限，"包括东京都在内的一些地区，汽车排放的尾气造成了相当严重的空气污染，即使这样我们也在这里正常地生活着。（中略）在一定的限度内，这或许能使人类产生免疫力。"他认为现在的公害就在人体忍受限度之内。出席座谈会的经济界人士对其观点表示认同。他们一致认为与经济成长带来的生活水平的提高和城市化的便利相比，东京都的空气污染和隅田川污染导致的恶臭问题等都在可以忍受的范围之内。因此，反对公害的舆论和运动，乃是超出常规的赤化运动。

富士石油总经理冈次郎认为，三岛、沼津、清水 2 市 1 町的石油工业园区反对运动与内滩和砂川有着一系列的关联，运动领导人是共产党员。而且在地方学习会上使用的四日市公害幻灯片中，还放上了怀抱着死去婴儿的母亲的照片等，散布了流言。下一章将要提到，这些都是错误的认识，属于经济界人士的流言蜚语。但是，他们面对现实无法视而不见，因此表示"这些（错误的）领导人都深受善良市民的信任。特别是深受妇女阶层支持。所以，我认为这有很大的问题。"他还提到，反对运动涉及的范围相当大，全国范围内的反对运动又都相互支持。并且，"新闻记者中，也有很多所谓的进步分子，在这一方面，我们一直颇为头疼。"并哀叹相比于反对运动阵营高明的宣传和运动方式，企业方面还不够团结。今后，就公害问题企业方面需要同劳务对策一样采取现代化方式，紧密联系共同应对[24]。

但是事态超出了财经界人士的想象。四日市型公害蔓延至全国，反对公害的舆论急速扩大。政府认为已有的水质2法和煤烟规制法已经不足以应对公害问题，为了推进高度成长，有必要进行"社会开发"，因此公害对策基本法的制定迫在眉睫。再这样下去，就算是为了更正"产业即加害者"这种偏激思想，财经界也不得不推进公害政策。因此，经团联在1966年10月5日提出的《有关公害对策基本问题的意见》中，就公害对策的应有状态作出了如下说明：

"公害对策的基本原则在于，通过调和生活环境的保护和产业发展的矛盾，提高地区居民的福祉。因此，仅出于对生活环境的保护这一考虑而提出公害对策，却忽视产业的振兴是提高地区居民福祉的重要因素的这种做法是不妥当的[25]。"

这种说法被称为"调和论"，是政府和财经界人士环境政策的基本理念。下一章将会提到，围绕"调和论"进行的这场攻防战，将决定日本公害对策的思想和现实。

以扩散、稀释为基础的公害防止技术

根据"调和论"的观点，公害对策只要在保障企业利益的范围内进行就好。这个时期的焦点在于二氧化硫造成的大气污染对策。二氧化硫造成的损害早在明治初期就以足尾、别子、日立的矿毒事件的形式表现出来。这些地区受损最为严重的是农林作物。虽说在居民的投诉中已经可以看到当时的公害对人体健康造成了损害，但是当时的农民将重点放到了生产物的赔偿上，并没有就公害给人体健康带来的损害进行调查，现存的资料也不甚明确。由于当时营养状态恶劣，传染病频发，婴幼儿的死亡率也很高，所以公害对健康造成的损害还不明朗。如同先前财经界人士的认识，二氧化硫污染还是近年的事情，因果关系尚不明确，因此没有采取对策的必要。而且，即使二氧化硫真的对健康有影响，像战前的炼铜危害和伦敦烟雾事件等，都是因为二氧化硫的浓度过高，而四日市等地的工厂、电站与它们比起来浓度较低，无法相提并论[26]。

但是，这些都是带有明显目的性的言论，实际上二氧化硫对人体的伤害

已经是不争的事实。战前的 1914 年，日立矿山根据对气象条件的研究，在 325 米高的山顶上建造了世界最高的 156 米的烟囱从而解决了烟害问题。住友金属矿山四阪岛炼铜厂也尝试了高烟囱对策却并没有成功，转而挑战排烟脱硫，并成功地在 1934 年将排出口的二氧化硫削减到 1900 毫克/升。像这样，战前日本的公害防止技术和对策达到了世界最高水平。但是，对于该时期始于四日市公害问题的二氧化硫公害，企业的态度就如初次受到挑战般毫无反省之意。

1962 年《煤烟排放规制等相关法律》出台，公害对策提上议事日程。但是，这只是将伤害降低的办法。只要在排放前将有害气体稀释，气体经由烟囱排出后就会自行扩散。然而仅仅是浓度规制，即便每座烟囱都遵守监管标准，大量的烟囱聚在一起，还是会产生高浓度污染。

在这数十年，别子铜矿即四阪岛的纷争已经明确表明，除了从污染源头入手解决问题外没有根本的对策。尽管如此，企业仍试图通过高烟囱让有害气体进行扩散来蒙混过关。前面提到的日立的高烟囱，是一个建在山顶上，拥有近 500 米有效高度的烟囱，并且进行了日本最初的高层气象观测，确认了有害气体会随陆风扩散。

该扩散的萨顿公式是为了防御第一次世界大战的有毒气体而产生的理论[27]。根据萨顿的公式，地上最高浓度与污染源的强弱成正比，与风速和烟囱高度的平方成反比。从地面上浓度最高的地点开始，按照与烟囱高度的比例，随着风下距离的增加地上浓度减少。据此高烟囱理论诞生。1963 年 10 月中部电力的尾鹫火电厂建造了 120 米的集合高烟囱。之后，高达 200 米的高烟囱在各地涌现。在经团联的某次座谈会上，东京电力副总经理白泽富一郎说到，建造 100 米高的烟囱要花 1 亿日元，200 米高的要花 3～4 亿日元。外国对此进行了批判，认为日本没必要花费这么多不必要的钱来建造高烟囱。但是，高烟囱的建造虽然减少了当地局部的污染，但对工厂密集、人口稠密的日本来说，并不能起到改善环境的作用。

污染源对策有重油脱硫和排烟脱硫两种方式。1966 年 9 月，三菱重工、中电启用世界最早的 15.5 万千瓦的大型成套生产设备，以活性酸化锰法进行排烟脱硫的开发。1970 年日立、东电五井火电厂以活性炭法进一步深化开发。与重油脱硫相比，排烟脱硫成本较低，但只在排放量大的发电厂才有效。在中小企业，低硫磺重油的供给仍然十分必要。重油脱硫最早是在 1967 年

9月由出光兴业千叶开发的。不论哪一种方式都伴随着高成本，所以投入实践花费了较长时间。外国认为日本的这些政策不过是多此一举，但是正如之前所说的高度成长体系是污染集聚的体系，再加上对中近东重油的依赖，日本不得不进行技术开发。从高烟囱方式到排烟脱硫，公害对策得以迅速强化的原因在于四日市公害判决和由此导致的对二氧化硫规制的强化[28]。

2. 国家的公害对策

《煤烟规制法》的制定

1962年6月2日，比水质2法晚4年，《煤烟规制法》出台。这是为了应对由于四日市越发严重的大气污染等公害问题所采取的对策。1961年夏天，法案的准备已经提上日程，但由于站在工厂布局行政立场的通产省和站在环境卫生立场的厚生省之间的分歧，法律的制定陷入僵局。在1962年2月，两个部门之间终于达成一定妥协，形成共同提案。国会用了两个月时间通过了这项提案。

《煤烟规制法》提到，"煤烟"是"伴随着燃料中其他物质的燃烧或者是作为热源的电气的使用而产生的烟尘、各类粉尘抑或是二氧化硫和酸酐。"特定有害物质包含氟化氢、硫化氢和二氧化硅。二氧化硫和二氧化氮并不在指定范围内，当然也不包括辐射。煤烟的排放设施，是设置在工厂或者单位，会产生大量煤烟的设施（矿山除外），汽车、火车、汽船和家庭产生的煤烟不算在内。并且，可谓大气污染罪魁祸首的发电厂和煤气工厂不直接适用该法律，而受旧电气事业法或者煤气事业法的规制。

《煤烟规制法》的适用对象并非全国。只有在煤烟设施相对密集，大气污染非常严重或者是有继续恶化风险的地方才会纳入指定地区。当初指定地区只有东京、川崎、大阪、北九州四个城市。

规制的方法是，根据从烟囱排出的烟尘和气体的排放标准，若是超过标准的话，都道府县知事将提出改善命令，要求暂停使用或者进行处罚。并且，都道府县知事将进行纷争的仲裁和解。该法律是基于先前提到的产业界的"调和论"的思想。该法第1条就立法目的的表述如下："本法律的目的在于防止大气污染对公共卫生造成的危害，与此同时谋求生活环境的保护和产业的健全发展，针对有关大气污染的纷争，通过设置和解调停制度，寻求解决之道。"

　　也就是说，在产业健全发展的框架下谋求生活环境的保护。因此，该法律没有作出有关预防的相关规定，也不是环境保护的标准，而是形成了根据各工厂的排放标准所决定的浓度规制。这就是只要将有害气体稀释后再从烟囱排出，之后气体就会自行扩散对人体和动植物都不会造成损害的想法。该浓度规制中存在矛盾。在城市工厂集中烟囱林立的情况下，排出的有害气体将不会如预期的那样进行扩散。

　　该浓度规制与之后的《大气污染防止法》中的 K 值规制一样，都认为将烟囱建高一点的话，扩散的效果就会更好。因此，企业避开了成本过高的重油脱硫和排烟脱硫，全都选择了高烟囱方式。而且，这一时期制定的锅炉等一般设施的二氧化硫的排放标准是 2200 毫克/升（后来仅四日市是 1800 毫克/升）。早在 1934 年，住友金属矿山就已经成功将从烟囱排出的二氧化硫降至 1900 毫克/升。这之后过了 28 年，随着科学技术的进步，法律规定的排放标准反而比之前更为宽松。这样一来，企业即使不寻求新的对策，采用现行的生产工艺即可满足要求。

　　当时隶属于厚生省环境卫生课的桥本道夫说道，"该法律不过是可以起到改善历来的黑烟和严重的下降烟尘的效果。"根据桥本所说，该法律的制定参考了地方政府的条例，但是地方政府中比如像大阪一样的城市，就存在着比起国家的法律更为严格的对策。因此，法律形成之后，反而产生了规制变得宽松的矛盾。因此，厚生省与通产省和自治省进行协商，在该法律制定半年后就进行了法律修正，承认地方条例具有法律效力，承认地方条例的规制可以在横向和纵向上扩大范围[29]。该法律制定之初，在东京和大阪，汽车造成的大气污染已经相当严重，但汽车业界完全没有采取对策。可以说该法律是为了推动高度成长政策而制定的。1963 年度国家的公害对策预算仅有 7649 万日元（表 2-19），而公共工程等行政投资却超过了 2 万亿日元，是英国的两倍。

表 2-19 国家的公害对策预算（1963 年度） （单位：千日元）

事　项	预算额
（厚生省）	
1. 公害卫生对策审议会费	749
2. 公害防治对策	29506
（1）煤烟规制法实行费	(28840)
（2）各地域城市公害调查费	(666)
3. 地方卫生研究设备整备补助金	6000
小计	36255
（通商产业省）	
1. 大气污染等产业公害对策费	1473
（1）工厂煤烟等产业公害实态调查费	(1473)
2. 地方通商产业局	250
（1）煤烟排放规制相关法律施行事务费	(250)
3. 工厂排水法对策费	5910
小计	7633
（科学技术厅）	
1. 噪音震动的影响调查，隔音材料的研究等	9830
2. 水质污染（多摩川等自净作用的研究）	11000
3. 大气污染（综合研究推进费）	7000
小计	27830
（气象厅）	
烟雾对策费（含飞机观测）	3776
（运输省）	
为防止烟雾产生的汽车尾气的相关研究	500
噪音关系	500
小计	1000
合计	76494

黑川调查团的调查和大气污染行政的转换

　　由于公害在战后首次成为政策课题，所以行政方面缺乏对其进行的科学调查。若是说到大气污染，前文提到的近畿地区大气污染联络会从 1964 年起花费五年时间进行的调查起到了先驱作用。厚生省自 1964 年度起就大阪市和四日市进行了煤烟影响调查，1965 年 9 月，进行了汽车尾气排放对人体的影响调查。这是行政最初进行的实态调查，从公害实际的发展情况来看显然相当滞后。

由于"实态调查数据的不充分"，《煤烟规制法》的第一次地区指定并没有将四日市纳入指定范围。当地就此与政府进行了多次交涉。后来的厚生省首任公害课长——桥本道夫，当时虽然没有参加实地调查，但看到四日市的数据后，还是感到相当震惊甚至觉得难以置信。他后来回忆说即使调查了美国等国的事例仍无良策可寻。

1963 年 11 月 1 日，政府为了得到能将四日市地区指定为《煤烟规制法》适用地区的判断材料，派遣了以前通产省工业技术院长黑川真武为会长的"四日市地区大气污染特别调查会"（黑川调查团）。调查团在 11 月 25 日至 29 日进行了为期五天的短期调查，以三重县立大学教授吉田克己的流行病学调查等当地调查作为参考，于 1964 年 3 月发表了调查结果。《四日市地区大气污染特别报告书》劝告如下："速将四日市列入《煤烟规制法》的指定地区。"

当时，出于对四日市污染的严峻性和原因具有局部性的考虑，报告要求在四日市制定比其他地域更为严格的二氧化硫和酸酐排放标准。就是说，将一般设施的初次指标从 0.22％降到 0.18％，将用于燃气供给业或者炼油业的设施从 0.8％降至 0.22％。与此同时，对炼油厂进行劝告，要求回收加氢脱硫制造和接触分解装置中产生的硫化氢等，强化大气污染对策。但是，当时重油的直接、间接脱硫和排烟脱硫还未投入应用。该劝告最大的目的在于强化二氧化硫的排放标准，即使使用含硫量 3％的重油，也足以应对这项新标准。工业园区的排放标准早已抑制在 0.17％以下。因此，重要的工业园区等大企业的工厂已不必采取新的污染源对策。将希望寄托在黑川调查团的当地新闻业界批判该法为"笊篱法"，认为该法有名无实[30]。

该劝告的重点在于通过高烟囱推进排烟的扩散稀释，改造城市建成区，促使与工厂相邻的住宅和学校往南部丘陵地迁移，制造缓冲地带，停止将住宅建在工业地区、准工业地区的做法。

黑川调查团最大的调查成果在于政府承认了二氧化硫污染给健康带来的损害。这之前政府一直认定"大气污染和健康损害并没有科学的因果关系"，但该调查佐证了吉田克己对国民保险的处方进行的流行病学调查的结果。从这份"国保调查"中可以明显看出，在污染地域 50 岁以上的中高年龄层患哮喘的比例异常增大，10 岁以下的低年龄层患咽喉头炎的概率增加。据吉田所说，当时日本的医生还不熟悉的"慢性支气管炎"的症状已经清清楚楚地呈现在人们眼前。"四日市哮喘"这一流行语就是从这个时期起传遍全国。根据这份调查显示，周平均 SO_X 浓度超过 0.2 毫克/升的话，哮喘的发作就会增加[31]。政府也不得不承认，四日市的大气污染对健康产生了恶劣的影响。

这份调查可与吉田克己的"四日市哮喘"比肩的一个重要见解便是气象研究所应用气象部长伊东疆自提出的"疾风污染"。以伦敦烟雾事件为例，这之前的大气污染都认为是发生在无风日。但四日市的矶津地区的污染却发生在冬季的强风时节。这与工业园区鳞次栉比的建筑布局有关。但"疾风污染"的明确也就证明了高烟囱扩散是应对矶津污染的有效手段[32]。

黑川调查团劝告的缓期实施期间两年后，即 1966 年 5 月 1 日，四日市地区成为《煤烟规制法》的适用地区。但是如前所述，面对这宽松的排放标准，园区的企业早已达标。对策的重点在于高烟囱的修建，加上这之后 1968 年的《大气污染防治法》的 K 值规制，以昭和四日市石油的 130 米的高烟囱为首，共建造了 14 座 95 米以上的烟囱，高烟囱化时代来临。这对矶津等局部地区的污染控制有一定效果，但广域上而言污染地区扩大了。并且由于工业园区规模的扩大，工厂增加，生产量增大，排放量也相应增加，光靠浓度规制已不足以防止污染了。始于四日市的高烟囱化对策扩展到全国。在高度成长过程中，局部的 SO_X 的观测值降低，但就全国范围而言污染进一步扩大。

3. 地方政府的对策

1962 年 6 月，厚生省对都道府县和主要地方政府，进行了"有关大气污染防止对策的调查"。该调查原稿现仅保留在笔者手中，这是第一次弄清全国地方政府公害对策实态的资料。对于 1961 年度的公害对策，在做出答复的 39 个都府县 25 个城市中，采取了公害对策的只有 14 个都府县 16 个城市。其中，设有公害科、公害处、公害部等独立机构的只有东京都、新潟县、静冈县、大阪府、札幌市、名古屋市和宇部市（表 2-20）。在这项调查之后大阪市立刻设置了公害部，福冈县和北九州市设置了公害处。大部分地方政府的公害部门的职员由其他部门人员兼任。拥有专属职员的只有刚刚提到的 12 个地方。

表 2-20　地方政府的公害对策的实态　（单位：千日元）

府县市	担当部课（本厅）	担当职员数（上栏科长 下栏职员）	预算额	条令（　）内为制定年度	调查状况（　）内为调查开始年度
北海道	环境卫生课	0（1） 0（5）	200	煤烟对策审议会（36）	呼吸系统疾病和大气污染问题癌的流行病学调查
宫城县	公众卫生课	0（1） 0（2）	46	公害对策要纲（36）	烟的大气污染除尘的研究
千叶县	环境卫生课	0（1） 0（2）	605	研究中	35年7月起降下煤尘 SO_2 调查中
东京都	城市公害部	2（9） 12（35）	88 760*	煤尘防止条例（35）工厂公害防止条例（24）　其他	32.10—SO_2调查 29.11—降下煤尘 30—浮游煤尘
神奈川县	工业课	0（1） 0（3）	2183	事业场公害防止条例（26）	降下煤尘（32—　）浮游煤尘（32—　）SO_2 等（32—　）
新潟县	药事卫生课	1（0） 2（1）	868*	公害防止条例（35）	特定地区的臭气粉尘调查
富山县	公众卫生课工业课	0（2） 0（1）	93*	无	无
静冈县	工业第1课	1（0） 5（0）	不明	公害防止条例（36）	特定地区牛皮纸浆的臭气调查
大阪府	商工部公害课			事业场公害防止条例（29）	降下煤尘浮游煤尘 SO_2
兵库县	工业课		527	无	降下煤尘（33—　）
广岛县	公众卫生课	0（1） 0（2）	40	无	特定地区的煤尘调查
山口县	公众卫生课	0（1） 0（2）	995	无	特点地区的大气污染
德岛县	公众卫生课	0（1） 0（1）	500*	无	无

续表

府县市	担当部课 （本厅）	担当职员数 （上栏科长 下栏职员）	预算额	条令 （）内为制 定年度	调查状况 （）内为调查 开始年度
福冈县	环境卫生课	0（1） 1（4）	不明	公害防止条例（30） 其他	降下煤尘 SO_2 等
札幌市	卫生部 庶务课	1（0） 3（3）	5031	煤烟防止条例（37）	降下煤尘 SO_2 测定 流行病学调查
釜石市	保健卫生课	0（1） 0（1）	758	公害防止对策委员 会设置条例（34）	降下煤尘量
仙台市	保健课	0（1） 0（1）	152	无	无
横滨市	公众卫生课	0（1） 0（3）	1200	无	降下煤尘 SO_2
横须贺市	商工课	0（1） 0（2）	2	无	无
名古屋市	防疫课	1（0） 3（0）	1774*	公害对策协议会 规则（33）	降下煤尘　SO_2 浮游煤尘
京都市	环境卫生课 振兴课	0（2） 0（4）	7*	无	降下煤尘（28—　） 浮游煤尘（33—　） SO_2（32—　）
大阪市	环境卫生课			公害对策审议会 规则（37）	
堺市	（保健所）		741	无	浮游粉尘 SO_2 （36—　）
尼崎市	环境卫生课	0（1） 5（2）	739	无	降下煤尘 浮游煤尘（33—　） SO_2（35—　）
姬路市	环境卫生课	0（1） 0（1）	224	无	降下煤尘 SO_2（35—　）
宇部市	卫生课	1（0） 1（0）	1498	大气污染对策委条 例（35 年修订 26 年 的煤烟对策委）	降下煤尘 SO_2（25—）
若松市	卫生课	0（1） 0（3）	163	无	降下煤尘 SO_2 等

续表

府县市	担当部课 （本厅）	担当职员数 （上栏科长 下栏职员）	预算额	条令 （　）内为制 定年度	调查状况 （　）内为调查 开始年度
八幡市	（保健所）		392	无	降下煤尘 SO_2等
户畑市	环境卫生课	0（1） 1（1）	324	煤尘防止对策委规 程（32）	降下煤尘 SO_2等
大牟田市	（保健所）		249	公害防止对策委员 会规程（36）	降下煤尘 SO_2等

注：1）预算额为1961年度的数据，＊是包含大气污染防止对策费用的公害防止预算；

2）职员数一栏（）内为兼任职员数；

3）除上表以外没有制定出像样的公害对策的自治体有：青森、秋田、茨城、栃木、群马、埼玉、石川、福井、山梨、长野、爱知、岐阜、京都、奈良、和歌山、岛根、鸟取、香川、爱媛、高知、长崎、熊本、大分、宫崎、鹿儿岛25府县及小樽、函馆、静冈、岐阜、广岛、下关、福冈、佐世保、鹿儿岛九市；

4）大阪府及大阪府市具体数据遗失；

5）1961年厚生省环境卫生课调查。

1963年对名古屋市进行了调查。当时名古屋市的大气污染已经到了相当严重的程度。该市的公害对策科隶属传染病预防防疫处，科长毕业于名古屋大学文学部美学专业，此外还有一名高中毕业的技术职员，一名女性事务职员。或许现在有人认为美学毕业的职员正合适搞环境政策，但事实上他并不清楚如何制定大气污染对策，甚至向来调查的笔者问起了"该怎么办才好"。

当时全国的地方政府约有170万名公务员，其中公害对策的专属职员在300名以下。公害对策的预算也少得可怜，可以说是"杯水车薪"。就是在东京都，1963年度最初的预算也只有9900万日元（一般会计总额3386亿日元的0.03%）。当时降落的煤尘量居世界第一的釜石市大气污染防止预算仅为76万日元，其中甚至有仅仅4000日元的城市。表2-20所显示的就是各地方政府的相关预算状况。正如在本章第一节提到的，这些地方已经产生了公害问题。但是就表中这种状态实在让人难以想象这是在与"公害战争"相抗衡。表里记录的地方尚且考虑了对应措施，如表（注）所示，完全没有制定特殊公害对策的地方有26个府县的九个城市。

我们在前一节提到，60年代地区开发是地方政府最大的战略。战后的改革将大部分内政委任给了地方政府，但是由于缺乏有力的独立财源，大多数的地方政府陷入了财政赤字，不得不依附于中央政府的补助金事业。因此，地方政府想要通过招商引资确保财源，制定了工厂招商条例。工厂招商条例是为了实现对企业选址而言不可或缺的公路、港口等社会资本的建设和固定资产税、事业税的减免。

在公害对策基本法制定前的 1966 年末，46 个都道府县中已经制定了公害防止条例的只有 18 个都道府县，544 个城市中仅有四个城市制定了公害防止条例。另一方面，90％的都道府县即 41 个县，70％的市即 366 个城市制定了工厂招商条例。被指定为新产业城市和工业特别地区的大部分县都没有制定公害防止条例。在对发生了疼疼病，以及富山化学的氯气爆炸事故的富山县进行调查后发现，由于公害防止条例会妨碍新产业城市等地区的开发，因此条例的制定被县抛之脑后。

大阪市的"环境管理标准"

1965 年 12 月，大阪市就环境管理标准形成意见。国家通过浓度规制管理大气污染，但在大城市和工业城市等排放源聚集的地方收效甚微。在经济界也开始讨论起设定环境标准。一直以来引领日本公害对策的大阪市公害审议会迅速进行了环境标准的审议。在此，测定了各地区施行环境标准的成本。由于当时采用 WHO 揭示的大气污染对人体有害度的第 1 标准（没有直接间接的影响）还相当困难，便制定了与第 2 标准（刺激感官、对植物有害、对环境产生不利的影响）折中的"环境管理标准"（表 2-21）。

表 2-21　大阪市环境管理标准（1965 年 12 月）

a. 二氧化硫（含酸酐）

日平均值　0.1 毫克/升（最大值西淀川区大和田东小学 12 月 22 日

0.379ppm　全市 33 地平均值 0.04 毫克/升）

1 日 1 次 1 小时 0.2 毫克/升

b. 浮游煤尘

日平均值　0.5 毫克立方米（最高值府立卫生研 40 年 1 月，4.94 毫克/立方米）

c. 降下煤尘

月平均值 10 吨/平方公里（最高值大正区 8 月 68.03 吨/平方公里）

注：大阪市综合计划局公害对策部《有关大气污染的环境标准的意见》。

照这个环境标准来看，对策费在 1964 年度是 16.54 亿日元，只看重油的话约是 11 亿日元。按 1KL 重油相当于 6000 日元来计算的话，大阪全市消费重油的价格约为 87 亿日元，因此对策费所占比例为 12％。该比率虽高但仍有实现的可能。

根据这项具有先驱意义的提案，国家也一改历来的浓度规制的排放标准，改为制定环境标准。此时，比起像大阪市这种拥有全国第一的燃料消费量，污染源集中的地域的环境管理标准而言，全国范围，有必要制定更为严格的标准。

第四节　地区开发和公害

1. 四日市公害问题

如果将水俣病算作公害起始点的话，四日市公害就是公害对策的起始点。四日市工业园区是高度成长政策的尖兵，地区开发的楷模，四日市的工业园区模式在全国各地得到普及。伴随石油燃烧产生的二氧化硫污染造成的"慢性支气管炎"等非特异性疾病与水俣病、疼疼病等特异性疾病不同，只要有以燃烧石油为主的生产厂和汽车，全国各地都有发生的可能。因此，"四日市哮喘"已经将公害的恐怖传递给了全体国民，"让四日市悲剧不再重演"的舆论和运动应运而生。在此压力下，政府不得不制定继公害对策基本法以及公害健康受害补偿法后的公害相关法案。在这个意义上，四日市公害问题可以说是公害对策的起始点。

石油工业园区的形成——无视环境保护的建设计划

四日市是港口城市，但也是纺织和万古烧等本地传统产业繁盛的轻工业城市。随着港口的现代化和工厂用地填埋事业的进行，从 20 世纪 30 年代起重化工业化逐渐深化。1941 年在盐滨地区以军事用石油燃料为主的海军第二燃料厂开始生产，同年石原产业，1943 年大协石油（现科斯莫石油）四日市制油所开始运营。但由于 1945 年 6 月受到美国空军的轰炸，50％的生产设备受到了损坏。

战后，该燃料厂被占领军接收，成为赔偿的指定工厂。第一章提到，占领军在冷战时期转换了占领政策，解除了赔偿指定工厂，将其转卖给民间人士。当地开始了工厂招商计划，并进行填海造港和工业用下水道的建设。1955 年 7 月，通产省发表了石油化工培育计划。在与位于德山和岩国的海军燃料厂进行了激烈的招商竞争之后，同年 8 月将四日市厂址地皮 100 公顷转卖给昭和石油有限公司，在三菱集团的协作下，日本最大的石油化学工业园区的建设起步了。三重县也根据 1956 年的《三重县工厂招商条例》积极推进工厂招商。

1958 年 4 月，昭和四日市炼油厂（原油处理能力一天 4 万桶）开始作业。1956 年，作为我国最初的重油火力发电厂，中部电力三重火电厂（12.5 万千瓦）建成。1959 年，拥有年产 2.2 万吨乙烯设备的三菱油化四日市工厂建成。以三菱油化为轴心，乙烯的衍生品厂商都集中于该地域。顺应 20 世纪 60 年代的高消费时代的到来，提供家庭电气化产品和汽车原料、部件甚至是味精等加工食品原料的第一园区 10 家企业诞生。这些工厂中，昭和四日市石油利用了壳牌技术，中部电力三重火电厂利用了美国通用的技术，加强了在资本、技术、贸易等方面外资的支配。

1960 年，高滨地区市营住宅前面的 90 公顷海岸被填埋，第二园区的建设开始了。这是大协石油和协和发酵工业的合办企业，即大协和石油化学和中部电力四日市火力发电厂为核心的小规模工业园区。虽说规模小但依旧与第一园区并列，是 60 年代的公害事件的始作俑者。由于大协和石油化学的乙烯中心年产量仅 6 万吨，规模较小，为了达到通产省计划中年产 30 万吨的目标，在东洋曹达（现东曹）等的共同努力下，在霞浦沿岸开始了第三园区的建设。

于是，四日市市属海岸的大部分都被填埋变成了工厂和港口设施，失去了作为市民享受海水浴等休闲用地的价值。第一、二园区与住宅和学校等公共设施相邻，之间完全没有设置缓冲绿地。如果是工业城市的话，为保持居民安全安静的生活环境，住宅、学校、医院等必须同工厂用地分离，这之间本需要规划一些用于缓冲的绿化带。而且，也应该合理分配工业化形成的财富，充实地区文化、教育和福利。但是，四日市只是一味进行工业园区的建设和招商。黑川调查团的劝告首次提出将与工厂相邻的位于污染地区的住宅、学校等转迁至城市的西部这一计划（总事业费 837 亿日元），但并未被实施。

笔者之所以将四日市称为工厂城市（而不是工业城市），也正是因为四日市缺乏城市规划。

从第一到第三园区的建成时间非常短，而且在狭小地域里聚集了大规模且多种类的化学制造设备。在这里，工厂公害等安全问题虽然得到了证实，工厂却没有放慢扩张的步伐和采取更为稳妥的开发方式。当时，四日市石油工业园区在世界上也是罕见的大规模，能够生产大量复杂化学物质。由于其在不到 10 年的时间里就建设完成，所以发生公害、事故的可能性很大，并且在公害、事故发生之时，也难以应对。

以下这些都是后话了，芬兰在建设石油工业园区的时候就吸取了四日市失败的教训。将工业园区设在离赫尔辛基 45 公里远的地方，在确认了发电厂的安全后再建造接下来的化工厂等，一步步推进园区的建设，同时芬兰重视工厂和自然的和谐共生，将油罐埋到地下，建造水质净化池，同时放弃高烟囱，为了有效利用松林景观，有意将烟囱等设施建低[33]。

外国从四日市公害的教训中吸取了经验，但与之相反日本却没有从中学习，所以在四日市之后的工业园区也都接二连三地失败了。

海洋污染

四日市周围开始捕到"异臭鱼"是在 1953～1954 年左右。从昭和石油四日市炼厂正式生产开始的 1959 年 4 月之后，在四日市港近海 4 公里的范围内的 100％，8 公里范围内的 70％ 的概率能捕到异臭鱼（主要是鲻鱼、鲈鱼、黑鲷鱼等）。异臭鱼不仅臭，一旦食用就会发生呕吐症状，所以完全没法卖，东京中央批发市场和当地市场对此叫苦不迭。1960 年初冬，东京筑地中央批发市场发表了"伊势湾的鱼带有石油臭气，所以要进行严格检查"的决定性通告。所以，鱼遭到大量废弃和贬值，造成了每年 8000 万日元到 1 亿日元的损失。位于伊势湾内三重县的 45 家渔协，8700 名渔民不得不进行自主规制。工厂方面则否定废液说。笔者在 1962 年参观了昭和石油的工厂，向相关人员询问了"异臭鱼"的原因。总务课长谎称说，我社有使用石油分离器所以和异臭鱼事件无关，"二战"时到达海军燃料厂的油轮由于受到空袭沉没，里面的油流到了海里，这是出现异臭鱼的原因[34]。当时在其他的地方也发生了同样的问题但都没有进行相应的事后调查。

县政府设置了伊势湾污水调查对策推进会议进行调查，得到了如下结论：

"①异臭鱼之所以臭是由工厂排水中富含的油分导致的。②携带这种异臭的油分其成分大部分都是中性物质，量也很少，但其中的低沸点（摄氏50～140度）物质特别臭，应该是炔烃。③在分析了某石油工厂的炼油工序中产生的废液成分后，我们分离出了强酸性、弱碱性和中性的各类成分。已经辨明其中混有强烈矿物臭的带有令人极其不愉快的刺激性恶臭的赤褐色液体是中性物质。④用工厂废液和废液成分进行鳗鱼的着臭实验，结果在短期内就培育出了与自然异臭鱼极其相似的恶臭[35]。"

据吉田克己会长所说，石油分离器是将排水中油分控制到50毫克/升以下的装置，但在工厂生产规模变大的今天，这显然已经不足以应对现在的形势，需要新的废水处理技术。之后1965年的水质保护法的规制值将油分设到1毫克/升以下，四日市、铃鹿地区最先适用该法律。

15家渔协组成伊势湾污水对策渔民同盟，要求赔偿。县设立一亿日元的基金（县负担4000万日元，市町村3000万日元，工厂3000万日元），其中13家渔协同意将此作为赔偿金，将其交由成立了该同盟的北伊势渔业开发股份有限公司全权负责。该公司在铃鹿市用5600万日元进行修建公寓等事业将收益分配给渔民。但面对每年1亿日元的损失，这样的赔偿并不充分。终于，在1963年发展成矶津地区的渔民强行封锁中部电力三重火电厂的排水沟事件。

这之后就跟前面提到的一样，排水对策得到强化，但1969年8月日本AEROSIL公司（三菱金属与德国企业合办）、同年12月石原产业以违反港则法的嫌疑被提起公诉。这两家企业都在未对强酸性排水进行中和处理的情况下将废水排入了四日市港。田尻宗昭在著作《四日市·与死海之战》中对以该事件为例的海洋污染进行控诉，要求追究企业责任，清楚揭示了四日市工业园区的公害本质[36]。现在的四日市港的海底由于富含化学物质的底泥，污染程度之深已经无法恢复到正常的海洋状态。

大气污染公害与原因的探明

在第一园区的作业步入正轨的1960年4月23日，盐滨地区联合自治会就向市里反映"由于工厂产生的噪音和排放的气体导致晚上无法入睡"，要求市里采取对策。至此尚未采取任何公害对策的市里在同年10月设置了卫生处公害对策科，并设置了"四日市公害防治对策委员会"开始进行调查和商讨对策。四日市从 1960 年 11 月起耗时一年在市内 11 处地方，从 1961 年 6 月起在包含邻近地区在内的 18 处地方进行了降下煤尘和硫氧化物的测定。对硫氧化物的测定采用了二氧化铅法，但在污染严重的矶津地区，从 1962 年 12 月起设置了一台最初采用导电率法的自动测定机进行观测，这在当时还只有两台。

公害对策委员会委托了三重县立大学吉田克己教授，名古屋大学医学部的水野宏副教授进行调查。这为时一年的调查在 1962 年 2 月发布结论，要旨如下：

全市平均每月每 1 平方公里降下的煤尘量约 14 吨，高于名古屋市、神户市，但比起其他工业城市则不算太多。硫氧化物的情况则是，在污染严重的矶津地区，二氧化硫每日的含量为 5.44 毫克/百平方公里，远高于川崎市的 3.6 毫克和名古屋市的 1.43 毫克。从等量线来看，越是接近石油工业园区的地方二氧化硫的含量就越高。以三滨小学 4 年级的 130 名学生为对象进行身体状况的调查，结果表明，有 83.1%的人都表示有闻到奇怪的味道，有过头痛、喉咙痛、眼睛痛、想吐等身体症状。在对出现各种不适的身体症状的地区和降下物质的相关关系进行调查时发现，二氧化硫与过敏症状有关。在污染严重的盐滨学区，一成以上的孩子，三成左右的居民患有过敏症状[37]。

该调查首次清楚地表明，有害气体的污染源在于石油工业园区。居民投诉的 80%在于恶臭。据说恶臭有七种味道，如腐烂鸡蛋的臭味，强烈药品等的恶臭，不是由炼油厂的硫醇或者二氧化硫造成的，就是由石油化工的芳香族造成的。笔者在 1962 年调查的时候，也曾在留宿海员会馆时因恶臭无法入眠。当时的盐滨小学有过因二氧化硫和恶臭等原因无法开课的事件，全校师生 1000 人紧急避难，老师们纷纷感叹"这样一来根本无法对教育负责"。1961 年 3 月，发生了一起矶津的 SO_2 的一小时值显示为 1.64 毫克/升的异常事态。

第二园区的修建并没有充分吸取来自第一园区盐滨地区的教训。从 1962 年 10 月到 1963 年 7 月，在第二园区的建设过程中，相邻的高滨町连日受到噪音和恶臭的影响。

"四日市哮喘"流行病学研究最具决定意义的成果是先前提到的吉田克己教授进行的国保调查。吉田教授在 1961 年从 8 万加入新国保的患者的处方中，以 13 个地区、约 3 万人为对象花费四年时间选出了包含呼吸系统疾病在内的约 30 种疾病，调查了其与大气污染的相关关系。调查结果证实了污染地区的哮喘性疾病在不断增加。特别是在 50 岁以上的中高年龄层哮喘的得病率异常增多，并且 10 岁以下的低年龄层中咽喉炎患者增加（表 2-22）。

表 2-22　各地区的疾病发生率（1962 年 4 月～1963 年 3 月）　（单位：%）

	地区	符合国保人口	降下煤尘（吨）	SO₂（mg）	感冒	支气管哮喘	咽喉炎	支气管炎	肺结核	肺气肿	心脏病	眼部疾病	过敏性皮炎
全年龄层	盐滨	4.208	17.7	1.34	59.77	10.39	15.90	18.16	5.25	0.14	5.04	12.74	2.90
	港	1.707	17.2	0.64	22.26	6.56	8.26	16.17	9.90	0.18	7.91	12.77	1.70
	东桥北	1.848	10.4	0.54	30.09	7.96	8.06	16.61	9.25	0.00	5.14	9.47	2.49
	海藏	2.892	8.8	0.50	31.33	6.64	11.41	25.66	3.49	0.00	1.94	8.54	2.70
	日永	3.179	12.5	0.57	31.71	4.09	16.52	9.38	11.45	0.32	5.22	10.44	2.14
	滨田	4.935	15.0	0.75	24.62	7.60	13.92	20.63	11.23	0.22	6.69	11.33	3.93
	共同	3.154	11.4	0.50	28.73	4.98	11.51	18.20	7.26	0.03	6.72	10.53	3.46
	三重	2.121	5.0	0.10	17.32	4.62	13.44	21.22	3.96	0.28	7.02	8.49	3.63
	四乡	2.350	3.0	0.10	28.73	4.98	9.53	10.13	9.49	0.34	6.30	6.68	2.04
	保保	2.490			13.57	3.25	5.42	8.35	3.09	0.00	4.50	9.00	0.75
0～4岁，50岁以上	盐滨	1.272	17.7	1.34	104.40	22.80	22.25	41.27	6.60	0.39	10.61	14.23	3.15
	港	524	17.2	0.64	46.00	14.50	11.07	32.06	13.93	0.38	15.27	10.50	3.82
	东桥北	569	10.4	0.54	43.59	16.50	9.49	28.12	10.37	0.00	11.07	7.38	2.29
	海藏	909	8.8	0.50	53.69	12.76	12.76	43.67	2.42	0.00	15.29	12.31	2.64
	日永	1.099	12.5	0.57	49.41	8.74	15.83	14.74	17.83	0.91	10.65	10.01	3.55
	滨田	1.476	15.0	0.75	40.65	15.24	16.67	30.96	13.96	0.68	17.01	15.25	3.25
	共同	878	11.4	0.50	52.85	11.73	12.07	29.61	14.35	0.11	16.52	14.58	2.16
	三重	804	5.0	0.10	28.48	9.58	12.31	32.09	7.34	0.75	13.81	11.20	2.61
	四乡	894	3.0	0.10	36.13	7.94	10.74	16.11	11.41	0.90	14.10	7.61	2.46
	保保	902			23.61	7.43	5.32	16.19	2.55	0.00	6.21	8.32	0.55

注：出自国际环境技术转移研究中心《四日市公害、环境改善的历程》（1992 年）p.27；吉田克己制成。

四日市的国保调查结果给政府带来了一定影响。如前所述，四日市公害程度之深，以至于桥本道夫对四日市的数据感到惊讶不已甚至是难以置信，桥本在查阅了外国事例后，认为尚无良策。四日市型公害或有在其他工业地域已发生的可能。厚生省在 1962 年以四日市和大阪市西淀川区为对象进行了大气污染的健康影响调查。该调查使用了其后盛行于各地的 BMRC 问诊单（英国医学研究会议，British Medical Research Council），这种方法是让医生或护士调查污染地区和非污染地区哮喘发作和咳嗽、痰等呼吸系统症状的自觉症状并寻求患有阻塞性障碍的人在居民中所占的比例作为他觉症状的方法。该结果在 1964 年得以发表，如图 2-7 所示，矶津地区患慢性支气管炎，阻塞性呼吸机能障碍者的比例是对照地区的五倍以上。

1962 年，煤烟规制法出台，但四日市并没有被纳入指定范围。这与该法律最主要的规制对象是烟尘有关。在四日市，不仅是政府当局，市民也通过自治会，要求进行适用煤烟规制法的调查。所以，黑川调查团的调查应运而生。吉田教授国保调查的结果被全面采用。一旦超过周平均 SO_x 浓度 0.2 毫克/升就会增加哮喘发作的事实受到一致肯定。四日市成为指定地区，采用了较之其他地区更为严格的规制标准。该调查报告出炉以后，据桥本道夫所述，国会上的答辩无法再主张迄今为止"尚无明确的科学的因果关系"，转而承认"四日市的大气污染对健康带来了不良影响。[38]"

四日市公害得以被正式承认，开始接受煤烟规制法的规制。但在上一节我们提到，煤烟规制法本身就有严重的缺陷，所以公害进一步扩大。

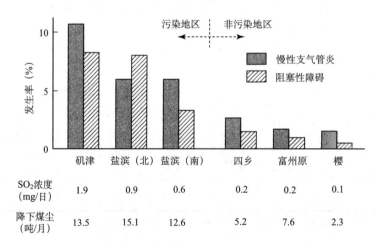

图 2-7　四日市市内六个地区慢性支气管炎得病率和阻塞性呼吸机能障碍者率

注：同前列，吉田克己"四日市公害"，p. 79.

隐性的农业受害

战前，二氧化硫大气污染的主要"受害者"是水稻耕作。虽说四日市工业园区给水稻耕作带来了损害，迄今为止却一直没有被重视。但其造成了重大的损失却是不争的事实。三重大学谷山铁郎教授在 1965 年赴任，上任之后马上就收到了来自农户对庄稼颗粒无收的哀诉，谷山教授立刻奔赴了现场。他将当时的事情记录如下：

"头一回看到了'公害水稻'。枯萎得相当厉害，我感到非常震惊，只能呆呆地站着。我仔细地看了一圈，发现周围竖着一块小木板，上面写着'公害田'三个字。这是四日市农协承认其为'公害受害田'的证据，板上的文字表明，致使庄稼颗粒无收的受害补偿竟是由农业共济来支付。

农业共济是为了防备台风和旱灾等自然灾害由农民出资积蓄的重要财产。农协虽然承认了公害事实，但企业和行政却公开表明，是否是工业园区排烟中的某种物质给稻作带来了影响尚不明确。"

为了进行受害救济，谷山教授决心查明原因，于是开始了实地调查。现已查明不仅是水稻，松树、蔬菜类、野草等大量的植物枯萎，茎叶处有各种异常的状态。用于证实水稻受害的模型实验装置花费了两年才成功完成，到 1971 年才完成了在学术上无可辩驳的证实二氧化硫和稻作损失关联性的论文。

谷山教授在他的《有关有害气体对农作物侵害的研究》中，关于四日市水稻的生长、产量的论文得出了下面这样明快的结论。如图 2-8 所示，"从 1958 年工业园区正式投产开始，三重县和四日市的每 10 公亩的产量开始显现出差距，到因四日市哮喘骚乱进入高烟囱化的 1966 年间，不同年份的波动很大，但一般说来四日市的产量较低。这九年间，1961 年到 1965 年间的减产尤为显著。原因在于烟囱过低，在水稻的抽穗期，大量高浓度硫化物向水田地域袭来，影响了水稻授粉，致使不育水稻增加，结穗比率减少。"

虽然高烟囱化削弱了其影响，但是受损范围扩大，离污染源 12 公里远的地方都受到了影响。据谷山教授说"污染区有分蘖迟缓的趋势，而且硫氧化物浓度越高，水稻抽穗就越少越迟。污染区与对照区相比，产量减少，减产最高达到 35％。"

1958 年以来的大米减产给四日市地区造成的经济损失，保守估计达到 20

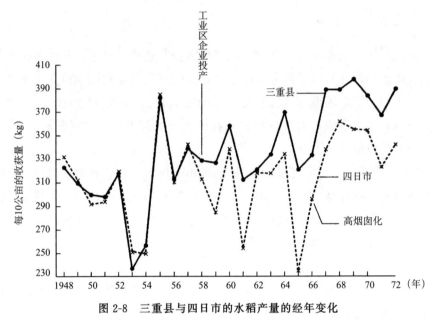

图 2-8　三重县与四日市的水稻产量的经年变化

注：谷山铁郎、泽中和雄《有关大气污染地域（四日市）水稻的生长、
产量的特征和作为大气污染指标植物的意义》。

亿日元。由于农协通过共济进行了一定补偿，所以行政和审判并未提及。

如图 2-9 所示，谷山教授进一步阐明了二氧化硫污染对人体的影响晚于水稻减产后五年发生。这表明水稻的减产是其将对人体产生影响的有力前兆。但是非常遗憾，这一重要的成果并没有在当地得到充分利用[39]。

受害的深刻化和救济制度

吉田克己对自身发现的大气污染造成的呼吸系统疾病患者，努力尝试建立起官方救济制度。当时，一年的治疗费需要 10 万日元，这对家庭支出来说是巨大的负担。因此，大量患者住院后没多久就选择了出院，所以治疗效果不佳。1963 年，盐滨地区自治会决定，一旦被盐滨医院认定为"公害患者"，自治会将会负担其医疗费（国保需要自己承担一半的费用）。对象有 30 人，但仅数月就因财政困难被迫中止。1964 年 1 月，四日市医师会进行公开质问——能否制定如下制度，即在被医师会认定为公害患者后由市里承担其全部医疗费。但是，在国家于新产业城市推进四日市模式工业园区开发之时，出

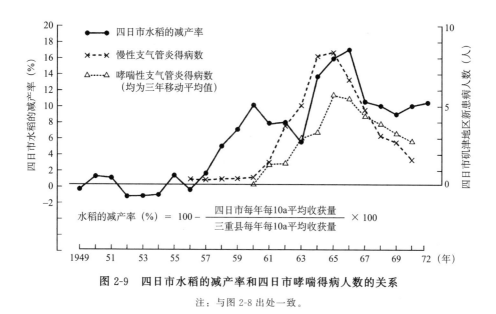

图 2-9　四日市水稻的减产率和四日市哮喘得病人数的关系

注：与图 2-8 出处一致。

现将大气污染影响的信息广而告之全国的情况，不是县所希望看到的，因此县对此表示了拒绝。吉田克己对该事态感到忧虑并与县进行交涉，最终成功以三重大学附属医院研究对象患者的名义让县承担了矶津地区的七名重症患者的医疗费。但是这也仅维持了三个月时间就终止了。

在此期间的 1964 年 4 月，七名重症患者中的一人死亡。受害进一步扩大，绝望的自杀者增加。四日市在 1965 年 5 月，认定 18 名患者中的 14 名为公害患者，制定了医疗费救济制度。当时，被认定为患者需要满足流行病学的三个条件：①指定支气管哮喘、哮喘性支气管炎等大幅度超过自然发生率、异常发生的地区，②是在该地区居住一段时期（三年以上），③是已经确认属于指定疾病（支气管哮喘、急性哮喘及其继发症）的人。预算有 1000 万日元，作为市里的单独事业进行。早在 1959 年对水俣病患者就已经实行了慰问金契约，由智索公司负担，但四日市的这一制度首次规定由市里负担。对由政府主导的因地区开发造成的损害，支出部分开发收益（一天一亿日元的租税收入）也是理所当然的事情。但是，没有明确企业责任，这一点对于受害者而言实在难以接受。

1966 年，厚生省决定在四日市的救济制度中支出公害保健医疗补助金。国家和县各承担总费用的 1/8，市承担 1/4，企业承担 1/2。至于企业负担，由于企业方面反对承认公害病的法律责任，所以企业的负担金额算作与该制度无关的普通社会捐赠。由此，自费的医疗负担费得到救济的患者约 400 人。

在黑川调查团的劝告和煤烟规制法的适用之后，企业的公害对策终于开始起步，但其防止大气污染的对策仅限于高烟囱的采用，且投入的经费只占设备投资的 1％。大气污染的状况没有得到改善，患者增加，但并未发生全市范围的支援型居民运动。三重县与四日市继第一园区之后建造了第二园区，因此美丽的海岸被破坏，公害更加多样化和深刻化。工业园区使生产收入倍增，但市民收入并没有因此超过全国平均水平。因此，市民开始认为工厂招商并不能有益于城市的发展。但是对于遵循国策建造的工业园区，并没有发生要求承认公害，救济受害者，防止公害的市民运动。对于盐滨地区的自治会，缺乏全市的支持，患者处于孤立无援的地位。市里不仅没有制定公害防止条例反而建造了第三园区[40]。1966 年 7 月，绝望的公害病患者木平卯三郎和"公害患者守护会"副会长大谷一彦自杀。而且 1967 年 10 月盐滨中学三年级学生南君江因为支气管哮喘死亡。在这种状况下，反公害运动中也产生了行政不可依赖而诉诸司法的声音。1964 年与 1967 年，公害研究委员会（1963 年设立，代表都留重人）开始进行公害调查。民法学者戒能通孝加入调查团，接受有关公害诉讼可能性的咨询。当时的企业不承认公害，几乎没有对公害进行基础性的研究、调查，更不要说对受害者进行救济，甚至完全没有与他们进行过沟通。我们公害研究委员会在该调查中注意到工业园区不仅是公害的污染源，甚至形成一种类似"租界"的地方，并没有对市民的经济文化发展做出贡献。诉讼虽然相当艰难，但在四日市当时的情况下，除了让企业认责没有其他解决的办法。1967 年 9 月，九名矶津地区公害病认定患者向津地方法院四日市支部提起诉讼，要求第一园区的六家公司（昭和四日市石油、三菱油化、三菱化成工业、三菱孟山都化成（现三菱化成）、中部电力、石原产业），支付抚恤金并进行损害赔偿。具体将在第四章中论述。

2. 大城市圈产业开发与公害——以京叶工业园区为中心

正如之前所说，重化工业的工厂在高度成长期集中于三大城市圈和濑户内区域。通产省考虑分散迄今为止的四大工业地带的工厂，推进大城市周边的开发，但既成工业地带的集聚还在持续发酵，并且通过进一步开发，新的重化工业园区又选址到了京叶、名古屋南部、堺·泉北等大城市的邻近地域。因此，加上规模大且产业链复杂的新的工业园区的污染，大城市的公害非但没有得到缓和，污染反而进一步加剧。厚生省为了使新型工业园区不重蹈四日市工业园区的覆辙，推荐千叶县五井、市原地区进行无公害的理想的地域开发。在此笔者想简单探讨一下此举是否真如政策预期般顺利进展。

京叶工业地带的形成

和四日市一样，京叶工业地带最早的开发也是由于对军事设施的利用。1940 年，根据东京湾临海工业地带建造计划千叶港南方约 198 公顷作为海军用地被填埋，为了制造零式舰载战斗机而修建了日立飞机工厂。战后的 1950 年 10 月，川崎制铁决定进驻这片旧址。在第一章所说，日银和财界对该计划表示反对，但是川铁引入外援资金，作为最初的钢铁综合制造商起步。1954 年 12 月，东京电力千叶火电厂开工建设。这被称为京叶工业地带形成的第一期。开发主要由千叶县主导，县和市取得了川铁无偿提供的建筑用地和相邻的填埋预定地 99 公顷的渔业权。此外，还进行了港口建设和工业供水系统的建设。在地方税方面采取了工厂完成后五年内免除县事业税、市固定资产税的优惠政策。

在钢铁业界孤立的川铁乘上高度成长的巨浪，成为世界最大的、生产粗钢 600 万吨、职工 1.5 万的大钢厂。15 年间，将 5 亿日元的资本金变为 669 亿日元，是原来的 134 倍。但是如后面将要讲到，产生了严重的大气污染，成为了公害诉讼的被告。

第二期始于与四日市石油工业园区的形成同一时期的 1955 年，持续到 1960 年，千叶县决定了市原市五井、八幡地区的填埋计划，设置了综合一般会计和特别会计并进行独立行政的开发部（后成为开发局）。1961 年五井地区 227 公顷，1962 年市原地区的工厂用地建设完成。这之后，在该地区陆续建造了丸善石油、出光兴产、富士石油、三井石油、智索石油化学、旭玻璃、住友化学、三井造船、古河电工、富士电机、东电五井·姊崎西火电厂等远超四日市规模的工业园区，成为京叶工业地带的核心。

第三期在这之后。以京叶工业地带的发展为目的，1959 年 8 月，由进驻该地的大企业的负责人组成的"京叶地带经济协议会"成立，主导了以后的开发。1960 年 12 月，县发表了"京叶临海工业地带建设规划"。该规划基于收入倍增计划，根据规划，临海工业地带的建设不仅停留于千叶、市原地区，还计划填埋浦安、市川、船桥、习志野、千叶、市原、木更津与6市4町76千米的海岸线，预计在1985年之前完成9918公顷。在新增加的地区中，木更津地区成为重点，1965年八幡制铁所和君津制铁所进驻该地区，钢铁、电力、炼油、石化的工业园区得以形成[41]。

千叶县过去是农业县。以1950年的各产业人口比率来说，第一产业占63.3%，第二产业占12%，第三产业占24.7%。并且千叶县与纪伊半岛和能登半岛一样，都是工业化、城市化发展困难的半岛。而且受浅滩影响也无法建成重要港口。但是，由于战后的高度成长以东京为中心，首都圈的需求扩大，原材料供给型重化工业的布局十分必要。战后土木技术的发展让港口的建设和填埋可以同时进行，平浅海滩反而有利于开发。而且，内陆地区多是平地林，用地容易确保，又是农业县，可以得到廉价的劳动力。如此一来，作为半岛发展滞后的京叶工业地带，在仅仅不到20年的时间里一跃成为一大工业基地。

开发的特征

与四日市工业园区相比，京叶工业园区是与房总半岛5市7町约80公里海岸线相连的广域的开发，包括13家炼油厂、6家石化厂和14家火电厂。其不仅仅是大型的石油工业园区，而且是包括3个钢铁基地、12家化工厂、10家造船厂、1家汽车厂和电器产业在内的大规模、综合性的重化工业园区。如果说四日市石油工业园区还处于实验阶段，那么京叶工业园区就是正式且成熟的园区。并且随着产业结构的变化，还建造了原材料供给型重化工业、附加价值型工业、甚至是迪斯尼乐园等观光设施。与依旧停留于工厂城市的四日市不同，京叶工业园区已成为首都圈的综合性产业区。

出于开发的需要，大规模的公共投资是必要的。表2-23是1958～1962年的开发期的行政投资实绩。行政投资的69%用于工业基础设施，其中工业用地填海造地占53%，实属异常。与之相比，用于公营住宅和生活环境的行政投资微不足道，用于灾害防治的国土保护投资尚不足1%。因为投资主要用于填海造地，所以各种基础设施建设滞后，生活环境恶劣。该时期的行政投资的主体是县，承担了69%的开发事务费，而国家投资不足20%，59%的资金来源于金融机构的借款。

表 2-23　千叶、木更津地区行政投资实绩（1958～1962 年）

对　象	金额 （100 万日元）	占比（%）
Ⅰ　产业基础投资	44 406	69.4
（1）产业用地填埋	34 109	53.3
（2）工业用水道	2308	3.6
（3）港口	2221	3.5
（4）公路	5660	8.8
（5）职业训练设施	108	0.2
Ⅱ　生活基础投资	7207	11.3
（6）住宅用地	950	1.5
（7）公营住宅	2120	3.3
（8）上水道	1657	2.6
（9）医疗保健设施	322	0.5
（10）社会福利设施	94	0.1
（11）城市规划道路	952	1.5
（12）其他城市规划	1112	1.7
Ⅲ　国土保护投资	649	1.0
（13）河流	368	0.6
（14）海岸	281	0.4
Ⅳ　文教设施	4703	7.3
Ⅴ　其他（厅舍建设等）	7042	11.0
总计	64 007	100.0

注：来源于自治省《1963 年地方开发相关调查书》。

县为了防止庞大的借款造成的财政危机，将项目经费依托给最终需要者，甚至在成为中心的京叶、市原地区与三井不动产（之后三菱地所和住友不动产加入）进行业务合作。工程的施工主体——县和三井乃 1 比 1 的关系，三井承担事业经费的 1/3，除公用预定地以外的已填埋完成用地的 2/3 分售给三井不动产（之后住友不动产和三菱地所加入）。公共工程逐渐民营化，开发事业得以靠不动产收入推进。地价包含四成填埋费、三成赔偿金、二成道路等直接相关费用以及一成腹地修建等一般行政费，以每 3.3 平方米 3 万日元的价格卖出。是其他已建成地区的两倍左右。这可以说是之后被誉为公共开发商的神户市临海地区开发的先驱——既是公共工程，又能提高收益的方式。据说三井不动产通过该填埋事业和超高层建筑群事业，获得了业界的主导地位[42]。同时千叶县开创了民营化的开发方式的先河。

该事业是综合的地区开发，与县所有的部门相关。若是靠历来的公共补助金事业来开展的话，各部局的山头主义作祟，则无法高效快速地统筹在一起。因此，千叶县设置了地方自治法的规定里所没有的开发厅。该方式将会在第三章提到，在大阪府获得进一步发展，被誉为"关东军"的开发局从知事部局独立出来，进行千里、堺·泉北新城和堺·泉北工业园区建设。千叶、大阪方式与神户市港口开发一样，是推进高度成长政策的企业化的地方政府的典型。

四日市公害是由于政府和企业失败的城市规划而造成的，所以后起的京叶和堺·泉北相当重视土地利用规划，建造缓冲绿地，在工厂内修建起带有树林和草地的公园。然而缓冲绿地需要宽两公里才有效，而实际建成宽度仅有 40～80 米，不足以成为公害对策。

广域的公害和环境破坏

京叶工业地带最初的公害发生是川铁的大气污染事件。千叶县在 1963 年制定了公害防止条例。川铁的大气污染如同在第一章提到的八幡制铁所，都是吹氧炼钢法造成的红色烟雾污染。由于炼钢厂是在与住宅区、市街地隔着国道 16 号线的地方进行作业，大气污染和噪音从开始就相当严重。但是公害问题社会化是在 60 年代后半期。1968 年夏，住在炼钢厂正门前患支气管哮喘病的松川民（60 岁）自杀。自治体工会联合会于 1965 年 3 月散发了"京叶工业地带与公害问题"的传单。1968 年 7 月，"守护生命和生活不受公害威胁的千叶县民协议会"成立并于 1969 年 5 月发表了《千叶县的公害》。通过这种居民运动，1966 年，千叶县和通产省在开发地区进行了实地调查，在此基础上通过风洞实验的扩散实态和理论公式的扩散计算进行了大气污染预测。结果，由于预测到高浓度污染（地上最高浓度 0.2 毫克/升）的产生，决定将全工厂的重油含硫量设为 1.7%，烟囱高度不得低于 30 米。

千叶大学自 1964 年起接受委托进行健康调查。厚生省在 1967 年 6 月、11 月和 1968 年 2 月进行了学童调查。选取了五井小学作为污染校，市西小学、养老小学作为非污染学校，以四年级和六年级的 705 名学生为对象进行了调查。结果如下：

1. 从家庭职业来说，对照校多以农业为主，受污染校则是以公司职员、专业技术人员转行人士、工人为主。该地的进驻企业职工的孩子相当多。

2. 从煤烟对家庭的影响来看，受污染校有 4% 的学生一直受到煤烟影响，不时会受到影响的有 44％～55％，半数以上的儿童受到了公害的影响。

3. 患有受公害影响强烈的哮喘病的家族病史在受污染校占 13％，是对照校 6.4％的两倍以上。

4. 从儿童的就诊经历来说，肺炎、支气管炎、小儿急性痒疹等公害病，受污染校是对照校的 2～5 倍。（以下省略）

川铁的公害真实状况在 1972 年 3 月，通过千叶大学医学部的"千叶市煤烟影响调查会"对制铁所周边 500 名居民的健康影响调查逐渐明了。调查结果显示，"持续性咳嗽和有痰"的人占 14.5％，远高于川崎市调查结果的 5.1％。即使这样，川铁仍然发布了建造 6 号高炉、力争年产 850 万吨的计划。千叶县和千叶市在居民运动的推动下，与川铁的交涉虽然有所进展，但大方向仍是通过协定认可。1975 年 5 月，炼钢厂周边患者 47 人要求损害赔偿、居民 153 人和公害病认定患者 44 人，合计 197 人进行了要求停止 6 号高炉的诉讼。结果，在 1988 年，虽然判决承认了损害赔偿，但停止侵害的请求被驳回。京叶工业地带的公害问题的解决相当滞后。

正如在第二节提到的，随着大都市圈企业单位、教育文化设施的集中，人口急剧增加，且家用汽车的增多和高消费的生活方式的普及，环境破坏愈演愈烈。京叶、名古屋南部、堺·泉北等周边的开发，进一步加剧了公害。从长期来看，最大的环境破坏莫过于填埋造成的三大港湾的自然海岸的消失。特别是东京湾，除去之后靠居民运动的力量保留下来的三番濑以外，作为野鸟、鱼虾贝类宝库的湿地消失殆尽，自然海岸只剩 10％，浅滩面积仅有 16.4 平方公里。大阪湾在堺·泉北地域的开发基础上，通过神户港口城市开发，海水浴场消失，自然海岸只剩 4％，浅滩只有 0.15 平方公里。曾被誉为世上最美的内海之一的濑户内海工业地带林立，成为了产业运河。

就这样，公害不断广域化，超越府县行政区划的环境政策成为必须。

注

1　《昭和三十七年都公害申诉上访统计》（1963 年 3 月东京都首都整备局）。

2　上列（第一章）《可怕的公害》p. 34 引用报纸一览所示。

3　引自《可怕的公害》pp. 1-2。NHK 社会部编《日本公害地图》（日本放送出版协会，1971 年）和饭岛伸子编《公害、工伤、职业病年表》（公害对策技术同友会，1977 年）继承了这种用日记和地图记录公害实态的方法。

4　引自《可怕的公害》pp. 33-34。

5　在大阪则为 SO_2 毫克×0.03 ≒ SO_2 毫克/升。

6　文部省《有关公立学校的公害实态调查结果》（1967 年 8 月）。

7　上列（序章）《日本的公害》p. i。

8　大阪市综合计划局公害对策部《公害造成的经济损失调查结果（大气污染—家庭部门）的报告书》（1966 年 4 月）p. 55。

9　同《公害造成的经济损失调查（大气污染—企业部门）报告书》（1967 年 5 月）pp. 36—37。

10　同《公害造成的经济损失调查（大气污染—政府·公共部门）报告书》（1968 年 8 月）p. 45。此外，环境厅在《环境白皮书》（1972 年）中声称采取了大阪市方式，将人均家计损失从 1960 年的 2060 日元（总额 2205 亿日元）增加为 70 年 14793 日元（总额 1 兆 5343 亿日元）。

11　有关卡普的社会成本和之后的理论详见宫本宪一《环境经济学新版》（岩波书店，2007 年）pp. 138—146。

12　近畿地区大气污染调查联络会《煤烟等影响调查报告书（5 年总括）》（1969 年 6 月）pp. 95—96。

13　同上 p. 129。

14　同上 p. 203。

15　同上，同开头部分的联络会委员长，大阪大学教授梶原三郎的序言。

16　有关越南战争的影响，日本经济研究协议会在《越南形势的变化和经济的影响》（1968 年 12 月）笔记（9）中注释说，战争对国民所得的影响为 1%，比起占 4% 的朝鲜战争而言比重较小，但日本周围有中国台湾、韩国、中国香港、泰国、马来西亚等邻国和地区，日本与美国联手实现了经济发展。日本贸易受此影响进一步发展。

17　宫崎勇《筹划国民所得倍增计划之时》（《朝日日报》1981 年 10 月 1 日增刊）。

18　伊东光晴、柴田德卫、长洲一二、野口雄一郎、吉田震太郎、宫本宪一《宜居的日本》（岩波书店，1964 年）。

19　前田清《日本的社会开发》序（春秋社，1964 年）。

20　武田晴人《高度成长》（岩波新书，2008 年）。该项内容参照宫本宪一《社会资本论》（有斐阁，1967 年）。

21　石川弘义《欲望的战后史》（太平出版社，1981 年）。

22　大川铁雄《确立防止公害的综合对策》（《经团联月报》14 卷 1 号，1966 年）。

23　经团联事务局《有关公害问题的调查概要》（《经团联月报》13 卷 10 号，1965 年）。

24　大川铁雄、池田龟三郎、冈次郎、冈本茂、加藤新三郎、黑川真武、楠本正康、东岛善吉《公害问题的方向和问题点·座谈会》（《经团联月报》12 卷 10 号，1964 年）。

25　《有关公害对策基本问题点的意见》（经团联，1966 年 10 月 5 日）。

26　"有关大气污染，特别是二氧化硫污染的实情以及其对人体、动植物等的影响，在各自的专业领域已经进行了多项调查研究。但是，现实中究竟有多大程度的污染，怎样的污染，对人体、植物会造成多大程度或是怎样的影响目前还不明确。"《我国炼油行业存在的诸问题》（日本开发银行《调查月报》1968 年 6 月），pp. 62-63。这种认识在当时财界和政界是共通的。

27　萨顿的公式并非从理论上作出了完全解读，而是存在各种假设，有通过实验设定的参数，无法完全解释实际现象。正如萨顿所说，在夜间气温逆转的情况下，烟雾会飘散到相当高远的地方，在离污染源很远的地方也能检测到高浓度烟雾。而且一般的数学计算会忽视烟囱周围的障碍物和地形情况。建在盆地地形上的工厂，一旦发生逆温现象的话，盆地周围地形就会成为阻碍污染物排出的墙壁。尽管存在这些缺点，居民在反对建设大污染源的发电厂运动之时运用了该理论。1968 年的大气污染防止法中，有关硫氧化物的排放规制也使用了萨顿的公式。这推迟了重油脱硫和排烟脱硫等污染源对策。之后，在大阪府多奈川火电厂公害诉讼等，萨顿公式的局限性显露无遗。上列庄司光、宫本宪一《日本的公害》，pp. 124-127。

28　有关大气污染防止法制定时炼油业的低硫化经济问题，参照上列《我国炼油行业存在的诸问题》，pp. 54-95。而且，《大气污染学会志》第 24 卷第 5、6 号专题报道的《大气污染的变迁》和《大气污染研究的现状和展望》总结了我国大气污染防止技术和研究历史，不仅对本章，对全书都起参考作用。

29　上列（第 1 章）桥本道夫《环境行政私史》，pp. 54-56。

30　1966 年 5 月 1 日的《中日报纸》中一则新闻标题十分吸人眼球："笨篱法与无望的市民。四日市地区《煤烟规制法》今日施行，竟无一幢违规烟囱，'处罚也过于宽松'"，当日直升机在四日市和楠町上空进行观测的感想是：城市整个笼罩在灰色烟雾中，烟幕层叠，这样下去的话城市警报整日都要响个不停。另一方面，当地传统产业的万古烧也受到了连累，指出了笨篱法的缺陷（《四日市市史》第 15 卷，1998年），pp. 452-454。

31　吉田克己《四日市公害》进行了先驱意义上的国民健康保险调查（柏书房，2002年），pp. 71-76。有关黑川调查团以此为基础整理的大气污染和健康影响报告——《流行病学小委员会报告》，见同书 pp. 106-109。

32　上列吉田克己著书 pp. 112-113。

33　笔者和宇井纯在 1975 年 3 月考察了芬兰国营企业内斯特石油工业园区。正如正文中提到的，公司的领导班子坦言内斯特的建立吸取了四日市公害的教训。他们确实完美克服了四日市工业园区的缺陷。将三家工厂分散到了离人口 40 万的首都赫尔辛基北边约 45KM 的 625ha 松林中。在工厂建设的三年前就从 80 个地方选取松木，进行了大气污染的影响调查，此后 15 年，报告均表明没有受到工厂煤烟的影响。不是说工厂里有松树，而是工厂就建在松林之中。由于工厂邻近芬兰湾，考虑到国际关系，为避免国际纠纷，使工厂用水得以完全循环，废水在经由能让鱼得以生存的沉淀池处理后再排入大海。为了防止灾害，对基岩进行挖掘，将 320 万吨石油中的 220 万吨埋入地下。为了通过新技术的开发防止事故和公害，在进行扩张和新建前，花费时间确保安全。正因如此炼油厂建于 1963 年，1975 年才得以扩展，石化的乙烯设备在 1971 年，发电厂在 1972 年才得以建造。四日市为了最大限度地活用工业园区的集聚效益，没有进行安全检查，在短期内不断在邻近居民区的地方进行建设，导致了严重的公害问题。芬兰很好地吸取了四日市失败的教训。与此相反，日本没有吸取四日市的教训，在工业园区的建造中不断重复失败。都留重人编《世纪公害地图》（岩波新书，1977 年）下卷，pp. 183-186。

34　参见宫本宪一《日本环境问题》（有斐阁，1981 年）之"后记"。

35　三重县《三重县公害现状和对策的概要》（1964 年）

36　田尻宗昭《四日市·与死海的战斗》（岩波新书，1972 年），赤裸裸地揭示了当时四日市渔业的状况。这 10 年间四日市四渔协的渔场减少了 35%，渔民减少了 31%，水产业产值从 1957 年的 4 亿 6700 万日元降至 1962 年的 1 亿 8000 万日元。"恶臭鱼"造成的渔业损失在 1958 年为 263 万日元，到了 1962 年已增至 1 亿日元。"渔民运动虽然从反对污水、断绝排放源出发，但随着企业和站在企业一方的行政的阻碍，逐渐发展成经济利益至上，渐渐变成了售卖渔业权的得过且过的运动。但是除了收下那笔钱以外别无他法这种恶循环使整个运动趋于停滞。"田尻认为这并不能归结为渔民的软弱，而是象征着公害问题的本质。（同书 p. 49）

37　《四日市市公害防止对策委员会中间报告》（1962 年 2 月）。全文登载于《四日市市史》第 15 卷，pp. 420-423。

38　桥本道夫《环境行政私史》，p. 59。

39　从谷山铁郎、泽中和雄《有关大气污染地域（四日市市）水稻生长、产量特征和指示植物对大气污染的意义》（谷山铁郎三重大学退休纪念论文集《从四日市公害的全球环境研究 36 年》联合出版，2001 年），pp. 78-88。

40　"到 72 年的四日市公害判决为止，市的态度是为了产业发展，不得不忍受一些公害。"（上文《四日市市史》第 15 卷，p. 4）

41　有关京叶工业区的形成参考了以下材料。自治省《1963 年地方开发相关调查书》、千叶县《千叶县史》、川名英之《记录日本的公害》第 6 卷（绿风出版，1991 年），守护生命和生活不受公害威胁的千叶县民协议会《千叶县的公害》（1969 年），同《公害相关材料》（1970 年），自治研事务局《京叶工业区和公害问题》（1965 年）

42　江户英雄《我的三井昭和史》（三井不动产宣传室，1980 年）

第三章 公害对策的展开
——寻求多样化的政治经济体系

在序论中，我们提到德国的环境法学家雷宾德和环境政治学家赫尔穆德·魏德纳曾评价说德国的环境政策是出于政党和专家之手，是自上而下的提案，而日本的环境政策则产生于自下而上的市民运动[1]。日本的环境政策是污染源对策，环境影响评价、环境标准等可以说是通过居民舆论和运动而产生的。1960 年代以后居民的舆论和运动得到大众媒体支持，利用战后民主主义的两大制度，推进了环境政策。第一，在反对公害的市民运动势力壮大的地区，可以最大化地行使战后宪法所保障的地方自治权力，将自治体的首长换成环境保全派。从 1960 年代中期到 1980 年代前期，所谓革新自治体——即受到社共两党和社会运动支持的首长登场，这种自治体占全国自治体的 1/3。他们的行政改变了国家的环境政策。第二，在市民运动的力量薄弱，受害者孤立无援，缺乏行政救济之地，则提起公害诉讼，通过诉讼的胜利推行环境政策。公害诉讼的内容留至第四章进行讲解，在这里主要想讲一下反公害的市民运动和其导致的行政改革。

给日本的环境政策甚至是地区开发带来转机的是 1963 年 2 月至 1964 年 10 月的静冈县三岛、沼津、清水 2 市 1 町的阻止石油工业园区建设的市民运动[2]。

第一节 反公害运动

1. 三岛、沼津、清水 2 市 1 町的市民运动

静冈县三岛、沼津、清水 2 市 1 町的运动（简略为三岛、沼津市民运动）

不仅成为战后环境政策的转机，而且还具有促成历来一味推行高度成长的政治体制转换的重大意义。日本的反公害运动在战前也收到了划时代的成果。但是战前的居民运动主要是由于产业间的矛盾，工业化侵害了农渔民的生计才催生出了市民运动。在"企业对市民"这一战后社会的典型模式中，三岛、沼津市民运动获得了最初的反公害运动的胜利。这场运动的意义在于主张基本人权的"市民的诞生"，并且是超出产业间的利益，由生活者的逻辑进行的最初的居民运动。2市1町的运动虽然有维护了农渔民和水产加工业者的生计这一既得利益的一面，但是核心是守护全体居民的健康和富士山麓的风光明媚景观这一超越经济利益的运动。通过这一超越特定产业和个人的利益，实现地区全体市民要求的运动，反公害的社会共识得以形成。该运动的方法是彻底的"学习会"的日积月累。之后被誉为三岛、沼津型居民运动的模式并发展至全国。

运动的经过

有关三岛、沼津市民运动，在星野重雄・西冈昭夫・中嶋勇所著的《石油工业区阻止》和宫本宪一编的《沼津居民运动的历程》中，用日志的风格进行了详细的记录。在这里，简单介绍一下该运动的特征。

1960年9月，静冈县知事斋藤寿夫将阿拉伯石油、住友化学、昭和电工、东京电力四大巨头有意建设石油工业区的计划告知给东骏河湾地区有关市町村。该计划由于企业间的对立、工厂用地配额筹措的困难，沼津市和三岛市的对立，沼津市渔业者的反对运动等不得不延期。考虑到该地区拥有曾是联合舰队泊地的静浦湾这一良港，富士山的融雪可以提供丰富的用水，加上靠近东京圈交通便利的用地，可以期待优质劳动力等因素，从政府和企业方面来看是临海型工业区的合适选址。但是从当地来看，该地拥有富有生产力的农渔业，还有富士山麓风光明媚的景观和沼津离宫等，是拥有代表日本的有益于健康的良好生活环境的地区。

如前所述，政府力图在全国范围普及四日市的开发模式，在1963年7月，将东骏河湾指定为工业整备特别地区。静冈县为了推进该开发，在同年5月出台了沼津、三岛・清水2市1町合并方案。10月，富士石油、住友化学、东京电力三家公司的石油工业区计划成型。并于12月14日在沼津市突然举办的2市1町的广域城市联络会议中公布了该计划。

当初的计划如下（图 3-1）：

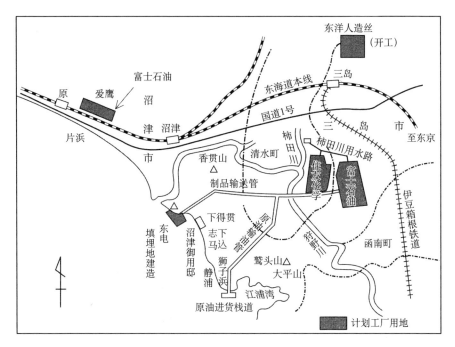

图 3-1　石油工业区计划第二案

住友化学进驻清水町，乙烯年生产 10 万吨，年销售额 250 亿日元，建设费 530 亿日元，用地 40 万坪；

东京电力进驻沼津市牛卧海岸，装机容量 140 万千瓦，总工费 520 亿日元，用地 4.7 万坪；

富士石油进驻三岛市中乡，第一期每日炼油 7.5 万桶，第二期每日炼油 15 万桶，建设费 260 亿日元，用地 50 万坪。

虽然名为临海工业区，但实际上富士石油和住友化学都位于内陆地区。像这样由于分成了三个地区，根据各地区状况的不同，反对运动的形态也各不相同。在这样广域的范围内，各类运动彼此呼应，成功阻止了工业区建设是这次运动的特征。

运动的第一幕从 1963 年 12 月的工业区计划的发表到 1964 年 5 月 23 日三岛市拒绝富士石油进驻为止。这段时期内，1964 年 1 月，"石油工业区对策三岛市民协议会"（简称为三岛市民协议会）成立，成为三岛市运动的核心。1964 年 3 月 15 日，"反对石油工业区进驻沼津市·清水町·三岛市联络协议会（以下简称 2 市 1 町联络会）"成立。这并不是运动的统一体，而是将理念、主张不同的众多的居民运动引导至阻止工业区计划的协调组织。取得该运动最初主导权的是三岛市的市民组织。

三岛市的运动与松村调查团

三岛市长长谷川泰三是前自民党青年部长，市议会中立派的议员。他受到革新势力和文化界人士的支持，对市町村合并和工厂招商持谨慎态度。三岛市的运动始于妇女联盟和町内会长联合会的共同斗争。他们创办了三岛市民协议会。市民协议会从东丽公司的进驻造成三岛市的生命之水柿田川枯竭的经验出发，反对石油工业区的建设。在三岛商工会议所，商业部会和工业部会都分别表示反对，专务是工业区计划批判的急先锋。像这样，从 1964 年 3 月到 5 月，在运动的高潮期，招商派的自民党三岛支部被孤立。

该时期运动的特征在于公害的实态调查和对其中经验的学习。参加反对运动的团体和个人反复实地考察了成为计划样板的四日市工业区。1964 年 2 月 9 日，三岛市民协议会参观了四日市。之后在介绍考察成果的同时举办了演讲会。听取了武藏大学教授野口雄一郎的"石油化学和公害问题"、名古屋大学讲师大桥邦和的"有关石油工业区和环境卫生"的演讲加以学习。同年 2 月到 3 月，富士石油的预计选址地区中乡地区的农民也到四日市和冈山县水岛地区考察，在收到考察报告的 3 月 10 日，工业区反对期成同盟成立，将反对的决议书提交给了市长和议长。在对市民进行的问卷调查中，反对工业区的比例达到了 82％，受此影响，町内会长联合会和妇女联盟在 4 月 1 日通过决议，表明反对石油工业区进驻，临席的长谷川市长也表示了相同意见。

对此，静冈县在《县民通讯》中出版了一期名为"公害完全是无稽之谈"的特刊表明了推进开发之意。但是，町内会长联合会拒绝派发这期《县民通讯》。给反对运动带来决定性影响的是三岛市长委托的松村调查团的报告。

松村调查团在受到公害影响对研究所的未来感到担忧的国立遗传学研究所（木原均所长）的支持下，以变异遗传部长松村清二为团长，由同研究所的松永英（担当公众卫生）以及在校长的英明决断下参加的沼津工业高校岛田幸男、长冈四郎（工业化学）、西冈昭夫（气象学）、吉泽徹（水理）和三岛测候所长（中途由于黑川调查团的委托而退出）构成。调查团在 5 月 4 日发表了《中间报告》。报告书里提到，调查团使用了县和企业方面有关石油化学工业区的资料对大气污染物质的内容和排放量、公害对策进行了调查，查看了四日市工业区的流行病学调查等国内外文献和当地的长期数据，明确了其对农作物、林木以及对公众卫生的影响。大气污染对居民造成的损失是不可避免的，所以基本上必须断绝污染源。在用水方面，预测了地下水的枯竭等生活用水的不足。而至于工厂排水，则预测了化学物质的污染等对沿岸渔业的影响。《中间报告》在结尾处这样警示道：

"即使以静冈县和企业方面的数据为基准，二氧化硫的浓度和排放量也不容小觑，其他有毒气体的排放也不容忽视。即使是地形和气象数据也无法抹去对这些造成的大气污染的担忧。加上用水不足和排水造成的河川和海水污染也使人忧心。可以说对农业、水产和公众卫生的公害担忧不是夸大其词。是否同意这次石油化学工业区的进驻，将由仔细读过这份报告书，居于富士箱根伊豆国立公园之内的三岛市民的良知来决定。[3]"

这份中间报告将公害发生的可能性写得清楚明确。长谷川市长据此在5月23日发出了反对工业区招商声明。因此富士石油放弃了进驻三岛市中乡地区的想法。富士石油与赞成工业区招商的沼津市长磋商，对计划进行了变更，决定选址沼津市牛卧。

沼津的运动

运动的第二幕事实上已将阻止招商的舞台转移到了沼津。第二幕是从1964年5月起到1964年9月18日的沼津市长盐谷六太郎发表声明反对工业区招商为止。

在沼津市，从1964年1月上旬开始，反对工业区的居民运动兴起。这场运动的特征在于众多的组织并未形成统一体，在分散运动的同时，结成了"沼津市民协议会"（3月5日结成）。在市民组织的方面，上香贯联合自治会、我入道自治会、守护沼津会（含儿童文化会、基督教联合会、沼津市劳联、日赤服务团等）、静浦水产加工协会、鱼中介商协会都很活跃。该地区运动最主要的特征在于，以医师会和沼津工业高校的老师们为中心的学习活动。仅在3月份就举办了30场学习会，数千人参加。静浦渔协号召三重县渔联和四日市矶津关系者召开了三天二晚的学习会，鱼中介商协会考察了全国12个地区的石油工业地带来深化学习，担负停止一次捕捞就会造成数百万日元的经济损失进行了反对游行。青年团中止了大濑神社的祭典，下贯乡地区中止了第三小学运动会，将其资金充当运动资金。学习会在全市范围内进行。但是由于保守派实权人物开始转为赞成，所以反复在县厅和市役所举行了游行。结果，6 月 11 日，沼津市长盐谷六太郎要求东电撤回火电厂建设计划，东电以书面的方式同意了撤回请求。与此相对，富士石油在此时决定进驻沼津市西部的工业专用地的片滨地区，并与当地进行了交涉。

静冈县在 6 月 30 日的县议会上，表示将推进工业区的计划。因此在当地，土木建筑业者等招商派的活动也越发活跃。

黑川调查团

此后，中央政府考虑到静冈县的情况对于未来的地区开发具有关键意义，在接受静冈县委托的 6 月 4 日，将结束四日市公害调查的黑川调查团派遣至此地。这是首次由中央政府出面进行环境影响事前评价。当地的居民组织期待公正的调查结果并未妨碍调查团，调查期间中断了运动等待调查结果。

黑川调查团在 4 月 10 日召开了第一次会议，从 5 月 7 日开始进行实地调查。到 6 月下旬为止，实施了从空中到陆上的气象条件实地调查、环境条件测定调查、风洞实验等。7 月 27 日，黑川调查团发表了"沼津、三岛地区产业公害调查报告书"[4]。该调查团成员基本是四日市调查团原班人马——黑川真武、和达清夫、安东新午、伊东疆自、内田秀雄、铃木武夫、田中申一、外山敏夫、小泽树夫。除此以外还有六名专业委员，都是处于当时公害问题，特别是大气污染问题研究第一线的研究人员。该报告书的重点是对东电火力发电所的二氧化硫造成的大气污染的预测。实地调查在查阅了进驻企业的建设、生产、公害防止计划的基础上，将重点放在了气象条件上。由于时间短测量并不充分，所以在此基础上又进行了风洞实验。结果显示，模型烟囱高 200 米，输出功率为 35 万千瓦的时候，在最高浓度地点牛卧东方 9 公里的来光川上游附近大致有 0.015 毫克/升（平均 3 小时）的浓度。在输出功率提高至 4 倍的 140 万千瓦的时候，浓度会变成 0.06 毫克/升。根据牛卧地区的企业计划，由于烟会通过气象紊乱地区的上空，将不会出现与四日市地区同样的污染现象。至于炼油厂的排气问题，用扩散公式计算硫氧化物的浓度，即使是在苛刻的条件下，最高浓度发生在距污染源西南 5 千米附近，为 0.015 毫克/升（炼油能力 7.5 万桶时）。另外，火力发电所的排气和炼油厂的最高浓度地点在一般气象条件下是不可能一致的。从石油化学工厂排出的废气到排出口只有 0.005％，不会对地面带来影响。根据该结果对企业进行劝告。首先，对于炼油厂，确保原定的硫磺含有率不高于 2.07％，尽可能采用高烟囱；火电厂的情况，为了使烟囱的高度不低于 130 米，不管在怎样的气候条件下都保证烟囱的有效高度在 200 米以上，设置硫磺含有率低的燃料油的储油罐。

除此以外，为了安全起见，工厂的布局需要与民房有一定距离。至于地区计划，要避开既成工业地带这种住宅区与工业区混居的情况，设置绿化带，还劝告中小企业实施离农对策等。

对于二氧化硫大气污染对策以外的公害则没有进行调查，在三岛地区颇受重视的开发工程对地下水源的影响和工厂排水造成的河川·海水的水质污染，仅止于建议在今后把握实态采取对策。

该报告书的观点是，现今企业的选址计划只要采取适当的对策则不会有大气污染的担忧。对于静冈县政府而言这个报告不啻是场及时雨，并将报告书的观点进一步扭曲为"完全没有公害之虞"加以宣传。为了确保决定进驻沼津市的工业区的关键企业——富士石油的选址，负责开发的县东部事务所的职员从 3 人增至 40 人，向当地施加了巨大的压力。

松村调查团的"具有发生公害的可能"这一结论与黑川调查团的结论针锋相对。松村调查团在检讨黑川调查团报告的基础上对其内容抱有根本性的怀疑。2 市 1 町协议会也对黑川调查团的报告书持有疑问，要求其就此进行回答。因此，向通产省建议开展两调查团之间的辩论，加上县的请求得以实现。

两个调查团的对决

8 月 1 日，在东京虎之门东洋大厦内产业立地事业团会议室，松村调查团全体成员、2 市 1 町市民联络协议会代表、医师会会员、县议员、市议员 16 人和静冈县负责官员，通产省负责官员，黑川调查团代表（黑川、伊东、铃木三人）开展一场辩论[5]。受静冈县方面的指示讨论限制在了两小时内。虽然通产省负责官员有关《沼津、三岛地区产业公害调查报告书》的说明非常冗长，讨论依旧进行的相当白热化。由于松村调查团的研究者素质很高，该会议记录包含了之后的所有评估的问题点，是非常重要的内容。在这里以评估应如何开展为中心进行介绍。

第一点，该调查拥有决定与地区市民命运息息相关的联合工厂可否选址的重大使命，黑川调查团却非常不负责任。松村调查团指出，在黑川调查团的报告书里只提到了二氧化硫造成的大气污染的实验结果，却并没有调查有关其他大气污染物质、用水不足、水质污染等公害。虽然如此，但报告书的标题和劝告却仿佛包括了对全体公害的调查和相应对策。将该失误向黑川指出后，黑川辩解道，"有关 SO_2 是我在经过了大致的科学调查后才在这里记载下了某些大致的结果。但是有关水问题和其他问题等，这不是交于我们的使命，所以我们也写到将来有好好探讨的必要。"以及"这再怎么说也是学术报告书，可不可取终归是国家和县里的事情，而且是否设置该工厂也不是我们应该表态的事情。"但是实际上该报告书并不是提交给学会的报告书，而且也不是学术论文。很明显报告书是通产省的官员所作。作为证据，当松永指出了文中清水町的大气污染"在污染波及的范围内发生污染的话"这样一句不明所以的话时，铃木武夫说道，"我可没有写过这种文章"，实际上承认了该报告书是通产省官员所写的内容。

第二点，实地调查时间短，在不充分的情况下强行下结论，所以将结果交付给了风洞实验这种空洞的研究，这十分随意并与实际状况相差甚远。在大气污染的调查中最重要的逆温层中可以见到这种情况。调查的时间不是容易出现逆温层的冬季，而是在夏季选取了一个较短时间段进行。因此，由于在实地调查无法观测到逆温层，就从东京铁塔和过去的 NHK 的资料中进行类推，将逆温层的高度定在了地面 100 米上空。如前所述，烟囱高 130 米的时候，有效排出高度在 200 米，可以实现着地浓度为 0.015 毫克/升，这种情况下是安全的。但是逆温层有可能在 100 米以上。而且从 130 米高的烟囱里排出的煤烟有可能会受到强风影响无法上升。风洞实验是 1/2500 的模型，使用了模型中心部分，但是像箱根山这种高山就不在模型范围之内。而且，从该实验得到的风洞实验值的计算公式，如果不修正至 1/13 则无法算出 0.015毫克/升这个数值。这种修正不是当地的数据，是从其他研究者的数据中得出的。而且，报告书里说，片滨海岸的气象非常稳定，但是气象紊乱的情况很多，居民对此都很担心。

第三点，在劝告中提到了设施的布局和城市规划，以及在工厂和居住区间设置一定距离，设置缓冲绿化带等。但是现实计划却是工厂和居住地近距离相邻。也就是说，在缺乏城市规划和工厂选址规划的情况下就决定了工场选址，黑川调查团无视了可能重蹈四日市工业区覆辙的可能性。黑川虽然说自己秉持着科学家的良心书写了报告书，但那样的话就该改变产业公害调查这一标题为"二氧化硫的风洞实验报告书"才对。既然提交了明显可以判断选址可否的报告书，就应该追究其社会责任。1964 年 11 月 26 日，提交了"松村调查团对黑川调查团的质问信"，再次质问了会见时不明确的地方，但并没有得到回应。

阅读完这两个调查团报告书内容的不同，以及两者针锋相对的记录后，就能明白到今日为止的日本环境影响评估的缺陷。日本最初的这个案件里包含了极大地教训，不得不重新思考。

在观看了辩论会后，居民强压怒火揶揄道"黑川调查团的报告书难道不是通产省的官员所作的作文吗？""要是那样就能当学者，就没有比学者更好干的营生了"。

针锋相对

这场辩论明显是政府调查团的失败，但在当地的评价不一。持反对意见的居民认为政府的调查结果不足为信，居民运动再次掀起。另外，县知事以该报告书为依据，向沼津市长和清水市长施加压力，要求他们推行招商政策。县职员被动员去说服预定建设地区，建筑业协议会决定赞成招商，沼津商工会议所常任议员中的多数人也决定促成引进富士石油和住友化学。早在 6 月 16 日决定反对工业区招商的沼津市议会出现了以"严守黑川调查团的报告"为说辞，转为支持招商引进派的议员，导致全员协议会无法进行决议。之前一直支持反对运动的《沼津朝日》一改企业基本方针，开始赞成引进富士石油。就这样，从 8 月到 9 月，反对派和招商派持续着尖锐对立。

8 月 6 日，在进驻地点的片滨地区，坚决反对富士石油进驻的反对同盟成立。8 月 22 日在神明宫举办了一场"恶魔滚开，富士石油滚开"的祈愿祭。8 月 26 日，"爱鹰地区石油化学工业区绝对反对联合"成立。当日含预定地在内的农业关系者团体的西北部土地改良区通过反对将土地让渡给富士石油的决议。8 月 28 日，在片滨小学召开了"反对富士石油进驻总动员大会"，2500 人进行了游行。另一方面，沼津商工会议所、爱鹰农协、片滨农协、建设业协会沼津支部举办"赞成石油工业区市民大会"，1500 人聚集在一起举行了汽车游行。

反对派连日举行学习会，松村调查团的成员也参与其中，强化了抵制工业区建设的意志并加以扩散。沼津市民运动的核心之一——沼津医师会，邀请了过去曾是四日市公害调查研究的核心人物——三重县立大学医学部教授吉田克己和名古屋大学医学部教授水野宏，就有关公害问题进行学习。9月1日明确表明反对引进石油工业区，将决议书送达给市长和市议会。药剂师会和牙医医师会也表明了反对意向，在全市配发决议文。在这种紧急状况下，沼津市民协计划在9月13日举行大集会，此前的11日在沼津市聚集了2000人举办了演讲会。京大庄司光教授、大阪市卫生研究所职员中野道雄和笔者就公害问题进行了演讲，在12日，围绕三人举行了针对不同问题的学习研究会。市民大会准备就绪。

9 月 13 日 的 大 集 会

从9月13日早上起，渔民就竖起了大渔旗开始海上示威。不分政党政派、思想信条、地位、财富、职业和男女老少，市民汇集在城市中央的沼津第一小学。市里大部分家用汽车、三轮车、卡车、拉开工业区反对横幅的消防车、高举草帘旗①的耕耘机等络绎不绝。实际上 1/3 具有选举权的人，25000 名市民参与了集会。

笔者在这天早上搭乘了银行分店店长妻子的便车，参观了大会的情况。从早上起，夫人就一直在为我驾驶，笔者觉得非常惶恐，就问她，"非常抱歉，您丈夫是去打高尔夫了吗？"她回答说"不是的，就在那边的游行队伍里。"笔者看她指给我的人，扛着"反对殖民地型开发"的标语牌在队列中前行，银行分店店长可不是正在游行么。笔者就此确信"这就是市民的诞生啊，这场运动一定会胜利的。"

在夏日蓝天下举办的市民大集会通过了"关于坚决反对石油工业区的决议"。决议分为五项，最后以诗歌的形式结尾。

"（前言省略）

1. 我们要守护每个市民的生命安全，为了子孙后代守护美丽的乡土环境，绝不允许石油工业区进驻。这场斗争是正义之战，我们一定会取得胜利。

_____

① 日本农民起义等使用的用草席做成的旗子。

2.呼吁还未挺身而出的各位街坊邻居。一起来战斗吧！（略）

3.告诫盐谷市长和各位市议会议员，我们从未像今日这般感到诸君的不可靠。除去一部分有良知之人，你们的行动使市民陷入了深深的不安，我们要求你们采取与作为我们市民的代表相符的行动。现在正是决定沼津市百年大计的重大时刻，抛弃过往的利害，舍弃私情私利私欲吧！与我们市民携手共进吧！（中略）

4.告诫所有上当受骗而将失去土地的农民们，"在泥地里辛苦耕耘50年却仍看不到希望"这就是我们的心声。牺牲农业的政治和推行工业区的政治在本质上是一样的。让我们先把石油工业区赶走，一起开创光明的繁荣之路吧！

5.最后，给所有身处赞成派居多的团体·村落中而苦苦煎熬勇敢战斗的大家送上诚挚的鼓励。（中略）相信我们市民的力量，勇敢推进为了守护团体的、村落的民主主义的战斗吧！

我们将我们的决意表达如下：

我们守护生命，守护生活。

守护爱鹰的绿色，守护骏河湾的清澈。

守护世界第一的柿田川之水。

守护能够遥望灵峰富士的蔚蓝的天空。

我们决不允许石油工业区的进驻。

若要强行拼上此身也要阻止。

这场战斗是正义之战。

我等必会取胜。

沼津市民的团结万岁。

2市1町的团结万岁。

与公害作战的全日本的人民，让我们挽起手来并肩作战！

1964年9月13日

反对石油工业区沼津市民总誓师大会"

可以说通过这场大集会已经分出了胜负。

胜利

9月16日，盐谷市长进京，访问了通产省、富士石油，要求富士石油主

动撤回该计划。17 日拜访了县知事，表达了"希望富士石油本社撤回进驻沼
津市片滨地区计划"的意愿并寻求县知事的理解。9 月 30 日，市民协动员千
人包围了市议会，要求通过反对的决议，在 14 名工业区赞成派缺席的情况
下，出席的 20 名议员通过了反对决议。

在住友化学的预定进驻地清水町，由于部分农民响应了土地的收购，町
内的对立激化。2 市 1 町协议会开始支援清水町的反对运动。继 9 月 4 日伏
见地区妇女工业区研究会的学习会之后，到 10 月 20 日在各地都召开了类似
沼津市的学习会，反对运动进一步扩大。

住友化学判断石油工业区的计划已经受挫，在 10 月 27 日，用电话告知
高田次郎町长"清水町目前反对情绪强烈，将工厂设到清水町已经没有指望，
决定增设至新居滨"。赞成派和町长原本打算不声不响就了结此事，但是在反
对派的要求下，迫使他们明确表明放弃住友化学的进驻和石油工业区计划，
转而考虑能够代替的开发，并在町议会上通过了决议。

就这样，市民运动在"no more 四日市"的口号下，第一次对政府和企
业的高度成长政策说不，防患公害于未然。

2. 三岛、沼津市民运动的经验总结

三岛、沼津市民运动成功的要点是什么？笔者认为在于以下三点。

草根民主主义下的团结

三岛、沼津模式市民运动的第一个特征就是彻底的草根民主主义下全体
市民的团结。市民运动的主体是工人、渔民、医生、主妇等人群，他们完美
地进行了分工合作。工人运用了其计划性和组织能力。像反石油工业区运动
这种需要巨大的组织能力和宣传能力的行动若没有工会作后盾是不可能进行
的，其幕后由高等学校教职员工会沼津工业高校分会和国铁工会沼津支部担
任。另一方面，虽然街头行动模式缺乏持续力，但具有爆发力的农、渔民在
集会和交涉的紧要关头都用尽了全力。医生运用了医学和公共卫生学的力量，
而主妇运用其宣传能力和生活上的经验，从多方面推动运动进行。

在这场运动中并没有田中正造一般的英雄。因为谁都可以"趿拉着鞋"
自由地采取行动。这里没有妙笔生花的文人和大文豪，但有许多能够写出谁

都能懂的平易文章的活动家。在之前经团联月报的座谈会上，这场运动被说成是有"红色"背景指导的运动，这完全是歪曲事实[6]。社共两党优秀的活动家并没有出面进行指导，而是贯彻了幕后支持的方针。市民运动并没有像新左翼那样摆出一副排除既成政党的姿态，也不像部分工会和宗教团体那样只支持特定政党般狭隘。三岛、沼津市民运动得以持续的原因之一或许就在于其与政党间打交道的巧妙。

至今为止地方的政治问题都是通过地方议员和首长等保守政治家接受市民请愿来进行处理的。方法要么是向中央政治家、官僚进行请愿得到补助金，要么是通过行政指导解决问题。笔者将其称为"草根保守主义"并一直将其视作自民党等保守政治的基础[7]。但是，当中央政府和财界的地区开发导致公害发生时，就算是向当地实权人物进行请愿也无法解决。而且在本地区进行经营的地方实权人物自身也会受到公害的影响。该情况在反工业区运动中暴露无遗。

过去"草根保守主义"的土壤——町内会（自治会）、地区妇女会、青年团、商工会议所、渔协、鱼加工业协会、农协、医师会和药剂师会等组织和工会一起行动。之前银行分店店长的小插曲就只是其中的一个小事例。毫无疑问，居民运动或许一开始是始于自我觉醒的个人或者少数的小圈子特别是革新派的个人。但是，如果这些少数的先觉者避开组织市民、整合不同主张主义的各种组织的困难，主张类似人少好办事、只要少数人做就好之类的言论据守孤垒的话，运动即使再激烈最终也会失败。即使从少数变多数有困难，只要朝这个方向付出持之以恒的努力，居民运动也是可以取得成果的。

三岛、沼津的市民运动之所以成功，是因为市民们都怀着一个共同的目标集结在一起，即守护富士山麓的美景、代表日本的健康的生活环境和丰富的农、渔业等地区产业不受环境破坏和公害的威胁。

"学习会"和专家的合作——从感性的恐惧到理性的认识

第二点是，该运动是以学习会为共通的方法，运用科学的方法开展预防公害斗争。由于多数市民运动都是在受害发生过后才开始而且采用的都是比较感性的方法，所以除了受害者以外的市民即使对受害者抱有同情也无法产生共鸣，导致运动进展困难，而这场运动却是一场预防运动。因此，市民无论如何都应该通过科学来预测公害的实态和原因。

三个地区的市民组织都以四日市为榜样进行了现场学习，通过与受害者见面或延请受害者以此对公害实态进行调查。通过亲眼见证四日市的大气和海洋污染的情况，闻恶臭，食用臭鱼，以亲身感觉理解公害。医师会等专家收集有关大气污染的实态数据，听取研究以四日市公害为首的公害专家的意见，收集预测数据。在学习会上给市民说明这些实态调查和公害论，来进行讨论。

松村调查团在居民的帮助下，进行了实地调查。为了调查气流的情况，在 1964 年 5 月，花费了 10 天时间，请求沼津市挂起鲤鱼旗，沼工高的学生 300 人手持调查表来测定气流的动向。并且，为了调查逆温层的情况，在海拔 3 米到 200 米不等的 11 处地方，设置了观测点，驱动摩托车和装有车载温度计的汽车进行整晚的测定。以气象观测所为首，收集了香贯山的月光天文台、学校等 6 市 4 町常年的局部小气候的资料并与当地的测定结果进行对照。由于缺乏资金无法使用气球或航空器进行观测，只能用鲤鱼旗和摩托车替代。但是居民可以自己进行调查，并通过调查获得有关大气污染的基础知识。

市民组织将市民集体亲自调查的结果全部整理成报告书，并将其配发给市民自行宣传。该调查结果在学习会得以利用。之所以被称为三岛、沼津模式，就是指通过不断的学习会来进行组织，形成明确要求的模式。根据研究出学习会方式的高中老师们所说，学习会有下列一些原则：

1. 绝不能站在讲台上。讲师和听众彼此都是普通居民而非师生关系。为了促进双方的理解，处在同一平面上进行对话效果更好。

2. 同一理论要反复说明两到三次。这也是以身边居民的经验为例，每回使用不同的表现形式进行说明。可以说到第三次学习会就几乎没有不懂的居民了。

3. 力求让出席学习会的居民带着收获而回，哪怕只有一点点。若能如此，居民回到家后一定会将今天觉得感动或者受到冲击的事情讲述给他人。这样的话学习会就会从一个人传至两个人再到三个人，一点点发展壮大。

4. 同一人不长时间讲话。人类保持集中精力的限度为一小时。有必要更换讲师以新鲜的方式讲述。

5. 要刺激人的多方感官。不仅是诉诸听觉还要诉诸视觉，要多元利用幻灯片、讲义、图表、黑板等。

该学习原则可以说是战后教育的结晶。真理就是这般简单明了之物。虽然发现真理的研究之路是复杂的，需要耗费很大的劳力，经历很多困难，但真理一旦被发现被证明后谁都可以理解并加以运用。真理要如何换成具体的例子进行讲述，将其印在人们的内心深处，并让人明白自主进行思考的乐趣，这就是教育的真谛。学习会使用了数千张幻灯片和 8 毫米电影，普通老师也能操作[8]。

居民没有钱也没有权，有的只是自己的头脑和四肢。但是俗话说得好，"三个臭皮匠赛过诸葛亮"，只要不断进行自主调查和学习也可能会产生比大企业和政府理论更为深刻的见解。而且，市民的意识从"可怕"、"恐惧"这种感性认识上升到科学理论，也会使运动长期持续而不是昙花一现。这种社会教育才是市民运动的真谛。美国的城市社会学者刘易斯·芒福德说过"地区规划是共同学习的手段[9]"，可以说正是这种市民运动形成了新的地区开发。

地方自治运动的胜利

第三点，沼津、三岛市民运动的特征是完全的当地运动，在当地决出胜负。运动的胜利是最大限度运用战后宪法体制的地方自治权利的结果。过去的足尾矿毒事件，即使有田中正造这样的伟人率领，以农民巨大的能量作为后盾，得到全国同志的支持但仍是以失败告终。运动的失败是由于被称为政府、财界、学界三位一体的强大力量的残酷镇压。但是同时，笔者想指出，该运动将中心放在了对中央政府的请愿和上访上。虽说当时的地方自治是官治，与今日不同，但比起在当地解决的四阪岛烟害事件和日立烟害事件，斗争方式有所不同[10]。

三岛、沼津市民运动在运动初期，面对中央政府，3 月 30 日乘坐巴士进京抗议和请愿。但是，在知道该举动是徒劳的之后，3 月以后停止与中央交涉，将全力用在与地方企业、自治体的交涉和集会上。地方自治体是以水、土地等资源的管理，道路、港口等交通手段为首的社会资本的创造、供给乃至财政主导的地区开发的主体。因此，即使中央政府和大企业决定了开发计划，最终的决定权仍在地方自治体。地方自治体若是没有获得市民的同意则无法进行开发事业。

从这次市民运动的过程我们看出，以三岛市、沼津市、清水町这一顺序，各地区市民运动的高昂让市长、町长和市议会、町议会决定反对引进工业区，终于迫使企业和静冈县以及中央政府不得不放弃了开发。可以说这是展示给通往之后的革新自治体之路的重要成果。

3. 后续的影响

市民运动在全国的展开

三岛、沼津、清水 2 市 1 町的市民运动的胜利给全国所有受公害威胁的市民带来了希望，通过沿用该运动方法，逐渐取得改变开发计划的成果。在静冈县富士市、京都府宫津市、兵库县滨坂町都中止了火电厂的建设计划。第一章提到的旧八幡市的反公害运动也是受到三岛、沼津市民运动刺激的产物。从前一直受到公害威胁的川崎市、尼崎市等地方，也开始了由学习会进行的公害的告发和运动。

这种既非请愿，也不仅仅是要求型运动和受害的告发，而是防患于未然的运动扩展至全国。但是并非所有的运动都取得了成功，众多的居民运动都经受了挫折和失败。比如在兵库县姬路市，使用了沼津的教师们制作的幻灯片的学习会不断发展，以家岛渔协为中心的反对运动，迫使出光兴产延迟三年进驻该地区，但之后当地的市民运动分裂，运动方式从自治体斗争变成向中央政府请愿，结果导致出光兴产的开工[11]。

三岛、沼津模式的市民运动，改变了迄今为止以工会为主体社共两党为中心的社会运动，通过对自治体的改革开创了推行环境政策的道路。反对大阪府堺·泉北工业区扩张的市民运动就是典型的例子。本章第三节里将会提到这场运动，其显示了三岛、沼津模式的运动在府县级别向更广大的区域范围发展的事实。

但是，当地发生了对抗运动，对加入松村调查团的学习会的中心人员——沼工高的教师们进行打压。1965 年 3 月，发生了一起参加运动的沼工高校长和教务长同时被调走的异常人事调动。在 1965 年度县预算中，作为对反对工业区的报复行为，沼工高的扩建改建预算在审查阶段被削减。抱有摧毁参加工业区斗争的静冈县教职员协会沼工分会职责的新校长赴任，与协会处处针锋相对，甚至发生了超过 10 次的警察介入。虽然无法以石油工业区斗争的名义对教师进行处分，但以参加同年 10 月 "要求完全实施人事院劝告" 的罢教为理由，松村调查团的成员之一——长冈四郎教谕被免职。

此外还发生了刑事事件等。尽管如此，三岛、沼津的居民运动支援了富士市的阻止火电厂和海底淤泥事件，四年后将沼津反对运动的领导者之一井手敏彦推上市长之位，之后城市建设运动得以展开。三岛、沼津运动是新的由居民主导的内生的地区开发。

政府、财界的应对

三岛、沼津居民运动的胜利给进驻失败的企业带来了直接的打击，经团联等经济团体不得不开始构建公害对策。中央政府为了推行高度成长，制定了全国综合开发规划，府县和市町村响应该计划，推进由重化工业主导的地区开发，因此受到了严重的冲击。而且，环境政策的起点，即以预防为核心的环境影响评价，是由居民方面首先提出的，政府方面最初派出的黑川调查团的报告并没有起到作用，从而使当局乱了阵脚。从此以后，工业开发时必须进行事前环境评价，成为行政指导规范。但是这成为推进开发的免罪符。黑川调查团的报告从当地居民的角度来看，是如同将开发的是非判断交给企业和国家、自治体这样一种不负责任的报告，日本的环境影响评价并没有形成如同松村调查团一般让居民参加保证安全的方式。1964 年居民提出了环境影响评价的必要性，但是 33 年后的 1997 年，才制定了环境影响评价法。

1964 年，政府终于在厚生省设置了公害课。如前所述，佐藤内阁以社会开发为旗帜进行了路径修正，但未能实现体制转换，修正的内容是头痛医头脚痛医脚性的。四日市的公害问题和三岛、沼津居民运动导致的地区开发的受挫，使得不仅厚生省，通产省也必须制定新的公害对策制度。1966 年 8 月，为了准备制定公害对策基本法召开的厚生省公害审议会提交的"中间报告"就表明了其危机意识。

第二节　公害对策基本法——调和论和忍耐限度论之间的对立

1. 公害对策基本法的形成过程

公害对策基本法制定的动机

第二次世界大战后，欧美制定了防止大气污染和水污染的法律，但是有关公害或环境保护的综合性法律，直到 1969 年美国才制定了国家环境政策法（National Environmental Policy Act），之前并不存在。以根据外国的法制和经验为基础制定本国法制和对策是日本政府的传统来说，1967 年领先于各国，制定了公害对策基本法可以说是异常的事例了。这也是因为从战后复兴到高度经济成长的过程中，公害·环境破坏已经极其严重。

水质 2 法和煤烟规制法都属于"头痛医头"的法规，这两项法规终于在 1963 年开始实施，但是无论哪项法律都遭到了经济界的抵抗，并且，从反映这种矛盾的政府内部的对立以及水俣病、疼疼病、大城市圈的公害特别是四日市公害的污染进展过程中，我们可以断言这两部法律几乎没起到应有的作用。所谓的规制是与企业的"自主规制"，也就是经济上可行的方法相适应的，所以是根据有关烟囱和排水口浓度的"规制标准"制定的。因此，一旦污染源增加，单个污染源即使分别达标排放，地区的环境污染还是会加剧。而且，即使规制了个别的有害物质，若是发生复合污染或者像四日市公害一般，煤烟、SO_X 甚至是恶臭噪音等并发的情况下，人们就会寻求保护整个生活环境的制度，而不是个别的污染物净化法。事后救济与其后防止公害的方法以及地区开发和城市的存在方式都成为焦点话题。

给人留下深刻印象的是之前的三岛、沼津、清水 2 市 1 町的居民运动，不仅是厚生省，通产省也认为若是没有一些有关公害对策的强力行政意向，今后的地区开发将不可能进行。佐藤内阁为了纠正"高度成长带来的负面效应"，打出与经济开发协调一致的社会开发这样一套政策理念，所以制定展现公害对策政策意图的基本法适当其时。

正如之前介绍的，大阪市先驱性地制定了环境管理标准。其做法是对社会成本进行推算，与 SO_X 削减费用权衡之后，出于政策的合理性，以及对污染状况不同的各区的污染源状态的把握，提出的规制方法。并且，在四日市进行了"公害病"的认定，制定了对患者医疗费进行救济的制度，进行了受害救济的实验。此举有扩展到川崎、大阪、尼崎等地的倾向。

像这样，即使没有外国的先例，也产生了制定宣言综合防止公害的法律的必要和实现的可能性。

无过失责任主义和地方自治主义——《中间报告》

1966 年 8 月 4 日，厚生省公害审议会（国立防灾科学技术中心主任和达清夫任会长）代表政府内部的革新意见，发表了《有关公害的基本施策》（简称《中间报告》）以明确企业责任并宣称其将作为公害对策基本法的规则[12]。此举对政府来说是革新之举，但对于寻求防止公害之法的国民而言却是常识。不过对大部分经营者来说，这是打破太平梦的行为。经团联在 10 月 5 日，发表了《有关公害政策基本问题的意见》（简称《经团联意见》），全面否定了这份《中间报告》[13]。在之后的法案形成过程中，这两种意见极端对立，在政府内部体现为厚生省和通产省两极的对立，争论持续了约一年时间。这里有当时日本的公害对策，甚至是政治理念对立的原型，因此略作介绍。

《中间报告》认为公害的核心是产业公害，首先第一点要求明确作为加害者的企业责任和公害防止费用的负担。"（迄今为止）每逢推进公害对策之时，都会强调要调和与产业的健全发展的矛盾。一般来说这种考虑是必要的今后也将长期存在。但是公害中，有对人体健康以及其他通过金钱无法弥补的损害，当损害超过一定的限度之后，必须充分认识到是需要在一定程度上牺牲产业的发展的。"

在宪法 25 条里可以寻求限制资本营业权的依据，"守护宪法保障的国民过健康文化生活的生存权，而且，为了使其得到伸张，在必要的范围施以官方规制，可以说是国家的基本使命，也是保护地区居民的地方自治体的使命。"

基于这一基本立场，对加害者的无过失责任主义作了如下阐述。"考虑到现在的公害问题所具有的社会性质，用现行民法里的个人责任主义的原则来进行约束是不恰当的，其在私法上的责任就像前文提到的法律（矿业法以及核能损害赔偿相关法律）一样，在明确无过失责任主义等使受害者救济更容易进行的同时，明确救济的标准也将成为重要的检讨课题。"

基于这种思路，四日市石油工业区的企业就不得不立刻负起责任。而且，污染源的公害治理的费用也将成为"原因方应该负担之物"。为了防止公害而设置的缓冲地带的费用和下水道设施等部分公共工程费以及公害病的治疗费也应该由造成公害的一方负担。

《中间报告》的第二个要点是，为了纠正现行的排放源浓度规定的缺陷，主张制定环境基准。而这项基准决定了根据企业迄今为止的经济、技术条件制定的排放标准的总框架。

最初对这份《中间报告》表示支持的是自治省的《有关公害对策基本法

的意见》（9 月 7 日）。自治省的这份《意见》代表了受公害所苦，采取了革新性行政措施的自治体的意见，这份《意见》并不像其他部门那样由相当于外部团体的审议会提出主张，而是当局的意见。其有二个特征。第一，承认对企业的无过失责任的追究，要求出台企业的负担制度，污染源对策就更不必说。第二，主张公害行政的地方自治主义。地方政府进行综合的一元化的公害行政处理，在公害防止地区，各都道府县的环境标准和排放标准都应该按实际情况依条例制定。都道府县知事会和同议长会等地方团体也持相同意见。同时，要求制定公害对策的国库补助金制度。大阪府和东京都墨田区议会等力排历来的调和论，要求将未来能够设想到的公害都包含在内，对厚生省、自治省的意见表示了支持。这些地方政府的意见就受公害所苦的居民来看是理所当然的主张，但对财界和通产省等部分中央当局而言却是晴天霹雳。

经济团体的反击

《经团联意见》与前面所述的意见从根本上对立。《经团联意见》以这样一段话开头："公害对策的基本原则是通过谋求生活环境的保护和产业发展的调和，提高地区居民的福祉。因此，仅从生活环境的保护这一立场出发采取公害对策，无视了产业的振兴是提高地区居民福祉的重要要素这一方面，所以并不妥当。"

而且，经团联并不承认公害的主要原因在于企业，认为公害原因复杂而广泛。实际上，比起工厂，由于国家和地方政府缺乏适当的土地规划和下水道等社会资本的不充足引发公害的例子更多，并如下否定了无过失责任主义。"因此，无视这类事情，单方面要求企业，特别是被视为拥有承受能力的大企业承担责任和负担公害费用是不妥当的。而且就公害已经发生的情况下，就司法责任而言，在原因方遵守公法上的规制，努力进行除害的情况下应该被免责，追究无过失责任太过分了。"就企业的公害防治的负担而言，该意见认为一方面应该强化国家和地方团体在财政金融上的支持措施；另一方面，反对负担部分缓冲绿化带等公共工程的费用。

至于环境标准，《经团联意见》并不承认其效力，表示"不能轻言赞成"。其主张中央集权主义，认为自治省的《意见》的核心理念——地方自治主义是不恰当的，公害救济基金不该企业负担，而该运用国家资金，现行的《煤烟规制法》的知事中介制度也应该交由中央政府管理。

经团联的意见是综合了其他经济团体意见的集大成的结果。化学工业协会主张排除卫生至上主义，东京商工会议所将公害产生的原因归结于防止技术的落后。

妥协的产物

经团联的发声产生了巨大的效果。公害审议会在 10 月 7 日发表了《有关公害的基本对策》。虽然避开了有关调和论的争论，但对焦点的无过失责任主义进行了大幅度修正。也就是说，加害者的无过失责任如果超出了下列这些"忍受限度"则需要承担赔偿责任。"公害对他人的生命、身体、财产及其他权利造成了损害，该损害超过一定的忍受限度时，造成公害一方将承担赔偿责任。"这个忍受限度的概念非常暧昧，是由企业和居民的力量对比来决定的，所以是有利于企业方面的条件。

1966 年 11 月 22 日厚生省在此基础上发表了《公害对策基本法》试行纲要。纲要提到，该法的目的在于"保护国民的健康、生活环境和财产不受公害威胁，增进公共福祉"。有关环境标准的表述为"为了保持人的健康，保护生活环境所必须维持的环境条件的有关标准"，没有调和条款。但是《有关公害的基本对策》反映了对无过失责任主义的摒弃，规定了"事业者通过其事业活动，为了不使他人受到公害造成的损害在采取必要措施的同时，还需付出最大的努力，以免自身的事业活动成为公害发生的原因。中央或地方政府有协助实施防止公害的措施的义务。"

有关这个厚生省案文稿，15 个省厅召开了公害对策推进联络会议，罕见地进行了 30 多次协商。据首任公害课长桥本道夫所说，各省负责官员就本部门的政策、权限、利害关系等进行了近乎神经质的讨论。特别是"通产省、经济企划厅等强烈要求与产业和经济健全发展间的和谐[14]"。通产省最初认为，公害对策的原则在于个别的规制强化，所以并不赞成公害基本法。10 月 27 日，在通产省产业结构分会中间答复"产业公害对策的应有形态"中没有谈到基本法的必要，采取了事实上无视基本法的态度。而且，与经团联一样，认为公害的原因在于城市化工业化的无秩序进展，主要是中央和地方政府的选址计划的失败和社会资本的不足。因此比起污染源对策，官方对策才是重点，完全没有提到身为污染源的企业的无过失责任。像这样，受到政府内部强烈的修正，1967 年 2 月 22 日，《公害对策的基本法案纲要》发表。这颠覆了厚生省的法案，是基于调和论的产物。

基本法的关键内容被删除，经团联对此感到满意，并在 1967 年 3 月 8 日发布《有关公害基本法案纲要的意见书》，提出以经济企划厅为负责部门，至于企业的责任和义务，则提出"经济的健全发展必须与生活环境的承载能力相适应，因此事业者需要在现实可行并且在必要的范围内，承担努力责任"的条件，赞同了法案的提出。

经公害对策推进联络会议讨论后，厚生省将其落实成文，在经历了以自民党山手公害特别分会长为中心的执政党的调整和法制局审查之后，5 月 16 日，内阁会议通过该法案，17 日提交给国会。

2. 公害对策基本法及其失败

国会的争论

4 月 26 日，在众议院预算委员会上，公害对策基本法案成为议题，其后，产业公害对策委员会发生了激烈的论战。令人惊讶的是，自民党议员无一人出席该法案审议的例行会，论战在在野党与政府（厚生大臣坊秀男为中心）之间展开。在野党中社会党（主要是岛本虎三议员、角野坚次郎议员）对政府原案进行了最为激烈的批评，民社党（折小野良一议员）与公民党（冈本富夫议员）也对政府原案提出了批评。讨论涉及以下七点：

第一，立法的目的是"谋求与经济健全发展之间的和谐"这一调和论的思想，该思想并未体现在厚生省提交的法案中。在野党主张到，迄今为止的水质 2 法和煤烟规制法的目的里带有调和条款，反映了产业界的意向，规制变得宽松因此导致了公害的产生。而且，为产业保驾护航的法律有很多，但这些法律里都没有防止公害的目的，那么为何公害法里就必须加入经济发展的条款呢[15]。

对此，坊秀男厚相认为保护健康是绝对的，但生活环境的保护必须和经济的发展协调一致。他反复说到，想要维持富士山麓一般清净的空气和将隅田川净化至可以让香鱼生存是不可能的。佐藤荣作总理表示，"产业对于国民生活的充实发展而言是必须的，若是没有调和的字眼则意味着产业是无用的，我们虽然必须与产业的恶作斗争，但是通过产业的发展我们自身也会非常幸福。希望能将思考的重点放到这上面来。"他甚至说到，"谋求与经济的调和才是最为重要的公害对策的基本。"

将健康和生活环境的保护分离开来无论是从理论还是从实际来说都是错误的，但加入调和条款是产业界的要求，这点已是不争的事实。

第二，便是与此相关的在可谓该法律"核心"的环境标准中加入了调和条款这一点。这样一来，在决定环境标准的时候"加害者"的意见也被纳入考量，那么这是否会与之前的相关法律一样以失败告终呢。但是，经济界加入调和条款最大的目的在于，要在类似环境标准的具体对策里反映产业界的意向，政府在这一点上毫不退让。社会党则是提出制定忍受限度而非环境标准的法案[16]。

第三，无过失责任制的导入。有关水俣病、疼疼病甚至是四日市哮喘，尽管造成了严重损害的事实已经得到证明，但对策制定上却毫无进展。即使辨明了导致污染的物质，当局却以无法限定是原因者的过失为由而不加干涉。这样一来受害救济就不可能进行，所以在野党方面给执政党施压，要求导入无过失责任制。然而，政府接受了产业界的反对，认为是不特定的多方原因造成了工业区灾害和汽车公害，所以，政府虽对无过失责任制的导入进行了一番探讨但最终认为不能立即采纳。

第四，公害对策责任的一元化。社会党提出设置拥有司法权限的公害对策委员会，将权限一元化的提案。由于政府认为公害对策具体涉及 15 个省厅，一元化困难重重，拟在内阁里设置公害审议会，总理大臣任会长，厚生省负责具体事务。针对该提案，在野党批判到，通产省、经济企划厅、建设省、农林省等经济关联省的力量超过了厚生省，这种拼凑起来的公害审议会无法站在被害者的立场进行决策。该法案的提出如此迟缓也是因为先前所说的以在厚生省提案中加入经济界意向的通产省为首，各省都主张各自的利害关系。然而，在野党的方案也不明确，对策的一元化一直推迟到环境厅的设立。

第五，对缺乏具体法案仍提出基本法这一事实的批评。面对水俣病和四日市公害的紧迫任务，当水质 2 法和煤烟规制法的改革和救济制度的立法迫在眉睫之时，却并未涉及这些问题而提出了基本法。加上早已制定的农业基本法等缺乏实际效用，对这部法律的意义基本是持批判态度。政府表示这是一个宣言，表明了政府对解决目前十分棘手的公害问题的决心。然而，仅仅这样，只能说是应对公害反对的舆论和运动的对策（所谓放气减压）。尽快制定应对大气污染等具体措施的要求被反复提出。

第六，公害的定义和范围。在该法案指定了大气污染、水污染、噪声、震动、恶臭、地面沉降六种公害。虽然有人提议加入最有可能造成严重污染的辐射，但在当初坊厚相的答辩中，说到将辐射加入公害对策基本法是理所应当的，但是目前已经有了核能基本法，所以就将其归入核能基本法[17]。社会党认为核电站的公害不仅是辐射，还有高温排水的污染。但是，由于水质规定中并没有对水温进行规定，所以公害对策基本法没有涉及核电站的污染。这表明企业和产业界拒绝将核能列入规制的对象，并将推进核能的发展。

公述人的意见

公述人有六人，但经团联专务理事古藤利久三和京都商会执行董事岛津邦夫对政府草案表示赞同，认为调和条款并无不妥，不承认无过失责任。古藤利久三说，只看重保护健康的官厅即使提到这个问题政策也推行不下去，并指出了设置环境标准过甚的风险。对此，四日市市议会议长日比义平和全国渔协联合会常务池尻文二与在野党一致反对该法案的调和论，主张寻求无过失赔偿责任的污染源对策和受害者保护与救济。

执笔《中间报告》文稿的东京大学教授加藤一郎的公述受到瞩目。他认为政府案是不充分的。虽然政府案中程序性规定过多，但必须尽早制定，如今正值政府和产业界步调一致的好时机，不能错过这次机遇。他将政府案的优点列为以下三点：

首先是明示了企业的责任，即防止生产活动造成的公害以及协助中央与地方政府的公害对策；第二是确定了大气污染、水污染及噪音的环境标准；第三是制定了发生公害的特定区域的公害防止计划，决定了其治理和企业的负担。

与此相对，列举了该法案的问题点如下：第一是法律目的即使正如法律条文规定一般，将调和条款写入法律目的妨碍了对策的实施，"与经济的健康发展的调和这句话本身就很奇怪"；第二是有关第 20 条受害救济，第 21 条费用负担应该制定具体的法律。与此相关的无过失责任的制度化也是理所应当之事，也逐渐获得了法院承认。在明知会造成损害的情况下仍引发公害就属于故意的过失。要创建因果关系的权威认证，一旦认定存在一定的因果关系，在法律上应该承认损害赔偿的责任。若判定存在超过 50％以上的因果关系必须承担责任；第三是由于政治利益的统一，或许需要实际推进政治指导的制度。

加藤一郎在讨论中说道，公害诉讼多多益善，"四日市的情况属于共同违法行为可以追究连带责任"，他的言论预测了之后的公害诉讼的判决。

公害对策基本法的生效

众议院经过上述讨论，以产业公害对策委员会委员长八木一男提交的修正案为基础制定了法案。变更要点如下：有关第 1 条的目的，修正了政府法案的模糊性，将第一项改为"通过全面推广公害对策，以保护公众健康，保护生活环境"。第 2 项，"关于前项规定的生活环境的保护应与经济的健康发展相协调"。第 8 条加入了"防止放射性物质导致的大气污染和水污染"，相关措施则应当按照核能基本法等其他法律的规定执行。关于第 9 条的"环境标准"，将"必须考虑"调和条款修改为"应予以考虑"，即增加了进行必要修订的条文。另外，在第 21 条"有关公害纷争的处理和受害救济"中，将采取必要措施纳入程序规范。此外，还有二三处字句的修正。

含以上修正的政府法案以确保国民的健康为第一要务。委员会上表决通过了要尽快制定具体的各项措施，健全无过失责任制度的法律等附带条款。在这次会议上，在社会党、民社党、公明党的反对下以自民党等多数赞成票通过。参议院的委员会和全体会议上，政府法案和修正案在未加入任何新论点和修正的基础上获得通过。

对基本法的评价——污染在法律规制下扩大

此前我们详细介绍了在旧公害对策基本法和围绕该法的争论中，日本公害对策所彰显的问题。公害对策基本法必不可少，但事实上，由于该法遵循经济界的意向进行了修正，所以其未能革新以前的公害对策。该法最大的缺陷在于丝毫没有涉及环境影响事前评价制度（Assessment 制度）。按理说以公法进行规制的最大任务就是预防。并且，作为对以后的法制产生影响的内容，"市民的责任"也与企业的责任一道被明文规定。这并不是指居民告发企业，监督国家和地方政府的公害行政促进其发展的责任，而是问责公害发生时居民自身责任的制度。的确，汽车公害等确实可以追究居民的责任，但是最大的责任方仍在于企业，将居民视为同等责任者的公害对策可以说是不成章法。

制定了厚生省案的桥本道夫在之后的著作中批评道，这部法律加入了调和条款，既不是行政程序法又缺乏国际视角，是比较落后的[18]。或许因为当时政府内部就水俣病和疼疼病的病因和对策产生了对立，所以才形成了这样的法律吧。

在环境标准里加入调和条款的弊端立刻显现。1967年，生活环境审议会公害分会环境标准专门委员会综合了内外实验的调查结果，发现硫氧化物的阈值（最大容许值），1小时值的日平均值是0.05毫克/升（如表3-1所示）。但经济界对此表示强烈反对。厚生省遵从调和条款，如表3-1所示，规定1969年的1小时值的年平均值不超过0.05毫克/升。乍一看0.05毫克/升这一数值是相同的，但日平均值和年平均值则不可同日而语。若将之前专门委员会提示的阈值换算成年平均值的话大约为0.017毫克/升，厚生省制定的大气污染防止法1969年环境标准是其三倍以上。

表3-1　硫氧化物的阈值和环境标准

专业委员会提案的二氧化硫浓度系数的阈值（1968年）	1小时的日平均值0.05毫克/升 1小时值0.1毫克/升
有关硫化物的环境标准（1969年）	（A）年间总时数中1小时值在0.2毫克/升以下的时间数维持在99%以上；（B）年间总天数中1小时值的日平均值在0.05毫克/升以下的天数维持在70%以上；（C）年间总天数中1小时值在0.1毫克/升以下的时间数维持在88%以上；（D）1小时值的年平均值不超过0.05毫克/升
有关二氧化硫的环境标准（1973年）	1小时值的日平均值在0.04毫克/升以下且1小时值为0.1毫克/升

注：亚硫酸气体浓度示数与氧化硫，二氧化碳与亚硫酸气体浓度可视为同一物质。根据专家提出的阈值进行计算，1小时值的年平均值是0.017毫克/升，相当于0.05毫克/升的1/3。

新的环境标准反映了当时东京都新大久保、姬路市饰磨地区、北九州市户畑区的现状（人口的5%有可能患慢性支气管炎）。而且，就该标准而言，通过高烟囱扩散是可以实现的，即使不采用脱硫等根本对策仍有望实现。然而，即使这样，企业方仍不满足，在企业方的反对下，被迫采取了京滨、阪神等重污染地区可在10年内达成目标，水岛、千叶等处于工业化进程中的地区在五年前后，鹿岛等新工业区直接适用该标准的妥协政策。

　　日本是一个法治国家，正因如此，规制必须依法进行，环境标准也应由政令决定。但是，一旦制定出恶法，法律就会成为捍卫恶的工具。一旦环境标准受到产业的压力法制化，就意味着整个国家都受到东京都新大久保和北九州市户畑区同级别的污染也是可以的。公害对策基本法反而使得大气污染进一步扩散。这就是调和条款的现实。

　　环境标准回归阈值——科学有效的日平均值 0.04 毫克/升，是 1973 年四日市公害诉讼的成果。在此期间污染进一步加剧。

第三节　革新自治体与环境权

1. 东京都公害防止条例的挑战

现代性贫困与居民运动

　　公害对策基本法颁布，相关的大气污染防止法等也已经制定，但仅凭低于阈值、维持现状的环境标准所体现出的公害对策，并不能防止公害的多样化和扩大化。NHK 社会部的《日本公害地图》在"公害列岛 1970 年"开头提到"1970 年，始于公害终于公害"[19]。70 年代公害的直接导火索是 5 月东京新宿柳町汽车尾气造成的"铅公害"。富山县黑部市的日本矿业三日市精炼所的排烟中含有大量镉，对农作物造成污染。疼疼病的隐患重新浮上水面。被厚生省指定为镉污染需观察的地区中有 32 处发现了镉含量超过 0.4 毫克/升的污染米。大大小小 150 个造纸纸浆工厂排放的富士市田子之浦的底泥，在 5 月发展到妨碍货船船底通行、导致港口功能瘫痪的地步。根据 NHK 的调查，污染问题在海域中不断发展，在田子之浦成为问题的底泥公害波及从北海道到鹿儿岛的 20 个海域。日本三景中的松岛、天桥立乃至濑户内海的景观尽失。根据 1969 年全国大气污染调查结果，超过环境标准即年 0.05 毫克/升的城市在规制地区 62 个市中多达 34 个市。即便是慢性支气管炎每年发病率为 5％这种宽松的环境标准，全国的主要城市也不能达标，到了 1970 年又有 12 座城市加入进来。

更有甚者，在大气污染方面，7月18日发生了备受瞩目的与洛杉矶相同类型的光化学烟雾。在东京都杉并区东京立正高中校园中运动的45名学生因眼部疼痛、晕眩、恶心呕吐等病倒。这是由于氮氧化物与碳氢化物在紫外线照射下发生了光化学反应，产生了过氧乙酰硝酸酯这种刺激性有害物质。据说其后光化学烟雾在东京都内的影响人数多达2万人。还有河流污染等等，人们戏称，纵然有报纸上不报道杀人事件的日子，也没有不报道公害事件之日。

4月1日是第一次地球日，全世界2000万人参加了示威运动。示威的口号之一是"NO MORE TOKYO"。

日本的城市问题不单是公害。住房困难、交通瘫痪、事故、水资源不足，还有班级人数过多、学校数量不足、保育所数量不足、垃圾战争等社会问题丛生。在《国民所得白书》（1967年版）中有如下描述。

"狭窄的住宅中塞满耐用消费品、不完善的道路上挤满大量汽车等个人消费与社会消费的不平衡，事故、公害、高物价等带来的收入与社会福利的不平衡，丰富的衣着与贫乏的饮食、居住条件等消费内容的不平衡等，种种不平衡压迫着国民生活，虽然消费水准上升，但国民的不满根深蒂固。特别是社会消费的滞后激化了交通事故、公害等众多社会问题，成为国民健康与生活的重大威胁。"[20]

这种称为"现代性贫困"的生活环境恶化，如第二章所述，一方面是伴随着企业集聚而产生的公害、交通堵塞等负面效益，另一方面是城市生活方式普及的过程中必要的社会消费（集合住宅、上下水道、公园、学校、保育所等福利设施和服务）不足。这些问题以东京等三大城市圈为中心爆发式出现，最终波及到了地方[21]。

尽管政府制定了公害对策基本法，同时推出了都市3法（土地利用法的部分修订、1920年城市规划法的全文修订、城市再开发法）以及工厂选址适当化法，但为时已晚，或漏洞百出，由于没有充分的财政支持，效果寥寥。

这些城市问题虽然给低收入人群带来的影响最大，但其影响也超越了阶层，影响了很多市民的生活。这是一种贫困，但并非收入水平低、失业等传统的根源性贫困。正如"见鬼去吧GNP"一语，即便GNP增加、收入水准上升也无法解决，反而随着汽车的普及而变得更加严峻。即便是福利国家政策，通过金钱进行收入补偿，也不能解决。由于这是现代社会即大量生产、消费的城市社会特有的贫困，我们可以称之为"现代性贫困"。此前的社会运动主力是工人运动，要求提高薪金、改善劳动条件等，以解决职场问题为主。然而现代性贫困是生活的问题，必须依靠居民运动才能解决。

因此，在三岛、沼津的居民运动胜利之后，要求解决现代性贫困的居民运动在全国开展起来。研究法国文学的学者、藤泽市的辻堂南部环境守护会代表、1967 年起开始开展居民运动的安藤元雄在《居住点的思想——居民·运动·自治》中有如下表述。"那是与财富生产的过程完全不同的另一种人类行动的过程，即劳动力再生产的过程，更广泛地说，是从异化中恢复过来，是人类自身的再生产过程。[22]"似田贝香门于 20 世纪 70 年代前期展开的调查显示，在全国反公害运动等有关政策的居民运动多达 554 起，有关生活环境改善的多达 1566 起。根据 NHK 1970 年 12 月的调查，反公害居民组织多达 300 个。这仿佛燎原之火一般蔓延开来[23]。

美浓部都政的形成

如第二章所述，20 世纪 60 年代是日本城市社会的形成期。这一过程中，正如在三岛、沼津的事例中显露出的，此前的农村型"草根保守主义"开始衰退。地方上有名望的人物（地方政府首脑、地方议员）通过受理居民的陈情并经过中央的政治家及官僚从中斡旋、实施补助工程，以使政治安定，这一方法无法解决多样的城市问题。当公害发生时地方上有名望的人物自身便是受害者。这也表现在中央的政治上，自民党政权与对其进行批判而保持平衡的社会党主导的政治过程（并非 2 大政党，而是 1.5 大政党）举步维艰，公明党、共产党、民社党等少数政党纷纷登上舞台。正如佐藤内阁将社会开发作为政权的旗帜，高度成长引发的公害及城市问题成为了政党竞争的焦点。在这种政治进程的变化之中，市民运动首次与工人运动一起成为社会运动的臂膀，凭借这种力量，所谓的革新自治体诞生了。在 70 年代前期，位于大城市圈的都府县及市的长官、全国三分之一的市长由革新派人物担任。革新自治体并非进行革命。正如被称为革新的灯塔、从 1950 年 4 月以来连续七届执掌府政的蜷川虎三京都府知事所说，其目的在于"将宪法运用到生活之中"。也就是说，因为政治、经济实况与宪法理念渐行渐远，所以试图在地区层面实现宪法所要求的福利国家政策。其中心是东京都政。

1965 年发生了围绕自民党总裁选举的"黑雾"事件，另外因为都议会议员贪污事件，17 名自民党议员被逮捕。对此，在学者、知识分子的组织下，都政刷新市民委员会成立，在社会、公明、共产、民社四个政党与工会四个团体的呼吁下，要求罢免都议会、解散都议会的市民运动扩展开来。自民党担心其波及到中央政界，在国会颁布了地方议会解散的特例法，反常地强行解散了都议会。在其后的都议会选举中，自民党议席由 69 席减少至 38 席，可谓惨败。在这种对政治腐败的批判逐渐增强的情况之中，1967 年 4 月，都知事选举中社共两党的革新统一候选人、东京教育大学教授美浓部亮吉当选。

正如"东京燃烧"一语所言，东京都民在这场选举中要求革新都政，反对自民党政权的高度成长政策。从奥运会前后开始，东京为公害、住房困难等城市问题及物价上涨严重所苦，都民对在城市问题上无计可施的自民党感到强烈不满。加上都民渴望迎来一位廉洁的知事，一洗都议会的贪污之风、"清扫都政"。美浓部知事将"还东京以蓝天"、"行都政以宪法"作为政治目标，展示了以市民运动为依靠的"都民党"政治姿态。

美浓部都政的政治理念是市民生活环境最低标准（civil minimum）。关于这一理念，美浓部都政的实际政策立案人小森武曾以市民最低标准（civic minimum）的形式提出，而将其推广开来的松下圭一表述如下：这并非像国家最低生活保障（national minimum）一样以社会保障为中心，而是以如今的城市生活方式为前提，综合了社会保障（健康保险、失业保险、官方扶助）、社会资本（住宅、市民设施、城市装置）、社会保健（公众卫生、食品卫生、公害抑制）等广泛的问题领域。政策主体由市民或自治体自主设定，具体说来，将已形成并维持着城市社会的欧洲水平指数化作为目标，试图实现同水平的政策转换。该标准力图在自治体层面，而非政府层面，实现福利国家；不只是革新自治体，很多市町村都采用了这种政策理念[24]。笔者尽管积极支持市民生活环境最低标准，也参与了共同作业，但当时也指出了其中的问题[25]。这暂且不论，即便在市民生活环境最低标准之中，美浓部都政也将重点主要放在了公害对策上。1968 年 4 月公害研究所成立，一年后早稻田大学戒能通孝教授就任首任所长，并立即开始进行公害防止条例的制定。

东京都公害防止条例——其革新性

1969 年 7 月公布的东京都公害防止条例，具有宪章的性质，序言格调颇高。其中写道，公害发生的原因内含于人类创造出的产业与城市，是一种社会性灾害，其影响以东京都最为显著，妨害着宪法所保障的健康、文明的最低限度的生活权利。而东京都背负着保障都民生活权的最大义务，必须使用一切手段防止并杜绝公害[26]。

这项条例排除了公害对策基本法的"经济调和条款"，展现出基于自治权的、积极的公害行政。公害被定义为"基于生产活动及其他人为灾害的生活环境侵害，指大气污染、水质污染、噪音、震动、恶臭等对人的生命及健康造成损害，或对人的舒适生活造成阻碍"。条例通过9条详细规定了知事的责任与义务，即通过实施各种政策，努力防止公害。其中将公害行政的一般公开规定为义务等，反映了公害防止与居民运动紧密相关。该条例规定了国家法令没有规定的工厂设置与变更的认可制、特定工厂的位置限制、知事的作业停止命令权等。特别值得注意的是，关于公害防止，认定生产商具有"最大努力义务"，在工厂不遵守知事命令及其他处分作业时，可要求停止供给全部或部分工厂用水、业务用水等。对企业来说，这些措施较罚则更为严格，尽管"纲要"中规定停止电力供给，但这根本不可能实现，因此在此变成了知事管辖范围内的停止水资源供给。另外条例还规定了关于低硫重油的劝告。这体现出该条例并非是单纯的宣言，也是具体的规制。

由于这个条例超越了法律，中央政府受到了震撼。财界表示强烈反对该条例。政府不认可东京都发行公债，又以都职员的收入超过国家公务员为由予以批判等，施加了种种压力。但是如前文所述，公害日益严峻，居民的舆论与运动都在批判政府法律的经济调和条款，并积极支持东京都公害防止条例。关于环境标准，东京都将SOx调回阈值（1日平均0.05毫克/升），并确立NO_2的环境标准，对法律标准进行了"延伸、拓展"。学者分为了两派。一派是对国家法令进行演绎、制定条例的传统式、家长主义解释论，例如制定了后文所述的大阪府公害防止条例的学者们；另一派是支持东京都与条例的学者，主张国家法律应基于宪法，承认并积极推进以自治体创新性、自主性为基础的自主立法权，即条例制定权。此后，基于这一宗旨京都府条例、神奈川县条例诞生。

公害的日益严峻、反对公害保护环境的舆论与运动，以及后文所述的国际性研究，使得东京都公害防止条例的正当性显而易见。在这种压力下，1970年12月第64次国会上，对公害对策基本法进行了修订，废除了调和论，采用了东京都条例的方向，并制定了公害相关14项法律。名古屋大学行政法学教授室井力作出如下评价。"在此，自治体的条例领先并引导了国家法令。条例的制定没有局限于种种形式上的合法、违法论，而是为了防止、杜绝公害，最大程度上发挥了自治体的创新和努力，这尽管受到国家相关省厅明里暗里的非难，但由于赢得了居民的意愿与运动的支持，取得了一定的成果[27]。"

2. 经济主义大阪的转变——大阪世博会与堺·泉北工业区

战前都说"政治的东京""经济的大阪"，大阪财界的主流是自由主义倾向的纺织业资本家，在其推动下，关一大阪市长的进步主义城市政策不断推进[28]。然而，伴随着战时统制经济和重化工业化，大阪的经济地位下降开始了。如第一章所示，占领军的日本经济复兴政策抬高了东京的经济地位。战后，随着原料供给型重化工业的成长，以民生型轻工业为主的大阪明显衰退。因此20世纪50年代，大阪财界及府政呈现出为了在高度经济成长政策上不致落后而努力追随东京，以努力恢复经济地位的倾向。

1958年，大阪府对堺·泉北地区约2000公顷进行了填埋，开始了建设临海工业区的计划。以新日铁、关电、三井系石油化学为中心，招徕了600家工厂。大阪府通过被称作"关东军"的企业局，在千里与堺·泉北两地区建立起世界上最大的新城，同时通过建设临海工业区，力图建设与东京圈相抗衡的大城市圈。

这项庞大的计划在推进过程中，产生了许多问题。从关西财界的特质来说，相较于钢铁、石化等原料供给型产业，汽车、电机、药品等加工型产业更为适合。因此，关西财界本身并非全面支持这项计划。这在石化并非住友系，而是三井系一事上也十分明显。第七章将提到，该计划在经济上也十分失败，从城市政策而言，在人口密集的大城市圈引入消耗大量资源、排放污染物质的原料供给型重化工业，是非常糟糕的。大阪原本是日本最严重的公害地区。由于这项计划，关西首屈一指的浜寺海水浴场与优质住宅地区的前方被填埋，自然环境遭到破坏，造成3000多人因大气污染身患疾病，这些都反映出大阪重化工业化的急于求成。

大阪府模仿东京都申奥并建设与之相关的高速公路、机场、新干线等城市设施，于1970年成功申办世界博览会。为此，推进了地铁、高速公路、伊丹机场扩建等大规模公共工程的建设。对于东京都民来讲，奥运相关工程偏重于公路等方面，而不关乎住宅等生活基础的建设，因此导致了城市问题的烦恼。这是美浓部都政诞生的间接原因。不知大阪府对这一点是否知晓，但其同样进行了"庆典型公共投资"。由于为推进工程建设而疏忽了安全问题，结果发生了地铁气体爆炸事件[29]。1968 年扩建的大阪机场周围的居民，受到了噪音的严重困扰。世博会吸引了 6421 万名游客，史上规模空前。大阪政财界醉心于这一成功，但随着工业区正式开工，大阪府民反对公害的不满情绪不断积累。

如前文所述，在日本，大阪市的公害历史久远，因此在公害对策方面也拿出了日本领先的业绩。可是，战后的大阪政财界人士并没有考虑保障健康等人权的问题，而是展现出优先发展产业的强烈态度。因此公害对策也带有妥协于现实的性质。随着公害对策基本法的成立，大阪府不得不修订大阪府企业公害防止条例，因而召开公害审议会，屡次加以探讨。如前文所述，东京都公害防止条例也纳入了探讨的范畴。部分审议会委员承认东京都条例汲取了以往公害法的研究成果，具有划时代意义，然而大部分人持批判态度，认为东京都条例不过是宣言罢了。公害审议会认为大阪府追求的是实效性，因此不能制定超越法律的条例。结果，1969 年 9 月制定的"大阪府公害防止条例"，与公害对策基本法的目的相同，在第 1 条第 2 条中写道"关于生活环境的保护，应力求与产业健康发展相协调"。其中既没有像东京都的条例一样对企业责任与义务的规定，也没有对知事责任与义务的规定，只停留于要求年度报告和向议会提交措施报告。关于对污染源的规制，东京都条例采取了设置许可制，而大阪府条例不过是呈报。在新的公害于堺·泉北地区发生、大阪府范围内反公害的火焰腾起之时，大阪府公害审议会与政财界一同，追随着中央政府，无所作为[30]。

消除堺·高石公害会与阻止工业区扩张

堺市长河盛安之介十分热衷工业区的招商，不止堺市商工会议所及一般市民，工会也期待着工业区的经济辐射效应。1961 年在自治研全国集会上自治劳堺市职劳工会的樱井书记长报告称，工业区的建设中发生了卡车公害等社会性灾害[31]，也因为作了这样的披露，他被免职。在这种情况下，堺市的市民迟迟不能站起来反对公害。日本科学者会议大阪支部于 1968 年 11 月呼

吁总评堺地区评议会、堺市教职员组合、耳原医院、堺市职员工会等组成了
"消除堺公害市民会"。该会组织了多次学习会，催生了市民反公害运动的萌
芽。从 1970 年 3 月到 5 月，"市民会"对新日铁堺工厂周围的三宝地区松屋
町与神南边町 1339 人进行了调查。结果其中 7.1％的人被发现有慢性支气管
炎症状，特别是 40 岁以上的市民中 16.2％（男性 18.6％，女性 13.4％）有
慢性支气管炎症状。这比四日市盐滨地区的 15.0％、大阪市西淀川区的
11.6％、尼崎市筑地地区 15.4％的比率还高。在堺市发现了公害患者的调查
结果给市民带来了冲击。此前宣称在堺・泉北地区不存在公害的大阪府慌忙
进行了追踪调查。结果发现在堺市有 9％的发病率。这一结果承认了大气污
染患者明显存在。早些时候，即 1969 年 2 月，消除高石公害会成立。1970
年 2 月，在大阪石油化学试运营中，从废气燃烧烟道喷出了 70 米高的火焰，
连续 10 天都亮如白昼，在这一灾害与恶臭的影响下，市民投诉无法入睡，反
公害运动取得了很大发展。左藤义诠知事不顾这种状况，发布了泉北 1 区追
加填海造地与企业招商计划。截至 1970 年 2 月，申请企业有通用石油、三井
东压等 28 家企业。如此一来，公害的危险进一步扩大，反对泉北 1 区追加填
海造地的运动开始了。

　　4 月，堺商工会议所向府知事提交了内容为反对追加填海造地、反对产
生公害型重化工业招商、原则上禁止增设已进驻企业、招商之际与当地进行
事前协商等的要求书。同会议所吉田久博会长代表当地企业公开谈话称，"填
海造地招徕工厂的构想基本上是错误的。大阪府应当采取把填埋地建造为公
园等绿化地带等计划"，堺・高石两市召开了 300 多次学习会，每天都会有各
种团体请愿。堺市民会 8 月 1 日发起了"中止泉北 1 区追加填埋与企业招商、
谋求防止公害的紧急对策"20 万人署名请愿运动。9 月 12 日，一直是保守政
党支持团体的堺市新生活运动推进协议会（16 万户）对全部町内会发起总动
员，在全市范围内开始了反公害署名运动。

　　8 月 31 日，堺市议会在反对的舆论推动下，进行了以下主旨的决议：
"（前略）临海工业地带产生的公害年年恶化，危害着市民的健康。强烈希望
大阪府将以人为本的立场作为第一要义，完全排除一切公害发生源，从根本
上重新探讨本次的出让方案。"

　　同日，高石市议会态度更加坚决地表示绝对反对："大阪府的出让计划很
可能导致公害扩大，引发大灾害，与反公害的公民意愿背道而驰。市议会希

望大阪府立即撤回计划，从根本上重新探讨，同时市议会站在居民健康、财产第一的立场，表示坚决反对。"于是，9 月 25 日高石市市议会全体议员于府知事室前静坐示威。

虽然此类由全体市民参与的激烈反对运动接连不断，但忙于世博会的知事对此选择无视，也没有采纳大量署名的请愿，开始了泉北 1 区追加填埋地的出让。很明显，与三岛、沼津的居民运动不同，即使当地市政府支持居民运动，可只要不对大阪府进行改革就没有办法阻止开发。1971 年 2 月，56 个团体集合起来，组成了"消除大阪公害会"[32]。

黑田"宪法"知事的诞生

反对堺·泉北工业区扩张引发的反公害居民运动，在大阪府中扩展开来。1971 年 4 月大阪府知事选举开始了。受美浓部东京都政的成果、公害国会环境政策推进等影响，认为大阪府也必须施行反公害的府政的舆论高涨。社会党与共产党在知事选举中实现了统一，但是候选人迟迟难以选出。结果，由于候选人无法确定，候选人推荐委员会负责人黑田了一大阪市大教授亲自出马。黑田教授是宪法学专家，推崇从拥护基本人权的立场反对公害，聚集了很高的人气，但是在政治上可以说是默默无闻。另一方面，左藤知事作为"世博知事"，有其成功作为后盾，有着果断推行工业区扩张的自信。政财界及保守媒体认为左藤知事的当选是板上钉钉的事情。在当时很多人认为"世博会能得票，公害得不了票"。

然而，反公害运动在整个大阪府中扩展，比起产业发展，要求防止公害的呼声日高。投票结果是，黑田了一（无所属新人）155.817 万票，而左藤义诠（自民党现职）153.3263 万票，尽管只是 2 万票的微弱差距，彻头彻尾的新人黑田了一知事诞生了。之所以出现这种出乎专家意料的爆冷门式结果，是因为在被称作左藤大本营的堺·高石两市，黑田了一以 4 万票的显著差距取得了胜利。左藤的说法也十分恰当，"自己是在堺市输了"。在世博会的召开地吹田市，黑田的票数也超过了左藤的票数。而在公害严重的地区如大阪西淀川区、此花区、堺·高石两市，左藤均失败了。世博会没有转化为票数，而公害转化成了票数。在东京都之后，大阪府民也要求优先防止公害、居民福利、地方自治，而非地区开发、产业发展、依存于中央集权。

黑田知事对大阪府公害防止条例进行了全面修订，放弃了前知事蓝天计划的高烟囱扩散等公害政策，1973 年通过"大阪府环境管理计划（BIG PLAN）"，开始了全国首次总量规制。1974 年以后，对堺·泉北临海工业地带工业区扩张进行规制，转换开发方针。

3. 环境权的提倡

国际社会科学评议会"环境破坏"（Environmental Disruption）东京研讨会

20 世纪 50 年代到 60 年代，被称为资本主义的黄金时代。在美国的美元本位体制下，日本从战后复兴期进入高度增长期，经历了前所未有的高速增长。在此期间，尽管有朝鲜战争、中东战争特别是越南战争与冷战期间的军备竞赛的影响，但高速增长的主要原因中，美国式高消费的生活方式的普及是非常重要的。由于这种急遽的高速增长，不止日本，造成各国环境破坏加速。如表 3-2 所示，60 年代各国开始着手制定环境政策。与此同时，环境科学问题也赢得了大众瞩目。其中研究者最为关心的是被称为"公害先进国"的日本的公害。主办了世界上首个跨学科研究队伍即公害研究委员会的都留重人提议，于东京召开联合国教科文组织国际社会科学评议会环境破坏相关特别委员会的首次公害问题国际研讨会。该研讨会由都留重人与美国的克尼斯组织，由该评议会与日本学术会议共同举办。

此次会议召开的时间为 1970 年 3 月 9 日到 12 日，会议举办地点在东京王子酒店。出席者有来自海外的 Marshall I. Goldman（当时任职于 Wellesley College）、K. William Kapp（Universität Basel）、Allen. V. Kneese（Resources for the Future）、Wassily W. Leontief（Ecole des Hautes Etudes）、Jaseph L. Sax（University of Michigan）等 22 人，还有来自日本的都留重人（一桥大学）、庄司光（京都大学）、宇井纯（东京大学）、宇泽弘文（东京大学）、戒能通孝（东京都公害研究所）、柴田德卫（东京都）、桥本道夫（厚生省）、宫本宪一（大阪市大）、森岛昭夫（名古屋大学）等 22 人。[33]

表 3-2　主要国家制定环境法的时间表（1966～1985 年）

	美国	日本	法国	西德	意大利	瑞典	英国
基本法	1970	1967 1970	1976			1969 1981	1974
水污染防治法	1972 1977	1958 1970	1964	1957 1976	1976	1969 1981 1983	1961 1974
废弃物处理法	1965 1970 1976 1984	1970	1975	1972		1975	1974
大气污染防治法	1963 1970 1977	1962 1968	1974	1974	1966	1969 1981	1956 1968 1974
环境影响评价法	1969		1976	1975		1969 1981	
其他 化学物质规制法 自然保护法 健康受害补偿法 景观保护法 土壤污染法 补偿法	1975 1976	1973 1972 1973	1977	1980 1976	1985	1973 1964	1981 1974 1975

注：1）位于下方的公历年份为修订法或新法的制定年份；

　　2）意大利 1985 年以后环境法的制定与修订不断推进；

　　3）依据 OECD，The State of the Environment 1985。

　　这是汇集了当时国内外环境问题社会科学研究者豪华阵容的研讨会。该研讨会取得了众多成果，在经济理论层面对成长理论进行了重新探讨，达成了有必要将环境破坏等社会损失内部化的共识。因此为了形成新的经济理论，提出对自然、社会资本、人类的损失等进行评价并将其作为 GNP 负值的假说。列昂惕夫（Wassily W. Leontief）教授展示了通过向产业关联分析导入环境破坏因子以选择对成长和环境保护都有益的产业结构的方法。由于社会损失与人类损失一样包含着不可逆的绝对损失，能否评价尚存疑问，但此次会议的成果在于，对此前市场经济理论的缺陷和以 GNP 为中心的增长第一主义所受到的批判进行了总结概括。在经济政策方面，确认了较之企业的公害对策补助制度，基于 PPP（污染者负担原则）的附加税更为有效。会议同时指出，在垄断、寡头垄断支配经济的情况下，附加税可能被转嫁给最终消费者或第一产业从业者等经济弱势群体。

在法律对策方面，最值得关注的是萨克斯（Jaseph L. Sax）教授的提案。他列举了具体事例，指出在美国，通过对公害事件提起诉讼、积累判例，改变立法与行政这一做法是有效的，并提议通过司法手段实现环境保护。可以说，这与东京决议的环境权主张一同给日本的公害对策带来了很大影响。

这次会议的特征是研究者超越体制、共聚一堂。因此从最初便可以预测到，围绕公害与体制的讨论会成为会议的焦点。关于这一点，戈德曼（Marshall I. Goldman）教授详细报告了苏联的公害问题。尽管现代公害产生于市场经济制度的缺陷，但正如计划经济制度下仍然发生了公害这一现象所显示出的，仅凭如此解释是不充分的。会议的成果还有，其后都留重人提出了把素材与体制两方面结合起来理解公害的理论，而笔者则形成了"中间体系"论。

这次会议使得日本的环境问题及其对策的特征在国际上明晰起来。首先，从加害方面来说，日本的环境问题很多是产业公害，特别是堪称企业犯罪的问题很多，而且企业的责任不明确，受害者没有得到救济。会议上有报告称，在欧美，有市民社会的规制，还有如在匹兹堡商工会议所积极采取对策的例子。另外值得关注的是，不单汽车公害以及为娱乐休闲而进行的自然破坏等高消费的生活方式应当受到质疑，会议还追究了消费者的责任。

日本的公害问题从受害面来说，人类健康受损——死亡这一不可逆的绝对损失较多，受害者以社会弱势群体为中心，贫困与环境破坏直接联系在一起。在欧美，虽然也有像伦敦烟雾事件一样的健康危害，但焦点更偏重于自然破坏的恶化。环境净化也是中产阶级以上的要求，市民运动也很少带有像日本一样的"阶级斗争"的色彩。当然，由于在美国的研究中也有报告称，大气污染的受害者多是贫困的少数民族；因此日本的例子是现代社会的一般性事例。但本次会议的成果是了解到应当将环境问题与自然环境及文化问题广泛联系在一起加以讨论。

正如日本的政府堪称企业国家，与其他国家相比，日本公害对策的特征是政府偏袒企业，比起受害者的救济，更偏重于加害者责任的免除或救济对策，与反公害的居民运动相对立。

会议结束后，出席会议的全体人员用两天时间，考察了富山市、四日市、大阪市。外国研究者看到被灰霾笼罩的富士山麓和四日市港，亲身体会到了日本公害的严重程度。令人印象深刻的是，在富士山麓，列昂惕夫教授向当地居民询问道，导致如此严重公害的企业的管理者，如今住在哪里。居民答道，大昭和制纸等污染源的管理者并不住在这里，而是住在热海等空气清新的地方。列昂惕夫教授说道："这，就是日本公害的本质"。

"东京决议" 与环境权

"关于现代世界环境破坏的国际研讨会" 以 "东京决议" 的形式公布了会议成果。在此，环境破坏被定义为，不论在发达国家还是发展中国家，是伴随技术进步而产生的工业化与城市化双重过程的直接后果，是与所有社会个人福利直接相关的当今时代的主要问题之一。可是，这一后果并不是有了如此发展以后便会不可逆地产生，而是可以通过社会层面、经济层面、制度层面的大规模改革调整加以防止。因此社会科学学者必须对环境破坏及其直接的物理、生物学方面的后果对于现代社会中人类生活的社会、心理、文化、经济等诸条件带来的影响进行彻底调查与探明，确立环境管理的有效手段。因此有必要建立国际性研究机构，并强化对一般公众的启蒙工作。

"东京决议" 在以上主旨之中提议环境权如下：

"我们呼吁，尤为重要的是，在法律体系中确立将此两项权利——人，无论是谁，都有拥有享受未被侵害健康与福祉的因素侵袭的环境的权利以及利用当代人们留予后人的遗产中的包括自然美在内的自然资源的权利——作为基本人权的一种原则。"

在日本，环境权的讨论从此开始，但同样的主旨已经在东京都公害防止条例第1、第2原则中体现出来。另外1971年4月，都道府县的条例中最后制定出来的京都府公害防止条例也规定了环境权的主旨如下："全部府民都拥有享受丰富的自然与历史遗产的恩惠、健康快乐地生活的权利。"

在宪法或环境法中明确提到环境权的国家，有东德、波兰等当时的社会主义国家和韩国等。如果是这样的公法上的规定，特别是如市民生活环境最低标准一样宣言式的规定就没有问题，可若是将其作为私法权利，即在诉讼中可以主张的权利则成为一个新的问题。尽管这条道路是 "东京决议" 打开的，但将其作为私法权利具体展开的，并非学者，而是实务操作者即律师。

这是渴望制止当时日本严重环境破坏的"市民权利意识的法理论化"[34]。

环境权的法理

1970 年 9 月，在日本律师联合会第 13 次大会公害研讨会上，大阪律师会环境权研究会的仁藤一、池尾隆良作了题为"'环境权'的法理"的报告。"由于大气、水、日照、通风、自然景观等，都是人类生活不可或缺的东西，当然与不动产所有权等无关，应当平等分配给所有人。用法律语言说，就是环境为万人所共有，不经共有者同意而对环境进行排他、独占式使用，这一行为自身便是违法的。通过如此违法行为，环境被污染，或者将被污染之时，共有该环境的地方居民，无论具体损失是否产生，都必须立即要求停止环境破坏行为。换句话说，人，无论是谁生来都拥有享受并支配良好环境的权利。这一权利是以宪法第 13 条、25 条为根据的一种基本人权。将这一权利命名为'环境权'[35]。"

这种对于环境权的提倡，受到了因公害、环境破坏而遭受损失的居民以及因政府开发、企业选址而将受到环境破坏的环境团体与市民的热烈欢迎。环境既是个人生存不可或缺的私权，同时也是万人共有（或者说生态系统共有）的权利。而这很难仅凭个人进行保护，例如大气污染，个人很难测定、收集信息或进行规制。环境作为公共信托财产被委托给公共机构，中央和地方政府最重要的责任与义务是保护环境。

随着环境权的确立，中央和地方政府在环境政策方面的义务第一次得以明确。而且在民事诉讼中，环境权推进了个人和居民群体基本人权的确立。在此之前，对于海岸填埋造成的环境破坏，居民发起停止损害诉讼时，由于海岸是国有财产，居民受到的不过是反射性利益，不足以成为原告，而被拒之门外。另外尽管公共工程的公害诉讼还在进行之中，但即便产生了危害，从公共性出发的容忍限度论看来，或不承认损害赔偿，或者即使承认损害赔偿，也不认可停止环境侵害。因此根本无法阻止侵害环境的行为。

在这种情况下，环境权论规定只要有明显受害，即便不进行严密的 1 对 1 因果关系的举证，也无论是否达到容忍限度，赔偿都被认可。另外最重要的是，可以要求停止环境侵害。于是便可以期待其使预防成为可能。

这样一来，环境权在防止公害、赔偿损失，乃至预防方面，都十分有效。可是从民事诉讼的传统判断，问题点也很多。首先，环境有多重含义。有自然环境和社会环境，自然环境也有与生活权不相关的内容。关于原告的身份合理性，即便市民可以投诉本地的环境侵害，那么比如说东京市民能够阻止北海道的环境侵害吗？此外，关于具有公共性的设施或服务，是否能够不进行权衡就停止其侵害等等。围绕以上几点，争论开始了。

如此，在日本，环境权的法理可以说是在实践中产生，在诉讼和居民运动中确立起来的。特别是第五章将提到的公共工程诉讼，其状况堪称就是环境权诉讼。

第四节　公害国会与环境厅的设立

1. 公害国会——成果与局限性

"今日东京之事，明日将波及全国"

在 1967 年的统一地方选举中，自民党在五大府县得票率均跌至 30% 左右，于都知事选举败北。就任自民党干事长的田中角荣在此次败北之后，坦诚反省道"今日东京之事，明日将波及全国"，并于次年即 1968 年出面负责组织各省骨干官员进行多次讨论，颁布了自民党《城市政策大纲》。此前，自民党是"农村政党"，并无城市政策。由于公害等城市问题加重，市民运动扩展到全国，以大城市圈为中心革新自治体成立，自民党陷入了危机。《城市政策大纲》试图通过放宽城市行政规制与民营化，给民间开发活动创造空间，国家财政资金为应对农业衰退，向农村分发公共工程补助金。该构想成为田中角荣执政后发布的《日本列岛改造论》的基础。佐藤内阁取代池田内阁，虽如上文所述提倡社会开发，但由于向企业的妥协过多，并未取得显著成果。田中的构想十分干脆，制定了城市规划法等都市三法，主张分散企业与人口，认可公害的企业负担。在这次保守党的危机之中，最大的内政课题便是全国范围内日益加重的公害问题。1970 年 6 月 29 日，佐藤荣作首相在大阪世博会日本日之后的记者会见上做出了如下发言：

"防止公害当与发展经济同步推进。不可因担心公害而放缓经济增长，不可在防止公害方面投入过多努力而导致企业破产。"

这或许是佐藤首相的心声，可这对于当时的舆论——正是公害对策基本法的"调和条款"揭示出政府与企业即财界的勾结不清，这导致了公害对策的失败——无疑是火上浇油[36]。始于基本法制定前后的公害诉讼，是受害者对行政感到绝望，并将最终的解决诉诸于司法。尽管审判中企业作为被告方，甚至于整个经济界都认为其不可能败诉，但通过站上法庭，他们开始有了危机意识，不得不承认公害行政的进步。不仅国内形势发生了变化，由于世界性环境问题的激增和高度成长导致的资源价格飞涨与增长边界的出现，联合国决定于1972年召开人类环境会议。在美国，1969年制定了国家环境政策法，尼克松在年初的国情咨文中表示要实施公害对策。英国统一了住房部等内政行政部门，创立了环境部（参照表3-2）。对国际形势压力敏感的日本政府不得不思考应对措施。前文提到的国际社会科学评议会东京研讨会的影响，特别是"环境权"的提倡明确显示出了超越公害对策的环境政策理念。媒体连日进行公害相关的报道，对政府进行批判。

国会于1970年5月以后，在众议院与参议院的产业公害对策特别委员会上，针对公害问题接连进行集中审议。政府于7月31日设置直属于内阁的公害对策本部，本部长为佐藤荣作首相，副本部长为山中贞则总务长官，抽调了来自各省的官员，加快制定向"公害国会"提交的公害相关法案。

公害·环境相关14法案的提案

1970年11月24日，"第64次临时国会"召开。截至12月18日，在短时间内集中审议并通过了公害·环境相关14法案，因此被称为"公害国会"。所制定的法律主要内容如下。

（1）公害对策基本法的部分修订

在法律目的中删除了"与经济发展的调和条款"，在公害的定义中追加了土壤污染，加入了温排水等导致的水质恶化、污泥导致的水底底质恶化等。增加了生产商处理废弃物的责任与义务、推进废弃物公共处理的完善、努力保护有利于防止公害的绿地以及保护其他自然环境、设置都道府县公害对策审议会等内容。

（2）公害防止工程费生产商负担法

由生产商负担费用的公害防止工程种类有缓冲绿地、河流及港口中污泥的疏浚工程、农用地的土质改良工程、主要由生产商使用的特别公共下水道以及类似工程。负担费用的生产商在施行公害防止工程的地区从事或确定即将从事成为公害原因的生产活动。生产商负担费用与生产商造成公害原因的程度相对应。各生产商的负担根据成为公害原因的设施种类、有害物质的量等标准进行分摊。对中小企业给予财政、金钱方面的适当照顾。

（3）噪音规制法的部分修订

删除了与产业健全发展的调和规定。将噪音规制地区扩大到住宅地区、学校用地等需要保护生活环境的地区。增加了汽车噪音，确定了容忍限度。

（4）大气污染防止法的部分修订

删除了"调和条款"。将煤烟规制地区扩大为全国，增加了关于镉、氟化氢等有害物质的日常规制以及关于粉碎物品时生成的粉尘等的规制。关于SO_x，按照地区的污染程度制定排放标准，关于粉尘及有害物质，制定全国统一的排放标准，但都道府县可以根据本地区的实际情况设定更为严格的排放标准。

（5）有关涉及人体健康的公害犯罪处罚（公害罪）的法律

规定对于因故意或过失排放工厂或生产厂的生产活动中产生的有害健康的物质因而对公众的生命或身体造成危险者进行处罚，对行为人之外的法人等工厂主进行处罚（两罚规定）。在严格的条件下制定了推定规定。

（6）农药取缔法的部分修订

作为与农药使用相关的公害对策，规范农药品质，确保使用的安全及恰当，强化农药登录的审查标准，改善登录取消制度，限制或禁止已取消农药的售卖，对土壤残留性强的农药使用进行规制[37]。

（7）农用地土壤污染防止法

防止并清除农用地土壤中的特定有害物质造成的污染，指定农用地土壤污染对策地区并制定农用地土壤污染对策计划。在农林省内设置土壤污染对策审议会。

（8）下水道法的部分修订

加入了与公害相关、目的在于保护公共水域水质等内容。将拥有终端处理厂或与流域下水道相连接的水道规定为公共下水道。流域下水道需要至少处理两处市町村区域的下水并拥有终端处理厂。向公共下水道排放一定量或水质污水者需向相应管理者呈报。在三年之内将下水处理区域内的掏取式厕所改造为冲水式厕所。

（9）海洋污染防止法

为了保护海洋环境，在防止海洋污染、强化船舶排油规制的同时，原则上禁止船舶排放废弃物及海洋设施排放油和废弃物。制定大量排油时的防止及清除措施。

（10）道路交通法的部分修订

将道路交通所产生的大气污染、噪音以及震动中与人类健康或生活环境有关的受害作为交通公害加以规制。

（11）废弃物处理法

全面修订清扫法，将废弃物区别为产业废弃物与一般废弃物。产业废弃物的处理责任在于生产商。国家制定有关废弃物处理的各种标准，对市町村以及都道府县给予技术层面和财政层面的援助。都道府县对适合大范围处理的产业废弃物进行处理。原则上将一般废弃物的处理区域扩大为市町村整体，市町村可处理一般废弃物和能够与一般废弃物一同处理的产业废弃物。关于市町村的废弃物处理，明确地区居民的协作义务。

（12）自然公园法的部分修订

明确国家、地方政府、生产商以及自然公园使用者在保护自然和合理利用方面应尽的责任与义务。国家或地方公共团体应与管理者共同保持自然公园内公共场所的清洁。关于向特别地区内的湖泊、湿地以及海上公园内排放污水或废水的行为，国立公园需得到厚生大臣的许可，国家公园需得到都道府县知事的许可。

（13）毒物及剧毒物取缔法的部分修订

鉴于毒物及剧毒物搬运过程中事故多发的事实，力图防止其危害。制定特定毒物以外的毒物或剧毒物在搬运等方面的技术标准。关于使用了毒物或剧毒物的家庭用品，为确保安全使用，制定成分标准或容器等标准。当因毒物剧毒物经营者违反废弃标准进行排放而产生健康卫生方面危害的隐患时，都道府县知事可命令回收废弃物或去除毒性。

（14）水质污浊防止法

统合并彻底改善此前的水质2法。废止"调和条款"。将全部公共用水域作为对象。制定统一的排水标准，但对于凭此无法防止水质污染的水域，都道府县可以通过条例制定更为严格的排水标准。生产商向都道府县知事提交设置计划，对于不恰当的计划可命令其变更或废止。禁止不符合排水标准的排水行为，对违反者当即处罚。当有继续排放污水的可能时，命令改善污水处理方法或暂时停止排水。都道府县知事有义务对公共用水域的水质进行日常监测，制订测定计划并公布测定结果。在因异常枯水等造成水质恶化的情况下，知事需对工厂等予以减少排水量的劝告。

日辩联与经团联的要求

在该法案提交前后，对其表示直接关注的两大团体发表了评论。首先，1970 年 9 月 22 日，日辩联（日本律师联合会）在"公害对策推进一事"中提出以下五点建议：

一、贯彻健康优先的立场，在公害诸立法中，删除全部顾虑到与经济发展相协调的条款；

二、具体明确企业对于预防、排除公害的责任；

三、推进公害行政一体化，明确中央与地方政府的责任，同时大幅度强化地方政府的权限；

四、采用无过失责任原则，转换因果关系的举证责任等，确立切实有效的受害救济制度；

五、确立向国民公开企业、国家、地方政府所持有的全部公害相关资料的制度[38]。

日辩联已于 5 月 30 日发布"关于公害的预防·排除·受害救济"的宣言，认为在"与经济发展相协调"的美名之下始终坚持企业优先才是导致公害对策不痛不痒、毫无实效的真正原因，并主张通过新立法或对法律的修订应对法律上的缺陷[39]。

与之形成对照的是，经团联于 1970 年 11 月 27 日，表示"期望对公害相关诸政策措施进行慎重审议"，认为虽然公害对策的积极推进可喜可贺，但此次公害相关法案是在短时间内仓促而就，很难说是切实有效，"很多部分存在给今后的产业活动带来不安、在将来留下重大问题的可能"，并列举出以下重要问题。

一、公害罪法案

（A）关于公害，在未充分查明科学因果关系的现状之中，"可能对公众的生命或身体造成危险的状态"到底指的是何种状态，表述暧昧不清，在这种情况下进行刑事惩罚的做法自身存在根本性疑问。

（B）法案中因果关系的推定规定是违反了"疑罪从无"这一刑法根本原则的大问题，很有可能在将来留下隐患。恳切期望能进行慎重探讨。

（C）（由于前述大气污染防止法的修订与水质污浊防止法的制定导入了直罚规定，应当先观察其实效，再重新思考公害罪法——括号内为笔者总结概括）

二、土壤污染防止法

在尚未从科学层面充分查明镉等物质的有害性、对人体及农作物的影响的现状中，预防性的排放规制为时尚早，当前还是首先施行立法措施以推进污染地区的处理与改良比较恰当。

（恶臭防止法的制定为时尚早）

三、大气污染防止法、水质污浊防止法中的追加标准设定权限下放给都道府县的问题

将追加标准的设定权限无限制地下放给都道府县知事，这对地区来说会导致不公，且有可能设定不可能实现或不必要的严格标准，因此将权限下放给地方时，中央有必要进行核查，诸如在立法上明确通过政令限定在一定范围之内，或规定与负责官厅的大臣就标准追加幅度进行商议的义务等。（后略）[40]

1970 年 12 月 8 日，全国中小企业团体中央会会长小山省二、全国商工会联合会会长小川平二、日本商工会议所会长永野重雄以及 46 个都道府县商工会议所联合会会长提交了同样主旨的"有关第 64 次国会（临时会）提交的公害相关法律法案件的意见书"。其中提到，在公害相关的科学技术尚未完善的情况下"这些法律法案如果就这样生效，则会给产业界特别是中小企业带来强烈不安，很有可能导致产业活动停滞，并造成混乱"[41]。具体的内容与经团联相同。

环境保护基本法案

在这些提议中，财界的提议反映到了政府的法案之中，日辩联的宣言反映到了下面在野党的"环境保护基本法案"及讨论之中。在临时国会的开始阶段，12 月 3 日，三大在野党（社会党、公明党、民主党）共同提交了"环境保护基本法案"。其序言中有如下表述。"享有健康而文明的生活，是我们人类的基本权利。（中略）在此，我们为了我们的子孙，深刻反省企业的繁荣

与国民的福祉直接相关这一传统观念，发誓将以人与自然的和谐为基础的新的社会建设放在一切事务的首位，在此，制定这部法律[42]。"

它批判了企业与政府的 GNP 高度成长主义不能转化为国民福利，提议建设以自然与人类的共生为目的的新社会，继承了"东京都公害防止条例"的路线，更是在努力探索"环境权"和可持续的社会道路。

因此，其在内容上倡导防止公害的相关政策措施的实施优先于全部产业政策及企业利益，但保护的对象不仅仅是健康与生活环境，还包括自然环境及资源、自然景观、营造健康而文明的生活所必需的公共设施、历史文化遗产。关于环境标准，则包括自然环境标准、设施环境标准、公害防止标准。将排放等标准分权给地方政府。强化国家对当事者的规制，通过禁止、限制或许可生产商的活动或者通过向建造设施者下达改善命令、作业停止命令等力求确立以防止公害为目的的规章制度。力图确立公害对策基本法以来成为主要争论焦点的无过失损害赔偿制度，谋求因果关系举证相关制度的改革。

作为其他的基本政策措施，关于国土开发、土地利用规划以及公共设施建设，谋求适合上述三大环境标准的规划。为此，规定设置环境保护省，以实现综合、有计划的实施。规定为了实施以上政策措施，推进加深国民理解的措施（环境、公害教育），为防止世界规模的环境污染与破坏，推动国际合作。

这部环境保护基本法案，在理念上远胜于政府的公害对策基本法，符合国际环境政策的大潮流，比起 20 年后的"环境基本法"也算占得先机。然而现实是以四大公害事件诉讼为首，健康受害与恶劣的生活环境造成的公害如何解决的问题迫在眉睫，因此虽然研究者颇有共鸣，但还是有政策太过分散等批判的声音出现。此外共产党虽然没有参与这部法案，但就各个法案提出了追究企业责任的对策。

在野党不仅进行批判，而且通过这部包含新理念的环境法案对政府提出的法案进行了批判，因此，公害国会虽然历时不长，或者说正因为时间短，才引发了轰轰烈烈的争论，成为永垂国会史的议会。

主要争论

在产业公害对策特别委员会（12 月 10 日）上佐藤荣作首相表示此前"没有成长就没有繁荣"的说法招致了一定的误解，但是"走到今天，我们必须清晰地认识到经济成长只是手段，必须尽力避免所谓公害的发生。因此，我认为有必要呼吁产业界，贯彻这终归只是手段、没有福祉就没有成长这一观念"，进行了与之前的信念截然不同的发言。他也表示"我最骄傲的是，即便与世界各国相比，大概也没有哪个国家能像日本一样公害法案、各种法案如此完备。"

制定本次公害相关法的核心人物山中贞则总务长官几乎完全独揽了在国会里政府的说明任务，他反省道，完全不曾预料到在此前的公害对策基本法提案之后仅三年就急剧出现了公害问题，健康与生活环境均遭到破坏，并表述如下。"我们过去追求的是更好的生活、更舒适的生活，以及作为人类，至少能够在个人层面上过上幸福的生活。然而……我们虽然达到了自由世界阵营 GNP 第二的位置……如今我们真的可以就此满意了吗？……当这样自问自答的时候我想到了日本民族……想到我们召开了二次公害临时国会等世界上绝无先例、绝不应引以为荣的国会……我们不断成功地克服公害了吗？我们应对环境破坏的挑战时没有松懈吗？我们有义务在有生之年为子孙后代留下一个更好的环境。我们有责任阻止进一步破坏的发生……我认为我们必须做好准备并着手应对。"他甚至断言道："我认为如果不得不再召开一次公害临时国会，这至少意味着当今的自民党政权已经败北。"[43]

如上所述，这是基于三年前不曾想到的深刻反省的基础上、删除了象征着对财界妥协的"调和论"而提交的法案。关于这是否是世界上最完备的环境法体系还存在疑问，来自在野党的攻击也十分猛烈。

本次争论的第一点是能否在法案中明示"无过失责任赔偿"。由于四大公害事件依然在无法认定企业过失的状态下进行诉讼，在野党的主张是希望将其法制化并推进受害者的救济工作。与此相对，政府或许是在等待公害诉讼的判决，反复答辩道这还在探讨之中。

政府虽然认为必须扩大规制范围，但同时又必须接受前文所述的经团联、商工会议所的要求。没有采纳无过失责任主义也是其中之一。其规定法律不适用于重要产业。不适用的典型如核能、电力、燃气等。土井多贺子社会党议员猛烈抨击道，尼崎第一、第二火电厂明明造成了尼崎严重的大气污染，电业竟然以供给义务为名，被排除在大气污染防止法适用范围之外。可是政府表示应当优先能源供给义务这一公共性，将具体的规制权交给原子能基本法、电气事业法以及燃气事业法。

关于公害的范围，辐射能及日照也被排除在外，在野党考虑到日后公害范围的扩展，要求不对公害的种类进行限定，加上"等"字，但并没有被采用。冈本富夫议员将氮氧化物列入大气污染物质的要求，也因为与去除一氧化碳相矛盾而被拒绝。同样，在噪音防止法中，以公共性较高为由，没有设定机场与新干线的环境标准。受疼疼病的影响土壤法被制定出来，但这仅限于农用地，而且仅限于镉。工业用地被排除，铜、铅、砷及其他化学物质以正在探讨为由被排除在外。关于受害者的救济工作，在野党提案不仅要提供医疗费，还有必要提供生活保障，但由于与诉讼的关系没有被采纳。

这一次，经团联及商工会议所主要批评的是公害罪法与公害防止工程费事业者负担法。舆论强烈认为，从水俣病的经过来看，并非单纯的过失而是包含着犯罪的要素，为了不重蹈覆辙，应该把公害列为犯罪，加以刑事处罚。在环境破坏方面亦是如此，当时四日市湾岸发生的 Aerosil、石原产业污水事件也堪称公害罪[44]。然而，政府在财界的压力下，删除了原案中有的"可能对公众的生命或身体造成危险的状态"条款，修订为"对身体产生危险"。原本这部法律为了不违反"疑罪从无"的刑法原则，制定的目的在于预防。究竟何种状态是"危险"呢？从水俣病来讲，是有机汞在浮游生物中蓄积的阶段？还是其在鱼的体内蓄积、出现受害者的阶段？这还存在争论，但是既然是刑事处罚，就是受害者出现的阶段。另外关于"推定规定"设置了严格的条件。

关于公害防止工程费生产商负担法，有意见称，清除沉积的淤泥 100%由生产商负担，但其他土壤改良工程、缓冲绿化带等应负担 1/2 左右。

政府执政党无法全面否定三大在野党提出的"环境保护基本法案"。另一方面，尽管在野党也反对政府的法案，但无法全面否定公害·环境相关 14法。于是作为妥协的产物，自由民主党、社会党、公明党、民社党四个政党共同提案的"关于环境保护宣言"获得通过。其中一方面表示"环境基本法案确定了保护自然环境等确保人类良好环境的措施，也显示出长远的眼光，应予以一定评价"，同时"政府的法案在明确公害防止极为重要的同时，提出了眼下紧要的措施"。并以"政府应在今后力图进一步推进公害对策，并制定以保护人类环境为目的的诸政策"作为结束。

对于制定公害法体系的评价

1970 年末，日本制定了第一套环境法体系。其实行经佐藤首相决定，委托给了次年创设的环境厅。该法制是应对当时公害问题的措施，与其他国家相比，仅适用于农用地的土壤法、公害罪法、公害防止工程费生产商负担法等都成为先驱性法律。然而，从整体来看，这部规制法与其说从体系上，即根源上解决环境问题，倒不如说是 End of Pipe（终端处理）对策。因此随着产业结构及城市、地区结构的变化，只能眼看着新的公害接二连三地发生。从国际上看来，美国的国家环境政策法等以环境影响事前评价制度等预防原则作为根基，但与之相对，日本是以受害对策作为核心。另外，如汽车公害、石棉灾害、亚急性脊椎视觉神经症等药源性灾害、森永砷奶粉等食品危害等，虽然已经开始出现生产者责任延伸问题，但这并没有得到探讨。

关于后文所述的存量公害，在农用地土壤法与公害防止工程费生产商负担法中领先其他国家，采用了 PPP（污染者负担）制度。但是，可以说这一先驱性尝试以后并没有得到充分的发展，而是落后于欧美的土壤法与超级基金法[45]。

2. 环境厅的设立

"被逼无奈"的设立过程

从公害对策基本法制定时起，在野党与大众媒体就要求实行公害行政机构一元化。然而，经济界担心如果厚生省等规制官厅掌握了公害行政的主导权，可能限制经济增长与地区开发，便让推进产业的官厅即通产省发挥行政调整机能。如前文所述前往四日市的黑川调查团的派遣也是通产省平松守彦与厚生省桥本道夫合作的结果。如此一来只要没有两省的协议与同意，那么公害行政就无法推进。从基本法制定时开始，虽然由以佐藤首相为本部长的公害对策本部决定政策，在形式上实现了一元化，但实际业务横跨 15 个省厅，分散进行。对这种情况的批判日益强烈，中央公害对策审议会在对环境相关法案进行答复之际，向政府陈述了"希望进行行政机构一元化问题的探讨"意见。公害国会在野党三党提案中，在"环境保护基本法"里提案设立"环境保护省"。如前文所述，在国外环境政策也成为政治的焦点，伴随着法制的完善，主管官厅不断创设起来。1967 年瑞典设置了环境保护厅，1970 年美国设置了环境保护厅，1971 年法国设置了环境部。联合国计划于 1972 年召开人类环境会议，第一次将地球环境、资源问题作为国际政治的议题。

受国内外动向的影响，设置统一的管理部门被迅速提上具体日程。关于其间政府各部门内部的动态，在川名英之的《环境厅》中有所介绍[46]。据此，当时厚生省计划进行内部改革，将公害部升格为公害局。据说当时从公害对策最前线调往 OECD 的桥本道夫对川名说道"环境厅（环境保护厅更名后的称呼）的设置与我构想的目标不同。我原以为公害课会扩大，在厚生省之中或者在外部，无论哪种都是按照厚生省的节奏进行强化。作为厚生省，还没有下定决心新设独立官厅"。改变这种设计的是佐藤首相的决定。公害对策的负责人山中总务厅长官接受了这一决定，于 1970 年的年末决定新设环境保护厅（暂称）。正如川名英之将这一决定称作"被逼无奈"[47]，大概是要求公害对策进步的舆论、前文所述的革新自治体的成立等保守政治的危机，乃至国际政治的压力使得佐藤首相也不得不跳出经济界的调和论，转为"没有福祉就没有成长"的方针吧。在环境保护厅设立之际，山中贞则总务长官与桥本纯正厚生省事务次官商议，统合了 11 个省厅的公害相关机构，同时吸收了厚生省的国立公园部。据他所言，与公害对策这一负面行政相对，他希望能加入自然保护行政这一正面行政。也有这个方面的原因，环境保护厅更名为环境厅。

根据《环境厅十年史》，1971 年 1 月，在内阁会议中进行了以设立环境厅为主旨的口头报告，2 月 16 日法案提交国会，5 月 31 日国会通过，7 月 1 日环境厅挂牌成立。这是出乎寻常的快速度。关于防止公害，环境厅的基本事务是实现从决策到具体实施等一切机能的一元化，是实施部分自然保护相关工程的企划官厅，有作为综合调整官厅的性质。环境厅设立长官官房、企划调整局、自然保护局、大气保护局、水质保护局共四个局，1 审议官 19 课、2 参事官 1 室，共计 502 人的规模开始运作。还设置了国立公害研究所作为外局[48]。

新设厅是拼凑而成的。被划入环境厅的职员以厚生省的人最多，共计 283 人，还有农林省的 61 人、通产省的 26 人、经企厅的 21 人等共包括 12 个省厅。虽说是一元化，但与公共工程相关的还是大部分留给了各个省厅。因此，对环境影响最大的国土开发计划、城市规划、工厂选址计划、高速公路等交通规划依然属于国土厅、建设省、通产省、运输省等各部门管辖。在这一点上，与涵盖了大部分内政的英国环境部相比，日本方面实行环境行政的权限很小。因此，与防止公害直接相关的公共工程是其他省厅的工作。如缓冲绿化带（建设省）、公共下水道（建设省）、河流与港口的疏浚（建设省、运输省）、废弃物处理设施（厚生省）、船舶废油处理设施（运输省）、土壤污染防止工程（农林省）都在环境厅的权限之外。其后成为大气污染及噪音元凶的汽车等交通政策与交通公害也是运输省及建设省的业务。因此，日本与英国环境部的负责范围大不相同。

另外，最重要的问题是环境影响评价制度（Assessment 制度）。美国在 1969 年的国家环境政策法中，将政策的中心放在了 Assessment 制度上。在日本，1972 年已经开始实行公共工程的 Assessment 制度，但没有法律。新设的环境厅反复进行了 Assessment 的提案，由于受到来自经济界压力的建设省、通产省等行业部门的反对，六次法案制定都失败了。后文还会提到，可以说其并没有能够发挥出最为重要的预防机能。

环境标准的设立

环境厅被批评为拼凑起来的弱小官厅，带着很多未完成的课题起步了。但是，受当时国内外反公害风潮的影响，加上市民运动的推动，70 年代前期就奠定了公害对策的基础，取得了进步。在防止公害方面，环境标准的设定取得进展。关于 SO_2，如前文所述，1969 年 2 月确定的年平均值 0.05 毫克/升在四日市判决的影响下改为日平均值 0.04 毫克/升。关于 NO_2，1973 年 5 月，设定为日平均值 0.02 毫克/升。另外还设定了 CO、SPM、光化学氧化物的环境标准。关于水质污染物质，如表 3-3 所示确定了健康 7 项（氰、甲基汞、有机磷、镉、铅、铬（六价）、砷）。同时于 1970 年制定了生活环境五项（pH，BOD，COD，SS，DO）。另外追加了正己烷提取物及 PCB。这些由于有诉讼等压力，采用了世界上最为严苛的标准。但是，其他国家的环境标准是规制标准，在没有履行时将予以处罚，而在日本不过是目标（Goal），并非必须迅速达成的标准。公害的受害者在诉讼阶段，即便将违反环境标准按照违法行为进行告发，即便超过了环境标准，行政当局也不会认为那是公害。但是环境标准的设定，四日市大气污染、水俣病以及疼疼病等原因物质的排放得到了抑制。

表 3-3 关于促进人体健康的环境标准

项 目	标准值
镉	0.01 毫克/升以下
氰	未测出
有机磷	未测出
铅	0.1 毫克/升以下
六价铬	0.05 毫克/升以下
砷	0.05 毫克/升以下
总汞	（未测出）
PCB	（未测出）

注：1971 年制定、1975 年修改。

噪音的环境标准，于 1971 年 5 月设定。可是，环境标准的设定并不是自发的，而是行政的"危机"对策，因此航空器噪音的环境标准于大阪机场公害诉讼开始并成为社会问题的 1973 年 12 月设定，新干线噪音的环境标准也受诉讼开始的影响，于 1975 年 7 月设定。随着环境标准的设定，环境的调查、污染物质的测定与规制也不断推进。由于环境厅与建设省等不同，没有下属机构，因此规制的主体是地方政府。在城市，主要污染物的现状以广告塔的形式表达出来，吸引市民注意，对于污染源，公害中心建起了具体的规制网络。尽管这在其他国家少有，但由于唤起了舆论的关注还是取得了效果。

公害诉讼的直接影响是推动了行政层面上受害原因与责任的确定以及救济。环境厅成立的初期，最主要的工作是确立公害健康受害补偿制度。对此将在第六章中进行介绍和探讨。

尾濑公路的中止——"断而敢行，鬼神避之"

成立之初的环境厅因为是新的行政组织，所以没有沾染上官僚机构的恶习，只要有优秀的政治家成为负责人，就有可能实行有创造性的行政。堪称实际首任长官的大石武一，他的座右铭很像医生，是"人命重过一切"。他毛遂自荐担任新环境厅长官，对工作充满热忱。在他的"十年环境行政"回忆录中写道，具体来说有二次宝贵机会让他实践了这一座右铭。

"第一是尾濑的问题。在就任长官二周后的一个夜晚，我接待了来自尾濑的平野长靖的来访。他沉痛地控诉道：'预计在附近经过的县道工程给尾濑造成了毁灭性打击。即便我一定要守护尾濑这一自然宝库，也已经束手无策。现在只能等待长官施以援手，所以请您无论如何都要救救尾濑。'"大石尽管感到非常感动，但还是想在实地考察之后再做判断，因此亲自到尾濑进行三个昼夜的紧张考察。他考察后认为，必须要保护好自然环境如此美丽的尾濑，在内阁会议中表示自己不认可尾濑公路，要与群马、新潟、福岛三个县的知事商讨。关于尾濑公路的建设，厚生省也参与意见，各省与三个县达成了一致，且建设已经开始，并耗费了几十亿日元，因此西村英一建设大臣与赤城宗德农业大臣持反对态度，在内阁会议中批判道："你的做法将破坏行政应有的状态"。这个情况在报纸上被报道后，"守护尾濑"等有关自然保护的舆论与运动风生水起。大石叫来三个县的知事，强硬地表达了反对意见，使得三个县的知事放弃了工程计划。在此后的内阁会议中，当大石报告此事时，田中角荣通产大臣强烈抗议道："关于已经决定建设的道路和发电站，环境厅插嘴横加干涉的做法是有问题的"。大石表示："如今中止工程，比起一切归零，更糟糕的是行政会受到承诺无法兑现的指责与质疑。关于这一点，我也十分痛心，但是尾濑是全世界人类的宝藏，无论怎样都要守护到底，这是日本自然保护的根本，也是尊重生命的基本。即使短期内行政受到质疑、受到浪费国费等指责，为了日本正确的未来，我还是不得不下此决心。而且环境厅并没有任何中止公路工程的权限。我相信这是我们'断而敢行，鬼神避之'的信念与气魄的结果，也是各位对于新行政理念的理解与共鸣的结果。[49]"对于中止尾濑公路建设这一划时代的决定，佐藤总理表示了支持。

尾濑问题反映出环境厅的大方向，可是很遗憾，其后景观与自然保护并不能说取得了进展。大石长官的第二项工作是水俣病的认证问题。1970年在审查会上被否定的九名水俣病受害者要求进行再次审查。大石表示"我相信国家的责任是不错过任何一名患者，救济法的目的难道不是救济所有患者吗？对于在医学上无法否认为水俣病的患者进行救济难道有何不妥吗？基于环境厅的这一理念，我要求熊本县知事及鹿儿岛县知事再次进行审查。"结果再次审查开始，有八人被认定为水俣病。大石所确定的只要有四肢末梢感觉障碍及流行病学鉴定"疑则救济"，这个标准于1977年被修改，他所期待的惠及水俣湾全域居民的健康诊断也并没有实施。这些使得水俣病的解决被无限期延长。大石武一还参加了日本环境会议的活动，为水俣病的解决鞠躬尽瘁。另外，关于1992年斯德哥尔摩会议上他的贡献，笔者将在后面展开。

第一部保护自然环境立法——濑户内海环境保护临时措施法

与大石武一一样，第四代长官、曾任田中内阁副总理的三木武夫也是很早关注环境问题的政治家之一。三木在《环境厅十年史》回忆录中写道："我们必须反思，如果把目的与手段本末倒置，只是一味关注 GNP 的增长，那么环境破坏会愈加严重，且不说健康的人类生活，这甚至会导致人类灭亡的危机[18]。"

三木长官继承了大石长官深入公害现场、与受害者和居民运动家见面推进行政的态度。笔者在水俣病和大阪机场公害事件的判决之后，以及围绕濑户内海环境保护计划，与三木长官在 NHK 进行过多次对谈。三木长官屡屡提到："相对于环境问题的严峻性与复杂性，环境厅是非常弱小的。环境政策的推进必须要借助居民的力量。"他的业绩主要有，水俣病补偿合约形成过程中在受害者与智索公司之间进行协调解决，并试图将当地作为水俣病纪念地进行振兴，建立国立水俣病中心。可是，该中心违背了他的初衷，并没有直接参与水俣病的诊疗等，反而成为受害者和支援者批判的对象。

三木武夫对故乡濑户内的污染深感痛心。濑户内海拥有着世界上令人骄傲的内海美景。由于战后的高度成长，工业区林立，曾聚集了相当于英国全国的重化工业工厂。1955 年，濑户内海地区的填埋面积还是 1177 公顷，可是到了 1970 年变为 1.7 万公顷，白砂青松的海岸与潮滩都消失了。濑户内海全长 6355 公里，其中的 2603 公里变为人工海岸，占全长的 41%。内海成为了产业运河，1972 年，明石海峡发生了超乎想象的交通高峰，每天平均 2172 艘（每分钟 1.5 艘）。其中很多是油轮，1968 年为 97 艘，到了 1976 年变为 207 艘。随着船舶事故激增，油引发的海洋污染 1970 年为 114 起，到了 1973 年变为 538 起，赤潮 1971 年 104 起，之后每年超过 100 起，成为长期污染。1974 年 12 月发生了冈山县水岛工业区内三菱石油罐爆炸，2 万加仑重油泄漏的重大事故。

对于这样的状况，在濑户内海沿岸，如伊予长滨、新居滨等地，居民主张设立入海滨权、发起了停止填埋的诉讼。可是均以不符合原告资格为由被撤回。然而加上水岛等事故的影响，守护濑户内的居民运动前进了一大步。当地的地方政府也发起了"濑户内海环境保护知事·市长会议"。为了回应居民的以上要求，在三木长官的提案下，第 71 次国会通过了执政、在野党全体一致的立法即濑户内海环境保护临时措施法，1973 年 10 月 2 日公布，同年 11 月 2 日起施行。虽然这是三年临时措施法，但 1978 年作为其后续法，变为濑户内海环境保护特别措施法。

在该法律中，由于石油业界的反对，没有对巨型油轮加以规制，另外关于填埋，也对具有公共性的工程予以批准等，没有全面禁止。虽然有种种缺陷，但它超越了地方政府的规制框架，体现出广域管理的思路，这一点值得肯定。尽管东京湾、伊势湾也需要同样的环境保护法可并没有实现。

如此这般，环境政策开始迈进。之前 1963 年度的国家公害对策预算为 133 亿日元，除去下水道工程及防卫厅基地公害对策工程，不过约 1 亿日元。而到 1975 年度一般预算（包括特别会计）为 3571 亿日元，财政投融资为 7838 亿日元。从那个堪称"杯水车薪"的时代看来，这是巨大的进步。可是由于公害对策滞后过多，可以说只是终于迈出了第一步。

注

1　Cf. H. Weidner, *Die Erfolge der Japanischen Umweltpolitik* 魏德纳在此著作之后提到，日本的革新运动停滞，"技术官僚式环境政策不断推进" H. 魏德纳"资本主义工业国家的环境问题与国家的活动领域"（《公害研究》1991 年冬号，20 卷 3 号）。

2　最早综合介绍反公害居民运动的是宫本宪一编《公害与居民运动》（自治体研究社，1970 年）中的西冈昭夫"骏河湾广域公害居民运动——从三岛·沼津到富士"。以此论文为契机，《现代日本的城市问题》第 8 卷（汐文社，1971 年）"沼津·三岛·清水（2 市 1 町）石油工业区反对斗争与富士市相关居民斗争"刊行。为纪念运动 30 年，该复刻版以星野重雄、西冈昭夫、中嶋勇《阻止石油工业区》（技术与人类，1993 年）的形式出版。如正文所示，在三岛与沼津，斗争内容有很大不同。另外其后的影响也不尽相同。在日本放送出版协会的企划之下沼津市民协议会成立事务局，经二十几名负责人之手耗时四年完成了宫本宪一编《沼津居民运动的历程》（日本放送出版协会，1979 年）。本书以此类著作为中心、在当时运动的资料即地方报纸《三岛民报》《沼津朝日》的基础之上进行论述。另外，总括这一运动而后出版的有以下资料。《反对三岛·沼津·清水町石油工业区建设运动资料》（SUIREN 舍，2013 年）。

3　《石油化学工业区扩张导致的公害问题（中间报告书）》（1964 年 5 月 4 日）。其目录如下："Ⅰ 前言　Ⅱ 关于石油化学工业区扩张的经过及其计划概要　Ⅲ 关于大气污染物质　Ⅳ 沼津·三岛地区的气象　Ⅴ 对农作物及林木的影响　Ⅵ 对公共卫生的影响　Ⅶ 关于大气污染的综合性探讨　Ⅷ 关于用排水的问题点　Ⅸ 结语"。

4　沼津·三岛地区产业公害调查团"沼津·三岛地区产业公害调查报告书"（1964 年
　　7 月）。其目录如下："1. 关于东骏河湾地区开发计划与工业区计划的经过，2. 实施产
　　业公害调查的意义，3. 关于产业公害调查的内容，4. 关于有志扩张的企业的建设计
　　划，5. 关于环境条件测定，6. 关于气象条件，7. 关于排气的扩散，8. 劝告"。其一
　　工业区计划的经过之中被指定为工业整备特别地区的选址条件如以下所列：1. 丰富的
　　水资源，2. 良好的港湾条件，3. 良好的路上交通条件，4. 位于京滨与中京两大工业
　　地带及大量消费市场中间的地理条件。这是从政府和企业的角度看来绝佳的地区开发
　　据点。

5　"松村调查团·2 市 1 町居民联络协议会与黑川调查团的会见录"（1964 年，8 月 1
　　日，东京虎之门东洋大厦）。这一重要的记录根据录音所整理，尽管有听不清之处，
　　也算是几乎完整的记录了。这成为之后第 74 届社会医学研究会的讨论资料（主题　人
　　灾与健康，演讲题目编号 16，1966 年 7 月 17 日，京都），以《关于沼津三岛地区石油
　　工业区扩张问题的两大调查团报告及其会见录》形式印刷分发。

6　富士石油社长冈次郎在前列（第二章）座谈会"公害对策的方向与问题点"（《经团联
　　月报》1964 年）中发表如下言论："比如说沼津地区的问题，根据黑川调查团总结的
　　调查报告书的结论，在彼处设立工厂并无不妥。然而即便这样，与地方的协商也屡屡
　　碰壁，这是因为反对石油工业区向该地区扩张的运动与砂川及内滩有关。而这一群
　　人，或放出抱着死去的婴孩的母亲的照片等所谓四日市公害投影，或散布'石油工业
　　区一旦建成，大家若是不使用双层窗户就都会患病'等谣言。"冈社长其后继续批判着
　　媒体。由于当时经营者的认识不过如此，无法对抗居民运动也是理所当然。

7　宫本宪一"草根保守主义"（朝日周刊编辑部编《城市的政治村庄的政治》劲草书房，
　　1965 年）。

8　西冈在 1975 年学术会议主办的环境问题国际学会上报告了这一学习方法，受到出席者
　　的称道。

9　L. Mumford，*The Culture of Cities*，1938. p. 380（生田勉译《城市的文化》1974 年，
　　鹿岛出版会）p. 235。

10　上列《沼津居民运动的步伐》。

11　以下，本节内容多参考前列（序章）都留重人编《现代资本主义与公害》、宫本宪一
　　《公害与居民运动》。

12　《中间报告》以加藤一郎东大教授为委员长的"中间报告起草委员会"起草。

13　经济团体联合会"关于公害政策基本问题的意见"（1966 年 10 月 5 日）。此即为正文
　　中的《经团联意见》。

14　前列（第一章）桥本道夫《私史环境行政》（第二章）p. 109。该著作生动描写了当
　　时政府内部厚生省与产业主管官厅（通产省、运输省、建设省、农林省、经济企划

厅）的对立。

15　在众议院产业公害特别对策委员会（1967 年 7 月 12 日）之中经历了四日市公害的中井德次郎认为调和论是佐藤总理的要求，他说道："国民健康绝对第一，生活环境次之。为何会有这种区别呢？不能保证生活环境就不能保护国民的健康"。另外他尖锐批判道："自民党在这次重要法案的审议例会上竟无一人到场，实在不像话。"折小野良一批判道，不能说成经济的调和，而应写作"与私营企业追求利润的调和"或"与企业利益的调和"，并非调和而是对企业的妥协。

16　众议院产业公害特别对策委员会（1967 年 7 月 17 日）的发言。

17　众议院产业公害特别对策委员会（1967 年 5 月 17 日），岛本虎三议员称，"在各种各样的公害之中，范围涉及国际的公害，其中尤有辐射问题。医师会似乎也对这一问题相当关心。……我认为对于辐射问题，当然在基本法之中有所探讨。关于这个问题，其对策与无过失责任是采取了还是没有采取呢？"坊秀男厚生大臣称，"辐射当然也是公害的一种，是严重的公害，（略）我认为其措施应当于公害基本法的基础上采取，但无论如何，关于辐射，有核能基本法，因此很多事情在其基本法基础之上进行，所以在公害防止基本法之中，尽管提到了辐射，并规定其为公害，对其采取的具体措施仍当在核能基本法基础之上处置。"如此一来，辐射灾害被认定为公害增加到法律之中，然而其具体措施并非交由公害的规制官厅，而是被委托给了科学技术厅及通产省。因此，并无规制核电站的官厅，安全行政被委托给了推进官厅，因此"核能圈子"的安全神话横行。2011 年 3 月 11 日的福岛核电站灾害发生了。结果，新设了核能规制委员会、核能规制厅为规制官厅即环境省的外局。可以说，一切为时已晚。这都是因为核电站的"特殊待遇"。

18　前列桥本道夫《私史环境行政》，p. 115。

19　前列（第 2 章）NHK 社会部编《日本公害地图》p. 27。其"序"中提到"70 年是公害成为社会、政治、经济严重问题十分显著的一年。这一年，由于生产第一主义的高度经济成长，悄悄蓄积起来的公害呈井喷式爆发，开始破坏自然与生活环境，也开始让我们思考'真正富饶的社会是怎样的'。在此意义上 70 年，是我们历史的一个'转折点'"。如正文所述，公害在高度成长期以前就已经发生。另外，在各地已经兴起了反公害的舆论与运动。但是，媒体从未如此觉醒，70 年是全国舆论转变的一年。

20　《国民所得白书》（1967 年）。

21　最早将这种社会消费不足加以理论化的，是前列（第 2 章）宫本宪一《社会资本论》与宫本宪一《日本的城市问题》（筑摩书房，1969 年）。

22　安藤元雄《居住点的思想—居民·运动·自治》（晶文社，1978 年）。

23　松原治郎、似田贝香门编著《居民运动的论理》（学阳书房，1976 年）。

24　松下圭一《civil minimum 的思想》（东京大学出版会，1971 年）。

25 宫本宪一《城市政策的思想与现实》（有斐阁，1999 年）。另外，这一时期，在日本，城市政策第一次不仅仅是政治课题，也成为学界的课题。在这种状况中诞生的是，伊东光晴、篠原一、松下圭一、宫本宪一编《岩波讲座 现代城市政策》（全 12 卷，岩波书店，1972-74 年）。

26 展示这一东京都态度的著作是东京都公害研究所编《公害与东京都》（东京都，1970年）。这是记述了 60 年代后期东京都公害乃至日本公害的珍贵文献，本书关于这一时期东京都的叙述多处参考此书。

27 室井力“国家的法令标准与自治体的标准”（上列伊东光晴等编《岩波讲座 现代城市政策》第 V 卷《civil minimum》）。

28 与大正民主期（1910～35 年）的欧美进步主义进行比较，介绍并批判关一独特的城市社会政策思想与实践的可参考以下力作。Jeffery Hanes，*The City of Subject*，*Seki Hajime and the Reinvention of Modern Osaka*，2002（宫本宪一监译《作为主题的城市——关一与近代大阪的再构筑》劲草书房，2007 年）。

29 大阪城市环境会议编《危险城市的证言》（关西市民书房，1984 年）。该书以千日百货店火灾、天然气爆炸事故为例，提议将安全作为大阪的灾害对策乃至城市对策的核心。以室崎益辉、高田升为中心的研究小组揭示了其后阪神淡路大地震以及东日本大地震等一连串地区政策的问题。

30 参照大阪府公害对策审议会法制度专门委员会 1969 年 7 月 20 日第 3 次会议“关于东京都公害防止条例”。该会议由大阪府公害室次长荻野正一主持，大阪市立大学法学部教授谷口知平、关西大学法学部教授田村浩一、大阪大学法学部副教授松岛谅吉等 7 人对东京都公害防止条例进行了逐条审议。松岛谅吉认为，都条例是之前公害法理论成果的集大成，值得称道，但是因为超越了公害对策基本法以下公害相关法律的范畴，会与国家法律相矛盾抵触。另外，他提出，该条例中有大量东京都公害防卫计划，也有公害宪章性内容，混入了各种内容，很难说在立法政策方面是否恰当。田村浩一表示都条例跳出了现在的条例概念。他表示此前理解的条例，都是在法律的范围之内，某些情况下对法律予以补充，然而都条例的制定与法律框架及其他几乎没有关联。尽管非常前卫，但当考虑到与法律的关系，还是会有各种各样的问题。其他委员与这两人的意见相同，大多认为条例确立了超越法律的内容，是否有效存在疑问，条例应当处于法律的框架之内，程序上的内容可以作为公害宪章，从条例中独立出来。

31 “座谈会·地区开发的梦想与现实”（《世界》1961 年 12 月号）。

32 关于此项叙述，参考了消除堺·高石公害市民会编《堺·泉北的公害》（消除堺·高石公害市民会，1971 年）与塚谷恒雄“工业区的公害与灾害”加茂利男“工业区与城市政治”（宫本宪一编《大城市与工业区·大阪》筑摩书房，1977 年）。

33　Shigeto Tsuru, Proceedings of International Symposium Environmental Disruption (The International Social Science Council, 1970) 中收录了会议的报告与讨论。关于该会议的意义，可见宫本宪一"环境问题的回顾与展望"（《公害研究》1973 年春号，2卷 4 号）

34　"环境权，并非是通过优秀的思想家或法学家的思考新诞生的权利，而是伴随着环境破坏的激化，逐渐自觉产生的一项基本权利，是市民权利意识的法理论化。("大阪律师会环境权研究会《环境权》日本评论社，1973 年)

35　上列《环境权》pp. 22-23

36　NHK 于 1970 年 10 月 17 日～19 日举行的公害意识调查，以东京站为中心 30km 圈内20 岁至 69 岁的 2000 人为对象进行了调查，并得到了 1486 份有效回答。据此，对于最关心的事是什么之问，回答公害的人 68 年为 8%，70 年变为 65%。回答受到公害影响的人为 76%，大气污染为 60%，噪音为 42%，河流污染达到 24%。对此，回答经济成长有助于国民生活水平提高的人不过 37%，回答造成公害与物价上涨、国民生活成为了部分企业或产业牺牲品的多达 55%。之前回答"绝对不允许公害发生""认可产业发展优先"的比例大致相同，可在 1967 年调查中，前者达到了 60%，而认可产业发展优先的不过 20%。政府、财界的调和论已经彻底失去了支撑。"首都圈居民的公害意识"上列（NHK 社会部编《日本公害地图》）

37　伴随着农业的近代化、农药使用的增加，1955 年农药生产额为 128 亿日元，60 年达到 2 倍，77 年多达 2427 亿日元。从 1951 年开始，为了除去水稻的"稻瘟病"大量使用有机汞制剂，还使用了有机氯农药，单位耕地面积农药投放量世界第一，农民中毒以及残留农药引发的环境污染成为了社会问题。可是研究与规制十分缓慢。长野县佐久综合医院重视农药受害的增大，开始了调查，但并没有其他机构的研究，在连动物实验都没有的情况下跃跃欲试，建立了日本农村医学研究所，开始推进独特的研究与对策。由于这种民间活动，农药的监管终于得到强化。若月俊一《在村中与疾病作斗争》（岩波新书，1971 年）pp. 184-197。

38　日本律师联合会"公害对策推进一事"（1970 年 9 月 22 日）。

39　日本律师联合会"公害的预防·排除·受害救济相关"（1970 年 5 月 30 日）。

40　经团联"期望对公害相关诸措施政策进行慎重审议"（1970 年 11 月 27 日）。

41　全国中小企业团体中央会会长、全国商工会联合会会长、日本商工会议所长、46 都道府县商工会议所联合会会长"有关第 64 次国会（临时议会）提交的公害相关法律案件的意见书"（1970 年 12 月 8 日）。

42　"第 64 次国会众议院产业公害对策特别委员会议事录"第 6 号（1970 年 12 月 10日）。

43　"同产业公害对策特别委员会议事录"第 5 号（1970 年 12 月 9 日）。

44 前列（第 2 章）田尻宗昭《四日市·与死之海的斗争》。这是公害史中的记录。

45 关于日本的环境法制及以其为基础的环境政策问题，参照前列（第 2 章）宫本宪一《环境经济学新版》第 4 章"环境政策与国家"。

46 前列（序章）川名英之《记录 日本的公害》第 2 卷《环境厅》pp. 120-138。

47 上列川名英之《环境厅》p. 123。

48 《环境厅十年史》（环境厅，1982 年）。

49 以下为大石武一"10 年环境行政"（上列《环境厅十年史》pp. 310-312）。

50 三木武夫"环境厅创立 10 周年所想"（上列《环境厅十年史》p. 315）。

第四章　四大公害的诉讼

战后公害及环境诉讼的历史可分为三个时期。第一个时期为 20 世纪 60 年代至 70 年代的四大公害诉讼时期；第二个时期为 60 年代后期至 90 年代的公共工程公害诉讼，第三次之后的水俣病诉讼及大气污染诉讼时期；第三个时期为 90 年代至今的景观及自然保护等宜居问题诉讼和生产废物问题及石棉污染等累积性公害诉讼时期。四大公害诉讼开辟了日本的公害及环境诉讼之路，并对公害、环境法、政策产生了决定性影响。从现今阶段来看，由于四大公害事件危害严重、影响巨大，而且引发公害者是明确的，所以原告胜诉似乎是很正常的事情。然而，在当时对这些事件提起诉讼非常困难，从法理和社会状况来说能够胜诉与否也很不确定。本章将针对四大公害诉讼进行介绍，作为补充，还将涉及在公害诉讼中极少出现的刑事事件——高知纸浆事件。

第一节　公害诉讼的开端

1. 诉讼是最后的拯救之路

在大城市里，反对公害的舆论与行动比较强烈，进行地方政府行政改革是有可能的；然而在地方城市及农村中，相比于反对公害，优先经济开发的舆论则更强，居民没有改变地方政府的力量。在公害受害者较为孤立的地区，特别是被称为企业城下町的城市中，地方政府是依存于企业，或者致力于地区开发以吸引企业的。因此，在已经对行政失望的地区，只能动用宪法的人权保护权利向司法寻求最后的拯救之路。不过，也发生过受害者在当地难以提起诉讼的情况。

这类典型情况发生在水俣病问题中。水俣市被称为智索公司城下町，智索公司垄断了地区的资源和就业，控制了水俣市的行政与财政，市民对于企业的"忠诚心"比对于地方政府还要强。从 20 世纪 50 年代末开始，智索公司将重心转移到了千叶县的石化工厂。智索公司对于该市的行政财政的贡献度（法人相关税、固定资产税中智索公司所占的比重）变低，非但如此，在港口工程及职工住宅问题等方面反而依赖于地方财政。但是，水俣市当局及市民对于智索公司的"忠诚心"一直持续到 20 世纪 90 年代[1]。因此，当时对于水俣病患者的社会歧视很强烈。就在判决前夕的 1973 年 2 月，NHK 社会部进行了"水俣病患者家属问卷调查"。调查显示，83 名患者列举了无法申请救助的原因：家属中出现了水俣病患者，会遇到被要求离婚或求职被拒等情况。另外，在"关于水俣病的市民舆论调查"中，关于今后解决问题的方向，72％的人认为"应该在维持公司经营的范围内满足患者及其家属的要求"，而 83％的受访者认为"虽然智索公司所做的事情是不可原谅的，但智索公司对于水俣市是不可缺少的公司"。在公害国会召开，全国都在追究企业对于公害的责任之时，水俣市市民拥护智索公司或依赖智索公司的意识依然很强。通过此事可以看出，受害者向法院对智索公司提起诉讼是非常不易的[2]。

1968 年政府终于将水俣病认定为公害，然而智索公司当时已经通过慰问金合约的方式进行了赔偿，对水俣病问题持已经解决的态度。政府虽然成立了水俣病补偿处理委员会，但对于受害者的水俣病患者家庭互助会，处理委员会的人选及补偿的内容都被迫交由政府全权处理。千场茂胜律师的书中回忆了在这种情况下提起诉讼有多么困难[3]。笔者也亲身经历过这件事。1968 年，为了支援受害者，笔者受终于成立的市民会议邀请，同日吉富美子一起会见了患者家庭互助会的山本亦由会长。笔者表示，根据之前的经验可以明显看出把一切都交给政府去办是很危险的，建议应提起诉讼，否则问题无法得到解决。然而山本会长认为诉讼中的律师只是为了赚钱，不能信任，应该信任政府，从而否定了笔者的提议。当时，普通民众对于诉讼的印象充满了受审般的恐惧心理，认为律师都是为有钱人的利益做事而不予信赖。

疼疼病患者提起诉讼时带着"赌上户籍"这样重大的决心，表现出当时受害者面对诉讼的心态。新潟水俣病与其他的事件相比有所不同。污染发生源和原告之间距离较远，原告并非企业城下町的受害者，当地的援助体系以总评（日本当时最大的全国性工会组织之一——译者注）为中心广泛统合市民力量，很有组织能力，因而以坂东克彦为中心的律师团很早便开始行动。此次诉讼虽如后文所述成为浩大的公害问题论战，然而此事件以专家为后援，进行了周到的准备，为四大公害事件打了个好头阵。应该特别说明的是新潟水俣病的患者、援助者及辩护律师了解到熊本水俣病患者的困难处境后，赶到水俣，与患者及援助者进行交流，推动他们提起诉讼。可以说正是通过此事，熊本水俣病的诉讼才开始进行。现在从新潟到水俣并不麻烦，然而当时由于没有航班和新干线，乘火车要多次倒车，去进行声援对于患者来说是极为艰辛的旅途，而且费用也很高。就好像现在大阪泉南地区的石棉污染审判的原告和律师团去西藏腹地对当地的石棉污染受害者提出要联合行动一样困难。从而可以看出当时公害诉讼的律师团对于团结同盟者的热情。

1967 年制定了公害对策基本法，第二年政府将四大事件全都认定为公害，但是正如前面所谈到的，由于政府对法律上的因果关系还持不明确的态度，对在野党要求将无过失责任引入法律制度的提议进行了反对。在这种情况下，昭和电工在政府认定其工厂废水造成了水俣病后仍然不予承认。其他的企业也不承担法律责任，受害者的赔偿也像四日市一样只是建立了医疗费相关的救济制度，对于赔偿完全没有进入讨论议题。不仅如此，三重县和四日市还要开始建设第三工业区。患者中有人绝望自杀。如前文所述，自 1964 年开始，公害研究委员会第二次对四日市进行调查时，被害者支援组织向戒能通孝就公害诉讼问题进行了咨询。然而，受害者最多的盐滨地区由于自治会与工业区之间有关系，对于成为诉讼的原告持消极态度。因此从污染严重的矶津地区选出九人作为原告，成立了以"自治劳四日市职员工会"为中心、以地区工会为母体的支援组织。但是，将工业区的六个企业作为被告提起诉讼后，与三菱相关的工业区工会便退出了地区工会。熊本水俣病在初期，智索公司的工会也跟随公司行动。就如 60 年代末合化劳联委员长大田薰总评议长进行自我批判时所说，日本大企业的工会由于受企业主义的影响，没有树立反对公害的旗帜。因此当时期待从企业内部进行告发是极其困难的。

公害诉讼就是在这样的社会情况下开始的。

2. 公害法理论的摸索

诉讼可以解决公害问题吗？特别是在受害者人数多，而加害者是不确定多数的情况下。新古典经济学对此是持否定意见的。美国经济学家米尔斯在《环境质量的经济学》中对一般环境问题中私人交涉很难提起诉讼的原因进行了以下阐述：第一，城市中污染源有汽车、工厂、事务所等无数污染源，而受害居民人数众多且所受伤害各种各样。因而只有特定污染源与特定受害者的污染问题，当事人之间的交涉与诉讼才是可能的；第二，公害防止与公共财产具有相同的性质，即公害防止工作一旦开始，人们不需增加额外负担即可享受便利，而且没有负担费用的人也可以享受舒适的环境，具有非排他性。即便是没有加入受害者组织或原告团的人，一旦公害对策得以施行也可以享受利益，另外加入受害者组织或原告团的人无论其贡献度多少都会享受平等的利益。考虑到这样的外部性，比起私人交涉与诉讼，政府更应当承担起防止公害的责任。这并非是否定污染防治中私人活动的责任，而是认为政府活动更加经济适用。书中所述的这种情况的公害防止基准是成本效益分析[4]。

　　这种新古典主义经济学理论看起来在市场经济下是合理的，然而在政府保护企业而不进行公害防治的情况下是不适用的。新古典主义经济学的缺陷是认为如果发生了像公害这样的市场失效的情况，政府便自动进行援助。然而，在资本主义制度下，政府保护资本（企业），如果没有支持受害者的舆论与市民运动，对受害者的援助等公害对策就不会启动。这就如同前文所述，受害者与支持组织要么通过运动改革行政，要么寻求司法的帮助。日本的政治经济学家承认了公害诉讼的必要性，然而还有必要进行超越当时常识的理论创造。

　　人们在法律理论的层面上，围绕公害的司法救助进行了探索。至今为止法理参考的是战前的大阪制碱事件的大审院判决[5]。这次事件是关于化工厂所排含硫废气给农作物带来的伤害的补偿的诉讼，大阪控诉院接受了大审院的撤销原审判决，判定农民胜诉，成为了划时代的一次判决。然而，这并没有创造出新的法理，按照大审院的法理，如果设置了"合适的设备"，就不是化工厂的过失，判决采用了与之相对应的法理，即认为大阪制碱（现石原产业）的设备不是合适的设备，因而判决农民胜诉。对于此处"合适的设备"的解释，大阪控诉院将日立矿山的世界最高烟囱作为标准是个特例，大审院的意见是即便造成了损害，或者即便有可能预见损害，只要设置了通常认为的标准设备就可以认定为无过失。即优先考虑产业的发展和经营自由的立场，之后的判例也都是据此进行的。也就是说，此判决的思想是，在权衡之后，与危害相比优先产业利益的调和论。

此次判决是对农作物、农地损害的物权侵害事件的判定。但四大公害事件是与人的生命、健康等人身损失相关。战前的公害事件是工矿业与农业、渔业等产业间的对立，因而工矿业生产带来的利益与农林渔业利益的权衡是判决的基础。或者说，以工矿业生产为前提寻求容忍极限。与此相对，战后的公害事件是企业与市民的对立，营业权与基本人权的权衡（假设可以比较）。因此无论如何，探索新的法律理论都是必要的。而且对公害本身的研究就是新领域。庄司光与笔者共同执笔的《可怕的公害》是有关公害研究的开端，笔者在四日市公害诉讼中提交的公害年表是最早的公害史年表，可见当时研究成果与研究人员之少。因此，诉讼刚开始时，原告律师团认为胜算只有一半，为了早期的患者救助边实践边进行思考。

公害事件的原告律师团最信赖的泽井裕，在《公害的私法研究》中整理了与公害概念相近的，英美法中的"妨害行为"和德国法中的"不可量物侵害"，并对其如何适用于诉讼进行了探讨。当时，他根据严密的解释法学对过去公害诉讼的判例进行了整理。德国的不可量物侵害在物权法的基础上，以制止请求权为中心；而英美法中的妨害行为根据不法行为法，以损害赔偿为基础。泽井认为处理公害问题需要从物权请求权扩大到人格权，将公害纳入人格权侵害中[6]。书中认为妥善的处理方法是：即便企业的侵害超过了社会生活的容忍限度，仍然可以继续经营，但同时需要对不法行为进行损害赔偿以补偿损失，而如果侵害已经威胁到一般市民生活时，要开始准许人们进行排除妨害的请求[7]。

笔者作为诉讼的证人和辅助人员参加律师团会议时主张：对受害者的补偿是理所当然的，而若不能制止加害则不能认为已经完全贯彻公害对策。然而，该观点被认为在当时日本现状下难以实现，是外行的谬论。从泽井的著作等文献中可以了解到，在日本的诉讼中比起损害赔偿，制止加害行为更是困难百倍。四大公害诉讼要超越大阪制碱事件诉讼以来的公害诉讼传统，需要克服以下几个难关。

第一，民法第709条对不法行为的判断，是要证实污染物和疾病的个别因果关系，这是传统的观点。然而，这是在生产过程单一且规模小、产业种类有限、生产过程危险和工厂特定等特征的工业化时代初期适用的理论。四大公害事件中，这种证明十分困难。像疼疼病和水俣病虽然发生源与致病物质可以确定，但被害者人数众多且病症多样。而四日市公害中污染源数量多，受害者也人数众多且病症各种各样。由于生产工序复杂，致病物质如何排放，如何到达受害者，成为何种病患的原因，对这些问题进行个别举证可以说是不可能的[8]。

第二，证明企业过失非常困难。本来重化工业和运输工具在日常就会排出大量有害物质，可能导致危害发生，因此即便没有过失危害也会发生。因而根据无过失责任进行裁决比较妥当。然而，除矿业法及核能相关法律规定之外的无过失责任都不被承认。证明过失需要明确几个问题：是否有预见可能性，何时开始知晓，为此采取的对策何时、如何开始；结果责任的情况下需要明确（企业）何时知晓危害的发生，为此采取怎样的对策。然而，由于这是企业内部的问题，受害者的举证或是不可能，或是没有内部员工的合作极为困难。只要没有认定原因者的举证责任，传统上需要受害者举证。假使即便知道了企业的公害对策，如果从企业常识被判断为是合适的设备和适当的措施，就不会被认定为过失。

第三，违法性。之前已经介绍过，公害相关法律的制定非常滞后，已经制定的关于水质的两部法律及煤烟规制法都被称为"笊篱法"，管制基准不完备或漏洞百出。因此被告的大企业一直认为自己遵守法律，没有违法性。另外，电力企业等由于公益性强，被公认为生产优先于防治公害。对进行合法的活动却造成严重危害的企业，如何裁决也是需要探讨的问题。

第四，受害者众多，需要进行集体诉讼的情况下，如何将每个人受到的不同损害统合为公平、平等的要求也是需要探讨的。

另外，诉讼手续中也有很多未知的领域。由于公害的特殊性质，需要联合能够作为鉴定人的专业科学家，让他们站在原告一方来应对科学争论。虽然有这么多的困扰，但除了诉讼之外，没有其他方式能救助如此严重的损害和制止公害的发生。因此，为了实现正义，具有创造力的年轻律师和研究者以绝不后退的热情，开始了公害诉讼。

那么法官是如何应对的呢？在进行四日市公害诉讼时，1969年1月30日笔者作为第一个原告证人出现在法院，米本清审判长请笔者吃了午饭。米本称笔者就像鉴定人一样，三位法官同席，边吃饭边向笔者提问公害理论和国内外文献的相关信息。陪席的法官当时就住在当地，称由于恶臭等原因家里不能开窗，难以入睡。当时的法官也感到了公害问题的严重性和危害救助的刻不容缓，认为必须要打破之前的诉讼常识，也在尽力摸索。

最近，政策研究大学院大学出版了原最高审判长矢口洪一的口述历史，其中提到 1970 年 1 月（当时矢口是最高法院事务总局人事局长）针对公害事件召开了全国法院的共同会议。对于当时最棘手的四大公害诉讼他这样描述：会议以"法院必须迈出强力的一步，如果维持原状，国民会饱受困扰，同时也会埋怨'法院到底在做什么'"为前提展开了讨论。讨论的结果是：在阿贺野川事件中，关于汞是否真的是从工厂排放出来的这一因果关系问题，只要能够在工厂的排水沟里发现汞就能够证明。大气污染问题，如果四日市周边的人都遭到了同样的困扰，那就可以用流行病学的方法来证明，而结果证明确实是这样。

"以之前的原告必须将因果关系从头到尾证明的做法来看，证明可能不够充分。然而如果证明到上述程度就可以成立的话，那证明就是充分的。同时，如果事实不是那样，那么'不是的原因就要请公司来证明'。（中略）"

"就这样，会议达成了利用流行病学的方法和举证责任的转换来进行裁决的协议[9]。"

这是很重要的证言，然而矢口的记忆稍有些偏误。根据《读卖新闻》（1970 年 3 月 14 日），这次共同会议是 3 月 12 日—13 日的全国民事法官共同会议，有 57 人出席。据新闻描述，出席这次共同会议的法官苦恼于按照之前的法理将无法救助原告，无法实现国民对司法的期待，因而进行讨论，商议应如何向前推进。如前一章所述，1969～1970 年公害事件频发，国内外发生了空前的环境运动。在这种重大的历史转折时期，行政改革的同时，司法领域也必须为了救助受害者而采取新的判断方式。然而事态并没有因为这个协议立刻变化。在下文中的诉讼记录中可以看到，造成损害的企业组建了强大的律师团，否定原告的主张。因此，原告律师和研究者展开了独创性的研究和法理阐释。这些诉讼记录是思考"公害到底是什么"最重要的教材。

四大公害诉讼同时进行，律师团互相交换信息，互相联络进行诉讼。因此各个诉讼互有影响，而且为了让判决提高一个层次，将救助公害受害者的理论提高到了更高的地位。下面将按照判决时间的先后顺序来阐述各诉讼的内容并对其进行评价。然而由于笔者不是法律专家，因此主要从公害论的角度出发，以社会意义和教训为中心进行评价。

第二节　疼疼病诉讼

1. 通往诉讼之路——以镉中毒为中心

1968 年 3 月，居住在神通川流域的包括疼疼病患者 9 人和死亡者 5 人的家属共 28 人提起诉讼，认为该病是由于三井金属矿业公司排出的镉污染了农作物、鱼类和饮用水后，镉在长年摄取这些物质的患者体内蓄积产生的结果，并要求 6200 万日元的赔偿[10]。加上之后的 7 次诉讼，原告共有 182 人。要求赔偿的金额为，死者 500 万日元，生存者 400 万日元，是根据当时汽车事故死者赔偿金为 500 万日元提出的。律师团包括团长正力喜之助、副团长梨木作次郎、事务局长近藤忠孝，以青年法律专家为中心共 237 人。原告团长为小松义久。被告对此也拿出了代表日本大型企业的架势，以劳动争议诉讼领域首屈一指的桥本武人律师为团长，请了法律界权威的 8 人为其辩护。诉讼运动的中心是疼疼病对策协议会，对此进行支持的是 1968 年 1 月 9 日组建的疼疼病对策会议。这是由社共两党、日农、新妇女、县工会等民主团体等共同组建的和新潟及四日市同样的支援组织。

如第一章所述，矿害事件是日本公害史的中心事件，纠纷很多，因此矿业法于 1939 年的修定时明确无过失责任，战后的 1950 年新矿业法中第 109 条也明确了无过失赔偿责任。因此本次诉讼中不考虑过失的有无，而是以不法行为的因果关系作为争论的核心问题。在传统的解释中，虽然有必要进行个别因果关系的证明，但是这种证明很困难，因而明确了以群体受害的角度来诉讼。上文提及镉的慢性中毒在劳动灾害中有先例，然而像疼疼病这样导致骨软化症的先例很少，在国外也没有经口致病的先例。最重要的是没有公害这种环境灾害的先例。虽然国内也有其他矿山排出镉，但神通川流域以外的地区并没有报告出现疼疼病。因此，这次诉讼是世界上最早的作为环境灾害、能够证明经口导致的慢性镉中毒的事件。另外，很多事件中污染源和受害地是相邻的，然而在此事件中神冈矿山和受害地相隔 50 公里。这与新潟水俣病一样，很有可能加大证明污染源和污染物质的路径的难度。

一审的起诉内容总结如下：

（1）关于原因。被告企业的选矿工厂开设以来，选矿及冶炼过程中产生的废水和尾矿库排出的废水一直排放到神通川上游的高原川，由于大雨的原因，矿渣流入神通川，从而导致此病发生；（2）关于因果关系。长期摄取被废水中的镉污染的农作物、鱼类、饮用水，导致疼疼病发生；（3）责任在于被告三井金属矿业公司，应该按照矿业法第109条赔偿；（4）造成的损害是肾损害和骨软化症的强烈痛苦，以及健康受损所带来的精神上及肉体上的痛苦。对于这些起诉内容，被告方三井金属矿业全部否认[11]。

就这样，刚开始就展开了激烈的争论。疼疼病是日本最早经历的作为环境灾害的"公害病"之一，即便参考国外文献的镉中毒研究，也无法直接证明。日本的研究是从荻野升开始的，研究积累很少，在诉讼过程中逐渐发展。然而疼疼病会导致极为强烈的痛苦，防止污染并救助受害者是非常紧急的课题。因此原告律师团采用的方法是利用流行病学调查来进行因果关系的判断。这与之前证明个别因果关系的病理学调查不同。然而，作为法学上的因果关系，为了解决疼疼病这样的环境灾害导致的群体受害事件，这确实是正当的方法。

原告在当初的起诉书中这样主张：

（一）流行病学分析

（1）地域局限

被害者长年在神通川下游的扇形地区居住。

（2）该病发生的区域和三井金属矿业已经承认并赔偿的农业矿害发生地区，也就是镉的富集地域相一致。（参照图4-1）

（3）疼疼病患者间没有遗传关系。

（4）有说法称该病是由于营养不足和光照不足等气候条件导致（佝偻病这样的地方病），但受害者是富裕的农家，在营养和气候上没有问题，应为镉导致的肾损害和骨软化症。

（5）受害者以从神通川获取的水作为饮用水等生活用水，且以在受污染土壤上种植的大米和农作物为食物。

（二）土壤等化学分析

根据荻野升、小林纯、吉冈金市等人的研究成果，确认了土壤、水稻、大豆、河水、河鱼、本病患者的脏器、骨骼中富集的铅、锌、镉，发现死者体内的镉含量为此地区外的人的数百倍。

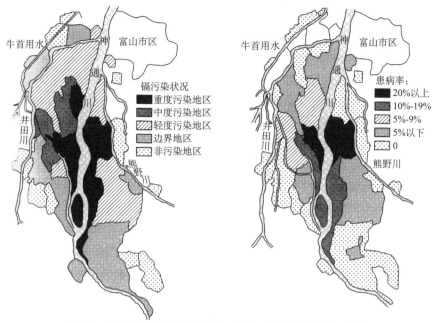

图 4-1　按镉中毒程度地域划分（左），疼疼病患病率（右）

注：昭和四十二・四十三年调查，以 50 岁以上女性为对象。

资料来源：河野俊一，《北陆公卫志》第 23 卷第 2 号。

（三）动物实验

关于病理学上的证明所需的动物实验，小林纯和石崎有信二人发现给老鼠投放镉会导致肾损害和骨软化症。

对此，被告虽然承认了疼疼病的病症，但认为发病原因并没有科学证明，否认了镉慢性中毒，认为是营养不良或气候条件导致的疾病。为了明确个别因果关系，就需要病理学上的证明。工厂针对生产过程中排出的相关物质设置了相应的设备，对尾矿库进行严格管理。另外，即便废水流出，也到达不了 50 公里以外的地区。原告非常重视镉造成的农、渔业破坏，将其作为疼疼病的前史。然而三井金属矿业不承认过去对农业的损害，坚持"富山县神通川矿害对策协议会"的协议中的捐款不是对被告的赔偿金，而是地区振兴费。另外还称受害地区农作物的减产是由于神通川的冷水害和低肥土壤造成的。被告方还认为在受害地区测得的镉也是自然中所含的量，神通川的镉含量为0.01 毫克/升，低于美国的环境标准。另外，还坚持对于造成的损害，如果没有原告方死者的 X 光照片就无法确认，而生存者中被认定的患者经过治疗，病状得到减轻，能够和正常的妇女一样行动。被告方不承认原告患者悲惨的状态，有意识地掩盖造成的损害[12]。这样，为了全面否定原告的诉讼，被告方批判原告方证人荻野升、小林纯、石崎有信等人的研究成果，特别是对中心人物荻野，认为他的理论不是研究而是听来的传闻。被告方进行了这样不当的批判。被告方还认为厚生省的意见在科学上也不是正当的判断。

采用流行病学的判断还是病理学的证明，这种对立使公害诉讼无法取得进展。像疼疼病那样，有害物质为三井金属矿业排出的镉，且确实证明发生了病状明确的疼疼病，那因果关系就是充分的。图 4-1 中镉污染地和受害者集中地区明显一致的事实已经说明了全部。

然而代表日本经济界的三井资本大概无法承认疼疼病是公害事件。于是其要求病理证明，固执地申请鉴定。因此是否需要鉴定就引发了激烈的争论。原告律师团在双方的科学家证人的询问中已经完成了举证，被告推荐的证人中也有人承认了镉中毒，因此无须再进行鉴定。原告律师团以结核为例，主张疼疼病应该像结核病一样，只要知道是结核菌造成的疾病就不需要其他的证明，而如果要求镉中毒的机理和定量分析等鉴定，就会卷入科学论证中，会导致审理的长期化，无法对受害者进行救助。被告则认为经口致病的镉中毒的环境灾害是公害这件事在世界上没有先例，当时和神通川流域一样的镉污染地区都没有报告疼疼病的发生，因此要求继续进行医学上的证明。这是不切实际的争论，没有从受害地区的实际情况来考虑整个事件。

法院驳回了鉴定申请。提起诉讼两个月后，厚生省发表了将疼疼病认定为公害病的《厚生省见解》。1970 年的公害国会在舆论的压力下，摒弃了之前的"调和论"，采用了新的法理，政府采取了严格管制企业公害的姿态。在这种情况下法院认为被告三井金属矿业的科学论争没有意义。

2. 判决内容

一审判决——以流行病学为判断基准

1971 年 6 月 30 日，审判长冈村利男作出判决。这项判决在四大公害诉讼中率先落锤，一审判决原告全面胜诉，判决承认了流行病学上因果关系的成立。"所谓的公害诉讼中，判断并确定造成损害的行为和损害发生之间的自然（事实）因果关系的存在与否时，单凭临床学甚至病理学的观点进行考察，无法充分明确具有特殊性的损害行为和损害之间的自然（事实）因果关系，因而认为从流行病学观点来进行考察是不可避免的。"

判决采用了流行病学的判断，可以说是完全承认了原告的主张。首先从流行病学的特征对疼疼病多发的原因进行了如下描述。"不仅该病患者，包括该病发生区域的居民在内，摄取农产品及饮用水，人体内富集的重金属类中，镉在农作物中及患者尿液中的含量比对照组多，不仅差异明显，而且差异比铅和锌更显著。因此如前文所述，该病多发生在以神通川为中心、东边的熊野川和西边的井田川所夹的扇形地区，其原因从流行病学的观点来看，只可能是因为镉。"

同时，在这个原因之外的另一方面，由于战败后的营养不足，患者大部分都是中年及年长的妇女，她们作为农业劳动者因为休息时间不充分而导致内分泌失调、老化等附加因素也在流行病学上得到了证明。

下面是从临床及病理学方面得出的结论。该病的主要症状是肾损害（肾尿细管障碍——笔者注）和骨病变（骨软化症——笔者注），被称为范科尼综合征，主要原因是镉，附加因素有妊娠、分娩、哺乳、营养剂钙摄入不足。这些是该病发生的临床及病理方面的原因，和上文所述的从流行病学角度来解释的原因是一致的。

关于镉中毒，外国文献中没有经口摄取的先例，然而如果考虑由于镉慢性中毒而导致肾脏及骨骼病变，是有这种可能性的。另外在国外的动物实验报告中没有骨软化症的记录，但我国（日本）的研究者发现，给老鼠经口投喂镉不但会导致肾脏病变，还会导致骨骼病变，这可以说明骨骼病变是镉中毒导致的这一结论无误。从以上内容可以看出，人经口摄取镉时，即便不定量分析镉在体内是否被吸收、吸收率如何、怎样的量和多长的时间会造成肾脏功能损害等问题，也可以判断镉与该病存在因果关系。另外，关于病理机制也可以大体进行说明，虽然没有完全明确，但也不是完全无法确定疾病的原因。

由此得出结论，作为这个病发生的主要原因的镉在自然界中只有微量存在，被告企业等在神冈矿业所的选矿、冶炼等操作过程中产生的含镉的废水、堆积的矿渣渗出的废水是主要原因。这些含镉的废水流入河川和水田，通过饮用水及食物长年摄入镉的居民因此患病。

因此根据矿业法第 109 条第 1 项，由于神冈矿业所导致该病发生，对他人造成了损害，因此矿业者担负对上述损害进行赔偿的责任。抚慰金的计算根据本病患者共同的状况进行：情形悲惨、无法承担家庭责任、没有根本治疗的方法、"肉体上、精神上有无法计量的痛苦"等，因而支持了原告的请求，命令被告对近年死亡的患者支付 500 万日元，对生存者支付 400 万日元[13]。

对于这项判决，三井金属矿业的负责人认为镉中毒的因果关系存有疑问，即使承认此说法，也对几十年前发生的事情没有责任，以事实认定有误为由提起了上诉。

二审判决——原告全面胜诉

1971 年 9 月 14 日，二审的口头辩论开始。原告在二审中扩大了请求内容，请求包括逸失利益在内的抚慰金。请求额为死者 1000 万日元，患病者 800 万日元。被告三井金属矿业对律师团进行了调整，在主任律师中加入了曾经担任过司法研修所长的铃木忠一。原告律师团中有很多年轻律师，其中有曾经在铃木所长门下学习的原实习生。这样做的目的应该是要威慑这部分原告律师。被告的主张和一审相同，对于一审判决，认为流行病学的调查有缺陷，患者摄入了多少镉没有得到确定，镉中毒一说是没有根据的。认为发病原因是营养不足，与在富山县冰见市发现的佝偻病一样都是维生素 D 不足导致的。另外，还列举了这些事实：对本公司工作人员进行调查后没有发现由于镉导致的劳动灾害患者，其他矿山中没有发现疼疼病患者，居住在同一地区的人有很多没有患疼疼病。还再一次要求病理学上的证明。原告的主张与一审亦无变化，只是加入了对其他矿山的调查结果。根据调查，与其他矿山相比，神冈矿业所的锌生产量更多，作业时间更长。其他矿山周边的居民没有将工厂废水流入的河水作为生活用水。镉污染田的范围在富山县极多。之后，在其他矿山地区也发现了疼疼病患者，但没有像在神通川流域这样严重的患者。无论怎样都没有事实来推翻一审中以流行病学为支撑的判决。

被告三井金属矿业想要通过新的证人来推翻镉中毒说。首先请金泽大学医学部教授武内重五郎作为证人，他在一审判决中确立了成为镉中毒说根据的范可尼综合征说，但后来他推翻了之前的学说，转为维生素 D 不足说。武内被称为肾脏医学的权威，原告律师团为了推翻他的证言拼尽全力。武内的证词列举了这些事实：其他地区没有胃病及镉肾症患者；没有镉肾症造成骨软化症的证据，疼疼病和慢性镉中毒的症状不同。维生素 D 不足的佝偻病患者和神通川流域的患者一样都出现在富山县冰见市和新潟县，因此主张疼疼病是由维生素 D 不足而导致的。12 人组成的原告律师团进行了质证。特别是松波淳一律师细致地进行了医学文献的整理，并获得了金泽大学医学部石崎有信教授的指导，据此对武内的主张进行了长达五个小时的批判。武内证言的缺陷是没有到当地进行调查，是通过文献和传言得到的结论。没有对疼疼病的当地特征和佝偻病进行现场调查。认为神冈矿山在战前战后的期间大量排出矿渣这一事实从学术立场来看没有意义。在质证中令人惊讶的是，作为武内前一学说中心论点的范可尼综合征的研究发表也没有真正针对患者进行实证研究。另外没有发表过维生素 D 的研究，仅有书本的知识。对疼疼病患者补充维生素 D，没有发现维生素过剩症特有的症状，与维生素 D 不足导致的佝偻病也不同，因为佝偻病多发生在山区的幼儿中，难以适用于疼疼病患者[14]。

法院根据上述情况，驳回了被告准备的其他全部证人及书面等证据调查。1972 年 8 月 2 日三井金属矿业表示服从二审判决不再上诉，对第二次和第七次诉讼表示希望和解的意愿。8 月 9 日，名古屋高级法院金泽支部（审判长中岛诚二）驳回上诉，并认可了原告扩大后的请求金额。判决的要点和一审相同，从流行病学的因果关系证明本次疼疼病的致病物质是镉，因此从临床及病理学角度来看是否能够推翻此证明，而结果是与流行病学的结果相一致。这样，作为公害诉讼的第一步，明确了流行病学上的原因就能够证明法学上的因果关系这一划时代的法理得到了确立。

3. 裁决后的公害防止对策

誓约书与公害防止协定

疼疼病问题的历史意义不仅是通过诉讼在法学上明确了镉慢性中毒造成的环境灾害，而且为了消除镉公害，以与被告神冈矿业所之间缔结的誓约书和协定为基础，疼疼病对策协议会等组织通过 40 年的行动，最终消除了公害。即不仅获得了损害赔偿，而且在诉讼后实现了"制止"公害的发生。另一个意义是在 1970 年后期的"卷土重来"时期，疼疼病的病理问题重新被提起，对此在国际上确立了疼疼病是由环境污染导致的镉慢性中毒的医学定论，从而克服了这个难题。下文中还将对此进行论述，在此先对前者进行论述。诉讼后三井金属矿业和受害者之间缔结了两份誓约书和协定。

疼疼病赔偿相关的誓约书

一、本公司承认疼疼病的原因是由本公司排出的镉等重金属导致的，并承诺今后无论在诉讼中还是诉讼外都不会对此进行任何言论和行动上的争论。

二、（1）本公司于本月最后一天为限向疼疼病诉讼第二次到第七次的各位原告支付其于昭和 1947 年 8 月 8 日请求的扩大申请书记载的请求额相同的钱款。（2）上述各事件的诉讼费用均由本公司承担。

（三、四省略）

五、本公司对于今后新发现的疼疼病患者及认定的需要观察者，也支付与前项同样金额的赔偿。不过，对于已经作为需要观察者获得赔偿金的患者，需扣除之前领取的金额。

六、本公司对疼疼病患者及需要观察者今后与疼疼病相关的治疗费、入院费及赴院交通费、温泉疗养费及其他疗养相关费用据其要求全额进行支付。

土壤污染问题相关的誓约书

一、本公司对神冈矿业所排出的镉等重金属导致的神通川流域的疼疼病发生地区过去与将来的农业损害及土壤污染承担责任。

二、以上述第一项为前提，本公司。

①对上述受害地区的污染大米及其应对措施造成的损害进行赔偿。

②对上述受害地区因种植限制造成的对农民的损害进行赔偿。

③根据"关于农业用地土壤污染防止等的法律"，上述受害地区进行农业用地复原工作时：

A. 作为造成损害的一方承担该工作的费用全额。

B. 承担伴随上述工作的区划整理导致的受害农民损害部分的费用。

C. 承担上述工作所导致的收入减少带来的损害。

这两份誓约书由三井金属矿业公司董事长尾本信平签署。

公害防止协定

（甲方）疼疼病对策协议会会长小松义久（甲方除此之外还包括熊野地区、鹈坂地区、速星地区的矿害对策协议会会长的联名，在此省略）

（乙方）三井金属矿业股份公司董事长 尾本信平

乙方保证今后神冈矿业所的作业不再导致公害发生，现与甲方签订此协议。

一、甲方的任意成员在有必要之时，乙方都要允许甲方及甲方指定的专家在任何时间进入工厂对包括排水沟在内的最终排水处理设备及尾矿库等相关设施进行检查，并允许其自主收集各种资料。

二、乙方需向甲方提供前项规定的各种设备的扩建、变更相关资料及甲方要求的与公害相关的各种资料。

三、除前两项之外，与神冈矿业所作业相关的公害防止调查费用也都由乙方承担。

四、乙方对于公害防止等工作今后要带有诚意与甲方交涉并签订协议。

昭和四十七年八月十日[15]

以这些诉讼的成果为基础，公害对策取得了重大进展。首先根据赔偿相关的誓约书，确定了对第二次到第七次的原告、没有参加诉讼的受害者以及今后发现的受害者的赔偿。一次性赔偿金为：已认定患者与诉讼原告均为1000万日元（认定时800万日元、死亡时200万日元），另外需要观察者200万日元（判定时100万日元，死亡时100万日元）。此外，医疗护理补贴、特别护理补贴、温泉疗养费、其他疗养费、住院及往返医院相关交通费也会得到支付。这些协定内容从1974年开始被写入公健法中。将需要观察者纳入赔偿对象中的做法与水俣病只局限于公健法认定的患者（进行赔偿）导致纠纷相比，是很好的现实性措施。截止到2010年12月，认定患者为196人（其中192人死亡），需要观察者404人（其中141人死亡，49人纳入认定患者，214人解除观察）。到2008年末为止共支付了约50亿日元。

第二，让三井金属矿业承认其在诉讼中否定的农业损害，并承诺负担包括土壤复原在内的费用。这项内容在诉讼中并没有进行请求，但矿害应对措施不应该只针对健康损害，而应将全部的损害救助作为对象，并且确立了必须恢复环境这一原则，这具有划时代的意义。农业损害的赔偿金支付了约122亿元，超过了前述的健康损害补偿金额。誓约书中规定公司需承担污染土壤复原费用的全部金额，但实际上只承担了39.3%。这是由于下文提及的70年代后期之后的经济不景气导致的企业的"卷土重来"造成的。

40 年间的污染源对策运动

疼疼病裁决之后，以公害防止协定为基础，在 40 年里进行了污染源应对措施运动。运动一直持续到公害完全被消除，这是其他事件里没有的珍贵成果。实现这个成果的原因之一是科学家的协助。1972 年 11 月开始的工厂内调查通过两次调查把握了如下四个事项：

（1）神冈矿业所每个月通过排水向高原川排放至少约 35 千克的镉。

（2）神冈矿业所每个月通过排烟向大气中排放约 5 千克的镉。

（3）（1）和（2）中的镉排出量计算时用到的数据抽样方法有不充分的地方，这些数值在精度方面不能保证准确。

（4）除了神冈矿业所的排水、排烟，休废矿坑和废矿石处理场及旧轨道沿线流出的重金属也污染了高原川流域水质及底质。

因此，为了把握问题状况，使三井金属矿业采取措施应对污染源，有必要进行专门的调查研究。1974 年 7 月，神通川流域镉受害者团体联络协议会（1972 年 10 月成立）向专家学者所属大学委托了五项研究。

这五项研究分别是：①神冈矿山排水调查研究班（京都大学工学部冶金学研究室，代表者仓知三夫），②神冈矿山排烟调查研究班（名古屋大学工学部化学工学研究室，代表者神保元二），③镉等的收支的相关研究（东京大学生产技术研究所，代表者元善四郎），④神通川水系中重金属的富集及流出相关研究（富山大学教育学部地质学研究室，代表者相马恒雄），⑤神冈矿山尾矿库安全性相关的调查研究（金泽大学工学部土木工学研究室，代表者八木则男）。

经过三十多次的现场调查，1978 年发表了"疼疼病判决后神冈矿山的污染源对策"的研究报告。以此调查研究为基础，研究人员向神冈矿业所提出了污染源应对措施。结果在 1979 年之后，神冈矿业所也将矿害防止对策总结纳入报告书中，每年提交。每年一次的全体入厂检查到 2011 年为止进行了 40 次。这项调查除了当地居民以外，还有支援者、研究者及学生参加，也成为了环境教育的场所。根据之前的协定，入厂调查、委托研究、分析费用在 1972～2010 年累计达到约 2.8 亿日元，企业的公害防治投资额达到 213 亿日元。一开始企业对居民的入厂调查持消极态度，后来体会到公害防止也会为公司业绩带来好的影响，于是企业逐渐变得合作起来，现在则积极合作，并努力创建无公害工厂。

通向"无公害工厂"之路

在纪念入厂检查 40 周年的研讨会上（2011 年 8 月 6 日），大阪市立大学教授畑明郎在"神冈矿山排水对策的成果及今后的课题"中这样说：排水对策中，实施了坑内水的清浊分离、选矿工程水和精炼工程水的循环利用，排水处理设施的改善，尾矿库浸水处理等，神冈矿山的 8 个排水口（现在为 7 个）的镉排水量及浓度从 1972 年的约 35 千克/月·9 微克/升减少到 2010 年的约 3.8 千克/月·1.2 微克/升，减少为原来的 1/10。

排烟对策中，不仅进行了排烟的矿烟集尘，还加强了建筑物内的环境除尘，对镉排出量多的工序进行改善，因此神冈矿山因排烟排出的镉含量从 1972 年的约 5 千克/月减少到 2010 年的 0.17 千克/月，减少为原来的 1/30。

对于休废矿坑和废矿石处理场的应对措施，首先通过航空拍照和现场调查把握实际状况，再进行被污染的废水和未被污染的泥水的分离、覆土、植被栽培、被污染地下水的集水处理等，将休废矿坑和废矿石处理场流出的镉减少为每月 1 千克左右。（中略）

导致疼疼病发生的农地灌溉用水——牛首用水取水口神通川第三水坝的镉浓度在当时为 1.5 微克/升，到了 2010 年牛首用水的年平均镉浓度为 0.07 微克/升，减少为原来的 1/20 左右。（中略）

1980 年时镉浓度 0.2 微克/升以上的牧发电所、神通第一水坝、牛首用水在 2007 年以后降到 0.1 微克/升以下，达到了自然水平。神冈矿山上游的殿用水和神冈矿山下游的牛首用水的镉浓度都降到 0.1 微克/升以下，"神冈矿山的污染负荷已经可以基本忽略不计了"。

为了实现矿山无公害化，工厂的抗震措施，镉以外的锌、铅等重金属及化学物质的减排，需要上百年来实现的工厂地下土壤、地下水中蓄积的 80 吨镉的净化，3800 万立方米的尾矿的安全保障和植被栽培都是将来需要解决的课题。虽然如此，经过 40 年的努力神通川恢复了原来的自然状态。其他方面在此未提及，但土壤污染的恢复工作也已完成，由于大米被污染导致的损害得到预防。这有力地证明了公害与自然灾害不同，是社会原因导致的，可以预先采取措施防止其发生[16]。

2013 年 12 月 17 日，神通川流域镉被害者团体联络协议会与三井金属矿业公司及神冈矿业公司之间缔结了《神通川流域镉问题的全面解决相关合意书》。在此合意书中，造成危害方进行道歉，制定对健康损害相关的未解决问题的健康管理支援制度，提出向相应人员支付 60 万日元的解决措施，被害者团体接受了此合意书，在全面解决此问题方面达成了一致意见。

第三节　新潟水俣病诉讼

1. 水俣病的发生和原因调查

事件经过和诉讼过程

四大公害诉讼中最先提起的是新潟水俣病诉讼，该诉讼对其他诉讼特别是熊本水俣病的诉讼起到了推动作用。

1965 年 6 月 12 日，新潟大学神经内科的椿忠雄教授和植木幸明教授正式发布："在阿贺野川下游发现原因不明的有机汞中毒患者"。新潟县于 6 月 16 日设置新潟县汞中毒研究本部（同年 7 月 31 日改称为新潟县有机汞中毒研究本部），6 月 16 日到 26 日期间进行了两次以约 25 000 人为对象的健康调查。另外对头发中汞浓度超过 50 毫克/升的妇女进行避孕等指导。这项调查结果推断该病的原因为河鱼。6 月 30 日在河鱼三齿雅罗鱼中检测出浓度为 35 毫克/升的甲基汞。此时厚生省已经否定了农药为此事件的直接原因，而将拥有乙醛制造过程的工厂作为调查的重点。9 月 8 日厚生省新潟汞中毒特别研究班成立。一开始划定了 13 家相关工厂，研究结果发现距离阿贺野川河口 60 公里，位于上游的鹿濑町的昭和电工鹿濑工厂的嫌疑很大。9 月 10 日在该工厂的排水口附近的泥中检测出总含汞量 151 毫克/升，在煤矸石山检测出总汞量 620 ~ 640 毫克/升。1966 年 4 月 1 日，椿教授在日本内科学会上发表了"工厂废水说"，并得到支持。5 月 17 日，新潟大学医学部公众卫生研究室的泷泽行雄副教授从鹿濑工厂排水口的水苔中检测出微量甲基汞。据此，新潟水俣病的原因和责任已经十分明确，然而政府意见下达缓慢，再加上通产省的阻挠，一直没有得出明确的结论。另外昭和电工否认自身的责任，坚持农药致病说。因此，为了解决这个事件受害者选择了诉讼手段，在正式发表此病六年后的 1971 年 9 月 29 日才等到了判决。在这期间有患者死亡，出现了很多受害者。熊本水俣病正式发现后九年，也是 1959 年确证水俣病是有机汞中毒所致的六年后，第二次水俣病发生。虽然致病原因已经很明显，然而由于政府的失职没有得到及时解决，实在是值得羞愧的。政府在 1959 年，即熊本大学的解释得出的当年，进行了乙醛生产工厂的排水调查，但没有进行规制。而受到警告且明知熊本水俣病危害，昭和电工却未采取合理的应对措施，这样的过失责任十分严重。虽然发生了第二次重大公害，但如果不是受害者抱着必死的决心进行诉讼，就无法得到真相，也不会进行救助。从此可以看出日本公害对策有根本上的缺陷。与其他公害诉讼不同，此公害诉讼未在前面章节叙述，因而在此简单回顾此事件经过[17]。

1959 年 1 月 2 日，由于大雨冲刷从鹿濑工厂流出了 1 万立方米碳化钙，导致大量鱼类死亡，新潟市一日市的渔民近喜代一（之后为诉讼原告团长）收集了这些鱼的样本。从鹿濑工厂到阿贺野川河口的 60 公里的鱼类全部死亡。而且之后几年生态系统都没有完全恢复。对此重大事件鹿濑工厂的负责人认为是一个"没什么大不了的事件"，以无所谓的态度向阿贺野川渔业组合（2400 人加入）支付了 2400 万日元的渔业补偿金，就这样了结了此事。这次事件是水俣病的前奏。

1963 年前后，阿贺野川河口地区的猫和鱼发生了异样变化。1964 年 6 月 16 日，新潟地震发生，农地和农作物受到损害。半农半渔的渔民无法获取农作物，因而大量食用鱼类，五十岚文夫认为这是发病的原因[18]。地震之后下山部落的南宇助（63 岁）手脚麻痹、眩晕、走路不稳等症状恶化，被送往新潟大学附属医院，被诊断为精神病，由于情绪暴躁医院将其手脚绑住，10 月 29 日郁郁而终。之后成为原告一员的今井一雄也由于手脚麻痹被送往大学附属医院的神经外科。为开设神经内科来此准备的东京大学脑研究所椿忠雄在诊治今井时怀疑可能是有机汞中毒。他将今井的头发带到东京检测，1965 年 1 月 28 日检测出含有 380 毫克/升汞。这样第二次水俣病被发现，然而在没来得及采取对策的短时间内，又接连有患者出现。其中桑野忠英（19 岁）也像南宇助一样被绑在床上，痛苦挣扎，最终于 1965 年 3 月 21 日去世。据说由于当时还没有正式发表水俣病，家属不了解情况，为了尽早康复每天给他吃河鱼的生鱼片。椿忠雄等人于 5 月 29 日在第 12 次日本神经学会全关东部会上报告了四例有机汞中毒的病例。31 日新潟大学向县里报告阿贺野川下游流域发现汞中毒患者。县政府想要隐瞒此事而未予公布。6月11日,《赤旗》记者访问椿教授进行采访,县政府才急忙向新潟大学医学部下达公布的指示,这种情况下才打破了沉默。1965年1月,由于害怕该事件暴露,鹿濑工厂停止了乙醛生产,将生产设备拆除移到了其他工厂保管,还销毁了生产流程图[19]。

汞中毒事件公布后仅两个月,8月25日民主团体水俣病对策会议(民水对)成立。毕生从事患者治疗的医师、该会议的首任议长齐藤恒表示,当时虽然呼吁了所有的政党,但只有共产党参加了。地区工会·水道工会、新潟勤劳者医疗协会等22个团体加盟,新潟县工会评议会(县评议会)只作为观察员参会。然而和其他公害诉讼相比,此次作为支援团体的民水对组建时间早,从准备阶段开始就同受害者一起要求县政府进行应对措施,因而调查得以推进,受害者组织也没有分裂,可以说新潟水俣病是公害诉讼的主导力量。民水对从开始就提出了原因的早期查明、损害的完全赔偿、公害的根除、追究使水俣病再次发生的政府责任等四条口号。而且还与县进行交涉,使汞中毒对策费322.8万日元的支出等得以实现。

1965年12月23日,47名患者组成了"有机汞中毒被害者之会"。然而,民水对与被害者之会的共同斗争刚开始并不顺利。根据五十岚文夫的描述,阿贺野川流域是自民党的势力范围,受到共产党色彩浓厚的民水对支援的被害者之会在各种事情上都被居民冷眼相待。有时还会有警察和公安调查厅的人员故意找茬。与熊本等县相比,新潟县进行了健康调查和原因调查,这是值得肯定的。然而就像饭岛伸子指出的那样,受害地区仅限定为河口地区,在很大程度上限制了后来的救助活动。另外在诉讼之前为了阻止运动的发展,县里的干部企图让新潟县民水对与被害者之会之间决裂。

如前所述,厚生省组成了新潟汞中毒事件特别研究班,开始进行原因调查。然而如下文所述,通产省对此进行阻挠,政府达成统一意见已经是1968年9月。在这期间,新潟县的君健男副知事企图使民水对与被害者之会决裂,1966年6月3日,提出了赔偿问题的中间调停。这与熊本县在智索公司和受害者中间促使双方缔结抚慰金协议的行动相同。副知事在被害者之会之外组建了补偿要求联络会议,开始了交涉。受害者借此机会协议要求赔偿金,决定要求向死者赔偿1700万日元,重症患者1400万日元,总额共3亿日元。然而当时昭电并没有要赔偿的态度,县和市表示对死者的赔偿金只能给到300万日元。对此受害者不接受,交涉决裂。在这种情况下民水对于1967年

1 月提起上诉。受害者开始还对政府的调解抱有期待，然而到 2 月 19 日 NHK 电视台的特别报道"两个证言"中，昭电的安藤常务表示"即便国家认定鹿濑工厂的废水是造成疾病的原因，我们也绝对不认可"，看到这个报道的受害者对于靠行政解决问题开始抱有疑虑。3 月 21 日，全家都出现了水俣病症状，并且有家人死亡的桑野家、大野家、星山家三家共 11 人决定开始诉讼，于 6 月 12 日正式起诉。1968 年 9 月，将昭电的责任模糊化的政府结论一出，近家等 11 个家庭 21 人也加入诉讼，到了 1970 年 8 月共有 34 个家庭，77 人成为原告，请求总额达到了 5.27764 亿日元[20]。虽然原因在当地已经得到明确，然而不借助诉讼就无法明确救助措施和责任，是由于昭电、政府以及一部分学者对工厂废水造成公害的否认。

　　昭和电工鹿濑工厂的加害行为

　　昭和电工鹿濑工厂和智索公司水俣工厂一样，都是为了就近从水电站获得电力供给，在山中设立的电力化学工业。1928 年，昭和电工的前身昭和肥料建造了鹿濑工厂，第二年开始生产电石。1934 年与拉萨（RASA）工业合并成立昭和合成，开始生产醋酸及乙醛其他衍生品。两年后的 1936 年（昭和 11 年）与昭电合并。昭电于 1966 年开始转向石油化学工业，计划将有机合成部门迁到德山，再迁到大分·鹤崎，因此 1965 年 1 月停止生产乙醛，1966 年 3 月将鹿濑工厂设为子公司·鹿濑电工，1986 年 12 月改名为新潟昭和，一直沿用至今。从公司的名字能够看出，昭电是被称为森康采恩的新兴财阀，和安田财阀有密切的联系。

　　战后，昭电遇到了与复合融资相关的行贿事件，陷入了危机。1959 年，曾作为战犯被革职的安西正夫又回到总经理的位置，在他的决策下，昭电通过从化学肥料到石油化学、制铝、核能发电部门的转换，恢复了在日本化工业界的领军地位。深井纯一比较了智索公司水俣工厂和昭和鹿濑工厂，发现两个工厂都是将水俣市和鹿濑町作为企业城下町。水俣病发生时鹿濑町议会忠诚于昭电，否定工厂排水致病的说法，拒绝了县里策划的健康诊断。因此，阿贺野川上游的患者很晚才被发现。不过，水俣工厂对熊本县的经济政治具有支配能力，而鹿濑工厂却没有这么大的能力。新潟县有很多有实力的化工厂，位于偏僻之地的鹿濑工厂的存在感并不强。以此为背景，新潟县与熊本县相比，从一开始就用行动证明工厂废水说，同时很早实施全员体检等对策。

虽然鹿濑工厂对县里没有支配力，但昭电与智索公司相比，对日本全国的经济和政治的影响力要大得多。昭电在石油化学的转型方面也领先于智索公司。两个工厂导致水俣病发生的背景，都是为了快速转向石化工业，未改善乙醛的生产过程，未设置排水处理等公害防治设备，就拼命增产。在此情况下昭电比智索公司更早实现了向石油化工的转型。深井纯一对新潟水俣病发生的原因这样描述：

"1959 年以后鹿濑的乙醛生产设备的改进中，附属设备都使用二流三流产品，事故频发，然而这个阶段鹿濑工厂对于昭电来说，需要发挥其最大生产力来为向石油化工的转型积累资金第一次 75 亿日元，第二次 150 亿日元，为乙烯法作业的开始保证市场，可以说是用完之后就要废弃的工厂。……由于鹿濑工厂到最后肯定要被放弃，因此没有计划要建造排水处理设备，而且1962 年决定，三年后德山开始作业时就关闭鹿濑工厂，通产省也没有对此设置进行指导，因而在关闭前的 1963 年度以 1.6 万吨的生产能力实现了 1.95万吨的生产业绩，就这样因为用完之后就废弃所以强行以最大限度进行生产，这种生产态势持续到 1964 年末，在此情况下汞污染日益严重，导致了新潟水俣病的发生[21]。"

乙醛生产量的时间变化如图 4-2 所示。智索公司水俣工厂的最高点是1960 年，生产量约 4.5 万吨，是鹿濑工厂 1964 年最高生产量 1.96 万吨的两倍以上。水俣工厂的生产量是日本第一，并且是居于第二位的鹿濑工厂的2—3 倍。生产量的不同和最高点的不同也导致了水俣病患者的发病时间和受害程度的不同。

政府的调查团和政府的见解

1965 年 9 月 8 日，厚生省成立了"新潟汞中毒事件特别研究班"，以新潟大学为中心的地方研究班也加入进来。这个研究班以科学技术厅的研究费964 万日元为资金，由临床（新潟大学）·试验（国立卫生试验所）·流行病学（国立公众卫生院）三个组 23 名研究人员组成。其中的核心成员是流行病学组神户大学的喜田村正次教授，新潟县北野博一卫生部长，以及虽然不是正式成员，但事实上进行调查的新潟大学的泷泽行雄副教授和县医务课枝并福二副参事。

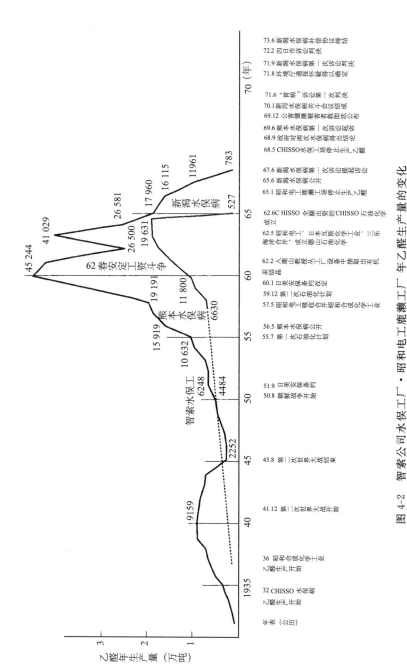

图 4-2 智素公司水俣工厂·昭和电工鹿濑工厂 年乙醛生产量的变化

注:1)智素公司水俣工厂的乙醛生产量是根据雄所编《水俣病 20 年的研究和当今的课题》(p. 159)(青林舍)。

虚线部分是根据新潟水俣病第一次诉讼材料。虚线部分是根据新潟水俣病周边杉树树年轮的汞含量推定的生产量。

2)昭和电工鹿濑工厂的生产量根据新潟水俣病第一次诉讼材料。虚线诉讼部分是根据新潟水俣病周边杉树河边广男的工厂周边杉树年轮的汞含量推定的生产量。

资料来源:《公害·环境诉讼和律师的挑战》,p. 135。

1966 年 3 月 24 日，该研究班发布了中间报告，当日出席共同会议的通产省进行了批判，威胁说"万一到了法庭上也要能够经得住质疑"，因此，流行病学组的昭电鹿濑工厂废水致病说因部内表示"需要再进行详细的探讨"，没有得出结论。1967 年 4 月，长达 456 页的《新潟汞中毒事件特别研究报告》发表。在此明确了患者是由于食用大量受到昭和电工鹿濑工厂废水中甲基汞化合物污染的河鱼而引发的甲基汞中毒，确定为第二水俣病。对于之后要介绍的昭电提出的农药说，县里的调查发现新潟地震时仓库中的 1705 吨农药中，受到损害的农药有 206.3 吨，退货 131 吨，减价出售 12.5 吨，剩下的 62.8 吨全部安全掩埋，没有发生流出的事情，因此未采用农药说。根据这个报告，政府应该立即采取对策。然而，与受害者的期待相悖，此报告书并没有立即被采用。在此期间，如前文所述从水苔中发现了有机汞，喜田村教授通过实验证明那是乙醛生产过程中排出的。

1967 年 8 月 30 日，厚生省听取了昭电对上述研究报告书提出的意见和参考人意见之后，发表了食品卫生调查会报告。报告中认为工厂废水在本次汞中毒事件中"形成了基础性作用"。研究班和调查会意见的不同之处为：对 1964 年 10 月到 1965 年 2 月之间，患者的毛发中汞含量增加了 10 倍，且出现很多患者这个事实的见解不同。

虽然有这样的不同，但农药致病说被否定，即使并非明确的断定，仍可以认为工厂废水说已经确定，公害的受害救助刻不容缓。晚一天都有可能造成新的死者。新潟县虽然开始了健康诊断，但受害者的范围仍在扩大。已经忍无可忍的受害者在此报告发布之前两个月就提起诉讼，要求损害赔偿。然而厚生省的结论被提交到科学技术厅，在听取了通产、农林各省和经济企划厅的意见后才能提出国家的意见。农林省很快就赞同了厚生省的意见，经企厅于 1967 年 12 月才终于提交了与厚生省相同的意见书。然而通产省企图拖延时间，于 1968 年 1 月提出了"工厂废水说存在疑问"的意见书。其内容为对甲基汞的水溶性存在疑问，认为有必要对人体中毒的机理进行重新研究，对低浓度的有机汞污染为什么会造成高浓度污染的鱼类存在疑问，认为从流行病学的方法来断定加害者是很危险的。

如上文所述，与疼疼病和熊本水俣病的原因调查相同，在此事件中通产省也否定了厚生省的意见，将公害放置到不可知论的世界中，模糊企业的责任，阻止或者延迟公害应对措施。1968 年 9 月 29 日，新潟水俣病与熊本水俣病终于一同被认定为公害。政府意见中没有断定昭和电工的工厂废水为致病原因，而认为是"阿贺野川被有机汞化合物污染造成的结果"。对于阿贺野川的污染形态，认为是长期污染的事实，也有附加相对短期的浓度污染的可能性，但程度不明。然而长期污染是造成本次中毒发生的"基础"这件事是明确的，认为长期污染的原因主要是昭和电工鹿濑工厂的废水。另外对于短期高浓度污染否认了农药说，但其原因仍存在不明之处。迫于科学调查的结论和舆论的压力，政府将新潟水俣病认定为昭电鹿濑工厂的废水为主因造成的公害引发的相关疾病，但这仍是含糊的政府见解，要得到明确的结论必须要等到诉讼的判决。

昭电·北川农药说——科学的犯罪角色

厚生省研究班发表中间报告书，工厂废水说在学会上受到更多的支持，于是昭电于 1966 年 7 月 12 日提出了"对阿贺野川的有机汞中毒症的考察"这一反对意见，提出了致病原因为农药的主张。在此重复了地震造成农药流出之说，并强调鹿濑工厂在生产乙醛的 30 年时间里都没有发生事故，1964年秋到 1965 年也没有发生特别的事故，研究班在水苔中发现的甲基汞只有微量的 0.1 毫克/升，即便流入河水，也会稀释到 0.00018 毫克/升，不会成为水俣病发生的原因。

提出昭电的农药说的是被称为安全工学的权威的横滨国立大学北川徹三教授。北川徹三指出受害地区与污染源必须很近这一经验理论，并且河口地区于 1964 年 8 月至 1965 年 7 月短时间内发生人因食用鱼类中毒这一集中污染，另外新潟县为粮食主产区，使用大量的有机汞农药，根据以上事实及条件，提出了"农药说"这一假说。

此假说认为，1964 年 6 月 16 日新潟发生地震时，信浓川的码头附近受到毁坏的仓库中流出农药，流入海中并向东北方向移动，到达阿贺野川河口，7 月的暴雨期通过盐水楔到达受害地。而后从距离河口七公里的深水区被农药严重污染的海水下沉，鳕和三齿雅罗鱼等底栖鱼类急性中毒，引发了食用这些鱼类的居民出现有机汞中毒症。

此假说简直就像亲眼看到农药的流动过程一样，但农药说的说明在理论上也并非完全不可能。然而根据县里的调查，地震没有引发农药流出，因此该假说应该不能成立。然而他提出之后却在河口附近发现了农药的瓶子。如果确实如此，鱼类应该全部死亡，居民也就应该不可能吃到，而泷泽行雄对此废弃的农药瓶检查之后发现并非盛放甲基汞系农药的瓶子。原告律师团还对假设农药流入海中后是否会流向东北方向这一问题进行了调查，发现会流向西边的佐渡岛而不会到达阿贺野川河口。考虑到当时的大雨天气，是否会产生盐水楔也存在很大疑问。北川教授当作证据并在国会上进行说明的被农药污染的两条河的自卫队航空照片是从昭和石油的油罐中流出的石油在夕阳下反射的两河照片，与农药并无关系，此事也败露出来。另外推翻北川教授学说的最重要因素是在上游的鹿濑町发现了汞含量为 107 毫克/升的居民。由于鹿濑町一直拒绝县里的健康诊察，所以当时没有发现大量患者。而且与下游地区相比，县里疏于对中游及上游的调查。判决后中游上游也发现了患者，仅限于河口地区的农药说明显是错误的。然而北川却固执于此假说，昭电也以此假说为辩护依据。诉讼中的质证使其错误显露出来。（以上的经过参照图 4-3）

北川徹三虽然到过事发地点，但明显没有进行调查。虽然进入了鹿濑工厂，但没有查看乙醛的生产地点，虽然应患者的要求进行了会谈但对他们的病情和意见完全没有进行调查。对于公害等新的社会问题，到现场进行调查是原则。但他没有到现场进行调查，将随意挑选的资料进行拼凑，提出了农药说。对于熊本水俣病，东京工业大学清浦雷作教授提出胺致病说为智索公司进行辩护，这也是没有对现场受害的实际情况进行调查的纸上谈兵。北川的农药说在外行人看来可能道理是通的，但也是纸上谈兵。五十岚文夫在判决之前就表示"'新潟水俣病诉讼'不是科学与科学的对立，而是科学与空谈的对立，根本就没有可以争论之处[22]"。然而北川徹三是安全工学的专家，他坚持农药说，因而此事不可避免地被卷入了科学论战中。

2. 诉讼的争论焦点及判决

工厂排水致病说还是农药说

第一次诉讼的原告团团长为近喜代一，律师团团长为渡边喜八，干事长为坂东克彦，主要由新潟县的律师组成。与原告方相比，被告昭电一方的律师团队十分强大，团长为后来担任日本律师联合会会长的成富信夫。新潟水俣病第一次诉讼并没有像疼疼病诉讼那样依据矿害法，而是根据民法第 709

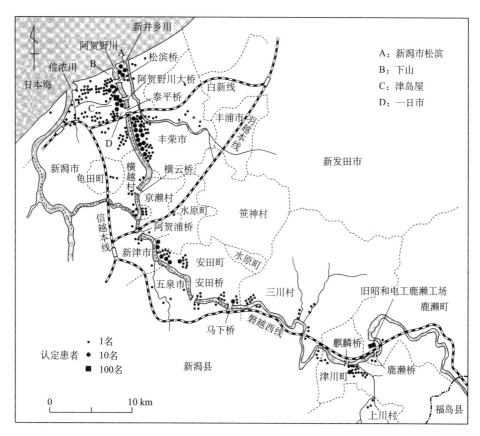

图 4-3　新潟水俣病相关地区及认定患者分布图

注：本图是根据《新潟县水俣病参考手册 阿贺之流》

（新潟水俣病共斗会议编，1990 年）中所收地图经船桥晴俊等润色修正之后所得。

条追究被告的不法行为责任。因此除了因果关系，还需要证明企业的故意或过失责任。被告昭电开始否定原告提出的有机汞中毒症一说，而怀疑是农夫症，但后来又无法否定有机汞中毒症，于是诉讼的焦点变为工厂废水说和农药说的争论。原告认为，根据通过熊本水俣病已经知晓汞中毒原因的情况下，为了实现向石油化工的转型而增产乙烯，并且未经处理就将含甲基汞化合物的废水直接排出，属于未必故意导致的大量杀人、伤害，疏于履行将水俣病的发生防患于未然的义务，负有过失责任。对这样的指控被告完全否认，坚持自亡的农药说，强调工厂使用最好的技术，因而并非故意也无过失。对于损害赔偿，原告本应对逸失利益和抚慰金合并请求，却首先一律作为抚慰金进行请求。参加诉讼的人员已经增加到第 18 批，原告共 77 人，要求对死者及重症患者赔偿 1500 万日元，其他患者一律赔偿 1000 万日元，请求总额为 5.22 764 亿日元。

在公害诉讼中，被告企业通过将诉讼引入无用的科学论争，企图花费时间和金钱模糊事故原因及责任。新潟水俣病诉讼也一样，用四年的时间进行口头辩论 46 次，出差讯问 15 次，查证 15 次，鉴定讯问 3 次共 69 次，由于次数太多期间原告还向法院提出抗议。提起诉讼时原告最担心的是资金问题。为了应对科学论争，原告灵活运用民事诉讼法第 60 条的辅助人制度，请九位专家作为辅助人，在律师和合作科学家的无偿帮助下完成了诉讼。

虽然并非科学诉讼，但通过这次诉讼过程关于公害科学取得了很大进步。特别重要的是以蕾切尔·卡逊为代表的生态学家之前就敲响过警钟的食物链和生物浓缩所带来的危害的发生。昭电没有遵照代理律师的主张，承认了含有低浓度甲基汞的废水从工厂排出。但主张那只是微量，由于溶于水，在浩渺的日本代表性的大河阿贺野川中被稀释到几乎可以忽略不计，因此认为鱼被重度污染是不可能的。这个主张在诉讼中被科学家的证言推翻了。经过水苔·底泥—浮游生物·水栖昆虫—小鱼—大鱼—人这一食物链，毒素逐渐浓缩。而且有机汞和无机汞不同，95% 到 100% 可以被消化道吸收，通过血液循环分布到全身各个脏器，特别是在肝脏和肾脏大量蓄积。甲基汞化合物与无机汞化合物以及其他有机汞化合物不同，更容易通过本来可以防止有害物质侵入脑内的血液脑关门，这个特性造成一部分有机汞进入脑内并蓄积在中枢神经中，使神经细胞受到损害，引起神经疾病或精神疾病。

另外本来母亲的胎盘具有排出有害物质的性质，但甲基汞反而会浓缩传递给婴儿。因此即便母亲的甲基汞蓄积浓度较低，也会在胎儿体内浓缩积蓄。因此出现了胎儿性水俣病这种新的受害者。这种"食物链—生物浓缩"是包括放射性物质的有害化学物质对于生物特别是人体共通的问题，可以认定是公害论的基础。可以说为了对抗农药说，这一理论在新潟水俣病诉讼中被精细化，对河鱼、人体的调查精度也得到了提高。

否定北川农药说是质证的重点。如上文所述，农药说在质证过程中完全被推翻。北川被法官这样讯问："你在证言中说，厚生省报告的最大弱点是完全没有考虑制造过程就得出了结论，那请就你本人是否对鹿濑工厂进行考察并观看了制造过程这一原告代理人的问题进行回答。"然而北川却对是否观察过重要的反应塔没有记忆，回答说由于生产过程停止，因此当时没能对是否生成甲基汞进行调查，让在座的人禁不住哄笑。最后被审判长讯问时承认了工厂有甲基汞的流出，而且还说不知道地震时的农药流出量这一重要信息，自身就否定了农药说的存在[23]。

判决的主要内容

1971 年 9 月 29 日，宫崎启一审判长作出了原告胜诉的判决。判决表示，受害者认为若要求对公害所致损害与加害行为的因果关系进行自然科学上的明确解释，就会使得通过民事诉讼进行救助的道路被堵死，因而从因果关系论的角度提出以下三点：(1) 受害者疾患的特性及其原因 (病因)；(2) 致病原因物质到达受害者的路径 (污染路径)；(3) 加害企业中致病原因物质的排放 (从生成到排放的机制)。其中每一项的举证对于受害者来说都很困难，特别是对于第 (3) 项，加害企业通常将其作为"企业秘密"而不对外公开。如果没有权利进入工厂，一般居民进行科学上的明确解释几乎是不可能的。根据以上内容，如本次这样的化学公害事件中，……对于上述 (1) (2) 两项，如果原告提出的情况与证据可以证明，并且与相关各科学的关联上并无矛盾之处，就应该认为在法律因果关系方面得到了说明。若原告已如上述程度对 (1) (2) 两项进行了举证，可以说对污染源的追踪已经到达了企业门口，在此情况下，对于第 (3) 条如果企业一方不能证明自己的工厂不可能成为污染源的原因，就可以在事实上推定其存在，结果就可以认为所有的法律上的因果关系得到了证明。

在判决中，对于第 (1) 项，本次中毒症是被称为水俣病的低级烷基汞中毒症，这已经得到了充分证明。对于第 (2) 项，虽然"对于河鱼污染的原因无法在科学上得到充分解释这一缺憾存在"，但原告的工厂废水说能够解释问题且与相关各学科的关联没有任何矛盾，而被告的农药说只剩下盐水楔这一污染路径，且假说自身也存在很多科学疑点，与各学科的关联也有很多无法契合之处，因而予以驳回。另外，被告无法否定鹿濑工厂中甲基汞的生成与排放，排水口附近的水苔中检测出甲基汞这一事实也得到了证明。被告烧毁了鹿濑工厂的乙醛制造工程相关的制造工程关系图，从反应设施、反应液的提取试样等相关资料也没有保全，并且完全拆除了工厂设备，判决对此提出严厉指责。因此得出以下结论："总结来说，本次中毒症是由于被告鹿濑工厂的生产活动持续向阿贺野川排放含有甲基汞的工厂废水，污染河水及栖息在其中的河鱼，从而导致大量食用污染河鱼的沿岸居民感染此症，为烷基汞中毒症，原因及病源与水俣病相似，可以称之为第二次水俣病。"

对于被告的故意责任，由于在以上结论之外，没有证据表明被告明知水俣病的发生机理而容忍水俣病的发生，因而否定其故意责任。

对于被告的过失，判决认为其违反了化工企业的安全管理义务，提出以下严厉指责："化工企业在需要将制造过程中产生的废水排入一般河川时，需要运用最先进的分析检测技术，对废水中是否含有有害物质，其性质及有害程度进行调查，并基于此结果采取万全措施保证其不会对生物及人体造成危害。……即便应用了最先进的技术设备，如果可能会对人的生命及身体造成危害，就应该缩短企业的作业时间，甚至可以要求停止作业。企业的生产活动确实应该在保证与一般居民的生活环境相和谐的前提下进行，因为没有任何理由为了保护企业的利益而牺牲居民最基本的生命健康权。"

据此原则来看，被告企业不但没有履行采取万全措施保障沿岸居民不受危害的义务，而且对熊本水俣病的发生隔岸观火，怠于对乙醛制造工程排出的废水进行调查分析，未经处理便将甲基汞排放出去导致水俣病发生，为被告之过失。

对于违法性，被告主张其遵照了废水排放的法令规范，虽然废水中含有甲基汞，但未超过现行法令之限度，因而并未违法。然而由于其行为造成了人的生命及身体上的损害，因而不能认为其非民事违法。

判决对于公害损害的特性这样阐述：第一，公害与交通事故及普通的生命、身体侵害等不同，受害者无法成为加害者，因而具有立场的非交换性。第二，公害伴随着自然破坏，因而对附近居民来说，该企业造成的损害不可避免，日常生活中无论如何都会受到损害，这与劳动灾害及航空事故有本质区别。第三，公害对不特定多数居民造成损害，其范围相当广，具有严重的社会影响。第四，由于公害造成环境污染，附近居民只要在同样的环境中生活，即会受到损害，家庭全员或大部分受到损害，甚至会导致整个家庭的毁灭。最后，造成公害的加害行为是由企业生产活动中的过失造成的，企业通过生产活动会获得利润，然而与此相对，作为受害者的附近居民无法从上述活动中取得任何直接利益。企业活动有为社会整体作出贡献的一面，但也不能因此而允许其破坏周围居民的生活环境。

损害赔偿必须在考量以上性质的基础上做出决定，且此情况下亦需考量以下事项。由于水俣病的治疗方法未得到确定，即便一部分症状得到改善，也有人患病十几年之后病情恶化。考虑到水俣病这种病例的存在，决定抚慰金如下。

此处分为五个等级：

（a）级患者——无他人照顾则无法生活，受到与死亡相当的精神痛苦的，赔偿 1000 万日元；

（b）级患者——维持日常生活有显著困难的，赔偿 500 万日元；

（c）级患者——可以进行日常生活，但仅能进行轻度劳动的，赔偿 400 万日元；

（d）级患者——可以工作，但劳动种类具有相当限制的，赔偿 250 万日元；

（e）级患者——由于轻度水俣病症状而持续有不快感的，赔偿 100 万日元；

得到认可的赔偿总额为 2.702 4 亿元，为原告要求的一半。

昭电于前一年的 9 月 27 日表示遵从判决，放弃上诉权，因而判决立即生效。

3. 判决的影响及防止协定

判决的评价

本次审判是代表公害事件判决范例的历史性判决，没有陷入科学论争的泥淖，明确了公害事件中法律因果关系所需的举证程度。如"门前举证"所说的那样，被害者只要证明病因及污染物的到达路径即可，对于企业污染物质排放的机制，若企业不能否定，原告便无需证明。公害论之前一直主张的企业举证责任于判决中得到应用，意义重大。另外，采用了以食物链为核心的工厂废水说，摈弃了农药说。

对居民运动产生最大影响的是责任论。法院认可了此原则：化工企业有义务使用最先进的技术，在作业中避免对生物及人体造成损害，即便使用了最先进的技术，若对人的生命及身体造成危害，也可被要求停止作业。这在当时生活环境优先的反对公害的舆论看来是理所当然的，然而当时在政府还未要求企业停止作业对公害进行规制的情况下，此事具有重大的意义。也意味着笔者在结审时作为辅佐人所提到的"停止侵害"的主张得到了承认，不过原告并未要求"停止侵害"[24]。

最后关于损害论，同交通事故及劳动灾害不同，公害是企业为了追求利益而对居民的生活环境及生命、健康进行的单方面侵害。这是对之前公害论成果的总结。从这一明了的理论看来，赔偿金额过低。当时在成田被杀的警官的慰问金已经达到了2500万日元，而原告的请求额却只被认可了一半[25]。

遗留的责任论

主张在判决中被明确否定的农药说的北川徹三负有重大责任，这一诉讼中科学家的责任前所未有地受到关注。北川虽声称自己与政府和业界没有关系，只是提出自己的假说，但可以说其明显代表了化学工业协会和通产省的利益，利用安全工学家的权威未对现场进行充分调查便提出此空论，延长了审判时间。判决后北川仍未否定自己的假说，然而在已发现中游上游出现患者的情况下，他仍坚持自己的假说可以说十分反常。难道与安全相关的协会不应该以此为鉴来明确科学家的责任吗？[26]

在新潟水俣病中，国家也负有重大责任。如上文所述，对熊本水俣病的应对措施不足从而导致水俣病再次发生既是昭电的责任，同时也有国家的不作为。此次诉讼中全力追究昭电的责任而对国家责任的追究未能顾及，这也导致后来再次进行诉讼。

1973年6月21日，新潟水俣病受害者代表近喜代一及新潟水俣病共斗会议同昭和电工股份公司就新潟水俣病的解决一事签订《协定书》。《协定书》规定，对于死亡者及其他需要护理才能生活的患者（简称"重症者"），一律支付一次性补偿金1500万日元，对于其他患者（简称"一般认定患者"）一律支付一次性补偿金1000万日元。另外对于活着的患者每年一律支付50万元的持续性补偿金。

这样，在判决中被减半的请求金额得以恢复，且没有加入诉讼的认定患者也得到了补偿。判决中进行了分级，但协定中却只分了两种情况，没有规定"轻症"患者的赔偿方式。这是因为水俣病的病症尚未明确，救助的重点放在了重症者及接近重症患者之上，然而这在后来成为了重大遗留问题。

第四节 四日市公害诉讼

1. 通往诉讼之路

图 4-4 当时四日市各工业区建设的工厂配置

资料来源：根据小野英二《原点·四日市公害 10 年记录》制作。

提起诉讼

1967 年 9 月 1 日，原告，即矶津居民野田之一等九名公害病认证患者向矶津地方法院四日市支部提起诉讼，状告第一工业区昭和四日市石油、三菱油化、三菱化成工业、三菱孟山都化成、中部电力、石原产业六家企业，要求被告企业对排烟所造成的健康损害进行赔偿（参考图 4-4）。起诉时本只要求赔偿原告每人 200 万日元慰问金，而结审时追加了财产损害（逸失利益），因而每人可获得最高 3.582 6 千万日元，最低 1.053 69 千万日元赔偿，合计 2.586 3 亿日元。律师团以东海劳动律师团为中心，原成员 52 人，后增加至 93 人。北村利弥任团长、野吕汎任事务局局长。对此被告各公司也请了有实力的律师。例如石原产业请出的是之后成为最高法院大法官的大塚喜一郎。

案件开始审理时，是否应该要求被告停止公害行为，以及是否应根据国家赔偿法以地域开发失败及公害应对过失等罪名追究中央和地方政府的责任等问题浮出水面。然而，正如下文所述要想在这场官司中开辟先例困难重重，为了迅速结案，将被告缩至工业区的企业，请求赔偿也缩至仅要求损害赔偿。原告也有将己方成员缩至社区活动较为活跃的地区人员的意见，但最终选中的是污染严重的矶津地区入住盐浜医院的公害患者。

诉状主要内容就被告的违法行为状况及其所应承担的责任，以及原告利益的受损问题详细叙述如下。原告所居住的矶津地区的排烟量，特别是亚硫酸毒气含量从 1962 年开始不断增加，1964 年每日平均 0.22 毫克/升以上的出现次数超过了总测定次数的 13.1%。1966 年 2 月 4 日，0.3 毫克/升以上的时间持续了三小时，加上前后的时间段，合计长达 14 小时的污染浓度在 0.1 毫克/升以上。二氧化硫气体带来的损害在战前的矿毒事件，以及引起上呼吸道疾病频发的职业病中早已明确。当时上文提及的大阪市环境管理基准规定人体环境可承受的大气污染值为 0.1 毫克/升。二氧化硫气体和硫酸雾（以及煤烟）的扩散使得四日市慢性支气管炎、支气管哮喘及其他长期阻塞性肺病患者不断出现。从流行病学的角度来看，盐浜地区（包括矶津地区）的患病率与二氧化硫气体有显著的相关性。这在第二章中提及的吉田克己等人的国民健康保险分析中已被明确指出。

被告企业的责任在于，向大气中排放的煤烟中的二氧化硫气体造成大气污染，导致原告矶津地区居民健康受损，而被告在明知这一事实的情况下持续作业，没有拿出处理二氧化硫气体的相应对策，不断重复加害行为。被告故意无视对健康损害的发生，至少过失是很明显的，根据民法第 709 条，民法第 719 条第 1 项，应该承担共同赔偿责任。

关于损害，原告于 1961 年、1962 年因二氧化硫气体导致健康受损，患上哮喘性支气管炎、慢性支气管炎、支气管哮喘、肺气肿（以下称为公害病），入住盐浜医院并接受治疗，在 1965 年 5 月举办的四日市公害相关医疗审议会上被认定为公害病的患者。原告在医生的许可下从事轻度的劳务工作。但公害病需要极其长期的疗养，只要仍居住在四日市就无法痊愈。公害病导致了健康受损带来的痛苦和生活上的穷困，还导致患者入院后家庭生活的破坏和精神上的折磨，这些损害都有必要得到赔偿[27]。

对此，被告企业认为，二氧化硫气体与四日市哮喘之间无论是在气象还是医学上都毫无因果关系。并以第一工业区企业内毫无共同性为由与原告团的主张全面对抗。

在这场诉讼中，与其他三起案件相似，中央及地方政府承认原告的公害病患者身份。此外，政府调查团在报告中指出，六家企业均为原因物质排放的发生源。尽管如此，被告在诉讼中否认该事实并进行抗辩。由此可见日本行政放任企业肆意妄为、无视受害人利益的倾向。四日市公害一案中，即便黑川调查团出具了报告，但除了建造高烟囱之外没有实行根本的措施，类似生活保障性质的完全救济并未施行。

虽然得到政府的公害认定对原告相对有利，但实际上在起诉阶段就有望全面胜诉的诉讼并不存在。与其他三起诉讼不同，四日市的公害诉讼尤其艰难：第一，有多个发生源。确定原因物质后，即便可以推定其传播路径，但多个发生源的责任基本不可分割。民法第 709 条第 1 项规定共同不法行为中，不严格问责个体的因果关系。到底该规定是否适用于第一工业区，这个问题亟待解决。

第二，与其他三起诉讼不同，支气管哮喘等肺功能疾病为非特异性疾病。即便住在山里也有可能患病。吸烟以及其他环境变化也有可能引发肺部疾病。因而并不能断定发病原因完全在于六家企业的二氧化硫气体等排放物。

第三，水俣病诉讼可谓完成时案件，而四日市公害诉讼属于进行时案件。第一工业区正处于开业之初，此后还要继续扩大规模，要其减产或停产非常困难。不仅如此，四日市第一工业区乃地区开发，甚至是高速经济增长政策

的先锋，对它的审判意味着对地区开发及高速增长政策的审判。判决的结果
将对企业建厂、地区开发及产业政策等高速经济增长整体造成极大影响。因
此经团联十分关注这起诉讼，并提出了实际上是对判决施加压力的建言[28]。

　　第四，具有直接规制责任的地方政府的态度。在其他诉讼中，如新潟水
俣病一案，新潟县积极参与查明水俣病发病原因，并制定相关对策。而三重
县和四日市积极招揽工业区，将其发展置于行政的重要位置，因而对解决公
害问题并不积极。如后文所述，田中知事四处活动，企图要求原告撤诉。四
日市市长九鬼在诉讼期间依旧大力推进第三工业区落地。在这种背景下，与
其他案件相比原告及其支持者的发声尤其需要勇气。而对于法院来说也受到
了这些压力。

诉讼背景

　　如上所述，企业活动与中央和地方政府的地区开发正处于进行时期，普
通市民想要撑起这起诉讼绝非易事，特别是对于原告及矶津地区的市民来说
尤其艰难。四日市是城市型社会，人口共计 30 万，与其他发生在农村、渔村
的案件不同，这起诉讼相对更早得到了各方关注。受害区的盐浜地区联合自
治会，如前所述：早期便要求市政府防止公害，垫付医药费等，积极援助受
害人群。但以 1963 年为顶点，自治会的救援活动开始停滞不前。据称，其原
因是工业区以及市政府当局对自治会领导人施压。特别是工业区向自治会捐
资，两者的关系变得密切起来，自治会不再是公害反对组织，而是逐渐变为
向市及企业所在地居民传达辩解意见的组织，并压制居民活动[29]。本应成为
原告的地区居民对诉讼消极以对。这也是之后居民没有人提出解决四日市公
害问题、指出推进城市建设方向的原因之一。

　　1963 年 7 月 1 日成立的公害对策协议会（简称公对协）成为推动诉讼进
展的原动力。这一组织由社共两党、地区工会、革新市议团组成，当时社会
党市议员前川辰男担任代表。但如上文所述，原告并没有立即起诉。原因在
于三重县化学产业工会协议会决定不参与公害诉讼活动。1967 年 2 月 18 日，
市议会强行表决通过第三工业区建设案，认定患者、患者保护会副会长大谷
一彦绝望自杀，成为案件起诉的契机。11 月 30 日，以公对协为基础成立了
"四日市公害诉讼支援会"。这一组织成为诉讼斗争的中心，但其运动进展并
不顺利。关键的公害病患者组织态度消极。1968 年 10 月 4 日，"四日市公害

认定患者会"终于成立。它的成立离不开公害病认定患者僧人山崎心月和泽井余志郎两人的努力，后者一直致力于反对公害的市民运动，并主办了四日市公害记录会。

九名原告由公对协和律师团协商后选出。矾津地区属于渔村，风土保守，因此原告被冠以"国贼"骂名，出现"大家都别理他们"，"我们岂能为了他们赚钱去法院帮他们站脚助威"等说法。为改变这一局面，"四日市公害认定患者协会"成立，随后泽井等人为改变现状在矾津地区开办了"公害市民学校"。

1967 年春天，三菱孟山都、三菱化成两家工会从支持公害诉讼的地区工会脱离。像这样，民间工会在公害问题上并未站在市民一边，而是倾向于企业，这种倾向之后也一直存在着。其中四日市市职员工会成为了公害诉讼的支援中心。四日市对其施压，要求其赶走在市职员工会设立事务所的"四日市公害诉讼支援会"。个人加入"四日市公害诉讼支援会"需交年会费 100 日元，随着诉讼的进行，原来仅有 500 人的支援会增加到 3000 人。

如前文所述，与新潟县新潟市不同，三重县和四日市市对公害诉讼持敌对态度。诉讼期间的 1968 年 8 月 8 日，厚生大臣园田到访四日市。他将四日市大气污染认定为公害，批评了企业，为解决公害他于 9 月提议成立"四日市地区公害防治对策协议会"，此协议会由国家、县、市、企业、市民以及学者组成，田中知事担任会长，四日市九鬼市长担任副会长。该协议会并不支持诉讼。田中会长向记者团表示，"希望原告撤诉，并通过公害对策协商谈判解决"。幸而这场破坏诉讼的闹剧随着 12 月园田被撤职而落下帷幕，该协会也就此烟消云散。

四日市虽是城市社会，但与旧八幡市同属于企业城下町。诉讼开始的当年 12 月，三菱油化总务部部长加藤宽嗣就任市长助理。与智索公司相同，企业对地方政府握有支配权，这一点又与疼疼病发生地的三井金属矿业处于偏远地域，对地域无支配权的情况有所不同。虽不及水俣市，但四日市市民运动之所以低迷且无法持续，其原因在于，即便属于中等城市，但仍维持着以企立市的性质。

2. 三个主要的争论焦点

诉讼中口头辩论共计 54 次，质证 3 次，对入院的原告进行临床询问，对 11 位原告证人、16 位被告证人、1 位鉴定人、9 位当事人进行了详细调查。诉讼中双方各执一词，论战激烈。主要争论点根据最终诉讼要点摘录陈述如下[30]。

流行病学上的因果关系

第一，因果关系。六家被告企业排放的二氧化硫气体扩散到原告居住地，由于大气长期受到污染，导致原告患上支气管哮喘、哮喘性支气管炎、慢性支气管炎、肺气肿等阻塞性肺病。长期的低硫氧化物污染会引起阻塞性肺功能障碍这一点已经在日本公害史、伦敦雾霾事件及职业病中得到证明。由此可以证明二者在流行病学上的关系。吉田教授等人利用国民健康保险进行的患病率调查、厚生省的排烟调查、三重大学产业研究所与四日市的共同调查、学龄儿童诊查、矶津集团查证结果相继提交。基于此次流行病学调查结果，四日市公害相关审查会对大气污染地区居住三年以上的阻塞性呼吸道疾病患者逐个调查，排除其他因素后将该病定为公害病。移居治疗后症状得到改善，入住到装有空气净化器的病房后出现好转都是四日市公害病存在的证据。当时四日市公害病认证患者 996 人，其中，在 1962～1966 年，矶津地区有 130 多人发病。从这个事实可以看出，通过流行病学得以确立两者间法律上的因果关系。

对此，被告否认原告健康受损的原因在于二氧化硫气体。辩称：原告的阻塞性呼吸道疾病属非特异性疾病，发病原因众多，并不能断定为二氧化硫气体引起。流行病学以疾病和人类集团之间的关系为研究对象，通过流行病学来寻求各位原告的病因。吉田等人的流行病学调查，取样方式、患病率的计算方法、统计学的处理方法中错误较多，根据这些调查，无法判定四日市地区或矶津地区大批出现的哮喘患者与二氧化硫气体浓度之间有明确的关系。而且，即便是非特异性疾病，缺少对二氧化硫气体以外的因素（如吸烟及过敏源等）的流行病学调查并不全面。

原告认为矶津地区的大气污染是由于被告排放的二氧化硫气体到达该地

区导致的。特别是矶津地区冬季的二氧化硫气体浓度升高，是因为疾风污染、下向通风、下曳气流现象等原因导致。一般来说，平稳安静的微风条件下逆温层的存在会引起大气污染，而日本的主要风向为西风，面朝东方的滨海工业区并不能对西部的居住环境造成污染。然而气象研究所应用气象部部长伊东疆自在黑川调查团的报告以及在诉讼中的证言都揭示了四日市，特别是矶津污染的特殊性。

被告各自辩称，各公司排放的二氧化硫气体并未到达矶津地区。也就是说三菱化成、三菱孟山都、昭和石油使用扩散式气体测定仪（萨顿式），认为测定结果表示各公司所排放的微量二氧化硫气体并不能到达矶津地区。三菱孟山都则强调其二氧化硫气体的排放量甚至少于公共浴场的排放量。而石原产业则辩称其地处矶津以北的东北地区，二氧化硫气体传不到矶津地区。中部电力则称其风洞实验结果显示，排烟直接越过了矶津地区。奇怪的是，假设六家公司排放的废烟都没有到达矶津地区，那么该地区的二氧化硫气体到底从何而来。这些都是各公司为自己的开脱之词，原告对其谬误进行了批驳。

共同不法行为

第二，原告提出了共同不法行为论。即"被告各公司的场地、功能、技术、资本各方面互相关联，统称'四日市工业区工厂群'，从外观来看，以'群居'形式存在，客观上形成企业集团，与附近其他企业明显不同。同时各公司对彼此的同种排烟行为心照不宣，有主观上的关联性。而且，持续排烟行为已经违反民法第 719 条第一项前半部分狭义共同不法行为，即便不违反这部分规定，类推后也已经违反同条第一项后半部分不明加害者共同不法行为的规定，因而无论如何被告团六家企业都有连带义务对原告团所受损害做出赔偿。"之后原告对此出示了具体的关联共同性证明。

共同不法行为论正是本案获胜所依据的决定性法理。对此被告否认了各公司之间具有关联共同性。例如工业区的核心昭和石油辩称，企业存在于同一场所并不能表示企业间具有相互关联性，使用管道连接是因为各企业距离较近，这是一种较为适当地向各工厂输送液体及气体产品的供给手段而已，并无其他原因。昭和石油与其他被告企业之间也不存在技术上的合作关系，从资本关系上来说，三菱化成持有 4.25％的股份，仅此而已。在港口，公路等公用设施的共同使用上并不存在相关性。昭石更表示对其他被告如何设计生产、排放了多少二氧化硫气体一概不知，排放上并不存在任何相关性。其他被告，甚至连向同属三菱旗下的孟山都提供蒸汽，并互相持有对方股份的三菱化成都否定了企业集团的关联共同性。而石原产业创办于战前，早在工业区成立前便在此建厂，其通过讲述建厂的历史经过，来证明其并非工业区的构成成员，以此来否定共同不法行为。然而被告一味否认自己在公害案中的共同责任，也意味着亲口否认了工业区所带来的利益，否认了地区开发的好处。

"选址过失"——故意、过失、违法性

第三，关于故意、过失、违法性，原告作如下主张。

过失一项就可预见性陈述如下。二氧化硫气体、硫酸烟雾等排放物对人体有害是常识性知识，正如宫本的证词展示的日本公害对策历史已久，战前的矿毒事件中居民利益受损而举行了公害反对运动，对此企业的应对措施包括：日立矿山建造了世界上最高的烟囱；住友金属矿山则限制产量，更完成了世界首次排烟脱硫的创举。在外国，1952年、1962年二氧化硫气体引发伦敦雾霾事件，政府成立比佛委员会，并制定了空气清洁法。若明显对人体有害，选址时应进行事前调查，确保证明没有危害之后方可进行作业。若不能确保，则应终止工厂选址计划，或设置防除设备以保证有害物质不会排放到大气中。"对握有雄厚财力和先进技术的被告来说，事前调查、研究和观测明明只是举手之劳，但被告各公司都疏忽懈怠，轻率建设工厂，持续排放硫氧化物气体，这明显是工厂选址建厂的错误，过失无法免责[31]。"

以上是关于"选址过失"的主张。同时原告也指出，明知其危险性，却没有采取相应的对策将硫氧化物气体从排烟中彻底清除，也未履行缩短作业时间或停止作业等停止损害的义务，一味继续作业，属于"运行上的过失"行为。

这是原告依据新潟水俣病的判决，将"对有害物质的排放进行管理和控制是化学企业最重要的义务"所宣示的"责任论"进一步发展而来的主张。

对此，被告认为，战前公害案件的起因是高浓度污染，而四日市只是低浓度污染，况且英国是燃煤引起的污染，与石油燃烧引起的污染不尽相同，对于排放二氧化硫气体会带来损害的可预见性予以了否定。同时被告也强调运行中，使用的是低硫重油，进行了排烟脱硫实验，并建造高烟囱，在公害对策上投入了巨额资金，严格遵守了排烟限制法和空气污染防止法等排放标准。原告认为这些说法无非是在进行免责辩解，在案件审理期间原告成员今村善助和濑尾宫子两人死亡，数百位公害病患者痛苦不堪，被告无视这些现实，一味进行不负责任的反驳。

关于故意性原告主张如下。在过失性一项中已有所说明，硫氧化物的有害性应该是可预见的，从 1960 年开始，硫氧化物所引起的阻塞性肺病频发，"四日市哮喘"众所周知，被告被冠以公害企业的骂名，受到矶津地区居民等四日市市民强烈谴责。1964 年 3 月黑川调查团的劝告证实了二氧化硫气体与矶津地区频发的阻塞性肺部疾病之间紧密相关。在这之后被告依旧持续加害行为可谓故意。此外被告持续排烟直至如今，期间没有制定任何有效对策处理公害问题，遑论缩短作业时间或停止作业，这种行为相当恶劣。

对此，如上所述被告认为重油燃油产生的二氧化硫气体会对人体造成伤害这一点无法预测，而黑川调查团的劝告并未直接对各公司进行警示，所以不存在故意性，否认了共同不法行为的故意性。

接着就违法性这一点，原告指出，此前的证据都证明了被告的加害行为是违法的。对此，被告称己方一直遵纪守法，否认存在违法行为，并强调了以下三点：第一，被告的生产活动有益于社会，应将损益进行权衡，工业区为地区发展带来莫大的利益，微量的二氧化硫气体引起的损害应当被容许。中部电力更是提出，电力事业"具有高度的公益性，火力发电中的排烟和毫不间断地尽最大努力进行空气污染防止事业应是相辅相成的，我们认为它在可忍受的范围内[32]。"而国家、县、市各级政府也对被告的选址给予了优惠措施，说明其均认同企业建厂促进了经济发展；第二，四日市是工业城市，被告受该市的产业政策及城市规划吸引而来，居民应考虑到该地域是否适合生活。石原产业则认为"原告团居住在与四日市其他地区并无特殊区别的准工业地区内，即便本工厂多少排放了一些二氧化硫气体，原告也应忍耐[33]"；第三点也是石原产业的主张，原告团中有五人是在石原产业开始生产以后才移居此处。"原先某工厂已经开始生产，移居到该作业场所附近的居民本就应该预测到该工厂可能会带来的各种弊病和不便，对此应容忍，并做好接受的准备。相关人士应当对已存在的危险进行评估并承担其风险，因而原告所提出的损害赔偿请求权应予以否决。"

以上对损害的违法性进行否认的强辩之词，基于当时优先发展经济搁置公害对策的调和论，强迫居民容忍威胁生命损害健康等不可逆的损失，而工业城市中作为支配者的企业大放厥词，竟称为了企业发展侵害人权也是不得已的，这样的逻辑在社会上通行，实在叫人心惊胆战。

损害论

争论的最后一点损害论如何呢？原告提出如下主张："损害鉴定的条件在于公害事件的特质，尤其是考虑到本次公害事件的特质，必须得出与公平、妥善、合理的赔偿损失这一不法行为法的理念相适合的结论。"首先被告损害他人利益的背景已经从宫本提供的证言中得到阐述，抢占高度发展前列，无视安全一味生产，导致公害频发，特别是本案中大气污染导致患者生命岌岌可危，情节十分严重。公害事件的特性以及四日市公害这一论点，与早前的新潟水俣病判决中所指出的公害事件五大特性一致，现陈述如下。

第一，地位、立场的不可交换性。被告石化工业区属于现代支柱产业的大型企业联合体，而原告为木匠、渔民、主妇等一般居民。被告永远是加害者，而原告永远只能是受害者。第二，不可回避性。本案件中被告的加害行为在于在接近原告居住地的地区建造工厂，形成巨大污染源，原告对大气污染带来的侵害无法回避。劳动灾害或空难在某种程度上可以预测危险，但本案件中，只有原告单方面的牺牲。第三，受害殃及不确定多数。四日市公害病患者人数多达数百人，被称为"公害之城"。患者不分年龄，性别和职业。第四，损害的平等性。原告成员受同一片大气污染影响健康受损，而生活在同一天空下尚未患病的人们日常也有不适感，受到一定程度的损害。第五，不平等性。被告一直以追求利润为目标从事生产活动，而生产活动中必将排放硫氧化物。而原告等人无法从这项殖民地型开发活动中直接得到任何的利益，也未享受到任何间接利益。

原告表示，这些公害特性证明了损害赔偿要求的合理性，并且原告团成员所患疾病无法彻底治愈，即便入院接受相应治疗，也只是通过治标疗法缓解痛苦。因而原告要求赔偿内容包括了逸失利益、精神损失费和律师诉讼费。

被告否认存在共同不法行为，主张各公司排放的二氧化硫气体与原告所受损害之间的因果关系并未得到证明，所以己方不存在赔偿责任。其中中部电力似乎认为无法否认损害的严重性与给予救助的必要性，将责任推给了行政。"就大气的复合污染来说，若是承认了共同不法行为的存在，则整个地域就成了加害者，而同时它也是受害者。民法第 719 条并没有规定事态相关性可推论，若是适用，则将破坏现行法律体系。既然如此，就不可再依据现行民法的违法行为制度，必须立新法，根据新法对因大气污染而健康受损的患者进行救助并赔偿其损失。与诉讼判决不同，由于行政涉及到健康保健，即便大气污染引发病症这一点缺少或然性，但只要存在可能性，那么救助就势在必行。基于以上理由，原告以被告存在违法行为为前提提诉有失妥当，希望法院予以驳回[34]。"

以上是唯恐司法对其违法行为进行追究的企业企图将救济责任推给行政之举，与当时的经团联给出的意见相一致[35]。

诉讼中证人的职责

公害诉讼并非科学诉讼，也不会成为科学诉讼。普通市民无法提起科学诉讼。虽说公害诉讼中只需要提供因果关系的或然性，但或然性亦有大小之分。尤其是被告企业要求提交严格证明，企图将原因论推向不可知论，于是就会要求进行严格的科学证明。四日市公害诉讼中可以说科学证人之间的差距决定了诉讼的走向。原告方证人以宫本宪一、吉田克己、伊东疆自三人为核心。笔者作为公害诉讼的第一个科学家证人出庭作证。在其后的公害诉讼中，科学家证人的职责被固定化，回答提问时，可以使用笔记资料，近来也已经可以使用 PPT 进行演示。但在本案中流程尚未固定，证人仅作为事件目击证人上庭，只可根据记忆作答，也没有准备笔记。因此对方律师在反询问时咄咄逼人，若是证人无法精确描述统计数据，便断言其证言可信度过低。即便如此，法庭还是给予了笔者类似鉴定人的待遇，使我有充分的时间回答质询。证言列入了原告律师团的辩护要点中，现简单介绍如下。

笔者作为证人的职责在于，在诉讼中解释被告企业带来了怎样的公害，并阐明其在社会经济上的意义，这也决定了讼辩的方向。这已不只是医学上、气象学上的争论，而是围绕以被告六公司为代表的战后企业高速积累方式和地区开发的争论。另外，笔者希望揭示的是，原告被害者的背后，有足尾别子矿毒事件以来众多牺牲者在泣血呐喊，被告六家企业的责任也应立足于公害企业为应对居民运动进行的技术开发的历史基础。因此，笔者首先具体阐述了自足尾矿毒事件以来，二氧化硫气体排放引发的空气污染事件已经成为社会公害问题，在强烈的公害反对舆论和运动影响下，公害对策的原理——

发生源对策（高烟囱、排烟脱硫、原燃料替换）、选址政策（发生源与居民居住地分离）、应急对策（污染发生时缩短、停止生产）、救助对策（损害赔偿、地域振兴）等相继问世。这是为了防止企业以二氧化硫气体导致的受害属于未知领域、受损后应如何应对也不清楚为借口，逃避承担加害者责任。当时对公害的研究仍然比较落后，战前的历史资料也仅记载了足尾矿毒污染事件。而最该成为教训的别子（四阪岛）空气污染事件则资料匮乏。笔者在作证之前特意向住友金属矿山总经理确认了我所收集的资料的可信性。其他内容也都参考了原始资料。作为证据提交法院的空气污染问题（特别是二氧化硫气体对策）年表（明治 14 年～昭和 35 年）是日本第一份公害年表。被告称，笔者所提出的案例是高浓度污染案例，与燃油产生的低浓度污染有出入，这是错误的。首先，当时居住地的空气污染浓度应视为小于或等于四日市矾津地区浓度。况且战前的公害对策也比现在实施的对策更加彻底。其次，对四日市工业区开发成效详细调查后，笔者发现经济和财政并未达到预期的效果。1950 年代以后，如前所述的海洋污染、空气污染造成了危及生命健康的公害问题，填海造地等行为导致了不可逆的绝对损失。被告企业没有设置绿化带等缓冲地带，工厂紧邻住宅、学校，而且为了提高集聚效益和复合效益，在狭窄空间内铺设原燃料管道，形成企业联合体。被告企业明知二氧化硫气体的危害，却未采取排烟脱硫等基本的措施，仍旧使用高硫石油进行生产。黑川调查团报告曝光后才开始搭建高烟囱。然而高烟囱过多，导致公害向更广阔的地区扩散。现场勘查时发现，二氧化硫气体以及硫醇、硫化氢等气体散发的恶臭以及噪音等公害齐聚一处。举国皆知"四日市是公害之城"，公害反对运动的口号之一是"不要出现第二个四日市"。企业对此视而不见，既不承担任何责任也无任何救济措施。笔者认为，四日市的这种情况，是各级政府选择四日市工业区作为据点开发的先锋，建造了完备工业用水、公路、港口等社会资本的工业用地所带来的结果，是地区开发的失败或者说选址的过失，各级政府难辞其咎[36]。

在笔者阐明了事件的社会经济意义以及企业所应承担的历史社会责任概论之后，吉田克己接着提供证言，从因果关系的核心流行病学做出如下解释。研究流行病学问题成因的方法有三种：（1）描述流行病学。（2）分析流行病学。（3）实验流行病学。利用描述流行病学和分析流行病学进行研究时，若某种因素相关性较高，则该因子需要满足以下四个流行病学条件才能认定为某种疾病的原因：（1）该因子在一定的发病期间产生作用，（2）该因子的活动强度与疾病患病率成正比（量与效果的关系），（3）从该因子的分布消长中用描述流行病学观测到的流行特征能够得到合理解释，（4）该因子成病的作用机制在生物学上有理论依据。在第二章中已经详细说明过，吉田克己等人秉持第一到第三原则进行流行病学调查，从国保调查到黑川调查团之后的调查近乎完美。根据第四原则进行了动物实验。桥本道夫对四日市流行病学调查给予了高度评价，认为其从空间限定和时间限定等方面来说都无懈可击。当时吉田仍是县立大学医学部教授，属于县公务员，在三重县田中知事对诉讼持批评态度的情况下，他却如"律师团一员"般，为了受害人的救助，前后七次击溃了被告纠缠不休的质询，将真相大白于世的努力令人钦佩[37]。

伊东疆自的证言聚焦于四日市的空气状况。与一般雾霾事件发生的气象条件不同，造成矶津地区冬季高浓度污染的气象条件是劲风污染。他明确地解释了空气污染的决定性因素不仅仅在于作为发生源的二氧化硫气体排放量，还在于气象条件。这成为四日市公害，特别是矶津地区公害的因果关系的决定性论证。

原告证人的证言成为使诉讼取得进展的动力，而被告无法请出学者担任证人。当时作为化工企业后盾的清浦雷作写道，伦敦雾霾事件的主要原因是烟灰而不是二氧化硫气体。北川徹三则认为工业区不存在共同不法行为，石原产业才是主因[38]。被告企业未让他们出庭作证。被告企业曾考虑请黑川调查团成员铃木武夫、水野宏和外山敏夫三人出庭作证。但三人都拒绝出庭，且支持吉田克己的证词。因此，企业方只能各自从内部派出科研人员出庭。然而企业内部科研人员的证言总有失偏颇，在质证中受到批判，可信度被质疑。至此即便不是科学诉讼，这场官司在科学较量环节中，企业方的败诉已成定局[39]。

3. 判决及之后的救助

判决的主要内容

经过约五年的审理，1972 年 7 月 24 日，审判长米本清作出了原告全面胜诉的判决。此判决的历史意义有以下四点[40]。

第一，对于因果关系全面采用流行病学原理，对于企业举证的不充分作出如下结论：

"通过以上诸多的流行病学调查结果和对人体影响机制的研究，四日市，特别是矶津地区自昭和 36 年以来的阻塞性肺病患者的激增是无可辩驳的事实，究其原因则主要是以硫氧化物为主的大气污染，与前述流行病学四原则相一致，综合考虑上述事实及动物实验的结果及硫氧化物的现状以及证人（略）的证言，矶津地区的上述疾患的激增，主要是硫氧化物为主、煤烟灰等共存导致的加成效果的大气污染，这已经得到证明[41]。"

对于流行病学的采用和企业举证责任的必要性，已经在前两个诉讼中得以证明，然而在此次大气污染的共同不法行为中适用意义重大。原因在于和疼疼病与水俣病相比，慢性支气管炎和肺气肿是较为普遍的疾病，因而如果非社会性的临床医学专家的判断被错误强调，很有可能陷入不可知论的危险中。所谓的"公害病"，大部分在严格意义上都不是特定的疾病，其病状各不相同，且可能与其他原因导致的疾病具有相似之处。疼疼病和水俣病事件中都对病象进行了争论。因而"公害病"判定的科学方法在于流行病学。可以说流行病学以外的判断，或者忽视流行病学的判断对于公害病来说是不科学的。本事件对于大气污染这一典型公害进行了流行病学上的判断，是划时代的。

第二，大气污染公害的共同不法行为论得到了承认，这无论是在法理论还是实务上都具有极大的意义，在公害诉讼中是最早的成果。此成果是由牛山积、森岛昭夫两位法律学者实现的，他们从开始就主张共同不法行为论，并借助将其发展为群居性论的律师团的力量，将其理论化。

判决中，不法行为中的关联共同性只要有客观关联共同性即足够证明，并陈述如下。"被告六家公司的工厂在矶津地区附近顺次相邻，以原海军燃料厂址为中心集体建厂，且在几乎同一时间开始投产，并持续生产产品，因而认定其具备上述客观关联共同性是合理的。"且认为被告作为关联企业进行生产，一家公司与其他公司的废气共同到达原告居住地，会对人体产生影响，被告对这种可能性是可以预见的。

判决中还超越客观关联共同性，认为被告三菱油化、三菱化成、三菱孟山都之间具有较紧密的一体性和较强的关联共同性。这三家被告公司分担生产技术体系，运用管道进行成品、原料、蒸汽输送，关系非常密切，某一家公司的作业变更若不考虑与其他公司的关联则无法运营。在这种一体性被认定的情况下，即便该工厂只产生少量废气，看似其自身与公害结果的发生之间不存在因果关系，其对此公害结果的责任仍是不可逃脱的，故而驳回被告的抗辩。

判决对关联共同性进行了多层严密的规定。一方面将集聚性作为客观共同性的基础，同时列举了工业区本性的技术经济（人力资本）关联性，或选址形成过程及社会资本的共同利用性等所有能够想到的共同性，将想要从共同性的网络中逃脱的石原产业和中电的反驳予以驳回。特别是对污染共同性的根据不追求污染物质的量与质的效果，而是从社会一般观念的社会经济地理共同性进行追究，这使得之后受害者的诉讼变得容易起来。

现代公害的典型形式是伴随着集聚而发生的复合公害，因而此次共同不法行为的认定对于大城市及工业城市，乃至公路等交通设施的公害的受害者的运动具有重大推动作用。另外，这也成为排放标准主义的中央及地方政府的对策转换为总量规制主义的契机。

第三，采用宫本证言承认了选址上的过失。在新潟水俣病诉讼的判决中，将化学工厂的公害防止作为最高的义务，然而本次判决却明确地采用了如下"选址上的过失"这一思路。

"以石油为原料或燃料，从事炼油、石化、化肥、火力发电等生产，在其生产过程中难以避免产生硫氧化物等大气污染物质的被告企业，在建立新厂并开始生产前，特别是如本案中工业区工厂群相继以集团形式在同一地点建厂之时，由于以上污染结果可能会导致损害附近居民的生命、身体的结果，为了避免其发生，企业有义务实现对排出物质的性质和量、排放设备与居民区的位置关系、风向、风速等气象条件进行综合性调查研究，在保证对附近居民生命、身体不造成危害的前提下进行选址。"

判决认定了被告六家企业怠于注意的义务，持续无节制作业造成损害的"作业上的过失"。然而对于故意性，由于黑川调查团进行劝告之后各工厂遵守排放标准，因而无法断定其故意排放废气。

被告主张过失是违反了结果回避义务，而结果回避是不可能的，被告已经进行了可能的最好的大气污染防止措施，尽了结果回避义务，因而被告无责任。而判决对此主张进行了如下批判，认为只要产生了不可逆的损失即便采取了最好的对策也有过失。

"假如即便如被告所主张的那样，将过失解读为结果回避义务，在进行了最好或相当的防止措施时可以免除责任，然而从公害对策基本法删除了与经济调和的条款，进行了以强调保护国民健康和保障生活环境为目的的修改这一事实来看，至少企业应该在知晓其污染物质的排放会危害到人类生命、身体健康时，将企业的经济利益放在次要地位，动用世界上最好的技术、知识进行预防，若怠于此措施则不可免责。"

对于违法性，被告主张其经济活动具有社会有用性或公共性，并遵守排放标准，在容忍限度之内，然而判决驳回此主张。由于损害的严重性因而认为其具有违法性，无法认为其行为在忍受限度以内。

另外，判决对非直接诉讼对象的中央和地方政府的地区开发进行了批判。"被告于四日市投资建厂，当时中央和地方政府从经济优先的角度出发，对工厂带来公害这一问题没有在事前进行慎重的调查讨论，即出租原海军燃料厂给被告，并通过条例对招商进行奖励，此为其过失行为。"

第四，对于损害完全采用了新潟水俣病判决的公害的特性论，对于逸失利益和抚慰金由所请求金额削减后决定。判决命令企业向受害者支付最高1475万日元，最低371万日元，总额8800万日元的损害赔偿。

原告们举办的判决报告会充满了全面胜诉的喜悦，然而一位原告喃喃自语"不过烟还在冒啊"，这令人心头一颤。被害者追求的不是金钱而是停止排放危险物质。这令人预感到接下来公害诉讼的课题将不止于损害赔偿，而要转移到停止侵害。同时如同判决的间接问责，追问了中央和地方政府的地区开发的失败之责，有必要要求其进行政策转型。四日市判决明确了这些课题，并明确了企业的选址、运营责任，引发了中央和地方政府大气污染对策的决定性转变。

判决后的影响

判决后，原告团、律师团、诉讼支持会等支援组织与六家公司进行了直接交涉，在使其放弃上诉的同时，签订了关于今后应对措施的誓约书。石原产业的誓约书如下[42]：

一、本次石原产业放弃上诉是基于全面接受判决的基本精神与其全部宗旨，并对今后企业的基本姿态进行根本修正的反省之上的。

二、对于不是本次诉讼的当事人的受害者以外的矶津地区的全部公害受害者的救助，本公司不会仅等待诉讼而是及时满足被害者居民的要求。本公司的联络人是总公司总务部部长，若有要求会即刻前往矶津，全权代表总经理进行交涉，并支付足够的赔偿。

三、承认一直以来本公司对公害发生源对策没有做出充分的努力，今后将尽快设定比行政规制严格的排放标准，并保证对公害发生源除去、脱硫装置、氧化钛粉尘的回收装置进行改善。

为了检查确认本公司对公害防止的努力，允许原告及居民代表以及其指定的科学家对公害防止设备进行入厂检查，本公司并承担相应费用。

其他五家公司的誓约书也几乎与此相同，只是中部电力在第三条的前半部分这样写："为了真正恢复四日市的蓝天，中部电力将倾尽全力防止公害。保证大力增加公害防止对策费用，进一步降低所使用重油中硫的含量。"

昭和四日市石油和中部电力同样进行了蓝天宣言之后，加入了如下一项："因此，本公司对四日市工厂现存的 31 万桶规模的设备若拟进行增产，将尽力向当地居民代表说明减排的具体根据，并在此基础上作出决定。"

另外，三菱化成、三菱油化、三菱孟山都也在第三项中加入了今后的增产要得到居民同意的如下一条："因此，对于增加设备和增产会导致大气污染等公害的扩大，将不会忽视居民的意见。"

与诉讼中傲慢的"否定公害发生源"相比，这是 180 度转弯的顺从的保证，反映了米本判决具有不容辩驳的威力。由于此判决，第二次诉讼被撤回。值得一提的是，石原产业是 1942 年 11 月，由其前身石原产业海运股份公司和大阪制碱的后继者大阪制碱肥料股份公司合并的企业。换言之，石原产业在半个世纪中引发了两次二氧化硫公害事件，并被居民诉讼，发生了两次历史性的败诉。然而该企业却仍未接受教训，1972 年由于将浓硫酸排放入四日市湾，造成了违反港则法的刑事事件，并于 2006 年由于铁粉砂事件再次被刑事告发。是所谓的历史性公害企业，可以说是四日市的污点。

上述原告团等组织对被告六家公司以外的工业区中的 12 家企业进行了关于"贵公司如何理解四日市公害诉讼判决"的问卷调查，并要求其提交资料。对此，第二工业区中导致过公害的大协石油进行了如下回答[43]。

"四日市公害诉讼的判决迫使企业与政府进行深刻反省，对于指引企业的道德和将来的路标具有划时代的意义。"

"我们也会虚心接受此项判决结果，决心为解决公害问题带着勇气与责任心进一步实施具体方案，为构筑'以人为中心的富足明天'做出更大努力。"

其他 11 家公司也进行了几乎同样的反省并表明了防止公害的决心。矶津地区居民和原告团要求三重县知事和四日市市长谢罪。对此，二者进行了谢罪。在判决后的记者见面会上，四日市市长九鬼喜久男这样回答记者团的问题。

"此事件不像水俣病、疼疼病那样追究单个企业的责任，而是追究多个企业的共同责任，我本以为这是非常困难的，但从现在的社会情况来看，企业方的罪行确实不可逃脱。行政机关的应对措施不充分也是不可否认的事实，没有在事情发展到如今的地步之前采取强有力的行政措施，我对此表示深刻反省。"

对于判决文书上对选址问题追问地方政府责任一事，九鬼市长做出如下回应："结果上可能是这样，在对工业区进行招商的阶段没有进行充分的调查研究，当时对公害的发生也没有作出预测，是无可奈何的事情[44]。"

然而，知事和四日市市长都表示还要继续进行第三工业区的建设。

通产省认为，本判决促使我们对一直以来将重点放在经济合理性的追求之上的产业政策进行重新探讨，将判决的宗旨应用到工业再配置计划等产业政策的所有方面，在以人为本、零公害的基本理念下进行产业选址。目前，正在计划进行工业区的总体检查和在新建工业区中使用封闭性系统来防止公害。判决当天，笔者在 NHK 与中曾根通产大臣等人对话，笔者认为根据宪法，企业应该首先重视人权，而企业却没有遵守此原则，从而导致了事件的发生，对此中曾根通产大臣反驳说"经营权的自由"也是得到保障的，不过他也表示此判决对于公害受害者的救助是具有划时代意义的。

政府在深刻接受此判决结果的同时，也为了防止不仅企业，政府也被司法问责之事的发生，紧急制定公害健康被害赔偿法。同时在同一时间引入了公共工程的环境影响评价制度。另外还直接将亚硫酸气体的排放标准修订为平均每天 0.04 毫克/升。在经济政策方面，田中内阁的"日本列岛改造论"所引导的第二次全国综合开发被踩了急刹车。预定进行大规模开发的地方，例如青森县六所村、山形县酒田市、福井县福井新港、鹿儿岛县志布志湾等地的反对运动高涨，再加上翌年石油危机的影响，不得不对这些计划进行全面修改。通过四日市公害诉讼，对于据点式开发这一支撑高速发展的经济政策不得不进行重新探讨。

对于地方的影响在稍后才开始。正在准备进行第二次诉讼的矶津地区140位患者，于1972年9月与六家被告企业进行交涉获得了超过5亿日元的赔偿金。另外拥有108名患者的桥北患者协会于1972年10月与第二工业区的大协石油就要求防止公害一事进行交涉。此协会并非要求赔偿金，而是要求削减二氧化硫气体排放、防止恶臭、防止噪音和震动、停止新增设备。由于企业没有给出明确的反馈而导致了纠纷，但通过如下财团的设立解决了纠纷[45]。

1973年3月，应四日市的要求，为了救助原告患者和自主交涉患者以外的认定患者，四日市商工会议所宣布设立公害对策协力财团。由于此财团的方案补偿水平低，企业责任不明确，认定患者协会对此表示反对，之后对与企业的交涉表示不满，发生了21天静坐示威等冲突。县、市于8月22日提出了修正案，此案中对死者的慰问金为：因公害病而死亡者1000万日元（认定患者因公害病以外的原因死亡者根据年龄支付200～550万日元不等），年金为在认定期间中，入院180天以上的患者，根据年龄。15岁以上男性从最低的3.78万日元到最高的8.9万日元共分为六个等级，15岁以上的女性从最低的3.17万日元到最高的3.91万日元共分为六个等级。这是最高给付额，而入院47日以下的患者，男性从1.13万日元到2.67万日元分为六个等级，女性从1万日元到1.17万日元分为六个等级，根据此分级给付表进行支付。除此之外，还要支付80～100万日元的慰问金。公害病认定患者认为此修正案仍然比米本判决赔偿额度低，且企业责任不明确，对此提出反对，然而县、市不让步，无视8月4日患者协会提出的"有条件接受"的方案中的"条件"开始实行此方案。参加财团的企业有18家，根据平均出资和二氧化硫气体排出量比例出资原则进行筹资。之后由于公健法的成立，补偿根据法律进行，但对于法律规定对象之外的14人仍然由财团进行救助。从1973年到1978年4月财团解散，共支付了30.374 3亿日元[46]。

第五节　熊本水俣病诉讼

1. "以企立市"之地公害诉讼的艰难路程

被称为公害起点的熊本水俣病，是称之为犯罪也不为过的典型的企业公害，是对其持支持态度的政府的重大过失。当然，本应在四大公害诉讼中最先提起诉讼。但事实是，作为最后起诉的案件，其判决比同类疾病新潟水俣病还要晚。不仅如此，熊本水俣病诉讼过程曲折，花费了四年时间。另外，即使是完全胜诉之后，水俣病问题持续了 40 年之久仍未得到彻底解决。原因有很多，但根本原因可以说在于智索公司和水俣市的地区社会特性以及政府的政治介入。在此，首先从案件起诉之前遭遇的种种困难开始说明。

"智索公司共同体"与对患者的歧视

舟场正富在"智索公司和地区社会"中表示"智索公司在水俣市的支配力涵盖了地区劳动力、土地、水源以及其他资源，连地方政府的行政及财政都从属于智索公司"[47]明确了水俣市的地区社会是受智索公司支配的共同体这一异常状况。

1908 年（明治 41 年），智索公司的前身电石制造厂在水俣村建厂，随着工厂的发展，水俣村发展成了水俣市。智索公司的地区支配结构就起源于此。智索公司的发展史在舟场的论文中已有介绍，不再赘述。事件发生后的战后水俣市的状况如下：首先，在资源方面，1970 年水俣市的建成区面积为 480公顷，其中，智索公司的工厂、职工宿舍等占地面积为 141 公顷（29％）。而且为处理产生的废弃物而填埋公共水域的行为几乎被政府无条件认可。因此，风光旖旎的龟之首海水浴场因被填埋而消失。智索公司在水俣川的取水权为每天 17 万吨，而该河流在枯水期每天的水量仅为 12 万吨，因而水俣川没有多余的水给别的公司使用，被招商设立工厂的新日本化学公司开始从智索公司购买生产用水。智索公司的水利权甚至对水俣市的上水道事业造成影响。对于智索公司的工业废水排水渠问题，市政府也很难介入。

在水俣市的产业结构中，制造业占生产所得的 40％。智索公司在水俣市工业中所占比例为：就业人数占 70%～80%，销售额占 90% 以上。智索公司的员工多来自兼业农户。智索公司对汤儿温泉等旅游业和商业也产生很大的经济影响。财政方面，1960 年智索公司的纳税额占水俣市市税总额的 48.7%。在财政支出方面，失业对策事业和港口工程两项的支出情况异常，都与智索公司的经营有关。虽然智索公司在经济、财政上控制着水俣市，但从 1960 年开始，智索公司势力骤减，原因在于经济高度增长过程中，电力化工向石油化工转型，智索公司的水俣工厂因此逐渐趋向缩小化、合理化。智索公司的员工人数由高峰时期的 5000 人减少到 3000 人。其税收在水俣市税收总额的占比到 1970 年减少为 19.2%，水俣市逐渐陷入慢性财政赤字。20 世纪 50 年代末，"有智索公司才有水俣"逐渐变成"有水俣才有智索公司"的局面。智索公司的这种危机感转变成地区社会的危机意识，影响了市民对"水俣病"问题的态度。

1959 年的慰问金契约可以说反映了水俣市民的这种态度。石牟礼道子在《苦海净土》一书中把慰问金契约描述为"耻于天地的一纸古典契约书"。书中还写道，"水俣病患者及他们的家人（1953 年以来——笔者注）在这 14 年间被孤立被抛弃。"石牟礼还表示，随着智索公司工厂的缩小化和合理化的推进，"水俣病事件在市民之间逐渐成为禁忌话题。水俣病会导致工厂倒闭，工厂倒闭了水俣市就会消失。与其说是市民，不如说是明治末期水俣村的村民意识在自己心中描绘了一个新兴工厂，一个繁盛的共同体的幻影[48]。"

市民会议的设立

1968 年（昭和 43）1 月 12 日晚，水俣病对策市民会议邀请水俣病患者家庭互助会的历届会长参加，市民会议成立。"难以置信，这是水俣市民组织和水俣病患者家庭互助会的初次见面。"市民会议第一次把"共同体的幻影"这一禁忌打破，让市民们把曾经没得到的村民权、居民权、市民权把握在自己手中。石牟礼如此描述。

笔者手头有当晚发布的"水俣病对策市民会议成立的通知"的誊写版印刷文件。文件开头是这样写的：

"水俣病患者及互助会员们：

水俣病发生已经 14 年了，在这漫长的岁月里，没有任何一位水俣市民伸出援手，让大家受苦了。我们作为水俣市民其中的一员再次表达由衷的歉意。

（中略）仔细想来，这 14 年间，你们、市民们包括市当局似乎都觉得只要说起水俣病，就会导致水俣的衰落，而事实的确如此吗？……为了水俣市的'繁荣和幸福'，我们是否可以就这样忘掉水俣病呢……为了设身处地地把水俣病的问题当作自己的事情来解决，1 月 12 日我们召集有识之士，发起了水俣病对策市民会议[49]。"

这样，"智索公司的命运共同体"的村民们发起的掌握市民权的运动终于开始。

水俣病对策市民会议（以下简称为市民会议）于 2 月 9 日面向市民发表会议成立宣言。此会议彰显了两个目的：

1. 让政府确认水俣病原因的同时，组织运动防止第三、第四水俣病发生；

2. 要求对患者家庭的救济措施的同时，从物质和精神两个方面对受害者进行支援。

市民会议将"守护生命和事实，目的不达活动不止"作为会议守则，会长由日吉富美子担任，秘书长由松本勉担任。3 月 15 日开始，与患者互助会一起开展活动，要求地方和中央政府停止从赔偿金中扣除生活保障费[50]。

在几乎与市民会议的发起同时，1 月 21 日新潟水俣病患者、律师团、新潟县民主团体水俣病对策会议人员来到熊本县，与患者互助会、市民会议展开交流。就赔偿问题展开了密切的商谈。因此，会议发起时就已经在考虑诉讼问题了，但付之行动并非易事。

政府的"赔偿契约"导致的患者互助会的分裂

1968 年 9 月 26 日，政府对水俣病的原因作出结论，认为智索公司水俣工厂排放的废水引发了水俣病。患者互助会在政府作出结论之前制定了三个阶段的运动方针：第一，通过自主交涉要求补偿；第二，公司方面若无诚意则要求知事等人斡旋；第三，若再得不到解决就全员起诉。

9 月 28 日，市民会议借政府公布结论之机，对此前患者的孤独无助，尤其是掩饰企业罪行，对陷入不幸中的人们落井下石的风潮表示歉意，并向市民表示市民会议成立并展开活动是完全为了自身能回归人性。表示此时完全支持患者互助会三个阶段的运动方针，因为也存在担心所以想在支持的同时继续观察。

　　10 月 8 日，患者互助会对智索公司社长提出赔偿死者家属 1300 万日元、对幸存者每年发放 60 万日元保障金的要求。然而，智索公司对此并无回应，反而表示希望互助会请求厚生省组织建立第三方机构。互助会无奈之下请求厚生省设置斡旋机构。但是厚生省要求互助会盖章同意内容如下的"确约书"。

　　"确约书：

　　我方委托厚生省处理水俣病事件的矛盾纠纷，将纠纷解决委员会人选决定权全权委托于厚生省，在问题解决之前的整个过程中，委员向当事人双方详细了解事情的原委，在协调双方意见并详细讨论之后由委员会作出结论，我方坚决服从此结论。特此保证。"

　　对于这份不恰当的保证书，有人认为不能全权委托厚生省，只能起诉，然而也有人怕与智索公司为敌，担心赔偿金合同因此失效。1969 年 4 月 5 日，患者互助会总会召开，互助会的三位主要负责人只是对保证书的若干语句做了修正，做出全权委托于厚生省的决定。由于该决定遭到反对，没能做出最终结论，山本亦由会长携该决定的支持者（全权委托派）离开，剩下的 35 名反对者于 4 月 13 日再次对智索公司提出了补偿交涉的要求。但智索公司以患者互助会把该事件的解决完全委托给厚生省的第三方机构为由，驳回了要求。于是，1969 年 6 月 14 日，反对厚生省进行斡旋的患者将智索公司告上了熊本地方法院。

　　厚生省设立了以千种达夫为委员长的水俣病补偿处理委员会，于 1970 年 5 月 25 日做出了将智索公司责任模糊化的和解方案。该方案包括以下内容：将患者按症状和年龄分为 16 个等级，对死者一次性支付 170～400 万日元的补偿金（扣除旧赔偿金合同所支付的 35 万到 49 万日元），将存活者分为四个等级，一次性补偿金为 50～190 万日元，年金为 17～38 万日元，调整保障金 50 万日元。该委员会认为因公司在 1956 年对废水排放是否会给居民造成危害早有预见一事已经进行过审理，逃避给出明确意见。另外，对于慰问金契约，以当时普遍的权利意识不强为由直接视为无效这一决定提出异议。委员会表示，虽然上述补偿金不足够弥补患者受到的伤害，但考虑到企业也承担着重大负担，希望当事者多多体谅该处理，使纠纷妥善解决[51]。

　　千种委员会的此次赔偿决定明显是以智索公司的支付能力为基准，承认慰问金契约的有效性，加上有智索公司的拥护，政府也只是表示想在事前拿到否认患者异议申诉这一求偿权的"确约书"。虽说该支付能力底线是赤字决算，但从包括智索公司子公司在内的智索公司的全部资产和与金融机构的关联来看，企业无支付能力的分析是错误的。

5月27日，患者互助会全权委托派接受了千种委员会的赔偿方案，可以说这个结果增加了诉讼的重要性。

1969年6月14日，112名原告（29个家庭，原告团长为渡边荣藏）以智索公司为被告向熊本地方法院提起损害赔偿诉讼（6.4239亿日元）。最终，原告147人的赔偿金额要求为14.985686亿日元。在此前的5月18日，水俣病诉讼律师团成立仪式在水俣市教育会馆举行。律师团包括县内的23人在内共222人，团长为山本茂雄，秘书长为千场茂盛。1971年3月马奈木雄律师在水俣市成立了律师事务所。

此前的1968年9月13日，水俣市首次举办"水俣病死者悼念仪式"，出席该悼念仪式的普通市民只有石牟礼道子一人，是一次异常的悼念仪式。然而9月29日召开的水俣市发展市民大会上聚集了2500人。发起人从工商会议所到妇女会、青年团体、烫发协会、风俗经营组合等共56个团体，首次为支持互助会而召开大会。但其目的是"支持患者。但同时也会全力协助智索公司的重建计划的实行"，认为在追究智索公司责任之际，不能逼得智索公司撤厂[52]。在这种众人拥护智索公司的情况下，诉讼是艰难的。上诉之际，渡边荣藏原告团长表达了决心："从此刻开始我们水俣病患者就要与国家权力为敌了"，这丝毫不夸张。

在支持上诉开始之际，市民会议作为律师团和患者互助会的中间人成为了支持诉讼的核心。工会、民主团体、社会党、共产党结成了"支持水俣病诉讼、消灭公害熊本县民会议"来支持诉讼。另外，1969年4月20日"水俣病告发大会"成立，展开了支持水俣病诉讼的活动。该告发大会的出发点是支持直接交涉，但随着患者当中的直接交涉派逐渐变成诉讼派，该会议也开始支持诉讼。7月21日，市民会议和告发大会发起了购买智索公司的股票，在股东大会上追究智索公司责任的一股运动。因为在诉讼中受害者的活动是间接的，所以他们想寻求一个与企业干部直接对决的机会。然而，律师团批评了他们的这一行为，认为要明确智索公司的责任除了诉讼胜利别无他法，在袒护智索公司利益的股东大会上要求实现受害者的需求是不可能的，而因此事造成纠纷反而会对诉讼造成妨碍[53]。股东大会于11月28日召开，告发大会和一部分受害者以巡礼的装束参加，唱巡礼歌表达对智索公司的抗议。然而，如预想的那样，股东大会完全没有追究智索公司的责任，甚至连实质性的讨论都没有就接受了公司的解释。闭会时，支援者和受害者登上讲台，强迫江头丰社长下跪，并宣读政府确认过的道歉信。此事被电视台报道，给社会舆论造成了一定的冲击。受害者得到了一时的满足，然而社长和智索公司不负任何责任。因此，直接交涉渐渐呈现出过激的色彩，甚至开始与当时在大学闹学潮的新左翼运动配合行动。告发大会原本是支持诉讼的，但渐渐与律师团之间破裂。在其他公害诉讼中从未有过的受害者与支援组织走向分裂的不幸不只是因为政府和智索公司的分裂策略，也与受害者、支援组织自身的运动方式不同有关。

2. 诉讼的争论焦点

诉讼的争论焦点在于责任论、慰问金契约（和解契约）的有效性、损害论这三点。智索公司已经承认水俣病的因果关系，社长也拜访了患者家庭进行道歉。但是不承认在 1953 年患者出现时工厂排出的废水就是致病原因，说是在政府得出结论的 1968 年之前，对于乙醛制造工程生成的氯化烷基汞是致病物质、其经过食物链和生物浓缩导致水俣病并不知情。因此，即便 1968 年以前关于制造工程当中的致病物质的相关科学研究已经出现，智索公司在尚未了解的情况下就不存在过失，如此推理就不必承担责任。智索公司虽然没有像昭和电工以农药说否定了工厂废水说那样提出其他原因假说，但智索公司企图以没有预见致病的可能性和对原因的认识都是基于熊本大学的研究结果为由从而逃脱责任。虽然因果关系已经明确，但如何追究智索公司的法律责任，有可能会陷入一场科学争论。而且，为了解决这个问题，智索公司是在何时认识到的原因，此后又采取了怎样的应对措施等一系列内部资料的收集和揭发是必要的。因此，要举证智索公司的过失，就只能从智索公司内部人员入手。千场茂盛表示，当初律师团对这件事情很乐观，但期待完全落空。若智索公司员工和周边居民告发智索公司，他们就在水俣住不下去了，因此无法找到证人[54]。为了不卷入科学论争，就出现了后述的污恶水论。另外，虽然是很少见的做法，但可以让智索公司内部的负责人作为"敌意证人"出席。这是很危险的，稍有差错便会败诉。但可以说，正是污恶水论所印证的责任论和"敌意证人"的举证将慰问金契约的批判和该水俣病可称为犯罪的公害本质一同明确地证明了出来。

下面通过双方各自的呈堂材料简单介绍一下双方对于诉讼争议点的主张。

智索公司的责任是什么——以"污恶水论"为中心

原告将污恶水论作为责任论的支柱，认为只要能够预见工厂废水会对他人合法权益造成损害，就足够在法律上证明智索公司的违法行为。此处的污恶水指的是"以化学工厂为主要业务的大型企业，在其经营过程中产生的并且排出的、对动植物和人体可能产生危害的废水[55]。"若不根据污恶水论，从主张"致害物质若未得到明确就没有责任"的机制论来看，在病理学能将污染物质明确之前，就不会停止污染物质的排放，默许损害的扩大。换句话说，借科学举证之名，容许被告的人体实验。原告对新潟水俣病中必须弄清因果关系论三原则——病因、污染路径、致病物质的生成排出机制这一理论提出批判，认为没有必要明确污水中的甲基汞化合物。若化学工厂排出的污水导致了严重的损害，从常识来看，企业是必须对这种公害负责任的。在这之上能够弄清因果关系机制的只有加害企业和研究者，一般的受害者是无法做到的。民法学者清水诚在随笔《追忆的污恶水论》中写到"这（污恶水论）是像珠宝一样的法理论[56]"。确实可以说是一个彰显维护公害受害者权利的基本思想的法理。

然而在被告智索公司看来，污恶水论是可以无条件举证其过失的理论，难以接受。被告在最终呈堂材料的开头认为有机汞中毒说很荒谬，并认为智索公司无过失，陈词如下："在本案件水俣病发生的当时，就连化学工业界和研究界都未认识到乙醛制造工程中会产生致病物质有机汞，更何况是被告。因而流入海水被稀释的微量有机汞在鱼贝类体内积存，人通过食用鱼贝类造成甲基汞中毒症的想法在本案件水俣病发生当时是完全不可能被想到的。"

被告通过追溯熊本大学探究原因的历史详细论述了阐明因果关系的过程。被告的最终呈堂材料上是熊本大学研究班的原因探究史的详细说明。智索公司通过例证熊大研究班的原因探究过程之困难、耗时之久、内部意见对立等问题来印证自己预见的不可能性，以及应对措施的失败在于科学解释的困难，从而转嫁责任。被告想要通过否定污恶水论，将案件卷入科学论争。把查明原因的艰难历程推为熊大研究班的责任，想要掩盖公司原因排查迟缓、应对措施失败、甚至是隐瞒原因和销毁证据等重大的过失责任。

　　被告称污恶水论是渔业赔偿契约中使用的概念，不能认可。若遵循污恶水论，那么捕鱼量的减少、港湾内淤泥的堆积、贝类大量死亡、浮游生物的生存状况等水俣湾的污染状况都可以预示人的发病，但是"所有的受害均为有机汞的影响是说不通的"。熊大研究班的喜田村教授等人的研究显示，鱼类的损害确实与猫、猪和人不同，有机汞的影响不会直接表现出来。但是原告并没有限定甲基汞，而是从工厂排水对地区环境破坏产生不良影响等综合的损害方面来追究智索公司的责任。1956 年，工厂排水导致了水俣病的发病已经成为常识。但是，智索公司对熊大研究班怀疑的致病物质锰、硒、铊等进行了调查并无结果，不久熊大研究班也发现与水俣病与这些物质并无关系。当时，熊本县渔业科提议停止水俣湾的渔业作业，但遭到了政府的拒绝，最终决定自主管制。当然，智索公司应该暂时停止排放废水，和渔民一起展开调查，但智索公司得知三种物质不是致病物质，就未停止生产。

　　1959 年 7 月熊大发表有机汞说，然而没有明确有机汞是从哪个工序中排放出来的，有人提出了海底的无机汞在鱼类体内有机化的假说，智索公司以此为借口没有停止工厂排放污水及展开调查。被告举出一系列理由来逃避责任，例如，当时还没有测试废水中微量有机汞的技术和仪器；在工厂排水管制的相关法律中，BOD 和 COD 是主要限制，汞并未被包括在内；在唯一限制汞排放量的大阪事业公害防止条例中，汞的排放标准为 10 毫克/升，八幡废水池中的甲基汞为 0.02～0.03 毫克/升，在限制标准以下。而且，被告指出当时普遍认为微量的甲基汞被大量的海水稀释，通过食物链进行生物浓缩的渠道在当时还未被业界所认知。

　　后来水俣川河口重新设计了排水路径，为了保护水质安装净水装置，使 60%～70% 的汞能被回收，这是当时业界最先进的装置。而后从这一时期开始大量增产。

　　1961 年，紫胎贝体内发现了合硫汞化合物。1962 年末熊大研究班的内田和入鹿山教授在工厂的污泥中发现了氯化甲基汞，虽然两种物质有所不同，但都是从智索公司的乙醛生产工序中产生的氯化甲基汞这一点很明确，在 1963 年的学会上确定了这一点。此时，智索公司工厂的石原俊一在下水道中发现了甲基汞，本想继续研究，但由于争议而被迫中断。就这样虽然水俣病的致病物质得以确定，但乙醛生产仍然持续进行到 1968 年 5 月。

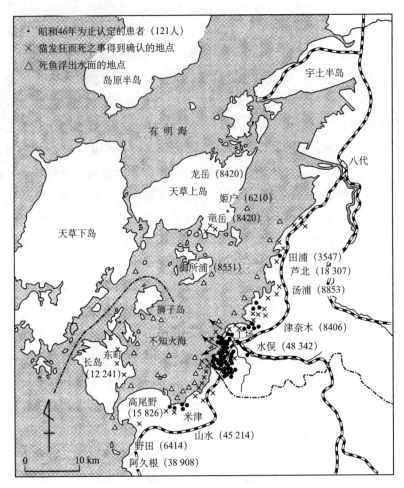

图 4-5　不知火海周边

注：括号内为昭和 35 年人口。

资料来源：原田正纯《水俣病学习之旅》（日本评论社，1985 年）p. 11。

被告描述经过并总结结论如下：

"假定昭和三十四年之前分析不出来的微量烷基汞生成，预见可能性一事是完全不可能的。更何况是微量物质在鱼类体内积聚，或者是未死亡的鱼被人食用从而带来危害，更是不可能预见的。"

战前，工厂排出的废水导致鱼类大量死亡的事件频发，1948 年大量的猫发狂而死，在水俣病患者首次出现的时候，智索公司为什么没有采取停止生产等基本的对策呢？

面对从污恶水论角度展开的责任追究，被告的这种结论纯属空洞的狡辩。如此一来，原告必须举证在各个时期智索公司无视受害者悲惨的事实，一味追求自己公司或化工企业的利益，且该行为又是怎样的犯罪行为。从污恶水论的角度来说，只能走进徒劳的科学争论。因此，必须调查清楚智索公司内部对此事件的应对过程。如前所述，在企业城下町自愿为智索公司的经营和水俣病对策提供证词的智索公司员工和周边居民几乎不存在。不仅如此，还有一部分受害者为智索公司出庭作证。因此，原告律师团虽然知道风险很大，但仍采用了"敌意证人"水俣工厂厂长西田荣一的证词并全力对其进行质证。另外，智索公司附属医院院长细川一的证词成为推翻智索公司辩解的决定性证词。诉讼过程之所以像观剧一样有戏剧性，大概是因为被告用熊大研究班的研究史举证，原告用智索公司干部提供的水俣病对策史举证，一般来说这都是对方应该使用的证据，这一反常的举证过程使法庭充满紧张感。特别地，本次诉讼的精华之处在于细川一和西田荣一的证词。

细川一的证词

细川一因癌症进入癌症研究所附属医院住院治疗，1970 年 7 月 4 日在病床上作了证词。宇井纯曾经在《公害的政治学》中发表过关于细川一在猫400 号实验中已经发现乙醛生产过程中产生的有机汞会导致水俣病症状出现的事实。另外，细川自己也向《文艺春秋》投过稿。原告代理人让细川就事实的细节作证。据证词称，1957 年细川等人以技术部和医院为主体成立研究会，截止到 1961 年，共用了 900 只猫做实验。公司虽未同意，但细川等人考虑到有"化学毒"的可能，开始通过实验进行验证。实验采用的是对实验对象喂食各种物质，从而观察症状的间接的方法。在 400 号的母猫实验中，从1959 年 7 月 21 日开始每天向猫食中加入 20cc 醋酸系的工厂废水。10 月 6 日被实验的猫开始以一定模式来回跑动，之后来回跑动的活动消失。但是 21 号出现了真正的来回跑动现象，具体表现为猫的身体发生痉挛、流口水、蹲坐，然后跳起、撞墙。视野变窄，逐渐失明，呈现出与人得了水俣病之后相同的症状。细川把这件事情汇报给了技术部。九州大学医学部远城寺宗知教授进行病理解剖后，认为这些猫可能与之前得了水俣病的猫相同，但并不能断言。细川本想申请继续实验，但 11 月 30 日公司决定停止一切新的研究。细川向公司表示只允许其进行工厂废水投喂实验也好，但仍被拒绝，实验再次开始就是 1960 年 8 月份以后了。另外，在细川的证词中，1958 年 9 月，细川曾反对将工厂排水移到水俣河口。

细川的证词是证明智索公司过失的决定性内容。从 1957 年的猫实验开始时，公司已经知道水俣病的病因在于工厂的废水，并用"化学毒"这一词汇进行表示，因而才开始进行猫实验。在 400 号实验中，可以说明确了有机汞是在乙醛生产过程中产生的，熊本大学的有机汞说的根源得以证明。然而工厂干部没有公开这个事实，故意假装原因不详，与患者互助会签订慰问金契约。这无异于犯罪行为[57]。

受害者中有人批评细川一明确了水俣病的病因却不向公众公开。的确，1959 年开始进入大增产的阶段，汞流出量的一半以上（45 万吨）都是在那之后发生的，若细川公布此事或许可以防止一部分受害者得病。但是，细川既是医生也是智索公司的职员，无法抗拒中止实验的公司命令因而未能继续做试验。由于他还是一位优秀的科学工作者，明白通过一次实验（实际是两次）并不能得到医学上的结论。细川是一位人道主义者，他终生后悔没能阻止损害发生，于是做了原告的证人，正是由于他的证词，智索公司的责任得以明确，原告才获得了诉讼的胜利。

西田荣一的证词和质证

与此相对，西田荣一为了证明被告无过失而绞尽脑汁。他为了否定预见的可能性，始终坚持不知晓有机汞说的态度。这反而暴露了日本代表性的化工企业如何无视居民生命健康和生活权益，不采取安全对策的事实，更暴露出企业负责人如何疏于学习有害物质排放的相关科学知识的无能面目。

西田的证词内容庞杂，但值得关注的重点有两个：第一是对安全问题的离谱的消极态度。1956 年到 1957 年，工厂排放的废水已经受到怀疑，熊大研究班否定了传染病存在的可能性，当时疑点在于锰等三种金属上。西田并没有对工厂的全部排水展开调查，只调查了三种金属就做出了不存在异常的判断。1953 年以后，患者突然出现，调整了排水路径后津奈木地区又出现新的患者，发生了别的公司从来没有过的损害，检查自己公司的生产过程的变化是理所应当的。1959 年有机汞说出现时，也只是调查了聚乙烯生产线，认为只有无机汞流出。1960 年半谷高久发表了有关有机汞生成的报告，西田读过此报告却并未调查确认。

西田证词的核心在于，智索公司隐瞒水俣病产生的原因，用充满谎言的言行延迟了问题的解决，加大了伤害。其中最为恶性的行为是完全不理会细川一的猫 400 号实验报告，称不知道有机汞中毒一事。这是明显的欺瞒行为，其声称知晓猫 400 号实验结果是在读到宇井纯的《公害的政治学》一书之时，实在令人啼笑皆非。而且他还声称并不知晓后来细川等人想要继续实验而被禁止一事。西田还称不了解细川反对将排水路径由八幡废水池改到水俣河口一事。

没有公开猫 400 号实验的结果，而是大肆宣传化学工业协会（日化协）大岛竹治专务理事的炸药说，向知事、县议会议长、水俣市市长和警察进行汇报。这大概是为了以原因不明为由推进慰问金契约的签订。如前文所述，西田对作为 1953 年患者产生原因的工厂废水说持怀疑态度，因而怀疑是旧军需物资所的四已铅火药投入海中造成的。根据 1967 年 2 月的"关于大量食用熊本县水俣湾鱼虾类引起的食物中毒"一文，"二战"结束时，为处理放置在袋湾（茂道）的军用物资，当时的海军负责人原海军少尉甲斐都义遵照进驻军的命令，在 1946 年 1 月，将储存的炸弹用马车全部运往水俣站，进驻军又将这些炸弹运往三角站，在三角投入深海。尽管甲斐都义很明确地讲述了这些，但智索公司表示自己什么都没有说，这是因为工厂记录显示发生了一些于己不利的事情。实际上，在新潟水俣病诉讼中，大岛竹治的证词称，在当时的渔民斗争以及和患者互助会的交涉中，为了防止化学工业被当作是公害的罪魁祸首，为了对抗工厂排水说，才扯出了炸药说。大岛对当地做出事先调查炸药的管理人及警察的指示。因此，智索公司的员工应该从甲斐都义那里了解了情况。尽管如此，智索公司在袋湾内用电波探测机进行探测，做出一副探测炸药的样子，尽其所能否定有机汞说。

关于排水的处理，原告批评未处理的污水流出的问题，对此西田称 1959 年安装了污水处理装置，能去除 80％的汞。但质证的结果明确显示，此污水处理装置并没有去除有机汞的作用。

西田表示没有读过 J. 纽兰（Julius A. Nieuwland）和 R. 沃格特（Richard R. Vogt）著、辻雄次译的《乙炔的科学》（1950 年，北隆馆）等基本的文献，即使读了也不记得了，这是他在法庭上宣过誓的，不好怀疑。战前智索公司的技术人员五十岚纠夫等人发表过乙醛的生产流程产生有机汞的报告，西田表示虽然看过但没注意到有机汞。西田表示，1963 年才第一次在报纸上看到入鹿山教授发现有机汞的报道。如果他的话是真的，那么西田当真是一个不学无术的人，作为化学工厂的负责人，不作为也不负责任。可以说西田的证词证明了智索公司的应该称之为犯罪的行为。

　　围绕慰问金契约的争论

　　被告智索公司坚持认为慰问金契约是和解契约，被告已支付与损害相当的赔偿金额，是互相让步的产物。患者互助会表示："水俣病由水俣工厂排出的废水引起，要追究责任，要求总额 2.34 亿日元（人均 300 万日元）的补偿金，而被告否认自身责任，原被告之间存在严重的对立。应原告的再三请求，调停委员会为了解决纠纷，提出调停方案，尽管双方不甚满意但最终接受，基于此签订和解契约，之前的对立和纷争由此结束。比较当事人各自的主张、要求与本和解契约达成的共同意见，很显然双方当事人都有让步。"合同的内容要点如下：

　　"被告坚决表示，'我方虽不承认有赔偿损害的责任，但实际上同意支付赔偿与损害相当的慰问金金额。这些钱分为补助金、养老金、体恤金、葬礼费。将来若明确水俣病的病因并非水俣工厂引起，从那以后不再支付慰问金，在那之前已支付的慰问金则不受影响。'而原告方也作出一定的让步：'基于被告的让步限度，我方放弃一贯的主张，即请求赔偿水俣病损害的权利。'其要旨为'即便将来确定水俣病的起因来自于工厂排出的废水，我方也一律不要求新的补偿金。'此内容于契约第五条明示。"

　　按照上述表述，似乎第四条和第五条作为互相让步的条件，双方均已接受。对于赔偿金额过低的批评，委员会表示：虽不能说被告按照本案件和解合同进行了足够的赔偿，但赔偿金额对于昭和 34 年当时生命健康受害的一般赔偿来说算是一笔不小的数目，绝不是非常低的金额[58]。

　　慰问金契约不正当，且违反了公共秩序的主张在于，智索公司在签订契约之前就已经进行了猫 400 号实验，知道水俣病是由工厂排出的废水中的有机汞中毒造成的，却用炸药说来掩盖事实，回避损害赔偿。对此，被告反驳道："即便当时细川等医院相关人员知道猫 400 号实验，具体负责和解合同的社长、工厂长等人对此事完全不知情。因此，且不说根据试验结果已知晓水俣病病因这样的事情不存在，就连签订合同的人都不知道实验结果，更加不可能隐藏实验内容而签订契约了。"还有更过分的说法，认为"原告坚信被告的工厂排水导致了水俣病的发病因此请求赔偿。调停委员会也是站在认定工厂排水是水俣病病因的立场上进行的调停。"认为慰问金契约签订时，原告已经把智索公司视为加害者，因此该契约不是无名契约，而是相当于损害赔偿的和解契约。

若慰问金契约有效，本诉讼就没有意义了。原告认为慰问金契约是新的违法行为，违反了公序良俗。"慰问金契约是被告在中央和地方政府的庇护下强加给受害者的极为不平等、不妥当的契约。作为公害企业的被告，以牺牲水俣病患者及其家庭为代价，以他们的生命、身体健康和眼泪为'养料'，来达到向石化工业转型的目的。在得知水俣工厂是病因的情况下故意隐瞒，妨碍原因追查，使原告陷入苦恼、贫穷和孤立的处境。"

原告认为，根据细川的证词可以明确得知，智索公司在明知水俣病病因的情况下"隐瞒真相，若无其事地以原因不明的态度签订了该项契约。本契约通过支付比造成的损害小得多的金额的赔偿就使受害者放弃所有的损害求偿权，违反了公序良俗，根据民法第九十条，该契约无效。"

如第一章所述，契约的第四条规定，若明确工厂不是致病原因，工厂就停止支付慰问金。但若知道工厂是致病原因，那么规定就适当的损害赔偿进行协商才是正确的。然而契约却规定即便证明了工厂是致病原因，也不能要求更多的赔偿，这明显是不恰当的。智索公司主张：原告若知道此内容不妥，就不该再继续接受慰问金，因此原告是明白第四条和第五条的规定的。但是原告站在患者的立场上进行了辩护：智索公司有不容外界质疑的力量，有地区支配力，谙熟现代风格的契约书的内容，受害者根本无法行动，而且当时受害者处境极为窘迫，处在贫困的谷底，因此哪怕是一点赔偿金也希望能得到。另外，原告患者的要求存在错误。

损害论与地区重建

原告的损害论在开头高屋建瓴地宣示了人的尊严，要求对受害者的全部人格损失进行长期补偿，告发智索公司的地区支配和由此引发的公害的犯罪性，呼吁地区社会改革，成为格调颇高的主张。原告主张的损失是指"包含原告所蒙受的社会、经济、精神的所有损失的总和"，主张对原告的一生，直到最后的最后，一直对被害人进行赔偿。表示虽不指望制裁性赔偿，但不要削减索赔金额。马奈木律师在《法律时报》的座谈会上指出：损害论是由智索公司的犯罪性，受害人的牺牲性和个别受害三个部分组成，认为损失是指基于所有地区破坏在内的人身总体损失，主张将损失汇总在一起索要慰问金[59]他表示该诉讼是改变水俣的一次斗争，也是改变市民意识的一次斗争。因此他在阐述个别受害的情况之前，着重强调了智索公司的犯罪性，指出智索公司是公害企业，它没有公害防范机制，并一直通过地区支配获取不法利益。在当地社会即便被害人蒙受损失，也无法追究智索公司的责任，智索公司得到日化协、地方政府、中央政府等各方面的支持，这是一种体制性的灾害。

对此，被告表示即使原告的主张在哲学层面和政治层面被认同，在法律层面却是没有意义的。并且认为既然之前已经领取了慰问金，此次抚慰金就应该低于新潟县水俣病的抚慰金，应该重新商讨各原告的损失。

原告的损害论的确可能超越了现有的因非法行为引起受害的相关赔偿法律。但水俣病自不必说，公害本身就是企业对地区的支配导致环境、资源以及该地区的人际关系受到破坏而开始的，这一地区支配被称为"以企立市"。因此，要想解决原告的受害及其他公害问题，不仅仅给与金钱赔偿，还必须进行环境的重建，地区社会的重建，还必须形成能让受害者安心生活的市民社会。原告损害论的主张也许超越了法律，但却在此处明确了公害论和公害对策的原理。

3. 判决和直接交涉

判决的主要论点

1973 年 3 月 20 日，熊本水俣病第一次诉讼一审判决由齐藤次郎审判长公布。原告全面胜诉。判决书开头的因果关系中，详细整理了迄今为止的水俣病历史，回顾了熊本大学研究班的业绩，排除了农药说、大岛炸药说、清浦胺中毒说，最后采用了细川的证言。并做出如下结论：

"水俣病的致病物质是被告工厂的乙醛制造设备中产生的甲基汞化合物，工厂废水中含有甲基汞化合物，废水排向水俣湾及其周边海域，有毒物质蓄积在鱼贝类体内，水俣居民因长期大量食用这种鱼贝类而中毒，罹患水俣病[60]。"

由此确定了水俣病的法律定义：

（1）责任论。诉讼关于下列的被告责任（过失），虽然没有采取污恶水论，但事实上是按照污恶水论的思路进行的。第一，化学工厂使用了各种各样的危险物质，将其排放到河流、大海，对人体造成不良影响，因而工厂有义务始终利用最完备的知识和技术确认安全与否，如果确认有危害应该停止工厂运营。虽然被告仅把预见的有害对象限定为特定物质，强调预见的不可能性，但那就是对人体实验的纵容，而这种人体实验只在牺牲者产生后才会停止。第二，被告作为合成化学工厂，因扩大生产有可能造成破坏，所以应该不断进行文献调查研究，并一直对废水进行水质分析等调查，而且明明可以通过现有的纽兰的文献、工厂内的论文等，预测出有机汞的产生，但是却没有利用这些资源，水质调查也只是限定为 BOD 和 PH 值。因而得出如下结论：

"被告工厂是拥有全国屈指可数的技术和设备的合成化学工厂，却在将大量的乙醛废水排放到工厂外之前完全没有履行被要求的注意义务，放任污水排出，这是不可否认的事实，仅在这一点上被告就逃脱不掉过失责任。"

法官对患者的家庭进行了实地调查，震惊于其严重的病情和悲惨的生活状态，因此对被告在诉讼中的态度甚为不满，对于此过失，更进一步地对被告关于水俣病的观点和对策一一进行了彻底的批判，并加深了判断。

（2）过失。1956 年工厂排出的废水被怀疑含有有毒物质，而被告却没有对海水污染和人畜受害进行调查，也没有证据证明其对疑似病因的乙醛废水等工厂废水进行了调查，却不断进行增产。针对渔业补偿，回顾 1926 年（大正 15 年）以来的漫长历史，认为只要给与金钱赔偿就足够了，并没有进行废水分析和海域调查。熊本大学研究班发表有机汞中毒说之后，1959 年 10 月便针对有机汞中毒说提出了反驳[61]。而且，虽然发表了猫实验的实验数据，但是猫 374 号实验的结论与猫实验登记手册上的结论不同，而猫 400 号实验的结果没有进行公布。判决书表示：若持有质疑，"查明原因的主体必须是被告自身"，然而其提交的查明病因的相关文献全部都是熊本大学研究班的资料，"看不到被告工厂或是被告自身为了查明病因而展开的调查研究成果，更何况其调查结论从未公开"。1959 年 11 月，众议院水俣病调查团松田铁藏团长要求被告停止仅仅从追求利润的角度对熊本大学进行指责，希望被告能够本着诚意与熊本大学合作，但被告并没有予以配合，反而没有向熊本大学提供任何关于乙醛的信息。猫 400 号实验的结果至少技术部是了解的，1959 年 11 月 30 日，技术部长停止了细川的乙醛废水的直接投喂实验，这是不容否定的。从而推迟了对水俣病病因的探明，被告对此负有极大的责任。

总而言之，判决表示：文献调查自不必说，如果被告能够关心环境变化以及居民的生命健康，不怠于注意义务，就可能预见水俣病的发生，进而可以避免水俣病的发生。被告对于环境的变化、渔业补偿、水俣病病因的探明、工厂废水的处理、猫实验等所采取的措施并不能得到人们的认可，是极为不妥的，因而得出如下结论：

"关于被告工厂排放乙醛废水这一行为，可以充分认定其始终存在过错，即使被告工厂的废水水质符合法律上的限定标准和行政标准，且该工厂的废水处理方法优于同行业其他企业工厂，这也不足以推翻前述推论。并且废水的排放是被告的企业行为，从这一意义来说，被告无法免责。"

（3）慰问金契约。在叙述契约成立经过后指出，如慰问金契约第 4、5 条所述，水俣病是否由被告工厂排放废水所引起尚未查明，"也就是说，慰问金契约是在未认定被告负有赔偿损失义务的前提下签署的文件，因此，按照该合同所支付的慰问金，即使实质上对患者的损失有所补偿，在法律上解释应该如其字面意思，并不具有损失赔偿金的性质。"这也是被告自身也认同的地方，在此基础上，才可以说类似于第 5 条的契约是否可以被认同和合法。

判决指出，在 1956 年 11 月的熊本大学研究班的锰中毒说发表后，虽然没有得到科学性的充分的解释，但是水俣病的原因在于工厂排出的废水这件事已经成为一般性的常识。1959 年出现了有机汞中毒说，猫 400 号实验以及随着排水口的改变出现了新的患者的事实，进一步印证了这一假说。患者以水俣病病因是工厂废水为由，要求被告给与受害赔偿。但是被告否认工厂废水是水俣病的病因，签署了慰问金契约，此外的一切受害赔偿要求不予回应。若工厂废水是病因这件事得到科学性的认定，重新考虑给与相应的受害赔偿是作为责任人的真诚态度，但在这个阶段仅支付低额的抚慰金，而对其他一切赔偿不予支付的话，只能说这违背了信义原则。

判决分析了当时的患者及其近亲家属的情况。签定慰问金契约时，普通民众还没有开始对水俣病患者抱有理解和同情，只依靠他们的力量向大企业坚持索赔在事实上是不可能的。当时的患者家庭在经济上穷困潦倒，为了尽快得到补偿，只能指望这一慰问金契约。"这一慰问金契约，并不是出于补偿每一个患者蒙受的全部损失这一立场签署的，并没有针对每一个患者进行实际的受害调查。"也没有考虑患者住院期间的护理费用和对生存患者的精神补偿金，其内容存在不公。此番讨论之后，判决结果如下：

"在本慰问金契约中，作为加害者的被告，随意否定受害赔偿义务，不理会患者们的正当受害赔偿请求，利用受害者——患者以及其家属的无知和经济上的窘迫状况，对其生命和身体损害支付极低的慰问金，从而要求患者放弃损害赔偿请求权，这一契约违反了民法第 90 条中的公序良俗的规定，所以合同无效。"

（4）损害。列举了新潟水俣病的损害计算中的五个条件，在此基础上指出，患者不但承受了精神上和肉体上的痛苦，并因环境污染失去渔场被剥夺了维持生计的手段。而对于严重的损害和无缘由的歧视，被告还拖延对真相的调查从而扩大了伤害，阻碍了事件的解决。而且水俣病在医学上没有充分的研究，也没有治疗办法，因而认可了原告的请求。在此基础上考虑患者的生死、症状、年龄、职业、收入等，决定死者获得 1800 万日元补偿金，在世患者本人获得 1600 万日元到 1800 万日元的补偿金。

判决后的直接交涉和《协议书》

判决结果可以说原告完胜，由此首次确定了智索公司的法律责任，补偿金也是四大公害诉讼中的最高金额。而且因为慰问金契约违背公共道德，将其视为无效，这也成为对政府和千种委员会为庇护智索公司而采取的解决措施的严厉批判。此前政府拖延解决的水俣病对策也受到了间接的强有力的批判。该判决标志着当时最严重的公害事件得到解决，可以说与四大诉讼中最后的判决相配，在此前的诉讼成果的基础上，又向前迈进了一步。这是改变一直以来闭塞的水俣社会的一步。

尽管客观上取得了如此巨大的成果，但诉讼后的集会是其他诉讼中不存在的特殊状况。以告发会为代表的新左翼组织认为诉讼不能解决问题，除了直接交涉以外没有其他的解决办法。律师团的入场被阻止，其间还几度上演了撕破西装的暴力行为。诉讼结果发表之时没有发出高呼胜利万岁的声音，反而怨声载道，好像是在批判胜诉带来了不好的印象。但是，正如其后的历史所明示的那样，正是本次胜诉打开了解决水俣病事件的大门，不仅是此后的公害诉讼和行政解决，就连作为批判方的直接交涉派也要借助本次判决才能取得成果。

　　直接交涉派之前一直在智索公司静坐示威，3月20日接到熊本地方法院的判决，在1973年4月27日公害等调整委员会第一次的调查内容的基础上，以三木环境厅长官提出的患者医疗生活保障基金（3亿日元）为核心，在三木环境长官和泽田熊本县知事的见证之下，签署了协议书。第二次诉讼原告发起的水俣病受害者会从1963年2月2日以来，一直与智索公司之间进行交涉，提议7月18日签署该协议书，但交涉的结果，12月25日与智索公司签署了协议书。这成为后来依据公健法进行补偿的基础。基本内容是按照判决书，对死者支付赔偿金，A等级1800万日元，B等级1700万日元，C等级1600万日元。治疗费包括医疗费和医疗津贴的相当金额，护理费包括护理人员的护理补贴，终身特别调理津贴为A等级每月6万日元，B等级每月3万日元，C等级每月2万日元。丧葬费20万日元。

　　另外，智索公司对以下条款做出保证：

　　（1）通过履行本协议，持续赔偿全部患者的过去、现在及将来的损失，承诺为了保证患者将来的健康和生活做出最大的努力。

　　（2）今后决不污染水域及环境。而且，负责对过去的污染进行净化。

　　（3）智索公司在确认以上条款的同时，认真履行以下协议内容。

　　（4）本协议内容对协议签订之后认定的提出要求的患者同样适用。

　　（5）发生以下协议内容范围外的情况时，重新进行交涉[62]。

　　协议内容包括前文提到的抚慰金、医疗费、看护费、终身特别调整津贴、丧葬费、患者医疗生活保障基金（3亿日元）等。若履行本协议，应该能够实现对患者的救助。但是，如第七章所示，智索公司与政府缩小了水俣病患者认定范围，这成为持续半个世纪的水俣病问题的起因。

补论　高知纸浆预拌混凝土投入事件刑事诉讼

公害事件的刑事诉讼中，水俣病事件的加害者——智索公司工厂厂长吉冈喜一、西田荣一被判为有罪，而笔者在此想要介绍的是，反对公害的市民运动领袖的刑事诉讼事件。在公害事件中，像江户川本州造纸事件和水俣病事件中，存在被害者渔民发起的暴力妨害事件，然而那是由于生计受到损害要求停止侵害而发起的事件，没有形成诉讼。高知纸浆事件是首次谋求人权和自然保护的居民运动领袖被审判、居民运动的合法性受到质疑的案件，这一点备受瞩目。而且这次诉讼中，被告山崎圭次和坂本九郎承认了自己的行为，这样庭审恐怕只要两次到三次就能结束了。然而，被告和律师团队认为此事件是日本公害事件的典型，应当对事件进行彻底的调查并明确其意义。同时，确立了以公害事件的研究者为首的多位证人，四年中反反复复进行了27次庭审。法官也不仅一位，而是引入了三人合议制。这个事件并非单纯的暴力妨害业务罪的刑事诉讼案件，后来成为了高知纸浆的公害审判的一部分，这是诉讼史上非常罕见的[63]。

1. 高知纸浆公害事件与预拌混凝土投入事件

公害问题的经过

高知纸浆是使用 SP（sulfite pulp-亚硫酸盐纸浆）的方式来制造纸浆的工厂。1948 年，创立为高知制纸股份公司，1951 年由于业绩不好而移交给西日本纸浆工业，1958 年被爱媛县伊予三岛市的大王制纸股份公司吸收合并。但是，由于 SP 制造方式已经相当古老，工厂规模又小，1961 年大王制纸欲将其关闭，但是遭到了高知县、高知市以及工会的反对，他们希望工厂作为当地产业继续存在，于是大王制纸撤回了对工厂的关闭，作为子公司高知纸浆股份公司（简称高知纸浆）继续生产。在第一章中叙述了使用 SP 方式的纸浆工厂在全国引发严重的公害事件。高知纸浆也是典型的公害型工厂。而且工厂位于高知市旭地区这样一个城市中心地区，作为其排水出口的江之口川的河宽较窄且两岸与住宅邻接，而且河口会注入浦户湾，工厂就建在这种会引发严重污染的地理位置之上。

自 1956 年开业以来，其月产纸浆约 1000 吨，每天排出 1.4 万吨含硫化合物及木质素等有害物质的废水。其工厂用地内设有沉降 SS（浮游物质）的沉淀池，并投入生石灰等调节废水的 pH 值（氢离子浓度）来对废水进行处理，但并未采取根本性的公害防止对策。因此废水中的有害物质和有机物几乎没有被除去，废水的排出污染了流经市中心的江之口川。原来的江之口川很清澈而且鱼类丰富，一直为住宅街道提供良好的生活环境。但是由于废水大量排入，从 1960 年开始污染日益严重，河水呈黑褐色且污浊，污泥蓄积，鱼类灭绝，江之口川变成了"死河"。不仅如此，由于废水的影响，浦户湾也变得污浊了。浦户湾本来是县民引以为傲的自然环境，是鱼虾贝类的宝库。但由于污染，浦户湾中鱼的种类和数量急剧减少，并且产生了畸形鱼，1967年还发生了鱼类和虾类大量死亡的事件。

1969 年 10 月，高知县纸业课调查了该工厂沉淀池出口的废水，检验出该废水 pH 值为 4.9～6.9，BOD 为 980～1100 毫克/升，COD 为 3000～4800毫克/升，SS 为 25～44 毫克/升，污染十分严重。虽然在"旭地区"之外也有少量小规模的纸浆工厂，但是可以推定江之口川污染的 80% 都是高知纸浆所造成的。

纸浆工厂的公害在战后复兴期成为了巨大的社会问题。高知市议会和高知市等在 1948 年向高知县提出公害防止对策的要求。1950 年，高知市旭地区当地居民同纸浆工厂建立了灾害管理委员会，并缔结了协定书[64]。协定书的内容规定了废水的完全处理、二氧化硫气体的规制、灾害发生时的赔偿，并且关闭带来无法弥补的灾害的工厂。在当时这属于全国罕见的严格的"公害防止协定"。然而，工厂没有遵守这个协定，另外希望工厂继续存在的县、市当局不按照协定进行管制，且拒绝适用国家水质 2 法，污染被放任不管。结果 1964 年前后，江之口川的废水产生的硫化氢开始对人体带来危害。根据在审判中出庭的周边住民的证言，居民因为恶臭而产生头痛，并且鼻子和喉咙也受到损害。受臭气的影响，高知市第四小学到了夏天也不得不紧闭北面的窗户。在廿代桥东北经营旅馆的女老板表示，1961～1962 年，来自大阪的团体游客受恶臭味道的影响而头痛难忍，不得不更换旅馆。1967 年旭地区的植物枯萎，哮喘病人接连出现。1969 年 8 月旭地区的旭诊疗所对高知纸浆周边的 198 名居民进行了调查，其中有 55.6％的人感到容易疲劳，52.5％的人有咳嗽、多痰的症状，南元町 50 家民宅中有 31 人搬家或疏散到其他地区。江之口川周边的居民家中，金属制品及陶器由于硫化氢而发生变色，商店和工厂也受到影响。这充分表明了工厂公害对策的欠缺和工厂选址的失败[65]。

市民运动与预拌混凝土投入事件

在这种状况下，发生了市民运动。在 1962 年 4 月，"浦户湾保护协会"成立[66]。其会长是从事技术性工作并经营公司的山崎圭次，事务局长是长年担任教师的坂本九郎。该协会成立的目的是以居民的力量保护自然环境，更直接的就是反对填埋浦户湾，恢复江之口川以及浦户湾的自然状态，防止灾害的发生，比起招徕工厂更优先地提高当地产业的技术水平以及与全国公害反对活动共同合作等。自 1970 年年初，保护协会将活动方针从反对填埋浦户湾调整为保护水质，开始投身于阻止江之口流域纸浆工厂带来的公害。

关于采取封堵排水管这一非常手段的直接动机，根据被告律师团的开头陈诉（第八次公开审理）可概括如下：首先，在 1970 年 4 月，高知纸浆工厂总务部部长冈本节夫在面对保护协会的成员时采取了不负责任的态度，声称"江之口川就是下水道"，宣称排放废水并不只限于高知纸浆工厂。出于该言论，保护协会决定请求在 4 月 11 日对工厂进行调查，在访问其他纸浆工厂后于下午试图进入高知纸浆工厂时被对方拒绝。之后，保护协会请求县政府以及高知市协助协调参观工厂事宜。对方建议与高知纸浆工厂会谈代替参观工厂，此举获得了双方的同意，市政府官员也出席了这次会谈。在会谈开始前，保护协会提出希望和高知纸浆总经理井川伊势吉展开对话，高知纸浆方也确定了相关事宜，然而在三天以后，工厂方面声称总经理由于突发高血压而在东京住院，拒绝出席会议。保护协会认为这并非事实，而是对方拒绝进行协商。

5 月 21 日举办了双方的第一次会谈。居民方陈述了实际受害状况，并要求得到妥善处理。而以高知纸浆专务尾崎茂夫为代表的公司方则表示之前公司已提出关闭工厂，由于当时县政府和工会的强力挽留不得已才继续存留，而现今又被认为造成公害，令人困扰，而且废水处理在技术上也是一大难题。这种强硬的回答使双方产生极大分歧。最后，居民方要求对方拿出防止公害的具体措施，否则停止生产。于 9 月 28 日举行的第二次会谈中，公司提出设置浮选装置，然而居民认为这样做并没有解决问题，建议采用已充分证明改善效果的浓缩燃烧法。对此公司表示如试验成功可采用。该试验于 1971 年3 月宣告成功，然而于同年 4 月 16 日举办的第三次会谈中，公司声称该装置成本太高，拒绝了这一提案，引发民众骚动。在短暂休会后的会谈中，公司方表示会以 1972 年年末为目标进行工厂迁址。居民方对这个时间安排提出质疑，要求对方在约定时间内迁址否则必须停产。对此公司方表示停产是关系公司命运的重大决定，需先在公司内部进行讨论，并提出讨论结果将于 5 月底之前以书面文书的形式通知居民方。居民方对此表示同意，并商定在十余天后进行第四次会谈。

5 月 31 日，公司的回复通过高知市市政府转达到了保护协会。回复中声明高知纸浆如在 1971 年年底之前于高知县境内找到适宜用地，则在 1972 年年末之前建立新的工厂。如尚未找到适宜用地，也无法履行在 1972 年年末之前停产的约定。同时，公司方也拒绝了居民方第四次会谈的请求。保护协会将该回答认定为高知纸浆的背信行为，认为进一步的对话由于对方单方面的放弃而走到尽头，为了通过县政府的行政指导使得谈判继续进行，保护协会一行拜访了县环境保护局局长。但是该局长冷淡地表示只能对防止公害的设施所需资金的融资进行斡旋，除此之外的事都做不了。保护协会在此之前曾向律师寻求建议，对方判断这种状况通过赔偿是无法立刻改变的，如果要求临时处置的话举证等都非常困难，成功的希望不大，因而判断通过司法解决也极其困难。

此时，保护协会对高知纸浆与行政机关丧失了全部信赖和期待，和平手段已经用尽。于是，他们被迫要做出一个最终选择，是忍气吞声，还是采取行动继续守护民主主义。保护协会在听取各方面意见以及慎重的考虑后，认为封堵排水管是唯一可行的方案。

至此，山崎圭次再也无法忍受与自然和人类的存亡息息相关的江之口川和浦户湾变成一片死海，无法忍受就这样对排放废水的高知纸浆不闻不问。此时，他想到，如通过实际行动使高知纸浆暂时停产，并在此期间使高知县的市民看到水质因此得到明显改善的江之口川和浦户湾之后，应该会使他们对反对公害运动产生理解。他把这个想法告诉了坂本九郎和保护协会事务长冈田义胜，得到了二人的赞同。作为迫使其停产三天的方法，他们一致决定用预拌混凝土堵住高知纸浆的专用排水管道。他们与协助执行该计划的保护协会成员吉村弘一起实地考察并寻找实施计划的地点。为使投入地点不会对市民造成困扰，他们最终选择了位于纸浆工厂东部旭餐厅门前国道上的高知纸浆专用排水管道的两个下水道检修口。

6月9日凌晨4点30分，山崎一行将24个分别装有0.9立方米沙砾的麻袋放入两个下水道检修口（东侧20袋，西侧4袋），又在两个检修口中倒入约为三立方米的预拌混凝土，堵塞了排水管，阻止了纸浆废水的排放。因此，高知纸浆公司在当天下午4点半之前被迫中止全部作业，其中一部分作业在晚上8点之前一直处于被迫中止的状态。

保护协会的山崎圭次和坂本九郎均为受到市民尊敬的企业家和教师。市民认为他们这种决然的行为是为了保护环境和自然不得已而为之的壮举，"干得真好""解了心头大恨"等表示支持的声音不绝于耳。报纸和电视也报道了忍受已久的居民愤怒的爆发。追究高知纸浆的舆论日益高涨，全国的反对公害运动也纷纷给保护协会发来了声援。

政府以水质污染防止法为基础商定排水基准，暂时决定排水基准为BOD 160毫克/升（日平均120毫克/升），SP工厂在1973年6月23日之前为BOD 520毫克/升（日平均400毫克/升），1973年6月24日至1976年6月23日为BOD 390毫克/升（日平均300毫克/升），并于1971年6月21日以总理府令的形式布告。按照这个基准，由于高知纸浆公开排水量是350毫克/升，因此可以持续运行五年。高知县于1972年2月1日重新将SP工厂的排放基准设定为180毫克/升（平均150毫克/升），同时，在江之口川等流域建立的新工厂所对应的排放基准被设定为BOD 20毫克/升，COD 70毫克/升。显然，这是由山崎一行的直接行动以及该行动导致的反对公害的高涨舆论所推动产生的严格基准。从而使高知纸浆无法继续营业，生产方式也从SP转换成了KP，并决定迁址至南国市。然而由于南国市民表示"拒绝公害企业入驻"，南国市市长也在市议会表示拒绝该企业迁入。同时，由于该公司迁址会对高知市带来影响，高知市市长也表示了反对。因此，高知纸浆工厂于1972年5月27日停产。虽然江之口川还堆积着工业污泥，但是水面开始变清，并有鱼类出现。

高知县检察厅经过半年仍然无法决定对此次事件的实行者如何处理，后决定对其中的两人暂缓起诉，对另外两人进行起诉。高知县检察厅检事正认为如果对此次事件的实行者暂缓起诉，今后可能会诱发更多的类似行为，因而起诉山崎和坂本。得知此事的县民立刻组成了审判支援会议，要求公平审理。

2. 刑事诉讼转为公害审判

被告律师团由 5 人组成，当地的土田嘉平任组长，公害研究学者宇井纯任特别辩护人。被告律师团与"高知纸浆公害支援会议"均认为该事件的真正犯人为高知纸浆，包庇该企业的高知县、高知市也应该承担相应的责任，并确定"此次审判不应该是针对实施行为者的刑事案件，而是应以公害诉讼的形式进行"的方针。被告有投入预拌混凝土这个事实，单就此进行裁决也许非常容易。然而，这样就会使得影响严重的公害事件的原因被忽视，公害企业以及包庇该企业的政府的罪行都会被忽视。该事件是日本公害事件的典型案例，借此机会以高知纸浆公害事件为素材使其成为审判公害法庭是必要的。在这种意图下，宇井纯作为特别辩护人不仅请被害者当作证人公开高知纸浆工厂的公害，并且召集了全国范围内的公害研究者作为证人，向审判官以及检察官告知公害事件的本质，并请求妥善的处理方式。结果，与检察方只传唤了前文提到的高知纸浆工厂的法人代表冈本节夫 1 人相比，被告方除了 14 名当地居民以外，还邀请到了高知纸浆及高知县市政府的职员，此外还包括 5 名县外的学者和另外 8 名学者作为证人。这 8 名学者除前文提到的宇井纯之外，还有饭岛伸子（环境社会学）、近藤准子（后改名中西准子，卫生工学）、田尻宗昭（公害行政）、西原道雄（环境法、民法）、宫本宪一（环境经济学）、今井嘉彦（海洋化学）、冈崎昭平（化学）。中西准子的证言是基于她在东京大学实验室中用纸浆工厂的排水进行的实验，验证了造成环境危害的原因及其严重程度。笔者阅读其他证言集时，发现这些仿佛都与公害学校的教科书中的记录一样。法院所审理的这次看上去"多余"的诉讼，实际上也是由当时公害事件的严峻性以及公害居民运动的评价决定的重大审判。笔者认为对于检事来说，这场审判的确极其棘手。检事对于饭岛的证言不停发难，而对笔者与西原的证言却不置一问[67]。全部的陈述都被记录成文本。

3. 审理经过

检事发表公诉意见

检事就犯罪动机以及目的，做以下陈述："本次案件的关键之处在于，即便堵塞了高知纸浆工厂的排水管，也不会使得企业停止以后的作业，同时也无法迅速解决江之口川以及浦户湾的污染问题。所以不能保障沿岸居民的生命和健康"。这样，"本次案件中被告妨碍施工的主要动机是被告对于昭和46年5月31日发表的高知纸浆问题回答书的内容存在极大的意见，同时对于高知纸浆工厂方面态度持有不满以及愤怒的情绪，所以可以将犯罪目的认定为对于过去所受侵害的报复行为[68]。"

这样的话，被告犯罪行为的目的并不是可以有效地防止污染的崇高行为，而不过是对于过去所受侵害的报复行为。然后在叙述被告实际行为的具体情况后，认定由于产量减少带来的损失，由于作业被迫停止导致制造过程中出现了存在品质问题的不良品，以及去除被投放的预拌混凝土等所产生的作业费，共计损失为212万日元，本次案件中两名被告的行为可判定为暴力业务妨害罪。

接下来陈述了对被告律师主张的判断。被告律师认为高知纸浆工厂在长期侵害居民正常生活的前提下，仍然继续进行作业，这种业务不应受到刑法上的保护，不构成暴力业务妨害罪所称的业务，构成要件欠妥。对此说法，检事认为该企业的行为具有公益性，受到宪法对其社会自由以及经济自由的保护。同时高知纸浆制造业务本身是合法的，并且是具有高度公益性的企业活动，排放纸浆废水仅仅属于企业活动的一个环节而已。并且，此次案件并不涉及基本人权优先于经营权这个概念，虽然该工厂违反了公害法规，但是不能否定企业活动整体的业务性。

接下来，就被告的违法行为具有正当防卫性这一说法，检事认为正当防卫是指：居民的生命、身体、财产以及生存权利等法律权益即将受到侵犯时所作出的防卫行为，而不是指本案中所提到的过去已经受到的侵害。关于被告律师提出的该工厂造成的侵害的不正当问题，检事认为不正当与违法的意思相同，高知纸浆工厂的处置方法以及对策虽然不能说无懈可击，但是"不能忽视工厂的持续努力"。另外，水质污染法的适用处于暂缓阶段，因而认为工厂行为并无侵害的不正当性。检事完全没有体会到江之口川的严重污染状况和居民的苦恼。

检事认为两名被告人对于通过临时处置等法律手段制止高知纸浆工厂的侵权行为这一方法毫不重视，武断地认为"别无他法"，并对此想法进行批评。关于法律权益的权衡问题，检事认为"被告人强行终止高知纸浆工厂15个小时的作业，这一行为所带来的生存权及环境权的利益在现实中难以估计。并且生存权、环境权这样的法律权益与企业活动的社会自由、经济自由的法律权益之间并不存在孰优孰劣"，因而认为无法承认两名被告人行为是不得已的行为。

其次，正当防卫行为中的防卫行为必须有防卫之意存在，对于本次案件中两名被告的行为无法判定为保护自身或是他人权益的行为，被告的犯罪目的可以理解为由于过去受到侵害而进行报复、复仇的行为。其引起舆论的行为与防卫之意毫无关系，被告山崎圭次的举动从一开始就不属于正当防卫行为，只是希望唤起舆论，并对刑事处罚做好了心理准备。

最后检事认为："由于公害的累积作用不仅破坏自然环境，还会带来逐渐危害居民生活的严重问题，所以当然无法轻视……高知纸浆排放的废水严重污染了江之口川……另外，行政机关及企业对于纸浆废水处理问题采取的措施也并非周全，这些情况也应纳入考虑。"此外，检事认为"社会认为被告行为属于义举，由此引起社会舆论导致高知纸浆工厂被关闭，从而促进了江之口川的净化，这一点仍值得肯定。然而，本案件中的两名被告人的行为，在现行的法律秩序以及社会秩序中不能被容忍以及宽恕。"

"此事件的行为样态（手法、方式以及程度）极其大胆过分，被认定为属于严重违反现行法律秩序以及社会秩序的行为。由于此次事件过分刺激居民运动，形式简单易于模仿，容易导致违法的暴力行为的发生，所以虽然前述内容所示应对两名被告人予以酌情处置，但仍无法轻易免除两名被告人的刑事责任。"

最终，两名被告人被判处有期徒刑三个月。

被告律师团的"辩论"

在法院异常的诉讼指挥下，尽管被告的辩护允许学者进行论述，并且开设了"公害学校",然而可以说检事的论告中并没有追究造成公害问题的责任,而是始终以暴力妨害正常企业活动进行论证。"辩论"开头部分,律师团指出,检事维护企业活动,无视排放废水的罪行,而对国民的生存权和环境权充满了蔑视和轻视[69]。

所以,"辩论"中将高知纸浆事件作为日本公害犯罪事件的典型案件,认为应该被审判的不是两名被告,而是高知纸浆工厂。对于此次诉讼中应该审判的是造成公害的犯人,还是反对公害的居民运动,应该权衡的是 212 万日元的企业损失和居民的生存权孰轻孰重。于是,他们在"辩论"中以公害研究者的论证为根据,认为日本的公害是社会性灾害,会造成人类生命健康的损伤、自然环境的破坏以及城市环境的损害等不可逆转的损失,是刻不容缓必须解决的问题,而由于政府的不作为、不管制,居民如果不行动起来问题就无法解决。1970 年公害国会召开,认为即便一直以来企业活动具备有用性,但仍然不能允许造成公害的企业继续存在,这已经成为社会常识。站在这样的公害论角度去审判高知纸浆公害案,才是本次诉讼的本质。

"辩论"中还认为高知纸浆是不应该被允许创立及存在的企业,并阐述如下:虽然明确知晓 SP 纸浆具有危害性,但其仍然在城市的中心地段建工厂,向周边住宅密集的河川每天排放 1.4 万吨的有害废水。并且没有安装公害对策中居民要求的浓缩燃烧装置,仅安装了沉淀池,对于亚硫酸气体也仅在 1969 年安装了碱水浴装置。由于该工厂的消极应对,江之口川排水口区域的 COD 达到 1500～2000 毫克/升,是生物存活的界限值 5 毫克/升的 440 倍,如此严重的污染造成鱼类等生物的死亡。同时,该工厂周边大气中亚硫酸气体的浓度达到 0.75 毫克/升,河流中硫化氢物质的恶臭及污染,对人们的健康和财产带来了巨大的损害。江之口川成为"死亡之河",浦户湾也"濒临死亡",迫使人们放弃渔业权。之前该工厂至少签订了包含三条防止公害产生的协议书,但其从未遵守过。该工厂也违反了通产省所制定的许可条例。基于这些情况,可以认为检事所主张的企业的"社会有用性"并不存在。

在行政责任方面,县政府拖延了水质 2 法的地域指定,怠于公害防止协定的实行,而且几乎未对工厂进行现场调查,这些举动"即便作为助长公害行为的不作为而追究政府责任也不为过"。特别是在居民运动的应对中,县政府"明确地站在企业一方,掩盖自身工作的懈怠",以知事沟渊增己及环境保护局长今桥的证词为依据进行批评。

对此，居民运动总体来说比起其所受侵害的严重程度来说可谓极度稳健，"若非自己的生存被威胁到极限程度，绝不奋起反抗"。与美国不同，日本这种非武装的群体暴力事件除去本州制纸和水俣的渔民事件，几乎未见发生。日本的居民运动是通过实地调查，客观地告发公害问题，其理论水平非常高，浦户湾保护协会的运动也具有这种日本居民运动的风格。

关于司法的作用，虽然自四大公害案被判决以来，制裁公害企业终于成为可能，然而到目前为止，对不合常理的企业公害问题，检察官从未有过行动，这难道不奇怪吗？在行政机构和立法机构对于公害问题不能发挥其职能的时候，作为最后的解决方式，"希望法官能够回到追究并根绝社会中的不公这一本职工作中，站在对过去进行反省的立场上，努力消除公害这一社会不公。"

"辩论"是在前述公害论的基础上，提出了事实论、构成要素论、正当防卫论、可惩罚违法论、期待可能性论，明确指出了被告行为的正当性和企业行为的犯罪性，然而判决结果取决于怎样认识公害论。例如，对于高知纸浆工厂业务构成要素的不正当性，检事认为纸浆废水的排放仅仅是企业活动过程中的一个环节。但是，四大公害裁决认为，"人类的生命、身体都属于人的基本权利，应当以对其是否具有危险性，是否会造成威胁为判断依据，去判定企业活动是否具有合法性。""辩论"以此为根据，认为高知纸浆对居民生活造成影响的行为属于犯罪行为，不属于刑法 234 条中的"业务"范畴。也就是说制止造成公害的高知纸浆工厂业务的行为具有正当性。

关于正当防卫，检事认为被告的行为属于对"过去的侵害"的报复行为，不具有实时性、紧迫性和直接性。但"辩论"认为损害正在进行，因而具有紧迫性，甚至可以说是为时已晚，现在不进行恢复生态等行动，将难以恢复河流原貌，故被告的制止行为属于正当防卫行为。同时，除了需要考虑其防卫行为的正当性以外，还需要考虑解决所遭受的侵害问题。正如前述所言，当被害人已无法对企业以及行政当局就防止公害问题寄予希望的时候，被害者只能自己动手去解决存在的问题，这一行为属于居民的自卫行为，属于行使权利的行为。在此情况下，（居民）保护自身不受侵害的权益与防卫行为对对方（企业）造成的损害，究竟哪一方应该得到法律的保护，这应该以损害是否直接与人身相关为判断标准，如果是污水带来的损害，停止污水排放的行为属于依法行使权利的行为，是正当防卫。

关于可惩罚违法性，判决认为被告不仅仅是简单的违法行为，还应接受刑法处罚，且属于需追加刑罚的违法行为。而"辩论"认为违法性是轻微的，山崎、坂本二人的行为并非检事所称的报复行为，其动机目的是正当的，反而是企业的犯罪性十分明显。并且本次案件中被告行为所保护的法律权益是自然、环境权和生存权，而所侵害的法律权益是企业约 15 个小时的追求利润活动。虽然高知纸浆工厂声称其损失为 212 万日元，但是实际损失最多也只有 10 万日元左右。由于被告的行为，多数人对此产生共鸣并参与到居民运动之中，高知纸浆工厂的污水排放被终止，江之口川及浦户湾的生态得以修复，哪一方的法律权益更具有优越性已经非常明确。如果这样被告仍然需要接受刑罚处罚，那么笔者认为刑法不过是维护企业利益的道具而已。哪怕被告的行为在形式上属于刑法 234 条例所规定的暴力业务妨害行为，也不应该进行刑事处罚。因而两人的行为不具备可惩罚违法性，属于无罪行为。

最后关于责任阻断（期待可能性的不存在性），检事认为不应该立即执行，而是应该根据法律秩序来申请停产临时处理。然而勒令公害企业停止侵害的判决在全国都无先例，被告从律师那里听说即便艰苦卓绝地进行诉讼也几乎不会产生任何结果。而损害赔偿只是对已发生事实的善后处理，对防止公害发生并无作用。如果如检事所说的那样与高知纸浆继续进行交涉，等待行政管制，根据过去 20 年的经验和目前企业与县当局的态度，是没有希望的。

辩护结论为："当时如果和两位被告持有同样的认识，无论谁站在两位被告的立场上，除了如同本事件中所进行的实力行使以外应该别无他法。两位的行为是为了保护人类的生存权和环境权不得已而为之的行为，不应受到法律的制裁。……检察官的起诉对企业罪行视而不见，将行政责任束之高阁，只追究挺身而出杜绝公害的两位被告的行为责任，法院是追认这种不正当不公正的起诉呢？还是揪出山崎所说的真犯人，明确其责任呢？企盼着保护自然与杜绝公害的全国国民都在关注此事。我们怀着对为人类历史作出贡献的判决的期待结束此次辩论。"

判决

1976 年 3 月 31 日，审判长板坂彰作出如下判决。从当时杜绝公害的舆论和"公害学校"的诉讼指挥原则的情况来看，人们期待着无罪判决。然而判决一方面检举了高知纸浆的犯罪行为，认为受到市民尊敬的两位被告的行为是不得已而为之的，却仍作出有罪判决，处以罚金 5 万日元。下面简要陈述判决内容[70]。

判决在本案件背景中叙述了高知纸浆设立的经过和本事件中纸浆工厂的作业造成的影响和损害。此处描述非常详尽且真实。由于此部分与被告律师团的开场陈述几乎相同，上文已经介绍过，故此省略。

判决对辩护人主张的判断如下。首先对于"构成要素不符合的主张"，高知纸浆违反公害防止协定，"即便称之为'公害的肆意排放'也不为过，不得不说企业的行为极其令人遗憾"。企业的经营自由绝不是无限制的，"企业活动若对国民的生命造成侵害或对健康造成严重的负面影响，就应将企业作为与公共福祉相违背之主体，从宪法上的保护对象中排除，且企业的行为已是无法宽恕的违法行为。"如此阐述好像认可了被告行为，然而之后笔锋一转，又表示高度发达的现代企业活动在某种意义上就包含着对某些权益的侵害的可能性，如果将所有具有这种危险性的企业活动都作为违法行为被禁止，则全国的经济活动都会停止。判决认为被公认为具有社会有用性的企业活动是具有公共性的，因而应该被允许。而且高知纸浆是当地招商引进的企业，"虽然对居民造成的侵害是无法被赞同的，然而其作为企业具有的社会有用性也是不可否定的"，对于被告等人的运动他们虽然没有做出周全的应对措施，但也采取了公害应对措施，表示了转移工厂的意向，因而"不能断定其生产活动为不被业务妨害罪所保护的业务，至少在本案发生当时，没有失去上述的资格。"

这种逻辑矛盾、承认但又继而转折（yes and but）的论点在判决中继续出现。

在"关于正当防卫的主张"中，判决首先认为高知纸浆的废水排放行为在形式上看起来是企业正当活动纸浆制造的一部分，然而由于其生产一定伴随着有害废水的排出这一紧密联系，判断如下："高知纸浆排出的废水已经造成了前文所述的损害，而且至少在本案发生时成为了损害扩大的原因，因而认为其为实质上的违法行为，是对居民健康等法律利益的不正当侵害。"

然而在上述断定的基础上又以这样的方式对正当防卫行为进行了否定。在法律上，从维持社会秩序的立场上来看，每个国民权利的保护和救助的责任都由中央或地方政府等公共机构担负，权利受到侵害时按照一般原则应该向公共机构寻求法律上的保护，要求恢复权利或除去侵害权益的危险因素，国民自身行使实力一般视为违法行为。"只有在国民没有时间向公共机关寻求法律保护的紧急状态下，行使相应的防卫性实力行为才作为正当防卫行为不具有违法性。"作为此正当防卫行为成立的必要条件，除了侵害是"不正当的"以外，还需要"紧迫"这个条件。

判决认为，虽然不能否定高知纸浆的废水排放是不正当的法律侵害这一事实，然而被告应该通过法院要求其停止生产，或者申请对其进行废水管制的临时处理，抑或是按照违反高知县内水面渔业调查规则的犯罪嫌疑向警察、检察机关要求监管其作业。这些措施在被告看来，在当时的情况下都是来不及的方法，但 20 年时间里企业一直排放废水，对企业的新增排放不能认为已到刻不容缓之地步，而认为"无论如何都无法认为没有充裕的时间来等待临时处理，因而上述侵害中不具紧迫性，正当防卫的主张缺乏前提"。

另外，判决还认为从被告和高知纸浆的交涉过程和水质基准的修改等方面来看，高知纸浆是有可能停止作业的，因此被告的实力行使是错误判断形势的太过着急的行为。

"对于缺少可惩罚违法性这一主张"，判决认为，即便目的正当，被告行为的手段方法越过了相应的界限，扰乱了法律秩序，为了达到目的不择手段，因而具有违法性。且如上文所述，在有时间向公共机关寻求救助的情况下，无视这一方法而行使实力，其手段无论如何也不能认为是正当的，因此非常具有可惩罚违法性。

"对于期待可能性不存在的主张"，如前文所述，虽然解决问题的确困难，但还有申请临时处理、告发等手段的存在，通过临时处理的申请从而获得与高知纸浆协商的机会是可以充分预料的，因而被告当时有充分的可能来进行实力行使之外的合法行为。

就这样，审判认为无法采用辩护人的任何一项主张，做出了有罪判决。

判决文书中"法令的适用及量刑的理由"的开头部分作出这样的陈述："因此，从犯罪情形来看，被告等人本次的罪行具有周密的计划、周到的准备，无视法律而进行了大胆且激烈的行为，如果轻易放过，势必会刺激各种运动，导致轻易模仿此违法过激行为的发生，这样的风潮会影响到战后好不容易构建起的民主主义根基，考虑到这种情况，认为此案为绝不能轻视的案件。"

这样的判决与其说是对本次事件的判定，不如说是从治安对策这一政治观点来进行的判断。然而真正触碰到民主主义根基的是企业造成的公害，防止此公害的发生难道不是行政的责任吗？判决好像是为了显示其并不是在偏袒某一方一样，又好像在为被告的行为是不得已的这一主张进行辩护，又对案件进行了如下描述。

"然而，被告二人都是具有健全人格的市民，虽然不是受到直接具体影响的被害者，但其从高尚的角度为最近的社会问题担忧，为了保护自然不受公害的侵害，阻止环境的破坏，为社会谋福祉，自发组织居民运动，带头进行真挚的活动，在即将着手净化被严重污染的江之口川和浦户湾时，高知纸浆背信弃义拒绝了会谈，再加上行政的无能，被告在无计可施之时，在对实现水质净化的期盼中萌生了念头，最终犯下了此罪行。"

判决文书还写道，如同"公害学校"开设的成果所展示的那样，在日本公害的现状和公害国会带来的行政转型这种情况下，被告对高知纸浆做出的行为是"自然的趋势"。"鉴于公害问题的现实，对防止公害展示出诚意并切实进行可视作企业的重大责任和义务，因而不得不说在本次案件中，企业的行为也承担着诱发此事发生的责任。"

另外，解决公害问题首先应该是政治、行政承担的，然而高知县、市虽然很早就接到了居民对江之口川及浦户湾污染的申诉，亦知晓其原因是高知纸浆的废水排放，却漠视被告的要求，即便在好不容易召开的居民和企业的会谈上，也没有采取积极的措施。"对于本事件发生的原因，相关行政的旁观、无作为的态度逃脱不了干系，其责任也当然需要追究"。

于是判决量刑如下：

然而，鉴于上述事实，列举了本次案件的责任后，终究不能仅仅归咎于被告人，综合考虑审理中出现的诸事项，认为对于此案处以罚金较为合适，因而对两名被告者处以 5 万日元罚金，若无法支付罚金，根据刑法第 18 条按照每天 2500 日元进行换算，将被告人于劳役所中拘留相应时间以抵扣罚金。诉讼费用根据刑事诉讼法第 181 条第 1 项正文和第 182 条，除支付给鉴定人今井嘉彦和村冈猛男的部分之外，其余均由被告连带承担。

关于判决的评价

判决的当天，《朝日新闻》晚报以"公害应受审判"为题刊登了一篇文章，文章中提到诸多居民都抱有"出于守护人的生命和美丽的自然的行为都不该被问罪"这一美好愿望。而在他们质朴的感情面前，横亘着法律的厚壁[71]。当时的特别辩护人宇井纯在《法学研讨会》6月号中，严肃批判并指出此次审判优先维持资本主义社会治安，无视被公害侵蚀身体的居民的正当防卫权。判决中称被告的行为触动了民主主义的根本，然而民主主义的根本是"主权在民"，却被偷换成保护受委托行使人民权利的法治国家的概念[72]。

很多报纸，比如《朝日新闻》的评论把两人的行使武力比作忠臣藏，民众明显对相当于大石良雄的山崎、坂本二人的行为表示赞赏，然而站在保护国法的立场上的幕府却不得不对大石定罪。然而笔者认为忠臣藏表达的是赤穗浪士对"吵架无论是非一同责罚"这个与武士道相悖的将军家的单方面处罚的反抗，裁决的原理如字面所示，一同责罚。而此事件中真正的公害犯人是高知纸浆和维护高知纸浆的县政府和市政府，他们没有受到处罚。与忠臣藏相比，这是更加不妥当的判决。

笔者对此事件这样评价。与忠臣藏相比，此事件更像美国丹尼尔·贝里根（Daniel Berrigan）所著的"卡斯顿维尔事件的九人"的故事。"神父贝里根反对不正当的越南战争，于是和同伴一起冲入马里兰州卡斯顿维尔的征兵局中，将征兵卡烧毁。在此审判中越南战争的不正当性由被告作出明确揭示，法庭成了对美国政府的腐败进行控诉的场所，然而法院却没有对越南战争的不正当性这一大恶和烧掉征兵卡、妨碍军政这一小罪进行合理比较，判定被告贝里根有罪。听到判决后一位旁听者说'你们是在判定耶稣有罪'"。高知法院就是在判定"耶稣有罪"。就如同有了美国及世界上无数的"贝里根神父"们的行动，越南战争才得以结束，而使江之口川和浦户湾恢复生机的是山崎、坂本两位充满勇气的义举。

法院本想通过否定山崎、坂本两位的行使武力是正当防卫来向民众展示司法的权威。然而舆论认为两人的行为是不得已而为之的市民权的行使，认为"此次判决是对企业方的偏袒，从而放弃了对司法的信任。司法本想维护法律的权威，却反而失去了法律的权威。"[73]

在同一时期，大阪机场公害事件诉讼正在进行。高知纸浆事件中法院表示不需要进行实力行使，通过诉讼就能停止公害行为，然而大阪机场公害事件中的停止侵害请求被最高法院否定。此裁决告诉人们，只有通过行使武力才能停止公害，这是日本的现实。高知纸浆事件告诉世人，"浦户湾保护协会"站在了日本公害反对运动的最高点，揭示了司法对于公害问题的认识局限，而后来司法确也与行政愈益靠拢。

注

1 参照舟场正富《智索和地域社会》（宫本宪一编《公害城市的再生·水俣》）（《讲座地域开发和自治体》第二卷，筑摩书房，1977 年）。

2 《水俣病家庭问卷调查》《关于水俣病的水俣市民舆论调查》（NHK 社会部编《日本公害地图》第二版，日本放送出版协会，1973 年）pp. 359-376。

3 千场茂胜《熊本水俣病诉讼》（日本律师联合会公害对策环境保全委员会编《公害·环境诉讼和律师的挑战》法律文化社，2010 年）pp. 109-112。

4 Cf. E. S. Mills, The Economics of Environment, (N. Y. Norton, 1978) 前半部分概要。

5 大阪制碱事件诉讼作为公害诉讼的样板，在公害相关论文中一定会被介绍到。最近，大村敦志所著《对不法行为判例的学习——社会与法的接点》（有斐阁，2011 年）中，此事件与四日市公害诉讼并列进行介绍与评论。

6 泽井裕《公害的私法研究》（一粒社，1969 年）p. 147。

7 同上书，p. 143。

8 此项的整理参考了吉村良一《公害·环境私法的展开与今日的课题》（法律文化社，2002 年）等。

9 《C. O. E. 口述·政策研究计划 矢口洪一（原最高法院院长）口述历史》（政策研究大学院大学）pp. 155-156。

此发言看上去像是最高审判长按照事务总局的原稿进行的发言，实际上也应该是矢口洪一本人的想法。四大公害诉讼的当事者看到矢口洪一的这个证词会难以接受吧。读起来好像四大公害诉讼的胜诉是由此次决议决定的。就好像在取得了巨大战斗胜利之时，司令部参谋长不表扬前线官兵的艰苦战斗，而在说由于自己的作战取得了胜利。例如在新潟水俣病事件中，当时工厂排水说和农药说的论争难以判定，原告律师团和研究者竭尽全力进行证明。四日市公害事件中，矢口不痛不痒的流行病学言论并无法决定胜诉。吉田克己等人的流行病学调查、研究以及证词才是当时最高水平的病因证明。行政官员桥本道夫评价四日市的流行病学调查和大阪西淀川的调查都很完美。另外在熊本水俣病事件中，诉讼之时政府已经认定为公害，且因果关系也已明白，只是企业责任未被确认，于是律师团为了证明企业的过失进行了艰苦斗争。读过这些就能明确看出，矢口证词所说的此次会议立即打开了四大公害诉讼的胜诉之路这一说法并不可靠。在第五章会明确看到，原告以国家为被告要求停止侵害之时，最高法院站在了国家的一方，背叛了原告受害者及国民的期待。无论怎样，四大公害诉讼的判决都是以当时国民对公害的强烈反对和舆论运动为背景进行的。

10　以下诉讼的叙述以疼疼病诉讼律师团编《疼疼病诉讼》（综合图书，1971 年）为依据。

11　疼疼病诉讼律师团编《疼疼病诉讼记录》第 1 集（劳动旬报社，1969 年）pp. 9-18。此次起诉中，原告律师团长正力喜之助之外 236 名人员的"补充意见"明确地显示了起诉的意义。

12　根据被告的书面材料（1968 年 9 月 20 日，1969 年 1 月 11 日，同年 6 月 19 日）。

13　判决书为富山地方法院 1971 年 6 月 30 日《判例时报》635 号。

14　上述（第一章）松波淳一《疼疼病受害百年回顾与展望》中提到的作者对武内证词的质证是二审中最出色的论辩，对判决产生了决定性影响。作者还收集了疼疼病相关医学成果并进行评论，并对事件进行了完整明确的叙述。

15　两篇誓约书和一篇协定书根据上述松波著作和畑明郎所著《疼疼病》（实教出版，1994 年）pp. 37-39。

16　上述畑明郎所著《疼疼病》p. 56。此专著中说明了入厂调查的方法和成果，而在入厂调查 40 周年纪念报告中阐明了所实现的无公害现状及课题。畑明郎《神冈矿山排水对策的成果和今后的课题》（《入厂调查 40 周年纪念研讨会资料》2011 年 8 月 6 日），松波淳一《疼疼病和诉讼及公害防止协定的意义》（第 52 回日本社会医学会公开研讨会）。

17　新潟水俣病初期的动向及到诉讼为止的叙述参考以下文献。

对诉讼之前的经过进行最全面记叙的是五十岚文夫的《新潟水俣病》（合同出版，1971 年）。泷泽行雄《悄然而至的公害——新潟水俣病》（野岛出版，1970 年）。作者为公共卫生学者，新潟大学医学部副教授。此书从初期开始对事件进行剖析，对水俣病的病因和路径进行调查，收集并记录了此事件相关资料、文献和新闻记录。在审判后企业公害再次严重之时，泷泽行雄站在政府一方，与受害者疏远。作为秋田大学医学部教授通过国立水俣病研究中心成为了水俣市政府的助手。事件发生时的记叙主要参照斋藤恒所著《新潟水俣病》（每日新闻社），斋藤恒当时为小儿科医生，担任沼垂诊疗所长、民水对首任议长，持续进行患者诊疗、支援活动，并担任第一次诉讼原告辅佐人及第二次诉讼原告证人，为解决新潟水俣病作出了巨大贡献。

饭岛伸子·船桥晴俊《新潟水俣病问题——加害与被害的社会学》（东信堂，2006 年）。此书从诉讼到对未认定患者的救助，对新潟水俣病问题进行了如副标题所述的社会学分析，向政府建言。

坂东克彦《新潟水俣病 30 年——一个律师的回想》（NHK 出版，2000 年）。作者对新潟水俣病和熊本水俣病的诉讼都做出了贡献，就像是水俣病诉讼的活字典。特别是第一次诉讼的参考资料，新潟水俣病 40 周年纪念志出版委员会《阿贺，诉说吧

——103 人诉说的新潟水俣病》(新潟水俣病 40 周年纪念志出版委员会，2005 年)记录了新潟水俣病相关律师、医生、专家及受害者、参加运动者、支援者等 103 人的回忆，真实地记叙了初期水俣病诉讼提起诉讼的困难、推进首次公害诉讼的困难以及胜诉的喜悦，是价值极高的证言集。

深井纯一《水俣病的政治经济学——产业史背景与行政责任》(劲草书房，1999 年)。本书对水力发电的开发和电气化学的发展，通过智索和昭和电工的案例进行解析。另外，两公司由电气化工到石油化工的转型期，使用旧机器进行大量增产，未经处理便将乙醛生产过程产生的含有机汞的废水排放出去，这一情况也在书中明确记载。此书最有价值之处在于用当局的大量资料证明了两次水俣病的行政责任。

18 五十岚文夫上述著作 p.19。关于新潟地震的影响，比起虚构的农药说，此大量食用鱼类（而致病）的假设更有说服力。

19 这就不是设备更新、产业结构转型的正常企业逻辑所做的事情，而明显是在隐藏证据。

20 坂东克彦回忆，一开始受害者难以成为原告，当时很绝望。"我当时开着破旧的蓝鸟汽车拜访患者家，寻找能够成为原告的患者，却毫无成效，只得站在阿贺野川的堤坝上眺望江面，然后无功而返，这样的日子接连数日。"上述《阿贺，诉说吧》p.149。深井纯一上述专著，p.246。

21 深井纯一上述专著，p.246。

22 北川徹三的农药说主要根据诉讼的证词和众议院科学技术振兴对策特别委员会（1996 年 11 月 10 日）作为参考人的发言。关于连科学论争资格都没有的农药说被采用的原因，五十岚认为主要是由于当时学术界歧视地方大学，而十分尊重名牌大学的权威。另外，连政府的调查都能够否定的背后原因是昭电总经理安西正夫与天皇家及历代首相家之间都有血缘上的政治联系。五十岚文夫上述专著，p.159。

23 此质证是此次诉讼的核心，对北川徹三的追问非常严厉，甚至可以说是其不负责任学说的报应。

24 判决书根据新潟地方法院 1971 年 9 月 29 日《判例时报》642 号。

25 最积极进行活动的辅佐人宇井纯表示"第一次诉讼在因果关系上基本上胜利了，责任论上遇上了实力上的界限，在损害论上有种筋疲力尽的感觉。"上述《阿贺，诉说吧》p.195。笔者对于当时的情况，除了认为损害赔偿额有点少之外，对其他方面都给了更高的评价。上述（第一章）宫本宪一《地域开发这样可以吗》，pp.122-126。

26 庄司光和宫本宪一在前文（序章）《日本的公害》中，对北川徹三在诉讼中提出的农药说进行了严厉的批判，认为其为犯罪行为。北川徹三对此向岩波书店安江良介等人提出抗议，以损害名誉罪要求禁止发行并收回《日本的公害》一书。安江等人拒绝了此要求，但他向笔者表达了这样的担心：北川这样抗议，说是要提起诉讼。庄司光和笔者都认为进行诉讼反而是难得的机会，可以借此机会探讨科学家的责任，将北川徹三怠于调查分析而提出如此荒唐的原因假说来为昭电效力一事调查清楚，促使学术界进行反省。然而北川没有提起诉讼，实在可惜。

27 起诉书概要。

28 日经联公害问题研讨会《公害研究系列》等。

29 将从四日市公害初期到判决前当地的状况进行综合概括的是当时《中日新闻》的记者伊藤章治以小野英二的笔名写的《原点·四日市公害10年记录》（劲草书房，1971年）。此书对自治会活动方式这样描述。"自治会本质上不是以运动为目的的组织，而是行政末端机构的体制组织，以陈情为其本质而非抗议，这是自治会的一般性质，再加上在盐滨，维系组织的不是权利意识，而是'盐滨村'这一长时间以来的地缘上的东西。"最早的居民运动是盐滨地区自治会从损害的告发到煤烟规制法的实现进行反复陈情，然而此次有名无实的法律使得运动无疾而终。另外，书中还认为"使四日市市民运动陷入低迷的最大原因是受害者的愤怒没有形成强大的呼声"。

关于四日市诉讼，参照了《四日市市史》第15卷资料编和第19卷通史编。特别是资料编中记载了重要的文献，与小野英二的记录一同作为参考。

30 原告以及被告的书面辩论意见，主要记录在《法律时报》（公害诉讼第2集）（1972年4月号，临时增刊）中。此处根据原告的最终书面辩论意见、被告的统一书面辩论意见及最终书面辩论意见整理。

31 "原告最终书面辩论意见"。

32 中电的主张参照"被告第15书面辩论意见"。

33 石原产业的主张参照"被告第11书面辩论意见"。

34 "被告第15书面辩论意见"。

35 上述"日经联公害问题研究会"《公害研究系列 No.5》。

36 宫本证词记录在上述《地区开发如此真的可以吗》及上述《法律时报》（公害诉讼第2集）中。

37 参照上述（第二章）吉田克己《四日市公害》及上述《法律时报》（公害诉讼第2集）。

38 上述小野英二《原点·四日市公害10年记录》，pp.50-51。

39 此诉讼的经过和评价参照牛山积、大桥茂美、小栗孝夫、乡成文、富岛照男、野吕汎、宫本宪一、森岛昭夫"迎接四日市公害诉讼判决"（座谈会），上述《法律时报》（公害诉讼第2集）。

40 上述宫本宪一《地区开发如此真的可以吗》，pp.92-112。同作者《公害诉讼的历史意义》（上述《公害·环境诉讼和律师的挑战》），大村敦志《对不法行为判例的学习》（有斐阁，2011年）。

41　判决书根据津地方法院四日市支部 1972 年 7 月 24 日《判例时报》672 号。

42　6 公司的誓约书根据上述《四日市市史》第 15 卷 pp. 864-868。上述（序章）《环境问题资料集成》第 8 卷，pp. 121-124。

43　《四日市市史》第 15 卷，pp. 868-871。

44　同上书，p. 871。

45　同上书，pp. 875-888。

46　《四日市市史》第 19 卷，pp. 1064-1069。《四日市市史》第 15 卷 pp. 911-928 中叙述了财团设立的经过。

47　上述舟场正富《智索公司和地域社会》是财政学者进行水俣市分析的唯一成果。

48　石牟礼道子《苦海净土》（1969 年，讲谈社），pp. 264-264。

49　水俣病对策市民会议成立文书（1968 年 1 月 12 日）。

50　市民会议会长日吉富美子在担任小学副校长后，成为市会议员。就像被石牟礼道子"尊称"为纯情正义主义那样，日吉富美子如"火团"一样活跃在水俣病患者救助活动中。没有她的活动就无法讲述水俣病患者的救助运动。她出席广岛的自治研时，通过我的演讲了解到三岛、沼津的运动深受感动，下决心开始进行市民运动。参照松本勉、上村好男、中原孝矩编《和水俣病患者在一起——日吉富美子的斗争记录》（草风书房，2001 年）。

51　水俣病补偿处理委员会"水俣病补偿斡旋案"《水俣病补偿处理案制定的过程及要领》。

52　水俣病问题共同办公室编《水俣病解决了吗》（1968 年）。

53　水俣病告发会《告发》1970 年 10 月 25 日号。

54　千场茂胜上述论文，p. 14。

55　以下引号（""）中的文章全都是从第一次诉讼中原告及被告的准备文书中引用。

56　清水诚《追忆的污恶水论》（淡路刚久、寺西俊一编《公害・环境法理论的新展开》）（日本评论社，1997 年），p. 185。

57　明确细川一的猫 400 号试验的决定性重要意义的是上述（第一章）宇井纯所著《公害的政治学》。诉讼中细川的证人笔录及细川一笔记《猫 400 号醋酸工厂废水实验》收录在上述（第一章）水俣病受害者・律师团全国联络会所编《水俣病诉讼全史》第 2 卷中。在此诉讼中发挥重要作用的是水俣病研究会的《水俣病的企业责任》（1970 年）。

58　根据当时的汽车损害赔偿保障法，死亡者的保险给付额为最高 30 万日元，诉讼中被告律师团辩护称是 100 万日元左右。

59　牛山积、加藤邦兴、泽井裕、千场茂胜、原田正纯、舟场正富、马奈木昭雄座谈会《水俣病问题和诉讼》（《法律时报》1973 年 1 月号，临时增刊《水俣病诉讼》）。

60　以下的判决书，根据熊本地方法院 1973 年 3 月 20 日（《判例时报》696 号）及上述
　　《水俣病诉讼全史》第 1 卷。

61　新日本窒素肥料有限公司水俣工厂《对于所谓有机汞说的工厂的见解》（1959 年 7
　　月），同作者《对于水俣病原因物质的有机汞说的见解》（1959 年 10 月）。

62　根据上述《水俣病诉讼全史》第 1 卷。

63　本章使用的资料根据高知纸浆公害诉讼支援会议编辑出版的《高知纸浆诉讼（预拌
　　混凝土事件）内部资料集》（以下略称为《高知纸浆事件资料集》）全 9 集。对于此
　　事件的内容，此贵重的内部资料可以说十分详尽。

64　《根据市中心建筑物法的特殊建筑许可申请书》为 1948 年 11 月 24 日高知市长山本
　　暲向高知县知事桃井直美提交的，在公害的完全处理和损害赔偿不恰当之时，要求
　　关闭工厂。1950 年 11 月 28 日，高知市旭地区纸浆工厂灾害管理委员会和日本纸浆
　　有限公司缔结了以实现当地居民福祉及发展、顺利推进公司业务为目的的《协定
　　书》。《协议书》规定生产开始前企业需要向委员会提交 200 万日元的补偿预备金，企
　　业需要利用现代科学的最高技术及科学理论，完备防音、防毒、防臭等所有设备。此
　　后，1958 年大王制纸、1960 年高知纸浆也签订了此《协议书》。

65　第 21 次公审中有 14 位证人的证词，摘取了主要的部分。《高知纸浆事件资料集》（以
　　下略称《资料集》第 6 集）。

66　下述到实行为止的经过参照第 8 次公审被告的开头陈述及"判决"的"事实"。（《资
　　料集》第 3 集，第 9 集）。

67　研究者证词的主要内容为"日本的公害"的性质、公害对策的问题点及高知纸浆事
　　件的评价，结论是此公害诉讼中真正的犯人是高知纸浆，纵容此事的县和市也有责
　　任，山崎、坂本的行为是忍无可忍的情形下的正当行为，在此之外没有其他方法能
　　够制止公害，因而两人无罪（《资料集》第 5、6 集）。

68　检事阿部满的公诉意见（《资料集》第 8 集）。

69　"辩论"是律师团团长土田嘉平、特别辩护人宇井纯及其他辩护人五人来进行的
　　（《资料集》第 8 集）。

70　判决书根据高知地方法院 1976 年 3 月 31 日《判例时报》813 号。审判长为板坂彰、
　　审判官为山脇正道（东畑良雄由于转职未在判决书上署名签字）。对比核实了《资料
　　集》第 9 集和法院展出的誊写版。

71　《朝日新闻》晚报（1976 年 3 月 31 日）。

72　宇井纯《四年多后的结局》（《法学研讨会》1976 年 6 月号，《资料集》第 9 集）。

73　宫本宪一《判定耶稣有罪》（《资料集》第 2 集）。

第五章　公共工程公害与诉讼

第一节　公共性与环境权

1. 公害问题的改变

从私营企业公害到公共工程·公营企业公害

正如第二章所述，经济高度增长的原动力是社会资本充实政策。特别是，日本的社会资本充实政策将重点放在公路、港口、机场、铁路、电信、电话等交通、通信手段上，因此，是通过公路等大规模公共工程和国铁、电力公社被推动的。经济高增长期告一段落，在石油危机后的经济低增长期和萧条期中，作为经济政策，几乎到20世纪90年代为止，公共工程都在不断扩大，这构成了日本战后的产业政策的特征，甚至美国的《纽约时报》将日本命名为"土建国家"（Construction State）。

在快速建设社会资本的同时，政府、自治体和公营企业也同私企一样，没有考虑公害、环境问题。虽然在1969年，美国的国家环境政策法（NEPA）已经开始根据环境影响评价制度对公共活动进行事前调查，但是，日本的法制大约晚了30年。由于在四日市公害诉讼中，伴随着地域开发的城市规划事业完全没有效果，因此判决前夕，政府于1972年7月，在内阁会议上通过了对公共工程进行事前环境调查的决定。但是，其内容仅止步于事业决定后的审查，与居民参加等手续相关的内容并不完善。关于交通公害的噪音、震动等，工厂和城市都拥有噪音的基准，但是关于公路、铁路和机场，在诉讼开始前，还没有环境标准。

伴随着大量生产、流通、消费，其所需的社会资本，以战前难以想象的规模，催生出对多种新型设施的需求。以公路为例，修建汽车专用道，需要用混凝土铺设，而且在名神高速公路以后，汽车专用的高架高速公路成为长距离运输的主体。另外，为实现铁路的大量高速运输，新干线诞生了。曾经只在大城市设置的机场在全国各地的城市中也被修建起来。将工业用地与港口建为一体的产业港口工程吞噬了自然海岸。为发电、开发水资源而修建的大坝改变了水系。为获取大规模农业用地的排水开垦使湖泊消失。另外，广域的上下水道和新城等城市建设及高尔夫球场、大规模酒店等观光设施的修建，都使得自然面目全非。

这样新型、大规模的公共工程、公营企业建设，会带来公害问题和环境破坏，这一点即使没有研究、调查，根据常识也可以想象得到。但是，政府、自治体、公营企业都想尽量以较少的费用快速推进建设，因此便疏于旨在防止公害、保护环境的事前调查研究，最大限度地节省公害防止和环境保护所需的设备和人工费。

结果，公共设施一经投入使用，便引发了严重的公害问题。从 20 世纪 60 年代中期开始，由公共工程、公营企业所引发的公害、环境问题在全国范围内发生。在此之前，居民们都认为由于公共工程的发展，公共空间会变得丰富多彩，地价也会上升。另外，公共设施的修建使得便利性增强，从而带动周边地价的上涨和地区的发展，因此，很多地区积极地引入公共工程。接下来我们将要谈到的大阪机场、国道 43 号线、阪神高速公路、东海道新干线，当时居民们都希望这些工程落户自己所在的地区并为此组织了请愿活动，甚至在宣布建设计划时，人们还举行了庆典。

但是，当工程启动后，居民们的心情就变了，他们的喜悦转化为了痛苦。比如，过去的公路是目的多元化的公共空间。城市住宅区的公路一小时只有几辆车经过，自行车、步行者才是公路的主要利用者，日常，这里就是孩子们玩耍的场所，到了傍晚，摆上长凳，这里又变成了大人们下棋和聊天的场所。对于商人和街道作坊来讲，若开通公路，买卖就会兴隆。当然，地价也会上涨。但是，战后的公路不再是居民的生活空间，而变成了汽车的专用空间。后面所述的国道 43 号线就是典型的例子——公路截断了街道，从人们交流的场所俨然变成噪音、震动、尾气的公害场所。岂止是影响了日常交流，连商家的买卖都出现了困难。日本的城市规划为了推动公路等公共设施的建设，以区划整理事业为主，划定区域的土地所有者将自己所有土地的 1/3 或四分之一无偿捐出。这是因为若修建了公路等公共设施，生活就会变得便利，私有土地的面积即使减少，由于土地单价的上升，财产的价值也会保持不变，抑或上升。然而，事态却发生了变化。公路变成了不愉快的空间，地价也并没有上涨太多，有的地方反而出现了下跌。因此，人们不再欢迎区划整理事业，全国掀起了区划整理事业的反对运动。[1]

公共工程·公营企业的公害反对运动从60年代末开始波及全国，这不仅由于公害发生，而且也是公共设施的性质发生变化，丧失了公共性。

环境问题与禁止侵害

公共设施的公害主要始于交通设施，因此，噪音·震动成为造成损失的主体。水俣病、疼疼病是由有毒物质引起的特异性疾患，会引起死亡或疾病，而噪音·震动则主要是造成精神障碍·生活妨碍，暴露在噪音·震动下，严重时，会引发身体疾病。但是不会出现像四大公害事件那样严重的身体疾病。四日市公害虽然是非特异性疾患，却引发大量的呼吸系统疾患，经流行病学调查验证，其因果关系已经明确。与之不同的是，在噪音与震动问题中，很难为身体疾病的个案进行医学诊断。尽管如此，暴露在噪音与震动问题下的地方深受其害，人们已经无法正常生活。这确实是波及范围极广的环境侵害。由个别的生活妨碍累加起来的话，就会造成巨大的损失，因此笔者将其命名为"积分公害"。70年代中期以后，作为宜居性问题，自然保护、景观、街景保护等环境保护运动兴起，这是由噪音、震动引起的环境破坏从公害问题向环境问题转化的序幕。因此，居民开始主张环境权。

四大公害诉讼案告诉我们，赔偿不能阻止正在发生着的公害，必须采取"禁止侵害"。这里的"禁止侵害"，指的并不是停止作业，或要求责任人停业，而是一种防止公害或维持环境基准的对策。笔者认为，这里的"禁止侵害"，指的并不是"全面禁止"，而是"部分禁止"或"一部分禁止"，这样的提法相对较好。在这种情况下，政府、企业为了拒绝事业的停止，就主张公共性。因此，大众媒体将公共工程诉讼理解为"公共性 VS 环境权"的对立。这样理解并没有错，将环境权看作为私权，则公共工程的公共性与公害防止的私益相对立，可以这样理解。但是，与公共工程的公共性相对立的是环境的公共性。那么，公共性的存在形式则受到拷问。然而，无可否认，在这类诉讼中，环境权的法理受到质疑。

2. 环境权与公共性

环境权与民事诉讼

正如第三章所述，东京研讨会上提出的环境权，是由实务家的律师发展起来的。其最初的实践是大阪公害诉讼。从非法律专业人士的角度来看，机场的噪音、震动引起了广泛的环境侵害，这正是起诉环境权侵害的绝好时机。但是，在这起诉讼中，虽然人格权这个新的概念作为禁止侵害的法理被采用，但是环境权却被完全无视。在这起诉讼中，人格权被广泛采用，不是不能说我们已经进入了环境权的入口。虽然环境权作为宪法上的理念已经被承认，但是作为私权还没有受到认可。正如在东海道新干线公害诉讼中，受害地区被命名为"病区社会"，完全可以将之视为对居民环境权的侵害，但是其上诉判决的结果，甚至还不如大阪机场诉讼，总之就是将人格权侵害限定在身体损害的范畴内。

环境权，其主体、对象、内容都是笼统的而未被特别规定，因此，这个概念的确尚未成熟到可以将其视为私权，并将之作为民事诉讼的法理。淡路刚久在《环境权的法理与诉讼》中，如是批判初期的环境权论："关于环境的范围，即环境权的主体和权利的对象，以及要求停止的环境破坏的程度，并不一定展开了明确的讨论，换言之，在条件与效果的连接上，还稍有欠缺。"[2]淡路认为，"笼统的环境权论"（包括物权请求权和人格权请求权），在诉讼中难以采用，但是，公园、海岸的利用、眺望的享受等却可以要求权利乃至法律的保护，正因为如此，他提出"个别的环境权"。也就是主张发展公园利用权、海滨进入权、瞭望权、日照权、静谧权。[3]笔者认为，这一点是可以同意的。

的确，"笼统的环境权"的主张在实际应用中可能很难被采用。但是，考虑到日本的自然、景观、街景保护，乃至近几年核泄漏危机所造成的大片荒芜土地的再生问题，环境权的确立无论如何都是必要的。正如在第七章要提到的，日本环境会议要求将环境权作为基本人权在法制上确立。很遗憾，在之后的环境基本法中也并没有规定环境权。以下三大公害的诉讼作为最初的正式的环境权诉讼，为我们留下了问题。

权力的公共性与市民的公共性

在战前的日本，人们一般认为国家行为无条件地具有公共性。一方面，人们认为国民的生命、财产应该服从国家的意志。因此，公共工程、公共服务，毋庸赘言，当然被认为无条件地拥有公共性，即使公害发生，也只能忍受，这被认为是国民的义务。另一方面，也不能说反体制一方的理论中具有公共性论。日本的马克思主义者认为，国家是统治阶级压制被统治阶级的工具，公共福祉不过是为了掩盖其权力行为的遮羞布。在这种理论下，没有办法正面讨论公共工程、公共服务的公共性的一般理论。

但是，在战后的新宪法下，公务员成为人民的公仆，当福祉国家成为一种"理想"之后，"基本公共服务"理论被作为行政改革的理念提出，人们开始追求公共工程、公共服务的公共性的基准。这三大公共工程的诉讼又一次促使我们思考，公共性到底是什么[4]。在关于大阪机场的最高法院判决中，作为少数意见一方的中村法官认为，所谓政府权力的行使，就是在支配与服从的这种垂直关系中，拥有权力行使职能的一方是具有优越意志的主体，可以单方面地决定并强迫对方忍受，而公共工程则与之不同，它与民间事业无异。中村的话，作为对无原则承认机场等公共工程的公共性的批判言论是正确的，但是，这一定义可称之为权力的公共性，与之不同的市民眼中的公共性的基准也应存在。因此，笔者希望通过积极地指出公共性的基准，来指出一条判定公共工程、公共服务的公共性的道路。其内容容后再述，先列出四项大纲，略作解说：

（1）是保证一般的共同社会的条件之物；

（2）是一项提供与利润原理无关的服务的事业；

（3）尊重周边居民的基本人权；

（4）在建设、改造时，履行征得居民同意的民主主义的手续。

以这个标准来看，三大工程无法主张绝对的公共性，是处于低位的[5]。

由于公共性是公共工程公害诉讼中停止侵害的法理，所以有必要客观、具体地判定其内容。通过诉讼，学界也开始研究公共性论或公共哲学[6]。笔者的公共性论在诉讼中虽然没有被采用，但在当今的学界基本上已经成为共识。

第二节　大阪机场公害诉讼

1. 大阪机场公害诉讼的意义

具有历史意义的诉讼

1969 年 12 月，步四大公害诉讼的后尘，大阪机场周边的居民由于被严重的噪音公害所侵犯，将国家告上了法庭。这次诉讼在战后公害事件中，首次得到了最高法院的判决。从这个层面上来说，这是一起与战前大阪制碱公害事件齐名的历史性事件。相较于四大公害事件，该起诉讼中的公害并非是会导致死亡的大气污染或水污染，而是破坏日常生活环境的噪音问题，其波及范围甚广。被告亦不是私营企业，而是建造并管理机场的国家，这是首次在面临公害问题时对国家进行问责。至此，因其公共属性而一直被纵容的公营企业与公共事业，终于以加害者之名被告上法庭。于是我们产生了一个疑问，作为容忍限度标准的公共性究竟是什么？

航班年年增加，并且不断向喷气机化、大型化发展，机场噪音可谓是一种进行式的公害，受害者虽然收到了赔偿，但是受害范围却在不断扩大。这一点，在同是进行式的四日市公害诉讼中也有深切的体会，但这次诉讼却是首次要求叫停大规模事业。机场噪音不仅侵害个人的健康与生活，而且也大范围地破坏了生活环境。机场周边约 170 万居民的环境被破坏。虽然没有出现死者和重症患者，但是周边的居民却再也无法过上平静正常的生活。说起来，这也属于"积分公害"，它带来的伤害与四大公害事件无异。在对这起新的环境破坏提起诉讼时，原告及其辩护律师在一审中就人格权、财产权、环境权的侵害问题提起诉讼，二审之后只对人格权和环境权的侵害提起诉讼。前述的东京研讨会后，以大阪律师协会为中心研究的环境权，首次在民事诉讼中被提出。

像这样，在本章第一节中讲到的公共性与环境权正式地引发争论，而且国家也被问责，并被要求停止侵害，其纷争一直持续到最高法院，这在公害史上，无疑是浓墨重彩的一笔。

日本最危险的"瑕疵机场"

大阪机场于 1936 年动工，1938 年完工，战败后成为美军的伊丹航空基地。1958 年 3 月被全部返还，第二年 7 月，被改成"大阪国际机场"（第一种机场），成为与东京、福冈两座机场齐名的干线机场。然而 1955 年至 1970 年，该机场周边地区的人口激增 2.5 倍，从 26 万人增长至 62 万人。也就是说，这个机场位于大阪市卫星城市住宅区的中心。

机场的面积很小，只有旧金山和伦敦希斯罗机场的 1/3，距离居民区仅有 1500～2000 米。因此，在川西久代小学，80 分贝以上的噪音一小时会出现 9 次，一天会出现 50～70 次，最高会出现高达 170 分贝的如爆破般的噪音。教育环境十分异常。另外一旦发生事故就会导致惨剧发生，飞行员在起飞降落时必须格外小心，因此这里被认为是日本最危险的机场。1961 年，大阪府在该地区着手建设目标人口为 15 万人的日本最大的"千里新城"，并且，为了给 1970 年的世界博览会做准备，从 1964 年又开始对机场进行扩建，并开始引进喷气式飞机。然而对此，并未进行环境影响评价。

1964 年 10 月，机场周边八座城市成立"大阪国际机场噪音对策协议会"（1971 年新增大阪等城市，成为 11 市），并向政府提出出台对策的要求，但扩建工程并未停止。1965 年丰中市提出停止夜间飞行的申请，于是自 11 月起，夜里 11：00 至次日早晨 6：00 之间，喷气式飞机原则上不得起降。然而，喷气式飞机的航班数激增，到 1969 年 6 月，一天内的起降次数达到 356 次，仅在起降高峰期的上午 10：00 至 11：00 就有 31 次（其中喷气式飞机 12 次），相当于每两分钟便有一架飞机起降。川西市南部及丰中市因受噪音问题困扰，进行了一场受害情况的问卷调查，于是兴起了一场要求停止夜间飞行和废除机场的运动[7]。

1967 年 8 月 1 日，政府颁布了《关于防止公共机场周围飞机噪音的法律》，但具体的环境标准是在诉讼案发生之后才制定的。依据这项法律，周边的整备事业开始启动，对于愿意搬迁的家庭，为其安置住处，并给予补偿。但是，适合的安置地方很少，人们又很难离开原来的社区，所以搬迁工作迟迟无法取得进展。关于夜间飞行，1965 年 2 月提出，计划在 1969 年 11 月，原则上从夜间 10：30 至第二天早上 6：30 禁止喷气式飞机的起降，诉讼提起后，1972 年 3 月，除邮政机外，原则上夜间 10：00 至第二天早上 7：00 的飞机起降都被禁止，但不是从根本上解决问题的方式。

尽管民众反复请愿，当地的府县知事、市町村、地方议会也对政府提出了要求，但是飞机噪音的危害还是不断扩大。与行政进行交涉已经无法解决问题，很明显，公害问题日益严峻。

起诉

1969 年 12 月 15 日，川西市居民 28 人作为第一次原告，提起了诉讼，1971 年 11 月之前，原告阵营扩大为川西市和丰中市的居民，人数达到 264 人[8]。

辩护团以木村保男为团长，泷井繁男为副团长，久保井一匡为事务局长，总共 25 人。这个辩护团被称为"市民派辩护团"，荟萃了很多年轻的优秀律师。这批人中，诞生了后来的最高法院大法官和日本律师联合会会长。

诉讼状内容如下：

第一，每晚 9：00 至第二天早上 7：00，禁止一切飞机起降，比之前又多申请了一个小时的停飞时间。

第二，对于 1965 年 1 月 1 日至 1969 年 12 月 31 日之间产生的非财产损害，应向各原告支付 50 万日元的赔偿。

第三，提出将来请求，即从 1970 年 1 月 1 日起，要求被告禁止夜晚 9：00 至次日早晨 7：00 之间一切航班的起降，其他时间段内，禁止在原告居住区域产生的噪音超过 65 分贝的所有飞机的起降，到实现该目标为止，需每月向各原告支付 1 万日元的赔偿金。

该诉状不仅提出了损害赔偿，更提出了新的请求，即禁止夜间飞行及推进噪音对策的将来请求[9]。

2. 一审的控辩与判决

原告的主张

公害问题的核心，就是如何把握危害的整体状况[10]。原告综合陈述了交通公害的特征，即噪音昼夜不停，且易引起多样的危害。首先是对身体的损害。据问卷调查显示，患有耳疾的人约占 10%，而大阪府卫生部的调查显示，在机场附近的居民有40％以上的人出现耳鸣症状。越靠近机场，控诉噪音造成的人身损害案例越多，其中有头晕头痛、肩膀酸痛、肠胃不适、高血压、心悸等症状。另外，在对胎儿的影响方面，多发流产、低体重儿的病例，以胜部地区为中心，有人起诉噪音污染导致他们流鼻血。此外，还有人控诉，大气污染引发了支气管炎等呼吸系统疾病。

噪音对生活也造成妨碍。人们不断地害怕飞机会坠落，噪音还会引起焦虑、神经衰弱、癔症等。深夜邮政飞机的起降、黎明时分引擎启动的声响以及清晨飞机的起降等情况，严重影响睡眠并导致失眠。最普遍的情况是在日常生活中，它影响了人们的交流、通话以及干扰电视收音机信号，也妨碍了人们享受天伦之乐。此外，对教育环境产生的破坏也非常广泛。

这些危害并不像四大公害事件那样，造成了死亡和大量重症患者。但是，正常的日常生活却无法进行。笔者曾借机场附近寺院的场地召开过研讨会，平均每两分钟就会传来飞机起降的噪音，那是一种不同于汽车噪音的强力冲击波。那种噪音难以适应，当飞机从远处飞过来时，伴随着那种冲击波，全身都会变得紧张起来。突然，讲义和学生的报告就会变得乱七八糟，由于噪音，听讲者的注意力也会变得分散。如果坐在被告席上的国家责任人、法官到当地体验一次，就会知道，噪音危害完全不像被告所主张的那样，危害很小，不久就会习惯，在忍受范围之内。

原告就此事追究了国家的加害责任。虽然产生噪音的是飞机，运营方是航空公司，但其中存在着错综复杂的因果关系，因此作为机场建设与管理的主体、环境保护的行政主体，国家成为了被问责的对象。在这种情况下，被告不是握有航空行政权的运输省，而是作为行政、立法主体的国家，原告起诉其在选址上的过失、营造物的瑕疵以及对公害对策上的无作为。因此，便挑战了国家以公共性这一作为忍受限度理由的"传家宝刀"。

原告认为，以受害的深刻程度而言，没有必要通过与公共性的比较来主张容忍限度，并就公共性提出了以下看法。公共性的内容需要进行具体验证，因此应探讨机场的公共性，即航空需求的内容。航空是选择性的交通工具，是可以被铁路等其他方式替代的，因此并不是必需的交通工具。换句话说，定期航班1600万人次的载客量仅仅是103亿总输送人次的一小部分，与国铁的66亿人次完全无法相提并论。当时，大阪机场的国际航线一天有1～6个航班。国内航班中，旅游占了其中的66％，因商务活动而变成高需的东京航

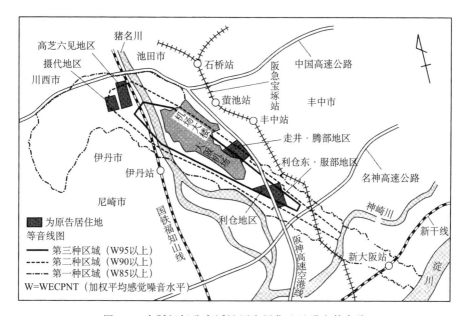

图 5-1 大阪机场公害诉讼原告居住地及噪音等高线

资料来源：冈忠义、勇伊宏编著《还给我们一个安静的夜晚》

（大阪国际空港诉讼丰中住民的记录刊行委员会，1987年），p.23。

班等航线造福的是高收入人群，这些航班完全可以被新干线所替代。原告认为，是国家对航空公司的过度保护政策将机票维持在低价位，并催生出大量的航空需要。机场建设和管理费用由国家负担，飞行员的培养费用、塔台管制员等人工费也由国家负担，税制上的飞机折旧期限，美国为14～16年，日本为6～7年。除这一系列优惠政策外，政府每年还拨款1222亿日元支持航空事业。超出噪音防止法所规定的噪音标准的受害人口约为37万个家庭，如果要将其中产生的社会成本内部化，假设每个房间的消音工程需要100万日元，则需要1.1万亿日元。这笔社会费用国家没有承担。综上所述，公共性不过是追求私利的隐身衣，航空公司与国家的互相勾结遭到批判。而且，行政的公共性有义务保护环境，但在大阪机场的周边，不见环境保护，只有环境破坏。另外，也缺乏与公共设施设置、运营相关的民主程序。以英国伦敦第三机场的设置为例，大阪机场的设置缺乏民主程序，与其公共性的主张完全不符。这种将公共性与民间航空需求的增大——社会有用性一体化的行为是错误的。

原告为了救济受害者们，作为要求停止侵害的根据，主张人格权与环境权。根据宪法第 13 条、第 25 条，民法第 710 条，人格权是人类生命、安全、自由的排他性权利，与《世界人权宣言》中的生命、身体、名誉、私生活保护、一般活动的自由等权利一样。公害侵害了人类的人格，停止侵害是对所有受害者人格的平等救济。环境权是宪法中规定的权利，但它同时作为私权的总和，在人格权的延长线上，是环境破坏的抵抗权。人格权和环境权不允许私益权衡，一旦出现损害即判定为违法。利益衡量时则需要把环境作为第一要义。机场（即航空公司）与居民之间不具备互换性。航空公司通过机场独占利益，但居民却单方面受害，这不是相互忍让。原告认为，国家侵害了我们的人格权和环境权，作为补救措施，不应该与公共性（航空需要的有用性）进行权衡，而是应该进行损害赔偿，并且要求停止侵害。

通过四日市公害诉讼我们已经明确，要想解决正在发生着的公害问题，除了禁止别无他法。虽然被告表示通过公害对策可以减少损害，但事实上公害行政和立法都束手无策或是不作为，除了禁止别无他法。而且，所谓的公害对策，优先考虑的是机场的公共性，它首先考虑的不是撤除机场或减少航班，而是以居民的搬迁为基本对策。这对居民来讲，在噪音污染的痛苦之外，还要失去社区和宜居的环境，可谓是不公正的对策。原告本想提出拆除机场的要求，但因无法全盘否定航空的公共性，因此仅仅提出提前一小时禁止夜间飞行的要求。

损害赔偿方面，以机场扩建、喷气式飞机引入后的十年的损失为赔偿对象。它包括健康损害、生活妨害、自然环境破坏，以及为恢复环境的隔音工程的费用，一律作为慰问金发放。此外，因为侵害行为依然继续，为了早日创造出机场和居民共存的环境，原告还提出了将来的请求，即在达到噪音规制法第三种区域（业务区域）65 分贝的噪音标准之前，需要支付赔偿。[11]

被告的主张

被告在最终的应诉文件中，不从损失的角度入手，而是从否认国家的责任（过失——违法性）方面入手。这大概是因为噪音带来的损害是无法全盘否定的，所以以退为进，承认一部分损害并主张这是在可忍受范围内的。

被告否认了国家责任论的关键"营造物的瑕疵"，并作出如下陈述："飞机起降的场所——机场，其应具备的安全性应该通过是否拥有保证飞机安全飞行的设施来判断，原告提出的用地规模问题并不能成为合理的瑕疵标准。"
从国际民间航空条约等所采用的方式，以及在以此为依据的航空法的基础上
设置的标准来看，大阪机场可以说符合上述所有条件。"这些文件上并没有规
定，说机场应该考虑周边的噪音，在规划机场用地时留出富余或设置缓冲
地带。"

可以看出，当时的国际标准有一个缺陷，那就是没有考虑周边居民的健
康与安全，而只考虑航空公司的安全。因此，机场的环境问题在国内外均有
发生。其中，大阪机场的问题尤为严峻。被告否认了这一点，并主张产生噪
音的是飞机而不是国家。只要航空公司满足国家的使用条件，国家就无法拒
绝使用飞机。并认为不能将飞机与汽车相提并论，以"分贝"为单位，论证
其非法性。被告认为，飞机噪音的影响应通过受灾情况、城市情况、航空的
公共性等方面进行综合判断，所以大阪机场的噪音并没有超出容忍限度。

为判定噪音是否在容忍限度内，作为权衡的对象，被告提出了航空的公
共性与重要性。对于原告所说的航空事业是选择性的交通工具，被告反驳道，
国际交通已经由海运转为航空，即使在国内，飞机也开始普及；其中，因商
务目的或因公司事务出行的乘客占 47%，以观光为目的的乘客随着国民收入
的增长也在不断增多，乘客的收入阶层也比较分散，并不只有高收入人群才
乘坐飞机。在航空运输需求增大的同时，"公用机场，只要满足使用条件，就
可以向大量非特定飞机平等开放，是一种公用性较高的设施，因此，关于在
机场周边一定区域内的物权限制，法律上也有种种特殊规定。"这是普遍意义
的论述，而大阪国际机场是西日本航空运输的枢纽，是国内及国际航空路线
上不可或缺的机场，旅客运输量今后会大幅增长，因此具有很强的公共性。
当然，受害者的增加也是不可否认的，所以在替代机场出现之前，它应该充
分发挥作用。另外，由于深夜的邮政飞机无法由新干线替代，所以在公共层
面上也具有必要性。

然而，机场的公共性的担保，不仅是为了迎合航空需要，其意义也在于
环境保护。关于机场周边的对策，被告提到，为教育设施的完善提供帮助，
在消音工程完成后，噪音有所减小；已建成 52 所以学习和集体活动为目的的
公共利用设施；正在推进搬迁补偿工作，落实的补偿合同已达 78 例；此外，
财团法人航空公害防止协会也正实施噪音防止工程（电视、电话的防音）。但
是，当地人却批判这些措施是不充分的，无法防止噪音危害。因此，被告成

立了大阪国际机场周边整备机构，今后将积极推进搬迁工作。另外，被告实施了晚 22：00 至次日早晨 7：00 间的航班管制。

在被告的主张中，与原告存在明显差异的是损失的认识。关于原告的精神和身体的健康损失，被告进行了如下陈述：原告的损失"只不过是通过当事人询问和呈报书的方式陈述的，并没有医师诊断书等证据具体地、个别地证明那样的损失、疾病真实存在，即使那样的损失、疾病确实存在，也没有个别的证据证明那些损失、疾病起因于本案中提到的国际机场起降的飞机噪音，从这一点来讲，无法认可这些损害。"

而且，"心理状况不同、生活状态不同，每个人因飞机噪音感受到的不适感也不同，的确有人可能会因飞机噪音感到焦虑，但考虑到飞机噪音只是短暂性的，以及本案中机场的公共性等因素，我们认为，飞机噪音并没有超出忍受的范围。"

另外，关于日常生活中的妨碍，由于这是由短暂性、间歇性的噪音引起的，因此，可以通过防止、补偿等措施减轻。"综合判断，不能说本案中飞机噪音的程度，像机场周边原告们所说的那样，在居住区内，是属于超出社会生活一般忍受范围的，是违法的。"

关于停止侵害的请求，被告认为，由于这种影响是处于可承受范围内的，所以本案的请求，基于这一点，是不合理的。另外，9 条国际航线，平均一天要起降 7 次，如果像原告要求的那样，21：00 以后禁止起降，那么就要将这班航班的时刻提前，这就相当于将该航班取消，是不可能的。即使是国内航班，1 天起降 16 次的航班也会受到影响，因此 1972 年 4 月 27 日以后所实施的夜间 22：00 到次日早上 7：00 的限制，已经是极限了。

关于时间限制这一停止侵害的主体部分，原告与被告的认识，存在着很大的鸿沟，这是本次诉讼的核心问题点。被告认为，本案中的机场是运输大臣设置、管理的，作为国家的营造物，提供普通机场用途，关于其使用的条件，管理者运输大臣已经制定了依据航空法所设立的"管理规定"。因此，停止使用就相当于行政处分。

"上述管理规定基于营造物管理权，具有营造物管理规则的特征，其制定、变更、废止的行为均具有行政处分的特征，因此为保证结果如原告所述，应将上述管理规定中的运行时间设定为上午 7：00 至晚 21：00，通过上诉要求设定这种规程等同于直接承认行政处分的给付义务，这在三权分立的制度之下是不被允许的。"

也就是说，原告的诉求相当于要通过民事诉讼变更运输大臣的航空行政权，这就侵害了行政权的独立，在三权分立的原则下，这种行为是不会被承认的，因此这就等于否认了作为本次诉讼核心的"停止侵害"本身。

对此，原告补充了一份诉讼要点摘录，进行了如下反驳。原告"绝对不是在要求制定管理规程。原告是在行使人格权、环境权等私权的请求权，要求国家作为这些权利的侵害者，在私法上履行消除妨害和预防的义务。如果原告们的请求被认可，那么履行的方法可以由国家自由选择，不管是采取行政处分的方法，还是采取其他的方法，总之，只要能够禁止从晚上 21：00 至次日早晨 7：00 间的飞机的起降即可。况且，目前的时间段限制是经内阁会议同意的，并不是通过设定机场管理规程上的运用时间的方法制定的。

综上所述，原告们在本案中并没有要求任何行政处分，本案的请求并未侵犯三权分立的原则，所以被告的主张是失当的。"

上述对立意外地成为重要的争论点，最终发展为需经最高法院裁定的重大的争论点。

证人的作用

在一审中，关于航空事业的公共性，证人中西健一（时任大阪市立大学教授）从公共经济论的角度提供了证言，其内容基本被原原本本地用在原告的诉讼文件中。证词显示，公共性应该通过具体的交通情况进行判断，相比起铁道交通，航空是选择性的交通系统，公共性相对较弱。而且，公共性不应仅仅根据使用者的福祉进行判断，当地居民的公害等问题的社会费用也应纳入考虑。另外还指出，大阪机场应像伦敦机场规划一样，选择多个地点作为候选，并进行将公害等社会成本纳入考虑的费用效益分析，最终通过民主程序决定。大阪机场的规划和管理没有考虑到公害问题，因此不能主张其公共性。

当时的经济学家，包括滨田宏一、岩田规久男等新古典派经济学家在内，都认为如果不将公害问题的社会费用考虑在内，那么单凭设施的有用性，公共性的主张是无法成立的。他们提出，$B-C=P$，$P>0$（B 为效益，C 为费用，P 为社会利润），C 中不仅包括事业成本，还应将公害成本纳入考虑，来决定事业是否可行或判断其效果。[12]

这种费用效益论与诉讼中决定损害赔偿的权衡论很相似。从而可以说，这次诉讼所涉及的案子虽为公共工程，但是认定损害赔偿的理论已广泛确立。公害带来了不可逆的损失，因此，仅靠赔偿无法解决问题，还需要停止侵害，而这个逻辑在"费用效益论＝权衡论"中体现不出来，所以，这也是"费用效益论＝权衡论"的局限性。

在证人中，扮演最重要角色的，是噪音公害研究的权威人士，京都大学山本刚夫教授的证言。被告指出，单凭问卷调查和原告的证词不能从医学上判断噪音对健康的伤害，对此，山本刚夫作为原告证人，就噪音的健康危害问题作出以下说明：

"飞机噪音问题中的喷气式飞机，是我们日常生活中所接触到的噪音中最为严重的，是其他类型的噪音无法比拟的。一架喷气式飞机的噪音相当于10万余辆汽车所产生的噪音，它直接导致了机场周边居民听力下降、自主神经紊乱、内分泌失调等身体疾病的高发（包括高血压、心脏病以及消化系统疾病）。此外，在公害问题的因果关系上，根据统计学原理，在第一类错误（即存真错误，其概率记为 α）与第二类错误（即存伪错误，其概率记为 β）中，应努力降低前者的概率。"[13]

可以说，这段话阐明了噪音公害对身体、精神的影响，具有历史性的意义。

判决要点

1974 年 2 月 27 日，大阪地方法院审判长谷野英俊宣读了判决书[14]。一审诉讼的判决中虽然认可了对以往损害的赔偿请求，但驳回了缩短 1 小时夜间飞行时间的停止侵害的请求和将来请求。由于国家的私法责任难以明确，此判决慎重地考虑了原告的诉讼请求。只要不否认公共工程的公共性，那么判断的关键就是损害评估。此判决认真地考虑了原告的主张。噪音的异常水平远远超出了环境标准和规定标准，放眼国际，我们看到，英国机场的标准甚至将周边所有地区都纳入了补偿范围。因此，关于身体损伤，除耳疾因无法进行医学诊断而需留待日后解决外，对于头痛、压力、肠胃不适、高血压等控诉都予以承认。精神障碍和情绪障碍、因担心飞机坠落而患上的神经症、夜间飞行造成的睡眠障碍等都予以认可。另外，原告们在日常生活中所承受的伤害绝对不小，关于在生活中显著受到的妨碍，原告们针对交谈、通话、家族团聚等 11 项内容进行了阐述。在教育方面，噪音对小学造成了很大程度的影响，但经过近年来的隔音建设后，这种影响有所缓和。但对家中的学习，尤其是备考学习的影响依旧存在，为解决这个问题，当地修建了学习用的公共设施，但是该设施并不完善，不能说噪音的影响有所缓和。如上所述，关于对身体的影响，仍有待今后判断，但是针对噪音对精神的影响和对生活的妨碍的严重程度，原告的主张基本得到了认同。

本案中请求的依据，是人格权应受到保护，因此停止侵害存在可能性。但对于作为公害的私法救济手段的环境权并不被认可，只有在人格权层面上的救济才存在可能性。关于噪音危害这一不法行为，航空公司是有责任的，这一点无须讨论，但是，国家具有确保第三方不因机场使用而受害的管理义务。根据国家赔偿法第一条第一项的规定，危害发生时，不法行为责任难以逃避。被告将停止侵害定性为行政处分，并认为其有悖三权分立的制度，但这样的说法欠妥，法院认为原告是在要求司法上的请求权。

另外，关于违法性，原告认为，当人格权受到侵害时，不应对是否在忍受范围内进行权衡，而应该直接判定为违法，然而判决中认为，公害成因牵涉到社会经济层面，十分复杂，因此，应该对侵害行为、危害、公共性、危害防止对策进行权衡。

首先，承认航空具有公共性。经济高速增长要求我们节约时间成本，人们收入水平的提高和闲暇时间的增多也导致对飞机的需求膨胀，飞机已不像原告所主张的那样，是一种奢侈的交通工具。飞机并不是选择性的，可替代的交通工具，它在以观光为目的的出行中也很重要，原告的主张过于强调事物的一个方面，难以同意。而本案中的机场仅次于东京国际机场，是极具公共性的枢纽机场。然而对于深夜航班，可以合理安排到其他时间段，没有必要维持原来的航班安排。

其次，判决指出，本案中运输省的噪音对策不得不说是十分不到位。三次管制都只是夜间飞行管制，并没有对噪音源采取直接有效的措施。隔音堤等隔音工程并无效果。教育设施虽得到改善，但公共设施远远无法减小噪音的影响。搬迁补偿政策脱离实际，很难说是充分的。在今后的噪音对策中，需要针对噪音源对策和周边对策进行特别的努力。

将以上诸条件进行权衡，规定了忍受的限度。"即使该危害目前不会导致特定的疾病，但是有可能在长期内，渐渐地对身体和精神产生不好的影响，因此决不能忽视。"即使噪音程度并未超出环境的标准而不能称其违法，但是该危害的程度已经超过了将忍受限度作为衡量尺度的 WECPNL 75，达到了 WECPNL 90。考虑到之前居民的请愿和反对运动，国家应该预见到结果，结论如下：

"本案中的机场在国内外都扮演着重要角色，这一点毋庸置疑。然而，其具有的公共性不能成为逃避赔偿责任的理由。……在本案机场起降的飞机给原告带来了严重的负面影响，这是不能容许的。出于公共责任，应对充当公共性的牺牲品的原告予以损失补偿。"

于是，川西市的高芝睦村地区和摄代地区，丰中市的走井地区和胜部地区自 1965 年年初起，丰中市的利仓地区、同东地区、西町、寿町则自 1970 年年初起，噪音危害被认定为违法，依据国家赔偿法第 1 条第 1 项，裁定国家应该对这些地区的原告赔偿损失。

关于停止侵害的请求，深夜航班严重超出了人们的容忍限度，这确实是违法的，对此原告拥有诉求的权利。然而，晚上 9：00 到 10：00 间的航班需求量很大，如果禁止该时间段内飞机的起降，则会严重影响国内外的航空运输，由于这处于容忍限度内，所以要求禁止起降是失当的。

关于损害赔偿的请求，作为精神损失费，法院判决对已经造成的损失进行赔偿。但是，并不是对个别损害的认定，而是作损害同一认定，根据居住的地区和居住的时间，给予最低 10 万日元，最高 50 万日元的赔偿。

关于将来请求，尽管噪音对策的制定和完善需要时间，但目前已经出台了预算方案，相信噪音问题会得到逐步改善。而且，作为核算赔偿金基础的事实依据以及条件都不成熟，所以将来请求被驳回。

在此次判决中，原告的目的是防止噪音受害的扩大，由于停止侵害的请求和将来请求都被驳回而认定是一场败诉，于是马上着手办理上诉的手续。这种判断在原告辩护团看来是理所当然的，但是本案对具有公共性的公共工程作出了赔偿损失的裁决；此外，尽管驳回缩短一小时飞行时间的请求，却同意了停止侵害，这都具有划时代的意义[15]。关于权衡，本案判定，航空的噪音非常严重，虽然机场具有公共性，但其噪音危害已经超过了忍受的限度。然而，1 小时的航空停止，从公共性的角度来讲，却无法被容许。因此，围绕着这 1 小时公共性的轻重问题，人们展开了争论。

3. 二审的争论点和判决

1974 年 7 月 2 日，二审开庭。原告的诉讼请求与一审相同，共三点内容，即晚 9：00 至次日早晨 7：00 间的停止侵害、损害赔偿和将来请求。被告认为一审的判决的诉讼结果恰当，要求驳回上诉，上诉内容立案后，又要求驳回原告在上诉中的要求。

原告的主张[16]虽与一审相同，但对一审诉讼的判决（原判决）作出了如下批判：①在对受害进行认定时，摈弃了此前四大公害诉讼案提出的对安全性的考虑方式，拒绝对受害进行救济。②无视受害的扩大，连对人格权也纳入权衡，否定环境权。③受到公共性幻象的误导，过度评价企业的利益。④追随行政，放弃了司法的职责。⑤在损害论方面过于随意，不具合理性。

由于在损害方面，并没有认定噪音对身体造成的损伤，一审的判决侧重于公共性的方面，没有同意停止侵害，并通过权衡，认为早 7：00 至晚 10：00 间的航空噪音是处于可忍受的范围内的。在二审中，原告的主要任务就是要让法院承认噪音危害的严重性（尤其是对人身体的损伤），以及证明大阪机场的公共性处于较低层次。另外，原告主张，要求停止侵害，并不像被告主张的那样是对运输大臣行政权的侵犯，而是在私法层面的要求。

关于噪音对人身体的损伤，在失聪和耳鸣的问题上，按照原告所述，噪音已经达到了 80～110 分贝，超过了可承受的标准，有从暂时性耳背（TTS）发展至永久性耳背的危险。另外，原告阐述，很多人因为噪音而出现头痛、肩痛、眩晕、胃肠障碍、高血压、心悸等症状。一审的判决虽然指出教育环境的破坏问题有所改善，但这里面存在着对于噪音工程作用的高估问题。

在这一点上，继山本刚夫的证词之后，公众卫生院生理卫生学部长长田泰公的证词也颇受重视。长田对横田机场的噪音以及汽车噪音等问题进行了各种实地调查，并且发表了多篇关于噪音对人类影响的论文。长田的证词是这样说的："除听力损失（失聪）外，其他的身体损伤，说到底，都是噪音作为压力在起作用，以情绪上的不快感和日常生活中的妨害为媒介，发挥着间接的作用。"因此，噪音并不像 SO_2 或水银一样，可以直接导致疾病。受个人的种种复杂因素影响，噪音所产生的影响也因人而异。从噪音的这个特征来讲，医师为每个人出具诊断书是不现实的。我们必须通过被害者本人的诉求，以及其他的情况分析，来判定其因果关系。在本案中，"原告们虽然没有针对失聪问题出示每个人的诊断书，但是原告们的陈述、问卷调查、流行病学调查以及为这些调查结果提供佐证的山本刚夫教授等人的实验性研究，已经证实原告们所陈述的失聪问题的确属实，而且，这些证据已经很充分了"。如证词所说，显而易见，该地区的受害是航空噪音导致的，而且在噪音问题越严重的地区，就会出现越多的投诉，这在自治体的调查中也可明显看出。的确，与四大公害事件相比，虽说本案并未出现大量的死者或重症患者，但是噪音带来的伤害是无法忍受并且不可逆的，可以说，这一点在大量原告的控诉中已经明确体现。

针对另一个焦点问题——公共性，原告提出了如下观点。被告将"航空需要增大"这一机场的社会有用性定义为航空公司的公共性，但这只是间接地针对公共工程的公共性进行阐述。因此，有必要重新探讨到底何为公共工程的公共性。即，如果说社会有用性的话，民营企业也同样有用，电力、私铁等事业的公共性更优于航空。公共工程与民营企业不同，必须具有独特的公共性。笔者作为原告方证人，就公共工程的公共性，向法院阐述了以下观点。

"公共设施和公共服务的公共性是指：

第一，保证它所处的社会生产生活中的一般共同社会条件。

第二，不被特定的个人或私企占有，不以营利为目的，使全体国民都享有使用上的平等和便利，以实现社会公平为目的。

第三，在建设及管理的过程中，不侵犯周围居民的基本人权，假设预测到该必需的设施会引发侵害行为，就需要考虑解决对策，如寻求替代方法等，总之，要以增进周边居民的福祉为重。

第四，关于其是否可以设置、改善的问题，要征求居民同意，或号召居民共同参加、管理，这类民主手续必需履行。"

机场与第一点的条件相符，具有公共性，但是从所必需的交通工具的一般性来讲，它比不上铁路和公路。第二点中，机场在形式上是面向民间开放的非营利行为，但实际上却是在为民营航空产业的营利提供保障，其主要的使用者就是日航、全日空、东亚国内航空，服务于原告所主张的"人为创造出的需要"。而连结偏远地区，有利于促进社会公平的案例仅限于个别例外的事业中。

第三点中的基本人权包括享受良好环境的权利，这点保证了公共工程的公共性。现代公共工程相较于民间事业，更注重促进未被纳入市场经济的对象的环境保护等宜居环境的创造。在设置之前，必须要先进行环境影响评价。而且，在事业开始运营后，还必须优先考虑公害防止和环境保护。从第三点来看，大阪机场的确是有缺陷的机场。

第四点体现了现代民主主义的理念。此前，公共工程的推进一般都没有经过居民的同意，是单方面的行为。大阪机场的建设及管理缺少民主程序，并没有满足居民及相关自治体的要求。

从笔者对公共性的论述可以看出，大阪机场的公共性相对较弱，没有资格要求居民强行忍受。

被 告 的 主 张

被告主张的中心是拒绝增加禁飞时间的请求。一审的判决出于对人格权的保护而认可了关于禁飞的请求，被告对此提出了异议。另外，原告提出只要侵害到了人格权，也就没有权衡的必要了，对此被告也表示反对。被告认为，人格权缺乏现实法律中的依据，可将其等同于"生活中的利益"，但终究不是具有排他性的权利。被告认为，很难将环境权认定做私权。

在权衡的方面，被告认为，关于损害，缺乏个别的具体的健康障碍证明，医学证明不足，流行病学调查也不充分，所以很难将之与四大公害案中的损害论相提并论。此外，在公共性方面，与一审相同，被告强调了航空需求的增加及大阪机场作为干线机场的重要性。被告的最主要主张，则是原告的诉求会造成对航空行政权的侵害，被告不认可原告提出的停止侵害请求。被告的论述如下：

"本案件中的机场由运输大臣负责建造与管理，其管理行为应被看作是行政权的使用。……关于本案件中涉及的机场，原告要求在一定的时间段内限制机场的使用，这实际上相当于敦促运输大臣动用其所拥有的航空管理权，不得不说，不能以国家为对象要求这些……该事件原本应该通过动用运输大臣的机场管理权进行处理，如果通过了这项诉求，就相当于让司法部门的法院发出等同于动用行政权的命令，因此，认可原告们的请求就相当于违反三权分立的原则。"

这也是对一审判决的批判，与本次诉讼的基本内容相关。

划时代的判决

审判长泽井种雄，及审判员大野千里、野田宏负责进行二审审理，并于 1975 年 11 月 27 日作出原告全面胜诉的判决。也就是说：第一，晚 9：00 至次日早 7：00 的时间段中，除紧急且不可避免的情况外，禁止飞机起降。第二，对过去所造成的损害进行赔偿，赔偿对象包括中途加入进来的原告。第三，从 1975 年 6 月 1 日开始到正式禁止夜间飞机起降为止，被告每月向原告支付 1.1 万日元，之后，至上述原被告就减少在大阪国际机场的起降航班等事项的运行规则达成一致为止，被告每月向原告支付 6600 日元，月末支付。

早稻田大学教授牛山积称此次判决为"公害判决史上的金字塔"[17]，判决书行文通俗易懂，其内容体现出想要尽早解决严重的噪音危害问题的热情。

判决的理由体现了大阪国际机场为有缺陷的国际机场这一全体共识，即与伦敦希思罗机场等外国机场相比，大阪国际机场面积狭小，航班起降频繁，且经由住宅密集地区的上空，居民难以避开噪音的影响。在此共识之上，法院认可了一审以来原告所控诉的噪音、尾气、震动、"接近危险区域"造成的身体及精神障碍、睡眠障碍、日常生活障碍和教育妨害等全部问题，并详细论述了具体情况，认定陈情书及问卷调查相当真实可信，并采用了山本刚夫、长田泰公、小林阳太郎等人的证词及研究论文。法院在噪音问题方面，认为机场噪音与城市噪音不同，具有压迫性，无法适应；在尾气方面，则认为飞机尾气与汽车尾气完全不可同日而语，更具危害性。法院认定，没有在当地居住经验的人完全不能判断这些问题的严重性。法院进一步指出，"一般人大多站在飞机利用者的立场上，压倒性地认为航空业的发展具有便利性且不可或缺，但这种看法并不全面，应该转换角度，站在机场周边居民的立场上进行比较与探讨很有必要。"

在噪音引发的身体损伤问题上，法院还认可了山本的证词，即机场有可能造成耳鸣及 TTS（暂时性失聪，Temporary Threshold Shift），甚至造成 PTS（永久性失聪，Permanent Threshold Shift）等身体伤害。在精神伤害方面，法院认为"长期处于噪音的干扰下，原告们当然全都会感到不快、焦虑，原告们所遭受的痛苦是难以想象的"。就原告方提出的损害论问题，法院总结如下："关于原告方所遭受的伤害，虽无个别的证明，但实际上，在精神伤害方面，所有原告方都同样地遭受了睡眠障碍及其他生活妨害，尽管这些影响由于各自的生活条件不同，其表现出的具体状态也各有差异，但可以说这是每个原告方所共同面临的问题。……原告因自己饱受噪音所扰，故声明自己遭到了伤害，然而却被判定为缺乏个别的遭受伤害的证明，这是不妥的。"在违法性方面，国家不顾危害的严重性，也不顾此起彼伏的反对运动，依旧推进机场扩建、引进喷气式飞机。"完全不调查也不预测这些举措将会对机场周边居民造成怎样的影响，更没有预先考虑对策，就这样放任机场扩建，此后的对策，在1973年之前也非常不充分，因此，被原告责难推迟对策实施，反倒急着增加航空机的使用，也是没办法的事情。"另外，关于今后的对策，噪音源对策对于原告并没有充分的说服力。搬迁补偿对于噪音问题而言确实是根本性对策，但资金不足，搬迁地与现在的居住地相比十分不便，租地租屋人的对策迟迟没有进展。目前1.25万住户居住在容许标准WECPNL（噪音指标）90分贝以上的地区，全部搬迁非常困难，而仅仅搬迁部分住户，剩余住户的居住环境会进一步恶化。因此，在当前阶段，不能将该对策认定为回避损害的根本性有效对策。

在公共性方面，航空业的抽象公共性很容易受到认可，对此也没必要进一步进行探讨。大阪机场作为西日本的枢纽机场，其利用需求也在快速增加，如果承认这一点的话，那么针对飞机起降进行限制的措施则会带来相当大的社会经济损失。关于这一点，被告的主张也不是没有道理。但是，在本案件中，在考虑机场公共性问题的时候，不仅应该考虑社会性及经济性利益，还应该考虑到另一方面，即机场所造成的损失。站在这一立场上时会发现，包括原告在内的多数居民蒙着重大伤害，适当的应对措施却一直得不到实施，如果这种状态持续下去的话，受害现象将持续发生，被告方主张的公共性是有局限性的，这一点不可忽视。法院断定，为了减轻受害情况而采取的针对机场的利用限制措施，尽管会带来一定不便，但也不得不这样做。

机场的设置与管理中存在明显的瑕疵。"将大阪机场指定为国际机场这件事本身就存在问题。国家赔偿法第2条第1项中的瑕疵指的是缺乏安全性。而安全，则不仅意味着管理设备、安保设施等齐全，在该机场起飞降落的飞机没有坠落的危险，还必须考虑飞机噪音对机场周边居民带来的噪音及其他影响，总之，不能因为使用该营造物而随意给第三方带来损害。"原告方所遭受到的损害是由本案件中机场的设置管理瑕疵引起的，因此法院判决认为本案件符合国家赔偿法第2条第1项规定。

接下来关于停止侵害请求，被告认为该请求不合适。如前文所述，机场的设置管理者是运输大臣，而停止侵害则必须要动用机场管理权，这就违反了三权分立的原则。判决认为不能采取该主张。设置管理本案件中机场的法律主体是国家，运输大臣只是在行政组织上，作为国家机构负责机场的设置及管理。公用飞行场地的设置，本来就可以当作私人经济上的事务来处理，不能全然当作公共权力的行使，判决作出如下陈述：

"国家为本案机场的事业主体，因机场在设置、使用上存在的瑕疵和机场的使用所产生的实际状态侵犯了作为原告的机场周边居民的私法上的权利，原告在本案中提出停止侵害的请求，就是为了排除这一侵害状态，在这种状况下，应完全将国家与原告的关系作为司法上的关系来把握，将原告们的请求作为行使私法中的请求权来理解，应该说并没有什么问题。"

"如果像被告所说的那样，认为行政权的行使是前提，并因此不承认民事诉讼的提起，那么接受诉讼中所判定的救济渠道也将被闭锁。"因此，"否认法院判定的救济，本身就是违背宪法宗旨的不当结论"。

判决反复斟酌了作为停止侵害理由的人格权与环境权。与个人的生命、身体、精神以及生活相关的利益是个人人格中最本质的东西，其总和可被称为人格权，任何人都不能随意侵犯人格权，排除侵害的权利必须得到承认。"基于这样的人格权，可以说妨碍排除及妨碍预防请求权能够成为司法上的停止侵害请求的根据。"本案件中，可以说原告方的人格权正遭受侵害。并且，如果考虑到受害程度的严重性，那么为了实现救济，仅仅要求赔偿过去的损失就显得远远不够，我们必须充分探讨停止侵害的问题。那么，停止侵害的容许范围又是怎样的呢？停止侵害的请求如果是全面的或者是从午间开始的很长时间，那么就会在利益权衡方面产生重大的问题，这一点无法回避。当时，审判长对此判决可能也产生过犹豫，但是在第二次质证当天，原告代理人陈述道，"早上7：00到晚上9：00的起飞降落多少还能咬紧牙关忍忍，但是晚上9：00以后的禁止飞行，希望能够得到法院认可"。此时，审判长才体会到原告迫切的希望，于是判定在晚上9：00以后禁止飞机飞行[18]。

对于未来的损害赔偿，在本案件中，只要被告无法证实近期侵害或损害存在停止的可能性，那么损失就会持续下去。因此，法院判定原告的损害赔偿请求权今后也继续生效，即预先承认了其请求的必要性。原告的请求当中，希望噪音最多只达到65分贝，但这样的话，飞机则不能飞行，以此，被告的请求权将持续到双方达成一致为止。

在本次判决中，法官亲自查证机场周边居民蒙受的损失，并在判决中坦率表示实现受害者的救助才是司法的根本宗旨，因此这是一场出色的诉讼。其真挚的态度从以下的话中也可看出：

"本法院迫切希望，当事者双方及前述相关诸机构，能够鉴于纷争的重要性，通过真挚、积极的不懈努力，尽快提出切合实际的解决方式，让持续支付损害赔偿的不幸事态早日结束。"

4. 最高法院及环境政策的倒退

破例的大法庭

二审的判决响应了公害防止的舆论要求，各大媒体也认为二审判决十分妥当。环境厅向运输省提出，希望至少能够禁止每晚9：00至次日早上7：00国内航线的使用，政府内部也开始有意见认为这个判决是妥当的[19]。1976年7月，禁止夜间飞行得以实现，但是国家认为该判决过低评价了公害对策，并以停止侵害请求与未来请求等存在实体法手续上的问题为由提出上诉。1978年5月22日，在最高法院，口头辩论拉开序幕，最高法院的审理成为特例。自提起一审诉讼以来已经过了九年，原告均已上了年纪，都期望尽早得到判决结果，而全国的学者和研究者们也两次提出希望尽早解决问题的请愿书（第二次实际上有924人签署）。第一小法庭在口头辩论后结审，预计9月18日作出判决，并按部就班地为之进行准备。就审理状况判断，很多人认为除将来请求外，其他两个请求都会维持原判[20]。但是国家通过法务省诉讼局，要求将此案移交大法庭审理。最高法院的法官不顾小法庭已经结束审理，也不管原告方及辩护团的意见如何，突然接受了国家的请求，将案件交由大法庭审理。审理越发被拖下去，尽管丰中市议会和大阪府议会两次提出尽早解决问题的请求，但都没有被采纳。

1979年11月7日，提起诉讼10年后，最高法院大法庭开展了口头辩论。通过该诉讼延期的状况，我们可以看出，国家非常重视这次诉讼，为了制定今后的公害对策特别是公共工程服务的国家的责任标准，有可能一直在向司法施加压力。在终审环节，法务省诉讼局局长襄田速夫重申了一审以来的主张，他认为原告（被上告人）过分夸大了危害，与大阪机场的公共性相比，噪音带来的身体障碍等危害不能在因果关系上得到证明，属于能够承受的范围[21]。他进一步主张道，人格权在实体法上并无规定，以此权利受到侵害作为理由提出的停止侵害请求不合理，并且夜间停止飞行需要运输大臣行使其行政权，无法将之认定为私法上的请求。到此为止，其主张与一审以来相同，并特别强调了周边整备事业、公害对策的进展，此外，在开头部分又附加了上诉的真正理由。

"本案件得出怎样的判决，直接影响到公共工程的政策制定、公共设施的配置、运行时对相关居民所采取的措施、因环境变化作出的相关调整；此外，对于公害问题、环境问题整体相关的今后国家的行政施政方针及立法状态，也会带来重大影响。其内容如何，在很多领域，必然都会给国家带来巨大的财政负担，并增加国民的纳税负担，同时，也会使在社会各方面的产业活动、经济活动产生巨大的制约，会给国家的产业政策、整体社会生活都带来莫大的影响。"

这相当于行政当局对司法的恫吓。自一审判决之后，以福冈机场为代表，不仅针对民用机场，而且针对军事基地的噪音控诉也纷至沓来。上诉人继续指出："除了噪音之外，对于公共设施及公共工程带来的生活障碍及环境变化等问题，也有人主张人格权及环境权，针对公共设施（公路、铁路、水库、发电厂、管道工程、河口堤坝、下水管道、粪便处理厂等）、公共工程（综合开发计划、城市规划等），也提出停止建设、实施和使用限制，并要求赔偿损失，类似的案件接连不断。"国家（行政当局）担忧，如果对这些诉讼也依据原判决进行审理的话，那么就会产生重大的问题。

原告（被上诉人）的主张与二审时基本没有改变，但是其叙述更加详尽，其内容简直可以当作飞机噪音公害的教科书。原告（被上诉人）认为，晚9：00以后的飞机停止飞行，并没有引发任何社会问题，并且引用了 OECD《日本环境政策》的评价，指出"即使出于公共利益考虑，也不能使任何人因此受害"，认为大阪机场二审的诉讼判决受到国际性的好评[22]。

停止侵害请求的驳回与反对意见

1981 年 12 月 16 日，判决结果下达。审判长服部高显认可了过去的损害赔偿，并宣判驳回停止侵害请求与将来请求。由于二审原判决的内容涉及很多方面，根据上告理由[23]的顺序进行判断并不妥当，因此判决将原判决的内容分为三大类，即关于停止侵害请求的部分、关于过去的损失赔偿的请求部分以及关于将来的赔偿损失的请求部分，并依次对其进行判决。

判决结果如下："本案件中，为飞机到离港提供场所的机场的使用，基于运输大臣所拥有的机场管理权及航空行政权这两大权限的综合判断，两大权限是一个整体，不可分割。上述被上诉人等的上述请求（停止夜间飞行），理所当然，不可避免地包含了要求取消、变更航空行政权的行使乃至要求动用航空行政权的内容。因此，且不论上述被上诉人是否可以通过行政诉讼的方法提出请求，原判将被上诉人的请求认作通常意义上的民事上的请求，并且认为法院对于上诉人拥有前述的司法上的给付请求权，这一主张本身就是不成立的。"因此，驳回停止侵害的请求。

该判决以九票赞成四票反对结束，并附带三则个别补充意见和四则反对意见。首先，在补充意见方面，伊藤正已认为应该用行政诉讼手段提出停止侵害请求。他解释道，本案件涉及的公共工程纷争中，"如果是从谋求公共利益的维持和私人权利的维护之间的调和这一观点来审理判断的话，应该说不可能从根本上解决问题。因此，这场纷争在本案中的机场设置问题上，应该采取要求运输大臣对其做出的前述个别行政决策予以取消的诉讼，或者，在争讼手续上应该将本案机场的供用行为作为主体，将这一行为作为公权力的行使来把握，上诉人因对此不服而提出上诉，这样的做法是恰当的，将作为机场事业主体的上诉人和私人之间的关系看作对等当事者之间的私法关系，通过狭义的民事诉讼的方法进行审理判断，应该说这是不被容许的。"

此说法貌似在逻辑上具有一贯性，然而，现实状况却是选择行政诉讼的手段非常困难，因此，此意见只能作为行政权优先的多数意见的补充意见。横井大三和宫崎悟一都对此表示赞同。

团藤重光则积极地表示了反对意见。团藤从公害的严重性出发，认为应该建立可以对之实行救济的法理。本来应该先有立法，万事才顺理成章，但是在处理大规模纷争的问题上立法滞后。行政权当然不可侵犯，但是法院也可以在法理的解释运用方面便宜行事。停止侵害问题事关重大，虽然很难将人格权定义为排他性的权利构成，但是"必须要注意不能够轻视人的价值，这一点，毋庸赘言。""原判决积极地谋求解决这些问题，作为我个人而言，也基本上对此多有共鸣。"

团藤还批判道，多数意见仅仅纠缠于停止侵害请求的合法性，没有深入事情本质。执拗于是否存在排他性的权利侵害问题，那么恐怕只要与停止侵害请求相关，民事诉讼的道路就会被封死。作为其他方法，还有人提出了行政诉讼之路的可能性，但多数意见即使对这一点也是含糊其辞。对此，团藤强烈批判到，"如果这样的话，国民就要走投无路了"。此外，既然原告选择民事诉讼的途径提出诉求，就要尽可能地朝着肯定其合法性的方向加以解释，这从宪法第 23 条的精神来看，也是理所应当的。团藤对此作出如下解释："公共营造物的活动本质，并非权力的使用，而是一种提供便利的行为，这一点与私人营造物的性质无异。由于这一行为并不是公权力的行使，所以，不能将服从、忍受的义务强加给一般市民，因此，第三方在原则上是可以提出与私人设施相同的要求的，应该这样解释。"此外，团藤法官说，曾经有一项关于机场用地所有权的纠纷，认为自己拥有这块土地所有权的原告提起了民事诉讼，要求机场让渡用地的一部分，最终原告胜诉，其胜诉所引发的种种事态，难道与本案不是相同的吗？在这种情况下，不能阻塞民事诉讼的道路。从这点来讲，团藤说自己难以赞同多数意见，而是全面赞同后述的中村治朗法官的反对意见。

环昌一也提出了反对意见。他指出，机场的设置、管理，正如团藤所说，并不是权力行政，其设置目的是与航空公司一起，提供交通手段这一公共的便利，这与私营企业经营机场的情况并没有什么不同。现状就是，私人企业无法筹措到机场设置及管理时必要的巨额固定资本，因此才由国家出面。国赔法是继承了宪法 17 条的精神，并将其置于民法之下的法规。因此，"未深入本案的判断就驳回被上诉人的请求，这种见解，实质上就是承认了行政权的优越性，这种指责的声音很难避免。"另外，他认为夜间的休息与睡眠是人类活动的源泉，这是人生存不可或缺的要素，不能用金钱来衡量；另一方面，他认为即使在部分时段停用机场，对国家的事业活动造成的影响也未必很大，因此二审的判决是妥当的。

中村治朗也持反对意见。他从行政救济与民事救济的区别入手，从公权力的行使性的判断入手，推导出了本案作为民事救济的合法性。他认为，公营机场的服务提供行为不具备行使公权力的性质，多数派的意见并不妥当。他指出，"在与平等的权利主体间的水平关系相区别的'权力——服从'垂直关系中，拥有权力行使权能的人作为优越的意志主体可以强制对方忍受，一般而言，具有这种效果的行为，才是与行使公权力相符的行为"。因此，必须根据法律规定的特别授权，满足法律上所规定的条件；另一方面，由于拥有上述权限的行政官厅具备一种越权的妥当性，因此关于行政官厅的公权力行使，要求事前废止的请求就没有得到正面的认可。"但一般而言，设置公共营造物并加以管理和运营的作用，原则上来说，基于对上述营造物物件设施的所有权等权源中所产生的使用权能，是在这种权能所及的范围内，被认作可能的非权力的作用"。公营机场，其供用行为也不具有公权力的行使性。如果有的话，也应该对航空的公共必要性与第三者受到的负效应（公害）进行相互比较权衡，决定实现什么程度的航空飞行。但是，航空法以及其他相关的法律则不能被看做是体现了该宗旨的立法。"本案件中，虽然被上告人多次控诉自己遭受到的伤害，但是运输大臣为规定飞行活动的允许范围，并没有针对上述危害的实际情况进行调查，以及根据调查结果通过权衡而作出判断。这一事情本身，不正体现出运输大臣也并没有考虑到自己在法律上拥有上述权限，并具有与之相应的职责这一事实吗？"航空法及其他的相关法律并不具有公权力的行使性，从而不能认为原判决所做出的停止侵害的裁决，是对与行政上的裁量权相对的司法权的不当限制，是违反三权分立原则的，因此中村治朗对多数意见持反对态度。

木下忠良的反对意见简单明了，他认为机场是公用的，因此受到公法限制，与基于私法中所有权的使用机能没有区别，国家的机场使用权能与运输大臣的航空行政权在法律上是被区分开的。"本案件中，机场的建设与管理主体都是国家。国家在机场建设与管理的瑕疵方面，在与作为受害者的被上诉人的关系方面，应该自行承担与国家地位相符的法律责任。因此，不得不说，判断受害人追究国家责任的请求是否合理时，反复斟酌在法律上本应与上述设置、管理主体的立场相区别的航空行政权的立场，是不能容许的。"

"如上所述，本案中被上诉人所提出的停止侵害的请求，是以国家与被上诉人之间的私法人违法的权利侵害为前提的，作为被侵害者的被上诉人，对侵害者、机场的设置、管理主体——国家，提出排除侵害并加以预防，这一请求，是针对前述的国家自身的对禁止使用的不作为给付而提出的，因此，该请求接近于司法救济，而作为民事上的请求，无可非议。"

关于过去的损害赔偿请求的判断

经综合判断，认可了二审的判决，对于 B 跑道投入使用后（1970 年 2 月 5 日）入住的两名居民，撤销二审的判决，退回重审。这部分的判决根据各点上诉理由，体现了多数意见，以下对此进行简单介绍。

在国赔法第 2 条第 1 项的解释摘用的错误（上告理由的第五点）方面，对于营造物的瑕疵，二审判决认为不仅营造物本身存在缺陷，而且其设置、管理行为也都存在缺陷，具体为选址的恶劣、之后的扩张、喷气式飞机的引入。上诉人认为二审的判决是违法的，然而判决却认为机场对使用者以外的第三方造成噪音等危害，这也应属于上述瑕疵的范围内，不采取噪音对策，继续使大量飞机在机场起降，这一行为才是违法的，判决认为，二审判决的判断是妥当的。

关于对危害及因果关系的认定判断的违法性方面（同第三点），上诉人认为被上诉人对于危害并没有凭借医学资料证明其个别的因果关系，而是根据请愿书、问卷调查等主观性色彩很强的资料进行判定的，理由是不充分的，是违法的。对此，判决支持二审的判决。"被上诉人中共性存在着如二审所述的不快感、焦虑等精神痛苦，同时还感受到了睡眠等其他日常生活中广泛存在的妨害，二审认为这都是机场噪音造成的，这个二审的定认诊断，是根据二审诉讼判决所列举的相关证据得出的，并非不能认可。另外，关于身体上的伤害，本案中所涉及的飞机噪音的特性以及它对人体所造成的影响的特殊性，以及与此相关的科学解释尚不充分，有鉴于此，二审基于被上诉人列举的证据，认为处在前述飞机噪音等影响下的被上诉人所控诉的原判所示的疾患以及身体障碍，其罪魁祸首之一很有可能就是上述的噪音，不能说，这一认定基础就一定是违背经验准则的，不合理的，是应该受到排斥的。……压力等生理、心理的影响都有可能导致上述的身体不适，被上诉人都正在遭受着同样的伤害，这一判断，并不是不能认可的。"这个判断超越了一审判决，承认了对身体造成的伤害。

关于与利益衡量相关的认定判断的违法性（第四点），上诉人认为在违法性判断中，需要整体考虑侵害行为的样态与程度、被侵害的利益的性质与内容、侵害行为的公共性的样态与程度、加害者为危害的防止或减轻所采取的措施等。而被上诉人却忽视了这些，极端地重视危害，对噪音对策进行不当的过低评价，他们欠缺对本案机场的公共性的考察，他们做出的违法性的判断是不正确的。对于这一点，判决认为，原告也不否认这样的权衡，承认本案机场的公共的重要性。"但是，该机场带来的便利，未必可以说是为国民日常生活的维持存续提供了不可缺少的服务的，是可以被置于绝对优先的地位的，另外，根据二审依法确认过的事实，因该机场的使用而受到伤害的当地居民数量非常多，其危害内容也是广泛而重大的，并且，这些居民因机场的存在所得到的利益与因之所遭到的伤害，这之间并不存在后者的增大必然伴随着前者的增大这一相辅相成的关系，这一点是很明显的，那么，前述的公共利益的实现，只有建立在包含被上诉人在内的周边居民这一特定的少部分人的特别牺牲上才能实现，这里存在着不容忽视的不公平，这一点是不可以否定的。"

如上所述，论述明快简洁："二审认为，关于这些被上诉人所遭受的伤害，尚存在超过忍受限度的方面，故判定侵害行为是违法的，应该说，这一判定不应被认作是违法的、不当的。"就这样，否定了国家主张的公共性优越[24]。

另外，关于剩余的慰问金的计算，被上诉人所遭受的精神痛苦等危害的主要部分具有共性，考虑到居住地区与区间，二审判决对其进行了一律认定，判决认为这是妥当的。但是，有两名原告是在 B 跑道投入使用后才迁入的，所以判决撤销并退回了二审关于此两人的判决。关于过去的损害赔偿判决这一问题，存在着个别的意见，关于对两名原告退回重审问题，团藤、中村、木下和伊藤四人表示了反对，支持二审的判决。

将来请求的否定

关于与将来的损害赔偿请求相关的判断，判决认为二审违法，将之驳回。判决对失效期未定等理由，进行了以下陈述："损害赔偿请求权，应该根据其具体成立的时间点，来判断它是否成立及其内容，并且，关于成立条件的具备，应该由请求者担负起搜集证据的责任。因此，二审口头辩论结束后应产生的要求损害赔偿的部分，应该说，是缺乏权利保护的条件的。……这是对诉讼条件中所需要的法令解释的误读，上述违法行为影响了判决，这是很明显的。"

对此，团藤重光表示了反对意见："我认为，用于请求权发生确认的事实关系，在持续的状态下已经存在，并且，如果认定将来也将继续存在的话，按照具体的事实……其请求应该被认可。"团藤认为本案中的机场是有缺陷的机场，二审判决所认定的最小限度的危害在目前这段时间内还将继续持续，这一点在常识上是被认可的。二审判决对于将来给付，并没有给出明确并且恰当的期限，这一点是二审判决的重大失误，在这一点上，撤销退回原案是无法避免的，但是如果能够保守地估计危害将持续发生的期间，并规定期限，就可以消除疑点。总之团藤对多数意见表示了反对。

判决后的应对

媒体强烈地批判最高法院的判决是司法向行政的屈服，"要求今后进行环境保护，停止开发的居民们事实上被夺去了救济的空间"[25]。判决似乎又倒退回 10 年前一审的结论，但是并不完全一样。作为一直以来的舆论和运动的成果，使夜间飞行禁止重新回到原先的状态是不可能的。原告与辩护团在判决后，马上着手与运输省交涉。12 月 18 日，小坂运输大臣表示，阁议已经决定，不变更晚上 9：00 以后飞行停止的航班安排。另外，1983 年 12 月，山本航空局长在周边 11 市的大阪国际机场噪音对策协议会上，用书面形式作出回应，表明 21：00 以后禁止飞行的航班安排并无变化[26]。虽然在法院中，居民们停止侵害的请求被驳回，但是事实上，居民们所诉求的内容却实现了。

1974 年 12 月，由 3694 名居民组成庞大的原告团体提起了第四次大规模的诉讼。诉求的内容与一审相同，黑田了一（大阪府知事）、庄司光、都留重人等人都提供了证言。虽然已经有了最高法院的判决，但是诉讼却仍在继续。1982 年 3 月 15 日，法院提出了和解的劝告。法院当初提出了 47 亿日元的赔偿金，但是原告却要求支付 55 亿日元，国家主张支付 11 亿日元。因此，在金额方面达成妥协十分困难。如前所述，国家以书面形式表示接受晚 9：00 以后停止飞机起降，并增加用于周边整备的预算，于是原告也朝着和解的方向做出了努力。1984 年 3 月 17 日，双方以 13 亿日元的赔偿金达成了和解。原告取消了停止侵害的请求，长达 14 年零 3 个月的公害诉讼终于结束。

5. 对判决的评价

　　行政的暴力剥夺了接受司法权保护的权利

　　从最初就开始研究大阪国际公害诉讼的泽井裕在《大阪国际机场事件判决所包含的意义——最高法院的两副面孔》中，对于最高法院的判决作出如下评价：

　　"可以说，'驳回'停止侵害请求与容忍赔偿，这一组合是实现'对本案受害毫无波及效果的救济'目的绝妙的政治判断。但是，即便如此，驳回停止侵害请求的判决带来的危害是重大的。……恐怕会给今后停止公害请求的诉讼带来毁灭性的打击。"

　　本判决否认了民事诉讼的可能性，但是也没有承认行政诉讼的可能性。因此，"事实上，等同于剥夺了居民在遭受行政暴力时获取司法权保护的权利。遭受伤害的居民仅仅是请求停止侵害 1 小时，连这样的要求也没办法得到审理，这一事实，会使国民丧失对法院的信赖。"司法权对于行政所造成的牺牲，"如果不发挥有效的监督职能，如何能够保护国民的人权？如果只能依靠各自的实力的话，那么法院所应守护的法治国家就会被破坏殆尽。"

　　平日为人温厚、以冷静的解释学闻名的泽井裕表示了强烈的愤慨。这一评论指出，作为法律守护者的最高法院屈服于政治，做出了错误的判断。泽井裕期待今后的诉讼不要轻易扩大此次诉讼的射程距离，并期待判断的变更[27]。但是，司法却不断后退。

　　牛山积在《大阪国际机场最高法院判决的意义》一文中，对于判决做出了以下评价：

　　"最高法院的判决，在对过去的损害赔偿请求的判断上，并非没有可取之处，但是在驳回停止侵害请求的问题上，却受到了行政优先的思想以及财政困难的现状的影响。如危险接近论，以及对将来的损害赔偿请求进行严格限制这一行为所体现出的，保护公共工程的思想赤裸裸地登场，这是值得忧虑的事情。……但是，想到本次诉讼并不充分，想到晚 9：00 以后的飞机起降被禁止，想到在法学理论上、在运动理论上已经取得了可能的最高水准的结果，我就不得不对受害者、辩护团和支持他们的科学家、法律学者，以及其他的相关人员表示深深的敬意。[28]"

　　下山瑛二在《大阪机场判决与诉讼的利益》一文中认为："总之，多数意见认为该驳回停止侵害的请求，其理由绝不是基于明确的法理理论，而只能说是由于导入了法律之外的'政策判断'，才导出了一定的结论。[29]"此外，行政法学者也对此进行了严厉的批判。原田尚彦在《禁止夜间飞行请求的驳回判决中的逻辑与问题》一文中表示："可以说最高法院在本判决中利用《航空行政权》虚张声势，提出了崭新的关键词，并作为了颠覆一般社会观念的论据。[30]"

　　关于判决的各个部分的评价，以及关于最高法院之后直到和解的诉讼过程，可参见泽井裕《大阪国际机场诉讼最高法院判决与和解的综合性探讨》一文。泽井裕说，所有的学说都不赞成驳回停止侵害请求的多数意见，而赞成团藤重光等少数派的意见。这表现了在公害问题上当时学界的良知[31]。

黑暗的公共性与环境权

　　笔者以《黑暗的"公共性"》一文对该判决作了评价[32]。其中，二审的判决是常识性的判断，提出了在不给现有的航空这一交通条件带来致命伤害的同时，保全最低限度的生活环境的措施。但是，最高法院的判决却罔顾机场与居民共存的条件，关闭了通过诉讼方式解决公共工程的公害问题的通道，也就是，拒绝了符合常识的、和平的公害对策。说得极端一点，可以认为是最高法院的判决导致了像三里塚斗争那样的直接行动。如果合法的、符合常识的解决通道被关闭，那么以后，被害者就只能被迫采取用武力阻止的办法，这一点，最高法院的多数意见者们应该没有考虑到。所幸，被害者并没有采用动用武力进行阻止的方式，而是通过与运输省、环境厅交涉的方式，暂时得到了停止飞机夜间起降的承诺。

　　正如在第四章附件关于高知纸浆公害事件中所写的那样，高知法院在判决书中明确表示，不能采取武力阻止的方式，最后，应该遵守司法的规定，提出停止侵害的诉求。但是，最高法院却自己关闭了这条通道。虽说最高法院与下级法院有别，但是国民们却会认为，法院一边提倡让大家采取和平救济的方式，一边又把想通过司法手段和平解决问题的受害者们拒之门外，可以认为，司法缺乏始终如一的态度。总之，不论对于哪个案子，两份判决都没有把它当作拷问公害问题这一现代文明的本质的课题来理解，而是陷入诡辩性的，对法律进行牵强的解释这一怪圈中，结果就是让公害的犯人逍遥法外。

在这一诉讼中，超越了市民常识性理解的是最高法院关于三权分立原则的理解。法院判决说，司法不能侵害航空行政权，这指的是司法与行政之间互相独立，互相不能侵犯彼此的职能。但是，在市民的常识中，所谓的三权分立，指的就是三权互相独立，并通过监督职能来维持正义的平衡，行政的失败是可以由司法监督的，难道不正因为如此，民主主义才能成立吗？

此外，还有一个常识性的疑问。在过去的损害赔偿的判决中，即便大阪机场具有公共性，二审判决认为危害的严重性已难以容忍，是超过忍受限度的权利侵害，这一判决被认为是合法的。但是，如果机场公害具有如此的违法性，那么停止侵害的诉求理所当然应该被认可。从经济学者的角度来看，停止侵害和损害赔偿之间并没有经济性的差异。巨额的赔偿比一小时禁飞所产生的经济负担还要大。如果停止侵害的请求指的是停止生产——剥夺营业权，那就另当别论，但事实上这只是一项公害对策，指的是"部分禁止"，那么为什么停止侵害的诉求会变成与损害赔偿具有本质性差别的重大事件呢？这简直不可思议。只能认为，这是被囿于公共工程的公共性中的判断。

在诉讼中，中村法官明确表示，像机场这样的公共工程、服务，不能用军事、警察、消防之类的权力的公共性一概而论。如果像判决一样，用社会的有用性来衡量的话，倒不如说，钢铁、电力等行业都要比机场事业的重要度更高。如果想要成为福祉国家或积极国家，那么行政的范围就要深入到民间的生产、生活领域，不属于纯粹的公共产品的混合产品的供给及管理就会增多。在这种情况下，相对于权力的公共性，市民的公共性的基准或者尺度就会变得必要。笔者虽然讲明了这一点，但是遗憾的是法院却并没有对之进行充分的探讨，对公共工程、服务的公共性的判断基准暧昧不明。

四大公害诉讼，其对象是私营企业生产过程中产生的公害，与之相对，以大阪机场公害诉讼为代表，公共工程、服务等所产生的新的公害事件，是交通业、旅游业等服务业所带来的公害事件。在这种情况下，正如噪音公害一样，这些公害并不会直接造成健康损伤，而是变质成了会对生活环境或景观造成破坏的环境问题。因此，环境权或舒适生活（舒适的生活环境）权成为了问题，但是该判决却对这种新的局面缺乏理解。因此，对于随后的环境问题的判断也相应滞后。

最高法院的判决辜负了大众长期以来的期待，客观上，这是受第七章所述的石油危机以后的世界经济衰退和政府、财界的环境政策的后退影响。这反映出，在以美国为中心的国际压力下，公共工程的扩大不得不成为国策。

第三节　国道 43 号线·阪神高速公路公害诉讼

1. 公路公害诉讼的意义

最初的"公路公害"事件

国道 43 号线原本是居民的多目的生活空间，然后变为汽车专用的交通空间。公共、公益设施摇身变为公害场所，是最初爆发居民反对运动的历史性区域。发生源是汽车，但是居民向修建了有缺陷的建筑物的国家问责，并且由于危害的叠加，居民们也向修建了高速公路的公路公团问责，这就是"公路公害"（而非单纯的汽车公害）的最初事件[33]。1971 年 12 月 43 号线公害对策尼崎联合会成立了，该联合会以森岛千代子为带头人，从 1972 年 8 月开始，进行了长达七年共 2556 日的静坐抗议行动[34]。以此为契机，当时反对大阪中津合作高速公路的协会也联合起来，反对阪神高速公路，于 1975 年召开了公路公害反对运动全国交流集会，之后连续每年召开全国性集会。到 1977 年 2 月，全国各都道府县的反对公路公害市民运动团体已达 207 个之多[35]。1970 年代，公害问题的中心由工厂公害转变为城市公害——尤其是汽车尾气和噪声事件。

公路公害之所以变得严重，如第二章所示，是因为国家要将汽车产业作为日本产业的核心，要以公路为中心的公共投资作为日本的经济增长政策来推进的同时，又不着手落实公害对策。1952 年 6 月，《公路法》公布；1954 年，《关于公路建设费用战略对策的临时措施法》公布，将挥发油税确定为以公路为目的的税种，制定并实施了公路建设五年规划。另外，1958 年，《公路建设紧急措施法》实行，公路建设加快了脚步。公路投资也从 1959 年至1964 年度的 2 万亿日元增长到 1965 年至 1970 年度的 6 万亿日元，而 1971 年至 1976 年度的实际投资金额则高达 16 万亿日元。轿车登记数量从 1965 年的

16 万辆增加到 1970 年的 678 万辆，至 1978 年则飞速增长到 1919 万辆。1956 年，世界银行的怀特金斯调查团为建设高速公路来到日本。凭借世界银行的资金，1965 年名神高速公路修建完毕，之后东名高速、阪神高速等大城市间的高速公路也被修建起来。另外，田中角荣内阁提出新的全国综合开发计划，在全国范围内建设高速公路网。1963 年，汽车专用高速公路的长度为 71 公里、交通量为 500 万辆；1970 年，其长度为 650 公里，交通量为 1175 万辆；1978 年，其长度为 2437 公里，交通量为 4185 万辆。可以说，高速公路的投资占据了全部公路投资的一半左右。与此同时，交通量也有了飞跃式的增长，1955 年至 1970 年，货物运输量翻至四倍，旅客输送量增至 3.4 倍，其中汽车所占的比例，前者为 36％，后者为 51％。像这样，公路急速扩建，汽车交通量大幅增加，而与此相对，汽车公害的对策却滞后了[36]。

43 号线与阪神高速公路

1938 年，第 2 阪神国道计划出台，相关事业作为土地区划整理事业而推进（私有土地减少 25％）。之后，这项事业被战后复兴、都市改造事业所接替，并在 1953 年被作为直辖工程推进。1958 年 4 月，该公路被改名为国道 43 号线，是一条宽度达 50 米，被称为"公园公路"的巨大公路。1963 年，其开通的上下行车道达到 10 条。这条公路沿线有很多商业设施。附近的居民认为公路建设会带来便利，顾客会增加，地价会上涨，因此积极地配合公路的修建。但是，当该公路正式投入使用后，平均每天的交通量达到 10 万辆，其中 1/4 为大型车辆。与此同时，为了世博会的召开，国家又制定了交通建设规划，突击建设了与之相平行的阪神高速公路。1970 年神户西宫线全线开通，上下行 4 车道，平均日交通量 9 万辆，两条高速公路加起来，平均日交通量为 19 万辆，可以说是令人惊异的汽车泛滥。进而，1981 年 6 月，大阪西宫线（上下行 6 车道）投入使用。居民们所期待的，波斯菊盛开，商业街繁荣的城镇景象完全改变。在这片区域开设诊所，后来为诉讼提供协助的野村和夫如是感怀道：

"大约 20 年前，这项公路规划出台，当时，我住在尼崎——已被划为待开发的地区——人们听到这个消息都很喜悦，当时的情景，现在仍历历在目。战后，此地作为繁华中心的地位被阪神电车沿线夺去，郁郁不得志的商店店主们认为这是一个可以重返往昔荣耀的绝好机会，因此，都踌躇满志，这也是理所当然的事情。人们都说，这里还会引进电影院。坊间传言，地价将会暴涨。

　　然而到了今天，日交通量 10 万辆的 43 号线所带来的并不是街市的繁荣，也不是人流、物流和资金流。沿线地区，只不过被当作途经的城市。这条高速公路带来了远超人体承受范围的汽车尾气、类似于爆炸声的噪音、地面震动等，仅凭'公害'一词，是难以诉尽现实的悲惨的。"[37]

"启示录的惨状"

　　对于该地区的风景原貌，原告在起诉书中（最终）进行了如下陈述[38]。"（本案中的公路沿线地区）市区化得到了一定程度的发展，在具有便利性的同时，也残存着田园地带的恬淡静好的风情，是很好的居住区。"沿着国道 43 号线向南北延伸 100 米的范围内，有 3 所大学、2 所高中、3 所初中、12 所小学，将这片地区称为文教地区也不为过，这就是当初良好居住环境的证据。国道 43 号线将这片地区截断为南北两个部分，破坏了街道布局。现在这片地区就好似交通传送带一样，由于汽车交通昼夜不息，居民们日夜被超过环境标准的噪音所扰（表 5-1）。公路的噪音与机场和铁路的噪音不同，不是"间歇音"，而是 24 小时无间断的"稳态音"。特别是深夜时，大型车大量通过，严重影响睡眠。还有汽车的尾气排放。NO_2 的浓度，西宫市 43 号线南北两侧日均为 0.05 毫克/升，超过了环境标准。粉尘的危害也十分严重，西宫市今津周边有大量的煤烟灰落在房屋上，严重地污染住宅，甚至被称为"今津鱼粉拌紫菜"，洗过的衣服也被污染，居民中也有很多人患上呼吸系统的疾病。

表 5-1　国道 43 号线噪音情况　　　　　　（单位：分贝）

	早晨 （6-8 点）	白天 （8-18 点）	夜晚 （18-22 点）	深夜 （22 点-次日 6 点）
1974 年	70	73	7	62
1986 年	75	74	72	68
环境标准	55	60	55	50
要求限度	70	75	70	68

注：1）资料来源：尼崎市测定资料；
　　2）离开公路边缘 50 米，则噪音值减小 10 分贝。

公害研究委员会推选都留重人为团长，于 1973 年 3 月 2 日进行了实地调查。当时的情景令人难以忘怀。43 号线沿线的商店门可罗雀，由于汽车交通量过大，所以除了加油站以外，根本没什么买卖，居民的生活面临困境。一对高龄夫妇关闭了买卖，为了躲避噪音和震动，在家里用混凝土修建了隔音墙，屋里如同牢狱，他们就在这样的空间里点着小灯泡生活。当时，全国的公路公害反对运动的居民为了学习，前来国道 43 号线考察，与当地的居民组织交流。这次考察旅行被称为"地狱体验之旅"。确实，这对老夫妇的确是在噪音地狱中受活罪。

环境厅自成立之初就开始直面公路公害对策的问题。国道 43 号线就是公路公害的象征，从小山新长官开始，历届长官一上任，肯定就会访问国道 43 号线。在横跨 43 号线的武库川人行桥上，体验川流驶过的汽车的噪音、震动和尾气，与静坐的受害者会面，询问他们的要求，这几乎成为了他们就任的仪式。1977 年 6 月，石原慎太郎长官前来视察，看到这种严峻的场面，他深受冲击，于是他对记者团说，这简直是"启示录般的惨状"[39]。真不愧曾是一位作家，比喻十分贴切。

环境厅的长官络绎不绝地前来视察国道 43 号线，这本是好事，但是他们却无法限制建设省，也并未实行公害对策。诉讼开始后，环境厅才匆忙确定公路噪音的环境标准，制定了《公路沿线法》。但是，由于汽车交通量的增加，公害的状况并没有得到改善。来这里视察过两次，本应受到心灵震撼冲击的石原长官，在那之后，却认为公害对策基本法未纳入协调条款是错误的，实质上加速了公害对策的倒退。

高速公路临时处置申请

在此之前，仿佛是为了让国道 43 号线更像地狱，阪神高速公路也被修建起来。阪神高速截断了街区，妨碍了日照和通风，是一个巨大的结构物。这一结构物本身就是个公害，而在上面行驶的汽车又带来了噪音、震动和大气污染。公害认定病患者森岛千代子等"联络会"的成员在尼崎市武库川町 4 丁目（建设规划用地）中停了一辆二手面包车，静坐示威。公路公团在尼崎市内一段总长 4.7 公里公路施工中，不得不中断了位于静坐现场周边的及距离反对运动领袖住宅附近 650 米的工程。1972 年 9 月 12 日，以"联络会"为中心的 37 名居民要求神户地方法院尼崎分院对高速公路大阪西宫线实行叫停工程的临时处置。也就是依据环境权，在事前就要求叫停该工程。作为事前叫停的临时处置申请，这在全国也是首例。

1973 年 5 月 12 日，尼崎分院山田义康审判长驳回了居民的申请。他认为公路建设属于公权力的行使，不能通过民事诉讼进行临时处置。他提出了"环境负效应不当侵害防止权"的理论，却驳回了居民的申请[40]。

对于这项基于新理论的决定，笔者进行了如下批判。根据"决定"，环境权分为属于私权的"居住环境权"和属于公权的"地域环境权"。"居住环境"的自然利益指的是日照、通风、安静、眺望、清洁的空气、隐私的保护、没有压迫感。也就是说，当居民的"居住环境"权受到不当侵害时，居民拥有损害赔偿的请求权，这一点自不必论；此外，为了消除危险，必要时居民们还可以在充分的限度内取得具体的停止侵害请求权。与此相对，"地域环境"权则很难被看作是私人的权利。"决定"对此陈述如下：

"从所谓的'地域环境'中所获得的私人利益，只不过是反射性的，还不能称之为私法人的利益，在这方面，'私权'没有成立的余地。因此，对于居民与自己管理的住所没有直接关系的地域环境，若要要求保全，则不能利用民事诉讼制度。"

将居住环境与地域环境区分开，仅在前者的权利受到侵害时，运用民法进行判断，这种法理解释，对于法律专家来说貌似巧妙，但却是纸上谈兵，没有正确认识公害的实际状态。究其原因，这是由于环境破坏在空间上不断扩大，仅凭污染状况，是无法严格区分住所与地域的。"决定"认为，"包括氮氧化物在内，从高速公路上排放出的所有尾气都会向远方扩散，几乎不会沉降到接近国道 43 号线的申请人的住宅上。"

这一判断真是让人震惊。有毒物质究竟会扩散到哪里？假设真像法院所说，汽车在行进中的尾气不会污染到垂直下方的住宅，那么地域的污染量是增加了的，因此，垂直下方的住宅的污染量也必然会增加。大气污染是广域相关联的。地域环境的恶化造成居住环境的恶化，地域环境的破坏也一定会导致居住环境的破坏，如果是这样的话，那么我们会得出什么样的结论呢？那就是"决定"是虚构的。假设真的是只有地域环境权受到了侵害，而居住环境权没有受到侵害，那么也肯定有其他地区的居住环境权受到了侵害[41]。

法院有可能会像国家、公共团体所说的那样，做出由于高速公路的修建，国道 43 号线的交通量减少，因此公害也有所减少的判断，然而，这是个错误

的判断。因为公路修建好的话，交通量一定会增加。居民对此判决不服，提
出了上诉，后来又决定在第二年（1974 年）提起诉讼，于是就撤回了上诉。
为了辨明环境权的法理，就应该以这项"决定"为对象，把它放到法庭上去
好好辩论一番，难道不是吗？

2. 最初的公路诉讼的原委

提起诉讼——"还给我们安眠之夜！"

1976 年 8 月 30 日，居住在国道 43 号线沿线 50 米以内，神户市、芦屋
市、西宫市和尼崎市四市的居民共 152 人，对国家和道路公团提起诉讼，要
求赔偿损失并采取消除公路公害。起诉的理由，如前所述，就是关于与汽车
交通相伴随的噪音、震动、尾气等严重的公害问题，国家、公团没有采纳包
括自治体建言[42]在内的居民的诉求，政府的公害对策没有进展。

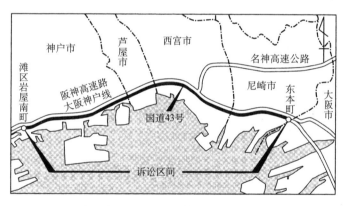

图 5-2　国道 43 号线と阪神高速道路（诉讼区间）

这场诉讼的特征是，关于大气污染，已经实施了公健法，在原告中也已
经有人被认定为公害病患者，所以大气污染并没有被作为直接的对象；与之
相对，关于噪音的救济对策完全没有出台，所以原告们要求优先解决噪音的
危害以及救济问题。因此，与之后将重点放在工厂废气和汽车尾气造成的复
合大气污染问题上的尼崎公害诉讼不同，本次诉讼只以汽车噪音与尾气的双
重危害为对象，而并没有提到大气污染源——工厂，问责主要集中在国家、
公团身上。

原告团的特征在于，其成员多为当地的私营业主。担任原告团团长最长时间的横道利市是一名浴池老板，原告团中还有两名浴池老板，同时还有饭店、理发店、书店、洗衣店、时装店、旅馆等各种商店店主，医师，僧侣，茶道家，总之他们几乎都是以为当地居民服务谋生的小业主和主妇[43]。他们原本在交通便利的生活公路沿线经营买卖，可是之后这条公路却被作为产业公路扩建，造成结果是这些人并没有享受到公路扩建带来的种种便利，反而受到了公害的困扰，他们对此非常愤怒，如果搬家的话又无法生活，所以他们领悟到，只能通过斗争，将生活环境恢复到从前，除此以外别无他法。

大阪机场诉讼的二审判决为这场以生活为赌注的诉讼注入了活力。但是后续的公路公害诉讼却没有马上开始，与预想的相反，人们在 11 年后才迎来了一审判决，而最高法院的判决，人们则足足等了 19 年。其中的一个原因就是，当时缺乏在群体诉讼和公害诉讼方面有经验的人。辩护团曾反省道，由于运营辩护团的是一些没有经验的律师，所以当初的准备不充分，步调也不一致。"在这场诉讼中，辩护团的活动陷入混乱，诉讼运营也处于停滞状态，这在被称为'公害百货店'的兵库县，给以公害规则诉讼及其他市民群体诉讼为目的的运动带来了极大的影响。[44]"

在读了当时的起诉书和之后的法庭记录后，确实感到这次辩论与大阪机场公害辩护团的辩论存在差距。但是，造成诉讼长期化、孤立化的基本原因，应该在于 70 年代后期开始的经济不景气的影响与环境政策的退步。并且，在这期间，可称为"实质性停止侵害"的国家的公路噪音对策在部分地推进，原告们将这种行为批判为"分裂工作"。支撑着这场漫长诉讼的，应该就是原告团的团结精神。曾召开 596 次会议的原告干事会（兼学习会职能）与每期印刷并派发 400 份杂志，共发行超过 1000 期的周刊杂志《43 号公路诉讼原告团新闻》（当初是月刊），在这场诉讼中都立下了汗马功劳。不断地发布新闻，不断地学习居民运动的原则，支撑了这场长期诉讼。

一审的内容与判决

诉求的主旨共三点：

（1）停止……噪音问题方面，取中间值，早 6 点至晚 10 点，噪音不得超过 65 分贝；晚 10 点至早 6 点，噪音不得超过 60 分贝。在二氧化氮问题方面，若一小时的日平均值超过 0.02 毫克/升，且进入原告方居住地的边境线内，中央政府不得将国道 43 号线、道路公团不得将阪神高速公路作为汽车交通使用。

（2）损害赔偿……向原告方个人支付过去损害的慰问金及辩护律师费用共计 225 万日元。

（3）将来请求……直到停止请求被认可为止，每月向原告方支付 3 万日元。停止请求被认可后，直到公路沿线公害消除为止，每月向原告方支付 2 万日元。

这三项请求是在大阪机场诉讼中被模式化的三项请求，但不同的是没有请求停止侵害的内容。原告们没有探讨停止侵害方法的财力和知识，因此也就没有深究中央政府、道路公团究竟会采取何种对策，会以什么样的组合采取对策。这就叫做"抽象的不作为命令"。由于从起诉到判决费时漫长，其间事态发生了变化。1981 年，最高法院对大阪机场公害的判决推翻了二审的判决，否定了停止侵害与将来请求，因此，如果事态一直持续下去的话，关于公路公害诉讼的三项请求也将难以实现。另外，NO_2 的环境标准，在 1978 年 7 月，日平均值由 0.02 毫克/升增至 0.04～0.06 毫克/升，缓和了 3 倍（由于测定值发生了变化，所以实际为 3.5 倍）。但即使有所缓和，大城市圈的测定值也要高于 0.06 毫克/升，也存在部分达标的状况。这种行政环境的变化也给司法的判断带来了影响。

诉讼的第一个争论点，正如在大阪机场诉讼中所揭示的那样，是是否承认危害造成了身体上的损害。原告认为，公路公害与机场、新干线的公害不同，其公害由早到晚，噪音、尾气等危害在清晨与深夜都存在，其对身体造成的影响，对生活造成的妨害，要大于机场和新干线。对此，被告认为，无法证明尾气与健康损害的因果关系，而且大气污染物也大体上是在环境标准范围内的。关于对噪音所感到的不快感，也只不过是喧闹程度而已，程度很轻。

第二，关于造成该危害的责任问题。原告认为，国家的这种加害行为相当于"设置、管理的瑕疵"，因此，根据国家赔偿法第 2 条第 1 项提出民事赔偿的要求。但是，被告认为，该停止请求是不特定的、使用法律不当的，其请求包含公路行政权行使的取消和变更，不能将之视为民事诉讼。公路管理权与公路行政权是不可分割的整体，如果满足停止请求，那就意味着取消了公路行政权的行使。原告认为法院也认可将人格权作为停止侵害的法理依据，而且环境权在学说上，也有被认可的倾向，所以可以将之作为停止侵害的根据。但是被告认为，以上两点在实体法上都不存在根据，将之作为停止请求的根据是不妥的。

原告试图尽可能如实地反映被害者的声音，但与大阪机场诉讼相比学者的证言却很少，被告方学者的证言甚至更多一些。法院只进行了两次质证就结审了。

1986 年 7 月 17 日，法院进行了宣判[45]，审判长为中川敏男。判决的主要内容如下：

（1）驳回关于国道 43 号线、阪神高速公路停止使用的请求，以及关于将来支付慰问金的请求。

（2）被告方国家和阪神高速公路公团，向居住地距车道边缘 20 米以内的原告，在公共团体施行消音工程期间，支付过去所造成伤害的慰问金（精神痛苦及妨碍睡眠）。获赔原告共计 121 人，被告向他们每人支付约 9 万日元（最低）至 196 万日元（最高）的赔偿金。损害赔偿总额为 1.5 亿日元。

（3）28 名原告（居住地距车道边缘超过 20 米）要求支付过去伤害赔偿金的请求和其余原告们的部分该请求都被驳回。

关于侵害的状况与受害，噪音、震动、尾气等问题的实际状况及因果关系（包括流行病学调查），关于听觉障碍、睡眠妨害等对于身体、精神的影响，关于迄今为止的调查、原告的哀诉、取证的结果，判决书都进行了细致的评论。此外，判决书还对公共性与受害进行了权衡，针对停止侵害的请求，作出了如下判断：

"可以认定，本案中的公路具有很高的公共性，但也不能说这就是绝对的，因居住在公路沿线而获得的利益，并不大于其所受到的危害。因此，该公路公共性的实现，是建立在公路沿线少部分居民的牺牲基础之上，这一点是不容被忽视的，不可否认其不公平性很明显。"

到此为止，法院的判断是妥当的，但法院最终却得出原告抽象的不作为请求是不合法的。认为如果要求废弃本案中的公路、对自动车的噪音和尾气的排放施加限制、进行交通管制的话，那么这其中的每一项请求都在行政行为的权限内，应属于行政诉讼的对象，而本案诉讼却属于民事诉讼，因此，作出相关裁定是不妥当的。另外，"关于停止侵害的请求，其被侵害的利益的内容，应该属于精神痛苦与生活妨碍，而本案公路却具有极高的公共性，这一点是应该被重视的。对于本案中所涉及公路的使用问题，还不能说其造成的侵害已经到了应该将之停用的程度。"

但是，不公平问题是存在的，这一点又该如何解决呢？"因此，本案应该在噪音给睡眠、交谈、精神带来的影响方面，以及在尾气对精神造成的影响方面，判定忍受限度才是妥当的。综合考虑本案所涉及的各种情况，至少，距本案所涉及的公路（现在的车道一侧）20 米范围内的地区，一律超过忍受范围，存在着违法的侵害状态，对于居住地处在上述范围内，或部分处于上述范围内的原告来讲，该公路的使用违法，应该说，本案公路的设置管理存在瑕疵。"

该案件一审的判决沿袭了大阪机场诉讼的裁决，基本上驳回了停止使用的请求，并认可了损失赔偿的请求。

二审的诉讼判决——停止侵害请求适用法律但被驳回

一审的判决认定本案所涉及的公路是有缺陷的公路，国家和公团对此表示不满，他们认为该公路是维持国民日常生活必不可缺的公共设施，其公共性应该被放置在绝对优先的位置，而且对于噪音、粉尘等危害的认定也是不妥当的。因此，国家和公团在 1986 年 7 月 25 日提出了上诉。而原告方，虽然在当初的状况下对判决结果给出了积极的评价，但是却认为一审判决没有整体把握危害的状况，而且一审驳回了原告停止使用该公路的请求，其裁定的损害赔偿额度也比较低，由于一审存在的这些问题，因此原告方在 7 月 30 日也提出了上诉。双方的论点基本与一审无异。

经过六年的时间，1992 年 2 月 20 日，大阪高等法院审判长石田真进行了宣判。判决结果的主要内容如下[46]：

一、原告基于人格权提出了停止使用该公路的请求，这是合法的，但是该请求没有充分的理由，故驳回。

二、在原告的赔偿请求方面，对于满足以下条件的原告，法院认定其所遭受的危害超过忍受的限度：①居住区域内噪音超过 65 方的（距离远近不论）；②居住地距车道边缘 20 米以内，噪音超过 60 方的；③居住在车道边缘 20 米范围，处在悬浮状颗粒物污染范围内的。在上述情况下，根据国赔法第 2 条第 1 项，国家和公共团体要负责任。但是，对于尾气（特别是 CO_2）、震动直接给沿线居民造成危害的说法，法院不予承认。

三、损害金额的计算则分组进行。原告 130 人中，被认定将获得赔偿的有 123 人，认定的赔偿额为 2.331 287 亿日元（最高额为 304.9 万日元，最低额为 53.9 万日元）。

该判决驳回了停用公路的请求，也没有认可将来赔偿的请求，但根据国赔法第 2 条第 1 项认定该公路在设置、管理方面有瑕疵，同意对原告进行损失赔偿，这一基本的部分，与一审没有区别。但是该判决与一审判决还是存在一定的差异。在危害问题上，该判决对于噪音危害以户外为中心进行综合把握，在居住地位于距车道边缘 20 米内，所受噪音超过 60 方的原告之外，要求对遭受 65 方以上噪音困扰的原告也进行损害赔偿。此外，在悬浮颗粒物问题上，二审以东京都卫生局的调查结果为基准，认可了距公路 20 米范围内沿线所受的危害。损害赔偿的范围与赔偿金额都有所增加。但是，在 NO₂ 问题上，二审仍旧没有认可其所造成危害的因果关系。总体来讲，二审虽然没有认可本案公路的使用所造成的健康损害，但是却认可了这条公路的使用会对当地居民造成接近于健康损害的生活妨害。另外，二审认为原告要求停用公路的诉求，是基于人格权提出的，是合法的，这一点给今后的运动带来了希望。然而，二审的判决通过与公路公共性的权衡，认为危害仅停留在妨害生活的程度，处于忍受限度以内，驳回了原告的停用诉求。二审对国家、公团的公路政策进行了严厉的批判，断定环境政策并没有取得充分的实效。另外，该公路的公共性和经济有用性是建立在原告们的牺牲上的，这一点导致了社会不公平的发生。本案中的公路并不是为了给周边居民带来生活上的便利而修建的，而是为了促进广泛区域的产业流通所修建的，是一条有缺陷的公路。至少在本案公路上行驶的汽车造成的噪音问题上，对原告承认互换性（用原告们的牺牲换取广泛区域内的产业流通）这种立场的共同性根本就不存在。此判决结果简洁明快。

公害问题进入了严冬时代。在这种状况下，该判决所具有的积极意义，在公害律师联合会（公辩联）与研究者之间受到好评。一时间出现了停止上告的动向，但是，国家、公团认为该判决关系到国家公路政策的根本，所以在 3 月 4 日又决定上诉。原告也在当日对在一审中被拒绝受理，在上诉审中被驳回的停止侵害请求进行了全面的上诉，在损失赔偿问题上则仅以被全面驳回的原告进行上诉。

最高法院判决

1995 年 7 月 7 日，最高法院第二小法庭判定被上诉人（原告）胜诉，判决结果如下[47]：

一、由于本案中公路的使用，居住在本案公路附近的居民遭受了汽车噪音、尾气等危害，不能因为该公路在公共性乃至公益性上是不可或缺的就判定居民所受的危害是处于社会上可容忍的范围内。本案中公路的使用所带来的对于合法权益的侵害是违法的，根据国家赔偿法第 2 条第 1 项，上诉人（国家、阪神高速公路公团）应该负有对被上诉人进行损失赔偿的义务，二审的判决是正当的。

二、因本案公路的使用而产生的危害，不能说是无法回避的，在这一点上，二审的判决也是妥当的。

三、在居住在本案公路附近的被上诉人所遭受的户外噪音的水平方面，二审的认定方法也不存在违法问题。

四、因本案公路引发的噪音、尾气等问题，在是否遭受到了超过忍受限度的危害方面原告之间是有区别的，为了对之进行甄别，二审对此设定了所受户外噪音的认定方法，这也并不存在违法性。

虽然并没有像二审那样认可停止侵害的请求，但是从对本案的公路进行批判的内容来看，可以说是原告（被上诉人）的胜诉。但是即便如此，这一天却等待了漫长的 19 年。

淡路刚久对本次判决结果做了如下评论："第一，用户外所感受的噪音作为判定所受到的噪音危害的标准，这是很合理的。因为生活环境包括户内和户外的生活环境，两者是一体的。而且，正如原判决所说，人们是无法一直关着窗户生活的。……

第二，针对国赔法第 2 条第 1 项的对于'瑕疵'的解释，本判决结果在财政、技术、社会等条件的制约下，存在着被回避的可能性，这一点并不是该条款的积极要件，因此支持二审判决。

第三，……本案中二审和最高法院所面临的问题，都是要将该公路作为基于产业政策上的需要而修建的干线公路呢？还是要将其作为维持日常生活所必不可少的公路呢？如果该公路属于前者，那么因该公路的存在所获得的利益和因其存在所遭受的危害之间，就不存在'彼此互补'的关系……噪音对策并没有充分的效果，因此，不能说由于该公路在公共性乃至公益性上是必要的，所以它就处于可以被忍受的范围内，该审对此作出了明示。"[48]

另外，这条公路是否存在着应该将其停用的违法性呢？是否应该认可原告（被上诉人）的赔偿请求呢？判定这两个问题的要素都是共通的。判决认为，对于这两项诉求内容的要素的重要性，认定方法不同产生的结果也不同。根据阶段性违法的理论，停用公路的请求被驳回，如果是这样，需要进行损害赔偿的违法性就会一直存在。如果要是不承认将来的赔偿请求的话，虽然可以申请到对于过去所造成的危害的赔偿，但同时违法性也会一直存在，这其中难道不是存在着矛盾吗？淡路刚久如是进行批判。

持续了 19 年的诉讼，最终取得的成果就是谴责国道 43 号线与阪神高速公路为有缺陷的公路，但是没能够将危害的原因取缔。然而，该诉讼并非无效。一审判决以后，国家和公团不得不采取一些公路公害的对策。

判决后的交通公害对策

最高法院判决后，原告团向近畿地方整备局、阪神高速公路公团提出了一些要求，包括对于大型车进行通行管制等 25 项。另外，相关省厅和地方政府组织的"国道 43 号·阪神高速神户线环境对策公路会议"实施了 19 项沿线环境对策。主要内容如下：

①削减 43 号国道的四个车道，改建为六车道公路；

②帮助实施沿线住宅的隔音工程。向沿线北侧的 8400 户住宅支付日照损失补偿金；

③将高速公路的隔音墙加高到五米，为高层住宅修建七米的防护罩式隔音墙；

④修建环境防灾绿地，作为缓冲地带，收购临近公路的第一排住宅，将其改造为绿地。在当地收购的住宅约为 300 户；

⑤为减少大型车辆通行，将于 2001 年秋，试行公路收费政策以将大型车辆引导至湾岸线的迂回公路。

为了在 1999 年 4 月份投入实施，关于噪音新环境标准的探讨也开始了。对于最高法院所作出的 65 方的指示，中央环境审议会噪音分会认为这是不可能实现的，因此公路沿线采用了 70 方的标准。这项新基准整体比旧基准缓和了 5 方。这是因为过去采用的是中间值（L50），而现在采用的是反映了居民的不快感的等价噪音水平（Leq）。没有采用诉讼结果所指示的屋外标准，而是采用了屋内标准。这项新标准并没有遵循司法的裁定，而是向现实妥协，但这项决定并没有违反基本法所规定的环境标准。

在此之前的 1980 年 5 月 1 日，《有关干线公路沿线整顿的法律》（以下简称"沿线法"）曾经被制定。这是针对 43 号线等干线公路的噪音对策。1982年，该法律被指定适用于国道 43 号线。具体方法包括提供与买入土地相关的贷款、协助修建缓冲建筑物、协助实施隔音工程等三项内容。虽然本法提出，对于汽车与公路的结构改革、交通总量特别是私家车的管制、公共交通机构的整备等必须进行规划，然而对于在土地利用规制中起核心作用的沿线居民却没有认可其收购请求权。如果市町村要收购的话，国家仅对所需费用的2/3以内的部分提供无息贷款，最终这些款项还是成为市町村的负担，所以土地收购没有多少进展。沿线居民的意志也没有被参考。如果是先规划干线公路和高速公路，施工后才对土地利用进行规制的话，是不会有效的。虽然难得制定出一项法律，却没有成为具有划时代意义的有效对策。

阪神淡路大地震与复兴公路

1995 年 1 月 7 日，阪神淡路大地震造成阪神高速公路的桥墩出现 630 米的倒塌。大震灾造成 6433 人死亡、10.49 万栋房屋倒塌，这在日本是一次具有代表性的大城市灾害。诉讼的原告团中，也有两名原告死亡，32 户房屋完全倒塌，19 户房屋部分倒塌。另外，沿线还有一些拆除作业，总之，其情景如地狱一般[49]。1989 年旧金山发生地震时，日本建设省声称对高速公路进行过特殊的防震处理，即使发生里氏 8 级的地震，也不会发生桥墩倒塌等安全问题。但这个安全神话完全就是虚构的。高速公路的损坏不仅导致其自身的交通中断，国道 43 号线的交通也陷入困境，阪神间的交通被中断，沿线的住宅都受到了很大的破坏。修复工作马上就开始了，然而历时 24 小时的拆除作业直到深夜也不停歇，噪音和地鸣严重地妨害了沿线受害者的生活。

高速公路的修复工作正在进行中，神户大学名誉教授新野幸次郎等 44 名学者、研究者组成了"兵库创生研究会"，该协会建议，将高速公路的一部分修建到地下，改变对于汽车的过分依赖现象，抑制汽车向市内的流入。另外，全国的 276 名学者、律师，应神户大学教授盐崎贤明的号召，呼吁"重新讨论神户线的修复问题，谋求公路建设方式的转换"，其提案的核心是维持高架的原有状态，不进行修复。作为维持都市的舒适性，不再出现公路公害基本的修复方案，高速公路的地下化是最现实的提案。但是，建设省、公共团体却声称自己已留意到了噪音公害问题，仍按照原有的高架模式，匆忙实行了重建工作。

在考察过重建的高速公路和沿线后，笔者受到了近乎绝望的冲击。为防止噪音，高速公路的隔音墙被加高，如"万里长城"般森然而立，破坏了城市的景观。沿线的住宅、事务所，除入口之外，其余的空间都被混凝土的墙壁阻隔起来，整个城市变成了一个封闭空间，像牢狱一样。在公害对策的名义下，城市遭到了破坏。最高法院判决以后，噪音公害问题并没有被解决。倒不如说，今后该如何使城市得到重生的课题又被摆在了眼前。这条公路的沿线，什么时候才能变成鲜花之路呢？

第四节　东海道新干线公害诉讼

1. 世界最好的技术与最坏的环境政策——新干线的功过

世界最早的高速铁路

战前，政府为提高向中国大陆的运输能力，1939 年提出了修建高速铁路——"弹丸列车"的计划，随着战局的恶化，1943 年该计划被终止了。从战后复兴期向经济高度成长期过渡之际，东海道线的运输量也随之急剧增大，对于新铁路路线的需求也日益高涨。1955 年，在当时的国铁总裁十河信二的领导下，"东京—大阪三小时连接"的构想浮出水面；1957 年，该构想的实现在技术上成为可能；1958 年 7 月，"国铁干线调查会"提交报告，要在广域内修建铁路新线，工期为五年，东京—大阪的路程要三小时到达。12 月份，该建设方案在内阁会议上通过。当时政府和财界的主要意向是向汽车社会转型，由于 1958 年已经开始动工修建名神高速公路，所以有人担心该建设方案会造成重复投资。另外还有这样的批评意见：在汽车时代修建巨型铁路工程，无异于当年在飞机时代制造巨型的大和战舰，必然重蹈失败的覆辙。因此，可以说当初并非政府、而是以国铁为主导在推进铁路新线的建设。

当时，即使在铁路发达的欧洲，时速 160 公里的速度也已经是极限了。挑战时速 200 公里以上的高速，要像通勤列车那样，通过较短的车次间隔，实现大容量的运输，这无疑是一个破天荒的计划。为实现这个计划，可与飞机相媲美的气密结构等技术、高性能的马达、连续网眼悬链架线技术、电子自动控制装置、无焊缝长轨、用加入钢骨的预应力混凝土制造的枕木等最新技术都得到了应用。时任国铁技师长的岛秀雄认为，新干线的基本设计思想是实现 3S（Speed，Safe，Sure），即高速、安全、可靠，和 3C（Comfortable，Carefree，Cheap），即为旅客提供舒适的乘车环境，保护货物安全，适时地实现低价交通[50]。

的确，新干线凝聚了当时铁路技术的精华，是世界高速铁路的模范，实现了时速超过 200 公里的速度，开通当年（1965 年）便实现了年 3100 万人（相当于日均 8 万人）的运输量，1975 年其运输量更增至年 1.57 亿人（日均43 万人）。其间，并没有发生人身事故和灾害，就其安全性来看，也是独步世界的。其后，山阳、东北、上越、长野（北陆）、九州新干线都被修建起来，可以说，这些铁路线为日本经济的高速增长作出了巨大贡献。

新干线造成的社会损失

东海道新干线却引发了很多社会问题。随着该线的开通，东京、名古屋、大阪三大都市圈都被串联起来，形成了所谓的东海道巨大城市群，大都市化急速发展。以东京为起点，其他的新干线也陆续建设起来，由于吸管效应，东京单极集中进展迅速。由于办理商业事务等可当日往返，因此，所有的协议、信息的交流都集中到了东京。随着经济全球化和金融、情报资本主义化的发展，政治、经济、文化的管理、决策机构从所有的城市（包括名古屋、大阪）开始向东京转移。地方开始衰退。可以说，新干线助长了这一趋势。

新干线所带来的社会问题中，最严重的、引起最长时间纷争的，莫过于公害问题与环境破坏问题（特别是对都市舒适性与社区的破坏）。正如之前所述，对于公共工程的环境影响事前评价（assessment）于 1972 年才开始得到政府的认可，相关法规的制定则是 1997 年的事情。新干线建设当时是没有"assessment"（评估）这一词汇的，在提出弹丸列车这一构想时，就开始探讨噪音对策。但是，据川名英之所说，当新干线建设时，国铁仅有三名环境政策的专家，在噪音问题上，也将其等同于原有的铁路线加以考虑，连事前的测定也没有进行[51]。在 3S 方面，虽然使用了世界上最先进的技术，但是，在对沿线居民造成的生活妨害方面，特别是对于噪音、震动的问题，则没有进行技术开发。即使在后来的诉讼当中，国铁也坚决主张，不可能开发出使噪音、震动符合环境标准的技术。

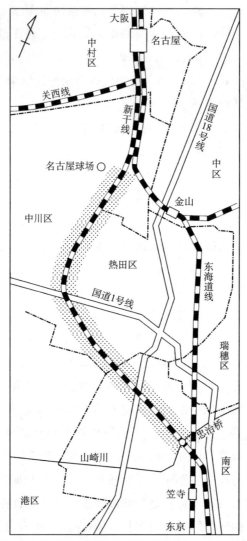

图 5-3　新干线公害原告居住所在地（アミ部分）

如果早知道使噪音、震动符合环境标准是不可能的，那当时需要考虑的就应该是，尽量选择避开住宅区的路线、设定缓冲地带、在人口稠密地区将铁路修建在地下等解决方案。这在欧美是强制性的，但是国铁优先考虑的是节约施工费用、缩短工期，可以说完全没有考虑相应对策。施工费用，完全是通过政府的财政投资和向世界银行的借款筹措的。当初的预算是 1972 亿日元。据角本良平说，由于在收购用地的问题上遇到了困难，所以其所需的费用成为了巨大的负担。即使已经很节约了，但最终也需要 3800 亿日元，大约是预算的两倍。因此，已经收购完毕的 80 公里的弹丸列车用地就直接被使用了。为了节省费用，不要说缓冲地带，就是路线的选定、建筑物的营造方面，也完全没有考虑到噪音、震动等负面影响的对策。[52] 例如，在名古屋的人口稠密地区，诉讼的原告居住地——所谓的七公里区间，如果建在原有的东海道沿线，那么噪音、震动的危害就会比较小，如图 5-3 所示，正是因为修建了笔直的新线路，所以才酿成了严重的公害。另外，四座无路基钢铁桥也架设在这七公里的区间内。如果将这几座钢铁桥建设成有路基式的，或者为它们安装 PC横梁，那么危害应该就会变少。虽然在该区间架设了高架桥，但是这些高架桥的柱子只有 60 厘米×60 厘米粗[53]，基础桥桩的直径也仅为 0.35 米，其基座的砂层也仅有六米深。这与其他线路相比，十分脆弱，形成了产生公害的原因。这明显是为了节约施工费用，增加利润，而减少了安全费用。

新干线虽然是一条有缺陷的铁路，国铁仍然不断地增加列车的班次。如表 5-2 所示，在这七公里区间内通过的车辆数，起初为 56 辆，到 1985 年二审作出判决时，车辆数已增至 226 辆，几乎是原来的四倍。此外，为迎接世博会，列车编组也由当初的 12 节车厢增至 16 节车厢。这项重视利益的运输政策导致周边居民受到的危害不断增大。

表 5-2 新干线七公里区间通行列车数量变化

年 月 日	定期列车	不定期列车	整体数量
1964.10.1	56	0	56
1965.11.1	94	6	100
1969.10.1	132	52	184
1973.10.1	144	67	211
1979.5	180	40	220
1984.7.13	168	17	185
1985.3	180	46	226

资料来源：船桥晴俊，《新干线公害》（有斐阁，1985 年），p.14。

"新干线暴走族"

高度成长期中，有一本人气颇高的杂志《生活笔记本》，它以企业大量生产的商品作为评论对象，予以辛辣的评判，推动了消费者维权。其著名主编花森安治，曾谈到过新干线的公害问题，在速度至上的时代背景下，他提倡另一种闲适丰裕的文明，他将新干线等同于四处制造噪音，令人反感的摩托车"暴走族"，将之命名为"新干线暴走族"[54]。新干线也的确是夺去沿线居民安静生活的暴走族之王。

笔者曾作为大阪机场诉讼在原告的证人高等法院里出庭。同样，笔者为新干线诉讼案在名古屋高等法院出庭，为公共性提供证言。为了对新干线进行调查，笔者曾步行走完了这七公里的区间。如果不去现场就不会了解到公害的状况，原告所受到的危害实在是超乎想象。最令人震惊的是，有一半的住宅位于高架桥下。即使不在高架桥下，距离高架桥 100 米范围内的噪音也超过了 80 分贝，其中有些地方甚至达到了 100 分贝。屋内由于紧闭门窗，所以光线很暗，地震般的震动使窗户嘎吱作响。每隔 2-5 分钟，就会有列车经过，每次列车经过，都会产生严重的噪音与震动，身体时刻准备迎接噪音与震动的挑战，变得非常紧张。

一审时原告出示的新干线公害的危害如表 5-3 所示，涉及精神伤害的有五项，涉及身体损害的有五项，涉及妨碍睡眠的有六项，涉及对日常生活造成的妨害的更有 19 项之多，总之，新干线带来的公害涉及方方面面。即使只是简单的现场勘查，也能感受到这种危害每天都在发生。一审判决认定，当地噪音最高达 93 分贝，最低也有 58 分贝，所受噪音超过环境厅标准——70 分贝

表 5-3　新干线诉讼中原告的诉求

	公害危害	影响人数	百分比（%）	受害种类平均数
精神损害	1. 心跳加速	428	100	平均 83.2%
	2. 焦躁不安	428	100	
	3. 易怒	314	73.4	
	4. 严重的健忘症	185	43.2	
	5. 产生待不下去的情绪	426	99.5	

续表

		人数	百分比（%）	受害种类平均数
身体损害	6. 头痛	247	57.7	平均 47.0%
	7. 头部沉重感	270	63.1	
	8. 没有食欲	159	37.1	
	9. 胃肠功能紊乱	200	46.7	
	10. 血压紊乱	129	30.1	
睡眠妨碍	11. 难以入睡	345	80.6	平均 68.1%
	12. 不等到终点列车通过就睡不着	286	66.8	
	13. 始发列车一通过就醒来	332	77.6	
	14. 因养路施工的噪音睡不着	390	91.1	
	15. 因养路施工的震动睡不着	218	50.9	
	16. 因养路施工的照明睡不着	177	41.4	
日常生活妨碍	17. 妨碍对话	395	92.3	平均 73.3%
	18. 妨碍观看电视、收听广播和立体声	426	99.5	
	19. 妨碍电话通话	363	84.8	
	20. 妨碍学习、读书和思考	381	89.0	
	21. 休息日无法在家里静养身体	353	82.5	
	22. 门会自动开关	199	46.5	
	23. 架子上的东西会掉落及错位	330	77.1	
	24. 电灯和壁挂会摇晃	303	70.8	
	25. 门窗会嘎嘎作响	416	97.2	
	26. 有时候误认为发生了地震	381	89.0	
	27. 房屋整体都在摇晃	382	89.3	
	28. 房屋倾斜	279	65.2	
	29. 门窗开闭变得困难	379	92.8	
	30. 墙皮脱落，每天都会产生新的缝隙	375	87.6	
	31. 屋檐瓦片掉落，漏雨	298	69.6	
	32. 电视经常发生故障	344	80.4	
	33. 浴室的瓷砖上出现裂缝	185	43.2	
	34. 妨碍日照	220	51.4	
	35. 妨碍营业	70	16.4	
	36. 雨水将小石砾冲下，扬起沙尘	199	46.5	

资料来源：1)《判例时报》976 号 pp. 538-558 收录的"目录（原告的具体受害情况一览表）"回答人数为 428 人。

2) 船桥晴俊，前述《新干线公害》，p. 67。

以上的家庭有 240 户（全体的 94％），超过暂定基准 80 方以上的家庭也有 91 户（全体的 36％）。城市噪音的一般标准，白天住宅区为 50 方，准工商业地区为 60 方，两类地区的设施分别为 45 方和 55 方。这样我们就知道该地所遭受的噪音危害有多么严重。居民们说，即使是低度的噪音，在生活中也难以习惯。在所受的震动方面，最高为 80 分贝，最低为 48 分贝，所受震动在 60 分贝以上的家庭为 210 户（全体的 83％），在 70 分贝以上的为 65 户（全体的 26％）。如果将之与地震进行比较的话，65～75 分贝相当于 2 级弱震，75～85 分贝相当于 3 级弱震。也就是说，当地居民在不断地承受着弱震。

开通后的第二年，名古屋市热田区的 1100 名居民向市政府请愿，要求对噪音和震动问题采取措施。同时，滋贺县五个庄町东小学、滨松市东部中学和饭田中学等也因噪音和震动的影响无法正常授课，不得不搬迁。对于这种状况，居民们虽然进行了个人的抗议，但有组织的运动则稍嫌滞后。居民运动始于探讨收音机、电视机的视听妨害对策，以此为基础，1971 年 10 月，"新干线公害对策同盟"正式成立，1972 年 10 月，名古屋市中川区、热田区以及南区的各个同盟也联合起来，由 2000 名住户组成的"名古屋新干线公害对策同盟联合会"成立了[55]。

损害发生以后，居民曾多次向名古屋市政府陈情，市政府也数次要求国铁拿出解决方案。虽然进行了健康损害的调查，但是据船桥晴俊透露，名古屋市并没有独自的理念和政策，"从属于居民运动的高涨的因变量的色彩"很强[56]。环境厅虽然是主管官厅，但如前所述，噪音对策是滞后的。针对新干线的噪音问题，1972 年 3 月，环境厅召开了特殊噪音专门委员会。在这次会议上，专家山本刚夫教授希望将环境标准定为 70 分贝，最少也要定为 80 分贝以下，但是国铁却主张应将标准定为 85 分贝以下，不肯让步，最后会议决定，将暂定标准定为 80 分贝，对于 85 分贝以上的噪音，要采取"危害防止对策"。即使采用这个标准，东京—大阪有 400 公里的地区遭受 80 分贝的噪音所扰（占线路总里程 516 公里的 77.5％），其中，有 300 公里的地区属于居住地。需要采取危害防止对策的地区为 120 公里。噪音为 80 分贝以上的地区要修建隔音工程，噪音为 85 分贝以上的地区要实行搬迁工程，1973 年的工程支出为 135 亿日元（全部工程需要 8000 亿日元）。当被害者处于孤立无援的状态时，唯一采取具体对策的是工会。1974 年 2 月，国铁动力车工会新干线地方本部为了支持即将到来的判决，采取了在七公里区间内减速的措施。

四成的新干线司机都加入到这个运动中。直到该减速运动因受弹压而被迫中止，事实上共持续了九年。另外，国铁工会新干线名古屋支部也在 3 月 28～30 日之间为支援该诉讼而实施了减速运动。这个行为切实体现了国铁的"公共性"，工会一洗以往在公害问题中常与受害居民敌对的形象，被评价为"英雄的"行为。从该实验运动结果可以看出，即使在七公里的区间减速至 110 公里/小时行驶，东京至大阪线路仅延迟 3 分 5 秒，大阪至东京线路仅延迟 2 分 21 秒。如果将速度降低至 70 公里的话，噪音就会降至 65 分贝，震动也会降低至 0.5 毫米（65 分贝）。之后，在上诉阶段，曾就原告所提出的减速至 110 公里/小时的请求进行试验，但国铁却拒绝了这一请求。然而，国铁工会与国铁动力车工会的部分司机却无视当局惩戒处分的警告，67 辆列车在七公里的区间内进行了共计 3 小时 10 分钟的减速行驶。在热田区野立 2 丁目高桥启私宅的现场取证结果显示，当时速为 200 公里时，屋外噪音平均为 82 分贝，当时速降至 100 公里时，噪音就减少为 73 分贝，震动也由 68 分贝降至 62 分贝。而这种减速对列车时刻的影响微乎其微，七辆列车仅晚了 1 分钟。可以说，这项实验证明，减速是最现实的解决方案。当时国铁在经过从东京站到多摩川的人口稠密地区时，就将时速控制在 110 公里，然而，却不接受名古屋市民的减速请求，这可谓是歧视行为。尽管减速对列车时刻的影响微乎其微，国铁却一直对居民的减速请求置若罔闻。

　　1974 年 3 月 30 日，名古屋市山崎川忠治桥至名古屋球场之间的七公里区间沿线的 575 名居民，要求禁止噪音和震动的侵害，将国铁诉至名古屋地方法院。这次诉讼的原告团规模庞大，其人数已经超过了大阪机场诉讼案，律师团在诉讼中也可谓历尽艰辛，与 43 号线诉讼案的情况一样，此次诉讼所提出的停止侵害的方法也属于抽象的不作为命令，遭遇了必须提出技术性解决方案的困难。原告律师团的团长是山本正男，此外四日市公害律师团中的成员也纷纷加入，组成了 38 人的律师团[57]。这次诉讼的审判长则是可知鸿平。

2. 诉讼的经过与评价

诉讼与危害防止工程

　　原告诉状提出的请求主要包括以下几点：

一、在原告所在的各居住地内，早 7：00-晚 9：00，东海道新干线列车行驶所产生的噪音不得超过 65 分贝，震动不得超过 0.5 毫米/秒（65 分贝），早 6：00-7：00 及晚 21：00-24：00，噪音不可超过 55 分贝，震动不能超过 0.3 毫米/秒。

二、被告向每位原告支付 10 万日元的赔偿金，同时，本诉状送达之日起第二天至全额支付完毕为止，被告须向各位原告支付按年息 50% 计算的利息。

3. 诉讼费用由被告承担

此外，原告又追加了将来请求，要求被告将来每月向各位原告支付 2 万日元的慰问金（口头辩论结束的第二天至实现停止侵害请求期间）。基于人格权与环境权，停止侵害；支付过去慰问金 100 万日元；支付将来赔偿金每月 2 万日元。这三点请求，遵循的是自大阪机场公害诉讼请求以来的公共工程诉讼惯例。这次诉讼与国道 43 号线的诉讼一样，到一审判决为止花费了很长的时间。在此期间，国铁在诉讼开始后，同时着手进行之前一直疏忽的公害防止事业。1974 年 6 月，根据《关于新干线铁路噪音的危害防止处理纲要》，国铁着手落实了第一次危害防止事业。环境厅也作出相关指示，1976 年 12 月，国铁将震动对策也纳入考虑范围内，根据《新干线铁路噪音、震动危害防止对策处理纲要》实施了第二次危害防止对策。

其内容大体如下：

（1）隔音工程对策。第一次危害防治对策规定，超过 85 分贝以上的噪音，其隔音工程由国铁负担。在第二次危害防治对策中，其标准最初为 80 分贝，此后改为噪音 75 分贝以上的房屋、70 分贝以上的学校、医院的隔音工程由国铁承担。第二次对策纳入了对于防震工程的考量，该工事的对象为所受震动在 70 分贝以上的房屋。另外，对于难以实施隔音、防震工程的房屋，以及对于在线路两侧 23 米范围内的居民，给予搬迁补偿。由此，截至 1977 年 1 月末，名古屋七公里区间内得到了 31 项共计 780 万日元的补偿款。针对电视信号接收障碍的问题，1974 年开始，国铁出钱负责将这些家庭的电视改造为有线电视，该项工程至 1978 年 8 月结束。

与其他公共工程诉讼相同，诉讼开始后，相应的公害对策才开始真正被制定并实施起来，这说明，国铁对于公害防治及环境保护对策没有自觉性。在足尾矿毒事件中，当局强迫谷中村的受害者们集体搬迁，企图掩盖公害，与此相同，国铁在此次事件中并没有针对公害发生源采取措施，而是通过对受害者实施半强制性的迁居政策来解决问题，这也显示了权力的任性。而且，在原告看来，该政策蕴藏着招致组织的分裂与诉讼的挫折的危险。为确保名古屋港货物运输的顺利进行，南方货运线工程也在七公里的区间内被修建起来。这有可能与新干线一起成为双重公害。出于这种担心，有居民认为，与其坐等判决的结果，不如接受国铁提出的危害治理工程。国铁当局也威胁居民们说，"如果不趁现在接受该项对策的话，以后就没有机会了"58。第一任原告团团长在诉讼提起不久后就辞职了，这背后无疑也有这方面的原因。此外，结审前，原告团成员大量脱离，由最初的 575 人减至 428 人。即便如此，原告团还是尽力在得到判决结果之前维持团结，因此，在一审结束时，作为危害治理工程对象的 198 户原告中，仅有 29 户接受了国铁提出的该项工程（14.6％）。但到了上诉审结案时，接受该项工程的居民已达到 157 户（对象的 80％）。这种做法的确可被看作是离间行为。由于诉讼的时间跨度极为漫长，所以很多受害者都等不下去了，这也在情理之中。但是，忽视减速等针对发生源的对策，而强迫受害者搬迁，这明显是诉讼进行中的不公正行为。

诉讼的焦点

正如"自受害始，至受害止"这句话所说的那样，公害诉讼的结果如何，取决于法院对受害的认识程度和救济的意愿。在机场和公路诉讼中，对于噪音受害的认识成为了焦点。四大公害诉讼中，身体的损害都被作为核心问题，但公共工程诉讼一直都倾向于承认噪音对生活的妨害和对精神的损害，而不承认其对于身体的伤害。这也成为在认定停止侵害请求时进行权衡的决定性因素之一。在这一点上，新干线公害与机场、公路公害相比，又新增了震动危害，因此轨道附近的居民遭受着噪音与震动的双重公害，情况严重，但这种情况并不具有均质性，而具有多样性和个别性。因此，若仅认定身体上的危害，则难以对其进行定量化考察。

另外，虽然国铁同私铁一样，属于交通事业体，但其坐拥全国交通网，历来具有军事政治色彩，作为权力机构的性质很强。因此，具有作为权力者要求市民从属自己的意识，比政府还具有强烈主张公共性的性质。正是因为日本的国铁具有独自的支配者意识，所以在线路选定时完全无视周边居民的生活权和城市舒适性。

新干线诉讼与大阪机场诉讼、43号线诉讼相同，以停止侵害请求为中心，在人格权、环境权与公共性之间展开争论，虽然看上去相同，但是事实上还存在着很多的差异。而且，该诉讼正值高度成长期终结，在经济不景气的状况下，环境政策开始进入倒退的时期。

原告对所受到的伤害，根据名古屋市、名古屋大学医学部的问卷调查结果和多数居民的陈述，如表5-3所示，综合包括身体方面的伤害、精神方面的伤害、对睡眠的妨害与对生活的妨害，指出这些危害连续而叠加，是非常严重的。通过国立公众卫生院部长长田泰公、金泽大学医学部教授园田晃、名古屋大学教授水野宏、名古屋大学医学部助手中川武夫等人的研究，这些情况得到了验证。从之前笔者的体验来讲，原告所受到的伤害很严重，这一点无法否定。

但是，被告方国铁却认为这些危害属于可容忍限度内，对原告的诉求予以否定。1978年9月22日，国铁常务理事高桥的证词显示出国铁的认识是如何背离常识。高桥口口声声说他们知道噪音到达了什么程度，但是当原告代理人质问他是否认识到这些噪音给沿线居民带来了怎样的伤害时，他却作出了如下回复：

"高桥证人：我不清楚原告方所说的受害究竟是什么意思。但是从与所谓的噪音等问题相关的社会人员配置方面来看，我并不认为这算是一种受害。

原告代理人：那您是怎么认为的呢？

高桥证人：新干线经过时会产生声音，但是也仅此而已，我并不认为这已经到达了危害的程度。

原告代理人：以您为代表，国铁的首脑层都是这样认为的吗？

高桥证人：其他人的想法我不是很清楚，但我的想法刚才已经说了。"[59]

被告代理人还算是没有无视危害，却认为其证据是不充分的。"仅凭原告的陈述、问卷调查结果以及将其汇总所写成的论文，和从一般论的角度所作成的学术论文，是无法证明个别原告所产生的情绪上、身体上的伤害的内容及其因果关系的，这些证据明显是轻率的、不充分的。特别是对身体危害方面，因为原告说这些是瑕疵乃至健康损害，所以就应该出示相关的医学诊断结果，但是若原告给不出举证，那就只能说这些危害是不存在的。"

关于"公共性"，被告在最终的诉讼要点摘录中提出以下四点主张。第一点是有关国铁组织自身的公共性。"国铁是为了增进公共的福祉所设的公法上的法人，其事业规模庞大，通过遍及全国各地的运输网承担着大量客货的运输，与全体国民的生活密切相关。"它为经济增长做出巨大贡献，一直以来都遵循着政府的经济计划。第二点是关于新干线所日益发挥的作用。新干线从开通之时起至 1979 年 2 月为止，运送了旅客 13.59 亿人，这本身就体现出了新干线的公共性，新干线的大量输送性和高速性与国民的生活密切相关。第三是关于新干线的效用。新干线的开通使沟通沿线各城市所需的时间大幅缩短，通过与原有铁路线的衔接，发挥了缩短旅途时间的功效。另外，新干线通过缩短地域内、地域间的经济距离，促进了地域的开发。第四是关于新干线的减速行驶及其所带来的重大影响。原告在本次诉讼中要求新干线在七公里区间内减速行驶，但是经过预测，这种做法有可能会波及其他地区，"仅就东京—新大阪沿线来看，类似情况的地区有 51 处，共计 200 公里，如果这些地区也要求公平对待，在这些地区的时速也被控制在 70 公里的话，从东京到新大阪的运行时间，光号列车会变成 6 小时 50 分钟，回声号列车的则会变成 7 小时 50 分钟。另外，环境标准 I 类型（居住地域）限定地域也有 270 处共计 370 公里，因此计算下来，光号列车的运行时间将达到 8 小时 20 分钟，回声号列车的运行时间则会达到 9 小时 20 分钟，列车的班次会减少 80％左右。"这样的话，东海道线的运输能力就会减半，会带来很大的混乱。

被告认为，由于东海道新干线具有如此重大的公共性，而且原告的身体损害也没有被认可，所以停运诉求不能被认可；在损害赔偿方面，也应该存在一定的限制。另外，关于原告所主张的种种危害，被告准备通过搬迁补偿和其他的危害防治对策来进行个别解决。被告作出结论，认为"原告以绝对的权利为论据的主张是错误的，应该充分考虑公共性、技术可能性、财政制约因素，来加以判断。[60]"

对此，原告在"最终诉讼要点摘录"中进行了反驳。关于"公共性"，首先，将公共性作为忍受危害的论据提出是不妥的，新干线所带来的危害是与人们的生命、健康密切相关的重大危害；新干线本来就是具有缺陷的铁路；在建设运营时，完全缺乏反映居民意志的民主手段；作为公共工程，完全没有尽到防止公害的责任。这几点都说明国铁的责任与行为的违法性十分强，主张"公共性"，强迫居民忍受公害，这是不能允许的。第二，在新干线的需求和时间效益方面，通过分析其实态，我们发现，很多乘客是由于原有的铁路线被废弃才转而乘坐新干线的，而且很多旅客是因观光需求的大肆宣传而增加的，所以新干线并不是国民生活中必不可少的。第三，"即使新干线作为交通工具具有社会有用性，但是原告所提出的请求（在七公里区间内减速）并不会破坏其社会有用性。"在沿线区域的减速行驶，仅会使列车晚点 6 分钟左右，完全可以维持现在的运输能力。

作为结论，原告提出"享受平稳、健康的生活与环境的权利，是本质的、基本的价值，属于人格权与环境权，是优先于其他权利的绝对权利。我们基于这两项权利，要求停止侵害。[61]"

一审判决——承认了危害但驳回停止侵害请求

1980 年 9 月 11 日，法院进行了宣判。首先，在造成伤害的行为方面，判决认为，回顾新干线建设的原委，虽然法院认为其尽早动工是必要的，但是在公害对策方面予以严词批评，认为其确为有缺陷的铁路。"很难认为，新干线在制定计划至决定建设的过程中对噪音、震动的防止问题进行过调查研究，或者进行过审议。不能否认，新干线当初忽视了对噪音、震动的防止。"

为具体阐明上述内容，法院作出如下阐述。首先，本应该选择沿着东海道的线路，因为其带来的噪音、震动的影响较小，但是却选择了现在的这条线路，不得不说，这是线路选定上的失误。第二，其基础施工方法也存在失误。"不得不说，本案七公里区间内高架桥的桥柱、基础桩的设计与施工，缺乏对噪音、震动防止问题的考虑。"虽然这里建成了无路基钢铁桥，但是若采用有路基钢铁桥和 PC 梁，也并非不可以。另外，在建设阶段，关于噪音、震动所进行的行车测试也是不充分的，在没有科学依据的情况下就在建设过程中将新干线的目标值设定为与原有铁路线的目标值相同，根本就没有采取噪音、震动的对策。就在这种先天不足的状况下，新干线开通了。

新干线开通后，其加害行为与日俱增。"开通十余年来，新干线的车次不断增加，车厢节数也有增加，运行时间的间隔越来越短，在此期间，被告并没有采取任何适宜、有效、恰当的对策来防止对原告等沿线居民所造成的危害，结果，只能说，原告等沿线居民所受的危害越来越大。"判决结果指出，国铁的加害行为确实成立，这一点没有任何商榷的余地。

在所受危害问题方面，法院认为，由于暴露值不同，所受到的危害也不同，但是也不能说，受害程度较低的原告就没有遭受到危害，总之是肯定了原告的控诉。根据第二次的现场取证、陈述和问卷调查结果，法院积极地认定了原告所遭受的危害。首先，对于日常生活的妨碍，就有 10 项之多，在这个问题上，法院完全认可了原告的控诉，"不得不说，因妨碍原告的生活所带来的危害是多种多样的，其程度也绝不是轻度的。"其次，在睡眠妨碍问题上，法院认为，可以肯定，遭受 80 方以上噪音、65 分贝以上震动的原告，其睡眠一定会受到影响，但是遭受 70 方以上噪音、60 分贝以上震动的原告，其睡眠也有受到干扰的可能性，这点不可否认。法院作出结论，"可以说，噪音、震动对于睡眠的影响不可轻视。"

在对精神造成的伤害方面，法院认为，原告所受的危害难以被视作噪音、震动的独特危害，而是非特异性的危害，由于在原告的日常生活中，没有可以与新干线相比肩的噪音源，所以被告说原告所谓的精神伤害只不过是主观心理性的认知，这不仅有失偏颇而且甚是冷酷，无法得到认可。此外，问卷调查和调查研究结果显示，原告对所受的精神伤害，并不是恣意的诉苦，而是具有充分的客观性，因此可以认定，"原告长年累月受噪音、震动所扰，难以正常生活，承受着巨大的精神痛苦。"

对于身体所造成的伤害问题，法院却转而否认。法院认为，"噪音、震动会成为造成压力的一个因素，这一点是明确的，但是想要定量把握压力与噪音、震动量之间的相关关系，却是十分困难的，另外，噪音、震动与疾病的因果关系也无法证明。"这与大阪机场案的高等法院判决不同，本判决只是为了制造否认停止侵害诉求的理由，才故意地切断身体损害与其他三种危害的连续性而作出这种判断。

关于停止侵害的请求，是以人格权为法理依据提出的，这一点法院是认可的。但是在环境权方面，法院认为内容、性质、地域的范围不明确，权利主体的范围也难以确定；因此，作为停止侵害诉求法理根源的私权性是难以认可的。但是，水野宏的证词指出，原告的居住地不仅出现了心理伤害和身体伤害，而且其舒适性和社区也遭到了严重破坏，该地区的环境已经可以被称之为"病态区域社会"，因此完全构成了对于环境权的侵害而应予以停止。

判决并不是根据加害行为和受害状况而作出停止侵害诉求的违法性判断，而是认为有必要对之进行权衡。在这种情况下的权衡是根据判决中的利益衡量要素进行的，"应该比较探讨不认可停止侵害请求会给原告们带来的不利，将来禁止上述侵害会产生的受害者的牺牲程度，以及对当事人以外的一般大众所带来的影响，在此基础上，来判定本案中的侵害行为是否违法。"

于是，作为利益衡量的一方面考虑因素，新干线的公共性被推至台前。这里的"公共性"是对之前被告方国铁所主张的公共性的原封不动的引用。判决书的前一部分对国铁的加害行为进行了阐述，此时却话锋一转，开始针对国铁实施噪音、震动对策在技术、资本的困难方面进行说明。另外，将噪音降至环境标准的最终指针值——70分贝以下，在现阶段是近乎不可能的，新干线的地下化，这可谓是目前能想到的最根本的对策，但这件事情是个大问题，现在还难以轻易下结论，不能说它是一项马上就会派上用场的防止措施。因此，回避危害目前缺乏技术可能性，减速的确是个很简便的方法，但是不能马上说这是一项妥当的防止措施。因为，减速是涉及新干线运行根本的大问题。东海道山阳线新干线区间内，有1.5万户居民受到噪音在80方以上、震动在71分贝以上的影响，七公里区间的减速有可能波及到其他同样受噪音、震动所扰的地区，这就会带来列车的延误，从而招致不可收拾的事态。"只有减速是唯一立竿见影的对策，对此我们也表示赞同，但是这项措施却不能被采用，这完全是基于对新干线公共性的考虑。因此，不如说，正是因为新干线具有高度的公共性，所以人们才说新干线有尽早进行技术的开发、实施，拿出有效对策，努力防止危害扩大的义务。""新干线对原告们的居住地所造成的噪音、震动干扰，从不能同意原告的停止侵害请求的角度上考虑，不能将其判定为是超过忍受限度的，也很难肯定它是违法的。"

关于损害赔偿问题，法院根据国赔法第2条第1项，认为"由于新干线的噪音和震动，原告们所承受的危害超过了忍受限度。而且，新干线的设置和管理存在瑕疵，应该说，正是由于以上瑕疵，原告才承受了后述的损失"，并且按照原告的请求，判定国铁向原告支付损失赔偿金5亿日元。在此处的权衡中，法院承认了原告们所承受的以精神伤害和生活妨害为中心的多种多样伤害的严重程度，认为新干线的设置与管理中存在着如之前在加害行为中所述的那样的缺陷，因此很难说它是具有地域适合性的。判决认为，"在损失赔偿的问题上，公共性这一衡量要素并不影响忍受限度的判断，这样的理解是比较妥当的。由于公共工程的关系，特定范围内的居民遭受损失，那么出于公共责任，公共工程应该承担这部分损失。"

关于将来的请求，法院认为，今后被告当然会适时履行对策，因此驳回了被告的请求[62]。

判决的评价

判决优先考虑了公共性，拒绝了减速请求，更驳回了停止侵害的请求。当日的报纸便打出了"沿线居民的失望和愤怒"的大标题，这对将希望寄托在判决上的原告来讲，无疑是沉痛的败诉。与大阪机场案的高法判决相比，本次判决不承认原告身体上遭受的损害，驳回了当地的停止侵害对策，将公共性的适用范围扩大至新干线全线。淡路刚久批判道，迄今为止的公害事件都把健康障碍救济作为重点，如果没有判定造成了健康损害，就不予以停止，此前的公害救济事件往往都囿于这种模式，然而，将身体伤害和精神伤害区别对待，并对之轻视，这本身就是个问题。淡路认为，将问题扩大到七公里区间以外，有着逻辑上的跳跃。另外，在面对停止侵害的诉求进行权衡时，不是通过法律保护应该被保护的权利，而是利用经济学费用效益分析原理，在加害者与被害者之间进行利益衡量，这无疑是对法律秩序的破坏[63]。泽井裕认为，在损害赔偿方面，将公共性排除在违法判断的要素之外，这一点是应该受到认可的。同时泽井又批判道，在对待停止侵害请求时采用了全线波及论，这一波及效果的抽象化，作为民事诉讼来讲，是非常危险的，无论如何都应该进行具体证明，应该将之限定在"该禁止命令通常有可能带来的公共利益阻害"上[64]。

在座谈会上，针对噪音所造成的身体伤害无法定量化的判决，西原道雄作出如下批判："作为法律论来讲，即使无法定量化，从常识上也可以判断，这样的行为有可能导致这样的危害，如果这种危害在现实中确实发生，那么赔偿损失就不需要讨论，停止侵害的请求也应被认可"，判决"虽然认为原告所说的身体损害具有主观性，但是如果很多人都反映了同一问题，那么这一诉求就应具有客观性"。判决根据违法性阶段说，在损害赔偿和停止侵害问题上，认为应该改变违法性的条件，对此，西原道雄也进行了批判。笔者在大阪机场案件的二审过程中提出，不应仅就社会经济利益考虑公共性，也应考虑到损失论，在制造危害的同时主张公共性要有个限度，为了减轻危害，应对机场的使用加以限制，即使会造成不便，那也是没办法的事情。但是，新干线的判决却只是一味地优先考虑加害行为的公共性，笔者对此进行了批判。另外，在进行利益权衡的时候采取全线波及论，这是很奇怪的，不应该将减速带来的 200 公里区间的损失与七公里区间的利益进行权衡，而是应该将七公里区间减速所带来的不利与该区间居民所获得的环境改善等利益进行权衡。如果使用全线波及论的话，那今后与公路公害等联结全国的交通公害的诉讼将变得十分困难。应该在诉讼发生的地区作出具体的结论[65]。

宣判之后，原告、被告双方于 1980 年 9 月提出上诉。

二审的经过与判决

原告在二审中的诉求并没有变化，只是在停止侵害问题上，加入了将时速控制在 110 公里（当初为 70 公里）的要求。吸取了一审判决的教训，原告又新增了三点证言：第一是关于身体损害的证据。昭和保健所的所长山中克己针对居民的诉苦与噪音、震动量的相关关系进行了流行病学研究，结果得出结论，"新干线的噪音至少应该被控制在 69 方以下，震动应该被控制在每秒 0.29 毫米以下，如果超过了这个值，就会产生以自律神经为中心的身体上的损害。"另外，名古屋大学医学部教授山田信也也提交了针对沿线疗养生活者进行的面试、诊断结果。

第二，在全线波及论方面，名古屋大学工学部副教授吉村功针对沿线各地受到的损害量与名古屋七公里区间所遭受的损害量进行了比较研究。结果显示，名古屋七公里区间所受的损害量最大，大阪、京都、静冈次之。当然，在人口稠密的东京，从开始就将时速控制在 110 公里。因此，国铁司机曾协助测试，在吉村所提到的 10 个人口稠密地区列车以 110 公里的时速运行，结果光号列车晚点约 26 分钟，回声号列车晚点约 17 分钟。如果仅仅是晚点了这么一会儿的话，就不能说减速运行给公共性造成了损害。而且，也没有必要在名古屋和其他的九个地区同时施行减速政策，随着将来对策的完善，仅在危害严重的地区减速即可。

第三是关于公共性论方面的内容。在这方面，笔者曾在大阪机场诉讼二审中将公共工程的公共性尺度作为证言提出。这四个尺度显示，新干线的公共性存在问题，不能作为绝对优先考虑的要素。另外，笔者还提出为维持城市公共空间的舒适性和社区的完整性，应在人口稠密的地区，将线路和车站修建在地下，或移到郊外的建议。在欧美国家的城市中，这已经成为常识。例如，意大利的罗马及佛罗伦萨都是终点站，而这里的相关部门并没有让轨道横断市中心。纽约市的铁路在进入曼哈顿时，也改走地下线路，两个车站

（宾夕法尼亚站和广场站）都位于地下。

这三点证言与基于此所提出的原告的主张在判决中都没有被采纳。判决认为山中的证言是在 1975 年进行的调查，过于陈旧。而对于笔者的证言，法院认为，即使上述行为属于对基本人权的侵害，但是新干线的公共性却丝毫不会因此而减弱，而所谓的周边居民表示同意的手续，在当时既无法律手续也无惯例，因此予以免责。"（笔者的主张）无疑存在很多值得倾听之处，然而从目前来看，其主张毕竟没有超出文明批判、人生观问题的范畴，在法院执行判决时无法参考。原告的上述主张也无法采纳。"为让公害、环境诉讼真正地保护市民的权利，首先必须要改变法官的意识，这一点在本次判决中被充分体现[66]。

从一审判决到二审判决共花费了五年的时间。在这期间，公害、环境政策发生了很大的变化。特别是 1981 年 12 月的大阪机场的公害案，最高法院的判决给公害诉讼带来了决定性的影响。司法不干涉行政的消极主义，使以后巨大公共工程的停止变得不可能。

1985 年，二审法院进行了宣判。停止侵害的请求被驳回，在损失赔偿方面，针对接受隔音、防震工程的原告，重新修订了其接受防护措施后的忍受限度值，并将其严格地反映到赔偿额的计算中去。结果，损害赔偿额与一审（5.3 亿日元）相比，大幅减少，法院判定，向 409 名原告支付约 3.82 亿日元的赔偿金。与一审相比，判决书内容十分消极。虽然承认了作为停止侵害诉求依据的人格权，但也只是噪音、震动会给身体带来侵害的说法得到了认可。总之，就是又倒退回 1967 年公害对策基本法的调和论。危害认定的水平也由一审的 70 分贝左右提高至 75 分贝。原告居民的陈述与问卷调查结果仍然没有得到认可，而原告们所控诉的身体方面的损害——自律神经失调症、食欲不振、头痛等——与噪音、震动之间的因果关系，也没有被认可。也就是说，法院认为噪音、震动并不会引发疾病。因此，判决认定，沿线居民所受到的危害，并没有到达要求新干线减速的程度。全线波及论又被强调，国铁的发生源对策和危害防治对策也受到了法院的好评。总之，比一审的判决结果更加让原告难以接受。

和　解　交　涉

上诉以来，原告进行了超乎想象的为期 11 年的诉讼斗争。原告已经步入老年，随着时间的推移也不得不接受国铁的危害治理工程。二审的判决结果不如人意，本应该继续上诉的，但是原告们普遍认为即使上诉也不会有什么成果。一审判决后，双方便在寻找和解的方式；在二审判决后，双方更不得不选择和解，来谋求问题的全面解决。原告、被告都已经向最高法院递交了上诉手续，1985 年 5 月 23 日，第一次交涉拉开序幕（也被称为"新名古屋圆桌会议"）。在此期间，国铁进行了分割民营化的重大改革。对照双方的要求，双方的和解交涉于 1986 年 1 月 9 日开始，4 月 28 日双方达成了和解。其主要内容如下：

1. 在 1989 年年末之前，尽最大努力将原告居住区间内的噪音控制在 75方以内。这并非要对国铁运行对策的具体实施进行约束，而是要敦促国铁早日开发出减少发生源对策和减轻震动对策，以尽早使噪音达到环境标准。

2. 在赔偿问题方面，国铁向和解对象——原告支付共 4.8 亿日元的赔偿金。该款项与一审判决所判定的 5.92 亿日元的赔偿金相抵，多出来的约2092 万日元由原告团返还给国铁。

3. 撤销诉讼[67]。

对诉讼斗争的评价

从四大公害诉讼到三大公共工程诉讼，一共经历了约 30 年的时间，受害居民的诉讼斗争取得了巨大成果，为环境行政的改革也作出了贡献。但是，到了这个阶段，诉讼中的要求已经变得不能完全实现。既然无法通过诉讼取得成果，那么原告开始倾向于与被告和解，不明确追究加害者的法律责任，来换取实质的成果，这种倾向之后也一直持续下去。

这显示出了诉讼的局限性，特别是关于巨型公共工程的诉讼则更是如此。但是，这并不意味着诉讼对于解决公害问题没有意义。正如三大公共工程诉讼所昭示的那样，只有在提出诉讼后，公共工程的相应公害对策才会开始逐渐出台。环境标准开始建立，危害防止事业（隔音工程、搬迁等）也开始落实。而且，那些没有受到起诉的公共工程，也开始主动推进公害对策的实施。另外，公共性指的是推进公害对策，将环境作为公共财产进行保护，这也已经成为常识。环境影响评价也被纳入工程的程序，征得居民同意和信息的公开也逐渐制度化。

公共工程公害的教训就是，预防才是公害、环境政策的根本，不预防公害而推进的工程往往会造成巨大的牺牲，也会带来沉重的经济负担。

注

1　关于公路的历史变化及汽车普及引发的公共空间的公共性的丧失，详见宫本宪一在"公路的公共性"（公路公害问题研究会编《公路公害与居民运动》自治体研究社 1977 年）中的论述。宇泽弘文的著作《汽车的社会成本》（岩波书店 1978 年）则明确分析汽车的社会性损失并提出抑制汽车普及化。居住在藤泽的法国文学研究者安藤元雄在《居住点的思想——居民、运动、自治》（晶文社，1978 年）中，从市民的立场明确了区划整理事业的转换。

2　淡路刚久，《环境权的法理与诉讼》（有斐阁，1980 年），p. 4。

3　前述《环境权的法理与诉讼》第三章"环境权的确立与诉讼"中详细论述了在诉讼中确定环境权的方法对策。

4　宫本宪一，《"公共性"的神话与环境权》（《日本的环境问题》有斐阁，1975 年）。

5　宫本宪一，《公共性是什么？——以大阪国际机场事件为中心》（前述《日本的环境问题》）、《裁定"公共性"》（同《日本的环境政策》大月书店，1987 年）。

6　迄今为止，即使将公共性作为不说自明的问题而没有对其加以过多讨论的行政学领域，也开始针对公共性展开了相关讨论。如：室井力等编《现代国家的公共性分析》（日本评论社，1990 年）。在政治经济学领域中，有宫本宪一主编的《公共性的政治经济学》（自治体研究社，1989 年）。90 年代以后，有尤尔根·哈贝马斯著、细谷贞雄和山田正行合译的《公共性的结构转换》（未来社，1994 年）等著作。以上著作对公共性进行了介绍，其他的还有公共哲学方面讲座等，围绕公共性的论述百花齐放。

7　根据大阪府公害办公室的《大阪国际机场问题概要》（1971 年 6 月）记载，该材料最客观且内容最丰富。关于机场判决一审的意义和论点，《法律时报》以"大阪机场裁判"为题，1983 年 11 月份报纸临时增刊。此外，还有川名英之的报告文学作品《记录日本公害》第 8 卷"机场公害"（绿风出版社，1993 年）。

8　在第四次和第五次的诉讼中，原告人数达到 3694 人。另一方面，1973 年 2 月 15 日至 1975 年 1 月 18 日，伊丹市 18 655 人，1974 年 2 月 18 日，宝塚市 408 名居民，同年 12 月 18 日，尼崎市 602 名居民，1975 年 1 月 28 日大阪市 17 民居民，六年间共计 19 841 人向调整委员会申请了调停。损害的严重程度可见一斑。

9　判决的内容与引用来自于大阪机场公害诉讼辩护团《大阪机场公害诉讼记录》全 6 卷（第一法规，1986 年）。判决书中出现疑问时，通过《判例时报》加以确认。

10　关西城市噪音对策委员会于 1965 年 10 月和 1969 年 8 月，大阪府与丰中市于 1969 年 2 月，大阪府于 1970 年 7 月，对航空噪音调查结果和噪音展开了问卷调查和飞机尾气排放调查。综合调查的结果为，噪音对身体健康和生活、工作方面造成了显而易见的影响，几乎所有的居民都希望搬迁，但是实际上由于经费和通勤等原因，他们的愿望难以实现。资料来自前述的《大阪国际机场问题概要》。

11　原告和被告的主张主要依据最终上诉书（引用自前述的《大阪机场公害诉讼记录》第 1-3 卷面。引用页码较多，在此不作一一列举）。

12　岩田规久男，《交通公害与公共性》同《补偿的经济分析》（《环境研究》，1983 年第 4 号）。

13　山本刚夫的证词来自《大阪机场公害诉讼记录》第 1 卷。

14　判决书内容来自大阪地方法院 1974 年 2 月 27 日公布的《判例时报》第 729 号及前述的《大阪机场公害诉讼记录》。

15　从当时的情况来看，原告和支持者对于一审判决的评价较低，但是客观来说，并没有那么糟糕。最高法院判决后，原告辩护团团长木村保男指出，在当时未能对一审判决做出客观评价，但一审判决却是法官辛勤付出的结果。

16　二审中，双方的主张和判决来自大阪高级法院 1975 年 11 月 27 日公布的《判例时报》第 797 号和前述的《大阪机场公害诉讼记录》第 4-5 卷。

17　牛山积，《大阪国际机场最高法院判决》（《法律时报》，1982 年 2 月号）。

18　此原告代理人就是木村保男团长，提出了影响判决整体方向的重要观点。

19　环境厅大气污染局长桥本道夫针对居民交涉团体的答复是："环境厅会尽可能努力使晚上 9 点至次日 7 点间的全部航班停飞"。川名英之，前述资料第 8 卷，p. 133。

20　川名英之，前述资料第 8 卷，pp. 164-165。

21　终审（最高法院）中双方的主张和判决来自最高法院 1981 年 12 月 16 日《判例时报》第 1025 号和前述的《大阪机场公害诉讼记录》第 6 卷。

22　在日本政府成为被告的大阪机场诉讼中，明确展示了可以针对公共团体成功提起诉讼。公共工程即机场这一公共设施中的"公共利益"不能给任何人造成损害，造成损害后必须针对损害情况予以相应赔偿，这两点义务不能从公共团体中被免除……损害的概念也被法院扩大，不单单指对经济和肉体造成损害，还更进一步包含了对人格权（针对身体安全性的权利）的侵害。大阪机场诉讼中，泽井法官如下表示："在这样一种情况下，生活受到妨碍的居民有权基于宪法第 13 条（国民追求生命、自由和幸福的权利）和第 25 条（维持健康、文化性的最低限度生活的权利）向政府要求出台相应解决对策。"（OWCD, Environmental Policies in Japan, 1997, Paris. 国际环境问题研究会译《日本的经验——环境政策成功了吗?》）pp. 48-49。这一评价因最高法院的判决而被弱化。

23　上诉理由共八点：①将停止侵害请求作为民事诉讼的不妥当性。②基于人格权的停止侵害请求的违法性。③噪音影响认定的错误性。④违法性忍受程度相关判断的错误性。⑤国家赔偿法第 2 条第 1 项解释的错误性。⑥诉求利益相关判断的错误性。⑦将来损害赔偿的错误性。⑧紧急必要的情况下的意义不明。针对以上八点理由，被上诉人逐一地加以反驳。

24　关于违法性与侵害的因果关系，四位法官都表述了反对意见。

25　《朝日新闻》1981 年 12 月 16 日晚刊。

26　运输省航空局局长山本长就大阪国际机场噪音对策协议会，于 1983 年 11 月 30 日做出如下回答："一、现在的大阪国际机场，晚上 9 点以后的到离港时刻安排没有得到批准，目前也没有批准晚上 9 点以后到离港时刻安排的打算。二、关于本案件今后的处理方式，将确认有关大阪国际机场利用方面的国内外需求的变化及与机场设施建设、周边环境建设相关的各种条件，在充分尊重相关地方政府等意向的基础之上做出综合判断。"

27　泽井裕，《大阪机场事件最高法院判决意味着什么——最高法院的两张面孔》（《法学研讨》，1982 年 3 月号）。

28　牛山积，前述论文。

29　下山瑛二，《大阪机场判决及诉讼的利益》（《法律时报》，1982 年 2 月号）。

30　原田尚彦，《停止夜间飞行侵害不予立案判决的逻辑和问题》（《法学家》，1982 年第 761 号）。

31　泽井裕，《大阪国际机场诉讼最高法院判决与和解的综合性探讨》（前述《大阪机场公害诉讼记录》第 1 卷，p.21）。

32　《黑暗的公共性》（《法律时报》，1982 年 2 月号）。笔者对机场公害事件的评价参见《大阪机场诉讼运动的历史意义》（同前述《大阪机场公害诉讼记录》第 1 卷）。另外，正文中没有提到的是，通过此次诉讼，在流行病学领域对噪音的判断变得清晰明确，为今后的噪音诉讼相关判断开辟了道路。详情可参考山本刚夫的《关于飞机噪音引发的侵害的证词》（前述《大阪机场公害诉讼记录》第 1 卷）及《有关大阪国际机场公害诉讼（上诉审）噪音侵害的各问题》（《公害研究》，1975 年秋季刊第 5 卷第 2 号）。《公害研究》曾针对此次大阪机场公害诉讼多次召开学术座谈会并明晰了诸多问题。

33　关于此次事件的记录，可参考国道 43 号线公路诉讼辩护团、国道 43 号线公路诉讼原告团的《何时重现花之公路》（AX PUBLICATION，2001 年）。但并未像大阪机场诉讼那样出版发行记录集。

34　在该公路上的静坐运动使得高速公路施工被迫停止。1979 年 8 月 4 日，阪神高速道路公团与国道 43 号线公害对策尼崎联合会就公团提出的以下四点对策达成一致，静坐运动也随之解散。这四点对策为：

①　公共团体在阪神高速公路大阪线和西宫线开通时，减少国道 43 号线上的车道数

量，使原有车道尽可能变成三车道；

② 将讨论是否设置宽度为 6 米的城市绿地作为国道 43 号线沿线的环境设施带；

③ 尽力扩大民间噪音防止援助工程制度的适用范围；

④ 尽早公布有关大阪线和西宫线建设的环境标准事前评估结果。双方签署协议后，公团立刻开始施工。

35　公路公害问题研究会，《公路公害与居民运动》（自治体研究社，1977 年），pp. 308-319。由此可知，居民组织的分布为东京都 36 个团体、神奈川县 23 个团体、爱知县 37 个团体、大阪府 41 个团体、兵库县 19 个团体，主要集中在大城市。

36　关于公路（汽车）公害的全国状况，可参考前述的《公路公害与居民运动》及川名英之《记录日本公害》第 9 卷（绿风出版社，1993 年）。

37　《国道 43 号线公路诉讼/原告团新闻》第 494 号（1999 年 10 月 5 日）。

38　《国道 43 号线、阪神高速公路噪音及尾气排放限制请求事件（以下简称为国道 43 号线事件）与原告准备书面材料（最终）》，pp. 154-155。

39　前述《何时重现花之公路》，p. 105。

40　前述川名英之《记录日本公害》第 9 卷，pp. 248-252。

41　宫本宪一，《环境权论的意义》（收录于前述宫本宪一所著《日本的环境问题》与《环境权》）。

42　自治体最初认为国道 43 号线是一条对于产业和流通不可或缺的公路，对其展开了积极的建设。但是当公路正式投入使用后由于面临严重的公害，自治体一反原来态度，转而向国家和公团要求采取对策。不仅是前述的四市的联络协会，兵库县也于 1976 年提交请愿书，要求国家对以下的七个项目出台相应对策。①禁止夜间大型车辆通行。②推进汽车总量限制和陆路货物运输体系的综合讨论。③推进昭和 51 年和 53 年汽车尾气排放限制的全面实施及柴油货车等车辆尾气排放限值。④强化汽车噪音限制及震动限制的法律化。⑤推进有关沿线居民财产和健康损害的调查。⑥建立用于汽车公害对策的目的税。⑦给予沿线居民噪音防止设备费补贴并确立搬迁补偿制度。七项内容中，尽管部分内容得以实现，但正如后述的噪音标准改定中恶化的事项和沿线法一样，这几项对策收效甚微。

43　前述《何时重现花之公路》，pp. 215-216。

44　前述《何时重现花之公路》，pp. 227-230。可参考辩护团在《问题与反省》所述的内容。

45　以下引用来自神户地方法院第 4 民事部《国道 43 号线及阪神高速公路噪音、尾气排放限制等请求事件判决》（昭和五十一年（7）第 742 号）和神户地方法院 1986 年 7 月 17 日《判例时报》第 1203 号。

46　大阪高级法院 1992 年 2 月 20 日《判例时报》第 1415 号。

47　最高法院 1995 年 7 月 7 日《判例时报》第 1544 号。

48　淡路刚久，《认可公路公害责任的二大判决（下）》（《环境与公害》，1996 年春季号第 25 卷第 4 号）。

49　《拆除作业使沿线呈地狱般惨状》（《国道 43 号线公路诉讼/原告团新闻》第 659 号（1995 年 1 月 31 日））。

50　岛秀雄，《新干线的构想》（《世界的铁路 65》朝日新闻社，1964 年）。

51　川名英之，前述《记录日本公害》第 9 卷《交通公害》，p.346。

52　角本良平，《东海道新干线》（中公新书，1964 年），p.149。

53　山阳新干线中高架桥的桥柱规格为 80 厘米×80 厘米，南方货运线的基础支撑柱达到 1.2 米，深入沙土层 30 米深。对此进行比较可以看出，当时没有考虑沉重的新干线通过高架桥时应该采取相应的噪音及震动对策，仅仅为了节约经费而造就了薄弱的设施。

54　花森安治，《国铁这个最大的暴走族》（《生活记事本》第 30 号，1975 年）。

55　关于东海道新干线公害，学术界有许多研究成果。在环境社会学的研究调查方面，船桥晴俊、长谷川公一、畠中宗一、胜田晴美完成了著作《新干线公害——高速文明的社会问题》（有斐阁，1985 年）。以诉讼的一审判决为止的过程为中心展开研究并揭露了公害问题的本间义人发表了力作《新干线诉讼》（现代评论社，1980 年）。名古屋新干线公害诉讼辩护团出版了书籍《还我宁静！——新干线诉讼纪实》（风媒社，1996 年），对诉讼立案开始至双方最终和解的 12 年间的诉讼整体过程进行了资料收集和整理。此外，前述的川名英之则在《记录日本公害》第 9 卷《交通公害》中介绍了交通公害整体记录中的新干线公害情况。请参考上述资料与诉讼记录（诉讼书、准备书面材料、判决书等）。

56　船桥晴俊，《政府、国会及法院是如何应对的？》（前述《新干线公害》，p.148）。

57　前述《还我宁静！》，pp.252-269 中报道了律师团的组成和活动。

58　船桥晴俊，《国铁为何将问题束之高阁？》（前述《新干线公害》，p.132）。

59　前述《还我宁静！》，pp.90-91。

60　来自《名古屋地方法院昭和 48 年（7）第 641 号东海道新干线噪音震动侵害禁止等请求事件》被告《最终准备材料要旨》。

61　来自原告《最终准备材料（概要）》。

62　名古屋地方法院 1980 年 9 月 11 日《判例时报》第 976 号。此处资料来自于《东海道新干线噪音、震动侵害禁止等请求事件 昭和 55 年 9 月 11 日宣判及判决结果要旨》。

63　淡路刚久，《新干线公害判决中的人格权与利益衡量》（《法学家》1980 年 11 月 15 日号，第 783 号）。

64　泽井裕，《名古屋新干线中的公共性与停止侵害》（前述《法学家》第 783 号）。

65 内河惠一、中川武夫、中西健一、西原道雄、宫本宪一，《座谈会 名古屋新干线公害判决的问题点》（前述《法学家》）。该座谈会以一审判决批判为中心，集中讨论了为何不认可身体健康损害及为何驳回停止侵害请求。现在重读判决书可以发现，关于国铁的侵害行为，从事前路线决定的失败到事后危害防止工作的不彻底，为了补充原告的主张，应该将该公路作为有缺陷的公路加以批判。从损害的观点来看，如果去除身体健康损害，那么原告的陈述和问卷调查结果所表明的侵害行为就能得到法院的积极认可。原告律师团甚至调整了日程安排，选择了可知审判长，对他正义的判决给予了信赖。然而，这只是判决的前半段的故事。在之后关于禁止侵害行为的判决中，可知审判长一改观点，开始支持国铁的主张并对其主张予以了多方面强调。读了前半段后再读到后半段，会产生一种不适应的感觉，甚至以为是不是换了一位审判长来判决此案，令人怀疑是否当时的法院承受着某种压力或者说其中有可能存在来自行政方面的指示。对于 1980 年前半段之后所产生的司法上的变化，需要对史实作深入研究。

66 名古屋高等法院 1985 年 4 月 12 日《判例时报》第 1150 号。针对二审判决的批判，可参考宫本宪一的《公共工程的公共性与侵害救济》（《法律时报》1984 年 9 月号 第 687 号）。另，本论文收录在前述的宫本宪一所著《日本的环境政策》一书中。

67 前述《还我宁静！》，pp.216-226。该和解不仅对原告很重要，对于加速民营化的国铁的发展也相当必要。一年后，国铁开始解体实施民营化，名古屋七公里区间的治理措施最终在东海旅客铁道株式会社（JR 东海）的管理之下得以实现。之后，JR 东海将轨道构造物等噪音震动的源头及线路进行了改良，并将车辆重量由 60 吨减少至 35 吨。这一对策不仅有利于解决噪音和震动问题，其目的还在于提高列车运行速度。其结果为终于达到了 75 分贝的噪音标准。但是，仍有部分地区没有达到 70 分贝的标准。此外，震动对策的实施进展也相当缓慢，仍有部分地区的震动超过了 60 分贝的标准值。

第六章　公害对策的成果与评价

首先回顾一下上一章之前的历史。20 世纪 60 年代后期至 70 年代前期，人类进入了一个近代史上的新时期，开始摸索探寻把保护环境放在比发展经济更为优先位置的政策思想。1972 年 6 月 16 日，在斯德哥尔摩召开的联合国人类环境会议上，通过了《人类环境宣言》，其中在开头部分有如下内容。

"1. 人类既是环境的创造物，又是环境的塑造者。环境给予人类以维持生存的东西，并为人类提供了在智力、道德、社会和精神等方面获得发展的机会。生存在地球上的人类，在漫长而曲折的进化过程中，已经达到这样一个阶段，即由于科学技术的迅速发展，人类获得了以无数方法和在空前的规模上改造其环境的能力。人类环境的两个方面，即天然和人为的两个方面，对于人类的幸福和享受基本人权乃至生存权本身，都必不可少。

2. 保护和改善人类环境是关系到全世界各国人民的福祉和经济发展的重要问题，也是全世界人民的迫切希望和各国政府的责任[1]。（以下略）。"

可以说，这段陈述是将环境权作为人权的宣言。正如前文所说，发达国家确立了环境法体系，成立了实施环境政策的机构。OECD 提出"环境政策关于国际经济方面的指导原理"（1972 年 5 月 26 日），并将其作为环境政策，尤其是其中经济手段的原则，即"污染者负担原则"　（Polluter Pays Principle，PPP）。在此之前，如果经济主体触犯了法律，法院却未追究其民事责任，其不需为破坏环境付费。但是随着"污染者负担原则"的出台，保护环境支付社会层面的费用，已成为国际贸易及投资的基本原则。但这一贸易政策所寻求的，只不过是正当合理的资源分配和各国内部负担的均衡费用（equal fitting），并没有限制各国国内的经济发展，关于这一点后文还会继续介绍。在这样的环境中，日本为了整治国内生产活动导致的严重的公害问题，把"污染者负担原则"作为经济活动的原则广为应用[2]。

正如前文所说，在反对环境公害的强烈舆论和居民激烈的抗议运动之下，日本是通过革新自治体的先驱性的公害行政和公害诉讼而推动了政府对环境政策的改革，并以这种独创的方式逐渐克服了严峻的公害问题。1977 年，OECD 在《日本环境政策综述》中得出了如下结论："日本已获取了多场防治公害的战役的胜利，但还没有取得旨在提高环境质量的战争的胜利。"同时，其中还写道："日本已经将导致环境公害疾病最重要的源头，或者说至少是众所周知的源头成功地去除掉了[3]"。有关环境质量的情况正如上文所述，虽然在环境公害的防治方面还不能说已经完全取得了胜利，但日本抵御了狂飙一般的经济增长至上的洪流，努力着手解决严峻的公害问题，创建了独有的制度，积极推进治理公害的对策。这是日本战后的历史中得到国际好评的成果。

在此，我们将回顾和探讨其中日本独有的 PPP 原则，即公害健康受害补偿法（以下略称为《公健法》）、公害防止规划和公害防止事业费事业者负担制度。在此基础上，我们将进一步讨论和评价截至 1970 年的公害对策的成果和原因，以此探明日本的特殊性。

第一节　公害健康受害补偿法

1. 通过行政进行的民事赔偿制度——不同寻常的法案

舆论的攻势和财界的妥协

四日市公害诉讼的判决、水俣病患者和其支援团体同智索公司的直接谈判，给包括经团联在内的整个日本经济界带来了巨大的冲击。四日市公害事件的判决具有划时代的意义——在原告没有成功证明企业污染大气的个别因果关系的情况下，判定为"共同不法行为"并追究污染企业的民事赔偿责任。不仅如此，这些企业即使没有违反相关法律所规定的排放标准，但只要实质上严重危害了环境和居民健康，就认定是法律本身有缺陷并追究相关企业的责任。通过这次判决，日本公害疾病患者居住的所有工厂区域的企业，可以说都无法免责。如果针对大气污染的诉讼继续出现，"黑心""肮脏"的企业形象将不可避免地不断扩散，而且在当时的环境之下，越是后来接受审判的企业越有可能背负更重的责任。另一方面，智索总部与受害者直接谈判一事，也令各企业的经营者们开始抱有畏惧心理，他们逐渐倾向于在法律的框架之内来解决纷争。

经团联公害对策委员会会长大川哲夫在"公害医疗救济制度与经济界"一文中指出，"先不讨论责任问题，整个经济产业界也并不希望对受害者置若罔闻。我们逐渐认识到，不论是为了加强和区域社会的联系，还是为了公正地解决问题，都需要建立可以实现的、能及时救助受害者的制度。"[4]

在第四章"四大公害诉讼"的第四节中已经提到，经济界不愿被牵连进民事诉讼中，特别希望能通过行政手段处理大气污染相关事件。他们在这种情况下诉诸的手段，正如1969年的《有关公害健康受害救济的特别措施法》（以下简称《救济法》）一样，是与民事责任无关的行政救济制度。换句话说，它不通过民事赔偿而是由社会保险来解决，是社会全体的责任，因此救济救助费用由经济界和政府（中央与地方）平摊支付。不仅如此，为了不泄露企业的秘密，各个企业以"企业自主互助"为幌子，向经团联内设立的"财团法人公害对策协力财团"捐款。这种制度以《救济法》为载体模糊了责任的承担者，而四日市事件的判决颠覆了这个制度的有效性。如果不制定明确企业法律责任的民事赔偿制度，那么受公害地域内将会接连不断地有人提起诉讼。

政治层面上，在1972年召开的斯德哥尔摩会议上，当时的日本环境厅长官大石武一在演说中，痛切反省了日本经济高速发展政策对自然环境的破坏和对人们生命健康的巨大打击。政治家们不得不应对国际国内反对公害的舆论压力。1972年10月桥本道夫从OECD调回日本，就任损害赔偿补偿制度准备室主任，负责谋划制定相关法案。他曾就当时的状况指出："国内从各部机关到地方政府，都强烈要求法制化，甚至可以说已经把法制化当作一件必须完成的事情。由患者组成的团体和一般民众也强烈要求法制化，包括一直以来持激烈反对态度的经团联和其他经济产业团体也都开始强烈要求法制化——这是从未有过的社会形势。所有大众媒体都持有要求实现法制化的论调，并基于当时所有国民空前绝后的一致态度，向行政机关强烈要求立法。因此，行政方面也意识到，面对与科学之间巨大而深远的本质上的鸿沟，除了自己进行判断和用责任来分割之外，已经没有别的路可以走。"[5]

虽然如此，在四日市事件判决之后当时的状况是，应由企业承担尽快救济环境公害受害者的责任。但是，是否要运用行政性的救济方式来解决，也并非"铁令"。市民对行政和政治的不信任还没有消除，水俣病患者、疼疼病患者和支援团体反对制定法案。另一方面，社会舆论强烈要求追究环境公害的责任，判决的内容也必须反映在行政上。无过失责任法案在1972年3月由国会通过，9月份，曾在四日市实地考察过的环境厅长官小山长规向公众承诺，会在下一期的例行国会上提出损害赔偿制度。而在制度出台之前，受公害影响地区的受害者们则以四日市诉讼判决为契机，同企业、地方政府进行交涉，自行制定了救济条例。而事件发生地四日市，如第四章所述，同矶津地区的受害人进行了交涉，并于1973年9月设立了四日市公害对策协力财团。除此之外，川崎市、横滨市（均于1973年1月施行）、大阪市（1973年6月施行），尼崎市（1973年4月施行）都制定了公害受害者救济条例。在这样的背景之下，逐步推进国家法案的制定[6]。

"公害行政中最大的决断"

自《煤烟规制法》以来，法案的制定一直由桥本道夫负责，同时他也是一名公害行政的推进者。他很早就提出有必要救济受害者的理念，但作为一个医学学者，他也很犹豫是否要涉足诉讼之外的环节。他曾主张道："环境污染导致健康受损这一因果关系的探究证明，应该通过临床、基础、实验、流行病学这四个医学领域协同进行，才可能踏出综合全面判断的第一步"。因此，当时他认为，若没有完整全面的医学因果关系证明，仅凭流行病学上的因果关系无法认定法律责任。然而通过四日市事件的判决，救济受害者已经变得可行，这让他开始反省——在此之前，由于无法完全证明医学层面的因果关系，行政手段的应对迟缓，而法律上的因果关系却并不一定需要充分完整的科学证明。并且，日本从明治时代之后就被称为"污染者的天堂"，所以当时日本的科学研究也多偏向于保护污染者的权益。于是桥本道夫也开始考虑，救济受害者时应有更正确的判断基准。如此一来，他认为应当制定一个在流行病学上有着因果关系，又无法否定个人疾病与环境污染之间的关联的条件下可行的救济制度。考虑到用法律诉讼手段解决问题时，当时除四日市和大阪西淀川两件诉讼之外，其余的调查均不充分，难以得到解决。所以他考虑采用紧急救济制度，但这种紧急救济除官方救济以外都无法实现。

桥本考虑到两点，一是虽然当时处于近似"和平的文化大革命"时期，但日本人有着容易激动却又三分钟热度的性格特质，所以绝不应错过机会；

二是石油危机之后，经济一旦开始衰退则可能会故态复萌。基于这两点考虑，他下定决心从医学者的身份中跳脱出来，推动公害行政大步前进[7]。虽然当时像他一样不忘自己科学家的良心又能成功制定法案的人还很少，但是连经济界都在要求解决方案的环境下，大概就算换了其他官员，也不得不制定特例的救济法。

由于制度的费用负担问题，政府最顾虑的就是经济界的代表——经团联。经团联其实早在 1973 年 2 月，就已经向中央公害对策审议会（中公审）和环境厅提出了决定法案中心主旨的具体提案。

第一点，对于患者的认定及分级要严格公正地进行，有必要把有漏洞的认定排除出去。第二点，地区的划定是与资金规模挂钩的重要问题，受害患者大量出现并成为社会问题的地区会被认定为重点地区，因此应当避免由于机械的地区分类标准招致的对象地区过分扩大。第三点，这个制度的支付内容和支付标准等应加入一定的赔偿费的要素特征，补偿费的支付标准应介于劳动灾害补偿（收入的 60%）和四日市事件判决（100%）之间。第四点，公害的产生还有企业以外的因素，且大气污染疾病的案例中，不排除有一部分患者是自然患病，所以相当部分的费用理应由公费承担。第五点，罚款的征收方式应以污染负荷量为标准，这个制度具有责任保险式机能，从这个核心机能来看，应根据导致公害现象出现的程度，考虑在地区内设置 3～4 级不同层级的罚金率[8]。虽然这个提案并没有原封不动地被采用，但是环境厅以此为参考，以中公审意见为框架确立了法案，这一法案的主要内容如下。

将公健法作为基于民事责任的损害赔偿制度。制度的对象是对受害者的救济紧急而重大的、由于大气污染或水质污染导致健康受损而致病，并导致诸多社会问题的情况。也就是说，不包含农林渔业方面的财产损害赔偿。在这种情况下，由于大气污染系疾病是没有特异性的疾患，无法证明个别案例中的因果关系，所以只要满足以下三个条件就可适用：第一，居住在被认定为有大气污染情况的地区内；第二，在当地居住三年以上，或在当地上班等暴露条件；第三，是由主治医师诊断并由认定审查会认定的慢性支气管炎、支气管哮喘、哮喘性支气管炎、肺气肿及以上各种疾病引起的并发症患者。至于水俣病、疼疼病和砷中毒等特异性疾病患者，若通过认定审查会认定，则可以被列为本法案的适用对象。法案中规定"非特异性疾病"为第一类，"特异性疾病"为第二类。

向第一类对象支付的金额是在之前"救济法"的医疗费之上，加上了生活保障部分，具体为以下七种：（1）疗养期间的生活费及疗养费；（2）残障补偿费；（3）遗属补偿费；（4）遗属补偿临时津贴；（5）儿童保障补助；（6）疗养补助；（7）丧葬费。其中最重要的是残障补偿费。参照四日市事件判决标准和工伤劳动灾害等社会保障制度，将其额度定在全体工人的平均收入和社会保障制度支付金额标准之间。同时，按照年龄和性别分开，根据病情和生活状况分为3～4个级别。按照最严重情况为100分，次一级为50分，第三级为30分而进行分级评价。

至于向第二类对象支付的残障补偿费的金额及方式，已通过认定的患者可以选择：依据这一法案制度决定，或是在判决后与企业商定。然而在法案实施后，实际上所有的患者都选择了一次付清的模式，而非月付的模式。

因为这个制度是官方的救济制度，所以并未止于补偿，还开展了公害保健福利事业，即各都道府县知事和政令指定都市（法定人口50万以上）市长负责进行的，恢复认定的罹患指定疾病患者的健康，并维持和继续增强恢复者的健康状态等，增强福祉、预防受害的事业。

根据污染者负担原则，这些事业的经济负担应由污染企业支付，以征收大气污染赋税罚金的形式进行。具体来讲，首先针对固定污染源，为了按照污染环境的程度确定所付金额，采取根据污染负荷量直接收取赋税罚金的方式。至于汽车等移动污染源，由于难以测算个体对整体污染的影响程度，所以只收取实际可行的费用。由于第二类的特异性疾病的因果关系十分明确，负担金额的方式考虑从民事层面索求赔偿[9]。

就这样，基于四日市事件的判决结果，第一类对象支付金额定在其补偿额的80％左右。疾病的认定标准遵循"救济法"的内容，根据不同症状分级，体现出无一遗漏的救济目的。与此相对，第二类对象中，水俣病的认定标准和劳动灾害中的亨特—拉塞尔综合征一样，目的在于救济初期的重症患者。当时，有越来越多的人认为，水俣病已经不是劳动灾害而是公害，只要有感觉障碍且有流行病学条件就可以被认定为水俣病。但是执行者没有在不知火海一带进行健康调查，以此弄清病症的临床表现。政治家、企业经营者和行政官员等人对病症临床表现的认识，是通过初期的亨特-拉塞尔综合征类推而来的。也就是说，他们认识到的临床表现并不是患者间共通的脑神经障碍导致的四肢感觉障碍，而是在其基础上再加上运动功能失调、视野狭窄等重症患者身上才会出现的综合临床表现。前文也提到过，规定第一类为非特异性疾病，第二类为特异性疾病。政府没有认识到水俣病是世界上第一个环境灾害即公害的案例，并不是劳动灾害。至今，相关的纷争仍在继续。

2. 在国会内的争论

众议院公害对策兼环境保全委员会的论点

1973 年 7 月 6 日，环境厅长官三木武夫于众议院公害对策兼环境保全委员会对《公害健康受害补偿法》的提案理由进行了说明。三木武夫指出，1969 年的《救济法》与 1972 年的《明确事业者公害无过失责任法律》的制定开辟了公害受害者的救济通过民事诉讼解决的道路，但由于诉讼费时费力，再加上造成污染者数量多且非特定、工厂地区及大城市受害者众多等原因，救济变得极为困难。此次《公健法》的提出正是为了迅速、公正地保护健康受损的受害者。

法案所引发的争论一直延续至 9 月 13 日，审议耗时之长甚至创下议会纪录，但内容大多停留在最初提起的论点讨论上。这是由于指定地区、赋税罚金等具体的 54 项规定有待政令的出台，即需等待中公审的决定，故政府的说明过于概念化。不过该法案的问题已被明确指出，接下来将围绕众议院讨论的情况进行说明。

该法案的问答与意见主要集中于第一类对象，基本没有关于第二类的讨论。这给水俣病问题在后期遗留了巨大的问题。

（1）法案的基本性质

讨论的焦点之一为法案的基本性质。议员的疑虑在于，受害者救济的前提为环境破坏，带有企业自保的色彩，即是否会成为企业预防责任追究风险的保险制度。岛本虎三议员以先前经团联的五项提议为例质疑政府："经团联有这样的五项提议，而这次的提案和这五项提议的要点基本一致。这样一来，即便不完全是经团联或企业自保的观点，但也基本与他们的要求相吻合……环境厅提出这种法案，有费心尽力迎合企业之嫌。[10]"

环境厅调整局长舩后正道对此进行了辩解。经团联侧重于要求由公费承担，而在此次法案中，支付的费用将完全由污染制造者承担；且经团联提议将其金额设为劳动灾害水平，而此法案则有所提高，其金额为劳动灾害水平与判决结果的中间值。在这些内容方面，法案与经团联的提议都有区别。环境厅长官三木武夫解释，无论经团联如何解读，本法案作为国家的制度，意在为受害者提供救助。另外，虽然有许多意见认为难以辨别《公健法》旨在受害者救济还是企业自保，但他们大多都在受害者救济的紧急性这一点上达成一致。其他的争论主要集中于具体救济内容的探讨，除岛本外基本没有关于法案为企业自保服务的批评。

（2）救济的对象和条件

早期对本法案的批判中指出，其对象仅为健康受损的居民，而未将农业和渔业等财产损失计算在内。当时，赤潮等渔业灾害备受社会关注，在国会作证的证人也指出了这一问题。对此，三木武夫在答辩中解释到，包括赤潮等渔业灾害在内的生计受损的因果关系尚不明晰，为尽早实施健康受害者救助，此次不纳入本法案的考虑范围，将待与农林省商讨后在本年度内给出结论。另外，在健康受损方面，木下元二议员提问为何不将噪音公害纳入法案，对此有多人附议。政府方面的回复是，噪音会造成对生活的干扰，但并非疾病，应通过加强周边环境整顿等隔音措施进行处理[11]。

救济对象将通过前文所提及的三个条件来进行认定。其中，在《救济法》颁布后，由经验丰富学识渊博的临床医学、公共卫生学的专家进行调查、研究、讨论，结合指定地区医疗工作者的意见，共同决定了指定疾病和暴露条件；而指定市域的认定条件并没有统一。最终，环境厅依据中公审的答复意见制定了大气污染及患病率的程度划分（如表 6-1），将 SO_2 污染度在三度以上且患病率在二度以上的区域设为指定地区。然而，按照这一标准进行筛选，一些指定疾病患者多发区（如与四日市相邻的楠町）则可能不被列入指

表 6-1　大气污染及患病率的程度划分（1974 年中央公害审议会报告）

	SO_2 年平均值（单位：毫克/升）	患病率程度
一度	0.02～0.04	自然患病率的 2 倍以上
二度	0.04～0.05	自然患病率的 2～3 倍
三度	0.05～0.07	自然患病率的 4～5 倍
四度	0.07 以上	

定地区。因此，需要进一步扩大指定地区的认定范围。在污染物方面，由于 SO_x 与疾病相关性的数据已齐备，一直以其作为标准进行评判。但若汽车的大气污染增加，NO_2 也将成为问题。然而数据不足，无法将 NO_2 作为评判标准，这是引发后续争论的原因之一。

在疾病方面，《救济法》中规定了四种呼吸系统疾病及其继发症。也有人指出，应将耳鼻喉相关疾病以及四种疾病的并发症也列入其中，但未被采用。

（3）补偿金

第一类对象的补偿金如前文所示，共有七种，其中最重要的为残障补偿费，其支付金额处于全劳工平均工资与社保制度支付水平的中间值。以四日市判决为例，本制度规定的最高补偿金额为判决的 80％，即判决（平均工资的 100％）与劳动灾害（60％）的中间值。对此，岛本虎三和中岛武敏指出，公害与劳动灾害不同，受害者与污染企业毫无利害关系，是单方面受害，以劳动灾害为基准决定金额不合理，并提议补偿金额的合理水平应为 100％ 甚至 120％。而政府方认为，补偿金不像诉讼那样因果分明，既典型又易被认定，其水平只能比判决要低[12]。

另外，也有意见认为，健康受损的补偿不应只支付对丧失劳动能力的补偿，也应支付精神性损害的补偿。也就是说，应设置赔偿费。小宫武喜等多名议员均提出要明确赔偿费的意见，对此政府的回答比较含糊，称赔偿费如何表示是一个难点，补偿金比劳动灾害多 20％ 正是因为其中含有赔偿费的部分。

本法案虽为过去受害者的补偿制度，但其目的也应受害者与市民的要求，增加了受害预防与受害者的原状恢复。这就是公害保健福利事业，有许多意见主张进一步充实这项重要的事业的内容，随后依此对草案进行修正。

（4）补偿金等费用负担问题

补偿金费用由造成污染的企业全额承担。经团联主张，由于大气污染导致的呼吸系统疾病有一定的自然发病率，应考虑小量排放者免付罚金的措施，且政府应对城市规划失误导致的大气污染负责，因而要求公费承担。对此，该法案坚持污染者付费的原则，这是值得赞赏的。关于赋税罚金的区域性问题，由于当时政令还未出台，没有相关的讨论，这导致在后期的参议院争论中出现为何向非污染地区的企业收取负担金的问题。公害保健福利事业费中，1/2 由造成污染的企业承担，另外 1/2 由公费承担（国家 1/4、都道府县·市

1/4)。认定补偿金事务费由公费承担（国家 1/2、都道府县·市 1/2）。协定事务费由造成污染的企业负担，国家在预算范围内给予一定的辅助。对此，一些意见认为，从污染的企业付费原则考虑，本制度的费用不应由公费承担。而政府则说明，福利事业为社会保障的一部分，应由公费负担。

关于补偿金征收的质疑非常少，其原因在于没有公布具体的金额分担方式。这本应为国会最重要的议题。由于等待政令出台，故无相关的争论，只有一些关于汽车资本、石油资本的承担金额如何计算的意见。

（5）证人的意见

众议院邀请了 16 名证人，人数较多。然而，公健法案存在具体内容不明确的部分，这可能是导致人们对于公害问题的一般论述多于对法案的直接意见的原因。在众多意见中，东大的白木博次教授的意见最明确地指出了法案的问题所在。

白木博次指出，民事诉讼耗时较长，而此法案能够较快解决问题，可谓有了一些进步，但存在以下两个问题。第一，企业将对受害者的一生负责，一旦企业出现亏损，其救济就有可能中断。企业将所付补偿金看作是一种成本，可能导致只要交钱就算完事的情况。对公害企业的惩罚不应只停留在金钱上。若不拿出让企业承担刑事责任的态度，受害者仍然无法得到救助。

第二，提供公害保健福利事业的医疗机构、系统以及福利设施必须加强人力资源投入。必须有能够对应促进健康、医疗预防、治疗医学、重归社会（康复）、疑难杂症（与福利相关）五项医学事业的工作。为此，希望政府能制定医疗福利基本法。"本法案（公健法）应在刑事责任与福利医疗体制的左右护持下前行，只让本法案先行是不合理的。"[13] 正如当时桥本道夫写的那样，"部分经济界人士公开表示，本制度的运用是防止诉讼和自主交涉的有效手段"[14]，上述问题点的指出是对这种态度的一记痛击，非常重要。白木教授还反对"一刀切"，认为认定应以人为中心来开展。

在水岛产业园区对公害患者进行治疗的丸尾博一声则提出了具体的意见，认为认定公害病患者可以由医生来进行判断，无须通过指定地区的方式一刀切。认定工作可依靠主治医师的临床判断，而行政认定的方式会造成许多差错。级别只需要 2~3 级。另外，法案中第 42 条——若受害者有重大过失则应取消认定——这一条应该废止[15]。

东京都公害局菱田一雄副主干作为受灾地的代表，其意见备受瞩目。他指出，东京都大气污染的主要原因是汽车尾气，希望考虑由污染者承担费用。汽车尾气造成的大气污染物为 NO_2 而非 SO_2，不属于该法案的对象。他说，通过针对汽车的对策来改造出现光化学雾霾的柳町地区需要花费 180 亿日元，而整个东京都内与之相似的地方有 100 多处，城市是否无须因汽车增多而增建城市道路[16]。迫于经济界的压力，公健法的重点只放在产业公害上，而无视越来越严重的城市公害，这是其欠缺之处。

证人的意见和质疑与议员们的争论一样，大多集中于第一类对象，而白木教授则对第二类中的水俣病发表了重要意见。小林信议员提问：有明海的第三水俣病问题已发生，是否应对该区域进行整体健康调查。对此，白木教授回答，确实应该对所有人进行健康调查，但依熊本县目前的医疗状况来看，平均每个病床的医生数量仅为美国的 1/6，情况较为困难，需制定医疗福利基本法。由于水俣病属于疑难杂症，所以已向环境厅长官三木武夫提出一系列建议，如：必须考虑福利补助；应如何为倾向于在家治疗的患者提供护理；若政府规划建设水俣病研究中心，应事先规定好如何操作。另外，白木教授还指出，应要求医学生入驻（水俣病）研究中心，观察现场情况，医学生有义务了解水俣病实际情况，没有经过这一过程的学生不予毕业。而且这样一个研究中心只要投资 1000 亿日元就可以建成；可以在四日市、富山和阿贺野川也都建造研究中心；这不是一个简单的公健法就能解决的问题[17]。

委员会的表决与全体议员大会

9 月 13 日，政府案审议结束，提出了两个修正案。其一是自民党修正案，登坂重次郎议员作了如下说明："修正案的第一点，删除有关限制补偿金的第 42 条规定。这样做，一是由于现实中不可能出现公害受害者有重大过失的情况，二是为使本法案彻底贯彻保护受害者的理念。修正案的第二点，是在有关公害保健福利事业的第 46 条中增加康复及异地疗养的事业作为示例，并对条文作了整理。"

另一个修正案为日本共产党·革新共同所提出的，中岛武敏议员对其作了如下说明："政府案在一定程度上反映了公害反对运动，提出以民事责任为前提的受损补偿制度，可以说向前迈出了一大步。然而，在明确加害企业的责任、促使企业承担相应责任并迅速实施受损修复及补偿等损害赔偿方面，仍有许多不足。因此，有必要尽早对政府案进行彻底地修改，此处提出的修正案只进行了最小限度的修改。"

该修正案共有九个方面，其中重要的内容如下：区域、疾病、认定标准不应由政令决定，而应根据一定的标准，由都道府县知事及政令指定城市市长决定。公害保健福利事业的费用应由污染企业全额承担。尽快建立噪音、震动造成的健康受损补偿制度及生计财产受损补偿制度。

进入讨论阶段，自民党森喜朗议员对自民党提出的修正案和除修正部分外的政府原案表示赞同，反对日本共产党·革新共同的修正案。社会党岛本虎三议员对两个法案均表示反对。其理由之一是，公害健康受害补偿法替代原本的公害受害补偿法，使得财产受损及生计保障不在范围之内，是挂羊头卖狗肉的做法；理由之二是，仅通过支付罚金进行惩罚，容易使人怠慢解决污染排放的问题，反而会被不当利用；理由之三是，法案将赔偿费排除在外，补偿金额较低仅为 80％，且有所限制，态度不够诚恳；原因之四是，该法案完全没有考虑如何使受害者恢复健康，并有可能成为公害制造者的免罪符。

日本共产党·革新共同的木下元二议员表示，正如先前提出的修正案所示，政府原案虽有不足之处，但仍对其表示赞同，同时也赞同自民党修正案。

公明党则认为，该法案有着根本性的缺陷，因此对其表示反对。其理由有六条：第一，仅凭较低的金钱赔偿即可将产生公害的责任一笔勾销；第二，将财产受损及生计受损排除在外；第三，无视噪音等其他公害的损害情况；第四，受害补偿金额设置较低、不合理，赔偿费不明确；第五，通过公害保健福利事业恢复原状的力度不够，具体内容不明确；第六，通过"一刀切"的方式将部分公害患者排除在外的做法不合理，只要能确定是由公害造成损害的，就应被纳入救济对象。

讨论后，委员会否决了日本共产党·革新共同的修正案，通过了自民党的修正案，并基于各党的动议，提出了 21 个项目的附带决议。其中部分内容给对随后的环境行政带来了影响，在此进行介绍。

1. 现存有关公害的各项法令的制约不足，导致不仅较难彻底防止环境污染，且公害患者在不断增加。因此，要大幅度强化针对公害污染源的规制，以确保造成污染者能尽最大努力防止污染。

2. 关于指定地区如何确定，应制定合理的标准，保证所有公害患者均不被排除在制度外。

3. 关于指定疾病，对于未被有关公害健康受害救济的特别措施法指定的疾病，也应调查其受害情况，在专门的技术性讨论后，补充为指定疾病。

4. 公害健康受害认定审查会做出认定审查决定时，应重视健康受害者的主治医师的诊断。（第 5 条省略）

6. 有关赔偿费，如公害诉讼判例所示，赔偿费是公害病患者补偿中的重要部分，应积极地进一步就补充本制度补偿金的组成内容进行研讨。（第 7、8 条省略）

9. 残障补偿费及遗属补偿费的支付标准，应参照既有的公害诉讼判例中的标准。（第 10-14 条省略）

15. 对于公害受害者的救济，最重要的是恢复其身体健康。因此，应充分了解健康受损者的实际情况，进行调查研究，根据实际情况修改决定。（第 16 条省略）

17. 关于费用分担，为避免造成污染者的责任不明确，应在彻底贯彻污染者负担原则的基础上，进行充分全面的考量。（第 18 条省略）

19. 关于环境污染对农业、渔业等相关行业造成的经济损失，由于其严重程度并不亚于健康损害情况，应尽快对受损情况及其原因进行综合性调查研究，尽快确立补偿制度。

20. 关于噪音等造成的健康损害，也应努力了解实际情况，商讨能为受害者尽快提供保护的补偿制度。

21. 如何解决污染源是问题的根本。应该修正大气污染防止法，导入污染总量限制的方式。

之所以会出现如此多的附带事项，是因为该法案的制定过于仓促，仍有许多具体项目交予中公审决定，悬而未决。即便如此，法案内容对造成污染者毫不留情是所有党派一致同意的。这一点也能通过当时防止公害的舆论强度和执政党的妥协略见一二。至于附带决议，三木武夫表示"愿为实现其宗旨而努力"。其实如果这些附带条款项目真的能得以实行的话，之后围绕水俣病认定基准的争论也就能够解决。9 月 18 日，公健法被提交到全体议员大会，以多数赞成表决通过。

参议院的讨论

参议院讨论的要点与众议院大致相同，但对法案批评和反对的声音相对较大。而有明海的第三水俣病问题演变成为政治纷争，导致了关于第二类对象的讨论。接下来将围绕以上两点进行介绍。

8月31日参议院公害对策及环境保全特别委员会开始审议，审议以环境厅长官三木武夫关于公健法案的主旨说明为起始，持续至9月20日，共进行了四次审议。五名参考人于9月12日陈述意见。

立教大学淡路刚久教授提出四点意见。第一点内容如下："纵观我国的公害法以及有关公害和公害防治的制度可以发现，我们在公害防治的体制机制方面非常薄弱。（中略）一方面默许公害产生，另一方面又考虑受害救济这种金钱补偿的方式。这本身就存在着很大的问题。这个新的法案会遭到受害者们的强烈反对，其原因就在于此。"另外，淡路教授还表示，该法案已在很大程度上将四大公害诉讼中获得的权利减弱或抹杀掉了。

第二点为该法案的理念。应在受害多发区域实行相关措施，防止出现新的患者。为此，非常必要制定出强制工厂停业或减产的强有力的法律制度。这有一定难度，但必须要从这样的制度开始努力。对于受害人群，最基本的方式就是帮助他们恢复原状。其方法可以有统一健康诊断、康复、巡诊等，但在该法案中未得到充分体现。

第三点为该法案的内在问题，首先"体现在认定制度中试图设定指定地区上。"在指定地区之外仍有部分患者存在，应设定个别认定的途径。其次，在补偿金内容组成方面，补偿额度有可能会被压得很低，且未包含赔偿费。第四点，接受补偿金的不包括噪音等公害，且财产受损尤其是生计受损的情况也未被包含在内[18]。

疼疼病对策协议会长小松义久回顾了疼疼病患者的救济和受污染土壤复原运动的历史与成果，呼吁确立能根治病患的治疗方法并恢复患者身体健康才是最重要的。"希望能建立起综合的设施，使患者可以安心接受治疗。这想必也是全国各地患者的需求。……这不该只是一部通过金钱补偿来息事宁人的法案。……希望法案能将明确造成污染者的责任贯彻到底。……希望能够回应受害者重返健康的呼声，制定健全完整的救济办法。"[19]

水俣病市民会议会长日吉富美子在阐述了救济水俣病患者的艰难奋斗史后，这样说道："有人说本法案的提出……并非是因为受害者们强烈的要求，是因为企业希望立法而制定出来的。我认为这其中的主要理由有两个，一是有关公害补偿的激烈争论，都是在受害者自我保护意识和舆论形势高涨的情况下发生的。这都会给企业形象带来负面影响，甚至迫使企业步入难以落地的境地，于是企业希望在问题恶化前通过该法案来抑制这种情况的发生。原因之二，是从企业稳定的想法出发，假借费用负担金之名，为企业上保险。这样一来，无须企业直接出面，只需躲在政府的背后等政府来支付补偿金，受害民众拿到政府给的钱就会满足而不会滋生事端。

一想到公害立法有着这样的背景，我心中就抑制不住愤怒。法案在最根本的精神上完全无视了受害民众。……法案应明确企业的责任，尽全力复原遭到破坏的环境。为了使受害者的健康与生活都恢复原状，应强化企业的义务，令其做好健全完善的措施。然而，遍览法案全文，都未能找到追究企业责任、让企业来进行补偿的项目。法案只是在现有的关于健康受害救济的特别措施法的制度基础上，增加了低廉的补偿金。简而言之，就是用少量的金钱尽快地打发受害者，企业只需要缴纳分担的费用就可以随意地乱排乱放。……法案的制定没有建立在受害者长期以来争取到的成果上，我感到非常遗憾。"日吉议长在发言中以水俣病患者为例，批判了《救济法》在指定地区和暴露条件中"一刀切"做法的不合理。部分水俣病患者居住在遥远的球磨郡，因为吃了市面上流通的鱼肉而患病，且部分患者出生于1970年，这些患者都未被认定为水俣病。此外，她反对主张水俣病改名的意见，认为为了不再重蹈覆辙，应该让这个病的名称流传下去。她还提到，这样的言论在当地可能会遭到反对和压制，水俣病患者和支援者正遭受来自智索公司的不正当的压力[20]。

日吉会长在地方长时间开展反公害活动，备受冷眼，进展困难，她对《公健法》的批判正是从这些经历中得来的。虽然桥本道夫声称受害者和其支援者组织都对《公健法》的制定表示赞同，但实际上有一些公民活动家已经看透该法案的本质，对其表示反对。

参考人的意见中对法案批评的声音也很强烈，委员会内部的讨论中否定的声音也强于众议院。沓脱竹子议员说，一面放任公害乱排乱放，一面进行补偿，这种关系十分奇怪。仅凭不完整的救济措施无法解决问题[21]。与此相反，自民党的君健男议员则为了回击受害者运动的意见，提出需要重新审视公害问题，具体如下：

"过去大家对待公害问题有一种执拗地引向对大资本批判的倾向，我对此一直持怀疑态度，不过这种倾向后来慢慢得到了纠正。因此，我恳请环境厅今后能更加勇敢地站出来，对公害问题毫不妥协放纵，对于有机水银问题也能给予一百二十分的关注。"

君健男说:"我觉得大石长官的想法是尽可能扩大(有关水俣病的)范围,将可疑者也纳入对象","但法案的内容似乎与此相反"[22]。

对此,环境厅企划调整局局长城户谦次表示将延续以往的次官通知的精神。君健男议员就此表示,在否定有明海第三水俣病的问题上,"如果不慎重行事的话",则无法通过补偿法来解决。《救济法》还可以接受加入一些可疑的内容,但补偿法则完全不可以。政府方面回应,《救济法》与《补偿法》因果逻辑相同,认定标准也必须相同。君健男议员并没有接受这种说法。这也可以说是奏起了后来水俣病认定标准修订的序曲。

如上所述,参议院的情况与众议院不同,对于法案的批评十分强烈,但环境厅长官三木武夫答辩称对制度本身并无反对的申诉。随后,参议院与众议院一样认可了附带的 19 项条款项目,以赞成多数通过了公健法的制定。世界上最早的公害健康受害行政救济制度就这样诞生了[23]。

3. 《公健法》的施行与评价

《公健法》的具体适用情况

《公健法》于 1974 年 9 月 1 日起施行,之后的变化十分显著。为阐明其中的问题点,此处将围绕其结束时期而非开始时期的架构和数据展开说明。以第一类为中心。

该制度的框架如图 6-1 所示。当初,《公健法》继承了《救济法》的内容,适用的指定地区只有 12 个[24]。东京都的医师协会曾一度对公害病的态度十分冷淡,至 1976 年为止完全没有进行患者认定工作。之后,指定地区不断扩大,1979 年后达到 41 个地区,而这个数字一直保持到该制度废止时的 1988 年[25]。

最初,在被认定的患者中有 1/2 的人居住在大阪一带,但废止时,如图 6-2 所示,40% 的人在东京都区域内,三大都市圈区域内的占比超过了 90%。指定疾病和《救济法》一样,规定有四种疾病[26]。认定患者开始时为 14 355 名,之后的增长如图 6-2 所示,新认定人数与脱离制度(治愈或死亡)人数的差平均为每年 3000 人,结束时约达 10 万人。患者的认定按疾病分开来看,

第1类地域（呼吸器官疾患）概要

已被认定患者103 296人
（1988年2月末）

（一）指定地区（41个）
　•显著的大气污染
　•疾病多发

（二）居住（固定工作）期间

（三）指定疾病
　　慢性支气管炎
　　支气管哮喘
　　哮喘性支气管炎
　　肺气肿

补偿制度的构造

[制度开始]1974年9月
[制度主旨]本制度针对本应由当事者通
　　　　　过民事方式解决的公害健康
　　　　　受害情况，迅速公正地进行
　　　　　救济活动。其费用由污染制
　　　　　造者承担。

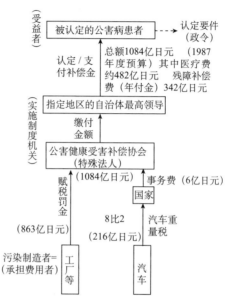

缴赋税罚金的机构设施
（1986年度）

（单位：百万日元）

	机构设施数	罚金金额
指定地区	1650	25 720
其他区域	6750	50 423
合计	8400	76 143

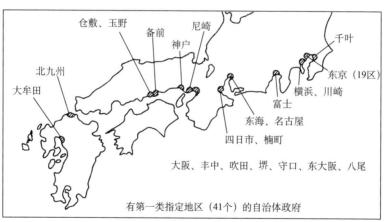

图 6-1　公害健康受害补偿制度的结构（至 1988 年 2 月）

支气管哮喘占比最多，开始为 43％，结束时达到 78％，慢性支气管炎从
24％降至 17％，哮喘性支气管炎从 29％降至 2％，而肺气肿一直保持在 3％

上下的程度。按年龄分，低年龄人群（0-14岁）从当初的48％到结束时降至34％，高龄人群（65岁以上）从开始的17％到结束时增至22％，两者合计达60％，超过一半。说明受大气污染的人群中，生物层面的弱势群体较多。

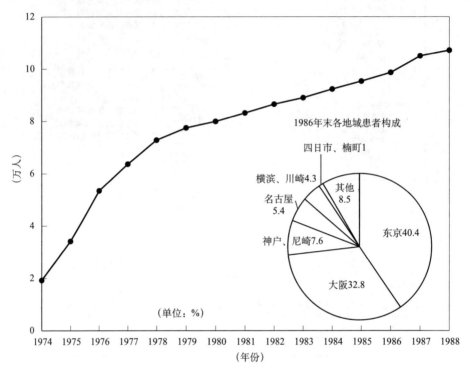

图 6-2　认定患者的变化推移

资料来源：环境厅公健法研究会编《修订版公健法手册》。

表 6-2　残障补偿标准月付金额　　　（单位：千日元）

年龄阶层（岁）	1988 年度		2006 年度	
	男	女	男	女
15～17	89.8	83.2	121.9	111.2
18～19	118.6	99.5	154.0	133.7
20～24	144.2	116.6	184.7	160.8
25～29	177.6	134.1	223.0	185.2
30～34	216.1	139.9	263.6	202.3

续表

年龄阶层（岁）	1988 年度		2006 年度	
	男	女	男	女
35～39	248.2	139.9	309.2	213.8
40～44	274.4	137.6	335.4	213.6
45～49	284.9	136.4	352.8	209.5
50～54	276.7	137.3	353.1	204.2
55～59	240.3	143.9	338.8	199.9
60～64	193.8	135.2	252.3	172.0
65～	169.8	128.9	231.1	175.7

资料来源：环境厅调查结果。

补偿金的中心内容——残障补偿费用在按性别和年龄分成 12 类的基础上，依照四日市事件判决，根据症状分成了四级，最高级（特级和 1 级）为平均工资的 80％，2 级为 40％，3 级为 24％，在四个级别之外的人不支付残障补偿费，只支付医疗费[27]。表 6-2 显示的是结束时期和之后的月支付金额。各残障级别的认定患者数占比如下：最初期，特级为 0.5％、1 级为 4.8％、2 级 28.1％、3 级 44.3％、级别外 22.4％；结束时期，各级分别为 0％、0.6％、11.8％、52.8％、34.7％。轻症患者的认定数量增加，结束时期超过 80％。这可能是由于大气污染情况改善以及居住和生活环境的改善、摄入营养的增加等，但确切的原因依旧不明。所支付的补偿费用中，由于付给轻症患者的较多，解决生活保障的残障补偿费只占全体的三分之一，疗养补贴及疗养费占比约达一半。1987 年度的补偿费用金额为 1033 亿日元，公害福利保健事业金额为 3 亿日元，合计 1036 亿日元。

图 6-1 是最初完成的预算，所以数字会有些出入，但是在这个预算中，污染企业的缴纳金额为 863 亿日元，汽车重量税为 216 亿日元，以 8 比 2 的比例分割开来。固定污染源和移动污染源之间的金额负担比例在上报国会的时候并未确定。是应追究生产者的责任向汽车制造业收取呢，还是追究燃料成分的问题向石油产业收取呢？——当时围绕如何收费产生了一系列类似的讨论，最后确定从汽车所有者所交国税的一部分中收取。

企业缴纳金的征收方法是，根据上一年度二氧化硫气体排放量来确定缴费率，并在指定地区之外的地域同时进行征收。表 6-3 显示的是最终污染负荷量缴纳金的费率和费率级差。就像这样，根据污染程度的不同，将指定地区分为 ABCD 四类。指定地区外的部分，费率虽为 A 地域（大阪）的 17 分之 1，但由于企业、工厂等数量较多，污染排放量较大，所以在开始时期也承担了总额的 42.7％（图 6-3）。之后，指定地区的排放量逐渐减少，到

表 6-3　污染负荷量惩罚税金的税率及税率级差

		1987 年度				1988 年度			
		罚金税率分类	税率级差	税率	增长率 ％	过去部分的罚金税率	现在部分的罚金税率		
							罚金税率分类	税率级差	税率
旧指定地区	大阪	A	1.90	5362 日元 90 钱	29.5	45 日元 76 钱	A	1.85	4573 日元 59 钱
	东京	B	1.15	3245 日元 97 钱			B	1.15	2843 日元 04 钱
	千叶	C	1.05	2963 日元 97 钱	36.0		C	1.05	2595 日元 82 钱
	神户								
	名古屋								
	富士	D	0.75	2116 日元 94 钱	29.5		D	0.75	1854 日元 16 钱
	四日市								
	福冈								
	冈山				38.7				
其他地域		313 日元 62 钱			29.5		274 日元 69 钱		

注：1. 每立方米的 SO_x 所对应的罚金；

　　2. 环境厅调查数据。

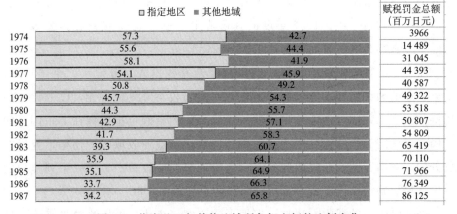

图 6-3　指定地区与其他地域所负担金额的比例变化

资料来源：环境厅调查结果。有关 1962 年度的内容是截至 1987 年 6 月 30 日申报的实际数据。

1987 年结束时，指定地区外的占比达 65.8%。分行业来看，如表 6-4 所示，电力、钢铁、化学三大类污染行业在 1976 年度合计占比为 69%，1986 年度为 60%。按申报额度的规模分开来看，如表 6-5 所示，1 亿日元以上规模的占比达 63.5%。说明大企业的污染量较大，负担的金额也较高[28]。

表 6-4 污染负荷量赋税罚金的各行业征收件数和征收金额

（单位：百万日元）

	1976	1977	1978	1979	1980	1981	1982	1983	1984	1985	1986
电力	112	120	116	118	119	123	124	124	127	125	125
	8187	12 597	12 206	15 854	17 129	15 516	17 651	20 979	23 118	23 310	22 782
钢铁	468	480	486	482	474	468	460	437	421	398	387
	7864	9498	8028	8216	8616	8761	9440	10 922	10.935	11 547	12 353
化学	772	773	790	787	785	779	774	768	758	734	736
	5318	7493	6286	7352	7940	7483	7949	9485	10 272	10 330	10 791
其他	6512	6622	6762	6842	6967	7063	7177	7316	7303	7104	7143
	9676	14 805	14 067	17 900	19 833	19 047	19 769	11 670	25 785	26 616	30 217
合计	7864	7995	8154	8.229	8345	8433	8535	8645	8009	8361	8391
	31 015	44 393	40 587	49.322	53 518	50 807	54 809	65 419	70 110	71 803	76 143

资料来源：环境厅调查数据（截至 1986 年 6 月 30 日）。

表 6-5 污染负荷量赋税罚金申报额的分级统计

阶层区分	件数	%	金额（百万日元）	%
5 亿日元以上	24	0.3	20 610	27.0
1-5 亿日元	131	1.5	27 820	36.5
5000 万-1 亿日元	126	1.4	8944	11.7
1000-5000 万日元	491	5.6	10 790	14.1
500-1000 万日元	399	4.6	2847	3.7
100-500 万日元	1664	19.1	3884	5.1
10-100 万日元	3567	40.9	1393	1.8
10 万日元以下	2326	26.6	61	0.1
合计	8728	100.0	76 349	100.0

资料来源：环境厅调查结果（1986 年度）。

公害律师联合会对《公健法》的评价

公害律师联合会的公害赔偿制度研究会在《公害赔偿制度的现实与课题——围绕公害健康受害补偿法的施行》（1974 年 11 月 23 日）中，表达了如下期望：首先，地区的指定范围狭窄，指定根据不明确，如何继续扩大亦不明确。应将所有存在指定疾病病例的地区列入指定地区，不需有关暴露条件的内容。患者的认定应尊重主治医师诊断书中显示的内容。适用法案的疾病过少，耳鼻喉炎症、肺癌、光化学烟雾导致的健康损害亦应列入适用范围。有关支付金额——基础额度仅为判决的 80%，有所减少；声称以平均工资为基础考虑赔偿费，但未在其中有所体现。涉及平均工资，又会产生男女差别、年龄差别、儿童和成人的差别等问题。该制度遗漏了原有的补偿和赔偿费，一些情况下原来自治体的救济制度更具优势。除此之外，还认为儿童补偿补助金、护理补助、遗属补偿费的标准均过低。

公害律师联合会着重敦促附带决议的实行，有如下陈述："受害者救济的根本在于全面开展对污染源的预防和治理，避免再出现新的受害情况，以及将受害地区和受害者恢复原状。这些都被列入附加事项中，但却没看到有任何相关的具体方案。[29]"

从公害论角度评价

笔者在《日本的公害》（1975 年）一书中对该制度进行了以下介绍。首先，该制度是由作为总资本代言人的国家为了处理纷争而制定出来的，将受害者救济作为行政行为实施，模糊了企业所应承担的责任。如果当作民事赔偿来看的话，明确企业的责任是十分必要的。但具体到每个企业的名字和其费用负担额度，却都和租税一样成了秘密。即便是补偿而非赔偿，也应公开各个企业的费用负担情况，而实际上则是由公害健康受害补偿协会进行垫付。此外，制度未将认定对象局限于指定地区，而是扩大至全国的 SO_x 排放者（1 万立方米以上），这模糊了污染者付费的原则，减少了真正的污染者应承担的费用。

第二点，这个制度事先避免了对汽车大气污染的责任追究，负荷率标准仅基于 SO_x 设定，未将 NO_2 和浮尘（包括 SPM、PM 2.5）纳入对象之中。不仅如此，制度还将汽车重量税这一国税设为承担支付金额的一部分，间接地承担了汽车、石油相关企业与政府的责任。这样一来，模糊了企业和政府的责任，采取了"一亿国民总忏悔"的解决方式。

第三点，不以补偿精神损失的赔偿费为中心，而以逸失利益为主，将平均工资作为标准，导致不同性别、年龄之间产生巨大差异。其中，第一类的费用负担金性质更接近赋税或捐款，由于对计算标准的调查不充分，仅将 SO_x 列入标准，并且具体数字在指定地区外测得，这使受害者失去了追究责任的根据。不仅如此，在强化 SO_x 管制的同时，污染源也从固定污染源转移向汽车等移动污染源，主要污染物也逐渐变成为 NO_2 和 SPM（后变为 PM2.5）。结果，受害者越来越集中在汽车公害严重的大都市圈，而费用负担金却由指定地区外、特别是大都市圈以外的企业承担。时间一长，不仅是受害者，就连企业也产生了不满情绪[30]。

在早期，对于公健法的积极评价主要集中于第一类对象。至于第二类对象，主要为特异性疾病，所以其污染者和受害者之间的因果关系可以通过医学确定，而包括指定地区在内的三项认定条件也不会产生意见分歧。另一方面，正如日吉富美子和小松义久等证人在国会发言中说到的那样，因为受害者与其支援团体反对该法律，选择通过诉讼和直接交涉赢取补偿协定的方法获得救济。假如该制度中指定的公害认定审查委员会可以进行公正的认定，那么行政救济就没有必要，甚至会觉得碍事。的确，公健法是为了应对第一类的大气污染而紧急制定出来的。针对第一类的制度，正如之前所述，虽然有许多的缺陷，但制度核心的想法已经在四日市判决、该时期出台的《救济法》、地方政府的救济制度进行了试行。大气污染虽然是非特异性疾病，但四种疾病的症状明晰，也能够诊断出其对日常生活的影响轻重程度，便以此按照四日市判决中佐川的鉴定进行了分级。如果把它看作是逸失利益赔偿的话，这一制度是正当的。

相信立案者桥本道夫自己也认为有关第二类制度的内容毋庸置疑。但这只是错觉。潜在的患者逐渐被发现，十年后熊本大学的水俣病调查结果也显示，受害者比预想的要多 1 到 2 个数量级。另外，还出现了通过被认定审查会当作基准的亨特-拉塞尔综合征临床表现无法判定的水俣病症状。如自民党君健男曾在国会的争论中预言过的那样，前环境厅长官大石对存疑者实施救济的方针在认定审查会间确实引发了新的纷争。也就是说，无论是水俣病还是疼疼病，都应该对全体人员实施健康调查，通过流行病学诊断得出真正的症状，再依此来救济并制定赔偿的法律制度。而在没有这层探讨的情况下推进其法律制度建设，就造成了后文将提及的请求认定患者激增的现象。一旦执行把患者排除在外的错误认定制度，公健法自身的谬误之处便显现出来。

在正式发现水俣病后的六十多年里，问题依然没有被解决，这是政府制定公健法时完全没有想到的。当时，受害者、支援者以及诸多研究者也未曾指出有关第二类制度的弊端。

OECD 的评价

OECD 在《日本环境政策》（1977 年）中简单地描述了《公健法》的内容，并介绍了对其的批评。第一，减排后认定患者不减反增这一矛盾的出现，是由于行政上的迟缓而产生的。第二，如果把费用负担金当作保险金，那么让指定地区企业支付其他地区企业的 9 倍金额不合情理。另一方面，从公害责任的角度来说，其他区域的企业没有必要支付费用。这一法案试图在"行动责任"原则和"赔偿责任"原则间折中。第三，指定地区中罹患指定疾病的人，即便不是公害病，也能获得赔偿；相反，不在指定地区的公害病患者却无法获得赔偿。另外，无法继续工作的 1 级患者只能获得 80% 的赔偿，而未参加工作的人只要患病也能获得赔偿。这可以说并不是以赔偿费的性质，而是以逸失利益的性质进行的赔偿。

虽然 OECD 在报告中对《公健法》进行了批判，但也总结道，本应由司法解决的事情却通过行政来解决，这就产生了矛盾，"可以看出来日本的这种做法实际上是基于他们想要避免冲突的考虑"。"……政府希望避免（诉讼、直接交涉等）公然的冲突。"赔偿支付可以说是"把污染的权利、损害他人健康的权利用污染费用负担金的形式卖了出去。"（略）。这也赋予了污染可以达到污染标准上限的程度的权利。一些观点认为这种做法并非有效。不过，能够拿到赔偿还是比没有赔偿要好，这一点毋庸置疑。总体来看，OECD 认为该制度刺激了污染防治，对日本政府的行为不置褒贬，认为这是日本的国情[31]。

综上所述，该制度虽在国内外饱受批判，但这是可以与劳动灾害制度相匹敌的、世界上最早的有关环境灾害的公害健康受害救济制度。这样的制度是以企业自行究责为基本的资本主义市场制度下的一个特例，可以说预示着未来的发展方向。该制度在欧美未见先例，为日本政府独创，但由于公害研究的落后，留下了许多课题。在制度的帮助下，至少有约 10 万（从整个过程来看可达数十万人）的大气污染疾病患者得到了救济，其中可能也包括了一些非公害病患者。但对于公害病患者而言，这一制度是唯一的救济制度，也是该制度达成的巨大成就。另一方面，对于企业而言，制度也成功地使他们告别了公害诉讼、直接交涉等纷争。虽然后来为了修改公健法，大阪西淀川、川崎、尼崎、浅野、水岛等地又一次兴起了公害诉讼，但该制度成功地平息了桥本所称的"文化大革命"的风浪。尽管如此，受惠于该制度的经济界却在石油危机后的不景气中，立刻发起了修订乃至废止的运动，这是有违伦理的，具体会在下一章讲到，这一法案不仅为受害者提供了救济，也成功地实现了企业自卫和政权稳定。同时，企业为了减少支付高额的费用负担金，加快了公害防治投资，被迫进行了产业结构转换。

第二节　存量公害与 PPP ——公害防治事业费事业者负担制度等

1. 日本的 PPP 原则

这一时期的环境政策所遵循的经济学原则是前述的 OECD 的 PPP 原则。但 PPP 原则与日本从以往公害事件积累的经验中所得出的原则不同，仅限于利用市场机制的政策，并不涉及司法、行政等手段中所体现的"正义"的道德原理。OECD 提出 PPP 原则，既是为了资源的合理配置，也是为了纠正国际贸易中的不正当行为。如基于费用效益分析得出"最适污染标准"，按此标准征收公害税或罚款充当公害治理费用。经济行为可能导致的损失尽管属于例外，但也同样得到补偿。不过，没有考虑在全面救助、环境修复、预防这些阶段是否也适用 PPP 原则。

事实上，从足尾矿毒事件和爱媛县四阪岛的住友金属矿山公害事件来看，可以说自明治末年起日本便确立了污染源企业承担污染治理责任的原则，包括受害者救助、污染源治理、工厂搬迁、污染区域农田等土地的收购赔偿、被污染农田修复在内的全部公害治理费用都由污染源企业承担。然而，"二战"和战后的快速经济增长中断了这种传统方式。因此，水俣病、疼疼病、四日市哮喘病这些公害事件中污染企业并未承担加害责任，也没有负担公害治理费用，这也导致了公害诉讼乃至一系列严重的社会冲突。OECD 提出的 PPP 原则是在当时的特殊情况下，为了解决日本国民关注的公害问题而积极引进的一项基本原则。在当时，PPP 原则一度成为了日本的流行词汇。

然而，诞生于日本公害史的"污染源者付费"原则和 OECD 的原则不同，必须使其范围扩大，能够全方位配合环境政策[32]。针对此问题，中央公害对策审议会费用负担分会在《关于今后公害费用的负担方式》（1976 年 3 月）中进行了制度方面的追述。指出"排放影响健康及生活环境物质的相关责任方理应为其结果负责"，并从这一社会普遍认同的伦理出发，做出了以下论述：

"在我国，环境修复费用以及受害者救助费用也遵循了污染者承担这一思路。这是从我国严重的公害问题中总结出来的经验。今后，污染者负担的费用范围应不仅局限于污染治理费用，而应作更广义的理解。汞、PCB 造成的污染与积存物造成的污染问题，究其根本都是污染物流量积累造成的。在污染发生的当时应尽最大努力清除治理引发污染的物质，对于源于过去所产生的污染而引发的问题，原则上也应遵循污染者负担的原则。累积性污染的预防治理工作所需要的环境修复费基本上也应由原污染者承担。同理，受害者救助费用基本上也应由污染者承担。"

上述建议内容采用了笔者和都留重人提倡的污染者负担原则，与 OECD 的见解不同，将日本的经验作为基础，提倡污染源企业承担更大范围的费用。进而，要求污染者考虑整个经济行为过程中涉及的污染问题，并向间接污染者征收"附加污染税"。在接下来提到的石棉灾害的费用负担问题上也可应用此原理。

前文中也提到，OECD 承认日本的《公健法》属于 PPP 的特例。但是，并不承认积存下来的污染物治理、环境修复，以及暴露于污染源多年之后发生的受害的补偿均适用 PPP 原则。都留、宫本将这些称为存量公害，并认为其治理费用同样应由原污染企业承担。例如，由采矿业者承担镉污染土壤的修复费用，制造业者作为污染源企业承担石棉受害者的康复治疗费用。基于这种想法，《农用地土壤污染防止法》和《公害防止事业费事业者负担法》已经得到实行。笔者曾于 1974 年在日本学术会议主办的国际环境会议的预备会上作了关于存量公害的报告。当时，W. 卡普教授对笔者的报告批评道，土壤污染的治理责任不在污染物排放者，而是在地主或者开发商身上。这是当时欧美的常识。

1977 年在美国纽约州发生了拉夫运河事件，1980 年美国制定了超级基金法。由此，废弃物的排放者或其连带相关责任者承担存量公害的费用。此制度并不是通过个别企业，而是通过相关企业上交的环境税建立基金。尽管在这一点上有所不同，但可以说在存量公害问题上日本的原则得到了认可。后文也会提到，当时日本的《土壤污染防止法》仅适用于农用地，而美国的超级基金法案与德国的土壤法则适用于全部国土。日本的法律相比之下略有局限，欧美制度的适用范围更加广泛，可以说是后来居上。接下来介绍另一个日本的 PPP 案例。

公害防止事业费事业者负担法

这部法律是在典型的七种公害发生地区，为防止企业活动导致公害事件而制定的。由污染源企业承担国家及地方政府开展的环境治理公共事务的部分或全部费用。以下环境治理公共事务被列为实施对象：（1）工厂或企业周边的绿地建设及管理，（2）污泥及导致其他公害物质的疏浚，（3）已积存公害污染物的农用地、农用基础设施的客土工程或设施改善，（4）为配合特定企业的业务活动进行的下水道及其他设施的建设，（5）工厂或企业周边住宅的搬迁。

承担这些费用的责任方均在公害防止事业所在地区进行导致相关公害的活动，或者已确定将开展相关活动。各方以污染源物质的污染效果、排放量，及其他事项为标准，基于各方认同的公害相关程度分配负担金额。

此项事业在 1997 年后开始开放完成治理的地区，因此以 1997 年为节点，可将其完成情况总结如下（表 6-6）。总数 105 件，总金额达 2911 亿日元，其中企业负担金额为 1399 亿日元，负担率为 47%。花费最大的是绿化带建设，但重要的则是积存污染物的治理工作。其缺陷在于企业负担比例小，导致环境政策后退时期 PPP 原则无法贯彻。田子浦淤泥治理活动导致了不当公费负担返还诉讼，就是一个典型案例。淤泥处理的直接原因在于造纸、纸浆工厂排放的废液堆积物堵塞河道阻碍航船。企业方负担达到 82%。由于淤泥中有部分来源于富士山系的滑坡，且港口功能恢复具有公共性，所以 18% 的经费定为公共承担。

水俣病公害治理工程于 1977 年起疏浚、填埋了 209 公顷的含汞淤泥，直至 1990 年完成。总工程费用为 480.34 亿日元，其中智索公司承担费用 305.25 亿日元，占总费用的 63.5%。与之形成对比的是富山县神通河流域疼疼病的元凶——镉的去除与客土工程。在 1979 年至 2011 年的 33 年间，共治理了 863 公顷，投入经费 407 亿日元，责任企业承担的比率为 39.39%。以自然界中也存在镉以及一些其他的原因为理由，三井金属矿业的负担较小。

表 6-6　公害防止事业费事业者负担法适用状况（截至 1997 年 3 月末）

（单位：百万日元）

事业项目	件数	公害防止事业费	事业者负担额	负担比例（%）
疏浚事业	32	81 729	59 862	69.6
客土事业	40	84 664	37 674	44.5
绿化带事业	31	119 740	40 153	33.5
特定公共下水	2	5012	2172	43.3
合计	105	291 145	139 861	47.0

资料来源：环境厅企划调整课资料。

日本的存量公害治理事业与超级基金法案相比，责任企业的承担金额更加明晰。日本式的 PPP 展现了在防止公害方面的效果。然而，不能说企业因此就偿还了社会整体的损失。而且，政府对企业的公害对策有所资助。表 6-7 是用 1976 年度的数据进行比较分析。补助政策达到企业负担的 1.7 倍。按照日本式的 PPP，企业负担有所增加，但通过上述补助政策，也能看出政策考虑到了企业经营的安全与发展。

表 6-7　企业保护性环境政策（1976 年度）　　　（单位：亿日元）

因 PPP 所致的企业承担金额		辅助政策	
因补偿法所致的污染负荷量赋税金额	356	公害相关减税	619
公害防止企业承担金额	483	（a）国税	370
		（b）地方税	249
		公害防止事业公费负担	438
		因特别融资所获补助	343
合计	839		1400

注：（1）针对公害防止费的政府特别融资所获辅助额的测算方法，采用 OECD 的计算方法；
　　（2）公害防止事业费是截至 1977 年 12 月末的实际金额，视为总额。

2. 公害防治规划

有人指出，公害的原因是由于下水道、绿化带等社会资本的不足以及城市规划的缺位。因此，根据公害对策基本法第十九条制定了公害防止规划。该规划以公害严重地区及有可能发生公害的地区为对象，力图达到针对典型的七大公害制定的环境标准。它包括企业的公害措施、地方团体的生活环境维护与环境保护、土地利用规划等，是一个综合性的公害防止规划。以往的公害对策均为事后对策，局限于对个别排放源的规制，而本规划是一项地区整体的综合性环境保护措施，理念更加先进，是日本独创的环境政策。公害防止规划的第一期于1970年开始实施（冈山仓敷、四日市），到1976年实行的第七期为止，共指定了39个地区。涵盖全国主要的大城市、新产业城市、产业整备特别地区等，涉及全国人口的54％，国土面积的9％，制造业产值占全国的61％。原定每五年进行必要的评估与修正，但由于五年内难以实现规划，所以评估与修正工作在不断进行。

在活动初期，企业与地方团体的费用分配比重是3比7，渐渐转为以地方相关工程为中心。地方政府工程除一般性规制以外，还分为公害对策事业（下水道，绿化带，废弃物处理设施，学校环境维护，疏浚水道，土地改良，监测）和公害相关事业（公园、绿化维护，交通应对措施，地面沉降应对措施）。这些工程经费根据刚刚提到的《公害防止事业费事业者负担法》由企业承担一部分，并提高了公共工程的补助率。从第一期至第七期，公害对策事业费为85 305亿日元，公害相关事业费用达29 352亿日元。在公害对策事业费中下水道建设费占比最多，达到70％，废弃物处理费占25％。因此，可以说该规划的重点从防止产业公害转化为了应对城市公害。

公害防治规划作为一个预防公害的地区性政策，理念十分先进，但并不能说它完成了目标。该规划明确了目标和手段，但对于企业、地方政府及一般居民并没有约束力[33]。此规划由内阁总理大臣指示基本方针，各都道府县知事按照此指示制定规划，再通过总理认可方可实施。之所以用这种中央集权方式制定规划，因为政府的区域开发基本方针是从国家角度出发决定产业布局。因此，国家的基本方针形成于中央官僚的办公桌上，整齐划一。第一次指定的四日市、水岛地区规划与第五次指定的千叶、市原地区规划的基本方针完全雷同。各地的公害防止规划应该因地制宜，否则必然导致最终实施效果不佳。另外，环境标准是规划实施目标，但中途修改标准（如在规划实施过程中修改了二氧化氮相关标准），甚至有部分标准待定，这些因素也都导致了规划出现偏差。

从根本上说，公害防止规划是为保护某一地区环境而制定的土地利用与社会资本建设的基本规划，理应由各地政府充当政策主体，并且使当地居民积极参与其中，辨明各地区公害问题的现状及其原因，或者基于今后的产业发展与人口配置的预测进行制定。然而，这部规划中的公共事业作为各政府部门的补助金事业，没有进行综合统筹。从而运营的结果使人很难认可其就是公害防止事业。故此，一些地方政府开始制定有别于国家规划的自主规划。如东京都于 1971 年公布了《保护居民不受公害威胁规划》，为达到城市居民最低生活保障，其划定的污染物范围大于国家标准，并依据更严格的环境标准制定了限制规章。另外大阪府发表了《环境管理规划》，在全国率先开展了总量限制政策。公害防止规划体现了行政规划先于经济手段这一在欧美并无先例的日本特色，作为政策手段是很出色的。不过同时也体现出一点，即因为存在"政府失灵"，所以若地方政府不能成为主体，规划将会难以实现。

第三节　公害对策的成果及评价

1. 污染物减排成果及其直接原因

环境质量的变化——污染物减排

20 世纪 60 年代，企业与政府的无能导致日本的环境破坏程度达到顶峰，造成了最严重的健康危害。之后在 1970 年代，为防止损害人体健康，颁布了 14 部环境相关法律，并颁布了日本式 PPP 基础上的公健法等一些法律，按照严格环境标准设置的直接规制展现出了它的作用。在 1970 年代，企业也认可了将公害防止投资等社会性费用内部化。据日本长期信用银行称，企业为配合环境政策开展了相关机器生产，并将其视为环境产业是在 1970 年之后[34]。由于经济界出现了这些变化，环境质量得到了逐步改善。

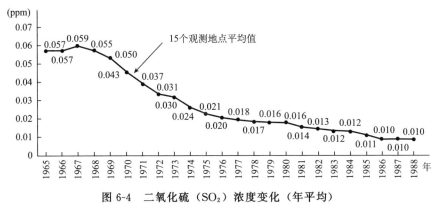

图 6-4　二氧化硫（SO$_2$）浓度变化（年平均）

资料来源：环境厅。

　　大气污染情况如图 6-4 所示。于 15 个主要观测点得到的首要污染物 SO$_2$ 浓度平均值由峰值 1967 年的年平均 0.059 毫克/升（相当于日平均值超过 0.1 毫克/升）降至 1976 年的 0.02 毫克/升（日平均 0.04 毫克/升），在当年终于达到了环境标准，此后也保持了下降的趋势。一般观测点的环境标准合格率情况如下。1972 年 684 个测点中合格的有 227 个，仅占总数的 37％；而 1975 年的 1125 个测点中合格的有 776 个，达到总数的 80％，及至 1980 年基本上全部达到了环境标准[35]。与此相反的是 NO$_2$ 浓度。如图 6-5 所示，从 1970 年开始逐渐增高，特别是在汽车尾气观测地点得到的数据超过原环境标准（年平均值 0.04 毫克/升）。但是，1978 年环境标准由日平均 0.04 毫克/升放宽至 0.06 毫克/升，绝大多数测点都能够达到该标准。然而大城市圈的

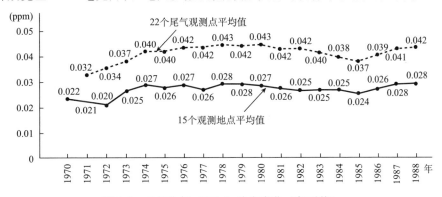

图 6-5　二氧化氮（NO$_2$）浓度变化（年平均）

资料来源：环境厅。

尾气排放量仍是只增不减。由于燃料转换，石油替代了煤炭，并且普及了电气除尘机，空气中的粉尘量锐减。细颗粒物浓度于 1975 年之后有所下降，但随着汽车保有量增大，浓度继续持平，之后出现 PM2.5 问题。达标测点占总测点的比例变动很大，有时会达到 80%～90%，到 90 年代又止于60%～70%。

水污染的对象区域包括河流、湖泊、海洋表层，尽管并不能一概而论，但已达到了 BOD 与 COD 环境标准中的生活标准 5 毫克/升。然而从全国整体角度来看的话，1974 年的达标样品比率仅为 78%。引发公害问题的镉、汞等有机物质的污染情况如表 6-8 所示，均有明显好转。

1975 年之后的各国间比较情况见表 6-9。SOx 的改善情况在国际上跻身前列，但 NOx 的相关情况与欧洲相仿，BOD 也是如此。

表 6-8　1970～1983 年有害物质污染情况[a]　　（单位：%）

物质名称	1970 年	1974 年	1983 年
镉	2.80	0.37	0.10
氰	1.50	0.06	0.03
有机磷	0.20	0.00	0.00
铅	2.70	0.37	0.03
铬（6 价）	0.80	0.03	0.01
砷	1.00	0.27	0.05
汞	1.00	0.01[b]	0.00
烷基汞	0.00	0.00	0.00
PCB		0.38[c]	0.00
总计	1.40	0.20	0.04

注：1. 环境厅统计；

2. a. 超过环境标准的样品所占百分比；b. 1973 年；c. 1975 年；

3. 总计为九种有害物质的检测对象样本中，超过环境标准样本占比。

民营企业的公害对策

由于 1970 年代在应对公害问题上有了很大进展，民营大企业的公害对策也有了跨越式的变化。公害防止设备投资如图 6-6 所示。1975 年的投资额达

表 6-9　主要产业国的污染情况变化及其环境保护支出

	氮氧化物（NOx）排放量（千吨）				硫氧化合物（SOx）排放量（千吨）				生物需氧量（BOD）（毫克 O_2/l）				城市废弃物（千吨）				环境保全研究开发 公共支出（百万美元）			
	1975	1985	1995	2002	1975	1985	1995	2002	1975	1985	1995	2001	1975	1985	1995	2002	1975	1985	1995	2002
日本	1677	1322	2143	2018	1780	835	938	857	3.2	3.4	2.3	1.0	38074	43450	50694	52362	62.6	80.4	82.2	193.7
美国	19100	21302	22405	18833	25600	21072	16831	13847	2.0	2.1	2.6	2.1	140000	149189	193869	207957	235.6	343.8	549.0	524.2
法国	1612	1400	1702	1350	2966	1451	978	537	10.2	4.3	4.4	2.7			28919	32174	44.0	65.0	259.3	419.9
德国	2700	2539	1916	1417	3600	2637	1937	611	7.9	3.2	2.7	2.3	20423	20268	44390	48836	65.8	429.3	563.0	470.7
英国	1758	2398	2192	1587	5130	3759	2364	1003	3.4	2.4	1.8	1.7	16036	16398	28900	34851	32.0	128.7	201.6	
瑞典		437	298	242		256	77	58		5.6	4.2	3.7		2650	3555	4172		27.2	47.2	17.3
波兰		1500	1120	796		4300	2376	1455						11087	10985	10509				
韩国		722	1153	1136		1351	1532	951			3.8	3.4		20994	17438	18214				251.1

注：1. NOx 与 SOx 的数据是基于污染产生源生产情况推算出各项数据，为概数，并不精确。NOx 的各项数据中，瑞典 1985 年数据实为其 1987 年数据；韩国 2002 年数据均为西德数据。SOx 的各项数据中，日本 1985 年数据其实为 1986 年数据，韩国 2002 年数据实为 1999 年数据。德国至 1985 年的数据均为西德数据。此外，日本 2001 年数据其实为 1999 年数据。

2. BOD 数据分别是日本淀川，美国特拉华河，法国多瑙河，德国莱茵河（仅 1975 年为莱茵河），波兰维斯土河，韩国汉江河，英国泰晤士河。实为 2000 年数据，韩国 2001 年数据实为 1999 年数据。

3. 城市废弃物数据是对城市有关管理部门收集的家庭垃圾与办公场所垃圾进行统计的数据。日本 2002 年数据实为 2000 年推算数据。美、法、英三国 2002 年数据为西德推算数据 2001 年推算数据。德国 1975 年数据实为西德数据。韩国 1995 年数据实为 1996 年推算数据。德国 1985 年数据实为西德数据。

4. 环境保护研究开发公共支出各项数据中，1975 年数据是根据 1980 年购买力平价而推算出的结果。此后按 1990 年购买力平价推算。德国采用西德数据推算。

资料来源：根据 OECD，*Environment Data Compendium*，1985、1987、1999、2004 制作。

到了 9645 亿日元（公害防止设备投资占设备投资总额的 17.7%），不论是投资数额还是总投资占比，均居于世界首位。但是 70 年代后期，投资快速减少，到 1980 年缩减为原来的三分之一，为 3128 亿日元（占投资总额 3.9%）。可以想象投资额下降是由于当时引进设备暂时告一段落，但同时也应看到这与全球经济不景气导致的环境政策弱化，以及产业结构发生变化等原因紧密相关。各行业的公害防止投资情况如表 6-10。表中数据为日本开发银行的调查数据，所以与表 6-9 中数据有出入，但整体趋势相同。从连续三年的数据来看，1972～1974 年投资是 1969～1971 年的四倍。可以看出民营企业并非自觉开展公害应对工作，而是在国家舆论与法律诉讼的背景下，在中央和地方政府介入下进行的[36]。因此，随着经济不景气造成环境政策的弱化，从 70 年代后期起不断缩减投入，到了 1980～1982 年期间制造业的防止公害投资缩减到只有高峰期的四分之一。

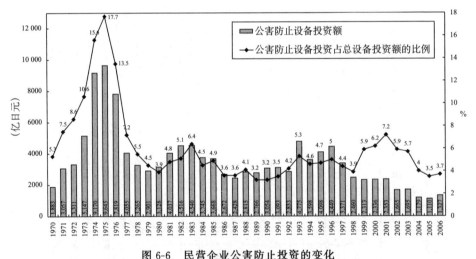

图 6-6　民营企业公害防止投资的变化

注：2005 年数据为预估数值，2006 年数据为规划数值。

资料来源：根据经济产业省经济产业政策局编《主要产业的设备投资计划》制作。

从投资额峰值即 1975 年的各行业数据来看，钢铁、电力、化工、炼油四个行业在防止公害的总投资额中占了 72%。这是由于当时公害防止投资的重点是治理大气污染。可以清楚地看到，日本开发银行的环境改善措施相关融资中的大部分都是用于解决 SO_2 污染问题。脱硫装置的实际应用是在 1970 年以后。此设备在 1970 年仅设置了 102 台，而 1975 年增至 994 台，到 1980 年则达到了 1329 台。然而，由于脱硝有一定困难，即使到 1975 年也仅设置了 45 台，到 1980 年变为 140 台。重点改善项目 SO_2 减排的主要实现途径如图 6-7 所示，燃料转换完成了大部分减排目标，其成效明显大于排烟脱硫。

表 6-10　各行业的应对公害问题投资情况　　（单位：亿日元）

行业	年度					
	1969～1971 年累计	1972～1974 年累计	1975 年	1977 年	1975～1979 年累计	1980～1982 年累计
制造业	4521	16 131	8174	2807	20 802	4546
造纸	276	1040	311	83	728	124
化工	676	3519	1922	357	3416	549
炼油	1012	2676	1508	125	2954	826
建材	143	642	206	165	886	472
钢铁	1242	3535	2123	778	6955	1438
有色金属	319	617	248	147	662	162
机械	77	52	—	—	—	—
一般机械	3	134	90	39	232	95
电气机械	8	101	29	46	178	123
运输机械	487	2496	942	795	2939	326
非制造业	1321	3619	2315	1834	10 123	8770
电力	1189	3224	2003	1748	9228	7652
燃气	46	152	187	42	475	916
合计	5843	19 750	10 489	4641	30 925	13 316

注：1. 开发银行《设备投资问卷调查》。

　　2. 根据宇泽弘文、武田晴人《日本的金融政策 II》东大出版社，2009，pp. 94-95 制作。

公害对策得以逐步推进，其原因不只在于大量的设备投资，还在于直接在生产现场从事污染物减排工作的公害管理者的努力。依相关法律设置的公害防止管理者国家考试始于 1971 年。1971 年有 38％的报考者合格，达到 36 385 人，之后每年都有 2 万～13 万人报考。1971 年至 2007 年之间的合格者共计 307 929 人，其中大气污染管理合格者 75 601 人，水污染管理合格者则达到 144 263 人。公害防止管理者通过认真检查污染源，起到预防公害的

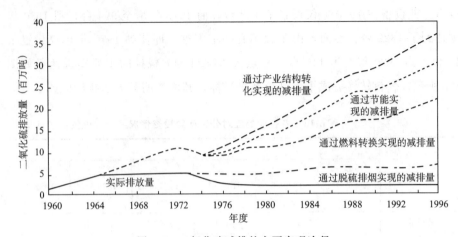

图 6-7　二氧化硫减排的主要实现途径

注：日本的大气污染经验检讨委员会编《日本的大气污染教训——探索可持续开发的挑战》

公害健康损失补偿预防协会，1992，p. 92。

作用。硬性措施与软性措施双管齐下，对污染物减排起到了作用。

公共部门的变化

在第三章也曾提到，在经济高速成长期，公共部门的公害应对机构贫乏，执行力薄弱。1960 年代末期革新型地方政府建立，分权化有所进展，由此地方政府的环境部门焕然一新。如表 6-11 所示，1961 年度地方政府的环境部门职员不超过 300 人，设置了公害防止条例或环境条例的地方仅为六个都道府县及一个市，预算为 140 亿日元，但除去下水道建设费用后，预算仅为 2 亿日元。1974 年，所有都道府县以及 346 个市町村制定了公害防止条例，成立了公害治理责任部门。相关职员 12 317 人，是 1961 年的 41 倍；预算达到 9537 亿日元，是 1961 年的 68 倍；除去下水道建设费用后，预算为 3838 亿日元，为 1961 年的 1900 倍。过去从未有行政部门有过如此巨变。出现全新的公害、环境相关机构，拥有研究所和专业人员，积极地开展公害防止工作，是以当时高涨的反公害舆论与民间运动为背景的。下面也会提到，日本的公害相关行政工作是建立在地方政府的行政指导、与污染源企业签署的公害防止协议这两点基础之上的。

表 6-11 与地方团体环境公害相关的责任组织与预算的变动

	1961 年		1974 年		1986 年		1995 年	
	都道府县	市町村	都道府县	市町村	都道府县	市町村	都道府县	市町村
有环境公害责任组织的团体数	14	16	47	765	47	562	47	845
责任职员数	300		5852	6465	5865	4816	6384	4534
预算（亿日元）	140		3501	6036	8910	20800	14458	46738
除下水道费用的预算（亿日元）	2		3838	8785	17 319			
设置了公害防止条例或环境条例的团体数	6	1	47	346	47	496	47	608

注：1961 年度数据由厚生省调查得出，1974 年度以后数据援引环境省的《环境统计》（各年度）。

环境厅也如前所述，在初期积极开展了工作。环境厅出台了有关规制和支持的法规，特别是出台了日本首创的公健法和《公害防止事业费事业者负担法》，虽然有其局限之处，但也作出了巨大的贡献。然而，与英国的环境部不同，不涉及建设、交通、国土开发等部门，不能及时实施政策，易陷于被动。如环境厅未能在该时期制定出最为重要的环境影响评价制度，就表现出其作为弱势部门的尴尬。时任长官的三木武夫说弱小的环境厅是由居民运动支撑的，大石武一长官也与居民运动进行了积极的交流。居民运动不正是环境行政的力量之源吗？

2. OECD 的"日本环境政策"综述报告

OECD（经济合作与发展组织）环境委员会继瑞典之后，于 1976～1977 年对日本的环境政策进行了评估。其报告书由巴黎大学教授雷米·普吕多姆执笔，在吸收了都留重人、宇泽弘文、森岛昭夫、哈佛大学教授 E. 赖肖尔、普林斯顿大学教授 E. 米尔斯等人的意见后最终公布。这些成员当时都是日本环境及城市研究方面的权威学者，其评价是客观准确的。接下来笔者将加入一些解释展开介绍。评估由环境政策概况开始，在探讨了标准、补偿、企业选址、成果、经济方面情况之后，提出了以下著名结论："日本已经赢得多场防治公害战役的胜利，但还没有在提高环境质量的战争中获胜。[37]"另外，还指出"日本基本上清除了公害相关疾病最为重要，或起码最广为人知的原因"。但是，整体污染物的环境浓度并无显著改善，NO_x、BOD、COD还尚未有明显减少，"取得成功的只是那些确立并实施了应急措施的领域"。

第二点结论与日本公害防止政策的性质有关。即日本的政策没有采用尊重市场规律、以公害税在内的经济手段来修正市场机制的做法，而是采用了"拒绝利用市场规律，导入计划化"的做法，这起到了很大的作用。评估报告的前半部分详细说明了日本公害对策的特点。日本的政策手段中地方政府的行政指导与多达三万项的公害防止协定比中央制定的法规更有效。中央政府制定环境标准，地方政府决定具体排放标准，对污染源进行规制。中央政府将较严的全国水平的环境标准作为行政目标，而不是当作管控标准；地方政府则往往采用更加严格的标准，并以此确定各家企业的排放量，并与各企业分别协商和签署协议。也就是说，法律条例是用来制定行政目标的，而不是用来定刑咎责，以期达到管控的效果。进行行政指导与社会规制（公布违反者名单使其接受社会舆论的惩罚）。这即使叫做直接管制也并不是追究违反者的法律责任，而是令其承担社会责任。

评估报告指出，为了实施不利用市场机制的、以规划和直接管控为手段的公害对策，不使用费用效益分析基础上的经济性标准，而采用"带有很强道德色彩的日本方式"。并且认为在科技领域也有同样的思维方式，这种做法毋宁说产生了较好的结果。这就是下一章中会提到的汽车尾气排放规制。日本的汽车尾气排放限制标准中NO_x的相关标准过于严苛，当时大多数人都觉得那是一件不可能完成的任务。如果现实地从经济角度探讨技术可行性的话，也许就无法研制出现在的低公害车了。然而如下一章所述，政策将健康放在第一位，在这样的政策压力下NO_x的排放量大幅减少，而且为缓解这一问题而研制的低油耗汽车问世了。在评估报告中，日本的做法被高度评价道："日本的经验支持了这样一个思路——不是以技术来制约政策选择，而是以政策选择来制约技术。"

第三点结论与日本公害防止政策的经济费用及其影响有关。日本的公害防止费用高于其他国家，如表6-12所示。1974年，日本私企的公害防止投资占总投资额比重为4%，是最高比例[38]，占国民生产总值的比重也达到1%，排在各国首位（表6-13）。1975年的政府与民间二者的公害防止投资占国民生产总值的比例达到了2%。各行业的数据如前表6-10所示。钢铁、化工、炼油、电力、造纸等行业的公害防止投资的负担很重。评估报告评论道:"这也是一个重点——这些追加费用给日本经济带来的影响并不大。"直到1974～1975年世界范围内的经济低潮期,日本经济并没有因为公害治理费用而阻碍其保持比大多数国家更高的经济增长率、更低的失业率,以及适量的国际贸易盈余。尽管不能明确判断这是否是环保产业的发展所带来的影响,但从宏观模型的研究结果来看,公害措施带来的综合影响并没有带来什么特别的副作用。

评估报告在对公害对策进行了上述评价后提出,尽管公害防止措施取得了成功,但并没有成功消解对环境问题的不满情绪。"日本的状态就好似即使消灭了主要病因,病也还是治不好。这说明对环境问题有不满情绪的本质性原因,并不在于污染的加重,而是在于环境质量的恶化,而且这种状态一直持续到现在。"报告还说明了这里指出的环境质量是指舒适度、安静程度、优美程度、私密性、除去社会关系方面的生活质量。

表 6-12　日本私企的公害防止投资相对占比（日本与 OECD 主要国家，1974 年）

（单位：％）

	私企的公害防止投资/私企总投资	私企的公害防止投资/国民生产总值
日本	4.0	1.0
美国	3.4	0.4
荷兰	2.7	0.3
瑞典	1.2	0.1
西德	2.3	0.3
挪威	0.5	0.1

注：OECD,《Environmental Policies in Japan》日译本，p.90。

表 6-13　公害防止投资占国民生产总值的比例（1970～1975 年）（单位：％）

年份	私企的公害防止投资	政府的公害防止投资	公害防止投资总额
1970	0.4	0.6	1.0
1971	0.5	0.8	1.3
1972	0.5	1.0	1.5
1973	0.6	1.0	1.6
1974	0.7	1.0	1.7
1975	1.0	1.0	2.0

注：同表 6-12 日译本，p.91。

　　然而，评估报告中所说的公害对策并没有消除对于环境相关状况的不满这一点有失偏颇，公害对策是确立环境质量或其舒适性的第一步。健康权与生存权是基本人权，只有确保了这两种权利才有可能追求生活的丰富与舒适。这正是所谓的"衣食足而知廉耻"。不过，评估报告的重要之处在于其不止围绕维持健康的问题进行了论述，还更进一步地提到了为保证环境质量应注重自然文化遗产的保护工作和一般性福利政策的加强，明确了下一阶段的问题所在。

　　评估报告中写道："必要的是慎重的统筹性规划，阻止可能破坏环境的开发行为，促进有利于环境的开发，要善于利用这样的机制"。并在结尾提出了有见地的建议："新型环境政策中的基本要素应该是旨在促进公众参与的组织"与公众参与制定政策。

　　此后 OECD 的日本环境政策评估报告同日本的《环境白皮书》一样，变成了罗列个别政策进行介绍的官僚主义作文。相比之下，最初的这份报告由专家学者完成，很有价值。遗憾的是，后来这份报告被环境政策的倒退所利用。由于报告中说对公害的战役已经胜利，再加上世界范围内的经济萧条，环境政策尤其是治理公害的政策被逐渐弱化。下一章将具体讲述这个问题。至于"环境质量"问题，从 70 年代起维护市容与水城复兴等居民运动发展至全国，但行政方针没有改变，环境与自然保护长期处于困境。这也是因为没能实现居民参加政策制定过程。报告甫一问世，公害对策就开始面临被断绝粮草的危机，确立"环境质量"这一课题至今仍没有成功解决。

3. 经济、政治学家的评价[39]

宏观经济学家对于公害防治费用的探讨

　　接下来介绍两篇被 OECD 评估报告用于参考的论文结论。在日本经济新闻社和日本生产率本部于 1976 年 5 月 26 日至 28 日举办的"国际环境研讨会——创造无公害社会"上，学者提交了这两篇论文并作了学术报告。此次研讨会聚集了包括笔者在内的海内外学者和环境行政官员[40]。

　　筑井甚吉、村上泰亮在《公害治理的经济费用——动态产业结构分析》中指出，在公害治理率上升的同时，生产及收入水平相对下降，达到国民收入的 3％～4％，而产业结构也发生变化，向进口资源消费型过渡。然而这并不是阻碍日本经济发展的因素。"可以说，五种公害因素（SOx、NOx、BOD、产业废弃物、生活废弃物）的治理工作所需的经济费用并不一定会给日本经济造成沉重负担，而且不能断言伴随公害治理出现的产业结构变化一定是巨大的[41]"。换言之，即使公害治理费用这一社会成本急剧增加，日本经济也能将其内部消化。

宍户骏太郎、押坂晃在《日本经济中公害防止政策造成影响的计量经济学分析》一文中具体分析了 SOx、NOx、CO、污染粒子、BOD 以及产业废弃物这六种污染物的情况。由于没有可靠的数据，汞、PCB 等化学废弃物、家庭废弃物、噪音、恶臭、海洋污染等污染物不在分析对象之列。宏观来看，公害治理投资是需求侧引致的扩大生产，但其自身并不形成新的增加值，仅对通货膨胀有贡献。在 1970 年至 1977 年间，公害治理投资的最低目标为 55 000 亿日元，最高目标为 98 000 亿日元，占同期 GNP 的 1.5％～2.4％。这里的公害治理投资并不包括公共投资（下水道建设等），所以针对大气污染的措施占比较大，水污染治理措施占比较小。SOx（对策投入，下同）占比为 1/5，BOD 按最低目标占比 1/3，按最高目标占比为 1/10。此时主要行业的价格水平于 1977 年上升。这会给低收入阶层造成影响，必须进行收入再分配。实际 GNP 增长率前期指高 1.2％～2.6％。全期间提高 0.1％～0.2％。个人消费在前期的三年时间内大幅上升，后期快速地平稳下来。商品出口在最初的两年呈减少态势，之后由于生产能力的扩大而上升。

结论如下：第一点是对经济增长的影响，在最初的三年时间内，公害防治费用相关的有效需求增大，超过费用与价格引起的景气缩小效果。汽车生产规模扩大，食品、纸浆、杂货、能源缩小。第二点是出口的效果由于他国的倾向性而被抵消。第三点是公害治理导致生活必需品价格上升，需要强化社会保障。第四点是石油制品价格的涨幅并不会太大，其他能源资源（LNG等）或相关制品一定程度上削减了其涨幅[42]。

从宏观经济学来看，尽管 70 年代日本的公害治理费用增大，但这并没有阻碍日本经济增长，也并没有带来产业结构或贸易方面的巨变。这是由于在高度增长期，重污染行业——重化产业与能源业的利润率很高，社会成本能够内部化。然而好景不长，自 1975 年日本经济进入低增长期后，公害治理费用立刻成为经济发展的一大负担。

来自德国环境政治学的评价

很多研究日本的海外学者有着各种各样的评价，而在此笔者想具体阐述一下政策出台20年后出版的 M. Janicke & H. Weidner, *Successful Environmental Policy*（1995年）[43]中魏德纳所著的"日本煤烟产生设施的二氧化硫与二氧化氮减排"一文。

魏德纳综合分析了70年代的日本大气污染治理政策，并得出了以下结论。"日本国内由于中央政府和产业界对环境保护毫不关心，所以很久之后才开始积极采取污染防止政策。这也使国民经受了许多痛苦。但是，经历了这一阶段的日本成为了先行者，特别是在大气污染管理政策方面。"完成这些改善的决定性因素如下：

"最为重要的原因是灵活运用各种规制手段，'元政策手段（meta-instrument）'（例如损害赔偿法（笔者注——即《公健法》）、交涉手续、信息系统）的使用，政治实用主义，为达到一定目标，使各重要战略集团彼此形成共识的能力，环境保护运动对政府与产业界形成的强大政治压力（并伴随着政治成本的增加）加之革新型地方政府的积极态度等，综合了各种复杂的因素。"

魏德纳通过回顾历史讲述了大气污染物是如何得到治理的这一问题。尽管篇幅较短，但比 OECD 的报告分析得更加准确。他认为 SO_2 和 NO_x 的排放量得以减少的直接原因有以下五点政策方面因素：

（1）末端处理方法（烟道排气的脱硫与脱硝，重油的直接间接脱硫）

（2）燃烧过程中的特别改善手段（低 NO_x 燃烧器）

（3）燃烧、生产工艺中的一般性改善（节能、提高能源效率）

（4）改良投入要素组合（用污染少的燃料代替）

（5）改善产业结构（缩小污染产业与能源集约型产业的规模）

带来这些技术性改善的是直接或间接性的政策手段。他认为这之间有着千丝万缕的相互依存关系。魏德纳这样归纳其复杂的社会性因素：征收 SO_x 费用负担金是为了实现以地方政府为中心的"行政指导"、"公健法"等行政性救援制度的，其对污染削减起到了强烈的刺激，让最好的方法不断进入视野，将规定和标准具体化到各种情况，以此基准出台了"公害防止协定"，以及能称作是"法定武器"的"四大公害诉讼"。并且根据这些判决结果形成了日本环境政策的五点原则，这也成为了日本环境政策的决定性特点。

• 有毒物质与受害及损失之间的因果关系可不必用严格的学术性证据证明，而是直接承认与原因相关的统计或流行病学上的证据。

• 决定污染当事人的责任时，不考虑过失免责，即"无过失责任之原则"。

• 针对大气污染的原因相互影响这一点，法律承认各个污染者的广泛责任，即"共同责任之原则"。

• 无法证明危害性、只能预测危害程度时适用的留意义务中也导入了严格的标准。

• 寻求补偿要求的法律性基础、计算实际补偿额时十分重要的一点，是受害者的负担原则，即在一定条件下的"举证责任的转换"。

如果基于这些原则进行审理的话，企业难以不被问责，不仅要支付巨额赔偿，产业政策也将基本无法实行。由此，企业与保守政权不得不转变为"协调性途径"。魏德纳认为是公害受害者和公害反对运动掌握了日本公害对策的主导权，并且提出这样的结论，"概括来说，反公害运动对日本社会的社会现代化与政治现代化做出了贡献"。可以说在海外的研究者对日本公害对策的评价中，这是最具综合性和准确性的[44]。

日本环境经济学者的评价

环境经济学是一个崭新的领域，该领域的学会直到 20 世纪 90 年代才在日本出现。在 90 年代后期至 21 世纪的第一个十年，环境经济学者也针对主要于 70 年代开展的公害对策进行了评估工作。以下择要进行介绍。

寺尾忠能在其"日本的产业政策与产业公害"一文中，通过产业政策这一视点分析了战后的公害对策。特别是根据公害对策基本法第 24 条——"必须尽力采取有必要的金融及税收措施"——进行的财政投融资和税收方面优惠政策，他在评价其成功时有如下论述："为防止公害而采取的经济优惠措施从整体上看，已成功地成为了企业的公害防止活动的诱因，也可以说是日本从 70 年代中期以来在短期内出现的数额庞大的公害防止投资的原因之一"。他认为 SO_2 的减少得益于直接规制加优惠措施。为了实现经济增长，对产业政策和产业公害对策两者都采取了帮扶政策。然而，行政指导下的产业公害对策与其密切相关的包括环境资源利用规划在内的布局政策相分离，有批评认为这仅止于事后的权宜之计。信息收集、评估、向居民通报都是滞后的。

用比喻的说法，日本的产业公害政策是"先弄脏再打扫"。"从技术层面推进了问题的解决，虽然成果十分显著，但在形成社会共识且为此确立制度这方面并没有取得成功"[45]。

滨本光绍在他的"对日本旨在防止公害的公共政策的一个考察——以硫氧化合物、氮氧化合物对策为例"一文中，聚焦 SO_x 和 NO_x 削减相关的直接规制与优惠措施进行了研究。他认为，日本采取优惠措施进行一揽子技术开发的原因在于当时的时代背景，"当时的治理技术、相关研究、知识储备十分不足，但又必须尽快实行公害对策"。"可以说此政策加快了 SO_x 问题的改善进度。从这样快速的改善情况来看，可以说该政策发挥了充分的作用。"同时，如同对汽车产生的 NO_x 规制的成功那样，企业间的技术竞争等产业组织方面的原因也不容忽视。

然而，这种政策组合过于依赖技术，没有进行大范围的政策考虑（如工厂选址等），最终只能放宽 NO_x 环境标准[46]。滨本认为 OECD 报告书中指出补助金具有分配调整性作用，而他本人则更强调其具备推进公害防止技术对策的优点。

两篇论文针对产业公害政策中补助金政策的效果及其局限进行了分析。而李秀澈则在"环境补助金的理论与实际"一文中，经过缜密地分析，得出了日本经济高速增长期的公害政策的成功离不开环境补助金政策（直接补助金、财政投融资与税收政策）这一结论，并提出应将此经验应用于韩国和中国。笔者认为环境政策的理论是优先费用负担金和环境税，将补助政策作为次要手段；而李则认为日本环境政策的中心是环境补助金（图 6-8）。1970 年代公害防止投资中，日本开发银行等机构的政策融资（国家的金融扶持）占比将近 30％。和前文中寺尾所估算的一致，最高值出现在 1975 年，政策金融与税收特别政策的减免税收达到了公害治理设备投资的一半。尽管从 80 年代中期开始，政策金融的利息效果消退，但 70 年代的民间公害治理设备投资增多，补助政策同直接规制一起，成为应对公害问题的一体化政策。他评价说这样的一体化政策是有效的，并阐述了如下结论。

"日本的财政投融资这一政策性金融行为与环境管控政策有机结合，可以说他们为克服经济高度增长期间严重的公害问题起到了一定的作用。政策性金融将国家的投资资源引向环境方面的作用很大，对与防止污染相关的技术储备及环保技术的开发也发挥了重要作用。[47]"

另一方面，李秀澈抛却了税费特别办法对添置公害防止设备的引导作用

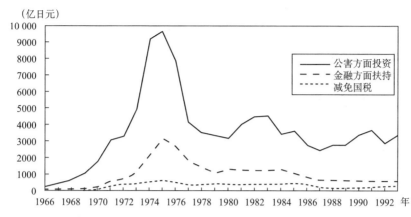

图 6-8　公害防止设备投资与金融扶持项目的推移

资料来源：李秀澈《环境补助金的理论与实际》（《经济论选》别册《调查与研究》，1999 年 10 月）。

注：1）公害方面投资：通商产业省调查结果，大企业的公害防止设备投资额。

　　2）金融方面扶持：投资部门面向大企业的公害防止政策的融资额。

　　3）减免国税：大藏省推算数值，以公害防止设施为对象实行税费特别措施，降低税额。

　　此处为其估算值。

这一假说。他的环境辅助金计量分析方法，作为环境经济学的环境政策分析方法，是近年来的出色业绩。由此可以明确政策性金融的作用，也能看出在补助金制度与直接规制混合使用时，并没有发生腐败，达到了一定的效果。

　　但是，与前两篇论文相同，这项研究也侧重于扶持政策，并没有探讨《公健法》与公害防止事业的费用负担金（污染者负担金）的效果，略显片面。笔者认为这个时期的日本环境政策是以迫于公众舆论以及居民运动压力而采取的直接规制（公害诉讼、革新型地方政府出台排放限制等行政指导、公害防止协定）为主线，再辅助一些政策性金融、减税等引导措施，以及费用负担金政策，使之成为一个混合政策包。其中有魏德纳所说的"复杂结合"，它使 70 年代的进步成为了可能[48]。优惠政策是其中的一部分。政策性金融手段有效是因为日本保有着其他国家遥不可及的巨额邮政储蓄作为公共金融资源，拥有相当于源于税收的一般会计预算的一半左右的庞大的财政投融资计划。财政投融资计划与预算制度不同，实质上不受议会控制，如何使用任凭政府。而且，这个制度很难应用于其他国家。另外，三篇论文都承认，直接规制和优惠政策仅在解决经济高速增长期间的大气污染问题时发挥了作

用，但在面对其他公害事件、汽车公害以及废弃物护理等城市公害以及地球
环境问题时，并不能照搬套用。因此，从日本公害对策整体来看，最公允的
评价当属 OECD 报告与魏德纳。

4. 巨大的遗留问题

自然普遍文化性环境

OECD 报告的结论部分中提到"提高环境质量的战斗才刚刚开始"，笔者
认为这句话十分正确。早在 70 年代初期，要求保护自然与市容的市民运动就
已经扩展至全国。之前提到的尾濑沼的自然保护与奈良的平城京遗址的历史
文化景观保护已成为了全国热议的话题。防止公害问题危害身体健康的舆论
和运动开始转向持续地追求生活安全与惬意的舒适生活权利的运动。环境权
应包括两部分要求，一方面是通过防止公害而确立健康权，另一方面则是保
护自然环境与文化生活环境的舒适权利。然而，行政与司法在当时并没有承
认环境权。当时已经进行的海滨进入权诉讼中，法院认为居民维护海滨的权
利仅是反射性的利益，并不是居民合理权利，因此裁决原告不具备起诉资格，
驳回了起诉。尽管环境厅的行政对象也包括自然保护，但并不是将自然作为
生活环境，而是只保护那些有历史性文化性价值的"宝贵遗产"。一个典型例
子是《城市绿地保护法》（1973 年制定）。这部法律仅指定了 1 公顷以上大面
积的且具备历史文化意义的绿地为保护对象。但实际上在城市化程度高的地
方，300 平方米的绿地也具备保护价值，哪怕没有特殊树种，仅是普通的不
同树种构成的杂木林，也有其保护价值。另外像德国的《小花园法》，通过市
民开设菜园提高城市的舒适程度，用市民菜园的形式保留住城市的生产绿地，
在城市绿地保护方面具有重大意义。但是，环境厅没有提高诸如此类的"环
境质量"的权限。历史文化遗产属文部科学省管辖，海滨地区的保护属于国
土厅，城市绿地与生产绿地在建设省的行政范围之内。如此这般，环境厅并
没有控制国土及城市开发的权力，所以导致了自然、文化遗产受到破坏再维
护，环境污染之后再保护这样亡羊补牢的情况。尽管居民已经在反对公害运
动中提出了环境保护的要求，但是行政与司法部门才刚刚开始着手解决严峻
的健康威胁，还没有从根本上深入到环境质量的层面上去。第五章的公共工

程诉讼也能证明这一点。可以说在行政与司法部门一直保持着对环境问题的浅层次认识，在这种状态下国土与城市破坏也一直持续到了 1995 年的阪神大地震。

末端治理型的公害对策

OECD 评估报告的结论前半部分到底如何？的确，对于严重的公害而言对策确实取得了成效，但认为取得了战役的胜利未免有些言过其实。"胜仗"这个评价，如果当作是对与严峻的公害问题作斗争，努力克服公害问题的市民社会做出的表扬还可以接受，但企业及政府不能过于相信这个评价，而使公害政策被弱化。以水俣病问题为例，问题并未得到完全解决，导致纷争一直持续了之后的半个世纪之久。遗留的问题并不只是善后。第五章说明过的大量生产、流通、消费、废弃这一日本经济系统并没有实现改革，反而从质、量两方面都越发扩大发展。负有规制责任的公共部门在此后的新自由主义潮流之下不断缩小和退化。因此，新的公害与环境破坏不停地在国内外发生。经济高度增长期的存量公害就是一个典型例子，而且又发生了新的化学物质污染和核污染。这是后文中将会具体说明的一点，即如果没有系统性的变革，那么公害问题就不会消失。简而言之，70 年代的日本公害对策，其实是一种"末端治理"，即并不是控制污染产生的源头，而是在生产过程最后的排放阶段进行污染物质的回收或削减。后来发生的石油危机促进了减少污染物质的节能、节材的技术开发，但是即使如此，环境政策本身难道不是还停留在初级阶段吗？

提到末端治理，不得不说日本的包括排烟脱硫脱硝在内的许多技术都是世界最高水平。根据"大气环境研究的变迁与今后的课题"（载于土木学会编《环境工学的新世纪》）一文，日本工学界采取的做法并不是预防，而是污染问题出现之后再进行技术开发。回溯其历史，从煤尘到 SO_2、NO_2、CO、O_x（光化学氧化物）、SPM（浮游粒子物质，如近年出现的 PM2.5）、VOC（挥发性有机化合物）、恶臭，工学界按这一顺序对相应物质进行了观测和技术开发。然而，文中指出"依然有众多问题悬而未决"，并且总结出以下几点作为今后的课题。

（1）研究出可解决问题扩大的综合性对策——大气环境具有空间上的扩展性，和水、土壤、生物都密切相关。

（2）通过最佳搭配进行方法手段的综合化——如针对汽车尾气的对策，应采取燃料改良、交通流、交通量对策等多管齐下的方法。

（3）在进行前瞻性与综合性的对策评估基础上的大气环境管理——需根据对温室效应与广域大气污染等的未来预测来明确政策的必要性和合理性。

（4）建立真正寻求问题解决的组织体制[49]。

文章希望以此超越末端治理这个技术的局限，寻求工学上的系统解决，但并非笔者所主张的作为"中间体系"的政治、经济与社会的体制改革。

OECD 评估报告中指出日本的水污染对策落后于大气污染对策[50]。如第一章等所述，日本的下水道系统建设比欧美国家晚了一百年。其后也由于社会资本充实政策的失误，下水道建设的进展仍很缓慢，建设方式也出现不协调的情况。如只需要建设简易净水池的偏僻山坳及离岛地区也一律建设成公共下水道，致使地方财政困难。现在虽然在普及广域的流域下水道，推进三次处理技术，但是解决水污染问题并不等同于保护水环境[51]。

本多淳裕以食品产业为例，对排水对策的重新审视提出了重要意见。他提到 1969 年科学技术厅资源调查会提交了一份报告，报告中提出今后应变更生产工序以尽量减排（即零排放化），并且应有效利用排放物（即废物资源化），即实现所谓封闭系统。这要求超越末端治理的新的技术层级。而从那时起，封闭化就成为目标，但是像食品产业这样将废水用活性淤泥法等生物学手段进行处理来达到排放标准的行业，要做到这一点非常困难。为了形成封闭系统，如鱼在打捞上岸卸货的时候就切成三片，到工厂加工时就能省去排水和丢弃鱼骨及内脏的步骤，或者将残渣做成粉末重新利用。这样的方法涉及整个生产过程，牵一发须动全身[52]。这仅是食品产业中的一例，从这个例子可以看出封闭式系统并不能简单地只在单一行业或单一工厂内实现，而是需要改变整体经济过程的系统变革。

预防与居民参与

公害、环境破坏的救济包含着补偿原理不能解决的不可逆的绝对损失。因此，预防应是基本的对策。为此，首先需要的就是环境影响评价。其重要性已经通过三岛、沼津、清水的公害反对运动得到了印证。然而，政府仍然没有制定环境影响评价法，而是在 1972 年的内阁会议上对公共工程开展环境影响评价予以认可。因此，此后的地区开发都是在非法规性的行政指导下进行评价，所有地区的居民都在批评质疑其出现的问题。因为没有环境影响评价法，所以即使预料到环境即将受到破坏，开发活动也不会被阻止，甚至都不会有任何改动。笔者调研了第二次全国综合开发规划中的小川原地区和志布志湾地区的巨大开发项目，以及日本海地区开发项目中的酒田北港产业地带和福井临海产业地带的开发项目，这些项目作为地区开发项目而言都是以失败告终的[53]。这些地区的评价工作被委托给了民间咨询公司，但他们都没有进行长期实地考察，每个报告书除去地区名称外内容都是基本相同的。居民纷纷批评这些报告书根本不是评价而是"找齐"，都是为开发项目的顺利实施而进行的"找齐"报告书。调查都得出了"无公害发生之危险"这一结论。完全没有实地听取当地居民的体验与批评。完全没有吸取第三章提到的黑川调查团在三岛、沼津、清水的评价活动的失败教训。

　　至于居民参与，在存在公害防止协议那样的已有的公害问题方面已经实现。然而，涉及到中央政府与地方政府的行政的领域，直到90年代都未能实现。居民运动对于环境行政则发挥了有效的影响。

　　十分不幸的是，环境行政与居民运动的"蜜月期"仅仅是1970年代初的短短几年，很快就宣告结束。桥本道夫称之为非武力的"文化大革命"的环境政策获得发展的阶段是指60年代末到70年代中期，而1973年石油危机，带来了世界范围内的经济萧条，环境政策的发展也因此受阻，停滞不前。

注

1　《Declaration on the Human Environment》，日本外务省国际局，金子熊夫编《人类环境宣言》（日本综合出版机构），p. 5。

2　有关OECD的PPP，参照前文注（第二章）：宫本宪一《环境经济学新版》，pp. 232-235。

3　OECD，《Environmental Policies in Japan》. 1977，国际环境问题研究会译《日本之经验——环境政策是否已经成功》（日本环境协会，1978年），p. 108。

4　《经团联月报》1969年4月，第17号。NHK《在我国经济产业界100家领先企业社长中展开的环境公害调查问卷》（1970年6月及1972年8月）。

5　同前文注（第二章）桥本道夫《环境行政私史》，pp. 143-144。

6　此处关于自治体的介绍及条例均参考：宫本宪一"公害对策与PPP"（前文注（第二章）《日本的环境问题》）。

7　同前文注《环境行政私史》，pp. 165-174。

8　经团联意见书（1973 年 2 月 14 日）。

9　同前文注《环境行政私史》，pp. 174-196；有关中公审汇报的内容：环境厅企划调整局损害赔偿制度准备室编《公害健康受害补偿制度》（中央法规出版，1974 年）。

10　《众议院公害对策兼环境保全委员会议事录》（1973 年 7 月 19 日）。

11　同上议事录（1973 年 7 月 10 日）。

12　就这一点，委员会内反复进行了多次提问和答辩。

13　同前文注《众议院议事录》（1973 年 7 月 12 日）。

14　桥本道夫《公害健康被害补偿法的成立过程及残存问题》（《经团联月报》，1973 年，第 21 号）。

15　同注 13。

16　同注 13，在尼崎从事食品销售业的参考人岛田实在有关汽车公害的问题上，开展了反对 43 号线和阪神高速公路的静坐并提出停止侵害的诉讼。他痛切批判，政府在制定公健法的同时又进行着导致公害的道路建设，这种方针政策让人觉得莫名其妙。如前文所说，有人批判法案是一种企业自保的措施，同样地岛田实也批判公健法是政府为了推进公共工程政策，而进行的自保法案（《众议院议事录》，1973 年 7 月 16日）。

17　同注 13。

18　《参议院公害对策及环境保全特别委员会议事录》（1973 年 9 月 12 日）。

19　同上议事录（9 月 12 日）。

20　同上。

21　同上议事录（9 月 19 日）。

22　同上议事录（9 月 20 日）。

23　在国会上船后局长提到，荷兰的大气污染防治法中有规定要根据污染量征收一定费用负担金，并把费用负担金建成基金，支付给包括健康受损在内的各种受害人群，但它本身并没有作为一项制度施行（《众议院议事录》，1973 年 9 月 13 日）。

24　制定时根据《救济法》的指定地区，选出了如下 12 个污染最严重的地区——横滨市、川崎市、富士市、名古屋市、东海市、四日市市、大阪市、丰中市、堺市、尼崎市、北九州市、大牟田市。1975 年，增加了千叶市、三重县楠町、吹田市。1976 年增加了东京都 19 区、仓敷市、玉野市、备前市。1978 年增加了神户市、守口市，1979 年增加了东大阪市、八尾市，共计 41 区域。1979 年后未再增加。

25　指定地区的认定标准为污染度 3 度（SO_2 年平均值 0.05ppm 至 0.07ppm）以上，且患病率为自然患病率的 2-3 倍以上。

26　四种疾病的暴露期如下：支气管哮喘、哮喘性支气管炎 1 年，慢性支气管炎 2 年，肺气肿 3 年，时间为在污染地区居住或工作时间。

27　各级别的标准如下：特级与 1 级患者处于无法参与劳动，日常生活受到显著限制的身
　　心状态。其中特级患者需要日常看护。第 2 级患者处于劳动受到或被迫施加明显限
　　制，或是日常生活受到或被迫施加限制的身心状态。第 3 级患者处于在劳动受到或被
　　迫施加限制，日常生活受到或被迫施加部分限制的身心状态。

28　1976 年度的费用负担金中硫占 3％，这占到石油费用的 17％。

29　公害律师联合会公害赔偿制度研究会《公害赔偿制度的现实与课题——围绕公害健康
　　受害补偿法的施行》（1974 年 11 月 23 日）。

30　同前文注（序章）《日本的公害》（岩波书店）。

31　同前文注《日本之经验——环境政策成功了吗？》，pp. 50-58。

32　都留和宫本有关 OECD 的 PPP 批判和日本 PPP 最初提案，最早收录在都留重人
　　《PPP 的目的与问题》、宫本宪一《公害对策与 PPP》（《公害研究》1973 年夏季号）
　　中。随后，该理论参考实际情况，在日本 PPP 和 OECD 的 PPP 基础上进一步发展为
　　总括性的理论，并为欧美国家通用，具体的理论请参考以下论稿。宫本宪一《环境经
　　济学》（旧版，岩波书店，1989 年）第四章第 2 节《PPP 的理论与现实》。

33　如果政府负起责任，这一公害防止规划就是有效可靠的区域政策，但该规划未能实
　　现的情况下，相关责任人也并未受到处罚。每一项规划都在五年的规划期内未能达
　　成，期限拖沓延长。环境法学家称，如果规划持续未达成，则有必要对损害赔偿问
　　责。阿部泰隆、淡路刚久《环境法》（有斐阁，1995 年）。然而，并没有引起诉讼。

34　日本长期信用银行调查部的《环境控制产业成立的背景与未来展望》（1970 年 3 月）
　　对环境产业的兴起进行了全方位的说明。

35　从主要城市的 SOx 排量来看，四日市从 1971 年的 10 万吨减至 1975 年的 1.7 万吨，
　　川崎市从 1965 年的 15.2 万吨减至 1975 年的 1.79 万吨，大阪市从 1971 年的 22 万吨
　　减至 1987 年的 1 万吨，横滨市从 1968 年的 10 万吨减至 1977 的年 7780 吨。

36　东京都环境科学研究所《都内企业问卷调查》（1978 年）结果显示，1969 年至 1979
　　年间的"安装公害防止设备动机"中，"受规定制约强化"最多占 60％，"官厅指导
　　建议"占 13％。而"导入技术"这类与自发进行开发研究相关的动机仅占 1.8％。虽
　　说企业意识不断变化，但明显可见，若没有直接管制和补助等公共部门介入，公害
　　防止便无法推进。

37　同前文注《日本之经验——环境政策是否已经成功》，p. 198。

38　从图 6-6 可见，大企业（资本金 1 亿日元以上）的公害防止投资规模比表 6-10 中显示
　　的大。

39　该时期法律专家对公害对策的评价已经在第四、五章的公害诉讼中提及。此处为了
　　明确经济增长与公害对策的关系，主要介绍经济学者和政治学者的意见。

40　缪尔达尔在研讨会上提出，资本主义国家经济增长的时代已经结束，需要建立起节

约时代的经济学。他的提倡宣言是该研讨会的亮点所在。另外，在印度尼西亚的部长对发达国家公害输出和资源榨取问题进行批判时，缪尔达尔表达了反对意见并对印尼部长表示批判，称发展中国家的政治家寄生于发达国家的对外援助，这实际上也成为了环境破坏的帮凶；且在地球环境破坏问题上，发达国家和发展中国家的政治家与企业都应共同承担责任。

41　筑井甚吉、村上泰亮《公害防治的经济费用——产业结构的动态分析》（日本经济新闻社，日本生产性本部，1976 年 5 月 26—28 日《国际环境研讨会·创造无公害社会》中提出的论文）。

42　宍户骏太郎、押坂晃《计量经济学分析日本经济中公害防止政策带来的影响》（同前文注）。

43　该著作通篇，主要是在评价产业结构转换和公害防止技术转换的同时期对策。此处选取魏德纳从国际视角介绍和批判战后日本公害对策的环境政治学论文。

44　Martin Janicke，Helmut Weidner eds，Successful Environmental Policy（1995，Sigma Rainer Bohn Verlag，Berlin），长尾伸一、长冈延孝监译《成功的环境政策》（有斐阁，1998 年）第五章 "日本煤烟产生设备减少二氧化硫与二氧化氮排放的情况"。

45　寺尾忠能《日本的产业政策与产业公害》（小岛丽逸、藤崎成昭编《开发与环境——"新亚洲发展圈"的课题》亚洲经济研究所，1994 年）。

46　滨本光绍《对日本旨在防止公害的公共政策的考察——以硫氧化合物、氮氧化合物治理政策为例》（《经济论丛》别册《调查与研究》第 15 号，1998 年 4 月）。

47　李秀澈《环境补助金的理论与实际——以日韩的制度分析为中心》（名古屋大学出版会，2004 年），p. 118。

48　参照前文宫本宪一《环境经济学新版》第四章《环境政策与国家》。

49　土木学会编《环境工学的新世纪》（技报堂出版，2008 年），p. 232。

50　OECD 报告书中特别指出单凭日本实施的政策难以削减 COD。这是因为日本的排水处理采用生物处理办法，即使能改善 BOD 的情况，也难以削减 COD 的排放。70 年代后期出现了琵琶湖合成洗涤剂污染这一重大污染事件，必须减少氮磷元素。减少氮磷元素的三次水处理技术在当时并不先进。OECD 报告书指出了这一问题。

51　有关水污染技术的情况参考了《用水与废水》一书，政策沿革历史参考了须藤隆一《水质污浊对策到水环境保护》一文（《用水与废水》，2009 年，51 卷 4 号）。

52　本多淳裕《对食品工厂排水政策的反思与合理化》（《用水与废水》，1985 年，27 卷 5 号）。

53　同前文（第一章）宫本宪一《这样的地区开发合适吗》，同《这样的"日本海时代"合适吗——福井临海产业地带、酒田北港产业地带开发的问题》（同前文注《日本的环境问题》）。

第二部 从公害到环境问题

　　公害对策似乎以 1970 年为转机开始得到发展。但 1971 年的尼克松冲击与 1973 年的石油危机之后开始的全球萧条，以及严重的滞胀现象，使得"二战"后资本主义的黄金时代落下了帷幕。日本经济于 1974 年度首次出现了负增长，其高度增长的趋势终结。政治方面开始回归保守，革新自治体衰退。第七章将要论述的是 70 年代公害对策一进一退的状况。日本是全世界最早实现马斯基法的国家，但另一方面也出现了 NO_2 的环境标准放宽以及舍弃水俣病患者等问题。该影响也体现在了司法方面，大阪机场最高法院判决中没有停止其侵害。环境政策上出现的倒退令人担忧，为了推进环境政策，日本环境会议成立了。

　　80 年代之后，伴随着经济的全球化，环境问题也出现了国际化的趋势。第八章将会就此展开论述。日本的跨国企业与 ODA 的事业进行的公害输出遭到指责。另一方面，美国的世界战略前线基地——冲绳也一直受可称为美国公害输出的基地公害所扰。冷战的终结使得地球环境问题成为国际政治的中心，联合国时隔 20 年在巴西的里约热内卢召开了环境发展大会，通过了以 Sustainable Development 为人类共同目标的《里约宣言》。

在第九章将要涉及到的是，为了推进 OECD 报告中提出的宜居性政策与里约会议之后的国际环境问题，政府废弃了公害对策基本法，制定了将其包含在其中的《环境基本法》。而为了明确公害问题的终结，停止了公健法规定的第一种（大气污染）患者的新批认定以显示大气污染已经被克服了。为了对这一暴行进行抗议，第二次公害诉讼开始了。该诉讼复合了以往的产业公害与城市公害，其目的不仅是对受害者进行救济，还包括环境的再生。这样一来，便开始了向包含公害在内的环境问题的展开。

本论到此便结束了，但公害问题却还没有结束。作为补论，笔者还将对至今未能解决的水俣病患者的救济问题、存量公害的石棉问题，以及日本公害史上最严重的核公害问题的现状做出评论。

在最后一章中，针对从战争与 20 世纪中的公害汲取的历史性教训而提出的未来社会目标——Sustainable Society 进行了初步论述。

第七章　战后经济体制的变化与环境政策

第一节　高速经济增长的终结与政治经济动态

1. 70 年代前半期的政治经济——混乱的 70 年代

20 世纪 60 年代是资本主义的黄金时代。其中，日本经济更是持续了"奇迹"一般的高速增长。但是如上所述，这种增长出现了明显的缺陷——在被各国讽刺为"公害发达国家"的日本，出现了史无前例的公害问题，高度经济增长体系造成了环境的破坏，导致众多死者和公害病患者的出现。所幸，由市民发起的反对公害的呼声和运动，修正了一直以来信奉增长主义的企业和政府的观念，确立了公害对策的法律体系。

1970 年被称为"公害元年"。正如第六章中 OECD 的评价，70 年代针对公害的抗争不断壮大。另外，针对造成公害问题的经济体系，特别是产业结构和地区开发政策的改革理念也诞生了。

但是，对以经济增长为最高政策目标的日本经济体系进行改革并非易事。自民党政权提出了新全国综合开发规划和日本列岛改造政策等令人吃惊的超大规模开发方案。也就是说，他们希望能在维持经济高速增长的同时推行环境政策与福利政策。但是，在世界资本主义的转变当中，日本的高速经济增长体系仍无法逃脱崩溃的命运。

在 1970 年，作为支柱产业的重化学工业的再生产就遇到了障碍。以钢铁、石油化学为中心，产能过剩的问题日益严峻。重化学工业的发展便依存于扩大对这些过剩产品的出口之上。结果导致贸易收支的盈余不断累积。如第二章所述，这种政策曾由于国际收支的壁垒而不得不进行改变，但在 1960 年代后半期，这样的壁垒却消失了。其结果是，积累的外汇和企业内部保留的资金导致流动性过剩，通货膨胀日益严重。由于当时工会组织的春季斗争等带来的工资上涨，上述状况并没有阻碍经济生活的提高。

第二章也提到，支撑着日本经济高速增长的外部因素主要有两点。一是从国际性的比较生产成本来看，日元的汇率极低。在当时的 IMF 体制之下，采用的是以能与黄金兑换的美元为基础货币的固定汇率制，一美元兑换 360 日元。对于依仗快速的技术革新提高生产率的日本来说，这样的比价十分有利于扩大出口。另外，由于日元的低估，负担本应加重的原油等一次性产品，却能够以低价从发展中国家进口。主导产业的原料有 90% 都是进口而来，但因其价格便宜，贸易收支依然保持黑字。

这样的支撑高速经济增长的条件，却因为接下来要讲到的两次国际性冲击（尼克松冲击和石油危机）而崩溃了。不单是日本，危机还造成世界性的经济大萧条，进而引发了滞胀困境。日本企业和政府的经济政策在这大变动的过程中出现迷失。与此同时，刚刚开始的公害、环境政策也是一进一退。特别是 70 年代后半期，环境政策开始了明显的后退。再加上洛克希德事件造成田中角荣倒台这样的政治变动出现，迷失的 70 年代显现出日本社会仍未成熟的特质。在这里，我们先来讨论 70 年代初的政治经济状况，国际经济的转换和萧条，以及之后的重建情况。

　幻想的巨大开发

在长期执政的佐藤内阁之后上台的是田中角荣内阁。田中角荣在就任之前的 1972 年 6 月发表了《日本列岛改造论》。田中被视为金权政治的象征，执政仅两年五个月便下台了。他在 1976 年 7 月因洛克希德一案被捕，从此结束了政治生涯。但是，其日本列岛改造论的政治影响仍保留至今。这并不是田中的独创，而是继承了由下河边淳等战后地域开发行政的主角们所制定的城市政策大纲和新全国综合开发规划的内容。

就像第三章所提到的，自 1967 年统一地方选举以来，自民党的得票率走低，特别是在五大府县的得票率跌至了 30%，在东京都知事的选举中落败。自民党干事长田中角荣在这次失败后，坦率而恰当地反省道："今天在东京所发生的事情，明天将会扩散到全国"。一年后的 1968 年 5 月，他发布了自己主导制定的自民党《城市政策大纲》。自明治时期以来，日本的保守党的地方行政或地方政治采取的都是农村对策，因此这个《城市政策大纲》便成为执政党的第一个城市政策。如同其所写的"将日本列岛本身当作城市政策的对象，通过同时推进大城市改造和地方开发，实现高效均衡的国土建设"，这是一份日本列岛总体城市化方案。在制定过程中，以下河边淳为首的各部处长级实权人物和一部分"进步的研究者"也有参与，所以其中包含了过去自民党政策中所没有的新提案。例如职住接近原则、市中心高层住宅化、市中心汽车交通限制论、公害治理加害者负担原则、土地私有权的限制等。

但是这种城市政策的核心是以民间资本为主体的城市开发。一直以来，城市规划事业的主体是地主和自治体，而如今要将其委托给民间开发者，这便需要为此修改法律，让他们拥有土地征用的请求权，通过公共金融机构和财政投融资为其提供长期的低息开发资金。这是之后的新自由主义结构改革的前身。在城市开发事业中，过去主要由公共团体进行建设的高层住宅、收费高速公路、地铁与铁路、产业相关港口、工业用水道、下水道等公共事业均委托给民间企业，或者采用政府与民间合作的方式。其他的公共事业，也都尽量使其依存于受益者负担制度。靠财政资金来维持的只局限于治山治水、普通公路、灾后重建等一小部分。这样一来，城市自治体的工作转移至民间，城市财政只要给民间开发者提供贴息就可以了。于是，过去使用于大城市的财政资金可以作为补助金下发给地方城市和农村。如果将资金转投于地区开发的社会资本建设，可以防止过疏化，分散企业和人口。可谓是同时解决城市问题和农村问题的"一石二鸟的政策"[1]。

该政策的主体不是基础的自治体，而是中央政府或是广域行政体。在此基础上，城市三法（土地征用法的部分修正、1919 年城市计划法的全文修正、城市再开发法）被提出，这一方针更是发展成为新的全国综合开发规划。

全国综合开发规划

如第二章所述，"全国综合开发规划"（"一全综"）由于政治上的利益冲突，实际上功败垂成。政府于 1969 年 4 月发表了新全国综合开发规划（简称"二全综"）。关于新规划的必要性，当局认为，超乎想象的经济成长、人口与产业集中于大城市的结果导致过密过疏问题产生，地区间差异也无法解决，地方经济的规模扩大超过预期，中枢管理机能的强化带来地区间有机联系的强化，因此需致力于设定进一步发展日本经济的规划[2]。这是以 1986 年为目标的 20 年规划，是总投资额高达 450 万～550 万亿日元的大型规划。其投资额是自明治时期以来的 100 年里累计投资 140 万亿日元的 3～4 倍，位于高速增长政策的顶点。

可谓是规划制定的总指挥官的下河边淳说，"二全综"的构想"用象征性的表述来说，是试图展示将日本列岛作为一日交通圈，作为一个城市，来有效开发整个国土的思路"[3]（图 7-1）。也就是说，将日本的国土如图 7-1 所示分为三个区域。在包括三大城市在内的中央地带聚集中枢管理职能和城市型产业，使城市职能单纯化，打造巨大城市圈。而在东北、西南地区，在苫小牧东、陆奥小川原、志布志等地建造能够匹敌一个国家的生产力的，约为鹿岛大型工业区两倍的巨大工业区。另外还将配备大型粮食基地、大型奶酪畜牧基地等超大规模农业基地。与此同时，为了方便失去接触自然机会的巨大城市圈居民进行观光旅游，还会配备超大规模旅游基地。为了协助这样分工的三个地区，方便人口、物资、信息的大量流通，还会建造由 7000 公里的新干线、1 万公里的高速公路、微波网构成的巨大交通通信网络，将国土变为一日交通圈。其设想是在国土范围内实现股份公司式的高效分工，形成一个高度中央集权型管理社会，因此也可以称其为"日本列岛股份公司"方案。

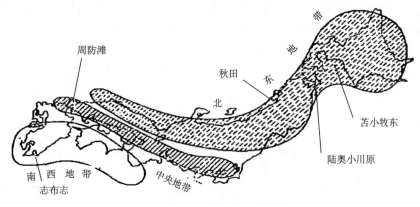

图 7-1 "二全综"的地域划分

提案指出这项开发的主体，是由同上述的《大纲》一样的民间开发者担任或是导入第三方来进行。另外，方案提倡的并非自治体的强化，而是广域行政。

这个将社会分工发展到极致的规划，完全无视了地区特性和地方自治。下河边淳在 NHK 电视台上做的发言中，将陆奥小川原和志布志湾比作厨房，认为对于一户家庭来说厨房绝对是必需的，既然那里是生产食物的场所，便要使其保持干净整洁，因此要尽量防止公害问题。这样的比喻清楚地显示了"二全综"的构想。因为该构想将社会分工分化在了地区上，于是便将日本列岛比喻为一个城市＝家，将陆奥小川原和志布志比作厨房或厕所，将东京和大阪比作客厅。如果厨房或厕所的居民想在客厅中休息的话，只要乘坐新干线来东京或大阪即可[4]。大型交通与通信网络使日本列岛成为了一日交通圈。将其重新以社会职能进行比喻也是可以的。东北地区是产业基地，因此如果想要享受教育和文化，只要来东京即可。这个规划完全无视了不愿只当厕所和厨房的偏僻地区居民的情感。新干线等大型交通通信网络的受益者主要是企业和大城市市民，东北和九州的农民渔民并没有每周来东京和大阪的财力。"二全综"所设想的超大型工业区等因其造成公害问题的风险，遭到了地方居民的反对而胎死腹中，实际上它原本便是缺乏人权意识的[5]。

日本列岛改造论及其失败

田中内阁的一大招牌"日本列岛改造论"是由"城市政策大纲"与"二全综"合并而成的。与"二全综"稍有不同的是，为了实现分散，其配置的不仅是巨大产业基地，还有以内陆型知识集约型产业为中心的工厂，并与之相关联地进行人口规模25万人左右城市的建设。为此他们制定了工厂再配置促进法，采取了不增设大城市圈内工厂（之后还有大学等）的方针。在这一点上，"二全综"的极端社会分工得到了修正，然而经济增长这一基本构想并未改变。反而应该说规模被更进一步地扩大了。列岛改造政策预先设定了年10％的高增长率，由于没有考虑产业结构的转型，所以与"二全综"一样，必须有2～5个超大规模的工业区。一个这样的工业区，其规模之巨大，堪比英国一国的产能。

"二全综"与列岛改造事业均未从公害、环境破坏中吸取教训[6]。这些规划所设想的超大规模工业区，若依赖重油燃料的话，将排放40～60万吨的SO_x。当时最大的鹿岛工业区完成时的SO_x排放量为29万吨（1972年为15万吨），已经导致约7000位大气污染疾病患者出现的堺·泉北工业区的排放量约为10万吨。与之相比，超大规模工业区的公害对策是完全不可能实现的。考虑到水污染及其他有害物质造成的公害，这种超大规模工业区规划可谓是鲁莽的。再考虑到资源问题，从国际上来看这一规划也是无法实现的。

"二全综"将石油进口量设置为 5 亿千升，列岛改造论则为 7 亿千升。运输 5 亿千升的石油需要 2500 多艘 20 万吨级油轮全年不停地往返运送。也就是说，平均 1 小时有 1 艘以上的油轮从波斯湾进出。这显然是不可能的。另外即使原油能够进口，其产生的大气污染物在数量上也超过了国内的环境容许限度。"二全综"规划有众多企业家、学者和专业官员参与，运用了庞大的资料，但这样荒唐无稽的规划在国际上能行得通吗？这些规划的非现实性不久便在经济上得以显现。

革新自治体的环境政策

政府一方面制定公害相关立法，设立环境厅；另一方面又在基本国土政策中鲁莽地建设巨大污染源，而对此进行了抵制的是自治体，特别是革新自治体。陆奥小川原地区的六所村是规划中的超大规模工业区所在地，该村村长寺下力三郎从其自身在朝鲜居住时的经历推测到，以国策为名进行的开发可能会将农民变为流亡民。他从村里的预算中拿出 1000 万日元，将村民派往鹿岛地区等工业区所在地，去确认巨大开发是否能够促进地区发展。结果进行了实地考察的人中大多数都对巨大开发持反对意见。针对志布志湾的石油工业区开发的反对活动，比陆奥小川原的反对活动范围更广、样式更多。在宫崎县的串间市，由市长带头开展反对活动。在鹿儿岛县内的志布志湾公害反对联络协议会中，有医生、药剂师、僧侣等知识分子阶层和该地区的权威人士参与，他们与农渔民和工会组织一起进行着抗争[7]。

或许是由于自身经历，田中角荣首相认为向过疏地区招揽大工厂能够获取当地居民的赞同。然而当地居民却在反对环境破坏，自治体也渴望独立自主的地区发展。列岛改造方案中倾注了田中的愿望，将日本海地区的开发列为了重点，但在那里的酒田地区却爆发了激烈的反对活动。

革新自治体提出了市民生活环境最低标准，如今即使是保守自治体也将其当作了政策理念。很明显，国民的意识已经开始发生变化，比起经济的高速增长，他们更关注环境保护和民生。另外，他们没有选择跟随中央政府的地区开发政策，而开始考虑基于地方自治的城市建设。正由于这样的国民意识变化，宣传得轰轰烈烈的"二全综"和日本列岛改造论都进展缓慢。

成为 70 年代环境政策先导的是大城市的革新自治体。下面来介绍两个具有代表性的规划。

东京都在清晰描述了公害现状的《公害与东京都》的基础之上，于1971年制定了日本第一部由自治体制定的综合性的"保护市民不受公害威胁规划"。该规划的特点是，将所有公害纳入考虑范围，关于已确定了的环境标准，其设定的预期达成时间比国家设定的要更早。举例说，国家所设定的SO_x的环境标准达成时间为10年，而该规划则设定为在1973年前便达成。

美浓部亮吉知事表示，该规划有以下两点考虑："第一，不停留在单纯的公害监视、规制这样直接的公害对策层面，而是在行政过程中尽可能地加入与防止公害相关的所有措施。站在防止公害的角度对道路、住宅建设等所有的行政进行重新审视和检查，如为治理水污染而将下水道计划大幅提前等，像这样为治理公害将东京都所有措施都动员起来。第二，出于保护围绕市民生活的环境本身不受污染的视角，提起自然环境的保护问题。"[8]

也就是说，东京都并不是像中央政府那样将环境政策作为产业政策、国土政策的一部分，而是试图将所有行政统合于环境政策。另外，该规划中还有居民参与这一项目。对东京都来说，其核心问题并不是产业公害，而是伴随着汽车交通和垃圾处理的公害，也可以称之为城市公害。这种情况下，市民既是受害者也是施害者。而在私家车的交通规制和废品再利用中，居民的积极参与是必不可少的。但在该规划中也坦诚地承认，居民参与目前还处于初步阶段，公害对策的行政依存还在继续着。而在这一时期，东京都教育委员会作出了积极的贡献，他们将公害教育植入学校教育当中，每一学年均会制作配有幻灯的教材——《公害话题》，以供学生进行学习。这为将来的居民参与打下了基础。

在这段时期，东京在很多重要课题的解决方面都走在了前列，例如被称为"垃圾战争"的清扫问题、针对汽车污染防止的马斯基法案的实施、对NO_2标准放宽的抗议、六价铬的土壤污染事件的揭发与解决等。

大阪府的黑田了一知事于1973年9月提出了"大阪府环境管理规划BIG PLAN"。他认为，环境问题是关系到人类生存本身的问题，过去的"头痛医头，脚痛医脚"的做法实在无法解决问题，为了使问题得到根本解决，需要有一个长期的公害防止行政的指南。这个规划在对公害及其原因的详细现状分析的基础之上，提出了一种新的方法，即根据环境容量进行排放量规制的总量规制方法。同时，该规划还以长远的眼光从公害防止的角度出发描绘了城市系统的理想形态。因此，其针对的不仅是公害问题，还包括自然，特别是绿地和文物的现状和保护方法[9]。

大阪市（府）和东京都不同，其主要污染源是产业。在大阪市，SO_x 的排放有 80％ 来自固定排放源（工场、企业），NO_x 也有 66％ 来自固定排放源。虽说大阪圈原本就是日本的产业中心地带，但就像第三章提到的，战后，由于在关西首屈一指的海水浴场、保养地——堺·泉北地区建造了大型工业区，导致巨大污染源落户大城市。有报告显示，堺·泉北工业区 SO_x 的排放量占到了大阪府内产业的 44％。

于是，大阪市观测点的 SO_x 全部超出了环境标准。因此，如表 7-1 所示，大阪市想要在 1978 年达到阈值，就必须将 SO_x 的排放量削减 90％。大阪府整体也要削减 85.6％。再看河流的情况，淀川、大和川、神崎川、寝屋川等主要水域几乎都超过了环境标准。虽说同第一章所提到的污染情况相比有所改善，但在大阪市堂岛川天神桥，1971 年的 BOD 为 7.1 毫克/升，土佐堀川的同桥为 11.3 毫克/升。在寝屋川的京桥，1970 年为 62.6 毫克/升，1971 年为 24.8 毫克/升。为了解决上述污染问题，在大气污染方面，大阪为使环境容量目标在最后一年得以达成，按比例规定和控制了各污染源的年排放量。在水质污染方面，原则上按照国家的环境标准，在 1985 年前保证将河流的水质达到 C 类型（BOD 5 毫克/升以下），供水河流则需达到 B 类型（BOD 3 毫克/升以下）。为此，大阪市要求工厂和企业拿出最有效的公害防治对策，还将进行下水道的完善和工业布局的规制。在 SO_x 和 NO_x 的目标达成时，固定排放源的排放量如表 7-1 所示。大阪市的 SO_x 的目标达成量是要削减为标准年度的 1/10，大阪府则是要减至 1/7。而关于 NO_x 的目标，大阪市地区的是减至 1/3，大阪府则是要减掉一半多。每一个目标都十分严峻。该规划推算，大阪府的制造业在 1970 年度的公害投资额为 160 亿日元，并推测从 1972 年度到 1981 年度的 10 年间的公害防止投资额，会达到设备投资额的 20％ 也就是 12000 亿日元。规划预计，在上述的 10 年间，大阪府及府下的市町村在公害对策事业上支出的财政资金将达到 22134 亿日元如表 7-2 所示。其中最大的支出是水质污染对策（下水道）的 12864 亿日元（58％），其次是废弃物对策的 2803 亿日元（13％）。大气污染对策是以排放源为主体的，因此只安排了 605 亿日元。预计 BIG PLAN 的实现，需要公私双方共计 34000 亿日元的事业费。这是一个极高的金额，但并非无法实现。

大阪府的这个规划是作为一个自治体出台的公害对策，当时恐怕在世界范围内也属罕见。当然，经济界对它也表示过强烈的反对，但看到其详细的调查和解析说明后，还是不得不遵从了这一规划。

表 7-1 目标达成时 SO_x 及 NO_x 的排放量　　　（单位：吨/年）

地区	SO_x		NO_x	
	1970 年度排放量	目标达成时排放量	1970 年度排放量	目标达成时排放量
大阪市	124 500	12 032	40 749	13 114
北大阪	21 900	4650	5343	4274
东大阪	32 500	6141	7213	4645
南大阪	195 500	31 163	65 956	28 727
总计	374 400	53 985	119 261	50 759

注：来自 BIG PLAN，pp.557-578。

表 7-2 大阪府环境管理计划经费（1972～1981 年）

种类	金额（百万日元）
大气污染对策	60 576
水质污浊对策	1 286 393
噪音、震动对策	49 712
地面沉降对策	110 530
土壤污染对策	12 936
废弃物对策	280 307
新型公害对策	568
调查、研究	11 609
监测体制	10 856
环境保健对策	16 508
中小企业对策	102 501
相关城市设施等建设	175 090
自然环境保护对策	95 870
小计	2 213 456
民间企业·团体实施事业	1 187 138
合计	8 400 594

注：来自 BIG PLAN，p.433。

产业规划恳谈会《产业结构的改革》

经团联的干部主要是重化学工业的经营者，因此他们对公害治理问题的态度是较保守的，但经济界也依然是有反主流派的合理主义者。1972年1月，以佐藤喜一郎为代表，以木内信胤、樱田武、松根宗一为中心组成了产业规划恳谈会[10]，他们于1973年4月发表了《产业结构的改革》这一大胆的主张。这是因为摆脱国际收支问题这个高度成长期的日本经济所面临的障碍之后，前面仍需面对公害和资源的问题，如果只允许在现有条件下做出选择的话，就必须转变产生公害和资源高消耗的重化学工业和出口依存型的产业结构。这一主张预判了之后的产业结构变化，因此在这里对其进行一个简单的介绍。

第一是公害对策。他们认为公害指的是"环境的恶化或破坏"，是由于经济活动特别是工业生产向局部地区集中，导致污染排放量超出了"环境容量"而产生的，并在此基础上进行了以下论述。公害包括法律中规定的七大公害以及 PCB、农药等引起的污染和辐射污染。由于公害是超出环境容量的问题，因此总量控制必不可少。即使将经济活动进行分散，也会存在公害问题同样在各地分散开来的危险，还会有污染的反复和混合。因此根本性对策是要针对污染源，必须遵守污染者负担的思路，污染防治措施所需资金应包含在成本之中。在此前的工业技术开发当中，公害防治研究一直是被轻视的，作为根本性对策的脱硫技术的实用化进展缓慢，对高烟囱的依赖使得污染无法被去除。应该站在区域整体的环境容量的角度上，使用含硫量低的燃料，采取排放 NO_x 较少的燃烧方法。

在汽车方面，由于日本的平地少，使得污染更为严重。5000多万辆车在街上拥挤"本身便呈现了一种病态"。根本性的解决方法是限制汽车数量，强化公共交通，来探讨彻底的解决方案。于是结论如下：

"最后，作为防治日本产业公害的方案，今后必须要摆脱过去那种产生公害问题的支柱产业、重化工工业重点主义，而向污染物质的排放能够控制在环境容量之内的无公害高度工业化转变。另外在社会公害方面，应将重心转移到尽快实施公害防治技术的进一步高度化、经济化上面来。"[11]

第二是资源对策。在其提议中，公害对策与资源对策如出一辙，但正如经济界人士应该做到的那样，他们着眼于世界动向，明确了必需的资源进口的界限，说明了产业结构转型的必要性。首先，世界资源对策需解决的最重要的课题如下：①节能；②向无公害能源转型、制造洁净电力；③对现有能源之外的资源的节约；④促进新资源的开发与利用。按照这些课题，他们提议促进热利用，使用快中子增殖反应堆发电，核聚变发电，汽车燃料的转换（由石油变为电力，再转变为氢燃料），还应利用地热能、风能、太阳能、海流能、大容量长距离发电等无公害的可再生能源，进行最大环境污染源的电力产业的改革。另外，他们还针对由一次性产品生产向耐久型产品生产进行的转换、资源再利用进行了说明。对核能发电，特别是核聚变和反应堆的提倡，显示了当时的核能信仰，但是其余的提议都极具创新性，即使在40年后的今天也有使用价值。

尤其是关于作为能源核心的石油的进口可能性问题。世界石油生产的增长率为年均8％，其中用于出口的占总产量的三分之一。英国石油协会等机构预测，1980年世界石油的总出口量为12.5亿吨。以当时日本的石油消耗为前提，预估平均13％～14％的增长率，那么1980年的进口量会达到6亿吨，是1971年1.7亿吨的3.5倍。政府等方面对这样的预估信以为然。然而，这个数值已经达到了整个世界石油出口量的48％。美国预估同年的进口量为12亿吨。两国合起来需要18亿吨，这样一来势必将会围绕着石油进行争夺。即使退一步说，世界的预计出口量的近一半都由日本来进口也是不可能的。美国预计，1980年生产的石油总量中，美国将消耗25.3％，日本将消耗9.5％。这样的话日本的进口量将为4.2亿吨，这4亿吨将成为极限。同样地，其他资源也不可期待像从前那样增长的消费量。

第三是产业结构的变化。就产业结构而言，是可以将公害对策与资源对策放在一起考虑的。其结论是："不可大规模消耗资源"。今后的结构改革是不可避免的。所以必须缩小规模，一份"负面清单"被列了出来。其要点如下：

需要把重化学工业七大部门1985年的生产量控制在两倍于1970年的水平上。负面清单上列出了如下部门，希望其能够停止扩建生产设备，保持现状：（1）东京湾、伊势湾、大阪湾、濑户内海地区的炼油厂；（2）使用高炉的钢铁制造部门；（3）炼铝；（4）塑料等树脂生产部门；（5）国产原木制纸的相关制造部门；（6）现有城市附近的发电厂等。另外，清单还列出了如下部门，希望能够将其规模缩小，并最终能够将其废止：（1）特大城市内的炼油厂；（2）石油化学肥料；（3）有害有机化合物；（4）铁矿原料一次处理；（5）面向国内的轻型汽车；（6）大量排放重金属的化学工业；（7）使用进口原木的造纸工序等。

与此相对，应进一步发展的新兴产业则包括：（1）住宅；（2）新型建筑材料；（3）可再生能源的开发技术与设备；（4）天然资源开发利用产业。

接下来，他们再次陈述了对五大产业改革的意见。

（1）在石油方面，如前所述，政府、经济界所预想的 1985 年消费量为 7.5 亿千升，但这个数值是一厢情愿，难以实现，因此应缩减为 4 亿～5 亿千升。过去，重化学工业、电力、煤气、自来水、汽车对石油的利用占到了 73％，应将其缩减至 59％，家庭业务用的比例应由 10％增加至 24％。

（2）石油化学在现阶段拥有生产 500 万吨的设备能力（世界整体的三分之一），而 1971 年的生产量却是 360 万吨，也就是说有 140 万吨过剩产能的设备。即使是加强出口也无法解决这个问题，而且还成为工业区公害这一日本特有的大规模集合污染的源头。另外，制造不存在于自然界的 PCB 等有机合成物，也导致了公害问题的发生。因此，只要还没有完全实现无公害化，现在就要立即禁止有害食材、饲料及其他制品的使用。

（3）钢铁是工业的基础材料，但他们对其进行了强烈的谴责："像日本这样，由钢铁产业作为一个国家的主导产业掌握经济的主导权，将钢铁的需求、市场情况视作市场繁荣与否的判断标准的发达工业国家是罕见的。这是'铁即国家'等重工业主义的问题。钢铁这样的公害型基础产业，其生产本应停留在能够供应内需的程度上，通过出口钢材来繁荣贸易是环境容量还有富余的发展中国家才会实行的产业政策[12]"。另外还认为到 1985 年都不需要扩大产能，应该将其保持在 1.07 亿吨的水平上。

（4）在电力方面，从国际水平来看产业用电的电费过低，因此大宗电力应将环境费用作为附加费用进行提高，实行阶梯式电价，增收部分用作公害防治费用。家庭和办公的用电价格不予变动，向以家庭、办公用电为主体的发达国家类型靠拢。抛弃按照需求方要求进行无限供电的想法。核电需要开发，但也应极力推进新型可再生能源发电。设定 1985 年的用电量目标为 6500 亿千瓦时。

（5）不使运输量不合理地增加。改善劣质运输方式。钢铁、炼油、石油化学、电力、纸浆工业五大产业的运输量占国内总运输量的四分之一，占中长距离运输量的 50％，由于生产扩大的市场份额竞争，无用的运输在增加。对这种不当运输服务的要求，是由于钢铁、化学、肥料等被视为基础产业而产生的"一种骄横，今后理当对其进行改变"。

以上关于改革的意见呈现了"同通常人们所想的极其不同的姿态，人们是会受到震惊的"。但这也是"迫于无法等待无法逃避的一种绝对必要性"，是身为经济界人士所做出的判断。另外在最后他们还补充道：

"'昭和六十年（1985 年）'的 GNP 308 万亿日元这一看法，如今被人通用，也被田中总理的《日本列岛改造论》所引用过，然而以其为基础的一连串数字都将完全失去根基。"[13]

这的确是很精准的批评，但政府和财界的主流并不接纳这些意见。然而在不久之后，石油危机不容分辩地摧毁了巨大开发的幻想，迫使产业结构的改革被推上了日程，这些将在下节介绍。

2. 全球萧条和日本经济的危机

尼克松冲击——IMF 体制的"崩溃"

世界经济体制的两大支柱分别是以美元为基础货币的国际货币基金（IMF）体制和自由贸易体制。这两种体制得以维系的条件均是美国经济持续占据优势地位的生产力，国际收支保持稳定盈余状态，美国对在自由贸易中处于不利地位的发展中国家给予援助。在政治上为美国的这种经济霸权主导的国际经济秩序提供保障的，是史上最大规模的由美军所建立的 Pax American（美国主导的世界和平）。然而，20 世纪 60 年代的越南战争在事实上以美国的失败告终，世界政治开始失去平衡。不仅如此，巨额的军费、为解决反战及民权运动而增加的福利财政，都造成了美国财政的危机。日本和西德并非以军事技术的开发，而是以民生技术的开发来提升生产力，以两国为中心的 EC 的生产力追上了美国的生产力，美国的国际收支在 1970 年时隔 78 年后产生了十多亿美元的赤字[14]。

1971 年 8 月 15 日，尼克松总统发布了以停止美元与黄金的相互兑换、征收 10％的进口附加税为核心的新经济政策。之后的《史密森协定》使得固定汇率制被暂时采用，但由于美元危机的持续，1973 年 2 月终于还是转变为浮动汇率制。这导致对于国际性通货膨胀的自动闸门消失了。与此同时，维系持续增长的系统也消失了，世界经济就像今日所看到的这样，重复着景气和萧条的过程，资本主义经济逐渐停滞了。

石油危机——对殖民地主义的摆脱

美元成为了不兑换纸币，全球通货膨胀加剧，国际货币危机反复出现，在这样的背景下，在 IMF 体制的运营举步维艰之时，又出现了一件震动国际经济根基的事件。1973 年 10 月 6 日，第四次中东战争爆发后，阿拉伯石油输出国组织（OPEC）为制裁以色列，将石油作为外交谈判的武器，16 日，提高了产油国原油公示价格；17 日，决定对原油生产进行削减并禁止向非友好国家出口。石油输出国组织（OPEC）在 12 月声称将于 1974 年 1 月之后把原油价格调整为每桶 11 美元。国际大石油公司则表示将提升原油价格并削减对日本的供应。这些变动对以低价石油为基础的世界经济和现代文明造成了冲击。特别是对于放弃了煤炭产业，在 1973 年时石油占一次能源供给的 78％的日本来说，石油不足导致了生产的停滞。政府将三木武夫副总理派往了中东，同意了阿拉伯诸国的主张，约定了经济合作，终于避免了削减原油的供应。但是，石油价格的异常上升加剧了通货膨胀，加速了进行中的经济萧条，终于在 1974 年出现了战后首次的经济负增长，增长率为－0.5％。1975 年的实际 GNP 也没能回到 1973 年的水平。

阿拉伯诸国的石油战略并非只是为本国经济发展谋取石油资金的手段。战后，殖民地、附属国纷纷独立并加入了联合国，但在经济上仍依赖于过去的宗主国——发达的工业国家。真正对殖民地主义的摆脱，便体现在了这次石油危机当中。紧接着，发展中国家的初级产品开始不断提价。1976 年的不结盟国家首脑会议宣称，政治上最重要的课题是于 1978 年 8 月在科伦坡聚集 86 个国家建立"新国际经济秩序（NIEO）"。这是为摆脱对发达国家的资本和技术的依赖，寻求各个国家的独立发展以及南方诸国的集团性自助。

与之相对应，伴随着以美国为中心的战后资本主义体制的变化，创建新型国际秩序的行动开始出现。1974 年全球大萧条开始了。1975 年 11 月，在法国的吉斯卡尔·德斯坦总统的提议下，美、英、法、西德、意、日本等各国首脑在位于巴黎郊外的朗布伊埃开会，之后又加上加拿大，每年就发达国家间的经济合作进行商讨。这被称为峰会（主要发达国家首脑会议）体制。

在两个新型国际秩序之下，发展中国家体制上的弱点很快便暴露出来。例如，阿拉伯诸国很难迅速实现利用石油资金促进本国产业的内生性发展。针对石油等初级产品的价格上升，发达的工业国家在 80 年代之前，便转变了资源多耗型产业结构，进行了资源节约型的技术开发。过于依赖石油等初级产品出口的发展中国家，随着初级产品价格的下滑陷入危机。发展中国家的累计债务达到了 500 亿美元。以不具内生性发展前景的发展中国家为主导的新国际秩序的梦破灭了。

日本经济的"奇迹"终结

日本的报关统计显示，1972 年的原油价格为每桶 2 美元 51 美分，而到了 1974 年则涨到 10 美元 79 美分，到 1981 年更是猛增至 30 美元。因此，贸易结构出现了巨大的变化。1972 年的原油制品进口额约为 45 亿美元（占总进口额的 19％），而 1974 年则变为 212 亿美元（占总进口额的 34％）。因此，制造业的新设备投资成本变为原来的 2 倍，电力行业则为 3.3 倍，成本的急剧上升使得投资大幅减退。企业利用石油危机提价。例如，电费在 1974 年 6 月提高了 56.8％，1976 年夏天又提高了 23％。1973 年 11 月到 1974 年 2 月，以往十分稳固的批发物价上升了 21％，消费者物价也涨了 13％。与一年前相比，它们分别惊人地上升了 37％和 26％，福田赳夫首相称其为"狂乱物价"，国民生活开始出现混乱。

"狂乱物价"的直接原因是石油危机，但事情也不仅如此。真正的主角是大型企业。被称为过剩流动性的过剩资产集中在了以大型综合商社为主的大企业里。这些资产被用于土地、股票、商品的囤积，趁机抬价的现象也开始出现。将提价的必要幅度和实际的涨幅作比较会发现，粗钢只需要提升 7.8％而实际却增长了 21.2％，电机必要涨幅为 3.2％实际却上涨了 15.5％，汽车的必要涨幅为 3.2％实际却为 23.2％。另外财政金融政策也遭遇了失败。在前述的日本列岛改造政策下进行的公债发行，再加上为矫正高速增长的负面影响而实行的福利政策（免除老人医疗费）等，导致了 1973 年度到 1975 年度的财政支出增长率年均超过 25％这一异常状况的出现。因此，被财政法所禁止的赤字公债在 1975 年度预算时开始作为特例债发行。再加上公共事业债的发行，债务急剧地增加。可以说，在第二章所提到过的超健全财政和高储蓄、间接金融方式等高速增长的经济体系在 70 年代后半期完全崩溃了。

石油危机带来的不仅是通货膨胀，还有恐慌。1973 年 10 月末到 11 月初出现了卫生纸恐慌，紧接着又出现了洗涤剂、糖的囤积所带来的"物资匮乏"混乱。这些是以大城市圈，特别是新城的住宅区为中心发生的。就像是战争刚结束后的通货膨胀时代那样，人们带着对物资匮乏的不安奔向超市和商店排起了长队。日本看上去已经成为一个经济大国，但实际上是一个资源小国，是在低价石油等海外资源之上建立的空中楼阁，这次恐慌让人们对这一事实有了认识。

在狂乱物价和物资匮乏的背景下，大型企业赚取了空前的利益。这激发了本就因公害问题对企业产生不信任的国民对企业的谴责。1974 年春天，在舆论压力之下国会进行了物价集中审议，追究大企业的责任，上调了之前降下来的法人税税率，同时开始征收法人临时利得税和土地取得税。

泡沫经济，变身为大萧条＝滞胀

如上所述，田中角荣在 1972 年 6 月，也就是就任首相前的一个月出版了《日本列岛改造论》。其预设了年增长率 10％的高速增长，在 1973 年 2 月将其写入经济社会基本规划，并在 1973 年度的预算上加以具体化。在这一政策中的大型社会资本虽然由政府提供，但主体始终是民间开发商。在前述的出现流动性过剩的时期，这就像为其打开了流动的闸门，企业纷纷开始进行土地投机。出现了所谓的"一亿总地主"的现象，拥有一亿日元以上资本金的企业所保有的土地面积达到了 78 万公顷，相当于东京都区部面积的 13.5 倍。

针对狂乱物价的现象，政府再度强化了总需求抑制手段，而这成为导火索，1974 年泡沫破裂，日本经济陷入了大萧条。制造业的设备运转率由 1974 年的 80.7％跌到了 1975 年的 74.4％，民间的设备投资也出现缩减。个人消费的增长率也在战后首次降为 0。实际 GNP 增长率成为负数，就业在 1973 年达到峰值后开始减退，完全失业人数超过了 100 万人。

这样的萧条从根本上来说并不是石油危机所带来的，而是由于支柱产业陷入了过剩生产造成的。到 1978 年，OPEC 的石油价格再次上调，所谓的第二次石油危机产生。欧美由于尼克松冲击和两次石油危机，陷入了过去从未经历过的萧条——滞胀。以往的经济学认为，萧条时会出现物价下跌和失业增加的现象。然而如今的情况是，失业增加的同时物价也在上涨。具体来说，将美国在 1980 年 11 月和 1982 年同期的情况进行比较，会发现失业人数由

745 万人猛增至 1200 万人，但同时批发物价也上升了大约 30%，消费者物价上涨约 4%。为表示停滞和膨胀同时出现的意思，取两个词汇中的字，是为"滞胀"。

以往的萧条对策，是依据凯恩斯经济学，来发行赤字国债扩大财政支出，进行公共投资和社会保障建设。但美国和英国由于有着通货膨胀对策，其财政膨胀是有限的。资本主义国家陷进了通货膨胀、失业增加、财政危机这三重泥潭之中。这之后，被称为新自由主义或新保守主义的撒切尔、里根的改革开始了。

日本的经济在这个时期结束了高速增长，并于 1975 年变为了负增长。

3. 经济政治的重组

萧条民族主义与公害行政及司法的倒退

高度经济增长的终结本应该改变经济政策，转而选择通往福利国家的道路。然而，实际上另外一种风潮却开始了，狂乱物价后萧条加重，于是不仅是企业，连市民也开始服从于"为了克服萧条，一切恶都可以被原谅"的政府论调，这在当时被称为"萧条民族主义"。到了 70 年代末，环境政策，特别是公害行政和司法开始出现倒退。出席第三次峰会的福田首相因为日本的大量集中出口而遭到与会各国的谴责：日本的自私使得各国的经济回升进程缓慢。于是日本转变了经济的发展方向，由扩大出口转为扩大内需，并为此扩大了公共事业建设，设定了 7% 的增长率目标。对于前述的 OECD 述评，经济界解释为日本公害对策已经告一段落，于是与产业规划恳谈会所提出的建议相反，要求对公害对策进行重新审视。经团联和大阪商工会议所认为公健法的负担是不合理的、过重的，希望对其进行全面修订。

这种趋势的反映如图 6-6 所示，企业的公害治理设备投资在 1975 年达到顶点之后开始急剧减少。其原因包括，因为已经配备了以排烟脱硫装置为主的公害防止设备，没有必要再进行新的投资，以及由于 70 年代末的产业结构改革和资源节约型技术的发展，污染物质减少，使得扩建设备显得没有必要了。但绝不仅如此，其原因很明显还包括公害对策的倒退。公共部门在环境政策上的支出虽然没有锐减，但从这个时期开始，企业的水处理设施投资开始减少，而公共下水道和广域下水道的投资开始增加。

为了实现在峰会上的承诺，就必须恢复之前停止的高速公路和大坝等事业的建设，而环境标准特别是汽车尾气等 NO_2 的标准便成了问题。桥本道夫认为在每日平均 0.02 毫克/升的标准下，根本无法进行公路的建设。因此，以增加的汽车交通量的预测来看，这样的标准是很难实现的。如果不放宽环境标准，尤其是和汽车公害相关的标准，就无法着手在国际上公开承诺的公共工程，特别是高速公路和本州四国联络桥等大型工程的建设。与川铁公害诉讼上的焦点问题相同，企业，特别是钢铁、石油化学、电力等用于脱硝的设备投资负担很大，在现行环境标准的遵守方面有很大的改善空间。这样一来，以在国际上的公开承诺为旗号，再加上萧条民族主义的影响，居民运动停滞，舆论开始转向，就是在这样的背景下，公害对策的倒退开始了。具体事例将在下一节进行论述。

伴随着"二全综"巨大开发的失败，1977 年 11 月"三全综"发布了。在最初的草案中，含有对"二全综"失败的反省，包括福利型发展、环境影响评价制度的实行、财政改革、居民参与等新制度导入方面的内容。然而受萧条民族主义的影响，政府财界方针转向对成长道路的回归上来，与上述看上去很美好的抽象目标相反，具体框架发生了如下的改变。首先，1985 年度预定的经济规模，和"二全综"一样巨大（表 7-3）。由于有业规划恳谈会上提出的方案和受经济萧条的影响，对重化学工业的预测还是有所降低，但除石油化学外，其他产业都只是止于轻微的调整。该计划的前提——《西历2000 年长期展望作业》和《产业结构长期展望》（通产省）中表示，到 21 世纪前不改变产业结构，在之后的三十多年里，要始终保持资本主义国家中第一位的高速增长。因此，已经证明是不可行的超大规模工业区的建造，再次被提上了议事日程。这样的产业和地区开发政策明显会导致环境的破坏，但环境厅所准备的环境影响事前评价法遭到了企业（特别是经团联）和事业各省（通产省、建设省等）的反对，最终没能通过。《产业结构长期展望》中认为，高消费的生活方式将得到发展，教育和旅游方面的需求增加将会尤为突出。《昭和 50 年代前期经济计划》提出，公共投资计划由 1970—1974 年度的54 万亿日元增至 1976—1980 年度的 100 万亿日元。没有附带评估义务的事业导致环境破坏的持续。就这样，全面反思"二全综"来制定"三全综试行方案"之时所能看到的，对高速增长方式的批评和向"福利与环境保护优先"

进行的转型最后都半途而废了。

表 7-3 "二全综"、"三全综"的 1985 年度目标与实绩

	二全综	三全综	1985 年实绩
国民总生产（GNP）	150 万亿日元	170 万亿日元	321 万亿日元
粗钢	1 亿 8000 万吨/年	1 亿 7800 万吨/年	1 亿 528 万吨/年
炼油	4 亿 9100 万公升/年	3 亿 8700 万公升/年	1 亿 8976 万公升/年
石化（乙烯）	1100 万吨/年	783 万吨/年	423 万吨/年
石油进口	5 亿 600 万公升	4 亿 4000 万公升	1 亿 9833 万公升
工业用地	30 万公顷	22 万公顷	15 万公顷
工业用水需求	1 亿 700 万立方米/日	7000 万立方米/日	3493 万立方米/日 (1 亿 3731 万)
电力（供给能力）	1 亿 9000 万千瓦	1 亿 8000 万千瓦	1 亿 6940 万千瓦

注：1）工业用水需求中的（）内为加上回收水的数量；
　　2）根据各全综计划及政府统计。

产业结构的转型和日本式经营

政府的计划依然是以重化学工业为中心的出口振兴型产业结构的持续性发展。但是，经济现实却发生了巨大的变化，以汽车、电器产业为中心的加工型机械产业得到了发展。包括被称为高科技产业的电子、生物、新材料等产业，另外节能投资也在重点进行。企业界的工业自动化（FA）在不断推进。1982 年日本的产业用机器人达到了 1.4 万台，占到全世界的 63％。另外办公自动化（OA）即以电脑为核心的事务合理化也在推进。产业结构发生了巨大的变化。

在炼铝方面，年产 160 万吨的设备在十年间削减到了 4 万吨，是原来的四十分之一。石油化工在通产省的行政指导下，淘汰了近三分之一的生产设施。在钢铁工业方面拥有悠久历史的室兰、釜石、八幡，以及战后建设的历史较短的堺市等各个地区的高炉的火都熄灭了。取而代之的是第三产业的发展。

过去日本式的企业，因其双重结构和严格的上下级关系而受到指责。但在全球经济萧条的状况下，FA 和 OA 等使中小企业的经营发生了变化。机器人在中小企业当中也得到普及。伴随着由工业向服务业，向 FA 和 OA 的操作转换，有可能会出现大批工人失业。但是在日本，通过教育获得知识和

技术方面能力的工人则利用这样的产业结构转型转换了职业。

伴随双重结构的内部变化，就像丰田公司的看板管理模式那样，拥有高精度的工匠技艺的中小企业的存在开始使生产力得以提高。丰田公司没有库存，采用准时生产（Just in Time）的方式，连接起供给零部件的中小企业网络，尽可能地削减成本，实现了快速发展。

这样的看板管理模式，其关键在于流通时间的节约，而以公路为中心的公共投资也成就了它。丰田的例子也可以适用于其他部门。日本式经营受到了欧美的赞誉。但是也因此建立起了对企业员工进行 24 小时管理的企业社会。

战后经济政策制定的主角之一——宫崎勇说道："全世界的国家当中，石油危机给日本带来的影响是最大的，但似乎恢复最快最好的也是日本"[15]。同时他也提到，包括 1973 年的《经济社会基本计划》、1976 年的《昭和 50 年代前期经济计划》、1979 年的《新经济社会 7 年计划》在内的所有政府计划都很快被中止，最后以失败告终。关于这一点，对"经济计划"的历史进行了梳理的星野进保认为："至福田首相的《昭和 50 年代前期经济计划》之时，日本经济计划历史中'作为政治的经济计划'便结束了"[16]。

井上喜代子列举了日本"独特的"恢复原因：（1）减量经营，（2）IC 相关技术的导入与应用，（3）以"大暴雨式的出口"为中心的恢复，（4）进一步强化对降低成本的重视。这些也是 80 年代日美贸易出现摩擦的原因[17]。另外，支撑着这种日本式经营的是工人的长时间劳动和对公司的忠诚。据说去问大企业的工人"你所属的共同体在哪里？"，有很多人回答"在公司"。他们投身于公司当中，对地区和家庭的事务毫不关心。这类工作狂人对于市民运动没有兴趣，也没有参与其中的时间和精力。他们对于工会运动本身也渐渐不在意了。于是，80 年代的右转倾向就这样开始了。

保守回归

20 世纪 60 年代后半期之后，由于革新自治体的建立，议会的多样化以及保守革新两派的势均力敌，日本政治的走向好似发生了巨大的变化，但是石油危机之后的长期萧条，使居民运动等社会运动开始陷入停滞状态。在工会运动当中，同盟等民间工会选择了企业防卫这样一种右倾路线，总评（日本工会总评议会——译者注）受其影响，当劳动战线的统一行动开始后，政治的右倾化便也开始了。公明党明确了"中庸路线"，社会党没有选择与共产党结成统一战线，而是选择了社公民路线（即与公明党、民社党联手），革新阵营开始分裂了。而明确这一趋势的，是在下一节会提到的革新自治体的式微。

在福田赳夫内阁之后上台的大平正芳内阁，提出了地区的时代、文化的时代的口号，设立了"田园国家"的目标。他们率先喊出了本应属于革新势力的口号，并试图以此开启对 80 年代的展望。但是，由于大平内阁主张通过开征一般消费税来解决财政危机，自民党在 1979 年 10 月的大选中惨败。之后自民党开始出现混乱，议会通过了对内阁的不信任决议案。不过，由于大平首相在 1980 年 6 月的众参两院选举中因过度劳累而去世，反而使面临分裂的自民党重新团结起来。于是，自民党获取了压倒性的胜利，再次在众议院中获得了稳定的多数席位。

在导致田中角荣被捕的洛克希德事件前后，由于遭受对金权政治的谴责，自民党曾一度陷入危机，但他们利用这次选举的机会重整旗鼓，并开始致力于被搁置的宪法修改、日美安保体制的强化、教科书的修订等。从铃木善幸内阁到中曾根康弘内阁，出现了所谓的右倾转向的政治状况。自民党做出了遵循里根、撒切尔路线的选择。这样的右倾转向与国民舆论的变化是相关的。工人开始具备中产意识，学生开始持有保守思想也是右倾转向的理由之一。

自民党为了挽回 70 年代的衰败局面，通过将田中角荣所创的补助金事业分散至地方城市、农村，重建了其传统的政治基础——"草根保守主义"。另外，党员增至了 300 万名，通过总裁选举这样的疑似总统选举的演出强化了自民党支持层。与之相对，在野党开始分裂，中间势力在事实上也有了保守化的趋势。社会党与共产党的对立间接地促成了自民党的前进。在政策方面，对于从高速增长向低增长的转型，革新势力在经济政策和财政政策方面的反应迟缓，也成为其失去国民支持的原因。

革新自治体的式微和城市经营

1978 年，在进行京都府知事选举时，社会党与共产党分道扬镳，蜷川虎三知事维系了 28 年的革新自治体的烛火熄灭了。紧接着在冲绳县知事选举中，自民党的西铭顺治达成夙愿，竞选成功。在被视为和平宪法的根据地的冲绳县，革新自治体开始消失，原本全县 10 个市里有 8 个是革新自治体，到

1978 年末只剩下 4 个市。

以这样的潮流为背景，在 1979 年的统一地方选举中铃木俊一——成为后来的行政改革先驱的"城市经营论"的棋手——在自民、公明、民社三党的推荐下当选东京都知事，为持续了 12 年的美浓部革新都政画上了句号。在大阪府知事的选举中，社会党和共产党依然保持着和上次一样的分裂状态，共产党和革自联（革新自由联盟）所推荐的黑田了一知事试图实现第三次连任，而最终当选的却是社保六党共同推荐的自治省出身的前副知事岸昌，报纸对其评价为一次事实上的自民党胜利。地方首长多是来自于自治省等中央各省，可以说进入了实干家的时代。虽然革新自治体并没有完全消失，依然在全国的市町村占有一定的比例，但其最高官员多是受所有党派推荐的态度暧昧的人物，像在神奈川县、滋贺县、冈山县、名古屋市、京都市、神户市等地均是如此。过去的东京都、大阪府和冲绳县那样基本采取与自民党政府对立的态度，拥有"将宪法运用于生活"这一明确方针的自治体消亡了，这显示了革新自治体的式微。

革新自治体的衰退，是源于身为支持政党的社会党、共产党和全国工会"总评"，在特定人群歧视等问题上出现了分裂，而在政策上由于基本公共服务均等化的政策带来了财政危机，针对萧条时期地区产业恢复的经济政策软弱无力，导致其失去了支持。为了向地方分权，必须对日本中央集权式的财政制度进行改革。推动高速增长的财政体系必须转变为促进福利、教育、环境建设的财政体系。从另外一个角度来说，必须将传统的以农村为核心的地方财政体系转变为以城市为中心的体系。这一点的重要性实际上在 1965 年就已经很清晰了，但由于不是执政党，迟迟难以完成改革制度所需的调查。1975 年东京都公布了《大城市财源构想》。这是一个具有划时代意义的税制改革方案，它提出要在国家和地区确立起综合所得累进税制，令污染者承担环境税等社会费用，增加企业课税以避免拥堵问题等过密状况导致的危害。与其相呼应，大阪府也公布了《大城市税财源构想》，提出了自治体的税源扩充构想。政府没能否决这些要求，但也没有进行根本性的改革，只是采用了为抑制大城市化的"事务所、事业所税"，并认可了对法人相关税的超出部分课税。摄津诉讼就已经表明，幼儿园等福利行政的财政制度无法满足居民的要求，应进行全面的社会保障财政的改革。由于这样的改革被拖延，自治体，特别是革新自治体的财政陷入了危机。因此旨在重建财政的"城市经营论"

开始流行起来。

革新自治体式微的原因中除了财政经济政策的滞后以外，还包括其在事实上有着对革新官僚的依赖这一弱点。虽然表示要实现"居民参与"，但居民并不是自治体的主体，居民只是提出要求，然后就放手交给领导者，或许可以说是一种"明君"主义。

革新自治体在 1970 年代为环境政策的推进作出了贡献。因此，其式微也导致 70 年代行政改革期间的国家环境政策出现了后退，使得 80 年代诞生了世界上最低调的环境行政。

第二节　环境政策的一进一退

1. 城市公害对策的前进

如第二章所述，高速增长期对快速城市化的生产、流通、消费、废弃的全过程，带来了环境的破坏和严重的健康损害。公健法所说的大气污染受害者的大多数都是大城市圈的居民。第五章提到的公共工程带来的噪音、震动问题所造成的危害也集中在大城市圈。城市公害是一种复合型公害，它会带来新的社会问题，迫切需要新的解决对策。

废弃物处理问题——垃圾战争

东京都在 1970 年的一年时间里，将约三分之二的垃圾——大约 2300 万吨——用卡车运到江东区的东京湾进行填埋。这个填埋地还偏偏被取名为"梦之岛"。这个地方恶臭蔓延，苍蝇丛生，每年会发生 10 起以上的火灾事故，呈现着宛如地狱一般的场景，"梦之岛"（Dream Land）变成了一个在国外也十分有名的恶劣"名胜"。江东区居民被迫单方面承担了全部东京都居民的垃圾处理所带来的问题，他们提出垃圾"本区内处理"的原则，美浓部东京都知事也同意了该原则。但是，其他地区的居民却不然，例如杉并区的清扫工厂建设计划就遭到了本地居民的反对。而为了对此表示抗议，1973 年 5 月江东区议会用三天时间以武力阻止了杉并区的垃圾搬入。

在这之前的 1971 年 9 月，美浓部知事发布了《垃圾战争宣言》。他称其为自己都政 12 年里"最困难棘手的工作[18]"。这是因为，与产业公害事件不同，垃圾公害的加害者是自治体，是居民与自治体、居民与居民之间的争端。柴田德卫原是都立大学教授，被知事请来担任企划调整局长，他入职后负责的是财政战争和汽车尾气限制等重要问题的解决，并在这场垃圾战争中成为了最高指挥官。柴田在 1961 年发布了业内领先的名著《日本的清扫问题》[19]，明确指出废弃物的增加揭露了现代文明和日本城市的弊端。从这点看，真的可以说对柴田的任用是"上天的安排"，但废弃物问题内嵌于现代经济体系当中，解决并非易事，需要转变自治体职员以及居民自身的意识。于是柴田编发了《垃圾日报》，以唤起厅内和居民的意识革命。他在《日本的城市政策》中指出当时的垃圾战争具有以下三点问题：

第一是在大城市行政中克服所谓的官僚制及其思想，创造新理念。……如今的垃圾问题，是前所未有的事态，不是一个部门能够单独处理的。

第二是市民参与的问题。城市的行政，要通过倾听市民的要求，获得市民的合作，才能使民主运营成为可能。……想要解决垃圾战争的问题，就不能停留在地区自我中心的层面上，要将视野扩展到整个城市的范围。……必须扩大市民参与垃圾问题的规模，培养能够独立思考与行动的市民。实际上这里的问题是民主主义究竟应该是怎样的姿态。

第三是价值观的转变。……在现代城市里，即使没有昂贵的贵金属和宝石也可以活下去，但"无视垃圾的话便会遭到垃圾的报复"。垃圾战争宣言提倡将价值观向上述方向进行转变，并要求人们对于人类生活真正的价值和意义，甚至文明究竟是什么，一座好的城市是什么等问题进行重新思考[20]。

这种价值观的转变，以及考验着居民参与形态的垃圾问题，与能源问题以及汽车问题是相通的，都要求居民运动迈向新的阶段。

废弃物处理的历史概况

在日本，最早的与废弃物处理相关的法律是（明治 33 年）1900 年的污物扫除法。该法律的规定对象是尘芥（尘为百亿分之一单位，芥为千亿分之一），其目的在于将废弃物处理到极细的人眼看不到的程度以确保卫生的实现。战后，在城市化过程中，清扫事业变得很难交给个人回收业者完成，于是这成为城市行政的义务，1954 年出台了《清扫法》。这里出现了"垃圾"（尘芥过于小）这个概念，城市所有垃圾的卫生处理都归于公家责任。也就是说，在污物扫除法的原则下，尘芥处理是个人的责任，而在清扫法中则是市町村等公家的责任。

在城市化进程中，垃圾量大幅增加。以东京都来说，垃圾量由 1967 年的 276 万吨增加至 1976 年的 515 万吨（表 7-4）。这虽然是当时纽约市的三分之一，但却是伦敦的三倍，是巴黎和莫斯科的 3～4 倍。与此同时，垃圾也发生了质的变化。安全处理较为困难的塑料、乙烯基、PCB 等化学制品，以及处理费用昂贵的汽车、钢琴、电器、家具等大型垃圾增多。因此清扫费也急剧增加。东京都的清扫人员由 1969 年的 10 492 人增加到 1978 年的 14 784 人，垃圾处理的成本也如表 7-4 所示，由 1967 年的每吨 5208 日元急速增加至 1976 年的每吨 19 095 日元，是原来的近四倍。在地方财政上，在 1964 年把清扫费列为国库补助金和课税对象。但很快清扫事业费便和下水道费用一起，成为自治体的公害及环境对策费用的主要项目。

表 7-4　东京都的垃圾问题　　　　（单位：千吨）

	收集量	处分量	焚烧		填埋		处理费（日元）/吨			处理费（日元）/人
			量	%	量	%	原价	指数	其中的人员费用	
1967 年	2757	2750	762	28	1988	72	5208	100	2951	1445
1970 年	3604	3602	1349	37	2253	63	6677	128	4043	2394
1973 年	4655	4657	1836	39	2821	61	11 264	216	7319	5396
1976 年	5152	5145	2549	50	2596	50	19 095	367	11 950	9915

资料来源：来自东京都《职员手册》1978 年。

垃圾处理在其他国家主要依赖于填埋。在纽约、莫斯科、伦敦有 80%～90% 的垃圾依靠填埋。巴黎则和日本一样有 90% 是靠焚烧。1976 年度，东京都区部有 50% 是焚烧，大阪市有 78% 是焚烧。对于填埋用地非常少的日本来说，高焚烧率是不得已的结果。到后来，日本的中间处理对焚烧的依存度极高，据说全球 70% 的垃圾焚烧厂都在日本。而这又成为了公害的一个源头。垃圾焚烧厂带来的污染包括：烟雾危害，特别是 PCD、水银以及其他有机化学物质导致的大气污染、污水的排放、残渣引起的土壤污染、垃圾运输车的噪音和垃圾造成的恶臭等。因此就像垃圾焚烧厂出现的问题，其选址是很困难的。除了公害防治，还必须配备使用焚烧垃圾所产生的热能的福利设施和公园等配套服务。

最开始的清扫法，将产业废弃物交给企业自己负责处理，对处理的实际结果也并不掌握。但随着废弃物的急剧增加并成为公害，便不得不将其纳入行政的对象。被称为清扫麻痹的事业停滞和垃圾战争在各地成为了严重的社会问题。1970 年《关于废弃物处理及清扫的法律》（以下简称《废弃物处理法》）出台，除核废弃物之外的所有废弃物均成为了法律的对象。但是，这部法律并没有考虑到废弃物的回收利用等减量化或再生的措施。在自治体当中出现的动向则包括：在全国范围内率先建立再利用中心、如京都市那样制作饮料罐条例、导入押金制度等。1992 年政府修订了《废弃物处理法》，推进了减量化进程，出台了《关于促进再生资源利用的法律》（《再利用法》）。

随着上述法制的进展，如图 7-2 所示，废弃物被分类，处理的主体也明确了。但是，只要还持续进行大规模的生产、流通、消费的体系，就必须有一个最终处理场，废弃物问题就是永远的课题。最初提出这些问题的东京垃圾战争，在居民和政府进行了长期交涉之后，建立了垃圾焚烧厂。在当时，它被视为无公害工厂，从搬运到焚烧和残渣的处理都考虑得很周全。然而后来还是发生了"杉并病"这样原因不明的大气污染事件。

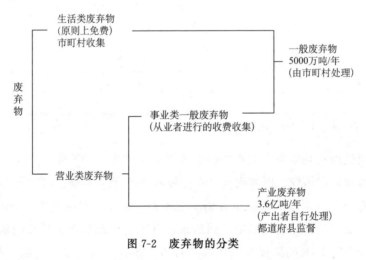

图 7-2　废弃物的分类

汽车的社会成本

第二章提到过，可以称为民族大迁移的急剧城市化导致了住宅不足、地价上升、公害等城市问题的产生。这是由于规模的不经济和社会共同消费的不足导致的生活困难。追求规模经济而集中在城市的资本没有承担社会成本，因此市民和自治体做出了巨大的牺牲。特别是担当城市交通主角的汽车造成的事故、公害以及拥堵成为了社会问题，再加上汽车的大众化使得公共交通不断衰退。宇泽弘文在《汽车的社会成本》中指出，假设在市内建设或改造两万千米的没有公害及事故并配备人行道的安全舒适的公路，其费用将达到平均每辆汽车1200万日元。如果每辆车每年最低缴纳200万日元的税金的话，才能够勉强不发生社会成本。也就是说市民的基本权利可以免遭侵害[21]。这一建议引起了巨大反响，支持了反对道路公害的市民运动的主张。然而事实是，这样的课税方式并没有实行，每辆200万日元的社会成本被放任自流。相反地，被称作"甜甜圈化"的城市布局（企业、办公功能集中于城市中心，郊外则是以住宅为中心的新城）不断发展，公共性较大的交通运输让位于私车出行的个人主义消费方式，使得交通问题愈加严峻。为了促进汽车大众化，市内有轨电车以赤字经营为由被撤除。为了弥补这一错误的交通政策而建造的东京地铁，每千米花费278亿日元，如果汽油价格便宜的话，以每公里的行驶费来计算，开私家车反而比坐地铁更便宜，于是汽车大众化的进程变得更快了。

这样一来，汽车的社会成本增加了。在东京都，以都留重人为负责人的委员会于1970年发布了《市民的交通白皮书》[22]。其中包括两项政策：一项是为解决通勤地狱和道路拥堵问题而确立公共运输体系，另一项是如何防止交通事故和公害，防止居住环境的恶化。交通公害对策中发展最迟缓的是交通噪音对策，在第五章所提到的道路公害诉讼还在审理之中。但对于东京都来说，1970年到1972年间接连发生的光化学烟雾事件对小学生造成了危害，防止这样的事件成为当务之急。

光化学烟雾是汽车尾气所产生的，会对健康造成危害，这在洛杉矶光化学烟雾事件中已经很清楚了，但在东京的成因机制还没有查明。然而导致其发生的物质之一——NOx的方面，其中NO_2的毒性是明确的，在日本也对其设定了环境标准。而三大城市圈均没有达到该环境标准，反而NO_2还有增加的趋势。其原因在于大城市里每年汽车尾气所占的排放比例都在增加，产业等固定排放源占四成，汽车等移动排放源占六成。随着大气污染防治法和自治体对策的强化，SOx的排放量开始急剧减少，因此大气污染对策的重点转到了 NOx 特别是汽车尾气上。在这样的背景下，1970 年 5 月，美国参议院通过了《1970 年大气清洁法修正案》，以提议者马斯基议员之名命名为《马斯基法》。其提议的目标为，在两年内完成将 1975 年之后生产的汽车，其尾气排放的 CO 和 HC 降至 1970 年生产的 1/10，1976 年生产的汽车的 NOx 降至 1/10。该削减标准并不是从防治技术层面，而是从环境层面制定的，它并非过去那种经济（技术）和环境妥协的产物，实现了环境政策的理想，因此受到了很高的评价，也获得了市民的支持。

但是很快，美国汽车行业的三大巨头提出上述目标不可能如期实现，要求延期一年。在美国，公共政策的采用条件之一是进行成本效益分析，如果被证明利益大于成本方可采用。和环境影响评估一样，如果缺少这一环节，政府将会在法庭上败诉。NAS（美国科学院）就《马斯基法》进行成本效益分析的结果显示，削减尾气带来的成本增加会造成每辆汽车的价格上升 276 美元以上，因此需求便会降低，受其影响就业将会减少 5 万～12.5 万人，经济增长率将会下跌 0.1%。这些都超过了削减尾气所带来的效益。GM（通用汽车公司）则认为在技术上不可行。1974 年 1 月，尼克松总统发布的《能源咨文》中，废除了 NOx 削减到 1/10 的规定。

围绕着日本版马斯基法的攻防——七大城市调查团的作用

1974 年 1 月，环境厅公布了《昭和 50 年（1975 年）年度规制》。它是以《昭和 51 年（1976 年）年度规制》为完成值的暂定目标值（表 7-5）。汽车制造商不得不认同了《昭和 50 年年度规制》，但认为《昭和 51 年年度规制》在技术层面上是不可能实现的。这个规定值其实就是将马斯基法规定值中的英里换算成了千米。几乎在规定公布的同一时间，美国取消了对 NOx 的限制，因此汽车制造商变得硬气起来。而日本兴业银行也仿佛是在支持他们，发布了《汽车尾气规制的经济影响》报告。其中显示，如果实施这样的规定，汽车的价格将会平均上涨 10%，需求减少 60 万辆，总销售量会降到 237 万辆的低水平。同时，由于涉及钢铁、橡胶、有色金属、玻璃、电器等很多相关产业，加上它们减少的产值，总产值将会减少 7827 亿日元，附加值减少 2890 亿日元，与此同时，就业会减少 9.4 万人。汽车相关税收将减少 7600 亿日元，法人税等也将减少 1000 亿日元[23]。该报告并非调查日本汽车企业情况后计算得出的结果，而是直接将美国 NAS 的数据套用在日本制作而成的。

表 7-5 日本的尾气规制、目标值和容许限度单位（单位：克/千米）

名称	1973 年规制 （1972. 12）	1975 年规制 （1972. 10）	1976 年规制 （1972. 10）	1976 年规制 （1974. 12）
适用期限	1973～1974 年	1975 年	延长 2 年	1976 年～
CO	18.4（26.0）	2.10（2.70）	2.1	2.1
HC	2.94（3.80）	0.25（0.39）	0.25	0.25
NOx	2.18（3.00）	1.20（1.60）	0.25	0.6，0.85

注：括号内为容许限度。

　　根据汽车业界和对其表示支持的经济界的意向，环境厅于 1975 年 2 月 24 日公布了《1976 年度的汽车尾气暂定排放容许标准》。如前面的表 7-5 所示，大幅度放宽了当初的标准。而按这个标准无法消除大气污染的危害。东京都公害研究所已经调查过东洋工业的转缸式发动机，在其 1973 年公布时，实现了 0.42 克/千米的 NOx 平均排放值，当时推测在 1975 年度中期能够实现 0.25 克/千米。之后担任了该研究所所长的柴田德卫指出："国家和两大制造商忽视环境的保护来谋求自身利益，挤占了先进制造商的占有率，不得不说是在利用一切事物来获取企业利益[24]"。从 1974 年 6 月环境厅举办的九大制造商听证会上的发言和之后的动向来看，市民似乎也是怀有同样的危机感。

　　在这样的背景下，汽车公害极为严重的东京、川崎、横滨、名古屋、京都、大阪、神户七大城市的首脑，于 1974 年 7 月 18 日在神户市召开了恳谈会，发布了《关于推进汽车尾气对策的声明》。他们认为汽车制造商声称技术上的困难性，谋求规制的延期或是缓和，这样的行为显示了其对大城市的公害现状及环境改善重要性缺乏足够的认识，为了维系市民健康安全的生活，必须完全执行《昭和 51 年年度规制》。另外，为了明确其技术上的依据，他们设置了七大城市调查团。

　　1974 年 9 月 13～14 日，"七大城市调查团"听取了环境厅和九大汽车制造商的情况介绍。当时的记录显示了汽车制造商们对环境政策所采取的姿态，很有价值。之后的"中期报告"是这样记载的："各个制造商都在极力强调以'现状'来看，51 年年度规制的达成在技术开发方面是非常困难的，而且要求改变环境标准。丰田、日产两大汽车制造商，认为技术界限所能达到的排放量是规定值的四倍，他们给人的印象是依然在崇尚速度竞争等会导致环境破坏的商业主义，一心想要维持过去的诸多性能，因此在自发地阻止技术的开发。而东洋工业、三菱汽车工业、本田技研这三大制造商则或是表示在昭和 51 年中期可能达成目标，或是表示在 51 年达到一个和标准值接近的水平并非毫无可能。"[25]

这一调查使得七大城市的首脑确信了昭和 51 年年度规制实现的可能性，他们与环境厅长官会面，建议维持 51 年年度规制最初的方针不作妥协。然而，环境厅大气保护局春日局长处理七大城市调查团报告时却在"挂羊头卖狗肉"。七大城市调查团对此无法接受，于是又与中央公害对策审议会汽车公害专门委员会进行了晤谈。在这次晤谈中，八田桂三委员长对调查团的技术评价表示认同，却依然认为由于大规模生产转变的困难性，汽车驾驶性能的降低和燃料增加等问题，完全按规定实施很困难。

东大的西村肇教授是七大城市调查团中的一员，他在论文《昭和 51 年年度规制实施的技术可能性》中指出，《马斯基法》试图以规制推动技术发展具有划时代的意义，从这个意义上来看，它被永远地记录在技术史上。他对减少尾气的原理和技术进行了说明，批评了不可能论。减少尾气有只对引擎本身进行改良和进行后期处理的两种方法。本田用了前者的方法，使用了 CVCC（复合涡流控制燃烧系统）。这是对一般的引擎所做的部分改良，因此不需要大幅变动车体。其问题在于驾驶性的降低和油耗的增加。但其他的技术开发也是可行的。其他的催化方式的可能性也在被探讨。他认为在这方面获得技术性成果的不是丰田汽车或日产汽车这些大型企业，而是一些小企业（东洋工业、本田技研、三菱汽车）。西村认为："两大制造商完全没有以昭和 51 年规制为前提，对现有的汽车技术体系做出必要革新的打算。他们希望在现有的车型结构和引擎模式上保持现状，顶多是把 NO_x 的排放能勉强下降多少当作自己要解决的问题。[26]"

七大城市调查团已经通过日本"小企业"独创的技术成果，证明了将 NOx 降为十分之一的马斯基法实施的可能性。另外他们还将环境和健康放在第一位，指出忽视技术开发而将利益放在第一位，固执地维持自身现有的市场占有率的大企业经营思想的反社会性。在报告中，东工大的华山谦教授指出，在尾气研究费占经常收益的比率方面，东洋工业是 29.7%，本田技研达到了 65.4%，而与之相对的，丰田只有 17.3%，日产只投入了 15%，但他们每年在广告宣传费上的支出则达到了数十亿到上百亿日元，特别是丰田和日产的广告费超过了尾气研究费用。华山批评两大制造商将股东和用户的利益置于不坐车的大多数老人和孩子的健康之上。围绕着日本版马斯基法的数年攻防，就像是美国禁酒法制定前后的事件一般千奇百怪。之后的 NOx 的环境标准放宽等都表明，环境政策是关系到大企业生死的问题。当时还暴露出诸多丑闻，包括环境厅樫原孝处长的失踪事件、代表汽车工业会担任中央公害审议会委员的家本洁的泄密事件以及在 1969 年到 1974 年的 5 年间汽车工业会为自民党提供了 54 亿日元的政治捐款等[28]。

"因祸得福"

以七大城市调查团为代表，站在汽车公害对策最前线的自治体开始寻求马斯基法的实施。其背后也有以大城市圈为中心的道路公害反对运动的要求。因此，环境厅虽然将《51 年年度规制》延期了两年，但并没有像美国政府那样中途放弃。从 1975 年下半年开始，各个制造商接连在技术开发方面取得了成功。1976 年 8 月，环境厅召开了降低氮氧化物技术研讨会，这是对九大制造商的最后一次听证会，听取了他们对 1978 年的设想。九家公司均回答"能够达成"。于是在同年的 11 月 16 日通过了旧《50 年规制》（将其变为《53 年（1978 年）规制》）。其内容是马斯基法的达成，但为确保 NOx 的 0.25 克/千米的排放量，将容许限度设置为 0.48 克/千米，国产车中的新型车于 1978 年 4 月 1 日开始适用这一标准，旧车型于 1979 年 3 月 1 日开始适用。

最终，日本在全世界范围内首次成功地研发出低公害轿车。不仅如此，日本不依靠美国的技术持续进行独立自主的研发，最终也成功地减少了汽油的消耗量。成功地解决了一旦削减 NOx 的排放便会使油耗上升的技术难题。同时实现了石油危机以来的节约能源这一关键命题和公害防治问题。提升性能后的日本轿车席卷了全世界。超越在公害对策和资源对策方面表现懈怠的美国轿车，日本轿车的霸权开始了。本田技研工业的河岛喜好社长这样说道："汽车业界致力于攻克尾气规制这一最初毫无应对头绪的难题，最终成功开发了世界领先的排放技术。不仅如此，由于在生产管理、质量管理方面都比以往更加用心，于是制造出品质优良的汽车。这是如今日本汽车在国外享有盛誉的原因之一。"[29]

另外，在某次活动中，日产汽车的社长表示"因祸得福了"。这让人回忆起在战前，住友金属矿山面对遭受烟雾污染的农民寻求公害对策那激烈又漫长的运动时，没有逃避而是勇于面对，最后在世界范围内首次成功实现了排烟脱硫，为利用其副产品而建立起了住友化学。这个具有划时代意义的技术开发，能够在坚定地推进环境及人权这一最重要命题之时，将不可能化为可能，并促进产业的发展，是一个十分宝贵的经验。

工业区的社会成本

如第二章和第三章所述，高速增长政策使原料供给型重化学工业的工业区在大城市圈聚集，导致了严重的公害问题产生。如同前述的财界的产业计划恳谈会上所承认的那样，大城市圈的工业区，从环境破坏和资源浪费的方面来看，必须立刻停止增设。但是，大城市圈工业区的社会成本不止于此。以往的区域开发论一直以 GNP（国民总产值）作为衡量开发的效果。但随着区域开发的进展，东京的单极化不断加强，却难以看到据点地区的产业发展和财政力上升所带来的居民福利的提高（如图2-5）。这些也是笔者在四日市公害审理时的证言中所陈述的。之后，伴随着环境、公害的政治经济学的发展，区域经济学也得以发展。区域经济学的关注对象是无法用国民经济学进行分析的区域经济动态。但是，对基于这一新兴科学进行的分析来说，其短板是资料和统计还都不完善。而突破这个难题，最早使用环境经济学和区域经济学这两种新兴科学制作区域开发决算书的是《大城市和工业区·大阪》这一共同研究的成果。这部著作的一部分也被介绍到了国外，尤其是对发展中国家的开发产生了重大影响。详细内容暂且不说，当时的大城市圈和濑户内海的自治体大力推进的吸引原料供给型重化学工业进驻，作为地区开发模式最后以失败告终这一点是很明显的。这里只介绍分析的结论[30]。

图7-3 显示的是堺·泉北工业区的各项数值占大阪府全部工厂的比率。工业区的各个工厂排放的污染物占全部工厂的 40％以上，使用的电力是全部工厂的 40％以上，工业用水是 20％，虽然如此，但其产出的经济效益却乏善可陈，附加值仅占 8％，就业和事业税则只有不到 2％。过去的经济学无视公害和资源问题，如果把这两点考虑在内，那么所应扣除的社会成本十分巨大，经济效益就非常低了。

大阪府和关西财界热心打造工业区的动机在于想要赶超东京。大阪圈是民生型轻工业，而东京圈则是重化学工业。因此，大阪圈便想要通过钢铁、炼油、石油化学等重化学工业的原料生产，来发展汽车、电器、药品、食品等工业。但其招揽的新日铁堺工厂的主要产品是 H 型钢这种建筑材料，其回

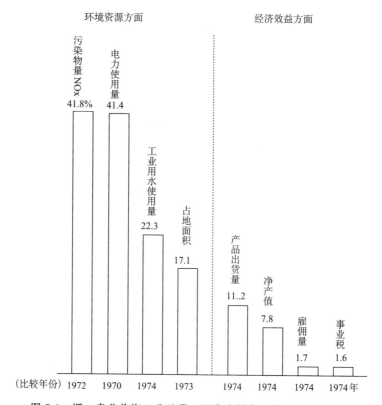

图 7-3 堺·泉北临海工业地带工厂占大阪府全部工厂的贡献度

注：NOₓ 指的是占 NOₓ 总排放量 800 吨/年以上的大阪府工厂的比例。只拿堺市来看的话，NOₓ 排放会是市内工厂的 94%。电力是与大阪府全部工厂的使用量进行的比较。其他项目是同府下含 30 名以上的事业所的总量进行的比较。事业税指的是占全部事业所的纳税额的比例。

归当地的比率只有 20%。对于大阪的城市型产业来说，石油化学的中间产品中本应有很多是其需要的，但工业区中石油化学的主要产品是农药，和地区的原有产业几乎毫不相关。如果不是关西地区的本地产业形成的工业区，而是从外部招揽而来，那么这些企业在选址时只是在考虑扩大各自企业在国际、国内上的市场占有率，而和地区经济是没有关系的。

对企业建厂的控制

通过环境经济学和地区经济学的综合分析能够清晰地看到，在大阪这样的世界性大城市圈招揽原料供给型重化学工业是多么欠考虑的行为。在工业区背后的堺市和高石市，大气污染的公害认定患者达到 3000 人（推断潜在患者有 7000 人）。当地产业和自治体在刚开始认为开发将带来巨大的经济效益，因此对招揽表示了赞同并协助其进行开发。填埋地是建设了基础设施的一等工业用地，平均单价达每平方米 6321 日元，新日铁却仅以 1600 日元的低价取得用地。他们并没有像神户那样将填埋地的收益用于福利事业，而是直接以成本价卖出。另外还为企业提供住宅以及其他公共服务。从产业组织方面来说，主要企业从其他地区带来承包企业，而其中与当地企业相关的公司却不过 100 家。而且属于修理业、土木建筑业和运输业等其他领域的产业，和工业区的生产直接相关的却很少。工业区企业的发包额六成以上都是从地区外的承包企业进行订货。也就是说，工业区成为了一个租界，和当地是隔绝的，但却给当地带来公害问题。堺商工会和堺、高石两市的议会如第三章所述，对工业区的扩张表示了反对，由此可以看出，工业区对当地的经济发展并未作出贡献。

以规定了直接损失的卡普的第一定义来计算，工业区的社会成本是每年 321 亿日元。这达到了工业区增加值 2970 亿日元的 11％，毛利润 2450 亿日元的 13％。同大阪府从工业区获取的税收 41 亿日元，加上堺、高石两市 75 亿日元的税收相比会发现，其社会性损失是很大的。但是，这其中还包括了健康损害等绝对性损失，如果按照卡普的第二定义改造出不造成社会性损失的工业区的话，又会如何呢？必须沿着堺·泉北临海工业地域建造宽为两公里的缓冲地带，将住在 2500～3000 公顷地区的 9.35 万户居民整体搬迁。以 1977 年时的地价作为标准，需要 10 万亿日元以上的花费。外来企业的投资在 1970 年建设完成时约为 6000 亿日元，其年产值只有 1 万亿日元。估算企业的公害防止投资和居民安全所需的社会成本，便会更为清楚，在这样的大城市圈建造工业区的经济效益是负的，本不应该付诸实施。

使用大阪的分析方法，在之后还对四日市、京叶、水岛、鹿岛、大分等地的工业区进行了彻底分析[31]。其结果明确显示，虽稍有不同，但与公害、资源消耗相比，地区经济效益很低，与地区原有产业缺乏关联。而且，在此期间东京单极化及地方城市农村的过疏化问题进一步恶化。据点开发以失败告终。

这本《大城市和工业区·大阪》（其中的内容已经在 1975 年发布过）给

大阪府带来了很大的震动。经过自主调查，大阪府发觉工业区在经济效益方面有问题，停止了向临海地区吸引重化学工业，将土地转于他用。在石油危机之后，产业结构的改革就已经开始进行了。但除一部分地区之外，临海地区的开发并未停止。宣告选址失误的四日市工业区仍在继续开发。错误的事情并未停止。

2. 公害对策的转变与倒退

世界性的萧条引发的公害、环境政策的改变——后退，是从大幅度放宽二氧化氮（NO_2）的环境标准开始的。制定并实行这一政策的是曾在战后推进公害行政的桥本道夫，这是一出象征着政策转变的悲剧。另外，在这前后，在经团联等经济界团体、通产省和自民党一部分议员的压力之下，本已在公害审判和公健法上做出结论的疼疼病被重新探讨，变更了水俣病的认定标准。这也反映在第五章所述的司法过程当中，在大阪机场公害事件最高法院的判决中，停止使用该机场的要求被否决了。原本在 1970 年的公害对策基本法的修订中，"调和论"已经被放弃，确立了环境优先的政策思想，但经济界和政党内部的"这是一种失败"的声音愈发响亮，事实上向"调和论"的回归开始不断进行。在不到十年间发生的重大转变，显示了日本政治经济社会体系的特质。以下对其经过与评价进行论述。

围绕放宽 NO_2 环境标准的激烈斗争

二氧化氮的环境标准，由于考虑到光化学烟雾的危害，虽然当时资料还不足够充分，还是在 1973 年 5 月，以当时日美两国的三个研究为依据，设定了保证足够安全率的"日均 0.02 毫克/升"。于 1975 年 8 月就任大气保护局长的桥本道夫，因针对 SOx 的对策已在推进当中，便将 NO_2 的环境标准和对策视为最重要的问题。他依据公害对策基本法第九条第三项的"必须不断进行恰当的科学判断，进行必要的修订"的规定，认为要将标准设定后的五年间的科学见解考虑进来，进行政策的修订[32]。这一想法无可厚非，但在世界性的萧条背景下，被迫进行环境政策变革的经济界和通产省等政府各省的动向，以及与此相关的学者的主张，巨大的压力向政府袭来使其难以做出冷静的科学判断。经团联从开始设定 NO_2 的环境标准便一直以"过于严苛"为由表示反对。根据公害防止协定，1975 年川崎制铁的高炉脱硝对策被坚决实行，之后，对 NOx 对策强化表示担心的日本钢铁联盟等经济团体开始寻求大幅放宽环境标准。1975 年 11 月，日本钢铁联盟召开国际研讨会，聚集了 8 个国家的 14 名专家，他们中的大多数都声称日本的环境标准过于严苛，根本无法达成。东工大的清浦雷作教授在 4 月的《产经新闻》正论栏中指出日本的环境标准比美国严格七倍[33]，并对定下这一标准的专门委员会的报告进行了批评。在这样的背景下，1976 年 12 月 24 日就职的环境厅长官石原慎太郎，下达了重新探讨 NO_2 环境标准的命令。并于 1976 年 8 月 23 日到 9 月 4 日召开了 WHO 环境保健判断标准专门会议，正在推进修订准备的桥本局长使厅内认可了改定环境标准是政府当局的责任这一方针。1977 年 3 月 28 日，石院长官就"关于二氧化氮对人的健康影响的判定条件"向中央公害审议会提出了质询。

如同这次质询所显示的，他们所寻求的不是环境标准，而是判断条件和方针（包括"方案"在内）。桥本道夫认为，如果不采取政治和行政的判断而依赖于自然科学的判断，不把制定环境标准的责任交由政府承担的话，那么中央公害审议会将无法再在激烈的对立当中制定出环境标准。受委托的专门委员会（委员长铃木武夫）根据 168 篇论文和报告的结果，以与美国不同的判断方法，分六个阶段考察了在复合污染下人群所受到的影响，按照长期暴露和短期暴露分别提出了指导意见。1978 年 3 月 20 日，中央公害审议会大气部门专门委员会得出了短期暴露情况下的平均值为 0.02～0.1 毫克/升，长期暴露复合污染的情况下年平均值为 0.03～0.02 毫克/升的标准数值，并指出，这是"能以较高概率不对人体健康造成不良影响的浓度"。该报告正如结论所见，并未考虑安全系数。对此，市民组织和大城市自治体反复提出抗议，认为在还有受害者出现时，不应放宽环境标准。在这之前，1977 年 12 月的通产省产业结构审议会在题为"今后的 NOx 污染防止对策的应有形态"的报告中给出的结论是，NO_2 的环境标准的极限值为日平均 0.05 毫克/升，因此到 1985 年之前将花费 2 万亿日元的公害防治投资。这比过去产业界一直以来采取的同美国相同的年平均值 0.05 毫克/升更为严苛，比较接近环境厅的方案。

在最终判断中，桥本道夫没有考虑安全系数，根据经济条件和技术状况没有采用 0.04 毫克/升这一低限数值，而是采用了中介审给出的数值区间[34]。

这一标准数值没有提交给中央公害审议会全会，而是作为行政职责将其定为环境标准，在通过国会审议后的 1978 年 7 月 11 日，发布了《关于二氧化氮的环境标准》。要点如下：

"第一 环境标准

1. 二氧化氮的环境标准如下

每日每小时平均值在 0.04～0.06 毫克/升区间内或以下。

2.1 的环境标准，是在被认为能够准确把握二氧化氮引起的大气污染情况的地点，由通过使用萨尔斯曼试剂的吸光光度法，或者是使用臭氧的化学发光法来测定的测定值判断而得出的。

3.1 的环境标准不适用于工厂专用地区、车行道等其他一般民众不进行日常生活活动的地区和场所。

第二 达成期限等

1. 在每日每小时平均值超过 0.06 毫克/升的地区，原则上限于七年之内达成每日每小时平均值为 0.06 毫克/升的目标。

2. 在每日每小时平均值处于 0.04～0.06 毫克/升区间内的地区，原则上需要其将数值保持在这一区间内，需要保持现状或不再增长。"

环境厅同时还发布了《关于二氧化氮环境标准的改定》，介绍了修改的经过，对反对修改的市民做出了解释。而其中的记述与后面的《私史环境行政》很相似，让人不禁怀疑是由桥本道夫本人执笔。首先，关于修改的理由，其表示修改是根据基本法第九条第三项进行，"并不是因为过去的环境基准过于严苛，达成上有困难才进行修改。更不是被要求放宽标准的意见所迫而修改"。另外还解释道，将修改的质询作为判定条件和方针而非环境标准，是因为环境标准目前还在达成期限当中。在修改的时候，他们积极倾听了产业界、居民团体、地方公共团体、报纸杂志、学者、一般市民等众多方面的意见，带着诚意来解释自己的想法并希望可以得到大家的理解。但是，完全没有接纳反对者的意见。关于安全系数的问题，至今学术上还没有定论，由于是在留意着人类志愿者相关研究和现实患病率的流行病学调查的同时，综合性地通过动物实验来进行判断，所以并没有设定安全系数。另外，与安全系数相关，在致癌性上的有害性并未得到确认，在这方面的担忧可以减轻了。环境厅断言，这一新的环境基准"完全没有造成国民健康问题的隐患"。日本的环境标准是期望标准，它并非美国的那种容许限度。因此即使标准值较低也不能称之为严苛。达成期限设为昭和 60 年（1985 年）[35]。

修改标准结束后，桥本道夫向大臣递交了辞呈，于 1978 年 8 月 11 日离职，成为筑波大学环境科学研究所的教授。他坦言道，自己对不起铃木武夫老师："我早已做好心理准备，成为被大气污染研究会的老相识和一起为公害问题奋斗达到今天的人们，产业界、医师、官员中的那些同伴们当作背叛者对待。但是我没有留下任何遗憾[36]。"

对于改定标准的评价

东京都美浓部知事在 1978 年 5 月 31 日发布了《关于放宽二氧化氮的环境标准》的意见。在这里说明一下该反对修改意见的要点。该《意见》认为不应放宽现行标准，其理由如下：第一，从医学上的保护弱者健康的角度来说，必须预估充分的安全系数，专门委员会的方针考虑到安全系数以现行标准（0.02 毫克/升）方可满足。第二，为防止光化学烟雾的产生，就必须维持现行的标准[37]。放宽现行标准的话，每日平均值达到 0.04～0.06 毫克/升这个范围的地区便不需要再出台 NO_2 对策了。过去被测定的 90％ 都是违反环境标准的，而以新标准来看，则有 95％ 都是合格的。这是一个 180 度的大反转。标准的修改应在科学探讨的基础之上进行，不能以经济技术上的理由去放宽标准，不能没有经过中央公害审议会的探讨而只以行政方式进行处理。另外，意见还在寻求标准修改的公告终止。而在公告之后，东京都、神奈川县、川崎市都声称将不执行新标准，而依照旧标准推进 NO_2 对策。

就像这份东京都的意见中所提到的，对于修改标准的反对声音主要集中于没有加上安全系数，和没有遵循修改标准经由中央公害审议会总会进行这两点上。关于没有添加安全系数，铃木武夫在议会等场合上做证，称将标准数值设为环境标准时必须添加安全系数。在《公害研究》的座谈会上他也提到，专门委员会将长期暴露的标准数值规定为年平均值 0.02～0.03 毫克/升时，如果将安全系数计算在内的话，和旧标准是相同的，似乎是证明了旧标准的正当性。之后，复合污染有可能致癌的事实显现出来，因此将安全系数考虑在内确是必要的。关于不经由中央公害审议会的总会这一点，淡路刚久认为这是违法行为[38]，因此提起了诉讼。

在水质污染和噪音的环境标准完全没有被遵守的情况下，只对 NO_2 的环境标准进行修改，这其中有明显的社会性和经济性理由。笔者在当时的论文中指出了以下两点理由：第一是产业界，特别是重化学工业和电力产业界的要求。实现 NO_2 的旧标准，对于污染企业来说经济负担很大，他们声称这是不可能完成的任务。环境厅大气保护局发表了《关于氮氧化物对策的费用效果》（1978 年 4 月）。让我们通过表 7-6 对其进行探讨。案例 B 更接近于旧标准，将其标准放宽，案例 A 采用新标准，可为产业整体带去 3882 亿日元的节约额。特别是钢铁业可以节约 596 亿日元以上，电力业能够节约 968 亿日元以上。实际上，据说钢铁业界获取了最大的利益，他们将这次修改标准称赞为"NO_x 行政的正常化"[40]。但是这样一来，从日本经济整体来看，对于公害防止产业的需求便缩减了。环境厅也认为，从日本经济整体上来看，旧标准也不是不可能实现。

表 7-6　伴随放宽标准的经费节约额　　　　　　（单位：亿日元）

	案例 A（以 0.06 毫克/升为目标的规制）	案例 B（模型上的最大可能的规制值）	节约额（B - A）
化学	371	980	609
石油精炼	156	369	213
水泥	260	359	99
玻璃	2	26	24
钢铁	752	1348	596
电力	1870	2838	968
其他	1298	2671	1373
合计	4709	8591	3882

注：根据环境厅大气保护局《关于氮氧化合物对策的费用效果》（1978 年 4 月 20 日）制成。

　　第二，政治上的直接理由是萧条对策。如上所述，在峰会上，福田总理约定了 7% 的成长率，因此必须促进公共事业的发展。而其中的主要项目便是本州四国联络桥。对其评估的结果显示，在鹫羽山入口处的枢纽地带，NO_2 的日平均值达到了 0.06 毫克/升，工程便被中止了。其他的由政府进行的主要高速公路等公共事业以及发电厂的建设也是一样，不可能在遵守 0.02 毫克/升这一标准的同时进行施工。如上所述，桥本道夫在议会上接受质询时，也回答道：这样下去公路也无法建造了。虽然还不能说放宽 NO_2 标准的直接目的就在于此，但毋庸置疑的是，从放宽标准之后工程便立即重启这件事来看，标准的放宽起了很大的作用。

NO$_2$环境标准问题，还残留着环境灾害（公害）科学的理想形态的问题。这和接下来要开始的水俣病的病象问题是相通的。在世界范围内，日本的公害问题是首次明显暴露出来的。然而，研究者和行政官并没有对日本的实情进行分析，而是对外国，特别是美国的业绩进行了类推。在 NO$_2$ 问题上，环境厅依赖的也同样是国际上的研究成果。为何不对公健法所认定的数万名患者和该高浓度污染地区的人员群体进行分析呢？或许是因为这需要庞大的资金和人力。但是，如果进行了大规模的流行病学调查的话，可能会为如今污染持续严重的中国等发展中国家的大气污染对策作出巨大的贡献。像这样，没能在医学方面确立从日本实际情况出发研究病象和对策的公害科学，从而造成了接下来围绕水俣病出现的长期纷争和石棉沉着病的预防失败。

"虚幻的公害"——重新探讨疼疼病的问题

被称为"回潮"的现象开始了，它否定了本已在四大公害诉讼的判决中所确定的公害问题。其导火索是儿玉隆也发表的《疼疼病是虚幻的公害病吗？》（《文艺春秋》，1975 年 2 月号）。畑明郎则认为，在前一年 4 月的众议院公害对策环境保护特别委员会上，自民党的近藤铁雄议员要求厚生省更正看法，便标志着这种现象的开始[41]。

其直接动机在于，由于第六章所述的《关于农业用地的土壤污染防止等的法律》和《公害防止事业费从业者负担法》的规定，作为排放源的矿业者必须承担镉污染米和土壤治理的一部分费用。以自民党的推算来看，需要治理的土壤为 5000 公顷，其费用为 500 亿日元。在疼疼病的审理中，三井金属神冈矿山的责任被认定，但根据《矿业法》的规定，由于存在无过失责任制，责任必须由排放镉的矿业者承担。在废弃矿山急剧增加的情况下，日本矿业协会开始出现危机意识，并发动了自民党的一部分议员。

在这样的背景下，以告发田中角荣闻名的儿玉隆的论文发动起自民党的相关议员和日本矿业协会等经济界组织，否认因镉引发的疼疼病，要求环境厅对其病因重新探讨。1976 年 4 月 6 日，自民党政务调查会环境部门在《关于镉污染问题的报告书》中"要求阐明疼疼病的病因并就污染米和土壤治理进行重新探讨"。对此，由环境、厚生、农林、通产四省厅的局长级领导组成了"镉污染对策相关省厅协商会"，并就镉问题从头到尾进行重新的审视探讨。在此影响下，当地富山县的中田幸吉知事称将在看到统一的意见之后再决定修复工程，将工程延期了。

这一系列动向的根据在于，在神通川流域以外的地区并没有发现过疼疼病。镉确实会造成肾损伤，但还不清楚其发病机制，也无法解释其引发骨质软化症出现的原理。与此相关的，关于污染米和土壤修复的必要性的疑问也出现了。但是，在长崎县的对马、严原町，兵库县生野地区，石川县梯川流域被确认有疼疼病患者出现。不可思议的是，环境厅认可了这些调查结果，却没有采取救济措施。从 1974 年开始，在环境厅的委托调查中，疼疼病的综合研究组和关于镉对人体影响的文献研究组就已经在行动了。重新探讨本已在审判中确定的疼疼病的原因，可以说是前所未有的事件。

在国际上，关于日本疼疼病这种由镉引起的既不是劳动灾害也不是职业病的公害问题，研究也越来越丰富。在 1976 年 5 月，WHO 发布了"在疼疼病的形成上，镉起到了至关重要的作用"，这个专家会议的最终结果也发表在了日本的《每日新闻》上。

审判后的这些动向，很明显是经济优于健康这种"回潮"的开端。的确，将审判的法律上的因果关系作为自然科学性的因果关系是有不足之处的。这已经在劳动灾害性质的镉中毒与疼疼病这一公害问题的差异中做过解释。疼疼病的辩护团和对其表示支持的学者与支持团体，从正面与这种回潮进行了对决。研究始终在持续着，在过去并不充分的发生源对策的调查研究、动物实验和诊疗方法上取得了一定成果，在上述的四大公害诉讼中成功实现了对公害发生源的治理。另外，作为这些成果的集大成者，1998 年在富山市召开了"关于疼疼病和镉环境污染对策的国际研讨会"。研讨会聚集了瑞典的卡罗林斯卡环境研究所的 L. 费里伯格教授、比利时天主教鲁汶大学的 A. 伯纳德教授等四名外国学者，以及包括国立公众卫生院名誉教授重松逸造，千叶大学的能川浩二教授在内的 11 名日本医学者等众多一流的疼疼病学者们。在研讨的开始阶段，就"镉对人体的影响与疼疼病——其现时意义"这一话题进行讨论时，费里伯格教授提问："对于镉是疼疼病的必然致病因素这点，有人提出反对意见吗？"没有一个人表示反对。虽然有些戏剧性，但的确就在这一瞬间，疼疼病是镉污染引起的公害问题这一事实，在国际上被确定了下来[42]，这是被害者和支持者跨越漫长岁月辛苦奋斗得来的成果。"虚幻的"这一属性就此消散而去。

水俣病认定标准的重大变更——"舍弃患者"

1977 年 7 月 1 日，环境厅以企划调整局环境保健部部长的名义发布了《关于后天性水俣病的判断条件》，推翻了过去环境厅事务次官发布的《关于公害相关的健康损害救济特别措施法的认定》（1971 年 8 月 7 日）中的判断标准，这是一次重大的变更。后者（1971 年标准）是作为公健法的判断标准被继承下来的，关于水俣病的认定条件作了如下说明：

"1.（1）水俣病指的是，经口摄入了鱼类和贝类中积聚的有机汞后引发的神经系统疾病，呈现以下症状：

（a）后天性水俣病

首先出现四肢末梢和口周的麻痹感，进而引发语言障碍、行走障碍、向心性视野狭窄、听力衰退等症状。另外也有过出现精神障碍、震颤、痉挛等其他不自主肌肉运动和肌肉僵直症状的病例。主要症状为向心性视野狭窄、运动失调（包括语言障碍、行走障碍等）、听力衰退、知觉障碍。

（b）胎儿性或先天性水俣病

智力发育迟缓、语言发育迟缓、语言发育障碍、咀嚼下咽障碍、运动机能发育迟缓、协调运动障碍、流口水等类似于大脑性小儿麻痹症的症状。

（2）无论有上述的（1）中的哪一种症状，能够明确该症状全部由其他原因导致的话便不属于水俣病的范畴，但如果能够证明在该症状发现或发展期经口摄入含有有机汞的鱼类、贝类所导致的话，即便还存在其他原因，也依然属于水俣病的范畴之内。

另外，这里的"影响"指的是，在该症状的发现或发展期，经口摄入的有机汞是致病的全部或一部分原因。（中略）

第 2 轻度症状的认定

都道府县的知事等在认定时，只要认定申请人的该认定相关疾病是需要治疗的，那便不需要考虑症状的轻重，只需要判断该疾病是否与该地区的大气污染或水质污染的影响相关。（后略）"

这一标准作为公害的行政判断标准是很妥当的。虽然该"通知"声明并不是用来判断民事上损害赔偿有无的，但是它却被直接当作了公健法的判断标准。在 1977 年的新判断条件中，列举了和上述"通知"中相同的症状之后，做出了如下说明：

"2. 由于 1 中所列举的症状，每一个都是单独的，一般具有非特异性，因此在判断其是否为水俣病时，需要建立在高度学识和丰富经验之上的综合讨论。但如果有过在下面的（1）中所举出的暴露史，又有下面的（2）中所举出的症状组合的话，一般来说，其症状可以归为水俣病的范畴之内。

（1）对鱼类、贝类中积聚的有机汞的暴露史

A. 体内的有机汞浓度（略）；

B. 有机汞污染的鱼类贝类摄入情况（略）；

C. 居住史、家族史及职业史；

D. 发病时期及经过。

（2）下列任何一种症状的组合

A. 有感觉障碍，同时又确认有运动失调的症状；

B. 有感觉障碍，怀疑有运动失调的症状，同时，确认有平衡机能障碍或两侧性传入性视野狭窄症状；

C. 有感觉障碍，确认有两侧性向心性视野狭窄症状，同时，确认有显示中枢性障碍的其他眼科或耳鼻科症状；

D. 有感觉障碍，怀疑有运动失调，同时，从其他症状的组合中能判断其受到的是有机汞的影响。

3. 在与其他疾病进行甄别时，认定申请者在其他疾病的症状之外还具有能够判断为水俣病的症状组合的话，可以将其判断为水俣病。（后略）"

这样一来，过去凭借感觉障碍和流行病学条件认定水俣病的判断标准中，出现了"组合"这一必备要素。它否认了作为世界最早的环境灾害出现的有机汞中毒症状的整体形态，限定在见于 Hunter-Russel 综合征的作为劳动灾害的恶性有机汞中毒，是一个舍弃了受害者的重大变化。该变更被 1978 年 7 月 3 日的环境厅事务次官通知《关于水俣病认定业务的推进》所继承，又在 1985 年 10 月 15 日的有关水俣病的医学专家会议的"意见"中得到了如下认可："即使只出现一种症状的病例是有可能出现的，但这种病例的存在还没有得到临床病理学的实证，以现有的医学见解来看，在只有一个症状的情况下将其判断为水俣病的准确性很低，以现行的判断条件进行判断是可行的。"

在后来的 1992 年 11 月 19 日的中央公害审议会报告中的"关于今后的水俣病对策"中，也对先前的判断条件表示了认可，并做出以下结论："汇总以上意见，关于在甲基汞的影响下，是否会存在只出现四肢末端感觉障碍症状

的情况，临床医学还没有能证明其存在的实例。……在个人的临床诊断上，考虑到导致四肢末端感觉障碍症状出现的原因有很多，只根据四肢末端感觉障碍来判断水俣病是不合理的。"

自1977年判断条件发生重大变更以来，环境厅及成为其附庸的医学小组固执于劳动灾害规定的"组合"标准，引发了持续数十年的水俣病争论，反复拒绝司法判断。而在第一现场诊断多数患者做出临床诊断的原田正纯和藤野糺的意见，或是脑病理学的原东大教授白木博次做出的作为全身病的水俣病诊断，已经被精神神经学会所承认。原田正纯清楚地说道："在水俣病病象论上是不存在争论的。也就是说该问题在医学上已经解决了。剩下的只是应该施以多大程度的救济措施，怎样实行救济等社会问题。因为这样的救济进行的迟缓，所以才被偷换成了病象论这些所谓的医学争论。[43]"

1977年的判断出现后，如表7-7所示，对申请患者的舍弃开始了。1977年以后的拒绝件数大幅增加。在这个过程中，也开始否定1974年的有明海第三水俣病和德山湾第四水俣病，对患者的认定也造成了影响。那么为什么要对判断标准进行这样重大的改变呢，其原因在于经济财政问题。

表 7-7   迟迟难以推进的水俣病患者救济——熊本县水俣病患者的认定申请及认定状况

时间	申请件数（A）	认定件数（B）	拒绝件数（C）	未处理件数（D）
法施行前	44	44	0	0
1969	95	67	0	28
1970	10	5	2	31
1971	328	58	1	300
1972	500	204	12	584
1973	1895	292	44	2143
1974	671	29	16	2769
1975	545	146	37	3131
1976	638	109	92	3568
1977	1367	196	108	4631
1978	1009	125	365	5150

续表

年	申请件数（A）	认定件数（B）	拒绝件数（C）	未处理件数（D）
1979	769	116	657	5146
1980	643	48	890	4851
1981	425	57	584	4635
1982	347	76	330	4576
1983	688	46	280	4938
1984	691	41	488	5100
1985	552	29	411	5212
总计	11 217	1688	4317	5212

注：（前一年的 D ＋ 当年的 A）－（当年的 B ＋ 当年的 C）＝ 当年的 D。

资料来源：熊本县《公害白皮书》（1986 版），p.181。

智索公司的经营危机和国家救济

智索公司在 1975 年之后经营情况出现恶化，失去了支付补偿金的能力。智索公司面临着破产的危机，但当地依然希望公司能够持续下去。智索公司破产的话，政府将担负赔偿的责任。从水俣病的公害认定进程迟缓，导致损害加重的历史来看，中央政府和县政府本就有着无法规避的责任。但作为政府来说，还是想要逃避这一点。于是，自始至终政府都在遵循 PPP（污染者负担原则）将赔偿责任全部交由智索公司承担，因此必须考虑不使智索公司破产的救济方法。1978 年 6 月，政府通过《关于水俣病对策》这一内阁决议，决定发行熊本县债，对智索公司施以金融支援。智索公司日常经营利益中不足以支付赔偿金的部分由县债来填补，每年几乎能达到 40～50 亿日元。从萧条期的第 1 次到第 16 次（从 1978 年末到 1986 年 7 月）的金融支援总额达到了 381 亿日元。补偿金中只有 13％由智索独自支付，其余大部分都是用的县债。县债由资金运用部购买，偿还期限为 30 年（固定 5 年，每半年偿还一次，本息均等偿还），利息按照政府资金利率计算。为实施此项政策而有下面的内阁决议："如果出现智索公司没有履行偿还的情况，那么关于县债的本息偿还，会由国家考虑万全之策。"这种支援措施虽是以救济水俣病所谓正当的名义进行的，但对企业如此厚待的措施，在历史上也是少见的。国家和县对一个企业施以救济，还是对一个"犯罪"的企业进行救济，恐怕是前所未有的事例吧。

就像在内阁决议中提到的，最终的支援是由国家提供的。正是这种财政上的制约促使了对认定患者在数量上的限制。据说当时大藏省在金融支援上，总共设定了 2000 人左右的额度。以 1971 年的判断条件来算，行政认定和民事赔偿并没有直接相连，但在公健法中确实是连接在一起的。当然，吸收进公健法时，必须明确水俣病作为公害问题所呈现的病象，并决定与之相应的补偿方式。在公健法中，第一种的大气污染患者是以全部救济为前提，有着等级制等复杂的救济机制。而关于第二种的水俣病，并非是全部救济的机制，而是患者根据协定一律获得 1600 ～1800 万日元的一次性赔偿和医疗费及其他救济。审查会只有医学专家，而没有法律专家等实务人士。在这样的背景下，审查会开始出现一种原田正纯所说的"赔偿金的票已售罄"的心态。再加上，确定患者判断标准的委员们都不是在现场见到水俣病患者并对其进行诊治的医师，因此标准便被定为了像 Hunter-Russel 综合征那样的特异性症状。对水俣病没有将其作为世界首例环境灾害或者说公害来认识，而成了只对有机汞中毒患者，并且是具有劳动灾害性质的、具有受高浓度污染的剧烈症状的患者施以救济。看上去这种做法是以自然科学为基础的客观判断，但却使大批公害病患者被划定在范围之外[44]。

"调和论"的复活和环境影响评价法的挫折

战后的日本人，特别是财政界人士，怀有一种不维系经济增长便不能维持社会秩序的宗教式心态，在之后的核电问题中也会提到。1970 年代末，战后日本人的异常的经济主义复活了。在悲惨的水俣病救济无法推进之时，经团联和执政党为了摆脱萧条状态，恢复了本在公害国会中废弃的"调和论"。

石原慎太郎就任环境厅长官后表示废弃"调和论"是一个错误，并恢复了在经济增长框架下考虑环境保护的方针[45]。这一政策是建立在对判断条件进行的成本效益分析或权衡的基础上。这种成本效益分析本不可用于伴随健康损害或不可恢复的自然损害等绝对性损失的政策，但在实际上却是只要没有出现死亡案例，就将健康损害视为相对意义上的损害来进行权衡。水俣病的感觉障碍和噪音造成的生活不便就是这样的例子。在进行权衡时，常常会做出市场经济优先的判断，如过多地估计大气污染对策导致的企业经济损失，将石棉视为不可代替的物质，对它的使用持认可态度等。由于 1970 年抛弃了

"调和论"，日本的公害、环境政策才取得了一定成效。而其在不到 10 年的时间内就又被"市场逻辑"特别是"资本逻辑"所压倒。石原长官关于重新探讨 NO_2 标准的指示便是其开端。

1981 年 3 月，自民党环境部会就固定排放源的总量规制提出了疑问，因此预定于 3 月末进行的大气污染防止法施行令的修正未能如期进行[46]。森下泰部会长谴责了报道关于大气排放总量规制的秘密会谈的记者，中伤了环境厅记者俱乐部，与之形成了对立。在就这一问题召开记者会时，森下部会长表示"环境厅就像是一个项目小组。将来当然是要解体的"。这是森下一贯所持的"环境厅无用论"的论调。对此，环境厅长官鲸冈兵辅指责道："这种言论是不从经验（这里指严重的公害问题）中进行学习的井底之蛙才会有的想法，是错误的"[47]。但是，由于执政党中负责环境政策的政治家持有这种态度，很明显环境厅的力量变弱。就像桥本道夫准确地谈到的："由居民运动开始，地方自治体开展活动，应广大国民的要求，产业经济界也发生了变化，新闻媒体抓住这种趋势和动向，将其传播，使其更具活力，之后环境政策才得以转变的。"[48]初期的环境长官大石武一和三木武夫表示，环境厅这个力量最弱的行政体要依靠居民的舆论和运动支持才能获得成效。但是，如今回归"调和论"的环境厅和本应是其力量源泉的居民运动却站在了对立面。

环境影响评价的流产

公害的教训显示，损害发生之后便难以弥补，只有预防才是最好的手段。在制定了 1970 年的公害对策基本法（修订）之后，环境厅的主要工作便是制定环境影响评价制度（环境影响评价法）。环境厅于 1976 年 4 月发布了《环境影响评价制度法案纲要》。该纲要的范围仅限于"国家决定和实施的计划与事业以及国家所承担的事业中对环境造成'显著'影响的"，因此电力事业等工厂选址是被排除在外的。评价的对象限于典型的七大公害防止和自然保护，是在计划的成熟期进行的，计划制定期的社会经济评价被排除在外。评价的主体是施工者，不承认审查评估的第三方机构的设置。经团联在对环境影响评价制度的意见书中表示，由于居民参与可能会变成"没有终点的马拉松"，于是反对将其"轻率采用"。考虑到这种担心，该制度只停留在了 30 天内可随意阅览报告书，必要情况下召开听证会或说明会听取居民意见，并采用或回应提交的意见这样的程度上。另外也明确指出在保证信息公开原则的同时，还要保守企业秘密。没有关于必要情况下的居民投票的规定。而关于有可能导致公害输出的海外事业环境影响评价方面，则更是完全没有涉及。[49]

　　该纲要显示了之后日本环境影响评价制度的缺陷。而这具有很多缺陷的制度，依然遭到了经济团体和通产省等主管部门的反对而未能提交，实际上经历了五次流产。终于，在1981年4月，《环境影响评价法案》上呈给了国会。但进行了为时三年的审议，到1983年11月众议院被解散，该法案成为了未审议完成的废案。其真正被制定为法律则是1997年，时间已经过去了14年。"调和论"复辟所带来的最大后果是，环境影响评价制度的缺筋少骨，以及法律在很长一段时间内都未能制定出来。

　　回归权衡论的象征，是第五章所介绍过的最高法院判决大阪机场等公共工程公害审判。另外，还有一些诉讼是围绕着放宽NO_2的环境标准展开的。1978年10月10日，15名东京都内市民将环境厅长官山田久就作为被告，以"放宽NO_2标准是基于产业界的压力，缺乏合理依据"为由提起了行政诉讼。1980年9月17日，东京地方法院民事二部的藤田耕三审判长表示，环境标准是政策达成的目标或指针，并不会给国民带来具体的法律上的效果，修改标准并不意味着市民权利义务的变动。于是以本案件中的诉讼对象不成立为由不予立案。原告在学者的支持下提起了上诉。在上诉审理中，关于放宽标准的中央公害审议会专门分会的内容也被公开。原告认为，放宽标准将对国民健康利益造成损害，总量规制的标准将会放宽，公健法的地区指定必要条件将发生变动，受害者将失去获得补偿的权利。关于上述原告的主张，判决承认会有一定程度的影响，但表示"并没有到原告的权利和法定利益受到侵害的地步"，于是否定了"处分性"。并以环境标准是"政府政策上的达成目标或是指针，无法通过司法途径判断其本身的对错"为由，驳回了原告的诉讼请求[50]。

　　就像最高法院判决中所提到的那样，在三权分立之下司法是不能干涉行政权的。国民正是因为无法通过行政途径解决权利侵害问题，才去寻求司法的介入，并认为这样的相互制衡才是三权分立的民主主义，然而法院却拒绝了这种制衡。可以说这是司法向行政的屈服。于是，由于全球的经济萧条和战后日本资本主义的转变，好不容易开始的以环境保护为最优先逻辑的政策思想萌芽被扼杀在了摇篮中，又回归到过去的"调和论"这种经济增长优先主义。

第三节　环境保护运动的新局面

1. 日本环境会议的行动

日本环境会议的设立

政府和财界回归"调和论"，很明显是逆历史潮流而行。但阻止他们的主体力量却趋于弱化。公健法之后的受害者运动开始转变为向政府请愿的模式。而且，像下面要提到的，并没有同环境保护的新文化性的市民运动结合起来。在"萧条民族主义"的流行之下，经济复苏成为第一要务，媒体中关于公害问题的报道也开始减少。而决定了这样的衰退趋势的是冲绳、京都、东京、大阪等都府县内的革新自治体的消亡，这是在1978年之后发生的事情。

在这样的背景下，大阪机场公害诉讼的最高法院判决迫在眉睫。因为它将决定战后公害事件的最初的司法判断标准，其结果不仅会对司法，更会对今后的环境政策思想和行政带来巨大影响。

负责公害诉讼的控方律师感受到这种危机，向学者寻求了帮助。接受其请求的学者本就在为环境政策的后退而担忧，他们认为不应进行个别的研究或评论，而需要创建能够与维护环境权益的市民运动进行合作的组织。成为其中心的便是公害研究委员会和全国公害辩护团联络会议（1972年1月7日结成）。以这两个组织为核心，讨论在不断推进，终于在1979年6月8日、9日两天，以东京的日本教育会馆和明治大学为会场，召开了第一届日本环境会议兼成立总会[51]。

日本环境会议是具有三重性质的学会。第一是"开放的学会"。能够梳理清晰公害与环境问题的不仅是专家研究人员，也有普通的市民。因此在考虑其解决对策时，讨论的会场必须向市民开放。

第二是"跨学科的学会"。公害问题的特点是综合性，对其研究时需要经济学、法学、政治学、社会学、文学、教育学、医学、工学、生物学、生活科学等多个学科领域间的合作。以往的日本学会具有专业化和细分化的特点，但那样并不能解决环境问题，因此该学会需综合多个领域的研究。

第三是"提建议的学会"。如上所述，该学会诞生的目的在于应对紧急状态，极具实践性。无论多么完善的想法或是伟大的理论，如果是在受害者死亡、自然遭到破坏之后才出现，便毫无意义。公害与环境研究有着和临床医学相似的特点。于是，该学会的目的之一便是以其研究结果为基础向政府和产业界提出建议并寻求落实。

追求这三重性质是非常困难的。例如，"开放的学会"是个理想目标，但一旦市民参与进来，在现实情况中就会出现政党间的对立和受害者组织内部问题等，形成利益的纠缠。像禁止使用核武器这种一般性课题，运动团体就已经出现了分裂。因此，要形成一个不封闭的开放式学会，就不得不由受政党间利害对立影响较少的学者成为主体。于是，运营会议的责任便交给了由学者和律师构成的执行委员会，目前，承担会费肩负责任的会员也仅限于这两者。会议采取了市民参与的形式。从日本环境会议设立的主旨上考虑，不接受政府和财界的财政援助，而采取独立运营的模式。

设立最初的组织代表如下[52]：

都留重人（朝日新闻社论顾问，原一桥大学校长，经济学）

庄司光（关西大学教授，京都大学名誉教授，卫生工学）

小林直树（专修大学教授，东京大学名誉教授，宪法学）

正力喜之助（疼疼病辩护团长）

另外，事务局组成如下：

事务局长 宫本宪一（大阪市立大学教授，经济学）

事务局次长 田尻宗昭（东京都公害研究所次长）

同丰田诚（公辩联干事长）

日本环境宣言

在第一届会议上，都留重人、铃木武夫以及环境权的提倡者密歇根大学的 J. L. 萨克斯教授受邀发表了演讲。最后发布了《日本环境宣言》作为这次集会的结论。因《宣言》中谈到了环境政策的基本理念，在这里对其作部分介绍。

一、所有国民皆享有保持健康，提高福利，在舒适的环境下生存的权利。另外，当代日本人也要承担起不再对美丽的日本国土及珍贵的历史文化财产造成损害，并尽可能对其进行恢复以使后代继承的义务。（中略）

我们再次呼吁，要将享受优良环境权利的"环境权"作为基本人权在法律上加以确立，在政策中体现基于公害对策法的"环境保护优先"的理念应成为政府的义务。

二、环境是最高公共财产，在国民维持其健康、经营文化生活上发挥着基本性作用。环境保护具有最优先的公共性。也就是说，将环境确认为公共信托财产，国家或地方公共团体在保护环境上承担责任，这才是公共性所具有的积极意义的内容。最近有一种趋势，是在为推动号称是萧条对策的一部分的计划中的大型公共工程，强制放宽规制标准，让这些公共工程以"公共性"的名义造成了大规模的环境破坏，必须说，这正是一种本末倒置的行为。（中略）

三、地区开发，必须以草根民主主义为基础，由居民的理性参与来推动。为此，企业和政府及自治体在开发时必须对自然环境、包括港湾在内的社会性设施的建设条件、社会经济效果、文化问题等进行客观长期的评估，在将其公布给居民的同时，确保充分的讨论空间。（后略）

四、能源政策一直以来被视为最重要的课题，与国家安全保障密切相关，也同防卫相关联。然而，关于日本能源问题的研究从跨学科的角度看历史尚浅，只能提供一些不全面的信息。像核电及石油储备基地问题所代表的，在能源不足这一"最高命题"之下，存在着忽视居民安全的危险。现在，在能源问题方面，我们希望进行多学科的具有长远眼光的研究，并将研究成果公开，让我国的能源对策与国民达成共识。从这个意义上说，在环境问题上，必须完全保证国民的"知情权"。尤其在核电问题上，关于其安全性和经济性，必须保证100％的信息公开。

五、另外，关于国内企业向海外各国转移公害产业，也就是所谓的公害输出的现状，也是我们所担忧的，这对我国的将来会有很大影响。今后，我们必须通过国际合作，努力预防和防止公害的输出。

六、从1977年OECD的《日本环境政策》报告发表以来，似乎一直存在着公害问题已经解决，只剩下确立"宜居性"课题这样的风潮。但实际上，仅从水俣病和大城市中出现的哮喘病问题来看，它们的危害的实质还没有完全查明，包括治疗、就业、社区建设在内的针对受害者的全面救济的道路更是才刚刚开始。关于公害有"始于损害，终于损害"的说法，但调查损害的实质，实行救济，并推进根本性的防治方案等这些课题，在今后数个世代里

依然会是日本环境政策的原点。我们想重新确认这一点。（后略）

即使从三十多年后的今天来看，这也是一份必须遵守和实现的重要宣言。

保护城市环境和自然环境的提议

日本环境会议的设立是合时宜的，它似乎得到了很多期盼着这样的组织的人们的支持，《朝日新闻》和《每日新闻》都利用日报或晚报的头版头条对集会进行了介绍，其他报纸也将有关它的报道作为大事件来处理。还登上了NHK电视台的新闻头条。获得超出预想的反响，该会议得以存续，并每年召开一次。

第二届会议是于1980年5月4日和5日在大阪市的中之岛会堂召开的，大约有1000人参加。期间还进行了为会议提供后援的中之岛祭，是一次符合市民宜居性宣言的集会。在会议上通过了如下的《日本城市环境宣言》："过去的江户是'花之都'，大阪是'水之都'。在经过了愚蠢的战争和战后经济增长之后，这些城市原有的风景被完全破坏了。（中略）河流和沟渠被填埋，取而代之的是服务于汽车的高速路，大海也被填埋后建成了工业用地。绿色的丘陵被铲平变作住宅用地。全世界的发达国家中，在战后建立起对市民来说如此贫瘠、危险又不便的城市的国家可谓少之又少。可以说，我国出现世界历史上前所未有的公害问题的基本原因之一，就是这种不考虑市民的城市建设。"

为了建设对市民来说安全又美丽的城市，《宣言》针对政府和自治体提出了以下的城市建设原则：第一，遵循宪法第九条进行和平城市宣言；第二，自然的保护和恢复，恢复森林、河流、大海等自然景观，保留生活绿地，为市民寻求享受自然的权利；第三，保护文物，保存或复原历史街景，恢复城市原来的风景；第四，为了让居民享受到经济文化的城市集聚利益，将市民吸引回城市中心，建造在附近配备住宅的公司，进行住宅与生活环境优先的公共投资；第五，确认该原则之后对产业结构和交通体系的根本性改革进行探讨。需要改造环境破坏型、资源浪费型的工业地带，让平民地区重新散发活力。进行汽车总量规制，完善公共交通体系。为实现这些原则，《宣言》提议，向自治体进行行政和财政的权力转移，确立市民的自治权，建立起"城市的文化"[53]。

第三届日本环境会议于1981年11月14日和15日在名古屋市礼堂和名

古屋大学法学部召开。大会上的讨论与意见汇集成《日本自然环境保护宣言》，具体包括以下内容："我国的自然环境破坏与污染状况如今已经到了十分严重的地步。环境厅的'绿色国情调查'也显示，未经人手的原生自然景观只占国土面积的 23％，就连离住区较近的田地、草原、人工林、二次林等人为自然景观，都在逐渐被几乎没有植被残存的混凝土城市沙漠所侵蚀。我国海岸线的长度是世界第三，但如今的自然海岸却只有 60％，将近一半都是半自然海岸和人工海岸。无论如何，我们首先必须中止正在进行中的大规模无计划的对自然环境的人为破坏和污染。"

该宣言提出了以下期望：第一，遵守 1974 年《自然保护宪章》中的"在任何情况下，开发都不能优先于保护自然环境"的原则；第二，自然环境保护政策是在居民的舆论和运动的支持下发展起来的，在这样的历史现实下，政府和自治体不应敌视居民的舆论和运动，而要在支持的基础上进行政策的落实；第三，居民运动的方向是由国土的"大自然"向身边的"小自然"靠近，但应将关注的对象拓展为超国界的全球规模的自然破坏。为了保护无可取代的地球，日本的居民运动要与世界的居民运动团结协作。自然环境不仅仅是我们这一代的财产，我们要认识到，必须要将这些财产毫发无伤地交到后代手中，为保护它们而奋斗[54]。

水俣宣言——开展即时无条件的全面救济

像这样，日本环境会议在前三届中，就所面临的环境问题和环境政策的总论提出了建议。然后，从第四届开始便进入分专题讨论。第一步便是可称作公害原点的水俣病问题。第四届日本环境会议于 1983 年 4 月 29 日和 30 日在水俣市文化会馆召开。在进行水俣会议时，有两项悬案需要处理。一个是熊本水俣病受害者组织和支持团体的分裂与对立。只依靠一个特定的组织开展会议，而排除其他组织的话，是无法取得成效的。于是，笔者和田尻宗昭造访了当地，在原田正纯的帮助下，拜访了全部组织，获得了他们对这次大会的支持。另一个是为了提出具体的建议，进行了事前调查，完成了中期报告书，以便在会议上提出建议。宇泽弘文、深井纯一、淡路刚久、丰田诚等人参加了调查。经过这样的准备后召开了会议。

水俣受害者组织和支持团体汇聚一堂进行探讨可以说是空前绝后的。会议汇集讨论内容，公布了《水俣宣言》。过去了 25 年之久，水俣病问题几乎依旧未被解决，还留有超过数千人的未认定患者。导致解决过程如此迟缓的最大理由是政府的态度。同时，对这种态度保持宽容的科学家也负有责任。为了打开困境，该宣言做了如下说明：

我们秉着对受害者施以即时无条件全面救济的原则，提出以下建议：

一、设置水俣病问题专门委员会。

（这是拥有能够对多方面问题展开研究、调查、提议的权限的委员会，具体问题则包括水俣病病象的确定、受害救济内容、环境恢复、地区福利等等。）

二、即刻认定全部受害者，并对他们实行救济。

暂且将现行的认定制度束之高阁，向在不知火海的一定地区居住过一定时间的居民（前提是考虑到现行的指定地区的更正，包括县外地区）发放医疗手册，支付医疗费用。如果要利用现行认定制度的话，以主治医师提出的"从流行病学条件和医疗上看是有必要的"认定为依据。

三、关于赔偿问题。如今，需要回归到1971年的次官通知的主旨，在现行制度、法院审理和交涉的基础上，对其内容方法持续进行探讨。

四、将现行的诊察制度转变为旨在治疗与援助的诊察。

（中略）

五、为使智索公司充分承担责任，除其总公司外，其子公司的日常经营获利也应用于支付赔偿。

六、关于1984年度以后的金融支援措施，需要明确国家和县的责任，在其责任方面，设立2000亿日元以上（之后是5000亿日元以上）的水俣病对策基金。基金的资金来源考虑为国家、县、智索公司及其关联企业、化学工业会等等。该基金用于受害者的救济、水俣地区重建、为受害者代言的调查委员会、资料馆建设等活动。

七、为解决水俣病问题，持续开展研究和运动，将正式发现水俣病的日子，也就是五月一日设立为水俣日，开展吸引国民广泛关注的活动。（后略）

这份提议最重要的是将认定标准回归到了1971年次官通知的水准上，开展即时无条件全面救济，并为此而设立基金[55]。

日本环境会议第一届到第五届的宣言，由笔者和都留重人代表直接与环境厅长官会面对他进行说明，要求其作为政策来进行探讨。另外，在第四届的会面中有原田正纯，第五届关于公健法改革的会面则有淡路刚久[56]参加。

这些提议中也有部分被采纳，但《水俣宣言》的内容中却只采纳了水俣日的设立。如果宣言可以被马上采纳，那么时至今日都未能解决的这些纷争或许早已有了解决的线索。

日本环境会议已经走过了 35 周年，但因为环境破坏开始呈现国际化趋势，公害问题没有结束，会议还会持续下去。另外，以该会议为契机，还诞生了大阪城市环境会议（别名"建设美好大阪会"）、思考中部环境会、天草环境会议等各个地区独自的环境会议。

2. 寻求宜居性的居民运动

在 OECD 审查之后，环境厅也成立了以加藤三郎为首的宜居性研究会，但和自然保护工作不同，有关街景、文物、景观等的环境建设，由建设省、自治省、文化厅所管辖，所以难以推进具体的对策。在宜居性方面，掌握主导权的是居民运动。而其中，在政策和舆论上都有着影响力的全国性居民组织是全国街景研讨会和水乡水都全国会议。关于前者，全国街景保护联盟于1974 年在名古屋市的有松町成立，他们于 1978 年 4 月在有松町和足助町以"全国街景研讨会"为名召开了第一次集会。另外，在 1981 年 9 月，以大阪城市环境会议主办的"水都再生研讨会"为起点，1985 年 5 月，水乡水都全国会议在松江市创立。下面就这些运动中为全国带来巨大影响的组织进行简单的介绍。

"中之岛保护会"

战后的大城市出现了所谓的甜甜圈化现象，人们特别是中产阶级为了在郊外寻找良好的环境，从中心城市向外流出。因此，城市中心残留的是事业所和低收入人群聚集的贫民区，造成环境恶化，城市原有的风景消失。大阪市就是典型的例子。这座城市，在日本城市史上难得的理论与实践兼备的关一市长手中，进行了近代化建设，布满了以御堂筋为代表的土木建筑的杰作。大阪市又被称为东方威尼斯，其中心就是中之岛。在这里有代表明治和大正时期的四座建筑（日银、市政厅、府立图书馆、公会堂）和临水公园。然而，在战后这个地区被荒废了，再加上为了市政厅的改建，出台了改造这四座建筑的计划。日本建筑学会的建筑专家认为这四座建筑正是维持大阪原有风景的所在，因此主张对其保存，同时还希望将中之岛的景观净化到真正的水都的水平。但是，这些意见并没有得到舆论的支持，这是为什么呢？

在大阪工作的上班族，大部分都居住在卫星城市或是阪神地区、京阪地区。中之岛一带的景观和他们的生活无关。最重要的是，他们没有亲自来到中之岛，在这里散步，感受这里的妙处，那么再怎样主张其学术上的价值也无法获取他们的支持。工作时间本就很长的日本上班族对于地区问题是毫无兴趣的。

1972 年 10 月，中之岛保护会成立。为了改变现状，1973 年 5 月，召开了由 200 个团体共 1000 名志愿者策划并参加的中之岛祭（代表·森一贯帝塚山学院大学教授）。在中之岛祭上，有 200 多家店铺摆摊，桂文珍等上方（京都及附近地区——译者注）的艺人也自愿参与进来，共聚集了 3 万名市民。在第三年时，参加者已经达到了 10 万人。时至今日，中之岛祭已经进行了 43 次，这个自主举办的庆典还在持续进行着。来到中之岛，参观四座美丽的建筑，在堂岛川上游船的话，那么保护中之岛景观，重新让水都大阪散发活力便是无需说明也能够理解的事情了[57]。

四座建筑中，府立图书馆（住友财阀所捐献）在 1974 年 3 月被指定为重要文物。日银则保留了现有建筑物，将其设为陈列馆，并在其后面新建造了一座新馆。本想如东京都厅那样改建为高层建筑的市政厅更改了设计，改建为与整体环境协调的中层建筑。最后的争执焦点在于公会堂。最初的方案是将其改建为剧场。由于后面将会提到的大阪城市环境会议的运动，和朝日新闻社为保全原风景而募捐等活动的出现，最终是在保持其原有风格的基础上进行改造。市民的力量保护了中之岛的景观。

建设美好大阪会（大阪城市环境会议）

第二届日本环境会议结束之后不久，想要通过市民的力量让正在衰退的大阪"重现水都的活力"的团体，没有止步于对中之岛景观的保护，而是设立了大阪城市环境会议。除参加了日本环境会议的团体之外，还聚集了对大阪的现状感到担忧的众多文化界人士和研究者。该会议的中心人物是中之岛保护会的事务局长、建筑家高田升，代表则由笔者担任。该组织的理想在于，将如今被称为"下司之城"且经济文化都在衰退的大阪，改造为关一理想中那种"住着舒服的城市（宜居性高的城市）"。虽说是建造"具有城市品格的城市"，但其方法却是在文化运动中寻找的。该会议又名建设美好大阪会。此处的"美好"很难解释，它指的既不是安心，也不是顺利。总之，就是行走在大阪，看着这里的风景和居民聊天。召开谈论着大阪的文化和历史的会议。这些事情积累下来，最后便是制定水都的再生规划。持续了近十年的运动在一段时间里曾有过巨大的影响力，但现在却中断了。"具有城市品格的城市"这一目标，在某个阶段还曾成为大阪商工会议所的目标，但最终却没能坚持下来。"水都再生"这一目标成为了大阪市的城市政策，但还没有实现。后面将提到的西淀川公害诉讼中的原告拿出一部分赔偿金建立的"蓝天财团"以"环境再生"为目标开展着活动。但大阪府、市却并未同其进行合作[58]。

柳川沟渠再生

在这一时期，水滨环境保护运动在全国范围内展开，在这里列举两个相映成趣的运动。

福冈县柳川市沟渠再生的故事，是居民出力改善环境，从而促进了地区经济发展的典型案例。柳川市以其是北原白秋的出生地，并且是个水乡而闻名，市内有总长度达到 470 公里的沟渠，仅在两公里见方的市中心地区就有60 公里长的沟渠。由于战后的高度成长，企业和家庭排放的污水流入了这些沟渠，将其变成了脏水沟。它们散发着恶臭，聚集了大量的苍蝇，非常不卫生，因此有计划要将它们用混凝土填埋并代之以下水道。如果这一计划被实施，那么柳川也会和东京大阪一样，不再是水都，原有的风景会消失。幸运的是，负责该下水道计划的科长广松传对这个项目持怀疑态度，他在调查研究之后发现，柳川市的地质很容易发生地面沉降，如果失去这些沟渠可能会带来重大灾害。他得到市长的同意后，归还了用于下水道建设的补助金，制订了净化沟渠的计划。但是，以市政府的财力去净化 60 多公里的沟渠是不可能的。于是，他召开了 100 多次的集会，向居民呼吁沟渠的重建。还对过去美丽的水道和生活习惯留有记忆的老人们率先表示了赞成，不久之后也获得了市民的同意。但是，沟渠的重建并非易事。每年关闭一次水闸，市民必须彻夜在泥泞当中铲除淤泥。而平日则需要进行岸边的扫除、捡拾垃圾、割水草等无偿劳动。这些工作比较繁琐。但是当市民开始同水环境进行"繁琐的交往"时，不仅是沟渠，整个柳川市都苏醒了过来。现在，水乡已经成为一大旅游资源。不仅如此，通过共同进行的净化工作，市民之间产生了凝聚力，利用水路举行的结婚典礼和节日庆典也恢复了。水环境的重建，使得市民凝聚力形成，地区得到发展[59]。

小樽运河保护活动

相似的关于环境再生的市民运动还有小樽运河保护运动。小樽运河宽 40 米，全长 1324 米。河边分布有石头建造的仓库群。1966 年，小樽市制定计划要将这条运河填埋起来建造六车道的公路，并预定于 1974 年开始进行填埋。过去小樽曾被称为北海道华尔街，是经济中心，但随着战后经济文化职能向札幌市集中，小樽渐渐失去了它过去的繁荣和独特性。这条运河也不再被使用，一直被淤泥填埋，被视为城市中的无用之物。但是，对那些对过去充满怀念的小樽市民来说，这条运河周边的景观正是这座城市的标志。

1973 年 12 月，"小樽运河保护会"成立。该会成立的目的在于"将小樽运河及其周边石制仓库等历史性建筑物视为北海道居民无可取代的历史文化遗产，对其进行保护，为其注入崭新的生命力"。"小樽运河保护会"迅速向市政府和市议会就运河的填埋提出反对意见，并请愿将周边的石制建筑群作为文化遗产保存下来。另外，他们还向拟将小樽运河周边建筑物认定为文化遗产并开展了预备调查的文化厅请愿。日本建筑学会北海道支部和日本科学家会议北海道支部等团体发表了反对公路建设的声明。但在支持团体出现的同时，小樽商工会议所则设立了公路建设促成会，制造推进开发的舆论。1978 年 7 月，当地的青年召开了第一届 Port Festival In Otaru（小樽祭——译者注）。约有 10 万人参加。像中之岛祭一样，这些市民自发的庆典，让人们有机会看到运河及其周边的风景，理解对其进行保护的意义。而这个活动作为地方特色保持下来，在 1983 年有 16 万人来参加该庆典。在 1978 年 5 月成为"保护会"会长的峰山富美为"保护会"运动扩展到全国做出了贡献。她是基督教徒，曾当过老师，只是一名没有什么社会地位的主妇。但是，在对景观和文化遗产的保护上，她却是一位充满热情与信念的女性。她出席了全国街景研讨会并进行呼吁，1980 年 5 月将第三届全国街景研讨会邀请至小樽来，获得了很多支持。进入 80 年代后，全国各地的研究者前来视察，1982 年 7 月 4 日，召开了由城市的学术研究者创建的城市研究对话会和针对水都再生的全国会议准备会主办的名为"从水与历史的街道原风景中寻求城市再生"的研讨会，在会上，研究土地法的早稻田大学筱冢昭次教授、研究历史环境的千叶大学木原启吉教授、研究城市规划的京都大学名誉教授西山卯三、神户大学早川和男教授、研究建筑学的京都大学大谷幸夫教授等人作了报告，笔者作为主持进行评论。在这次集会上，受到地区开发委托的西武百货店的干部参加旁听。在会上，发布了《小樽宣言》。宣言内容包括："即使面对多重困难，也要进行水滨环境的保护和再生，为此需要拥有强烈决心的市民、政府、企业承担起各自的职责，进行努力。"随着学习会的不断召开，景观保护的意义逐渐被市民了解。有 9.8 万人署名要求推动填埋政策的市长下台。

笔者对欧美的滨水区状况进行了调查，并就那里的城市再生的潮流进行了介绍，该潮流具体指的是将旧仓库和旧工厂改造成商店、剧院和美术馆，建设与水滨景观相匹配的新型繁华街区。在峰山富美的介绍下，笔者同小樽商工会议所的川合一成会长会面，并向其说明实现小樽活性化的关键在于放弃运河填埋计划，并对那一带进行改造。川合会长立刻将"运河地区再开发特别委员会"派往美国西海岸旧金山的渔人码头等地，在拿到他们的调查结果之后便表明了对公路建设的反对态度。另外，西武百货店的堤清二总经理也表示，如果不全面保存运河就不会进入小樽。事态似乎开始向着景观保护的方向大幅扭转了。

但是，市政府却与这些全国性的保护运动背道而驰，于 1983 年 12 月开始动工。北海道知事看似对景观保护持支持的态度，却在 1984 年 5 月召开了包括填埋派和保护派两方在内的五人委员会。该委员会一直走在两条平行线上，但在 8 月，知事还是决定按照行政手续推进填埋工程，之后新开了小樽活性化委员会，"保护会"指责这是知事的背叛。可以说，财界人士所判断的变化来得太迟了。

现在，小樽运河被填埋了一半，填埋的是景观的另一侧。从将仓库群和运河的风景一体化，建造富有韵味的街景这个计划来看，是一个不完整的事业。但哪怕是这样不完整的水滨再生，也带来了游客的增加。如果没有这样的再生事业的话，可以肯定小樽将会更加衰退。虽然结果有些遗憾，但景观和历史文化遗产的重要性以及它们是城市再生的关键这一事实都更加明晰。而且，大家明白了只有通过市民的力量才能使地区得以再生，从这个意义上说，小樽运河保护运动是可以名垂青史的[60]。

琵琶湖保护的居民运动

滋贺县的琵琶湖保护的市民运动使日本的环境保护运动产生了新的方向。

琵琶湖是日本最大的湖，面积为 673.9 平方公里，它是关西 1400 万人的水源，蓄水量为 275 亿吨。1977 年 5 月 27 日，琵琶湖全域爆发了如酱油一般的淡水赤潮现象。其原因是富营养化引起的黄色鞭毛藻的大量繁殖。虽然从 1972 年开始，就已经有人指出了磷和氮等无机营养盐类对湖水的影响，但散发着腐鱼一般臭气的赤潮的爆发，给县民以及整个关西地区都带来了冲击。根据县的估算发现，流入琵琶湖的磷，有 18.2％来自洗涤剂，29.8％来自家庭排水，29.3％来自工厂排水，12.9％来自农畜产业排水，还有 8.8％来自雨水[61]。当时，也有前述的大城市工厂选址规制的原因，滋贺县出现了工厂和人口急剧集中的现象，污水的排放也随之增加[62]。滋贺县的地形像是一个盆底，约有 460 条（主要河流 24 条）河流流进琵琶湖，而出水口只有一条濑田川，整体是一个封闭式水面。当时下水道的普及率（处理人口普及率）只有 4.6％，未处理的排水都流入湖里。原本琵琶湖流域有 40 多个内湖（1940 年为 37 个，面积 2903 公顷），但为了增加农田面积，战争期间和战后填湖造地，现在仅存 23 个内湖，面积 429 公顷，是原来的七分之一。内湖有着净化排水、保护生物多样性的功能。以粮食增产为目的的排水开垦使得湿地锐减，是琵琶湖污染的重要原因[63]。

为了治理赤潮所造成的富营养化的问题，对成因之一的合成洗涤剂的弃用运动，及推进作为替代物的肥皂的使用活动广泛开展起来。早在 1965 年左右，将食用废油回收再加工成肥皂的运动就已经开始了，但如今其作为市民运动广泛开展。为呼应这样的运动，标榜环境主义的武村正义在担任滋贺县知事的第三年，提出了以条例规定的合成洗涤剂规制为核心的综合性富营养化治理的构想。他驳回了日本肥皂洗涤剂工业会的"禁止贩卖合成洗涤剂是对宪法保护的财产权和职业自由选择权的侵害，是违宪的行为"的申诉，为了公益不仅禁止了综合性合成洗涤剂的使用和销售，还制定了包括排水和农药规制在内的《关于防止滋贺县琵琶湖富营养化的条例》，并于 1980 年 7 月开始执行。

该条例的前文格调很高，写道："现在我们正需要对追求富裕和方便的生活观加以反省，就琵琶湖的多重价值和人们的生活方式进行思考，拿出勇气和决断力，推进保护琵琶湖环境的综合性措施。（中略）我们要培养起地区自立和地区凝聚力的萌芽，团结一致保护琵琶湖，决心将美丽的琵琶湖交到后代手中，作为其第一步，在这里制定防止琵琶湖富营养化的条例"。

条例的第三章"禁止使用含磷的家用合成洗涤剂"中的第 17 条规定："任何人在县内都不得使用含磷的家用合成洗涤剂"，第 18 条规定："在县内不得销售和供应含磷的家用合成洗涤剂"，条例的限制十分严格。另外，条例还禁止工厂排放不符合标准的废水，禁止农家排放含磷肥料。能够让这样严格的限制条例得以制定，70％归功于肥皂使用率，以及 85％赞成条例的舆论支持。

但是，业界的人也不是无能之辈，他们在条例制定前后转向了无磷合成洗涤剂的生产，吸引了大量消费者，导致肥皂的使用率下降到了 50％以下。合成洗涤剂的问题不仅在于磷，其中的表面活性剂也是引起污染的原因，但这却不能通过条例来防止。即使完善了下水道系统，但因为湖畔周边的急速开发，1983 年 9 月还是爆发了蓝藻。琵琶湖的保护只通过限制排水进行是有其局限性的，必须进行内湖的再生和自然湖岸的恢复。

肥皂使用的减少，为回收的食用废油的处理带来了麻烦。支持环境运动的滋贺县环境生活协同组织的藤井绚子理事长，在处理食用废油方面，引进了德国的技术，推动将其转换为生物燃料的事业。另外，在爱东町的帮助下，还建立了油菜花环保项目这一有助于防止地球变暖的完全循环式能源战略，并将其推广到了全国[64]。

滋贺县建立了琵琶湖研究所（首任所长为长吉良龙夫），1984 年召开了世界湖泊大会。过去湖沼一直被视为河流的一部分，在滋贺县行政的推动之下，中央政府终于在 1984 年 7 月制定了《湖泊水质保护特别措施法》[65]，虽然显得迟了些，但还是第一次开始了针对封闭水面的水质保护计划。

宍道湖·中海停止填湖造田

战后，为了粮食增产，不断地对琵琶湖的内湖等湖泊进行填湖造田。最早的大规模填湖造田是从八郎潟开始的。这次填湖造田似乎是以苏联的集体农庄为模板，提出了集体农场的方案，但最终是从全国召集来稻农建立了大规模的个人农场。随着这样的成功，出现的下一个大工程是石川县的河北潟填湖造田工程。石川县河北潟的湖岸长 27 公里，面积为 2248 公顷，经内滩的沙丘与日本海相连，在这里生存着蚬贝、公鱼等数十种鱼类贝类，曾是构成金泽市景观的美丽汽水湖。1952 年排水开垦计划出台，1963 年度开始执行，排水面积达 1356 公顷，开垦了 1079 公顷的农业用地。当初的计划是将排水开垦的土地分给周边农家当作稻田使用。但排水结束后的 1970 年，大米出现过剩问题，种稻计划便中止了，开垦的土地变成了旱田和奶酪畜牧业用地。因此，稻田所需的灌溉设施也全被换作了排水设施。当初事业费的预算是 51 亿日元，而到 1985 年度完成时已经涨到了 283 亿日元。

当初对排水开垦抱有期待的稻农，因为用地性质的转变而丧失了积极性，不断有人放弃购买农田。而迁入的耕种旱地的农家，由于湿地的原因产量很低，自主经营十分困难。笔者当时正担任金泽大学的教员，认为这样美丽的水滨环境对金泽市市民来说是最好的休憩场所，单从景观上方面说也对排水开垦持有反对意见，然而却没能得到县民的赞同。排水开垦计划可以说是失败了。如果河北潟得以保留，那么现在，作为文化景观城市金泽市的价值应该会更高[66]。

令人吃惊的是，人们没有汲取河北潟排水开垦计划失败的教训，又开始对宍道湖·中海的排水开垦。宍道湖·中海的淡水化计划是于 1963 年着手，从 1968 年开始动工。计划在中海开垦 2542 公顷的用地，将宍道湖·中海的约 15 000 公顷变为淡水湖，确保约 8000 万吨的农业用水，以供给 9300 公顷的开垦地及沿岸农田。同河北潟排水开垦事业一样，其工程费由最初的 120亿日元激增至了 1288 亿日元，再加上米价的下跌，即使将开垦地分配给稻农也不能保证回本。但该项事业的关键问题还在另一点上。该事业即将完成，进入了是否要关闭淡水化闸门阶段，来自霞之浦污染的教训表明，如果真的将汽水湖的宍道湖改造为淡水湖的话，著名的蚬贝和鲻鱼等被称作七珍的鱼类贝类将会灭绝，这会是很严重的问题。对此，岛根县的恒松制治知事声明：“如果不能避免水质的污染，就不会同意淡水化”[67]。在工程的最终阶段，促成了根本性重新审视的是居民运动划时代性的发展。1982 年 6 月，“宍道湖水保护会”在跨越了政治立场的基础上成立。1984 年，出于对农林水产省《中期报告》评估的不满，在保护会的呼吁下，成立了有 22 个团体加盟的《反对宍道湖·中海淡水化居民团体联络会》。该会进行了反对淡水化签名活动，到 1985 年 7 月为止收集了 32 万人的签名，超过了整个沿岸 12 市町居民总数的一半，在松江市有 70％的居民都参与了签名。1984 年 10 月，在该反对活动中担任重要角色的蚬贝行业协会（宍道湖），提出去东京将 18 年前的渔业赔偿金全部返还给农水省的请求。保母武彦对其赞赏道：“该赔偿金返还运动在我国的公共事业上具有划时代的意义，它标志着居民意识提高到了环境优于金钱的水平上"[68]。由保母武彦等当地的研究者进行的活动也取得了出色的成果，建立了宍道湖·中海汽水湖研究所，开展了排水开垦淡水化事业的调查研究并提出了替代方案。当地的这些活动使得这项耗费 670 亿日元的事业终于停止了，这是一件划时代的大事。但是，政府依旧没有吸取这次失败的教训，在渔民的强烈反对中推进长崎县谏早的排水开垦，其纷争仍在持续。

3. 第二次公害诉讼时代——与公害对策的倒退作抗争

对 NO_2 环境标准的放宽和水俣病认定标准的变更，使受害者运动重新兴起。水俣病第三次诉讼之后的水俣病相关诉讼和西淀川公害诉讼之后的各个地区的复合污染诉讼，在四大公害诉讼和公共事业诉讼之后，又以阻止环境政策倒退为目的开始了，所以被称为第二次公害诉讼时代。这个时代的诉讼同四大公害诉讼相比，法庭斗争的持续时期更长，耗费了 10 多年的时间，而且也有像水俣病那样，审判没能解决，通过两次政治性解决之后依然没能解决的问题。另外道路公害在判决中获胜之后，具体进行"禁止"依然很困难，还是没能解决。

水俣病审判的继续

水俣病审判，最初明确了智索公司的法律责任，早期扩大了救济和赔偿，但随着 1977 年判断条件的变更，重点便转移到如何把握水俣病的病象和国家及自治体的法律责任之上了。

第二次水俣病诉讼判决——司法的病象论

1973 年 1 月 20 日，新认定患者 10 人和未认定患者 34 人就和水俣病第一次诉讼相同的请求提起了诉讼。因为是以第一次判决和之后的协议书间的调解进行的认定，所以原告为 14 人。审判重点在于"水俣病是什么"这一病象论。1979 年 3 月 28 日，熊本地方法院基于对流行病学条件的重视，认为不能否定有机汞影响作为水俣病的判断基准，将 14 人中的 12 人认定为水俣病。另外，要求根据症状的不同分别支付 1000 万日元和 500 万日元的赔偿金。判决书中是这样描述水俣病的病象的：

"有机汞导致的鱼类贝类污染的蔓延范围广、持续时间长，每个人摄入的量和摄入时期自然会不同，出现的有机汞中毒症状也会是多种多样的。考虑到这一点，就不能说水俣病只是具有或符合 Hunter-Russel 综合征主要症状的一个极窄范畴内的疾病。要根据原告或患者的出生地、成长史、饮食生活等内容考察他们在怎样一个程度受到有机汞的污染，还要通过判断每个人的有机汞中毒症状是怎样组合的来探讨他们病情的严重程度。最终，不能否认其症状是有机汞摄入的影响所致的，在本次诉讼中便被视为水俣病，将其患者视为损害赔偿的对象。[69]"

这是基于公害医学常识的判断，为水俣病问题的解决开辟了道路，但智索公司却不承认该判决并提起了上诉。1985 年 8 月 16 日，福冈高级法院公布了判决结果。因为之前的八名原告已经得到了行政认定，所以二审的原告是包括一名死者在内的五人。判决承认了其中的四人。在病象方面，和一审基本相同，发展得比行政的判断条件更为具体。二审判决的特征是，在行政的判断条件方面，进一步地明确表述了法院的想法。

"必须要说，昭和 52 年的判断条件，是甄选适合支付上述协议书中所规定的水俣病患者赔偿金的判断条件。因而，将昭和 52 年的判断条件作为网罗式地认定上述的大范围水俣病象的水俣病患者时的基准，是有失严谨的。也就是说，昭和 52 年的判断条件是审查会进行认定审查的指针，审查会的认定审查却并不一定贯彻面向公害病救济的医学判断，这也是因为上述协议书对其的制约。至少在上述协议书中如果能够做到，即使出现极其轻微的水俣病症状也被认定为水俣病，根据其症状轻重来给予相应数额的赔偿金，那么审查会的水俣病认定审查也就能随着水俣病病情的扩散即时采取相应对策了。[70]"

判决准确地指出，昭和五十二年（1977 年）的判断条件并不是基于医学判断，而是受限于协议书的错误。在这个判决下，环境厅本应重新就行政判断和公健法进行探讨，但却反而试图维护行政判断的正当性，于是召开了医学专门会议，于 10 月 15 日公布了上面介绍过的报告书。原田正纯认为，该医学专门会议的委员中包括，判断条件的制定者，新潟、鹿儿岛、熊本等三县的审查会长，所以结论从一开始就已经定好了。政府表示这是只由一流神经学者参加的会议，但原本判断标准就像法院所指出的那样，是和补偿金相关的政治性的标准，所以理应让患者和负责诊疗的人员，以及法学家参与讨论。虽然为了避人口舌，会议也将原熊本大学教授武内忠男和原田正纯唤去作证，但却只用了一个小时听取他们的意见，是一个十分形式化的过场。在司法终于起到了促进判断标准更正的作用之时，环境厅却依然顽固地坚持 1977 年的判断，以政治判断而非医学判断去衡量水俣病的症状。长期的纷争在所难免。

　　水俣病第三次诉讼判决——明快的国家责任论

　　四大公害诉讼明确了污染企业的责任，使公众认识到 PPP 是公害对策的原则，但却没有规定国家和自治体的法律责任。包括美国在内的一些国家，很少运用国家赔偿这样的处理方式，可以看到在私有企业造成的公害问题上，对政府的民事责任进行问责是一个很难的课题。但是，在四大公害事件当中，像四日市公害的情况，国家在地区开发和工厂建设（城市规划）上的责任明显，危害极其严重，地区的损害不断扩大之时，政府在防止危害的进一步扩大并采取救济的方面表现懈怠，这种情况下，去追究国家和自治体的责任也是一种常识吧。第二次水俣病诉讼做出一审判决后，环境厅没有放弃其行政判断。于是为了追究除智索公司之外的国家的责任，第三次诉讼开始了。1980 年 5 月，首批原告为 85 人，但原告数量不断增加，最后变成超过 1000 人的超大型诉讼。1987 年 3 月 30 日，熊本水俣病第三次诉讼的判决认定了国家责任，将所有原告认定为水俣病，命令国家及熊本县、智索公司支付总额为 6.74 亿日元的赔偿。紧接着，1993 年 3 月 25 日，熊本第三次诉讼第二批判决中，认定了国家及熊本县的责任，将 118 名原告中的 108 人认定为水俣病，判处分为五个等级的 400～800 万日元的赔偿金，命令由国家和县来支付智索公司的 5.6 亿日元的赔偿中的 10％。

　　在第三次诉讼第一批判决中指出：“被告中央政府及熊本县的责任在于，具有以恰当的行政措施阻止由被告私有企业智索公司进行的加害行为和危害发生的义务，却并未履行。”在规制方面，存在食品卫生法、渔业法、熊本县渔业调整规则、以及最为直接的水质二法。而在是否适用这些规制的问题上，过去的判决都表示行政厅享有裁量权，可以根据上述的“调和论”进行权衡。但在判决中则指出，在有如下条件的情况下，政府部门不可进行裁量，若不使用其权限将被视为违法。

　　“Ⅰ. 国民的生命与健康正面临着重大的切实的危险，Ⅱ. 政府部门了解或能够容易地了解上述危险，Ⅲ. 可预想到若不行使规制权限将无法阻止结果发生，Ⅳ．国民要求和期待规制权限的行使，Ⅴ．在政府部门中，若行使规制权限，则可以容易地阻止后果的发生，若诸条件齐备，政府部门却未有效地行使规制权限，以排除国民生命、健康所面临的重大危险，这是政府部门裁量权的消极乱用。因此，规制权限的不行使也是违法，我们不得不说，正是因为不行使以上权限，才产生了应该赔偿个别国民损失的民事责任。[71]"

这种论述的说法稍稍有些兜圈子，但逻辑十分清晰明确，如果是出现在反对公害的舆论声音强烈的 1970 年的话，中央政府和熊本县就会放弃上诉服从判决了吧。但现实是政府并没有承担责任。上诉后的福冈高级法院没有进行判决，而是劝告和解。在后面会提到，东京和京都等地发生诉讼时，和解的趋势增强，但政府却从未坐到和解的桌边来。

第二次大气污染公害诉讼运动

对于政府和财界的"回潮"，反抗最强烈的是大阪西淀川、川崎、尼崎、名古屋南部的大气污染疾病患者。截止到 1975 年 3 月，上述三市中适用于公健法的受害者达到了 13 574 人，占全部认定患者的 70%。这些地区在"一战"以前是环境优美的水滨地区。在"一战"的重化学工业化过程中，这里美丽的环境受到了污染。举例来说，尼崎市是城下町（以藩主的城堡为中心发展起来的城邑——译者注），其南部是白沙青松的海岸。但是随着海岸区域被填埋，变为了工业用地和港口地区，环境也急剧地恶化。政府在 1919 年（大正 8 年）终于施行了城市规划法。尼崎市民借此机会向政府请愿，表达其重建环境的愿望。但是，城市规划法的主体不是市町村，而是中央政府，土地利用优先国土规划，将该地区的 66% 指定为工业地区[72]。像这样，过去的海滨地区"被开发"，变成了居住工业混合地区。于是，该地区的大气污染、水污染和地面沉降问题变得极为严重。另外，随着战后汽车社会的来临，这些地区还新建了干线的国道和高速路。可以说在这些地区，长达 100 年的工业化和城市化进程带来的社会危害、城市问题在高速增长期爆发了。

战后，这些地区的环境急剧恶化，由于这里原来就是平民区，地价和物价较低，所以对于低收入人群来讲，还是适宜居住的。20 世纪 60 年代后半期以后，在他们的支持下，革新自治体诞生，为环境的改善带来了可能性。这些地区在公健法制定之前便建立了自治体独立自主的条例，对大气污染患者进行了救济。随着公健法的制定，大气污染受害者的生活保障也得以实现。

然而，1977 年 2 月经团联开始主张修订公健法。另外，像我们上面所看到的，1978 年 NO_2 环境标准被放宽了。伴随着 SO_2 削减的推进，大气污染的主角开始变成 NO_2 和 PM（包括 PM2.5）时，人们预感到 NO_2 标准的放宽终将导致对患者的舍弃。革新自治体开始式微，自治体行政难以改变这一状况。于是，这些地区的受害者团结起来建立了组织，由西淀川地区率先提起了公害诉讼。这便是第二次大气污染公害诉讼的开端。

四大公害诉讼和第二次大气污染公害诉讼的区别在于，后者的污染源不只是工厂，而是包括汽车在内的复合污染。因此，被告方除了污染企业，还包括国家及东京都、道路公团、汽车制造商。这是综合四日市诉讼和公共工程公害诉讼两者的新型诉讼。另外，原告的性质也不一样。在四大公害诉讼当中，像在被称为企业城下町的水俣和四日市所看到的，召集原告是很困难的。建立支持团体也需要花很长的时间，还会出现分裂的问题。但这次审判中，原告是自立的市民。另外，由于制造污染源的被告有很多，涉及范围较大，所以并不存在屈服于企业压力的情况。支持团体也都是生活协同组织等消费者团体、市民组织、地区工会、有时还会包括自治体。另外，由于是大城市，来自于律师和科学家的支持也很多。

因为这些地区原本受环境侵害的历史就很长，所以浑浊的空气和浑浊的水一直伴随着人们的日常生活，一直到发病前都注意不到公害的问题，这就使运动开始得很晚。第二次公害诉讼所请求的内容和四大公害诉讼也不同，它不满足于损害赔偿，还要求停止工程的进行以达到环境标准。在公共工程公害诉讼中，已经做出了判决，并没有认可工程建设的停止，但新的大气污染诉讼对这一未涉及的领域发起了挑战。下面来介绍在其中打头阵的西淀川公害诉讼。

西淀川公害诉讼的开始

1978 年 4 月，西淀川公害病患者及其家属会派出了 112 名原告，被告则为关西电力、旭玻璃、住友金属工业、神户制钢、大阪燃气等 18 家事业所、10 家公司和国家、阪神高速公路公团[73]。如图 7-4 所示，在西淀川区的都是规模较小的事业所，剩下的是从尼崎延展到堺的大阪湾岸的主要污染源。这些是从战前就和地区共存的企业。这种地理历史性关系和四日市公害的情况不同。四日市的受害地区矶津和盐浜是和工业区只有一墙之隔。战后在短时间内招揽而来聚集于此的工业区排出的浓烟和恶臭，是眼睛能看到、鼻子能闻到的，所有人都知道那里是公害的发生源。但是在西淀川，污染源工厂是历史遗留下来的，分散的范围很广，而且近些年来还加上了汽车的污染。可以称其为广域的复合污染。该地区诉讼的出现比四日市诉讼还晚了 10 多年，这样的地理历史性因素便是其中的一个原因。另一点原因则是，要求并实现了政府救济与对策。像是之前在第三章所看到的，可以说战后的大气污染公害对策是从四日市和西淀川开始的。20 世纪 50 年代公害在全国蔓延，但科学调查是从 60 年代中期开始的。厚生省的《公害相关资料》（1963 年 7 月）中写到"过去的数据证明了大气污染和健康损害间的相关关系，但因果关系的证据极其匮乏"，于是并没有进行行政上的规制。但是，随着公害病患者的大量出现，以及反公害的市民运动的开展，科学性因果关系的证明便成为必要。如第三章所述，从 1964 年起，近畿地区大气污染调查联络会开始了"煤烟调查影响"的五年计划。该调查显示污染最为严重的地区是西淀川。在同一时期还发布了调查四日市的黑川调查团的报告，厚生省根据这些报告开始了针对四日市和西淀川的煤烟调查。其结果明确了 SOx 同支气管哮喘等呼吸系统疾病间的流行病学因果关系。另外，前面曾提到过，大阪市大经济学部公害问题研究会，在日本首次为了明确经济损失，从 1965 年起用三年的时间实施了调查，发布了《公害引起的经济损失调查结果报告》，其结果也表明西淀川所承受的公害经济负担最重。于是这两个地区被选为高度污染的典型地区，成为全国制定大气污染对策的模板。但是，与在战后的工业区形成之后才经历公害问题的四日市不同，日本第一污染地区西淀川由于长年的"习惯"导致居民难以对污染有所自觉，反对公害的舆论的形成较晚。

　　1969 年，以西淀川区大和田的废油再生工厂永大石油矿业的大气污染危害为契机，"消除永大石油公害会"成立了。反对运动使得该公司定于 1970 年 6 月进行搬迁。8 月，该会进一步发展，变身为"消除西淀川公害市民会"。根据 1969 年 12 月公布的《公害健康损害救济法》，西淀川地区、川崎市、尼崎市、四日市和富山市被指定为大气污染紧急对策地区，可以获得医疗费等。根据该制度被委托进行公害病患者认定检查的西淀川医师会，在会长那须力积极开展活动的促进下，不断推进患者的认定工作，截止到 1970 年末，被认定为公害病四种疾患的患者达到了 1242 人。1973 年环境厅为了制定以公健法为基准的制度框架，以西淀川为对象进行了调查，并于 1974 年开

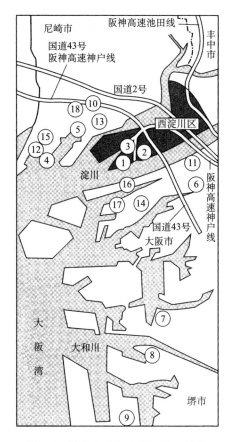

图 7-4　被告企业的事业所及其位置

注：【合同制铁】①大阪制造所【古河机械金属】②大阪工厂【中山钢业】③大阪制造所【关西电力】④尼崎第三发电厂⑤尼崎东发电厂⑥春日出发电厂⑦大阪发电厂⑧三宝发电厂⑨境港发电厂【旭玻璃】⑩关西工厂⑪关西工厂化学品部【关西热化学】⑫尼崎工厂【住友金属工业】⑬铜管制造所⑭制铜所【神户制钢所】⑮尼崎制铁所【大阪燃气】⑯西岛制造所⑰北港制造所【日本玻璃】⑱尼崎工厂

始制定工作。公健法认定的患者于 1976 年达到 4910 人，也就是说每 20 名居民中就有 1 人患病，认定率为全国最高。在这之前的 1972 年 10 月，"西淀川公害病患者及其家属会"成立。会长由小学教师滨田耕助担任，事务局长则由森胁君雄担任，他从永大石油的公害运动开始辞去了出租车司机的工作，成为一名具备领导能力的活动家。他们从四日市公害诉讼的判决中获取了巨大的力量，建立起进行诉讼斗争的决心，但他们认为需要在更大范围内组织起受害者运动。于是，在 1977 年 4 月，包括成为新公害地区的堺·泉北地区在内的大阪公害病患者会联合会成立了。之后，为应对公健法的修订问题，还于 1981 年 5 月成立了"全国公害病患者联合会"。可以说，不仅是西淀川公害问题的解决，整个战后公害受害者运动的推进都得益于森脇君雄献身式的活动和杰出的政治判断。

被带动的大气污染诉讼

西淀川公害病患者及其家属会所开展的活动，为培养参加患者的主体力量的次举办学习会，除诉讼斗争外还进行了推进地区公害对策的运动。这种模式建立在对初期依赖律师的公害诉讼的反省之上。这也是曾任教师的滨田会长的想法。因此，在患者拥有人权意识能够自主控诉公害问题之前，该会多次举办了学习会。不是漫不经心的提起诉讼，也不是全权委托给律师，而是让患者拥有作为主人公自己在法庭上进行斗争的自觉，该会所发起的就是以此为目的的关于公害诉讼的学习活动。西淀川的患者及其家属会的运动能够获得日本最强、质量最高的评价，便是由于患者的这种主体性。该患者组织除了审判斗争之外，还进行了关于改善环境的斗争。政府为了确保废弃物的填埋地，设立了不死鸟计划，想要在大阪湾建造最终处理地。而这有可能导致新的公害产生。西淀川公害病患者及其家属会与不死鸟的从业者进行直接交涉，使其采取了公害对策。该会通过这些寻求公益的运动，获得了当地市民的支持。

支持西淀川公害患者的最大力量，来自于以那须力医师为中心的西淀川区医师会的活动。当时的东京都医师会对于公害病采取的是否定性的态度，成为了公健法制定的障碍。与之相对的，这个以开业医生为中心的医师会建立了检查中心，为公害病患者的认定和救济做出了努力。有了这些主体的形成，西淀川公害诉讼开始了。

诉讼的诉求内容如下：

（1）在西淀川地区进行排放限制，使汽车排放的二氧化氮与细颗粒物达到环境标准。

（2）在西淀川地区对企业进行排放限制，使企业排放的二氧化硫达到环境标准。

（3）症状严重或体检指标较差的患者的损害赔偿请求额为 2000 万日元，

无法正常工作但能够生活自理的患者为 1500 万日元，儿童为 1000 万日元，总额为 20.52 亿日元。

另外，截止到 1992 年 4 月 30 日的第四次诉讼为止，原告增加到了 726 人。

该诉讼综合了之前的四大公害诉讼和道路公害诉讼，旨在消除产业公害和汽车公害引起的大气污染。以西淀川公害诉讼为榜样，同样抱有危机感的大气污染疾病患者团结起来开展了诉讼。如表 7-8 所示，先后出现了 1982 年 3 月的川崎公害第一次诉讼，1983 年 11 月仓敷第一次诉讼，1988 年 12 月尼崎第一次诉讼，1989 年 3 月名古屋南部第一次诉讼，以及稍晚些时候 1996 年 5 月的东京诉讼。其中，和西淀川一样，以企业和国家及公团为被告，寻求损害赔偿和侵害停止的有川崎市、尼崎市、名古屋南部。这些大气污染诉讼和四日市公害诉讼相同，以流行病学因果关系论和共同违法行为论为基础，但这些诉讼所处理的是包含汽车污染在内的复合污染。同四日市工业区不同，污染企业分布的范围广，因此需要新的理论。另外，其请求中还加上了侵害的停止，但就像在第五章的公共工程诉讼中所提到的那样，在大阪机场公害最高法院判决之后，条件变得困难起来。特别是关于汽车，因为无法确定停止侵害的必要条件，所以还不明确哪种对策会是有效的。因此，距离这些问题的最终解决还需要很长时间。

表 7-8　日本主要大气污染公害诉讼一览（截止到 2002 年 12 月）

	四日市	千叶	西淀川	川崎	仓敷	尼崎	名古屋	东京
一次诉讼提诉日	1967.9	1975.5	1978.4	1982.3	1983.11	1988.12	1989.3	1996.5
原告数（合计数）	12	431	726	440	291	498	292	518
被告企业（工厂）道路管理者汽车制造商	6 企业	川崎制铁 1 公司	电力、钢铁等 10 公司 国家、阪神高速公路公团	电力、钢铁等 13 公司 国家、首都高速公路公团	电力、制铁等 8 公司	电力、制铁等 9 公司 国家、阪神高速公路公团	电力、制铁等 11 公司国家	国家、东京都、首都高速公路公团 丰田、日产等 7 公司

续表

	四日市	千叶	西淀川	川崎	仓敷	尼崎	名古屋	东京
判决日、判决内容 一次判决 二次以后的判决	1972.7 原告胜诉	1988.11 原告胜诉	1991.3 对被告企业原告胜诉 1995.7 对国家、公团原告胜诉	1994.1 对被告企业原告胜诉 1998.8 对国家、公团原告胜诉	1994.3 原告胜诉（一次、二次合并）	2000.1 对国家、国家原告胜诉。事业停止胜诉（一次、二次合并）	2000.11 对企业、国家原告胜诉。事业停止胜诉	2002.10 对国家、东京都、公团原告胜诉
最终解决	1972.7 和解成立	1992.8 和解成立	1995.3 与被告企业和解成立 1998.7 与国家、公团和解成立	1996.12 与被告企业和解成立 1999.8 与国家、公团和解成立	1996.12 和解成立	1999.2 与被告企业及国家、公团和解成立 2000.12 与国家、公团和解成立	2001.8 与被告企业、国家一起和解成立	"2007.6 与被告汽车制造商7公司、国家、东京都、公团和解成立（追加）"

注

1　《城市政策大纲》（自民党宣传委员会出版局，1968年）。笔者曾就这一《大纲》与田中角荣在 NHK 综合节目中进行过对谈。他强调，这个一石二鸟的国土开发案进行的是对日本列岛整体的改造。

2　经济计划厅综合开发局监制，下河边淳编《资料综合开发规划》（至诚堂，1971年）。该资料共占大开纸 783 页，是政府公开的地区开发资料中归纳最完全的。但就像正文中提到的，这是用于大规模开发的资料，福利和环境并没有成为其主体内容。关于制定该计划的原因，详见第 661-662 页。

3　上列《资料综合开发规划》，p. iv. 图 7-1 所示的是，一直到后来的第五次全国综合开发规划的构想。

4　NHK 教育特辑《明天的日本列岛——高密度产业社会的国土利用》（西山卯三、并木正吉、下河边淳、宫本宪一，1968 年 11 月 20 日，晚 8：00～8：59）。在本文中笔者对其进行了批评，而对于下河边淳来说，这似乎是预料之外的批评。

5　具体地对"二全综"进行批判并指出对策的是，上列（第 1 章）的宫本宪一所著《地区开发，如此真的可以吗？》。

6　田中角荣《日本列岛改造论》（日刊工业报社，1972 年）。

7　上列《地区开发，如此真的可以吗？》。

8　东京都《保护市民不受公害威胁计划》（1971 年）。

9　"大阪环境管理计划，BIG PLAN"（1973 年）。这里的"BIG"中的"B"指的是"Blue sky、Blue sea"，"I"指的是"Industrial waste control"，"G"指的是"Green land、Green mountain"。

10　1965 年 3 月，由松永安左卫门创建，曾因松永去世于 1971 年解散，但因该提案又进行了重组。

11　产业计划恳谈会编《产业结构的改革——以公害与资源为中心》（大成出版社，1973 年），p.72。

12　同上书，p.157。

13　同上书，p.212。

14　宫本宪一，上列《经济大国》，p.358。

15　宫崎勇《证言 战后日本经济》（岩波书店，2005 年），p.195。

16　星野进保《作为政治的经济计划》（日本经济评论社，2003 年），p.590。

17　井村喜代子《现代日本经济论新版》（有斐阁，2000 年），pp.314-323。

18　美浓部亮吉《都知事 12 年》（朝日新闻社，1979 年）。

19　柴田德卫《日本的清扫问题》（东大出版会，1961 年）。

20　柴田德卫《垃圾战争宣言》《日本的城市政策》（有斐阁，1978 年）。

21　宇泽弘文《汽车的社会成本》（岩波新书，1974 年）。

22　大城市交通问题研究会《市民的交通白书》（东京都，1970 年）。

23　日本兴业银行《汽车尾气规定的经济影响》《兴银调查》180 号。

24　柴田德卫《七大城市调查团活动的经过》（《公害研究》1975 年春号，第四卷四号）。

25　《七大城市汽车尾气规定问题调查团中期报告》柴田德卫上述《日本的城市政策》，p.213。

26　西村肇《51 年规定实施的技术可能性》（《公害研究》1975 年春号，第 4 卷 4 号）。

27　《七大城市调查团报告》（1974 年 10 月 21 日）。

28　原刚《沙漠的第二 HITODE 尾气规定公害的共犯》（汽车产业研究所，1975 年）。

29　河岛喜好《语录》《朝日新闻》，1976 年 9 月 4 日。

30　宫本宪一编《大城市和工业区·大阪》（筑摩书房，1977 年），以下的叙述引用了其中的一部分。这本书的精华部分已经在 1975 年发表。几乎在同一时期，大阪府企划局公布了《关于大阪府产业结构的未来及其引导措施的调查报告》（1975 年 3 月），但受到我们作品中明确指出的大城市工业区的具体问题所影响，做出了像正文中那样的改变。

31 《工业区总检视》（《公害研究》1980 年冬季号，第 9 卷第 3 号）。

32 桥本道夫的业绩当中最大的是公健法和放宽 NO_2 标准，但这两者给受害者带去的影响却完全相反。他在《私史环境政策史》就坦言道，环境行政在经济增速放缓的情况下，直面了类似于"排污运动"的转变。他拿出成本效益分析，提议放宽 NO_2 的标准。桥本道夫《最近的环境行政问题》（《公害研究》1976 年夏季号，第 6 卷 1 号）。

33 桥本道夫认同清浦的批判，但认为 7 倍的说法是错误的，而应是 3 倍左右。桥本道夫上列《私史环境政策史》，p.236。

34 这一最终判断的经过参照上列《私史环境政策史》，pp.298—303。

35 实际上，NO2 环境标准未能在 1985 年前达成。

36 上列《私史环境政策史》，p.312。

37 东京都认为，如果 NO_2 的环境标准超过 0.02ppm，非甲烷系 HC 超过 0.31ppm，氧化剂超过 0.1ppm 的话便会出现光化学烟雾，因此 NO_2 的 0.02ppm 这一标准是必要的。

38 淡路刚久《放宽 NO_2 环境标准的违法性》（《公害研究》1979 年夏季号，第 9 卷 1 号）。的确，从之前的日本政府向 OECD 审查提交的《环境标准手续》来看，放宽 NO_2 标准的手续可以说是违反这一文件的。

39 宫本宪一《环境标准和经济政策——放宽 NO_2 标准的经济学错误》（《公害研究》1979 年夏季号，第 9 卷 1 号）。收录在 4《日本的环境政策》中。

40 新日铁环境管理部部长内田俊春表示："这一举动（NO_2 标准改定），是以往处于混乱状态中的 NOx 行政向正常化迈出的第一步，在这个意义上，我们高度评价这次的改定。"（《NO_2 标准改定和今后的环境行政方向》《钢铁界》1978 年 9 月号。）

41 畑明郎《金属产业的技术和公害》（AGNE 技术中心，1999 年），p.288。

42 K. Nogawa，M. Kurachi，M. Kasuya eds.，"Advances in the Prevention of Environmental Cadmium Pollution and Countermeasures-Proceedings of the International Conference on Itai-itai Disease，Environmental Cadmium Pollution and Countermeasures"（Eiko Laboratory，1999）研讨会开始阶段的情况参照上列松波淳一《镉损害百年回顾与展望》，pp.335—336。

43 白木博次《全身病》（藤原书店，2001 年）。白木博次认为，水俣病是全身病，四肢末梢为主的感觉障碍的症状，就像是只是按一下开关电脑屏幕就会消失。原田正纯《慢性水俣病 什么是病象论?》（实教出版，1994 年），p.198。

44 宫本宪一《水俣病问题的现状及再生的课题》（上列《日本的环境政策》）。

45 从事公害研究的人士对石原长官的发言发出了抗议声明（《公害研究》1978 年冬号，第 7 卷 3 号）。

46　之后，由于针对森下部会长发言的舆论批评，在 6 月 2 日发布了推进只以东京、大阪、神奈川等三个地区为对象的 NOx 总量限制的政令。

47　川名英之上列（序章）《纪实日本的公害》第 9 卷，p.91。

48　上列《私史环境政策》，pp.373—374。

49　在《特辑＝环境评估》（《公害研究》1976 年夏号，6 卷 1 号）中，有关于该制度的探讨和对苫小牧及关西机场评估的批评。

50　参考畠山武道《对放宽 NO₂ 环境标准取消诉讼一审判决的批判》（《公害研究》1982 年冬号，第 11 卷 3 号）。

51　设立总会之后的历史与资料参照《日本环境会议 30 年进程》（2011 年 5 月 22 日，CD 版）。

52　日本环境会议一直到第十届，都是特设的，由召开大会的地区的执行委员会负责资金和宣传，在同本部的事务局协商中运营。但随着将其变为永久性组织的必要性逐年增高，会议改为会费制，将《公害研究》（现改名为《环境与公害》）作为准机关杂志。从第 11 届开始，理事长由立教大学的淡路刚久教授，事务局长由一桥大学的寺西俊一教授担任。从第 31 届开始，寺西俊一教授就任了理事长，事务局长则由立命馆大学的大岛坚一教授担任。

53　第二届日本环境会议的报告和讨论收录在《公害研究》（1980 年夏号，10 卷 1 号）中。

54　第三届日本环境会议的报告和讨论收录在《公害研究》（1982 年冬号，11 卷 3 号）中。

55　在日本环境会议编《水俣 现状及展望——第四届日本环境会议报告集》（东研出版，1984 年）中，收录了大会的全部报告和宣言，也包括第一届到第四届的日本环境会议的宣言。

56　第五届的日本环境会议报告集汇总为《站在分歧路口的环境行政——公健制度的问题点和改革》（东研出版，1985 年）。第六届之后就不再有出版物了，但在《环境与公害》中会介绍每届会议中的主要报告。

57　在中之岛保护会编的《中之岛——苏醒吧 我的城市》（难波出版，1974 年）中，有关于该会的创立与活动，会员情况的介绍。

58　大阪市环境会议的活动内容能够在以下出版物中看到：大阪城市环境会议编《大阪原风景》（关西市民书房，1980 年），同《危险城市的证言》（关西市民书房，1981 年），同《繁华街图鉴》（关西市民书房，1983 年），同《中之岛公会堂》（关西市民书房，1985 年）。

59　高畑勋导演的电影《柳川堀割物语》用 2 小时 45 分钟的美丽影像介绍了柳川再生。这部优秀的作品也被介绍到了有关滨水区的国际会议上，受到了高度赞扬。笔者曾写过这部电影的影评。宫本宪一《同水进行的繁琐交往和水都再生》（《电影之前》

1987 年夏季号）。

61　小樽运河问题研究会编《小樽运河保存运动历史篇，资料篇》（小樽运河保存运动刊行会，1986 年），小笠原克《小樽运河战争始末》（朝日新闻社，1986 年）等资料很多。

61　多贺谷久子《洗涤剂与琵琶湖》（滋贺大学教育学部附属环境教育湖沼实习中心编《从琵琶湖学起》大学教育出版，1999 年）。

62　1972 年 6 月制定了《琵琶湖综合开发措施法》。该法的目的中也包括水质保护，但其基本性质的为疏通水路而进行的水资源开发。因此是由下流府县来承担其事业费的。水质保护的重点是流域下水道的普及。也有过对其进行反对的诉讼但都以败诉告终了。近畿律师联合会编《琵琶湖污染》（1985 年 11 月）。

63　在西野麻知子、滨端悦治编的《内湖传达的信息》（Sunrise 出版，2006 年）中，模仿里山（靠近村庄的山——译者注）的说法，将内湖称为里湖。

64　持续了 30 年以上的琵琶湖周边环境保护运动是十分杰出的。环境保护方面的卓越的市民运动家藤井绚子的著作《油菜花环保革命》（创森社，2004 年）中有相关记录。

65　该法律在环境厅原案中写的是"环境"保护，但按照惯例由通产、建设、农林各省进行调整之后，变成了"水质"。就像已经看到的，只靠保护水质无法保护整个湖沼环境。关于这些，参照川名英之《难行的湖沼法制定》（上列（序章）《纪实日本的公害》第 10 卷）。

66　宫本宪一《关于汽水湖排水开垦及淡水化问题的经济分析——以河北潟排水开垦问题为案例》（《汽水湖研究》创刊号，1991 年 1 月号）。

67　由于环境问题，在最后阶段成功叫停了这一日本第一个如此大规模的公共工程的运动的中心人物是岛根大学的保母武彦教授。关于这一戏剧性的活动的记录参考下面的文献：保母武彦著《重生吧，湖——宍道湖、中海的淡水化计划冻结，及未来计划》（同时代社，1989 年）。

68　保母武彦《环境与地方自治问题 中海排水开垦》（《公害研究》1985 年秋号，15 卷 2 号）。

69　熊本地方法院 1979 年 3 月 28 日《判例时报》927 号。或上列（第一章）《水俣病审判全史》第 1 卷，p. 140。

70　熊本高级法院 1985 年 8 月 16 日《判例时报》1163 号，同上书，p. 159。

71　熊本地方法院 1987 年 3 月 30 日《判例时报》1235 号，同上书，p. 221。

72　《尼崎市史》第 3 卷（尼崎市，1970 年），pp. 638—639。

73　西淀川公害的历史由小山仁示的《西淀川公害》（东方出版，1988 年）明确记录在了大阪整体的公害史当中。反对运动的历史参照下面的文献。由身为当事者的西淀川公害病患者及其家属会的会长森胁君雄制作完成的，西淀川公害病患者及其家属会编《讲述西淀川公害》（书之泉社，2008 年）。

74　除本理史、林美帆编《西淀川公害的四十年》（密涅瓦书房，2013 年）。将西淀川公
　　害反对运动经过诉讼的胜诉，一直到环境再生事业的历史，同其他活动进行比较，
　　分析出其具有先驱性的性质。

第八章　环境问题的国际化

20 世纪 80 年代，随着跨国公司带来的经济全球化进程的推进，环境问题也随之国际化，全球环境问题变为国际政治的课题。寺西俊一的《全球环境问题的政治经济学》是该领域内的先驱性著作，其中是这样对全球环境问题进行梳理的：

① 跨境型的广域环境污染……酸雨和国际河流的水质污染；

② 公害输出导致的环境破坏……民间企业的海外扩展导致的公害问题，以及 ODA（政府开发援助）进行的开发引起的环境破坏；

③ 伴随国际分工出现的资源环境掠夺……热带雨林的砍伐等；

④ 贫困与环境破坏的恶性循环……沙漠化等；

⑤ 地球共有资源的污染和破坏……臭氧层破坏和全球变暖问题等[1]。

该定义针对现象形态进行了很好的分类，但考虑到污染源及污染的地理分布和政策主体，笔者将国际性环境问题另分为了三类：

a. 跨境型环境问题 A……跨国公司和发达国家政府活动（ODA 进行的工程等）导致的"公害输出"与环境破坏；

b. 跨境型环境问题 B……特定国家的经济政治行为带来的国际性危害，如酸雨、辐射危害、森林滥伐、火灾引起的大气污染等；

c. 全球环境问题……全球变暖问题、氟利昂气体引起的臭氧层破坏、生物多样性的破坏等。

在本章中，将根据该分类，对国际环境问题成为政策课题的 20 世纪 80 年代到 90 年代末的这段时期进行论述。

第一节 跨国公司和环境问题

1. 跨国公司带来的世界经济与环境问题

跨国公司的世界经济

宫崎义一将跨国公司定义为"在多个国家设立子公司，进行事业活动，但不止于追求单个子公司或总公司的利益，而是在世界范围内追求包含所有子公司在内的企业整体利益最大化的企业。[2]"古典的海外投资如同大英帝国时代的靠利息生活的人所进行的那样，通过"证券投资"来获取分红与利息。20 世纪 60 年代跨国公司在美国出现，其企业经营者直接在外国设厂，并对其进行管理和运营来提高利润，是一种"直接投资"的行为。伴随着被称作金融及信息资本主义的现代产业结构的变化，不仅是制造业，所有产业的跨国化进程都在不断推进当中。"二战"刚结束时还只是发达国家之间的相互直接投资，由于第七章提到的 20 世纪的全球萧条与发展中国家的现代化，以及社会主义国家解体、中国和越南等国家参与到了世界市场中来，跨国公司的活动在整个世界范围内扩展开来。

跨国公司有没有可能成为无国境的世界企业，这是将来的问题，然而其进行的竞争超出了国民和国家的框架，这不仅为劳动条件和生产条件带来了巨大的变化，也导致了生活方式和文化的变化。特别是造成了发展中国家的公害和环境问题，从而逐渐成为了全球环境问题的主角。

联合国贸易开发会议（UNCATAD）的《1993 年世界投资报告》显示，全世界的跨国公司达到了 3.7 万家，它们拥有 17 万家海外子公司，对外直接投资余额为 18 000 亿美元，海外销售额达到了 55 000 亿美元。这比世界全年货物、服务贸易交易额的 4 万亿美元还要多。在这些跨国公司当中，排名前100 位的公司约占上述直接投资额的 1/3。这前 100 家公司的海外及国内总销售额超过了 3 万亿美元，几乎可以匹敌当时日本的 GDP。从国别来看，这100 家公司中美国的公司最多，有 25 家，其次是日本和英国，各有 12 家，第三是德国和法国，各有九家公司。美国的通用汽车一家公司拥有着与丹麦

GDP 同样多的销售额，日本的日立一家公司的销售额则和希腊的 GDP 一样多[3]。

日本的跨国公司于 80 年代后半期出现了飞跃性的扩大。其投资对象也从中国台湾、韩国变为了东南亚，之后又将重点转向中国。在这一时期，家电制造商的海外生产超过了国内生产，向亚洲拓展的原因包括能够利用比日本价格更低的劳动力和土地，主要动机在于当地收入水平上升带来的市场扩大，同时也离不开当地政府的诱导政策。这些跨国公司的活动为它们所在国家和地区的环境，以及全球环境都带来了影响。跨国公司采取怎样的环境对策，决定了国际化时代的环境问题性质，这样说绝非夸张。

跨国公司和发展中国家的环境政策

80 年代后半期，全球环境问题成为了国际政治的中心议题，各国的环境 NGO 的国际性活动也变得活跃起来。于是，跨国公司在形式上都制定了在发展中国家的政策指南。世界资源研究所（WRI）根据跨国公司的负责人和专家参加的论坛的记录，出版了《改善环境合作——跨国公司的作用和发展中国家》。其中提出了以下几点意见：

（1）从长远来看，环境破坏也会对跨国公司的经济成长与利润等方面造成损失。另外还会引起社会不安，为企业的选址带来困难。资源保护，健康维护，宜居性的维持会产生超过其成本的利益。

（2）反对在国际范围内采用整齐划一的环境标准。因为这并不会产生贸易竞争上的平等（equal fitting），经济上也不具有效率。环境标准应当根据每个地区的成本效益分析来决定。

（3）没有通常所说的污染天堂（Pollution Haven）。污染天堂指的是环境政策松懈的地区，是由于跨国公司以节约环境保护成本为目的，接收国也优先对企业的扶持，因而产生了污染的公害地区。跨国公司将劳动力和基础设施视为选址要素，对其加以重视，却并没有重视其所去国家的环境政策。这是因为在生产费用当中，环境对策费的支出较少，所以不需要特别选择一个环境政策松懈的国家，制造污染天堂。

（4）有害物质规制的国际协定是必要的，但现实中是困难的。国际上使用统一标准进行约束这一点，现在还难以得到赞同。

（5）一般来说，发展中国家政府是有着和跨国公司进行交涉的能力，但同经济相关人员相比，环境相关人员的交涉能力较弱。

（6）跨国公司造成环境破坏这种说法是错误的，即使不存在跨国公司的拓展，资源浪费也在不断加重。如果跨国公司撤出发展中国家，反而更会出现环境破坏。具体来说，跨国公司的能源开发使得为获取燃料而进行的森林砍伐不再进行。因为跨国公司拥有环境保护方面的技术和专家，所以能够为环境保护作出贡献[4]。

"如果没有跨国公司的活动，发展中国家的环境破坏将更严重"是蔑视发展中国家政府和企业的傲慢看法。在世界经济研究所的《跨国公司，环境与第三世界》的结论处的"面向成长的指导方针"中写有同样的意见：

"发展中国家在工业化和经济快速增长过程中，在管理上受到严峻的资源环境问题带来的挑战。但其存在着过于强调经济增长与环境保护间悖论的问题，如果面向'可持续发展'做出努力的话，是能够使两者同时实现的。在发展中国家，跨国公司在资本、技术、管理方法和市场提供上发挥着决定性的作用。它们直接或间接地在环境质量、自然资源管理和职场健康安全等方面发挥着举足轻重的影响。它们拥有充分的能力以有效管理这些资源，为保证劳动者健康安全作出了积极而具有建设性的贡献。跨国公司持有大量环境保护的数据、专家和技术，因此如果和接收国进行长期合作，将能够为资源管理的改善作出贡献。跨国公司在其位置上发挥保护环境的领导作用，能够以最少的成本产出最大的效果。因此首先需要政府和 NGO 间进行更好的信息交流。

在环境保护方面，先期的政策比事后的更有效，例如土地利用规划就是有效的。在接收国应该进行事前的评估。跨国公司能够对此提供帮助。推进环境政策从长远来看有利于跨国公司。大企业能够内化环境保护成本，并由此获取发展中国家民众的支持[5]。"

这种看法实在太过乐观。WRI 是跨国公司的研究机构，所以无法无视现实。在这本书中，也提到了印度的博帕尔事故，巴西圣保罗的产业公害和印度尼西亚的热带雨林问题，所以也并不是无视环境破坏的事实。但是，WRI认为跨国公司对这些问题是没有责任的，导致环境破坏的是接收国政府的环境政策或是当地居民与 NGO 低下的环境保护意识。跨国公司遵守所在国的法律制度，接受评估和环境规制，有着能够获取民众支持的环境保护能力。虽然这种看法从某种角度上来说是对的，但实际上跨国公司并没有采取与在本国时相同的公害对策。在当时的发展中国家中，有一些国家还没有环境法治和监管部门，没有评估制度，环境标准宽松。另外，为招徕跨国公司而采取特别措施的例子也很多。居民中也存在将经济利益优先于公害问题的倾向。的确，环境问题的原因和责任，有一部分是在于发展中国家的政府和企业。环境问题的解决，最终也需要当地的居民（特别是 NGO）的舆论和运动带动政府与企业对环境政策进行改革或建设。但是，跨国公司向发展中国家拓展，并不是为了增加当地政府和居民的利益，而是基于追求在本国无法取得的巨大利润的资本逻辑。关于这一点，新自由主义的经济学将其视为资本的必然逻辑。

萨默斯备忘录

1991 年 12 月，世界银行副总裁劳伦斯·萨默斯发表的备忘录提到世界银行将鼓励"公害输出"，于是遭到了环境 NGO 的强烈谴责。鹫见一夫对萨默斯备忘录进行了如下的概括："第一，损害健康的污染物质，能够在人命评价标准较低的国家以最低的成本进行处理；第二，随着污染程度的提高，处理成本也会上升，因此在还没有被污染的国家便能够以最低成本完成处理；第三，收入水平越高的国家，对环境清洁程度的要求也就越强烈，所以污染物质的处理成本将不得不变高[6]。"

这是新自由主义经济学者的坦白意见。如果根据市场原教旨主义，对跨国公司的自由放任表示认可，那么"公害输出"便符合市场的正义性。WRI 之前的报告书中提到，跨国公司的环境保护成本较低，因此并不是为寻求污染天堂（也可以称为公害天堂）而向发展中国家拓展的，但"公害输出"的确在不断地发展。

在发展中国家，伴随开发的进行出现了大规模的灾害和公害问题，跨国公司和 ODA 事业与其直接或间接相关。像萨默斯所提到的，在发展中国家，公害环境对策的成本与本国相比较低，而且劳动力和人命的价值也被看得较低，所以公害与事故的赔偿费很便宜。另外，当损害加重，选址变得困难之后，跨国公司和 ODA 机构能够容易地撤回本国，将责任暧昧化。

关于跨国公司的公害和事故相关的准确数据很少，受到侵害的当地居民和支持他们的 NGO 也没有向社会控诉的能力，无法获得法律保护。对于他们来说，像日本一样，行使地方自治的权利，改变自治体行政，以司法手段采取对策很难。下面简单介绍笔者进行过实地调查的两个例子。

博帕尔的联合碳化物造成的产业灾害

在印度博帕尔（人口 70 万）发生的跨国公司联合碳化物（UC）的事故是 20 世纪最大的化学产业灾害。联合碳化物（印度）公司（UCI）是由美国的 UC 公司出资 50.9％，印度的民间企业出资 49.1％建立的合资企业，1969年开始在当地投入生产。当时，印度正在进行"绿色革命"，加速了农业的现代化进程，对农药的需求量大增。为应对该需求，UCI 建造了大量生产和储藏以异氰酸甲酯（MIC）为中间原料的杀虫剂西维因的工厂。MIC 为典型的致死性毒物，美国禁止使用该药物的工厂建在大城市。但是 UCI 无视安全隐患，选择建在了与需求地的交通往来较为便利的大城市博帕尔。在法国 MIC被禁止生产，在日本的三菱化成 MIC 是根据订单进行制造，避免对其进行储藏。然而，印度中央邦却认可了 UCI 的选址，从而为后来的事故埋下隐患。

1984 年 12 月 2 日，MIC 的储槽混入了水，温度急速上升，在数小时内，有毒气体泄漏化作烟雾在 40 平方公里的人口密集地区蔓延开来。工作人员撤出，但通报被延误，深夜熟睡中的居民没能及时逃离。正式公布的死亡人数在第一周达到了 2500 人，受到影响的人数约为 50 万人，重伤者 4000 人，约8 万名居民患上了呼吸系统疾病和眼部疾病。重污染地区的幸存者中有三分之一到二分之一都在遭受癌症的折磨。

印度政府向 UC 的总公司所在地纽约南区的联邦法院要求 30 亿美元的赔偿，但这个要求被退回了印度法庭。在 1989 年的和解中确定了约 4.4 亿美元的赔偿款。因为赔偿金额太少，受害者提起上诉，最高法院又判决再向 32 万人赔付 85 亿卢比。另外还支付 160 万美元的医疗费。这个赔偿中还有一些不明确的地方，但基本上每名死者可获 9 万卢比（以当时的汇率来算为 30 万日元），每名幸存者是 2.5 万卢比（约合 8 万日元）。如果这起事故发生在美国，据说需要 100 亿美元以上的损害赔偿。即使从印度国内的情况来看，与印度的铁路事故的赔偿相比也是低的。为向直接或间接受害的居民提供工作机会，当初建起了 50 多处设施，但平均每人每月却只能拿到 6 卢比的工资。而在当时，正规劳动者的工资为每月 3000 卢比，于是受害者，特别是女工为寻求条件的改善，徒步 700 公里从博帕尔走到德里，向政府请愿。但具体的政策仍未推进，2001 年 8 月笔者来到该地区时，几乎所有的设施都已经被废弃，只剩下了印刷包装工厂，86 名女性受害者工作的酬劳为每月 1931 卢比。在国内外的民间捐助下，1995 年设立了 Samlhava Trust，从 1996 年 9 月开展活动。在这里，17 名工作人员进行着幸存者的免费诊疗、健康检查和调查研究。

工厂内还储藏着约 4000 吨的化学物质，土壤和地下水污染恶化，迫切需要处理。1999 年 11 月提起追究 UCI 责任的诉讼，但在 2000 年 8 月诉讼请求被驳回。当时的 UCI 当地负责人下落不明。至今损害的全貌仍未清晰，企业和政府均没有尽到他们的责任[7]。

加拿大原住民的汞中毒事件

跨国公司造成的公害事件也发生在发达国家。20 世纪 70 年代，加拿大西北部的安大略省的原住民居留地发生了汞中毒事件。污染源是位于德赖登市的英系跨国公司 LEAD INTERNATIONAL 旗下的纸浆工厂。纸浆工厂制造烧碱，从 1962 年到 1969 年共排放了 3 万磅汞，流入英吉利河等河流湖泊错综复杂的水域，污染了鱼类、贝类。加拿大政府收到了居民的控诉，禁止了捕捞活动。因此，以鱼为主要食材的原住民就必须在哈德逊湾公司设立的超市中购买食材。有良知的旅游业者 Bunny 为防止污染的扩大，关闭了旅游设施，因此以导游为主要职业的原住民便失业了。污染严重的 Grassy Narrows（登记人口 1914 人）和 Whitedog 地区（登记人口 1649 人）的原住民失业，丧失了过去自给自足的生活方式，失去了工作，也失去了生活的希望，需要生活保护的人数在增加，酒精中毒的患者也增加了。

1975 年，笔者作为公害研究委员会的世界环境调查团团长两次前往进行实地调查。原田正纯医师在那时对 89 人进行了诊断，结果发现 40 例四肢疼痛患者，28 例有麻痹感患者等疑似水俣病的患者。将结果报告给国际会议之后，加拿大政府虽认可汞污染却否认了水俣病。1977 年，受害者学习日本的经验，提起了寻求救济的诉讼。审理持续了约十年，但由于为原住民作证的科学家难以获得补贴，白人律师陆续辞职，再加上政府的斡旋，诉讼还未取得成果便消亡了。

在这次诉讼的过程中，LEAD 公司将纸浆公司卖给了太平洋铁道旗下的大湖造纸。于是污染源一方便消失了。1985 年政府针对两个居留地，以撤销诉讼为条件提出与大湖公司共同进行的地区重建方案，1986 年两个居留地同

意了该方案。在这时，汞受害者救济基金（Mercury Disability Fund）成立
了。基金总额为 1667 万美元，大湖公司承担了 600 万美元，LEAD 公司 575
万美元，剩下的约 500 万美元由加拿大政府和安大略省承担。成立了负责基金
运营的委员会，他们对居民进行健康诊断，根据受害情况分四个等级支付救济
资金，根据症状的严重程度，最高的每月 800 美元，重症患者每月 250 美元。
事实上这就是补偿金，但政府和委员会依然不将受害者认定为水俣病患者。

　　由在 1975 年曾经参加调查的原田正纯担任团长，包括藤野糺等水俣病诊
疗专家在内的熊本学园大学水俣病研究小组，于 2002 年和 2004 年分两次对
两个居留地的 187 人进行了检查诊疗。结果发现"水俣病"60 例，"水俣病
＋并发症（糖尿病等）"54 例，"疑似水俣病"25 例，共计 139 例患者。关
于该诊断结果，原田正纯这样说道：

　　"该结果，以极高的概率确认了四肢感觉障碍与失调、视野狭窄等可在水
俣病中发现的症状。考虑到存在汞污染的背景，不得不将其诊断为水俣病。
27 年前，症状还较轻对诊断还不太确信，但这一次则表现出了典型的水俣病
症状。所以，早在 1975 年，虽然症状较轻，但实际上水俣病就已经发病了。"

　　该事例是发达国家内的公害问题，但是由于受害者是原住民，所以和发
展中国家居民一样，受到了政府和企业的歧视，承受着不当的处理方式。而
且，在受害程度变重之后，跨国公司没有承担责任便撤回了本国。像这样，
在对跨国公司责任的追究上，面临着与国内的公害问题不同的困难[8]。

第二节　亚洲的环境问题与日本的责任

1. 亚洲的经济快速增长与环境问题

亚洲经济的发展与日本

　　现代的全球环境保护与亚洲的政治经济及环境政策的动向相关。战后，
东亚和东南亚（在此提到亚洲时指的都是这些地区，不包括日本）摆脱了殖
民地或从属国的身份实现了独立。经历了冷战期，20 世纪 80 年代之后，亚
洲的经济在世界上是增长最快的，人口超过了世界人口总数的一半，在工业

化、城市化的现代化之路上快速前进。亚洲经济在实际 GNP 的平均增长率方面，1980～1990 年东亚达到了 7.8%，南亚为 5.2%。这比世界平均值的 3.2%，发达国家平均值的 3.1% 都要高。20 世纪 80 年代前半期，中国香港、韩国、新加坡、中国台湾走上了工业化轨道，紧接着从 80 年代后半期开始 ASEAN 诸国也跟了上来，90 年代中国进入世界市场开始了快速的发展。如表 8-1 所示，亚洲的工业生产增速居全球之首。

表 8-1　亚洲经济的工业发展（1965～1990 年）

	工业生产（百万美元）		增长率（倍）	人口（千人）	国内总生产的人均值（GDP）（1990 年，美元）
	1965	1990			
中国台湾	485	66 774	137.6	20 107	7950
印尼	2722	42 743	15.7	178 200	570
韩国	6984	109819	15.7	42 400	5400
泰国	2985	31 810	10.7	55 400	1420
马来西亚	2084	16 536	7.9	17 400	2320
中国本土	20 452	88 557	4.3	1 113 700	370
菲律宾	4567	15 466	3.4	61 500	730
小计	40 279	371 705	9.2		
日本	320 914	1 234 938	3.9	123 116	25 430

注：1) 1990 年美元换算；
　　2) 参照 World Development Indicators 1992，人口为 1989 年数据。

这种快速的经济增长与日本经济有关。日本从"二战"之前开始对朝鲜、中国台湾实行殖民统治，在战争期间占领了东南亚诸国。承担殖民地统治与战争损害的责任，是战后日本恢复与亚洲其他国家正常关系的第一步。遗憾的是，日本政府并没有像德国政府那样对相关国家进行正当的谢罪。中国并没有要求如旧金山和约所规定的赔偿。如果必须对中国进行正当赔偿的话，日本的战后经济重建本会面临极大的困难。日本政府同其他国家进行了交涉和赔偿。该赔偿与其他的借款相伴，为菲律宾和印度尼西亚的经济重建作出了贡献，但这也是环境问题的开始[9]。在美国占领军的斡旋下，日本于 1951 年 10 月开始同韩国探讨邦交正常化，但没有取得进展，再加上之后韩国的政治状况，直到 1965 年 6 月，才终于缔结日韩基本条约，并于 12 月恢复邦交。

这意味着，以韩军参与越南战争为交换，日本对韩国施以经济帮助，使得日韩共同参与到美国的远东战略中。该条约规定，无条件赔偿 3 亿美元、为期 10 年的政府借款 2 亿美元，民间发放借款 3 亿美元以上。韩国利用该赔偿实现了第二次五年计划，但计划所用资金的三分之一都是日本资金，外国直接投资中日本投资占到了 47％，超过了美国的 36％。在韩国的第三次五年计划（1972～1976 年）中，浦项综合制铁所及其他石油工业区等重化学工业建设也是由日本直接投资。1973 年外国投资的 90％都来自日本[10]。可以说，这样的重化学工业化正是韩国公害问题的开端。

中日关系方面，在 1952 年的中日和平条约下，日本政府和台湾方面进入了友好关系状态，但与中华人民共和国则处于断交状态。但是期待与中国本土开展经济文化交流的声音很强烈，于是民间交流积极地持续进行着。美国趁中苏关系恶化之机，在 1971 年突然开始推进与中国恢复邦交。被抢占先机的日本政府在 1972 年由田中角荣首相访华，开始了缔结中日和平友好条约的交涉。由于中日双方国内的种种状况，到 1978 年 8 月，中日和平友好条约才终于签订下来。同时签署的还有中日长期贸易协议。商定于 1978 年到 1985 年间双方的贸易额达到 200 亿美元左右。其中包括拉开中国出口振兴型重化学工业化帷幕的上海宝山钢铁厂与石化成套设备的出口[11]。

伴随着亚洲现代化出现的环境问题，是由赔偿等战争的善后措施，以及为在战后与亚洲树立和平友好关系而进行的援助及相关项目所带来的。而且，就如同菲律宾和韩国的赔偿所表现的那样，这些项目与其说是日本政府自主进行的，不如说是背负着冷战时期的美国战略的一部分。20 世纪 80 年代之后，以亚洲的经济发展和赔偿为基础，日本跨国公司的拓展和世界最大规模的政府开发援助（ODA）不断推进，但这些并不一定能得到当地居民的感谢，反而有很多项目被指责为"公害输出"环境问题的元凶。当然，亚洲环境问题的原因包含这些国家政治经济和社会结构上的缺陷。日本的企业和政府的责任只不过是其中的一部分。但是，战后日本严峻的公害和环境破坏所带来的经验教训，并没有在海外拓展的过程当中加以吸取，而成为造成环境破坏的一部分原因，这究竟是为什么？这是将来必须要搞清楚的问题。

亚洲的环境问题

从日本明治维新之后的现代化过程中所经历的资本主义原始积累期的矿

毒事件，到现代的汽车公害及旅游公害，欧美和日本在 400 年间发生的所有公害问题和环境破坏，同样出现在了亚洲的环境问题当中[12]。因此，其损害是多样而严峻的，对策的实施变得十分困难。像后面会提到，这些国家作为后发优势引进了发达国家公害对策的技术、法制和经济手段等，但却没有采取预防措施。与之相类似的是日本战后的公害问题和环境破坏所经历的失败，并没有被这些国家作为教训吸取并将其政策化。在进入 21 世纪之前，亚洲的大部分国家都没有进行公害的观测和流行病学调查，即使有关于危害的碎片式报道和政府针对环境问题发布的流于表面的白皮书，但值得介绍的还非常少。现在的日本环境会议编的《亚洲环境白皮书》中汇集了大量的资料，但在 80～90 年代这段时期，却只有碎片式的，或是流于表面的政府白皮书可供参考。关于日本负有责任的代表性公害问题会在后面详细描述，在这里将对这段时期出现的重复的环境问题进行介绍。

原始积累时期的资源过度开采、出口造成的环境破坏

初期的资本形成是从对矿山、森林、海洋等自然资源的掠夺式开发开始的。在菲律宾和东马来西亚的矿山上发生了与日本的足尾、别子的矿毒事件相似的社会问题。如表 8-2 所示，东南亚的森林都出现了乱砍滥伐所造成的灾害，以森林为生的居民们的生活遭到了破坏。另外，在农作物和渔业资源方面，为赚取外汇而进行的过度开采也带来了危害。所有这些都与赔偿问题、日本企业的介入和 ODA 相关，后面会进行详细叙述。

表 8-2　亚洲太平洋地区各国的年均森林消亡面积 （单位：千公顷）

	1976～1980 年	1981～1985 年
孟加拉国	8	8
不丹	2	2
印度	147	147
尼泊尔	84	84
巴基斯坦	7	7
斯里兰卡	25	68
缅甸	95	105
泰国	333	253
文莱	7	7

续表

	1976～1980 年	1981～1985 年
印度尼西亚	550	600
马来西亚	230	255
菲律宾	101	91
柬埔寨	15	25
老挝	125	100
越南	65	65
巴布亚新几内亚	21	22

注：根据 UNEP，Asia-Pacific report 1981。

古典的城市问题

发展中国家的特点在于，为将资本与人口集中在一点进行经济开发，很早便开始了超大城市化进程。但是，城市住宅和生活基础的社会资本迟迟得不到完善，所以市民的卫生状况仍然与欧美产业革命之前的城市一样。例如，1990 年曼谷市的中心地区有 1003 处贫民窟，全部人口的 40％其实都居住在贫民窟和非法居留地当中。自来水管道的普及率为 35％，只有 17 万户家庭（总体的 14％）配备了抽水马桶。每年到了雨季就会爆发大洪水。这既与上游地区的森林遭到日益严重的破坏有关，也有城市治水对策滞后的原因[13]。尽管没有到达中南美的程度，但亚洲城市中的贫民窟和非法住宅也很多。医疗卫生的改善虽然有所进展，但如表 8-3 所示，东南亚的平均寿命依然很低，婴儿死亡率较高。职业病和劳动灾害问题也出现了很多，与公害问题形成叠加。

表 8-3　亚洲的平均寿命和婴儿死亡率（1990 年）

	平均寿命（岁）		婴儿死亡率（人／千人）
	男	女	
日本	75.86	81.81	4.6
韩国	62.70	69.07	25.0
马来西亚	67.52	71.58	24.0
菲律宾	61.90	65.50	45.0
印度尼西亚	54.60	57.40	7.0

注：根据联合国统计年鉴。

产业公害

东亚的 SO_x 与 NO_2 排放量的估算值如表 8-4 所示。考虑到人口和面积，韩国和中国台湾的污染达到了日本 20 世纪 70 年代的程度。由于观测点的问题，各个城市的污染状况还不是很明确，但首尔市的 SO_x 污染比 70 年代的东京要少。随着 80 年代后半期民主化取得进展，中国台湾和韩国的公害状况逐渐明晰，对策也得到了推进，但在之前的重化学工业化过程中，几乎没有进行过公害防止投资。在韩国，1990 年的企业公害防止投资占设备投资的 1.6％。中国台湾企业则是在爆发性产生居民的反对公害斗争的 1988 年之后开始真正意义上的公害防止投资。1988 年度的公害防止投资额占总投资的 8％。之后，在石油、石化、钢铁和电力等国营重化学工业领域进行的公害防止投资，也与日本 70 年代前半期的水平相当。但是，民营企业的公害防止投资还只是刚刚开始。

表 8-4   东亚的大气污染物质排放量　　　　　　（单位：千吨）

	1975		1980		1985		1987	
	SO_x	NO_2	SO_x	NO_2	SO_x	NO_2	SO_x	NO_2
日本	2571	2329	1604	2131	1175	1948	1143	1935
韩国	1159	220	1918	365	1366	464	1294	555
中国台湾	609	124	1038	22	693	261	605	325
中国香港	109	51	166	67	144	106	150	134
中国	10 175	3927	13 372	4907	17 259	6361	19 989	7371

　　注：根据小岛道一《东亚的环境概况》（小岛丽逸、藤崎成昭编《开发与环境》，亚洲经济研究所，1993 年）。

关于东南亚地区，没有 1980～1990 年前半期的公害防止投资的数据。从笔者在泰国实地调查后的印象来看，其工厂间存在着显著的不平衡。建在东部工业区的国营石油化学工厂使用的是日本东洋工程的成套设备，所以像日本的最先进工厂一样可以防止公害的发生。另一方面，1992 年秋，北部使用褐煤的火电厂排放的 SO_2 引起的大气污染，导致出现 300 名患者。在曼谷市的反对大气污染市民会的支持下，患者提起了诉讼，国营发电厂支付了赔偿金并安装了脱硫装置。像该事件所表现出来的，公害防止投资可以说是 90 年代后期之后才有的。后面将会提到与日本企业及政府援助相关的，日本对其负有责任的事件。

现代城市公害和度假区开发造成的自然及街景的破坏

亚洲的大城市积累了很多产业革命时期的古典城市问题，但同时也发生了很多和发达国家相同的现代城市问题。韩国、中国台湾等国家和地区的亚洲大城市和旅游城市在 90 年代，建造了能够与西欧最繁华的商店街、宾馆街相媲美的街道景观，但同时如上所述，也有着很多贫穷、肮脏的地区。而其中最严重的是汽车交通拥堵和交通事故及公害问题。亚洲城市的现代化进程，并不像欧美一样从生产领域开始，发展向生活方式的变化，而是同一时期导入了个人主义式的高消费生活方式。发达国家的商品伴随着其进行的援助大量涌入。为了满足人们对汽车和电器等高价耐用消费品的欲望，早早地导入了消费者信用。所谓的金融信息资本主义这一现代资本主义的"魔力"将发展中国家的生活方式从低收入水平阶段，转变为个人主义欲望满足型高消费。于是，汽车社会快速发展，公共投资没有投给公共交通，而是用于公路特别是高速路网的建设中。公路增加后汽车又增加了，这便开始了无止境的恶性循环。就连当时世界上持有外汇最多的中国台湾，也是到了 90 年代才终于开始进行台北市的地铁建设。曼谷市完全没有铁轨，却建设了高速公路。这样一来，亚洲大城市便出现了汽车交通拥堵和大气污染与噪音公害的烦恼。在曼谷的首都圈，有 230 万辆汽车与摩托车，平均每天增加 450 辆。市内的汽车平均时速为 7.8 公里，日本车占 90% 的二手车排放的尾气造成了严重的 NO_x 与铅污染。政府的报告书也指出，有 100 万市民都成为了大气污染疾病患者，而交警中的 60% 都是大气污染疾病患者[14]。

在发展中国家，由低收入水平阶段开始的高消费生活方式的结局是大量废弃物的处理。日本从 20 世纪 50 年代末开始出现高消费的生活方式，60 年代末到了与美国的消费水准相差 10 年左右的水平。中国香港是在 60 年代初，中国台湾在 60 年代末，韩国在 70 年代初，中国大陆沿海大城市是在 80 年代开始的生活方式的美国化[15]。90 年代在世界上处理废弃物最多的是首尔大城市圈。其一天的垃圾排放量约为 3 万吨（东京都的两倍）。在之前的 15 年间，垃圾被丢弃填埋在汉江兰芝岛的 1.75 平方公里范围内，形成了海拔高度为 95 米的垃圾山。在这个过程中，还出现了河流污染、恶臭、苍蝇等害虫的滋生等公害问题，对周边住宅造成了影响。之后，首尔市利用居委会组织对垃圾进行了分类收集，居民每个月支付 2000 韩元的处理费。1991 年末开始将仁川周边海岸填埋，建造了世界上最大的垃圾处理厂。之后还建造了 11 个垃圾焚烧厂。

首尔圈的废弃物处理历史和亚洲其他城市是相通的。马尼拉市与曼谷市和兰芝岛一样，使用了填埋这种简单的处理方法，恶化了周边贫民窟的卫生环境。贫民窟居民虽然在依靠翻找垃圾来维持生计，但这种情况必然难以持续，公害问题严重后，一定会用沙土将废弃物固定，然后还会引进焚烧炉。然而，在回收再利用普及之前，废弃物公害都将持续下去。

东南亚地区利用外国资本进行的度假区开发与外国游客的增多使自然破坏环境日益严重。曼谷首都圈计划建设 38 处高尔夫球场。有东洋怀基基之称的芭提雅每年接待的游客达到 142 万人，其中外国游客 101 万人。由于这里尚无下水道设施，海洋污染日益严重。普吉岛的游客在 1983 年为 23 万人，到了 90 年代则超过了 90 万人。苏梅岛游客人数 1980 年为 1.5 万人，到 1990年则超过了 30 万人。虽然有日本等外国的资本进入，但在这些上下水道和交通都未完善的地区建造巨大的度假酒店，造成了自然环境的破坏、垃圾的堆积和污水废水的增加[16]。

随着大城市化进程的推进，就像北京那样，亚洲城市中心区的历史街区遭到破坏，建起了摩天大楼和高速公路。保存历史文物和街景，维持宜居性变得越来越重要。

亚洲的宗教、文化、生活习惯具有多样性，经济体制和政治体制也各不相同。因此不能一概而论，但共同的一点是，工业化、城市化等现代化进程在快速推进，同时经历着欧美日所经历过的全部公害环境问题。

环境问题为何会严峻起来？

如同所谓的"后发优势"，亚洲诸国引进了发达国家的环境法律制度。韩国以日本的地方条例为参考，在 1963 年便制定了公害防止法。同时也制定了环境标准，但由于参考的是日本最早的大阪市的环境管理标准，所以环境标准相对宽松。1977 年韩国制定了环境保护法，引入了环境标准、环境影响评价、污染者负担原则等。1980 年设立了环境厅（1990 年变为环境省），并在宪法中加入了环境权。但是，就像后面会提到的温山病所表现的，实际情况是即使有了法律制度，环境行政依然没有采取积极的应对态度。韩国于 1990

年出台了环境政策基本法、针对纠纷处理和大气水质与噪音的规制法、化学物质管理法，1991 年出台了废弃物管理法、环境犯罪特别措施法，1993 年出台了环境影响评价法。但是公害法制建立后一直到 90 年代后半期的 30 年里，审判案件却只有十几例，并没有涉及到重大公害事件诉讼，只有一些关于小规模纠纷的诉讼。完全没有向中央环境纷争调整委员会提交的申请，提交给地方的也只有两例[17]。韩国在历史上属于中央集权体制，1991 年时隔 30 年重新进行了地方选举，并在 1995 年首次进行了地方长官选举。但是向日本那样由自治体主导的政策较弱，所以作为公益诉讼的环境问题诉讼与行政诉求是在进入 21 世纪之后才多起来的。

台湾在 1970 年就有了针对公害问题的个别规制法，但是在 1987 年的戒严令解除之后才制定了环境法体系。共出台了包括 1990 年环境保护基本法、废弃物处理法、毒性化学物质管理法，1991 年水污染防治法，1992 年噪音管理法、空气污染防治法、公害纷争处理法在内的 13 项法律法规。在行政院设立了环境保护署，"台湾省"政府设立了环境保护处，13 个县和市设立了环境保护局。然而由于权限转移进行得并不到位，对策难以得到推进。或许是由于重化工业中的国营工厂较多，请求损害赔偿与公害防止对策的途径多为直接与企业交涉而非公害诉讼[18]。

东南亚地区的很多国家都制订了针对环境问题的相关法律。例如马来西亚在 1974 年出台了环境质量法，之后还对其进行了修订。除此之外还有环境影响评价制度，每年也会发布环境年度报告。泰国于 1975 年制定了国家环境质量提高保护法，1992 年制定了应对城市公害与旅游公害的新法。

日本的环境法制对亚洲的环境法制影响很大。而给予了负面影响的是电源 3 法。我国台湾或台湾地区和韩国都引入了相同的法制，推进了对核电站与火电厂的招徕，激起了居民的反对与抵抗。

如上所述，亚洲各国早早便制定了环境法制，开始了环境行政，但公害和环境破坏却依然严重，这是为什么？

亚洲各国政府选择的不是以本国资源、人才、技术、文化为基础，实现独立创新的内生性发展（Endogenous Development）的道路，而是推进西欧模式的现代化，积极引进外资和 ODA 这样一种外力推动型发展的道路。特别是以日本的高速增长经济为榜样，在结束原始积累阶段之后，大力推进出口振兴型的重工业化和城市化进程。在这里，以亚洲式民主主义为名进行的不是西欧式民主主义的三权分立与地方自治，而是中央集权式的开发方式。因此，如上所述，针对安全与人权保护的投资和生活基础的社会资本投资欠缺或进程缓慢，环境行政是在开发计划的框架下进行的，所以无法预防公害问题与环境破坏。而公害问题产生之后，相应的调查和救援也无法及时进行。

从 80 年代末开始，反对公害与保护环境的居民运动开始活跃，将潜在的公害暴露了出来。但是，政府依照治安方面的相关法律抑制了居民运动。1992 年联合国环发大会前后，亚洲的环境 NGO 开始相互支持。亚洲的公害环境居民运动，在进入 21 世纪之后，逐渐获得了自由的发展，环境政策开始得到推进，但在那之前，就像前面所说的，公害的事实一直隐藏着，居民运动被压制着，对受害者的救济和对环境的保护都没有进行。

2. 日本的责任

经团联的对外环境对策

随着跨国公司的快速发展和亚洲环境问题的出现，企业的国际责任开始被追究，另一方面，环保产业的发展也迫使日本企业去建立国际性的环境战略。经团联于 1991 年 4 月 23 日发布了《全球环境宪章》。宪章认为日本企业在产业公害防止、节能和节约资源等方面已经确立了世界最先进的技术系统体系，但今后还必须为维护城市舒适度和保护全球环境做出努力。其中写道："企业也要将成为世界的'杰出企业公民'设为目标，认识到对环境问题的处理是自身存在和活动的必要条件。"另外，它还指出了针对跨国公司的"海外投资的环境注意事项"，具体如下：

①明确展示在环境保护问题上的积极姿态。②遵守投资对象国的环境标准等，为环境保护进行更进一步的相关努力（投资对象国的标准较我国宽松或未设有标准时，应对投资对象国的自然社会环境和我国法令对策的情况进行考量，在与投资对象国相关人员达成协议的基础之上，采取与投资对象国地区状况相适应的恰当的环境保护方案。另外，在有害物质的管理方面应采取与日本国内相同的标准）。③进行环境影响评价和事后评价的反馈。④促进环境技术的开发以及与技术经验的转移。⑤完善环境管理体制。⑥信息提供。⑦妥善处理环境问题的相关纠纷。⑧协助进行对科学合理的环境对策有利的

活动。⑨推进环境关怀方面的企业公关。⑩获取总部对于环境方面努力的理解，并完善支持体制。

当时亚洲环境 NGO 的活动家批评日本企业和 ODA 事业的"资源掠夺"与"公害输出"问题。他们看到经团联的地球宪章与"海外拓展的环境注意事项"之后，一定会震惊地想这究竟存在于哪个世界。如下节所提到的，海外企业的真实情况和该"海外注意事项"大相径庭。在国内，1988 年公健法被修订，大气污染患者的新认定被终止；另一方面，水俣病的诉讼还在持续进行当中。宪章和注意事项所处的次元和现实世界完全不同，实在令人吃惊。日本国内的环境影响评价制度是于 1997 年 6 月制定的。当时的日本企业并没有像"海外注意事项"中那样能在海外进行评估的基础。

日本海外企业的公害对策现状

关于日本跨国公司公害对策的综合调查的资料匮乏，在这里就该时期进行的局部调查进行介绍。

1983 年，日本在外企业协会针对海外投资建厂企业的环境保护对策进行了问卷调查。这应该是最早进行的调查。调查对象是在发达国家中的 38 家与在发展中国家的 110 家企业。

其中发展中国家部分的调查显示，全部企业中，拥有排水与污水处理设施的占 64.9%，进行工厂绿化事业的占 56.1%，设置集尘器的占 39.9%，设置废弃物焚烧炉的占 34.5%，拥有噪音防止设备的占 14.9%，拥有排气回收装置的占 13.5%，配有排烟处理设备的占 13.6%。在投资总额中，环境保护对策费的比例占 6.7%（前往发达国家的企业为 8.1%）。一般来说，大气污染对策设施的设置率是较低的，但由于企业种类不明，设置地点的情况与设备内容也不清楚，所以无法判断该对策是否有效。

此次还对与当地社会的融合做了调查，其结果显示，这些企业仅吸收当地居民就业（总企业的 91.6%）和捐助（同 36.1%），却几乎没有与当地居民共同举办活动（同 8.4%）或开放企业福利保健设施（同 4.6%）[19]。20 世纪 80 年代前半期，日本企业与当地社会是隔离的，还不能将其称为"企业公民"。

环境厅以 1992 年度前往泰国和马来西亚、1993 年度前往中国的日本企业为对象，进行问卷调查。对象企业共 363 家，回收率很低，只有 13.5%。

因此难以将其视为客观性资料，但还是能够看到大致的倾向。首先进行了环境影响评价的企业占 40.8%，没有进行的占 42.9%。评估之后在规划和设计上做出了改变或强化了对策的企业占 50%。在生产时的环境对策方面，采取了所在国家标准的企业占 46.9%，设置了高于所在国的自主标准的占12.2%，采取了日本国内水平标准的占 12.2%。设置了公害管理者等对策组织或责任人的企业占 44.9%。另外，在采购原材料时没有考虑环境问题的企业达到了 61.8%。

认为外资对发展中国家环境保护能力的提升发挥作用的企业占 22.4%，认为今后会起作用的占 57.1%。认为发展中国家将有可能在环境保护技术方面产生巨大市场的企业占 44.9%。在推进环境对策方面没有和当地政府产生纠纷的企业占 80%，但有 24.5% 的企业担心将来会卷入纠纷当中。关于环境对策相关费用的负担问题，有 49% 的企业回答"现在负担还较轻但未来是让人担心的"[20]。

另外，亚洲经济研究所在 1993 年对泰国包括日系企业在内的企业进行了问卷调查，结果显示其中的 57.1% 都认为泰国的环境标准过于宽松。认为基于上述新的国家环境质量提高法需要采取新对策的占 43%，认为不必要的占55%。进行了排水监控的有 62.6% 的大企业，24.6% 的中小企业，17% 的小企业；进行气体排放监控的有 55.1% 的大企业，34.4% 的中小企业，13.6%的小企业。进行过补偿等救济的公司只有五家[21]。

针对日本跨国公司的调查还不全面，无法进行正确的判断，但从单个企业的层面来看，经团联的宣言和《海外注意事项》几乎没有被遵守。日本的大部分跨国公司在进入发展中国家时，并未进行环境影响评价，也没有制定环境保护的公司内部对策，只是根据宽松的当地标准采取对策。第一节的WRI 文献提出，跨国公司推进了当地企业的环境对策和政府环境政策，但是在现实中，大多数企业只是配合当地标准的水平，在技术转移方面，也只满足于响应对方要求的程度。WRI 的文献和经团联宪章等只是"愿望"，现实中的跨国公司都是基于利润最大化这一资本的本性来采取行动。而这与发展中国家政府和特权阶层制定的经济增长政策的希望也是一致的。

"资源掠夺"

下面来举例，日本企业在资源掠夺和公害输出上负有责任的典型事件。

1970 年，日本投资占 51％的东马来西亚 Mammut 铜矿（海外矿山资源开发 SABA 有限公司）排放的废水和废弃物中的矿毒，给 17 个村落带来了损害。洪水、重金属污水造成的饮用水污染、渔业损害等事件接连出现。到现在为止已经支付了 600 万美元的赔偿金，但该矿山的一部分仍坐落于国家公园内，问题没有得到根本性的解决。这和足尾矿毒事件是完全相同的。1987 年，日本企业卖出所持股份撤出，但铜等矿产品依然持续向日本出口。

菲律宾的律师小普尔塔克·巴拉甘在其名为"菲律宾环境掠夺诸事件——日本企业看不见的手"的论文中，详细揭露了 1973 年菲律宾共和国和日本的友好通商航海条约缔结之后，日本企业在菲投资过程中引起的资源掠夺和资源破坏。由于该地区反日情绪较强，日本企业选择通过和菲律宾及美国企业共同建立合资企业来推进开发，在 20 世纪 80 年代超过美国成为最大的外资援助国。他的揭露涉及多个方面，但认为环境破坏的中心在于吕宋岛的科尔迪拉斯矿山和棉兰老岛上的木材产业。前者是由日本矿业与川铁合资建立的福莱克斯公司进行开发的，后者则是由 10 家公司（其中 8 家是日本的木材公司）控制着 53 万公顷的森林，每年砍伐 111 万立方米的森林用于制造胶合板、镶板、家具、一次性筷子等。福莱克斯公司产出的铜有 84％由日本矿业获得。由于该铜矿的矿渣被弃于河流、水湾、海滨等水域中，使汞、镉、铅等导致的污染不断加重，渔业生产减少了 33％，珊瑚礁也开始灭绝。另外，菲律宾木材出口量的 67％都面向日本市场。森林的破坏造成了 10 亿立方米的土壤被侵蚀（相当于 10 万公顷），导致农作物收成减少，河流湖沼淤泥增多，洪灾与旱灾出现，灌溉和基础设施受损，水的供给水平降低[22]。

日本木材进口业者的开发方法是完善港口与公路设施，推进大规模全面砍伐，因此造成了被开发地区热带雨林的枯竭。在菲律宾已经几乎不存在能够出口的森林资源，泰国的国土森林覆盖率现在只有原来的 1/4，灾害频发。印度尼西亚加里曼丹的森林砍伐也到了极限。因此日本的森林砍伐便集中在了东马来西亚的婆罗洲岛上。该岛的面积为 1233 万公顷，其中森林占 70％，而具有商业价值的树木约占 10％，但是实际上由于公路的建设和机械的引进，开发地区 30％到 60％的森林都遭到了破坏。这些树木有 70％都出口到了日本。日本是世界上最大的热带雨林进口国，由于破坏了地球生态系统，加速了全球变暖，日本遭到了以 WWF 为首的世界各地环境团体的抗议。因此，1990 年三菱商事公司设立了环境对策室，并开始进行造林事业，但这样无法解决问题[23]。

热带雨林的破坏影响了居住在这些森林里，以森林为生的约 20 万人。其中十分有名的事件是，由完全依赖森林生活的约 300 名滨城族人发起的抗争。马来西亚政府采取的政策与美国、加拿大曾经的印第安人（原住民）政策相同，建造了居留地，试图将原住民围在其中改变他们的生活方式。看上去是拥有电力与自来水的文明生活，但对于和森林共存且过着漂流生活的原住民来说，那意味着失去传统的工作、生存意义以及文化传统[24]。

另外，泰国用于出口日本的虾的养殖也造成了大面积红树林的破坏，像这样，日本企业进行的开发和贸易导致了伴随着掠夺亚洲资源的环境破坏。

温 山 病

由日本支援建立起来的韩国最大的工业区，发生了由重金属复合污染引发的温山病和大气污染造成的农作物损害。其具体成因还不是很清楚。最初以基督教相关人员为中心进行的市民运动的调查怀疑其是疼疼病。但疼疼病的成因物质镉，现在被当作镉电池等的原料进行着回收，所以应考虑其他的疾病。

在居民的要求下，韩国政府将污染地的 8400 户居民转移到了非污染地区。首尔大学环境院的金丁晶（Jung Wk Kim）教授认为，韩国的环境规制比日德还要宽松。在 1980 年环境厅成立之前，还没有过有效的环境政策。该工业区是在朴氏政权的时代由日本支援建立，所以海外直接投资中的 75.2％都来自日本企业，125 家工厂中的 31 家都是跨国公司，其总销售额占该地区的 34％。金丁晶指出，跨国公司对污染的贡献率较高，其排放的粉尘量占到了年总量 11 万吨中的 55％，包括指定有害物质在内的排水量占到了日总量 935 立方米中的 80％。另外，大气污染的排放量当中也有一半以上是跨国公司所排放的[25]。立命馆大学的金政炫（Hyun Jung Kim）教授指出，工业区周边的果树果实小，收获减少。1978 年到 1986 年间，农作物损害的赔偿约为 24 亿韩元，其中的 59％由跨国公司支付[26]。

温山病的因果关系与治疗方法还不明确。日本方面有原田正纯等人介入调查，但由于军需生产等问题，他们报告说无法进入企业内部进行调查。被转移至其他地区的居民中，有人失去了渔业这一赖以生存的职业，在新的地区难以获得安定的职业，于是再次回到污染地区去了。1989 年终于有 12 名被害者聚在一起开始进行环境运动。在该事件中，由于受害者举家搬迁分散在了各地，流行病学的调查很难进行，但就像金丁晸所指出的，需要对损害负责的是日本的跨国公司。

ARE 核公害

马来西亚 ARE 公司的核废弃物引起的公害问题是一起十分明显的公害输出事件。1985 年当地居民就该事件提起了诉讼，1992 年 7 月 11 日，怡保高等法院认定了辐射的危害，责令 ARE 公司停止生产。被告 ARE 公司对该判决不服，提起了上诉，1993 年 12 月 23 日，最高法院认为原判决事实判定有误，撤销了原判决。但是，已经停产的 ARE 没有重开生产，而是撤资将公司解散了，于是该事件以事实上并没有明确企业责任的结局告终。

ARE 是由三菱化成出资 35％（约 4 亿日元），与马来西亚的矿石公司共同成立的实验性工厂。1973 年开始计划，1982 年 4 月开始投入生产。ARE 公司的工作是将用于电视等荧光体的高科技用稀土族从独居石中精炼提取出来。原材料独居石中含有放射性物质钍，在精炼稀土族的过程中产生的废弃物所含的钍 232 倍增至 14％。钍 232 是和铀 238 相当的放射性物质，其半衰期为 140 亿年，毒性和钚一样高。日本于 1968 年修订了关于核反应堆等的规制法，限制变得更为严格，于是日本从 1971 年开始便没有从独居石中提取稀土元素的工程了。而在该工厂设立之时并没有进行过环境影响评价。

ARE 的工厂位于怡保市的工厂区，距怡保市区较近，而武吉美拉村更是与工厂只有一条马路之隔，距其只有 360～1400 米。ARE 在制造过程中没有充分保护工人，用草率的方法将核废弃物掩埋在池中，或是将其随意放置在野外来保管。1985 年 2 月，马来西亚政府出台了核许可法，并根据其规定，于同年的 10 月对 ARE 下达了停产的命令，使其从 1985 年 11 月到 1987 年 2 月期间停止生产。之后，ARE 改善了废弃物管理方法的主张得到了认可，从 1987 年 2 月开始重新开始生产。

该案件中，武吉美拉村的原告控告辐射导致了白血病和流产等健康疾病的发生。原告方的主要证据是埼玉大学市川定夫教授进行的辐射测定，以及当地的巴特尔博士的关于健康损害的证词。市川作证，ARE 公司附近的最低值是年容许值 100 豪雷姆的七倍，最高值则超过了 48 倍。另外，巴特尔博士进行的关于铅的调查显示，武吉美拉村儿童体内的含铅量为平均水平的六倍，三名儿童被确诊为白血病，可以确认他们受到了辐射的侵害。

　　对此，公司方面否认辐射的泄漏，认为白血病等疾病的成因还包括烟草和汽车尾气，不能特别指定为核辐射。被告方证人中起到最大作用的是早稻田大学黑泽龙平教授进行的测定。他指导着公司的两名辐射防护官，监测着1985 年到 1989 年 2 月的测定结果，认为武吉美拉村的核辐射水平低于其他居住地。

　　高级法院认为黑泽证人的数据是经由公司的不正当操作和篡改的，危险性较高。法院判断，巴特尔博士及市川教授给出测定值的证据与另一方黑泽教授给出的证据当中，巴特尔博士及市川教授的证据更具备准确性，因此认定了辐射损害，责令 ARE 公司停产。

　　而最高法院却没有重新探讨高级法院上的这一论争，认为不存在公司篡改核能测定数据的证据，因此认定高级法院的判决对事实判定有误，最终使原告败诉。最高法院的这一判决无视了核能泄漏的事实与损害的实际状况，无法使人信服[27]。

　　三菱化成在四日市公害审判中，被指责"选址过失"，最终败诉了。大家可能很难相信该企业在海外采取了如此草率的公害对策。但是，这种差别对待中有着跨国公司向发展中国家"输出公害"的必然性。

3. 日本和亚洲的 NGO 间的合作

公害信息交流的滞后

　　亚洲环境 NGO 的正式开始交流是在进入 80 年代之后。《公害研究》出了专刊《剧变的亚洲环境问题》，宇井纯强调了和亚洲 NGO 交流的重要性。交流滞后的原因在于，韩国和中国台湾长期处于军事政权之下，东南亚各国的治安条例限制了反对公害的运动，出席日本的集会后回国也会有被捕的危险。进入 80 年代之后，开始出现关于马来西亚消费者协会的活动和菲律宾环境问题联盟运动的报道，交流逐渐开始。

　　20 世纪 60 年代末，笔者向台湾的朋友送了一台半导体收音机，但耳机却被送还回来。这在今天听上去像是一个笑话，但当时的理由是，台湾禁止收听海外低频波段的广播。另外，朋友还提醒说，写信时如果从左向右横着写的话会引起宪兵的注意，所以要从右向左竖着写。《世界》甚至《文艺春秋》等杂志也不能带入台湾。1983 年，笔者与小学同学一起初次"返乡"时，日本的报纸在机场海关被没收了。直到那时，我才终于将《日本的公害》等公害相关文献交到了研究者手中。然而大多数环境问题的研究者主要是自然科学家。

韩国与中国台湾不同，他们对政治经济学很感兴趣。《可怕的公害》（1964 年刊）很早便被悄悄带进韩国，被早期的环境 NGO 的领导者阅读。70 年代，研究者和媒体记者来到大学研究室，讨论如何进行公害问题的研究教育。1985 年，在石川县的金泽市召开了环日本海学术文化交流会，中国、韩国、苏联、美国和日本的研究者首次在研讨会上就两个主题展开了讨论。朝鲜的研究者在研讨会开始之前退出了。在会上，首尔大学环境研究生院的首任院长卢隆熙（Yung Hee Rho）教授作了报告，打开了就韩国环境问题和地方自治问题进行学术交流的道路。在这一年，笔者终于拿到签证得以去拜访韩国的环境研究者和环境厅。那时也正值首尔的夜间禁令解除之时。之后，韩国加快了民主化进程，诞生了较日本更为活跃的环境 NGO。进入 80 年代后半期，开始进行这样的正常交流。

亚洲太平洋 NGO 环境会议的成立

日本环境会议于 1989 年 9 月以"国际化时代下的环境政策"为题召开了第九届会议。ARE 公司的受害者，患白血病的莱昂和他的母亲出席会议，讲述了武吉美拉村受害的情况。另外，该会议上还指出了上述的菲律宾及泰国的日本企业和 ODA 导致的环境破坏问题。对全球环境问题，特别是亚洲环境问题进行研究的重要性以此为契机明确显现了出来。

1991 年 12 月 8 日，由日本环境会议和泰国环境俱乐部共同举办的"第一届亚洲太平洋地区非政府组织（NGO）环境会议"（APNEC）于曼谷的朱拉隆功大学召开。会议聚集了来自 8 个国家的 130 名研究者、教育者、律师、行政人员和 NGO 代表，就亚洲的环境破坏与公害事件进行了信息交流，探讨了该采取怎样的对策，发布了涉及十项内容的《亚洲环境问题曼谷宣言》。第一项如下所述：

"以日本为主的发达国家及跨国公司，必须担负起其法律上的或非法律上的责任，根据其对环境破坏的参与度，采取针对发展中国家环境恢复的相应方案措施。另一方面，发展中国家只要能够以国家主权进行掌控，就必须努力保护本国环境[28]。"

日本公害病认定患者进行的运动给了会议的参与者很大的触动。泰国反对大气污染市民会会长拉库特（B. Rakutal）在军事政变之前担任泰国政府的科学技术能源、环境部部长，他出席该会议之后，很受日本大气污染公害诉讼的解决和革新自治体的公害规制的启发。之后，他就北部的褐炭火电厂公害事件提起了诉讼，还在曼谷市长的竞选中将防止公害作为其竞选纲领，虽然最终以极小的差距落选了。之后他来到日本，出席了西淀川公害患者及其家属会会议，在会上表示日本的居民运动的经验教训对泰国也是有效的，并表达了他的谢意。

APNEC 的第二届会议在首尔举办，之后于 1994 年 11 月在京都的立命馆大学召开了第三届亚洲太平洋 NGO 环境会议（执行委员长为京都大学的植田和弘教授）。14 个国家和 2 个地区的代表出席会议，并将该会议确定为永久性组织。现在每隔两年召开一届。该会议决定，由日本环境会议负责出版发行《亚洲环境白皮书》的日文、中文和英文版[29]。

第三节　冲绳的环境问题

1. 美国的"公害输出"

都留重人将冲绳基地的公害定性为美国的"公害输出"[30]。从前发生在亚洲的公害，是由日本等发达国家进行的"公害输出"，是这些国家的跨国公司及 ODA 对发展中国家进行的经济支配，但亚洲还发生了在美国的世界战略之下进行的军事支配而产生的"公害输出"。其中典型的便是冲绳的环境问题。可以说，冲绳的基地不撤出，不实现真正的自立，日本的战后阶段便不会结束。因此该问题和整个战后史都是相关的。而且，这既是国内问题也是国际问题，所以冲绳的基地问题所涉及的不只是本章讨论的 20 世纪 80～90 年代，它是从 1945 年持续到 21 世纪的今天的问题，因此我们在这里探讨该问题时，主要以现在的时点为中心。

美军基地与社会问题

截止到 2007 年 3 月末，美军基地在地域上涉及冲绳县的 41 个市町村中的 21 个，共有 34 个设施，占地面积为 2.33 万公顷（占县土地面积的 10.2%，冲绳本岛的 18.4%）。驻日本美军专用设施的 74.3% 集中在冲绳本岛。而且主要设施建立在人口最密集的中南部，因此对冲绳的经济社会造成了巨大的影响。在基地的驻留军人有 22 720 人，军属 1390 人，家人 24 380人，共计 48 490 人。

冲绳县知事公室基地对策课的《冲绳的美军基地》（2008 年版）指出，在冲绳被交还日本后，到 2006 年为止，美军造成的事故中，公务内的有 4916 起，公务外的有 21 497 起，总计达到了 26 413 起。平均每年发生 800起事故。截止到 2007 年 12 月，飞机事故共发生了 459 起，其中坠落事故 42起，紧急降落 328 起。2004 年 8 月 13 日发生在冲绳国际大学的美国海军直升机坠落事故体现出美军基地的危险性。从 1972 年到 2007 年期间，美军成员进行的犯罪达到了 5514 起，涉及犯罪的有 5417 人[31]。法务省《合众国军队成员犯罪事件人员调查》显示，2001～2008 年间的发生过公务外犯罪的美军人员有 3829 人，但其中未被起诉的有 3184 人。实际上，高达 83% 的犯罪事件最终都未被起诉便息事宁人了。恶性犯罪中也有 29% 采取了不予起诉处理。很明显，日本政府为了维护美军，事实上放弃了司法权力。

1995 年 9 月 4 日，驻扎冲绳的三名美国海军人员对小学女生施暴，该事件最终发展为冲绳返还后最大的县民运动，要求整编缩小美军基地和重新审视日美地位协定。该事件之后，美军进行了纪律整顿，但美军对妇女施暴的事件几乎每年仍有发生。

基地公害

根据日美地位协定的第三条规定，美军基地享有"排他性使用权"，基地内的公害由美军负责处理，冲绳县无法掌握其情况。但由于大气、土壤和水污染的影响波及到了基地之外，因此在近年反对基地的舆论压力之下，事件发生时也开始向防卫局与自治体通报。2009 年 3 月 5 日，普天间机场发生了燃料泄漏事故，该消息便由冲绳防卫局环境对策室通报给了宜野湾市。这是首次进行这样的通报，而且是事故发生的两天之后。关于事故的土壤污染情况，美军表示，因为已经对污染进行了清除所以并未造成地下水污染。但日本的自治体职员没能进入基地内进行调查。在嘉手纳基地时常会发生因为有害物质引起的土壤和水污染，日本方面也无法掌握其真正状况。

今后在进行基地的返还之时，土壤污染的清除便成为了问题，因此必须要进行污染的事前调查和清洁化修复，但从现状来看，美国政府在冲绳基地问题上，并不存在像超级基金法案规定的那样清理有害物质和采取环境恢复措施的义务[32]。在基地返还之后，需在长时间内投入大量的工程费来实现环境的复原。

基地的公害问题中，对日常生活影响最大的是航空器噪音。受到航空器噪音所害的有 10 个市町村约 55 万人（占县人口的 41％）。县与市町村进行的调查显示，在嘉手纳机场周边的 15 个观测点的 WECPNL（噪音级别，以下略为 W）值为 65W 到 90.5W，其中超过环境标准（70W）的观测点有 11 个。普天间机场周边则为 62W 到 80.7W，9 个观测点中有 3 个超过了环境标准。冲绳县从 1995 年到 1998 年间实施了"航空器噪音造成的健康影响调查"这一为期四年的工程。其调查报告显示，嘉手纳机场地区受到的影响不止对日常生活的干扰和失眠，还有很多身体上的影响，包括听力的损失、低体重新生儿的出生率上升、婴幼儿身体与精神上需观察行为的多发等等[33]。

对执行行政解决方式早已不耐烦的居民，从 1982 年开始耗时三年，提起了"嘉手纳轰鸣声诉讼"，诉讼要求包括停止夜间飞行、将日间的轰鸣声控制在 65 分贝之下、对过去和现在受到的损害进行赔偿、禁止在居住地上空进行包括起飞降落和演习在内的任何飞行等等。判决同意了损害赔偿，但却驳回了停止飞行的请求[34]。2000 年，居民提起了新嘉手纳轰鸣声诉讼，同样要求停止夜间飞行与损害赔偿。一审判决同意了损害赔偿，但就停止飞行的请求以"该停止请求针对的是国家无法控制的第三方行为"为由给予驳回。另外，2002 年还进行了普天间机场轰鸣声诉讼。该诉讼中的被告是国家和普天间机场基地司令官，但法院认为普天间机场基地司令官"不具有损害赔偿责任"将其免诉。在本土的基地噪音公害诉讼当中，也由于日美安保条约规定军事行动（包含演习在内）具有"公共性"，不同意停止飞行的要求。而对于超出忍受限度的损害，损害赔偿的承担方为日本政府，而非美军[35]。

"冲绳设施及区域相关特别行动委员会"（SACO）在 1996 年 12 月发布了《噪音减轻倡议》，开始进行规制措施，但之后两个机场周边的 W 值并未发生变化，噪音损害依然持续。最近，鱼鹰战机的引入导致针对其损害的居民控诉出现，但政府和美军却没有对其进行限制。日本的环境相关法律就这样完全被无视。在环境经济学当中，国际环境标准开始出现双重标准的问题，标准严格的发达国家让污染企业搬迁到标准松懈的发展中国家，委托其进行废弃物处理，该行为被定义为"公害输出"。基地公害是政治行为，但也可以说是都留重人所定义的"公害输出"，该状况的持续明显是一种"冲绳歧视"。

"军事殖民地"——异常的日美地位协定

解决冲绳的公害问题，最重要的当然是撤除基地，但首先要做的是对日美地位协定进行改革。在一个独立国家内设置其他国家的军事基地本来就是"二战"后冷战体制下衍生的特例，所以并没有可以参照的国际法。冲绳国际大学讲师砂川香织认为妨碍基地环境政策进展的是"将美军基地的运营权与裁量权交给在日美军的日美地位协定，协定不对平时和战时做出区分，除个别例外情况之外，依据的不是日本或美国的国内法律，而是不充分保护日本国民的健康和生活环境的美军内部行政标准"。日美地位协定中没有明文规定需要遵守日本的国内法律，所以日本政府解释说，适用于在日本开展活动的外国民间企业和政府机关的国内法并不适用于在日美军。"因此，在日美军的环境保护活动只是限于在'不妨碍任务的范围'内开展的努力目标[36]。"

日美地位协定早于和约时的日美安保条约，是不经议会签署的日美行政协定的后续。与其相关的外务省机密文件公开后，从中可以看到，日美地位协定允许了美军基地事实上的治外法权，事件发生后都是以亡羊补牢式的解释进行处理的[37]。

砂川香织指出："使用意军基地的在意美军是适用于意大利的国内法。另外，即使在接收国内的防卫设施区域内承认派遣国军队的排他性使用权，有时也会让派遣国军队承担遵循接收国法令的义务"。而德国在进行了1993年的相关法规修订之后，虽然在一定程度上照顾到美国的环境政策法规，但作为接收国时依然通过掌握许可权来确保德国法律的适用性。与之相比，日美地位协定可以说是一个异常不平等的协定。冲绳县也在2000年8月要求重新审视涉及11个项目的地位协定。其中要求以德国为榜样，实施基地的环境影响评价，进行损害的恢复与清算措施。

日本政府十几年来都在无视冲绳县的这些切实要求。加利福尼亚大学国际政治学 C. 约翰逊教授认为，"美帝国"的地区支配战略，并不是想要像旧帝国主义国家那样要求占领地区的领土，而是保存巨大的基地，以此在事实上将该国家或地区变为自己的殖民地或卫星国。他结合自身在驻冲绳美军中的经验，指出日本是"美帝国"的卫星国，而冲绳本质上已成为五角大楼的"军事殖民地"。美军如今仍在驻留，是为了通过冲绳的基地将美国力量渗透到整个亚洲当中去，实现维持和强化美国霸权的雄大战略，另外在该军事基地中可以享受在美国也无法获取的优越生活[38]。冲绳基地中有舒适的住宅、学校、医疗设施、高尔夫球场、娱乐设施等，配备设施完善。另外还享受占在日美军费用70%的"关怀预算"，平均每名在日美军1500万日元，冲绳县每年需支付约500亿日元（全国约2000亿日元）。

这如"乐园"一般的基地受到地位协定的保护。日美地位协定第三条规定，在美军设施区域内美军拥有排他性使用权。虽然这不是租借地，但不经过美军的同意，日本当局没有针对基地内的环境破坏和犯罪行为进行损害调查、扣押或查验的权利。协定中承认在美军设施外的事故和犯罪中日本协助的必要性，但像在2004年8月13日的冲绳国际大学的直升机坠落事故那样，大学的自治并未得到承认，在没有经过县警和美军的联合现场取证的情况下，便由美军将机体等进行了回收。1968年6月2日，美军的"鬼怪"战斗机坠落于九州大学时，大学根据其自治权对今后事故对策的确立提出了要求，美军很长一段时间都无法回收机体，与之相比，冲绳美军的"治外法权"可称为异常。即使还不到修订和废弃安保条约的程度，但必须通过实现冲绳县所要求的日美地位协定改革来改变日美关系的性质。

2. 将冲绳建造为可持续社会

冲绳振兴开发政策和环境问题

过去，日本政府的冲绳政策是以维持日美安保体制为支柱的美军基地为基础，返还后推行了三次经济振兴开发计划，以及2002年实行的冲绳振兴计划。如表8-5所示，共投入总额约9万亿日元的事业费。该事业到第三次振兴开发计划之前，补助率为100%，冲绳振兴计划中将补助率的三分之二作为基础，重要事业则设为90%。考虑到其他府县的事业补助率平均为50%，该事业补助率是极高的。因为是以交通设施为重点进行投资，所以与交通相关的社会资本的充实度达到了大城市府县的水平。在最早的两次计划之前的20年间，冲绳的社会资本存量只有其他人口规模相同的县的一半，为了实现复兴，必须进行高比率的补助金事业。但是在20年间的计划下，冲绳没能实现内生性发展，没有培养出独立自主的经济。当然，计划是需要重新探讨的，但如表 8-2 所示，完全不改变事业的对象，开发的权限不交给冲绳的自治体，接下来的20年间还将会投入公共事业补助金。这明显是抑制县民反对基地的舆论，企图继续维持美军基地政策的表现。在美军伊拉克战争之后出现的太平洋中心的军事战略下的"美军重组"以来，以"重组补助金"为名开始向基地所在市町村发放特别补助金，并开始了与名护市边野古新基地建设一体

表 8-5　冲绳振兴开发事业费的变迁（修正后）（单位：百万日元）

	第一次振兴开发计划 1972—1981 总额	%	第二次振兴开发计划 1982—1991 总额	%	第三次振兴开发计划 1992—2001 总额	%	第四次振兴开发计划 2002—2009 总额	%
治山治水	59 667	4.8	128 685	6.0	218 358	6.5	117 411	5.8
道路	427 710	34.2	769 533	36.0	1 217 153	36.1	658 143	32.3
港口机场	158 283	12.7	266 052	12.5	411 721	12.2	251 302	12.4
住宅城市环境	49 250	3.9	96 338	4.5	123 676	3.7	155 997	7.7
下水道水道废弃物等	229 341	18.4	350 867	16.4	633 800	18.8	362 567	17.8
农业农村建设	104 813	8.4	272 434	12.8	411 447	12.2	209 738	10.3
森林水产基础	47 452	3.8	96 110	4.5	143 184	4.2	66 547	3.3
北部特别振兴	0	0.0	0	0.0	10 000	0.3	40 000	2.0
调整费等	775	0.1	722	0.0	7955	0.3	472	0.0
公共事业相关费计	1 077 291	86.2	1 980 741	92.8	3 177 294	94.2	1 862 177	91.5
教育文化振兴	139 357	11.2	109 008	5.1	150 327	4.5	139 361	6.8
保健卫生	8455	0.7	11 435	0.5	16 207	0.5	8995	0.4
农业振兴	24 116	1.9	33 661	1.6	29 587	0.9	24 112	1.2
非公共事业计	171 928	13.8	154 104	7.2	196 121	5.8	172 468	8.5
合计	1 249 219	100.0	2 134 845	100.0	3 373 415	100.0	2 034 645	100.0

注：2009 年度为概算决定。

资料来源：根据内阁府冲绳担当部局资料制作。

化的北部振兴事业。与针对核电等电源开发的补助金制度完全相同的针对基地招揽的补助金制度得到扩展。该制度虽是补助金制度，但补助对象扩大到了民间事业当中[39]。

振兴计划的事业费总额为 9 万亿日元，是 2003 年度农林业产值的 158 倍，同年度制造业产值的 59 倍，信息服务业产值的 256 倍，数额巨大。虽然因此解决了社会资本差距问题，但却丧失了经济自立的前景。冲绳经济变为以公共工程为中心的财政依存型经济结构，行政为中央依存型，冲绳县的自治能力丧失。在此特别成为问题的是，由于采用和本土相同的标准去进行工程建设，冲绳值得骄傲的自然环境遭到了急速破坏。冲绳大学樱井国俊教授指出，初期的公路和农业用地建设事业造成了红黏土的流失，破坏了被称为冲绳海宝藏的珊瑚礁。另外，由于林道（不是生产道路，而是用于汽车交通的道路）的建设，生态丰富的北部山原的森林急速消失。返还后的 35 年间填海面积超过了与那国岛的面积，在 2000 年进行的填海工程为全国最大[40]。笔者也进行了实地考察，发现泡濑海滩这一代表性的珊瑚礁海滩由于度假区的开发被填埋了。这是继从 70 年代开始的新石垣机场建设工程中的大规模填海工程之后的又一起海岸破坏。

上述的美军重组事业当中，最重要的是美军高官承认的世界最危险机场——海军的基地普天间机场的搬迁问题。日美政府达成的《关岛搬迁协定》表示将在名护市边野古建造取代普天间基地的新基地。对其进行的环境影响评价发布出来。该地区有儒艮繁衍生息，是环境优良且无可取代的海域，将其填埋会造成无法挽回的损失。现在，冲绳县民反对新基地的建设，要求将基地移到县外。安倍政权不改变日美协定，想要强行进行基地建设。因此，虽说是在讨论嘉手纳基地以南的美军基地的返还问题，但只要普天间基地问题不解决，返还便无法进行下去。因此便要通过像过去那样的可称为"收买"方案的补助金事业来撒钱，扩大一部分建设业者等基地经济依存派势力。但是以往的冲绳经济振兴计划和基地补助金等不会为地区经济的发展做出贡献。比起保留基地来获取军事用地费用等"打扰费"，撤除基地充分利用当地资源则会产出数十倍的经济效果，因为这一点已经得到实证，所以在县内建设新基地一事招致了愈益强烈的反对[41]。如果动用权力强行推进边野古基地的建设，由此引发的本土与冲绳之间的分裂与对立，甚至有可能危及安保体制本身。

"冲绳之心"与可持续发展的冲绳

1972 年，冲绳县民对回归日本的要求，是脱离占领体制向日本国宪法体制转型、对和平、基本人权和福利的要求。而这样的"冲绳之心"却遭到了背叛。从最近日本的政治动向可以看出，修改宪法的势力壮大，容忍战争的体制出现，还有可能发展为"本土的冲绳化"。关于环境政策也像在最后一章会提到的，没有任何进步，下面要说的冲绳未来的希望可能会很难实现。但是，以冲绳的自然环境和文化为基础，其未来还是有着如下所述的希望。

冲绳的岛屿数量位列全国第五，拥有广大的海域。这一条件在经济上产生了分散的负效应，远距离的交通负担较大。但可以将目标设定为，利用这样的不利条件，为确立能源、水、资源自给自足的岛屿经济开发可再生能源，回收再利用废弃物，建造完全循环型社会的样板。推进太阳能、风能、潮汐能、生物能等能源的开发与普及，以及资源节约型社会的普及，建立可持续发展的冲绳。冲绳应当建造研究开发的基地。

全球变暖会首先使岛屿社会陷入危机。在冲绳开发可再生能源，建造可持续社会的模式，寻求世界范围内的岛屿社会的合作，成为环境经济、文化的国际据点，或许正是全球环境时代下冲绳的目标。

第四节　关于联合国环境发展会议

1. 通往可持续发展的道路

新自由主义的放松管制

如上一章所述，为解决滞胀问题，被称为市场原教旨主义的新自由主义政治取代了凯恩斯主义的福利国家论，为环境政策带来了巨大的变化。撒切尔首相使用了大众资本主义（Popular Capitalism）一词，其实际上是以货币主义抑制通胀，将国有企业民营化后的资本分配到民间，以效率主义增强活力。为了解决伦敦城市中心的衰退问题，从内外吸引金融、信息产业以取代停滞不前的造船等制造业，放弃工党的新城政策和公营租赁住宅优先政策，转换为以向城市中心回归、民间住宅为主的城市政策。同时，政府向工人出售国有企业股份。通过这样的政策，在压制工会的同时，也给了工人甜头，于是，工会活动停滞，确立了被称为新保守主义的体制。在这个过程中，英国政府的环境政策倒退。后面将提到，英国在欧盟当中是 SO_x 排放量仅次于德国的国家，但却没有加盟防止酸雨的"削减 30％俱乐部"。另外，英国认为清除有害污染物的脱硫、脱硝装置的设置相对于其在卫生方面的有利影响，花费成本过高，因此反对设置这些装置。他们的方针是，转换为核能发电后大气污染将会马上消除。冷战结束前，撒切尔政权对于环境问题的态度发生180 度大转弯，而那是进入 80 年代后半期之后发生的事了。

让环境政策发生大倒退的是美国的里根政权。美国与日本不同，他们的地方政府对于开发十分热情但在公害对策方面很松懈，环境政策都是以联邦政府为主导进行推进的。但是，从卡特政权末期开始，由于出现了高失业率和财政危机，在企业的要求下，联邦的环境行政本身出现了放松的趋势。里根政权在 1981 年 1 月设置了"推进放松管制总统特别委员会"，公害规制开始放松。于是，之后所有的规制都必须根据行政管理局进行的成本效益分析，以最小的社会成本为企业和社会创造最大的效益。在新联邦主义之下，里根政权于 1981 年之后，开始削减联邦环境保护署的预算和人员。在财政支出方面，虽然有通货膨胀的情况，但和 1980 年度相比，1984 年度削减到 1980 年度的 73％，职员数量也削减了 20％。因此，环境署甚至连《环境白皮书》的发布都难以为继，陷入了困境之中。环境保护署一直受到"官僚化严重，需要改革"的指责，但实际所进行的不是改革，而是规模的大幅度缩小。美国的设备投资中公害防止投资所占比例在 1975 年为 5.8％，1983 年变为了2.4％。美国的环境团体严厉指责里根政权将用公害规制改善公众卫生的历史倒退回 30 年前。而在放松管制的过程中，还引发了西门事件等暴露出联邦环境保护署长官与企业间勾结的事件[43]。

在国际政治上掌握主导权的英美政治的转变对其他国家也造成了影响。日本的中曾根政权缩减了过去被认为神圣的教育、福利、环境等方面的补助金，最后还全面修订了公健法，这些都是新自由主义即新保守主义的潮流在20 世纪 70 年代末之后的近 40 年里支配着发达国家政治的体现。

酸雨——"削减 30％俱乐部"进行的最早的国际化义务

酸雨问题成为了将上述困境打破的力量。由于因果关系，放松针对健康的公害对策后，公害造成的损害便会自然而然的出现，而且将发展为国际问题甚至是全球的环境问题。

20 世纪 70 年代初，欧洲已发现国外发生的酸雨对本国造成了损害，但直到 1979 年 11 月的"关于长距离跨境大气污染的日内瓦会议"召开时才开始采取措施。而得到 34 个国家的批准并开始发挥效力则是在 1983 年（截止到 2002 年 10 月，共得到了 49 个国家和组织的批准）。起初西德对该国际对策并无兴趣，但在本国自然的象征——"黑森林"遭到了酸雨的大规模破坏之后，转而成为支持环境政策最为积极的那一派。1982 年在斯德哥尔摩进行的"环境酸性化会议"中，出现了关于清洁化的国际议程的义务化提议。这一议程的支持派被称为"削减 30％俱乐部"。

"削减 30％俱乐部"的目标为，以 1980 年为基础，到目标年（原则上是 1993 年）之前将 SO_2 的年总排放量削减 30％或是跨境排放量削减 30％。NO_x 的削减方面并未达成一致意见。欧洲的荷兰、瑞典、挪威、奥地利和瑞士等国受其他国家的酸雨影响较为严重。而最大污染源是波兰、捷克、西德这三个国家。"削减 30％俱乐部"有 21 个国家签署，但截止到 1986 年 8 月，只有四个国家批准了该协议。EC 加盟国当中，英国、西班牙、希腊、爱尔兰没有加盟，美国也同样没有参与其中。如表 8-6 所示，在西欧国家当中，英国的 SO_2 排放量是最高的，NO_x 也是仅次于西德的第二高。英国向来固执于"高烟囱主义"。其他的欧洲诸国也同样，几乎没有采用日本那样的脱硫、脱硝装置。

1986 年 9 月，在斯德哥尔摩的"酸雨会议"上，21 个环境保护团体要求欧洲到 1993 年前至少要将 SO_2 的总排放量削减 80％，1995 年前将 NO_x 至少削减 75％。政治学者魏德纳对此评价道，该目标实现起来或许有难度，但却是基于对环境保护的展望的正当要求[44]。酸雨对策中 NO_x 的削减是一个必要的课题，但由于汽车的保有数量与行驶里程激增，问题很难得到解决。专家和环境保护团体要求对汽车实行限速（高速公路时速 100 公里，干线公路时速 80 公里以下），但西德政府对此表示了反对。

像这样，关于酸雨跨境污染的国际间规制的推进工作并不能说完全顺利，但跨越国境，开始进行国际性规制本身就具有划时代意义。这和氟利昂气体的规制一起，象征着全球性的具体环境政策的开端，而规制方法等也可以看作是展示了京都议定书的前身。在过去增长政策优先、环境措施落后的西德，随着 EC 的合并，环境保护派开始宣扬反核、反核电、环境保护、地方自治、和平，掀起了绿党旋风，并在 1983 年 3 月的联邦议会选举中当选了 27 名议员。绿党的力量推进了国际性合作，这也是环境保护跃升成为政治中心议题的证据[45]。

表 8-6　欧洲诸国的大气污染状况（1980 年）

	SO₂				NOx				大气污染导致的森林枯死状况	在 SO₂ 削减 30% 俱乐部中设定的削减目标
	排出量（1000 吨）	单位面积量（吨/平方公里）	单位人数量（千克/人）	主要排放源（%）	排出量（1000 吨）	单位面积量（吨/平方公里）	单位人数量（千克/人）	主要排放源（%）		
法国	3460	6.36	64	电力 31 工业 40	1847	3.39	34	汽车 65 产业 26	阿尔萨斯-洛林地区 14%	50%（1990）
西德	3200	12.85	52	电力 62 工业 25	3100	12.45	50	汽车 55 产业 42	全部的 52%	60%（1993）
意大利	3800	12.62	67	电力 52 工业 30	1550	4.92	26	汽车 46 产业 38	全部的 5%	30%（1993）
瑞典	483	1.07	58	电力 40 工业 37	328	0.73	39	汽车 71 产业 23	南部与西南部若干	65%（1995）
英国	4670	19.14	83	电力 71 工业 19	1986	8.14	35	汽车 44 产业 49	山毛榉与紫杉木若干	未加盟

注：1）森林的枯死状况为 1985 年数据，但英国和瑞典的是 1984 年数据；

　　2）NOx 的主要排放源当中，产业指的是电力与工业各级的构成比；

　　3）SO₂ 削减目标栏的（）内为达成年份；

　　4）根据 H. Weidner, Clean Air Policy in Europe：A survey of 17 countries（1987，Beilin）制作。

切尔诺贝利核事故——"地狱的启示录"

1986 年 4 月 25 日晚上 10 点，苏联的乌克兰共和国切尔诺贝利市附近的列宁格勒核电站的 4 号反应堆（石墨炉）失去控制，23 分钟后堆芯熔毁（meltdown），石墨起火引发的火灾一直烧到了 5 月中旬。放射性物质的放射量并不明确，但根据联合国机构在 2008 年进行的估算，铯 137 的放射量达到了 85 000 万亿贝克勒尔，碘达到了 167 京贝克勒尔，其造成的污染是广岛核爆的 90 倍。因此，在 1000 公里之外的北欧观测到的辐射为平日的 100 倍，不仅是欧洲，整个北半球都受到了污染。为建造覆盖整个设施的混凝土石棺动用了超过 50 万的工人，直到 1988 年才建成，这些工人也受到了辐射。

切尔诺贝利核事故造成的损害，在 28 年后依然持续着。损害程度已经大到难以测量的地步。法国辐射防护核能保安所的调查显示，18 岁以下的甲状腺癌患者手术报告达到了 6848 例。女性的健康损害、生殖器官发育障碍、下一代的健康损害、普通疾病的发病率与死亡率出现上升趋势。1991 年的《切尔诺贝利法》规定了年均 5 毫西弗以上的放射能污染地区的移居义务（日本的强制疏散标准为 20 毫西弗，因此该法比它更为严格）[46]。清除土壤的污染几乎是不可能的。农作物、乳制品的损失（波及到了波兰等邻近国家）持续了很长时间。西德政府向农户发放了救济资金。

核灾害一旦发生，其破坏有可能波及整个地球，而且受损的不只是财产，健康方面也会受到长期损害，甚至还会波及后代。想要防止这种地狱图景式灾害的发生，除了预防再无他法。有切尔诺贝利核事故作警示，各国的禁止核电、反对新建核电站的运动扩散开来。各国都开始重新对能源计划进行研究。但是，像后面会提到，这一时期抑制温室气体问题引起关注。因此，比起吸取切尔诺贝利核电站灾害的教训，将核电站扩建作为温室气体对策的声音又壮大起来。特别是在日本，零核事故的信仰很强，扩建持续进行。像后面会提到，我们公害研究委员会从成立时便开始呼吁废弃核发电，切尔诺贝利核电站灾难发生之际，也提议让该事件成为停止核电的开端，但最终还是没能阻止以核能利益集团为代表的核能推进派的声音。

发展与环境是不可兼得的吗？

发达国家的历史经验表明，要消除公害，就必须要改变以往的经济发展方式，这不仅体现在国民经济当中，也体现在国际经济当中。同时，在发展中国家，对于像博帕尔事故中那样无原则地引进发达国家技术进行"外来型开发"的模式也引来了批评。过去人们认为经济开发与环境保护是相互对立、不可兼得。但是非洲大陆的饥饿与干旱问题严重，环境持续恶化，同时经济也没有成长。在石油危机前后，在发展中国家之间进行资源管理，从而创建国际经济新秩序的趋势出现，但很明显这是受发达国家的经济增长所左右的。

2. Sustainable Development（可持续发展）的提倡

《我们共同的未来（Our Common Future）》

　　1972 年的联合国人类环境会议并没有就环境或增长的二元论做出解答。以印度为代表的南方发展中国家认为贫困才是环境问题的根源，因此反对对经济增长的抑制。之后，发达工业国家在克服严重的公害问题的过程中转变了产业结构和地区结构，使环境问题发生了改变，只要改变经济增长的性质，就可以产生在抑制公害的同时实现发展的条件。另外，发展中国家的森林消亡即沙漠化问题不断恶化，并进入了跨国公司阶段，单个国家环境政策的局限性开始明显。之前所提到的森林砍伐、沙漠化、公害输出、酸雨、核危害，以及之后会提到的氟利昂气体等引起的臭氧层破坏和温室气体增加等，都成为了事关整个人类命运的环境问题。

　　从这些经验来看，不应将环境保护从人类的生产生活问题中切割出去；另外，也不能将发展从环境中去除，或是就如何实现进一步富裕设立一元化的政策目标，而要将两者视为不可分的整体，建立面向人类崭新未来的原则。1984 年，在日本的倡议下，"世界环境与发展委员会（WCED）"这一知名人士会议在联合国管理之下成立，由挪威首相布伦特兰担任委员长（日本代表为大来佐武郎），并于 1987 年 4 月发布了《我们共同的未来》报告书。该委员会作出了以下结论：

　　"人类拥有使发展可持续的能力。可持续发展指的是在不损害后代满足自我需求的能力的同时满足当代人的需求。可持续发展的概念中包含一些界限。但那并不是绝对意义上的界限，而是指当今科学技术发展的状况、环境相关的社会组织状况或是生物圈对人类活动的影响吸收能力等。但对开辟经济增长新时代道路的技术、社会组织进行管理和改良是可以实现的[47]。"

　　该报告将居住着地球大半人口的贫困国家的增长和贫困人群的富裕视为不可缺少的目的，在此基础上认为，为保障必要资源的公平分配，市民参与的政治体系和国际上的民主决策是必要的。另外，发达工业国家的居民与富裕人群需要将生活方式转变在能源等地球生态系统所支持的范围之内。于是，报告提出了以下目标：

（1）能够保障市民有效参与决策的政治体制；

（2）不依赖于他人，能够持续产生剩余价值与技术知识的体制；

（3）能够消除失调发展引发的紧张的社会体制；

（4）保护发展所需的生态基础，建立遵守该义务的生产体系；

（5）能够不断追求新的解决方案的技术体系；

（6）孕育持续性贸易和金融的国际体系；

（7）能够纠正自身错误的灵活的行政体系。

该报告书有些部分是妥协的产物，例如"维持全球环境的同时持续发展"等客观地陈述全球环境维持框架的重要性的部分，以及主观地陈述保护环境的同时进行持续发展的可能性的部分。或者应该说，因为将重点放在了后者上，所以全球环境保护这一客观课题被弱化了。这从上述的七个原则中相互矛盾的地方也能看出来。究竟以什么样的经济体制和什么样的政治组织来推进政策这一点是很抽象的。所以，对这个报告并不能全盘认同，但从超越了环境还是发展这一此消彼长的问题的意义上看，它揭示了一个新的阶段的开始。

1987 年 12 月，WCED 将该报告提交给联合国。在此基础上，联合国大会作出决议，将可持续发展（以下省略为 SD）作为"联合国、各国政府、民间各种机构组织及企业的中心指导原则"，并对该报告书表示了肯定，且决定将其运用起来。该大会决议使得在斯德哥尔摩的人类环境会议 20 周年之际召开以环境为主题的联合国大会的氛围高涨。其背景还有美苏冷战终结这一国际形势的变化。

"全球环境政治"的开始

进入 20 世纪 80 年代之后，过去被隐藏起来的苏联与东欧的环境破坏问题开始在国际上造成影响。像切尔诺贝利事故所象征的那样，苏联采取的现代化路线是由军事扩张，以及为追赶西欧而进行的大量生产、大量交通构成的；另一方面，保护安全与环境的政策却不充分。中央计划经济的社会主义体制能够有效推动整齐划一的重化工业生产，但却无法适应满足复杂民间需求的消费品生产与信息社会的技术发展。与西欧的交流加深之后，知识分子和中间阶层对于官僚主义的批判增强了。早在 60 年代末期，东欧诸国就发生过反抗苏联帝国主义式支配的骚乱，但遭到了军事镇压。

1985 年 3 月，戈尔巴乔夫就任苏联共产党总书记，开始提倡 Perestroyka（对社会生活进行整体重建）和 Glasnost（公开制）。这种改革最终导致了苏联社会主义体制的崩溃。另外，中国也在结束"文化大革命"之后走上了"现代化"的道路，开始快速进入世界市场。

在冷战结束，美苏对决这种政治力学终结之后出现的是全球环境与人类间的对决（其政治表现是全球政治）。最终，以 1988 年为转机，全球环境问题成为国际政治的中心议题。1985 年制定的《保护臭氧层维也纳公约》于 1988 年生效。这是由于杜邦等化工企业成功发明了氟利昂的替代物质，并转变为积极推进氟利昂气体规制的战略，同时也有国际形势变化的原因。同样地，再加上顶住切尔诺贝利事件之后的核发电批判，加速引入核电站的政府、电力业界与一部分科学家（核能利益集团）开始热心于 CO_2 削减运动等经济理由，全球环境保护成为了政治经济的中心议题。过去采取新自由主义政策而不关心环境政策的英美政府，想要掌握冷战后新的全球政治经济主导权，突然做出了政策的转变。象征这种转变的是 1989 年被称为"绿色峰会"的会议。

环境 NGO 在国际政治中登场

随着高消费社会中事故与灾害的增加，作为新社会运动的市民运动开始兴起，这在 20 世纪 60 年代之后的日本社会情况中已经讲过。而在欧美，也在同一时期开始了市民运动，像美国的反越战运动所表现出来的那样，其发挥了很强的政治力量。欧洲则是随着 EU 的建立，联合欧洲整体的环境保护市民运动的 EEB（European Environmental Bureau）成立。EEB 是由 120 个国家的组织、2000 万人加入组成的联合体。意大利最大的环境团体意大利诺斯特拉（我们的意大利）也参与其中。EEB 的议长是希腊雅典大学的海洋学者米歇尔·斯库洛斯教授，副议长是意大利诺斯特拉的代表、城市规划学者、罗马大学的埃尔蒙德·蒙塔纳教授。从这些代表的人员构成中就能看出，EEB 和日本环境会议一样，拥有众多大学教授等专家。由于 OECD 中已经有作为非政府组织介入营业与产业的指导当中的咨询委（BIAC）参与，因此有建立与之相匹敌的 NGO 的环境咨询委员会的动议。在全球环境问题成为国际政治的焦点，除了进行单纯的"草根"运动，还要作为专家集团向 OECD 等国际政治组织提出建议。EEB 作为国际 NGO 就全球环境问题向 1989 年举办的 Arch 峰会提出建议，同时，为借此机会建立能够加入 OECD 的国际环境咨询委员会，还邀请了美国和日本的 NGO。

从 1989 年 7 月 11 日到 13 日，EEB 在巴黎郊外的枫丹白露欧洲经营协会会场召开了"经济全球化与环境管理"研讨会。出席会议的包括来自 OECD 成员国中的 13 个国家、UNEP、跨国公司联合国中心、OECD、公共政策协会（加拿大）、澳大利亚、UNDP 的数十名研究者与实干家。日本方面有代表日本环境会议的宫本宪一与地球之友日本支部的龟井文子出席会议。

会议分为五个分组会议。第一分会是"非政府环境问题对 OECD 的作用"，第二分会是"应对经济全球化"，第三分会是"对峰会的建议"，第四分会是"关贸总协定谈判"，第五分会是"环境研究教育的国际交流"。从作为世界最早的环境 NGO 国际会议这个意义来看，这些分会的内容都很重要，但其全部内容在已经介绍过的论文中已有详述[48]，在这里只介绍对后来影响很大的几个重要论点。在第二分会中，EC 的"科学技术预见与评估委员会"的贝特莱拉委员长表示，全球化与国际化或跨国化不同，是超越企业、国家、体制的框架去创造共通的事物。典型的商品包括机器人和电脑。另外还有不会全球化的公共服务。全球化在过去考虑的是城市—地区—国家—国际的广域化，但现在是以城市为核心向全球性发展，所以强调具有地区独特性的文化意义。之后，贝特莱拉提议，放弃多媒体的开发，将用于那方面的数千亿美元转用于建立社会开发世界机构（WSDO）。他认为，应该通过该途径解决发展中国家受饥饿与贫困所折磨的数十亿人民和没有住宅及饮用水的人民的生活问题[49]。

另外，保护基金协会的 K. V. 莫尔特克表示："国家的环境政策达到了一定的高度，但是在其无法解决的酸雨、臭氧层破坏、热带雨林、重金属与化学物质造成的地球污染或是产业废弃物运输导致的污染问题等方面，法律还不健全，国际机构也不完善。从全球规模来看，只用特定国家的法律来控制有限的资源是十分困难的。另外，从经济角度而言，现在第三世界国家的累积债务不仅给国际金融造成了重大的影响，也令这些国家缩减了公害防止投资，环境政策出现倒退。自由贸易的原理是巨大市场的基础，但却衍生了环境危机和各国间的不合作问题，从现状来看，只要资源危机不出现，工业化就会持续发展，环境危机就不会解除。发达国家与发展中国家双方改变生活模式，特别是最重要的工业国家发挥进行必要变化的主导职责，或许才能产生解决问题的可能性。"

莫尔特克的提议奠定了会议的基调。该会议中最受重视的是温室气体的抑制问题。为解决这一问题而依赖于核能是危险的，建议选择可再生能源的开发与节能型生产生活方式。或许是为了对其进行试验，该会议选择了窗户较多的会场，到了傍晚依然没有使用任何照明设施。

枫丹白露会议中，EU 与其他国家没有达成充分的协调，最后变成了 EEB 的单独行动，中国与印度等发展中国家也没有参与。从这一点上看，该会议是不充分的，但作为国际 NGO 间的合作，以及让 NGO 参与到政府机构（特别是 OECD）当中去的第一步，其意义很大。会议决议"力求防止全球变暖"，代表带着该决议参加了 Arch 峰会。这是峰会与环境 NGO 进行互动的最早案例，最终决定于 1992 年召开里约会议。另外，NGO 也获准参与其政府间会议。

EEB 想在该会议上设立能够匹敌 OECD 的与产业指导相关的咨询委（BIAC）及工会咨询委（TVAC）的环境问题相关的咨询委员会，由于各国与会者的意见出现分歧，最终没能实现。于是 EEB 于 1990 年在华盛顿、维也纳、布达佩斯等地召开了 NGO 会议，与此同时还提议在比利时的布鲁日召开与日本方面的会议，日本环境会议同意了该提议。但是与 EEB 不同，日本环境会议虽是 NGO，但专家大部分都是大学教员，组织基金几乎为零。另外，如果要参加 EEB 的会议，那么考虑到未来的问题，最好也要亚洲的研究者一起同行。因此，日本环境会议寻求了资金援助，最终在朝日新闻社的捐助下得以参加该共同会议。

EEB 在枫丹白露会议和这次的会议都邀请了日本政府、自治体负责人和企业家，但他们担心在国际 NGO 会议上会被追究日本公害输出的责任而一直拒绝出席。因此，日方的与会者只有日本环境会议的主力、加上韩国首尔大学的金丁晶教授和印尼卡加马达大学的 Chafid Fandel 教授等 10 位研究者。EEB 的与会者包括上述的斯库洛斯议长、蒙特纳副议长和柏林社会科学研究员魏德纳等 24 人，另外 EC 和 OECD 也派出了与会者。

1990 年 7 月 9 日到 11 日，在比利时布鲁日的欧洲大学会场举办了日欧环境会议，会议设为五个分会。事前的基调论文是由魏德纳和笔者提交的。第一分会是"经济全球化中的日本与环境问题"（柴田德卫、宫本宪一），第二分会是"日本的水污染"（秋山纪子、仓知三夫），第三分会是"大气污染与城市政策"（寺西俊一、永井进），第四分会是"环境政策手段与新型环境问题"（矶野弥生、植田和弘），第五分会是"亚洲各国的经济全球化与环境资源问题"（金丁晟、Chafid Fandel）。开始预定的是 EC 方也有西德的报告来进行国际间比较，但策划人魏德纳博士与 EEB 未能谈妥，来不及在 EEB 内找到报告人，因此最终只有亚洲方面作了报告。但是 EEB 积极参与了讨论，所以会议的成果依然很丰富。《公害研究》就会议的内容进行了介绍[50]。EEB 说是要出版亚洲方报告论文的英文版，但至今仍未落实。虽然还留有很多不满之处，但以这次会议为契机，包括上述亚洲太平洋地区 NGO 会议在内，日本环境会议等 NGO 进行的国际性活动开始了。

3. 联合国环境与发展会议（里约会议）

史上空前的国际会议

1992 年 6 月 3 日到 14 日期间，联合国在巴西的里约热内卢举办了关于环境与发展的国际会议。包括世界 105 个国家首脑在内的 178 个国家的政府代表参加了"全球峰会"，同时，有超过 100 个国家的 400 名 NGO 代表在内的近千名相关人员在弗拉明戈公园召开了国际 NGO 论坛，这在联合国历史上也是史无前例的。参会总人数实际上达到了 4 万人。日本也有一百多名政府代表和约 400 名 NGO 代表等近千人参加了会议。20 年前的斯德哥尔摩会议时，社会主义国家没有出席，南北对立激烈，各国首脑出席的也很少。而这次，巴西为主办国，由于冷战终结等原因，包括古巴在内的大部分社会主义国家与发展中国家都出席了会议。像这样后无来者的 20 世纪最后的大型国际会议得以召开，或许是因为全球环境的危机已经凸显出来了。UNEP 为这次会议出版了《世界环境报告 1972-1992》，其结论为"地球历史上从未有过像现在这样环境威胁如此严重的时期"。报告指出，除发达国家的大气污染有所改善之外，所有环境领域的状况都在不断恶化之中。例如，生物物种的四分之一都面临着在未来 20～30 年内灭绝的危机，每天有 3.5 万名 5 岁以下的儿童因环境相关的疾病死亡，经常性地处于饥饿状态的人数从 1970 年的 4.6 亿人增加至了 1990 年的 5.5 亿人[51]。

另外，在与氟利昂引起的臭氧层破坏问题并列的温室气体问题方面，

1988 年设立的 IPCC（政府间气候变化专门委员会）发出警告称，化石燃料燃烧产出的 CO_2 等人为排放的气体正在使地球温度增高。在 1990 年 11 月召开的"第二届世界气候会议"上，提议让 2000 年的温室气体排放量保持在 1990 年的水平。

但是，参加该会议的发展中国家政府并不一定是为了世界环境的危机对策才聚集于此的。他们认为这次里约会议是解决贫困问题的会议。在前一年的北京会议上，已经作出温室气体等全球环境危机的责任在于发达国家一方的判断[52]，并要求对发展中国家的经济施以 GDP 的 0.7％的援助。

如上所述，以 EEB 为主体，力图让 OECD 加盟国的 NGO 进行集结，但还没有世界性组织。NGO 进入当地之后，随即召开了国际会议。发达国家，特别是 EU 的 NGO 将温室气体的抑制与生态系统的保护视为会议的主要目的，但日本与发展中国家的 NGO 则将公害的防止与损害的救济视为中心议题。

该会议第一次跨越了体制差异，使发达国家与发展中国家站在"可持续发展"这样的同一个平台之上，而且还聚集了政府、跨国公司和 NGO，虽然说是吴越同舟，但最终还是取得了下面的成果。

会议成果——《里约宣言》与《21 世纪议程》

里约会议通过了《21 世纪议程》，众多国家与会期间在《气候变化框架公约》与《生物多样性公约》上签字，并决定了《森林原则声明》，决定尽早制定《防止沙漠化公约》。最初还预定要发布《全球环境宪章》，但由于发展中国家强烈主张发展权，所以妥协为《里约环境与发展宣言》。

《里约宣言》是该会议的主要议题，宣言倡导"可持续发展"，列出了 27 条原则。该宣言宣示，"人类有权同大自然协调一致从事健康的、创造财富的生活"（第一原则）。强调应跨越南北差异，认识到"作为我们共同家园的地球的不可分性、相互依存性"（序言），各国对本国主权的主张不得造成超越国境的破坏，认为"发展的权利应平衡地满足当代和后代的发展与环境需要"（第二、三原则）。因此，环境保护与开发过程是不可分的，应减少不能持续发展的生产与消费，设定环境标准，实施评估机制，确立污染者负担的受害者救济措施，公开环境相关信息，增强决策过程中的民众参与。从这些方面来看，《宣言》有着积极的内容，但另一方面，其中还采纳了发展中国家财界和政界的要求，要求不得以环境目的对国际贸易进行规制，他们认为全球环境保护不应采取平等的政策，而应划分出差异，发达国家需承担的责任更重。近些年在国际上引用较多的重要原则为第十五原则（预防原则）："各国应根据它们的能力广泛采取保护环境的预防性措施。有可能造成严重的或不可逆的损害时，不能把缺乏充分的科学肯定性作为推迟采取防止环境退化的投入产出比较大的措施的理由。[53]"

该原则可以认为是吸取了日本公害的深刻教训，但日本自身在之后发生的石棉灾害与核灾害时，预防原则还是失败了，产生了无法挽回的损害。

《21世纪议程》是实行该宣言的行动纲领，共有40章，是在里约会议前两年由180个国家商讨起草，与《里约宣言》同时被通过。但是未能就由发达国家进行的GDP的0.7％的援助设定达成时间表。其序言提出了下面的目标："人类如今站在历史的决定性瞬间。我们面临的问题包括，国家间及国家内部的失衡、贫困、饥饿、疾病、文盲率的恶化、生态系统这个我们赖以生存的基础的恶化。但是，我们能够统合环境与开发，对其给予莫大的关注，从而满足人类生存的基本需求，提高生活水平，改善生态系统的保护与管理，创造更加安全和繁荣的未来[54]。"

它从"社会和经济方面""开发资源的保护与管理""主要群体的作用"和"实施手段"等方面列出了详细的纲领，是全球环境保护运动的教科书。其中提到"全球环境持续恶化的原因主要在于发达工业国家以不可持续的方式进行的消费与生产。这是造成贫困与失衡恶化的严重问题"（第四章"消费形态"），强烈要求发达工业国家进行生产生活方式的改革。另外还提到，"在各个层次的决策之中，应开发或改善让有意愿的个人、团体、组织参与的更容易进行的机制。"（第八章"决策中的环境与开发的统合"）。里约宣言中显示了对女性与青年赋予的期待和民主主义的原则。参与各国根据该议程制定了行动纲领，之后还有些自治体制定了本地议程。但是，从1997年起，积极实施《21世纪议程》的动作似乎停止了，日本可能有必要对其加以重温。

该会议与斯德哥尔摩会议不同，与会的多个国家都在两个公约上签了字。《气候变化框架公约》（1994年3月生效）考虑到温室气体对自然生态系统和人类造成的负面影响，为对其进行抑制，制定了具体的国际合作方案，共有26条。在该草案的制定过程中遭到了美国的反对，所以未能决定以1990年排放量为基准进行抑制的具体数值目标，将这一问题留给京都议定书解决。

《生物多样性公约》（1993 年 12 月生效）是为保护生物多样性、实现可持续利用而诞生的国际协定，其出发点是，生物多样性对于进化和维持生物圈的生命及维持其结构极其重要，但人类活动却使其严重衰减。该公约共有42 条，是在各国主权范围之内制定的，但也规定了保护地区和特别措施。由于该公约遭到了发展中国家的反对，列出应成为保护对象的物种和栖息地名单这一最初预定的条款最终未被列入。而美国也由于强调遗传基因的知识产权，没有在公约上签字，直到克林顿政府才承认该公约。

《森林原则声明》是认识到所有类型的森林是满足人类必要需求的资源、发挥巨大环境价值的现在及未来潜力的基础，其拥有复杂而固有的生态学系统，因此寻求健全的森林管理及保护声明。其中有 15 条原则，比起保护而更强调资源持续性开发的原则。在此之前的 1985 年 4 月，《国际热带木材协定》生效。

里约会议对尽早制定防止沙漠化相关的国际条约进行了讨论，并于 1994年 6 月通过了《防止沙漠化公约》，于 12 月生效。日本政府在国会上承认了所有条约。另外，对于关乎人类生活的淡水保护问题，专家也进行了热烈的讨论，但这次会议上没能提出一个具体的方案。

里约会议的评价

里约会议的事务局长和 10 年前的斯德哥尔摩会议相同，由加拿大的莫里斯·斯特朗担任。他在该会议的结语中，以伟大成功（great success）作为评语。的确，会议上没有出现南北分裂的状况，缔结了两个公约，通过了《里约宣言》和《21 世纪议程》，将可持续发展（SD）确定为未来世界的人类共同目标，因此，作为主办方确实是成功的。但是斯特朗早期提到该会议的意义在于"人类最后的机会"，但结束时却弱化为了"地球保护的第一步"。另外还在记者会当中提到了以下几点缺点："第一，没有明确 CO_2 的具体削减目标与期限。第二，没有明确资金援助的金额与期限。第三，没有就军事与产业的军工复合体造成的全球环境破坏进行任何讨论和决议。[55]"

而导致这些缺点产生的主要原因在于美国政府的态度。布什总统参加了该会议，但对温室气体的具体政策目标表示了反对，在生物产业的压力下，对于生物多样性公约也表示反对。日本的宫泽喜一首相因为 PKO（联合国维和行动——译者注）问题被困在了国会，成为发达国家中唯一缺席的国家首脑。虽然试图以录像演说作为替代，但申请却遭到了拒绝。日本代表始终在顾虑美国政府的态度，使得生物多样性公约的签订在最后的 13 日才得以完成。外国的 NGO 原本对日本政府抱有期待，但看到日本对于美国的追随，其评价变得极低。[56]

该会议认可了 NGO 的参与，同意让注册团体的两名、同联合体的四名代表出席大会。但事实上，在政策决定过程中他们是被排除在外的。在会场的发言也不允许出现指定内容之外的内容。NGO 所在的弗拉明戈广场距位于里约中心的会场 40 公里，往来并不方便。笔者旁听了各国首脑的演说，但 NGO 的指定席位在大会会场的后三排，位于会场的一个角落。即使前排有空座，也会出现警察将人赶到角落座位上去的现象。像这样，NGO 的参与受到很大的限制，不过 EU 的 NGO 在会议结束后与政府代表进行了讨论，提出了建议。然而日本政府却完全没有与 NGO 进行讨论。在巨大的 NGO 展位中并没有出现日本代表的身影。9 日，为了加速生物多样性公约的通过，笔者作为国际 NGO 论坛的代表，带着《紧急请求文》会见了日本政府的妹尾全权大使。这或许是会议期间 NGO 正式向政府代表提出的唯一请求。日本的 NGO 也没有习惯国际会议。

日本政府针对此次会议提出了《环境与开发——日本的经验与措施》。其中总结了战后日本的经济增长与环境政策。内容中也包含统计数据，是十分全面和便利的，但并没有记述公健法的全面修订等 70 年代之后出现的环境政策倒退以及"公害输出"等负面内容。因此，只看它会认为日本的公害问题已经得到了解决。日本环境会议与其他 NGO 合作，建立了"92 联合国巴西会议市民联络会"，发布了《地球中的我，我中的地球》的报告，与政府的报告书进行对抗，发给了各国政府与 NGO[57]。很多水俣病与大气污染疾病的患者对政府"公害已经结束"的论调表示了抗议，他们出席了 NGO 论坛，还召开了独立的研讨会，陈诉了日本公害的教训与公害并未结束的事实。大会之外日本 NGO 的这些活动受到了高度评价，但却未能给大会的内容带来影响[58]。

国际 NGO 由于对《里约宣言》《21 世纪议程》、两个公约等大会做出的决定抱有反对意见或不满，于是聚集了各国的参与者，制定了《全球环境宪章》等具有 33 个条目的 NGO 条约。《全球环境宪章》的主要内容如下[59]：

（a）承认生物和文化的多样性，在此基础上承认环境基础生存条件的权利，共同寻求对其的保护与恢复；

（b）杜绝贫困与地球虐待，寻求内生型解决方案；

（c）国家主权不是圣域。贸易惯行与跨国公司不得造成环境的破坏，应对其进行控制，以达成与社会公平、公平贸易、生态原则的统一；

（d）反对将军事扩张、军事力量的使用、施以经济压力等作为解决纠纷的手段；

（e）公开政策决定过程与控制标准，使南方诸国及其国内的受害者能够掌握信息并参与其中；

（f）承认女性作为变革力量源泉的作用，建造可反映这一点的公正社会。

NGO 的宣言站立在文化多样性之上，比起发达国家的资金技术向发展中国家的转移，更重视内生型发展，寻求对国家主权与跨国公司的规制，在这些点上比《里约宣言》更为出色。但是，从笔者参与了该宣言的部分起草过程的经验来看，起草宣言的国际 NGO 组织性质暧昧，实施主体不明确，不知道能对联合国产生多大程度的影响。

里约会议取得了一定成果，但它虽然揭示了最重要的"可持续发展"这一意味着"现代化的终结"的命题，却没有提出取代欧美日现代化模式的社会经济体系。也未能提出对负有破坏全球环境责任的跨国公司以及支持着它们的世界银行、IMF、WTO 等国际性机构而建立相应的管制机构，比如 WEO（世界环境机构）等。

里约会议被称为地球峰会，其核心在于气候变化框架公约与生物多样性公约的通过。这是 21 世纪维持人类未来的紧迫议题。而 NGO 论坛的中心议题是水俣病、大气污染、水污染等公害问题的实际状态与对策。是发展中国家以及发达国家需要面对的公害问题。与气候变化框架和生态系统的讨论相比或许显得不够宏大，但却是关系到眼前生死的环境问题。里约会议有着被称为富人俱乐部的盛典的一面，可以说为今后的国际环境会议留下了课题[60]。

4. 京都议定书

COP（缔约国大会）3 即京都会议

里约会议上通过的《气候变化框架公约》中的第 2 条介绍了它的目的：

本公约的最终目的在于，在人为活动不对气候系统造成伤害的水准下，稳定大气中的温室气体浓度。需在生态系统自然适应气候变动、粮食生产不受威胁、经济开发能够可持续发展的期间内使水准达成。

这对于从产业革命以来不断推进工业化、城市化建设的现代社会来说，是一个十分艰巨的课题。因为温室气体的 70% 以上是 CO_2，但化石燃料会排放 CO_2，因此对其的削减会左右以往经济增长的方式。与之相似的问题还包括臭氧层问题。为保护臭氧层，1985 年已经签订了限制氟利昂气体的维也纳公约，两年后还缔结了蒙特利尔议定书。该议定书规定，特定氟利昂的消费量要从 1989 年到 1998 年进行阶段性的削减，1998 年以后削减至 1986 年水平的 50%，特定哈龙在 1992 年以后要冻结在 1986 年的水平上。之后还进一步加速了该计划。这作为国际协定具有划时代的意义，气候变化框架公约的推进也对其进行了效仿。但是，在先行的臭氧层保护中，排放源是限定的，有较大可能性通过替代物质进行技术上的解决，杜邦等企业的参与也是可行的。而温室效应的防止则要求生产以及消费生活的变化，企业等经济主体的负担相对较大。特别是对能源依赖度高的美国经济，以及力图快速扩大生产的中国和印度来说，实施该公约面临很大困难。

温室效应在科学界成为一个问题是在 100 多年以前，而其登上政治舞台，是从 1988 年设立的 IPCC 在 1990 年第一次评估报告开始的。之后，IPCC 于 1995 年发布了第二次评估报告，2001 年第三次评估报告，2007 年第四次评估报告，2013 年第五次评估报告。第四次评估报告指出人类活动引起全球变暖的可能性为 90% 以上，与第三次评估报告中的 66% 相比，更加突显了政策的必要性。其预测称，即使在 21 世纪末实现了循环性社会，世界平均气温依然会上升约 1.8℃，依赖化石燃料实现经济高度增长的话则会上升约 4℃，海平面将会较 20 世纪末上升 18～59 厘米，极端高温和酷暑以及暴雨频度增加的可能性较高。而这会给农作物带来严重影响，带来水资源匮乏的问题，特别是对各国的沿岸地区造成无法挽回的灾害。对于全球变暖，一部分科学家持有反对意见，还存在将进入寒冷期的说法。但的确可以说，该问题是从第四次评估之后开始从科学阶段上升到了政治阶段。为了防止全球变暖，在今后半个世纪的时间内，必须将温室气体的排放削减 50%～60%。

在这之前的里约会议上没有规定具体的数值目标，之后的每年都召开缔约国大会（COP）。1997 年 12 月在京都市召开了 COP3，会上终于通过了

《京都议定书》。议定书中规定，OECD 成员国与前社会主义国家（附件一国家），在 2008 年到 2012 年的第 I 承诺期间内，需要个别或共同将温室气体总量至少削减 1990 年水平的 5.2%。削减率由各个国家决定，但希望 EU 整体削减 8%，美国削减 7%，日本削减 6%。发展中国家在这段时间内不承担定量削减的义务。在该计算当中，对 1990 年之后的新造林、再造林以及森林减少情况下的吸收量进行了估算。

该会议有 158 个缔约国以及观察员共 3000 人参加。掌握主导权的是已经通过环境税等方式开始具体的削减措施的 EU。与之相比，美国态度消极，日本成为 EU 与美国的中间人。在发展中国家内部，石油产出国与岛屿国家的意见出现了分歧。未来的主要排放国中国与印度则认为温室气体的累积是发达国家经济发展的结果，因此反对对经济增长进行抑制，提议为发展中国家提供作为今后技术援助的补助基金。该会议与里约会议相同，除了产业界的一部分，NGO 团体没能参与其中。但由于有了手机这种武器，能够从会场外面给代表团指示，在会议的推进上取得了相当的成果。特别是日本的 NGO 为容易畏缩的日本政府提供了很大的推动力。被称为"消耗战式谈判"的激烈讨论结束后，议定书比预定日期推迟一天通过。截止到 2007 年 6 月，共有 84 个国家签署，175 个缔约国。

S. 奥巴丘亚与 H. G. 奥特在《京都议定书》一书中作出如下评价："京都议定书很明显是有缺点的，但它在气候保护的历史上是一个里程碑。在历史上首次有包含主要国家在内的世界上多数国家理解到，经济社会繁荣不一定要与温室气体排放量的无休止增加相挂钩。"[61]

过去科学中虚无缥缈的目的终于转变为现实中的政策，这是源于国际上的科学家的合作与大型计算机提供的技术力量，更是因为采纳了前述的预防原则[62]。另外，温室气体应称为积存灾害，承认发达国家自产业革命以来排放温室气体使其累积的历史性责任，以公平的原则承认其与发展中国家在对策上的差异，这是一个国际政治经济上的进步。但是，最大排放国美国脱离该议定书，使得《京都议定书》的目的达成变得困难。因此，该问题渐渐离开了国际政治的中心。

京都机制——市场机制的引入

为实行《京都议定书》而采取的政策手段被称为京都机制。第一是附件一国家能够将在其他的附件一国家中开展的项目中生成的削减量在当事国间分配的制度。第二是清洁发展机制（CDM）。该制度承认附件一国家在发展中国家进行的项目生成的削减量由该附件一国家获得。可以称其为 ODA 的变形，是参与京都议定书的发展中国家提出的最具体的要求。第三是排放权交易。该制度允许附件一国家之间交易排放额度。已经拥有 SO_x 排放权交易市场的美国提出了强烈的要求。CDM 与排放权交易是以市场为基础的交易和排放量的削减，所以有可能阻碍本国进行的抑制排放量的努力和技术的发展。因此，排放量交易并不能全权交给各企业进行，而应获得国家的承认或国际机构的认证[63]。

　　日本是 COP3 的主办国，但由于陷入了被称为"失去的 20 年"的长期萧条当中而没有采取积极的对策。环境税从 2013 年度预算开始采用，而排放权交易制度则由于遭到财界的反对未被采用，因此没能遵守京都议定书的决定。之后的事情在此略去，但要说的是，日本的 CO_2 削减依赖于核电。在鸠山内阁的计划中，在国际上承诺的 2020 年比 1990 年削减 25％温室气体的目标中，要使核电占能源的 50％。2011 年的核事故宣告了该计划的失败。北欧各国与德国计划通过自然能源的开发来进行温室气体的削减，与之相比，日本政府的计划没有考虑未来国民的安全，而是屈服于与核电相关的资本的要求。因此，日本脱离了京都议定书，无法制定未来的温室气体削减目标。2012 年到期之后，对新的协定的探索开始了。但是，美国依旧对数值目标提出了反对，中国也无意服从国际规制。COP19 进入了气候变化公约的第二阶段，但现状并不让人乐观。

注

1　寺西俊一《全球环境问题的政治经济学》（东洋经济新报社，1992 年）pp. 21-25 的叙述。另外，米本昌平的《全球环境问题指的是什么？》（岩波新书，1994 年）则分了三类。第一类是会产生全球规模的影响，但当地政府能够明确地采取应对对策的环境问题——沙漠化和森林减少。第二类有明确的损害事实和污染源，技术上有可以采取的对策，但由于两者都跨越了国境涉及到国家利益，于是很难采取应对对策的问题——酸雨和国际河流港湾的污染。第三类是危害波及到整个地球，影响的时间和程度虽还不明确，但如果任由其发展会带来巨大的影响——全球变暖、氟利昂气体问题。这是从政策主体方面做出的分类。笔者的分类对两者进行了参考。

2　《经济学辞典》第 3 版（岩波书店，1992 年），p. 847。另外，《跨国公司便览》（Macmillan Directory of Multinationals，2 ed. 1989）中将跨国公司的判断标准设定为以下三点：

①至少在海外的三个国家拥有占普通股 25％以上的子公司的企业；

②伴随外国投资的销售额及资产额至少占包含总公司在内的财产总额和投资总额的 5％以上的企业；

③在外子公司销售额至少达到 7500 万美元以上的企业。

满足上述三个条件中的一个以上的企业。

3　参照向寿一《转型期的世界经济》（岩波书店，1994 年），pp. 195-204。

4　该论坛由阿尔·戈尔和花旗银行的经营者们以及约翰·霍普金斯大学的 L. 弗兰克教授等研究者举办。WRI ed. , Improving Environmental Corporation：The Roles of Multinational Corporations and Developing Countries（WRI，1984）. 下面的文献以同样的论断对将世界的环境标准设定为同一水准表示了反对。C. S. Pearson，Down to Business：Multinational Corporations，the Environment and Development（WRI，1985），pp. 43-47.

5　C. S. Pearson ed. , Multinational Corporations，Environment and the Third World（Durham，1987），pp. 254-280。

6　鹫见一夫《世界银行》（有斐阁，1994 年），p. 2。

7　Samlhava Trust，The Bhopal Gas Tragedy，Bhopal People's Health and Documentation Clinic，1998. 德威贝迪，M. P.《博帕尔农药工厂的毒气泄漏事件》（《环境与公害》2000 年夏号，30 卷 1 号），cf. T. N. Gladwin，A case study of the Bhopal Tragedy，in C. S. Pearson eds，op. cit. , pp. 225.

8　1975 年的报告为上列（第二章）都留重人编《世界的公害地图》。笔者进行调查后用英文发给加拿大研究者的报告书如下：K. Miyamoto，The Case of Methyl Mercury Poisoning among Indians in Northwestern Ontario，Canada，Hannan Ronsyu，vol. 15（2・3）. 在第四届日本环境会议上，拉斐尔·富比斯特和约翰·奥尔西斯发表了《加拿大印第安居留地的汞污染问题》（日本环境会议编 上列（第七章）《水俣——现状与展望》）的报告。2002 年和 2004 年的调查报告为原田正纯等著《经过长期时间后的加拿大原住民地区汞污染影响调查（1975-2004）》（《环境与公害》2005 年春号，34 卷 4 号）。还有其他关于此次事件的国内外研究。

9　参照小普尔塔克·巴拉甘《菲律宾环境掠夺诸事件：日本企业看不见的手》（《公害研究》1990 年冬号，19 卷 3 号），艾达·贝拉斯凯斯《菲律宾环境问题的现状》（《公害研究》1984 年秋号，14 卷 2 号）。

10　参照隅谷三喜男《韩国的经济》（岩波新书，1976 年）。林建彦《韩国现代史》（至诚堂，1967 年）。T. K 生·世界编辑部编《来自韩国的通讯》（岩波新书，1974，1975，

1977，1980年）。

11　中岛岭雄编《中国现代史》（有斐阁，1981年）。朝日报社编《日本与中国》全8卷（朝日报社，1971-1972年）。

12　参照宫本宪一编《环境政策的国际化》（实教出版，1995年）第2章《亚洲的环境问题与日本的责任》。

13　萨玛特·恰萨昆、丘塔玛纳普特派布恩编，吉田干正译《20世纪80年代泰国的经济开发政策》（亚洲经济研究所，1994年）。参照末广昭《曼谷》（大阪市经济研究所编《曼谷 吉隆坡 新加坡 雅加达》东大出版会，1989年）。

14　Dr. Bichit Rattakul在第一届亚太NGO环境会议上做的报告。

15　小岛丽逸《东亚的经济发展阶段》（小岛丽逸、藤崎成昭编《开发与环境——东亚的经验》亚洲经济研究所，1993年）。

16　素拉蓬·苏达拉《泰国环境问题——工厂及旅游开发》（《第十届日本环境会议》报告，1990年）。

17　金政炫《韩国环境政策与日本》（宫本宪一编《亚洲环境问题与日本责任》KAMOGAWA出版，1992年）。木村实《韩国的环境法与行政制度》（野村好弘、作本直行编《发展中国家的环境法——东亚》亚洲经济研究所，1993年）。

18　植田和弘《台湾环境政策与日本模板》；寺尾忠能《台湾——产业公害的政治经济学》（上列小岛、藤崎编《开发与环境》），刘保宽《台湾环境法与行政制度》（上列野村、作本编《发展中国家的环境法》）。

19　日本在外企业协会《适时应对国际化进程委员会，昭和57年报告书》（1983年4月），pp. 58-59。

20　《环境白皮书平成6年版》（环境厅，1994年），pp. 202-212。

21　船津鹤代《企业的环境意识与环境政策的状态——从海外共同调查的结果看起》（上列（第六章）小岛、藤崎编《开发与环境》）。

22　上列小普尔塔克·巴拉甘《菲律宾环境掠夺诸事件：日本企业看不见的手》。

23　日本律师联合会公害对策、环境保护委员会编《日本的公害输出与环境破坏》（日本评论社，1991年）。

24　莱昂·考·库翁《日本在东南亚进行的经济活动对环境造成的影响》（上列宫本宪一编《亚洲环境问题与日本责任》）。

25　金丁勗《韩国蔚山、温山工业区的跨国公司活动的环境方面》（《公害研究》1991年夏号，21卷1号）。

26　上列金政炫《韩国环境政策与日本》。

27　上列日辩联《日本公害输出与环境破坏》，《怡保州马来亚高级法院判决》；《ARE事件最高法院判决》（上列野村、作本编《发展中国家的环境法》），市川定夫《马来西亚的钍废弃物：日系企业的野外投弃抛弃与环境辐射水平的上升》《公害研究》1995 年夏号，15 卷 1 号）。

28 座谈会（宫本宪一、原田正纯、淡路刚久、秋山纪子、寺西俊一）《第一届亚洲太平洋地区 NGO 环境会议结束之后》（《公害研究》1992 年春号，21 卷 4 号）。

29 日本环境会议、亚洲环境白皮书编辑委员会《亚洲环境白皮书 1997/98》（东洋经济新报社，1998 年）为创刊号，之后持续发刊。

30 S. Tsuru，The Political Economy of the Environment，The Case of Japan，The Athlone Press，1999. pp. 216-219.

31 冲绳县知事公害基地对策科《冲绳的美军基地》（2008 年 3 月）。

32 砂川香织《美军军事基地与环境法》（宫本宪一、川濑光义编《冲绳论》，岩波书店，2010 年），p.163. 林公则《军事环境问题的政治经济学》（日本经济评论社，2011 年）。

33 平松幸三《嘉手纳、普天间基地周边的机场噪音实际状况与居民健康调查》《法与民主主义》1999 年 12 月号。）平松幸三、山本刚夫《嘉手纳基地的轰鸣声造成居民健康影响》（《环境与公害》1994 年冬号，23 卷 3 号）。

34 山本刚夫《嘉手纳基地噪音公害诉讼中的健康损害》（《环境与公害》1998 年秋号，28 卷 2 号）。

35 上列《冲绳的美军基地》，pp.50-52。

36 上列砂川香织论文，p.163。

37 琉球新报社《日美地位协定的观点·增补版》（高文研，2004 年）。

38 查默斯·约翰逊著，铃木主税译《对美帝国的报复》（集英社，2000 年）。

39 川濑光义《基地维持财政政策的变化与归宿》（上列《冲绳论》），pp.65-96。

40 樱井国俊《从环境问题看冲绳》（上列《冲绳论》），pp.97-126。

41 真喜屋美树《美军基地遗留地利用开发的验证》（上列《冲绳论》），pp.143-162。

42 宫本宪一《"冲绳政策"的评价与展望》（上列《冲绳论》），pp.11-34. 另外，想要理解冲绳问题，除了该《冲绳论》之外，还可以参考以下著作：宫本宪一编《开发与自治的展望·冲绳》（筑摩书房，1979 年），宫本宪一、佐佐木雅幸编《冲绳·21 世纪的挑战》（岩波书店，2000 年）。另外，想要理解"冲绳之心"，可参考新崎盛晖《冲绳现代史》（岩波新书，1996 年），同《冲绳现代史新版》（岩波新书，2005 年）。

43 Friend of the Earth and other circles eds.，Ronald Regan and the American Environment（Sanfrancisco，1982）.

44 W. Weidner，Clean Air Policy in Europe：A survey of 17 countries，pp.28-29.

45 寺西俊一上列《全球环境问题的政治经济学》，pp.187-189. GAL 是"追求绿色的人们"（Die Grunen 与 Alternation 的合成语）。

46　参照阿列克谢·V. 雅布罗科夫《调查报告切尔诺贝利损害的全貌》（星川淳监译，岩波书店，2007 年，2011 年修订）。

47　WCED ed.，*Our Common Future*（大来左武郎监修《为了保护地球的未来》，福武书店，1987 年），pp. 28-29.

48　宫本宪一《关于经济全球化与环境管理的国际会议》（《公害研究》1989 年秋号，19卷 2 号）

49　R. Petrella, *Pour un contrat social modial*, Le Monde diplomatique, July, 1994，三浦信孝译《建立全球性社会契约》（《世界》1994 年，1 月号），pp. 120-123.

50　宫本宪一《日欧环境会议与 EEB》（《公害研究》1991 年冬号，20 卷 3 号）。

51　UNEP，*The Report of World Environment*，1972-92（UNEP，1992）.

52　笔者对该会议进行了旁听，会议中最受欢迎的是古巴领导人卡斯特罗进行的演说。他将全球环境的危机视为发达工业国家榨取世界资源的结果，特别是"美帝国主义"的责任，该观点得到了发展中国家代表的称赞。这是因为他以强硬的姿态代言了发展中国家的意见，认为在全球环境保护方面，发达工业国家与发展中国家应划分出差异，没有任何援助的 SD 是不可能的。

53　《里约宣言》引用自外务省、环境厅编《联合国环境开发会议资料集》（1993 年）。其中下面资料中也有引用：日本科学家会议编《环境问题资料集成》第 1 卷《针对全球环境问题的国际性措施》（旬报社，2002 年）。

54　联合国事务所，环境厅、外务省监译《21 世纪议程——世界范围内可持续发展行动计划》（海外环境合作中心，1993 年），p. 1.

55　西村忠行《"地球峰会"的成果与课题》（日辩联《自由与正义》1992 年 11 月号）。西村作为两位日辩联代表的其中之一，随日本代表团出席了本次会议，并随斯特朗出席了记者会。

56　NGO 对日本政府的态度进行了指责，在最后一天的各国政府排行中向日本政府赠予了"黄金婴儿奖"。笔者也是 NGO 的一员，也对生物多样性公约提出了上文中的种种建议，因此对于这样的评价也是同意的，但是，对于日本政府的当事者来说，这样的评价或许是不当的。环境厅的全球环境部长加藤三郎在该会议中这样表述了日本政府的立场："日本认识到全球环境的恶化关系到人类的生存基础，因此无论如何也想让里约的'地球峰会'取得成功。决心为了会议的成功，做出最大的努力。"日本政府的重点在于是否能够达成有意义的气候变动框架条约，以及对发展中国家施以有效的资金援助这两点上。而在这两点上可以评价其确实"卓有成效"。但日本的积极态度没能传递给国际 NGO，是因为看不到日本政府的独立行动，只能给人一种美国附属国的感觉吧。日本政府在促成气候变动框架条约的生效方面表现出积极的姿态，可以的话，对于发展中国家的帮助也应不止于资金援助，要努力回应日本企业与 ODA 事业的"资源掠夺"与"公害输出"问题。关于政府文书当中的日本公害的教训、开发方式,有必要与 NGO,特别是发展中国家的 NGO 进行对话。与其在国际会议中追随美国,可能更需要采取成为发展中国家的伙伴的立场。《采访 日本环境保护中的日本职责与课题——根据地球峰会》(加藤三郎、西村忠行对谈,上列《自由与正义》收录)。

57　《92 联合国巴西市民联络会的提议》(《公害研究》1992 年,21 卷 4 号)。

58　关于里约会议中 NGO 活动的介绍与评价可见下面两篇论文:早川光俊《全球论坛与日本 NGO》,菊池由美《NGO 条约设立的现场》(《环境与公害》1992 年夏号,22 卷 1 号)。

59　宪章的全文在全球环境与大气污染相关的全国市民会议(CASA)著《地球峰会资料集》(1993 年)中。另外也收录于上列《环境问题资料集成》第 1 卷中。

60　宫本宪一《联合国环境与发展会议的历史意义——"现代化的终结"及其困难》(上列《环境公害》1992 年夏号,22 卷 1 号)。

61　Sebastian Oberthur & Hermann E. Ott eds, "The Kyoto Protocol-International Climate Policy for the 21st Century",国际比较环境中心、全球环境战略研究机关《京都议定书》(Springer. 2001),p. 11。在本论中没有就京都议定书进行充分的探讨和评价。可参照下面的文献:《特辑 气候变化框架公约第 3 届缔约国大会(COP3)》(《环境与公害》1997 年,27 卷 2 号)。《特辑 京都议定书及今后的课题》(《环境与公害》1998 年夏号,28 卷 1 号)。

62　高村由佳里《国际环境法中的风险与预防原则》(《思想》2004 年,第 963 号)。

63　田中则夫、增田启子编《防止全球变暖的课题与展望》(法律文化社,2005 年)。

第九章　公害对策的转变与环境再生

　　环境基本法的制定是里约热内卢会议后实现的最大的制度改革，标志着一个巨大的变革，宣告过去实行 20 多年的以公害对策基本法为核心的公害行政制度的终结。而环境基本法得以制定的契机源于公害健康被害补偿法的全面修订。1987 年 9 月，作为公健法核心的大气污染区域（第一类）的指定被解除；1988 年 3 月起，针对由大气污染导致的病患的认定工作也宣告中止。从官方数据来看，41 个指定地区不复存在，每年经认定的大气污染病患者 9000 人也完全"消失"。当初为平息严重公害所引发的社会纷争，政府将公健法作为王牌，下决心制定出台。然而公健法的全面修订是在现实中患者仍在产生的情况下终止了认定，因此这是更为粗暴和果断的反向措施。即使尚不明确是否有意为之，从结果看这一政策追求的是形成"公害已经结束"的社会舆论，并得到"日本解决了公害问题"的国际好评，同时也可以称其迈出了战后日本社会终结的第一步。

　　本章的任务是，对围绕公健法全面修订的尖锐对立，以及由此延续到围绕环境基本法制定所产生的问题进行梳理和描述。其间还将介绍由反对公健法修订的受害者所提起的诉讼，这一诉讼已超越了单纯产业公害的范畴，开始寻求都市型复合污染问题的解决办法，因此其意义不仅在于对受害者的救助，更是对 21 世纪环境优化、地区复兴之道的划时代探索。

第一节　公害健康被害补偿法的全面修订

1. 围绕公健法修订的两大主张

经济界的修改主张

如第六章所述，经济界，尤其是代表着重工业大企业的经团联推动了公健法的制定，但从那时起就不断提出针对这一制度的修改意见。具体来说，其在 1976 年 3 月 4 日提出的《有关公共健康受害者补偿制度的要求》中，首先指出支气管哮喘等四类疾病存在着自然罹病的部分，这一部分应由公费负担，全部补偿费用都根据 PPP 主要由企业支付是不合理的。另外经费不应当全部由大量排放的固定污染源负担，源自零散排放源和生活污染源的部分应当由公费负担[1]。

《公害健康受害赔偿制度的相关问题》是对 3 月 4 日《要求》的补充说明，指出在公健法制定后的第三年，随着指定地区的追加，认定患者的增多，到 1976 年负担费用已从制定之初的 40 亿日元增长了 10 倍，为 440 亿日元，这给钢铁、化工、矿业等业界带来了较重的负担，但因无法干涉制度的实施且没有有效地阻止措施，所以希望能够对规则本身予以修订。其中还提出希望能够如实反映环境污染的影响程度，重新评估固定污染源承担 80％、移动污染源承担 20％ 责任的现状，明确 SO_x 及 NO_x 对人体的影响究竟是否是对半开的状态。而多半是由于污染源地区不均衡，依照 1975 年度数据，水岛工业区地区的负担金为 18 亿日元，向当地相关病患支付的赔偿金仅有 2～3 亿日元；而千叶市则是负担金 6 亿日元，向患者支付的赔偿金也仅有近 3 亿日元。这是由于工业区负担金承担了移动污染源比较多的诸如东京等大都市的费用，这种不均衡现象在逐年扩大。

另外这份《相关问题》文件还要求明确地区的指定条件和解除条件，由于现在的指定条件（自然患病率的 2 至 3 倍）不具备统计显著性，而在公害对策取得进展的同时患者人数却在增加的现象也不合理，因此应该对此探究清楚。文件还指出公健法不应当认定与以往污染问题无关而出现的新病患，尤其不适用于吸烟者以及未曾受到过去污染物质高度影响的儿童，应当予以严格的判定[2]。

类似的要求修订的意见之后在 1977 年 2 月等场合，几乎每年都会提出。经团联环境安全委员长、日本合成橡胶顾问川崎京市在《公害受害补偿制度的相关问题及改善方向》[3]一文中明确指出，公健法是在污染与疾病的因果关系尚未完全明确的情况下就贸然武断地予以推行的。1973 年之后 SO_X 的污染情况得以改善，41 个指定地区均符合具有致病风险的 SO_2 年排放量 0.04 毫克/升的标准要求，但患者人数却在不断增加，这暴露了其矛盾之处。经认定的患者从制定之初的 15 000 人，到 1981 年已超过 78 000 人，所需费用（半年期）从 40 亿日元增加到 880 亿日元。而根据国民健康保险医疗保险费账单数据显示，污染相对较少的诸如青森县等地与指定地区之间，四类疾病的诊疗率基本相同，因此应当考虑非大气污染致病的患者人数增加的可能。另一方面，虽然受害者团体表示即使 SO_2 污染情况有所改善，但 NO_2 和 SPM（PM2.5）污染仍然存在，但是在美国等其他主要国家 NO_2 的排放基准是年 0.05 毫克/升，日本的标准与之相比显然太过严苛。川崎京市总结认为极易致病的恶劣污染已经得到了改善，希望进行指定地区等制度的彻底改革。

在面临公害诉讼而危急存亡之际，曾经那样强烈要求制定公健法的经济界因自身萧条、负担加重，转而如此攻击公健法的缺陷，有失体面。不过这同时也暴露了公健法自身存在的缺陷。随着产业结构的升级和汽车交通比例的上升，NO_2 和 SPM 排放量的增加成为大气污染的主因。在这种情况下，尤其在指定地区污染物排放指标仅以 SO_2 为单一的衡量标准无疑滞后于现实确有问题。然而这同时也明确了一个事实——大气污染并没有得到解决，只是污染物的比重发生了变化。

日本环境会议的建议

针对公健法带有倒退性的修订工作，1984 年 12 月日本环境会议第五次大会发表了《关于公害健康被害补偿制度改革的建议》[4]。《建议》中表示，该项制度将善后事宜和经济赔偿作为救济的重点显然存在问题；真正意义上的救济应当包括预防人身健康的受害、防止受害情况的恶化、协助受害者恢复自身健康等方面，并据此提出以下六条建议。

第一，指定地区需要包括公路沿线，同时明确 NO_X、悬浮颗粒物的量化指标。

第二，在公害法体系中明确规定在指定地区禁止新增设污染源并削减机动车交通量。

第三，为实现全地区计划性救济事业，设立公害健康福利事业规划制度。

第四，建立基于公害医疗手册的医疗救助体制，同时在患者认定过程中实现尊重主治医师意见、改善认定审查会、增加赔偿费用等制度改革。

第五，为防备将来由新型有害物质引发的人身健康受害事件的发生，应在持续进行健康调查的同时，设立赔偿基金。

第六，关于赔偿费用，除去一部分隶属于社会保障范畴，其余应贯彻污染者负担原则。关于汽车尾气的排放，可以有效利用汽油税等方式，充分考量制造商、公路管理方和机动车使用者的负担。

公健法不应废除第一类地区、将 NO_2 和 SPM 加入有害物质名单、将机动车道路沿线列为新的污染指定地区，虽然这一系列维持并完善公健法的方针与"全国公害患者之会联合会"、日本律师联合会等的建议相同，但日本环境会议的建议包含使公害对策前行一步的内容。因其所提倡的受害救济已不仅限于经济赔偿领域，而是推进受害者人身健康恢复及预防工作，寻求针对公害的公共干预措施。另外，这也要求对都市型复合污染的元凶进行整治——控制汽车交通和优化城市布局。都留重人、淡路刚久、笔者与环境厅长官见面，当面递交了《建议》并加以说明，长官只是表示会让事务当局进行相关探讨。随后这份建议受到 1000 多位学者的支持。

这样，围绕着公健法，针对第一类地区，解除与缩小，发展与扩大——两种完全相反的观点激烈对立。1983 年 3 月临时行政调查会在最终汇报中指出："要明确第一类指定地区的指定与解除条件，同时通过加强对医疗保险费账单的审查等方法，推进负担受害者疗养费用工作的合理化"。环境厅接受了这一意见，11 月就第一类地区的现有状况向中公审进行了咨询[5]；其间，作为资料，环境厅提交了针对已在推行的国民健康保险医疗保险费账单的调查和两类流行病学的调查[6]。中公审在环境保护分会下设"关于大气污染、人身健康受损及两者关系评估专门委员会"（以下简称专门委员会），令其负责科学评估。专门委员会在随后的两年零四个月时间里进行了 42 次商议，于 1986 年 4 月递交了长达 264 页的讨论结果。

2. 中公审报告的主要内容

专门委员会的报告

专门委员会在大气污染导致的健康危害中，特别关注了慢性阻塞性肺等疾病。作为化石燃料导致的大气污染指标，认为 SO_x、NO_x 和 SPM 可以代表。专门委员会通过动物实验及人体实验性负荷研究，探讨在慢性阻塞性肺疾病的自然病史中（自然病史不单指发病本身，是包括从发病前到发病，再到痊愈或是恶化的得病全程，即医学尚未介入的疾病的历史），大气污染是否有可能是那些值得注意的基本病情的致病原因；同时，其还关注慢性支气管炎、支气管哮喘等基本症状，探讨在流行病学领域的研究结果。然后在动物实验及人体实验性负荷研究的基础上，根据流行病学研究，评估上述基本病症与大气污染之间的关系。最终结合动物实验、人体实验性负荷研究、流行病学研究以及临床医学知识综合研判，评估日本现在大气污染与慢性阻塞性肺疾病之间的关系[7]。

由于针对东京都公路沿线居民的极其重要的流行病学研究（后述）没能赶上讨论，因此专门委员会未予采纳。但是，从对大气污染的定义开始，到明确理应探讨的领域范围，专门委员会搜罗了国内外文献资料并进行了讨论。因此报告书可以算是当时最高水平的研究。在报告书第四章《大气污染与人体健康的危害之间关系的评估》中得出了如下结论："现在尚无法否定大气污染总体上给慢阻肺自然病史带来某些影响的可能。然而，我国在昭和 30、40 年代的部分地区，尤其是大气污染严重地区，可以认为主要是大气污染的影响导致了慢阻肺过高的患病率。对此，我们不能认为现在大气污染给慢阻肺带来的影响可以与当时同日而语。"

另外，关于慢阻肺的评定有以下两点注意事项：

"（1）探讨对象主要与整体环境中大气污染影响人群有关，因而，对于污染比较严重的局部地区所造成的影响需另加关注。

（2）一直以来，对于大气污染非常敏感的人群一直受到关注。但只要这部分人仍是少数，就一定要注意在以常规人群为对象的流行病学调查中，有可能会漏掉少数敏感人群。"[8]

报告书的结论被理解为"yes，but"（自我否定），并受到了批判。因此，市民组织和学者们因谋求第一类指定地区的存续与扩大，极力支持证明大气污染会导致慢阻肺的报告。另一方面，经团联和政府方面则紧抓报告后半部分的结论，认为这给解除第一类指定地区提供了科学的结论。在题为"公害研究·研读中公审大气污染流行病学报告书"的座谈会上，专门委员会委员长铃木武夫表示，由于没有指定有关 NO_x 和 SPM 的量化指标，因此在报告中为表示其污染影响选用了"相当显著"一词，即报告前半部分的结论——现在的大气污染对于慢阻肺有着"相当显著"的影响。虽然报告后半部分认为现在大气污染的情况没有昭和 30、40 年代严重，但是并不表示现在大气污染毫无影响，可以立刻撤销大气污染指定区域。除此之外，报告中还留有两大注意事项，而诸如大城市道路旁的局部地区污染问题、老幼病残等较为敏感人群都是值得多加注意的重要课题，这份报告中却未曾涉及。

铃木武夫在此次座谈会上明确说明了报告书的第五章《总结》远比第四章重要。这一章阐明了今后的课题，并指出了由石棉、多环芳香族碳氢化合物等物质引发的大气污染会导致间皮瘤等癌症的发生。同时强调了今后基础研究的重要性以及对污染严格管制监督的必要性，并涵盖了引入生物化学指标这一极具前瞻性的流行病学研究、针对呼吸系统以外的其他内脏器官组织的研究[9]。

铃木武夫仅是表达作为一位科学家的观点，政策的制定则交给法律等其他专家，并最终由政府决定。这是一个正常的态度，但是有可能重演 1978 年放宽二氧化氮排放标准时的状况——利用科学无法判定的情况，以及政策上没有引入必要的安全系数的规定等，为将结果引向有利于政府和政商两界的一面创造可能。铃木武夫此次也完全没有预料到，专门委员会报告书中后半部分的结论被单独抽出来作为第一类指定地区的立即解除的依据。但这不是他的失败，而是下面即将登场的作业小委员会有意向政府意图靠拢的结果。

作业小委员会报告书

在专门委员会报告之后，环境保健分会成立了由其成员中的法律、行政专家组成的作业小委员会。作业小委员会在听取了铃木武夫专门委员长的说明后，从 1986 年 4 月起陆续召开了 11 次会议，并于同年 10 月 6 日向环境保健分会递交了报告书。作了若干修改后，环境保健分会将《关于公健法中第一类指定地区的应有状态》（以下简称《报告》）汇报给中公审的和达清夫会长。和达会长出于该报告的重要性，召开了全体会议。虽然大会上存在着强烈的反对声音（后文详述），但在当场并未做出表决的情况下，《报告》还是被直接提交给环境厅。然而大会上并未一致赞成该报告，于是发表了会长谈话。

如上所述，可以说由森岛通夫任委员长的作业小委员会的那份报告最终演变为了中公审的答复，并推进了公健法的全面修订。这份中公审报告说是基于医学专门委员会的报告所提出的，但两者明显不同。《报告》中作为判断标准的专门委员会的结论是这样写的：

"首先，关于影响的有无，我们认为无法否定存在某种影响的可能。其次，关于影响的程度，慢性阻塞性肺疾病属于非特异性疾病，其发病是由多种原因共同作用而形成的。因此不同于昭和 30、40 年代我国部分地区出现的情况，我们认为现在发病的地区差异（不同地区的发病率）并非主要是由大气污染引发的。"

上文提及的医学专门委员会认为，现在与昭和 30、40 年代的情况"的确不尽相同"，即大气污染影响存在相对差异。然而，《报告》却表示现在与以往的情况绝对不同，全面否定了当下大气污染的影响，也就否定了专门委员会报告前半部分有关大气污染影响的阐述，意在实现解除大气污染指定地区，这是对专门委员会结论的全面否定。而导致强行得出这般结论，则是因为用于民事赔偿的地区指定标准是如下主张的：

"该制度是将一定的区域划定为指定地区，并进行合理赔付。为此必须实现以下两点：①要将大气污染对人群的影响程度进行定量判断；②在此基础上，地区大气污染的影响必须达到区域内的患者全是由大气污染致病这一假设具有合理性的程度。"

第一点是颠覆作为环境灾害的公害判定工作的极不合理的条件。由于慢性阻塞性肺疾病属于非特异性疾病，难以量化大气污染对该病带来的影响。即使是特异性疾病的水俣病，在后天得病的情况下恐怕也无法进行定量化。第二点则遭到铃木武夫的强烈反对，他认为这个标准仅适用于事故所带来的损害。可以说，这两条标准否定了公害健康受害理论[10]。

《报告》完全没有考虑到专门委员会提示的两项注意事项，也未对其进行任何调查。对于第一项干线公路沿线等局部地区的污染状况，其认为由于缺乏相关科学知识，无法判断是否符合上述的第一点、第二点标准，因此反对将这个地区列入指定地区。而对于注意事项中的第二项，其认为专门委员会报告中的敏感人群不是指儿童、老人和呼吸系统疾病患者等，而是指常规流行病学调查中无法检查出的少数人群，因此不作为讨论的对象。

关于局部地区污染，在专门委员会成立之后，东京都卫生局于 1986 年 5 月发布了《有关复合型大气污染对人体健康影响的调查》，披露了七年间复合型大气污染对公路沿线居民的种种影响。首先，调查结论中《症状调查》部分以都内杉并、练马两区的家庭主妇为调查对象，明确了两个结果：1. 公路沿线为呼吸系统疾病的高发地带；2. 在对 1 进行的流行病学调查中，发现依照距离公路干线的远近，呼吸系统疾病的发病率也有所不同。这些结果暗示了汽车尾气的影响[11]。然后，在 1978~1981 年间进行的针对小学生的流行病学调查中，发现了污染地区的儿童比环境清洁地区的同龄人哮喘发病率要高，而与千叶县空气质量优良地区的儿童相比，伴随着身高增长，其肺部机能的增长明显迟缓。另外，将一般大气环境监测站按监测区内粗死亡率分为高、中、低三档，高、中档比起低档而言，女性支气管炎的发病率、肺病恶性死亡率均与 NO_2 的排放呈现出明显的正相关性。同时，调查还指出以环境监测站控制区域的某一处为中心，在其半径两公里居住的女性呼吸系统癌症的死亡率较高。

这份东京都的调查结果充分揭示了公路沿线大气污染的严重性，也支持了专门委员会在注意事项中认为应当将"局部地区的污染"列入指定地区的观点。作业分会理应对此进行探讨，然而却在没有进行充分讨论的情况下，就直接忽略了公路沿线的受害情况。

而关于第二项的"敏感人群"，铃木武夫专门委员长表示，儿童、老人和呼吸系统疾病患者对污染敏感度较高是"常识"，在此指的是除这些之外的敏感人群。但作业委员会如上所述并未对常识部分进行探讨，直接将"敏感人群"排除在对象之外。

而且，作业委员会也没有理会专门委员会提出的石棉等大气污染物的危害问题，后来发生的石棉事件更凸显了他们对问题的忽视。

由此，《报告》决定解除所有现存的指定地区，不再认定新的患者，但保留了紧急情况的应对制度和对已经认定患者的继续补偿，而负责该项开支的企业负担金制度也得以继续实行。由于无法否定大气污染带来的影响，因此继续推行相关的环保措施，即预防人身健康受害、深入开展调查研究、构建环保监管体系。为此，在"公害健康受害补偿预防协会"名下设立基金，以大气污染者出具的款项为财源，以基金运作的利润来支撑事业的开展，具体来说，从 SO_x 排放者和汽车制造商处征收的金额预计约达 500 亿日元。

由于对《报告》的反对声音不在少数，中央公害对策审议会破例召开全体会议，听取大家的意见。关于这次会议的记录虽然没有公开，但笔者手边有速记稿[12]。大会上反对派与赞成派基本持平，环境保健部馆正治代理部长和作业小委员会委员长森岛昭夫对此进行答辩，反对派表示出不妥协的强硬态度，要求将双方意见共同记录在案；赞成派一方，东京大学名誉教授加藤一郎则认为大会不是为了形成决议，同时也不赞成将反对意见公之于众。和达清夫会长吸取这一意见，以发表谈话的形式对大会进行了总结。这个谈话因反映了大会对于《报告》的诸多不满和意见对立而篇幅很长。这次不同寻常的谈话认为环境保健分会的报告是合适的，已据此报告给环境厅长官。谈话称：

"大会上，与会委员各抒己见，其中有部分认为现在解除指定地区这一措施为时尚早"，而多数委员更是明确表达了希望今后进一步推行大气污染的防治对策的强烈心声。对此，在提交报告时，特别补充以下几点以期万全。

"（1）尽快制定今后相关环保政策，保护国民健康。

（2）努力改善以大城市为中心的氮氧化物大气污染等问题，并开展进一步应对措施；尤其要充分关注局部地区的污染问题，应积极开展相关调查研究工作、预防健康受害情况的发生[13]。（后略）"

与其说会长的谈话是一篇公害政策最终战胜大气污染的自豪宣言，倒不如说是由于《报告》存在缺陷，因此不得不向政府施压督促其实施未尽的相关对策，是一份满纸苦涩的表态。

3. 围绕公健法修订的争论

地方政府的意见

政府听取了中央公害对策审议会的报告，并就解除公健法第一类地区的相关措施、实施相关综合环保政策和大气污染防治对策等确定了基本指导方针；其中，依照公健法第 2 条第 4 款相关规定，就解除第一类指定地区一事向相关地方政府征询意见。1986 年 12 月 29 日向管辖 41 个指定地区的 1 都 1 府 8 县、22 个市町村、19 个特别区征询了意见，到翌年 2 月 9 日前收到了各地方政府的反馈。得到的回复里基本没有"赞成"或"反对"的简单表态，大阪市因为担心 NO_x 的污染，共有 45 个地方政府对立即解除第一类指定地区表示了反对或者希望能慎重处理的态度。例如，东京都某区意见如下[14]：

"虽然作为第一类地区的指定必要条件的硫氧化物污染状况得到大幅改善，但是指定疾病的患者却仍在增加。普遍认为这是现在以氮氧化物为主的复合型大气污染给居民健康带来的影响。然而，中公审报告，在完全没有明确以氮氧化物为主的复合型大气污染的现状和对健康影响的情况下，就急切地得出解除指定地区的结论。作为特别区区长会，……衷心希望切勿在环境行政上'开倒车'……同时也期待能在深入进行调查和探讨的基础上再做结论。而对于按照中公审报告，立即解除该地区施行的公健法施行令别表第 1 项这一内容，实在无法认同。"

对此，环境厅给了如下回答，完全不留再次探讨的余地。

"关于地方政府所指出的氮氧化物的污染情况，正如中央公害对策审议会报告中所讨论的一样，现在无法判断其所带来的健康损害是否严重到已成为民事责任制度的适用对象。我们认为在现阶段大气污染的情况下，全部解除指定地区的方针并无不妥。

另外，地方政府明确表示非常担心氮氧化物的污染，尤其是公路沿线地带的污染情况尚未改善，强烈希望今后能开展相关的防止健康受害工作、施行大气污染防治措施。我们认识到这是环境政策中极其重要的一个问题，正如中央公害对策审议会报告中提到的，我们将大力推进综合环保措施政策的实施，努力预防健康受害事件的发生，同时进一步深入开展以机动车公害对策为中心的大气污染防治措施，以实现环境全面优化。"[15]

大气污染防治对策的实施，尤其是公健法相关事务是由地方政府具体负责。当大部分当事者对解除第一类指定地区持反对意见或是谨慎态度时，作为中央政府理应在修订法案时更为慎重。然而政府却无视最为重要的意见，这意味着环境政策的倒退，为日后埋下重大隐患。

经团联・日本环境会议等 NGO 的意见

经团联于 1987 年 2 月 24 日提交了承认中公审报告的《关于公健法修正

案尽早成立的要求》。文中表示：（1）赞成法案，期待国会尽快通过法案、尽快全面解除指定地区；（2）协助环保政策的实施；（3）期望法案的修订不要给企业增加过大负担。同一天，经团联做出了一个颇为高明的决定——从全局角度出发，捐助基金会 500 亿日元。毕竟此次法案修订的原动力就是经济界的持续施压[16]。随后，关西经济联合会和日本商工会议所也提交了具有相同主旨的文件。

在此之前，在得知 1986 年 10 月 6 日中公审保健分会认可了作业小委员会的报告书之后，10 月 17 日，在日本环境会议上，都留重人代表、笔者与环境厅长官稻垣利幸见面，当面递交了《意见书》，说明此次全面解除第一类指定地区意味着环境政策的具体改变，将招致明显的倒退，希望重新探讨。反对《报告》的市民组织提出了很多意见，包括铃木武夫专门委员长在内，都认真研读了《报告》。随后，日本环境会议所提出的《意见书》，既是当时对《报告》最客观详实的批判，也是对之后大气污染防治对策的建议。

该《意见书》篇幅较长，内容全面，相对易读，在此就其主要内容进行简要介绍[17]。首先，在介绍专门委员会报告后，对作业小委员会和环境保护分会曲解报告本意，进而提出解除指定地区的做法进行了批判。如上所述，专门委员会报告结论的前半部分包括环境厅大气保全局之前进行的流行病学调查，以 33 万人为对象的调查中，得出了当 NO_2 年排放量大于 0.02～0.03 毫克/升时会出现慢性支气管炎的主要症状。这部分因有其他报告的补充所以没有任何争议。但是，"另一方面，专门委员会报告（本文）的后半部分完全没有体现出任何科学的见解。可是，作业小委员会没有对专门委员会报告进行充分的科学探讨，反而无条件地采纳上述报告的后半部分，违反了专门委员会报告的主旨。"

第二，作业小委员会的判断基准是之前提到的必须定量化的条件①和②。然而，却并未明确①和②的条件是依据什么进行确定的。毫无科学根据和严密考察，就贸然确定①和②是必要条件；而②中"将地区内所有的患者都认定为大气污染的影响"则完全是谬论，如上所述其仅适用于大型事故导致的伤害，而彻底无视通常情况下属于非特异性疾病的慢性阻塞性肺疾病。

第三，专门委员会在报告中强调了两点注意事项，并明确了今后有必要进行由石棉等化学物质引发的癌症问题的研究。对此，作业小委员会或是无视，或是采用将敏感人群相关内容不列入生物性弱者的错误解释，对专门委员会的报告，刻意曲解，断章取义，以期达到全面解除指定地区的目的。

第四，作业小委员会"作为全面解除指定地区的补偿，推出了以基金制度为核心的地区救济。然而，其内容极其模糊，年事业预算仅为 25 亿日元，且未计划确立事业运营基本条件的公害保健体制，从预算规模和体制问题看就无法对这项事业有过多期待。"

综上所述，《意见书》不仅反对全面解除指定地区，而且认为应当加强公害受害补偿法，在维持现行指定地区的基础上，对于当前面临的问题必须实行以下对策（以下内容仅列核心要点，省略说明部分）。

1. 将 NO_2 和 SPM 列入指定地区的必要条件，同时尽快将公路沿线地区列为指定地区；

2. 完善现行不充分的沿线测定体制，实施针对公路沿线的流行病学调查；

3. 最为重要的是强化公路沿线的公害对策；（①明确沿线受害救济费用承担，②采取切实有效的措施，削减汽车交通量。）

4. 确立地区环境保健计划制度。

最后提出了如下的请求："回顾此次审议过程，环境厅曾亲自就此事咨询中公审。在中公审报告公布之前，以全面解除指定地区为前提，环境厅随后就全新环境保健事业相关费用问题与经团联等进行了实质性的交涉，确定了对方负担费用的额度。可以说这是有失公正、无视中公审审议结果的行为。受害者救济制度是环境政策的关键，为使环境厅切实履行自身责任，我们强烈要求就全面解除指定地区一事进行再次探讨。"

稻垣长官向我们说明了中公审报告的主旨，但对我们的建议仅表示将会让事务当局进行探讨，没有立即同意日本环境会议的建议。

日本律师联合会的意见书（1987 年 2 月 7 日）与日本环境会议持相同意见，反对全面解除第一类地区，认为《报告》完全是不符合到目前为止非特异性疾病相关判例的异常判断，具体如下：

"在补偿法立法的报告和相关判例中，没有要求明确有害要素的所占比例，只要确定有害要素与疾病、症状之间的相关关系即可。无论有害要素是重要原因还是原因中的一个，即使存在其他原因，只要不是没有有害要素也会发病，那就必须承认有害要素与疾病的因果关系。"

四大公害诉讼案以来，司法秉持"正义"和"维护人权"的基本立场，站在公害受害者一边并努力救助他们。这份意见书对丢掉相同立场的行政制度予以强烈的批判[18]。

另外，全国公害患者之会联合会也向政府提交了《关于反对全面解除公害指定地区、寻求公害受害者恢复健康、全面救济的意见书》（1986年11月25日）。《意见书》表明了这样的危机感："今后政府即环境厅一旦施行全面解除指定地区的措施，那么将从根本上破坏污染者负担原则，长时间建立起的公害与环境行政的最后的要塞也将消失。基于'民间活力'路线，各地将掀起大规模乱开发的狂潮，这显然将给国民生命和环境带来重大影响。因此，若要对公健法进行修订，必须是不使其弱化，而是改善和扩充"。这说明一旦政府坚决修订公健法必将丧失对行政的信赖，也为之后第二次公害诉讼拉开了序幕。

就这样，全面解除第一类（大气污染）指定地区尽管意味着完全颠覆了以往公害对策的基调，政府却全然不顾市民组织、环境研究专家的强烈反对，直接将《报告》的基本立场法制化，于1987年2月13日由内阁审议通过并提交国会。

4. 围绕公健法全面修订的国会

众议院的讨论

1987年5月19日，《关于公害健康被害补偿法部分修改法案》在第108次通常国会上接受审议。但由于同时营业税（其后的消费税）法案也被提上日程且引发纠纷，因此《修改法案》的审议未能完成，转入第109次国会继续进行。在野党议员中，许多人认为大气污染是正在发生的公害，还新增了9000名认定患者，此时否定这一现实而全面解除第一类41个指定地区完全出乎预料，于是对法案进行了强烈的批判。政府表示此次法案是基于中公审长期讨论的报告形成的，并向国会说明了全面解除的理由。于是，讨论的焦点变为法案基础《报告》内容中的问题和相关解释、铃木武夫专门委员长对作业委员会的批判、对于大部分相关地方政府对全面解除指定地区持反对意见或慎重态度一事政府的应对以及对今后预防健康受害制度的批判。这些与上述的日本环境会议、日本律师联合会的批判内容大抵相同，鲜有新的论点，在此不再逐一介绍，仅以最为核心的讨论、政府答辩和证人证言为中心进行简要介绍。

社会党议员岩垂寿喜男来自川崎市选区，一直以来投身于公害、环境问题，在国会上提出了最具概括性的主要问题，他就支撑修正案的《报告》核心部分征询政府的见解。首先是关于专门委员会报告的后半部分，是否对昭和 30、40 年代流行病学调查和现在的流行病学调查进行了比较研究的问题。对此环境厅保健部部长目黑克巳表示，专家们对于昭和 30、40 年代的大气污染有常识性认知，"我们认为，各位专家是在了解 30、40 年代情况的基础上阐述现在状况的。"[19]

这是勉强而无力的辩解，实际上承认了在决定全面解除指定地区的结论部分，尤其是关于 NO_2 的影响，并未进行科学的比较研究而是直接采用了先验结论。下一个问题则是作业委员会认为现在每年认定的 9000 位患者与大气污染无关，但铃木武夫对其判定的两个条件做出了直接的批判，指出"我讲过这违背医学事实"。对此，目黑部长回应道："我们认为，铃木老师是从医学的角度阐述事实，并非对建立在中公审全体意见基础上的报告的全面否定。"这表明作为专门委员会代表的铃木武夫的意见在报告中完全未被采纳。

面对在解除指定时是否调查了全部 41 个指定地区的问题时，目黑部长列举了环境厅进行的流行病学调查，称在 51 个对象地区中包括 14 个指定地区。在做重大决定之前，仅调查部分区域，显然是只求快不求好。

岩垂议员就废除指定地区时，行政手续上最重要的听取地方政府意见一事进行质询。针对岩垂表示是否可以认为有 21 个地方反对、24 个地方尚未明确表态、6 个地方赞成的问题，目黑部长表示，地方政府的意见都是内容涵盖极广的长篇文章，不能简单地以赞成或反对一概而论，但"的确多数地方因担心氮氧化物污染而秉持一种谨慎的应对态度"。岩垂表示在 51 个地方政府中超过半数不赞成解除指定地区，但环境厅完全不予采纳。对于岩垂的追问，目黑部长答道："地方政府提出的反对理由中，如为人们担心的 NO_X 和公路沿线等问题，在中公审已经进行了充分的探讨。我们是在充分讨论了地方政府意见的基础上，认为为确保制度公正合理地运行，必须解除指定地区。"

虽然由此否定了地方政府的意见，但由于无法无视大家强烈要求出台 NO_X 污染防治对策的声音，目黑部长补充道："我们非常重视这些意见，在从预防的角度出发，积极开展健康受损预防工作，加强大气污染防治对策等等。"

1987 年 8 月 22 日，众议院听取了六位证人的意见[20]。其中，东京卫生局长沼田明表示，东京都的 NO_2 排放基准的达成率一般环境大气监测站为 80％，机动车尾气监测站仅为 20％。SPM 和氧化剂的达成率为 0。东京都调查显示复合型污染会对人体健康造成影响。因此，东京都方面反对全面废除指定地区的决定，同时寻求以 NO_2 为基准的负担金的公正改革，加强 NO_2 污染，尤其是柴油机车污染的防治对策，并已经实行资助未满 18 岁的患者等四类相关疾病的医疗费用。

全国公害患者之会联合会森协君雄干事长，就大气污染患者承受着怎样的病痛折磨做出恳切陈词之后，明确表示反对法案。森协讲述了面对生死攸关的大事，患者们在环境厅大楼前散发了 92 期的传单；自反对临时行政调查会改革以来，患者们是如何为反对公健法修订而奋战至今的。同时指出中公审中有污染企业川铁和丰田的董事长等经济界代表，却不允许受害者代表出席。而《报告》的结论选取昭和 30、40 年代作为比较研究的对象，可当时没有对 NO_2 的观测，也没有制定排放标准，所谓现在没有那时污染严重的结论是不科学的。另外，森协还指出是不尊重主治医师的意见，近年来才让患者认定率下降到 60％。

作为一位流行病学专家，千叶大学吉田亮教授严厉批判了报告，他认为单独提取《报告》结论的后半部分是错误的。完全不顾专门委员会补充的注意事项，东京都的调查也未被吸纳，作业小委员会中连一位流行病学专家都没有。同时对于《报告》中的两个条件——量化标准和地区患者都受到大气污染的影响提出，这两种情况都只出现在 SO_x 和 NO_2 泄露的事故中，在日常生活中根本不可能发生。而且，在设立指定地区时已进行了充分的调查，而这次仅因为 SO_2 排放量减少就决定解除地区指定，是完全没有科学依据的。吉田教授的意见虽然很重要，但环境厅并没有接受。

8 月 25 日，中曾根康弘首相出席了众议院的最后一次环境特别委员会。岩垂寿喜男、斋藤节、春田重昭、岩佐惠美等议员共同向中曾根首相提出了以下问题。此次法律修正案，通过歪曲专门委员会有关大气污染影响的结论形成中公审报告，又在其基础上制定了法律修正案，而且无视多数地方政府的意见，NO_2 和 PM 的污染情况尚未改善，公路沿线居民的受害情况持续恶化，在这种情况下解除指定地区是极不合理的，会导致公害政策的全面倒退，因此应当撤回法案，扩大包含氮氧化物和可吸入颗粒物等污染物的指定地区范围。

对此，中曾根首相认为昭和 40 年代，面对因经济高速发展带来的公害问题，一面反思问题一面推进公害对策的实施，取得了显著的成果，并做了如下的阐述：

"关于大气污染的问题，通过最近的统计数据，我们认为现今的污染情况大体已经到了可以解除规制的程度，而且今后应当将重点放在预防污染的工作上。在审议会耗时三年的审议结果的基础上，也征求了地方政府的意见，因此决定采取此次措施。

然而虽说如此，这并不意味着我们放缓了对公害问题的关心和政策。今后我们将以全新的环保理念，以预防污染为核心进一步推进相关政策。而对于目前已经认定的各位患者，政府将一如既往地提供足够的补贴，坚持这一政策不动摇。同时，我们将针对公害情况开展严密的调查和监控，等到将来出现相应结果时，我们可以根据情况采取对应措施。因此，现阶段我们的决定合情合理，从这一点出发，我们提请诸位议员对此次法案进行审议。"[21]

中曾根首相毫不掩饰地亮明了政府的观点。不管中公审报告与专门委员会的报告不同，不管大多数地方政府反对，不管公路沿线的受害情况持续加重等等，作为中央政府，没有想过要一一进行详细调查和加以考虑，而是希望借这次机会，总结公害政策的成果，然后彻底终结这项政策。在环境影响事前评价法尚未出台之时，将公害政策由规制转向预防为主是不负责任的决定，但是这一放宽规制的修正也称得上是环境政策的一个巨大转向。由此，面对大气污染受害者不断增加，NOx 和 SPM 的相关规制毫无进展，公路沿线居民受害救济的必要性和指定地区的扩大，汽车公害防治措施付诸实施等一系列问题，从客观角度看，全面解除第一类的指定地区简直可以称其为是一种暴行，但却被强行实施。

8 月 27 日，公健法部分修正法案以自民党、民社党赞成，社会党、公明党、共产党反对的结果，附带 6 项决议予以通过。因对其修正时存在诸多顾虑，因此决议包括了今后大气污染导致的受害预防工作的开展、针对主要公路沿线等局部地区污染问题的研究、NOx 排放标准的制定、汽车尾气排放规制的强化等问题。然而，附带决议列举了在野党未能充分质询而遗漏下的课题，时至今日也无法保证这些问题能够得到解决。

参议院的审议

1987 年 8 月 31 日，公健法部分修正法案提请参议院审议，并具体交由参议院环境特别委员会负责。9 月 4 日听取参考人意见陈述，在进行多番讨论后于 9 月 18 日通过决议[22]。参众两院的争论焦点基本相同，证人的意见中有以下几点值得留意。

经团联环境安全委员柴崎芳三大体与官方立场一致，他表示，公健法本就是一项大胆的行政措施，而伴随时间的推移其矛盾日益凸显——在实行改善大气污染对策的同时，每年认定的患者却在不断增加。现行制度已经充分完成其历史使命，原封不动继续实行下去已有违社会正义；今后应当实现由对个别受害者的救济向对污染的防治方面升级，为此经团联愿协助开展综合环保政策的实施。

全国公害患者之会联合会事务局长神户治夫在宣读了因无法忍受哮喘带来的痛苦而试图自杀的患者的手记后，揭露了中公审环境保健部门 24 位委员中约 1/3～1/4 的委员是大企业和污染企业的代表，却连一位受害者代表都没有的事实。

日本律师联合会公害对策环境保护委员峰田胜次认为现在解除指定地区为时尚早，应当在弄清楚 NO_x、PM 和公路沿线污染状况的基础上，完善救济制度；并着重批评了此次修正程序有失公正民主。然后与上述神户治夫的批评类似，峰田强调中公审应当为受害者代表或是受害者推荐的专家、熟悉损害赔偿的专家保留席位，同时召开听证会，公开会议记录。

京都大学塚谷恒雄教授指出，深受专门委员会重视的两项环境厅调查中存在重大缺陷——两次调查对象均把弱者排除在外。塚谷教授认为以身体素质普遍良好的 30～49 岁成年人为调查对象无法从流行病学角度证明安全性；而如果对象包括敏感人群，那中公审报告的内容必将有所变化。同时对于专门委员会没有作为参考的东京都卫生局报告书，塚谷教授认为这不是一份单纯的症状调查，评价其为我国首次综合临床数据和动物实验的常年调查[23]。

参议院审议中最重要的论点是要求中央公害对策审议会公开会议记录。政府以中公审委员有与公务员相同的保密义务为由拒绝公开。如前所述，专门委员会报告的后半部分没有对昭和 40、50 年代的资料进行充分的讨论。但一旦公开会议记录，当建立在连非专业人士都明白不合理的两大基准上的作业小委员会的报告形成经过，特别是铃木武夫和作业小委员会的争论以及全体会议上围绕《报告》进行的讨论大白于天下，那强制全面解除指定地区的幕后操盘手——政府也将暴露无遗。由于拒绝公开会议记录有包庇上述可能的嫌疑，因此在参议院的环境特别委员会上，围绕是否公开中公审的会议记录展开了激烈讨论。然而从信息公开制度的角度看结果颇具争议——政府拒绝了环境特别委员会的决定，没有提交会议记录；即使近藤忠孝议员指出此举违反国会法，政府仍然坚持不予公开。

参议院于 9 月 18 日附带 9 项决议通过了修正法案。虽然与众议院的附带决议多有重复，但又新加入了与决定实施全面解除的修正法案相互矛盾的内容[24]："在解除第一类指定地区时，要认真听取指定地区内市町村的意见，同时考虑到未申请者的情况，要留出足够的通知时间。"

如何评价公健法的修订

对此次公健法的修订存在很多批评。从专门委员会报告的结论看来，不应立刻全面解除指定地区，而应当在对 41 个指定地区、最新申请的 9000 位患者和公路沿线的大气污染受害情况充分调查的基础上，再决定应该解除的指定地区。在国会的讨论中，在野党议员发现专门委员会报告的前半部分和后半部分自相矛盾，因此建议可以对指定地区予以阶段性解除，或是在充分开展沿线地区汽车尾气受害情况调查的基础上，确定地区的指定和解除条件之后再考虑解除的问题。然而，作业小委员会却无视上述种种，一举完成修订，其中的逻辑被铃木武夫等医学家批评为谬论。而且对于武断决定的作业小委员会森岛委员长，议会中也存在针对其个人的批评[25]。笔者认为，森岛昭夫的意见不是其个人的理论，而是法学界的一种趋势，即关于公害，尤其是大气污染的民事赔偿，用流行病学理论来决定内在因果关系仍旧存疑，更何况要依此进行行政救济，这势必会引发抵触。我们从中公审大会上，加藤一郎赞成《报告》中的意见也可以看出这一点。诚然，我们都希望能够实现大气污染和健康疾病的因果关系的量化，然而不仅大气污染，公害这种群体型健康伤害也是无法做到这一点的。工伤或事故不同于由环境灾害、长期微量的复合污染所带来的公害或者说环境灾害。清水诚从法律的角度考虑该问题："假如人们呼吸系统疾病的致病因素正好为 100，当某人的致病因素累计到了 90 的时候，大气污染又带来了额外的 20 导致此人发病，那这毫无疑问成了大气污染的责任。"笔者认为这与"压倒骆驼的最后一根稻草"的故事一样——让骆驼不断地背负重物，在放上"最后一根稻草"时骆驼轰然塌下，那么放上"最后一根稻草"的企业就有责任。但在现实的复合型大气污染中，虽说已经达到了排放标准，但 SO_2 仍在持续不断地排放；NO_2 作为固定污染源占有较高的比重；而近期日渐严重的 PM2.5 在当时无法测定，只能确定是一种柴油机车排放的可吸入颗粒物。在这样的情况下，患者人数还在不断攀升，那么我们是否能够断定每年新增认定的 9000 位患者就和大气污染没有关系呢？即便是"压倒骆驼的最后一根稻草"也是有责任的，更何况 41 个指定地区和大城市地区大气污染的影响根本就不是"一根稻草"的程度。对于新增患者完全从大气污染以外的因素去找原因是极不现实的，正如清水诚所说："如果想要解除指定地区，那就应由污染企业向法院提起确认不存在损害赔偿责任的诉讼，并向社会出具能够支持其无责的证据和数据。"[26]

正如第六章所提及的，公健法是妥协的产物，因 PPP 仅适用于 SO_2 而有明显的法律缺陷。然而急性病患者不断增加，且极有可能在官司尚未解决之时已死亡，为尽快应对这一问题就出台了先进行救济、再弥补缺陷的公健法。第一类指定地区就像防洪堤一般是公健法的核心，如今对其全面解除就意味着救济制度的终结和公健法的瓦解。而第一类地区的消失却又意味着大气污染问题的解决，因此当"公害问题解决了"的宣言四散时，下一阶段的对策便由对受害的救济转入对污染的预防，而政策的重心也由公害转向环境。

第二节　环境基本法的意义与存在的问题

1. 环境基本法制定的背景与过程

环境基本法出台的两大背景

环境基本法出台有两大背景：一是需要制定应对国际化时代环境问题的国家政策。换言之，全球环境问题、"公害输出"以及伴随 ODA 开发援助事业出现的环境问题均已成为国际环境问题，而现行公害对策基本法则是以国内环境政策为中心，已经无法适应新的形势。为应对全球环境问题，需要确立国际性的行政和司法机构；而在难以实现的情况下，则必须开展国际合作，制定控制温室气体排放的规制和经济手段。而且，为落实《里约宣言》和《二十一世纪议程》所倡导的"可持续发展"理念，必须寻找不同于以往的大量生产、流通、消费、废弃的社会经济体系的新路。

除此之外，伴随着以跨国公司为中心开展的企业海外直接投资急剧增加与对发展中国家资源的依赖而产生的"公害输出"，以及因 ODA 开发援助事业导致的环境破坏问题，日本政府和企业都必须对此负责。而为预防此类环境问题，如何依据国内法规开展调查、规制并进行赔偿也成为一个新难题。

另一个大背景是国内问题。要废除公害对策基本法和自然环境保全法，统一为环境基本法，就必须认真反思以往的公害环境政策。新制度应当很好地运用以下成功经验：①地方政府的积极行政成功地克服了公害；②通过公害诉讼实现司法层面上的救济；③实现能够预防公害、节约资源的相关技术进步和产业结构升级；④普遍反对公害的社会舆论和运动的成果。另一方面，也有需要吸取的教训——20 世纪 70 年代后半期，经济衰退使得来自经济界的压力增大，最终导致了环境政策的倒退。这是因为日本环境政策是立足于调和论，经济发展经常优先于环境保护，而这本应通过公害对策基本法的改革得到解决。不仅维持难于融入市场制度的"生活质量（宜居性）"和保护重要的自然文化财产非常困难，即使维护生活中常见的风物、街景、文物，维持偏远山区、城市农业的自然环境在政策上也是极难推行的。而新的环境基本法，一定要从日本经济发展与公害环境的历史中吸取经验教训，超越以往实行的公害环境政策。

法案制定的过程

环境基本法是在里约会议后，由环境厅中央公害对策审议会和自然环境保护审议会的联合分会于 1992 年 7 月开始进行讨论，并于 10 月 20 日公布了审议报告。内容如下：第一，通过企业的不懈努力在产业公害的治理上已经取得成果，今后的防治重点应放在城市型、生活型公害上。这样一来，仅像过去那样追究企业责任已不能解决问题，国民不仅是受害者同时也是加害者，必须承担起相应的责任。第二，虽不是调和论，但经济发展与环境保护之间并非二律背反的关系，必须实现环境与经济的统一，实现环境负荷小的"可持续社会"的经济发展模式。第三，今后不仅要继续实行既往的行政指导下的规制，也要引入经济手段。建议作为综合上述方针的战略，重新审视内阁会议通过的环境影响评价制度，制定环境基本规划。

此后便开始了法案的制定工作。1993 年初草案拟定，各省之间会商协调，最终于同年 3 月 12 日内阁会议上通过了《环境基本法案》。宫泽喜一首相发表了"关于环境基本法案的内阁总理大臣谈话"，他高调地宣告："环境基本法案是领先于世界的一项挑战，是依据地球峰会的成果开展的最新对策"，并呼吁国民为基本法案的目标而共同努力。

在里约会议上，日本的 NGO 了解到，欧美 NGO 参与政府政策的制定已成惯例。环境基本法即被称为环境领域的宪法，为了促进今后环境政策的进步，NGO 应当参与法案制定的过程。为此，建议政府公布法案草稿，政府代表参与 NGO 的讨论。尽管草案中提及国民参与的必要性，也提到了信息共享问题（详见后文），但政府依然没有立刻公布草案，而是一如既往地在密室中作业，只在即将由内阁通过前予以公布。虽然实在难以称得上是"参与"，但在法案提交议会前，NGO 汇聚一堂提出对法案的意见和要求的做法尚属首次。尽管政府方面没有正式出席 NGO 的讨论论坛（后文详述），然而负责制定法案的环境厅企划调整局计划调整室小林光室长以个人名义出席论坛并参与了讨论。从这种不同寻常的情况来看，可以说 NGO 与政府行政首次有了联系。虽然不能说 NGO 的意见就此反映到了法律制定上，但此次论坛明确了基本法的问题，NGO 的意见在此后相关法律的制定上得到体现。因此，接下来就议会的讨论和 NGO 提出的要求加以介绍。

2. 法案的主要内容

环境基本法案的理念

不同于以往的法律条文，环境基本法案没有明确的法律定义上的规制对象，条文内容也是偏文学概念的长篇说明文。第 3 条"环境恩惠的享受与继承"提出了立法目的，却没有使用环境权的概念，而是以文学表达的形式——必须切实保护环境健全与多样性，造福今人与子孙后代。第 4 条"构建环境负荷小、可持续发展社会"中体现了里约宣言"可持续发展"的理念，具体如下[27]：

"尽量减少社会经济活动等带来的环境负担，在公平公正的前提下积极自主地开展相关的环保活动，维护环境健康安全，旨在构建环境负荷小、可持续发展的社会，并在充分的科学认知指导下积极防范环境保护中的不利因素。"

上述条款不仅难以理解，且表述模糊。虽然提及"可持续发展"算是一大优点，但其行文表达仍可以解读为没有经济发展就无法实现可持续发展，没有科学技术的进步就无法实现环境保护。

关于积极推进全球环境保护的国际间合作一事，表述如下：

"第5条　保护地球环境，既是人类共同的课题，又是确保国民健康、文化生活的前提。现今我国社会经济发展与世界密不可分、相互依赖，因此应当充分发挥我国现有能力，在国际合作的框架下，与我国的国际地位相称地积极推进地球环境保护。"

上述表明决心的文章却主体不明。后面的第6条至第9条阐明了国家、地方政府和国民的职责。公害对策基本法明确规定了企业的责任，而环境基本法更重视国民的责任。

作为推进上述理念的具体框架，最为重要的条款是：第15条提出了"环境基本规划"；第20条则是解决了多年的悬案"环境影响评价的推进"；第22条"为防止环境保护中障碍的经济措施"中提及了环境税；第24条"推广使用减少环境负担的制品"中提出促进资源的再利用。

上述都是非常重要的制度，而关于具体的措施则交由今后的具体立法。其中的环境影响评价一项，因为已历经六次立法失败，原以为会明确建议制定环境影响评价法，却仅停留在现行内阁决议纲要的层面上，称要根据实际情况进行相应改革[28]。

国际环境政策与环境教育

关于基于上述第5条的国际合作，制定了第32条至第35条的具体措施。如第八章所提到的，在跨国公司带来的公害输出及ODA导致的环境破坏均被追责的情况下，对此采取何种规制受人关注，但由于不能损害他国利益，因此只能寄希望于企业自身多注意保护环境。第35条第2款的表述："关于开展海外事业的企业，为确保其能充分注意当地的环境保护问题，我国将全力支持，向其提供信息和采取其他必要措施"不实施直接的规制，第 32 条规定协助支持发展中国家的环境保护工作，进行相关专家的培训、信息的收集、整理和分析等必要工作；第 33 条提出在保护地球环境监测工作方面开展国际合作；第 34 条则首次点明将与 NGO 合作，共同为促进民间团体自发开展相关活动而提供相关信息及采取其他必要措施。

环境基本法案中没有明确的关于公众参与的内容，第 25 条的主题为"环境保护相关的教育与学习"，第 26 条就民间团体的协助做出如下阐释："国家将采取必要措施，促进企业、国民及民间团体自主进行绿化活动，积极开展回收再生资源等相关环保工作。"

这就意味着环境厅要给予其认为必要的民间活动一定的资助。但 1994 年 3 月，在神户召开的"可持续社会全国交流大会"上（详见终章），外务省应允作为支持单位，而环境厅却予以回绝，从这点可以看出他们并没有积极寻求公众的参与。

关于重要信息的提供一事规定如下："第 27 条　国家将在充分保障个人及法人合法权益的基础上，适当地提供有关环境状况及环境保护的必要信息，从而振兴环境保护方面的教育及学习（25 条），促进民间团体自主开展环境保护相关活动（26 条）。"

该条款要求的不是信息的公开，而是信息的提供，这就给如何处理个人信息和企业机密带来了挑战。然而，由于公害极有可能带来不可逆转的损害，原则上应是予以全面的信息公开。由此，就该草案展开了前所未有的广泛争论。

3. 围绕法案的争论

经团联的意见

经团联环境安全委员会于 1992 年 9 月 29 日发表了题为"产业界关于探讨环境基本法制的意见"的文章。文中指出了："环境与经济密不可分……重要的是与包括产业界人士在内的相关人士周密协议和对话的机制"，并缓引经团联地球环境宪章为例，明确提出了自己的主张："至少在民间部门相关问题上，应该改变以往以官方主导的规制为中心，采取能够充分调动企业和国民创新意识的民间主导的办法，这种带有主人翁意识的长效机制才是解决问题的关键"，这表明了产业界希望能够排除政府规制障碍，走出一条类似于 ISO 14001 的企业自主规制的道路。关于环境基本法制，提出了产业界尤其担心的以下三个问题：

"（1）在应对全球环境问题时，最重要的是要认识到经济与环境是密不可分的。不保护环境经济发展就无从谈起，相反，经济的健康发展则能促进充实完善环保对策。

（2）在内阁会议通过的现行制度下，环境影响评价制度取得了良好的成效，如有必要，希望通过内阁会议对现有制度重新审视，实行切实灵活的改善措施。

（3）明确反对所谓'以开征为前提'的环境税构想，对于包括环境税在内的各种以环境保护为目的的经济手段，应当对这类政策的基本目的、框架内容、效果影响等进行慎重且充分的讨论。"[29]

上述意见决定了草案的基本框架。在围绕环境基本法案召开的众议院听证会上，经团联常务理事内田公三在肯定基本法案的基础上，就产业界的基本观点做出如下五点阐释。第一，"环境问题的解决有赖于全国各阶层的自主自觉行动"，因此产业界也应自主强化企业管理机制；第二，政府应当努力促进全国各阶层自主自发开展环境保护工作；第三，必须认识到环境保护与经济发展间密不可分的相互关系；第四，与环保相关的经济措施能够通过市场机制引导全国各阶层自主开展环保工作，但因其影响巨大，必须进行审慎的探讨，以确保其得到国民的认同并与国际相协调。第五，在现行制度下积极自主地开展环境影响评价工作，不讨论其是否法制化，而是充分发挥现行制度的灵活性，对于产品相关的环境影响评价原则上应由企业自主进行[30]。

内田所表述的经团联意见一方面谋求减少包括环境影响评价制度在内的政府规制，充分尊重企业的自主性；另一方面却又反对征收环境税等基于市场制度的经济手段，自相矛盾。一直以来议会极少论及核电站问题，然而这次针对内田，柳田博之议员却罕见地提出了一个问题，即因为俄罗斯的核能技术有风险，若以日本积累下来的核技术向其提供帮助如何？对此，内田表示，自己虽非专业人士，但也无比担心俄罗斯的核电站问题，而且日本的核电工业一直稳步发展，因此从核安全角度出发，可以在核工业会议上讨论一下与俄罗斯等国共享技术、相互协助的可行性。虽然在福岛核电站事故之后，这段有关日本核工业的安全神话听来可笑至极，但是在当初制定环境基本法时，却完全没有深入讨论切尔诺贝利事故等核安全问题。因此，与公害对策基本法主旨相同，"防止放射性物质大气污染"一条仅做出规定："第13条对于由放射性物质导致的大气污染、水污染及土壤污染，均依照核基本法及其他相关法律规定开展防止对策。"

于是，核事故受害问题从公害规制中解除，最终交由负责推进核工业的部门负责。

日本律师联合会的意见

关于制定环境基本法，日本律师联合会认为防治公害、保护环境就是尊重国民生命健康，维护国民享有文化生活权利的表现，因此相比开发应当优先保护环境，优先采取相关措施恢复已经受损的环境，从这个角度出发于1992年9月提出《对〈环境基本法〉的要求意见书》[31]。并于1993年1月发布《环境基本法纲要》，继续秉承这一主旨，提出将全球环境问题纳入视野的具体法案。然而，政府在制定法案时没有充分吸纳该纲要的要点。随后，政府法案经过部分修改，在众议院会议和参议院环境特别委员会获得通过，但最终由于议会遭到解散而成为废案。大选后，《政府法案》被再次提上日程，于是日本律师联合会在1993年9月发布紧急建议，针对法案提出最低限度修正案，具体内容是："《政府法案》在论述基本理念的总论部分开宗明义，强调了环境对人类的重要性，提出构建可持续社会的建议，比现行法律有所进步。但是，关于实现理念的具体框架方面，相关各部分重点缺失，内容十分不完善。"

于是，修正案提出以下六点修改要求：

"（1）添加承认环境权的规定；

（2）明确环境基本规划优先于其他开发规划，且添加关于公众参与的规定；

（3）明文规定环境影响评价的法制化；

（4）将信息公开定位为公民享有的权利；

（5）国际环境保护方面，增加规制海外事业活动的实质性规定；

（6）规定认可地方政府制定的在严格程度和覆盖范围上超越本法的条例。"

除此之外，修正案还提出了明确环境与公害的定义、为避免陷入调和论强调经济发展方向等 13 点修改意见。可以说，这份提案基本代表了其他 NGO 的意见。[32]

日本环境会议的意见书

日本环境会议则考虑到环境基本法的重要性，听取政府见解，收集环境 NGO 提出的意见，并努力将其反映到法案中。这也使得在公害、环境史上，环境 NGO 首次参与到法律制定的过程之中。里约会议上，日本政府代表应当见识了欧美政府同 NGO 开展交流并尊重其意见的情况，因此在制定基本法时，也应当向环境 NGO 公开信息并创造听取其意见的机会。然而，环境厅内部虽然明白这个道理，政府却在法案制定的过程中依然如故，还是在密室中进行。为此，日本环境会议力争能够参与和政府的对话，并为集结环境 NGO 而三度召开了研讨会。

1992 年 10 月，第一次研讨会在中公审和自然环境保护审议会向环境厅做出汇报后不久召开[33]。日本环境会议顾问都留重人在会议开幕致辞时，提出了将 sustainable development 译为可持续发展这种包含主观能动性的概念是不合适的，而考虑到如何维持地球环境这样一个客观存在的问题，应当译为"可维持的发展"。随后，里约会议的核心人物斯特朗介绍了 SD 的三方面内容，即 social equity（平衡南北差距）、ecological prudence（直面生态问题）、economic efficiency（讲求效益），斯特朗在这里并非指经济发展，而是指通过科学技术的发展来减少浪费。对此，都留指出基本法中将"经济健康发展"作为可持续发展的框架。而针对都留的观点，环境厅的小林光代表发表个人意见，表示虽然公害对策基本法已经减少了"调和条款"，但实质上比起环境保护更偏重经济发展，而基本法则可以"逆调和论"而向更加重视环境保护转变。这次讨论会提出了大量基本法的相关问题，日本环境会议事务局长寺西俊一指出，近 20 年来公害环境政策没有进步，如 UNEP 所言的史上最恶劣的环境破坏仍在持续，但对此缺乏反省和充分的调查分析，基本法仅堆砌了一些美好理念。

1993 年 1 月，伴随着基本法草案逐步明朗，第二次研讨会在大阪召开，并展开了更为深入具体的讨论。此次会议首先指出了作为环境宪法的基本法在制定之时缺乏信息公开与讨论；其次，法理中缺乏对环境权的规定，先不说此处难以理解，连具体的政策典型如环境影响评价、信息公开和公众参与也是一片模糊。另外国际环境问题方面，也有人质疑究竟能否防止公害输出的发生。有意见认为今后的环境政策具体方针依照环境基本规划开展，该计划不应自上而下、而应自下而上予以推行。

1993 年 3 月，内阁审议通过基本法，随后交由国会审议。在这个时期，呼吁综合各个团体的意见提出建议的声音日渐强烈，于是日本环境会议参考日本律师联合会、日本自然保护协会、日本生协联等 17 个团体的意见，将其总结为包含 15 项条款的《关于环境基本法的意见书》，并于 3 月 15 日召开了第三次研讨会，对意见书进行若干修正后予以发布。15 项条款的核心论点如下：

（1）关于基本法的立案手续——依然是环境厅制定草案、各部门相互妥协的旧流程。但从基本法的性质来讲，其制定本应经过听取国民意见的开放程序。

（2）关于目的与理念——规定国家、地方政府、企业、国民的职责理所当然，但同时也必须赋予国民权利（环境权）主体的地位。第 4 条表述模糊，应当表述为"实现向环境负荷小的经济模式的转变"。

（3）关于环境权——应当明确环境权的相关规定，并在此基础上确立国民参与的有效措施。

（4）环境的范围——作为基本法适用对象的环境范围不明确。除去保护自然及自然生态系统，维护人们生活的"宜居"性也应当在环境基本规划中给予明确规定。

（5）环境基本规划——肯定了将环境基本规划加入法案的这一举动，但是，为使其能充分发挥效力，必须向国会通报并获得通过，其制定过程必须遵循民主程序，同时应加入新规划——将环境基本规划作为上位规划，其他规划必须与其相协调。

（6）环境影响评价制度——法案中仅规定了适当推进环境影响评价制度建立的必要措施，还应明确该制度法制化的必要性，另外还应当追加以下内容：规划环评的必要性、由第三方机构负责的评价体系的确立以及探讨事业中止及替代方案的可能。

（7）环境税等经济手段——经济手段的相关规定虽然滞后但意义重大。然而，法案优先规定对污染企业的扶持措施，有违反 PPP 之嫌，同时一些经济手段受到经济影响等羁绊而难以实施。

（8）信息公开——应当像里约宣言的第 10 条原则那样，明确信息公开和保障参与的原则，仅以对个人及法人"顾及其权利利益"的规定作为信息公开的机制是不够的。

（9）公害受害者的救济及环境损害的恢复——现在还有很多受害者尚未得到救济，立足现实，新法案是否直接继承旧公害对策基本法中的第 21 条 2 项值得讨论，需要推行更进一步的措施。

（10）全球环境保护对策及 ODA、海外事业相关对策——虽然环境保护的相关条约规定多停留在最低限度的措施，但普遍认为缔约国家应当采取比条约规定更为严厉的措施，同时也期待着发达国家的积极应对，尤其是开展 ODA 和海外事业活动时进行环境影响评价。这不仅是从自然生态方面的评价还应包括文化社会方面的评价。

（11）公众参与——法案没有公众参与的相关规定。希望今后在推进环境影响评价制度制定程序制度化建设之时，能够积极引入公众参与的规定。

此外，修正案也提出了加强地方政府权限的意见。通过上述三次研讨会，虽然存在着反对制定基本法的意见，但是最终大家就促进基本法的出台达成一致意见，为使上述修正案能够在国会审议时发挥效力，向各政党均提出了呼吁。与 1967 年公害对策基本法的情况不同，针对环境基本法没有反对而是提出修改意见，可以说是此次环境相关市民组织的变化。

4. 国会审议

提 出 议 案

1993 年 4 月 20 日，在众议院正式会议上，环境基本法案及伴随环境基本法实施的相关法律完善的法案被提交审议，其主要内容已在第 2 项做出介绍。同时社会党又提出了另一个环境基本法案[34]，然而国会基本没有讨论这份社会党的提案，听证会上也没有发言人提及此事。社会党案吸收了前述环境 NGO 的意见，并规定了环境权（第 3 条）、环境影响评价制度法的确立（第 22 条）、信息公开（第 39 条）等内容。虽然未能得到审议，但该法案有两点极其重要的规定——其一，从战争是最大的环境破坏这一认识出发，提出了第 6 条，即削减军备与实现和平以及第 47 条，即消除核武器、生物武器、化学武器。其二，第 33 条提出了政府法案完全未涉及的能源高效利用及自然能源利用问题，第 34 条则就舍弃核能发电作出如下规定："第 34 条 为预防核电设施导致的环境污染，国家决定阶段性废止核电设施。"

这份极具先见之明的提案未能得到讨论，表明当时政府和多数国会议员在经历了切尔诺贝利事故后仍然对"核电的安全神话"深信不疑。因此，环境资源厅公益事业部开发课长天野正义就全球变暖的防治对策作答辩时称将以核能发电为能源供给的主力。对此，斋藤雄一议员于 4 月 20 日提出了重要质询："我国最早的正式核废料处理工厂坐落于青森县六所村，而正如俄罗斯发生了核爆事故，核废料的再处理是一项极具危险性的工作。因此，我认为这个问题已经不是仅用核能基本法就能应对的，而应当是环境基本法需要处理的问题。是不是呢？"

对此，环境厅长官林大干一面表示有关放射性危害只靠核基本法是否能够应对的确存在争议，一面又为将其移出环境基本法作出辩解："通过对核废料的再处理等核能利用会产生放射性物质，如果任其逸出到环境中会导致公害问题，因此其处理问题正如先生您刚刚介绍的，现阶段以核基本法为中心，不断健全完善相关法律，施行严格规制，力争不对环境保护造成麻烦。

然而关于预防放射性物质导致大气污染的措施，与公害对策基本法相同，规定依照其他业已完善的相关法律。环境基本法也明确规定'依照核能基本法及其他相关法律规定'。因属于大气污染防治措施的范畴，因此本法案规定的基本理念和义务适用于放射性物质环境污染问题。"

虽然林长官答辩的最后部分含糊不清，但仍然表明了在公害对策基本法之后，在环境基本法所规定的环境厅最新的职能范围之中仍然未能涵盖核电问题，而是交由负责推进的部门。

法案的审议持续到 5 月 20 日，废案后于 10 月 19 日重启讨论，10 月 22 日直接通过了一度成为废案的法案。尽管国会对法案进行了长时间的讨论，但众议院仅仅决定添加"环境日"（第 10 条 确定 6 月 5 日为环境日），而参议院则只附加"国家与地方政府的合作规定"（第 40 条），基本原封不动地通过了草案。

作为国会争论的焦点，在野党向政府法案提出的建议与之前日本环境会议的意见书内容基本相同，并没有出现新的条款。除去针对条款的商议，与法案相关的讨论还集中在受害救济问题上，诸如政府为何不就水俣病诉讼案的和解做出应对？多数未经认定的患者应当如何进行救济？

对于在野党根据环境 NGO 提出的问题所进行的质询，政府在答辩中反复重申了下面的一些观点。

主要的争论

首先关于环境权，环境厅长官林大干表示无法认可其为实体化的权利，"虽然大家主张的环境权可以理解为通过法律明确国民享有良好环境的必要性和重要性，但是现在对环境权的认识缺乏定论，既有认为其构成程序权利的，也有认为其是实体权利的。就现状而言，在判例中也没有承认环境权作为实体权利的例子……我认为环境权更适合理解为是一种政策宣言……从性质上，它还不属于法律能够确定的权利。"

随后又有人提出不同意见，如国内的川崎和东京条例明文确定了环境权，欧洲认可环境权或是认可合格的环境团体行使环境权提出的申诉等。但政府均不予认可。环境厅地球环境部部长加藤三郎则表示里约宣言的第一项原则当初被译为"人类处在关注持续发展的中心。他们有权同大自然协调一致从事健康的、创造财富的生活"，于是被说成联合国认可了环境权，但原文中使用"entitle"一词，译文应改为"有资格"。他就这样否定了里约宣言提出的环境权[35]。

第二，环境基本规划是此次基本法的核心内容之一，下节将进一步予以探讨。在国会中再次有人提出了这样的问题：因为需要和他国的规划相协调，因此是否应该在基本法中规定该规划优先于其他所有规划。政府则对此表示将部门之间的协调放在首位，因此不能规定环境基本规划优先于国内其他所有规划。林长官就该问题的答辩拐弯抹角，具体如下：

"我认为，关于环境基本规划，本质是政府所有有关环境保护的基本规划，是经过政府内部的协调和内阁决定后确立的规划。而国家除环境基本规划以外的其他各类规划，应当遵循环保相关基本规划所确定的基本方向。"[36]

迄今为止，究竟环境规划是否优先于开发规划呢？如果不是当初环境厅长官大石武一以"鬼神亦避之"的拼命态度强烈反对道路规划，就无法实现环境规划。而如今无法将其法制化正体现了环境政策是何等弱势。在国会里，对此提出质询的大野由利子议员进一步提出建议，让公众参与到环境基本规划中去，然而政府却以已经有相关专家参与审议会，反映了国民意见为由，拒绝了公众的实际参与。

第三，环境影响评价制度在法案中没有明确法制化，试图以一向的内阁会议认可的做法来处理，但由于它是此次基本法最重要的课题，可以说讨论聚焦与此。

大野议员首先肯定了改变一直以来的"头痛医头脚痛医脚"型的对策，出台提前预防的基本法这一举措，但同时也指明基本法发挥实际效力的关键就在于环境影响评价制度的法制化。关于环境影响评价制度，只有四个地方政府有相关条例、38 个地方有纲要，却因为没有相关法律而相互矛盾，也无法遵守评估的学术性、中立性和透明性三原则。由于没有规划环评，工程环评虽然可以进行部分修正，但无法取消工程本身。最终环评变成一种仪式，成为开发的免罪符，被居民揶揄为"可批性评价"。企划调整局局长八木桥惇夫对此表示，为确保评估结果确实反映现状，根据确定了技术方法的实施准则来进行，且将内阁决议纲要与现实情况结合加以改善就能够解决该问题，否定了法制化的提议。

然而，具体实例暴露了现行制度的缺陷。时崎雄司议员举出霞浦导水工程和该用水工程的例子，这些案例均是未进行环境评价就直接动工，最终导致完工后也无法使用的情况。20 年前的霞浦可以下水游泳，现在却因蓝藻污染散发恶臭，这一现实将现行环境影响评价制度的缺陷暴露无遗。政府则对此表示，近十年来对 158 项公路建设、19 项填埋及废弃物处理等进行了 212 项环境影响评价，对其中的 12 项环境厅长官作了指示。也就是说平均每年仅进行 20 项环境影响评价。在政府未进行评价的情况下，由地方政府负责评价，但如上所述进行评价的不过 42 个地方，在除此之外的地区开展补助金事业时则未进行评价。

寺前严议员提出了关于内阁决议纲要与法制化之间有何不同的问题，林长官对此做出以下五点陈述。1. 约束力不同，在国家事业之外的民间事业不存在法定义务，内阁决议为行政措施，因此要以企业的理解与合作为前提；2. 内阁决议系行政指导，因此不是环境厅而多依据主管部门的判断；3. 内阁决议系政府内部事宜，因此对地方政府无法产生直接约束力，准备书公告等评价手续也由企业自己办理；4. 纲要仅适用于与环保相关的许可法为基础进行的行政处分裁量；5. 纲要即使与地方政府的条例相冲突，也无法让地方政府作出变更。

正因为内阁决议纲要存在着如此重大的缺陷，环境厅一直以来举着法制化的旗号，却在基本法中不明确提出法制化，而是通过实施予以开展，这明显是优先经济发展的政治判断。寺前议员则介绍了在中公审与自然保护审的联合分会上经团联常任理事内田反对法制化的发言，"基于内阁决议，企业积极开展实际评价并取得了良好收效。现在环境影响评价并未发生问题，不需要重新讨论。"对于上述经济界的言论是否反映到了基本法的提问，林长官表示对此概不知晓。然而，基本法的缺陷就在于此——屈从于经济界的意愿而不明确提出法制化[37]。

第四，由于在国际环境问题中存在公害输出以及 ODA 导致的环境破坏，作为日本的责任必须尽快推行紧急对策，然而基本法中却没有任何相关的具体规制措施。因此在野党议员再三要求新增防止对策规定的条款。地球环境部部长加藤三郎对此表示按照日本的法律制度要求别国，尤其是发展中国家的环境标准和环境影响评价制度是侵害其主权的行为，就此否定了对法案的修正[38]。林长官则做出以下陈述：

"有看法指出可以实施新的制度，关于这一点由于需要尊重对方国家的主权，因此想要建立新制度肯定需要更多的研究。虽说如此，在开展海外事业活动的同时，为了不在环境保护方面出问题必须具有合理的环境意识。由这一主旨出发，基本法第 34 条有环境关怀的相关规定……今后……期望加强对环境的关怀。"[39]

听起来似乎可以解读为"公害输出"和环境破坏是尊重对方国家主权的结果。这是以冠冕堂皇的理由进行蒙混，企业进军海外市场时利用了环境政策的双重标准。

第五，为防止全球变暖而采取的诸如环境税等经济措施是有效的，但基本法第 21 条表述极其模糊。第 1 项规定了经济扶持，这原本就是正在实行的措施，不用在新的法案中出现，但此处出现是为平衡环境税等带来的负担，是讨好经济界的规定。第 2 项颇为繁琐地讲解了为引入制度而必须研究的条件和研究结果，宣称必要时要努力获取国民的理解和合作，但却没有提及引入经济手段，这显然是吸收了反对引入环境税的经济界的要求。林长官仅对这条晦涩的条文进行了说明[40]，宫泽首相则认为目前关于环境税抑制污染、筹措财源的两个目的存在异议，在开征新税时必须慎之又慎[41]。

由此，从国际角度来看，促进发达国家业已采用的环境影响评价制度的法制化和引入环境税等经济手段在基本法问世之后进展迟缓，导致了环境破坏的扩大。

除此之外，关于信息公开问题，最终结果停留在了现状由政府根据判断提供信息的做法；而关于公众参与问题，仅为考虑今后在审议会成员中吸纳市民组织代表，未对草案进行修正。另外，草案中虽提及了环境教育这一重要政策，但这也是政府主导的措施，并不是支持开展自主活动的政策。

5. 环境基本法的评价及其后的发展

"含糊的进步"

环境基本法是向针对全球环境问题、提高生活质量（宜居性）的环境政策迈出的第一步。但是，对于这是否称得起是迈向环境政策新阶段的合理明晰的法案却抱有疑问，正如 NGO 的意见和国会的争论中所提及的，虽然提出了将里约宣言的 SD 作为新型环境政策原理的理念，但却没有规定环境权作为国民的权利。其次，除环境基本规划，环境基本法的内容，尤其是具体措施的规定均放到以后探讨，其中的典型就是未就至关重要的环境影响评价制度和经济手段做任何规定。另外，在废除公害对策基本法、将其与基本法相统一之时，本应对 25 年来的公害对策进行评价，总结成果，同时改正缺陷，但显然这一过程并不充分。这突出表现在面对水俣病问题的解决、西淀川·川崎·尼崎等都市型复合公害诉讼案、核电导致的辐射公害等问题时，完全没有施行积极有效的对策。

根据里约宣言，国民参与到环境政策的制定中已经成为决策的国际惯例，但是在基本法的制定过程中，草案延迟公布，中公审的会议记录未予公开，没有正式的公众参与，同时基本法中完全没有采纳 NGO 的意见。但是，全国对于基本法的关心和行动前所未有，政府无法再继续无视，于是 NGO 的意见后来催生了虽不完善但具体的法律制度（下文详述）。

环境基本法为解决全球环境问题和国内的宜居问题而超越了公害对策基本法。同时在信息提供和环境教育等与公民合作方面又迈出了一步。然而，这一步不是饱含信心迈出的一大步。若用一句话来概括似乎可以说，环境基本法的确立是"含糊的进步"。

出台环境基本规划

根据环境基本法第 15 条，政府必须制定环境基本规划。作为新一阶段最初的方针，环境基本规划交由中央公害对策审议会负责制定，审议会于 1994年 7 月发布《环境基本规划基础研究中期汇总》。环境厅以此为基础，从 1994 年 8 月开始分九个大区听取了 156 人的意见，加上后来通过邮寄、传真共收集到 610 人提出的 3336 条意见，并将上述意见整理成《关于〈环境基本规划基础研究中期汇总〉的意见概要》，于同年 10 月公布。这一系列程序显然不同于以往环境政策的制定过程，显示了环境厅希望这个规划能够得到国民的支持。从这份《意见概要》可以看到对于《中期汇总》的率直批判。如果法案能够慎重地吸纳《意见概要》中的合理建议，那就能够反映日本环境会议等环境 NGO 对之前基本法的意见。然而，由总理府制定并获得内阁通过的《环境基本规划》（1994 年 12 月公布）与《中期汇总》基本一致[42]，听取国民的意见难道只为走过场吗？

全文由三部分、五章、36 节构成，篇幅庞大。新增部分仅有第二部分第三节《与目标相关的指标的开发》、第三部分第十三章第六节《技术开发中的环境关怀与新课题的应对》以及第五章《根据全球环境保护相关国际条约的举措》。其中采纳了《意见》中与目标相关的指标部分，但是《中期汇总》完全没有涉及其具体目标、实现年份、达成手段及主体等部分，于是有人强烈批判其不是"规划"，而只能说是一种愿景。因此，受上述批判的影响，《基本规划》将过去确定的大气污染环境基准等作为"参考"，又将《关于环境保护的个别问题的现有目标》作为附录。这些是各个部门已经认可的目标，而非新制定的方针。《规划》中表示现阶段还未对目标的具体指标进行充分的调查研究，今后将不断推进开发，并在此基础之上实行并重估现有规划。

其他的重要批评意见则完全没有被吸纳。能够称得上是改革的包括"分类收集包装废弃物、推进包装材料的再生利用"、推进针对化学物质的风险评估、引入一般废弃物从量计费和押金返还制度以及新增女性的作用等部分。从目的看来，环境基本规划必须改变大量生产、流通、消费、废弃的经济模式，转而建立起新型的政治经济体系，因此《规划》就必须优先政府所有的行政与计划，展现出适合于企业、个人进行生产（经营）活动的模式框架。

这既是"政治改革"也是"行政改革"，由于将环境置于首要位置，必须下定十分的决心面对企业与社会的挑战。但是细致入微的长篇"大作"《环境基本规划》却终究无法脱离模棱两可的环境基本法。

针对环境基本规划的探讨

《规划》将长期目标概括为四个关键词——循环、共生、参与、国际对策，并据此提出了五项具体措施。政府的文书有个通病，文章没有主语、由谁来怎样实行、谁来监督（事后评价）、由谁来承担失败的责任等通篇没有点明[43]。下面简要分析一下五项举措：

（1）实现环境负荷小、以循环为基础的经济社会体系……该项措施以环境基本法第4条为基础。这一经济社会体系没有明确的定义，其内容仅抽象地概括了个别公害问题与环境政策，具体包括保护大气环境、保护水及土壤环境、循环利用废弃物、降低有害化学物质带来的环境风险，但没有明确具体的产业、地区、交通和消费的结构，也未提及实现该体系所需的规制及经济手段。

（2）自然与人类和谐共生……此处将日本的国土空间分为四类，阐述了与之相应的共生原则。四类空间分别指山地自然地区、内陆自然地区、平原自然地区和沿岸地区。共生原则分为两条，即"对具备高价值、统一性的原生自然予以严格保护"和"对在野生生物的生存生育、自然风景、稀少性等方面具备优势的自然予以合理保护"。自然景观虽属于难以与市场制度关联的环境范畴，但予以保护时其所有权便成了问题。若是可以在当地居民达成共识的基础上进行保护当然好，但若不然，就必须由中央和地方政府、NGO进行收购或进行区域指定。如何区别此处所使用的"严格"和"合理"就成为问题。

虽然笔者赞成必须有计划地推进自然环境的保护，但这里仍存在两个问题。一是不仅需要保护如原生林一般的富有价值的绿地，还需要保护山林、城市化地区内的森林、农田等与人类生活密切相关的绿地。在欧洲或许由于中世纪森林遭到大面积破坏，因此对近郊地区森林的保护十分严格，另外由于战争的惨痛教训，因此也持续保护都市农业和市民农艺园（如德国的克莱茵花园）。而在日本，急速发展的城市化不是对城市中心进行再开发，而是在近郊农村、丘陵及填海造地的地方发展，使得自然遭到严重破坏，尤其是将生产力水平比较高的城市农业用地改造为宅基地和道路。城市农业的保存不仅是为城市留住绿色环境，更可以在发生灾害时作为必要的避难场所，但是急于推进住宅开发的政府却向近郊农田征收与宅基地相同的税款，因此与 20世纪 80 年代初相比，到 90 年代中期三分之二的城市农地已变为居住用地。日本必须再一次保护城市农业、扩大市民农园[44]。

　　另一个则是为保护人口稀疏地区的自然环境，促使人口，尤其是年轻人定居、返回、移居到该地区的课题。日本的山林面积约占国土面积的三分之二，多数地区为次生林、山林地带，如果人口流失，山林业就无法开展，将导致森林荒废、水源枯竭。而若是没有农田，特别是缺乏稻田，那将连国土也难以保护。与城市相同，日本农民的生活也是消费大量商品的生活模式；因此，农村生活不仅需要维持农业，还需要建设完善的给排水系统等生活环境设施、福祉、医疗、教育·文化设施、公共交通和商业设施。如果只是将核电、产业废弃物处理厂等"厌恶设施"放到农村、山村地区，而不探索这些地区自主发展的可能，那保护自然环境将难上加难。乌拉圭会谈多边贸易谈判之后，农业自由化在不断推进过疏化的发展。为实现自然与人类的共生，必须推行农业、农村复兴政策，这不仅是环境厅，更是政府全体的职责。而环境基本规划也不能仅停留在环境保护的层面，必须成为实现都市与农村和谐共生的所有地区共有的规划。

　　（3）实现在公平的职责分担下所有主体的参与……此次规划中国民的职责加重。改变大量消费的城市生活模式是实现环境负担少的经济社会体系的基础，因此消费者要理智消费、勤俭节约。使用者对于城市公害，尤其是机动车污染都负有一定的责任，但是借此将责任都推给消费者是错误的。产业结构在不断变化，经济重心从制造业转向商业、服务业、金融业、房地产业，于是消费者似乎就成了能源消费和废弃物排放的主体，但企业才是供给的主体，因此公害的污染源依然是企业，仅靠消费者无法解决问题。

　　《规划》中提出的"参与"是指从政府角度来看的职责分工，并非公众参与。

　　（4）推进有关环境保护的共同基础政策……该项主要是促进《规划》实施的政策手段。环境基本法没有明确提出环境影响评价制度的法制化，《规划》中就这一问题表述如下："在开展大规模且可能明显影响环境的工程时，政府应当努力推进建立在以往环境影响评价实施简章及个别法律条文基础上做准确的环境影响评价的实施，并进一步促进其合理应用。……今后，鉴于我国迄今不断积累的经验，以及对环境影响评价能够有效促进环境保护重要性认识的不断提高，应当促进各级相关部门协同对内外制度的实施状况进行调查研究，并据调研结果，重新评估包括法制化在内的所必须的条件。"

此处与《环境基本法》完全一致。其前半部分虽然提到应当合理推行环境影响评价制度，但完全无视了第五章所述的由于没有进行环境影响评价而导致的公共工程严重的公害问题，完全是在对公共工程诉讼的现实充耳不闻情况下写就的肆意孤行之作。

关于环境影响评价制度，由于对地区地理、气象十分熟悉的居民的经验非常重要，因此今后法制化的过程中居民的参与必不可少。评价是以专业企业为主体，但必须经第三方审查；评价对象不仅限于典型的七大公害，还必须包括放射性危害，以及自然、景观、街景、文化遗产等广泛的范围。而且不仅需要工程环评，还需要进行规划环评。由于环境影响评价法是程序法，考虑到预防工作的重要性，必须要根据评价结果决定中止工程或是换成替代方案。上述条件的形成需要充分完善的法制化，《规划》并没有提及上述的具体展望。

其次提到了环境税等经济手段，但由于环境厅的愿望与其他部门、财界的意见存在分歧，此处并没有出现具体的环境税提案。与《环境基本法》完全相同，该项表示将对环境税在环境保护层面的效果、对国民经济产生的影响进行调查研究，同时为引入该制度努力获取国民的理解。作为经济手段可以通过公共投资来完善社会资本，但这与其说有利于环境保护倒不如说增加了环境破坏。但此处没有提及应当严格实施环境影响评价，维持公共工程的公共性。

最后对于受害者的救济表述如下：

"基于《公害健康受害补偿等相关法律》的相关规定，应当给予认定的患者补偿，实现公正迅速的救助。对于水俣病，要促进认定工作的开展，推进水俣病综合对策事业、以国立水俣病研究中心为核心的综合研究等政策的实施。"完全没有反省公健法全面修改之后的情况，而这样则无法拯救受害者。

（5）国际对策……国际合作方面，该项指出由于今后亚太地区将在地球环境问题上占有十分重要的意义，因此日本应当发挥带头作用，促进环境政策方面的相互协作。对于发展中地区，"我国应当支持此类地区努力自主地实现环境与开发两相兼顾，同时积极推进各种环境保护方面的国际合作"。正如第八章所述，在由于企业"公害输出"和ODA导致的环境破坏情况的出现，日本企业与政府被批判之时，这是十分不负责任的态度。大概是在期待着如经团联的地球环境宪章那样的自主行动，但关于受害的救济与环境影响评价，应当与对方政府、企业开展对话，阐述具体的应对措施。

《环境基本规划》是政府国土规划与经济计划的基础。如果可以，希望将目前正在进行的全国综合开发规划、疗养地法、大都市圈开发暂停一下，根据环境基本规划对上述的实施予以修正。若无法做到，那只能等其他经济开发计划的实施带来公害与环境破坏之后，由环境基本规划来负责善后了。

环境立法的高峰期——皮球原理

受《环境基本法》的影响，环境问题的领域扩大，而一直以来没有立法的领域需要补课。废弃物相关法早在基本法确立之前就已经着手，2000年，出台了将相关法律综合化的循环型社会形成推进基本法。随后，为保障实际工作的开展，陆续出台了资源有效利用促进法和各种资源再利用法。而环境影响评价法最终于1997年确立。政策（战略）环评制度也于2007年引入，但适用范围不包括民营工厂和核电领域。2004年6月制定了景观法，针对环境再生与城市再生的相关法律也相继出台。

战后，日本在制定公害、环境法律问题上相对滞后。1967年，以公害对策基本法的制定为开端终于拉开了环境立法的序幕，但每项法律都是出于发生严重公害后的对策需要而制定的。与美国国家环境政策法相比，日本的环境影响评价制度晚了30年；与意大利的景观法相比，日本的景观法晚了20年。环境基本法的制定催生了新的法律体系，这既是国民对于环境保护的要求，也是迫于里约会议后外部环境的压力，同时也是由于在全球规模的环境保护框架下，环境保护催生了新的商业机会。比如以往认为毫无价值的景观保护，如今和旅游相结合产生出价值。而且，环境政策的经济手段也强化了对市场制度的利用。上述变化都成为了环境立法出现高峰的背景，而现在《环境六法》已成为必须由双手合抱的大部头了。

日本是法治国家，因此不能希求通过中央省厅的行政指导任意地实施环境政策，而必须通过法律制度来实现。然而，法律不会自动实施，要通过居民的舆论和运动，启动法律使其发挥效力。举个例子来说法律和条例就像皮球的皮，为保环境政策的实施，必须制定相关法律制度作为皮球的皮，如果球内没有犹如空气一般的居民的舆论和运动，那皮球就无法弹起；而正如没有空气皮球就瘪了一样，环境政策也会变成一个空壳。有许多法律的制定，不一定是由于居民的要求，往往是因为外部压力和政府内部的行政要求。如景观法制定迟缓，存在大量已遭损毁的景观。在新自由主义的潮流下，要求缓和规制的市场压力逐渐增强，即便法制化，也有空洞化的倾向。虽然有了法律体系，对其加以利用并推进环境保护发展的，正是从未间断的国民舆论与运动[45]。

第三节　"对抗公害，实现环境再生"
——居民反公害运动的目标

1. 复合污染型城市公害诉讼

起诉经过

如前所见，初期产业公害的对策已取得进展，但随着产业结构的升级和节能技术的进步，公害的形态也出现了变化。然而，在导致公害的中间体制中，典型如东京单极化的地区经济发展不平衡、大量消费的生活方式和以汽车为主的交通体系没有得到改变，因此重化工业中心的产业公害虽已减少但城市公害却严重起来。以大气污染为例，虽然二氧化硫排放量减少，但汽车、特别是大型货运卡车（柴油车）交通量的不断增长，使得污染物主体变为氮氧化物（NOx）和悬浮颗粒物（SPM、PM2.5）。与此同时，开始出现公路沿线取代工厂集中地带成为环境质量不达标区域的趋势。在大都市圈，伴随着工厂、企业不断集聚，修起了车辆川流不息的公路交通网，尾气排放导致的复合污染日益严重。

上述一系列变化中，80年代以后的大气污染公害诉讼以 NO_2、SPM 为主要污染物的事件居多，第七章表 7-8 列出的千叶川铁、仓敷水岛工业区、西淀川、川崎、尼崎、名古屋和东京等地的诉讼就属于此类案件。其中，千叶川铁和水岛工业区诉讼案与四日市公害虽同为产业公害，审理基本逻辑相同，但由于污染物不同，且四日市公害案之后公害对策发生了变化，因此需要独立的理论和举证；加之，《公健法》修订之时中公审否定了 NO_2 和 SPM 大气污染与疾病在法理上的因果关系，这使得后来的诉讼更是困难重重。川崎、水岛两案虽然最终胜诉，判处赔偿损害，且经过调解后支付了赔偿金，但并未认可停止侵害。

笔者将在此介绍作为现在公害典型的西淀川及其他四个复合型城市公害诉讼案，这一过程包括上述两场诉讼中直接面对的与 NO_2 和 SPM 相关的新论点。因为此前的第七章已经介绍了西淀川公害诉讼的起因部分，可能稍有重复，下面主要介绍四场诉讼的共同特征。

众所周知，西淀川、川崎、尼崎、名古屋南部自第一次世界大战时期就是日本的生产力中心地带，同时也是典型的临海重化工业发祥地和战后经济高速发展的发动机地区，由此也可以称其为日本公害地区的代表。这片地区作为公害历史的象征，为何在经济增长奇迹落下帷幕之际才出现迟到的诉讼？或许因为该地区历史上已经形成了居民区与工业区混合的形态，公害已成常态，当地居民早已"习惯"了吧。但是不同于水俣市、四日市这类在企业城下町居民对企业抱有远超自治权的忠诚，这些地区事实上倒是富于自治力的市民居住地，最有力的证据就是自 20 世纪 60 年代开始，区内各地纷纷建立革新型地方政府并成为公害行政的先驱。换句话说，之所以上述地区的公害诉讼姗姗来迟，正是因为他们充分利用公害行政手段解决了公害问题。在出台公健法之前，依照尼崎、大阪、川崎各城市患者的要求，除去 1969 年颁布的《救济法》，各地还各自制定了公害健康受害者救济条例。也就是说，公健法制定的原动力来源于居民运动高涨的地区。然而，在放宽 NO_2 环境标准的背景下，革新型地方政府不复存在，同时以民营化、放松管制为目的的临时行政调查会政策开始实施，依靠公害行政的公害对策之路开始逐渐关闭。如第七章所述，"西淀川公害患者与家属之会"当初考虑到公害审判问题对组织进行了调整，当发现修正公健法的动向时，他们中止起诉，转而为完善公健法的内容而努力[46]。然而从放宽 NO_2 环境标准看出环境厅态度的转变，危机感促使他们于 1978 年 4 月提起诉讼，但当时有比诉讼斗争更为重要的问题——1981 年全国公害患者之会联合会成立，全力开展阻止临时行政调查会改革的"行政斗争"。被称为市民中产生的卓越政治家森协君男站在了斗争的前线，为促进行政反映民意而奋斗[47]。尽管曾参加过运动的一名受害者将运动的激烈程度比作"战国时期的大会战"一般，但政府最终仍然采用了临时行政调查会的最终报告《指定地区解除条件的明确化》，开始着手修改公健法的工作。

第一节提到过，公害患者曾在环境厅前连日静坐示威，强烈反对修订公健法。为此，在中公审破例举行全体会议之后，环境厅保健部部长目黑克已特地赶到"公害患者联络会"的报告集会上，希望有机会说明政府和环境厅的立场。在不断有最新的公害患者提出申请的过程中，公健法修订案被提交国会，并最终实现了上文提到的完全按照中公审报告的修订——"大气污染区域全面解除"。由此，公害诉讼引发的运动再度复苏，与已经起诉的西淀川、川崎一道，尼崎和名古屋南部的公害患者也提出起诉[48]，西淀川于 1984年 7 月提出第二次（原告 470 人）、1985 年 5 月第三次（原告 143 人）、1992年第四次（原告 1 人）诉讼，逐步发展为有关大气污染公害原告最多的诉讼案（原告合计 726 人）。

西淀川公害诉讼斗争

西淀川公害诉讼案前后进行了 20 年，其持续时间如此之长在于被告企业共计 10 家且地域分散，同时难以证明被告企业与大气污染的因果关系，尤其是因为汽车尾气污染问题向政府和公团提出了损害赔偿和停止侵害的双重要求，这使得审判本身就充满困难。然而不仅如此，政府要求全面解除指定地区，意图以此宣告大气污染公害终结，并在中公审报告中声称现在并没有出现 NO_x 和 SPM 的受害者符合必须予以民事赔偿的标准。也就是说，对于被告企业而言，行政内部已将大气污染公害落下了帷幕，但自己却被再次推上舞台；而对于被告的政府和公团，政府已经明确认可可废气排放在容忍限度内了，自己又突然被起诉。如前所述，无论是中公审报告还是以此为基础的指定地区的解除，从科学的角度看都不是正确的判断。在以后的日子里，大气污染受害者仍陆续出现，而且从 PM2.5 和后来的 SPM 中还发现了新型致癌物质。即便如此，不同于 70 年代，这一时期的政治社会背景显然对被告企业有利，这也导致了被告企业采取一种傲慢的、不诚实的应诉态度，从而将诉讼逼入了错综复杂的迷局。同时，原告律师团还指出法院的诉讼指挥颇有拖延判决之嫌[49]。被告请求向全体原告、全体主治医生、专家学者等 100 多人进行证人询问，法院虽没有认可其向主治医生询问的请求，但对全体原告进行了询问。尽管从第二次诉讼开始询问原告的比例降到了四分之一，但还是耗费了大量时间。在这样的"持久战"中，不断接受反方询问的原告受害者没有单单依靠律师，而是将自己当作诉讼的主人公，秉持必须要在诉讼中斗争下去的自觉。律师团也通过原告自身的诉说认识到受害的严重性，表示"重新引发了同为人类的共鸣，并开始感受到坚持到底所体现的尊严"[50]。另外，患者会的干部认为"这场诉讼仅凭法学理论是无法获胜的，我们还需要舆论的支援"，1988 年 3 月 18 日，在大阪·中之岛中央公会堂召开"追求生存在清洁空气下的权利——争取西淀川公害审判早日结审、胜诉 3·18 府民大集会"，以此次集会为开端，不仅大阪府，全国都开展了诉讼斗争。

从当时的情况来讲，推进了森协君男"诉诸舆论、发动舆论、引导走向胜诉"运动方针的这场原告运动也是不得已的办法。这场患者会发起的运动最终与地球环境问题 NGO 的核心生协（生活协同组合的简称）等消费者组织合作，逐渐改变了大阪府民的舆论[51]。

一审判决

1991 年 3 月 29 日，法院对西淀川大气污染诉讼案做出一审判决，判处企业进行损害赔偿，但未认定其公路公害责任，驳回停止侵害的请求。下面简要介绍判决的主要内容。

西淀川审判的首要难点在于难以确定大范围分散的 10 处固定污染源所排放的废气是否是引发受害问题的原因。被告认为大气污染的主要来源是位于区内邻近城市的中小企业，且由于大企业均通过高烟囱排放废气，因此没有对原告主张的地区造成污染。为论证该结论，双方借助超级计算机进行了模拟。判决最终采纳了大阪市的模拟结果，认定 1973 年、1974 年前后工厂的煤烟借助西南风造成了 SO_2 污染，同时 10 家被告公司的污染影响率在 1970 年约为 35％、1973 年约为 20％，1969 年之前的影响率总体上不低于此。被告提出大阪平原的特征为冬季平稳烟雾期造成东北方向污染，但没有获得法庭认可。虽然判决具有限定性，但认定了广大地区的被告企业造成了污染这一事实。

第二个难点在于被告认为有基于流行病学的集团型因果关系缺乏科学严谨性，要求原告方对个别因果关系进行举证。原告则列举政府组织进行的四大流行病学调查，即千叶调查（千叶县）、大阪·兵库调查（大阪府）、冈山调查（冈山县）、六城市调查（环境厅），证明了大气污染与原告疾病的因果关系。判决书中包括上述调查，以上文中公审的《报告》为首共列举了10种以上的流行病学调查，将大气污染与本案中的疾病关系共划分为三个时期，具体判决如下。

判定导致昭和三十至四十年代西淀川区出现慢性支气管炎、支气管哮喘和肺气肿的原因是该地区高浓度的二氧化硫和悬浮颗粒物。因此，昭和三十至四十年代西淀川的居民长期暴露在高浓度的二氧化硫和悬浮颗粒物之中，到将该地区高浓度的二氧化硫、悬浮颗粒物改善至大阪市平均水平的昭和50年代初期为止，由此可以推定这个阶段的发病者均受到本地区高浓度二氧化硫、悬浮颗粒物的影响，系本案疾病的患者[52]。

然而判决书中并未认定NO_2单独或与其他物质混合之后与上述疾病之间的因果关系，理由与中公审《报告》对中公审专门委员会报告的后半部分的向相反方向解读如出一辙。但是，由于在原告提出记录以外的引用文献中，判决认定了复合污染的影响，因此从法理因果关系层面否定NO_2的影响缺乏说服力。[53]

在此基础上进入对原告的个别认定，在87人中否定了17人的患病与大气污染之间有因果关系。如上所述，全体原告均系公健法认定的患者。判决则以仅凭借公健法认定患者一项是无法进行个别认定为由，要求原告提交详细的诊断书作为证据，然而原告方对此颇为回避，法院则参考被告方提交的医师意见书未认定其中的17位原告。这是对公健法认定工作的严重批判，否定了由四日市公害诉讼及大阪机场公害诉讼所确定的流行病学上的集团性因果关系，重蹈对个别因果关系举证无止境的危险套路。而加害方本应该证明未被认定的17位原告并非大气污染致病，然而并未这样做。

第三个难点在于对共同不法行为的认定。与四日市工业区一案不同，西淀川公害案的被告所在地的位置分散，且由于是从多数污染源中抽样，因此难以对共同性进行举证。判决认定所谓共同不法行为必须为社会性的一体化行为，否则仅因其排放的烟尘相互混合而成为污染源这一微弱的共同性，是无法对其进行认定的。由此，具体的判断标准应当从预期或是预期的可能性等主观因素出发，并综合考虑选址条件、资本的经济技术结合关系等要素。原告主张阪神工业地区形成过程中的一体性以及均依靠关西电力公司提供能源的一体性，这一点作为对地区经济形成一体性、共同性的研究课题颇为人关注，但判决却未予以认定。判决认定关西热化学、神户制钢、大阪燃气三被告之间在资本构成、产品供需关系上存在明确的相关性，其触犯民法第719条第1款前半部所定的共同不法行为。

而后，判决就环境问题的关联性做出了具有划时代意义的判定："从制定大气污染防治法到实施西淀川地区大气污染紧急对策，在这一过程中被告方的大企业能够也应当自觉意识到在公害环境问题方面，各自的企业活动有较强的相互关联这一事实。因此，最晚在昭和45年以后，至少位于尼崎市、西淀川区及此花区的临海地区的被告企业工厂排放的污染物合为一体，污染了西淀川区，并对原告的健康造成了危害，被告企业能够也应当认识到该问题。"[54]

通过20世纪60年代大气污染防治相关法律的制定以及1969年6月大阪府蓝天计划、1970年6月大阪市西淀川区大气污染紧急对策等的制定，环境政策由个别污染源规制发展为环境标准规制乃至总量规制，同时重视地区污染源的一体性、共同性，该判决认可了其意义，可以说那些未遵循环境政策的企业的共同责任就此明朗化。

判决虽未论及选址的过失，但就持续生产的过失及基于大气污染防止法的损害赔偿责任做出裁决。

判决考虑原告各自的情况，判定原告损害赔偿金额从2400万日元到4万日元不等，由于公健法等的补偿金额可以填补部分赔偿金，因此扣除该部分后的赔偿总额为3.5742亿日元。被告企业在1969年以前依照《救济法》的标准，负担其中的1/2，1970年以后则根据其影响程度负担相应金额。

而关于政府和公团，由于否定了NO_2与危害健康之间的因果关系，因此判决未判断该方面责任。其次，判决以"原告请求中未就被告应当采取怎样的行为加以明确，由此不能断定被告应当履行的义务"驳回了关于停止侵害的请求。

虽然从明确大企业公害责任的角度而言，这场判决取得了"胜诉"，但其未认定集团型因果关系，驳回停止侵害的请求，同时遗留了否定公路公害等问题[55]。

"胜利和解"

原、被告双方在一审判决后均提出上诉，"西淀川公害患者与家属联合会"和辩护团就今后问题的解决与企业进行直接交涉，提出了"解决要求五条款"：

"一、被告企业承认自身负有加害责任并谢罪致歉，同时对原告的损害进行全面赔偿，支付赔偿金。

二、为使 SO_2、NO_2 及悬浮颗粒物达到环境标准，被告企业需采取彻底的公害对策。

三、为确保原告及公害病认定患者接受适当的治疗、恢复身体健康、将来生活有所保障，被告企业需进行持续赔偿。

四、为防止未来公害的发生，被告企业需缔结公害防止协定，确保资料公开，支持受害者与专家的进厂调查。

五、被告企业需协助开展'西淀川再生计划'，促进西淀川区转型为无公害健康地区。"

上述前四条与四大公害诉讼案的和解条款相同，第五条则是全新的政策，其提倡的环境再生成为后来运动的中心，并获得了企业的赞同，下一节将对此进行详述。然而当时这五项条款并没有被立刻接受。1992 年 8 月 10 日，通过支付高于一审判决三倍的损害赔偿金，千叶川铁诉讼案在东京高级法院达成和解，这为西淀川诉讼案走向和解铺平了道路。然而，与被告企业的交涉进展困难，尤其以关西电力的态度最为强硬，最终由外部的因素打破了这一"公害问题的严冬时代"。1992 年的里约会议提出全人类的共同目标是实现保护地球环境的可持续发展，这为日本国内环境 NGO 提供了极大的支持。而经过 1995 年阪神淡路大地震，显示出安全必须是首要的政策目标。地震后，和解交涉在极端秘密的情况下进行，这一犹如小说情节般的秘密交涉在森协君男的《讲述西淀川公害》一书中有直接的描述，在此略去不表[56]。

1995 年 3 月 2 日，原告、律师团与被告九家企业实现和解，被告企业在和解达成之时表示谢罪，宣读了以承认自身导致的大气污染责任、将从当今全球环境问题的角度出发，为环境对策的开展贡献自己的全部力量、今后要进一步加强与地区居民友好关系为主旨的致歉信。随后和解在大阪地方法院和大阪高级法院开庭，大阪地方法院审判长井垣敏生对于第二次诉讼之后的诉讼，表示继续在法庭上争辩下去会耽误不少时间，而考虑到在此期间多数患者原告将会死亡，因此劝告双方进行和解，现在和解达成，其和解条款主旨如下：

"一、为结束双方长期围绕大气污染及其健康影响的纷争，构建未来友好关系，被告、即原告清单在案的九家企业向原告支付赔偿金共计 33.2 亿日元，并于平成 7 年 3 月 20 日前将赔偿金以现金或汇款的形式一并支付给原告诉讼代理律师井关和彦事务所。同时，原告将上述赔偿金中的 12.5 亿日元用于实现地区的环境保护、生活环境的改善以及西淀川地区的复兴。

二、原告放弃其他请求。

三、原告与九家被告企业相互确认，本和解对于原告基于公害健康受害补偿法的领取赔偿金资格无任何影响。

四、九家被告企业向原告确认今后将努力开展公害防治对策。

五、原告与九家被告企业相互确认，在本和解条款之外，关于本案无任何其他债务债权问题。

六、诉讼费用由原告及九家被告企业各自负担。"

负责第一次诉讼的大阪高级法院表达了与地方法院主旨相同的和解达成意见，其主张的和解条款如下：

"为结束双方长期围绕大气污染及健康影响的纷争，构建未来友好关系，一审九家被告企业向一审原告支付赔偿金共计 6.7 亿日元，并于平成 7 年 3 月 20 日前将赔偿金以现金或汇款的形式一并支付给一审原告诉讼代理律师井关和彦事务所。同时，一审原告将上述赔偿金中的 2.5 亿日元用于实现地区的环境保护、生活环境的改善以及西淀川地区的复兴。"（以下与地方法院条款相同，此处省略）

在达成和解之际，西淀川公害诉讼原告团及其律师团、西淀川公害患者与家属之会、判决行动恳谈会发表声明，称"成功实现被告企业承认自身法律责任并致歉谢罪，取得和解胜利"。通过和解，最终判决企业支付的赔偿金约为一审判决金额的 10 倍，共计 39.9 亿日元，同时实现使企业承诺公害对策，尤其是其中新提出的为促进"西淀川地区复兴"的 15 亿日元资金更是具有划时代的意义。而这一切都不仅依靠法庭审判，而且为杜绝公害所开展的居民运动诉诸舆论，并与消费者团体和环境运动组织相互协助的成果。[57]

1995 年 7 月 5 日，剩下的第二至第四次诉讼做出判决，关于受害赔偿判处政府、公团向居住在国道 43 号线、阪神高速池田线沿线 50 米以内的 18 位患者（原告数 21 位）支付共计 6557.9997 万日元的赔偿金。关于停止侵害的请求，判决认定上述原告"虽然符合当事人资格，但鉴于公路的公共性，不认可现在的大气污染状况下存在停止侵害的必要性"。这一判决首次认定了包括汽车尾气在内的 NO_2 污染与工厂的 SO_2 污染互相影响，共同导致了公路沿线居民的身体健康出现问题。另外，关于被一审拒之门外的停止侵害的请求，本次判决虽然考虑到公共性予以驳回但认可了原告符合当事人资格，可以说比起一审判决，受害者们向前迈进了一步。

判决后不久，7 月 29 日大阪高级法院第六民事部笠井达也审判长提出了和解劝告，其要点如下：

一、作为目前改善公路沿线环境和生活环境的对策，将采取削减国道 43 号线的行车道，设置巴士站点的休息设施，设置歌岛桥十字路口的地下通道和电梯等七项措施。

二、支持原告的街区建设，与地方政府相关机构开展合作，推进综合的环境对策。

三、进行光触媒减少氮氧化物实验，开展针对包括细颗粒物（PM2.5）的悬浮颗粒物的实态调查。

四、为确保公害对策的持续协商，设置"西淀川地区公路沿线环境联络会"（简称联络会）。

原告接受了和解条款，放弃了先前第二至第四次诉讼判决的损害赔偿金6557.9997 日元，至此，距起诉 21 年后，终于实现了问题的全面解决。此后，有关公路公害的问题由"联络会"、有关西淀川环境再生问题由"公害地区再生中心（蓝天财团）"直接负责。明治时代以来日本现代化进程中遭受最严重公害威胁的西淀川居民终于取得了与公害战斗的胜利，迈出了走向地区复兴的坚实一步。

2. 寻求停止侵害与生产者责任延伸

西淀川诉讼案争端的全面解决给其他的大气污染诉讼案带来了极大的影响。包括上述的六起诉讼案以及西淀川"胜利和解"后开始的东京大气污染诉讼案，其间原告团与律师团勠力同心，积极开展运动，将判决与和解逐步推上日程，最终所有的案件均以原告胜诉告终。每场运动各有特点，经过也不尽相同，因此虽然与西淀川诉讼案一样本应对其进行介绍，但本书不是运动史，因此关于运动的概要在前文的表格 7-9 有所叙述，此处将介绍其他诉讼超越西淀川诉讼的成果之处，阐明公路公害，尤其是停止侵害的要求是否得到了认定，以及不仅是政府和公团，汽车产业的责任是否得到了明确。

西淀川诉讼以一审判决结果为基础，通过与企业交涉使其来到和解的谈判桌上，并最终取得了超越胜诉的成果，这一点给其他诉讼案带来极大的影响——在川崎公害诉讼案的一审判决后，1996年12月原告取得了与日本钢管等12家企业的"胜利和解"。一天之后，仓敷也通过同样的和解方式，获得了企业的损害赔偿；而尼崎的情况更为迅速，在判决之前的1999年2月17日，双方通过和解解决了损害赔偿问题。名古屋南部的情况则稍有不同，一审判决后原告即与企业和国家一起达成和解，值得注意的是这其中不仅包括对个人健康危害的赔偿，而且规定将补偿金的一部分用作环境保护和公害地区的复兴。

从上可见，有了西淀川公害诉讼审判结果在先，日本主要工业地带的各大企业认识到无法逃避过往导致严重公害的责任，与其继续纠缠，不如借此机会致歉，通过谋求今后在地区共存和积极协助地区复兴工作来给这段历史画上句号。企业开展环境对策工作在国内外已成常识，这不仅仅意味着将一部分社会费用市场化，更意味着环保设备制造及废弃物处理已开始成为一大产业。能源、资源节约技术不仅有利于预防公害的发生，还能节约成本成为企业竞争的重要武器。上述一系列变化意味着企业在与公害受害者及其支持者持续对立和找出问题的解决办法之间选择了后者。

然而，这场大气污染诉讼不同于四大公害诉讼，作为复合污染型都市公害，除去工厂企业所带来的污染以外，还追究了汽车尾气污染的责任问题。与固定污染源的情况不同，汽车尾气污染的责任由谁来承担是个颇为复杂的问题。如第五章所述，日本将其归为负责建设、管理公路的政府和公团的责任。因为其属于正在持续恶化的公害，所以仅仅寻求赔偿是无法抑制其带来的危害，因此，诉讼案中的原告提出了停止侵害的要求。但由于法院认为，汽车尾气、特别是 NO_2、SPM 与呼吸系统疾病患者之间是否存在致病关系尚不明确，且此类情况往往需要通过比较危害程度及道路的公共性来确定忍耐限度，这场诉讼无疑比企业公害案件更为复杂。另外，与固定污染源的情况相比，关于停止侵害的内容在西淀川公路公害和解条款中陷于多项对策选择，从而更增加了判决的难度。西淀川诉讼案虽然判决原告具备要求停止侵害的资格，但优先考虑公路的公共性，最终驳回了停止侵害的请求。下面，本书将要就其他诉讼中公路公害问题的解决与西淀川公害诉讼相比存在何种不同及其给日本汽车公害对策带来的影响和意义——说明。

川崎大气污染公害诉讼

1994 年 1 月一审胜诉后，与西淀川诉讼案情况相同，川崎诉讼案的原告团、律师团及后援团与主要被告日本钢管、东京电力、东京燃气三家企业进行交涉。在西淀川企业和解先例的影响以及东京高级法院、横滨地方法院川崎分院的调解下，1996 年 12 月 25 日，原告与包括上述三家企业在内的 13 家企业达成和解。和解条款全部相同，包括 6 项条文，赔偿金包括第一次诉讼、第 2～4 次诉讼共计 31 亿日元。与西淀川案达成的和解相同，原告决定将一部分赔偿金设立为"城市建设基金"，用于开展以"川崎的环境与城市建设"为主题的调查工作及相关运动。此案被告系代表日本的大型企业，其最终致歉与原告达成和解，并保证今后将努力推行公害对策等举动的意义就显得格外重要。

1998 年 8 月 5 日，横滨地方法院川崎分院就遗留的公路公害问题，针对第 2～4 次诉讼作出宣判，明确认定了 NO_2、SPM 与健康危害之间的关系，具体判定如下：

"昭和四十四年以后，本案地区的 NO_2 具有单独加剧该地区指定疾病发病与恶化的危险。"另外对与 SO_X 之间的关系也做出如下判决：

"昭和 44 年至昭和 49 年期间，本案地区的大气污染物主要为二氧化氮及二氧化硫；昭和 50 年以后，则主要由以二氧化氮为中心，悬浮颗粒物及二氧化硫的叠加作用导致了本地居民指定疾病发病与恶化的危险。"[58]

与西淀川诉讼不同，判决认定川崎的大气污染仍处于正在持续的状态。而关于叠加作用判决认为，自 1975 年（昭和五十年）以后，本案公路对沿线地区的影响程度 NO_2 约占 45%、SO_2 约占 10%，且以 NO_2 为主体的公路公害明显是给居住在距离公路 50 米以内沿线地区的居民健康带来危害的元凶。这一判决推翻了作为修订公健法基础的中公审报告中提及的 NO_2 危害排除理论，反证了放宽 NO_2 标准的荒谬，具有划时代的意义。然而尽管该项判决具有决定性意义，但其驳回了停止侵害的请求，具体判决如下："关于二氧化氮的环境标准，本院不认为旧环境标准在新环境标准之上；且由于环境标准含有为未来确保某种程度的安全的内涵，因此并不意味着一旦超过标准值就立刻会对健康造成影响。另外，对于居住在距离公路 50 米以外沿线地区的原告，本来本案公路带来的大气污染物质与危害在忍耐限度以内；而即便对于居住在距离公路 50 米以内沿线地区的民众而言，本案公路所带来的大气污染物质的危害并非迫在眉睫，本院不认为情况已紧急到需要以牺牲本案公路的公共性来立即禁止其所排放污染物质的程度，因此没有理由接受原告停止侵害的请求。"

这场判决承认了单独由 NO_2 带来的健康危害及其与 SO_2 叠加作用导致的公路公害，但却因最后驳回停止侵害的请求而被就此颠覆。似乎对此结果只能解释为逻辑矛盾，但这无疑揭示了自大阪机场最高法院判决以来法院的结论——在公共工程的公共性面前，居民的人权被置于等而下之的地位。

与西淀川诉讼案的情况相同，川崎诉讼案原告团、律师团及后援团为实现和解多次进行有力的交涉。交涉结果成立了由建设省、环境厅、通产省、运输省、神奈川县、川崎市组建的"川崎市南部地区道路沿线环境对策研讨会"（1998 年 7 月），据此成立了相应的国家级别组织"协议会"，并与 1999 年 1 月公布了文件《旨在改善川崎南部地区公路环境的公路整备方针》，其中出台了作为道路公害对策的包括 33 个项目内容、共计 4000 亿日元的方针。[59]

1999 年 5 月 20 日，川崎公害审判原告团与政府、首都高速公路公团之间的诉讼接受了法院的和解。政府、公团在《和解条款》的开篇就承认了现在本案地区仍为超出环境标准的高浓度污染地区这一事实，并表明"为达到环境标准，踏实开展相关工作"的决心，而这一点尤为关键。虽然和解条款中有关道路构造的改善等问题与西淀川和解条款相同，但探讨了关于将通行费运用到首都高速公路的问题。而今后的对策则依照前文提及的《旨在改善川崎南部地区公路环境的公路整备方针》开展。

律师团的篠原义仁对此次和解做出如下评价："在与企业和解之际，原告团用赔偿金的一部分设立了地区复兴和城市建设基金，表明在与国家和解时，比起要求高额赔偿金，原告团优先考虑实现根除公害、环境再生与城市建设以及未经认定的患者的救济问题，这再一次印证了原告团内心高尚的志向。"[60]

尼崎公害诉讼

大正时代以来，尼崎市成为了重化工业的中心城市，随之而来以大气污染为主的公害问题不断恶化。为此在这里开展了战后最早的大气污染调查。1957 年 5 月，国立公众卫生院（铃木武夫任主查）开展了针对大气污染的全方位调查，确认了逆温层的存在以及 SO$_2$ 浓度超过 0.3 毫克/升的事实。与西淀川地区一样，在这片有着"污染传统"的地区，当地居民早已"习惯"了该地的环境，对公害问题不甚关心。然而，对于刚刚迁居至县政府在工厂旧址上建立起的杭濑地区住宅（1000 户）的新市民来说，该地区的大气污染状况令他们大吃一惊。根据自身的《公害日记》，明确了污染与儿童哮喘的关系。1970 年 8 月，杭濑地区向尼崎市和关西电力提出了采取公害防治对策的要求；同月，依据杭濑地区公害对策准备会加藤恒雄的提议，"消除尼崎公害市民联合会"成立[61]。这一系列运动后，尼崎市独自实施了公害患者的救济措施，该项措施于 1973 年被公健法继承。但是，公健法的修订解除了尼崎市作为指定大气污染地区的资格。1988 年 12 月 26 日，公健法认定患者 483 人（后于第二次诉讼加入 15 人，共计 498 人）作为原告（松光子担任原告团长），抗议指定地区的解除，要求落实大气污染责任，将关西电力等九家企业及政府、阪神高速公路公团告上法庭，提出包括 117 亿日元损害赔偿金与停止侵害的要求。

这场诉讼案深受西淀川诉讼案的影响，原告与企业直接交涉，结果双方在一审判决前的 1999 年 2 月达成和解。而和解条款也与西淀川的颇为相似，包括企业谢罪、确保今后努力开展公害防治对策及 24.2 亿日元的赔偿金，随后原告撤销诉讼请求，原告方决定将上述赔偿金中的 9.2 亿日元用于保护环境、改善生活环境及振兴尼崎地区等事业。

2000 年 1 月，神户地方法院作出判决，认定 1970 年 3 月至今，汽车尾气导致了国道 43 号沿线至少 50 米范围内出现局部大气污染，这极有可能加剧了居住或工作在此的 50 位原告（包括死亡患者）支气管哮喘及哮喘性支气管炎的发病与恶化。另外，由于国道 43 号线与阪神高速公路 3 号线、大阪新宫线形成双层构造，因此按照国赔法第 2 条第 1 款，作为被告，两条线的管理者的政府及阪神高速公路公团需承担共同不法行为责任，其中政府负担 2.118 384 亿日元、公团负担 1.210 261 亿日元的赔偿金。由于已经明确 PM2.5 系导致大气污染的元凶，居住在国道 43 号沿线 50 米范围内罹患支气管哮喘的 24 名原告享有不作为请求权。而被告有义务防止由公路使用导致悬浮颗粒物日平均值超过 0.15 毫克/立方米的大气污染的发生。

此次判决，标志着针对 PM2.5 导致大气污染的停止侵害的请求首次得到了认定。但是，由于未能认定公健法所指定的剩余三类疾病与 PM2.5 之间的因果关系，且否定了过去测定的 NO_2 排放值与公健法指定四类疾病的发病、恶化之间的因果关系，判决后双方均提出上诉。

2000 年 8 月，大阪高级法院进行调解，但遭到了政府、公团一方的拒绝。原告团、律师团多次秘密与法务省、建设省、环境厅（省）进行交涉，政府则表现出"绝对不会认可停止侵害的要求"的强硬态度，为此，原光子表示"原告已经到了比起拘泥于停止侵害的条文，更应优先考虑已迈入老年的患者的生命的阶段"，为实现和解最终委曲求全，向律师团提出"不再进行停止侵害的要求"[62]。

2000 年 12 月 8 日，大阪高级法院给出了和解的序言部分和条款。序言指出，由于现在已经开始调查研究汽车尾气带来的 PM2.5 与柴油机排放颗粒物（DEP）对健康的影响，并逐步深入探讨公路沿线地区汽车尾气的抑制对策，因此眼下最恰当的解决办法是当事双方共同面向未来，为创造更加美好的沿线环境一起努力。

在和解条款中，为实现汽车尾气减排，环境厅依据中公审报告，制定了柴油机车到平成 17 年实现轻油低硫化、通过 DPF（柴油发动机尾气净化装置）耐久性试验等新长期目标，而针对大型汽车，则欲通过征收通行费等办法对其交通量进行规制；同时，阪神高速公路公团将对阪神高速公路 3 号线尼崎东入口的周边进行建设；建设省将在国道 43 号线的人行道区域设置无障碍设施（电梯），同步推进道路绿化工作；另外成立"改善尼崎南部地区道路沿线环境联络会"作为今后交涉的窗口。鉴于上述条款内容，原告放弃了赔偿损害的请求。

经过长期的诉讼过程，原告均已上了年纪，因此舍弃了停止侵害的判决，选择了以改善沿线环境为核心的和解。然而，伴随着交通量日渐增大，为减排而管制大型车的政策变得难以奏效，政府和公团无法遵守和解条约。于是，2002 年 10 月，为督促被告履行和解条款，原告 21 人向总务省公害等调整委员会提出了协调申请。翌年 6 月，委员会做出答复，给出两条建议：（1）为减少大型汽车交通量开展综合调查；（2）试行公路环境收费办法。原、被告双方对此均表示接受。此事虽然推进了公路收费办法的试行，但大型车交通量却一直难以减少。2013 年 6 月 13 日，尼崎公害患者·家属会在第 47 次联络会上，借国道 43 号线无障碍设施（电梯）的完工这一机会，签署了同意书，结束了运动。这是一个着实令人震惊的长期持续的运动。

名古屋南部大气污染公害请求停止侵害等事件

在尼崎方面提起诉讼之后，1989 年 3 月，名古屋南部地区，包括经公健法认定的患者与一位未经认定患者在内的 145 人将新日铁、中部电力等九家企业和政府告上法庭，要求赔偿受害，并停止侵害。之后，分别由 100 人、47 人提起第二次和第三次诉讼，至此原告增到 292 人。停止侵害的核心内容是确保 NO_2 符合旧环境标准、SO_X 与 SPM 符合新环境标准，而这些都是要求改善现状的抽象行政不作为。

2000 年 11 月 27 日，名古屋地方法院作出判决如下：

（1）已知在 1961 年至 1978 年的大气污染物质中，SO_2 系本地区公健法指定疾病的致病物质。在此认定其导致了原告中 110 人发病，同时被告企业所排放的 SO_X 在一定程度上对上述污染都有贡献，因此判定各被告企业承担共同不法行为责任，赔偿对原告造成的损害。

（2）认定国道 23 号沿线 20 米范围内的 SPM 系上述地区居民罹患支气管哮喘的病因，依照国家赔偿法第 2 条第 1 款判处作为该道路管理者的政府对三名原告负有赔偿损害的义务。

（3）对于居住在国道 23 号沿线 20 米范围内的一名原告，判定作为被告的政府必须严禁排放 SPM 超过一定浓度的污染。

这是继尼崎公害诉讼案判决之后判处道路公团应停止侵害的一场判决，具有划时代的意义。在制定停止侵害的条件时，考虑到以往原告由于长期受到 SPM 的危害，其生命、身体所遭受的伤害几乎不可逆转，而防治危害对策难称有效，甚至连大气污染状况调查也未尽责；且即便认可了停止侵害的请求，也可确保其对交通带来的损失不至于导致社会问题而能够应对。在这种情况下，与尼崎相类似，停止侵害的条件是 PM2.5 与 DEP 的达标。

以上四场判决否定了作为解除公健法基础的中公审《报告》的部分要点，实现了巨大的转变。虽然 NO_2 与四类疾病之间的因果关系依旧未能得到认可，但认定了 PM2.5 和 DEP 这类 SPM 加剧了支气管哮喘的发病与恶化。因此急需实施汽车尾气防治对策与减少汽车交通量对策，同时改变公健法指定地区的必要条件。

一审判决后，原告、被告双方均提出上诉。名古屋高级法院通过观察其他大气污染诉讼的动向，认为如果纷争长期持续下去会对受害者与被告双方均不利，因此劝告双方进行和解。其他的诉讼都是从与企业的和解逐步推进的，这次却统一与被告的企业和政府进行和解，原告方面同时覆盖到第二次和第三次诉讼的原告。

2001 年 8 月 8 日，统一性和解达成。首先 10 家企业一并支付 7.336 095 97 亿日元的赔偿金，原告将其中一部分用于实现环境保护、生活环境改善和名古屋南部地区复兴等目标；其次，被告企业要在今后努力推行预防公害、保护环境的对策，同时实现环境信息的公开。原告则据此放弃其他请求（停止侵害）。

其次是与政府的和解，虽然没有了停止侵害的要求，但国土交通省、环境省将力促 NO_2、SPM 尽快达标，并力争减少交通负荷和大气污染。与尼崎的情况相同，两个部门的具体对策包括给车辆安装 DPF、改造公路构造、推行以修订 NO_x 排放法为基础的相关对策。为今后持续推进公害防治对策，原告与国土交通省、环境省设立了"关于改善名古屋南部地区公路沿线环境联络会"[63]。这样，停止侵害的相关事宜在实质上交给了联络会。由此，全地区认可了公众参与到公路公害对策之中。

东京大气污染公害诉讼

1996 年 5 月 1 日，102 名原告将七家柴油汽车制造商以及政府、首都高速公路公团、东京都告上法庭，要求赔偿受害者并停止侵害。虽然这一诉讼案有过去的四次诉讼为基础，但在性质上却有很大不同。首先此次诉讼首次将汽车制造商列为被告。其次，一直以来的诉讼都是寻求 PPP 带来的含有赔偿的救济，而这次则是在原来基础上额外要求基于生产者责任延伸原则之上的对策。同时污染物虽有 NO_2 和 SPM，此次将焦点对准 PM2.5；并将包括丰田汽车在内的七家柴油汽车制造商列为被告。另外，以往诉讼中的原告均为公健法认定的患者，此次则是以非认定患者为中心。这无疑体现了希望借此次诉讼的结果构筑新型受害者救济制度的方针。

2002 年 10 月的一审判决则与期望相反，虽然对于干线公路沿线（道路边缘起 50 米范围）的七名、原告患有支气管哮喘一事，认定导致公路变为污染源元凶的汽车尾气与其之间的因果关系，同时判定了由政府、东京都、公团赔偿原告的损害，但没有认可原告提出的覆盖公路网全体的面状污染。另外，虽然判定汽车制造商负有防止污染的社会责任，但却认为其没有防止健康危害的义务，因此判处其无罪。而由于未能给出大气污染物的污染浓度、即停止侵害的基准，法院以适用不当为由，驳回原告停止侵害的请求。

这样的结果导致诉讼变得毫无意义，因此原告团与后援团一道努力与被告展开交涉以促进全面解决问题。2000 年 6 月，原告律师团在二审结案前确定和解方针，与被告交涉。2007 年 6 月 22 日，双方在东京高级法院的调解下达成和解。

律师团副团长西村孝雄将和解及其后的内容整理如下[64]：

（1）医疗费用救济制度的创立——对于在东京都内拥有居所一年以上且为非吸烟人群的支气管哮喘病患者，将无任何收入限制，全额资助该疾病的保险诊疗费用中的个人承担部分。由此，1972 年创立的未成年哮喘患者救济制度范围扩大到了各个年龄层的支气管哮喘患者。截止到 2010 年 4 月底，申请认定人数已攀升至 49 249 人。草案中最初规定资助的费用由东京都负担三分之一，政府负担三分之一，制造商和首都高速公路公团各负六分之一。政府最初没有接受，但按时任安倍首相的意见支付了 60 亿日元，首都高速公路公团支付了 5 亿日元。

（2）公害对策的实施——①PM2.5 的环境标准在经过中公审的商议后，2009 年 9 月予以公布。新标准为年平均值低于 15 微克/立方米，日平均值 98％的数值低于 35 微克/立方米。②禁止大型货运汽车运行规制：东京都扩展下列禁令——周六 22 时至周日 7 时，环七大道以内区域严禁载重 5 吨以上的大型货运汽车通行。③其他：低浓度脱硫装置引入地下高速公路，道路绿化，局部地区污染对策的实施。

（3）支付一次性补偿金——汽车制造商承担自身的社会责任，向原告支付 12 亿日元的一次性补偿金。

从 1978 年的西淀川诉讼案到 2007 年的东京诉讼案，前后长达 30 年的故事终于落幕。这是在"公害已经结束了"的声浪中，在大气污染指定地区遭到解除、受害者救济制度遭到废除的背景下，复活并推进了相关制度的故事。它告诉我们制度一旦废除再要重启是何等的困难，也告诉我们受害者为了谋求再生不得不进行怎样的努力。之后，企业社会成本的内部化得到推进，汽车社会成本的部分内部化也终于开始。经济学家将公害问题的解决付之以

"社会成本的内部化"这样一行字，实践证明要将其转换为现实是多么的不易，既需要无数人的血汗和努力，也需要在制度设计和确立时的智慧和魄力。而且，这个故事永无终结。

3. 寻求环境再生

从公害地区的恢复·复原到综合性地区复兴

如第一章所述，公害地区恢复政策的开展史始于矿业法的形成过程。1939 年 3 月修订矿业法，其中规定矿业公害的赔偿以金钱赔偿为原则，在一定情况下，赔偿包括恢复地面沉降地区的原貌。依照污染者负担原则，这种情况下的费用由矿企负担。然而由于矿企认为自身负担过重，战后一般的矿业公害地区的恢复工作作为公共工程开展。内容参照第一章所述。

1970 年，制定了"防止农业用地土壤污染法"，并将恢复被镉等重金属污染过的土地确立为公共工程。这种情况产生的费用依照此前的矿业危害地区复原原则，由污染企业负担其中的一部分。后来，随着公害地区恢复工作的深入开展，制定了《公害防止事业费事业者负担法》，正如其名称所显示的，该法规定公害地区的复原工作将作为公共工程开展，其中一部分费用由污染者负担。本书第三章中曾提到，土壤恢复虽然仅限于农业用地的情况，但根据《土壤污染对策法》的规定，在使用工厂旧址时，土壤恢复原则上由土地所有者负担；但在污染者明确的情况下，通过使其负担相关费用的形式实现土地的净化、恢复。

如此一来，虽然受害者通过长期运动促进公害地区的净化与恢复得到了制度上的保障，但这不意味着因遭受公害污染而逐渐衰落的地区重获新生。序章中的图片序-2《环境问题的全貌》所显示的，一个地区出现公害问题就意味着该地的自然和社会遭受危害，同时也是无视危害行为，生活品质恶化，基本人权遭受侵害等一系列问题累积的结果，水俣病和四日市的公害就是其中的典型代表。所以，公害对策不能仅停留在救济受害者的层面，如果不能使地区的自然生态和社会面貌恢复正常状态，就无法根治污染的原因。因此，恢复环境、保障安全和平等的民主主义、创造宜居的城市环境势在必行，否则公害对策远未完结。

预防公害不仅要求改善以工厂、企业为中心的地区环境，还必须保全自然环境、景观，维持或创造宜居街道（适宜居住的街道）。日本的环境保护·再生运动始于四大公害诉讼结束之际，本书第六章所提及的水乡水都保全·再生运动充分动员了舆论，大阪中之岛保护协会与大阪都市环境会议（"让大阪更美好协会"）发起的大阪原始风貌·水都再生运动、小樽运河保护协会的运动、柳川市河渠维持·净化运动、琵琶湖禁用合成洗涤剂及净化运动、中止宍道湖·中海围湖造地运动、霞浦净化运动等相互帮助，并持续推进[65]。

在保护水滨运动中，濑户内海环境保护居民运动提倡入滨权（入滨权，即可自由进入海岸及海滨、捕捞鱼类和贝类、进行海水浴等享受大海自然恩惠的权利——译者注），要求恢复岩滩、沙滩的环境。在反对填海造地的保护浅滩运动中，预定成为垃圾填埋场的名古屋市藤前浅滩，以及原本被列入京叶港计划的三番浅滩（1200 公顷）等在居民运动的努力下才勉强得以保全。这些都是经济高速增长政策主导下因建设公共工程而濒临破坏的自然景观在居民运动的努力下获得保全的鲜活事例。

在欧美国家，20 世纪的战争和经济发展政策破坏了历史文化遗迹、街区等景观以及自然环境，从根本上颠覆了人类社会的价值，造成了无法挽回的绝对损失。而 70 年代以后，伴随着由工业转向服务业的产业结构升级，以及全球化带来的城市危机，欧美国家开始了以恢复自然环境、城市街道及地区文化为主体的城市政策。美国旧金山市就摒弃了逐渐衰退的临海工业和港口工程，取而代之再次利用水滨地带工厂和仓库建筑，将其改造为商业、研究、艺术文化设施，并持续推进将其改造为住宅区、公园等政策。波士顿市同样也在开展水滨再生事业，地下铺设岸边高速公路，使市中心到水滨的市民通道更加便利。纽约市也同样改造了水滨地区[66]。

意大利波河流域致力于将遭受农药化肥污染的围垦地恢复成原始的海洋、湿地[67]。拉维纳市一方面制止了石化工业区的扩张，持续推进公害对策；另一方面开辟了由湿地、森林构成、拥有六个车站的公园，将其设立为市民环境教育场所。博洛尼亚市则停止开发郊外，保护市中心的历史街道，确立了教育型城市的定位，促进与合作社一体化的手工艺产业与艺术文化的新生[68]。意大利宪法第九条主张保护历史遗产是国家的义务，基于此，意大利政府于 1985 年制定了景观法。该法意在保护景观，限制对山岳、江河、海岸的开发，具有划时代的意义。而米兰市致力于将自身打造成公园城市[69]。

英国政府则与 NGO 一道创立了基础建设托管委员会，致力于振兴落后地区，在煤炭及老工业地带开展了约 4000 项工作[70]。

德国开放了法军基地，在弗莱堡市瓦邦地区和特里尔市皮特里斯伯格地区建立起生态社区。其中弗莱堡市作为欧盟的绿色城市闻名于世，以当地居民反对核能发电运动为起点，持续推进如太阳能发电、生物能源利用等地区内的可再生能源事业；而且该地区限制汽车交通，以有轨电车为核心的公共交通发达[71]。这些城市政策最终被整合到以里约会议可持续发展为原则的欧盟可持续城市计划之中（Sustainable Cities Plan）[72]。

上述先进案例给日本的环境运动和学者带来极大的影响。发起第二次公害诉讼的西淀川、川崎、尼崎、名古屋南部的原告律师团和后援团体吸收了日本环境会议提倡的环境再生的观点，将运动的核心由寻求受害者的救济转向力争实现环境的再生。此前，主张保护自然环境与城市街道的环境保护运动与反对公害、救济受害者运动之间几乎从未合作，然而随着判决结果的临近，两者开始相互接近。

公害地区再生中心（通称：蓝天财团）的活动

在复合型大气污染诉讼案达成和解之际，双方缔结条约，原告提出将赔偿金的一部分用于地区复兴事业。在战前四阪岛（别子）大气污染事件中，受害农民团体没有将制造污染的住友金属矿业支付的赔款分配到个人，而是将之用于中学、女子学校、农业学校等教育设施以及实验农场等地区的发展事业上，这一运动也正因其高尚的公共精神而闻名。可以说，大气污染诉讼的原告将巨额赔偿金的一部分用于环境再生领域的这种做法不输上述战前农民热心公益的精神。

原告地区的复兴事业各不相同。西淀川的原告从 15 亿日元的地区振兴资金中拿出 7 亿日元，用于创立公害地区振兴财团。这一举动带来了巨大的影响——仓敷市水岛公害诉讼作为产业公害诉讼案，与四大诉讼步调相一致，其原告创立了"水岛地区环境再生财团（Mizushima 财团）"[73]。然而，另外三场诉讼案的原告团没有选择创立同样的环境再生财团。川崎市的原告向日本环境会议提出请求，创立"川崎环境工程 21"，经过两年的调查研究后公布成果[74]。尼崎则是创立"尼崎南部再生研究室"，持续开展调查研究工作；利用运河优势推进名为"尼崎南部再生计划"的城市建设；同时，由于受害者运动的激励，县、市政府制定了种植千顷森林的百年计划。名古屋南区则出版了《南区公害史》一书，将其作为今后城市建设的指针。

下面简要介绍作为代表的"蓝天财团"的活动，阐述相关课题。

1996年9月1日，作为环境厅所管的财团法人，"蓝天财团"成立。成立之初，理事长森协君男对设立主旨作出如下阐释：

"与单纯对环境的保护、创造、复原工作不同，我们将患者恢复健康、居民的身体健康、地区的宜居环境（舒适的生活）和地区文化等问题纳入视野。通过恢复、培养因优先经济发展、地区开发而损失的社区机能，改变居民、行政、企业之间的对立关系，将三者关系重新构建成原本应有的状态。而NGO在国际政治舞台上身份活跃，但其中立的身份有别于政府外围团体的财团法人。'蓝天财团'源于居民运动，我们致力于成为支持地区居民的新型财团法人。"[75]

财团的活动内容主要集中在四个领域：①无公害的城市建设；②传播治理公害的经验；③学习认识自然与环境；④创造公害患者的生存价值。在上述四个领域中，为传播治理公害经验的资料收集、公开以及针对环境的学习取得了确实的效果。2006年3月，设立"西淀川·公害与环境资料馆"（别称：Eco-muse）。战后公害事件的相关资料大多散佚，早期公害问题的经历者也逐渐减少。资料馆不仅收集了西淀川公害的资料和培养了讲解员，同时也搜集了全国公害诉讼和居民运动的记录。在环境学习方面，定期进行大气污染指标生物调查和野鸟调查，获取了反映地区环境的极其珍贵的数据。

2001年11月20日、21日，蓝天财团在北九州市主举办了"实现环境再生国际研讨会"，这是财团举办的首个国际活动。这次研讨会共提出以下三个课题：

"（1）全面救助公害受害者，采取防患于未然的措施；

（2）停止环境破坏型开发工程（公共工程等）；

（3）推进建设人与自然和谐相处的美丽地区"。

意大利的非政府环保组织Nostra与英国的基础建设托管委员会的活动家也出席了此次会议，此外还有印度博帕尔事件的受害者以及在中国进行公害诉讼的学者等来自各个领域的人员与会，会议取得了成功[76]。借此机会，蓝天财团成为了获得世界认可的环境NGO组织，尤其是作为亚洲环境团体学习日本公害教训的中心而广受肯定。

通过四类活动及国际交流，蓝天财团发展成为开展有关环境再生与城市建设的调查、研究、培养和运动的组织[77]。然而，其面临的问题也着实不少——作为一个需要经营的组织，在现今这一低利息的时代，不可能仅靠基金的收益来维持运作；另一方面，由于公共部门的财政紧缩，政府对其事业的补助金逐步减少；而且因为不是一个运动组织，不能指望通过增加会员、收取会费来维持。因此不可避免要动用基金本金，但这又损耗了无比珍贵的公害解决费。这些是现在日本 NGO 面临的共同问题，因为没有立即见效的解决办法，只能通过节约经费，依照志愿者的援助维持下去。

蓝天财团在成立之际，便制定了地区振兴的总体规划。由于总体规划描绘的是一个梦想，所以不能原样实现也是理所当然，但现实中也并非大家都朝着"水都再生"的理想努力。依照和解内容，被告企业本应当通力合作实现地区振兴，但实际上却鲜有企业参与其中。这一方面是因为后来产业结构与能源结构的剧烈变化，重化工业停止增长，有的工厂甚至变为了研究设施；另一方面则是新增投资投向了海外，地区性要素丧失的这一客观条件所导致。而且，日本企业贯彻的是企业主义，没有重视地区居民、与地区合作的制度，因此应当如何支持地区振兴工作——连问题的方向性都不明确。另一个重要原因则是大阪市或大阪府的政策依然是经济发展主义，没有把建设自然与文化环境丰富的宜居地区作为目标。如果在欧洲，像蓝天财团这样的自发性的城市建设运动一旦开展，地方政府多会给予援助，共同努力实现目标。日本的地方政府多将业务委托给 NGO，但全面协助城市建设并取得成功的实例相对较少。如大阪市、大阪府就没有协助 NGO 开展"实现'水都再生'"活动，当地水滨地带依旧被当作经济成长的手段，这或许与大阪市民自身环境意识薄弱有关。如果要建设美丽"水都"，充分发挥西淀川公害受害者所体现的热心公益精神，地方政府必须进行政策转型，建设"居住舒适的城市（宜居城市）"。

注

1　《经团连月报》24 卷 5 号（1976 年 5 月号），p. 29。

2　《经团连月报》24 卷 6 号（1976 年 6 月号），pp. 66-69。

3　《经团连月报》29 卷 2 号（1981 年 2 月号），pp. 28-33。

4 以下日本环境会议第五次大会（川崎市）的基调报告、讨论和决议等全部内容收录在日本环境会议编《站在十字路口的环境行政——公健制度的问题与改革》（东研出版，1985 年）。

5 有关公健法的改革过程及第一类指定地区的实际状况的相关资料均在环境厅公害研究会编《公健法修订手册》有所记述。虽然其间不乏环境厅的态度和评价，但属于比较客观的资料。

6 国民健康保险医疗保险费账单中，公健法规定的四类疾病的受诊率，大阪为 14.2‰，青森为 14.1‰等，因此认为最新受诊率与污染地区、非污染地区没有相关性。然而，这份流行病学数据没有得到采纳。在环境厅的调查（A）中，环境保护部的调查报告书集中在 1971～1973 年间，以 9 个都府县、33 个地区、46 所小学的全体儿童及部分儿童家长为对象。调查方法没有采用之前所述的以往在指定地区面谈的英国 BMRC 形式，而是采用对象自己填写的美国 ATS 形式。ATS 可以进行大规模的调查，但是无法进行如 BMRC 一般的贴合受害地区实际情况的调查，其调查结果呈现出大城市的发病率高的倾向。统计结果显示污染物中，PM 较 SO_2、NO_2 较 PM 呈现出更强的相关性。而咳嗽、痰等类型的症状更多地与 SO_2、PM 之间呈现出相关性，而与 NO_2 较少。在环境厅调查（B）中，大气保全局的调查报告以 ATS 方式调查低浓度 NO_2 给健康带来的影响；主要集中在 1980～1984 年间，选取 28 个都府县、51 个地区、150 所学校，对过去三年间 NO_2、NO、SO_2 以及 PM 的数值对健康带来的影响进行了调查。有效回答数为 20.4265 万人，其中居住时间超过三年的有 16.716 5 万人（81.8％）。调查结果显示，在儿童健康影响调查中"持续性咳喘·痰"、"哮喘类症状（仅有男性）"、"哮喘类症状——现在"与 NO_2 有关；成人健康影响调查中"持续性痰"与 NO_2 有关，且伴随着 NO_2 浓度的升高，"持续性痰"的症状率会明显上升。然而儿童的"持续性咳喘·痰"多结合"哮喘类症状"等并发症，因此认为现阶段就认定其对健康有影响有待商榷；而成人的"持续性痰"虽然已经认定与 NO_2 有关，但由于不是作为健康影响指标，因此认为判定其影响需在今后进一步探讨。

7 中公审环境保健分会《关于大气污染与健康危害之间关系评价的专门委员会报告》（1981 年 4 月），p.5。

8 上述《专门委报告书》，p.255。

9 铃木武夫、塚谷恒雄、田尻宗昭《读中公审大气污染流行病学报告书》（《公害研究》1986 年秋号，16 卷 2 号）。

10 铃木武夫在《取消二氧化氮标准放宽诉讼》（东京高院，1987 年 2 月 5 日）中接受了控诉代理人的质问，面对究竟是否存在满足《报告》中的这两个条件的病症这一问题时，其作出如下回答："我倒也想问一下这份报告的作者，这即便换成大气污染以外的疾病也是可以的。而且我还想再问讲述疾病使用这样一种描述究竟能否表达呢？

除了事故以外是根本不可能的。"并且还说道："大概是不了解现实的人拍脑袋想出来的。"而对代理控诉人"所以这份报告就成了反医学真实的文章了是吧"这句旨在坐实一般的话语，铃木明确表示："我是这么认为的。"（《取消二氧化氮标准放宽诉讼——证人铃木武夫的证言》，《公害研究》，1987 年夏号，17 卷 1 号，pp. 26-31）

11　东京都卫生局《有关复合型大气污染的健康影响调查》（1986 年 5 月），p. 158。

12　对《中央公害对策审议会第 36 次全体会议记录》提出反对意见的有清水洋一（每日新闻社评论员）、渡边房枝（主妇联合会委员）、木原启吉（千叶大学教授）、加藤宽嗣（全国市长会环境保全对策特别委员会委员长）、並木良（全国地区妇女团体联络协议会干事）。赞成者除去馆、森岛两位作业小委员以外，还有桜井治彦（庆应大学医学部教授）、桥本道夫（前筑波大学教授）、长野准（国立疗养所南福冈医院院长）、坂部三次郎（日本商工会议所环境委员会委员长）、加藤一郎（原东京大学校长）。

13　上述《公健法修订手册》，p. 181。

14　并未报告全部的地方政府的意见，介绍了其中一部分意见。上述《公健法修订手册》，pp. 55-64。

15　《关于基于公害健康受害补偿法第 2 条第 4 款听取地方政府意见的结果》（参照上述《公健法修订手册》，p. 63）。

16　《经团连月报》1987 年 4 月号（25 卷 4 号）。

17　《公害研究》1987 年冬号（16 卷 3 号），见上述《公健法修订手册》，pp. 186-189。

18　上述《公健法修订手册》，pp. 191-193。

19　该项依据《众议院环境委员会议事录》（1987 年 8 月 18 日）。

20　该项参考人意见依据《众议院环境委员会议事录》（1987 年 8 月 22 日）。

21　《众议院环境委员会议事录》（1987 年 8 月 5 日）。

22　修订公健法的审议期间，参议院环境特别委员会委员长山东昭子因去打高尔夫球而缺席。后来山东议员辞退委员长一职，但这表明执政党自恃占有多数议席，对修订公健法这一重要事宜采取敷衍的态度，招致了受害者们强烈的反感。

23　《众议院环境委员会议事录》（1987 年 9 月 4 日）。

24　《众议院环境委员会议事录》（1987 年 9 月 18 日）。

25　作为质疑《报告》公正性的理由，参议院议员沓脱武子举出了经团联公害对策协力财团向森岛昭夫提供了 5500 万日元的研究费，使其研究公健法一事。森岛否认接受过研究费，笔者也愿意相信其清白。但小委员会的结论令人无法理解。

26　清水诚《公害健康受害补偿法的本质问题——怎样理解专门委员会报告?》（《公害研究》）（1986 年秋号，16 卷 2 号）。

27　据悉，对于 OECD 1977 年报告中提到的如何恢复宜居（生活的质量）这一课题，当时身处环境厅的加藤三郎创立"宜居研"，率先推动其行政化；但随后各省的步调却无法统一。加藤三郎《寻求丰富的都市环境》（日本环境卫生中心，1986 年）。

28　草案与成文法之间虽有若干不同，但大体一致。另外正如大量滥用"以及"一词所体现的一般，规定多为附加条件的形式。

29　有关推延评估法的制定以及日本法治的问题，参见原科幸彦《何谓环境影响评价——从应对到战略》（岩波新书，2011 年）。

30　《经团连月报》（1992 年 9 月号）。

31　《众议院环境委员会议事录》（1993 年 5 月 13 日）。

32　日本律师联合会《对环境基本法的要求意见书》，《环境与公害》，1992 年秋号（22 卷2 号）。

33　矶野弥生《环境基本法论坛的总结》，《环境与公害》，1993 年（22 卷 3 号）。

34　日本律师联合会《关于环境基本法制定的紧急提议》（1993 年 9 月 17 日），《环境问题资料汇编》（第 7 卷）。

35　《众议院环境委员会议事录》（1993 年 5 月 18 日）。

36　《众议院环境委员会议事录》（1993 年 4 月 27 日、5 月 11 日、5 月 18 日）。

37　《众议院环境委员会议事录》（1993 年 4 月 27 日）。

38　《众议院环境委员会议事录》（1993 年 5 月 18 日）。

39　同上。

40　《众议院环境委员会议事录》（1993 年 4 月 20 日）。

41　宫本宪一《有关环境基本法》，收录在上述《环境政策国际化》。

42　即使在随后 2000 年、2006 年公布的环境基本规划中也没有具体关于在哪里、如何规划、由谁来实现、其成果如何等的表述，仅记述了抽象的理念和制度关系，与《环境白皮书》一样是面向政府机关内部的文件。

43　宫本宪一，上述《环境经济学新版》，pp. 200-203。

44　环境基本法的评价参见环境法·政策学会《总结环境基本法的 10 年》（商事法务，2004 年）。

45　环境政策的原动力在于市民环境意识的提高及自主的环境保护运动。关于如何让市民参与到环境政策之中详见拙稿《居民自治与环境运动》（上述《环境经济学新版》，pp. 349-374）。

46　如第六章所述，公健法存在着缺少对既往的赔偿和慰问金的问题，"全国公害患者之会联合会"要求新设儿童赔偿补助，参见上述《讲述西淀川公害》pp. 129-136。

47　临时调查会第三分会于 1982 年 12 月 16 日提交了草案，总结重新评估解除公健法第一类指定地区的必要条件。对此，抱有"目前的问题不是西淀川审判"观点的"全国公害患者联络会"在全国范围内动员，一年中数次向临调会议提出要求，举行抗议集会。政府则为推进公健法的修订，令临调第 3 分会在《关于整理、合理化补助金等》中探讨。根据森协君男的说法，由于政府部门之间的分歧，到最终版的报告中间经过了四次修改。通过重写"明确记录了公健法要求损害赔偿的特点、制度的维持、污染者由防止公害的义务，收获巨大。"（如前所述，《讲述西淀川公害》，p. 192）。

48　关于第二次公害诉讼已经公布了各种详细的记录和评价。理论上来说与四大公害诉讼相同，产业公害的焦点在于流行病学上的因果关系、共同不法行为和选址过失；而公路公害问题的核心在于处于公共性考虑的忍耐限度以及危害健康人格权两者之间的衡量比较，因此仅着重介绍了围绕作为公健法修订基础的《报告》判决的评价等结论的部分。

49　村松昭夫律师的谈话，参见上述《讲述西淀川公害》p. 215。

50　参见上述《讲述西淀川公害》p. 218。

51　《诉讼的长期化与支援的扩大》（上述《讲述西淀川公害》第7章）。患者仅在判决下达前的六个月时间里先后开展的地区请求（尽快判决）多达44次，在生协等各种团体的集会上的申诉多达186次。"寻求早日结审与公正判决的百万人签名运动"，到与被告企业达成和解的1995年3月2日前，已经收集了130万人的签名。这是令人吃惊的行动力。

52　大阪地方法院《判例时报》1383号，大阪地方法院第9民事部《请求规制大阪西淀川有害物质排放事件的判决》（1991年3月29日）。

53　淡路刚久对判决的这一部分做出了如下的批判："如果这种无法否定流行病学上相关性的证据相当充分，那必须承认有可能据此肯定其因果关系"。参见淡路刚久《对西淀川大气污染诉讼的法的探讨》（《公害研究》，1991年夏号，21卷1号）。

54　上述《请求规制大阪西淀川有害物质排放事件的判决》，pp. 166-167。

55　当时已有媒体评论到"公害诉讼的严冬时代"。早川律师表示关联共同性的举证困难，曾经想过"没准儿可能就输了"；而森协君男也在判决结果出来之前想着"要输了"。然而，舆论未必站在企业一边，而且所有人都不得不承认西淀川公害的严重性，因此虽然举证多少有些不足，但也未曾想过会败诉。《讲述西淀川公害》，《命悬一线的胜利》，pp. 250-254。

56　赔偿金远超判决，至于企业为何提出只比40亿日元少1000万日元的金额，理由至今也不得而知。国际上，环境政策成为了政治经济的核心目标，并且在追究灾害责任的阶段，大概企业想借此向社会展示自己的巨大转变。另外，通过原告提出的在振兴西淀川这一公益事业上相互合作，这一动机无疑展示了作为公民的企业这一新的方向。当时，神户制钢负责诉讼案的职员山岸公夫表示西淀川诉讼虽然没有类似水俣病、疼疼病那样明确的废弃物因而"不纯"，但"想到全体的责任全体解决，就觉得这样的结果也不错。"然后这一和解的成果就是"蓝天财团"的设立。山岸公夫《被告企业眼中的西淀川诉讼》（除本理史、林美帆编《西淀川公害的40年》，

Minerva 书房，2013 年）。

57　入江智惠子《大气污染公害反对运动与消费者运动的合流》（除本·林编《西淀川公害的 40 年》）。

58　《川崎大气污染公害第 2～4 次诉讼横滨地方法院川崎分院的判决要旨》。以下部分均引自判决要旨。判决评价系篠原义仁《8.5 川崎公害判决与今后的展望》（《环境与公害》，1998 年秋号，第 28 卷第 2 号）。

59　篠原义仁《与汽车尾气污染的战争》（新日本出版社，2002 年），p.152。

60　上述篠原《与汽车尾气污染的战争》，p.156。

61　加藤恒雄《从小区的〈公害日记〉开始——尼崎公害运动（1968-1977）奋斗记》（WinKamogawa，2005 年）。这是战后市民运动的典型，宇井纯称赞其为市民独创的科学。

62　神户地方法院《判例时报》1726 号，2000 年 1 月 31 日。

63　松光子《原告团长有关和解交涉的手记》（2000 年 12 月 28 日），平野孝、加川光浩编《尼崎大气污染公害事件史》（日本评论社，2005 年），pp.887-889。其中这份《尼崎大气污染公害事件史》系研究尼崎公害问题的最可靠的资料。

63　依据南区公害病患者与家属之会《南区的公害史》资料篇。这份公害史由市民编写，共计 4 册，收集了名古屋临海工业地带的建成等历史资料，其不仅是对南区更是对名古屋辖内的公害问题的宝贵记录。

64　西村孝雄《东京大气污染公害诉讼》（日本律师联合会公害对策、环境保全委员会编，《公害、环境诉讼与律师的挑战》，法律文化社，2010 年）。

65　1985 年，全国有关水都再生的居民团体数量高达 270 个。这时，开始有人主张在治水、利水、保水这三条一直以来的水资源政策原则之上加上"亲水"，在《水乡、水都松江宣言 1985》中提倡确立亲水权。宫本宪一《城市中的亲水权》（参照上述《日本环境政策》）。

66　1991 年，名为"水滨——新型城市的新疆域"的研讨会在威尼斯召开。会上有来自世界各地的 18 个国家的 53 个水滨开发报告，东京、大阪、神户的大规模开发备受批判，被认为属于对能源、水的资源浪费型开发，并且缺乏与水边风光相协调的景观，伴随着对地球环境的破坏。与此相对照，作为体现今后水滨地区应有状态的样本，介绍了旧金山市的使命湾的再开发规划。参照宫本宪一《城市如何生存——向宜居的邀请》（小学馆，1984 年，增订小学馆图书馆版，1995 年）。

67　井上典子《意大利波河三角洲地区环境再生型地区计划》（《环境与公害》，1999 年冬号，第 28 卷第 3 号）。

68　［意］切尔贝拉奇著，加藤晃规监译《博洛尼亚的尝试》（香匠庵，1966 年）；佐佐木雅幸《挑战创造型都市》（岩波书店，2001 年）。

69 宗田好史《意大利景观法与景观规划》(《公害研究》, 1989 年冬季号, 第 18 卷 1 号)。篠塚昭次、早川和男、宫本宪一编《都市风景》(三省堂, 1987 年)。关于意大利的公园等欧美日的环境再生事业, 宫本宪一《环境再生这一公共事业》(《面向可持续发展社会》, 岩波书店, 2006 年)。

70 小山善彦《英国的地区复兴与地区环境改善活动》(上述《环境与公害》第 28 卷 3 号)。

71 喜多川进《将军用地转为生态社区》(《环境与公害》1999 年, 第 29 卷 2 号)。

72 阿蒙德·蒙特纳利《可持续发展城市的经验与挑战》(《环境与公害》2004 年冬号, 第 33 卷 3 号)。

73 这一财团的活动参照下列文献。财团法人水岛地区环境再生财团《为了水岛地区的再生——现状与课题》(2006 年), 难波田隆雄、早川正树、岸本友也《仓敷市水岛地区的环境再生与街区建设的实践与课题》(《环境与公害》2009 年冬号, 第 38 卷 3 号)。

74 川崎环境再生事业包括改组临海地带的重工业地区以及改善汽车交通两大部分。虽然临海工业地带已经在逐步缩小, 但比起生产, 更重要的是转换为以再利用工程为核心的产业关联事业。与尼崎相同, 面临着世纪大选择——是将该地区作为衰退地区就此放弃, 还是将该地区恢复成拥有绿色与干净水资源的美丽城市。永井俊、寺西俊一、除本理史编著《环境再生》(有斐阁, 2002 年); 后续记录来自篠原义仁编著《唤回蓝天——从川崎公害诉讼到城市建设》(花传社, 2007 年)。

75 上述《讲述西淀川公害》, p. 325。

76 蓝天财团《实现环境再生 NGO 国际会议报告集》, 2001 年。

77 有关大阪市环境会议等大阪地区环境再生运动与蓝天财团的关系参照除本理史的《从公害反对运动到'环境再生的城市建设'》(除本理史、林美帆编著《西淀川公害的 40 年》)。这本书记录了从公害反对运动到蓝天财团的活动, 历史上最重要的公害教育、地区医疗、临海地区开发、与消费者运动之间的合作等方面的内容, 还记有珍贵的证言, 是西淀川公害研究的最佳成果。

第十章 公害并未终结——补论

20 世纪 90 年代后半期，泡沫经济破裂，日本经济陷入长期滞胀。日资企业改变以往终身雇佣和公司福祉的经营模式，总评解体以后，工人运动也不复往日社会运动撼动政治经济的力量。而长期慢性的财政赤字以及错误的减税政策，使得公共部门的力量较以往明显减弱。战后，日本资本主义发生了大幅改变。如前文所述，政府的公害政策完成了对公健法的修订，并制定了环境基本法，已经从环境政策的领域迈向下一个阶段。同时国民的关注点也从公害问题转移到环境问题，尤其是全球环境问题、气候变暖问题上来。过去不关注或阻碍公害、环境问题解决的企业也由于强烈的舆论抨击和规制的强化而不得不实施公害、环境相关对策。石油危机之后（见本书第七章），资源价格的飞涨不仅带来了产业结构的变化，更促进了资源、能源的节约以及回收再利用技术的发展，催生出一个全新的产业——环境产业。并且，伴随着里约会议后环境政策的国际化，全球环境商务成为了企业关注的新兴市场[1]。环境科学受到了极大的关注，并成为在自然科学以外、社会科学的所有领域衍生出环境研究、教育的新学科。半个世纪之前，公害研究委员会创立之时仅有七人，而现在仅在环境经济、政策学会就有 1400 位会员，可以说迎来了"环境研究的黄金时代"。围绕公害、环境问题的条件也与战后日本资本主义的变化相辅相成发生着改变，因此现在确实处在一个全新的阶段。这部《战后日本公害史论》也在上一章结束了核心论题的阐述。

在这一系列变化影响下，宣扬"公害已经终结"的舆论四起，正如第七章之后所讲，政府和企业也随之终止了战后独自形成的公害相关制度和政策。然而引发公害与环境破坏的整个体系仅略有变化，其实质基本没有改变。而且在经济持续下行的背景下，政府、企业更加执着于经济发展，没有向新的提高"生活质量"的体系转型。笔者已在其他拙作中指出，1995 年，阪神淡路大地震发生前后本是完成体系转型的最佳时期，然而最终错失机会[2]。所谓

"失去的 20 年"并非指经济发展的停滞，而是指错失体系转型的时期。此后，伴随着日美同盟的加强，日本国际地位的变化与国家主义的改革，这些为公害、环境破坏的复发创造了较多的机会。

公害并未终结。事实上，累积型公害出现并持续扩大为环境问题（宜居生活指数恶化）可以说是公害的继续。从这个意义上来讲，本书之后必须再准备一本包括公害问题在内的《日本环境史论》。我们在此不再继续讨论该问题，本章将围绕"公害终结"这一错误认识，介绍众所周知的三个问题；然而作为补论，不会像本论部分一样详细讲述政策形成的过程，将仅为揭示问题而进行现状分析。

第一节　寻求水俣病问题的解决

1. 走向第三次政治解决的历程

本书第七章曾提到，尽管水俣病第一次诉讼胜诉且签署赔偿协定，开启了解决问题的大门，但在全球经济不景气的大背景下，出现了"舍弃患者"的情况，使问题的解决搁浅。因此，第二、三次水俣病诉讼没有采用Hunter-Russell 综合征等重病患者的标准，而是明确了"水俣病"这一世界最早的环境灾害的病象，并开始追究一直以来长期妨碍公害对策实施的各级政府的法律责任。如前文所述，第二次诉讼认定了原告主张的病象，在此基础上，第三次诉讼明确了各级政府的责任。这一时期本应彻底转换水俣病对策，终止政府制定的 1977 年标准，将符合流行病学条件、四肢末梢呈现有机汞中毒的一般症状的患者列为水俣病患者；同时不应囿于协定，而应依照病情、受害历史在司法判决的基础上确定赔偿金额，并在不知火全境、阿贺野川上游等可能遭受污染的地区进行居民健康调查。然而，由于智索公司、昭和电工两家企业的经营状况和财务状况不佳，经营者和政府官员顾虑其赔付能力并依照缺乏公害（环境灾害）知识的医学家、医生的偏见，错失了改变的机会。这也与当时国民、媒体等反对公害的舆论和运动走弱以及熊本县和水俣市采取了错误的应对措施有关。

受第三次诉讼的影响，东京、大阪、京都等地都开始了国家赔偿诉讼。

虽然关于中央和地方政府的责任各判决有所不同；但关于病象，自第二次诉讼之后，所有的判决均未采用政府的判断基准，而是一致支持原田正纯、藤野糺、白木博次等人的水俣病病象论。认定遭拒的患者组织及其辩护团为应对中央和地方政府的上诉，开展了轰轰烈烈的运动。法院提议双方和解，政府未予接受。研究者们则以日本环境会议为中心在水俣市召开了国际研讨会，以促进政府重新认识并尽快解决水俣病问题。以都留重人、武内忠男、原田正纯、大石武一为代表的 16 位日本研究者，与 C. M. Shaw、L. T. Curran 等11 位国外研究者参加了这次会议，展示了水俣病研究的最高水平。这类关于水俣病的跨学科国际研讨会尚属首次，这次会议强烈认定政府坚持的 1977 年判断标准错误，认为应当恢复 1971 年的次官通报制度，实施对水俣病患者的全面救济，对舆论产生了强烈的影响[4]。

1995 年 12 月 15 日，根据内阁决议，村山富市内阁公布了《关于水俣病的对策》，以求通过政治手段解决问题。除去关西诉讼案，其他诉讼案的原告团、辩护团及相关患者组织就此达成一致，于 1996 年 9 月与智索公司签订协议书。在达成政治解决之际，村山首相发表讲话："在问题迎来解决之时，我倍感悲伤与懊悔，在此向逝者致以沉痛的哀悼；并对多年来忍受非笔墨言语能形容之苦、难以痊愈的各位患者致以深切的歉意。"

最终确定被告向综合对策医疗事业的对象（含最新对象）支付一次性赔偿金 260 万日元，并需负担医疗费、医疗补贴费，另向五家团体提供加算金，共计 49.4 亿日元，覆盖救济对象 1.2 万人。政府也随之开展支援智索公司的工作。这一问题在政治层面上得到解决，虽然是受害者希望在有生之年得到救助而终止抗争的结果，但不应因此批判该措施，毕竟其成功实现了对 1 万余人的救济。但这其中也存在着其他问题——没有否定 1977 年的判断标准，没有进行流行病学调查以明确受害的整体情况，没有根据症状的严重性进行赔偿，只是一律提供少额的救济金，而且没有明确政府的法律责任，仅以村山首相的致歉告终[5]。

关西诉讼案没有遵从这一模糊的解决办法，继续了审理进程。2004 年 10 月 15 日，最高法院宣布判处政府与熊本县负担国家赔偿责任，同时明确了疾病的判断标准：在流行病学条件下舌尖出现两处识别等复合感觉障碍，且家属中有认定的患者。在符合上述两个条件的基础上，只要四肢末梢率先出现或口周出现感觉障碍就可以认定为甲基汞中毒。虽然这次判决并未直接否定

1977 年的判断标准，但通过司法的独立判定对其进行了事实上的否认，并判处政府、熊本县各承担四分之一的赔偿金，划分出了赔偿档次[6]。

最高法院判决之后，2005 年 4 月，环境省公布了名为《关于今后水俣病的对策》的方针，但也仅停留在扩大综合对策医疗事业的层面上，包括负担判决认定的原告医疗费，接受新保健手册的申请等；并声称最高法院判决中未使用"水俣病"而采用"甲基汞中毒"这一名称，因此判决并没有否定 1977 年的判断标准。这着实是一套诡辩[7]。在此之前的 2 月，水俣病不知火患者协会成立；10 月 3 日，协会以最高法院判决的诊断标准为基础提起诉讼，督促被告支付初期和解时规定的补助金、医疗费和疗养补贴，并进一步寻求司法制度救济。早期原告为 50 人，伴随着各地运动不断扩大，原告团增加到约 3000 人。2011 年 3 月，原告与包括政府在内的被告实现和解。赔偿金与后文将提及的救济法中规定的相同，规定熊本、大阪、东京等各地区的一次性赔偿金 210 万日元及团体加算金。这次诉讼的意义在于认定了除四肢末梢性以外、全身性的感觉障碍为水俣病的病症；同时成立包括等额的加害者、受害者双方代表医师的第三者委员会，并将医师团的共同诊断书视为与官方的诊断相对等的诊断资料；以及扩大了对象区域和从 1969 年以后出生的人员中确定救济对象[8]。

与这一 NO MORE MINAMATA（决不让水俣再现）诉讼案同步进行，申请认定的受害者已达数万人，要求政府对水俣病的解决对策再次成为舆论热点。为此政府与民主党展开交涉，再次寻求该问题通过政治手段的解决。

2009 年 7 月 5 日，《关于水俣病受害者救济及水俣病问题解决的特别措施法》（简称：水俣病特措法）出台。该法序言部分如下："（前文略）在平成 16 年关西诉讼案的最高法院判决中，由于政府及熊本县长期未能采取适当的应对措施，因此认定其对未能防止水俣病危害的扩大负有责任，政府必须承担该责任并致歉。（中略）对现今事态不能继续坐视不管，对于虽不符合公害健康受害赔偿等相关法律规定条件但需要救济的居民，应当将其认定为水俣病受害者并给予救济，由此将该地区居民从水俣病的苦难历史中解救出来。特此制定本法，以结束地方上的纷争，最终解决水俣病问题，并保护环境、实现可安心生活的社会。"

该法的制定表明了政府的歉意及尝试实现水俣病问题最终解决的决心，与村山内阁的政治解决办法相比，其没有局限于半年期的政策，而是通过法律明确政府的责任。虽然在这一点上实现了明显的进步，但也不能说履行了水俣病问题的相关法律责任。毕竟，这只是一部为增补公健法、时效仅限三年的法律。其中最大的问题不仅在于无法完全救济受害者，还在于其虽然以解决水俣病为目标，却又成为智索公司的救济法。

首先，受害者救济措施的对象需符合以下条件：在有可能遭受超出一般程度的甲基汞污染的人群中，出现四肢末梢感觉障碍、全身性感觉障碍或是四肢末梢率先出现感觉障碍（口周触觉或疾病知觉出现感觉障碍、舌部出现两处识别知觉障碍及存在视野向心性缩小症状）的患者。符合这一条件的多为居住在各县指定的污染地区，且1968年以前在熊本县、1965年以前在新潟县居住一年以上并多食用鱼类贝类的患者。这一标准虽然貌似是在最高法院判决之后改变了1977年判断标准中的病情描述，但其实并没有将上述符合条件的对象认定为公健法中的"水俣病"患者，而是模糊地将其归为"水俣病受害者"。而且在未对污染地区的全体居民进行健康检查的情况下，基于该标准三年内对申请者进行检查、认定工作。政府的法律责任依旧模糊不明。

这些符合条件的患者每人将获得一次性补助金210万日元、团体加算金合计31.5亿日元、疗养费（医疗费自己负担部分等）和疗养补贴。这比起1995年政治解决办法中每位对象获得260万日元的一次性补助金要少50万日元；另外，与之前的情况相同，无论症状如何只进行统一的赔偿；且不是赔偿而是抚慰金。与前文中NO MORE MINAMATA（不让水俣再现）诉讼案达成的和解相比，由县设置判定检讨会；而从规定了对象地区和对象年限的角度来说，该法对受害者的制约条件更多。限定在三年内完成申请受理，最终约有6万人提出了申请。

该法最大的争论点在于其第8条到第42条的大部分条文内容规定了将智索公司拆分成几家公司。智索在液晶事业等业绩恢复之际提出了切割赔偿义务的计划，于2000年提出了"关于公司重组"的拆分构想。智索公司认为，通过1995年的政治解决，救济已经结束，如果要承诺更多的救济，就必须以政府认可智索公司实施其拆分方案为条件。然而实际上这一时期对受害者的救济尚未结束，本不应该使智索公司获得法律免责。

作为将以实施赔偿为目的的特定业务公司与总公司相切割，实现了总公司的再生和发展的著名案例，美国佳斯迈威公司（Johns-Manville Corp.）因石棉事件受到约1万人的起诉，需要支付巨额赔款。该公司通过修改破产法成功幸存。智索公司承担导致水俣病的责任，本应破产，但由于其是维持地区经济的支柱，因此成为通过接受支援而幸存的特殊案例。依照《水俣病特措法》第 9 条，在事业重组计划得到环境大臣认可的情况下，接受指定的指定事业者可以成立新公司。2010 年 3 月 31 日，智索将除赔偿业务以外的功能材料、加工、化学等领域的营业让渡给新公司 JNC 株式会社（资本金311.5 亿日元，职工 3303 名）。智索公司的主页上 JNC 是以收益完成赔偿的公司，但 JNC 的主页上，公司的业务目的一栏完全没有关于水俣病赔偿的任何内容。所谓子公司仅是一个章程，智索已将业务的本体转移给 JNC，自身则变为仅有数十名管理人员负责赔偿金的救济机构。

智索分公司化的做法引发了大量评论，112 位学者向"水俣病落幕、智索公司免责立法"发表抗议声明（2009 年 7 月 8 日），对此环境省综合环境政策局发表题为《基于关于水俣病受害者救济及水俣病问题解决特别措施法第 9 条事业重组计划的认可》的文件（2010 年 12 月 15 日），明确事业重组计划的重点在于确保赔偿协定的持续履行以及政府支援相关借款债务的偿还。计划指出，到 2014 年度公司收益预计达 404 亿日元，包括从事业公司分得335 亿日元、法人税等返还收益 69 亿日元；预计将其中 388 亿日元用于支付赔偿金 86 亿日元、偿还政府支援的借款债务 302 亿日元；2015 年以后，每年赔偿 20 亿日元并偿还数十亿日元的政府支援的借款债务，这样可以维持正常利益（2014 年 180 亿日元）。计划还提出了地区经济振兴方案，预计将设备投资计划的 40% 投入水俣制造所，五年内新增 50 个地区就业岗位。政府正是基于上述条件齐备才同意了新公司的成立。

对于批判分公司化的观点，上文中提及的文件则体现了环境省的观点。文件指出，关于担心智索公司就此消失，法律中没有此项规定；关于政府责任，行政正在依照最高法院的判决稳步推进。但是，由于其认为"公害赔偿的大原则是由污染企业承担责任"，因此否定了政府的赔偿责任；且目前尚未讨论如果公司收益无法支付赔偿和借款进行股份让渡的时机。而关于针对全体不知火沿海居民的健康调查，文件中表示这缺乏实际可行性，应当促进所有患者进行自行申请。

环境省表示其之所以赞同分公司化，是因为此举可以强化智索公司的财务基础，从而能够支付赔偿金和债务借款。然而，其真正的想法却是想让智索公司丢掉"赔偿金公司"的形象，作为一家化学公司实现发展，获得国际声誉，重振并继续扩大企业。但是，在激烈的国际竞争中，在雷曼事件后全球经济不稳定的大环境下，究竟能否维持正常利益尚不可预测。而将水俣病受害者年限定在 1968 年以前是原本想早日减少并完成赔偿，但伴随着受害者老龄化的增加，完全无法保证其能够完成。如前文所述，政府对水俣病问题恶化成现在的局面负有一部分责任。虽说依照污染者负担原则，但在危害发生并加剧的情况下政府负有作为污染者的共同责任，最终应由政府履行救济受害者的职责[9]。

2.《特措法》之后的纷争

政府本想通过《特措法》最终解决水俣病问题，但却没能实现这一目的。

2013 年 4 月 16 日，最高法院作出判决，根据公健法，将行政没有认定为水俣病患者的两位受害者确认为水俣病患者。这一判决没有否定 1977 年的判断条件，仅是在其范围内认为由于患者四肢末梢出现感觉障碍且符合流行病学条件，因此可以进行认定。然而，司法在事实上否定了行政认定的条件，理应对此进行应对的政府却诡辩司法没有否定判断条件，因此没有采取任何措施。于是，半年后的 10 月 30 日，政府的公害健康受害补偿不服审查会认定被熊本县两度驳回水俣病认定申请的下田良雄系水俣病患者，并取消了熊本县的既往决定。下田是水俣病患者田中实子的内兄，一直以来居住在未被认定为水俣病指定地区的山间地带，他的四肢末梢感觉障碍的病症虽然严重但没有别的症状，不符合政府的 1977 年的判断条件因而申请被驳回。熊本县知事以其职权表示接受这一决定并致歉。政府机构内部出现如此重大的变化是受到之前 4 月份最高法院判决的影响。尽管这些迫使国家标准改变的事件重复上演，但环境省坚称这不过是个别事件，不需要改变一直以来的认定标准。2012 年 7 月，《水俣病特措法》的法律时限已过，为此认定被驳回及无法进行申请的受害者提起诉讼。安倍晋三首相在签订水俣（水银）条约的相关会议上表示"水俣病已经得到完全解决"，但这是基于《水俣病特措法》已解决问题的错误认识，实际上纷争仍在持续。

为何在被正式发现近 60 年后，水俣病相关的纷争仍在继续？普通民众完全无法理解。在漫长的岁月里，智索公司与各级政府完全没有履行法律责任，很多受害者都没有得到水俣病认定，而被称为"伪患者"受到差别对待，没有得到正当的赔偿。

纷争始终无法解决的原因如前文所述，在于政府不同意司法的判断，始终固执于 1977 年的判断条件，没有认定大部分受害者为水俣病患者，并在 1995 年和 2009 年两度采取了暧昧的政治解决。这一点与即将讲述的石棉事件的救济、核电事故的赔偿问题相同，所以虽然内容多少有些重复，在此就今后的解决方向及相关理论问题进行阐述。

第一个问题，是政府对水俣病的病象认识有误。水俣病系因食用含有有机汞污染的鱼贝类而引发的神经系统疾病。其症状初见于四肢末梢的感觉障碍，后期发展为运动失调、平衡机能障碍、视野向心性缩小、步行困难等症。其中共通的症状是出现在四肢末端的强烈的双侧感觉障碍。司法判断是在综合考虑流行病学条件（食用过被有机汞污染的鱼贝类）、四肢末梢等出现感觉障碍症状的基础上，对患者进行水俣病认定。与此相对，行政标准则是原则上将上述症状相组合，比如在出现感觉障碍的同时出现运动障碍等四个症状的组合，否则不予认定。这一关于疾病特征的对立是围绕何为水俣病而出现的基本认识的差异。

1959 年熊本大学水俣病研究组发现受害者的症状与作为劳动灾害的 Hunter-Russell 综合征相似，公布该病系有机汞中毒。当时的政府与智索公司均未听取，采信了错误的原因说，并试图通过签订抚慰金协议平息受害者运动。熊大研究组在之后持续进行研究，最终查明原因物质来源于乙醛的制造过程，于 1963 年在学会公布。然而，智索公司与政府均不认可上述结论，结果未能及时采取应对措施，直接导致了 1965 年新潟县发生第二次水俣病。政府在智索公司停止了乙醛生产之后的 1968 年才终于将水俣病列为公害。熊本大学研究组与比起人的生命、健康更重视经济成长的智索公司及政府相抗争，取得了划时代的业绩。然而，这一初期的研究仅是以作为劳动灾害的有机汞中毒症为判断基准。水俣病系有机汞通过食物链进行生物浓缩后，积蓄在鱼贝类中，居民食用受污染的鱼贝类使脑神经遭受侵害而发病，或是通过母体传播给婴儿发病的环境灾害、即公害的一种。正如原田正纯所说，与劳动灾害不同，这是首次出现在日本的疾病。因此，应在现场对受害者进行身体检查、开展流行病学调查、并通过反复的病理学诊断，来最终确定其病象。胎儿型水俣病中有部分患者四肢末梢没有出现相应症状，这也说明其与劳动灾害不同，具有环境灾害的特征。但是政府的 1977 年判断标准却没有认识到水俣病是一种环境灾害，坚持早期类似劳动灾害的病象论，为智索公司的利益以及行政的便利而舍弃了部分患者。

　　第二，是作为公害患者救济基本法的公健法存在问题。四大公害诉讼之后，经济团体和政府由于担心继续忽视对受害者的救济问题会导致长期持续的公害诉讼与纷争，因此转而寻求行政救济之道。特别是水俣病患者及其支援团体与企业展开激烈的直接交涉，甚至出现暴力问题。为尽快平息这场"火药桶"般的纷争，政府在尚未进行充分讨论的情况下制定了公健法。作为救济公害受害的法律，这部世界最早的公健法与劳动灾害补偿法一道救济了众多公害受害者。然而，正是由于急于达到政策目的而操之过急，使得该法存在明显的缺陷。这在第七章已有相关说明，比起大气污染对策（第一种），未列入之前地方自治体等救济条例的第二种健康受害救济的缺陷更为严重。制定之初，熊本大学第二期研究组已经发表了题为《10 年后的水俣病》的研究，阐述了不同于劳动灾害的病象，指明广泛的神经障碍与胎儿型水俣病系环境灾害。公健法当然应根据上述变化而采取应对措施，对不知火沿海地区展开健康调查，确定病象。1971 年，在次官通知中，大石环境大臣出于救济疑似患者的考虑，提出了通过流行病学条件和四肢末梢感觉障碍认定水俣病的判断标准。一审判决后的协定中规定了赔偿的内容，但其本身以一审原告为基准、以重症患者为对象的做法与劳动灾害的条件没有区别。此后的认定患者均在寻求协定中的救助，而未寻求公健法中的救济。第二次诉讼中，对Hunter-Russell 综合征无法判定的公害病患者进行了司法认定。在这一阶段，本应根据判决改变行政判断，进而改变公健法的判断标准。然而从这一时期开始，司法判断和行政判断出现分歧，并持续至今。

　　第三，不仅围绕病象存在着医学上的对立，从经济、财政的支援能力出发的判断也导致了对病象的错误认识。如第七章所述，可以说由于世界经济不景气，智索公司面临着经营危机，对其进行支援的各级政府也由于自身的财政危机而打乱了判断条件。伴随着诉讼的进展、受害者的自觉、以及舆论、运动的支持，潜在患者也日渐凸显，但不了解赔偿制度结构的医学家则似乎出于对认定工作将增加智索公司的经营与财务负担的担心，制定出了判断条件。同时，与司法相左的行政判断则是一派官僚主义的恶习——即使与现实不符也执着于"行政根本"。这与 1959 年化学工业协会、通产省否定有机汞中毒原因说，一直到 1968 年还在坚称"原因不明"是一脉相承的，死守所谓

"行政根本"的官僚机构重蹈覆辙。

最高法院判决之后，由于作为政府机构的不服审查会在事实上否定了 1977 年的判断条件，并指出应当将《特措法》的"水俣病受害者"认定为 "水俣病"患者。不应当死守行政的脸面，应当为恢复受害者的人权而中止政府的 1977 年判断标准；对于出现感觉障碍、在一定期间内食用被污染的鱼类、明确符合流行病学条件的受害者，应当认定其患有水俣病。在此基础上，关于"受害者需要进行怎样的救济"这一问题，应当广泛听取受害者、专家等的意见；建议修订《特措法》，再次提出对受害者的申请不再进行时间限制的改革方案。2014 年 3 月 7 日，环境省以环境保健部长的名义发布了"关于基于'关于公害健康受害的补偿的法律'进行水俣病的综合探讨"。这是由于最高法院判决导致不得不对 1977 年标准进行修订的结果。但是这个新判断中有关流行病学中的污染状况与因果关系的条件非常严格，有可能无助于对患者的救济。而且就好像与其相联动一样，出现了终止来自智索公司救济的动议。这样的话，将会加深国民对政府环境政策的不信任，而受害者的诉讼将会一直持续，纷争也将永无终结。

第二节　无休无止的石棉灾害

1. 历史性失败

2005 年 6 月 29 日，三位间皮瘤患者站了出来，与支援团体一道告发久保田公司，这不仅使得久保田石棉灾害、更使得持续百年以上石棉危害首次大白于天下。随后开展的相关调查研究揭露了更加可怕的事实——截止到 2013 年 3 月，久保田尼崎工厂石棉受害者 454 人，死者 410 人（其中职工死亡 163 人、治疗中 21 人；居民死亡 247 人、治疗中 23 人）。久保田在 1957～1975 年间使用了约 9 万吨毒性强的青石棉（crocidolite），1954～2001 年间使用了 146 万吨白石棉（chrysotile），石棉致死事件从 1978 年度的 1 位员工开始每年均有发生。久保田是生产制造供水道排水管、引入管等石棉管道的厂商，527 位员工中石棉疾病患者 184 人（35％）、死者 163 人（31％），劳动灾害率高得惊人。这可以说是经济高速增长时代中产业战士"玉碎"的悲剧。对这样残酷的劳动环境长期坐视不管，虽有间皮瘤、癌症发病时间长未能察觉的原因，但是由于在欧美国家已经明确其危险，因而仍是不可饶恕的。石棉污染从散漫的劳动环境向外扩散，影响到了周边居民。奈良医大的车谷典男教授等人通过流行病学调查，在久保田附近两公里的范围内发现了大量的公害病患者[10]。截至 2013 年 7 月，居民受害者高达 270 人，超过员工的死伤者，其中 247 人死亡。这起可与意大利卡萨莱·蒙费拉托（Casale Monferrato）的石棉水泥管工厂（eternit pipe）公害相匹敌的世界性事件，被称为久保田事件（Kuboda Shock），唤起了国内外对石棉灾害的关注。现在，久保田仍未承认自身负有法律责任，仅依照劳动灾害赔偿水平向受害者支付了 2500～4600 万日元的抚慰金。政府则不得不采取对策以防石棉灾害带来的恐惧性扩散，于 2006 年 2 月颁布了《石棉健康危害救济法》，该法意在救济那些未经劳动灾害认定、被遗漏的人群，并实现石棉的全面禁用。由于是以平息纷争为目的而紧急制定的法律，因此存在着较多的问题（后文详述）。

石棉是一种天然纤维状矿物，种类繁多，一般被使用的是茶石棉（amosite）、白石棉（chrysotile）和毒性较强的青石棉（crocidolite）三种。石棉的超细纤维（粗细约为头发的 1/5000）飞散到空气中，被吸入人体扎入肺组织，形成严重疾病。

"如名字所显示，石棉的相关疾病是通过吸入石棉粉尘所致，包括石棉肺（尘肺的一种）、肺癌、间皮瘤（胸膜或腹膜恶性肿瘤）、胸膜增厚（壁层胸膜局部肥厚）、胸膜炎、弥漫性胸膜肥厚等胸膜非恶性病变（非癌症），以及具有特殊症状的圆形肺不张。"[11]石棉疾病的特征是在接触或吸入之后的 15～40 年后发病，即在人体、商品中累积一段时间后发病，因此不同于大气污染等流动公害，属于累积灾害（公害）。上述疾病中，肺癌有各种各样的诱发原因，而间皮瘤（mesothelioma）则是不遭受石棉污染就几乎不会发病的具有特别关联性（80％以上）的疾病。现在的医疗水平也无法根治恶性间皮瘤，患者基本在发病后数年内死亡；间皮瘤系极其恶性的疾病，除预防以外别无他法。

石棉被称为"奇迹的矿物"，其如同纤维可以自由加工，且具备耐热、耐火、隔音、耐磨耐耗、耐药品、绝缘、耐腐蚀等众多突出的物理特性；而且价格低廉，可以制作出多达 3000 种商品。多运用在造船、汽车、铁路、电力、机械、化学、建筑、自来水管等产业领域。约 70％～80％的石棉用作建材，在日本已消耗约 1000 万吨，现在石棉多累积在建材等商品中，在其解体时仍有可能带来影响。对石棉的使用古已有之，但大量投入使用是在第一次工业革命之后，尤其是在日本战后经济高速增长期[12]。

笔者在听说久保田事件之后进行了深刻的反省，因为在非常清楚石棉灾害的可怕状态的情况下，仍没能为其预防作出足够的努力。1982 年，笔者在纽约市进行财政调查之时，《纽约时报》用一版刊登了最大的石棉用户企业——迈威公司在劳动灾害审判中申请破产，揭露其实质为伪装破产。一时间舆论哗然，其时笔者经由铃木康之亮教授的引介拜访了纽约市立大学医学部西奈山环境科学研究所所长 I. J. Serikoff 教授。Serikoff 教授在 1964 年发表了名垂医学史的论文《石棉的暴露与肿瘤》，他不仅在学界定论石棉危害、将其上升为社会问题，更积极作为证人出席工人发起的诉讼，是一位从事救济活动的人道主义者[13]。教授虽然很忙，但他依然给笔者这个门外汉进行了充分的讲解，还赠予了有用的资料。根据 Serikoff 教授的说法，美国在1940～1980 年之间，在使用石棉的工厂工作的工人达到 2750 万人，其中约有 700 万人已经死亡；而幸存者中，每年有 8500 人到 19 000 人因为石棉导致的癌症（包括间皮瘤）而死亡。由此推算，日本因石棉致癌的死者或许达到 4000～5000 人，但在日本石棉的危害却还没有成为社会问题，这令人感到惊讶。于是 Serikoff 教授希望笔者回国调查实际情况。赠予的资料显示，当时美国的法院判处的赔偿额约为 382 亿美元，对于国民经济是无法忽视的一个数目。笔者回国后，马上与大阪大学卫生学专业的后藤稠教授见面，就"为何石棉问题在日本没有成为社会问题"一事咨询其意见，后藤教授对石棉灾害非常了解，他表示德国汉堡的造船厂附近居民出现了石棉受害问题，所以在日本不仅是劳动灾害问题，可能也会出现公害病患者；并指出大阪府泉南地区很早就有石棉工厂，会存在受害问题，但对该地区的调查会比较困难。原本想一起进行调查研究的，但由于当时还有别的研究在手，因此此事被搁置。1985 年，笔者使用 Serikoff 教授赠送的资料，在《公害研究》上发表了一篇题为《石棉灾害能赔偿吗？》[14]的小论文。泉南地区的医生梶本政治阅读此文后给笔者写了一封长信，信中讲起他为石棉疾病患者看病，建议政府采取对策，但由于当地太多人以石棉产业为生，在不断进行告发的时候遭到冷遇。

之后，以田尻宗昭为核心，告发了美国中途岛号航母修理事件。进而，发生了学校石棉板坍塌事故，出现了将石棉问题上升为社会问题的机会，但均在2～3年间销声匿迹。对笔者而言，虽然早期就已经了解石棉的危害，但没有去现场进行调查研究，因而深受久保田事件的震撼。这着实让人愧疚，也正因此笔者非常急切地赶去现场，开始调查其历史。

石棉对人体有极大的危害早就众人皆知，世界上石棉肺在20世纪初、石棉肺癌在20世纪50年代、间皮瘤在20世纪60年代就确立了医学方面的知识体系。

日本也很早就开始了相关的调查研究，1937～1940年，厚生省保险院针对泉南地区等地开展了大规模的调查，并在1940年公布了《关于石棉工厂的石棉肺发生情况的报告书》[15]。据此，大阪府调查了奈良县19家工厂的1024人、泉南地区14家工厂的650人，并对其中251人进行X射线检查，发现有65人（25.9％）患石棉肺、15人（5.9％）出现疑似石棉肺症状；且10～15年的从业者占60％、15～20年的从业者占83.3％、20～25年的从业者则100％罹患疾病。这份报告书指出："工厂的卫生状况极为恶劣，几乎没有防尘设施，也没有使用防尘面罩或是口罩"。工人的作业时间多在10～12小时，通常会有2～3小时的延长，每月只有两天公休日。这份报告书在国际上也是极为珍贵的。

战后，奈良医科大学宝来善次教授于1952～1956年展开调查，并得出了石棉肺发生的报告。1960年，出现第一例石棉肺合并肺癌的报告。政府与1960年出台《尘肺法》，认定石棉为有害物质。然而，1970年对石棉等46种操作工厂的总检查发现，使用石棉的150家工厂中有30％没有遵守旧的安全卫生规则。20世纪70年代前半期，出现了石棉肺癌与间皮瘤病例。1971年特定化学物质等预防规则出台，规定有义务在石棉的操作场所安装局部排气装置，并在室内作业场进行石棉粉尘浓度的环境测定。1972年，ILO、WHO认定了石棉的致癌性，1974年制定了职业癌症条约。由此，石棉的危险性提高，1975年修订了特定化学物质等预防规则，1976年根据特别监督指导计划开始实行规制。该计划禁止石棉含量5％的喷涂作业，并对过去完成的喷涂实施拆除。为实现预防，规定对青石棉（crocidolite）的使用实行规制，促进使用替代品。1986年，ILO通过青石棉禁止条约，而日本虽早已开始规制青石棉的使用，但到1984年有11家工厂仍然在使用，直到1987年才最终停止使用。然而，1989 年却有 19 家工厂使用了 13 000 吨同样危险的茶石棉。如此一来，虽然受国际压力制定了相关的规制规则，但对现实中是否有效却没有进行监督。最终变成了业者自身努力的义务，而且颇多例外规定。事实上，由于建筑基准法到 1989 年依然允许石棉的喷涂作业，1987 年学校就出现了问题。学校等公共设施拆除喷涂不及时，且民间拆除要花费费用，因此很多都没有拆除。

1987 年，发现了由白石棉导致的间皮瘤。不仅是青石棉，如何禁止白石棉的使用成为新的问题。1983 年冰岛、1984 年挪威、1986 年丹麦、瑞典均原则禁止使用石棉。然而，政府却以与青石棉比白石棉的致癌率较低为由进行管理使用。因此，80 年代日本以年均 30 万吨而成为白石棉用量最大的发达国家。环境省在了解其他国家出现环境危害之后，以 1980～1983 年的健康影响调查为基础开始了环境监测工作。1984 年的汇总显示平均值为 0.41～12.31 根/升，因此判定国民面临的风险较小。之后，虽然有志愿的自治体进行监测，但仅凭借在有限的观测点观察到污染地区在标准值以下便判定没有问题，由此到久保田事件之前，没有对大量使用石棉的久保田、霓佳斯（NICHIAS）等工厂的居民进行健康调查。

1993 年的德国、意大利，1996 年的法国，1999 年的欧盟与英国全面禁止石棉的使用。然而，虽然 1995 年日本青、茶石棉的官方库存量为零，但白石棉的进口量在该年达到 19 万吨。之后虽有减少，但 2000 年的进口为 9 万吨，2004 年即便声称原则禁止并推行替代品，仍然进口了 8000 吨。当时业界还出现了反对的声音，但伴随着久保田事件的压力，2006 年终于实现了全面禁止，这比北欧迟了约二十年，比其他欧洲国家迟了十多年，表 10-1 显示了从其他国家开始禁止之时起，日本就是世界上石棉使用量最高的发达国家。据此，有预测表明 21 世纪 20 年代将迎来石棉受害的峰值。

通过久保田事件及随后企业与政府采取的应对措施，受害情况一举凸显。这似乎是公害法则——只有当受害受到社会的认可，救济制度出台，受害的状况才会全部展现出来。如表 10-2 所示，认定为石棉劳动灾害的患者到 1994 年仅有 203 人，1995 年至 2004 年十年间也不过 654 人（年平均 65 人）。这或许与累计时间也有关系，受害者受到歧视，未能显现。然而，在发生久保田事件的 2005 年，一年间认定了十倍于以往的 715 人；而到了 2006 年，则认定了近 30 倍为 1784 人。2005～2012 年劳动灾害认定患者达到 9079 人（年

表 10-1　各国石棉消费量（生产量＋进口量）—出口量

（单位：吨）

国名/年份	1930	1960	1970	1980	1990	2000	2003	2004	2005	2006	2007
中国	315	81 288	172 737	150 000	185 748	382 315	491 954	537 000	515 000	541 000	626 000
印度	1847	13 652	49 792	96 892	118 964	145 030	192 033	190 000	255 000	240 000	302 000
日本	11 193	92 483	319 473	398 877	292 701	85 440	23 437	8180	−31	−875	58
韩国	—	631	36 664	46 641	76 083	30 124	23 799	14 000	6480	4700	1100
泰国	—	6433	21 272	58 756	116 652	109 600	132 983	166 000	176 000	141 000	86 500
美国	192 454	643 462	668 129	358 708	32 456	1134	4634	1870	576	−1610	916
英国	23 217	163 019	149 895	93 526	15 731	168	22	2150	−1		187
法国	—	83 385	152 357	125 549	63 571	—	—	—	−374	40	169
意大利	6942	73 322	132 358	180 529	62 407	40	—	−23	−20	−5	−29
俄罗斯	38 332	453 384	680 589	1 470 000	2 151 800	449 239	429 020	321 000	315 000	293 000	280 000
巴西	136	26 906	37 710	195 202	163 238	1 712 560	78 403	66 900	139 000	134 000	93 800
全世界	388 541	2 178 681	3 543 889	4 728 619	3 963 873	2 035 150	2 108 943	2 100 000	2 260 000	1 990 000	2 080 000

注：U. S., Geological Survey, Worldwide Asbestos Supply and Consumption Trends from 1900 to 2003, ibid. 2007.

平均 1135 人），另一方面，2006～2023 年经救济法认定的患者为 9067 人（年平均 1133 人），两者加在一起为 18 146 人，表明年平均认定患者人数（多数变成死者）有可能突破超过 2000 人。东工大教授村山武彦推测今后 40 年间，仅间皮瘤死者将达到约 10 万人[16]。根据赫尔辛基标准（Helsinki Criteria），石棉肺癌患者是间皮瘤患者的两倍，预计死者将达 30 万人。WHO 预测全世界因石棉疾病而死亡的人数将达数百万人。这无疑是史上最大的产业灾害。

表 10-2　间皮瘤、石棉肺癌的赔偿、救济情况

	1994	2004	2005	2006	2007	2008	2009	合计
预计死亡人数	11 055	21 039	2733	3150	3204	3510	3468	48 159
劳灾保险	203	653	715	1784	1002	1062	1019	6438
船员保险		1	6	23	12	9	9	60
新法劳灾时效救济				842	95	112	95	1144
新法死亡后救济				1477	292	463	737	2969
新法生存中救济				632	453	528	479	479
赔偿、救济合计	203	654	721	4758	1854	2174	2339	12 703

注：《劳动卫生中心信息》2009 年 1-2 月号，p. 74。

2. 复合型累积公害的责任

石棉灾害的第一个特征是复合型的社会灾害。比如生产过程中造成的劳动灾害、给家属及工厂周边居民带来的公害、流通过程中给搬运石棉原料及制品的工人带来的劳动灾害、消费（生活）过程中产生的公害（因喷涂石棉的剥落带来的受害、摄入含有石棉的商品所造成的公害）、建材等工业废弃物处理过程中发生的劳动灾害及公害、建筑及结构物的解体、修理过程中发生的劳动灾害、公害等等，此类发生在经济生活的各个环节且原因多样，属于复合型灾害。

第二个特征是累积（蓄积）型灾害。石棉的危害是人在暴露后经过 15～40 年才发病。70％～80％的石棉用于建材，如果包括建材在内的石棉在管理、解体时处理不到位，就会吸附在建筑工人、设施的使用者以及周边居民身上。换句话说，只要存在着含有 500 万吨石棉的建材，那就存在着发生灾害的可能。这一问题在阪神淡路大地震发生的时候得到了印证，当时从事拆解废墟和搬运废弃物、在垃圾处理场进行处理的工人和志愿者中已有五人因患间皮瘤而死亡。

这类复合型累积公害与废弃物公害、放射性公害以及预测将来可能发生的由氟利昂导致的癌症、温室气体导致的灾害相同。这些即便停止生产、工业活动也由于已经形成有害物质的积累，长年累月后造成灾害的现象就是累积公害。

累积公害发生的原因存在于经济生活的各个环节，发生的原因也多种多样，而且要经过很长时间才会凸显危害，因此像泉南地区的企业受到规制而停业，或是像汽车产业废除工序的情况比较多。受害者则是由于经过长年累月，往往不记得在哪里暴露于石棉环境。正是由于上述特征，作为公害（环境）政策的污染者负担原则难以适用于石棉公害。当危害的原因复杂且污染企业大量存在，或是企业倒闭、停业的情况发生时就可以回避责任；而石棉纤维工业的情况则是多为小微企业，若要其承担经济责任，必须选择有支付能力的企业进行连带赔偿；另外，复合型累积公害的相关规制长年松懈，各级政府难辞其咎；因此仅靠污染者负担原则难以落实责任。正源于此，在为累积型公害制定生产者扩大责任原则（日本模式的污染者负担原则）的同时，也需要将生产者责任延伸原则和"预防原则"作为新的责任原则。下面在记住上述的责任原则的前提下来探讨石棉灾害的责任。

石棉灾害的责任首先在于没有进行安全管理的企业。现在发生石棉劳动灾害的工厂7590家，涉及全国各都道府县。石棉在经济高速增长期用于使用大量高热能源的重化工业和电力行业（尤其是核电工业）；在火灾及灾害危险度高的人口稠密地区，广泛用于从高层水泥建筑到耐火木制住宅的建材；而且还用于军舰、坦克、航空器、大炮、火箭等现代武器装备及宇宙航天器。到战后80年代，欧美国家及日本仍在大量使用；随后石棉则成为经济高速增长的亚洲诸国的重要资源。但在使用石棉过程中往往无视或轻视安全管理，这或许与石棉卓越的物理特性以及相对低廉的价格密不可分。石棉代替品的价格受自身特性及时期影响而有所不同，80年代起的代替品维尼纶每千克和400～500日元（可乐丽公司，KURARAY CO. LTD），与此相比石棉每千克仅有50～60日元，而且为提高维尼纶的保水性还必须选用辅助材料。

值得注意的是在全面禁止石棉之后并没有出现任何经济障碍。禁止使用以后，尽管潜水艇、电力、钢铁、化工等行业部分特别准许使用，但在政府的《关于石棉等全面禁止后适用除外制品的替代化等检讨会报告书》（2008年4月）中，上述行业在2011年可以使用替代品。既然已经可以使用石棉的替代品，那为何还要继续使用石棉最终招致如此重大的灾害呢？这已不仅仅因为其突出的物理特性，更因为石棉价格经济、从业工人的人力成本低廉。以泉南地区为代表的小微企业工人包括建筑工地的包工头在内的承包工人、修理工、运输业、码头装卸工等一线工人都是低薪工人。

出现复合型累积灾害，不仅是因为石棉在直接生产过程中暴露在外，还应当追究那些采购了石棉织物和建材的企业、商社、金融业者的连带责任。然而，如横滨地方法院在石棉建筑工人诉讼案中做出否定的裁决一样，不同于共同不法行为，建筑工人劳动灾害问题与建材商、商社的连带责任存在个别关联性不明的情况。尽管追究民事责任比较困难，但是如果依照公健法一类的行政制度追究民事责任，建立基金令其出资的话，问题就可以得到解决。

石棉的相关规制出台较晚不仅有企业的责任，工会也应该承担一定的责任。日本的行业工会事实上是企业工会，从事石棉相关工作的工人缺乏横向联系。1993年，联合工会旗下的石棉厂商相关工会组建"石棉产业从业者联络协议会"，向拟定石棉利用规制法案的旧社会党提出反对意见。协议会的请愿书中提出了和企业团体日本石棉协会一样的反对理由："石棉在管理的基础上是可以使用的。规制法恐怕只会剥夺相关产业工人的生活基础"，阻止了法案的提交。协会完全没有将石棉产业相关从业人员遭受劳动灾害的悲惨状况当作"受害的同志"来看待。

其次是政治的责任。政府于2005年9月29日发布的《对政府过去应对措施的评估（补充）》中明确表示"评估结果表明，在各个时期，相关省厅均根据当时的科学认识采取了应对措施，不能说存在行政不作为；但没有对问题进行及早预防（即便没有完全准确的科学依据，但在可能带来严重危害的情况下，应及早采取对策的观点），同时个别相关省厅之间的合作也开展得不够充分，对此应进行反省"[17]，这真是一派含糊不清、不负责任的评估。如上文所述，虽然美国和加拿大尚未禁止，但欧洲早于日本下达禁令。如表10-1所体现的，欧洲诸国的情况自不用说，即便在没有全面禁止的美国、加拿大也在80年代后半期到90年代大幅削减了石棉的使用，而这一时期，日本正是全世界石棉消费量最高的国家，即使进入21世纪也一直持续使用石棉，直到久保田事件的发生。没有制定石棉禁用法律的政治家们难辞其咎；同时尽管各个阶段均制定了相应的规制，但政府完全没有执行规制，这正是行政的不作为，在泉南地区石棉公害的第一次一审、第二次一D审及上诉法院的判决中均指出了这一点。尽管厚生省已经积累了对劳动灾害的充分认识，但环境省没有将其运用到公害对策中去，这种山头主义也是一种行政不作为。

2006 年 2 月，为实现救济所有受害者施行《石棉健康危害救济法》。然而，该法既非像公健法一般由行政代行民事赔偿，也非法国所施行的因政府责任不明而开展的社会保障救济。而是根据从公害事件中得出的经验，本质是尽早制定以防止纷争扩大的维稳对策。之后开展的流行病学调查，并未对石棉劳动灾害患者所在的工厂及大量使用石棉的工厂周边进行彻底的调查，仅对申请的居民进行了健康调查。因此，2012 年秋，在大阪市西成区水泵工厂发现居民罹患间皮瘤。该法这种模糊不清的特点决定了其无法实现对所有患者的完全救济。救济法最初将救助对象限定为间皮瘤和肺癌患者，虽然后来增加了石棉肺等疾病，但与对劳动灾害的认定相比，适用对象存在明确的限制。同时与间皮瘤相比，肺癌的认定患者人数较少。而与劳动灾害认定相比最大的问题在于赔偿金数额低，如果被认定为劳动灾害，可以获得每月停工赔偿 33 万日元、遗属养老金每年 270 万日元、入学补助金每月 1.2 万日元（幼儿园、小学）；而救济法则没有这样的赔偿，仅负责死者的丧葬费、遗属特别津贴共计 300 万日元。对医疗费的自付部分予以赔偿对间皮瘤患者来说是不小的帮助，然而救济法规定的赔偿大约仅是劳动灾害赔偿的十分之一。这部分救济金由于无法依照污染者负担原则令污染者负担，因此对 263 万企业主一律采用劳动灾害保险金 0.05％的费用率，四年共征收 300 亿日元。同时对1951～2004 年间累计使用 1 万吨以上的石棉相关厂商——久保田等四家企业征收每年 3.38 亿日元的特别征收款。近年来，通过救济法申请的人数逐渐减少，这是由于该法自身的缺陷还是缺乏对其深度的挖掘呢？由于可能再次出现隐性化的情况，有必要对此进行探讨。

3. 国际比较

为明确日本石棉受害救济存在的问题，首先与另外两个具有代表性的国

家进行一下对比。美国政府将救济法数度提请议会，但始终没有通过。这是
由于美国更加重视市场原理，不希望以国家赔偿的形式，而是以自主自责的
原则使受害者通过诉讼获取赔偿。由于不仅是污染者负担原则，主张生产者
责任延伸原则的观点也非常强烈，生产制造石棉产品的所有企业均被当作被
告。虽是稍早期的资料，2002 年兰德研究所的资料显示石棉诉讼案约 6 万
起、原告 60 万人、被告企业 6000 家分布在 83 个行业、赔偿金已支付 540 亿
美元。表 10-3 显示的即为对间皮瘤的赔偿金 110 万美元。据推算，将来赔偿
金总额将达到 2200 亿美元。虽然从市场原理的角度出发，通过诉讼来解决问
题貌似是一种合适的办法，但实际上受害者最终只能得到赔偿金金额的 50％～
60％，其余则用于支付律师报酬等诉讼费用或是偿还政府的垫付款等项目。
由于对于律师来说，胜诉就意味着能获得巨额收入，因此大量的诉讼被提起，
而受害者通过诉讼究竟是否获得了完全的救助却是个疑问。另一方面，破产
企业成立另外的公司，使赔偿问题与事业本体相分离，而破产以后的赔偿金
急剧减少。因此，要求建立公共救济制度的呼声高涨[18]。

表 10-3　美国审判中平均赔偿额度　　　　　　（单位：美元）

石棉肺（轻度）	100 000
（重度）	400 000
肺癌（吸烟者）	600 000
（有吸烟史者）	975 000
（无吸烟史者）	1 100 000
间皮瘤	1 100 000

注：Antonio Sato，Gael Salazareds，"Asbestos"（2009，N. Y.）

　　法国的情况则是最高法院认定政府对石棉灾害负有责任，政府即于
2000 年成立了旨在救济全体受害者的石棉受害者赔偿基金（Fonds
d'indeminisation desvictimes de l'amiante，简称：FIVA）。基金财源的 90％
来自于社会保障金，其余 10％由国家担负。劳资负担起的社会保险成为了基
金的基础，即不采用污染者负担原则，而是将其作为"社会风险"均摊到所
有的企业和工人身上。如表 10-4 显示，这一制度的赔偿对象范围极广，间皮
瘤患者平均获得 11 536 万欧元的赔偿。截止到 2008 年，申请共计 4721 万
件；与日本不同，相比间皮瘤，认定的肺癌申请更多。FIVA 作为政府建立

的机构具有明显的优点，但也发生了约 1000 起诉讼案。部分诉讼是由于赔偿金不足而引发，但由于行政救济中加害者的责任不明，因此也有通过诉讼明确其法律责任的目的[19]。

日本的救济法与上述两个典型事例相比，关于政府责任的界定比法国的救济制度更为模糊，在"全员救济"这一点上比 FIVA 适用对象条件限制较多、赔偿金较少。从社会保障的角度来看，日本救济法是一个含糊不清的制度。

表 10-4　FIVA 的各类疾病的赔偿额度（自创设之时的平均值）

（单位：欧元）

疾病	受害者·生存者	受害者·死者	平均
石棉肺	22 662	74 544	35 427
肺癌	89 668	134 992	120 131
胸膜肥厚	19 068	26 131	19 490
间皮瘤	97 114	121 333	115 360
其他	22 729	104 417	47 714
胸膜斑	18 714	20 078	18 777
总平均	26 035	115 634	45 779

注：高村学人，《法国石棉受害者赔偿基金的现状与课题》（《环境与公害》，2009 年春号 38 卷 4 号）。

在日本，泉南石棉诉讼、首都圈石棉建筑劳动灾害诉讼等石棉灾害的诉讼陆续启动（在此不再详述）。与美国的审判诉讼不同，在日本原告要求的是国家赔偿。如前文所述，由于石棉灾害属于复合型累积灾害，因此难以追究企业责任，即使早期开展调查、了解受害情况，各级政府的对策实施还是会慢一步。现阶段，与水俣病的情况相同，政府不承认自身责任，法院的判断也大相径庭；然而，2014 年 10 月，最高法院裁决认定了政府的责任。若在美国，将依照生产者责任延伸原则追究广大企业的责任，但在日本，法院尚未认定企业的连带责任。

日本的石棉对策刚刚起步。首先第一步应当改革救济法，将适用对象的范围扩大到劳动灾害认定的水平，对较少通过的肺癌认定工作进行进一步的探讨；将赔偿金额提升到劳动灾害认定的水平，若是公害赔偿则应提升到劳动灾害认定的水平以上。包工头等劳动灾害对象也存在问题，若今后含有石棉的设施因老旧而解体（包括地震这类特殊情况），基于预防建筑工人受害的考虑则不是单纯改革现在的救济法，而需要制定出石棉对策基本法一类的综合对策法。

第二，如前文中提到的大阪西成区工厂附近发生公害的案例，需要开展全国范围的流行病学调查。现在，环境省组织的"流行病学"调查仅针对大阪府泉南地区、兵库县尼崎地区、佐贺县鸟栖地区、横滨市鹤见区、岐阜县羽岛市、奈良县、北九州市门司区等七个地区的工厂有关人群及周边居民中的自愿接受检查者，共计3648人。调查发现本人及家属均完全没有工厂工作经验的附近居民，1669人中有352人出现胸膜斑。胸膜斑是发生于胸膜的不规则白斑状胸膜，其出现虽不伴随肺机能障碍，但由于该症状仅发生在石棉暴露的情况下，且石棉疾病大多伴随胸膜斑，因此在法国出现该症状的患者成为了赔偿对象。让人震惊的是，工厂附近提出申请的居民中有20％被认定为遭受到环境灾害的危害。这一调查仅以自愿接受的人员为对象，不是正常意义上的流行病学调查。而应当在劳动灾害认定患者大量存在的工厂或是大量使用石棉的工厂开展流行病学调查。

第三，依靠政府的对策是无法救济每一位患者的，且仍旧无法追究政府责任或根据生产者责任延伸原则追究责任。从这一层面上讲，应当通过审判追究责任，推动救济工作。

国际上有50个国家原则上严禁石棉，如表10-1所示，除去俄罗斯，今后亚洲将成为石棉问题的焦点。2005年，韩国受到久保田事件的影响，于2009年全面禁止石棉，出台了与日本一样的石棉救济法；跨学科的研究队伍成立，积极开展调查与救济工作。韩国本来有16座石棉矿山，进入20世纪70年代开始进口原料进行加工。到1993年共有118家工厂、职工1476人，石棉分别用于建材（82％）、摩擦材料（11％）、织物（5％）及其他行业（2％）。1981年，禁止进口青石棉。主要的工厂是日本霓佳斯的子公司第一化学公司，这成为了日本公害输出的又一例。20世纪90年代后半期，由于规制日渐严格，工厂迁往印度尼西亚。在针对石棉受害的调查中，1991～2006年因患间皮瘤而死亡334人，1997～2007年劳动灾害认定60例（肺癌41例、间皮瘤19例），工厂附近居民面临的环境灾害成为了一大问题。而由于约1/3的建筑物使用石棉，将来解体时的预防措施成了另一大问题。目前诉讼案例尚少。

过去，台湾地区石棉工厂的粉尘问题非常严重，并有船舶解体引发的受害情况。1989 年，当局将石棉指定为特定物质进行规制，现在石棉仅用于教育研究、建材中的屋顶材料、填补缝隙的材料及制动衬四类情况。到 80 年代，霓佳斯等日资注入石棉工厂，现已撤出；台湾企业也向中国大陆、东南亚地区转移。1979～2005 年共有 423 件关于间皮瘤的报告，但受到劳动灾害赔付的仅有 12 件。既无环境灾害报告，也没有救济法。

中国拥有 50 处白石棉矿山、埋藏量 9061 万吨，其中 90％集中在西部少数民族聚居地。2008 年，中国以年产 41 万吨、进口 22 万吨、共计 63 万吨成为世界最大的石棉消费国。虽为时已晚，但于 2002 年禁止使用青石棉。中国没有喷涂石棉作业。虽说官方认为作业管理得当则使用白石棉是安全的，但规制标准颇为宽松。在国家安全生产监督管理总局的访谈中，据说遵守标准的仅有 10％。从中国疾病预防控制中心李涛所长处获悉[20]，在中国没有间皮瘤的流行病学数据，根据他仔细查阅的 1994 年以后的学术论文和政府报告，1956 年以后的 45 年间共有 2547 件间皮瘤报告；多数情况，患者在确诊约一年后死亡。据说，中国的石棉矿山工人有 24 000 人，石棉相关产业工人约 1000 万人。根据全国职业病报告系统，1949 年以来石棉肺患者达 10 300 人，占全部尘肺患者的 1.54％；而 2006 年以来，间皮瘤患者不断增加。中国的劳动灾害调查、研究及救济工作均刚刚起步，完全没有环境灾害方面的报告。未禁止石棉的理由在于停产将导致失业，尤其会给矿山集中的西部地区经济、财政带来重大危害；另外，代替品的价格是石棉的 15～40 倍，将造成巨大的经济损失。中国的石棉使用量是日本巅峰时期的两倍，今后的受害将急剧增多。

除此之外，在印度、泰国、印度尼西亚、越南，白石棉被大量投入管理使用中。他们无法禁止生产的原因与中国相同——影响就业、高价的代替品将招致严重的经济损失。为经济发展无视工人、家属以及附近居民的生命健康，10～40 年后一定会出现严重的石棉受害者。加拿大和俄罗斯则认为自己可以安全保障白石棉的管理使用，因此还建立起白石棉协会开展宣传活动。亚洲各国如果再继续疏忽石棉的禁用问题，未来恐怕将会有超出想象的受害报告吧。

第三节　福岛第一核电站
事故——为何无视"历史教训"？

1. 史上规模最大、最为严重的累积公害

福岛第一核电站事故直接导致 2 市 7 町 3 村超过 15 万的居民被强制疏散，离开社区；其中许多人无法返回故乡；估计也会出现永久废弃的村镇。在过去的足尾矿毒事件中，政府以实施治水对策为由，废弃了抵抗到最后的谷中村，村民或被强制迁居到北海道或那须野等地，或成为了流民。自悲惨的足尾矿毒事件以来，福岛第一核电站事故是首个导致居民强制疏散和故乡丧失的事件，堪称日本历史上最严重的公害。根据东京电力公司（以下简称东电）的消息，此次泄漏事故释放的放射能高达 90 万万亿贝克勒尔（碘-131 与换算成碘-131 的铯-137 的总量），虽说这相当于切尔诺贝利核事故放射能的 1/6，但由于污染地区人口、财产高度集中，因此造成了远超切尔诺贝利的损失与危害。与切尔诺贝利核事故相同，INES（国际核事故分级标准）将福岛核电站事故的影响程度定为最严重恶劣的七级。但若要加上废堆的处理时间，福岛核事故恐将成为社会灾害史上迄今最大的经济灾难。

大岛坚一和除本理史指出了福岛第一核电站事故不同于与以往切尔诺贝利等核电站事故的三个特点："第一，系世界首次由地震和海啸引发的大事故。（中略）第二，存在多个引发事故的核电站。（中略）第三，需要很长时间才能在一定程度平息事故。[21]"

福岛核事故的诱发因素在于由地震、海啸等自然灾害以及东电安全对策的懈怠，因此造成了复合型社会灾害。三重灾害导致事故的平息非常困难，尚未见到恢复的曙光。然而，虽说最初的诱因是"自然灾害"但不代表这是"想不到"的情况，因为这一地区经常发生地震与海啸。关于灾害的危险性，学者石桥克彦和国会议员吉井英胜给出过准确的警告[22]，东电自己也曾预测过与这次海啸一样严重的巨灾，而正是由于无视这些警告才导致了此次灾难。虽然事故的详细原因尚未确定，吉田文和却已将福岛第一核电站定义为"有缺陷的核电站"，指出其在安全对策上过于"节约"，这个问题共有四点表现：

①输电线因地震立即崩溃；②核电控制室电池耗尽导致无法控制；③没有安装过滤与排气设备；④应急电源因海啸影响没能启动；这些失败毋庸置疑[23]。

正如我们一直了解的，战后产业开发的中心都集中在沿海的工厂和能源设施。虽然这给企业带来了巨大的经济效益，但伊势湾台风等灾害均证明地震、台风、海啸有可能给这些沿海的产业中心带来灭顶之灾。尽管如此，企业却过度相信防灾技术而不断推进开发。包括后来的地下水污染问题，福岛第一核电站明显犯了"选址错误"，没有事先就沿海地区的风险进行充分的环境调查。最近，从如何处理东电无力赔偿这一事项开始出现一种评论，认为这场灾难实属天灾，所以应当弱化东电的赔偿责任[24]，但这场事故是明明白白的人祸，是公害，应当彻底明辨东电责任。同时，推行国策民营化、从核电站选址这一点就疏于规范的政府也负有重大责任。

距离事故发生已过去三年，但现在仍然看不到事态终结的迹象，清理污水不断遇到难题。而安倍首相在东北复兴没有进展的情况下鲁莽地申办奥运，并信口开河"污染已经被完全封锁住了"，但是事实恰恰相反。这样的情况下，排放核辐射污水难以避免。目前终于开始处理 4 号机的乏燃料棒，但仅该项工作预计就需要两年时间，那整个废堆作业估计要耗费数十年的时间，而谁也无法保证这期间不会发生地震、台风、暴雨等灾害，引发新的事故并导致作业失败。同时，为保证清除放射污染工作的安全，需将追加辐射量控制在年 1 毫希沃特以下，为此所需的作业量也无法预期。而且由于没有地方放置处理过的土壤，使得 2013 年年度预算的 76％没能执行。辐射会累积在人体、大气、土壤、森林、河流、海水之中，并不断叠加；且作为累积型公害，与石棉灾害相同，其危害不仅在当下，即便过去几百年也会一直持续，日本人迄今从未经历过的长期危害恐怕已然开始。

关于此次事故的原因现在还有很多不明确的地方，应继续进行调查。目前的对策是终结事故及救济受害。公害对策"源于受害、终于受害"，首先要明确受害的实际情况及相关责任，从赔偿到环境再生逐步推进受害的救济工作。此次事故符合本书所讲的公害的社会性特征，受害集中于生物性弱者和社会性弱者，造成了不可逆转的绝对损失。然而，由于该事故系首次由核辐射引发的大规模公害，现在尚未完全掌握其造成危害的实际情况。关于核电事故对生命、健康的危害，据推测事故直接或相关死者约为 800 人。因核辐射会给身体健康带来长期危害，因此福岛县那些暴露的辐射状态下的人们将持续接受健康诊断。虽然已经发现了儿童甲状腺癌患者，但当局否定了福岛核事故与患病的因果关系。切尔诺贝利事故的经验之一就是伴随着时间的流逝，癌症等健康疾病将逐渐增多[25]，从这一点看今后很长一段时间将会发生健康受害的情况。另一方面，事故对产业造成的危害覆盖了制造业、农林水产、商业、旅游等所有行业，包括谣言受害在内，给上述行业带来了致命影响。这些危害将一直持续，而且污染水处理工作难度较高，给海洋也会带来严重的负面影响。

此次事故的危害属于复合型累积公害，因此给日常生活带来的危害最为深重，而且还带来了以往公害所没有的问题——长期避难、流离失所、失去家园（社区）。事故危害包括了对生命健康的人格权的侵害、由在外避难导致的失业、丢掉维持生计的职业以及在避难地的生活保障，同时还有上述全新的问题即失去家园（社区）。所谓恢复环境权、宜居权已经变成了补偿新的权利侵害、救济受害的课题。这些首次出现的人权侵害、环境破坏和自治权的侵害恐怕需要新的赔偿理论及新的地区再生理论的支持，实现环境再生及生活重建。

事故造成的经济损失的整体情况尚不明了，预计受害总额将达6～8万亿日元，除此之外，预期还将支付土壤的处理费用以及中间储藏设施的相关费用[26]，据估计上述总计将产生超过100万亿日元的巨额费用。2011年8月，核损害赔偿纷争审查会公布了《中间指针》，在2013年12月前进行了四次增补，明确赔偿范围；向回乡困难地区（大熊町、双叶町全域）每人支付1000万日元的抚慰金，上述地区以外每人每月将获得10万日元的抚慰金；在回乡困难地区，若迁居家庭满足四口之家、丈夫在30～40岁之间且无法就业、房屋建成36年的条件，预计将获得8875万日元到1.475亿日元的损害赔偿金。对于上述赔偿规定，有批评指出每人每月10万日元的抚慰金明显没有考虑失去家园人们的不幸。截至2013年12月，损害赔偿金已支付了3.3万亿日元，但目前相关诉讼已在各地开始，预计赔偿内容将依据判决结果出现很大的变化。

东电是否能够负担得起这笔巨额损害赔偿是一个严重的问题，政府的援助计划大体如下：政府从金融机构借贷资金，通过核损害赔偿支援机构向东电提供以5万亿日元为限的必要资助；东电及其他电力公司等11家企业将主要通过电费等收入偿还机构借款；若东电能重振经营，将用利润偿还借款。

政府已经确定了 3.8 万亿日元的援助，并预设了 1.3 万亿日元用作清理污染的费用，两者合计逾 5 万亿日元，但东电究竟能否偿还呢？东电需要负担清理污染工作的全部费用，但对于目前要求支付的 404 亿日元仅支付了 67 亿日元（17％）。金子胜认为，由于东电在事实上已经破产，是无法避开国有化的，但其从利害关系出发又在拖延这一过程。因此现在不仅要处理东电的问题，更是到了必须进行电力改革的时候[27]。

如果承担了此次事故责任，东电势必破产。但是政府提供了资金援助，支撑着东电的经营，这恰与水俣病问题时期政府支援智索公司如出一辙，同时也与智索公司一样，有方案提出将东电分公司化，建立起负责赔偿的新公司，从而维持东电生命。然而现在的情况下，即便东电采取分公司化的办法，恐怕也无法负担这一巨大的损害。在这种尚不明晰的情况下，东电只能靠提高电费或是重启柏崎核电站幸存下去。因为此次事故带来如此巨大的危害，因此重启核电有悖企业伦理，但政府却开始着手准备重启事宜。事实上，无论哪一条路，以赔偿为主的对损害的补偿都需要通过消费者负担费用或是国民纳税来提供资金。核电作为国策本身就是一个不负责任的体系——由国民的负担建立，即便破产也由国民的负担来救济。这在经济上是可以允许的吗？在此之前首先应当彻底追究东电的责任。

2. 构建零核电体系

由于核事故的影响，一直以来实行的能源政策以及与之相关的产业政策、温室气体减排政策全都无法成立。2012 年 7 月，民主党政府轻率地决定重新运转大阪发电站的 3 号机组和 4 号机组；但又迫于国民零核电的舆论和运动，提出 2030 年代实现零核电的计划。然而，经团联对此表达了反对意见，安倍领导的自民党内阁舍弃了前内阁的零核电计划，转而开始了重启核电、核电输出的工作。在这一不曾有过的公害面前，在事故尚未完全处理完毕的情况下，恢复依靠核电的能源政策的做法只能说是蛮干。受福岛核事故的影响，德国政府基于 "关于安全能源供给的伦理委员会" 的报告，决定在 2022 年之前关闭所有核电站[28]，笔者认为德国的政策着眼于未来，无疑是正确的。日本目前在几乎所有核电站都停摆的情况下并没有发生能源危机，而多数国民也在期待着实现零核电。笔者认为零核电必要且可行，主要有以下三点理由：

第一，日本是一个自然灾害频发的国家，难以避免福岛核事故重演的风险。迄今为止的风险理论基于概率论，认为比起飞机事故，核电事故发生的可能性无限的小。然而即便概率无限接近于零，一旦事故发生，将带来无比巨大的危害且无法保证能够彻底处理完毕，因此这一类灾害不能通过概率来保证安全性。

第二，核电的成本比起其他能源并不经济。引入核电论最大的论据就是：对于能源资源匮乏的日本而言，成本较低的核电必不可少。然而，根据大岛坚一的观点，以往的成本仅包括发电直接成本，但实际上如表 10-5 所示，研发成本、选址对策成本等也是必不可少的。而如果考虑到这点，核电比火电、水电成本还要高，即核电的运用依靠政府援助，而政府援助主要来源于税收。若在上述基础上加上此次事故的成本，或是加上后文将提到的放射性废弃物的处理工作（善后成本），显而易见，核电在经济上并不合算[29]。

表 10-5　电力的实际成本（1970～2010 年度平均值）

单位：日元/千万时

	发电直接成本	政策成本		合计
		研发成本	选址政策成本	
核能	8.53	1.46	0.26	10.25
火力	9.87	0.01	0.23	9.91
水力	7.09	0.08	0.02	7.19
一般水力	3.86	0.04	0.01	3.91
抽水式	52.04	0.86	0.16	53.07

注：大岛坚一：《核电的成本》，p.112。

第三，核电是放射性废弃物处理困难、不可再生的产业[30]，这也是核能在科学技术层面上的致命缺陷，就好比"没有厕所的公寓"，而德国的伦理委员会主张放弃核电的理由很大程度上也在于此。即便没有事故一切安全，钚-239 的半衰期为 24 000 年，放射性废弃物释放出的危害可能长达十万年。如此严重的累积公害前所未有，而综合资源能源调查会推算事故善后费用将达到 18.8 万亿日元，如果算上该项成本，那就不能忽视放射性废弃物给子孙后代带来的影响。核电是一个伦理层面上的问题，不应当通过市场原理来判断，而应当从对子孙后代的负责的角度考量。为解决该问题，有减少负担的方案提出将再处理事业商业化，然而在日本进行的试验性操作数度失败，巨额的试用费皆付诸东流，实现的希望渺茫。

第四，即使不依靠危险的核电，也可以像植田和弘等学者建议的那样，开发安全可靠、环境负担小的替代能源，尤其是可再生能源。德国之所以决定开启零核电时代，是因为在上任政权任期内已经形成了放弃核电的共识，同时可再生能源的开发与普及取得了进展。日本在太阳能电池、地热发电等领域拥有一流的技术和生产力，但缺乏普及新能源的经济制度，且中止引入太阳能电池补贴工作等失策导致现在可再生能源占能源供给总量尚不及 1％。此次事故使得可再生能源的开发势在必行，引入固定价格收购制度，太阳能电池普及计划不仅在居民住宅方面、也在工业用途上取得进展。然而，计划变为现实则相对迟缓，可再生能源的开发不仅需要价格支持制度，为使分散的供给源能够自立，还需要分离发电和输电，必须改革九大电力公司的垄断体制。另外参考德国的先例，应当像合作社、自治公用事业公司一样，构建起供给主体分权、地区分散的系统[31]。

一直以来，核电站都远离大城市圈，分散在人口稀疏地区，但产出的能源则供给大城市圈。核电站所在地的地方政府主要依靠相关就业、固定资产税及电力补助金，因此无法拆除或是废弃核电站，而当过了核电设施的折旧期限，税收和财政转移支付急剧减少，由于当地没有其他产业，不得不一而再再而三地招揽核电站投建，因而与别国不同，日本的核电站基地分布集中，而这一特殊的核电站选址政策也导致了此次四处发电站同时发生事故而引发的空前灾难。现在之所以异乎寻常地急于重启核电，既是因为以东电为首的电力公司比起安全问题更追求经济效益，同时也因为地方政府的强烈诉求，其已沉溺于核电站这一"毒品"中无法自拔。然而，依附核电的地区不发展农业、渔业、制造业经济，而是极度依赖电力公司及寄生于电力的建筑业、服务业，进而丧失自立性。若想实现零核电，地方政府必须摆脱这一困局，实现经济自立[32]。

事实上，不仅依附核电的地方，包括东北地区在内的日本地方圈均在向东京圈输送人才、能源等资源，支撑着东京单极化这一异常的经济现象。目前，必须利用此次震后复兴，改造这种单极化的结构，作为推进东北地区自立的机会。为此必须改变依附于东京等大城市经济、依靠招揽工厂等的外来型经济开发模式，实现以可再生能源、粮食等资源及人才地区自给为核心的内生型经济发展。若要实现上述目标，需要推进生活、事业的重启工作，首先要从核事故赔偿、社区重建工作开始[33]。而且，应该像过去推进公害对策那样，通过地方选举形成阻止核电重启的地方政府，并使全国数十起要求中止核能发电的诉讼获得胜利。

3. 为何公害会反复上演？

福岛核事故暴露了日本政治、经济、科技的缺陷。可以说，本书所明确的日本政治经济体系（中间体制）引发了堪称终极公害的核电公害。核电是支撑大量生产、流通、消费、废弃的经济且具有缺陷的能源。战后日本资本主义的精髓就在于通过国策保护着主张利益优先于安全的市场制度的结晶——企业运营，而这充分体现在了核电站的布局和运营上。这一切的基础在于日美核能协定以及美国的核战略框架。如果从生产者责任延伸论的层面来说，提供核电站设备的 GE 公司的责任本应受到追究，然而却未能成为问题，就是这种日美关系所致。

本书第二章曾讲到，维持日本经济高速发展的政官商学复合体助长了公害的发生，并实施了错误的规制和救济，也是这一体系创造了从引入核电到发生事故为止的"安全神话"。由于广岛、长崎曾遭受原子弹爆炸袭击，日本是世界上唯一的被爆国，因此当初在引入核能的问题上十分慎重。然而，受冷战背景下美国战略转换的影响，日本的保守政治家出于未来保有核战力的考虑，高举和平利用核能的旗帜策划了核能的引进，在那些具有狭隘专家意识的科学家的运作下建立起核电站。随后持续反对的舆论和运动使得核电站未能得到普及，但石油危机之后能源政策发生转变，颁布电源三法，并逐步开展核电站的建设工作。之后，由于受到三里岛事故、切尔诺贝利事故的影响，发达国家逐渐推行控制核电的政策措施，而日本的政府和企业则编造出"安全神话"，通过前文提及的政策补助金削减核能发电成本，推进在其他国家见所未见的核电站大规模集中布局。其间，在政官商学复合体的影响之下，相关的规制被放宽，使得安全检查完全失效。虽然各地也出现事故并诉诸法律，但与石棉的问题相同，无论是行政还是司法，在处理与核电相关的事件时都重演了面对其他公害问题时的角色，即完全没有发挥自身的监督作用。

在科学技术领域，众多核能科学家、技术人员来自"核能圈子"。科学并非无能，以高木仁三郎、久米三四郎、安斋育郎、小出裕章为首的核能科学家虽然被无视、甚至迫害，但始终都主张核电的危险性。而在社会科学领域，《公害研究》的主编都留重人从创刊之初就坚定地主张核电的危险性以及国策的错误，主张实现向可再生能源的转换。来自美国最知名的环境学家、未来资源研究所的 Allen V. Kneese 在载于 1974 年夏季号的《公害研究》《特集：核电及公害》的文章中表达了观点："这一问题……其实是社会是否应当与核能科学技术者进行犹如浮士德一般的交易的问题。如果使用能够产出大规模核裂变能量一样残酷的技术，那就必须承受对危险物质的持续监视和高度复杂管理的负担，且其本质决定了这一负担将永远持续下去。如果一旦没有承担起来，作为报复将有可能发生前所未有的惨烈事故。核裂变的使用时间，从相关问题的时间比例来看仅仅只有一瞬间。即便只有二三十年的时间，也必须要承受这一不可撤回的负担。"[34]

Kneese 认为不能依靠费用效益分析来判断究竟是否发展核能依存型经济，因为其中包含着深刻的伦理问题，这正是预言了四十年后德国伦理委员会的判断。另外，虽然当时尚未大力研发太阳能、地热能，但 Kneese 指出这一替代办法比起核能和化石燃料能源更富魅力。

作为公害研究委员会的研究者，我们与 Kneese 一样不会进行浮士德的交易，将灵魂出卖给核电，而是不仅学习研究国内外的论文，更要在日本核电站、放射性废弃物处理场进行实地调研，指出核电具体的危害以及依存于此的能源政策的错误，同时主张发展可再生能源。都留重人、永井进、塚谷恒雄以及年轻的长谷川公一、大岛坚一均是持上述论点的代表。这些社会科学家在论文中预言了今天的核电事故以及放射性废弃物处理的危险性，并提出了向可再生能源转换的具体主张，然而由于没能掌握舆论主导权，招致今天的事故。与此前的石棉公害一样，尽管已经预知危险，尽管已经提出替代办法，但还是没能避免大的事故与公害。纵然科学有力，科学家都无力。即使明白了公害历史的教训，却也无法将其用于现实。

"核能圈子"的科学家们比我们拥有更加坚固的力量，这是因为核能的利用是芒福德所说的大规模科学，甚至可以称之为"金钱与权力的复合体科学"[35]。其研究需要大量的资金，如此大规模的资金只有政府或是大企业才能负担得起。正因为如此，大学若成立核能相关的院系，该出身的人才就业就显得格外重要，要求前往政府、电力公司等核能相关企业就业。于是，与核能的利用一并创立学会，负责运营的主流就成为权威大学、研究机构的老板。

当这一系列的组织和资金通道建立起来，对于反对核电或是对核能开发持怀疑态度的学者，既不提供研究费，也不提供大学职位。社会科学家在这点上虽是自由的，但对核能持批判态度的相关学者发言的空间变小，为政府、企业的研究会所忌避。另外，在其他的公害问题上，公害研究委员会、日本环境会议的发言权比较大，但面对石棉、核能这一类累积型公害的情况则有所不同，这是败给了"核能圈子"的力量。

然而，问题是今后怎么办。石棉、核电已经来到了明确受害实际情况的大门口，为了明确受害的实际情况及相关责任、实现救济以及环境再生与社区重建，必须开展研究调查，积极建言献策。为确保导致如此巨大且绝对不可逆损失的核电灾害不再发生第二次，应当最大限度地运用预防原则，实现零核电，并建立起以可再生能源的普及为核心的能源政策，提出可持续的内生型发展战略。

注

1　比如 20 世纪 90 年代，以面向经济界的名为《Ecology》（《生态学》）的杂志创刊，以及《地球环境商务》（生态商务网编，二期出版）一书隔年出版为代表。另外，作为应用科学类书籍，环境相关的出版物多陈列在店面。

2　1995 年的阪神淡路大地震、要求美军基地撤出冲绳的运动、奥姆真理教沙林毒气事件宣告着战后社会的崩溃，笔者受这一观点的启发，认为应当利用这一机会改革"经济大国""官商勾结"的"负面体制"，创造克服"日本病"的新体制。因此出版《日本社会的可能性》（岩波书店，2000 年）一书，主张构建"可持续发展社会"。然而与笔者提议的"共同经济社会体制"相反，实际上新自由主义的改革得以推行。

3　"座礁"一词从吉井正澄苦战的书《离礁》获得启示。其作为水俣市长首次近距离接触水俣病患者，以"缆绳"精神力图实现"水俣社会"的转变。正是由于吉井前市长的努力，水俣市开始了走向环保城市的再生之路。

4　都留重人等编《为了水俣病事件中的真实与正义——水俣病国际论坛（1988 年）记录》（劲草书房、1989 年）。本书为日英双语，是有关水俣病综合研究著作中出类拔萃者。

5　有关到政治解决为止的诉讼以及政治解决的内容，参考下列文献。水俣病诉讼辩护团编《从水俣发现未来——水俣病诉讼辩护团记录》（熊本日日新闻信息文化中心，1997 年）。

6　《环境与公害》，2005 年秋号（35 卷 2 号）将对该判决的评论汇总为"特集水俣病问题尚未终结——向重新解决问题前进"，刊载了宇泽弘文、原田正纯、宫本宪一、宇井纯等人的文章。

7 熊本县在收到最高法院判决后迅速做出回应，向中央政府提交了申请书，其中预计，八代海沿岸地区接受居民的健康调查及疗养费的对象将达 34 000 人，年预算为 34 亿日元。然而，中央政府拒绝了这一请求，因此县政府也取消了最为重要的新申请者申请疗养费的相关处理工作。地方政府这样的应对是情理之中，但中央政府的拒绝导致再次失去了解决问题的机会。这清楚地反映了中央政府对地方实际情况的漠视使得现在陷入纷争泥潭的这一事实。宫本宪一：《水俣病问题遗留的责任》（见前文《环境与公害》）。

8 NO MORE MINAMATA（决不让水俣重现）诉讼记录集编辑委员会编，《NO MORE MINAMATA（决不让水俣重现）诉讼案的斗争历程——为救济所有水俣病受害者》（日本评论社，2012 年）。

9 有关对智索分公司化的批判参照《特集·水俣病事件的现状与智索的分公司化》（《环境与公害》，2009 年秋号 39 卷 2 号）。

10 车谷典男、熊谷信二，《因石棉的近邻暴露而出现间皮瘤的流行病学》，《最新医学》，2007 年 62 卷 1 号，pp. 35-43。世界石棉公害（近邻暴露）等比较研究参考以下文献：车谷典男、熊谷信二：《石棉与间皮瘤——特别是近邻暴露对人体的影响》（《政策科学》别册《石棉问题特集》，立命馆大学政策科学会，2008 年）。

11 森永谦二编《职业性石棉暴露与石棉相关疾病——基础知识与劳动灾害赔偿》（三信图书，2002 年）。

12 K. Miyamoto, An Exploration of Measures Against Industrial Asbestos Accidents，K. Miyamoto，K. Morinaga，K. Morieds，"Asbestos Disaster, Lessons from Japan's Experience."（Springer，2011）pp. 19-46. 宫本宪一：《探讨石棉灾害的对策》（前文《政策科学》别册《石棉问题特集号》）。

13 I. J. Selikoff，Asbestos and Disease（Academic Press，1978）.

14 宫本宪一：《石棉灾害能赔偿吗?》（《公害研究》，1985 年夏号 15 卷 1 号）。

15 兵库医科大学内科第三讲座：《日本石棉肺研究的动向》（1981 年），大阪劳动卫生史研究会《大阪的劳动卫生史》（1983 年）。

16 村山武彦：《关于石棉污染带来的未来风险的定向预测的考察》（《环境与公害》，2002 年秋号 32 卷 2 号）。

17 环境省：《对政府过去应对措施的验证（补充）》（2005 年 9 月 29 日）。

18 关于迈威公司的分公司化使得赔偿金设定了限制一事具体参考村山武彦的论文《分公司化带来的受害赔偿的实际与课题——以佳斯迈威公司为例》（《环境与公害》2009 年秋号，39 卷 2 号）。美国环境保护团体（Environmental Working Group，简称：EMG）对此提出要求，要求立刻全面禁用石棉，同时建立起有效期为 50 年间的合理公正的救济制度。EWG，"Asbestos：Think Again" Oct. 2005。

19　高村学人：《法国石棉受害者赔偿基金的现状与问题——着眼于司法系统与福祉国家体制的相互规定关系》（《环境与公害》，2009 年春号 38 卷 4 号）。

20　笔者主要通过 2010 年 12 月立命馆大学主办的"亚洲·石棉问题国际学术会议"上，中国疾病预防控制中心李涛所长所作的报告，以及立命馆大学石棉研究会在 2009 年秋季 Department of Occupational Safety and Health 举行的听证会，了解了中国的石棉问题。而亚洲石棉问题主要参考《政策科学》的《石棉问题特集号·亚洲编》及《石棉问题特集号·2011 年版》（立命馆大学政策科学会）。

21　大岛坚一、除本理史：《核电事故的受害与赔偿》，（大月书店，2012 年），pp. 21-22。

22　石桥克彦：《大地动乱的年代——地震学者的警告》（岩波书店，1994 年），吉井英胜在 2006 年众议院预算委员会上的质询准确预测了现今灾害的危险。吉井英胜：《除去核电，寻找地区再生的温室效应防治对策》（新日本出版社，2010 年）。

23　吉田文和：《日本的核电·能源政策》（本间慎、畑明郎编《福岛核电站事故的放射性污染》（世界思想社，2012 年））。

24　安念润司：《赔偿责任的范围限定》（《日本经济新闻》，2013 年 9 月 25 日）。

25　已经翻译出版非常详尽且出色的有关切尔诺贝利事故受害的调查报告书。Алексей. V. БродЛоKefu 等著，星川纯监译《调查报告·切尔诺贝利受害的全貌》（岩波书店，2013 年）。

26　参照前文中大岛、除本的《个点事故的受害与赔偿》。大岛坚一在《核电的成本》一书中推测，受害总额除去恢复原状的费用约为 85 040 亿日元。

27　金子胜：《核电是不良债权》（岩波小册子，2012 年）。

28　这份报告的日语译文收录在下面这本书中，Ethik-Kommission Sichere Energieversorgung ed.，"Deutschlands Energiewende-EinGemeinschaftswerk fur die Zukunft"，Berlin，2011，供给安全能源伦理委员会、吉田文和、Miranda Schreurs 监译：《德国托核电伦理委员会报告书》（大月书店，2013 年）。作为伦理委员会的一员，来自柏林自由大学的 Miranda Schreurs 在下面的论文中简洁地指出德国零核电与可再生利用能源之路。《推进无核能的低碳能源革命》（《环境与公害》，2012 年夏号 42 卷 1 号）。

29　大岛坚一依据有价证券报告书等资料，首次揭示了以往未能尝试的核电成本，并提出在放弃核电后发展可再生能源的建议，《可再生能源的政治经济学》（东洋经济新报社，2010 年）。福岛核事故之后，大岛氏进一步整理了相关成果，在以下两部启蒙著作中阐明了核电是一种不经济划算的能源的观点，并分析了向可再生能源转换的可能性。见前文，大岛坚一《核电的成本——着眼于能源转换》同《核电果然不划算》（东洋经济新报社，2013 年）。

30　船桥晴俊、长谷川公一较早指出了核燃料的回收问题并提出去核能社会的观点，船桥晴俊、长谷川公一、饭岛伸子：《核燃料回收设施的社会学——青森县六所村》（有斐阁，2012 年）。第七章已经提到过，陆奥小川原开发计划是为掩盖新全综的失败而推进引入核燃料回收设施的，而核能开发最重要的善后工作被强加给下北半岛。船桥晴俊、金山行孝、茅野恒秀共同编著的《〈陆奥小川原开发·核燃料回收设施问题〉研究资料集》（东信堂，2013 年）集合了对战后史上最重大的社会问题 40 年研究的资料。另外，长谷川公一曾指出核能社会的危险，并早就站在社会学角度提议建设去核能社会。《去核能社会的选择》（新曜社，1996 年，增补版 2011 年），同《朝向去核能社会》（岩波新书，2011 年）。

31 植田和弘《绿色能源原论》（岩波书店，2013 年）。植田和弘、梶山惠司编著《为了国民的能源原论》（日本经济新闻社，2011 年）。在日本，饭岛市作为自治体在推进开发工作。诸富彻《通过可再生能源振兴地区》（《世界》，2013 年 10 月号）。德国通过开发可再生能源实现地区自立的调查报告有寺西俊一、石田信隆、山下英俊编著《学习德国·始于地区的能源转换》（家之光协会，2013 年）。

32 冈田知弘、川濑光义、新潟自治体研究所编《不依存于核电的地区建设展望》（自治体研究社，2013 年）以柏崎核电为例，指出了无核电地区的发展之道。

33 清水修二：《还能将地区的未来托付给核电吗？》（自治体研究社，2011 年）。清水修二从福岛核电站建设之时，就指出这样的做法不仅伴随着危险，且不利于地区开发，是一位预测了当今事态的宝贵的当地研究者。

34 Allen V. Knudze：《浮士德的交易》（《公害研究》，1974 年夏号 4 卷 1 号）。

35 Lewis Manford、生田勉、木原武一译：《权力的五角大楼——机械的两部神话》（河出书房新社，1990 年）。

终章 可持续社会（Sustainable Society）

第一节 系统改革的政治经济学

1. 是成长还是稳定状态

在里约会议上通过的 SD（可持续发展）方针，虽然是一次重要的理念转变，但其诞生并未经过充分的科学讨论。它其实是为了避免地球环境与资源的极限与现代文明的根基——资本主义市场经济之间的矛盾，是一次政治妥协。因此，政策当局者将保护地球环境置于首位，在这个框架内，不谋求经济和社会的发展，而是以市场经济的成长为前提，通过发达国家科学技术的发展和对发展中国家的社会开发援助来消除弊害，从而使地球环境得以维持。正因为如此，在里约会议后的二十多年里，北方的发达国家和南方的发展中国家都根据市场原理持续开展经济竞争，导致了温室气体等污染物的增加，自然资源的荒废以及生态系统的枯竭。与 2013 年 COP18 的结局一样，京都议定书——里约会议之后的最大成果并未取得令人满意的结果就寿终正寝了。另一方面，发展中国家认可 SD 最重要的条件是，发达国家需将 GDP 的0.7％用于援助发展中国家，但直到今天这一承诺也未得到遵守。而发展中国家不同意有关温室气体排放的国际协定，则是对发达国家迟迟不履行承诺的抗议。

四十年来，随着环境政策的出台及在反对公害、保护环境的社会舆论的影响下，节约资源、防止公害的技术开发取得进展，产业结构也发生了很大变化。环保产业迅速发展，环保成本也开始被一并算入企业经营成本中。此外，环境政策也从以往的直接管制转向了排污费、环境税以及排放权交易制度等经济手段。公害政策、环境政策自引入市场制度后，便取得了显著效果。

但根据日本以往的经验，市场并不是自动、自发地推动改革，而是在社会压力之下形成的制度化变革。正如迄今为止所观察到的一样，一旦出现了经济发展的停滞或者社会压力的减小，就会出现回潮。尤其在预防或者是防止累积性环境破坏方面，市场制度或无法应对或应对很不充分。再细数石棉灾害、核电灾害还有温室气体所引发的气候变化，就不难发现市场经济的局限性。

正如德雷泽克所说，市场制度是为寻求利益的最大化而无限追求经济增长的经济装置，其中的竞争会导致收入不平等，所以不可避免地造成贫富差距及其他社会问题。在不改变现有收入分配结构的情况下，为减少矛盾，政府不得不出台将 GDP 这块蛋糕变大的经济增长政策，以谋求政权的安定。可是，在这种无休止的经济增长之下，地球环境就不可能得到保护。[1]

波尔丁曾说过，"经济学家竟相信会有无限的经济增长，这和疯子几乎没有分别"[2]。这是一句名言，而以新古典派经济学派为首的经济学家们多数也的确相信经济可以无限增长。现在，为了保护地球环境，无论是停止经济增长，还是大幅削减经济增长率，甚至是缔结国际协议以制约大量生产的技术革新，这些提案或许都会被各国政府及统治阶级视为疯子的幻想。回顾战后的经验，在没有实物工资的商品经济城市社会中，为了维持健康、文明的最低生活标准，就要维持一定的货币收入水平，这是显而易见的。现在，若用汇率来测定我们的人均收入水准的话，我们和欧美是处于同一水平上的。但反观我们的生活就会发现住宅和生活环境的窄迫：我们已经失去了自然和美丽的街景，没有享受天伦之乐的时间，没有享受艺术和文化的时间，这些都令我们感到绝望。进入 21 世纪后，在国际竞争中的求胜心驱使下，企业的业绩增长被等同于经济增长，而这导致了不稳定就业及年轻人就业难等新的贫困问题出现，加剧了贫富差距和地区差距。这能算得上是经济增长带来的繁荣吗？日本在战后世界史上异军突起，其独特的经济增长方式正好说明经济增长并不等于生活品质的提高和安定。如若保持现有的体制，那么在全球化、少子化和老龄化、人口急剧减少的趋势下，这个社会是否能存续下去就将成为问题。

并不是所有经济学家都相信无限的经济增长。融合了古典派经济学派的密尔（J. S. Mill）在《经济学原理》中指出，根据收益递减法则，利润率不断接近最低限，资本则不断接近停滞状态，并据此撰写了《关于稳定状态（stationary state）》一章。他认为资本和资产的稳定状态是无法回避的，相比起被迫进入稳定状态，更希望后世的人们能主动地进入稳定状态。关于推进这种稳定状态的理由，密尔作出了如下叙述。

"资本和人口进入稳定状态，并不一定意味着人类的进步进入了停止状态，这一点就不必重复说明了吧。即使是稳定状态，一切精神文化、道德进步和社会的进步空间都不会改变，'人类的技术'的改善空间也不会改变。为了防止人类的心被立身处世之术所夺走，技术改善的可能性将会大幅增加吧。人们也会和过去一样热衷地研究产业技术，唯一不同的是，产业改良不再单纯以增加资产为目的，而是为了节约劳动。[3]"

真是了不起的预言。遗憾的是，密尔寄希望于后世的朝向稳定状态的自发性过渡至今未能实现，而地球却正面临着危机。稳定状态下的经济将会迫使迄今为止的体制和观念发生转变，即不将 GDP 增长视为社会的进步，而是以提高生活质量和提升人类能力为目的进行经济活动。

2. 生活的艺术化

都留重人继承了密尔的理论，在题为《不是"增长"而是"劳动的人性化"》的论文中提出，将以收益为目的的劳动（labor）转变为以实现生存价值和美学为目的的工作（work），从而脱离 GNP 主义。相对于将焦点置于 output 上的经济学，都留则更关注投入怎样的劳动力和生产要素，即 input 的应有方式。也就是说，如果改变劳动方式，无论是零增长还是负增长，人们都能达到生活的富足[4]。魏茨泽克也在《地球环境政策》中将劳动分为被雇佣后以收益为目的的劳动（Arbeit）和家务劳动、环保志愿活动等自发性工作（Eigenwerk），并将后者不断增加的"环境的世纪"作为目标[5]。都留在其最后的英文著作《环境的政治经济学》的最后一章《生活的艺术化（Art of Living）》中倡导新的生活方式，为解除现在的环境危机，只能改变大量生产、流通、消费、废弃的生活方式，但除了消灭成长主义 GNP 经济学之外别无他法。所以，不能用人均 GNP 这种单一含义的概念来评价生活水准，而必须要用素材上的概念，即森所说的拥有机能主义潜在可能性的概念来评价，并从以下四个方面进行探讨。

第一，如密尔所述，地球资源的稀缺性、海岸之类的自然美景在市场评价中常常被无视，应将这些消费对象及文化氛围浓厚的事物积极引入市场估算。第二是通过制度改革减少生活成本和无用的时间，如通过城市规划可节省通勤成本、通过改革考试制度使得补习班不再需要。第三，如加尔布雷思所述，减少不制造完成品，而是通过不断的改造来生产新型商品，自由裁酌需要以增加消费支出的行为。第四，为了将某种规范性思维置于优先地位，采用与被广泛接受的生产率相逆行的技术，即舒马赫所说的具有人性的技术——中间技术。

都留引用舒马赫的提案，提出"人类要开发出真正有必要的、给予我们自身自然的健康和世界的新生活方式。"这种新的生活方式即生活的艺术化，所以都留提出"渡过卢比孔河吧"[6]。这看似浪漫主义空想的提议，但实际上是以大量生产、大量消费的对立面为目标的生活方式。

社会学家见田宗介在《现代社会的理论》一书中认为，在消费即欲望的自由变化中，存在实现可持续发展目标的道路。见田认为，和工业社会相比，现在的管理及信息社会的资源消费量变少，人们是在自由欲望的驱使下，自发扩大市场、选择商品服务，所以有效需求的极限和生产的无政府性逐渐消失。此外，见田根据巴塔耶的说法，认为如果人们在大量消费的极限前止步，像选择朝霞的美丽一般改变自身欲望的话，未来社会就不会灭亡，而得以可持续发展。确实我们可以看出，近年来人们的欲望出现了与自然共生、重视环境的倾向。但实际上，人们并没有如见田所说的"自由的消费选择权"。根据加尔布雷思所定义的"依存效果"，人们的消费正在被大量的宣传和广告支配。在信息社会，每个人的信息选择度都很大，看似可以减少浪费，但大量的信息流通反而使人们被信息的选择所拘束，增加了不必要的时间。那些年轻人不断被移动电话、智能手机夺去时间的样子，使人感觉到欲望正在被无用的信息夺走，使人们无暇领略朝霞的美丽。见田认为，欲望是消费的基础，从欲望的变化中显露出可持续发展的前景。这种理论值得参考，但若不改变高消费的体制，大众不就没办法自由地选择欲望了吗？

日本的低质生活或许是因为占支配地位的是市场的 demand（市场需求），而非社会的 needs（必要需求）吧。教育、研究、福祉、医疗、环境等社会服务的一部分已经民营化成为市场需求，但正如魏茨泽克在《民营化的局限》中写道，在社会服务领域，有许多事情交给公共服务比起交给市场会更好[8]。美国、日本等发达国家的公共部门支出比率占 GDP 的 30% 左右，是发达国家中最少的。而政府却反而还在推进民营化。公害政策和环境政策的后退原

因也在这里。日本为高等教育提供的公共支出占 GDP 的 0.6％，仅为 OECD
成员国平均水平 1.2％的一半。这不仅使得大学的研究和教育水准低下，也
导致家庭负担的教育费用位居世界首位。日本可持续发展的课题在于强化公
共部门，尤其是基层政府，以满足社会的必要需求。

　　2008 年雷曼破产冲击后，波及全球的经济停滞使得金融、信息资本主义
的矛盾愈发明显。为了摆脱危机，谋求环境、福祉产业的发展，绿色新政倡
议应运而生。英国政府可持续发展委员会的杰克逊在《无增长的繁荣》中指
出，迄今为止的经济增长使得环境陷入危机，另外从贫困问题并未得到解决
的历史经验来看，未来会有一条不依存于经济增长的繁荣道路。尤其是他认
为发达国家的经济增长即将达到极限，与戴利的可持续发展的经济学一样，
应该在环境容量的制约下维持经济。他认为，这次的经济大萧条不仅仅是环
境问题，也暴露了现在经济制度的明显缺陷，人们不再像以前一样满足于新
自由主义下的市场原教旨主义，金融资本主义自身也开始接受公共部门的救
济，人们便会逐渐不再抵抗公共部门的扩大，体制改革的契机就会来临。为
了从萧条中复苏，提高国际竞争力，实现经济增长，那么工资费用就会随之
减少，进而就业也会减少，贫富差距扩大。所以他认为，不应采取此种方式，
而是应该施行以环境产业和保护环境的公共工程为主的内需型经济对应措施。
杰克逊认为，并不是要抛弃资本主义，也不是资本主义即将灭亡，而是要以
资本主义要素相对较低的社会为目标，才能实现无增长的繁荣。我们唯一的
选择并非是革命，而是以推行变革为目的的工作。第一，必须实现人类活动
与环境的连带关系。第二，尽早使鼓吹无情的经济增长论的、毫无学识的经
济学屈服。第三，为了纠正消费中心主义的社会伦理，必须要完成制度的
转换[9]。

　　2008 年后的大萧条时期，绿色新政逐渐流行，却没成为特效药。不同于
1929 年的世界大恐慌，中国等发展中国家的市场支撑了世界经济，通过各国
财政金融政策的介入，经济很快便从停滞中复苏过来，但是慢性的金融宽松
政策和财政危机仍在持续。正如杰克逊所说，发达国家的经济增长已经达到
极限，如密尔所说那样"自发进入稳定状态"。在这种情况下，应当建立一个
维持乃至提高生活质量的体系。美国以外的发达国家的人口都在不容分说地
减少。因为劳动年龄人口减少，别说维持稳定状态了，甚至有可能落入贫困
的境地。问题是发展中国家，尤其是实际上已经不能被称为发展中国家的中

国会实施什么样的可持续发展呢？地球的未来关键在于发展中国家的经济开发和成长。

印度的甘地在印度独立之时，于《印度自治》一书中指出了独立后的印度应走的道路。他认为，英国或许十分繁荣，但是那是开发了半个地球才得到的。如果印度也走上相同的道路，那么无论有几个地球都不够，世界亦将走向灭亡。所以印度在取得独立之时，不会走上欧洲国家那种非文明的现代化道路。而且甘地认为，近代化孕育的大都市是无用且棘手的东西，人们在里面不会得到幸福。在大都市中，盗贼团伙和娼妇街横行，贫穷的人们被富人掠夺。所以对独立后的印度来说，最为理想的社会是由以小村庄为单位构成的自给自足的地域而形成的网络来连接的[10]。这是一种真知灼见，也为亚洲提供了不同于欧洲现代化模式的另一条道路。然而现实是，印度自身在1990 年代舍弃了这条道路。以中国为代表的亚洲正以 10 倍以上的速度延续欧美的现代化、工业化及城镇化道路。然而无论有几个地球都无法承受这些。现在还为时未晚，希望亚洲能够转入新型的可持续发展。因此，本书梳理并展示了日本的现代化、战后经济高速增长的教训，希望后来者不仅能够学习成功的经验，同时也要从中吸取失败的教训，从而开辟出一条可供选择的内生发展道路。

第二节　脚踏实地实现可持续社会

1. 可持续社会（Sustainable Society，SS）与可持续城市规划（Sustainable Cities Plan）

里约会议后，"以可持续发展为目标的社会是怎样的？"这一问题引发了国内、国际上研究者及环境 NGO 间的争论。1994 年 3 月，日本的环境 NGO 共同发起，并从国外邀请被称为"印度现代甘地"的巴胡古纳（S. L. Bahuguna）等环境运动的领袖，于神户召开了第一次可持续社会的全国性会议。笔者作为会议总干事，总结讨论后对可持续社会作出如下定义：

（1）维护和平，特别是防止核战争发生。

（2）保护环境，重复利用资源，维持和改善地球环境，使地球成为包含人类的多样生态系统。

（3）摆脱绝对贫困，消除社会经济的不公。

（4）在国际上及国内确立民主主义。

（5）实现基本人权及思想和表达的自由，促进多样文化的共存。

可能有人会说这些是极其常识性的建言，对于日本人来说就如同日本国宪法精神一样，没有任何革命性的理念。然而其实现并非易事。其他的国际性 NGO 对可持续社会的理念也大都相同。比如，曾对 WTO 及峰会进行过激烈反对运动的国际文化论坛为可持续发展社会提出了以下 10 项原则：①新民主主义（生命系统民主主义），②Sub-sovereignty（地方主权主义），③可持续的环境，④commons（共有财产）的管理，⑤文化·经济·生物的多样性，⑥人权，⑦工作及生活的保障，⑧食品的安定供给和安全性，⑨公正经济·性·区域不平等的消除，⑩预防的原则。国际文化论坛认为这些与企业全球化的原则相反，实现这些的全球化才是可持续社会[11]。

在 20 世纪 90 年代，冷战之后的世界上弥漫着乐观的氛围，这个世纪是战争与环境破坏的世纪，人们开始希望 21 世纪能够成为和平与重视环境的时代。但是，在新世纪一开始，就有从 9·11 恐怖袭击事件到伊拉克战争，开始了可称为环境、文化的破坏与民主主义危机的状况，更何谈可持续社会。魏茨泽克在 2004 年德国联邦外务局举办的"朝向国际环境机构"这一环境问题的研讨会上，对现状进行了这样一番描述：冷战时资本为获取各国政府和议会的共识付出过努力。于是，与各国的主体性相适应的资本规范得以建立，从而环境政策得以推进。然而，冷战结束后，由于全球化开启了没有共识的价格竞争，企业给政府施加压力，减少了法人税。OECD 法人税的平均税率从 1996 年的 37.6％减少到 2004 年的 29.0％。同样地，富人的所得税减少，而为了维持基本公共服务的消费税却提高了。包括中国在内世界所有国家的贫富差距都扩大了。国家在保护穷人和环境利益方面的职能正在弱化。世界各国的人们都感到政府在财富的再分配、公共财产的保护、民主多数派期望的实现上做得不成功。很多国家对民主主义的支持正在减弱[12]。

魏茨泽克在叙述了不乐观的现状后指出，若要实现环境政策的全球治理，就必须从区域治理开始。的确，经济全球化加速了环境危机，世界对于可持续社会的实现感到绝望。然而地球环境的危机已经时不我待。应该怎么办呢？除了魏茨泽克提出的从地方开始构建可持续发展的世界之外，别无他法。欧盟站在经济国际化的最前沿，其对国民国家的统治能力也开始出现弱化的倾向，于是实行改革，使自治体成为内政的主角。1985 年，欧盟出台了《欧洲地方自治宪章》，得到了各国的批准。此宪章按照就近性和补充性原则，提倡将内政的主要部分委托给基础性自治体，并以广域自治体作为补充。新自由主义"小政府论"的分权化理论以"公共部门的缩小——效率提高"为目标，而该宪章与之不同，是将居民参与的民主主义作为基础。欧盟一开始为了实现环境政策，推进农业·农村改革，后来在市民运动的压力下，又开始着力推进城市改革。1993 年开始进行协商，1994 年地方自治体及相关 600 个团体经过讨论后签署了《通往可持续的欧洲城市宪章》。1996 年发布了可持续城市（简称 SC）项目。约 1000 个城市参加了 SC 运动，交流信息。2001～2010年，作为一项主要工作，明确了"与城市环境相关的主题设定战略"的地位。将城市交通、城市管理、城市建筑、城市设计等四项定位为拥有战略价值的四个方面。笔者认为欧盟 SC 项目的意义在于对以下五个课题的深入研究[13]。

第一，鼓励城市内自然资源的可持续管理和再利用。通过太阳能、风能、生物能等可再生能源和能源综合利用，实现地区内的能源自给。建筑物尽可能使用自然材料。推动地区内的完全循环。

第二，城市经济与社会系统的改革。城市当局对商务活动进行以下的经济管理。①通过环保产业的促进、环境规制、环境税、环保促进辅助政策以及其他经济手段，创建环保产品及环保服务市场；②改善产品安全性及生产过程中的环境标准；③通过环境管理手段振兴环保产业，扩大就业，并通过法律及政策推动健康改善。

第三，可持续的交通政策。特别是限制汽车交通，加强公共运输。充分利用有轨电车、地铁、无轨电车，鼓励步行和自行车。征收汽车燃料税和道路交通费（road pricing）以进行需求管理。创建这样的城市：实现职住接近从而节约交通时间，并且减少旅行的必要性。

第四，空间规划。空间规划系统对于可持续城市来说是必不可少的。建设紧凑型城市，保护近郊农村的农地、森林等绿地。尽可能实现周边农村、山村、渔村收获的食品等农林渔业产品都在该城市内被消费，实现城市与农村的区域内共生。

第五，保证居民能够参加有关环境问题管理及城市组织化的决策过程，应给居民提供数据及信息，促进居民参与。

曾有人担心 2008 年的大萧条会使人们的注意力从环境问题转移到经济复苏上，然而欧洲的 SC 理念可以说没有受到影响。从日本超高层建筑物乱立的现象可以看出，城市发展没有着力于以可持续社会作为城市政策的基本命题。由于市町村的合并和农村的人口过疏，人们期待地区重建，于是政府现在计划通过补助金和减税政策促使人口及设施从郊外移到城市中心，笔者对这一创建自上而下、人为划一的紧凑型城市的方案表示反对。欧洲的 SC 是作为自治体的城市悠久历史的产物，因而可能无法立刻被日本采用，然而将 EC 政策的代表性城市弗莱堡、博洛尼亚、阿姆斯特丹、哥本哈根等的改革原理与下文将要叙述的日本内生性发展的原则相融合的政策是值得期待的。

2. 可持续的内生型发展 （Sustainable Endogenous Development）

20 世纪 70 年代，为了高速增长政策而推行的地区开发逐渐失败，在反对的居民舆论和运动之下，与政府及经济界的中央集权的、外来型开发（Exogenous Development）相对的植根于地区的内生型发展开始兴起[14]。以内生型发展先驱闻名的是大分县汤布院町（今由布市）和大山町（今日田市）的地区开发。大分县当时将大分·鹤崎地区作为据点式开发的优先地区，吸引工业园区落户。但在一开始便出现了激烈的公害反对运动，县当局表示会纠正其他工业园区的缺陷，提出了"农工两全"的目标。然而这一理论仍然只是据点式开发的翻版，通过工业化的波及效果来实现周边地区的现代化。开发的结果是，周边地区出现了日本最严重的过疏农村地区。由此，当地认为不能依赖于县的开发，开始了地区的自主开发。汤布院町以观光协会的温泉从业者中古健太郎和沟口薰平为核心，将地方农业和传统手工业制品开发成食材和土特产，开始了农业和观光业并存的发展之路。另外，还举办日本电影节这样的以大城市文化为主体的活动，同时将市民的资金向牛的饲养及山林保护事业导入。通过以上措施，每年吸引的游客达到 400 万人。在大山町，时任町长的矢幡春美放弃水稻种植而将重点放在与当地环境相适应的梅、桃、栗子等山区农业上，再经过加工，从而发展农民可自主定价的 1.5 次产业（意思是非真正的制造业）和生物技术。此次改革将享受运动及文化的人权确立作为目标，农民因此提高了收入，也拥有了共同的假日。后来大分县知事平松守彦受到这些成功案例的启发，提出了"一村一品"运动，并将其在国际上进行推广普及[15]。如下文所述，内生型发展的成功案例不只是一村一品，而是一村多品[16]。反对政府的开发政策，推进植根于地区产业及文化的开发运动在全国流行起来。长野县荣村、长野县饭田市、爱知县足助町（现丰田市）、岛根县匹见町、爱媛县内子町、高知县马路村、宫崎县绫町、冲绳县读谷村等作为全国内生型发展的模范闻名开来。这些都是与导致人口过疏化的政府地区开发政策相对立的自主选择性地区政策。

此处值得注意的是有这样一段历史，各地方反对明治维新以来政府和大企业为了赶超欧美所进行的统一的自上而下的开发，进行了地区自主性开发。比如明治维新时期京都市的首都功能被东京取代，于是京都市走向了一条将传统工艺与先进技术相结合的独特的现代化路线，培育起将总部设立在当地的产业。金泽市本来是幕藩体制下大藩的城下町，由于维新急剧衰退，于是进行了自主产业革命，以长纤维及纺织产业为中心进行发展。也是因为几乎没有受到战争灾害的影响，两市都将传统工艺继承到现代产业中，成为了科教城市，同时也是文化氛围浓厚的旅游城市。与此相对，战后的复兴过程中，很多城市都进行了统一的城市建设，再加上最近的市町村合并，难以分辨是城市还是农村的地区逐渐增多。然而其中也出现了一些拥有独特环境与文化的城市。对这样进行与政府的地区开发不同的自主发展的地区的经验进行总结，可以发现以下内生型发展的政策原理。

第一，内生型发展的目的是在环境保护的框架内考虑经济发展，保障安全、稳定就业，保护自然和美丽的街道布局，创建生活舒适的城市（具有舒适性的街道），实现社会福利及科教文化的进步。最重要的是当地居民人权的确立。在此之前，开发是以实现收入提高和人口增长为目的的经济增长，与之相对，内生型发展是综合追求生活质量，收入和人口的扩大有时会作为开发的结果实现，但不以此为直接目的。日本今后很可能会进入人口减少、收入停滞的稳定状态。因此需要摒弃之前的地区间竞争，进行地区间协调，特别是要实现城市及周边农村的共生与连带发展。

第二，尽可能发挥地区内的资源、技术、传统文化特色，扩大地区内市场，产业开发不限定在特定行业中，构建复杂的产业构成，在各个层面创造增加值，从而构建能够还利于当地的地区内或广域的产业关联，即反对"一村一品"。将通过开发产生的社会剩余（利润、税收、储蓄）在地区内进行再投资或再利用。这样，就应该不只是为了提高生产力而进行设备投资，而要将社会剩余使用到教育、研究、福利、医疗、艺术、文化等有助于居民生活质量提高的领域中。之前的开发都是从外部引入工厂和事务所，这种模式下利润都被东京等大城市圈的企业总部获得，税收特别是法人相关税收和高收入者的所得税都作为国税交给中央政府。另外，储蓄都被东京和大城市圈所利用，很难惠及地方。于是，地方越进行外来型（外发型）的开发，社会财富越会向东京这一极集中，导致地方的衰退。内生型发展不是狭隘的地域主义。现代是全球化的信息·金融资本主义，国内外的产业分工一直在深化，因而如果地方没有独特的自主性就无法避免与其他地区的合作。特别是农村山村，劳动力尤其是年轻劳动力和资金不足，无论如何都需要城市的支援，另外还需要国库补助金事业等国家的援助。在这种情况下，不应该只是无条件地接受国家及企业的开发和援助，而应该在进行自主规划的基础上利用城市的力量和国家的补助金。内生型发展取得成功的地方的经验在于，不是遵照国家补助金统一的基准，而是根据地区的需要来合理利用资金。

第三，内生型发展的主体是当地企业、合作社等产业组织、NPO等社会性企业、居民以及自治体。不是将地方的命运交给大企业及国家的公共工程，而是将地区的组织作为主体，即使大企业在地方投资，也应该就土地、资源、劳动力的利用签订协议，防止利益全部被东京等大城市汲取。由于地方财政危机和公务员的减少，地方政府的行政财政能力急剧降低，因而地方政府和民间组织的合作管理这一形式发展起来。这种情况下，居民的管理能力和地方政府职员作为协调员的质量就十分重要。就像芒福德所说的那样，只有在居民的智慧参与其中的情况下才能称为地区开发。

这种内生型发展方式堪称甘地理念的现代版。这不仅成为今后东日本地震灾后的复兴原则，对于发展中国家的开发也有参考意义。

内生型发展远比外来型发展更接近于可持续发展，然而却不等于可持续发展。今后是否能够适用于可持续社会，需要将能源消费、废物的循环利用、温室气体的排放量等地球环保纳入考量的规划。因此环境影响评价，特别是社会、文化上的综合影响评价势在必行。滋贺环境生活协同组合创立的"油菜花计划"可能会成为农村可持续社会的模板。这是在第七章中提到过的为保护琵琶湖而开展的肥皂运动的升级版。在滋贺县爱东町（现东近江市）的休耕田中种植油菜花，利用菜籽油制作学校餐食等所需的天妇罗油，再将其废油制作为肥皂和肥料。然而随着废油量的增加，人们开始思考将其用作生物燃料。当得知德国已有先例之后，当地引进其技术于 1998 年成功试产。此油被用为汽车、轮船、农业机械的燃油。此油菜花计划在苦于不知休耕田如何利用的地区推行，如今已惠及 200 多个地区，韩国等国也有开展。与巴西及美国的生物燃料会造成粮食紧缺不同，这是一种完全循环模式。这一项目还综合发展，开始计划将周边山林的间伐木材和家畜的粪便作为生物燃料。将此与其他可再生能源的开发结合起来，将会推进能源的地区自给[17]。

　　东日本大地震昭示着战后日本迎来了转折期。本来政府应该面向未来，开始探讨如何建设可持续社会。然而事态却朝着相反的方向发展。政府企图修宪，陷战后民主主义于危机之中。到底是要建设可持续社会，还是如战前那样以亚洲霸主为目标加强日美同盟呢？日本人的智慧与行为正在接受考验。

注

1　J. S. Dryzek, Rational Ecology: *Environment and political Economy*, N. Y. : B. Blackwell, 1987, pp. 72-73.

2　K. E. Boulding, "The Economic of Knowledge and the Knowledge of Economics", *American Economic Review*, Papers and Proceedings 56, 1966.

3　J. S. Mill, *Principle of Political Economy, with Some of Their Applications to Social Philosophy*, London: George Routledge and Sons, Limited. 1891, Book IV. pp. 494-498（末永茂喜译《经济学原理》第 4 分册，岩波文库，1961 年，pp. 101-111）。引用时，将末永译的"停止状态"改为"定常状态"。

4　都留重人《不是"增长"而是"劳动的人性化"》（《世界》1994 年 4 月号）。

5　E. U. von Weizsäcker, Erdpolitik: *Ökologische Realpolitik an der Schwellezum Jahrhundert der Umwelt*, Darmstadt: *WissenschaftlicheBuchgesellschaft*, 1900（宫本宪一・楠田贡典・佐佐木建监译《地球环境政策——从地球峰会到环境的 21 世纪》有斐阁，1994 年，第 17 章）。

6　S. Tsuru, *The Political Economy of Environment*, Athlone Press, 1999, p. 235.

7　见田宗介《现代社会的理论——信息化・消费化社会的现在和未来》（岩波新书，1996 年）。

8　E. U. von Weizsäcker, O. R. Young and M. Finger eds., *Limits to Privatization: How to Avoid too Much of a Good Thing*, London: Earthscan, 2005, p. 3.

9　T. Jackson, *Prosperity without Growth-Economics for a Finite Planet*, London: Earthscan, 2009.

10　M. K. Gandhi, *Hind Swaraj*, 1910（田中俊哉译《通往真正独立之路》，岩波文库，

2001)（中文译名为《印度自治》，译者注）.

11　可持续社会全国研究交流集会执行委员会《第一次可持续社会全国研究交流机会纪念论文集》，1994 年。英译本为 *Proceedings on International Conference on a Sustainable Society*.

The International Forum on Globalization, Alternatives to Economic Globalization : *A Better World is Possible*, San Francisco: Berrett-Koehler Publisher, 2004（翻译组"虹"译《后全球化社会的可能性》，绿风出版，2006）pp. 130-165.

12　E. U. von Weizsäcker, "UNEO May Serve to Balance Public and Private Goods" A. Rechkemmer ed., *UNEO-Towards an International Environment Organization*: *Approaches to a Sustainable Reform of Global Environment Governance*, Baden-Baden: Nomos Verlagsgesellschaft, 2005, pp. 39-42.

13　Commission of the European Communities, *European Sustainable Cities*, Luxembourg EU, 1996 关于欧盟可持续城市的形成，佐无田光著《欧洲可持续城市的开展》《环境与公害》（2001 年夏季号，31 卷 1 号）以及参与策划此计划的罗马大学教授蒙特纳利著《可持续城市的经验与挑战—在欧盟中的角色—》（《环境与公害》2004 年冬季号，33 卷 3 号）明确了在城市产业与环境的历史变化中可持续城市规划的意义。书中提到，特别是第五次 EC 环境行动项目中，引入了包含社会全员参与的"责任共有"概念，通过地方社区的环境管理环境政策得到了有效推进。有关荷兰的可持续城市及国土规划请参照以下文献。角桥徹也著《荷兰的可持续国土及城市建设》（学艺出版社，2009 年）。

14　一般认为日本的内生型发展论是以 1979 年上智大学国际研究所受联合国大学的委托开始进行"内生型发展论和新国际秩序"的共同研究为起点的。笔者于前述《地区开发这样真的可以吗?》一书中对政府和财界的地区开发政策表示反对，主张进行以地方为主体的可选择的地区开发，因而参加了此研究，并建立了地域论这一独创理论。项目主持者鹤见和子表示"内生型发展是消除或预防以西欧为范本的现代化论所带来的各种弊害的社会变化过程"。另外，国际经济学的西川润就内生型发展提出了"有必要进行经济的范式转换，取代经济人，以人的全面发展为终极目的"等四点主张。鹤见和子等编《内生型发展论》（东京大学出版会，1989 年）。将内生型发展论置于地域政治经济学中的力作为中村刚治郎的《区域政治经济学》（有斐阁，2004 年）。此书将金泽市作为内生型发展的范本。作为区域内再投资论对区域政策提出展望的是冈田知弘的《区域建设的经济学入门》（自治体研究社，2005 年）。另外将内生型发展作为区域经营论提出统合城市与农村的是远藤宏一的《现代自治体政策论》（弥涅耳瓦书房，2009 年）。

15　平松守彦《从地方开始的构思》（岩波新书，1990 年）。

16　汤布院的中谷健太郎批判"一村一品"，并提出应该是"一人一品"。农村的内生型发展中作出了具体贡献的保母武彦指出忠实进行"一村一品"的案例中失败的很多。保母武彦《内生型发展论》（岩波书店，1996 年）。提倡"一村一品"为人口过疏的农村带去了希望，功绩很大，但能够持续发展的是"一村多品"，进行产业协作。

17　前文所述（第七章）藤井绚子·油菜花计划网络编著《油菜花生态革命》。

后记——历史是未来的路标

2014 年 5 月 21 日，福井地方法院下达判决，叫停了大饭核电站 3 号、4 号机组的重新运转。该判决的依据是，无论公法还是私法，人格权都拥有所有法律领域中的最高价值。对于核电站的重新启动不予认可，因为其安全性是建立在缺少可靠依据的乐观预判基础上的。回想在大阪机场的公害诉讼中，国家的代理人曾批驳原告："以人格权的损害为由要求停止侵害，在实体法上没有依据"。这场展现司法权威、令人感到一除胸中块垒的判决，反映了长达近半个世纪的公害诉讼的成就。

再来看中央政府最近的动向。国内方面，在福岛核电站事故的处理前景未明的情况下，允许核电站的重启和出口，并且不顾冲绳县民的反对，着手进行边野古巨型新基地的建设；国外方面，则与中国敌对，认同集体自卫权，企图废除战后宪法体制。如何才能守护和平，保卫人权呢？中央的政界和媒体令我们无法不感到绝望。半个世纪前，《可怕的公害》出版之时，环境保护也面临着同样的状况。20 世纪 60 年代初，人们在思考，如何防止地狱图景般的城市环境破坏，将环境恢复到曾经的"山清水秀"是否只能是梦想。但是，为保护国民的基本人权，舆论四起，运动勃发。这些运动反对中央政府的方针，充分运用地方自治权进行地方政府改革，寄望于三权分立下的司法独立并发起了公害诉讼。通向公害解决之路就此开启。那时的社会状况虽与现在不同，但只要民主主义宪法存续，战后公害史的教训就会保持生命力。保障人民福祉的自治体政治和基于司法正义的诉讼，不正是摆脱这纷扰乱象的道路吗？

写现代史是十分困难的，因为包括自己在内的相关人物都还活跃在现代史的舞台上。我将本书定位为"公害史论"，而非"公害史"，是因为我并非历史学家，只是多次参与其中，因而恐怕会有主观评价的偏误。而且，也担心仅从政治经济学的视角来看这一跨学科领域，难免会有些独断，缺少对历史多样性的描写。尤其是我十分重视的公害诉讼的介绍部分，可能在法律相关人士看来，有很多意见相左的内容。正如本书写的那样，日本的普通老百姓大多认为诉讼只是上流社会所做的事情，却不曾认为这是可以保障自己生活权利的制度。从拐弯抹角的判决文书中我们能感觉到，法官的意识也还与日常生活相距甚远。但不可否认，公害诉讼的确在问题的解决上起到了巨大的作用，更推动了公害论的发展。因此，我希望能让法律专家以外的人们对此有所了解，于是不惮以外行的身份对公害诉讼进行了介绍。

本书的写作计划始于 1989 年。那年《环境经济学》（岩波书店）出版之后，我与当时还健在的安江良介（第二年成为岩波书店社长）交流时的构想是《日本公害史论》。然而之后的 20 多年一直没能着手写作，且战前史不得不延期。这是因为我忙于现状分析的课题而无法分身。这二十年的拖延损失巨大，我的体力和脑力逐渐衰退，无法对收集到的大量资料全部进行探讨。所幸这五十年间，积累了一些分析公害现状的著作和论文，整体框架已经清晰，但最终还是留下了一些课题未能完成，如农药、化肥、产业废弃物等问题。另外，公害防止的技术问题也尚未总结梳理。我已无研究这些课题的计划，但因已经收集了部分战前主要公害问题的资料，弃之不用也很可惜，因而我会找机会把这些故事写出来，哪怕是零散的也好。

我想将此书献给曾一同为公害问题努力的人们。已经去世、无法看到此书的都留重人、庄司光、戒能通孝、铃木武夫、四手井纲英等老师，序章中曾提到过的故人清水诚、华山谦、宇井纯、原田正纯、田尻宗昭，以及仍活跃在工作岗位的柴田德卫、宇泽弘文、淡路刚久、冈本雅美、木原启吉、寺西俊一、永井进、矶野弥生、保母武彦、中村刚治郎、原科幸彦、大久保规子、高村缘、长谷川公一、吉村良一、村山武彦、大岛坚一、山下英俊、除本理史、佐无田光、尾崎宽直，以及几乎每个月都会见面的公害研究委员会的各位，因为有了他们的贡献，本书才能够完成。借此机会，我还想向植田和弘、吉田文和、J. 萨克斯、A. 蒙特纳利、H. 韦德纳、J. WK 金等为公害研究委员会提供帮助的诸位朋友表示感谢。

另外，在全国众多律师的共同协作下，公害论得以发展，特别是在公害诉讼中并肩作战的丰田诚、野吕汜、坂东克彦、故木村保男、泷井繁男、久保井一匡、村松昭夫、早川光俊以及其他律师朋友，再次对他们的付出表示由衷的感谢。在与全国公害律师团联络会议中，我们有过多次的现场合作，使我受教颇丰。

前几天在三岛市，我受邀参加抵制石油工业园区 50 周年纪念会。在现场，我看到 150 多名市民在悼念已故的松村清二、西冈昭夫等人，并颂扬他们对三岛、沼津的环境保护作出的贡献，我深受感动。当时的受害者及市民活动家甚至比专家更多地进行了实地考察和建言。虽然有很多受害者与活动家已经亡故，但与他们的交流是我一生的财富。

我还想对二十年之后仍然决定为我出版此书的岩波书店表示衷心的感谢。在学术出版市场暗淡的情况下出版这本大部头的书，实在是给出版社添了很多麻烦。特别是负责编辑的大塚茂树，由于我能力渐衰，他花费了大量时间为我详细校对内容，才使得此书能在短时间内付梓出版。对此深厚情谊，我表示衷心感谢。

继《环境经济学（新版）》之后，京都大学大学院综合生存学馆研究员黑泽美幸又帮助我完成了经团联月报、议会议事录及公害技术史的资料收集、原稿电子化以及年表和索引的制作工作。如果没有她的帮助，本书可能无法顺利出版。谢谢！

宫本宪一

2014 年 7 月

战后日本公害史论 年表

年	月.日	公害问题·公害审判	月.日	舆论与运动·对策
1946	2	日氮的乙醛、乙酸工厂的废水未经处理直接排入水俣湾。并且，乙醛残渣废水未经处理排入八幡池。		
	10	足尾铜山矿毒导致渡良濑川沿岸的农田 6000 余町步受损。受损集中在群马县山田郡毛里田村。	8.16	经济团体联合会（经团联）创立。
1947			9.1	劳动灾害补偿保险法生效。
1948	6	有报告显示东京都内湾河川中，目黑川、神田川、涉谷川、石神井川、隅田川受城市废水影响，污染严重。	4.9	政府内阁会议上决定九州和山口地区的矿害对策。
			5	高知县内因纸浆工厂受到损害的地区通过反对决议以及上访决定。
			6	富山县的矿毒受灾地为了应对农作物损失，结成"神通川矿害对策协议会"。
1949	6～8	受北海道政府委托，对北海道石狩川污水造成的损失进行调查，查明其对水稻影响严重。	8.13	东京都制定工厂公害防止条例。
			9.上旬	群马县安中町中宿地区农民对东邦锌安中冶炼厂焙烧炉、硫酸工厂新建计划表示反对，区民大会上通过反对决议。
1950			1.8	群马县东邦锌的公害受灾地区居民召开"受害区域农民大会"，通过反对工厂扩张决议。
1951	9	随着东邦锌安中冶炼厂开始锌矿焙烧、硫酸工厂的运营，灾害频发。证明彼时有关"不会	2～4	佐伯湾沿岸 4.5 万名渔民对预定选址大分县佐伯市的兴国人绢纸浆工厂开展了激烈的反对活动。

续表

年	月.日	公害问题·公害审判	月.日	舆论与运动·对策
		发生矿害"的发言并没有任何依据。		
	12	"横滨哮喘"发生。另外从这一年起到1960年期间，川崎市大师地区的大气污染对农作物的危害越发显著。		
1952	10	熊本县水俣市白间港内湾，贝类几乎灭绝。		
1953	7.10	随着长野县内对硫磺的使用，硫磺中毒者不断出现。这一天，出现一名死者。		
	12.15	之后被认定为水俣病的患者在水俣市出现。此阶段原因不明。		
1955	1.17	东京被烟雾笼罩。这段时间烟雾频繁发生。	10.1	东京都制定煤烟防止条例，此为战后日本首创。
			12.19	《核能基本法》和《核能委员会设置法公布》。1956年1月1日生效。
1956	5.1	水俣保健所公布水俣病为原因不明的怪病。这一年有50人发病，11人死亡。	1.1	核能委员会与核能局在总理府成立（委员长：正力松太郎）。
	7	美国空军和日本航空自卫队的喷气式飞机，对基地周边的儿童教育产生影响。全国7个基地的7所学校、PTA、教育委员会向文部省请愿。		
1957	12.1	在富山县医学会上，荻野医生发表了疼疼病的矿毒说。	8.30	熊本县决定禁止以贩卖为目的在水俣湾内捕鱼。
1958	4.6	承认从东京都江户川区本州制纸江户川工厂流出了黑色污浊废水。	6.10	千叶县浦安町召开町民大会。浦安渔组渔民约700人，就本州造纸江户川工厂的污水问题向国会、政府请愿，并在返回途中涌入该工厂静坐示威。
	11	新潟、大阪、东京等地面沉降，	12.16	众议院商工委通过关于公用水域水

续表

年	月.日	公害问题·公害审判	月.日	舆论与运动·对策
		事态严重。		质保全法律以及有关工厂排水等规制法律的修正。25 日公布。
1959	1.16	东京笼罩在光化学烟雾下。东京都核心地区的参见度为 600 米。去年 11 月以来共发生 30 次，同比增长 10%。	5	尼崎市欲进行大气污染的预报。此乃日本最初的尝试。
	7.22	熊本大学的水俣病综合研究组得出水俣病的原因是有机汞的结论。次日各报报道。	8.12	水俣市渔民 300 余人要求新日室水俣工厂赔偿水俣病造成的渔业损失 1 亿日元等，与其进行第二次谈判。在谈判被拒的情况下，100 多名渔民，闯入工厂内部。
			10	新日室附属综合医院的细川院长进行猫实验，实验结果表明乙醛醋酸工厂废水会导致猫出现水俣病病症。
			10.24	新日室针对熊大的有机汞说提出"关于水俣病原因物质的有机汞说的见解"第一次反驳。
			11.13	厚生大臣下令解散厚生省食品卫生调查会水俣食品中毒分会。
			12.27	"水俣病患者家族互助会"接受调解方案。30 日，签订"慰问金合同"。
			当年	厚生省、农林省，发布关于有机磷的危险防止实施通知。
1960	5	四日市港产的鱼由于异味遭退货。	4.12	东工大教授清浦雷作在东京召开的水俣病综合调查研究联络协议会发表"有关从水俣湾的鱼虾贝类中提取出的高毒性物质"（胺说）。
	12	大阪市的渔业、河川渔场由于水质污浊几近消失，这一年仅剩淀川的一小部分。	4.23	四日市盐滨地区自治会就噪音、煤烟、震动的严重向市里陈情。
	—	尼崎市的公害诉讼达 280 件。		

续表

年	月.日	公害问题·公害审判	月.日	舆论与运动·对策
	当年	大阪市烟雾产生出现日达 165 天，犹如地狱。		
1961	3.21	熊本大学武内教授、通过病理解剖确认了胎儿性水俣病患者的存在。	6	建设局发布地面沉降的白皮书《地面沉降及其对策》。
	6.24	在日本整形外科学会上，荻野升与吉冈金市联名发表了疼疼病由神冈矿山的镉造成一说。	9	四日市盐滨地区联合自治会，就公害问题对地区居民进行问卷调查，结果表明"公害对病人和孩子的身体影响尤为显著"。
	9.10	在第 7 回国际神经医学会（罗马）上熊本大学的内田、竹内、德臣及神户大学的喜田村发表水俣病的致病物质是甲基汞化合物的观点。		
	12	四日市从该年到第 2 年，哮喘患者增多。		
	—	在这一年，排入石狩川的工厂废水依旧等同于零处理，水质浑浊程度远超许可标准。		
1962	1	在高知市内，高知纸浆的工厂废水流入江之口川沿岸，沿岸居民深受恶臭和金属生锈所苦。	2.17	原日室工厂厂长桥本彦七当选为水俣市市长。
			10.2	被工厂包围的四日市周围的雨池町自治会向市政府请愿，要求全民移居。
			12.1	煤烟排出规制等相关法律施行（公布是 11 月 29 日）。作为公害防治对策法，此乃继水质保全法·工厂排水法之后的第 3 个。
			12	堺市教职员工会，决定反对临海工业区的建设。市当局解雇工会干部，进

续表

年	月.日	公害问题·公害审判	月.日	舆论与运动·对策
				行停职处分。
			当年	蕾切尔·卡森的《寂静的春天》（*Silent Spring*）出版。日译版（青树簗一译《生与死的灵药》）于 1964 年出版。
1963	2.16	熊本大学入鹿山教授表明"从新日窒工厂的淤泥中抽出汞化合物。几乎最终证明了水俣病的原因在于工厂废液。"	2	新日窒针对熊大教授入鹿山的发表提出"水俣病的原因并非工厂。尚在等待经济企划厅的结论"的反对意见。
	5.19	北九州市出现可见度为 10 米的极端烟霾。	7.1	四日市公害对策协议会（简称公对协）结成。
	6.10～ 12.19	四日市六吕见町、楠町、高滨 3 区漂浮着不明气体，当地居民叫苦不迭。	7.12	内阁会议决定 13 处新产业城市、6 处工业整备特别地区。
	12.5	大阪市内和淀川沿岸的京阪间等，出现本季度最大的烟霾。列车通勤运行时刻表紊乱，34 人受伤。	8.20	四日市曙町的妇女们在三菱化成广场前静坐示威。
			11.25～29	政府委托的公害特别调查团（黑川调查团）在四日市实施调查。
			12.15	为抗议工业园区进驻三岛市的"石油工业园区对策市民恳谈会"结成。
1964	3.25	有关四日市的黑川公害调查团的报告提出要正视四日市的大气污染问题并适用煤烟规制法的劝告，提交给国会。	3.15	"反对石油工业区进驻沼津市·三岛市·清水町联络协议会"成立。
	4.2	在四日市出现连续 3 天严重的烟霾后，哮喘患者死亡。	4	东海道新干线沿线，控诉新干线工程的噪音和震动引起公害的呼声高涨。东京都品川区 30 户组成了东海道新干线被害对策协议会。
	5.4	以三岛市的国立遗传学研究所的松村清二为团长的松村调查	4.1	厚生省环境卫生局新设公害课。
			4.24	庄司光、宫本宪一《可怕的公害》出

续表

年	月.日	公害问题·公害审判	月.日	舆论与运动·对策
		团,完成了有关伴随静冈县内的石油化工联合企业的扩张引发公害的报告。		版。
	6.4	新潟出现水俣病患者（此时病名不明）。	6.11	由于居民反对,东电放弃了进驻静冈县沼津市牛卧地区的计划。
	6.17	仓敷市福田町,40 公顷灯心草枯萎。原因在于水岛工业区排放的废气。	8.1	政府派遣的黑川调查团和当地的松村调查团及居民代表就预计进驻静冈县内的石油化学工厂的公害预测进行会见。黑川调查团报告书的暧昧性成为不争的事实。
			9.1	厚生大臣神田在众议院地方行政委员会上承认,针对静冈县内的黑川调查团所进行的调查并不充分。
			9.13	沼津市反对石化工业区进驻的居民召开总誓师大会。2 万多人参加。因此沼津市议会 9 月 30 日通过反对工业区决议。此乃居民运动的胜利,被称为是"资本理论"最初的挫折。
			10.1	东海道新干线开始运行。
1965	1	新潟大学发现水俣病疑似患者。	1.5	《工业用水法施行令》生效。全面禁止大量抽取地下水的行为。
	3	美国陆军在冲绳的针对游击战训练中,在宜野座中学周边使用毒气。全体小学生均感受到宛若喉咙被扎伤般的疼痛、流泪、鼻子痛、打喷嚏、呼吸困难等痛苦。农作物也受到损害。	1	昭和电工鹿濑工厂乙醛生产部门关闭。
	5.20	在四日市,公害认定制度成立,进行了第 1 次认定审查。认定 18 人为公害病患者,其中 14 名是住院患者。		
	5	新潟大学发现水俣病疑似患者		

年	月.日	公害问题·公害审判	月.日	舆论与运动·对策
		第 3 号。		
	5	静冈县田子浦渔港的挖泥作业中，产生硫化氢。在附近的居民之中成为大问题。原因是造纸厂排水。		
	6.12	新潟大学表明新潟县内阿贺野川流域的水俣病症状患者为集体出现。16 日开始调查。	6.1	《公害防治事业团法》公布。
			6.30	国会通过《劳动灾害法修正案》。对被雇佣工人的劳动保险全面适用之路开启。
	7.24	恶臭从东京湾的"梦之岛"流入东京都江东区、墨田区、中央区等部分地区。为使苍蝇灭绝的垃圾填埋作业是主要原因。	10.22	大阪府制定了事业场公害防止条例。
	10.22	冈山大学教授小林纯、富山医生荻野升在日本公众卫生学会上宣布"疼疼病的原因在于上游矿山的废液"。		
1966	4.1	新潟大学医学部椿忠雄教授在日本内科学会上表明"新潟的水俣病出在工厂废液上"。	8	东京都世田谷区的环线 7 号线沿线的居民出现明显的哮喘症状。因此，区政府与区医师会着手调查。
			9.30	富山地区特殊病对策委、厚生省委员会、文部省研究会举行联合会议。最终报告表明疼疼病的原因是镉化合物，之后解散。
			11.1	四日市市九鬼市长表明"公害课程有被偏向教育利用的可能性"。
			11.22	昭和电工的董事安藤对厚生省提出"新潟县的有机贡中毒事件的原因是农药"的反对意见。
			11	富山县妇负郡妇中町疼疼病受害者结成"疼疼病对策协议会"。

续表

年	月.日	公害问题·公害审判	月.日	舆论与运动·对策
			この年	农林省颁布自 1966 年起 3 年内终止喷洒有机汞农药的行政指导。
1967	3.17	北九州市发布了以 40 岁以上的女性 6000 人为对象进行的大气污染对人体影响的调查结果。来自九州大学的调查，在大气污染程度高的户畑区，很多居民都有慢性支气管炎和呼吸困难的症状。	2.19	昭和电工专务董事，在 NHK 电视台表明"即使国家得出结论认为新潟水俣病的原因在于昭和电工，我们也恕难从命。"被害者闻言表示强烈的愤怒。
	5	高知市内的镜川，疑似高知纸浆废液导致鱼大量死亡。	2.27	经团联召开公害对策小委员会、决定就政府制定的公害对策基本法案对产业界而言太过严苛一事向政府提出申诉。
	6.12	新潟县阿贺野川汞中毒事件的受害者——桑野忠吾先生等 3 户 13 人，在新潟地方法院提出诉讼，要求原昭和电工鹿瀬工厂赔偿损失，这就是新潟水俣病诉讼。	4.18	厚生省的新潟县阿贺野川流域有机汞中毒事件特别研究组给出事件原因在于昭和电工鹿瀬工厂的废水的结论。
	9.1	四日市的公害病认定患者 9 人、对市内的 6 家石化企业提出损害赔偿请求（四日市公害诉讼）。	8.1	有关防止公共机场周边的飞机噪音的相关法律公布、实施。
			8.3	公害对策基本法公布、实施。
			9.2	厚生省就新潟县阿贺野川的汞中毒事件,向科学技术厅提出原因在于昭和电工鹿瀬工厂的官方意见。
			9.25	建设省发表广域公害对策调查的结果。警告说市原、千叶、德山、南阳地区在 20 年后将不适宜人类居住。但是，有关四日市地区的结果，以对当地影响太大为由未公开。
			12.25	三菱油化总务部长加藤宽嗣就任四日市的副市长。

续表

年	月.日	公害问题・公害审判	月.日	舆论与运动・对策
			当年	设定 DDT、BHC 等农药的残留容许剂量。
1968	3.9	富山县神通川流域疼疼病患者和遗属28人对三井金属神冈矿业所提起损害赔偿诉讼（疼疼病诉讼）。	1.12	水俣病对策市民会议（熊本的水俣病患者支援团体）成立。
	6.2	美军板付基地的 F4C 鬼怪式战斗机于坠落九州大学校园内。	1.21	新潟水俣病代表团访问水俣。
	7.8	新潟水俣病患者21人对昭和电工发起第2次诉讼，要求赔偿约4000万日元精神损失费。	5.8	厚生省就富山县神通川流域的疼疼病发表见解，表明"原因在于三井金属矿业神冈矿业所排放的镉，认定该病为公害病，推进治疗和预防对策。"
	9	水俣地区的水俣病患者，至今为止认定为111人（死者42人）。但是，除此以外，还有很多未认定患者的事实，逐渐明了。	7.10	业界、经济团体联合会召开公害对策委员会。会上得出结论认为生活环境审议会提出的二氧化硫排放标准过于严格。开始进行反驳的准备。
	10.8	富山县神通川流域疼疼病患者352人，向三井金属矿业所提起总额达 5.703 054 53 亿日元的损害赔偿请求诉讼（第2次诉讼）。	7.15	生活环境审议会就二氧化硫浓度的容许限度问题向厚生大臣汇报。每小时在 0.1 毫克/升以下，日平均在 0.05 毫克/升。但有一定的缓和条件。
			8.30	智索公司第1工会在定期大会上决议"以此前毫无作为为耻，向水俣病开战"。
			9.26	政府就水俣病发表正式意见。水俣市水俣病的原因是智索公司水俣工厂的工业废水；新潟的情况则是昭和电工鹿瀬工厂的废水。
			9	智索公司总经理江头，访问患者家庭并进行谢罪。
			9	"疼疼病对策联络会议"成立（由对

续表

年	月.日	公害问题·公害审判	月.日	舆论与运动·对策
				策协议会、辩护团、对策会议组成）。
			10.4	四日市"四日市公害认定患者会"成立。
			11.7	原子能委员会认为核动力反应堆、核燃料开发事业团的核反应堆设置许可申请十分安全并向佐藤首相汇报。
			12.1	噪音规制法试行。大气污染防止法施行。
1969	4.2 5.9	东京都公害研究所的调查表明，美军横田基地的噪音使周边 5 市 4 町约 2.5 万户居民受到损害。 东京地区终日未解除烟霾预警。全国范围内首次出现该事态。	2.7	日本原研将把东海、国产第 1 号核反应堆铀燃料棒接连发生破损一事写入职场小报的该所职员处以 3 个月的停职外调处分。1966 年以来每年的事故后续处理成为"部门机密"。
	6.14	熊本的水俣病患者 28 户共 112 人向智索公司提起 6.42397 亿余日元的损害赔偿请求诉讼（熊本水俣病诉讼）。	2.12	内阁会议决定"为防止硫氧化物造成的大气污染的环境标准"。此乃基于公害对策基本法的环境标准第 1 号。
	11.14	疼疼病诉讼第 4 次诉讼提起。原告 4 人，自第 1 次起诉以来原告达 430 人，请求赔偿金额达 7.1 亿日元。	2.28	厚生省向有关水俣病的第 3 方机构表示，希望将"委员选择交由厚生省全权负责，结论一律遵从"的保证书提交给"水俣病患者家庭互助会"。文案由智索公司制作。
	12.15	28 名受大阪国际机场的飞机噪音困扰的居民提起诉讼，要求国家禁止飞机夜间起落和支付损害赔偿，并提出将来请求（大阪国际机场噪音诉讼）。	3.29	富士市议会，凌晨 0 点半开幕。市民数百人（另说 2700 人）阻挠会议进行与待机中的机动队发生冲突。议长慌乱中宣布闭会。因此，火电厂的问题保持审议未完状态直到定例议会结束。
			4.1	自治体财政陷入公害对策费用激增的窘境。地方财政白皮书显示。

续表

年	月.日	公害问题·公害审判	月.日	舆论与运动·对策
			4.25	水俣病补偿处理委员会（所谓的第三方机构）成立。这是 2/3 的患者家庭互助会成员的希望。千种達夫、三好重夫、笠松章三人当选委员。
			5.23	政府于内阁会议上通过了首部《公害白皮书》。
			5.26	水俣病患者诉讼派向水俣市要求 200 万日元的诉讼费用补助被拒。
			5.27	水俣市市议会通过补偿处理委提出的垫付费用 480 万日元。
			6.14	城市规划法试行。
			7.2	东京都公害防止条例公布。
			8.23	八幡制铁工会结成以来首次将公害问题纳入运动方针。
			9.30	智索公司向熊本地方检察院提出答辩书、准备书。主张"公司方面无过失，无责任，不支付损害赔偿"。
			10.1	第 4 次国际农村医学会议在长野县臼田召开。会上讨论了 DDT 的毒性。
			12.15	关于与公害有关的健康受害救济的特别措施法公布。
1970	2	大阪国际机场开始使用长达 3 公里的 B 飞行跑道。噪音增大。	1.28	农林省禁止各都道府县在牧草、饲料作物畜舍使用 BHC、DDT。
	4.7	东京都公害研究所的研究表明，横田基地周边的噪音可与地铁内部噪音匹敌。行政主管部门首都整备局对此持消极态度。	2.21	都卫生局揭露了东京都内超过氰排放标准的 166 家电气镀层工厂。
	4.16	新潟水俣病诉讼第 1～3 次的原告 28 户共 49 人的受害者，向新潟地方法院提出申请将以前的赔偿费请求额 1.212 099 96	3.8～16	国际社会科学评议会主办的国际公害研讨会在日本召开，其日程包括视察富士市、四日市、访问水俣市等。12 日国际社会科学评议会发表了以

续表

年	月.日	公害问题·公害审判	月.日	舆论与运动·对策
		亿日元增加到 2 亿余日元（请求扩张申请）。		"世界的社会科学者为解决公害问题共同努力"为主旨,提倡环境权的"东京决议"。
	5.21	东京都新宿区柳町铅中毒成为社会问题。文京保健生协医生团在对柳町路口附近的居民进行检查之后表明是废气造成铅在体内的异常堆积。	4.8	横滨国大工学部的教授北川彻三在新潟水俣病的庭审中作为被告方证人出庭。其否认工厂排水说,提出地震中流出的汞农药说。
	5.25	从富山县黑部市的日矿三日市制炼所周边用地土壤中检测出最高为53.2毫克/升的镉。此为县的发表。26 日在同一地点附近的灰尘中检测出 1670 毫克/升的镉。	5.27	水俣病补偿达成协议。"全权委托派"患者接受厚生省的补偿处理委员会第 2 次斡旋方案。死者一次性补贴 320～400 万日元。生者一次性补贴 80～200 万日元。年金每年 17～38 万日元。
	7.18	东京发生光化学烟雾,以杉并区为中心的 11 区 8 市出现该现象。	5.30	大阪府高石市内的 37 个自治会开展反对企业进驻泉北临海工业地带的署名运动。
	11.6	富士市公害对策市民协会会长等 21 人,对静冈县知事和 4 家造纸公司提起污泥公害诉讼。	6.1	公害纷争处理法公布。
	12.28	厚生省发表昭和44年度的二氧化硫调查结果。全国 211 处地点中的 83 处超过了环境标准。	6.17	大分县臼杵市采纳了开展反对大阪水泥工厂进驻运动的市民请愿,全国首次公布"消除公害城市宣言"。
			7.8	在新潟水俣病审判第 27 回口头辩论上,横滨国大教授北川彻三认可了"农药说"为假说。
			7.15	拥有公害专门部门的地方政府有 37 介都道府县、125 个市町村。比前年同期增加 9 个县、70 个市町村。
			8.9	在静冈县田子浦港召开"驱逐污泥公害还我骏河湾的沿岸居民抗议集会"。

续表

年	月.日	公害问题·公害审判	月.日	舆论与运动·对策
			8.17	农林省通告全国全面禁止在水稻种植中使用 BHC 和 DDT。
			9.17	日本钢管,在京浜钢铁厂向扇岛海域填埋地迁址中,接受了神奈川县、川崎市、横滨市的要求。二氧化硫的落地浓度为 0.012 毫克/升。
			9.22	日本律师联合会的公害研讨会在新潟举行。提出环境权的立法化。
			10.7	以从开发中保护古都、文化财、风土为目的,文化人为骨干的"古都保存联盟"成立。
			11.1	《公害纷争处理法》施行。
			11.1	工厂排水规制法施行令改正施行。之后,基于工厂排水规定法的取缔权限,将委托都道府县知事实施。
			11.20	经团联对公害罪法案表示反对。21日,日本商工会议所附和了该意见。
			11.24	"公害国会"(第 64 临时国会)开始。
			11.28	智索公司股东大会在大阪召开。水俣病患者、一股股东们约 1300 人也出席大会。大会在愤怒声讨中 5 分钟便草草结束。
			11.29	最初的公害 MAY DAY。全国 150处地方 80 万人参加。
			12.18	通过修订公害对策基本法、公害罪法等公害、环境 14 法决议。删除公害对策基本法的"与经济调和"条款。公害国会结束。
1971	1	长野县南佐久郡的日本农村医学研究所的调查表明牛、猪、鸡肉中残留有 BHC 和狄氏剂。	1.29	东京都发表"保护市民不受公害影响计划"。计划耗资 2 万多亿日元,以重返 10 年前的环境状态。

续表

年	月.日	公害问题·公害审判	月.日	舆论与运动·对策
	2.8	爱媛大学副教授立川等人表明PCB会在鸟和鱼体内蓄积。这是首次确认PCB会对环境造成污染。	2.4	昭和电工声明放弃进驻大分临海工业地带的决定。在公害反对斗争的压力下做出的决定。
	5.12	光化学烟雾比去年提前2个月发生。东京·埼玉等6处地方接连出现"眼睛疼"的控诉。	5.10	《公害防止事业费事业者负担法》施行。
			6.9	高知市,居民们对高知纸浆公司的废液侵害进行抗议,用预拌混凝土将该公司排水管堵住。面对宽松的公害行政,市民的不满爆发。(高知预拌混凝土事件)
	6.30	疼疼病诉讼第1次起诉作出判决。患者方胜诉。判定三井神冈矿业所排放的镉为主要污染原因。针对患者方要求支付6200万日元赔偿的请求,作出赔偿5700万日元的判决。判决后,原告团、辩护团、支援者们,借岐阜地方法院之手对神冈矿业所所长室的设备和产品实施了强制执行。	7.1	环境厅成立。
			7.14	镉受害的300户家庭要求东邦锌赔偿7.7亿日元。
			9.14	中央公害对策审议会成立,会员共80人。会长为和达清夫。
	7.20	大分县臼杵市的反对大阪水泥建厂诉讼(渔业权确认请求·取消公有水面填埋许可请求·执行停止临时处理)作出判决。原告渔民胜诉。判决表明"渔业权放弃无效,取消大分县的填埋许可证"。	11.1	水俣病的认定患者要求进行补偿交涉,在智索水俣分公司前开始静坐示威。
			12.24	高知市预拌混凝土纸浆事件中,高知地方检察厅以暴力业务妨害起诉将预拌混凝土投入排水管的二人。
	9.29	新潟水俣病判决。患者方胜诉。继疼疼病判决之后证实了流行病学的因果关系。断定了昭和	12.28	环境厅根据中公审的报告,设定了当前应对关于飞机噪音对策的指针。大阪国际机场从晚上10点到早上7点,

续表

年	月.日	公害问题·公害审判	月.日	舆论与运动·对策
		电工的过失也提到了企业责任。有关赔偿金额方面，细分了患者的等级，只承认了要求金额的一半，即 2.7 亿万日元。		东京国际机场从晚上 11 点到早上 7 点，原则上不得进行飞机的起降。
1972	3.29	熊本大学第 2 次水俣病研究组的调查表明，水俣病患者的产生区域已经扩展到天草。	1.7	担当公害诉讼的律师们结成"全国公害律师团联络会议"。
	3.3	群马县太田市的渡良濑矿毒根绝促成同盟会决定对古河矿业所提出 4.7 亿日元左右的赔偿请求（26 日），向中公审提出调解申请。	1.11	智索总公司避开要求自主谈判的水俣病新认定患者们，将公司入口用铁栅栏隔开。
	4.1	群马县安中市的镉污染受害者 108 人，向东邦锌提出 6 亿余日元的诉讼请求（11 月 25 日订正为 106 人、6.15 亿余日元）。	3.4	经团联向政府、自民党提交"公害的无过失赔偿责任法案对产业影响巨大"的意见书。
	6.6	在鹿岛临海工业地带，二氧化硫浓度超过大气污染防止法规定的紧急措施基准 0.2 毫克/升。	3.6	原子能委员会的核反应堆安全专业审查会认为关西电力计划在福井县大饭町与美浜町设置的核电是安全的。
	7.24	四日市公害诉讼作出判决。承认被告 6 家企业的共同违法行为，患者方面胜诉。	3.9	由于足尾矿毒被迫背井离乡迁入北海道网走支厅佐吕间町的栃木县旧谷中村的出生者 6 户 20 人，60 年后重返故乡。
	8.9	名古屋高等法院金泽分院就富山疼疼病第 1 次上诉作出判决。大体上全面承认患者方面的主张，患者方胜诉。	6.3	西日本 18 所大学的青年研究人员组成的民间"濑户内海污染综合调查团（星野芳郎团长）"发表对工厂沿岸的污染状态调查的结果，公布以"若放置不管，濑户内海将变成死海"为主旨的《濑户内海污染综合调查报告》。
	8.10	富山疼疼病患者与三井金属工	6.5 ～	联合国主办的人类环境会议召开（斯

续表

年	月.日	公害问题·公害审判	月.日	舆论与运动·对策
		业本部进行团体交涉，迫使其承认镉是污染原因，赢得有关公害防止协定和土壤污染赔偿等相关契约书的签署。	16	德哥尔摩）。采纳了人类环境宣言，闭会。
	8.22	就富山疼疼病第 2 次以后的上诉，三井金属矿业作出让步，决定遵从第 1 次的判决结果。全部诉讼实际终结。	6.22	《自然环境保全法》公布。
			6.22	城市规划法修订案公布。
	9.5	东京都、神奈川县、千叶县对东京湾的联合调查结果表明，东京湾正在逐步走向"死海"。	6.22	大气污染防止法修订案及水质污浊防止法修订案（公害无过失责任法）公布。
	11.30	四日市矶津地区的公害认定患者们，从公害诉讼的被告 6 公司获得约 5.7 亿日元赔偿的约定和书面签署。从最初交涉起耗时 3 个月。在此期间，企业方面两次回避谈判。	9.17	青森县的 6 个村落,反对内阁会议上作出的开发陆奥小川原的决定,村民召开动员集会。
			10.1	劳动安全卫生法施行。
1973	1.20	水俣病新认定患者和未认定患者 31 户 141 人，对智索提起第 2 次的损害赔偿诉讼请求（16.8 亿日元）。	2.1	公布施行废弃物处理及清扫相关法律。
			5.8	修订二氧化硫的环境标准。
	3.18	智索公司于判决前宣布放弃上诉权。	5.26	水俣市渔协自主决定禁止在水俣湾周围捕鱼。
	3.20	水俣病诉讼原告的患者一方获胜诉判决。	6.15	内阁会议通过公害健康受害补偿法案。
	5.10	县医师会调查表明，大分县新产业城市的成人慢性支气管炎得病率与东京、大阪的污染地区相当。	6.25	全国各地的渔民一齐进行集会和市场封锁，抗议 PCB 和汞污染的蔓延。
	5.22	熊本大学第 2 次水俣病研究组向熊本县天草郡明町提出第 3	7.6	来自全国的 2000 名渔民在东京召开突破公害损害危机全国渔民总誓师

续表

年	月.日	公害问题·公害审判	月.日	舆论与运动·对策
		水俣病发生的报告书。污染源疑似日本合成化学工业。		大会。
			7.9	水俣病患者的第 1 次诉讼派，自主谈判派等第 2 次诉讼派和不属于任何派别的患者以外，与智索公司的补偿交涉取得成果，补偿协议谈妥。
			7.31	内阁会议审议通过氮氧化物的排出基准。规定 24 小时 1 日平均值 0.02 毫克/升。电力、钢铁、石油业界的大型燃烧设施列入限制对象。
	7.28	朝日新闻社的调查表明，光化学污染的受害者 4 年间达 10 万人以上。仅 1973 年也有 18,455 人。	8.10	设定氮氧化物排放标准。
			8.27	伊方核电站诉讼。
			10.2	濑户内海环境保护临时措施法公布。
	10.6	日本农村医学会宣布 BHC 对母乳和人体的污染仍有持续增长的倾向。	10.16	有关化学物质的审查及制造等限制相关法律公布。PCB 污染为契机。化学物质的审查及制造等相关法律公布。原因是 PCB 污染。
	10.19	大分县臼杵市的渔民等提出的反对大阪水泥进驻该地区，确认渔业权、取消公共水面填埋许可诉讼公布二审判决。与一审一样渔民胜诉。自一审起诉以来耗时 3 年。11 月 2 日，被告放弃上诉原告胜诉。	10.25	石油巨头和沙特阿拉伯宣告削减 10%的原油供应量（第一次石油危机）。
			11.7	东京地方检察厅，对东京都提出"都公害防止条例的国家标准'追加基准'由于制定方法中存在法律上的错误，因此即使违反了该条例的企业，只要不超过国家标准,在判决中也会判为无罪"的通告。
	12.17	大阪府泉南郡的居民 61 人，对计划于该地区兴建的关西电力多奈川第二火电厂建设表示反对，提起制止建设的诉讼。	11.29	日产汽车的岩越新社长发表"石油危机中应放宽排气限制"的意见。
1974	2.27	大阪机场公害诉讼判决。仅认	3.15	在筑波学园城市开办国立公害研究

续表

年	月.日	公害问题·公害审判	月.日	舆论与运动·对策
		可损害赔偿,不认可停止侵害,对居民一方而言是严苛的内容。原告居民于 28 日到日航和全日空总部进行交涉,得到了判决未予认可的晚上 9 点以后减少航班的承诺。大阪国际机场周边的市民团体,以征集到的要求机场搬迁的 1 万多人的署名为据,申请调停。	6.5	所。自然保护宪章在自然保护宪章制定国民会议上通过。
	3.13	中央政府对大阪机场公害诉讼判决表示不满进行上诉。	6.7	环境厅自 1973 年 5 月起在悬案第 3 水俣病问题(有明町)上做出了"无患者出现"的结论。
	3.30	名古屋地区新干线沿线居民575 人对国铁提起诉讼要求停止侵害并进行损害赔偿。此为最早的与新干线相关的民事诉讼。	6.11	日产汽车声称昭和 51 年度废气排放限制在技术上不可能实现,向环境厅要求延期。
			6.18	汽车业界集体对昭和 51 年度废气排放限制进行反对。环境厅长官三木表明"就技术层面来讲昭和 51 年度规制难以实现"。
	5.11	渡良濑川沿岸的足尾铜山矿毒受害农民接受与古河矿业的和解调停。赔偿金 15.5 亿日元。	7.12	环境厅在第 4 水俣病(德山)问题上仍做出"无患者出现"的结论。
	5.16	日本周边的海洋污染发生件数为 1 年(1973 年)2460 件。为1971 年的 1.5 倍。约 84%的事件发生原因为石油。此为海上保安厅的报告。	7.30	对石油化学工业区等安保对策再次进行根本讨论的高压气体及火药安保审议会上,将"与周边住宅的安保距离最低扩大 50 米,强化大型化学工厂的安保规制"的内容向通产省大臣中曾根进行汇报。
	5.30	富士市市民提起的沉积泥诉讼宣判。原告市民全面败诉。		
	9.1	核动力船陆奥在太平洋引发核泄漏事故。之后由于停靠反对运动,一直漂流到 10 月 15 日才返回母港。	8.9	根据三井金属矿业神冈矿业所和疼疼病受害者团体之间的协议,组建费用由企业承担,人选由居民团体的"公害调查团"组成。由企业负担受害居民选择的专家调查团费用送入

续表

年	月.日	公害问题·公害审判	月.日	舆论与运动·对策
				发生源工厂进行调查。为全国首例。
	9.5	汞、ＰＣＢ导致的水域污染使得全国26处地方需要进行捕鱼限制。环境厅报告。	9.1	公害健康受害补偿法施行。公害健康受害救助特别措施法废止。
	9.5	冲绳县，反对石油储藏基地的"金武湾保护会"的当地6位渔民，对屋良知事提起诉讼要求确认填埋许可无效。	9.11	水俣病认定申请者协议会、水俣病认定业务促进研讨委员会座长黑岩义五郎等发送对检查诊断负责医生的公开质问信。
	9.30	东京都市民由于大气污染造成健康受损的比率为日本最大。东京都报告。	9.13	东京都公害局在7大城市汽车尾气规制问题调查团听证会上列举了都有低公害车的实例，追究9家制造企业的责任。
	11.14	8年的遗留问题，即东京都杉并清扫工厂建设问题，在东京都及土地所有者之间，约9成用地和解成立（25日与当地市民的反对期成同盟的和解也成立，签订和解书）。	9.22	对全国9家电力公司计划进行的火电厂的建设进行反对的反火电全国居民运动交流会在丰前市举办。
	11.18	在东京地方法院的斡旋下，围绕杉并区清扫工厂的建设，当地居民与东京都的和解条款取得一致，双方同意和解。加入了严格的限制措施及居民对建设计划和运营的参加，居民方的作业停止权等。	9.24	7大城市的首长关于汽车尾气对策发布了"政府应贯彻实施昭和51年度规制"的声明。
	11.29	"保护干净河流和生命，驱逐合成洗涤剂全国集会"在东京召开。约700人参加。	10.21	7大城市汽车尾气规制问题调查团提出"昭和51年度规制在技术上是可能的"这一报告书。
	12.14	全国的河流、湖泊的水质仍然被严重污染。7成湖泊、4成河流不合格。环境厅调查。	10.23	环境厅大气保护局长春日对七大城市汽车尾气规制问题调查团的报告书进行了批判，认为其是"非科学的"。

续表

年	月.日	公害问题·公害审判	月.日	舆论与运动·对策
	12.18	仓敷市水岛工业区三菱石油水岛制油所发生重油流出事故。至月末由濑户内海扩散到纪伊水道。流出的重油在 12 月 22 日超过 4 万公升。渔业损失 44 亿日元。规模最大的重油流出事故。	10.24	环境厅作出判决对提出行政不服审查的水俣病患者 163 人中仅 11 人做出不作为认定。对于其他人的申请予以驳回。
			12.2	环境厅就汽车尾气昭和 51 年度规制，决定了大量采用业界主张的基本方针。
			12.5	中公审大气污染部门对于汽车尾气昭和 51 年度规制编写了 2 年延期等大幅后退的报告书。
			12.26	津地方检察院因氯气流出事故根据公害罪法对日本 Aerosil 四日市工厂提起诉讼。1971 年 7 月该法施行以来首次起诉。
			12.27	中公审综合分会对大气分会的报告方案进行审议，向环境厅提出了汽车尾气昭和 51 年度规制延期两年等与报告方案相同的大幅后退的报告。
1975	1.5	无秩序的开发导致 8 成国土，4 成海岸线的自然环境被破坏。环境厅发布。	1.24	智索公司称对水俣病患者的补偿支付导致经营不振，向政府提出融资救助申请。
	1.13	滨元二德、佐藤武春等水俣病认定患者 5 人以杀人、伤害罪控告智索水俣工厂主要负责人。最早的刑事责任追究。	1	《文艺春秋》2 月号刊登了儿玉隆也的文章《疼疼病是虚幻的公害病吗》。
	3	地面沉降现象与 5 年前相比增加一倍。而且出现向地方扩大的趋势。39 地区 32 都道府县亮红灯。	2.22	政府在汽车尾气昭和 51 年度规制问题上，对暂定规制值的容许限度和使用时期均做出大幅度放松。完全适用到继续生产汽车中的日期从昭和

续表

年	月.日	公害问题·公害审判	月.日	舆论与运动·对策
				1952 年 3 月 1 日开始。
	3.14	水俣病患者同盟患者 114 人以杀人、伤害罪起诉智索主要负责人和该公司水俣工厂主要负责人。	2.24	环境厅公布尾气昭和 51 年规制。
			3.11	自民党代议士小坂善太郎在富山县进行了"疼疼病的镉致病原因说存疑"的发言。
	6.6	以川崎市为中心，神奈川县、东京、埼玉、千叶仅本日就有约 2500 人受到光化学烟雾损害。为本年最高受害者数。	3.19	9 成国民对大规模开发存疑。根据环境厅的环境监控全国意识调查的结果。
	6.17	东京都环状 7 号线（环 7）沿线居民受害实况汇总。7 成调查对象说自己身体出现不健康的状况。东京都卫生局调查。	5.25	"全国公害病患者协会联络会"首次集会于东京进行。5 月 26 日，向环境厅提出改善对公害健康损害的补偿。
			6.3	中国政府环境调查团首次访日。
	6	超低频空气震动引起头痛、恶心等的案例在首都圈增加。"听不见的声音"引起的新公害。	7.29	环境厅对于新干线噪音公布了环境标准。住宅用地 70 分贝以下，商工业用地 75 分贝以下。
	7	东京都收购的江户川区日本化学工业厂址被六价铬污染一事逐渐明了，成为社会问题。	8.7 ～ 8	东京都江东区日本化学工业从业人员 461 人中 62 人发现鼻中隔穿孔，18 人发现鼻中隔溃疡（六价铬中毒）。截止到 1974 年 9 月，已确认 8 人因六价铬所引起的肺癌发病死亡。
	8	以东京都江户川区工厂原址六价铬污染凸显为契机，全国 6 家企业 8 个工厂共 114 万吨矿渣中 75 万吨未被处理一事被证明。	9.1	丰田汽车工业，在环境厅听证会上断言"昭和 53 年度开始汽车尾气 0.25 ％的规制在技术上是绝不可能实现的"。
	11.27	大阪机场公害诉讼宣判，原告居民方全面胜诉（大阪高级法院）。	9	堺市的近畿中央医院院长濑良好澄公布，在大阪府内石棉产业工作的工人 18 年间死亡的 61 人中 18 人的死

续表

年	月.日	公害问题·公害审判	月.日	舆论与运动·对策
	12.2	政府对大阪高等法院对大阪机场诉讼的判决表示不服，决定向最高法院提起上诉。		因为肺癌。
	12.27	土吕久地区的慢性砷中毒症认定患者11人、对住友金属矿山提起1.735亿日元的损害赔偿诉讼请求。	10.12	9月末公布第1期计划将全国苛性钠工厂由汞法转换为隔膜法制造，未达成的有14家企业的17个工厂。朝日新闻社调查。
			12.9	诉苛性钠工厂中，由汞法转换为隔膜法且达成目标的有15个。环境厅发布。
			12.12	根据运输省的行政指导，大阪机场晚上9点以后起降的国内航班在此日后被取消。
1976	3.31	高知市纸浆工厂公害问题中，居民堵塞工厂排水管事件由高知地方法院作出判决。公害企业的犯罪性被确认，被告市民2人被处以罚金。	3.12	环境厅长官对运输大臣进行"为保护环境，需紧急进行的新干线铁道震动应对措施"的建议，将上限设定为70分贝。
	4.28	昭岛、福生、立川的居民41人因美军横田基地噪音问题向东京地方法院八王子支部提起"第1次横田基地噪音公害诉讼"。	4.1	长野县南木曽町妻笼宿保存地区保存条例制定。6月制定保存地区·保存计划向国家提交申请。
	6.7	第1次"全国公害受害者总行动日"在东京举办。	4.6	自民党政务调查会环境分会发表对疼疼病与镉的因果关系存疑的报告书。
	8.30	国道43号线沿线居民152人向神户地方法院提起诉讼，要求国家、阪神高速公路公团停止产生噪音和排放尾气，并要求损害赔偿和将来补偿。以现在使用的国道为对象的公害诉讼	5.11	环境厅放弃向当期国会提交环境评价法案。

续表

年	月.日	公害问题·公害审判	月.日	舆论与运动·对策
		在全国是首次。		
	9.8	厚木基地周边居民92人提起第1次厚木基地噪音诉讼。	12.18	环境厅发布乘用车昭和53年度尾气规制。为当时世界上最严格的标准。
			当年	"油菜花计划"的前身"肥皂运动"出现预兆。滋贺县内400处地方开始回收废弃食油。
1977	5.27	琵琶湖发生大规模赤潮。原因为含磷合成洗涤剂排放(富营养化)。呼吁停止使用合成洗涤剂的"肥皂运动"开始。	1.19	自民党决定设置核能安全委员会。
	6.28	丰岛居民向高松地方法院提起诉讼要求停止建设产废处理场。	4.2	"松蛀虫被害对策特别措施法"公布,作为防止松树枯萎的应对措施进行空中大规模喷洒。
	8.29	播磨滩发生大规模赤潮。养殖鲅鲕330万尾死亡。受损额为30亿日元。	5	BPMC·MEP复合剂的空中喷洒后发生农民死亡事件。
	9.5	富士市田子浦港的"污泥公害"二审判决由东京高级法院作出。支持原告方部分主张,命令4家被告企业支付一部分疏浚费用。	6.11	国家强行开始阪神高速公路(东本町工区)的施工。由于居民"国道43号线公害对策尼崎联合会"的反对,工程中止。
	11.17	第2次横田基地噪音公害诉讼提诉。要求国家禁止飞机夜间起降,并赔偿损失。	6.15	石原慎太郎环境厅长官对国道43号线公害现场进行视察。评论为"启示录式的惨状"。
			7.1	环境厅以企划调整局环境保健部长的名义作出"关于后天性水俣病判断条件"的通知。认定需要数个症状的组合。
			11.4	内阁会议审议通过第3次全国综合开发计划(福田赳夫内阁)。发布"定居圈构想",旨在抑制人口和产业向大城市的集中。

续表

年	月.日	公害问题·公害审判	月.日	舆论与运动·对策
			この年	OECD 报告《日本的环境政策》对"公害对策中地方自治体的主动作为"做出高度评价。
1978	4.20	"西淀川公害患者和家属协会"向大阪地方法院提起西淀川公害第 1 次诉讼，要求企业、国家、阪神高速道路公团停止污染物质排放，并赔偿损失。	6.16	因支付水俣病补偿金等原因陷入经营危机的智索公司的救助措施在政府的水俣病相关阁僚会议上决定。
	4.22~23	第 1 次全国街景研讨会在（名古屋市有松、足助町）举办。此后每年在全国各地举办。		
	5.29	爱媛县长滨海水浴场诉讼（全国最早的入海滨权诉讼）中，松山地方法院做出不承认入海滨权的司法判断。	7.3	环境厅向相关县市通知"关于水俣病认定相关业务的促进"（新次官通知）。认为水俣病的认定应是有数个症状的组合、或然性较高的场合。
	10.19	居民和丰岛观光等就香川县丰岛的产废处理场计划达成和解。只允许无害废弃物的蚯蚓养殖。并约定由香川县政府进行监督。	7.11	环境厅发布二氧化氮的新环境标准。将 1 小时值的日平均 98% 值 0.02 毫克/升以下放宽到 0.04~0.06 毫克/升。
			7.14	逗子市长、横浜市长、神奈川县知事联名向防卫设施厅长官、美国大使、美军提出池子炸药库全面返还要求书。之后每年提交一直持续到 1982 年。
			10.4	核能安全委员会成立。从核能委员会中独立出去。
			12	国际石油巨头通告对日石油供应削减（第 2 次石油危机）。
1979	6.9~10	以"公害研究委员会"（1963 年 4 月成立）和公辩联成员为骨干在东京举办"日本环境会	2.14	有关推进水俣病认定业务的临时措施法施行。环境厅选出椿忠雄教授等 10 人为水俣病临时认定审查会委

续表

年	月.日	公害问题·公害审判	月.日	舆论与运动·对策
		议",成立学会。		员。
	3.22	熊本地方法院在水俣病刑事诉讼中对智索公司原总经理吉冈、工原厂长西田做出业务过失致死罪的有罪判决。	3.8	东京都和日本化学工业就废弃铬矿渣的处理签订协议书。处理方法根据东京都的指示制定,费用由企业负担。
	3.28	熊本地方法院在熊本水俣病第2次诉讼中,确认原告未认定患者14人中的12人为水俣病患者,要求智索支付总额1.5亿日元的抚慰金。	6.29	小樽市公布委托由北海道大学副教授饭田胜幸实施的"小樽运河及周边地区环境整备构想",要实现运河填埋宽度的缩小等。
			10.16	滋贺县通过《琵琶湖富营养化防止条例》。
			10.—	陆奥小川原(青森县)国家石油储备基地选址确定。
			11.—	钢铁、土木、建筑等业界团体设立"日本大工程产业协议会"(ＪＡＰＩＣ)设立。提出横跨东京湾道路等大规模工程设想。
1980	5.21	水俣病未认定患者85人向熊本地方法院提起熊本水俣病第3次诉讼(第1场)。最早请求国家赔偿的诉讼。	5.20	环境影响评价法案连续5年推迟向国会提出。
	9.11	名古屋新干线公害诉讼一审判决。命令国铁支付5.3亿日元的损害赔偿,但驳回了减速行驶等停止侵害的请求及对将来的损害赔偿请求。原告被告均提出上诉。	5.24~27	全国街景保存联盟"第3次全国街景研讨会"在小樽和函馆举办,通过"小樽、函馆宣言"。
1981	5.17	以"全国公害患者之会联络会"(1973年成立)为母体,"全国公害患者之会联合会"成立。共37个团体、约2万5000	3.16	设立临时行政调查会。
			4.28	环境影响评价法案由内阁会议审议通过,向国会提交,然而国会决定继续审议,1983年11月28日被废弃。

年	月.日	公害问题·公害审判	月.日	舆论与运动·对策
		家庭参加。		
	7.13	横田基地噪音公害诉讼一审判决。承认了一部分损害赔偿，但驳回了对将来的损害赔偿和航空器噪音发生行为的停止侵害请求。	10.--	化学物质审查规制法将 DDT、狄氏剂、艾氏剂、异狄氏剂指定为"特定化学物质"，全面禁用。
	12.16	大阪国际机场夜间飞行禁止请求事件中，最高级法院驳回了停止夜间飞行的请求和对将来的损害赔偿，认可了对过去的损害赔偿。		
1982	2.26	嘉手纳基地噪音诉讼提诉。原告 601 人向那霸地方法院提起诉讼要求禁止夜间飞行和发动机调整，并请求损害赔偿。	9.3	西武流通集团堤清二就小樽运河保存问题进行"若进行运河填埋则无法合作进行运河地区再开发"的发言。
	3.18	川崎公害诉讼第 1 次提诉（原告 119 人）。		
	3.30	东邦锌安中冶炼厂周边农户向前桥地方法院提出诉讼要求 15 亿余日元的赔偿，法院批准了原告 104 人中 83 人的请求。对一揽子请求方式作了否定。		
	6.21	新潟水俣病未认定患者 94 人以国家和昭和电工为被告提起了新潟水俣病第 2 次诉讼。原告团最终增加到 234 人。		
	7.21	昭岛、福生、立川居民 604 人向东京地方法院八王子分院提起诉讼，要求美军横田基地停止发出噪音，并要求损害赔偿（第 3 次横田基地噪音公害诉讼）。		

续表

年	月.日	公害问题·公害审判	月.日	舆论与运动·对策
	10.20	第 1 次厚木基地噪音诉讼一审判决。驳回了居民要求夜间及清晨停止飞行和制造噪音的请求。承认一部分对造成损害的赔偿请求。		
	10.28	居住于关西的未认定患者 36 人提起水俣病关西诉讼（大阪地方法院）。县外患者提起诉讼为首次。向智索公司、国家、县提出了总额 11.4 亿日元的损害赔偿。		
1983	1.10	就公健法改定问题，全国公害患者之会联合会的 600 人直接向临时行政调查会请愿、静坐示威。	5.16	高技术工业集中地区开发促进法（technopolis 法）成立。指定全国 28 个地区。
	2.8	中海、宍道湖淡水化问题研究会直接要求岛根县制定富营养化防止条例。		
	2.26	嘉手纳基地周边居民 305 人向那霸地方法院冲绳分院提起诉讼，要求停止夜间飞行，并进行损害赔偿（第 2 次嘉手纳基地噪音诉讼）。		
	11.9	仓敷市内的公害患者 61 人向冈山地方法院提起诉讼，要求水岛 8 家联合企业 8 所企业停止排放大气污染物质，并进行 16.3 亿日元的损害赔偿。		
1984	1.30	大阪机场公害第 4、5 次诉讼中，大阪地方法院民事二部运用其权限向原告居民及被告国家双方提出包括诉讼费用在内的总	7.27	湖沼水质保护特别措施法公布。
			9.12	"反对中海、宍道湖淡水化居民团体联络会"成立。
			11.12	富野候选人当选逗子市长。

年	月.日	公害问题·公害审判	月.日	舆论与运动·对策
		额 13 亿日元的和解方案。		
	2.5	大阪机场公害第 4、5 次诉讼的和解交涉中，丰中、川西两市原告居民（约 3800 人）一方决定接受大阪地方法院提出的和解方案。		
	3.17	大阪国际机场公害第 4 次、5 次诉讼和解成立。		
	3.28	宫崎地方法院延冈分院对土吕久诉讼进行判决。批准了请求金额的 7 成。		
	5.2	居住于东京、神奈川县的 6 位患者提起水俣病东京诉讼（东京地方法院）。要求智索及其子公司、国家、县进行 1.188 亿日元的损害赔偿。		
	7.7	西淀川公害第 2 次（原告 470 人）提起诉讼。被告等与第 1 次诉讼相同。之后原告人数增加，1985 年 5 月 15 日第 3 次（143 人）、1992 年 4 月第 4 次（1 人）。		
1985	3	1970 年开始举办的东大自主讲座公害原论宣告结束。	2.23	环境厅在首次调查中发布石棉粉尘的大气污染为低等级的报告。推迟规制措施。
	4.12	名古屋新干线公害诉讼上诉判决。停止请求被驳回，损害赔偿大幅缩减为总金额 3.8 亿日元。原告（26 日）、被告（25 日）双方均对判决表示不服提起上诉。	10.29	小樽运河保护派的市民结成"小樽再生论坛"。
	6	1967 年发生的 2-氟-N-（4-甲氧	11.25	田边市天神崎的国民托拉斯运动，以

右上角：续表

年	月.日	公害问题·公害审判	月.日	舆论与运动·对策
		基苯基）苯胺（C13H12FNO）中毒引发死亡事故诉讼在大阪高级法院进行，双方和解。企业和国家未被问责、但日本曹达向原告支付1250万日元。		约2亿日元收购4公顷土地，完成登记。天神崎保全市民协议会发布。
	8.16	熊本水俣病第2次诉讼在福冈高级法院进行判决，原告胜诉。原告5人中4人得到认定。损害赔偿额为600万～1000万日元。智索公司表示放弃上诉（8月29日）。	11中旬	横滨国立大学环境科学中心教授加藤龙夫等人对农药的滥用提出警告。"除残留在植物的农药之外，进行农药喷洒的农民和周边居民长年吸入农药挥发气体，对健康有严重损害。"
1986	4.26	苏联停机作业中的切尔诺贝利核电站4号机组发生输出失控事故。核反应堆和建筑发生爆炸燃烧，放出大量辐射，持续10余日。核电站周边方圆30公里共12万人被强制避难，为核能开发史上最严重的事故。炉心蓄积量的约10%，1400京贝克勒尔的辐射。	8.16	北海道自然保护团体联合举办"知床原生林保护研讨会"，呼吁停止采伐计划。
			10.30	中公审开办临时总会，进行了"全面解除41个公害指定地区、不进行新的认定"的报告。全国公害患者之会联合会500人静坐抗议。
	4.28	名古屋新干线公害诉讼原告团、辩护团与国铁之间达成和解。国铁同意做出最大努力将噪音降到75分贝以下，和解金为4.8亿日元。	10.30	东京都知事发表讲话，批判国家的大气污染指定地域解除与新规认定废止的决定。
	7.17	国道43号线诉讼一审判决。神户地方法院承认居住于沿线20米以内的原告121人所受损害，并认可总额1.5亿日元的赔偿。公路公害中首次下达判决。驳回停止侵害和对将来的赔偿请求。		

年	月.日	公害问题·公害审判	月.日	舆论与运动·对策
	9.22	安中市东邦锌安中冶炼厂引发的镉公害问题在东京地方法院达成和解。和解金为总额 4.5 亿日元。		
1987	**3.30**	熊本地方法院、熊本水俣病第 3 次诉讼（第 1 轮）判决中原告胜诉。首次承认国家和熊本县在国家赔偿法中的责任。	**6.30**	内阁会议审议通过第 4 次全国综合开发计划（4 全综）。公布"多极分散型国土的构筑"，然而当局推进机场及新干线的高速交通网为代表的大规模开发，使得一极集中更加严重，在地方，《休养地法》则造成了乱开发现象的产生。
			9.26	公害健康受害补偿法（1973 年 10 月制定）经过部分改正，公害健康受害的补偿等相关法律（略称公健法）公布。全面解除第一种地域，中止新公害病患者的认定。已认定患者继续补偿。
			当年	日本石棉协会制定停止使用青石棉（crocidolite）的自主规制。1992 年进行茶石棉（amosite）的自主规制。
1988	**9.30**	土吕久公害诉讼第 1 次上诉判决。福冈高级法院宫崎分院作出原告胜诉的判决。	**3.1**	改正公害健康补偿法施行。解除指定地域，中止新的由大气污染引起的被害者的认定。
	11.17	由于川崎制铁千叶制铁所的污染物质导致健康受损的患者提起诉讼要求损害赔偿，千叶地方法院批准了对原告患者、遗属 46 人的损害赔偿，驳回了停止侵害的请求。	**5.13**	参议院本会议通过《进行特定物质规制、保护臭氧层相关法律》（《臭氧层保护法》）。
	12.16	福冈国际噪音诉讼一审判决判定，WECPNL75 以上的噪音超过忍耐限度以上，是违法行为。	**6.1**	岛根、鸟取两县就中海、宍道湖淡水化事业冻结向农水省进行答复。

续表

年	月.日	公害问题·公害审判	月.日	舆论与运动·对策
			10.7	《地球环境与大气污染研究全国市民集会"（ＣＡＳＡ）成立。
	12.26	尼崎市的公害病认定患者及其遗属以国家、阪神高速公路公团及电力、钢铁等 9 家企业为对象提起诉讼，要求停止排放大气污染物质，并进行总额约 117 亿日元的损害赔偿。	11.30	环境厅报告称,对石棉使用工厂周边的大气污染进行实地调查中发现有工厂排放量超标 30 倍。决定石棉环境浓度的法律规制方针。
1989	3.8	琵琶湖环境权诉讼判决。大津地方法院驳回了"净水享受权",亦未批准停止开发的请求,市民一方全面败诉。	2.15	中央公害对策审议会提出报告,表示为了保护地下水水质,禁止含有镉、ＰＣＢ等废水渗透到地下,将三氯乙烯、四氯乙烯等也列入限制对象。
	3.15	横田基地噪音公害诉讼（第 3 次）一审判决。驳回停止夜间飞行的请求。以 WECPNL75 以上为基准批准了损害赔偿。亦承认健康损害。	9.14	环境厅对水质污浊防止法进行改定。将三氯乙烯、四氯乙烯指定为地下水环境标准项目。
	3.31	名古屋南部的 1 名公害病患者与包括非认定患者在内的 145 人以 11 家企业和国家为对象提起诉讼,要求损害赔偿和停止排放尾气。		
1990	9.28	水俣病东京诉讼中,东京地方法院进行和解劝告。	3.31	水俣湾等公害防止事业的污泥处理填埋地完工(总工程费 485 亿日元)。
	10.5	智索公司接受和解劝告。国家拒绝。	8.6	新潟县卷町町长选举中,承诺冻结核电站的佐藤完尔再次当选。对手候选人也承诺"冻结"。
1991	3.13	第 1、第 2 次小松基地噪音诉讼一审判决。	4.23	经团联制定"地球环境宪章"。促进关于环境问题经营方针的制定。
	3.29	西淀川大气污染公害事件由大阪地方法院进行判决。首次认定共同不法行为责任,命令企		

续表

年	月.日	公害问题·公害审判	月.日	舆论与运动·对策
		业向 71 人进行赔偿。停止侵害请求被驳回。		
1992	2.20	国道 43 号线诉讼上诉审判由大阪高等法院下达判决。命令国家、公团进行损害赔偿，原告胜诉。然而停止侵害请求被驳回。	5.9	联合国气候变化框架条约通过。1994 年 3 月 21 日开始生效。
	3.31	新潟水俣病第 2 次诉讼第 1 批由新潟地方法院进行判决。未认定患者的大部分被认定为水俣病。	6.3	巴西里约热内卢郊外 Riocentro 会场举办地球峰会（关于环境与开发的联合国会议）。
			6.14	环境开发宣言（里约宣言）通过。
			11.9	建设省与反对派就长良川河口堰问题实现首次对话。
			11.27	日本农村医学会研究组宣布,农民半数出现皮肤过敏现象。
1993	1.20	最高法院对福冈机场噪音诉讼进行判决。批准损害赔偿，驳回停止侵害请求。	5.28	日本正式接受联合国气候变化框架条约，成为第 21 个缔约国。
	2.25	横田基地噪音公害诉讼（第 1、2 次）最高法院判决。停止侵害请求被驳回。	6.16	神奈川县真鹤町制定街道规划条例，规定了建筑基准"美的原则"。
	2.25	第 1 次厚木基地噪音诉讼由最高法院进行判决。停止侵害请求被驳回。	11.19	《环境基本法》公布，当日施行。
1994	1.20	福冈机场噪音诉讼由最高法院进行判决。批准对过去损害的赔偿，以 WECPNL80 以上为基准。停止夜间飞行的请求被驳回。	2.22	川崎市环境基本计划制定。综合考虑环境问题、市民参与和全厅跨领域体制为其特点。成为地方自治体环境基本计划制定的典范。
	1.25	川崎公害第 1 次诉讼一审判决。命令被告 12 家企业进行损害赔偿，但对国家、道路公团的损	5.1	水俣市长吉井正澄在水俣病牺牲者的慰灵式上首次向死者道歉，并提倡人与人、人与自然的"关系重建"。

续表

年	月.日	公害问题·公害审判	月.日	舆论与运动·对策
		害赔偿请求被驳回。		
	2.24	嘉手纳基地噪音诉讼一审判决。命令对 WECPNL80 以上的噪音进行 8.745 亿日元的损害赔偿，但对停止飞行的请求及对将来损害的赔偿请求被驳回。	7.1	产品责任法公布。即便不证明生产厂商的过失，若其缺陷得到证明也可要求赔偿。
	7.11	大阪地方法院对水俣病关西诉讼下达判决。国家、熊本县的责任未被认定，59 人中 42 人被认定为水俣病。命令智索进行总额 2.76 亿万日元的赔偿。	12.16	内阁会议审议通过第 1 次《环境基本规划》。
	11.30	和歌之浦景观保护诉讼中，和歌山地方法院对历史景观权未予认定。		
1995	1.17	阪神淡路大地震（兵库县南部地震）。死者 6432 人（包含相关死者）行踪不明者 3 人。由于是城市正下方地震，基础设施等应急、复原活动所需的各种机能丧失。全国各地的志愿者前来进行救援，被称为"志愿者元年"。	1.31	环境厅发表声明称在阪神淡路大地震受灾地对石棉等有害物质的扩散实施紧急现场调查。环境厅、建设省、劳动省向自治体通报进行建筑物解体导致的石棉扩散的应对措施。
	2	环境厅大气调查表明，由于进行建筑物拆解，阪神大地震的受灾区出现石棉扩散情况的恶化。	3.20	东京都内都营地铁 3 号线电车内有毒气体沙林被撒出，导致 16 个站内 11 人死亡，5500 人受伤。通勤中及出差中的受害者被认定为工伤。
	3.2	西淀川公害诉讼中原告与被告 9 家企业之间达成和解。企业承认公害责任并进行谢罪，支付解决资金 39.9 亿日元，其中 15 亿日元用于地区重建和公害防止对策等。	12.15	政府在水俣病相关阁僚会议上，正式决定包括约 260 亿日元的智索公司支援对策在内的水俣病问题最终解决对策。对约 1 万名受害者未予认定为水俣病，仅采取支付一次性补偿金等救济措施。村山首相进行"坦率反

续表

年	月.日	公害问题·公害审判	月.日	舆论与运动·对策
				省长期要做之事"的首相讲话。
	7.5	大阪西淀川大气污染公害第2～第4次诉讼由大阪地方法院进行判决。认定二氧化氮与工厂排出的烟雾共同作用导致对市民健康的影响,命令国家等对18位患者进行损害赔偿。停止侵害的请求被驳回。8月2日,国家和公团提起上诉。		
	7.7	国道43号线诉讼由最高法院进行判决。维持由国家和阪神高速道路公团进行损害赔偿的二审判决,驳回上诉。首次确定公路噪音公害中公路管理者的赔偿责任。		
	9	发生美国军人对少女施暴事件。同年10月21日主办人报告中声称的18.5万人参加的"冲绳县民总誓师大会"举办。		
1996	2.23	新潟水俣病第2次诉讼第1批于东京高级法院达成和解。27日、第2～8批也于新潟地方法院达成和解。	2.7	"西淀川公害诉讼原告团"以与被告企业的和解金的一部分为基金设立财团法人"公害地域再生中心"。
	4.10	新横田基地噪音公害提起上诉。原告3138人(后来增加到5917人)以美国政府和国家为对象,要求停止美军飞机在夜间和清晨的飞行,并要求损害赔偿。美军基地诉讼中美国政府首次成为被告。		
	5.22	熊本水俣病第3次诉讼1～6		

续表

年	月.日	公害问题·公害审判	月.日	舆论与运动·对策
		批，原告与智索公司达成和解，撤销对国家和县的诉讼。全国公害患者之会联合会、2 所高级法院、3 所地方法院的诉讼结束。		
	5.31	东京大气污染公害诉讼第 1 次提诉（东京地方法院。原告 102 人），提起诉讼者中多数为未认定患者尚属首次，追究汽车制造企业与自治体的公害责任。		
	12.25	川崎大气污染诉讼中原告团与被告企业达成和解。企业方进行谢罪，支付 31 亿日元解决此事。		
1997			6.9	环境影响评价法成立。1999 年 6 月 12 日开始全面施行。
			12.11	在防止地球变暖的京都会议上，加入了温室气体削减目标的《京都议定书》通过。
1998	1.12	环境厅、长野新干线相关噪音测定调查结果发布，达到环境标准比率为 46％。	3.31	桥本龙太郎内阁通过第五次全国综合开发计划"21 世纪的国土宏伟蓝图"内阁决议。
	4	大阪府能势町的垃圾处理设施"丰能郡美化中心"场地内的土壤中检测出每克 8500 皮克、调整池的污泥中检测出 23,000 皮克的二噁英。	6.19	根据京都议定书，地球温暖化对策推进本部制定《地球温暖化对策推进大纲》。
	5.22	嘉手纳基地噪音诉讼二审判决。认定对过去部分的损害赔偿，驳回停止侵害的请求。		
	7.29	西淀川公害诉讼中原告与国		

续表

年	月.日	公害问题·公害审判	月.日	舆论与运动·对策
		家、道路公团达成和解。三方共同设立"沿线环境相关联络会"。		
	8.5	川崎公害第2~4次诉讼一审判决（横滨地方法院）。认定汽车尾气对健康的影响以及道路公害的弊处，命令国家、道路公团对48位原告支付损害赔偿。停止侵害的请求被驳回。		
	当年	滋贺县环境生协开始"油菜花计划"。		
1999	2.17	神户地方法院提出对尼崎公害诉讼的和解方案。原告和被告企业双方接受和解，判决前和解成立。被告企业支付24.2亿日元的解决资金。对国家、公团的诉讼仍继续进行。	5.12	渡良濑川沿岸矿毒污染田土地改良事业完成,进行竣工纪念碑揭幕式和竣工仪式。
2000	1.31	尼崎公害诉讼由神户地方法院做出判决。原告方完全胜诉。命令国家、阪神高速公路公团做出损害赔偿，并停止排放一定浓度以上的悬浮颗粒物质。公路公害中停止侵害的请求首次被批准。	6.2	《循环型社会形成推进基本法》公布。
			6.6	丰岛事件公害调停最终协议成立。香川县知事真锅访问丰岛并谢罪。
			8.3	岛根县知事澄田信义宣布国营中海围填工程（1963年开始）无限期冻结。
	11.27	名古屋南部大气污染公害诉讼一审判决。认定健康损害，命令国家及10家企业进行损害赔偿，支持停止排放汽车尾气的请求。原告和被告均提起上诉。		
2001	4.27	水俣病关西诉讼上诉审判宣布判决。承认国家、熊本县的责任，变更一审判决。国家提起	1.6	环境省设置法施行（1999年7月16日公布）。

续表

年	月.日	公害问题·公害审判	月.日	舆论与运动·对策
		上诉。		
	8.8	名古屋南部大气污染诉讼达成和解。企业支付解决资金7.336 095 97亿日元,努力进行公害防止对策。原告与国交省和环境省设立"名古屋南部地区公路沿线环境改善相关联络会"。原告放弃停止侵害的请求。		
2002	5.31	新横田基地噪音公害诉讼一审判决。命令国家进行24亿日元的损害赔偿,停止飞行和对将来的损害赔偿被驳回。	8.29	东电掩盖的核电站事故暴露。东电承认虚假记载的可能性并谢罪,放弃进行钚轻水反应堆计划早期实施。
	10.16	第3次厚木基地噪音诉讼一审判决。以WECPNL75以上为基准进行认定。命令国家支付总额27.46亿日元的损害赔偿。	12.13	农水省决定停止宍道湖、中海围填工程(岛根县)。
	10.29	东京大气污染公害诉讼第1次判决。原告7人的健康损害被认定,命令国家、道路公团进行损害赔偿。汽车制造商的法律责任被免除。驳回停止侵害请求。国家、公团、汽车制造商和原告均提起上诉。		
2003			4.4	厚生省宣布原则上禁止进口、制造、贩卖白石棉。2004年10月实施。
			6.11	改正农药取缔法施行。强化对未登录农药、禁止销售农药的销售限制等(部分于2004年6月11日施行)。
2004	10.15	水俣病关西诉讼由最高法院进行判决。国家、熊本县的责任被认定,判决对45人中的37	6.18	《景观法》公布。同年12月27日开始实行。一定程度上提高了自治体的景观条例效力。

年	月.日	公害问题·公害审判	月.日	舆论与运动·对策
		人进行赔偿。确定行政败诉。		
2005	2.17	新嘉手纳噪音诉讼由地方法院进行判决。认定对原告 3881 人的约 28 亿日元的赔偿金。驳回停止飞行的请求。	2.16	《京都议定书》生效。
	6.30	媒体报道久保田旧神崎工厂从业人员和入场业者共 78 人及周边居民 5 人发生间皮瘤，2 人死亡。	4.22	在环境省对九州新干线新八代至鹿儿岛中央之间的噪音测定中，环境标准达成率仅为 54%，要求国土交通省和熊本、鹿儿岛两县对噪音采取应对措施。
	10	水俣病不知火患者会第 1 队 50 人向东京、熊本、大阪地方法院提起诉讼，提出对智索公司及国家、熊本县的损害赔偿要求(NO MORE·水俣国赔诉讼)。	6.9	石原产业表示会回收"铁粉砂"。
			10.13	环境省首次试算因石棉而死亡的人数，结果显示 5 年中共 1.5 万人死于石棉。
	11.30	新横田基地噪音公害诉讼二审判决。停止飞行请求被驳回，认定 WWCONL75 以上的一审损害赔偿范围，命令国家进行 32 亿日元的赔偿。	12.21	修正《大气污染防止法施行令、施行规则》。补充强化石棉的扩散防止措施。
2006			3.27	《对石棉引起的健康损害的救助相关法律》施行。
2007	8.8	东京大气污染公害诉讼达成和解。创设哮喘医疗费救济制度，国家、东京都实施新的公害对策，汽车制造商支付 12 亿日元的解决资金。		
2009			7.15	《关于水俣病受害者救助特别措施法》制定。将感觉障碍和具有流行病学条件的患者命名为"水俣病受害者"，支付一次性补偿金 210 万日元。批准智索的拆分。特措法期限为

续表

年	月.日	公害问题·公害审判	月.日	舆论与运动·对策
				3 年。
			8.11	水俣病受害者的救助及水俣病问题解决相关特别措施施行令公布并施行。
2011	3	no more 水俣诉讼与国家达成和解。赔偿金为一次性支付 210 万日元，团体加算金等在熊本、大阪、东京各地方决定。	3.11	东日本大地震发生，震源为三陆冲，里氏 9.0 级。地震和海啸导致岩手、宫城、福岛 3 县受到极大损害。东京电力福岛第一核电站的炉心冷却系统停止，发布"核能紧急事态宣言"。
			3.12	福岛第一核电站发生爆炸。大量放射性物质扩散，对食品及健康的不安蔓延全国。5 月，东电确认 1～3 号机的炉心溶融（melt down）。周边居民 14 万人的避难生活长期化。
			12.30	东日本大地震造成的人员伤害为死者 15844 人、失踪人员 3451 人。避难人员于 12 月 15 日为 334786 人。
2013	4.16	最高法院根据《公健法》将行政上未认定为水俣病患者的 2 名受害者认定为水俣病、对于 1 人做出命令大阪高级等院进行再次审理的判决。认为"昭和 52 年判断条件"规定的症状组合虽尚未被认定，但也有被认定为水俣病的可能。		

　　黑泽美幸根据饭岛伸子编著《新版公害、工伤、职业病年表》（睡莲舍，2007 年），环境综合年表编集委员会编《环境综合年表——日本和世界》（睡莲舍，2010 年）以及本书叙述整理。

图书在版编目(CIP)数据

战后日本公害史论 /(日)宫本宪一著;林家彬等译. —北京:
商务印书馆,2020
  (生态文明书系)
  ISBN 978 - 7 - 100 - 18024 - 5

Ⅰ.①战… Ⅱ.①宫… ②林… Ⅲ.①环境污染—概况—日
本—现代 Ⅳ.①X508.313

中国版本图书馆 CIP 数据核字(2019)第 291023 号

生态文明书系

战后日本公害史论

〔日〕宫本宪一 著 林家彬 等译

商 务 印 书 馆 出 版
(北京王府井大街36号 邮政编码100710)
商 务 印 书 馆 发 行
北 京 通 州 皇 家 印 刷 厂 印 刷
ISBN 978 - 7 - 100 - 18024 - 5
审 图 号: GS(2019)6163号

2020年9月第1版 开本 710×1000 1/16
2020年9月北京第1次印刷 印张 46½

定价:168.00元